Droemer
Knaur®

C. C. Bergius

Die Straße der Piloten

in Wort und Bild

Die abenteuerliche Geschichte
der Luft- und Raumfahrt

Mit über 450 Abbildungen

Droemer Knaur

CIP-Kurztitelaufnahme der Deutschen Bibliothek
Bergius, C. C.:
Die Straße der Piloten in Wort und Bild : d. abenteuerl. Geschichte d. Luft- und Raumfahrt / C. C. Bergius. – 1.–30. Tsd. – München : Droemer Knaur, 1983.
ISBN 3-426-26078-6

1. bis 30. Tausend

Droemersche Verlagsanstalt
Th. Knaur Nachf., München

Umschlaggestaltung: Franz Wöllzenmüller
Umschlagfoto: Bavaria-Verlag
Satz: acomp, Wemding
Druck und Einband: May & Co., Darmstadt
Printed in Germany
ISBN 3-426-26078-6

Alle in diesem Buch geschilderten Begebenheiten entsprechen den Tatsachen. Weder Namen noch Daten wurden geändert.

Vollkommenheit
Entsteht
Offensichtlich
Nicht
Dann,
Wenn
Man
Nichts
Mehr
Hinzuzufügen
Hat,
Sondern
Wenn
Man
Nichts
Mehr
Wegnehmen
Kann.
Die
Maschine
In
Ihrer
Höchsten
Vollendung
Wird
Unauffällig.

Antoine de Saint-Exupéry

16. September 1956

Blaßblau spannt sich der Himmel über der unzugänglichen, von zerklüfteten Gebirgszügen umgebenen Wüste Mojave, zu deren gottverlassenem, wenige Fahrstunden von Los Angeles entfernt liegendem Flugplatz Muroc nur eine scharf bewachte Autostraße und eine mit mächtigen Zugmaschinen ausgerüstete Militäreisenbahn führt, deren Sirenen wie Schreie vorsintflutlicher Ungeheuer durch die Täler des San Bernadino jaulen.

Keine Wolke steht am Himmel. Die Sonne wirft ihre ersten Strahlen auf die unendlich erscheinende, grell leuchtende Ebene, die sich baum- und strauchlos und ohne die geringste Unebenheit vor den Hallen Murocs ausbreitet. Über vierzig Quadratkilometer weit.

William Makenzie Smith, ein untersetzter und krummbeiniger alter Werkmeister, den Monteure, Testpiloten und Offiziere der US Air Force nur ›Raketen-Smith‹ nennen, blinzelt zu den in der Ferne liegenden Gipfeln der Sierra Nevada hinüber. »Sie werden es heute wieder versuchen«, krächzt er.

Ein neben ihm stehender Motorenspezialist schaut zum Himmel hoch. »Bestimmt! Bei dem Wetter wird . . .«

»Los, Bill!« unterbricht ihn der Alte. »Raus mit der X 2!«

Der Spezialist blickt auf seine Armbanduhr. »Jetzt schon?«

»Schon?« Raketen-Smith schnaubt verächtlich. Die Runzeln in seinem Gesicht vertiefen sich und lassen seine sonnenverbrannten Wangen wie gegerbt erscheinen. Unwirsch weist er über den weiten, tischglatten Flugplatz, den weder Menschen noch Bulldozer einebneten und für den keine Mischtrommel jemals einen Sack Zement rührte. Sand und Salz eines vor Urzeiten eingetrockneten Sees verbanden sich hier zu einer harten, widerstandsfähigen Masse und bildeten das schier unübersehbare, ebene Gelände. »Fällt dir nichts auf?« fragt er knurrend.

Wenn die Sonne auch erst vor kurzem über den Horizont stieg, in der von Smith gewiesenen Richtung ist schon das Aufsteigen erwärmter Luftmassen zu erkennen. Die Luft schliert und spiegelt; es sieht aus, als wolle sie unerwünschte Beobachter daran hindern, neugierige Blikke in die von Hunderten von Doppelposten umstellte ›Garküche‹ der US Air Force zu werfen.

»Na?« Der Alte beugt sich vor und schneuzt auf den Boden. »Meinst du nicht auch, daß es heute verdammt heiß werden wird?«

»Sieht danach aus.«

»Also raus mit der Bell X 2! Ich wette zehn Dollar gegen einen Nikkel, daß der Colonel in den nächsten Minuten aufkreuzt.«

Der Motorenspezialist schiebt seinen Kaugummi auf die andere Seite und geht zur Halle hinüber, um das Notwendige zu veranlassen.

Raketen-Smith folgt ihm. Sein Gang ist schwerfällig, beinahe taumelnd. Wer ihn nicht kennt, könnte denken, er habe einen über den Durst getrunken. Oder annehmen, die krummen Beine versagten ihm den Dienst.

In der Halle schlagen Glocken an. Aus Lautsprechern gellen metallische Kommandos. Ketten rasseln, Elektromotoren surren. Ächzend schieben sich die mächtigen Torflügel seitwärts.

Das Innere der Halle wird sichtbar. Im ersten Augenblick ist man versucht zu glauben, vor einer unbeleuchteten Bühne zu stehen, in deren Vordergrund der Hauptdarsteller, die blendendweiß lackierte Bell X 2, angestrahlt wird. So klein sie ist – in der riesigen Halle wirkt sie wie ein kokettes Etwas, das seine lange und spitze Nase neugierig vorstreckt. Der Bell X 2 ist anzusehen, daß es sich bei ihr um kein Flugzeug im üblichen Sinne, sondern um ein Fluggerät von morgen handelt. Rumpf und Bugnadel erinnern an einen Hai. Der schlanke, auf Hochglanz polierte Leib läßt ungeheure Geschwindigkeiten ahnen, und die dünnen, kurzen Pfeilflügel sehen aus, als seien sie aus modischen Gründen angebracht, als könnte die Maschine auf diese gewiß hübschen und ästhetischen Überbleibsel ehemaliger Tragflächen verzichten und ohne sie fliegen.

Sie könnte es auch, doch dann wäre sie eine Rakete, die nicht landen kann. Die Bell X 2 aber soll gelandet werden; sie stellt das erste Bindeglied zwischen Flugzeug und Rakete dar und zeigt schon Formen zukünftiger Flugzeuge, die im ›leeren‹ Weltenraum natürliche Bedingungen für ihre hochgezüchteten Leistungen finden. Große Geschwindigkeiten sind nicht von großen Höhen zu trennen; zwangsläufig entwikkelt sich die Fliegerei zum Raumflug. Erst wenn Flugzeuge auf kosmischen Bahnen in den Weltraum vorstoßen und anschließend in die Erdatmosphäre zurücktauchen können, wird der Weg zur endgültigen Eroberung des Weltalls frei sein.

Doch hierüber macht sich der alte Werkmeister keine Gedanken, als er an den aus dickem Nickelstahlblech geformten Rumpf der Bell X 2 herantritt, die inzwischen aus der Halle herausgeschoben wurde. Ihn interessiert nur der Curtiss Wright LR-25-CW-1, der das Versuchsflugzeug mit einem Schub von 7 500 Kilopond (1 kp = 0,85 PS) in unheimlich kurzer Zeit auf 25 000 Meter Höhe und dann in den gefährlichen, noch nie erreichten Bereich der Reibungshitze hineinjagen soll.

Der neue Raketenmotor wird es schaffen, denkt er zuversichtlich. Na, er bekommt ja auch weiß Gott genug Betriebsstoff. Die Tanks fassen sechs Tonnen flüssigen Sauerstoff und Alkohol; das reicht für gut sechs Minuten. Saufen tut so'n Biest! Er schüttelt den Kopf. Aber macht nichts. Hauptsache, es klappt. Zehn Dollar gegen einen Nickel, daß der neue Curtiss diese Mücke auf weit über 2 000 mph (Meilen pro Stunde: 1 engl. Meile = 1,609 Kilometer) schieben wird, vielleicht sogar bis in die Nähe von Mach 4 (nach dem Physiker Ernst Mach: einfache Schallgeschwindigkeit = 1080 km/h). Wäre ein tolles Ding. Würd's dem Colonel gönnen. Oft genug hat er versucht, die sogenannte ›Hitzemauer‹ zu erreichen, immer vergebens. Mal stimmte dieses, mal jenes nicht. War schon ekelhaft. Doch jetzt wird er's schaffen! Wenn ihm nur die Hitze nicht . . .

Unwillkürlich blickt der Werkmeister auf die aus Spezialstahl geformten dünnen Flügel. Die werden es aushalten, überlegt er. Aber was wird aus dem Bugfenster? Sein Gesicht wird zur Grimasse. Spezialglas hin, Spezialglas her: die zu erwartende Reibungshitze ist nicht minder ›speziak‹! 600 bis 700 Grad! Vielleicht sogar 800! Zum Teufel, da sind 60 Grad Höhenkälte mit dem bekannten Tropfen auf dem heißen Stein zu vergleichen.

Raketen-Smith wird unruhig. Aus schmalen Augenschlitzen beobachtet er seine Monteure, von denen er weiß, daß er sich auf sie verlassen kann. Das hindert ihn aber nicht, zu brüllen, wo immer es geht. So auch an diesem Morgen; irgendwie muß er seine Nervosität abreagieren. »Ihr Trottel!« schreit er, als er sieht, daß zwei in Asbestanzüge gekleidete Männer von einem hellblauen, mit knallroten Totenköpfen bemalten Tankwagen einen Schlauch herunternehmen wollen. »Wie oft hab' ich schon gesagt, daß ihr eure ›Visiere‹ herunterklappen sollt, bevor ihr nach den Schläuchen greift! Der Wagen enthält flüssigen Sauerstoff! 180 Grad unter Null! Ein Spritzer, und ihr seid bis ins Mark vereist. Zu Staub kann man euch dann zerreiben!«

»Aber der Schlauch ist doch noch gar nicht angeschlossen«, wagt einer der Monteure zu erwidern.

Smith rauft sich die Haare. »Zur Hölle mit euch! Macht, was ich gesagt habe!«

Ein blutjunger Offizier tritt hinter ihn. »Schon so viel Ärger am frühen Morgen?« fragt er mit warmer Stimme.

Der Werkmeister dreht sich um. »Ah, morning, Sir«, grüßt er erfreut, fährt jedoch gleich darauf polternd fort: »Schauen Sie sich bloß diese Knaben an! Ich könnte die Kerle . . .«

Colonel Frank Everest klopft ihm auf die Schulter. »Sie Grobian! Dabei ist allgemein bekannt, daß Sie für Ihre Männer durchs Feuer gehen.«

Der Alte erregt sich. »Wollen Sie das den blöden Affen womöglich noch erzählen?«

»Aber Smithie!« Everest, der jungenhafte, außergewöhnlich befähigte und überall gern gesehene Testpilot der US Air Force, blickt ihn aus samtweichen, nußbraunen Augen an. »Das weiß doch jeder.«

Die Wangen des alten Werkmeisters röten sich. »Jeder?« Er starrt den Colonel an.

»Ja.«

»Na schön. Ich aber noch lange nicht.«

Der Pilot grinst und zeigt auf die Bell X 2. »Was macht die junge Dame?«

Raketen-Smith holt tief Luft. »Werden Sie schon sehen. Zehn Dollar gegen einen Nickel, daß sie es heute schafft. Der neue Curtiss . . .« Er unterbricht sich. »Wann wollen Sie starten, Colonel?«

»Wann sind Sie fertig?«

»In zwei Stunden. Nur noch ein kurzer Probelauf und das Überprüfen der Kühlanlage. Sie ist verstärkt worden, so gut es ging. Sie wissen schon: soweit uns der schmale Rumpf Platz dazu ließ.«

Everest blickt auf die unter dem Rumpf angebrachte Landekufe.

Der Werkmeister sieht es. »Für die Landung ist das Ding weniger schön«, sagt er bedrückt. »Aber was sollten wir machen? Wir mußten Platz für die größere Kühlanlage schaffen, mußten die einziehbaren Landeräder ausbauen. Uns stand kein freier Zentimeter mehr zur Verfügung.«

Der Colonel nickte. »Nehm' die erschwerte Landung gerne in Kauf, wenn dafür mein Blut nicht anfängt zu kochen.«

Raketen-Smith bekreuzigt sich. »Der Herrgott möge das verhüten!«

»Ein wenig auch die Kühlanlage«, erwidert Everest trocken.

Der Alte blinzelt. »Da haben Sie recht.« Er dreht den Kopf zur Seite. »Von mir aus kann's in zwei Stunden losgehen.«

»Gut.« Frank Everest tippt an seinen Mützenschirm und geht zum Kontrollturm hinüber, um sich mit dem Meteorologen zu besprechen und die umgebaute viermotorige Boeing B 50 anzufordern, die ihn mit der Bell X 2 auf 12 000 Meter hinauftragen soll. Und dann wird es Zeit, mit dem Anlegen des Druckanzuges zu beginnen. Über eine Stunde dauert diese vermaledeite Zeremonie, die ein Arzt zu überwachen hat, da die geringste Undichtigkeit den Tod zur Folge hätte.

Der Colonel haßt den Druckanzug. Nicht, weil er wenig attraktiv ist und unschön wirkt; er fühlt sich in ihm beengt und eingeschlossen, obwohl er sich darin völlig frei bewegen kann. Ihm ist immer zumute, als sei er seiner persönlichen Freiheit beraubt. Vielleicht, weil nicht er, sondern der ›Marsmenschenhelm‹ atmet, den man ihm zu guter Letzt aufstülpt. Unter ihm ist es nicht mehr *seine* Aufgabe, ein- und auszuatmen, das besorgt der Helm. Automatisch drückt er den Sauerstoff in die Atemwege, ohne daß der Mensch etwas dazu tun könnte. Der hat in dieser Hinsicht nichts mehr zu bestimmen; es geschieht mit ihm. Er ist nur noch zum Teil Mensch, ein gutes Stück von ihm wird zum Roboter.

Aber Frank Everest will ja nicht nur in Gefilden leben, denen sich der Organismus des Menschen im Verlaufe von Jahrmillionen angepaßt hat, er will heraus aus der Atmosphäre, will in Regionen vorstoßen, in denen der ungeschützte menschliche Körper in Sekundenschnelle zum Tode verdammt ist. Einen revolutionären Schritt will er wagen, vergleichbar mit dem Übergang vom Fisch über das Amphibium zum Vogel, wobei sich dieser Übergang allerdings auf natürliche Weise vollzog und sich vom Steinkohlenzeitalter bis in den Jura erstreckte.

Everest weiß das. Dennoch hat er eine unwiderstehliche Abneigung gegen den Druckanzug. Er vertraut der Druckkabine, in der er Platz nehmen wird. Mit ihr kann er sich im Notfall absprengen und so lange fallen lassen, bis er in Luftschichten gelangt, in denen er gefahrlos aussteigen und seinen Fallschirm betätigen kann.

Er knurrt deshalb ungehalten: »Muß es wirklich sein?«, als er in sein Arbeitszimmer tritt und den Stabsarzt und einige Männer des Ankleidekommandos sieht, die schon auf ihn warten.

»Hübsche Begrüßung!« antwortet der Arzt.

»Verzeihung, Sir. Aber . . .«

»Colonel«, unterbricht ihn der Mediziner, »welche Höhe gedenken Sie heute zu erreichen?«

»Etwa 80 000 Fuß«, erwidert er mürrisch. »Das sind 24 000 Meter.«

»Aha! Und bei welcher Höhe beginnt Ihr Blut zu kochen? Einfach, weil der Luftdruck so stark gesunken ist! Sie wissen es genau: bei 70 000 Fuß!«

Der Testpilot knallt seine Mütze in einen Schrank und zieht das Jakkett aus. »Freilich weiß ich das. Sehe auch alles ein. Nur . . . In der Druckkabine fühle ich mich absolut sicher. Und bei diesem blödsinnigen Ankleiden komme ich mir wie eine Diva vor.«

Der Arzt zuckt die Achseln. »Das werden Sie schon überstehen. Was passiert aber, wenn Ihre Kabine ein Loch bekommt?«

»Da oben schmeißt niemand mit Steinen.«

»Reden Sie keinen Unsinn. Nach dem Drucksturz stünden Ihnen im Höchstfall 15 Sekunden zur Verfügung. Wenn Sie in dieser lächerlichen ›Zeitreserve‹ den Druckanzug nicht mit Sauerstoff aufblasen, dann ist Feierabend. Für immer! Los, ziehen Sie Ihre Hose aus!«

Die plötzliche Aufforderung läßt den Colonel grinsen. »Allem Anschein nach habe ich es heute nur mit Grobianen zu tun«, sagt er anzüglich.

Der Arzt sieht ihn fragend an.

»War eben beim Raketen-Smith.«

»Tolle Rübe, was?« Der Arzt lacht. »Aber ein Pfundskerl.«

»Mit Gold nicht aufzuwiegen!« Frank Everest zieht seine Hose aus. »Was meinen Sie, was unten vor der Halle gleich los ist, wenn er den Motor laufen läßt. Dann verkrümeln sich alle. In die letzten Löcher kriechen sie. Und der alte Smith steht allein, die Ohren verstopft und dick gepolstert, an dem feuerspeienden, fest verankerten Ungetüm und prüft, ob alles in Ordnung und nirgendwo eine undichte Stelle ist, die mich das Leben kosten könnte. 150 Phon läßt er gegen seine Ohren hämmern, das sind 25 Einheiten mehr, als der Mensch zu ertragen vermag. Danach kann er kaum mehr auf den Beinen stehen, torkelt durch die Gegend und versteht tagelang kein Wort. Und das alles für einen mehr oder weniger guten Wochenlohn? Nein, aus Kameradschaft uns Piloten gegenüber. Wenn ich manchmal lese, was über uns geschrieben wird, könnte ich schreien. Kein Wort ist da über Männer wie Raketen-

Smith zu finden. Und was wären wir ohne all die vielen Ungenannten?« Er schnippt mit dem Finger. »Nichts, gar nichts!«

Der Arzt nickt nachdenklich. »Großartig, daß Sie so denken. Es läßt mich hoffen, daß Sie auch meine Beharrlichkeit – ich meine, bezüglich des Druckanzuges – im Grunde genommen gutheißen.«

Der Colonel lacht. »Darauf gebe ich keine Antwort.«

Der Arzt bleckt die Zähne. »Mir sagt's genug.« Er hält ihm eine Schachtel Zigaretten hin. »Vor allen Dingen erspart es mir, Ihnen Details über den Unfall von George Franklin Smith, eines Namensvetters unseres Raketen-Smith, schildern zu müssen. Ich meine den, der Anfang 1955 durch die Schallmauer geschleudert wurde. Erhielt kürzlich den Bericht. Wollen Sie ihn lesen? Können ihn gern haben.«

»Denken Sie, daß es meine Einstellung ändern würde?«

»Genau das meine ich.«

»Erzählen Sie!«

»Wenn's Sie interessiert.« Der Arzt reicht Feuer. »Zeit haben wir ja genug.« Er wirft einen Blick auf die Männer, die damit beginnen, den Piloten einzuschnüren.

»Also: Das Ganze spielte sich in unserer Nähe, an der Küste von Leguna Beach ab. George Franklin Smith fuhr an einem dienstfreien Tag zum Flughafen von Los Angeles, um einen Bericht über einen Testflug zu schreiben, den er am Vorabend durchgeführt hatte. Im Drugstore traf er seinen Kameraden Joe Kinkella, mit dem er sich unterhielt. Die beiden standen noch nicht lange zusammen, als der Flugleiter Robert Glahue in den Raum trat.

›Mensch, George‹, sagte er zu Smith, ›Sie kommen mir wie gerufen. Eine F-100 A steht zum Abnahmeflug fertig. Wollen Sie die nicht gleich schaukeln?‹

Smith zögerte; er mag an seinen dienstfreien Tag gedacht haben.

›Komm‹, lockte Kinkella, ›ich muß auch noch mal rauf. Fliegen wir zusammen.‹

›Gut‹, erwiderte Smith.

Die beiden gingen zur Halle, zogen ihre Nylonkombination an, setzten Helm und Sauerstoffmaske auf, kletterten in ihre Maschinen und rollten zum Start.

Smith bildete sich ein, daß sich der Steuerknüppel der Super Sabre schwerer als gewöhnlich bewegen ließ. Versuchsweise schaltete er von Hydraulik ›Eins‹ auf ›Zwei‹, dann wieder zurück: der Knüppel ließ sich einwandfrei bewegen. Wirst dich getäuscht haben, dachte er, nahm das Mikrophon, erbat die Startgenehmigung und erhielt sein »cleared for take-off« – »Start frei!«

Er gab Vollgas und schaltete den Nachbrenner ein, mit dem hinter der Düse noch einmal Kraftstoff eingespritzt und so eine Leistungssteigerung von 25 Prozent erreicht wird. Steil ließ er die F-100 A dem voranfliegenden Düsenjäger seines Kameraden folgen. Kurs: Pazifik.

George Smith sah noch die südwestlich von Los Angeles in das Meer vorstoßenden Felsen von Palos Verdes, dann verschwand er bei etwa 8 000 Fuß in einer geschlossenen Wolkendecke. Bei 14 000 tauchte er aus dem Dreck heraus und ließ die Sabre munter klettern. Kinkella immer hübsch vorneweg. Bis auf 30 000 Fuß.

Smith konnte die Maschine des Kameraden gut ausmachen, da eine lange Kondensfahne hinter ihr herwehte. ›Ich hau' durch die Schallmauer, Joe!‹ rief er dem Freund über die Funksprechanlage zu.

›In Ordnung, George‹, antwortete Kinkella. ›Wo steckst du? Möchte zuschauen.‹

Smith sah zu der rechts vor ihm fliegenden Maschine hoch. ›Backbord hinten unter dir.‹

Kinkella drosselte ein wenig, um den Kameraden aufholen zu lassen. ›Well‹, rief er gleich darauf, ›ich hab' dich! Hau ab!‹

Smith nahm die F-100 A flach und gab Vollgas. Seine Hand umspannte den Knüppel, denn er erwartete das bekannte Bocken des Flugzeuges beim Erreichen der Schallgeschwindigkeit. Der Fahrtmesser zeigte fast Mach 1. Wie üblich fing die Sabre an zu tanzen und nahm den Bug nach unten. Smith war darauf gefaßt und wollte ausgleichen, aber es ging nicht: der Knüppel ließ sich nicht bewegen – saß fest!

Die Maschine senkte die Schnauze weiter. Der Geschwindigkeitsmesser stieg auf Mach 1. Smith zerrte am Steuer. Es rührte sich nicht. Er versuchte es mit Gewalt – nutzlos!

Gehetzt blickte er auf die Armaturen. Alles war in Ordnung. Nur der Knüppel stand fest. Wie 'ne Eins! Er zerrte daran – vergebens.

Und dann glaubte Smith, er sehe nicht richtig. Das Steuer schob sich von selbst weiter nach vorn! Die Schlingerbewegungen hatten zwar aufgehört – kein Wunder, die Schallmauer war durchbrochen –, aber die Geschwindigkeit wuchs mit jeder Sekunde. Die Neigung betrug schon fast 25 Grad.

Noch einmal spannte er all seine Kräfte an, um den Knüppel an sich zu ziehen – er konnte ihn um keinen Millimeter bewegen.

Aus, dachte er. Er griff zum Mikrophon und rief den Luftnotruf: ›Mayday, Mayday, Mayday! This is Foxtrot-Whisky-Six-Five-Nine! (FW 659!) Hydraulisches Steuersystem funktioniert nicht!‹

›George, steig aus!‹ schrie Kinkella, der Smith auf die Erde losrasen sah und den für die Flugüberwachungsstelle bestimmten Notruf mitgehört hatte. ›Nichts wie raus, George!‹ Er sah, daß sich die Sabre immer steiler nach unten richtete. ›Raus, George!‹ schrie er wie in höchster Not.

Der hat gut reden, mag Smith gedacht haben. Da er wußte, daß er mit Überschallgeschwindigkeit in die Tiefe jagte, konnte er sich an fünf Fingern abzählen, daß sein Körper beim Absprung durch den jähen Luftaufprall in tausend Fetzen zerrissen würde. Er gab deshalb nicht auf, stellte vielmehr das Triebwerk ab und fuhr ohne Rücksicht auf das irrsinnige Tempo die Bremsklappen aus.

Es nützte nichts. Smith erkannte, daß ihm nichts mehr würde helfen können. Er fühlte sich schon schwerelos; es wirkten also bereits negative Beschleunigungskräfte auf ihn ein. In seiner Not rief er nochmals die Bodenstation, sagte, daß die Maschine nicht mehr zu halten sei, zog den Helm über das Gesicht, preßte sich an den Sitz und drückte auf den Knopf, der das Kabinendach absprengt.

Mit einem Knall, als wäre eine Haubitze neben ihm abgefeuert, platzte das Dach. Smiths Körper wurde nach vorne gezerrt und geriet in die schlimmste Lage, in die er kommen konnte. Sie wissen, daß in diesem Moment alle Körperteile eng an den Schleudersitz gepreßt sein sollen. Dennoch muß er – wahrscheinlich im Unterbewußtsein – den Schleuderhebel noch betätigt haben, denn er flog mit dem Sitz aus der Maschine heraus. Daran erinnern kann er sich nicht, er muß somit unmittelbar nach dem Sprengen des Kabinendaches bewußtlos geworden sein.«

Frank Everest sieht den Arzt entgeistert an. »Wollen Sie damit sagen, daß er noch lebt?«

»Allerdings. Wieso, das ist ein Rätsel, mit dem sich die Experten lange herumgeschlagen haben. Man hat versucht, seinen einzig dastehenden ›Sprung durch die Schallmauer‹ in allen Phasen zu rekonstruieren, und ist zu Ergebnissen gekommen, die sein Überleben geradezu als Wunder erscheinen lassen.

Nach Kinkellas Aussage steht fest, daß Smith erst in etwa 6 000 bis 7 000 Fuß aus der stürzenden Maschine herausgeschleudert wurde. Da Smith sich noch daran erinnern kann, daß sein Fahrtmesser Mach 1,05 zeigte, prallte er also mit einer Geschwindigkeit von zumindest 1 250 km/h auf die Luft, die demnach seinen Sturz mit einer Gewalt abbremste, die der vierzigfachen Erdschwere entsprach! Sein Körper wog in jenem Augenblick 8 000 Pfund, und das spezifische Gewicht seines Blutes war doppelt so groß wie flüssiges Platin! Mit welch rasender Geschwindigkeit er dabei durch die Luft gewirbelt wurde, zeigt die Tatsache, daß ihm Helm, Schuhe und Strümpfe vom Körper heruntergerissen wurden – ja, vom Finger wurde ihm sogar ein Ring abgestreift!«

»Das ist nicht möglich!« ruft Colonel Everest.

»Es ist so wahr, wie ich hier vor Ihnen stehe und das Anlegen Ihres Druckanzuges überwache. Sehen Sie jetzt ein, daß es doch wohl besser ist, nicht auf den Anzug zu verzichten?«

Der Pilot überhört die Bemerkung. »Was geschah weiter?« fragt er.

»Reichlich Unschönes. Werd's nie begreifen, daß Smith noch lebt. Während der zwei Sekunden, die er im Schleudersitz fiel, platzten manche seiner inneren Gefäße, blähte sich sein Magen und preßte die Därme zusammen. Nach diesen zwei Sekunden löste sich der Fallschirm. Automatisch. Aber wie! Wenn der erste Bremsstoß auch vom Schleudersitz und von Smith aufgefangen worden war, so besaß sein Körper doch noch eine solche Geschwindigkeit, daß der Schirm fast zur

Hälfte in Fetzen flog. Immerhin: der Entfaltungsstoß wirkte als weitere Bremse. Grade noch zur rechten Zeit, denn schon Sekunden später schlug er aufs Wasser. Nicht aber etwa wie jemand, der vom Zehn-Meter-Sprungbrett einen Bauchplatscher macht. Smith hatte noch ein solches Tempo, daß ein ohrenbetäubender Knall entstand und die Besatzung einer in 200 Meter Entfernung vorbeifahrenden Yacht gegen die Wand der Kajüte geschleudert wurde!«

»Verdammt!« entfährt es Frank Everest.

Der Arzt nickt. »Wissen Sie, wie ihn die Besatzung der ›Balales‹ – so hieß die Yacht, die sofort auf ihn zuraste – auffand? Schwimmweste zerrissen. Kleider zerfetzt. Blutend am ganzen, fast nackten Körper. Aber schwimmend! Warum? Lunge und Magen waren aufgeblasen wie ein Ballon!«

»Und er lebt noch?«

»Ich sagte schon, daß es für mich ein ewiges Rätsel bleiben wird. Fünf Tage lang war er bewußtlos. Blutdruck kaum meßbar. Puls ebenfalls nicht. Sein Gesicht war schwarz. Augen zugequollen. Nase, Lippen und Ohren gesprungen. Die Glieder ausgerenkt und gebrochen. Herz, Leber, Lunge, Niere, Magen, Blase – kurzum, alles, was wir so in uns haben, aufs schwerste verletzt. Und der Kerl lebte. Lebt heute noch! Natürlich haben sich die größten Kapazitäten um ihn gekümmert. Er stellte ja ein Beobachtungsobjekt dar, wie man es sich interessanter nicht wünschen kann: ein Mensch, der ungeschützt durch die Schallmauer brach, ein Mensch, der tot zu sein hatte und – lebte! Bis zu achtzehn Ärzte umstanden ihn oft zu gleicher Zeit. Über hundert haben ihn untersucht.«

Colonel Everest grinst zynisch. »Daran können Sie sich begeistern, was?«

Der Arzt ist betroffen. »Aber erlauben Sie mal! Als Mediziner ... Durch Smith wurden Erkenntnisse gesammelt, die uns weiter brachten als alle Versuche, die vorher angestellt wurden.«

»Beruhigen Sie sich, Doktor«, beschwichtigt ihn Everest. »Ich habe das nur im Scherz gesagt.«

Der Arzt macht ein skeptisches Gesicht.

»Bestimmt! Genügt es Ihnen, wenn ich erkläre, nie wieder über Druckanzüge schimpfen zu wollen?«

»Wirklich?«

»Nach Ihrer Erzählung?«

Der Arzt lacht befreit. »Dann stifte ich noch eine Zigarette.« Er reicht die Packung. »Es wird Sie interessieren, zu erfahren, daß Doktor Stapp, der sich bekanntlich auf dem Raketenschlitten schon den tollsten Belastungen aussetzte – er hielt Geschwindigkeiten aus, bei denen aufgewirbelte Sandkörner seine Kombination durchschlugen und dreizentimetergroße blutunterlaufene Flecken auf seiner Haut hinterließen! –, den Fall Smith auf der SMART (Supersonic Military Air Research

Track, Militärische Überschall-Versuchsbahn) rekonstruierte. Das Endergebnis seiner Versuche ist der Schleudersitz, auf dem Sie schon oft gesessen haben. Bei Geschwindigkeiten bis zu 2 000 Kilometern kann Ihnen nichts mehr passieren.«

Frank Everest kratzt sich den Hinterkopf. »Sagt man! Ich weiß«, wehrt er einen Einwand ab, den der Mediziner machen will, »brauch' nur an dem zwischen den Beinen befindlichen Griff zu ziehen, und eine Sekunde später geht's los.«

»Ist das nicht großartig?« begeistert sich der Arzt. »Bedenken Sie, was in dieser einen Sekunde alles geschieht. Der Kabinendruck gleicht sich dem Außendruck an; automatisch wird Ihr Druckanzug aufgepumpt, sofern Sie es nicht schon gemacht haben; der Steuerknüppel schiebt sich nach vorne und gibt den Weg nach unten frei; Hebel erfassen Ihre Arme und Haltebügel Ihre Beine, damit diese nicht herum- und fortgewirbelt werden. Und das alles in einer Sekunde! Dann flitzen Sie nach unten hinaus. Stummelartige Flügel schieben sich seitlich aus dem Sitz, um das gefährliche Überschlagen zu verhindern, und ein Ausleger mit einer Windablenkfläche aus Stahl stellt sich vor Sie und schützt Ihren Körper vor der aufprallenden Luft. Wenn Sie wollen, können Sie dann schlafen. Denn erst, wenn Sie bis auf 12 000 Fuß gefallen sind und Ihre Geschwindigkeit auf 300 km/h sank, löst sich – versteht sich, automatisch – Ihr Körper vom Sitz und entfaltet sich der Schirm. Jetzt sagen Sie nur noch, daß das keine tolle Sache ist.«

Der Colonel bleckt die Zähne. »Tolle Sache schon – aber unmodern!«

Der Arzt sieht ihn groß an.

Frank Everest grinst. »Ich fliege bekanntlich die Bell X 2 – ein Flugzeug von morgen! Bei ihr sprenge ich mich im Notfall mit der ganzen Kabine ab. Bäh!«

»Ja, richtig, das hatte ich ganz vergessen. Aber: Bäh?« Der Arzt schüttelt den Kopf. »Und so was ist Colonel und der erste Testpilot der US Air Force?«

»Reden Sie kein dummes Zeug«, knurrt Everest. »Ich bin Flieger, weiter nichts.«

»Der Luftraum ist frei!« meldet ein Offizier der Flugüberwachungszentrale Muroc. »Für alle Flugzeuge gilt Einflugverbot.«

Frank Everest dankt, zieht noch einmal an seiner Zigarette, wirft den Stummel auf den Boden und blickt in die Gesichter der ihn umstehenden Männer. »Klar?« fragt er den Piloten der viermotorigen Boeing.

Der hebt die Hand. »Ja, Sir!«

»Well!« Er wendet sich an einen Nachrichtenoffizier. »X-Zeit gleich Startzeit plus dreißig Minuten.«

»Verstanden, Sir!«

Der Colonel tritt die fortgeworfene Zigarette aus. Wenn er auch keinen nervösen Eindruck macht, eine gewisse Nervenanspannung ist ihm anzusehen. Sein Gesicht wirkt schmaler als gewöhnlich, die Haut durchsichtiger. Flüchtig denkt er: Wäre ich doch schon oben! Hält man den Knüppel erst in der Hand, dann ist alles anders. Man spürt dann den Kloß im Hals nicht mehr.

Der unsicher auf seinen krummen Beinen stehende Raketen-Smith tritt an ihn heran. Es sieht aus, als taumele er. »Toi-toi-toi!« macht er mit vorgespitzten Lippen und reicht die Hand. »Alles Gute, Colonel! Zehn Dollar gegen einen Nickel, daß Sie es heute schaffen.«

»Danke, Smithie! Ich glaub's auch. Sorge macht mir nur die Kühlanlage. Hoffentlich genügt sie.«

Der alte Werkmeister zeigt auf seine Ohren und deutet an, daß er schlecht versteht.

Everest klopft ihm auf die Schulter.

»Wegen der Kühlanlage können Sie unbesorgt sein, Sir«, sagt einer der anwesenden Ingenieure. »Die reicht bestimmt. Sie hat eine Leistungsfähigkeit, die für ein riesiges Kühlhaus ausreichen würde. Ich denke, das wird genügen.«

»Hoffen wir's.« Everest sieht den Nachrichtenoffizier an. »Ihre Jungens werden auf Draht sein müssen, wenn sie mich nicht aus den Radarschirmen verlieren wollen.«

»Sie können sich auf uns verlassen.«

»Auf uns ebenfalls«, wirft der Arzt ein. »Hab' die Sanitätsfahrzeuge um das ganze Gelände verteilt. Wenn Sie anschweben, rasen wir gemeinsam mit den Feuerlöschwagen von allen Seiten auf Sie zu.«

Der Oberst macht ein nachdenkliches Gesicht. »Soll ich das als böses Omen oder als Trost auffassen?«

»Ganz, wie Sie wollen. Ich betrachte es als das, was es ist: eine Sicherheitsmaßnahme.«

»Gut, Doktor. Schließe mich Ihnen an.« Er grüßt. »Meine Herren!«

Die Offiziere legen ihre Hände an die Mützen. »Hals- und Beinbruch, Colonel!«

Wenige Minuten später wird die Bell X 2 unter die Boeing B 50 geschoben, nachdem Everest der ›Marsmenschenhelm‹ übergestülpt, sein Kopf abgestützt, der Körper festgeschnallt und das Kabinendach aufgesetzt und hermetisch verschlossen wurde. Dann greifen Klammern um das Versuchsflugzeug und ziehen es bis zur Hälfte in den aufgeschnittenen Rumpf des umgebauten Bombers.

Der Colonel kommt sich in diesem Augenblick verlassen vor. Nur spärliches Licht dringt in seine Kabine. Über dem Fenster kreuzen sich grüngraue Duralstreben, dahinter liegt ein Blech mit einer schnurgeraden Reihe kleiner Nietköpfe.

Unmittelbar vor ihm vibrieren die Instrumente der Bell X 2, deren phosphoreszierende Skalen und Zeiger magisch leuchten. So vertraut ihm ihr Anblick ist, sie beunruhigen ihn nun, da sie nichts anzeigen und auch nichts anzeigen werden, wenn sich die B 50 vom Boden abhebt.

Er kennt das Gefühl, das ihn dann befallen wird, von früheren Versuchsstarts her, weiß aus Erfahrung, wie unangenehm es ist, mit einem ›toten‹ Steuerknüppel in der Hand vor ›schweigenden‹ Instrumenten zu sitzen und zu wissen, daß man fliegt. Und nichts anderes zu sehen als ein paar grüngraue Streben, ein Blech mit Nietköpfen, die wie eine Reihe von Soldaten vor einem stehen, und – den Zeiger eines Höhenmessers zu verfolgen.

Zwischen Stoppuhr, Höhenmesser und Nietköpfen wird sein Blick also wieder einmal hin und her wandern, genau wie beim letzten Versuchsflug. Er hatte dabei entdeckt, daß eine der kleinen Nieten locker saß und sich unentwegt drehte. Es war merkwürdig gewesen, er hatte dauernd zu dem kleinen Ding hinaufschauen müssen.

»Alles in Ordnung, Colonel?« hört er die in der Sprechanlage gequetscht klingende Stimme des Piloten.

»Ja«, antwortet er einsilbig.

Wie aus weiter Ferne vernimmt er das Aufbrausen der Motoren. Der Rumpf der Bell X 2 vibriert. Er fühlt das Rollen der Räder des Bombers, spürt das Abheben und läßt seine Stoppuhr anlaufen.

Noch dreißig Minuten, denkt er. In dreißig Minuten werden Hunderte von Augenpaaren hochstarren. Und kaum etwas sehen. Vielleicht den Feuerschweif, der hinter mir herfauchen wird. Aber auch das ist nicht sicher. Nur das Donnern der Rakete wird sich schmerzlich auf ihre Ohren legen.

Eigentlich toll, daß ich von dem wenige Meter hinter meinem Rükken ausbrechenden Höllenlärm nichts hören kann. Ich bin eben schneller als der Schall.

Schon eine interessante Zeit, in der wir leben, überlegt er weiter. Die meisten Menschen werden allerdings den Kopf schütteln, wenn sie morgen hören: die Bell X 2 flog mit einer Geschwindigkeit von weit über 2 000 Meilen in der Stunde. Weil sie denken, daß es gleichgültig ist, ob man zehn, sieben oder fünf Stunden benötigt, um von New York nach Tokio oder Berlin zu kommen.

Als wenn es darum ginge. Es geht um etwas ganz anderes: um die Erschließung des Weltraumes!

Wozu? Ja, setzte sich Christoph Kolumbus in seine ›Santa Maria‹, um Amerika zu entdecken? Konstruierte James Watt die Dampfmaschine, um die Welt mit einem Eisenbahnnetz zu beglücken? Unternahm Otto Lilienthal seine ersten Flugversuche, um den Weltluftverkehr zu schaffen. Im Menschen steckt nun einmal das, was ihn vom Tier unterscheidet und ihn auszeichnet: Geist. Und der Geist kann nicht müßig sein; er braucht Nahrung – wie der Leib.

Die gequetschte Stimme des ersten Piloten reißt Frank Everest aus seinen Gedanken. »X-Zeit minus fünf Minuten!« hört er ihn rufen.

»Flughöhe: 30000 Fuß. Kurs: rechtweisend 190 Grad. Standort: Planquadrat 2165/D 6. Abdrift: minus 3. Eigengeschwindigkeit: 680 km/h. Alles klar, Colonel?«

»Ja«, erwidert der gepreßt. Er spricht nur ungern, wenn er unter dem Druckhelm sitzt, der für ihn die Atmung übernommen hat. Unter dem Helm muß er anders sprechen als gewöhnlich, gewissermaßen ›verkehrt‹, da auch die Atmung ›verkehrt‹ vor sich geht. Es ist, als habe er jahrelang eine Zahnprothese getragen und hätte sie plötzlich verloren.

»Bei X-Zeit minus zwei Minuten wende ich«, fährt der Pilot der Boeing fort. »Sie haben dann die Sonne im Rücken und weit voraus – heute übrigens gut erkennbar – die Sierra Nevada.«

Everest blickt vor sich hin. Er spürt eine gewisse Nervosität und versucht sich abzulenken. Seine Hand ergreift den Knüppel, der sich drucklos nach allen Seiten bewegen läßt. Er gibt ihn wieder frei, schaut auf das Blech mit der schnurgeraden Nietreihe und stutzt. Die Niete, die sich beim letzten Mal unaufhörlich drehte, ist nicht mehr da. An ihrer Stelle glänzt ein neuer farbloser, blanker Nietenkopf.

Man hat eine ›Zellenkontrolle‹ durchgeführt, denkt er. Dabei wurde die lockere Niete entdeckt und durch eine neue ersetzt. Ein gutes Omen. Selbst der kleinste Fehler wurde gefunden und beseitigt. So wird es auch bei meiner Bell X 2 sein; heute werde ich es schaffen.

»X-Zeit minus 60 Sekunden! Die begleitenden Überschalljäger haben sich neben uns gesetzt. Flughöhe: 36000 Fuß. Kurs: rechtweisend 350 Grad. Standort: Planquadrat 2164/L. Abdrift: plus 4. Ich drücke auf Eigengeschwindigkeit 760 km/h. X-Zeit minus 45 Sekunden.«

Frank Everest umfaßt den Steuerknüppel. Endlich, denkt er erleichtert. Mit geweiteten Augen blickt er zum hellen Schlitz in der Aussparung der B 50 hinunter, um seine Pupillen, so gut es geht, auf den plötzlichen Lichteinfall vorzubereiten, dem er gleich ausgesetzt sein wird.

»Sind Sie bereit, Colonel?«

»Ja!«

»X-Zeit minus Zehn – Neun – Acht ... Vier – Drei – Zwei – Eins – Null!«

Die Bell X 2 löst sich vom Rumpf.

Gleißendes Licht schlägt in die Kabine. Frank Everest kneift die Augen zusammen und gibt Tiefensteuer, um Abstand vom Trägerflugzeug zu gewinnen. Dabei blinzelt er aus schmalen Schlitzen nach rechts und links. Schemenhaft gewahrt er die Umrisse der begleitenden Jäger. »Kurve nach Steuerbord!« ruft er mit vor Erregung heiserer Stimme.

»Verstanden!« hört er zweimal im Kopfhörer.

»Irgend etwas Verdächtiges zu bemerken?« Seine Hand legt sich auf den Zündschalter des Raketenmotors.

»Backbord klar!«

»Steuerbord klar.«

»Achtung!« Er preßt sich gegen die Rückenlehne und öffnet die Augen. Ein wenig schmerzen sie noch. Über ihm spannt sich ein grünblauer Himmel. Weit voraus erkennt er den rostbraunen Rücken der Sierra Nevada. Er drückt zweimal auf die Stoppuhr. »Ich zünde!« Seine Rechte hält den Knüppel, die Linke betätigt einen Hebel.

Ihm ist, als erhielt er einen Schlag, als sei er vor die Mündung einer Kanone geschnallt. Für den Bruchteil einer Sekunde glaubt er, die Erde berste auseinander und die Pforten der Hölle öffneten sich unter infernalischem Getöse. Dann hört er nichts mehr. Vor seinen Augen stehen dunkle Punkte. Seine Glieder werden schwer wie Blei.

Die Punkte verwandeln sich zu braunen Feldern. Den Horizont kann er kaum ausmachen. Rein gefühlsmäßig nimmt er die Schnauze des Flugzeuges hoch. Er bildet sich ein, auf dem Rücken zu liegen, die Beine schräg nach oben.

Aus den braunen Feldern werden gelbe Kreise. Er atmet auf: es ist geschafft, gleich wird er wieder klar sehen können. Der Körper hat sich der ungeheuren Beschleunigung angepaßt.

Der Höhenmesser rast: 45 000 – 50 000 – 55 000 Fuß! Der Fahrtmesser zeigt fast Mach 1. Mit 1 000 Stundenkilometern jagt er zum Himmel empor, der sich von Sekunde zu Sekunde dunkler färbt. Stahlblau leuchtet er schon.

Die Bell X 2 beginnt zu zittern. Everest zieht den Knüppel an. Noch will er die Schallmauer nicht durchbrechen.

Der Höhenmesser steigt: 60 000 Fuß! 65 000 – 70 000 – 75 000!

Möchte wissen, wie hoch ich kommen würde, wenn ich die Maschine nur steigen, immer weiter steigen ließe, denkt er flüchtig. Müßte verdammt interessant sein, das festzustellen. Ein anderes Mal. Heute gilt es, die ›Hitzemauer‹ zu erreichen. Blödsinniger Name. ›Schallmauer‹ – ja, das stimmt. Aber ›Hitzemauer‹? Ein Verlegenheitsname. Man weiß nicht, wie man den Bereich nennen soll, in dem die Reibungshitze so groß wird, daß . . .

Er schaut nach draußen und glaubt zu träumen. Der Himmel ist tief dunkelblau. Etliche Sterne tauchen auf, strahlend hell, wie in einer glasklaren Mondnacht. Der Horizont ist nicht zu sehen; zu steil jagt das Flugzeug nach oben.

80 000 – 85 000 Fuß! Über 27 000 Meter! Noch nie flog ein Mensch in dieser Höhe.

Der Colonel drückt an. Heute zwinge ich es! Heute muß es gelingen!

Die Bell X 2 beginnt zu stampfen wie ein Kanu, das aus einem ruhig dahinfließenden Wasser in eine Stromschnelle gerät. Der Bug neigt sich jäh nach unten. Frank Everest korrigiert. Und dann ist es schon geschafft: die Schallmauer ist durchbrochen. Das Flugzeug liegt wieder ruhig. Der Fahrtmesser klettert über Mach 1 hinaus.

Ein Blick auf die Stoppuhr: eineinhalb Minuten sind vergangen, viereinhalb stehen noch zur Verfügung.

Die Geschwindigkeit steigt. Der Zeiger wandert auf Mach 2. 2 000 km/h! Und die Erde zieht so langsam unter ihm dahin, als fliege er in 1 000 Meter Höhe mit 200 km/h.

Bilde ich es mir nur ein, oder wird es wirklich schon wärmer, fragt er sich. Egal, jetzt geht's ums Ganze!

Er weiß, daß die Kameraden an den Radar-Schirmen sitzen, daß sie seine Geschwindigkeit haargenau messen und ihm die Daumen halten. Wird es ihm gelingen, die Bell X 2 auf weit über 2 000 Meilen zu treiben?

Frank Everest betätigt einen Schalter. Wieder wird er zurückgepreßt, erneut sieht er tanzende Kreise.

Mach 2,8! Mach 3! Ihm wird heiß. Kabinentemperatur? Zum Teufel, 65 Grad Celsius? Und das bei einer Kühlanlage, die der eines riesigen Kühlhauses entspricht?

Die Sierra Nevada liegt wie ein rostiges Stück Blech unter ihm. Er gewahrt sie kaum, sieht überhaupt nichts anderes mehr als seine Instrumente. Stoppuhr: noch zweieinhalb Minuten! Fahrtmesser: Mach 3,2! 3 300 km/h! Würde das Geschoß einer Kanone jetzt neben ihm dahinsausen, dann würde er es überholen! Außentemperatur: 500 Grad! Innentemperatur: 72!

72 Grad? Und 500 draußen? Er erschrickt. Was wird, wenn das Glas schmilzt?

Unwillkürlich greift seine Linke nach dem roten Knopf, mit dem die Kabine im Bruchteil einer Sekunde abgesprengt werden kann. Schweißtropfen rinnen ihm über Stirn und Wangen. Er möchte sie fortwischen, kann es nicht, da sein Gesicht unter dem Druckhelm liegt.

Immer schneller wird das Flugzeug. Mit einer Energie, die der Antriebskraft eines Ozeandampfers entspricht, wird es vorwärts gestoßen. Mach 3,4! Mach 3,5! Mach 3,6! Und der Druck in Everests Rücken verstärkt sich weiter.

Außentemperatur: 600 Grad! Kabinentemperatur: 92!

Lange halte ich das nicht mehr aus, denkt er. Bei Gott, mir rinnt das Wasser über den Körper.

Seine Pulse fliegen. Ihm ist, als stünde er im Brennpunkt eines Lötkolbens. Die Zeit! Noch eine Minute.

Nur noch eine, beschwört er sich. Du mußt durchhalten! 60 Sekunden noch! Jetzt sind es schon nur noch 55.

Seine Augen weiten sich: Mach 3,7! Mach 3,8! Temperaturen? Außen: 650 Grad! Innen: 102!

Er glaubt zu verbrennen, bildet sich ein, sein Blut beginne zu kochen. Gebannt starrt er auf den Zeiger der Stoppuhr. Noch 30 Sekunden! Halte durch, du schaffst es!

Mach 3,9! Mach 4! Über 4 000 km/h! Würde eine Kanonenkugel jetzt genau vor ihm herfliegen, er würde sie mit 600 km/h rammen.

Kabinentemperatur: 110 Grad! Seine Sinne beginnen zu schwinden.

Er schaltet die Zündung aus und zieht das Steuer an. Nur herunter von der Geschwindigkeit, heraus aus diesem Bratofen.

Der Druck in seinem Rücken verliert sich. Die Gurte schneiden plötzlich in die Schultern. Es stört ihn nicht; alles ist ihm in diesem Augenblick gleichgültig, wenn nur die Temperatur sinkt! Der Gedanke, daß er ein unwahrscheinliches, kaum glaubwürdiges Ziel erreichte, daß er eine Sprosse in die Leiter steckte, die Männer wie Montgolfier, Charles, Lilienthal, die Gebrüder Wright, Blériot, Lindbergh und all die anderen schufen, die Großes in der Fliegerei leisteten, dieser Gedanke kommt ihm nicht.

Wie sollte er auch? Keiner seiner Vorgänger dachte im Augenblick des Erfolges an das gesteckte Ziel. Sie alle hatten ebensosehr mit sich und dem Neuen, noch Unbekannten, zu ringen wie Frank Everest, der in einer überdimensionierten fliegenden Kühlanlage sitzt und gegen Hitze und Ohnmacht ankämpft.

Doch dann sinkt die Temperatur, und Everest atmet erleichtert auf. ›Langsam‹, mit nur 1 500 Stundenkilometern, überfliegt er die Ausläufer der Sierra Nevada, kreist schließlich über der Wüste Mohave und sucht die Hallen von Muroc, in deren unmittelbarer Nähe er eine Art ›Ziellandung‹ machen möchte. Er weiß, daß das nicht so einfach sein wird, da die Bell X 2 schon bei 300 km/h durchsackt, er also mit mindestens 400 Stundenkilometern anschweben muß. Er will es aber dennoch versuchen. Nicht aus falschem Ehrgeiz; er sehnt sich nach den Kameraden, als hätte er sie seit einem Jahrzehnt nicht mehr gesehen. Und er fürchtet sich plötzlich vor der Wüste; ihm ist zumute, als wäre er durch die Hölle geflogen.

Der Colonel hat Glück. Trotz der großen Höhe, in der er war, verschätzt er sich nicht. Er schwebt gut an und kommt wenige Kilometer vor den Hallen zum Stehen.

Von allen Seiten rasen Autos auf ihn zu, und noch ehe er sich von seinen Gurten und dem ›Marsmenschenhelm‹ befreien und aus der Bell X 2 herausklettern kann, sind die ersten Kameraden bei ihm.

»Gratulation!« jubeln sie. »Es ist geschafft! Die Radarmessungen haben einwandfrei ergeben, daß die 2 500-Meilen-Grenze weit überschritten wurde!« Das sind über 4 000 km/h!

Frank Everest ist wie benommen. Er fühlt sich wie ausgepumpt und läßt sich auf den Boden sinken. Mit müder Bewegung fährt er sich durch die schweißnassen Haare. »Nicht zu begreifen«, sagt er. »Wenn man bedenkt . . .« Er unterbricht sich und schüttelt den Kopf. »Wann flog eigentlich der erste Mensch?«

»Der erste?« fragt ein Captain verwundert. »Wenn ich mich nicht täusche, 1903. Es war Orville Wright.«

»Der führte den ersten Motorflug aus«, erwidert Everest. »An ihn dachte ich nicht.«

»An Lilienthal?«

»Nein. Er war der erste Gleitflieger. Vor ihm gab's doch schon Luftfahrer, die mit Ballonen . . . Ich meinte: Wer hob sich als erster von der Erde ab?«

»Denken Sie an den Franzosen?« fragt ein Major. »An Montgolfier?«

»Ja, an den dachte ich. Wann machte er seinen ersten Flug?«

»Es muß gegen Ende des 18. Jahrhunderts gewesen sein. Etwa zur Zeit unseres Freiheitskrieges. Ich bilde mir aber ein, mich zu erinnern, daß Montgolfier selber nicht aufstieg. Das war ein anderer. Sein Name ist mir entfallen.«

Frank Everest blickt nachdenklich vor sich hin. »Eigentlich beschämend«, sagt er. »Unentwegt bauen wir auf den Leistungen unserer Vorgänger auf, und wir wissen so gut wie nichts von ihnen. Wie sollen wir das Heute in seinem ganzen Umfang und in seiner Bedeutung für die Zukunft verstehen und begreifen, wenn wir das Gestern nicht kennen? Wird Zeit, sich einmal damit zu befassen.«

21. November 1783

»Mon Dieu!« entfuhr es Joseph Michel Montgolfier, als er in der Gazette d'Avignon las, welche Anstrengungen die Truppen der Spanier und Franzosen unternommen hatten, um die Engländer aus Gibraltar hinauszuwerfen. Seit Mai 1781 waren insgesamt 56760 Kugeln und 20130 Bomben, mit Sprengladungen gefüllte Hohlkugeln, vermittels Kanonen von 23 bis 28 cm Kaliber auf die Tommies abgefeuert worden. Erfolg: die Stadt Gibraltar wurde ein Trümmerhaufen, die Festung jedoch nicht im geringsten beschädigt.

Die dunklen Augen des schwarzhaarigen Joseph Montgolfier brannten vor Erregung, als er weiterlas und vernahm, daß man nunmehr versuchen würde, von See her anzugreifen. Nach Plänen des französischen Ingenieurs d'Arcon sollten schwimmende Batterien mit über 300 Kanonen gebaut werden.

»Das ist Wahnsinn!« ereiferte er sich und schlug mit der Faust so heftig auf den Tisch, daß der Kerzenständer hochsprang. »Schwimmende Batterien! Die sind doch spielend in Brand zu schießen!«

Erregt stand er auf, öffnete die Zimmertür und rief mit einer Stimme, als wolle er jemanden umbringen: »Madame!«

»Monsieur?« schallte es zurück.

»Eine Flasche Languedoc, bitte!«

»Gleich, Monsieur!«

Wie das in dieser Wohnung riecht, dachte er, rümpfte die Nase und schloß schnell die Tür. Ich wollte, ich könnte Avignon wieder verlassen! Vor allen Dingen dieses verfluchte möblierte Zimmer. Es geht mir auf die Nerven. Könnte ich doch jetzt daheim sein und mich mit meinem Bruder Etienne unterhalten. Schwimmende Batterien! Wenn Gibraltar nicht von der Landseite her genommen werden kann, gibt es nur noch eine Möglichkeit: von oben, aus der Luft!

Er nahm eine unruhige Wanderung auf. In ihm steckte das drängende Blut und der nüchterne Geist seines Vorfahren Jean Montgolfier, der sich an einem Kreuzzug beteiligte, in türkische Gefangenschaft geriet, darüber aber nicht wehklagte, sondern sich für die in Frankreich nur wenig bekannte Kunst der Papierherstellung interessierte.

Nur aus der Luft, durch einen Angriff von oben, könnte Gibraltar zurückerobert werden, sagte sich Joseph Montgolfier nochmals. Was für Augen der englische General Elliot dann wohl machen würde?

Sein Gesicht verzog sich zu einem Grinsen. Wenn er den Engländern den vermaledeiten Felsen auch nicht gönnte, er schätzte ihren Unternehmungsgeist und bewunderte ihre Zähigkeit.

Die Zimmervermieterin brachte den Wein. »Haben Sie noch einen Wunsch, Monsieur?« fragte sie maliziös.

Montgolfier starrte sie geistesabwesend an. »Wie bitte?«

Sie lächelte nachsichtig. »Ich fragte, ob Sie noch einen Wunsch haben?«

»Nein, Madame«, erwiderte er zerstreut. »Vielleicht etwas Käse. Und ein Stück Brot. Aber dann möchte ich nicht mehr gestört werden. Ich habe zu schreiben.«

Mit keinem Gedanken hatte er daran gedacht, zu schreiben, doch plötzlich verspürte er den Wunsch, sich an den Bruder zu wenden, um sich erneut mit ihm über vielerlei Dinge zu unterhalten.

Aufgeschlossen für alle technischen und wissenschaftlichen Dinge beschäftigte er sich schon seit langem mit dem Problem des Sich-in-die-Luft-Erhebens. Er hatte alle Bücher gelesen, die sich mit der Frage befaßten, ob es dem Menschen jemals gelingen könnte, die Erdenschwere zu überwinden, und er wußte sehr wohl, daß es an Vermessenheit grenzte, sich den Göttern gleich in den Himmel schwingen zu wollen. Etwa so, wie es in der nordischen Heldensage beschrieben wird. Darüber hieß es in einem Buch, das Montgolfier oft mit heißen Wangen gelesen hatte:

›Der Eisriese Thrym erdreistet sich, dem Sturmgott Thor während des Schlafes den Donnerhammer zu stehlen. Thor ergrimmt natürlich, als er den Verlust bemerkt, der listige Loki aber weiß Rat. Er empfiehlt ihm, sich Freyjas Federkleid zu leihen, um damit zu Thrym zu fliegen und sich den Donnerhammer wiederzuholen.

Freyja steht ihrem Bruder sofort bei. Sie übergibt ihr Federkleid, mit dem der getreue Loki vom Göttersitz der Asen zur Burg des Riesen fliegt, um ihn aufzufordern, unverzüglich den gestohlenen Hammer an Thor zurückzugeben.

Thrym lacht ihn aus und erklärt, er habe den Donnerhammer »wohl an acht Meilen« unter der Erde versteckt, und Thor würde ihn niemals wiederbekommen, wenn er ihm nicht Freyja zur Frau gebe.

Loki kann nichts anderes tun, als zurückzufliegen und den Asen zu melden, was Thrym ihm sagte.

Freyja ist außer sich. »Die Mannstollste müßte ich sein, wenn ich mich diesem Schurken hingeben würde«, ruft sie empört.

Loki behält die Ruhe und fragt nach kurzer Überlegung: »Wie wäre es, wenn Thor sich als Braut verkleiden und seine Brust mit Freyjas Geschmeide schmücken würde?«

Die Götter jubeln, und es dauert nicht lange, bis Thor als Jungfer verkleidet in einen von geflügelten Böcken gezogenen Wagen einsteigt, der rauschend nach Thursenheim fliegt, wo der Eisriese Thrym beglückt ein großes Festmahl herrichten läßt, dem der als Braut »gar lieblich verkleidetete« Thor alle Ehre erweist. Einen ganzen Ochsen vertilgt er, und dazu trinkt er drei Fässer Met. Dann bittet er Thrym, ihn mit dem Donnerhammer zur Braut zu weihen.

Thrym holt augenblicklich den »wohl an acht Meilen« unter der Erde liegenden Hammer hervor und legt ihn seiner vermeintlichen Braut in den Schoß.

Thor zögert keine Sekunde. Er ergreift den Donnerhammer und erschlägt den Riesen.‹

Auch die Erzählung von Wieland dem Schmied, der im germanischen Volksglauben als ein halbgöttliches Wesen gilt, kennt Joseph Montgolfier.

Wieland war der Sohn des Meeresriesen Wade und wurde von dem berühmten Schmied Mimir sowie von Zwergen ausgebildet, die ihn zum kunstreichsten aller Schmiede machten. Nach Beendigung seiner Lehrjahre lebte er zunächst mit zwei Brüdern und drei Schwanenjungfrauen zusammen, die jedoch eines Tages davonflogen, um als Walküren den Schlachten nachzuziehen. Wieland ging nun seiner Wege und kam zum König Nidung, dessen Schmied Aemilias er im Wettkampf mit seinem Schwert Mimung besiegte. Der König erkannte Wielands außerordentliche Fähigkeiten, und um ihn nicht zu verlieren, nahm er ihm die Möglichkeit, weiterzureisen. Er ließ ihm die Fersen durchschneiden.

Wieland schwor Rache. Er schmiedete sich künstliche Schwingen und lockte die drei Kinder des Königs in seine Werkstatt, wo er die Söhne erschlug und die Tochter Baduhild vergewaltigte. Dann schwang er sich in die Luft und entfloh.

Wie Wieland, so war auch Daidalos ein ›Künstler seines Faches‹, berichtet das Buch über die Heldensagen.

›Daidalos war ein Urenkel des griechischen Königs Erechtheus, und er wurde allgemein als Architekt, Bildner und Techniker bewundert, bis er aus Athen flüchten mußte, weil ihn der Künstlerneid zur Ermordung seines Schülers und Neffen Talos getrieben hatte. Er flüchtete nach Kreta, wo er beim König Minos Schutz fand, für den er den Tanzplatz der Ariadne und das Labyrinth des Minotaurus baute. Er stand in hoher Gunst, verlor sie jedoch, als er die »Kuh des Pasiphaë« schuf. Mit dieser Plastik, die den Minotaurus als Ungeheuer mit menschlichem Körper und Stierkopf darstellt, spielte Daidalos auf die unnatürliche Liebe der Pasiphaë, Gemahlin des Minos, zu dem von Poseidon gesandten weißen Stier an. König Minos war über die Skulptur so empört, daß er Daidalos und dessen Sohn Ikaros in das Labyrinth werfen ließ, aus dem der findige Künstler dann vermittels selbstgefertigter Flügel mit seinem Sohn flüchtete.

Es heißt, daß Ikaros auf der Flucht in das Meer stürzte – das seither nach ihm benannt ist –, weil er sich zu nahe an die Sonne herangewagt habe, wodurch das Wachs seiner Flügel geschmolzen sei. Daidalos aber entkam nach Sizilien, wo er Aufnahme beim König Kokalos fand, für den er verschiedene Wasseranlagen und Bauten errichtete. Dann ging er nach Sizilien und schuf dort die nach ihm benannten einzigartigen Daidaleen.‹

In dem Sagenbuch, das Montgolfier eifrig studierte, war auch vom chinesischen Kaiser Shun die Rede. Dieser soll vor Tausenden von Jahren mit Hilfe eines Federkleides aus einer Gefangenschaft entflohen sein. Die Idee zu fliegen sei ihm schon früher gekommen, zu einer Zeit, da er noch Kind war und von seinem Vater auf einen Speicher geschickt wurde, der ausgerechnet in dem Moment, als er gerade oben war, Feuer fing. In seiner Verzweiflung habe der junge Shun zwei der breitrandigen chinesischen Strohhüte ergriffen, mit denen er langsam zur Erde hinabgeschwebt sei.

Den größten Eindruck hatte auf Joseph Montgolfier ein utopischer Roman gemacht, dessen Autor Francis Godwin war, Bischof von Hereford. Der Held der Geschichte, Domingo Gonzales, bringt es mit Hilfe eines Flugapparates, der von Gänsen gezogen wird, ohne sonderliche Schwierigkeiten fertig, zum Mond zu gelangen.

Nach intensiven Gesprächen mit seinem jüngeren Bruder Etienne gewann Joseph Montgolfier allerdings die Überzeugung, daß ein anderer Weg beschritten werden müsse, wenn es gelingen sollte, sich von der Erde zu erheben. Es war deshalb nicht verwunderlich, daß ihn die erste gedruckte Darstellung eines ›fliegenden Schiffes‹ nicht beeindrucken konnte. Vielleicht würde er seine Meinung geändert haben, wenn er Gelegenheit gehabt hätte, die ›fliegenden Schiffe‹ zu sehen, die Hieronymus Bosch in unglaublich phantasievoller Weise in seinem Triptychon ›Die Versuchung des hl. Antonius‹ dargestellt hat. Visionär sah der Künstler die schlimmsten Luftkämpfe voraus.

Auch das Werk Leonardo da Vincis war Montgolfier nicht bekannt. Der große italienische Künstler entwickelte eine erstaunliche Phantasie; allerdings mit dem Unterschied, daß er vermittels dieser göttlichen Gabe versuchte, aus seinen Beobachtungen und wissenschaftlichen Untersuchungen ein Gerät zu entwickeln, das es dem Menschen ermöglichen sollte, sich von der Erdenschwere zu befreien. Hunderte von Zeichnungen fertigte er an, Zeichnungen, die uns immer wieder in Erstaunen versetzen. Einen Flugapparat aber konnte er nicht schaffen, weil er an der Vorstellung klebte, der Mensch müsse sich vermittels Schwingen vom Boden erheben.

Es ist verwunderlich, daß ein Mann wie Leonardo da Vinci, der das Prinzip eines Hubschraubers absolut richtig erfaßte und wie nebenbei einen Fallschirm entwarf, nicht erkannte, daß das Körpergewicht des Menschen im Verhältnis zu seiner Muskelkraft viel größer als beim Vogel ist, wodurch es dem Menschen niemals möglich sein wird, aus eigener Kraft zu fliegen.

Vielleicht war der erste, der diesem Verlangen erlag, König Bladud, der 900 v. Chr. in England regierte. Es heißt, daß er nach Athen wanderte, um zu studieren, und daß er sich nach seiner Rückkehr Flügel baute, mit denen er von einem hohen Turm zum Flug über London ansetzte, aber abstürzte und tödlich verunglückte.

Bladud ist nicht der einzige, der von einem Turm sprang, um über eine Ortschaft hinwegzufliegen. Viele sind ihm gefolgt und dabei zugrunde gegangen, doch nur wenige von ihnen haben sich ernsthaft mit dem Problem des Fliegens befaßt. Die meisten waren Schausteller oder Wichtigtuer. Das schließt nicht aus, daß sie im Augenblick des Herabspringens ernstlich glaubten, mit Hilfe der von ihnen gebauten Schwingen fliegen zu können, und es ist darum oft sehr schwer zu sagen: Dieser war ein Pionier, jener ein Scharlatan.

Es gab freilich auch Männer, die weder das eine noch das andere waren. Zu ihnen gehört der getreue Helfer Leonardo da Vincis, Zoroaster de Peretola. In der Hoffnung, seinem geliebten Meister damit zu dienen, stürzte er sich mit einem Flugmodell des Künstlers von dessen Hausdach. Mit dem Leben kam er davon, aber er war zum Krüppel geworden.

Zusammenfassend kann man sagen, daß es in allen Nationen Männer gegeben hat, die selbstgebastelte Schwingen durch todesmutige Sprünge von Dächern und Türmen erprobten. Unter ihnen befand sich aber kaum einer, der einigermaßen klar erkannte, worum es ging. Das tat erst der deutsche Mediziner und Physiker Johann Joachim Becher, 1635 bis 1682, der unter anderem schrieb: ›Es sind aber bei dem Fliegen unterschiedische Dinge zu considerieren: erstlich, ob der Mensch den Atem beym Fliegen werde gebrauchen können; zweytens, was vor ein Centrum gravitatis er halten werde, daß er nicht umstürze; drittens, ob einige Thiere oder Körper so schwer als ein Mensch von der Luft getragen werden können; viertens, ob die Nerven des Menschen so stark seyn, daß sie die Bewegung ausstehen können, welche dazu erfordert ist. Alles, was fliegen soll, muß eine größere vim elastica haben, als es wieget.‹

Es ist überraschend, wie klar Becher die Probleme erkannte. Er spricht vom Atem, vom Gleichgewicht und von der Antriebskraft ›vim elastica‹, die es in jener Zeit in Form eines Motors noch nicht gab. Aber er ist überzeugt, daß es die zum Fliegen erforderliche Kraft eines Tages geben wird, denn er schließt seine Ausführungen mit den Worten: ›Es mag einem so närrisch vorkommen, wie es will, so behaupte ich doch, daß es möglich sey auf diese Weise zu Fliegen durch die vim elastica.‹

Die ›närrische‹ Theorie des Mediziners Becher war Joseph Montgolfier natürlich nicht bekannt. Es gab aber eine echt närrische, die sein Landsmann Cyrano de Bergerac aufstellte. Dieser hielt es für möglich, mit Hilfe von Eierschalen und Tau zu fliegen. Wie? Daß man nicht selbst darauf gekommen ist! Der Tau verdunstet bekanntlich; ›er wird also von der Sonne emporgezogen‹. Und Eierschalen sind unzweifelhaft außerordentlich leichte Gebilde. Wenn man also hingeht und füllt eine große Anzahl von Eierschalen mit Tau, dann muß doch der Augenblick kommen . . .

Über diesen Unsinn konnte Montgolfier nur lachen. Die Überlegungen hingegen, die der italienische Jesuitenpater Lana de Terzi anstellte, faszinierten ihn und gingen in etwa in die Richtung seiner Vorstellungen.

Lana, der als Professor der Mathematik und Philosophie tätig war, veröffentlichte 1670 eine Schrift über die Erfindung eines ›Luftschiffes‹, welche in der Gelehrtenwelt großes Aufsehen erregte und heftige Debatten hervorrief. Er wollte ein Luftschiff schaffen, das von vier hauchdünnen, luftleeren Kugeln im Durchmesser von sechs Metern getragen werden sollte. Seine Überlegung fand Beifall, weil man sich sagte: Selbst das leichteste Gas wird immer noch mehr wiegen als das Nichts. Lana und seine Anhänger bedachten nur nicht, daß luftleer gepumpte dünne Kugeln unter der Last der Atmosphäre im Nu zerquetscht werden.

Im übrigen bezweifelte Lana als getreuer Sohn seines Ordens auch selbst, wie er schreibt, ›daß Gott jemals sein Einverständnis zum Bau eines solchen Luftschiffes geben wird, weil es viel Verwirrung unter den Regierungen der Menschheit auslösen würde‹. Und dann sieht er in einer fast unglaublichen Vision die Bedeutung des Luftschiffes in künftigen Kriegen voraus: Bombenflugzeuge, Luftangriffe, Not und Elend.

Gerade in dieser Hinsicht gab Joseph Montgolfier dem italienischen Professor insgeheim recht. Es war nicht zu leugnen, daß er selbst sich bei der Lektüre über das erfolglose Bombardement Gibraltars nichts sehnlicher gewünscht hatte, als die Festung aus der Luft angreifen zu können. Und er war überzeugt, daß es möglich sein müsse, sich von der Erdenschwere zu befreien. Denn Lanas Überlegungen deckten sich mit den Ideen, die er in einem Buch des englischen Physikers Joseph Priestley über Aerostatik gelesen hatte. Mehrfach schon hatte er mit seinem Bruder in der väterlichen Papierfabrik Papierbehälter hergestellt und versucht, sie mit jenem leichten Gas zu füllen, das Henry Cavendish gefunden hatte und ›Wasserstoff‹ nannte. Dieses Gas ließ sich leicht herstellen, indem man Salz- oder Schwefelsäure auf Eisenspäne schüttet. Aber die Brüder hatten keinen Erfolg. Und dennoch: Sie hielten die Lösung praktisch in Händen und merkten es nur nicht, weil das äußerst flüchtige Gas zu schnell durch das poröse Papier entwich und ihre Hüllen somit nicht aufsteigen konnten.

Verzweifelt hatten sie es daraufhin mit Dampf versucht, weil sie sahen, daß dieser zur Decke aufstieg. Aber ebenfalls ohne Erfolg: der Dampf verdichtete sich zu schnell, schlug als Wasser nieder und durchnäßte die Hüllen, die dadurch nur schwerer wurden.

»Es hat keinen Zweck!« hatte Joseph eines Tages resigniert festgestellt. »So kommen wir nicht weiter. Wir müssen eine ›neue Luftart‹ finden. Ohne die geht's nicht!«

Eine ›neue Luftart‹! Wenn ich nur wüßte, woher ich sie nehmen soll, dachte Montgolfier, als er seine ruhelose Wanderung durch das gemietete möblierte Zimmer in Avignon fortsetzte. ›Höhenluft‹, schreibt der aus dieser zwar sehr hübschen, aber verflixten Stadt stammende Dominikanerpater Galien in seinem Buch ›L'Art de naviguer dans les Air.‹ Höhenluft! Als ob man die in Säcken von den Bergen heruntertragen könnte! Grundsätzlich ist die Idee natürlich nicht schlecht, sie wird aber ebenso undurchführbar sein wie alles andere, was dieser komische Heilige vorschlägt: ein Luftschiff, länger und breiter als die Stadt Avignon! So ein Wahnsinn!

Die Wirtin trat erneut in das Zimmer. »So, Monsieur, hier haben Sie einen erstklassigen Camembert. Soll ich ihn auf den Tisch stellen?«

Vielleicht auf den Boden, dachte er aufgebracht, sagte aber: »Ja, bitte.«

»Die Flasche ist schon geöffnet.«

»Besten Dank, Madame.«

»Sie haben sich ja noch gar nicht eingeschenkt.«

»Nein, Madame. Ich wollte warten . . .«

». . . bis der Käse da ist. Ich verstehe. Kommen Sie, ich werde das Glas füllen. Ich weiß ja, wie das ist, wenn die Herren allein sind. Mein Mann selig war dann auch immer sehr unbeholfen.« Sie kicherte verschämt.

Montgolfiers Augen glühten. Wenn sie nur schon raus wäre, dachte er wütend.

»So«, flötete sie weiter, da sie nicht im geringsten bemerkte, daß ihr Untermieter nahe daran war, aufzubrausen. »Kann ich sonst noch etwas für Sie tun?«

»Nein!« Das Wort knallte.

Sie zuckte zusammen wie unter einem Peitschenhieb und blickte entsetzt zu Montgolfier hinüber. Unglaublich, dachte sie. Aber so sind die Männer! Einer wie der andere. Genau wie mein Mann selig! Sie warf den Kopf in den Nacken und verließ das Zimmer.

Montgolfier fluchte insgeheim: Aufdringliches Frauenzimmer! Hab' ihr doch gesagt, daß ich schreiben möchte und nicht gestört sein will. Da wälzt man Probleme, daß einem der Kopf raucht, und . . .

Er stutzte. Was hab' ich da gedacht? Raucht? Seine Gedanken überschlugen sich. Im Geiste sah er Schornsteine, aus denen der Rauch senkrecht nach oben steigt. »Rauch! Rauch ist die neue Luftart!« schrie er wie von Sinnen, stürzte zur Tür und rannte auf den dunklen Korridor hinaus. »Madame!« rief er und stieß gegen eine Kommode. Sacré, warum steht hier keine Kerze? »Madame!« brüllte er erneut.

»Monsieur?« fragte sie mit weinerlicher Stimme.

»Wo sind Sie?«

»In der Küche.« Sie erschien im Türrahmen.

»Haben Sie Taft, Madame?«

»Was?«

»Taft! Seide! Irgendeinen alten Fetzen!«

»Wozu?«

Montgolfier rang nach Luft. Er hätte schreien mögen, sagte aber beinahe flehend: »Madame, lassen Sie mich jetzt nicht im Stich! Sagen Sie, daß Sie etwas Taft im Hause haben. Irgendeinen Rest. Vielleicht einen alten Unterrock – ich kaufe Ihnen einen neuen.«

Blitzschnell überlegte sie: Jetzt ist er übergeschnappt! Genauso fing es mit meinem Mann selig an. Gib ihm einen alten Rock, sonst schlägt er womöglich die Möbel zusammen wie ... »Sofort, Monsieur!« rief sie erschrocken. »Gedulden Sie sich! Im Schlafzimmer hab' ich ...« Sie rannte über den Flur, lief gleich darauf jedoch zurück. »Ich hab' ja kein Licht.«

»Kommen Sie, ich trage es Ihnen.«

»Sie wollen mit in mein Schlafzimmer?«

»Ich? Ach so – nein, nein!« Er machte einen ratlosen Eindruck.

Sie war erleichtert. »Ich bringe Ihnen, was Sie wünschen, Monsieur!«

»Besten Dank, Madame.«

Zwei Minuten später weiteten sich ihre Augen in unverhohlenem Entsetzen. Kaum hatte sie Montgolfier einen alten Taftrock gereicht, da riß er ihn der Länge nach auf.

»Nadel und Faden, Madame! Bitte, helfen Sie mir. Ich glaube, ich habe eine unfaßliche Entdeckung gemacht. Dabei lag sie auf der Hand! Vor lauter Bäumen haben wir den Wald nicht mehr gesehen«, fuhr er lachend fort und riß eine Bahn nach der anderen aus dem Rock. »Hieraus – und hieraus – und hieraus werden wir einen Würfel anfertigen. Laufen Sie, Madame! Holen Sie Nadel und Faden!«

Sie konnte nur noch den Kopf schütteln, tat aber, um was ihr Untermieter gebeten hatte, und setzte sich gehorsam zu ihm, um aus den Taftstreifen, die er zuvor noch zurechtschnitt, einen auf einer Seite offenen Würfel zu nähen.

Montgolfier lief indessen unruhig auf und ab und faßte sich immer wieder an die Stirn. Wie ist es nur möglich, daß ich nicht schon früher auf den Gedanken gekommen bin? Daß niemand darauf kam. Da hat man die Wolken beobachtet, hat Tausende von Überlegungen angestellt und nun ... Rauch! Rauch, den wir täglich aufsteigen sehen, ist die ›neue Luftart‹, nach der wir suchten! Es ist grotesk, es ist das Ei des Kolumbus!

Achtlos schob er den Käse vom Teller.

Die Französin entsetzte sich. »Aber, Monsieur! Die frische Tischdekke. Was machen Sie nur?«

»Das werden Sie gleich sehen!« In seiner Stimme lag Triumph. »Nähen Sie! Beeilen Sie sich!« Er griff nach der Gazette d'Avignon, in der er gelesen hatte, zerriß sie und packte die Schnitzel auf den Teller. »Sie werden staunen, Madame! Noch in hundert Jahren wird man von diesem Augenblick reden! Ihnen werden die Augen aus den Höhlen heraustreten! Nase und Mund werden Sie aufsperren!«

Der Wirtin wurde unheimlich zumute. Gewiß, ihr Mann selig war

Oben
Die Bell X 2 mit dem Testpiloten Colonel Frank K. Everest.

Mitte
Major Arthur Murray, einer der Piloten der Bell-Aircraft-Corp., im Druckanzug beim Besteigen der Bell X 1 A.

Unten
Die Super Sabre F 100 A.

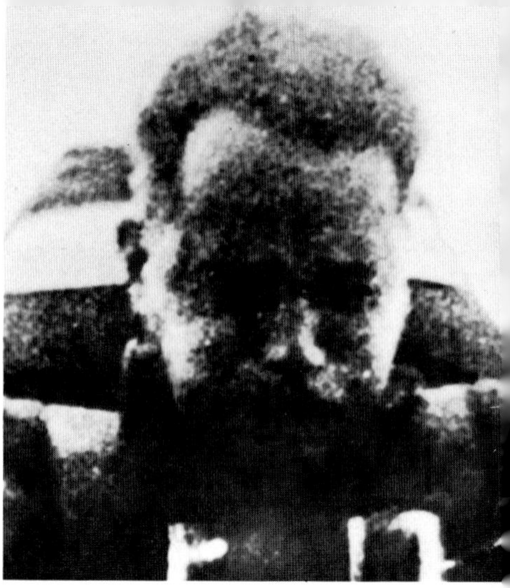

Linke Seite: links oben
Der aus der F-100 A weiterentwickelte Düsenjäger Lockheed F-104 C ›Super-Starfighter‹; hier im Verbandsflug.

Linke Seite: unten
Die Versuchsmaschine löst sich vom Trägerflugzeug.

Linke Seite: rechts oben
Das Foto zeigt Dr. Stapp im Raketenschlitten bei einer Geschwindigkeit von 700 km/h.

Rechte Seite: oben u. Mitte
Filmaufnahme einer mit dem Schleudersitz bei Überschallgeschwindigkeit aus dem Raketenschlitten hinausgeschossenen Versuchspuppe.

Rechte Seite: unten
Frank K. Everest kehrt mit der Bell X 2, Kostenaufwand 10 Millionen Dollar, über der Sierra Nevada zum Flughafen Muroc zurück.

USAF
U.S. AIR FORCE
6674

Linke Seite: links oben
Die mit Flügeln ausgestattete ägyptische Göttin Isis auf einer Steinplatte aus dem Grabe Ramses III. (1192–1160) v. Chr.)

Linke Seite: links unten
Daidalos und Ikaros; nach einem Relief in der Villa Albani, Rom.

Linke Seite: rechts unten
Zeitgenössische Darstellung zum utopischen Roman des Bischofs von Hereford, Francis Godwin, ›Der Mann im Mond‹ (1638).

Rechte Seite: oben
Detailausschnitt aus dem Triptychon des Hieronymus Bosch, das zwei fliegende Schiffe im Luftkampf darstellt.

Rechte Seite: unten
Leonardo da Vinci (1452–1519); Selbstporträt.

Linke Seite: unten
Das Segel-Luftschiff des Jesuiten-Paters Graf Francisco Lana de Terzi, dem vier luftleer gepumpte Kugeln den Auftrieb geben sollten.

Rechte Seite: links oben
Entwurf eines Flugapparates von Leonardo da Vinci. Wie immer, so brachte der Künstler seine Erläuterungen auch hier in Spiegelschrift an.

Rechte Seite: rechts oben
Johann Joachim Becher (1635–1682).

Rechte Seite: links Mitte
Die Gebrüder Joseph und Etienne Montgolfier.

Rechte Seite: rechts Mitte
Die ›Zeitungs-Ente‹, mit der ein Wiener Journalist aus dem Machwerk des Brasilianers Lourenso de Gusmao Kapital schlug.

Rechte Seite: unten
Die ›Passarola‹, das fliegende Schiff des Brasilianers Lourenso de Gusmao, das seinen Auftrieb aus den beiden in der Gondel sichtbaren Magnetkugeln erhalten sollte.

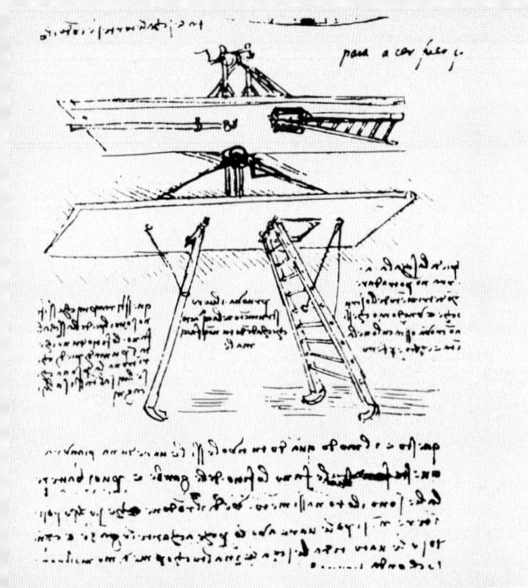

Nachricht
Von dem
Fliegenden
Schiffe/
So aus
Portugal/
Den 24 Junii in Wien mit seinem
Erfinder
glücklich ankommen.

Von neuem nach dem allbereit gedruckten Exemplar in die Naumburger Meß gesandt Anno 1709.

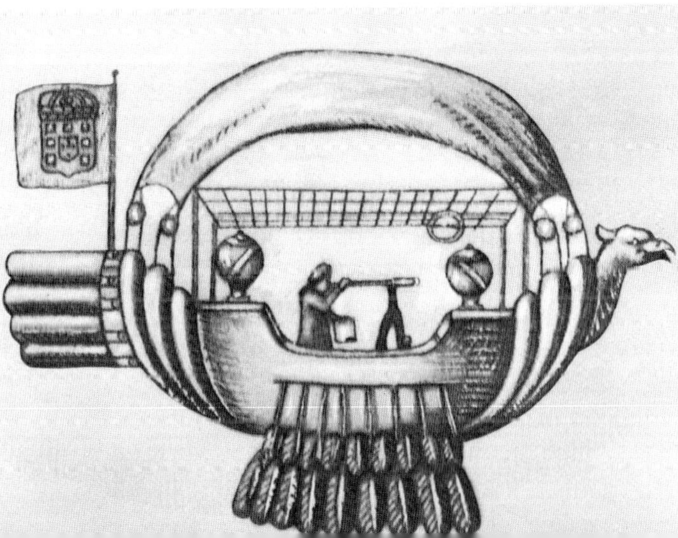

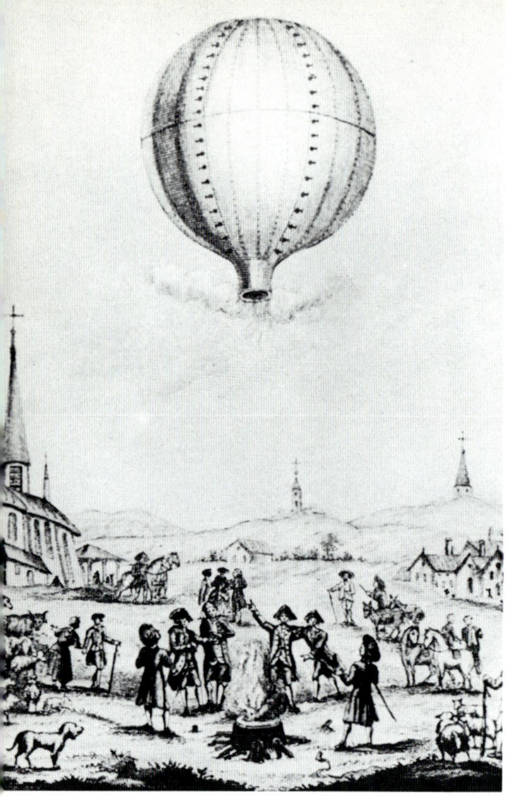

Linke Seite: oben
So sah ein Zeitgenosse der Gebrüder Montgolfier den Aufstieg des ersten Heißluftballons in Annonay (1783).

Linke Seite: unten
So stellte sich der Königlich polnische und Kurfürstlich sächsische Hofprofessor und Astronom Eberhard Christian Kindermann im Jahre 1748 ein Luftschiff vor. Mit Muskelkraft und großen Vogelschwingen gedachte er seinem Kahn Auftrieb zu geben, während die Vorwärtsbewegung vom Wind besorgt werden sollte. Wie man sieht, leuchtet das Licht der Erkenntnis hinter ihm.

Rechte Seite: links oben
Das Füllen des ersten Wasserstoffballons durch Prof. Charles). (Kupferstich aus dem Jahre 1783).

Rechte Seite: rechts oben
Alexandre César Charles, Professor an der Universität ›Jardin des Plantes‹.

Rechte Seite: unten
Zeitgenössische Darstellung, die veranschaulicht, wie der erste Wasserstoffballon von Professor Charles nach der Landung von Bauern mit Flegeln und Forken malträtiert wurde.

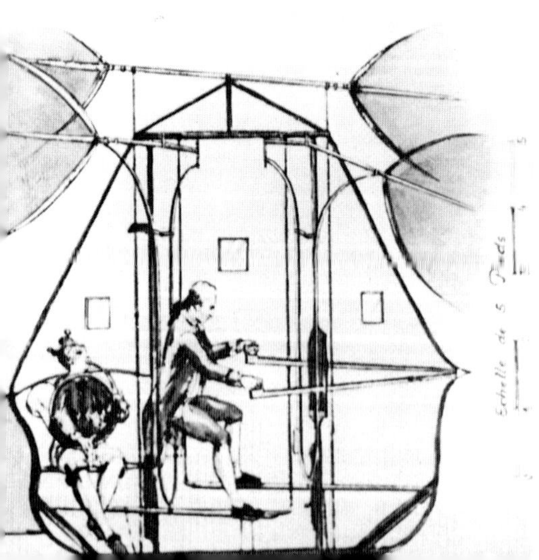

Linke Seite: oben
Zeitgenössische Darstellung des 1781 von Jean-Pierre Blanchard entworfenen Luftfahrzeuges, das mit Hilfe von sechs drehbaren Rudern aufwärts und vorwärts bewegt werden sollte. Über der prächtig verzierten Gondel, sinnigerweise mit auf Wolken schwebenden Personen, verbarg ein Tüllvorhang die Maschinerie des Luftfahrzeuges.

Linke Seite: Mitte
Eine Nachbildung des Wasserstoffballons von Professor Charles.

Linke Seite: unten
Dieses Bild veranschaulicht die unzulängliche Maschinerie des Luftfahrzeuges von Blanchard. Gut erkennbar ist, daß der Luftfahrer die Ruder mit Händen und Füßen bewegen sollte, ein Unterfangen, das – man beachte den Bläser im Rücken des Aeronauten – offensichtlich nur mit Marschmusik für möglich gehalten wurde.

Rechte Seite: oben
Der Start der Montgolfière am 19. September 1783.

Rechte Seite: links unten
Zeitgenössische Darstellung des ersten Aufstieges einer Montgolfière in der Pariser Vorstadt Saint-Antoine.

Rechte Seite: rechts unten
Der erste Heißluftballon der Brüder Montgolfier über Paris.

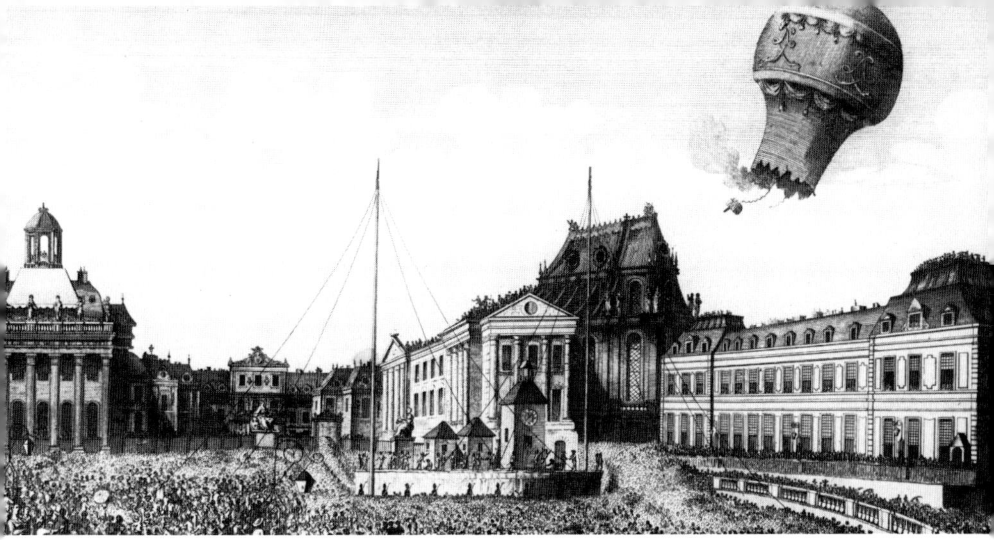

Linke Seite: links oben
Pilâtre de Rozier.

Linke Seite: rechts oben
Marquis d'Arlandes.

Rechte Seite: links oben
Aufstieg des ersten bemannten Wasserstoffballons, Charlière, mit Professor Charles und N. Robert, der mit seinem Bruder den gasdichten Stoff – mit einer Kautschuklösung bestrichener Taft – zur Herstellung des Ballons angefertigt hatte.

Rechte Seite: rechts oben
Zeitgenössische Darstellung der ersten Ballonfahrt von Professor Charles (1. Dezember 1783).

Linke Seite: unten
Landung von Prof. Charles nach seinem Flug bis auf 3500 m Höhe.

Rechte Seite: rechts unten
Zeitgenössische Karikatur auf die nach den Erfolgen der Gebrüder Montgolfier und Professor Charles einsetzende ›Ballonmode‹.

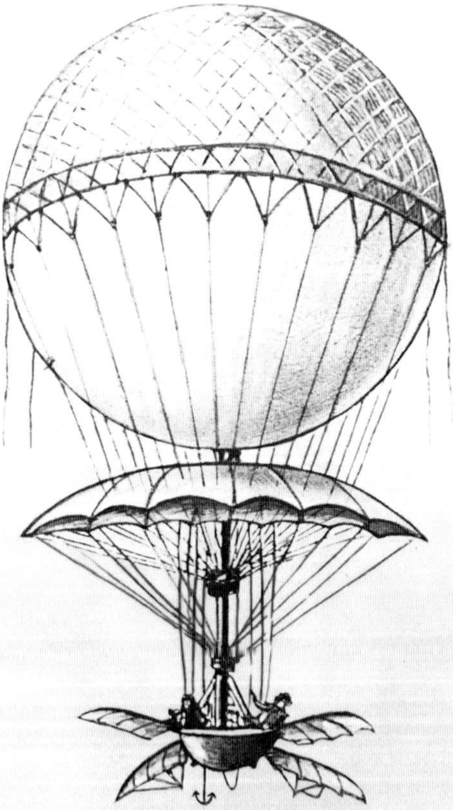

Linke Seite: links oben
Jean-Pierre Blanchard.

Linke Seite: rechts oben
James Sadler, der erste Ballonfahrer Englands.

Rechte Seite: oben
Blanchards Flug über den Ärmelkanal am 7. Januar 1785.

Linke Seite: links unten
Der Ballon des Franzosen Jean Pierre Blanchard.

Linke Seite: rechts unten
Zeitgenössische Darstellung der ersten Fahrt von Blanchard und Dr. Jeffries.

Rechte Seite: Mitte
Die Rozière, mit der Pilâtre de Rozier am 16. Juni 1785 die Überquerung des Ärmelkanals von Frankreich nach England versuchte.

Rechte Seite: unten
So stellte sich der Wiener Luftfahrer Kaiserer im Jahre 1802 die Lenkbarmachung des Ballons vor.

Oben
Modell der ›Aero-Montgolfière‹ Pilâtre de Roziers.

Links unten
So stellte man sich das Luftschiff der Zukunft vor. Die Anregung zu diesem Kupferstich erhielt der Berner Maler Balthasar Antoine Dunker durch eine 1804 in der Wiener Zeitung veröffentlichte Darstellung des flämischen Aeronauten Prof. Robertson, zu der dieser schrieb: »Die ›Minerva‹, ein Luftschiff, bestimmt, 50 Personen zu tragen, um Entdeckungen zu machen.«

Rechts unten
Am 4. Juni 1784, gerade sechs Monate nach dem ersten bemannten Ballonaufstieg, wurde Madame Thible die erste weibliche Luftfahrerin. In Gegenwart des Königs von Schweden stieg sie in Lyon mit dem Maler Fleuront auf. Daß sie keine Angst verspürte, bewies sie auf recht eindrucksvolle Weise. Sie sang während des Aufstiegs eine Arie.

auch verrückt geworden – aber so verrückt wie dieser Montgolfier ... Dabei hatte der noch nichts getrunken. Bei ihrem Mann selig war das etwas ganz anderes, der trank – ach wo, der ... Der Herrgott möge ihm verzeihen.

»Sind Sie soweit, Madame?« Montgolfier beugte sich über sie und betrachtete ihre Arbeit. »Hier, diese Ecke muß besser vernäht werden«, sagte er. »Der Rauch darf nicht entweichen können.«

Sie ließ die Hände sinken. »Was darf nicht entweichen?«

»Der Rauch!«

Wenn ich aus diesem Zimmer herauskönnte, holte ich einen Arzt, dachte sie. Und nähte weiter.

Er nahm einen Schluck Wein. Dann blickte er auf die Papierschnitzel. Wenn ich sie etwas anfeuchten würde, müßten sie stärkeren Rauch entwickeln, überlegte er. Kurz entschlossen steckte er zwei Finger in den Rotwein und besprengte das Papier.

Genug, dachte sie. Nur fort von hier. Sie nahm den Faden zwischen die Zähne, biß ihn ab und übergab den Würfel.

Montgolfier ergriff ihn wie einen kostbaren Schatz. »Madame«, sagte er feierlich, »Sie sind der einzige Zeuge eines Versuches, der die Entwicklung der Dinge auf dieser Welt entscheidend beeinflussen wird.« Er hob einen Fidibus, zündete ihn an der Kerze an und führte ihn an den mit Papierschnitzeln überhäuften Teller.

»Mon Dieu!« rief die Wirtin außer sich. »Monsieur, Sie stecken ja das Haus in Brand!«

Das angefeuchtete Papier fing nur schwer Feuer. Montgolfier fuhr mit dem Fidibus um den Teller herum. Die ersten Flammen züngelten. Rauch stieg empor.

Er hielt den Würfel – die offene Seite nach unten – über die Flammen. Zunächst geschah nichts, doch dann spannte sich der Taft in den Nähten. Der Würfel wurde prall. Montgolfier ließ ihn los ...

Das seltsame Gebilde schoß kerzengerade hoch, schwankte dann ein wenig, stieß gegen die Decke, verformte sich, fiel zusammen und sank langsam wieder herab.

Nicht nur die Wirtin, wie Montgolfier prophezeit hatte, auch er sperrte Nase und Mund auf. Sekundenlang stand er wie erstarrt. Doch dann umarmte er die Französin und schrie wie von Sinnen: »Madame! Der Aerostat ist erfunden! Hier, in diesem Zimmer, in Ihrer Wohnung flog der erste Aerostat!« Er griff sich an den Kopf und blickte fasziniert auf das Häufchen Taft, das am Boden lag.

Sollte er doch nicht verrückt sein, überlegte sie und schaute ebenfalls auf den zusammengesunkenen Würfel. »Aber er ist doch wieder heruntergefallen«, wagte sie zu sagen.

»Was ist er? Heruntergefallen? Ja, natürlich«, erwiderte er verwirrt. In Gedanken war er daheim, in Annonay, bei seinem Bruder Etienne. »Der Würfel mußte ja zurückfallen«, fuhr er abwesend fort. »Weil ... Der

Rauch – er war verbraucht. Passen Sie auf, ich wiederhole den Versuch!«

Noch fünf- oder sechsmal ließ er den Taftwürfel aufsteigen; stets erhob er sich bis zur Decke, verformte sich, sank zusammen und fiel zu Boden.

An diesem Abend war Montgolfier zu erregt, um dem Bruder eine ausführliche Mitteilung geben zu können. Hastig kritzelte er nur einige Zeilen an ihn und schloß mit den Worten: ›Beschaffe sofort einen Vorrat an Taft und Schnüren – du wirst die erstaunlichsten Dinge der Welt erleben!‹

Nichts mehr konnte ihn in Avignon halten. Er suchte nur noch das Museum Calvet auf und ließ sich Jean Jacques Rousseaus Schrift ›Le nouveau Dédale‹ reichen, weil ihm die Bemerkung der Wirtin ärger zu schaffen machte, als er es sich eingestand. Er war zwar überzeugt davon, daß sich der Rauch tatsächlich verbraucht hatte, entsann sich aber, daß Rousseau etwas über das Sinken von Luftkörpern geschrieben hatte.

Es dauerte nicht lange, bis er die betreffende Stelle fand. Nein, in dem von ihm gedachten Sinne machte der große Dichter und Philosoph keine Aussage. Doch was er feststellte, bestürzte ihn. Denn ihm wurde klar, daß er mit dem Auffinden der ›neuen Luftart‹ nur *ein* Problem gelöst hatte, nämlich das *Steigen* eines Aerostaten. Das *Fallen* jedoch . . .

Eindeutig und klar schrieb Rousseau, daß ein Aerostat – im Gegensatz zum Schiff, das auf dem Wasser schwimmt – nicht auf der Oberfläche der Luft treiben, sondern in sie eintauchen müsse. Und das schaffe zwei Probleme: ›Erstens einen Körper zu finden, der leichter ist als ein entsprechendes Volumen Luft. Wenn man ihn aber so leicht gemacht hat, daß er steigt, wie soll man dann verhindern, daß er weiter steigt, wie soll man ihn wieder so schwer machen, daß er sinkt? Das ist eine zweite Schwierigkeit, die keineswegs leichter zu überwinden ist als die erste!‹

Keineswegs leichter als die erste! Sehr nachdenklich kehrte Montgolfier in sein möbliertes Zimmer zurück.

Aber dann gab er sich einen Ruck. Den Kopf nicht hängen lassen! Pack deine Siebensachen und fahr nach Hause zu Etienne. Jetzt müssen Versuche mit großen Hüllen gemacht werden, die wir uns daheim – dem Herrn sei Dank, daß wir eine Papierfabrik besitzen – leicht anfertigen können. Das Problem des Aufsteigens ist gelöst, alles andere wird sich finden.

Etienne wollte seinen Augen kaum trauen, als er die ersten Taftwürfel zur Decke emporsteigen sah. »Joseph«, rief er begeistert, »du hast es geschafft! Das ›neue Gas‹ – du hast es gefunden!«

Der Bruder versuchte seinem Gesicht einen möglichst würdigen

Ausdruck zu geben. »Ja«, antwortete er stolz, »das ›neue Gas‹ habe ich entdeckt. Er war wirklich davon überzeugt, im aufsteigenden Rauch eine ›neue Luftart, ein neues Gas‹ entdeckt zu haben. Obwohl die Brüder sich ernstlich mit physikalischen Problemen beschäftigten, kamen sie nicht auf den Gedanken, daß die durch Erwärmung verdünnte Luft den Auftrieb gab. »Aber jetzt heißt es arbeiten! Zunächst werden wir kleine Ballons anfertigen müssen, um festzustellen, welches Gemenge – ich denke an Stroh und ein wenig angefeuchtete Wolle – das beste Gas ergibt. Je leichter es gegenüber dem atmosphärischen Gas ist, um so besser und höher wird der Aerostat steigen.«

Sie machten sich an die Arbeit, und schon zwei Wochen später entzündeten sie unter einem von ihnen zusammengeklebten und mit Schnüren an Stangen befestigten Papierballon – den sie unten mit einer schlauchartigen Öffnung versehen hatten, durch die der Rauch eintreten sollte – ein kräftiges Feuer.

Gespannt blickten sie auf den schlaff und verknittert herabhängenden ›Ballon‹, der nichts anderes als ein großer Papiersack war. Eine Weile geschah nichts. Dann war jedoch deutlich zu sehen, daß er sich füllte. Die Falten verschwanden, und der Sack begann sich zu bewegen, als stecke Leben in ihm.

»Er bläht sich – wird prall!« rief Joseph. »Verstärk das Feuer, Etienne!«

Der fuhr mit einem Schürhaken in die Glut. Flammen züngelten empor. Plötzlich aber fing die Hülle Feuer, und Sekunden später schlugen meterhohe Flammen aus dem Ballon, der jäh auseinanderriß. Fetzen jagten umher.

Im ersten Moment waren die Brüder wie gelähmt. Doch dann schrie Joseph: »Sieh nur: alles steigt nach oben! Etienne, schau!« Wie gebannt starrte er hinter einem Hüllenteil her, der in die Höhe sauste.

Der Bruder war vor Schreck benommen und machte ein dummes Gesicht.

»Lach doch!« sagte Joseph. »Der Versuch ist zwar mißlungen, die Güte unseres Gases aber ist erwiesen. Erwiesen, Etienne! Wir müssen beim nächsten Mal nur besser aufpassen, beziehungsweise den Aerostaten höher aufhängen.«

»Dann fangen wir das Gas nicht ein«, gab der Bruder zu bedenken. »Zum großen Teil wird es seitlich vorbeifließen.«

»Na und? Was hindert uns, eine größere Maschine mit einer weiteren Öffnung zu bauen? Das ist kein Problem, nachdem erwiesen ist, daß unser Gas eine hervorragende Qualität besitzt. Übrigens werde ich die Wolle noch kleiner hacken lassen; ich bin überzeugt, daß der Rauch dann noch feiner und leichter wird. Unter Umständen können wir ein Wunder erleben.«

Sie erlebten es in weitaus stärkerem Maße, als sie es im stillen gehofft und ersehnt hatten. Denn die neue, etwa 20 Kubikmeter Gas fassende ›Maschine‹, wie sie ihre Papierhülle nunmehr nannten, blähte sich schon bald nach dem Anlegen des Feuers so sehr, daß sie nicht Zeit fanden, die Schnüre zu lösen, die den Ballon am Gerüst festhielten. Dadurch wurde er immer praller und drohte schon zu platzen, als die Haltebänder plötzlich mit einem vernehmbaren Knall rissen und der ›Aerostat‹ in die Höhe schoß.

Die Brüder standen da, als hätte sie der Schlag getroffen. Keines Wortes waren sie fähig. Gebannt starrten sie dem Ballon nach, der auf annähernd 300 Meter stieg, dort etwa zehn Minuten lang in unveränderter Höhe vor dem Wind trieb und schließlich zu Boden sank.

»Mon Dieu«, sagte Etienne, der als erster die Sprache wiederfand. Es war kein Ausruf; in seiner Stimme lag etwas, das neben der großen Erregung, die ihn erfaßt hatte, Ergriffenheit und Angst verriet.

Ein Arbeiter, der ihnen behilflich gewesen war, bekreuzigte sich. Ein altes Weib sank auf die Knie. Joseph Montgolfier aber blickte mit glänzenden Augen in die Richtung, die der Aerostat genommen hatte.

Etienne räusperte sich. Es war, als müsse er gegen etwas ankämpfen. Doch dann warf er die Arme um den Bruder. »Joseph! Es ist wahr geworden! Unser Traum ist in Erfüllung gegangen! Was tun wir jetzt?«

»Was wir nun tun? Die Maschine zurückholen! Und dann werde ich einen Brief schreiben.«

»An wen?«

»An die Akademie von Lyon!«

Etienne sah den Bruder groß an.

»Da staunst du, was?«

»Du willst an die Akademie . . .?«

»Ja! Ich werde den Professoren mitteilen, daß sowohl das Aufsteigen von Raketen, wie sie die Araber schon vor Jahrhunderten verwendeten, als auch der Wasserstrahl einer jeden Feuerwehrspritze eindeutig beweist, daß wir über Mittel verfügen, die Leistungen vollbringen, welche größer sind, als es der einfachen Menschenkraft entspricht. Derartig gesteigerte Leistungen müssen für die Luftschiffahrt Verwendung finden. Ich werde den Herren bekanntgeben, daß wir – du und ich – das Problem aufgreifen und uns so lange mit ihm beschäftigen werden, bis sich ein Gelehrter oder ein geschickter Mechaniker mit ihm befaßt. Dabei werde ich gleich zum Ausdruck bringen, daß wir uns vorgenommen haben, einen Ballon zu bauen, in den wir ein Gas einschließen wollen, das leichter ist als das atmosphärische.«

Etienne war zuhöchst erstaunt, den Bruder so sprechen zu hören. Und er war es noch mehr, als er am Abend las, was Joseph der Akademie geschrieben hatte. Es waren fast die gleichen Worte.

Es war, als hätten die Gebrüder Montgolfier das Erlebnis, einen toten Gegenstand ›in den Himmel‹ aufsteigen zu sehen, erst verdauen müssen; denn am Abend dieses denkwürdigen Tages blieben sie wortkarg.

Dafür stürzten sie sich am nächsten Morgen mit um so größerem Eifer in die Arbeit, galt es doch, einen annähernd 12 Meter langen Sack aus Leinwand herzustellen, dessen Innenseite sie mit Papier bekleben wollten. Tag und Nacht arbeiteten sie, weil sie Wert darauf legten, den neuen Ballon noch vor dem 5. Juni 1783 fertigzustellen. An diesem Tage versammelten sich die Landstände von Vivarai, und Joseph wünschte, die erlauchten Herren zur ›Ersten öffentlichen Vorführung einer von den Gebrüdern Montgolfier erfundenen aerostatischen Maschine‹ einzuladen.

Sie erreichten ihr Ziel. Voller Verwunderung betrachteten die Bewohner von Annonay am Morgen des 5. Juni das über Nacht auf dem Marktplatz errichtete hohe Gerüst, auf dem ein Rahmen von etwa 5,20 Meter im Geviert befestigt war, an dem ein faltenreicher Sack von 35 Meter Umfang hing.

»Was soll das sein?« fragten die Einwohner. »Eine aerostatische Maschine, die sich in die Luft hebt?« Man lachte, rieb sich die Hände und freute sich schon auf das Mißlingen des angekündigten Versuches.

»Wartet's nur ab!« rief ein Junge, der sich an eine debattierende Gruppe herangemacht hatte. »Die Maschine steigt bis in den Himmel! Ein Freund von mir hat gesehen . . .«

Weiter kam er nicht. »Du Naseweis!« empörte sich der Metzger von Annonay und gab ihm eine schallende Ohrfeige. »Dich will ich lehren, Erwachsene zu belügen! Mach, daß du fortkommst! Der Platz vor meinem Geschäft ist nicht dazu da, Maulaffen feilzuhalten.«

»Ja, ja, die Jugend«, quäkte ein altes Weib. »Nichts ist ihnen heilig.«

»Wundert's Sie?« fragte ein neben ihr stehender Rentner. »Da«, er zeigte auf das Gerüst, »sagt Ihnen das nicht genug? Was erwarten Sie von der Jugend, wenn uns Erwachsene schon zum Narren halten dürfen?«

»Sehr richtig!« erwiderte der Metzger. »Sehr richtig!«

»So etwas müßte verboten werden! Wofür haben wir die Polizei? Zu was zahlen wir Steuern?«

»Jawohl, das frage ich mich auch«, sagte ein hinzukommender Lehrer. »Besonders, wenn ich an die Mär denke, die uns ein österreichischer Journalist vor Jahren auftischte. War doch unglaublich, was er sich zusammenlog.«

»Erzählen Sie! Worum ging es?«

»Um ein fliegendes Schiff, das der Brasilianer Lourenço de Gusmao entworfen hatte und ›Passarola‹ nannte. Der König von Portugal glaubte dem Scharlatan und privilegierte den Bau des Luftschiffes Anfang 1709. Und was tat der Journalist, als er in einer Zeitung darüber las? Er setzte sich hin und beschrieb einen Flug von Lissabon nach Wien, geradeso, als hätte die ›Passarola‹ die Strecke wirklich zurückgelegt. Und dann ließ er die Geschichte drucken und machte ein phantastisches Geschäft.«

»Aber, Messieurs! Wozu die Aufregung?« mischte sich ein junger Krämer in das Gespräch. »Betrachten Sie das Ganze doch als eine Art Volksbelustigung. Ich habe nichts gegen Scherze, wie sie uns angebliche Luftfahrer vorführen wollen. Das verdoppelt und verdreifacht den Tagesumsatz!« Er lachte schallend.

»Parbleu! Sie haben recht!« rief der Metzger und fuhr sich über den Schädel. »Daran habe ich nicht gedacht!«

Der Rentner machte ein entgeistertes Gesicht und zog die Alte mit sich fort. »Was sagen Sie? Ich bin außer mir! Aber so sind die Geschäftsleute!«

»Kann man in einer Zeit, in der Menschen in den Himmel fahren wollen, anderes erwarten? Da, schauen Sie nach drüben, das ist dieser Montgolfier.«

»Ich kenne ihn. Leider!«

»Gut, daß sein Vater bettlägerig ist und das Haus nicht verlassen kann. Diese Schande! Aber das kommt dabei heraus: die dicksten Bücher durften seine Söhne lesen. Sie mußten ja verrückt werden!«

So oder ähnlich wurde überall gesprochen. Man stand in Gruppen, diskutierte, erregte sich und machte sich lustig, bis der auf den Plakaten angekündigte Kanonenschuß den Beginn des Versuches anzeigte.

Plötzlich wurde es still. Die Augen aller richteten sich auf den schlapp herabhängenden Sack. Und auf Joseph Montgolfier, der auf eine kleine Erhöhung trat und mit lauter Stimme verkündete:

»Mesdames, Messieurs! Ich danke Ihnen dafür, daß Sie nicht die Mühe scheuten, hierherzueilen, um Zeuge des ersten öffentlich veranstalteten Aufstieges einer aerostatischen Maschine zu sein, die ich mit meinem Bruder Etienne gebaut und hier aufgestellt habe.« Er wies zum Gerüst hinüber. »Diese Maschine . . .«

»Daß ich nicht lache«, schrie jemand. »Eine Maschine soll das sein? Das ist doch ein Sack!«

Schallendes Gelächter brach aus.

»Und was für einer!«

»Ein alter Sack!«

»Ein nasser Sack!«

»Möglich, daß Sie recht haben«, rief Montgolfier dagegen. Er hatte jede Farbe verloren. »Da leichter Regen fällt, kann ich nicht umhin, zuzugeben, daß das, was Sie mit *Sack* bezeichnen, naß geworden ist. Dennoch, Mesdames, Messieurs«, er hob seine Stimme, »behaupte ich, daß dieser ›nasse Sack‹ ein Aerostat ist, der gleich – Sie brauchen nur noch wenige Minuten zu warten – vor Ihnen aufsteigen und zum Himmel emporfahren wird. Der Kanonenschuß, den Sie gehört haben, war das Signal, das den Beginn unseres Versuches ankündigte; ein zweiter Schuß wird die Beendigung anzeigen.«

»Dann ballern Sie nur gleich los! Das Ende ist bereits da! Unter Ihrer Maschine qualmt es schon!«

Die Menschen johlten und schrien vor Vergnügen.

»Ja, dort qualmt es«, fuhr Montgolfier unbeirrt fort. »Und warum? Weil wir damit begonnen haben, die Gase zu entbinden, die aus dem ›Sack‹ eine Maschine von unerhörter Kraft machen werden. 500 Pfund wiegt der Aerostat, den Sie hier vor sich sehen. 22 000 Kubikschuh Dämpfe faßt er. Ich sage Dämpfe, um mich Ihnen verständlich zu machen. Denn bei den Dämpfen handelt es sich um ein von mir gefundenes Gas, das wesentlich leichter als das atmosphärische ist und somit das Bestreben zeigt, nach oben zu steigen.«

Er schaute zum Gerüst hinüber, wo Etienne das entfachte Feuer kräftig schürte. Der Ballon fing an, sich zu füllen. »Mesdames, Messieurs«, rief er mit sich überschlagender Stimme, »es ist dies nicht der Augenblick, mich über Einzelheiten auszulassen. Sie sehen, der Aerostat bläht sich. Er sammelt Kraft. Gedulden Sie sich noch wenige Minuten, und Sie werden Zeugen eines Geschehens sein, von dem Ihre Kinder und Kindeskinder noch reden werden. Entschuldigen Sie mich jetzt.«

Behende sprang er von der Erhöhung und lief zu Etienne hinüber, der mit geröteten Wangen im Feuer herumstocherte. »Weniger Stroh und mehr Wolle!« rief er. »Wir brauchen Rauch, Rauch und nochmals Rauch!«

Die Versammelten – es hatten sich an tausend Zuschauer eingefunden – wurden immer stiller, sahen sie doch, daß der anfänglich schlaff herabhängende Sack seine Falten verlor und zusehends festere Formen annahm. Immer mehr blähte er sich. Man wußte nicht, was man davon halten sollte. War das, was da am Gerüst hing, womöglich wirklich eine Maschine? Es war schon merkwürdig: irgend etwas, das arbeitete, mußte in dem Sack stecken, denn wie sollte man es sich sonst erklären, daß er sich veränderte?

Manchem unter den Zuschauern wurde es unheimlich zumute. Daß man Maschinen bauen konnte – ja, das wußte man. Von einer Maschine ohne Hebel, Räder und Stangen, ohne Lärm und Getöse hatte man jedoch noch nie gehört.

Die Menschen zuckten zusammen, als eine noch deutlich sichtbar gewesene Falte mit jähem Knall auseinandersprang und der Sack die Gestalt einer Kugel annahm.

»Wenn das nur mit rechten Dingen zugeht«, jammerte ein altes Weib mit schreckgeweiteten Augen. »Was wird aus unserer Stadt, wenn sich dieser Montgolfier mit dem Teufel eingelassen und mit ihm einen liederlichen Vertrag abgeschlossen hat?«

»Quatsch nicht so'n dummes Zeug!« schimpfte ein neben ihr stehender junger Bauer. »Das gibt's ja gar nicht!« Vorsorglich schlug er aber schnell ein Kreuz.

Er hatte es kaum getan, da wurde die Menge von einer unheimlichen Unruhe erfaßt. »Da!« schrien sie und reckten die Köpfe. »Habt ihr's gesehen? Die Maschine bewegt sich tatsächlich!«

Der Aerostat hatte sich um mehrere Schuh gehoben und spannte die Bänder, die ihn hielten.

»Achtung!« rief Joseph Montgolfier. »Ich gebe das Signal!«

Etienne und einige Fabrikarbeiter, die das Feuer kräftig geschürt hatten, liefen an die Seile und ergriffen ihre Messer.

»Los!«

Die Schnüre wurden gekappt, und im selben Augenblick schoß der Ballon in die Höhe.

Ein Schrei des Entsetzens flog über den Platz. Aber nur eine Sekunde lang. Dann erstarrten die Menschen. Unfähig, sich zu rühren, blickten sie hinter dem Ballon her, der beängstigend schnell stieg und kleiner und kleiner wurde.

Es war nicht zu begreifen. Träumten sie, oder waren sie Zeugen eines Wunders geworden? Viele unter den Versammelten bekamen es mit der Angst zu tun und murmelten Gebete, andere wiederum nahmen den Hut vom Kopf und falteten vor Ergriffenheit die Hände.

Immer höher stieg der Aerostat. Man konnte ihn nur noch als einen kleinen, hellen Punkt erkennen. Jeden Moment mußte er die in etwa 2 000 Meter Höhe liegende Wolkendecke erreichen.

Der unmittelbar nach dem Aufstieg zu den Gebrüdern Montgolfier geeilte Bürgermeister wurde nervös. »Um Gottes willen«, sagte er und wischte sich den Schweiß von der Stirn, »was wird geschehen, wenn die Maschine gegen die Wolken stößt?«

Joseph, der unverwandt zum Ballon hochschaute, zuckte die Achseln. »Darüber habe ich noch nicht nachgedacht.«

Der Bürgermeister war außer sich. »Monsieur«, flehte er, »beenden Sie den Versuch, bevor ein Malheur . . .«

»Er verschwindet!« rief Etienne.

Die Menschen waren wie gelähmt.

Der Stadtfeuerwerker raste an die Kanone, um den zweiten Schuß abzugeben.

»Noch nicht!« rief Joseph.

Etienne sah ihn verwundert an. »Er ist doch verschwunden.«

»Das schon! Aber . . .« Joseph Montgolfier wußte selber nicht, warum er zögerte. Seine kühnsten Erwartungen waren übertroffen. Nie im Leben hätte er es für möglich gehalten, daß der Ballon so hoch steigen würde.

»Da ist er wieder!« schrie es plötzlich von allen Seiten. »Er kommt zurück! Er kommt zurück!«

Nun waren die Menschen nicht mehr zu halten. Sie jubelten, als wäre eine entsetzliche Last von ihnen gefallen. Zu unheimlich war es für sie gewesen, einen großen und schweren Körper zum Himmel aufsteigen zu sehen; jetzt aber, da sie erlebten, daß er zur Erde zurückkehrte, wurde ihnen wieder wohler.

Als sie dann sogar sahen, daß die Maschine hinter den Giebeln von

Annonay unversehrt zu Boden sank, kannte ihre Freude keine Grenzen. Sie hoben die Brüder auf die Schultern, trugen sie hinaus zur Papierfabrik und sprachen tage- und wochenlang von nichts anderem mehr als von ›ihren‹ Montgolfiers und von ›ihrer‹ aerostatischen Maschine.

Nicht nur in Annonay, auch in Lyon und Paris sprach man bald von dem ›wundersamen‹ Ereignis, das sich am 5. Juni im Tal der Cance, nahe der Rhône, zugetragen hatte. Denn mit jeder Postkutsche und mit jedem Depeschenboten eilte die Kunde vom Aufstieg des ersten Aerostaten.

Doch wenn man auch eifrig darüber sprach und diskutierte und sich beim Abendtrunk die Köpfe heiß redete, so recht daran glauben wollte niemand. Wie sollte man auch? In technischer Hinsicht war lediglich zu erfahren, daß die Maschine mit einem Gas betrieben worden sei, das die Erfinder ›das Montgolfièrsche‹ nannten. Das Montgolfièrsche! Hatte man jemals von so etwas gehört? Und außerdem: Wie sollten zwei Provinzler dazu kommen, eine derartige Erfindung zu machen? Mon Dieu, sollte wirklich einmal ein Aerostat gebaut werden, dann nur in einer Großstadt, das war doch klar! Bestimmt war das, was die Brüder Montgolfier ›erfunden‹ hatten, ebenso dumm wie der Vorschlag, den vor vielen Jahren ein polnischer Astronom machte, der mit Muskelkraft und großen Vogelschwingen fliegen wollte.

Eine eigene Meinung bildete sich der in Paris am Jardin des Plantes tätige und überaus rege kleine Professor Jacques Alexandre César Charles, als ihm sein Kollege Faujas de Saint-Fond einen Bericht der Stände zu Vivarais vorlegte, in dem es eindeutig hieß, daß die Unterzeichneten Zeuge eines geglückten Versuches gewesen seien, bei dem die Herren Montgolfier ihre Maschine durch Anheizen von Stroh und Wolle mit einem neuen Gas, ›dem Montgolfièrschen‹, gefüllt hätten, das nur halb so schwer sei wie gemeine Luft.

»Nun, was sagen Sie?« fragte Saint-Fond voller Spannung, als Professor Charles die Schrift zu Ende gelesen hatte und das Blatt sinken ließ.

Der lachte meckernd. »Gas? Das Montgolfièrsche? Halb so schwer wie die Luft?« erwiderte er in der ihm eigentümlichen, nervösen Art. »Ist Ihnen nichts aufgefallen?«

Der Kollege sah ihn fragend an.

»Die Herren Montgolfier irren sich, wie sich weiland Christoph Kolumbus irrte, als er glaubte, einen neuen Weg nach Indien gefunden zu haben und – Amerika entdeckte!« Erneut verfiel er in sein meckerndes Lachen.

»Wie soll ich das verstehen?«

»Ganz einfach. Die Herren glauben, ein neues Gas gefunden zu haben, und *erfanden* den Aerostaten! Denken Sie an den Deutschen Johann Friedrich Böttger, der Gold machen wollte. Was herauskam, war Porzellan. Uns Menschen zur Freude, der Stadt Meißen zu Nutze!«

»Sie meinen . . .?«

»Aber ja! Das sogenannte ›Montgolfiersche Gas‹ ist nichts anderes als heiße Luft. Was tut heiße Luft? Sie steigt auf!«

Professor Faujas de Saint-Fond ließ sich in einen Sessel fallen. »Ein Irrtum also, wie schon so viele, die dem Fortschritt der Menschheit zum Heile gereichten?«

»Nichts anderes.«

»Wir müssen die Herren sofort informieren.«

»Wozu?« Charles erhob sich und lief mit kleinen Schritten auf und ab. »Die Brüder Montgolfier haben den Heißluftballon erfunden – kein Mensch wird ihnen diese Erfindung streitig machen. Aber . . .« Er schwieg, blieb stehen und griff sich an die Stirn.

»Aber?« wiederholte sein Kollege.

»Es wird nicht beim Heißluftballon bleiben!«

»Nicht? Worauf wollen Sie hinaus?«

»Warten Sie«, antwortete der Professor und nahm erneut eine Wanderung auf.

Saint-Fond kannte seinen Kollegen zu gut, als daß er es gewagt hätte, ihn nun durch eine Frage zu stören. Er schätzte und bewunderte diesen kleinen Mann, der in der Jugend gerne gemalt und musiziert hatte, Finanzbeamter wurde, eines Tages aber – infolge einer Sparmaßnahme – seine Stellung verlor und sich von Stund an mit physikalischen Problemen befaßte. Mit dem Erfolg, daß er schon bald zum Professor ernannt wurde.

Charles blieb vor ihm stehen. »Haben Sie Geld?«

Faujas de Saint-Fond schnappte nach Luft. »Wieviel?«

»Weiß nicht, vielleicht 10 000 Francs.«

»Um Himmels willen! Was denken Sie? Für wen halten Sie mich? Ich bin doch kein Krösus!«

Charles machte ein betrübtes Gesicht. »Die Summe werde ich aber brauchen.«

»Wozu?«

»Zum Bau eines mit Wasserstoff gefüllten Aerostaten! Heißluft? Das ist nichts. Nur halb so schwer wie . . . Der von Cavendish entdeckte Wasserstoff ist siebenmal leichter. Überlegen Sie, was das heißt!«

Saint-Fond rang nach Worten. »Das würde . . . Mein Gott, Sie haben recht, es würde . . . Aber nein!« rief er plötzlich. »Das geht ja nicht. Wasserstoff ist viel zu flüchtig! Worin wollen Sie es auffangen?«

Charles lachte meckernd. »Hab's mir gerade überlegt. Auf dem Weg zu meiner Wohnung ist die Werkstatt der Gebrüder Robert. Ich schaue ab und zu hinein. Patente Burschen. Machen immer wieder was Neues. Kürzlich gelang es ihnen, eine Kautschuklösung herzustellen. Mit ihr müßte man Taft bestreichen und ihn luftdicht machen können.«

»Donnerwetter! Wenn das gelänge! Wie groß müßte so ein Aerostat sein?«

»Das muß ich berechnen. Hängt vom Gewicht des gummierten Taftes und dem Auftriebswert des Wasserstoffes ab.«

»Und Sie glauben, daß sich die Herstellungskosten auf 10000 Francs belaufen?«

Charles zuckte die Achseln. »So ungefähr. Man wird sehr viel Taft benötigen. Monsieur Berniard dürfte der einzige sein, der ihn liefern könnte. Er ist nicht gerade der Billigste.«

»Weiß Gott, das ist er nicht.«

»Damit beginnt es aber erst. Das Gummieren, die Herstellung des Wasserstoffes – es kommt vieles zusammen.«

Saint-Fond schaute vor sich hin. »Wenn ich nur wüßte, woher wir das Geld nehmen könnten. Wir müssen den Aerostaten bauen, wir sind es der Akademie schuldig!«

Eine Woche später kam dem recht weltgewandten Faujas de Saint-Fond ein rettender Gedanke. »Wir werden einen Aufruf erlassen«, rief er Professor Charles entgegen, als er ihn in den Gängen der Universität traf. »Einfach verkünden, daß wir in der Lage sind, eine aerostatische Maschine zu bauen, sofern man uns die erforderlichen Mittel zur Verfügung stellt. Ich bin überzeugt, daß weite Kreise der Bevölkerung ihr Scherflein beisteuern werden. Besonders wenn wir vermerken, daß mit der Eintragung in die von uns auszulegenden Subskriptionslisten das Recht erworben wird, Zeuge des ersten Aufstieges zu sein. Das muß groß aufgezogen werden. Am besten auf dem Marsfeld!«

Professor Charles kniff die Lider zusammen. »Öffentliche Veranstaltung? Zirkus?«

»Aber, aber«, beschwichtigte ihn der Kollege. »Wenn wir Geld wollen, müssen wir . . .«

»Na schön«, unterbrach ihn Charles. »Mir soll's recht sein. Doch das ist Ihre Sache!«

Der Erfolg der Subskription überstieg die kühnsten Erwartungen. Kaum war der Aufruf veröffentlicht, da bildeten sich an den Banken endlose Schlangen. Alt und jung, reich und arm – niemand wollte zurückstehen. Jeder wünschte zu helfen, den alten Traum der Menschheit, sich von der Erde zu erheben, zu verwirklichen.

Und während Faujas de Saint-Fond vollauf damit beschäftigt war, die plötzlich von allen Seiten eingehenden Gelder zu verbuchen und ›Billets d'entrée‹ zu verteilen, hockte Professor Charles über Berechnungen, wenn er sich nicht gerade in der Werkstatt der Brüder Robert aufhielt, die den Auftrag bekommen hatten, aus gummiertem Taft eine aerostatische Maschine in Gestalt einer Kugel von 12 Schuh und 2 Zoll im Durchmesser anzufertigen.

Am 5. Juni hatten die Gebrüder Montgolfier den ersten Aerostaten der Öffentlichkeit vorgeführt, etwa 14 Tage später drang die Kunde von diesem Ereignis nach Paris, und schon am Abend des 22. August war der nach Plänen von Professor Charles gebaute Ballon fertiggestellt, und es konnte mit der schwierigen Prozedur der Wasserstoffherstellung begonnen werden.

Erfahrungen auf diesem Gebiet hatte niemand. Man wußte nur, daß sich Wasserstoff bildete, wenn man verdünnte Schwefelsäure auf Eisenspäne goß. Ausgehend von der Überlegung, daß man sehr viel Gas benötigen würde und eine große Menge leichter herzustellen sei, wenn man auf kleinem Raum über eine verhältnismäßig große Oberfläche verfüge, ließ Charles kurzerhand seine Wäschekommode in den Hof der Gebrüder Robert schaffen und in die Decke des Möbelstückes ein Loch bohren, durch das dem Ballon über ein Rohr die Dämpfe zugeführt werden sollten, die sich entwickeln mußten, sobald in den Schubfächern Eisen mit Schwefelsäure übergossen wurde.

Am Morgen des 23. August begann man mit der Arbeit. Als erstes wurde der Ballon kräftig zusammengedrückt, um die atmosphärische Luft aus ihm zu entfernen. Selbst Professor Charles, ein durchaus ernst zu nehmender Gelehrter, bedachte nicht, daß der einströmende leichte Wasserstoff nach oben steigen und die schwerere Luft nach unten verdrängen würde.

Mit den für ihn typischen kleinen Schritten lief er aufgeregt umher. »So, jetzt den Hahn schließen!« rief er, als er glaubte, daß alle Luft herausgepreßt sei.

Einer der beiden Mechaniker drehte einen Hahn zu, den sie an dem Rohr angebracht hatten, das in den Aerostaten führte. Als er aufschaute, strahlte er über das ganze Gesicht. »Wenn es weiterhin so klappt, sind wir bis morgen fertig.«

Der Professor lachte meckernd. »Schafskopf! Das war die kleinste Arbeit. Nun beginnt es erst! Los, wir müssen den Ballon aufhängen!«

Gemeinsam zogen sie den Ballon an einem Gerüst hoch, das schon Tage zuvor errichtet worden war. Dann schoben sie die Kommode unter den Einfüllstutzen, steckten diesen in das Loch, durch das die feuergefährlichen Dämpfe entweichen sollten, und traten zurück, um ihr Werk zu betrachten.

Der Anblick, der sich ihnen bot, war nicht gerade erhebend. Wie ein alter Sack sah der Aerostat aus.

»Schön ist was anderes«, sagte einer der Mechaniker und kratzte sich den Hinterkopf. »Hoffentlich verdreschen uns die Pariser nicht, wenn sie sehen, was aus ihrem Geld geworden ist.«

»Dummes Geschwätz«, erboste sich Charles. »Die Maschine ist ja noch nicht fertig! An die Arbeit!« Er zog die Schubfächer aus der Kommode.

Die Brüder bedeckten sie mit Eisenspänen. Dann goß der Professor Schwefelsäure darüber und schob die Fächer schnell zurück. »Den Hahn aufdrehen!« rief er.

In der Kommode begann es zu zischen und zu brausen. Erwartungsvoll starrten sie auf die schlaff herabhängende Hülle. Es rührte sich nichts. Aber es stank, als wäre der leibhaftige Teufel durch den Hof geritten.

Den Brüdern wurde unheimlich zumute. »Ist alles in Ordnung?« fragten sie sorgenvoll, weil sie wußten, daß sich leicht Knallgas bilden konnte.

Professor Charles machte ein wütendes Gesicht. »Freilich ist alles in Ordnung! Es entweicht nur zuviel Gas. Wir müssen die Fächer abdichten.«

Einen Tag lang mühten und rackerten sie sich ab – vergebens. Die Kommode war wohl doch nicht das Richtige. Sie schoben sie schließlich zur Seite und stellten an ihre Stelle ein Faß, in das sie oben ein Loch bohrten, um Eisenspäne und Schwefelsäure hineinschütten und die sich entwickelnden Gase vermittels des Einfüllrohres auffangen zu können.

Der Versuch gelang. Deutlich war zu sehen, daß Wasserstoff aufstieg. Dennoch dauerte es drei Tage, bis der Ballon so weit gefüllt war, daß Charles glaubte, es verantworten zu können, den Start auf den 27. August festzusetzen. Da er bemerkt hatte, daß der Aerostat in den Nächten stets Gas verlor, er also damit rechnete, ihn auch am nächsten Morgen nochmals nachfüllen zu müssen, bestimmte er die fünfte Nachmittagsstunde als Startzeit. Faujas de Saint-Fond, der ihn kurz vor Beendigung der Füllung im Hof der Mechaniker Robert aufsuchte und sich an dem herrlichen Anblick des prallen Ballons nicht satt sehen konnte, bat er, sich mit den Gelehrten der Akademie einige Stunden früher auf dem Marsfeld einzufinden, um mit ihnen über die notwendigen Maßnahmen zur exakten Beobachtung des Aufstieges zu sprechen.

Saint-Fond war mit dem Vorschlag einverstanden. Unverwandt schaute er zu dem Aerostaten hoch. »Grandios sieht er aus«, sagte er begeistert. »Majestätisch! Wann werden Sie ihn zum Marsfeld schaffen?«

»Heute nacht.«

Der Kollege machte ein enttäuschtes Gesicht. »Warum nicht am Tage? Bedenken Sie, welch ein Aufsehen das erregen würde!«

Charles lachte meckernd. »Könnte Ihnen so passen. Nein, nein, mein Bester, das würde die Maschine aufs äußerste gefährden. Schließlich transportieren wir ja nichts anderes als eine riesige Menge höchst feuergefährlichen Gases! Das erledige ich lieber des Nachts.«

Es wurde ein seltsamer Transport. Damit dem kostbaren Aerostaten nichts geschah, hatte Professor Charles eine Scharwache angefordert, die – begleitet von Fackelträgern und berittenen Offizieren – vor dem mit Gewichten behangenen und von kräftigen Männern gehaltenen Ballon einhermarschierte.

Kaum ein Wort wurde gesprochen; es war, als sei sich jeder der Größe des Augenblicks bewußt.

Die an den Straßenecken verschlafen auf ihren Fiakern hockenden Kutscher rissen erschrocken die Augen auf. Sie hatten schon viel erlebt, kannten die Pariser Nächte, ihre Höhen und Tiefen, Zärtlichkeiten und Schrecken – einen solch geheimnisvollen und geisterhaft anmutenden Zug hatten sie jedoch noch nicht gesehen. Sie sprangen von ihren Böcken und hielten die Pferde, die schon die Nüstern blähten.

Die Straßenpassanten flüchteten in die Hauseingänge oder blieben wie erstarrt stehen, zogen ihren Hut und machten Verbeugungen, als würde das ›Allerheiligste‹ vorübergetragen. Es war nur gut, daß sie das heimliche meckernde Lachen des Professors nicht hörten, der sich köstlich amüsierte und mit spitzbübisch verzogenen Lippen hinter dem Ballon einherstolzierte.

Kurz vor Sonnenaufgang wurde das Marsfeld erreicht und der Aerostat verankert. Die Brüder Robert begannen mit dem Abladen ihres Wagens und stellten die Tonne auf, um das Nachfüllen vorzubereiten. Daß dies notwendig war, zeigte ihnen nicht nur die schlaffer gewordene Hülle, sondern auch das plötzlich verkniffen wirkende Gesicht des Professors, der abwechselnd den Ballon und die Wolken musterte, die grau und schwer am Himmel hingen.

Zum Glück rückte das zur Absperrung angeforderte Militär bereits um sieben Uhr an, denn schon bald liefen von allen Seiten Menschen herbei. Um zehn Uhr waren bereits Tausende versammelt, um zwölf schätzte Faujas de Saint-Fond an die fünfzigtausend, und als er um drei Uhr in Begleitung der Gelehrten erneut erschien, rief er pathetisch: »Unfaßlich! Der Aufstieg unserer Maschine ist zu einem nationalen Fest, zu einem Ereignis von noch nicht übersehbarer Bedeutung geworden! 300 000 Menschen sind versammelt! Arm und reich stehen wie Brüder beisammen!«

»Endlich!« erwiderte Charles trocken.

Saint-Fond machte große Augen. »Wie meinen Sie das?«

»Wie ich es sagte!« Er wandte sich an die Wissenschaftler und besprach mit ihnen die Beobachtung des Aufstieges. Dann entschuldigte er sich und begab sich an die Tonne, um die Herstellung des Wasserstoffes zu überwachen. Wichtiger denn je erschien es ihm, den Aerostaten prall zu füllen, denn den immer dunkler werdenden und schon tief herabhängenden Wolken war anzusehen, daß es bald regnen würde.

Aber dann war es geschafft. Der Ballon wurde abgeschnürt, und um Punkt fünf Uhr forderte der mittlerweile übermüdet und grau aussehende kleine Professor den diensttuenden Offizier auf, das verabredete Signal zum Beginn des Versuches zu geben.

Ein ohrenbetäubender Knall zerriß das Stimmengewirr, das wie das Brausen eines unübersehbaren Hornissenschwarmes über dem Marsfeld gelegen hatte. Gespannt und voller Erwartung reckten die Menschen die Köpfe.

Charles gab den Befehl, die Seile zu lösen, den Aerostaten jedoch erst beim zweiten Schuß steigen zu lassen. Er schaute zu den Türmen von Notre-Dame, zur Terrasse des königlichen Garde-meuble und zum Dach der École Militaire, wo die Gelehrten an ihren Beobachtungsgeräten und Instrumenten saßen, um den Weg des Ballons zu verfolgen und zu registrieren.

Die Größe des Augenblicks übermannte ihn; die Kehle schien ihm wie zugeschnürt, als er die Gebrüder Robert fragte: »Fertig?«

Sie nickten. Ihre Gesichter waren blaß.

Er wollte sich erneut an den Offizier wenden, um den zweiten Schuß zu erbitten, kommandierte in seiner Erregung aber mit sich überschlagender Stimme: »Feuer!«

Der Geschützdonner rollte über das Marsfeld, und gleich darauf schoß der Aerostat mit einem gewaltigen Satz in die Höhe.

Im ersten Moment schrien die Menschen, als würden sie umgebracht. Dann starrten sie fassungslos auf den Ballon, der mit einer ihnen unheimlich anmutenden Geschwindigkeit in die Höhe stieg. Sie achteten nicht des einsetzenden Platzregens, der in ihre Gesichter schlug, standen nur da, die Augen geweitet, und verfolgten die braune Kugel, die zusehends kleiner wurde. Der Gedanke, daß ein fester Körper dem Himmel entgegenschwebte, lähmte und faszinierte sie.

Professor Charles ging es nicht anders. Aufgeregt trippelte er von einem Bein auf das andere. Doch segnete er den Regen, der die Tränen der Freude nicht sichtbar werden ließ, die ihm über die Wangen liefen.

Und dann wiederholte sich, was sich in ähnlicher Weise in Annonay zugetragen hatte. In einer Höhe von annähernd 1 000 Metern verschwand der Ballon in den Wolken. Doch der Feuerwerker von Paris war flinker als der von Annonay. Kaum war der Aerostat verschwunden, da dröhnte der dritte Schuß über das Feld, der das Ende des Versuches anzeigen sollte.

Sehr zum Leidwesen Professor Charles', der befürchtete, die Gelehrten würden ihre Beobachtungen nun einstellen. Er war davon überzeugt, daß sich die Maschine nochmals zeigen würde, und er sollte recht behalten. Noch zweimal tauchte sie zwischen den Wolken auf, dann wurde sie nicht mehr gesehen.

Ein nicht enden wollender Sturm der Begeisterung brach aus. Die Menschen umarmten und küßten sich. Und dann drängte plötzlich alles nach vorne, der Stelle entgegen, von der der Aerostat aufgestiegen war. Man wünschte den Professor zu sehen, wollte ihn auf die Schultern heben und durch Paris tragen.

Das Militär geriet in Bedrängnis und wußte kaum, was es unternehmen sollte, um den Professor zu schützen, der fassungslos der anstürmenden Menge entgegenblickte.

»Auf mein Pferd!« rief einer der Offiziere, schnappte den kleinen Gelehrten beim Kragen, zog ihn zu sich hoch und ritt mit ihm davon.

»Wohin, monsieur le professeur?«

Charles zeigte in die Richtung, die der Ballon genommen hatte.

»Hinter dem Aerostaten her?«

»Haben Sie gedacht, nach Hause, mon lieutenant?«

Der Offizier gab dem Pferd die Sporen. »Nichts wie los!« rief er voller Seligkeit. Das war ein Auftrag nach seinem Geschmack.

Gut eine Stunde ritten sie im scharfen Galopp, dann trafen sie auf verschreckte Bauern, die aufgeregt berichteten, daß hinter den nächsten Hügeln eine mächtige Kugel vom Himmel gefallen sei.

Sofort schlug der Leutnant die gewiesene Richtung ein und holte aus dem Pferd heraus, was herauszuholen war. Vergebens. Als sie eine in der Nähe des Dorfes Gonesse gelegene Anhöhe erreichten, sahen sie schon von weitem eine große Anzahl Bauern, die mit Mistforken und Dreschflegeln hinter einem braunen Gegenstand herliefen, den sie an den Schweif eines Pferdes gebunden hatten und über die Äcker schleiften.

Der Offizier preschte den Hügel hinab. »Aufhören!« schrie er. »Seid ihr wahnsinning geworden? Ihr vernichtet einen kostbaren Aerostaten!«

Die Bauern sperrten Mund und Nase auf. »Was soll das sein?«

»Ein Aerostat!«

»Vergebung, hoher Herr«, die Männer unterdrückten ein Grinsen, »Sie müssen sich irren. Das hier ist kein Aero . . . Der leibhaftige Teufel war das! Wir haben ihn erwischt, als er aus den Wolken herausfiel. Sein Kopf war geplatzt! Riechen Sie nur, wie er stinkt!«

Der Leutnant wollte aufbrausen, doch Professor Charles hielt ihn zurück. »Moment«, sagte er und wandte sich an die Bauern. »Was habt ihr da gesagt? Sein Kopf war geplatzt?«

»Ja, Monsieur. Wir haben es ganz deutlich gesehen. Darum konnten wir ihn auch erwischen. Sonst wäre er bestimmt fortgelaufen. Blut hat er aber keins gehabt, nur gestunken hat er – wie die Pestilenz!«

Natürlich, überlegte Charles. Daß ich es nicht bedachte! Je höher der Aerostat kam, um so stärker dehnte sich das Gas aus. Bis der Ballon platzte. Künftig darf ich ihn nicht zuschnüren. Das Gas muß nach unten entweichen können.

»Was nun?« fragte der Offizier mit einem Blick auf die traurigen Überreste.

»Nach Hause! Ich werde einen neuen Aerostaten bauen. Der Professor lachte meckernd. »Vor allen Dingen muß ich die Regierung bitten, durch Maueranschläge bekanntzugeben, daß mit Gas gefüllte Kugeln weder Teufel noch wilde Tiere sind.«

Man entsprach dem Wunsch des Professors. Die Vossische Zeitung, Berlin, schrieb am 5. Sept. 1783: ›Es ist eine Entdeckung gemacht, wovon die Regierung Nachricht zu geben für gut befunden, um dem Schrecken vorzubeugen, welche sie unter dem Volke verursachen könnte. Diejenigen also, die dergleichen Kugeln, welche das Aussehen des verdunkelten Mondes haben, am Himmel entdecken, werden hierdurch benachrichtigt, daß es gar keine fürchterlichen Lufterscheinungen, sondern von Taft oder leichter Leinewand gemachte und mit Papier überzogene Maschinen sind, die kein Unglück stiften können, und wovon man, wie zu vermuten ist, dereinst einen nützlichen Gebrauch zu den Bedürfnissen der Gesellschaft wird machen können.‹

Paris geriet in einen Taumel der Begeisterung. In den Büros und auf den Straßen, in den Salons, Boudoirs und Kneipen gab es nur noch ein Thema: die aerostatische Maschine. Man war nicht enttäuscht worden, die Akademie hatte Wort gehalten, die geleistete Spende sich gelohnt. Man war bereit, erneut sein Scherflein beizutragen, und verlangte stürmisch nach den Gebrüdern Montgolfier, die Professor Charles lobend erwähnt hatte. Unumwunden hatte er zugegeben, daß er ohne Kenntnis des von ihnen durchgeführten Versuches wohl nie einen Aerostaten gebaut haben würde; die Antriebsarten ihrer Maschinen seien jedoch verschieden. Die Brüder Montgolfier hätten einen Heißluftballon gebaut, gewissermaßen die ›Montgolfière‹ – er einen Wasserstoffballon, wenn man so wollte, die ›Charlière‹.

Montgolfière? Charlière? Oh, là, là! Man witterte Wettkämpfe. Die Montgolfiers mußten her, und zwar so schnell wie möglich!

Andere zäumten das Pferd von der nationalen Seite auf. Kein Tag darf verlorengehen. Wer weiß, worüber man schon in dieser Stunde in anderen Ländern brütet? Der einmal errungene Vorsprung muß genützt werden. Im Interesse der Nation. Vive le roi! Vive la France!

Tatsächlich beschäftigte man sich auch anderswo mit dem Problem des Fliegens. So erstattete der in England lebende italienische Wissenschaftler Tiberius Cavallo am 20. Juni 1782 der British Royal Society einen Bericht über seinen Plan, ›ein Fahrzeug zu konstruieren in Art eines Sackes, der nach Füllung mit brennbarer Luft leichter sein müßte als ein gleichgroßes Volumen gewöhnlicher Luft, und der folglich in der Atmosphäre aufsteigen würde ähnlich wie Rauch.‹

Ernst zu nehmen war in gewisser Hinsicht auch der Hochfürstliche badische Landbaumeister Carl Friedrich Meerwein, wenngleich seiner Konstruktion kein Erfolg beschieden sein konnte. Sie beruhte auf dem Prinzip des Schwingenfluges, zu dem die Kraft des Menschen nun einmal nicht ausreicht. Das erkannte Meerwein ebensowenig wie Leonardo da Vinci. Doch in Anbetracht der Tatsache, daß er als erster Untersuchungen uber das Großenverhaltnis der Flügel zum Gewicht der Vögel anstellte, sei ihm vieles nachgesehen. Besonders seine überhebliche Einstellung zu den ersten Ballonfahrern.

›Die Kunst mit einem Ballon aufzusteigen ist ein Schwimmen in der Luft nach Art der Fische im Wasser und kein Fliegen nach Art der Vögel in der Luft‹, schrieb er, und er hatte damit absolut recht. Peinlich aber berühren seine Auslassungen, weil es in den nächsten Zeilen heißt: ›Meine Konstruktion ist deshalb bedeutsamer als die des Ballons, weil sie nicht so viele Umstände erfordert, vorzüglich aber auch, weil sie das sicherste Mittel abgibt, die aerostatischen Kugeln nach Gefallen zu lenken, abgesehen von der Ehre, diese Erfindung auf einen Deutschen zu bringen.‹

Im Gegensatz zu Friedrich Meerwein war der Franzose Jean Pierre Blanchard, von dem noch viel die Rede sein wird, ein übler Scharlatan. Er entwarf 1781 ein Luftfahrzeug nach dem Prinzip schwerer als Luft, das phantastisch aussah, allerdings nicht fliegen konnte. Aber das machte nichts. In jenen Tagen war es schon sehr viel, wenn man ein ›fliegendes Schiff‹ projektierte. Das verschaffte Ansehen und öffnete Türen.

Doch gleichgültig, ob man sich mit dem Problem leichter oder schwerer als Luft befaßte, in einem Punkt waren sich alle, die sich in die Luft erheben wollten, absolut gleich: Niemand zeigte sich gewillt, die Dinge in Ruhe ausreifen zu lassen. So kam es, daß die Gebrüder Montgolfier wenige Tage nach dem Aufstieg der ersten Charlière nach Paris gebeten wurden, wo sie in Saint-Antoine bereits am 12. September – also genau zwei Wochen später – vor einer Kommission der Königlichen Akademie einen Aerostaten von 70 Schuh Höhe und 40 Schuh Durchmesser vorführten. Wenn dessen Hülle auch durch einen plötzlich niedergehenden Regenschauer zerstört wurde, so bezeugten die beeindruckten Gelehrten doch gerne, daß es den Gebrüdern Montgolfier ›mit Hilfe von 50 Pfund trockenem Stroh und 10 Pfund klein zerhackter Wolle gelang, ein neues Gas, »das Montgolfiersche«, zu erzeugen, das den Ballon in die Lage versetzte, bis zu 500 Pfund vom Boden zu heben‹.

Da war es wieder, ›das Montgolfiersche Gas‹! Nach wie vor spukte es in den Köpfen, sogar der Gelehrten.

Aber so glänzend das Zeugnis der Kommission auch ausfiel, Joseph und Etienne Montgolfier fanden nicht die Zeit, sich ihres Erfolges zu erfreuen. Innerhalb von sieben Tagen mußten sie eine neue Maschine bauen, da bestimmt worden war, daß ihr Aerostat am 19. September in Gegenwart des Königs Louis XVI. in Versailles öffentlich vorgeführt werden solle.

Etienne war außer sich. »Glaub mir's, Joseph«, rief er erregt, »mit diesem Trick will man uns Provinzler hereinlegen. Die Pariser wollen . . .«

»Unsinn!« unterbrach ihn der Bruder. »Man kann's einfach nicht abwarten. Die Begeisterung geht mit den Menschen durch. Freuen wir uns darüber und spucken wir in die Hände. Mon Dieu, wir haben eine ganze Woche Zeit. Wenn's sein muß, bauen wir bis dahin zwei Maschinen.«

Etienne machte ein skeptisches Gesicht.

»Stell dich nicht so an«, fuhr Joseph fort. »Wir haben mehr erreicht, als wir wollten. Zum Bau des neuen Aerostaten steht uns Geld zur Verfügung, soviel wir haben wollen. Ist das vielleicht nichts?«

»Freilich. Aber . . .«

»Kein Aber! Im Gegenteil. Wir werden den Herren eine Überraschung bereiten, daß sie Mund und Nase aufsperren. Hier, schau dir meinen Plan an.« Er entfaltete ein Papier. »Diesmal wählen wir nicht die Form einer Kugel, sondern die eines Sphäroiden von 57 Schuh Höhe und 41 Schuh Durchmesser, den wir in der berühmten Tapetenmanufaktur Reveillon anfertigen, lasurblau streichen und aufs prächtigste mit goldenen Ornamenten verzieren lassen werden. Was sagst du?«

»Du bist wahnsinnig!«

»Möglich. Fest steht aber, daß der 19. September unser Entrée ist. Sowohl beim König als auch bei den Parisern. Und dafür, daß sich Hof und Volk auf unsere Seite schlagen werden, sorge ich und«, er zeigte auf den Entwurf, »dieser Korb, der an unserer Maschine hängen und mit ihr in die Höhe steigen wird.«

»Ein Korb? Wozu?«

»*Wozu*? In ihm werden sich die ersten Luftfahrtgäste befinden: ein Hahn, eine Ente und – ein Schaf! Glaubst du jetzt, daß uns der Tag gehören wird?«

Joseph sollte recht behalten. Er hatte aber auch alles getan, um den Aufstieg seines dritten Aerostaten zu einem glänzend aufgezogenen Schauspiel zu machen. Im Schloßhof von Versailles war eine Bühne errichtet worden, unter der eine eiserne Pfanne sowie reichliche Mengen Stroh und Wolle verborgen gehalten wurden.

Über dem Feuerherd befand sich ein Ausschnitt, durch den die ›Dämpfe‹ aufsteigen und in den Ballon gelangen konnten, ohne daß es die Zuschauer sahen.

Der Start war auf ein Uhr festgesetzt, doch schon in den frühen Morgenstunden fuhr eine endlose Kette von Fahrzeugen aller Art nach Versailles. Der ›erhabenste und gelehrteste Teil der Nation‹ gab sich ein Stelldichein.

Der weite Platz vor dem Palast wimmelte von Lakaien, Karossen und Equipagen, und schon bald waren alle Zugänge verstopft. Um zwölf Uhr war weder in den Schloßhöfen noch an irgendeinem Fenster ein Platz zu finden. Selbst auf den Dächern saßen Menschen.

Purpurschabracken mit silbergestickten Lilien, das Wappen des Hauses Bourbon, hingen von den Brüstungen der Terrasse. Goldstrotzende Uniformen und schimmernde Roben, wohin man blickte. Brillanten und Rubine brannten wie lichte Wunder. Straußenfedern fächelten. Wie Flammen dazwischen die feuerroten Röcke der Schweizergarde.

Das Stimmengewirr, das wie das Brausen des Meeres über der harrenden Menge gelegen hatte, brach ab, als der Zeremonienmeister,

Monsieur Bréze, erschien und seinen Stab dreimal hart auf den Boden stieß: Der König naht!

Die Gebrüder Montgolfier kamen sich in dieser Sekunde klein und häßlich vor. So sehr sie der Pomp beeindruckte, sie hatten das Gefühl, in einen Zirkus geraten zu sein, in dem ihnen gnädigst eine Statistenrolle zugeteilt wurde.

Ehrerbietiges Schweigen lag über dem Schloßhof. Vereinzelt nur war noch das Klirren von Sporen zu hören. Und dann brauste der Ruf: »Vive le roi! Vive le roi!«

Der König trat auf die Terrasse. Seinen Schmerbauch verdeckte ein weiter, scharlachroter Ornat, über den sich eine goldene Ordenskette spannte. Er trug einen großen, von einer Brillantagraffe verzierten Biberhut, der ihn noch unförmiger machte, als er es war. An seinen feisten Waden leuchteten schneeweiße Seidenstrümpfe.

In seiner Begleitung befand sich die Königin Marie-Antoinette, von der man wußte, daß sie zahllose Liebhaber unterhielt und Millionen verschwendete. Dem Herrscherpaar folgte der Hof, voran der jüngere Bruder des Königs, Graf d'Artois.

Louis XVI., der ›königliche Schlossergehilfe‹, wie ihn der Hochadel verächtlich nannte, weil er in den Kellern des Schlosses von Versailles eine Werkstatt unterhielt, in der er zu seinem Vergnügen hämmerte und bastelte, blickte interessiert zur Bühne hinüber, auf der die Montgolfière an einem Gerüst hing. »Ich möchte mir den Aerostaten aus der Nähe anschauen«, sagte er mit einer Stimme, die aus den untersten Tiefen seines Bauches zu kommen schien.

Die Hofschranzen waren entsetzt. Der König wollte zum Volk hinabsteigen? Nur um sich eine aerostatische Maschine anzusehen? Gewiß, ein Aerostat war etwas Neuartiges, man wollte ihn auch sehen und sich von ihm die Zeit vertreiben lassen, aber . . .

Der Zeremonienmeister war außer sich. Was sollte er tun? Im spanischen Hofzeremoniell – und nur dieses erschien Monsieur Bréze streng genug – war ein solcher Fall nicht vorgesehen.

Dem König war es einerlei. Er, der sich um die Staatsgeschäfte nicht kümmerte und es nicht wagte, seine Meinung offen zu sagen, pfiff in diesem Augenblick auf das Zeremoniell. Zum Teufel, er wollte die Maschine aus der Nähe sehen, wollte sie sich erklären lassen.

Den Kopf vorgestreckt, stieg er schwerfällig die Stufen herab.

Die Menge schrie vor Begeisterung. »Vive le roi! Vive le roi!«

Die Gebrüder Montgolfier erstarrten. Der König kam zu ihnen? Sie wurden blaß. Vor Aufregung schluckend sahen sie der Gestalt entgegen, die groß, wuchtig und bäuchig auf sie zukam.

Aber dann war es gar nicht so schlimm, wie sie es sich gedacht hatten. Louis XVI. gab sich jovial, lachte polternd, ließ sich alles zeigen und erklären und – erhob Joseph und Etienne Montgolfier in den Adelsstand und machte sie zu Mitgliedern der Königlichen Akademie.

Die Brüder rangen nach Luft. Ihnen schwindelte. Kein Wort konnten sie erwidern.

»Kneif mich mal«, flüsterte Joseph, als der König gegangen war.

»Wenn du mich dann auch kneifst, Monsieur Joseph de Montgolfier!« zischte Etienne. »Ich glaub', ich werd' verrückt und schlag' auf der Bühne einen Purzelbaum.«

»Reiß dich zusammen! Uns darf jetzt kein Fehler unterlaufen; der Aerostat muß starten wie noch nie!«

Inzwischen hatte der König die Terrasse wieder erreicht und nahm in einem breiten Lehnstuhl Platz. Neben ihm die Königin.

Ein junger Leutnant wandte sich an die Brüder. »Messieurs, sind Sie soweit?«

Joseph bejahte, und Etienne begab sich unter die Bühne, um das Feuer anzufachen.

Der Offizier hob die Hand. Gleich darauf krachte der erste Schuß, das Signal, mit der Füllung des Aerostaten zu beginnen.

Joseph hob den Deckel, der bis dahin das Loch in der Bühne verdeckt hatte, und Sekunden später schwoll die Maschine an.

Eine ungeheure Erregung ergriff die Versammelten.

Der Ballon füllte sich mehr und mehr und nahm immer straffere Formen an.

»Den Korb anbinden!« rief Montgolfier den Fabrikarbeitern zu, die er aus Annonay mitgebracht hatte. »Schnell! Der Aerostat füllt sich heute mit unheimlicher Geschwindigkeit.«

Der Korb mit dem Hammel, dem Hahn und der Ente wurde an die nun schon schwebende Hülle herangeschoben und in dafür vorgesehenen Ösen eingehängt.

»Fertig?«

Joseph schaute zur Maschine hoch, deren Verzierungen golden glänzten. Das lasurblau bemalte Papier spannte sich, als wollte es platzen. »Signal!« rief er.

Der Leutnant hob zum zweitenmal den Arm. Erneut krachte ein Schuß und zeigte an, daß die Füllung beendet sei.

Die Arbeiter liefen an die Haltebänder, ergriffen die daneben liegenden Messer und warteten auf den dritten Kanonenschuß, bei dem die Seile gekappt werden sollten.

Um 1 Uhr 07, elf Minuten nach dem ersten Schuß, rollte das Startzeichen über die Köpfe der Menschen hinweg. Dann erhob sich, beinahe majestätisch, der erste mit Lebewesen bemannte Aerostat von der Erde.

Ein nicht enden wollender Begeisterungssturm setzte ein.

Der Ballon stieg höher und höher, wurde vom Wind erfaßt und legte sich, infolge des nach unten ziehenden Gewichtes der Tiere, ein wenig schräg. Acht Minuten lang trieb er nach Südwesten, wo er auf ein kleines Wäldchen herabsank.

Da die zur Verfolgung des Aerostaten bereitgestellten Reiter unmittelbar nach dem Start losgeprescht waren, konnten die Tiere schon wenige Minuten später geborgen und in Sicherheit gebracht werden. Abgesehen von einer geringfügigen Beschädigung der rechten Flügelspitze des Hahnes, hatten sie die Luftreise gut überstanden.

Der Schaden aber, den der Hahn genommen hatte, bewegte die Gelehrten. Spaltenlange Abhandlungen über die ›Gefahren des Sich-in-die-Luft-Hebens‹ wurden geschrieben; mit wissenschaftlicher Exaktheit versuchte man zu belegen, daß der bei einem Aufstieg eintretende Druckabfall zwangsläufig zu Schäden führen müsse. Beweis: die Flügelspitze des Hahns.

Und was war in Wirklichkeit geschehen? Der Hammel hatte den Hahn getreten.

Man hat ihm sein garstiges Verhalten nicht allzusehr verübelt. Denn die Schaffhausener Zeitung schrieb im Jahre 1783: ›Der Hammel wurde nach der glücklichen Rückkunft von seiner lüftigen Nationalreise in den Königlichen Tiergarten verlegt, woselbst er standesgemäß bewirthet wurde und unter dem Namen eines »Luftfahrers« Besuche erhielt.‹

»Die Zeit ist reif«, sagte Joseph Montgolfier wenige Tage später zu Etienne: »Jetzt werden wir einen Aerostaten bauen, der Menschen durch die Lüfte tragen kann.«

Dem Bruder schwindelte es.

»Behaupte nicht schon wieder, ich sei wahnsinnig«, fuhr Joseph fort. »Hier ist der Plan zum Bau unserer vierten Maschine, die wir bis Anfang Oktober fertigstellen werden. Sie wird 70 Schuh hoch sein und 60 000 Kubikschuh Inhalt haben. Damit besitzt sie die Kraft, eine aus Weidenruten geflochtene Galerie zu tragen, auf der zwei Menschen Platz nehmen können.«

»Und was wird, wenn der Ballon auf ein Dach herunterfällt?« rief Etienne erschrocken.

Joseph lachte überlegen. »Das wird er nicht! Weil ich die Luftfahrer in die Lage versetzen werde, sich über jedes Haus hinwegzuheben.«

Etienne schüttelte den Kopf.

Der Bruder zeigte auf die Skizze. »Hier, auf die Galerie, und zwar genau unter die Einfüllöffnung, stellen wir eine eiserne Pfanne. Nicht nur am Boden, sondern auch in der Luft wird unser nächster Aerostat geheizt werden können.«

»Du meinst, das geht?«

»Das meine ich nicht, das weiß ich! Sobald sich das Gas verbraucht hat, heizt man nach, und sofort erhält man neuen Auftrieb. Nach Belieben kann man auf- und absteigen.«

»Mon Dieu! Wenn das nur gutgeht!«

»Wir probieren es am Boden, indem wir den an einem starken Seil befestigten Ballon zunächst einmal nur wenige Meter hochsteigen lassen. Will er sinken, verstärken wir das Feuer. Aus!«

Etienne nagte an seinen Lippen. »Das klingt verdammt einfach.«

»Ist es auch. Aber das brauchen wir ja niemandem zu erzählen.«

Am 10. Oktober war der neue Aerostat fertiggestellt. Er sah prächtig aus. Sein oberer Teil war mit einem Kranz von Lilien umgeben, darunter befanden sich die zwölf Zeichen des Tierkreises. Der mittlere Teil zeigte den Namenszug des Königs, und unten waren Adler mit ausgebreiteten Flügeln angebracht, die den Ballon zu tragen schienen.

Noch bevor die Brüder die Maschine nach Versailles schaffen ließen, wo sie am 21. November vor dem König aufsteigen sollte, machten sie ihren ersten Versuch, der zur vollen Zufriedenheit verlief. Kaum hatte der Aerostat genügend Gas gesammelt, da stieg er auf, soweit es das nur wenige Meter bemessene Seil gestattete, und er blieb in der Luft stehen, bis sie das Feuer verlöschen ließen.

Joseph war überglücklich. »Was sagst du?« fragte er begeistert.

»Ich bin sprachlos! Deine Vermutung hat sich bestätigt.«

In diesem Augenblick trat ein schlanker, elegant gekleideter Herr auf sie zu. Seine dunklen Augen besaßen einen ungewöhnlichen Glanz. Etwas Brennendes, Besessenes lag in ihnen. Seine Oberlippe zierte ein kleines, schwarzes Bärtchen, dessen Enden wie Korkenzieher gezwirbelt waren. »Messieurs«, sagte er und zog den Hut, »mein Name ist Pilâtre de Rozier.«

»Montgolfier«, stellte sich Joseph vor. Und mit einer Handbewegung zur Seite: »Mein Bruder, Etienne.«

»Messieurs«, Pilâtre de Rozier machte eine leichte Verbeugung und setzte den Hut wieder auf, »es ist mir eine Ehre, Ihre Bekanntschaft zu machen. Da Sie sich erst seit kurzem in Paris aufhalten, wird Ihnen mein Name möglicherweise wenig sagen. Ich bin der Direktor des hiesigen Museums.« Er warf sich in die Brust und fuhr mit Pathos fort: »Gestatten Sie mir darüber hinaus zu bemerken, daß meine Unerschrockenheit allgemein bekannt ist. Bei den verschiedensten Anlässen fand ich Gelegenheit, Proben meiner Einsicht und meines Mutes abzulegen, insbesondere bei gefährlichen Versuchen. Warum ich es tat? Ich schätze es – ja, ich liebe es geradezu, dem Tod ins Antlitz zu schauen.«

Joseph Montgolfier mußte an sich halten, nicht aufzulachen.

Rozier schien es zu bemerken, denn er fragte: »Sie glauben mir nicht? Messieurs«, fuhr er erregt fort, »ich habe die Ehre, darum zu bitten, mich beim Wort zu nehmen. Lassen Sie mich meinen Mut und meine Unerschrockenheit unter Beweis stellen. Ich habe den lebhaften Wunsch, mich mit Ihrem Aerostaten in die Lüfte zu erheben. Machen Sie eine Probe, setzen Sie mich in Ihre Maschine und lassen Sie mich auf 50 oder 100 Schuh steigen. Ich bin schwindelfrei, werde nicht die geringste Unbequemlichkeit empfinden und Ihnen im Augenblick der größten Gefahr Worte des Dankes zurufen.«

Der spinnt, dachte Etienne.

Joseph hingegen überlegte: Dieser Pilâtre de Rozier scheint ein ziemliches Großmaul zu sein. Aber was macht's? Er kommt mir wie gerufen. »Monsieur«, erwiderte er, »ich nehme Sie beim Wort.«

Rozier lüftete den Hut und verneigte sich. »Wann darf ich mich einfinden?«

Verrückter Kerl, dachte Montgolfier. Er tut ja geradeso, als handle es sich um eine Einladung zum Tee. »Paßt es Ihnen morgen nachmittag? Vielleicht um drei Uhr?«

»Einverstanden!«

»Abgemacht!«

»Danke, Monsieur! Auf Wiedersehen, Messieurs!« Sprach's, lüftete den Hut und stolzierte davon.

»Ja, bist du wahnsinnig?« stöhnte Etienne.

»Du solltest es allmählich wissen.«

Rozier hielt Wort. Punkt drei Uhr war er zur Stelle, und schon eine halbe Stunde später saß er – nachdem ihm Joseph genau erklärt hatte, was er zu tun habe – auf der Galerie der neuen Maschine und schürte das Feuer.

Meter um Meter wurde das über eine Winde gelegte Seil freigegeben, bis der Ballon schließlich in einer Höhe von 80 Schuh stillstand: vier Minuten und fünfundzwanzig Sekunden lang. Dann sank der Aerostat langsam wieder zu Boden.

Die Augen des Edelmannes brannten wie glühende Kohlen.

»Nun?« fragte Etienne voller Spannung. »Wie war's?«

»Imposant, imposant!« Rozier zwirbelte sein Bärtchen und klopfte sich die Beinkleider ab, an denen Stroh- und Wollreste hingen.

»Ein wenig haben Sie mich enttäuscht«, sagte Joseph lachend.

Pilâtre de Rozier schaute verwundert auf.

»Sie hatten gesagt, daß Sie mir im Augenblick der größten Gefahr Worte des Dankes zurufen würden.«

»Pardon, Monsieur, aber das ging beim besten Willen nicht, da ich keine Gefahr entdecken konnte. Nicht die geringste. Wenn ich mein Wort einlösen soll, wird Ihnen nichts anderes übrigbleiben, als das Seil zu kappen und mich frei fliegen zu lassen.«

Joseph war sprachlos. »Sie würden ...?«

Rozier tat verwundert. »Habe ich nicht erklärt, daß es mir ein Vergnügen ist, dem Tod ins Antlitz zu schauen?«

An diesem Abend tranken sie mit dem offensichtlich wirklich unerschrockenen Pilâtre de Rozier einige Flaschen Rotwein und besprachen den Ablauf der für den 21. November angesetzten zweiten großen Veranstaltung vor dem König. Sie kamen überein, daß Rozier zunächst wiederum bis auf 80 Schuh steigen und dann landen sollte, um bekanntzugeben, daß er in wenigen Minuten die erste Luftreise in der Geschichte der Menschheit antreten werde. Sie schworen einander, bis dahin zu schweigen, weil sie befürchteten, daß ihnen Professor Charles zuvorkommen könnte. Denn daß der lebhafte Gelehrte etwas Besonderes vorbereitete, hatten sie unschwer herausfinden können. In der Werkstatt der Gebrüder Robert wurden Unmengen von Taft gummiert, und bei einem bekannten Schreiner hatte Charles die Anfertigung einer leichten Gondel in Auftrag gegeben, die verziert und golden lackiert werden sollte. Wenn sie nicht ins Hintertreffen geraten wollten, mußten sie schweigen und – handeln!

Sie zählten die Tage, die noch verstreichen mußten. Doch dann war er da, der denkwürdige 21. November 1783.

Wieder waren die Straßen nach Versailles verstopft, wieder wimmelte es von Lakeien, Karossen und Equipagen, und erneut war schon Stunden vor Beginn der Vorführung kein Platz mehr zu finden.

Am Himmel segelten nur vereinzelte Wolken. Die schon blaß gewordene Sonne sandte ihre letzten Strahlen, als wolle sie sich einen guten Abgang verschaffen. In der Luft lag jenes gewisse Etwas, das sehnsüchtig an den Frühling denken läßt.

Den Schmerbauch des Königs verdeckte diesmal ein dunkler Mantel, unter dem die weißseidenen Strümpfe greller denn je leuchteten.

Kaum hatte er Platz genommen, da krachte der erste Böllerschuß. Ihm folgten bald der zweite und dritte, und dann stieg Pilâtre de Rozier, umjubelt von Hunderttausenden, langsam in die Höhe.

Man war fasziniert. Der erste Mensch hatte sich von der Erde erhoben. Bestand nicht die Möglichkeit, daß schon in Kürze – vielleicht schon morgen – die erste Luftreise angetreten werden konnte? Man jubelte, schrie und grölte. Und als der Aerostat sank, lag man sich in den Armen. »Vive le roi! Vive Montgolfier! Vive Rozier!«

Der König geruhte, die Herren zu sich zu bitten. Nachdem er sich eingehend mit ihnen unterhalten hatte, setzte er für Joseph eine lebenslängliche Rente von jährlich 1 000 Francs aus und verlieh Etienne den Orden vom heiligen Michael.

Die gewährte Audienz war damit eigentlich beendet. Doch in diesem Augenblick faßte Joseph Montgolfier den Mut, den König um die Genehmigung zu bitten, Rozier mit dem frei schwebenden Aerostaten aufsteigen zu lassen.

Louis XVI. war entsetzt. »Was verlangen Sie von mir?« rief er außer sich. »Ich soll Ja und Amen dazu sagen, daß ein Mensch . . .? Unmöglich! Monsieur, ich bin verstimmt!«

Der König hatte nicht mit Pilâtre de Rozier gerechnet. »Sire«, rief dieser so leidenschaftlich, daß der Hofstaat erschrocken zusammenfuhr, »Sie machen mich zum unglücklichsten Menschen der Erde. Mein Mut und meine Unerschrockenheit . . .«

»Schweigen Sie!« unterbrach ihn ein hoher Offizier.

Das Gesicht des Königs lief rot an.

Damen der Gesellschaft rangen nach Luft und machten Ansätze, in

Ohnmacht zu fallen. Ihre Begleiter trafen Anstalten, sie zu stützen und aufzufangen.

Rozier warf sich zu Boden und stammelte: »Vernichten Sie mich, Sire, aber lassen Sie mich zuvor den Flug durchführen. Im Dienste der Menschheit! Es kann nicht Ihr Wille sein, die Entwicklung der Dinge aufzuhalten. Der Mensch muß und wird fliegen!«

Die Schweizergarde drängte vor und ergriff Rozier.

Der König schaltete sich ein. »An dem, was Monsieur de Rozier da sagt, ist etwas Wahres. Der Mensch wird eines Tages fliegen, und ich denke nicht daran, die Entwicklung der Dinge aufzuhalten. Doch hier handelt es sich um einen Versuch, und ich kann nicht gestatten, daß ein unbescholtener Mensch . . .«

»Sire!« schrie Pilâtre de Rozier.

»Wollen Sie wohl Ihren Mund halten!« schimpfte der König mit dunkler Stimme und wandte sich an Joseph Montgolfier. »Den Versuch, Menschen aufsteigen zu lassen, gestatte ich hiermit. Zu diesem Zweck begnadige ich zwei zum Tode verurteilte Verbrecher, die sofort geholt werden sollen.«

»Ich nehme mir das Leben!« schrie Rozier. »Ich . . .«

»Schweigen Sie!« unterbrach ihn der Marquis d'Arlandes. Dann verneigte er sich vor dem König und sagte: »Sire! Es liegt mir fern, für Monsieur de Rozier zu sprechen, und niemals würde ich es wagen, Ihre Anordnung zu kritisieren. Was mich aber betrübt, ist der Gedanke, daß Verbrecher die ersten fliegenden Menschen sein sollen. Der Adel begründete den Ruhm unserer Nation, und der Adel war es, der ihn vergrößerte. Soll der Ruhm des ersten menschlichen Fluges nun an Sträflingskleider geheftet werden? Ich glaube, Sire, daß Sie dieses nicht bedachten.«

Atemlose Stille herrschte.

Louis XVI. blickte vor sich hin und nagte an seiner aufgeworfenen Unterlippe.

Die einflußreiche Erzieherin der königlichen Kinder, die Duchesse de Polignac, beugte sich vor und flüsterte: »Der Marquis hat nicht unrecht, Sire. Und hat Monsieur de Rozier nicht bewiesen, daß er zu fliegen versteht? Ob nun mit oder ohne Seil . . .«

Der König schaute auf und sah abwechselnd den Marquis d'Arlandes und Pilâtre de Rozier an.

»Sire«, sagte Rozier in nun ruhigem Tone, »ich verbürge mich dafür, daß nicht die geringste Gefahr besteht. Ich hätte sogar größte Lust, den Marquis d'Arlandes einzuladen, an der Fahrt teilzunehmen.«

Der Marquis war begeistert. Und da Joseph Montgolfier keinen Einwand erhob, gab der König dem feurigen Drängen der Edelleute nach.

Die Menge war kaum zu halten, als bekanntgegeben wurde, daß zwei Menschen das Wagnis einer Luftreise auf sich nehmen wollten. Der Platz vor dem Palast glich einem brodelnden Kessel. Und er schien überzukochen, als mit dem dritten Schuß das Signal zum Kappen der Taue gegeben wurde.

Bedingt durch das Gewicht der beiden Passagiere erhob sich der Aerostat bedeutend langsamer als bei der ersten Vorführung. Sekundenlang trat eine lähmende Stille ein, aber dann ließ der nicht enden wollende Ruf »Vive le roi! Vive le roi!« die Fensterscheiben des Palastes klirren.

Pilâtre de Rozier stand auf der Galerie wie ein Sieger. Mit unnachahmlicher Geste lüftete er den Hut und grüßte lässig herab.

Der Marquis brauchte einige Zeit, bis er sich zurechtfand. Zunächst hatte er nur auf die vibrierende Einfüllöffnung gestarrt, doch dann fing er sich und warf einen Blick nach unten. »Mon Dieu!« rief er erschrokken, als er die Erde aus der Vogelperspektive sah.

Rozier zwirbelte sein Bärtchen. »Ist eine Luftreise nicht etwas Wundervolles?« fragte er und tat, als wäre er schon etliche Male geflogen.

»Wo befinden wir uns? Wo sind die Menschen?«

»Denken Sie, wir stünden noch über La Muette, dem Jagdschloß des Königs?« Rozier spielte den Gelangweilten. »Wir befinden uns auf dem Weg nach Paris, bester Marquis.«

Der wurde leichenblaß. »Und unter uns? Ist das ein Wald?«

»Ich bewundere Ihren Scharfsinn.«

»Um Gottes willen, Monsieur! Wir sinken auf ihn herab!«

»Wundert Sie das?« Rozier blickte interessiert nach unten. »Ich bin sogar überzeugt davon, daß wir in den Bäumen landen, wenn Sie das Feuer nicht schnellstens neu entfachen.«

»Oh, pardon!« antwortete der Marquis und beeilte sich, Stroh und Wolle in die Glut zu werfen.

Pilâtre de Rozier nickte anerkennend und gab sich dem Anblick der vorüberziehenden Landschaft hin. »Sehen Sie das silbergraue Band dort drüben?« fragte er nach einer Weile.

»Ja.«

»Es ist die Seine.«

»Mon Dieu, werden wir sie überschreiten können?«

»Wenn Sie das Feuer weiterhin so vernachlässigen wie bisher, dürfte es schwierig werden.«

»Ja, um Himmels willen, müssen wir denn schon wieder nachheizen?«

»Freilich. Sie sehen doch, daß wir sinken.«

Der Marquis griff nach dem Stroh.

»Nicht nur aufwerfen«, ermahnte ihn Rozier. »Sie müssen auch mal mit dem Schürhaken in der Glut stochern. Jawohl, so ist's richtig. Und nun neu auflegen. Sehen Sie, jetzt steigen wir prächtig.«

»Sie könnten auch etwas tun«, empörte sich der Marquis.

»Wozu? Ich liebe es, dem Tod ins Antlitz zu schauen, lasse Bäume, Flüsse und Häuser gerne auf mich zukommen.«

»Sind Sie wahnsinnig?«

»Darüber kann ich nicht urteilen, Marquis.«

Sie schwiegen und blickten zur immer näher kommenden Stadt hinüber.

»Ist das dort drüben nicht die Schwaneninsel?«

Rozier nickte. »Es wird sehr schwer sein, den Fluß zu überschreiten.«

»Meinen Sie?«

Er deutete nach unten. »Wir sinken schon wieder.«

Der Marquis warf erneut Stroh und Wolle auf die Glut.

»Glänzend!« rief Pilâtre de Rozier. »Großartig, wie wir nun steigen. Schauen Sie nur!«

»Tatsächlich, jetzt steigen wir fabelhaft. Aber – wir bewegen uns ja auf den Hauptarm der Seine zurück. Sehen Sie, dort ist die Barrière de la Conférence.«

»Ich sagte schon: allem Anschein nach ist es sehr schwer, den Fluß zu überschreiten.«

Eine Weile sah es aus, als stünde die Montgolfière still, dann trieb sie plötzlich über die Seine hinweg dem Stadtzentrum entgegen.

Die Menschen schrien und jubelten.

Rozier stand da wie ein Feldherr nach gewonnener Schlacht und lüftete hin und wieder den Hut. »Was sagen Sie, bester Marquis? Die Welt liegt uns zu Füßen!«

Er hatte es kaum gesagt, da sank der Ballon mit einer solchen Geschwindigkeit, daß die Dächer riesengroß auf sie zukamen. »Platz!« schrie Rozier, stieß den Marquis zur Seite, ergriff Stroh, Wolle und Schürhaken und hatte im Nu ein gewaltiges Feuer entfacht. Fast augenblicklich stieg der Aerostat. »So macht man das«, sagte er, als er sich wieder aufgerichtet hatte und den Staub von seinen Händen schlug. »Um aber von etwas anderem zu reden: Das, was wir gerade erlebten, ist es, was das Leben lebenswert macht. Mal geht's hinauf, mal hinunter. Wenn man unten ist, darf man nur keine Angst bekommen. Dann muß man handeln, mit beiden Händen!«

Die Maschine trieb über Paris hinweg und sank, als das mitgenommene Brennmaterial verbraucht war, zwischen den Mühlen Des Merveilles und Moulin-Vieux zu Boden. Marquis d'Arlandes sprang über die Brüstung, während Pilâtre de Rozier in stolzer Haltung stehenblieb.

»Warum so eilig?« fragte er. »Sie sehen doch . . .«

Weiter kam er nicht. Die schwere Hülle fiel herab und begrub ihn unter sich.

Der Marquis war verzweifelt. Er raste hin und her und wußte schon nicht mehr, was er tun sollte, als er einen Reiter im Galopp auf sich zukommen sah. Es war der Duc de Chartres, den die Duchesse de Polignac dem Aerostaten nachgesandt hatte, damit der König schnellstens Nachricht über den Ausgang der Luftreise erhielt. »Zu Hilfe!« rief der Marquis. »Monsieur de Rozier ist verschüttet!«

In diesem Augenblick kroch der Edelmann unter dem zusammengefallenen Aerostaten hervor. »Verschüttet?« fragte er erbost und klopfte seine Kleidung ab. »Unterlassen Sie derartige Übertreibungen!«

Der Marquis war selig, den Luftgefährten unverletzt vor sich zu sehen. Er umarmte ihn. »Haben Sie wirklich nichts abbekommen?«

»Ich?« Rozier sah ihn strafend an. »Helfen Sie mir lieber meinen Hut zu suchen. Ohne Kopfbedeckung kann ich unmöglich in die Stadt fahren.«

Er hätte bedenkenlos ohne Hut fahren können, denn Paris glich an diesem Tage einem Tollhaus. Man konnte nicht begreifen, daß ein Traum, von dem man angenommen hatte, er werde ein ewiger Traum bleiben müssen, Wirklichkeit geworden war. Der Mensch hatte die Erdenschwere überwunden.

Der Mensch? Oh, nein, Angehörige der ›Grande Nation‹ hatten diese Leistung vollbracht. Franzosen waren es, die den Aerostaten bauten, und Franzosen hatten sich mit ihm fünfundzwanzig Minuten lang von der Erde erhoben. Vive le roi! Vive la France!

Böller krachten, Hüte sausten durch die Luft, Fahnen wurden geschwenkt, Standesunterschiede vergessen. Arm und reich, alt und jung, Bürger und Adelige umarmten und küßten sich. Paris sang und tanzte bis spät in die Nacht.

Die Gebrüder Montgolfier waren die Helden des Tages; sie wurden zu Rittern ernannt, und der König gab den Befehl, eine Denkmünze mit dem Kopf Joseph Montgolfiers zu prägen. Den 83jährigen Vater ehrte er durch die Verleihung des Adelsbriefes unter der Devise: ›Sic itur ad astra.‹ – ›So führt der Weg zu den Sternen.‹

Doch wie es der Lauf der Dinge ist, im Helden von heute steckt der Veteran von morgen. Schneller, als sie es dachten, mußten die mit Ehrungen überhäuften Gebrüder Montgolfier diese Erfahrung machen. Schon am 1. Dezember, zehn Tage nach der denkwürdigen ersten Luftreise in der Geschichte der Menschheit, versammelten sich Hunderttausende auf dem Marsfeld, um dem Aufstieg einer Charlière beizuwohnen, mit der sich der kleine Professor und einer der Brüder Robert vom Erdboden erheben wollten. Niemand ahnte, welch sensationeller Erfolg ihnen beschieden sein sollte. Aber es wußte auch niemand, wie gewissenhaft Professor Charles zu Werke gegangen und mit welcher Sorgfalt er alles vorbereitet hatte.

Die Gebrüder Montgolfier ahnten es ebenfalls nicht, wenngleich sie Dinge sahen, die sie hätten stutzig werden lassen müssen. Denn in der Gondel entdeckten sie Instrumente, die ihnen völlig fremd waren.

»Was sind das für Geräte?« fragte Joseph beinahe gönnerhaft.

Charles lachte meckernd. Er war glücklich über das in aller Öffentlichkeit stattfindende Gespräch, da in der Stadt Gerüchte kursierten, denen zufolge ein Streit zwischen ihm und den Gebrüdern Montgolfier ausgebrochen sein sollte, angeblich, weil er ihnen den Ruhm der Erfindung des Aerostaten streitig mache. Er wies auf eines der Instrumente und sagte: »Das ist ein nach Lanas Ideen konstruiertes Barometer, mit dem ich den Luftdruck messen und somit die Flughöhe jederzeit errechnen kann.«

»Interessant! Und was ist das dort?«

»Ein Hygrometer. Mit ihm stelle ich die Luftfeuchtigkeit fest.«

»Sie wollen wissenschaftliche Messungen betreiben?«

»Nichts anderes, Monsieur. Die abenteuerliche Seite, wenn ich mich einmal so ausdrücken darf, interessiert mich nicht im geringsten.«

Joseph Montgolfier blickte dem Professor für den Bruchteil einer Sekunde in die Augen, dann schaute er schnell zu dem mächtigen Aerostaten hoch, der einen Durchmesser von annähernd neun Metern hatte. »Wird der Einfüllstutzen nicht verschlossen?«

»Nein. Meine erste Maschine platzte, weil ich sie zuschnürte. Ich bedachte nicht, daß sich das Gas in der Höhe . . .«

»Verstehe. Nun entweicht es nach unten, wenn es sich ausdehnt.«

»Richtig.«

»Interessant, interessant!«

Der junge Robert trat hinzu. »Wir sind soweit.«

»Gut«, sagte Charles und löste einen kleinen Ballon von einem der Seile, welche die Gondel hielten.

»Wozu benötigen Sie den?« fragte Montgolfier.

Der Professor machte ein pfiffiges Gesicht. »Nennen wir ihn ›Pilotballon‹. Er soll kurz vorm Start aufsteigen, um dem Piloten die Richtung des Windes anzuzeigen.«

»Großartig!« erwiderte Joseph überrascht.

Der Professor reichte ihm den Ballon. »Monsieur, würden Sie ihn aufsteigen lassen? Sie sind es, der uns den Weg zum Himmel öffnete.«

Montgolfier war gerührt und stolz zugleich. Er bedankte sich, ließ den Ballon steigen und gab damit das Startzeichen zu einer Luftreise, die den Sieg der Charlière und den Anfang vom Ende der Montgolfière in sich trug. Denn der von Charles geschaffene, mit Wasserstoff gefüllte Aerostat stieg mit den beiden Luftfahrern nicht nur auf über 1 000 Meter, sondern hielt sich 3 Stunden 45 Minuten in der Luft und landete etwa neun Wegestunden von Paris entfernt auf einem Feld bei Nesle.

Doch das war noch nicht alles. Obwohl der Tag bereits seinem Ende entgegenging, gab sich der unerschrockene Professor mit dem Erreichten nicht zufrieden. Er befahl seinem Begleiter, auszusteigen und nach Paris zurückzukehren, da er nunmehr allein weiterfliegen wolle.

Die tausend Einwände, die der besorgte Robert erhob, ließ Charles nicht gelten. »[illegible]!« schrie er schließlich ärgerlich. »Entweder steigen Sie sofort aus, oder ich werfe Sie über die Brüstung!«

Dem Mechaniker blieb nichts anderes übrig, und im selben Moment, da er die Gondel verließ, schoß der um 130 Pfund erleichterte Ballon senkrecht in die Höhe.

»Au revoir à Paris!« rief der Professor, lachte sein meckerndes Lachen und stieg – als wäre es nichts – bis auf 3 500 Meter! Solange es noch einigermaßen hell war, machte er gewissenhaft Notizen über alles, was er feststellen konnte – auch über das Reagieren der menschlichen Organe, insbesondere der Ohren, die ihm beim Aufstieg heftige Schmerzen bereiteten –, dann gab er sich dem Anblick der Nacht und dem aufsteigenden Mond hin und fühlte sich ›allen Mühseligkeiten der Erde, allen Plagen des Neides und der Verfolgung entflohen‹.

Fünfunddreißig Minuten lang trieb er durch die Nacht, dann wurde es ihm zu kalt; er zog das im Kopf des Ballons angebrachte Ventil, um Gas abzulassen und zur Erde zurückzusinken. Bis auf die später hinzugekommene ›Reißbahn‹ enthielt seine Konstruktion bereits alle Teile, die den heutigen Freiballon kennzeichnen.

Eine Weile zögerte Prof. Charles noch. Dann warf er einen kleinen Anker aus – von dem er hoffte, daß dieser im Erdboden Halt gewinnen und ein Hochschnellen des Aerostaten verhindern würde – und landete bald danach auf einem Acker, wo ihn eine Jagdgesellschaft, die den Ballon beobachtet und zu Pferde verfolgt hatte, stürmisch begrüßte.

Le roi est mort – vive le roi! Paris hatte einen neuen Helden. Und der König beeilte sich, das ›Glück zu korrigieren‹. Er befahl, die in Auftrag gegebene Gedenkmünze zur Erinnerung an die erste Luftreise abzuändern und nicht nur den Kopf Joseph Montgolfiers, sondern auch den des Professors einzuprägen, dem er darüber hinaus eine Rente von jährlich 2 000 Francs und eine Wohnung im Louvre anwies.

Diese Wohnung hätte Charles beinahe das Leben gekostet. Denn in den Revolutionstagen wurde er zusammen mit den adeligen Bewohnern des Palastes gefangengenommen. Man ließ ihn später jedoch wieder frei und erteilte ihm die Genehmigung, seine Lehrtätigkeit fortzusetzen.

7. Januar 1785

Der Aerostat war erfunden, und man könnte glauben, daß mit ihm die Sehnsucht wuchs, über der Erde zu schweben, oder der Wunsch, ihn zu beherrschen und lenkbar zu machen. Doch weit gefehlt. Die Menschen jener Tage sahen im Ballon kein ausbaufähiges Luftfahrzeug, sondern ein neuartiges Unterhaltungsmittel, das sie um so mehr begrüßten, als die mit ihm verbundene Gefahr einen angenehmen Nervenkitzel hervorrief. Und da gefährliche Dinge immer interessieren und die Herren Montgolfier, Charles, Rozier, d'Arlandes und Robert in aller Munde waren, beeilte man sich, die Schaufenster mit ›Eau de Montgolfier‹, ›Pastete à la Charles‹, ›Soufflé Aerostat‹, ›Crème de Robert‹, ›Bartwichse Rozier‹ und ›Grand vin d'Arlandes‹ zu dekorieren.

Doch nicht genug damit: Röcke und Hüte erhielten die Bezeichnung ›Modell Ballon‹. Wiegemesser zum Zerkleinern von Gemüse nannte man ›Montgolfière‹. Gondelförmige Kutschen hießen ›Charlière‹. Und Farben – ja, du liebe Güte, wer auf sich hielt, trug ›Luftballon-Farbe‹, das war doch selbstverständlich!

Die Friseure standen nicht zurück. Sie erfanden die ›Himmels-Frisur‹. Bäcker kneteten ›Aerostaten‹. Die Metzger hatten es leicht. Sie bliesen Schweinsblasen auf, lackierten sie, befestigten kleine Käfige darunter, sperrten Kanarienvögel hinein und hängten das Ganze in die Auslage.

Ein ›Ballonfieber‹ erfaßte die Franzosen, die ›Aeropetomanie‹ grassierte. Als dem Maler Deschamps de Neufchâteau dann noch die gloriose Idee kam, aus Goldschlägerhaut kleine Ballons anzufertigen, da griff die Krankheit auch über die Grenzen des Landes. Wo immer man zum Himmel emporschaute, gleichgültig, ob in Paris, London, Marseille, Rom oder Berlin – überall stiegen kleine Montgolfièren auf.

Dennoch war es nur ein harmloser Anfang. Der Franzose Blondy erkannte dies und machte *das* Geschäft seines Lebens. Er lieferte nicht nur ›aerostatische Kugeln‹, bei ihm konnte man auch ›brennbare Luft von extrafeiner Qualität‹ beziehen, die in Blasen geliefert wurde, auf die man ›nur zu drücken‹ brauchte, wenn man den Ballon füllen wollte. Kostenpunkt: zwei Pfund das Stück! Sie gingen ab wie warme Semmeln.

Die ›Aeropetomanie‹ beschäftigte die Menschen so sehr, daß eine Pariser Zeitung schrieb: ›Der neuerliche Versuch mit der Luftmaschine des Professors Charles hat einen so stürmischen Enthusiasmus hervorgerufen, daß groß und klein von nichts anderem mehr sprechen und sich nur noch mit aerostatischen Versuchen befassen. Und all unsere Physikprofessoren lesen nur noch über Gas, über brennbare Luft, über den aerostatischen Ball und über Mittel, einen solchen in der Luft zu dirigieren. Zu den physikalischen Lehrstunden des Herrn Professor Charles kommen jetzt über dreihundert Kutschen mit vornehmen Leuten.‹

Hunderttausende versammelten sich in jenen Tagen auf dem Marsfeld und warteten geduldig, wenn der Aufstieg eines Aerostaten angekündigt worden war. Wehe aber, wenn nicht alles klappte! Joseph Montgolfier konnte ein Lied davon singen.

Er hatte schon viele Maschinen gebaut, mit denen er vom Champs de Mars gestartet war. Einmal hatte er sogar einen Ballon von 42 Meter Höhe und 35 Meter Durchmesser vorgeführt, mit dem er, in Begleitung von Pilâtre de Rozier, dem Prinzen Charles de Ligne, den Grafen de Laurencin, de Dampierre und de La Porte d'Auglefort sowie einem gewissen Monsieur Fontaine, der im Augenblick des Aufsteigens auf die Galerie gesprungen war und nicht mehr zurückgestoßen werden konnte, einen imposanten Flug durchführte. Er hatte also keineswegs kapituliert, sondern weiterhin außerordentliche Leistungen vollbracht, die ihn zum ewigen Freund der Pariser hätten machen müssen. Aber weit gefehlt.

Im Bestreben, den Ballon lenkbar zu machen, hatte der für physikalische Probleme stets aufgeschlossene Montgolfier mit den Herren Abbé Miollan und Janinet eine Heißluftmaschine gebaut, bei der seitlich, auf halber Höhe, eine Öffnung angebracht war, aus der Warmluft ausströmen und den Ballon zur entgegengesetzten Seite fortschieben sollte. Aus irgendeinem Grund stieg der Aerostat jedoch nicht auf, sondern fing im unteren Teil Feuer, so daß der Versuch abgebrochen werden mußte.

Das war zuviel für die Pariser. In ihrer Enttäuschung wurden sie so wütend, daß sie sich des Ballons bemächtigten und ihn in tausend Stükke rissen. Dann stürzten sie sich auf die Luftfahrer und verdroschen sie nach allen Regeln der Kunst.

Es war nicht mehr leicht, den verwöhnten Parisern etwas zu bieten, zumal es den ernst zu nehmenden Luftfahrern weniger darauf ankam, das Volk zu unterhalten, als Versuche anzustellen, die der Lenkbarmachung des Aerostaten dienten. Aber sollten sie sich dafür – und nur weil derartige Versuche wenig attraktiv waren – verprügeln lassen?

Man resignierte, zog sich zurück und öffnete dadurch Abenteurern und Glücksrittern den Weg.

Doch vielleicht verlangt die Entwicklung auch solche Menschen, vielleicht geht es nicht immer nur mit Geist, mit wissenschaftlicher Exaktheit, endlosen Überlegungen und Berechnungen. Vielleicht muß zu einem bestimmten Zeitpunkt etwas anderes hinzukommen, um die Sache voranzutreiben: Unternehmergeist, gleichgültig, ob er aus Ehrgeiz, Geltungsbedürfnis oder Profitgier geboren wird. Aber wie dem auch sei, diese drei Eigenschaften kennzeichneten einen Mann, dessen Name kometenhaft am Himmel Europas aufstieg, und der – bei allem, was ihm übelgenommen und vorgeworfen wurde – das Verdienst für sich in Anspruch nehmen kann, die Luftfahrt populär gemacht zu haben: Jean-Pierre Blanchard.

Daß er ein Windbeutel war, sah man auf den ersten Blick. Besonders, wenn er in Gegenwart eleganter Damen über aerostatische Maschinen und deren Lenkbarmachung sprach. Überlegen lächelnd, eine Braue hochgezogen, den Mund spöttisch gewinkelt und eine Hand in der Tasche, warf er mit Begriffen, Zahlen, technischen Einzelheiten und zukünftigen Projekten in einer Weise um sich, daß es Laien und Fachleuten schwindelte. Laien, weil sie nichts von der Sache verstanden, und Fachleuten, weil sie selten soviel Unsinn gehört hatten.

Ursprünglich hatte sich Blanchard mit dem Bau eines ›Flugapparates‹ befaßt, der jedoch nie aufstieg. Seine neuerliche ›Maschine‹ war nichts anderes als ein Heißluftballon, unter dem ein riesiger Regenschirm und ein Nachen hingen, vor dem sich ein Flügelpaar befand, das er vermittels einer Kurbel in Umdrehungen versetzen wollte, um sich auf diese Weise ›durch die Luft zu ziehen‹.

Der Apparat dachte aber nicht daran, sich auch nur um einen Millimeter vom Boden zu heben, und Blanchards ›fliegerische Karriere‹ wäre damit eigentlich beendet gewesen. Doch in diesem Augenblick reichte ihm die oft recht schnöde Göttin des Glücks die Hand: sie zeigte ihm die Charlière.

Den Wasserstoffballon sehen und handeln, war für Blanchard eins. Kurz entschlossen ließ er sich einen Aerostaten bauen, hängte seinen Flugapparat darunter und kündigte – frech wie er war – im Journal de Paris an, den *lenkbaren* Ballon erfunden zu haben.

›Meine Flügel und ihre Bewegungen sind fertig und erprobt‹, schrieb er. ›Ein schwacher Motor‹ – er meinte seine Arme – ›läßt sie nach allen Richtungen mit hinreichender Kraft arbeiten, um mich vorwärts und seitwärts zu tragen. Kurz vor Abfahrt meines fliegenden Schiffes werde ich das Schloß nennen, wo meine Fahrt enden soll.‹

Schlau war er, dieser Monsieur Blanchard. Denn kurz vor dem Start brauchte er nur die Windrichtung festzustellen, auf die Landkarte zu schauen und das Ziel zu nennen. Schlösser gibt es in Frankreich überall, viel konnte ihm also nicht geschehen.

Der Göttin des Glückes schien das noch nicht zu genügen; sie wollte einen Helden aus ihm machen. Also raunte sie einem Leutnant der Militärakademie zu, sich unmittelbar vor dem Start auf den Luftfahrer zu stürzen und die Mitfahrt zu erzwingen.

Der junge Offizier gehorchte. Kaum hatten Blanchard und ein befreundeter Benediktiner, Dom Pech, in der Gondel Platz genommen, da zog der Leutnant seinen Degen und stürmte auf das startbereite Paar los. »Aussteigen!« schrie er den Mönch an. »Nicht Sie, sondern ich werde mitfahren!«

»Was fällt Ihnen ein?« empörte sich Blanchard.

»Schweigen Sie!« tobte der Offizier und richtete den Degen auf die Brust des Benediktiners. »Wenn Ihnen Ihr Leben lieb ist, dann machen Sie, daß Sie rauskommen!«

Das Volk sperrte Mund und Nase auf. Großartig, es gab nicht nur einen Aufstieg, sondern auch Mord und Totschlag!

Instinktiv erfaßte Blanchard, daß sein Verhalten in den nächsten Sekunden den weiteren Verlauf seines Lebens bestimmen würde. Er ergriff die Klinge, stieß sie zur Seite und gab dem Offizier einen Kinnhaken, der ihn taumeln ließ.

Der Leutnant schlug zu Boden. Blanchard nutzte den Augenblick. Aber nicht, um schnell aufzusteigen – nein, er hob seine blutende Hand und zeigte sie der Menge.

Ein Sturm der Entrüstung und Begeisterung setzte ein. »Blanchard!« schrie es von allen Seiten. »Vive Blanchard!«

Den Offizier packte ohnmächtige Wut. Er erhob sich und schlug blindlings auf das Flügelpaar ein, das schon nach den ersten Hieben zerfetzt herabhing.

Etwas Besseres konnte Jean-Pierre Blanchard nicht passieren. Blitzschnell gab er den Befehl, die Taue zu kappen. »Mein Ziel ist Château La Vilette!« rief er und stieg unter dem nicht enden wollenden Beifall der Zuschauer in die Höhe. Das Schloß brauchte er nun nicht mehr zu erreichen. Jeder hatte gesehen, daß seine Antriebsvorrichtung zerstört worden war. Wie hätte er sein Ziel da ansteuern können? Es interessierte ihn nicht einmal mehr; viel wichtiger erschien es ihm, daß sein Name in aller Munde war.

Was half es, daß sich die Fachwelt über ihn empörte, als er im Journal d'un Observateur behauptete: ›Trotz des mir begegneten Unfalls band ich ein Seil des Steuers um mein Bein, zog mit der rechten Hand den zum Anhängsel gewordenen Teil meines Ballons heran und bildete daraus ein Segel, womit ich – nach der Art der Schiffer gegen die Luftströmung lavierend – über einen Fluß zurückkehrte, den ich schon überschritten hatte.‹

Die Gelehrten mochten sagen, was sie wollten, und ihn der ›Scharlatanerie‹ und ›Windbeutelei‹ bezichtigen, Jean-Pierre Blanchard behauptete, sein Luftschiff lenken zu können. Und für die Pariser war und blieb er der Liebling des Volkes, der unerschrockene Draufgänger, von dem sie überzeugt waren, daß ihn die mißgünstigen Gelehrten beneideten.

Daran änderte auch die Tatsache nichts, daß er die Frechheit besaß, sich die Devise zu eigen zu machen, unter der Louis XVI. den greisen Vater der Gebrüder Montgolfier in den Adelsstand erhoben hatte. Hemmungslos setzte er ›Sic itur ad astra!‹ über seine Ankündigungsplakate. Das Volk nahm es ihm nicht übel. Im Gegenteil. Es machte eine geldzählende Bewegung und feixte. »Er hat recht. ›So führt der Weg zu den Sternen.‹«

Die Fachwelt aber war außer sich und setzte durch, daß er für Paris Startverbot erhielt.

Blanchard lachte darüber. »Paris?« fragte er mit hochgezogener Braue und spöttisch gewinkeltem Mund. »Das ist doch nur eine Stadt. Mein Feld hingegen ist die Welt! Im übrigen, blättern Sie in der Geschichte nach. Gab es schon Propheten, die im eigenen Land etwas galten? Na, bitte!«

Bescheiden war er nicht. Das bewies er auch in Rouen, wohin er sich zunächst begab. Dort ließ er sich nach einem gut verlaufenen Aufstieg von der begeisterten Menge in das Theater tragen, auf offener Bühne zum ›König der Luftfahrer‹ ernennen und anschließend eine entsprechende Medaille von sich prägen.

»Das geht zu weit!« empörten sich die Studenten von Rouen.

Wenn sie geglaubt hatten, daß man sich ihrer Ansicht anschließen würde, sahen sie sich getäuscht. »Ist er etwa nicht der König der Luftfahrer?« wurden sie gefragt. »Wer außer ihm ist in der Lage, einen Ballon nach freiem Willen zu lenken?«

Im Nu war eine erregte Debatte im Gange. »Glaubt ihr denn wirklich, daß er seinen Aerostaten auch nur einen Meter in eine bestimmte Richtung steuern kann? Das ist doch Unsinn! Ein Himmelhund ist dieser Blanchard. Er stellt einfach fest, woher der Wind kommt, um dann ein Ziel zu nennen, das in entgegengesetzter Richtung liegt!«

»Das glaubt ihr selber nicht! Habt ihr nicht gehört, daß er in Kürze von England nach Frankreich fliegen will? Was sagt ihr, wenn ihm das gelingt? Hat das dann der Wind oder seine Antriebsvorrichtung gemacht? Denkt nach: Wenn Blanchard nicht genau wüßte, daß er sich auf sein Flügelpaar und auf sein Steuer verlassen könnte – würde er sich dann auf das Meer hinauswagen?«

Was sollte man darauf erwidern? Der Ärmelkanal war wirklich nicht zu unterschätzen. »Warten wir's ab«, sagten die Studenten. »Wahrscheinlich wird er den Flug niemals antreten.«

Sie kannten Blanchard nicht. Mit allen Wassern war er gewaschen. Kaum hatte er davon gehört, daß Pilâtre de Rozier mit staatlicher Unterstützung einen Flug von Frankreich nach England vorbereitete, da suchte er einen Wetterwart auf und erkundigte sich über den üblichen Verlauf der Winde zwischen Dover und Calais. Als er hörte, daß diese zumeist von England nach Frankreich wehen, stand sein Plan fest. Er verkündete, er werde nach London fahren, um den Engländern seinen Aerostaten vorzuführen. Und damit die Themsebewohner gleich wußten, welch unerhörte Ehre ihnen zuteil wurde – und er die Eintrittspreise erhöhen konnte! –, gab er bekannt, seinen Ballon nunmehr so sicher zu dirigieren, daß er die Rückreise nach Frankreich auf dem Luftwege bewerkstelligen werde.

Am 14. August 1784 bestieg er in Dieppe ein Schiff, und am 15. lernte er Vincent Lunardi kennen, den Gesandtschaftsattaché von Neapel, der an diesem Tage seinen ersten Aufstieg über London durchgeführt hatte.

Vor Lunardi hatte der Brite James Sadler über englischem Boden am 25. August 1784 bereits einen Aufstieg durchgeführt.

Am selben Tag fand auch – wenngleich unfreiwillig – in Österreich die erste österreichische Ballonfahrt statt. Der Wiener Feuerwerker Johann Georg Stuwer hatte eine riesige Montgolfière in Form eines Zylinders von 26 Meter Länge und 19 Meter Durchmesser gebaut, welche über zwei Feuerstellen verfügte. An der Montgolfière hing ›nagelfest ein hölzernes Zimmer von 13 Meter Länge, 4 Meter Breite und 3,6 Meter Höhe‹. Mit diesem gewaltigen, als Fesselballon gebauten Apparat erhoben sich der Sohn des Feuerwerkers, Caspar Stuwer, der Architekt Daniel Hackmiller sowie Michael Schmalz und Johann Hiller, Schreiner und Gehilfe des Georg Stuwer, mehrere Male über dem Wiener Prater. Am 25. August sprengte jedoch eine Bö die Halteseile. Das ›Luftschiff‹, wie man diese Montgolfière nun eigentlich bezeichnen müßte, trieb nach Norden und sank nach kurzer Fahrt zu Boden.

Durch den Gesandtschaftsattaché Lunardi lernte Blanchard den reichen amerikanischen Arzt Dr. John Jeffries kennen, der ihm augenblicklich 100 Guineen für die Teilnahme an einem Aufstieg vor dem Prince of Wales bot.

Dr. Jeffries hatte dem rechten Mann das richtige Angebot gemacht. Sie starteten vor dem Prinzen, und der Amerikaner war von der Fahrt und dem Jubel der Menschen so begeistert, daß er sich spontan bereit erklärte, das geplante Kanal-Abenteuer voll und ganz zu finanzieren, wenn er mit von der Partie sein dürfe.

Er durfte. Blanchard gab die Vereinbarung unverzüglich bekannt. Er wußte, daß der reiche Arzt in England und Frankreich über viele Freunde verfügte, die es beeindrucken mußte, wenn sie erfuhren, daß der Amerikaner ihm sein Leben anvertraute, ihm, Jean-Pierre Blanchard, dem König der Luftfahrer.

Darauf kam es ihm an. Wirbel schaffen, immer wieder von sich reden machen – das erhöhte die Spannung und steigerte die Preise.

Aber um noch anderes ging es Blanchard. Wenn er es auch nicht sagte, die Tatsache, daß man höheren Ortes in Paris nichts von ihm wissen wollte, kränkte ihn so sehr, daß er bereit war, alles auf eine Karte zu setzen. Er wollte den Gelehrten zeigen, wer er war, und vielleicht glaubte er zeitweilig sogar selbst daran, den Aerostaten lenkbar gemacht zu haben. Wer weiß das?

Doch wie es auch sei: er trug einen Motor in sich, der seinen Unternehmungsgeist nicht zur Ruhe kommen und ihn Dinge tun ließ, die ihm keiner nachmachte. Hierdurch beeinflußte er die Entwicklung der Luftfahrt zweifellos in entscheidendem Maße.

Wenn bei anderen etwas nicht klappte, du lieber Gott, dann bliesen sie – sofern sie nicht gerade vor Parisern starten sollten, vor denen sie nach den Erfahrungen Montgolfiers eine Heidenangst hatten – den Aufstieg einfach ab und ließen das enttäuschte Publikum nach Hause gehen. Das gab es bei Blanchard nicht. War die Füllung ungenügend und wollte der Ballon nicht steigen – was oft vorkam –, dann ließ er die Gondel abmontieren und stieg, frei in einem Netzbügel hängend, vor dem verblüfften Publikum in die Höhe.

Angst kannte er nicht, zumindest ließ er sich nichts anmerken. Und hatte er einmal einen Plan gefaßt, dann führte er ihn durch – auf Biegen und Brechen. So schrieb er aus England an einen Freund: ›Ganz Frankreich und das Ausland wissen, wie schamlos ich von meinen Feinden behandelt werde. Nichts wird mich darum jetzt mehr zurückhalten. Selbst wenn alle Kanonen des Schlosses von Dover bei meiner Auffahrt auf mich gerichtet wären und ich wüßte, daß mich ein gleiches Schicksal in Frankreich erwartet, ich würde dennoch aufsteigen. Und wenn ich sicher wäre, ins Meer zu stürzen, ich würde es trotzdem wagen. Es gibt nur noch eins für mich: Siegen oder untergehen!‹

In Wahrheit ging es ihm nur darum, Pilâtre de Rozier zuvorzukommen. In ihm sah er seinen größten Feind; vielleicht, weil der unerschrockene und gefeierte Edelmann auf der Seite der Gelehrten stand und staatliche Unterstützung erhielt. Jedenfalls schrieb Blanchard von England aus einem Bekannten: ›Der Regierung Frankreichs mag es sehr unangenehm sein, daß ich es wage, dem Scharlatan Pilâtre die Stirn zu bieten. Aber ich werde ihn auf den zweiten Platz drängen!‹

Die Möglichkeit, im Ärmelkanal zu ertrinken, hielt Blanchard nicht davon ab, in der Frühe des 7. Januar 1785, an dem er den Sprung von England nach Frankreich wagen wollte, im Haus des Bürgermeisters von Dover ein üppiges Frühstück einzunehmen. Anschließend ließ er – gewitzt wie er nun einmal war – einen Drachen, eine Papier-Montgolfière und einen kleinen Gasballon aufsteigen, und erst, als er erkannte, daß der Wind günstig stand, der Wetterkundige ihn also gut beraten hatte, bat er den Gouverneur, drei Kanonenschüsse abfeuern zu lassen, um den Bewohnern von Dover – auf deren Geld er spekulierte – kundzutun, daß er entschlossen sei, noch an diesem Tage die Lenkbarkeit seines Ballons unter Beweis zu stellen.

Es war ein wolkenloser, glasklarer Wintertag. Als der Ballon kurz nach 12 Uhr anfing, an den Haltetauen zu zerren, bereute niemand, den Weg zum Startplatz auf sich genommen zu haben. Prächtig hob sich der gelb-braun gestreifte Aerostat gegen den azurblauen Himmel ab. Und neben all dem Aufregenden, das es zu sehen gab, wurden die Zuschauer auch noch Zeugen herzzerreißender Szenen, mit denen kein Mensch gerechnet hatte.

Es begann mit dem Erscheinen von Frau Jeffries, die in letzter Minute ein Schreiben des Prince of Wales und der Duchesse of Devonshire überbrachte, mit dem der Amerikaner gebeten wurde, von dem gefährlichen Unternehmen zurückzutreten.

»Unmöglich!« sagte der Arzt und steckte den Brief in die Tasche.

»Geliebter, ich flehe dich an, bleib hier!« schluchzte seine Frau.

Der Amerikaner blieb hart. »No!« erwiderte er. »Du weißt, daß ich . . .«

Weiter kam er nicht. Mrs. Jeffries schrie auf, machte ihre Arme steif und ließ sich zu Boden sinken.

Man trug sie in ihren Wagen und brachte sie in das Schloß von Dover.

Der hagere Arzt war blaß geworden. Unentwegt mahlten seine Zähne. Eine Weile ging er unruhig auf und ab, dann fragte er Blanchard, der schon fürchtete, seinen Geldgeber zu verlieren: »Wann können wir starten?«

»Gleich«, antwortete der Franzose erleichtert. »Ich muß den Ballon nur noch auswiegen.«

»Well, beeilen Sie sich! Ich möchte so schnell wie möglich . . .«

Es war, als hätte Dr. Jeffries geahnt, daß seine Frau den Kampf nicht ohne weiteres aufgeben werde. Denn während er noch sprach, jagte eine Kutsche mit seiner Tochter heran.

»Daddy!« rief sie schon von weitem, sprang heulend aus dem Wagen und warf sich ihm zu Füßen. »Oh, Daddy«, wimmerte und schluchzte sie, »bleib hier! Mama bricht es das Herz, du kannst es mir glauben!«

Dr. Jeffries ballte die Hände zu Fäusten. »Hau ab!« zischte er höchst unväterlich.

Die Tochter erhob sich. »Sag, daß du hierbleibst!«

Die Zähne des Amerikaners mahlten. »No!« preßte er hervor.

Da ließ auch die Tochter die Arme steif werden, und wie man ihre Mutter in den Wagen gehoben und zum Schloß gebracht hatte, so wurde auch sie fortgeschafft.

Blanchard sah Dr. Jeffries an. »Kann noch jemand kommen?«

Der Arzt grinste. »Ich glaube, nicht.«

Der Franzose atmete auf. »Dann darf ich bitten, Platz zu nehmen.«

Dr. Jeffries stieg in die Gondel. Blanchard folgte ihm. Er ließ sich noch einen Stapel wissenschaftlicher Bücher reichen, ohne die er nie flog – wahrscheinlich, um sich noch interessanter zu machen, als er schon war –, und gab um 1 Uhr 05 den Befehl, die Seile zu lösen.

Die Menschen jubelten. In jeder Hinsicht waren sie auf ihre Kosten gekommen. Im Grunde genommen brauchte nicht einmal mehr ein Unglück zu geschehen.

Aber auch ein solcher Nervenkitzel sollte den Zuschauern geschenkt werden. Kaum hatte sich der Ballon erhoben, da wurde er von einer Fallbö erfaßt und knapp an den Kreidefelsen vorbei auf das Meer hinabgedrückt. »Ballast abwerfen!« hörten sie Blanchard noch rufen, dann entschwand der Aerostat unterhalb der Steilküste.

Der augenblicklich ausbrechende Schrei des Entsetzens ließ die ohnmächtig gewordenen Damen Jeffries an die Fenster des nahe gelegenen

Schlosses stürzen. Doch da stieg der Ballon schon wieder hoch und schwebte ruhig in südöstlicher Richtung davon.

Blanchard holte tief Luft. »Mon Dieu, das hätte schiefgehen können. Wieviel Sand haben Sie abgeworfen?«

»Zwei Sack.«

Der Franzose kratzte sich den Hinterkopf. »Ich auch. Hoffentlich steigen wir jetzt nicht zu sehr. Dann müßten wir nämlich Gas ablassen. Der Pilotballon zeigte, daß der Wind in der Höhe dreht.«

»Oh, wäre es schlimm, wenn wir Gas ablassen müßten?«

»Nicht unbedingt. Aber schließlich ist Gas unser Lebenselixier.«

»Da haben Sie recht.«

Sie schwiegen eine Weile und beobachteten das Barometer, das sie mitgenommen hatten.

»Großartig!« sagte der Amerikaner. »Es sinkt prächtig, ein Zeichen dafür, daß wir steigen.« Er schaute über die Grafschaft Kent hinweg und begann zu zählen: »Eins, zwei, drei, vier . . .«

»Was machen Sie?« fragte Blanchard.

»Moment: fünf, sechs, sieben, acht . . .«

»Sind Sie verrückt geworden?«

Dr. Jeffries schüttelte den Kopf und zählte weiter, bis er zur Zahl siebenunddreißig gekommen war. »By Jove«, rief er mit strahlenden Augen, »wir sehen siebenunddreißig Dörfer und Städte zu gleicher Zeit. Das dürfte ein Weltrekord sein!«

Blanchard lachte und blickte zu den seitlich im Sonnenlicht liegenden Kreidefelsen hinab. »Möglich«, erwiderte er, »aber wir kommen viel zu langsam vorwärts. Ich werde das Ventil ziehen müssen, damit wir in die günstigere Luftschicht sinken.«

»Well, ziehen wir das Ventil«, sagte der Arzt, der nicht recht begriff, daß sie wertvolles Gas entweichen lassen mußten.

Das Manöver gelang, und schon bald sahen sie, daß sie sich nun wesentlich schneller von der Küste entfernten. Sie trieben über mehrere Schiffe hinweg, die ihre Flaggen dippten, und um 1 Uhr 30 entdeckten sie die französische Küste am Horizont.

Der Amerikaner jubelte. »Ein neuer Rekord: wir sehen England und Frankreich zu gleicher Zeit!«

»Dürfte man vom Schiff aus auch schon gesehen haben.«

»Gewiß, aber nicht aus der Luft.«

Blanchard ergriff das Barometer und klopfte gegen die Scheibe. »Merde!« fluchte er. »Wir sinken! Wenn das so weitergeht, sehen wir bald kein Land mehr, sondern wir saufen Salzwasser.«

Dr. Jeffries schaute erschrocken nach unten. »Verteufelt!« schrie er. »Wir schlagen aufs Meer!«

»Ballast abwerfen!«

Sack um Sack flog nach unten. Es half nur wenig, der Ballon war nicht zu halten.

»Weiter, weiter!« rief Blanchard.

»Ich hab' keinen Sand mehr.«

Blanchard erstarrte. »Sie auch nicht?« Im nächsten Augenblick zeigte er, was er von der Antriebsvorrichtung zur Lenkbarmachung seines Aerostaten hielt. Mit wenigen Griffen montierte er alles ab und warf es über Bord. Als er erkannte, daß es nicht genügte, folgten die wissenschaftlichen Bücher. Und als auch das noch nichts nützte, riß er die Goldverzierung von der Gondel und warf schließlich sogar das Barometer und die Flasche Champagner hinunter, deren Korken er beim Erreichen der französischen Küste hatte knallen lassen wollen.

Erst unmittelbar über der Wasserfläche kam der Ballon ›in die Schwebe‹; er sank nicht mehr, stieg aber auch nicht. Mitten über dem Ärmelkanal stand er und rührte sich nicht von der Stelle.

»Was nun?« fragte der Amerikaner.

Blanchard wischte sich den Schweiß von der Stirn. »Wir sind in eine Flaute geraten.«

»Was können wir dagegen tun?«

Der Franzose zuckte die Achseln. »Weiß nicht. Wir müßten steigen.«

»Also steigen wir!«

Blanchard verdrehte die Augen. Können Sie mir sagen, wie?«

Dr. Jeffries zeigte auf die Kleidung.

Blanchard stutzte. »Sie haben recht, das könnte helfen.« Er zog seinen Mantel aus und warf ihn über Bord.

Der des Arztes flog hinterher. »Reicht's?«

Sie schauten auf das Wasser, auf dem nun etliche Dinge umhertrieben.

»Etwas hat's geholfen«, erwiderte Blanchard.

»Well, helfen wir weiter.«

Sie zogen ihre Jacketts aus. Es folgten die Westen und endlich die Beinkleider.

»Also wissen Sie«, sagte Dr. Jeffries, »diese Luftreise hat, selbst wenn wir nicht an Land kommen und untergehen sollten, ihr Gutes gehabt. Ich habe immerhin erfahren dürfen, daß ein Adonis wie Sie in Unterhosen nicht viel anders aussieht als ich.«

Blanchard lachte. Aber nicht über die Bemerkung des Amerikaners; er sah, daß der Ballon stieg und in Richtung Frankreich trieb. »Wir schaffen es!« rief er und zeigte nach Süden. »Da – die Küste! Und dort drüben, die Stadt – das ist Calais!«

»Weiß Gott, Sie haben recht! Ich hatte schon geglaubt . . .«

»Wieviel Uhr haben wir?«

Der Arzt nahm seine Uhr vom Boden der Gondel, auf den sie ihre Wertsachen gelegt hatten. »Halb drei!«

»Wetten, daß wir es in einer halben Stunde geschafft haben?«

»Ihr Wort in Gottes Ohr.«

Blanchard sollte recht behalten. Punkt drei Uhr wurde die französische Küste erreicht, und gleich darauf trieb ein frischer Seewind sie landeinwärts. Das paßte dem alles berechnenden Franzosen ganz und gar nicht; er hatte für einen pompösen Empfang in Calais gesorgt und war nicht gewillt, sich diesen entgehen zu lassen. Kurz entschlossen zog er das Ventil. Der Ballon sank auf einen Wald hinab und blieb in den Baumkronen hängen.

»Und nun?« fragte Dr. Jeffries trocken.

»Uns wird nichts anderes übrigbleiben, als hinunterzuklettern.«

Der Amerikaner bleckte die Zähne. »Und dann?«

»Werden wir zur nächsten Siedlung gehen und Hilfe holen.«

»In Unterhosen?«

»Verflixt!« Blanchard sah an sich hinab. »Daran habe ich nicht gedacht.« Er machte ein ratloses Gesicht. »Vielleicht ist es besser, hier oben zu warten, bis jemand kommt.«

»Das meine ich auch.«

Ihre Geduld wurde auf keine große Probe gestellt, da Hunderte von Menschen den Ballon gesehen und seine Verfolgung aufgenommen hatten. Das Erstaunen war natürlich groß, als sich die kühnen Luftfahrer standhaft weigerten, die Gondel zu verlassen und auf die Erde hinabzusteigen. Als man jedoch den Grund erfuhr, brach ein schallendes Gelächter aus, und etliche Bauernburschen beeilten sich, ihre Hose zur Verfügung zu stellen. Man jagte die Weiber fort, denn plötzlich standen mehr Männer ohne als mit Hose im Wald.

Wenig später erschien die erste, berittene Abordnung der Stadt Calais, die »die tapferen Aeronauten« willkommen hieß und einen sechsspännigen Wagen ankündigte, der sie zum feierlichen Empfang einholen solle.

Was folgte, war mehr als ein Empfang. Blanchard hielt Einzug wie ein König: Böller krachten, Glocken läuteten, Fahnen und Girlanden, wohin man blickte. Das Militär säumte die Straßen. Die Geistlichkeit, der Adel, die Patrizier und die Gelehrten der Stadt waren ebenso angetreten wie Abordnungen der Verwaltung und der Bürgerwehr. Was Rang und Namen hatte, war zur Stelle. Und die unübersehbare Menschenmenge schrie sich die Kehlen heiser, als der Bürgermeister auf dem Marktplatz den ›Wein der Stadt‹ im Goldpokal reichte und verkündete, daß die Gemeinde Guines an der Stelle, an der Blanchard gelandet sei, ein Denkmal errichten werde, das für alle Zeiten an seine unerhörte Tat erinnern solle. Dann überreichte er den Ehrenbürgerbrief sowie eine goldene Dose und bat darum, den Ballon in der Kirche ausstellen zu dürfen.

Natürlich durfte er. Und nicht nur das. Calais durfte sogar den nicht mehr brauchbaren Aerostaten für 3000 Pfund kaufen und Blanchard mit einer Lebensrente von jährlich 600 Pfund beglücken.

König Louis XVI. konnte nun schlecht zurückstehen. Also empfing er Blanchard, der damit alle ›Widersacher‹ an die Wand drückte, und belohnte die »einzigartigen Leistungen dieses großen Franzosen« mit einem Geschenk von 12000 Livres und sicherte ihm darüber hinaus ein ansehnliches Jahresgehalt auf Lebenszeit zu.

Blanchard hatte erreicht, was er wollte. Während Pilâtre de Rozier, dem die Regierung bereits 150000 Livres zur Verfügung gestellt hatte, am Kanal auf günstigen Wind zu einer Fahrt in umgekehrter Richtung wartete und die Fachwelt verächtlich, aber mundtot gemacht, auf Blanchard herabblickte, ließ sich dieser wochenlang feiern. Dann startete er zu einer Tournée durch ganz Europa, die ihm ein Vermögen einbrachte, in allen Ländern aber auch den Wunsch wachrief, es ihm gleichzutun.

Wohin er kam, die Welt lag ihm zu Füßen. In Frankfurt führte er den ersten Ballonaufstieg auf deutschem Boden durch. Man war fasziniert; vom Aerostaten, von Blanchard, von seiner hochgezogenen Braue, seinem Charme, seiner Nonchalance und – seiner Kleidung. Die Frauen gerieten außer Rand und Band und wählten die von ihm bevorzugten Farben Blau und Weiß. Man spannte ihm die Pferde vom Wagen und zog diesen eigenhändig zum Theater, wo Blanchard kühn in der Fürstenloge Platz nahm.

Goethe, der in Weimar weilte und es zutiefst bedauerte, nicht Zeuge des Aufstieges sein zu können, schickte Fritz von Stein nach Frankfurt, um so schnell wie möglich einen eingehenden Bericht zu erhalten. Ungeduldig schrieb er am 20. September 1785 an Frau von Stein: ›Wie bin ich auf Fritzens Beschreibung neugierig!‹ Und am 25. September: ›Was mag Blanchard gestern für ein Schicksal gehabt haben?‹

Nun, Blanchard hieß Blanchard. Wenn sein Name auch nicht für Qualität bürgte, so hing doch ein ordentlicher Klumpen Glück daran. Und er behauptete nach wie vor, den Ballon lenkbar gemacht zu haben.

Von Frankfurt fuhr er nach Nürnberg, wo der Andrang so groß wurde, daß Dragoner die Rolle der Polizei übernehmen mußten. Und da man von den bevorzugten Farben des großen Aeronauten gehört hatte – auch sein Federhut und die Schärpe seines Degens waren in Blau und Weiß gehalten –, erschienen fast alle Nürnberger Frauen in Blau und Weiß. Der Franzose quittierte es lächelnd und warf Handküsse nach rechts und links.

Ihm zu Ehren gab König Friedrich Wilhelm II. in Berlin einen Empfang im königlichen Theater, wo er Blanchard eine prächtige, mit 400 Wilhelmdors gefüllte und reich mit Brillanten geschmückte Tabatiere überreichte. Die Königin schenkte ihm eine kostbare, mit erlesenen Perlen besetzte Dose, wie auch alle weiteren Mitglieder des Herrscherhauses mit überaus wertvollen ›Souvenirs‹ aufwarteten.

Dabei war die Berliner Tageseinnahme Blanchards nicht gerade klein zu nennen. Die Billetts gingen so reißend ab, daß sie schließlich mit Gold aufgewogen wurden. 14000 Taler brachte ein Aufstieg von wenigen Minuten ein.

Blanchard nahm Geld und Beifall als etwas Selbstverständliches und zog weiter; von Norden nach Süden, von Westen nach Osten. Fast alle Länder der Erde bereiste er – und überall kassierte er. Fünf Jahre lang allein in Amerika, wo man ihn wie einen Nationalhelden feierte. Der große Präsident der Vereinigten Staaten übergab ihm ein Schreiben, in dem es unter anderem heißt: ›Alle Bürger der United States und alle anderen Personen werden hiermit aufgefordert, Monsieur Blanchard bei seiner Reise nicht zu behindern, sondern ihm vielmehr mit jener Menschlichkeit zu begegnen, die unserem Lande zum Ruhme gereicht und Gerechtigkeit dem widerfahren läßt, der sich bemüht, eine Kunst zu entwickeln, welche der ganzen Menschheit zugute kommen soll. – George Washington.‹

Überall standen Jean-Pierre Blanchard die Türen offen, überall – nur nicht in Österreich.

Kaiser Joseph II., der den Bluff hinsichtlich der Lenkbarmachung des Ballons durchschaute, winkte kühl ab und schrieb Blanchard in aller Offenheit: ›Sobald Sie durch Ihre Kenntnisse und wiederholten Versuche das Mittel gefunden haben werden, die Aerostaten einigermaßen nützlich zu machen, soll es mir angenehm sein, wenn Sie nach Wien kommen wollen, um mich über Ihre Kenntnisse zu unterrichten und zu überzeugen.‹

Den gefeierten Franzosen kostete der Brief ein Lächeln. Ihm eilte es nicht; er schätzte, daß Joseph II. das Zeitliche vor ihm segnen würde.

Seine Rechnung ging auf. Der Kaiser starb, und Blanchard fuhr nach Österreich. Wien lag ihm zu Füßen.

Im Gegensatz zu Blanchard läßt sich vom ›ersten‹ deutschen Luftfahrer leider nicht gerade Erfreuliches berichten. Er hieß Baron von Lütgendorf, ließ Medaillen von sich prägen, die ihn als ›Erster deutscher Luftschiffer‹ zeigten, und kündete sein Auftreten auf Flugblättern wie folgt an:

›Auf, Söhne Deutschlands, hört! Ein Deutscher will es wagen,
In einem Luftballon sich durch die Lüfte zu tragen.
Baron von Lütgendorf will Deutschlands Blanchard sein
Und ladet Euch zur Schau und Unterstützung ein.‹

Bleibt nur noch zu sagen, daß dieser Großsprecher die Stadt Augsburg mit seinen Startvorbereitungen gut vierzehn Tage lang halb verrückt machte, um sich dann mit einer fadenscheinigen Ausrede zurückzuziehen. Der ›Erste deutsche Luftschiffer‹ ist niemals aufgestiegen.

Während die halbe Welt Blanchard zu Füßen lag, saß der unerschrockene Pilâtre de Rozier noch immer am Ärmelkanal und wartete auf günstigen Wind. Er war verbittert und zwirbelte nicht mehr sein Bärtchen, sondern raufte sich die Haare. Alle Welt sprach von Blanchard, der ihn nicht nur auf den zweiten Platz verwiesen hatte, sondern auch der Lächerlichkeit preisgab. Und die französische Regierung drängte ihn mehr und mehr, den Kanalflug von Süden nach Norden durchzuführen.

Man wußte in Paris eben noch nichts von den meteorologischen Voraussetzungen, die gegeben sein mußten, wenn ein solcher Flug gelingen sollte.

In seiner Verzweiflung entschloß Rozier sich zum Bau eines ›Überaerostaten‹. Um vor der Gefahr des Sinkens durch Gasverlust geschützt zu sein, schuf er eine Kombination von Charlière und Montgolfière, die Rozière, bei der sich unter dem Wasserstoffballon ein geschlossener zylindrischer Raum befand, der nach Bedarf mit heißer Luft gefüllt werden konnte, so daß die Möglichkeit bestand, einen Gasverlust, wie ihn Blanchard und Dr. Jeffries erlebt hatten, durch Anheizen des unteren Teiles auszugleichen.

Professor Charles war entsetzt, als er vom Plan Roziers hörte. Er warnte: »Um Gottes willen, bester Freund, Sie tun damit nicht mehr und nicht weniger, als ein Pulverfaß über ein Feuer zu hängen.«

Vergebens. Der enttäuschte Rozier schlug alle Warnungen in den Wind, der nicht wehen wollte, wie er es sich wünschte. Gemeinsam mit Romain, dem Erbauer der Rozière, stieg er am 16. Juni 1785 auf, um sein Glück zu versuchen. Er kam nicht weit. In einer Höhe von 1 200 Schuh verlor der Wasserstoffballon an Spannung und sank auf die untergesetzte Montgolfière herab. Eine helle Stichflamme schoß hervor. Gleich darauf sauste der Aerostat zu Boden und erschlug den Mann, der sich als erster von der Erde erhoben hatte und nun das erste Opfer der Luftfahrt wurde: Pilâtre de Rozier. Sein Begleiter Romain starb wenige Stunden später, ohne das Bewußtsein wiedererlangt zu haben.

Blanchard aber stieg weiterhin auf und scheffelte Millionen, die er so schnell ausgab, wie er sie einnahm. Er war ein echter Windbeutel. Als er starb, besaß er keinen roten Heller. Doch er lächelte und schrieb seiner Frau: ›Geliebte, du wirst keine andere Möglichkeit haben, als dich zu ertränken oder aufzuhängen.‹

Madame Blanchard dachte nicht daran, diesen Rat zu beherzigen. Sie wurde Luftfahrerin und – am Namen ihres Mannes hing immer noch ein mächtiger Klumpen Glück – scheffelte weiter.

7. September 1803

Blanchard hatte die Menschen begeistert. Die Fachwelt aber, die nicht nach Ruhm und Gold strebte, sondern sich ernstlich um das Problem der Lenkbarmachung bemühte, war verärgert.

»Was soll das Ganze?« fragten die Gelehrten. »Wo liegt der Nutzen für die Menschheit, wenn Scharlatane . . .?«

»Nehmen Sie die Sache nicht zu tragisch«, antwortete der greise amerikanische Naturforscher und Staatsmann Benjamin Franklin, der einem Aufstieg der ersten weiblichen Luftfahrerin, Madame Thible, in Paris beiwohnte. »Betrachten Sie den Ballon als ein neugeborenes Kind. Sind Kinder dazu da, etwas zu leisten? Nein, meine Herren! Kinder müssen erzogen werden; und je nachdem, wie man sie erzieht, kann viel oder wenig aus ihnen werden.«

Blanchard erzog das Kind nicht. Er stellte es als Wunderknaben zur Schau und machte es beliebt.

Ein anderer aber, der italienische Graf Zambeccari, der Blanchard 1785 in London hatte aufsteigen sehen, machte den Versuch, das Kind zu erziehen. Daß sein Streben keinen durchschlagenden Erfolg hatte, lag nicht an ihm, sondern an der Zeit, die noch nicht reif war. Man wußte noch zu wenig und nahm Männer wie den Österreicher Kaiserer ernst, der 1801 das Buch ›Über meine Erfindung, einen Luftballon durch Adler zu regieren‹ herausgebracht hatte. Man nahm ihn ebenso ernst wie den französischen Dichter Louis Sébastian Merçier, der über die Erfindung des Aerostaten schrieb: ›Wenn ich jetzt die Augen zum Firmament erhebe, gleicht mir der Mond einem aerostatischen Ball. Dieser Satellit schwimmt zweifellos nach Gesetzen wie der Ballon Montgolfiers. Die Planeten sind hohle, mit einem besonderen Gas gefüllte Kugeln. Dieses aber ist vielleicht sechzigmal leichter als die Luft. Solch ein Gas müßten wir finden! Dann erst würden wir stark und schnell sein! Die Erde, ich wiederhole es, ist ein Ballon à la Montgolfier. Das ist das endlich entdeckte wahre Weltsystem, und ich bin versucht, wie Archimedes auszurufen: Ich habe es gefunden!‹

Wenn die Bemühungen des Grafen Zambeccari um die Lenkbarmachung des Aerostaten auch nur geringen Erfolg hatten, so ist er doch weitaus bedeutsamer als Blanchard. Denn der Italiener erweckte keine Bewunderung durch ›Schauspiele‹, wie man die Aufstiege jener Tage nennen könnte; er glänzte vielmehr durch Opferbereitschaft, Energie, Mut und Ausdauer. Ohne es zu wollen, machte er die vom schillernden Licht des französischen Aeronauten blind gewordenen Augen der Menschen wieder sehend und gab ihnen die Fähigkeit zurück, Echtes von Unechtem zu unterscheiden. Man begriff plötzlich, daß die Luftfahrt keine Sache der Unterhaltung und des Vergnügens war.

Dem Grafen Zambeccari sah man auf den ersten Blick nicht an, welche Energie in ihm steckte. Lang aufgeschossen, schmalbrüstig, schlaksig im Gang und zerfahren in seinen Bewegungen, schien er der leibhaftige Don Quijote zu sein. Besonders, wenn er die buschigen Brauen hochzog und seine hervortretenden Augen fragend auf den Gesprächspartner richtete. Er mußte dann immer schlucken, wobei sein Adamsapfel auf und ab wippte.

Von der Überlegung ausgehend, daß jeder Versuch, den Aerostaten durch Steuer, Segel und dergleichen lenkbar zu machen, zum Scheitern verurteilt sein müsse, weil er sich nur mit dem Wind vorwärts bewegen und somit keinerlei stehende Angriffsfläche bieten könne, wie etwa das Segel eines Schiffes, kam Zambeccari zu dem Schluß: Die Lenkbarmachung eines Ballons ist unmöglich, solange keine Maschine zur Verfügung steht, welche die Kraft besitzt, über Flügel oder Luftschrauben gegen den Wind zu arbeiten.

»Das bedeutet nun aber nicht, daß wir die Hände in den Schoß legen und warten dürfen, bis eine solche Maschine erfunden ist«, sagte er seinen Freunden. »Wir müssen vielmehr die Luftströmungen, die in allen Höhen verschieden sind, untersuchen und sie uns nutzbar machen. Weht am Boden Westwind, in 2 000 Meter hingegen Ostwind, dann müssen wir uns in eine Höhe von 2 000 Meter begeben, wenn wir nach Osten reisen wollen.«

»Schön und gut«, erwiderten seine Freunde. »Wie aber willst du es anstellen, dich in genau der Höhe aufzuhalten, die gewählt werden müßte?«

Der Graf zog die buschigen Brauen hoch. »Wie? Das werdet ihr schon sehen.«

Zambeccari kratzte zusammen, was er besaß. Es waren 8 000 Scudi, die er in den Bau eines Aerostaten steckte, der viel Ähnlichkeit mit der Rozière von Pilâtre de Rozier hatte, an dessen Gedankengänge er anknüpfte. Allerdings mit dem Unterschied, daß er zur Erzeugung der Warmluft keine offene Pfanne zum Verbrennen von Stroh und Wolle wählte, sondern einen von dem Österreicher Nepomuk von Leicharding konstruierten Weingeistofen, der so eingerichtet war, daß mit einem Handgriff verschiedene Flammstellen entzündet und wieder gelöscht werden konnten.

Auf diesen Ofen setzte Zambeccari seine ganze Hoffnung. Denn er sagte sich: Wenn ich den oberen Wasserstoffballon so fülle, daß er den belasteten Aerostaten ›in der Schwebe‹ hält, dieser also weder steigt noch sinkt, dann kann ich durch mehr oder weniger starkes Erhitzen der unteren Montgolfière die Höhe bestimmen, die ich aufsuchen will. Weht in 1 000 Meter Ostwind und ich möchte nach Osten – gut, dann heize ich so lange, bis ich 1 000 Meter erreicht habe, und stelle den Ofen ab. Dann befinde ich mich in der gewünschten Höhe ›in der Schwebe‹ und treibe mit dem Wind in die gewollte Richtung.

Da die Flämmchen des Weingeistofens keinen Funkenflug hervorriefen und der Graf zwischen Charlière und Montgolfière vorsorglich eine zweite, luftdichte Trennwand gelegt hatte, befürchtete er nicht, das Schicksal Roziers zu erleiden.

Ende August 1803 war der Aerostat fertiggestellt, und Zambeccari bestimmte den 4. September zum Aufstiegstag. Seine Freunde Andreoli und Grassetti sollten ihn begleiten. Die Füllung klappte jedoch nicht so, wie es hätte sein sollen, und er sah sich gezwungen, den Start zu verschieben.

Am nächsten Tag war das Wetter schlecht, und der Graf sah zu seinem Entsetzen, daß der obere Ballon viel von dem teuren Wasserstoff verloren hatte.

»Madre Maria!« rief er und rang die Hände. »Was wird nun werden?«

Der rundliche Andreoli, der neben dem langen Grafen wie ein Sancho Pansa wirkte, blies die Backen auf und lachte. »Was soll schon werden?« Er öffnete eine kleine Flasche, die er stets bei sich trug, und nahm einen kräftigen Schluck. »Wenn nicht heute, dann steigen wir eben morgen auf.«

Morgen, dachte Zambeccari. Bis morgen haben wir noch mehr Gas verloren. Und dann? Er wußte, daß sein Geld zu Ende ging; eine vollständige Neufüllung konnte er nicht mehr bezahlen. Alle Mühen waren dann vergebens und die 8 000 Scudi zum Fenster hinausgeworfen. Er schluckte; sein Adamsapfel machte wilde Sprünge.

Sollte ich vielleicht doch eine öffentliche Vorführung veranstalten, fragte er sich. Nein, ich bleibe bei meinem Vorsatz. Erst wenn ich festgestellt habe, daß meine Überlegungen richtig sind und die Gelehrten der Akademie es bestätigen, werde ich mich an die Öffentlichkeit wenden. Dann mag man mir helfen, neue und größere Maschinen zu bauen.

»Nimm's nicht so schwer«, sagte der für einen Italiener reichlich phlegmatische Grassetti. »Morgen haben wir bestimmt gutes Wetter.«

Ihr habt gut reden, dachte der Graf, der den Freunden nicht sagen mochte, wie es um ihn stand.

Am nächsten Morgen brauchte er gar nicht erst aufzustehen, um festzustellen, wie das Wetter war. Es goß in Strömen.

»Mein armer Aerostat«, jammerte er, zog sich schnell an und rannte in den Park, wo der Ballon wie eine nasse Katze auf dem Rasen lag. Er hätte heulen mögen.

Andreoli kam erst gegen Mittag. »Mamma mia!« schnaufte er, preßte sich den Regen aus den Haaren und ließ sich in einen Sessel fallen. »Wir haben Pech. Gut, daß es Rum gibt.« Er zog die Flasche aus der Tasche und setzte sie an den Mund.

Der Graf stand auf, ging zum Fenster und starrte nach draußen. Regen schlug gegen die Scheiben.

Grassetti blickte vor sich hin.

Andreoli seufzte. »Könnt ihr nicht mal was sagen?«

Grassetti schaute zum Grafen hinüber.

Dessen Linke umspannte den Fensteröffner, daß die Knöchel weiß wurden. »Was willst du hören?« schrie er aufgebracht. Seine buschigen Brauen standen hoch.

»Irgend etwas, verdammt noch mal!«

»Gut. Dann merk dir: Durch Schaden wird man klug!«

»Was willst du damit sagen?«

Die Augen Zambeccaris quollen aus den Höhlen. »Ich bin am Ende, will ich damit sagen! Das Nachfüllen kostet mindestens 2 000 Scudi! Ich hab' nur noch tausend.«

Die Freunde waren verwirrt. »Du hast nur noch . . .?«

»Ja. Ich wollte euch nicht sagen, daß ich . . .«

»Einer solchen Kleinigkeit wegen willst du kopfscheu werden?« unterbrach ihn Andreoli und setzte die Flasche an die Lippen. Als er sie zurückstellte, sah er Grassetti an. »Wieviel kannst du freimachen?«

Der Freund überlegte einen Augenblick. »Etwa sechshundert.«

»Die hab' ich auch. Wir haben also zweihundert mehr, als wir benötigen. Wollen wir die versaufen?«

Der Adamsapfel Zambeccaris flog auf und ab. »Ihr würdet mir helfen? Ich zahl's natürlich zurück!«

»Red kein dummes Zeug!« sagte Andreoli. »Jetzt leben wir zusammen, und morgen sterben wir zusammen. Mensch, es gibt nichts Schöneres, als anständig zu leben.«

Sie waren ziemlich angeheitert, als sie an diesem Abend zurückkehrten.

Am nächsten Tag war das Wetter nicht gerade gut, aber doch wesentlich besser. Die Wolken hingen allerdings nach wie vor tief und verhüllten den Etruskischen Apennin.

Zambeccari rang lange mit sich, bevor er den Auftrag erteilte, den Ballon nachzufüllen. Immer wieder schaute er zu den Wolken empor und fragte sich: Soll ich oder soll ich nicht?

Den Ausschlag gab die bedenkliche Miene, mit der der Meister der Firma, die den Aerostaten hergestellt hatte, die zusammengesunkene Hülle untersuchte. »Signore«, sagte er, »es sieht schlecht aus. Wir müssen schnellstens nachfüllen oder das Gas ablassen und den Ballon zum Trocknen in die Werkstatt schaffen.«

»Den noch nicht entwichenen kostbaren Rest des Wasserstoffes soll ich verschenken? Unmöglich!« rief der Graf. »Wir füllen und werden noch heute starten!«

»Die Uhr schlägt gleich zwölf«, gab der Meister zu bedenken. »Das Nachfüllen wird sechs bis sieben Stunden dauern!«

»Das weiß ich selber.«

»Und Sie wollen dennoch?«

»Ja!« rief Zambeccari. »Was bleibt mir anderes übrig? Wenn es zum Aufstieg zu spät wird, müssen wir eben über Nacht am Anker treiben. Das ist immer noch besser, als die Hülle verfaulen oder auf dem Transport beschädigen zu lassen.«

Es sollte anders kommen. Das Nachfüllen war erst gegen Mitternacht beendet, und der Graf sowie Grassetti waren nicht weniger erschöpft als die Arbeiter. Nur der rundliche Andreoli war guter Dinge. Kein Wunder, er war der einzige, der kräftig gegessen und getrunken hatte. Die Folge: Zambeccari war überanstrengt, und es unterlief ihm ein nicht wiedergutzumachender Fehler. Nachdem er mit Grassetti und Andreoli die Galerie bestiegen hatte, ließ er zum Auswiegen des Ballons die Seile lösen, ohne den Aerostaten genügend mit Sand belastet zu haben. Der Ballon war plötzlich nicht mehr zu halten und zerrte mit einer solchen Gewalt nach oben, daß den Arbeitern nichts anderes übrigblieb, als die Taue loszulassen oder unfreiwillig mit in die Höhe zu steigen. Sie wählten das kleinere Übel, und im selben Moment schoß der Aerostat empor. Noch bevor der Graf begriff, was geschehen war, sah er unter sich Lichter, die kleiner und kleiner wurden und immer schneller zur Seite wanderten.

»Madre Maria!« stöhnte er.

»Was ist los?« rief Andreoli, der beim jähen Aufstieg in die Knie gesunken war.

»Wir fahren!«

»Was tun wir?« Dem rundlichen Italiener verschlug es die Stimme.

Der phlegmatische Grassetti blickte interessiert in die Tiefe. »Sind das die Lichter von Bologna?«

Zambeccari schluckte. »Es muß Bologna sein.«

»Phantastisch!« rief Andreoli, als er sich vom ersten Schrecken erholt hatte. »Himmlisch! Wir haben es geschafft und fahren durch die Luft! Darauf müssen wir trinken!« Er zog seine Flasche und hielt sie dem Grafen hin.

Zambeccari wehrte ab. Ihm war hundeelend zumute.

»Was hast du?«

Der Graf starrte vor sich hin und zeigte auf den Weingeistofen, mit dessen Hilfe er den Ballon in die von ihm gewünschte Höhe hatte dirigieren wollen. »Er brennt noch nicht und wir steigen schon!« sagte er verzweifelt.

Andreoli lachte. »Na und? Freu dich! Da sparen wir doch Spiritus!«

Die Hände des Grafen fuhren durch die Luft. »Begreifst du nicht? Wir steigen und können nichts dagegen unternehmen. Machtlos treiben wir durch die Nacht und . . .«

»Nimm's nicht so schwer«, unterbrach ihn Grassetti. »Sei glücklich darüber, daß dein Aerostat so wundervoll fährt. Kein Luftzug ist zu spüren.«

Zambeccari hätte sich die Haare raufen mögen. »Kein Luftzug!« wiederholte er verächtlich. »Als wenn es in einem Ballon ... Wir segeln doch mit dem Wind.«

»Na, schön. Aber warum regst du dich darüber so auf?« erboste sich Andreoli.

»Weil es Nacht ist und wir nicht sehen können, wohin wir treiben.«

»Ist das denn so wichtig? Irgendwo werden wir schon wieder landen.«

Der Graf gab es auf. Sie begreifen nicht, in welcher Gefahr wir schweben, dachte er und wandte sich an Grassetti. »Zünde die Laterne an, damit ich am Barometer die Höhe ablesen kann.«

»Schaut mal«, rief Andreoli. »Die Lichter verschwinden! Was hat das zu bedeuten?«

Zambeccari blickte nach unten. Für Bruchteile von Sekunden sah er noch zwei, drei winzige Punkte, dann verschwanden auch diese. »Ich glaube, wir sind in eine Wolke geraten. Macht die Lampe an! Ich muß das Barometer beobachten.«

»Wo ist die Laterne?« fragte Andreoli. »Ich habe phosphorische Lichter, damit können wir sie schneller anzünden.«

»Hier!«

Hintereinander rieb und zerbrach er fünf phosphorische Stäbchen, aber keines wollte brennen. »Woran mag das liegen?« fragte er.

Der Graf nagte an seinen Lippen. »Die Luft wird zu dünn sein«, erwiderte er zögernd. »Versucht es mit dem Feuerzeug.«

Da Grassetti ein von dem Schweizer Fürstenberger 1780 konstruiertes elektrisches Feuerzeug besaß, bei dem aus Zink und Schwefelsäure Wasserstoffgas entwickelt wurde, das nach Öffnen eines Hahns in ein ›Entwicklungsgefäß‹ entweichen konnte und dabei durch den Funken eines ›Elektrophors‹ zur Entzündung gebracht wurde, entsprach er der an ihn gerichteten Bitte.

Es dauerte lange, bis sie es geschafft hatten, aber schließlich brannte die Laterne, wenngleich sie nur wenig Licht gab, da die Flamme unruhig flackerte und sich nicht vergrößern ließ, weil der Sauerstoffgehalt der Luft zu gering geworden war.

Zambeccari prüfte das Barometer, errechnete die Höhe und war entsetzt. »2 500 Meter!« rief er. »Und der Druck sinkt noch immer, wir steigen also weiter!«

Grassetti setzte sich auf die Bank. »Jetzt weiß ich wenigstens, warum es so kalt geworden ist.« Er schlug den Kragen seines Mantels hoch.

Der Graf tat das gleiche.

Andreoli lachte. »Seht ihr, das kommt dabei heraus, wenn man nicht richtig ißt und trinkt. Los, nehmt einen Schluck Rum!«

Es wird das beste sein, dachte der Graf, nahm die Flasche, trank und reichte sie an Grassetti weiter. Dann überlegte er, ob er Wasserstoff ablassen sollte. Er konnte sich nicht dazu entschließen. Es lief ihm kalt über den Rücken, wenn er an die Sandsäcke dachte, die zum Ausbalancieren des Ballons rund um die Galerie bereitgestellt gewesen waren. Nicht einen von ihnen hatten sie aufgenommen. Drei oder vier befanden sich nur an Bord. Über das rapide Steigen brauchte er sich also nicht zu wundern.

Ihm wurde unheimlich zumute. Kalter Schweiß trat ihm auf die Stirn. Und dann wurde ihm so schlecht, daß er sich erbrach. »Haltet mich!« rief er und lehnte sich über die Brüstung.

Andreoli lachte aus vollem Halse, klopfte ihm auf den Rücken und begann ein altes Volkslied zu singen. »Der Esel, I – A / Der kotzt, ja – ja / Wenn aufs Eis er geht / Und im Kreis sich dreht!«

»Sei nicht so taktlos!« empörte sich Grassetti.

»Taktlos? Meine Geräuschkulisse nennst du taktlos?«

Zambeccari ließ sich ermattet auf die Bank sinken.

»Hast du meinen Gesang als taktlos empfunden?« fragte ihn Andreoli.

»Nein.«

»Na also!«

Zambeccari holte tief Luft. »Gib mir – noch mal das – Barometer«, bat er.

Andreoli reichte es ihm.

Der Graf schüttelte sich.

»Fehlt dir was?«

»Ich glaube ... Meine Sinne ... Es kann – doch nicht – stimmen!« preßte er mühsam hervor.

»Was kann nicht stimmen?«

»Die – Höhe. 3700 Meter!« Das Barometer entglitt seinen Händen. Sein Kopf fiel vornüber.

»He!« rief Andreoli und rüttelte ihn. »Was ist mit dir?« Er wandte sich an Grassetti. »Schnell! Ich glaube, er ist ohnmächtig. Am besten legen wir ihn auf den Boden.«

Der Freund rührte sich nicht.

»Nun hilf mir schon!« tobte Andreoli. Als Grassetti jedoch keinerlei Anstalten traf, ihm behilflich zu sein, ergriff er die kaum noch brennende Laterne und hielt sie dem Freund vor das Gesicht. »Mamma mia!« rief er außer sich. »Der scheint ja auch hinüber zu sein.«

Die Ohnmacht der Kameraden jagte dem rundlichen Italiener einen gehörigen Schrecken ein. Zweifellos hatte der Umstand, daß Zambeccari und Grassetti den ganzen Tag über keine Nahrung zu sich genommen hatten, mit dazu beigetragen, daß sie ›ohnmächtig‹ wurden; die Ursache aber war Sauerstoffmangel. Sie erlitten die ›Höhenkrankheit‹, die sich durch nichts ankündigt.

Trotz seines Erschreckens begann Andreoli damit, die Gefährten zu rütteln. Dabei schimpfte er, als wollte er sich selber Mut machen: »Seid ihr total verrückt geworden? Ihr könnt doch nicht einfach die Augen zumachen und schlafen! Was soll das heißen? He! Aufwachen! Ihr befindet euch nicht in euren Betten, sondern auf einer Luftreise!«

Doch so sehr sich Andreoli auch bemühte, es gelang ihm nicht, die Freunde wach zu bekommen. Eine unheimliche Angst befiel ihn, zumal er deutlich spürte, daß auch ihm das Atmen immer schwerer fiel. Er setzte sich auf die Bank und rang nach Luft. Vor seinen Augen tanzten Kreise. Was mach ich nur, überlegte er fieberhaft.

Er sah, daß die am Boden stehende Laterne erlosch. Hatte Zambeccari nicht davon gesprochen, daß die Luft zu dünn sei? Als er es sagte, errechnete er eine Höhe von 2 500 Meter. Zuletzt sprach er aber von 3 700 Meter! Wenn die Luft schon bei 2 500 . . . Madre Maria, steh mir bei! Was soll ich tun? Die Leine ziehen, die zum Ventil führt? Wenn der Aerostat dann explodiert . . .

Er wagte nicht, das Ventil zu öffnen, murmelte Stoßgebete und bereute von ganzem Herzen, sich nie für technische Dinge interessiert zu haben. Doch dann raffte er sich auf und zog die Leine; die Kälte machte ihm zu sehr zu schaffen. Wir müssen herunter, sagte er sich. Die beiden könnten sterben.

Das hinderte ihn nicht, Trost bei seiner Flasche zu suchen, deren Inhalt nun ungewöhnlich schnell zur Neige ging.

Über eine Stunde saß er zitternd und bebend neben den ohnmächtigen Kameraden, dann war es ihm, als würde die Luft wärmer und könne er wieder besser atmen. Erneut rüttelte er den Grafen.

Der gab zunächst nur merkwürdige Töne von sich, fragte dann aber verwirrt: »Ist es schon Zeit?«

Andreoli fiel ein Stein vom Herzen.

Zambeccari griff sich an die Stirn. »Wo bin ich? Was hat die Uhr geschlagen?«

Der rundliche Italiener lachte. »Du sitzt in der Galerie deines Aerostaten!«

Der Graf zuckte zusammen. »Mein Gott! Und ich hab' geschlafen?«

»So kann man es nennen. Es wird aber wohl eine Ohnmacht gewesen sein. Komm, hilf mir. Grassetti ist ebenfalls ohne Besinnung.«

»Der auch?«

»Ihr habt mich ganz schön im Stich gelassen. Mamma mia, hab' ich Angst gehabt!«

Es dauerte nicht lange, da war auch der phlegmatische Grassetti wieder bei vollem Bewußtsein. »Komisch«, sagte er, »ich habe überhaupt nicht gemerkt . . .« Er unterbrach sich. »Was ist das für ein Rauschen?«

»Seid mal still«, sagte der Graf. »Tatsächlich, es rauscht, als ob . . .«

»Als ob was?«

»Hört ihr's nicht? Es klingt, als befänden wir uns über dem Meer.«

Andreoli bekreuzigte sich.

»Schnell!« rief Zambeccari. »Macht die Laterne an! Wir sinken und müssen den Weingeistofen anheizen!« Doch als die Gefährten die Lampe angezündet hatten, erkannte der Graf, daß der Ballon nur noch wenige Meter über dem Meere schwebte. Er war wie gelähmt.

»Wir schlagen aufs Wasser!« schrie Andreoli, der sich über die Brüstung beugte und nach unten starrte.
»Ballast abwerfen!«
»Wo ist der?«
Grassetti leuchtete den Boden ab. »Da, drei Säcke!«
»Werft sie über Bord! Und gib mir die Laterne, damit ich den Ofen . . .«
Zu spät. Die Galerie wurde von einer Woge erfaßt. Es gab einen Stoß, Wasser sprühte, der Korb neigte sich zur Seite, und die Luftfahrer wurden durcheinandergewirbelt.
»Wir ertrinken!« schrie Andreoli.
Zambeccari raffte sich auf. Wind fegte ihm durch das Haar. Bis zur Hälfte lag die Galerie im Meer. Er schluckte. Sein Adamsapfel machte Sprünge. »Das Schlimmste liegt hinter uns«, sagte er. »Viel kann nicht mehr passieren.«
»Was soll der Unsinn? Merkst du denn nicht, daß wir absaufen?«
»Ach wo! Wir können gar nicht sinken! Dadurch, daß wir auf dem Wasser treiben, ist der Aerostat entlastet; er befindet sich jetzt gewissermaßen in der Schwebe.«
Andreoli konnte nichts mehr sagen.
»Und wie geht's weiter?« fragte Grassetti.
»Was wir nicht benötigen, muß über Bord. Dann heizen wir die Montgolfière an. Ich denke, daß wir auf diese Weise frei kommen werden.«
»Und dann?«
»Treiben wir mit dem Wind nach Dalmatien.«
Andreoli druckste. »Ich hab' euch auf dem Gewissen.«
»Du? Wieso?«
»Als ihr die Besinnung verloren hattet, hab' ich das Ventil geöffnet«, antwortete er bedrückt.
Zambeccaris Augen weiteten sich. »Du hast . . .?«
»Ja! Ich war in Sorge um euch.«
Der Graf umarmte ihn. »Wenn wir dadurch nun auch im Wasser liegen, du hast uns das Leben gerettet.«
»Noch nicht!« warf Grassetti ein. »Erst muß er mir helfen, die Säcke rauszuwerfen!«
Es blieb nicht bei den drei Sandsäcken. Obwohl Zambeccari alle Flammstellen des Weingeistofens entzündet hatte und sich der untere Teil des Aerostaten mächtig blähte, die Galerie stieg nicht aus dem Wasser.
»Wir sind noch zu schwer«, sagte der Graf. »Müssen weiteren Ballast opfern.«
Die Sitzbank flog als nächstes in die Adria. Es folgten der Landeanker und ein Schiffskompaß, der sich ohnehin als unbrauchbar erwiesen hatte. Seine Magnetnadel war verklemmt.
Aber auch das genügte nicht. Sie trennten sich von der Laterne und

vom Barometer. Und schließlich sogar von ihren durchnäßten Mänteln.

Im Osten färbte sich der Himmel grau. Sie erkannten, daß nicht mehr viel fehlte, die Galerie aus dem Meer herauszuheben.

»Es hilft nichts«, sagte Zambeccari, »auch unsere Jacketts müssen dran glauben.«

Andreoli lachte gequält. »Hoffentlich wird es nicht wieder so kalt.«

»Dafür werde ich schon sorgen«, erwiderte der Graf. »Höher als 500 Meter lasse ich den Ballon nicht mehr steigen.«

Hätte er gewußt, was sich in den nächsten Sekunden ereignen sollte, würde er nicht so sicher gesprochen haben. Denn kaum hatten sie ihre Jacken ins Wasser geworfen, da wurde der Aerostat von einer Bö erfaßt und die Galerie dem Meer entrissen.

»Wir sind frei!« schrie Andreoli.

Einen Augenblick lang pendelte der Ballon, dann schoß er, da das in der Galerie stehende Wasser schlagartig abfloß und den Aerostaten wesentlich erleichterte, mit einer solchen Gewalt in die Höhe, daß alle drei auf den Boden sausten. Ehe sie es sich versahen, waren sie 1 000 Meter hoch.

Andreoli jubelte: »Fabelhaft, wie du das gemacht hast. Da, wir sind gerettet! Drüben taucht die Küste auf!«

Der Graf blickte zurück und erschrak. Seine Augen weiteten sich. »Um Himmels willen!« stöhnte er.

»Was ist jetzt schon wieder?«

»Du hast recht, es ist die Küste!«

»Dann freu dich doch!«

»Es ist die italienische!« rief Zambeccari außer sich. »Sie liegt westlich von uns, wir aber treiben nach Osten! Die ganze Adria liegt vor uns! Das sind über 200 Kilometer!«

Die Freunde sahen ihn betroffen an.

»Was können wir tun?« fragte Grassetti.

Der Graf zuckte die Achseln. »Wenn wir nicht noch mal aufs Meer hinunter wollen, müssen wir so lange oben bleiben, bis wir die dalmatinische Küste erreicht haben.«

»Glaubst du, daß das Schwierigkeiten bereitet?«

»Das hängt vom Wind ab.« Er schaute in die Tiefe. »Ein Glück, daß es hell wird.«

Die Gefährten nickten.

»Wie hoch werden wir jetzt sein?«

Der Graf schluckte. Sein Adamsapfel wippte. »Woher soll ich das wissen? Irgendwo da unten schwimmt unser Barometer.«

Grassetti rieb sich die Arme. »Der Kälte nach zu urteilen, dürften wir bereits wieder ziemlich hoch sein.«

Auch Zambeccari fror. Er kreuzte die Arme und preßte sie gegen die Brust. »Wenn wir wenigstens die Jacketts nicht hätten opfern müssen.«

Andreoli lachte. »Stellen wir uns an den Ofen. Er wird uns wärmen.«

»Ach, du lieber Gott!« rief der Graf. »Den hab' ich ganz vergessen!« Mit einem Griff drehte er die Flammen zurück.

»Was machst du?«

»Möchtest du, daß wir erneut ohnmächtig werden?« Er wollte gerade hinunterschauen, da tauchten sie in eine Wolke ein. »Da haben wir's!« rief er außer sich. »Wir sind schon wieder viel zu hoch. Madre Maria! Jetzt fehlt uns auch noch die Sicht!«

»Laß doch etwas Gas ab!«

Zambeccari zögerte. »Nein«, sagte er. »Vorerst nicht. Wenn sich die in der Montgolfière erwärmte Luft abgekühlt hat, werden wir ohnehin sinken. Es ist besser, wir warten; ablassen können wir immer noch, neues Gas aber bekommen wir nicht.«

Grassetti setzte sich auf den Boden, zog die Schuhe aus und rieb sich die Füße. »Ich finde, daß es verdammt kalt geworden ist. Und das bei unserer nassen Kleidung.«

Andreoli ballte die Fäuste. »Komm, boxen wir uns warm.«

»Mach keinen Unsinn!« warnte der Graf. »Du würdest die Galerie zum Schaukeln bringen. Der Aufregungen waren genug.« Er blickte zu Grassetti hinüber. »Setzen wir uns zu ihm; von der Erde sehen wir ohnehin nichts.«

Sie zogen ebenfalls ihre Schuhe und Strümpfe aus, Zambeccari sogar die Hose, die er gehörig auswrang. »Solltet ihr auch tun«, sagte er.

Grassetti lehnte sich zurück. »Davon wird sie nicht trocken.« Er schloß die Augen.

»He!« rief Andreoli. »Nicht wieder einschlafen. Beweg dich!«

Der phlegmatische Italiener knurrte vor sich hin.

»Reiß dich zusammen!« beschwor ihn Andreoli.

»Ich schlaf' ja gar nicht«, murmelte Grassetti.

Andreoli schüttelte den Kopf und wandte sich an Zambeccari. »Hast du so was schon erlebt? Da behauptet dieser Mensch, nicht einzuschlafen und . . .« Er stutzte und stieß den Grafen an. »Ja, seid ihr denn beide von allen guten Geistern verlassen?« Er rüttelte ihn mit aller Gewalt. »Aufwachen!«

Es half nichts: die Gefährten waren erneut eingeschlafen. Andreoli konnte sie schütteln und rütteln, soviel er wollte. Er war der Verzweiflung nahe. Soll ich erneut Gas ablassen, fragte er sich. Ich müßte es. Aber dann sinken wir wieder aufs Meer hinab. Madre Maria, was wird aus uns werden?

Lange Zeit konnte er sich zu keinem Entschluß durchringen. Und dann war ihm plötzlich alles gleichgültig. Aber das wußte er nicht. Er saß nur da, starrte vor sich hin und fühlte sich recht wohl. Selbst die Kälte spürte er nicht mehr; er wurde sich ihrer erst wieder bewußt, als er erkannte, daß um ihn herum alles von einer dicken Eisschicht überzogen war. Zum Teufel, dachte er, griff nach der Leine und zog sie so lange, bis er ein Sinken des Aerostaten zu fühlen glaubte.

Wahrscheinlich ließ er viel zuviel Gas entweichen, denn als der Ballon bald darauf aus den Wolken glitt, sah er voller Entsetzen, daß sie mit großer Geschwindigkeit in die Tiefe stürzten. Verzweifelt schlug er auf Zambeccari ein. »Wach auf!« rief er. »Wir sinken aufs Meer! Wenn wir den Ofen nicht sofort anzünden, ist es aus!«

Der Graf öffnete die Augen. »Was ist los?«

»Wir fallen! Ich hab' das Ventil wieder öffnen müssen!«

Zambeccari schaute verwirrt um sich. »Wo kommt denn das Eis her?«

»Wir müssen entsetzlich hoch gewesen sein. Ich glaube, ich war auch ohnmächtig. Schnell, wir müssen die Montgolfière anheizen!«

Der Graf versuchte sich zu erheben; es gelang ihm nicht. »Um Himmels willen«, jammerte er. »Meine Hände! Ich spüre sie nicht. Sie müssen erfroren sein.«

Andreoli erstarrte.

Zambeccari beugte sich vor und zeigte auf den Weingeistofen. »Dreh die Dochte heraus!«

Andreoli tat es.

»Jetzt anzünden!«

»Womit? Die phosphorischen Lichter sind naß.«

»Nimm Grassettis Feuerzeug!«

Andreoli drehte den besinnungslosen Freund zur Seite.

Der erwachte und sah den Kameraden aus geweiteten Augen an. »Was machst du?« fragte er mit weinerlicher Stimme.

»Du warst wieder ohnmächtig! Wir brauchen dein Feuerzeug!«

»Wozu? Es ist doch hell!«

Andreoli gab keine Antwort, sondern griff in die Tasche des Gefährten. Als er aber das Feuerzeug in Händen hielt, war es zu spät – die Galerie schlug klatschend auf das Wasser. »Da wären wir wieder!« sagte er in einem Anflug von Galgenhumor.

Zambeccari war verzweifelt und erging sich in endlosen Selbstanschuldigungen.

Andreoli war Grassetti behilflich, der sich kaum auf den Beinen halten konnte und unterdrückt stöhnte. »Hast du Schmerzen?« fragte er ihn.

Grassetti nickte.

»Wo?«

»Ich weiß nicht. Überall. Besonders an den Füßen. Glaubst du, daß sie erfroren sind?«

Andreoli sah, daß die Freunde schwere Erfrierungen erlitten hatten, wußte aber nicht, wie er ihnen helfen sollte. Zumal sie bis zu den Hüften im Wasser standen.

Sie schätzten, daß sie sich etwa in der Mitte des Adriatischen Meeres befänden, und rechneten schon mit ihrem Untergang, als Zambeccari am Horizont eine Fischerflottille entdeckte.

»Das ist die Rettung!« rief er.

Es dauerte nicht lange, da erkannten sie, daß die Boote wendeten und in entgegengesetzter Richtung davonfuhren.

»Was hat das zu bedeuten?« fragte Andreoli.

Der Graf starrte hinter den Seglern her. Er schluckte. »Sie kennen keinen Aerostaten, haben uns womöglich für ein Seeungeheuer gehalten und nehmen Reißaus. Dennoch habe ich jetzt etwas Hoffnung.«

Der rundliche Italiener sah ihn fragend an.

»Fischer sind nur in Küstennähe; das Land ist also nicht allzu weit entfernt.«

»Soll das ein Trost sein?«

Zambeccari schwieg. Aber seine Vermutung war richtig. Schon bald tauchten erneut Schiffe auf, und eines von ihnen machte nicht kehrt, sondern lief auf sie zu.

»Sie kommen!« rief der Graf. Er umarmte Grassetti, der mit zusammengepreßten Lippen an der Brüstung lehnte. »Halte durch, wir werden gerettet!«

Eine halbe Stunde später lag der Segler in ihrer unmittelbaren Nähe. Zwei Matrosen bestiegen einen Nachen und ruderten an die Gondel heran.

»Wir dürfen jetzt keinen Fehler machen«, sagte Zambeccari. »Als erstes müssen wir den Aerostaten anbinden. Er könnte aufsteigen, wenn einer von uns die Galerie verläßt.«

Den Fischern war nicht ganz wohl zumute, als sie hörten, daß sie den Ballon an ihrem Nachen befestigen sollten. Sie taten aber, worum der Graf bat, und übernahmen anschließend den inzwischen halb besinnungslos gewordenen Grassetti.

»Und nun macht Platz!« rief ihnen Zambeccari zu. »Wir müssen zu gleicher Zeit überspringen.«

»Warum?«

»Werdet ihr schon sehen!«

Zambeccari und Andreoli kletterten auf die Balustrade.

»Fertig?«

»Ja.«

»Los!«

Sie stießen sich ab und sprangen in das Boot. Der Aerostat schoß in die Höhe und hob den Bug des Nachens aus dem Meer.

»Wir kentern!« schrien die Matrosen, doch gleich darauf sank das Boot zurück und lag wieder tief im Wasser.

Dann aber trat etwas ein, was niemand bedacht hatte. Der am Rettungsboot befestigte und nun frei vor dem Wind treibende Aerostat wirkte als Segel. Mit einer Geschwindigkeit, die allen den Atem raubte, jagten sie über das Meer dahin. Gischt sprühte auf und Wellen schlugen über sie hinweg.

Im ersten Moment waren sie wie gelähmt, dann aber handelten die Matrosen. Kurz entschlossen kappten sie die Taue.

»So«, sagte einer von ihnen, schneuzte in das Meer und schaute dem steigenden Ballon nach. »Jetzt bestimmen wir, was gemacht wird!«

Zambeccari war entsetzt. Er konnte nicht fassen, daß er seinen Aerostaten verloren hatte.

Andreoli versuchte ihn zu trösten. »Sei froh, daß wir gerettet sind.«

Der Graf nickte. »Das bin ich auch. Nur – wenn die Akademie mir nun keine Hilfestellung gewährt, kann ich keinen neuen Ballon bauen.«

»Willst du etwa nochmals . . .?«

»Was hast du denn gedacht?«

Ein Jahr sollte darüber hingehen. Grassetti, der den schwersten Schaden erlitten hatte, lag die Hälfte dieser Zeit im Krankenhaus, und Zambeccari trug monatelang einen Arm in der Binde; zwei Finger hatte man ihm amputieren müssen. Nur Andreoli hatte keine Erfrierungen erlitten und war, wie immer, guter Dinge. Er versuchte die Freunde aufzuheitern und trug nach wie vor seine Flasche in der Tasche. Wütend wurde er nur einmal: als Zambeccari aufgeregt in seine Wohnung stürzte und mit sich überschlagender Stimme berichtete, daß die Gesellschaft der Wissenschaften zu Bologna beschlossen habe, ihm die Mittel zum Bau eines neuen Aerostaten zur Verfügung zu stellen.

»Bist du total verrückt geworden?« schrie Andreoli außer sich.

Die Augen des Grafen leuchteten. »Vielleicht.«

»Du willst tatsächlich . . .?«

»Hab' ich je ein Hehl daraus gemacht? Aber wie wär's, willst du nicht wieder mitmachen?«

Andreoli holte tief Luft. »Ich?«

»Warum nicht?«

Der rundliche Italiener griff nach seiner Flasche. »Und was wird aus Grassetti?«

»Ihn werde ich ebenfalls bitten.«

Andreoli nahm einen kräftigen Schluck und wischte sich über den Mund. »Gehen wir!«

»Wohin?«

»Zu Grassetti! Er soll sein Testament machen!«

Zambeccari schluckte. »Du machst mit?«

»Ja, du Ekel! Aber nur, wenn du mir versprichst, nie wieder ohne Ballast aufzusteigen.«

Am 21. August 1804 wurde die neue Maschine den Gelehrten der Akademie vorgeführt. Sie war wesentlich größer als die erste und zeigte zwei breitflächige ›Luftruder‹, von denen Zambeccari hoffte, daß sie ihn in die Lage versetzen würden, den Ballon durch die Luft zu rudern.

Der Graf ließ den Aerostaten so belasten, daß er einen Meter über dem Boden ›in die Schwebe‹ kam und stillstand. Dann ergriffen Andreoli und Grassetti die Ruder und begannen sie zu bewegen.

Die Kommission war so beeindruckt, daß sie dem mitgenommenen Sekretarius auf der Stelle befahl, zu schreiben: ›Die Ruder wurden regelmäßig bewegt – und siehe da, die Maschine folgte gleichfalls ziemlich regelmäßig in bestimmter Richtung der Bewegung der Ruder.‹

»Jetzt werden wir ein zweites Experiment vorführen«, erklärte der Graf und bat darum, ihm einen Sandsack heraufzureichen. Wie nicht anders zu erwarten, sank der schwerer gewordene Ballon zu Boden. Zambeccari entzündete zwei Flammen des Weingeistofens, und es dauerte nicht lange, da schwoll die untere Montgolfière, und der Aerostat hob sich.

Man war fasziniert und klatschte Beifall.

Der Graf strahlte. »Und nun, Signori, werden wir das Seil lösen und zu einer Freifahrt aufsteigen, bei der wir uns in 500 Meter Höhe eine Stunde lang vom Südostwind in Richtung Modena forttragen lassen wollen.«

Der Anker wurde eingeholt, und Zambeccari entzündete weitere Flammen, so daß der Ballon ziemlich schnell stieg.

»Was sagt ihr?« gluckste er selig. »Alles hat geklappt. Ende gut – alles gut!«

Andreoli entkorkte seine Flasche. »Den Tag nicht vor dem Abend loben! Willst du einen Schluck?«

Zambeccari zögerte, doch dann sagte er: »Ja! Ich möchte auf unsere Freundschaft trinken.«

Gut eine Stunde später öffnete er nach glänzend verlaufener Fahrt das Ventil und ließ etwas Gas entweichen. Sofort sank der Aerostat, und sie bereiteten alles zur Landung vor. Andreoli warf den Anker aus, Grassetti befestigte die Ruder, die sie nicht ein einziges Mal benutzt hatten, und Zambeccari goß Spiritus auf den Ofen, den er entzündete, um die Flammen jederzeit aufdrehen zu können, falls es notwendig werden sollte, den Ballon über ein Hindernis hinwegzuheben.

Alles war auf das sorgfältigste vorbereitet. Und doch sollte es eine furchtbare Landung werden.

Sie schwebten in etwa zehn Meter Höhe über ein Feld, als sich der Anker plötzlich in einem Gestrüpp verhedderte und hängenblieb. Die Gondel erhielt einen Stoß, und die Spiritusflasche, die der Graf eben noch benutzt hatte, fiel zu Boden und zerbrach. Ihr Inhalt ergoß sich über den Ofen, und im Nu stand die ganze Galerie in Flammen.

Andreoli schrie auf, zog jedoch sofort seine Jacke aus und versuchte das Feuer zu ersticken.

In diesem Augenblick schlug die Gondel auf die Erde, schnellte wie ein Ball zurück und wirbelte die Luftfahrer durcheinander. Doch das war nicht das Schlimmste. Eine auf dem Boden stehende Korbflasche mit Spiritus rollte in die Flammen.

Grassetti sah es und stieß sie zurück. »Vorsicht!« rief er. »Die Korbflasche!« Seine Augen weiteten sich. »Sie brennt!«

Erneut schlug die Galerie auf die Erde.

»Springt raus!« schrie Zambeccari.

Mit einem Satz war Andreoli draußen und hing sich an die Balustrade. »Schnell!« rief er. »Ich halt die Gondel!«

Doch die hob sich schon wieder um einige Meter.

»Nun macht schon! Wir sind sonst des Todes!«

Grassetti kletterte auf die Brüstung und wollte dem Grafen gerade behilflich sein, als die Korbflasche explodierte. Grassetti und Andreoli wurden durch die Luft geschleudert, und der schlagartig erleichterte Ballon jagte in die Höhe. Aber der Anker hielt.

»Zieht mich herab!« rief Zambeccari. Er brannte am ganzen Leibe und warf ein Kleidungsstück nach dem anderen hinunter. »Schnell, ich verbrenne!«

Grassetti und Andreoli rannten auf das Seil zu. Doch noch bevor sie es ergreifen konnten, riß sich der Anker los. Entsetzt schrien sie auf.

Der Graf schaute über die Brüstung. »Ihr Heiligen steht mir bei!« hörten sie ihn rufen.

Andreoli raufte sich die Haare. Er sah, daß sich Zambeccari eine Flasche Wasser über den Kopf schüttete und wie wild auf die Flammen einschlug. »Er ist verloren!« schrie er. »Mein Gott, warum zieht er nicht die Leine?«

Grassetti wußte es nicht zu sagen. Leichenblaß starrte er hinter dem schnell steigenden Ballon her.

»Das schwör ich dir«, rief Andreoli, »wenn er gerettet wird, sorge ich dafür, daß er nicht nochmals aufsteigt!«

Zambeccari wurde gerettet. Genauer gesagt: er rettete sich selbst, indem er – ungeachtet seiner Verbrennungen – zunächst das Feuer erstickte und erst dann das Gas entweichen ließ.

Der Schwur des Freundes aber konnte dem Grafen nur ein Lächeln entlocken. »Du hast geschworen«, sagte er. »Du, nicht ich! Glaubst du, daß mich dein Schwur verpflichtet?«

»Denk an deine Brandwunden!« flehte Andreoli.

»Die werden heilen.«

»Fragt sich nur: Wie?«

Alles Reden nützte nichts. Zambeccari war kaum wieder auf den Beinen, da stieg er erneut auf. Diesmal allerdings allein. Und wieder ging etwas schief. Er wurde abgetrieben und – landete in der ihm nun schon gut bekannten Adria. Einen halben Tag lang schleifte ihn der Wind über das aufgepeitschte Meer, dann entdeckte ihn ein Fischer, der ihn nur mit Mühe und Not retten konnte.

»Sie sollten jetzt Schluß machen mit der ganzen Geschichte«, sagte der treuherzige Seemann, der von den früheren unglückseligen Fahrten des Grafen gehört hatte. »Wohin Sie wollen, kommen Sie doch nicht!«

Zambeccari ereiferte sich. »Das ist es ja gerade, warum ich aufsteige! Ich komme nicht hin, wohin ich will. Niemand hat das bis heute geschafft. Und warum nicht? Weil man noch nicht weiß, wie man es anstellen muß. Da ist irgendein Geheimnis. Glauben Sie, daß es uns in den Schoß fallen wird?«

»Bestimmt nicht. Aber . . .«

»Kein Aber!« unterbrach ihn der Graf. »Wir müssen das Manövrieren in der Luft genauso erlernen, wie Sie das Segeln auf dem Wasser. Oder haben Sie das vielleicht an Land geübt?«

»Nee.«

»Na also!«

Zambeccari fuhr nach Bologna zurück, und schon wenige Wochen später saß er erneut in einer Gondel. Er kam nicht weit, sondern stürzte mit furchtbaren Verbrennungen in die Tiefe, weil zur Abwechslung der Weingeistofen explodiert war. Irgend etwas passierte auf jeder seiner Fahrten. Mit beinahe hundertprozentiger Sicherheit konnte man voraussagen: Diesmal wird er im Meer landen, denn das letzte Mal stand er in Flammen.

Doch wenn man anfänglich auch über ihn gelacht und den Kopf geschüttelt hatte, die Schar seiner Bewunderer wuchs von Tag zu Tag. Erst hatte man nicht begreifen können, daß Zambeccari sich immer wieder der Gefahr aussetzte, dann aber spürte man, es mit einem Menschen zu tun zu haben, dem es um mehr ging als um Ruhm und Verdienst. Man achtete und verehrte ihn deshalb und betrachtete voller Skepsis diejenigen Luftfahrer, die an windstillen Sonntagen mit Tamtam und Trara aufstiegen, ein wenig in der Luft schwebten und unverzüglich landeten, wenn der Wind sie von der Stadt forttreiben wollte. Man ahnte plötzlich, daß es diesen Herren um nichts anderes ging, als ein Geschäft zu machen und sich feiern zu lassen.

Ohne es zu wollen, gab Zambeccari den Menschen die Fähigkeit zurück, Echtes von Unechtem zu unterscheiden, und insgeheim hoffte jeder, daß es dem Grafen zumindest einmal vergönnt sein möge, eine Luftreise ohne aufregenden Zwischenfall durchzuführen.

Das hofften auch die 50000 Zuschauer, die sich am 21. September 1812 vor Bologna versammelten. Denn kaum dem Krankenhaus entronnen, wollte Zambeccari zu einer neuen Fahrt starten, die – wie die Akademie bekanntgab – dem Zwecke diente, ›die fast zur Gewißheit gediehene Hoffnung zu vertiefen, Luftbälle künftighin nach Belieben lenken zu können‹.

Am frühen Morgen begann man mit dem Füllen des Aerostaten, der jedoch während der schwierigen Prozedur dreimal beschädigt wurde. Die dadurch notwendig gewordenen Reparaturen hatten zur Folge, daß er nicht mehr die berechnete Tragkraft besaß.

»Es tut mir leid«, sagte der Graf zu den drei Gelehrten, die ihn begleiten sollten, »zwei müssen zurückbleiben.«

Man sah es ein und ließ das Los darüber entscheiden, wer mitfahren dürfe.

Signore Bonaga war der ›Glückliche‹. Er kletterte voller Seligkeit in die Gondel, die sich bald darauf unter dem Jubel der Menschen vom Boden hob. Der Ballon stieg aber nur sehr schwach, so daß sich Zambeccari beeilte, die Flammen des Weingeistofens zu vergrößern.

In diesem Augenblick stieß die Galerie gegen eine Baumkrone. Der Ofen kippte, und in Bruchteilen von Sekunden stand der Aerostat in Flammen.

»Wir sind des Todes!« rief der Graf.

Bonaga warf sich über die Brüstung und versuchte, in den Zweigen Halt zu gewinnen. »Folge mir!« schrie er.

Der Ballon machte einen Satz nach oben.

Zambeccaris Anzug brannte lichterloh. Er zögerte, erkannte jedoch, daß es nur noch eine Rettung gab: den Sprung ins Ungewisse.

Das Volk schrie auf und raste zur Unglücksstelle.

Zu spät. Die Verbrennungen, die der Graf erlitten hatte, waren so stark, daß ihm nicht mehr geholfen werden konnte. Beweint und betrauert starb er am folgenden Morgen.

Wenn Opferbereitschaft, Mut und Ausdauer Eigenschaften sind, die den Luftfahrer kennzeichnen, dann starb Zambeccari als der erste wahre Pilot.

Oben
Mit diesem Ballon startete der Engländer Charles Green am 7. November 1836 in London, um nach Deutschland zu fahren, wo er nach sechzehnstündiger Reise am 8. November im Herzogtum Nassau landete und den Ballon voller Dankbarkeit auf den Namen Nassau taufte. Green dürfte der erfolgreichste Aeronaut gewesen sein. Er führte über 1600 Aufstiege durch und erreichte das hohe Alter von 84 Jahren.

Unten
Attraktion, Attraktion! Der französische Aeronaut Tétu-Brissy erwirbt sich 1798 den Ruhm, als erster Mensch einen Ballonaufstieg zu Pferde durchgeführt zu haben.

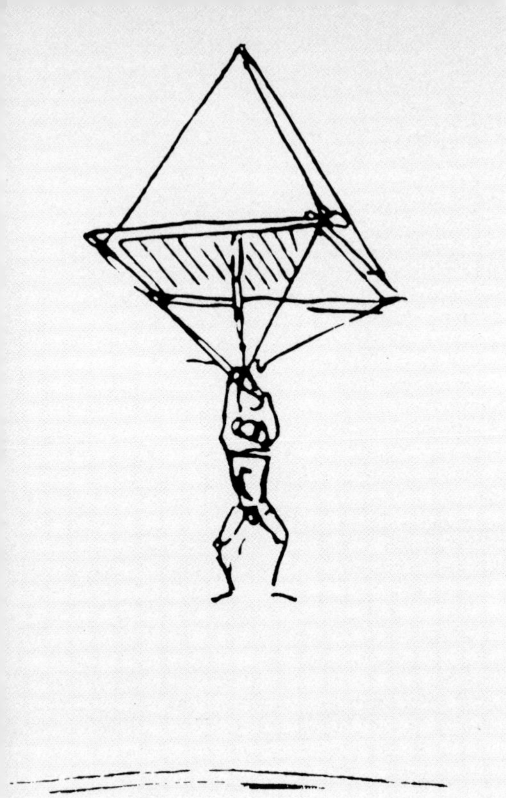

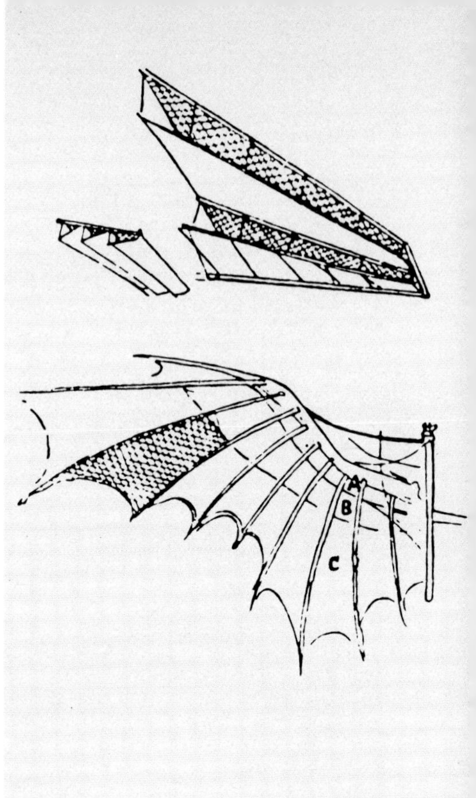
A
B
C

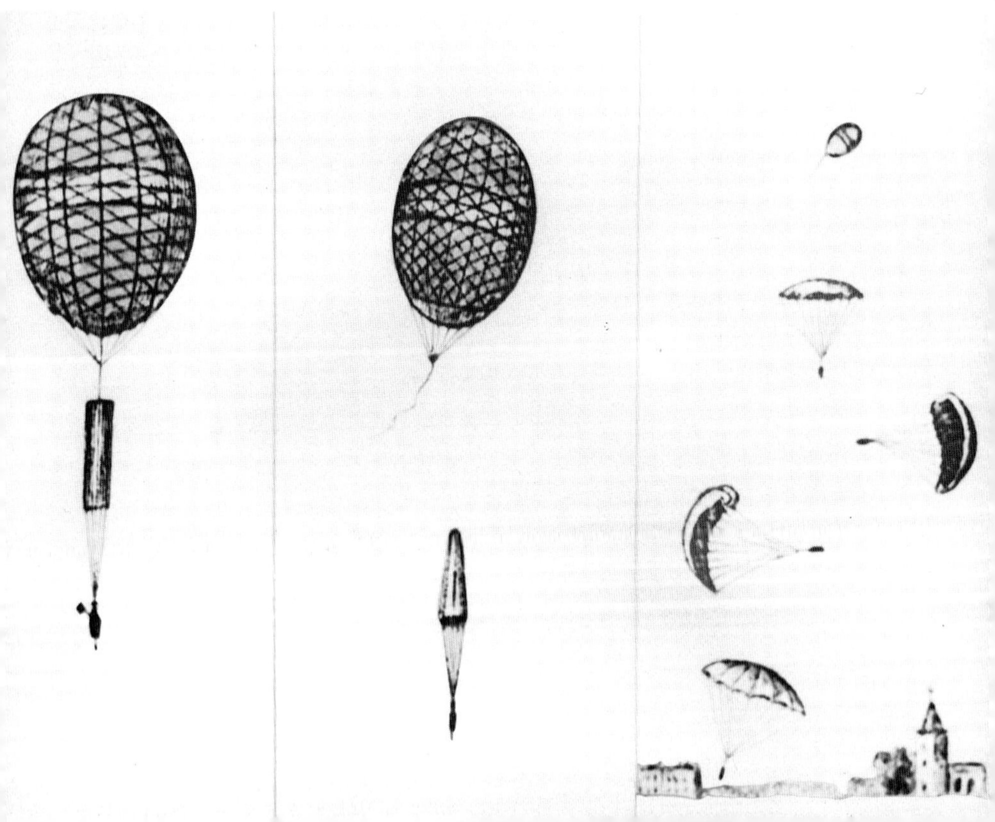

Linke Seite: links oben
Von Leonardo da Vinci entworfener Fallschirm.

Linke Seite: rechts oben
Flügelskizze von L. da Vinci. Er schrieb dazu: »A soll aus begrüntem Tannenholz sein, das faserig und leicht ist; B aus Barchent, auf welchem das Gefieder geleimt wird; C aus gestärkter Seide.«

Linke Seite: unten
Zeitgenössische Darstellung der verschiedenen Phasen des ersten Fallschirmabsprunges, den Jacques Garnerin am 22. Oktober 1797 über Paris durchführte. Das erste Bild zeigt den Ballon, an dem der Fallschirm mit Garnerin hängt. In der zweiten Phase hat Garnerin das Seil durchschnitten, welches den Fallschirm hielt. Das dritte Bild veranschaulicht die gefährlichen Pendelbewegungen, die der Fallschirm im Herabgleiten machte. Die Ausschläge sind nicht übertrieben wiedergegeben. Der Astronom Lalande schrieb hierüber in einer Denkschrift: »Der Schirm schwankte so stark, daß sich den Zuschauern Schreie des Entsetzens entrangen und zartnervige Frauen ohnmächtig wurden.«

Rechte Seite: oben
Der unter einem Ballon hängende Flügelschlagapparat Jakob Degens, mit dem er am 6. Dezember 1810 vor Kaiser Franz I. aufstieg.

Rechte Seite: unten
Zeitgenössische Darstellung der Schlacht bei Fleurus, in der der Fesselballon ›L'Entreprenant‹ die Kampfhandlung entscheidend beeinflußte.

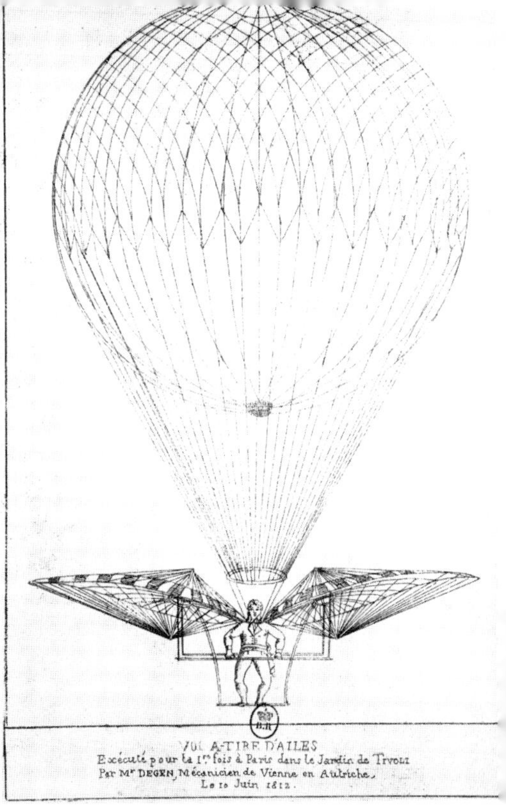

Linke Seite: links Mitte
Darstellung der Flugmaschine Jakob Degens in der Nr. 147 der ›Zeitung für die elegante Welt‹ vom 30. August 1808.

Linke Seite: rechts Mitte
Entwurf eines Hubschraubers von Leonardo da Vinci. In Spiegelschrift schrieb er darunter: »Mit Heftigkeit gedreht, wird sich diese Schraube in die Luft heben und hochsteigen. Nimm das Beispiel eines breiten und dünnen Lineals; führst du es heftig durch die Luft, so wirst du spüren, daß dein Arm so gelenkt wird, wie das besagte Lineal die Luft durchschneidet.«

Linke Seite: unten
Zeitgenössische Darstellung vom Flugversuch des ›Schneiders von Ulm‹.

Rechte Seite: oben
Nach Leppig entwarfen auch andere Erfinder lenkbare Riesenballons. Die Zeichnung stellt ein von Pétin im Jahre 1851 in Vorschlag gebrachtes ›Luftfloß‹ dar.

Rechte Seite: unten
Diese Lithographie aus dem Jahre 1855 zeigt alle bis zu diesem Zeitpunkt berühmt gewordenen Luftschiffe bzw. ihr Schicksal.

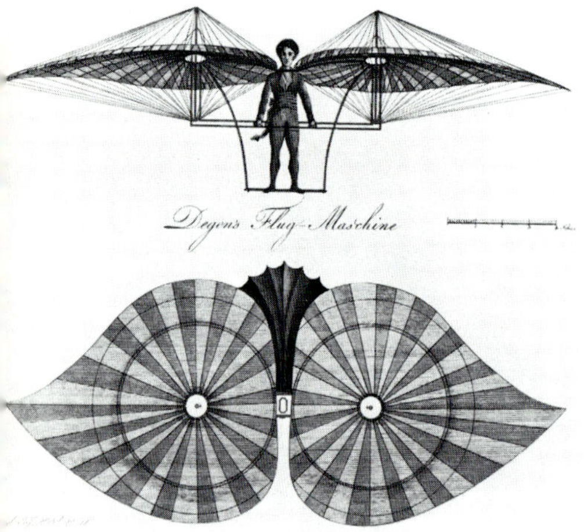

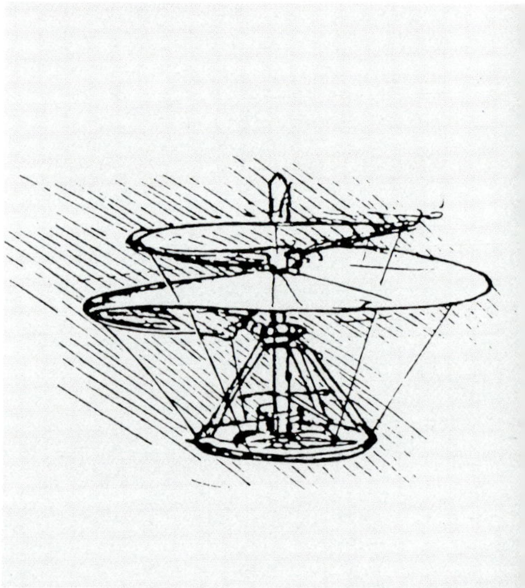

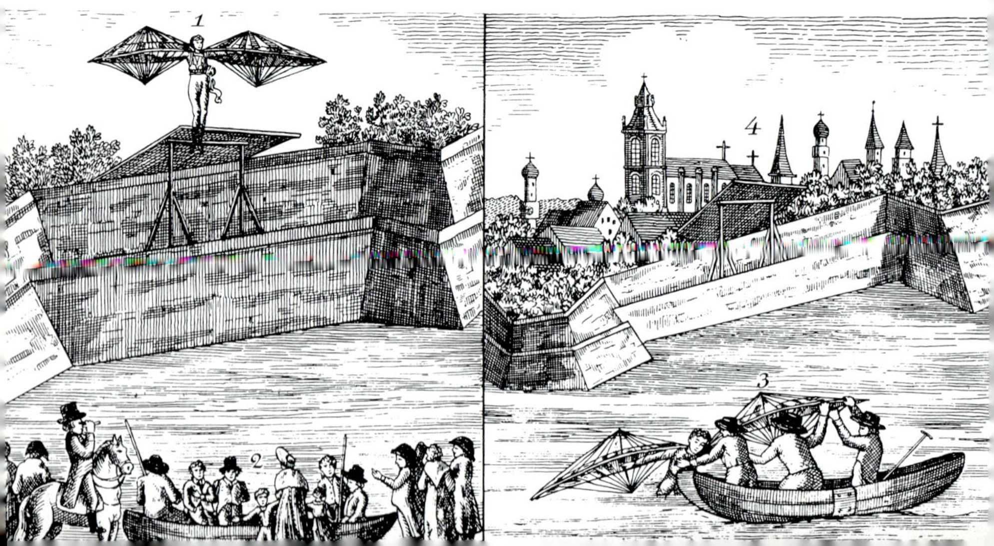

Linke Seite: links oben
Paul Hänlein.

Linke Seite: rechts oben
›Die Österreicher bombardieren Venedig.‹ Zeitgenössische Darstellung des ersten Luftangriffes in der Geschichte der Menschheit (1849).

Linke Seite: Mitte
Das im Pariser Vorort Neuilly errichtete Ballondenkmal erinnert an die kühnen Fahrten, die während des Krieges 1870/71 aus der belagerten Stadt durchgeführt wurden.

Linke Seite: unten
Zeitgenössische Darstellung des von Theodor Sivel am 26. Mai 1874 in Leipzig durchgeführten Aufstieges mit fünf gekoppelten Ballons. Durch Heben und Senken des einen oder anderen der vier kleineren Ballons hoffte Sivel die Richtung des Luftgefährtes beeinflussen zu können.

Rechte Seite: oben
Giffards erster ›Lenkballon‹ mit Dampfmaschine (1852).

Rechte Seite: Mitte
Diese zeitgenössische Darstellung veranschaulicht den Augenblick, da Léon Gambetta, der Führer der provisorischen französischen Regierung, am 7. Oktober 1870 den Ballon besteigt, um das belagerte Paris zu verlassen. Im zweiten Ballon, der ihn begleitete, saßen Amerikaner.

Rechte Seite: unten
Das von den französischen Offizieren Rénard und Krebs gebaute Luftschiff ›La France‹.

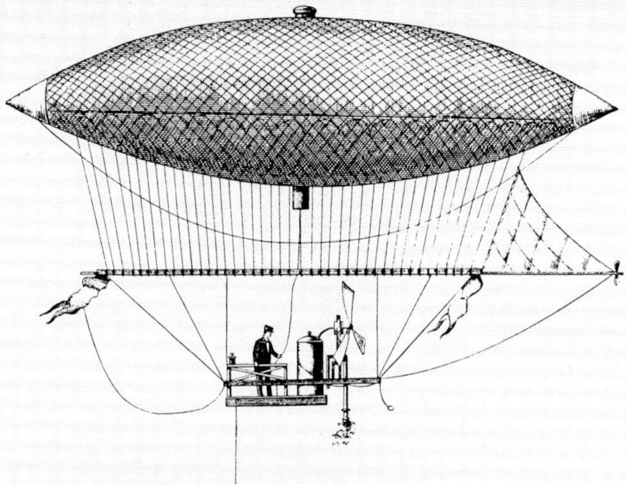

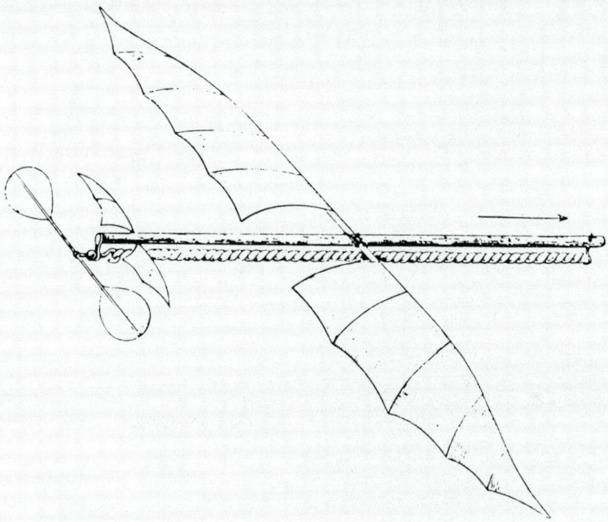

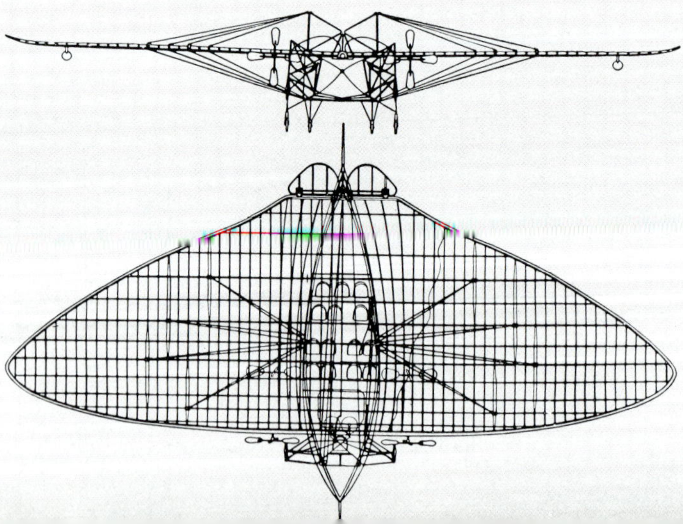

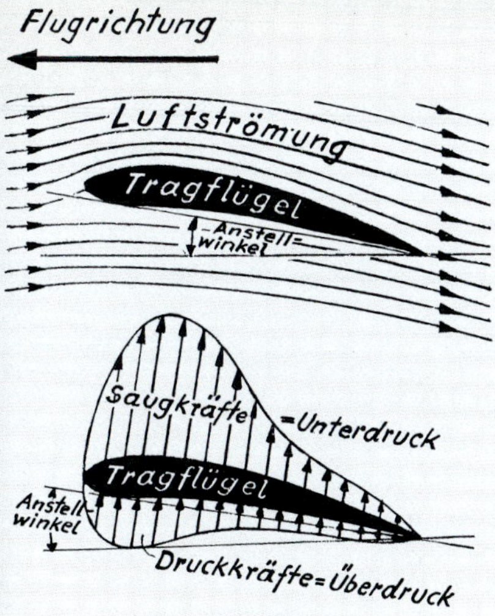

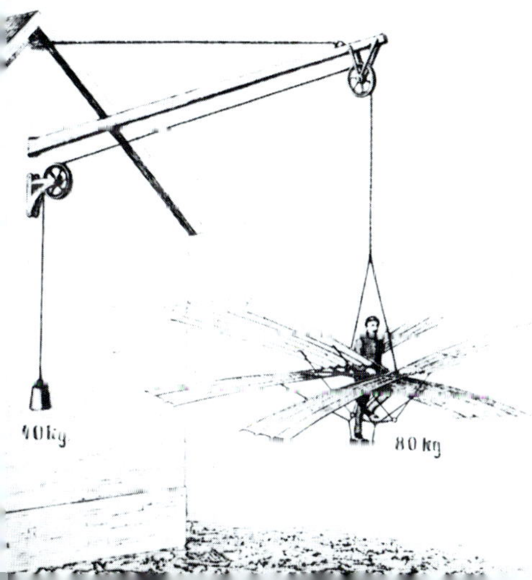

Linke Seite: oben
Zeitgenössische Darstellung des 1842 von dem Engländer Samuel Henson entworfenen ›Dampfluftwagens‹, mit dem er sich im Geiste schon über ganz Europa und Asien hinwegfliegen sah. Henson war so überzeugt von der Flugfähigkeit seines Dampfluftwagens, daß er unmittelbar nach Anmeldung des Luftgefährtes zum Patent die Gründung einer Lufttransportgesellschaft betrieb.

Linke Seite: Mitte
Eines der von Alphonse Pénaud hergestellten Flugmodelle, deren Druckluftschraube von einem aufgezwirbelten Gummiseil angetrieben wurde. Der Pfeil zeigt die Flugrichtung an.

Linke Seite: Unten
Diese erstaunliche Konstruktionszeichnung eines Amphibienflugzeuges mit Höhenruder und Seitensteuer, zwei Luftschrauben, einziehbarem Fahrwerk, hochgezogenen Flügelenden und Schwimmerstützen unter den Tragflächen, gehörte zu dem Antrag auf Patenterteilung, den Alphonse Pénaud 1876 stellte.

Rechte Seite: oben
Diese Zeichnung veranschaulicht die an einer nach oben gewölbten Tragfläche entstehenden Kräfte, die den ›Auftrieb‹ ergeben. Da die Luftmasse, die auf eine Tragfläche auftrifft, nach erfolgter Trennung in oben und unten vorbeifließende Luftteile das Bestreben hat, am Ende der Tragfläche wieder zusammenzufließen, erfährt die obere Luftströmung infolge des durch die Wölbung bedingten längeren Weges eine Beschleunigung, die einen Sog nach oben entstehen läßt. Die unten vorbeistreichenden Luftteile werden hingegen gestaut, wodurch ein Druck nach oben entsteht. Sog und Druck zusammen ergeben den ›Auftrieb‹, wobei der Sog etwa ⅔ des gesamten Auftriebswertes ausmacht.

Rechte Seite: Mitte
Otto Lilienthal (1848–1896).

Rechte Seite: unten
Flügelschlagapparat, mit dem die Gebrüder Lilienthal die Hebewirkung der Flügel festzustellen versuchten.

Linke Seite: Mitte
Konstruktionsplan des von Otto Lilienthal im Jahre 1893 entwickelten zusammenlegbaren Seglers.

Linke Seite: unten
Otto Lilienthal vor seinem ersten Start vom Windmühlenberg bei Derwitz (1891).

Rechte Seite: oben
Otto Lilienthal startet von dem am Rand der Steglitzer Kiesgrube errichteten Holzschuppen (1892).

Rechte Seite: Mitte
Otto Lilienthal kurz vor der Landung mit seinem Hängegleiter. Deutlich erkennt man, wie er den Körper zurücklegt, um der Tragfläche einen größeren Anstellwinkel zu geben und eine bremsende Wirkung zu erzielen. Der Berg im Hintergrund der Abbildung ist der von Otto Lilienthal in Berlin-Lichterfelde errichtete künstliche ›Fliegeberg‹, in dessen Kuppe, man erkennt es an der dunklen Spitze, sich ein Schuppen zum Abstellen der Gleiter befand.

Rechte Seite: unten
Otto Lilienthal im Flug mit seinem 1893 gebauten Hängegleiter-Eindecker am Hang der Rhinower Berge.

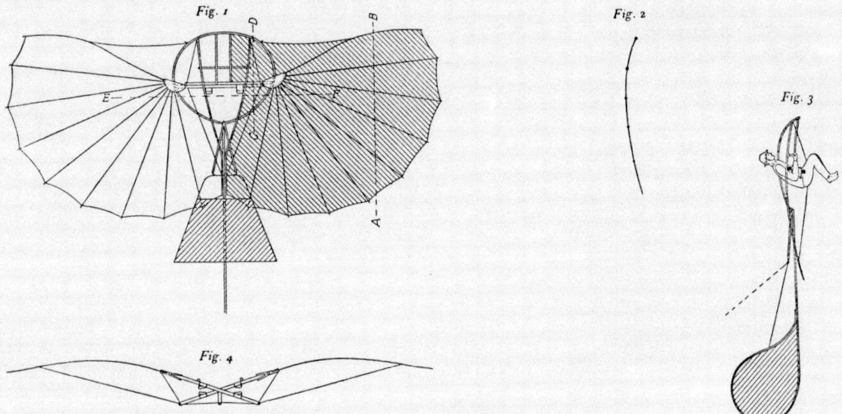

Patent-Zeichnungen Otto Lilienthals vom 30. September 1893

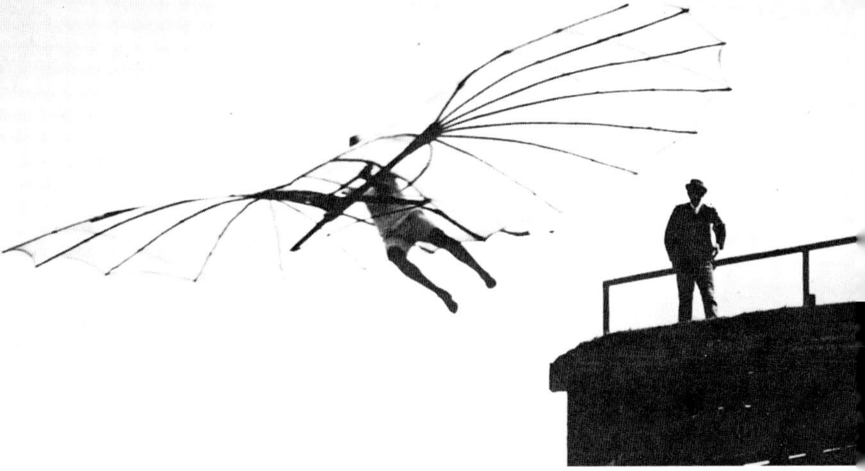

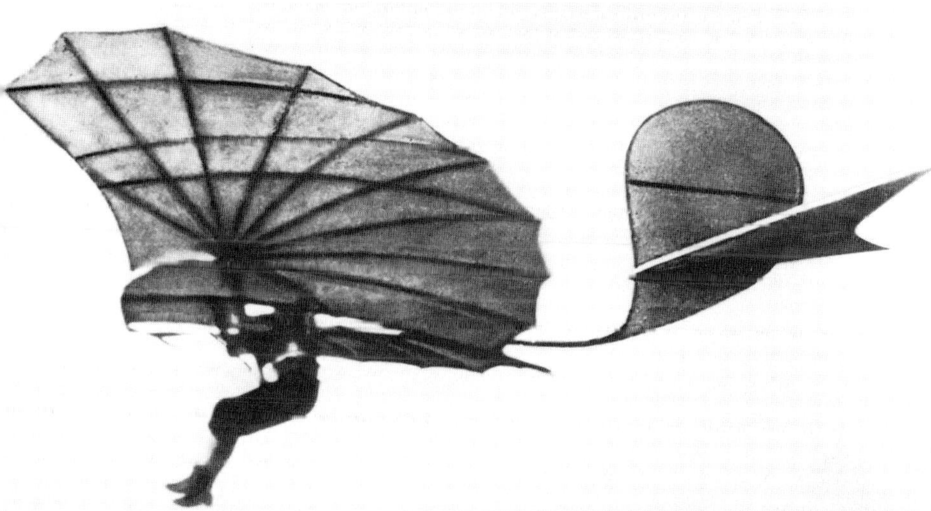

Linke Seite: Mitte
Der Eindecker, mit dem Otto Lilienthal am 9. August 1896 verunglückte. Die Aufnahme wurde am 11. August, also zwei Tage später, im Hof seiner Fabrik gemacht.

Linke Seite: unten
Der 83jährige Gustav Lilienthal mit dem von ihm gebauten ›Schwingenflieger‹.

Rechte Seite: oben
Der englische Ingenieur Percy Sinclair Pilcher startet mit dem von ihm gebauten Gleitflugzeug.

Rechte Seite: links Mitte
Fräulein Käthe Paulus war nicht nur unternehmungslustig, sondern auch sehr erfolgreich. Ihren ersten Absprung führte sie 1893 aus 1200 m Höhe durch. Insgesamt sprang sie 65mal aus dem Korb ihres Ballons.

Rechte Seite: rechts Mitte
Ferdinand Graf von Zeppelin (1838–1917).

Rechte Seite: unten
Konstruktionszeichnung des ersten Zeppelin-Luftschiffes LZ 1.

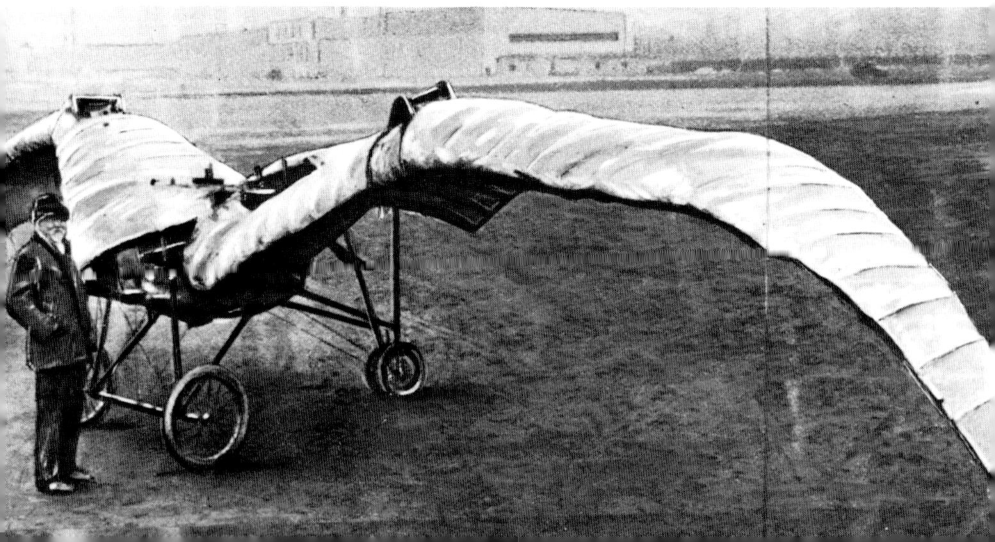

Drahtverspannung
Ringträger
Längsträger
Versteifungsbänder
Luftschraube
Luftschraube
Seitenruder
Gondel
Kühler
Laufgewicht
Kühler
Gondel

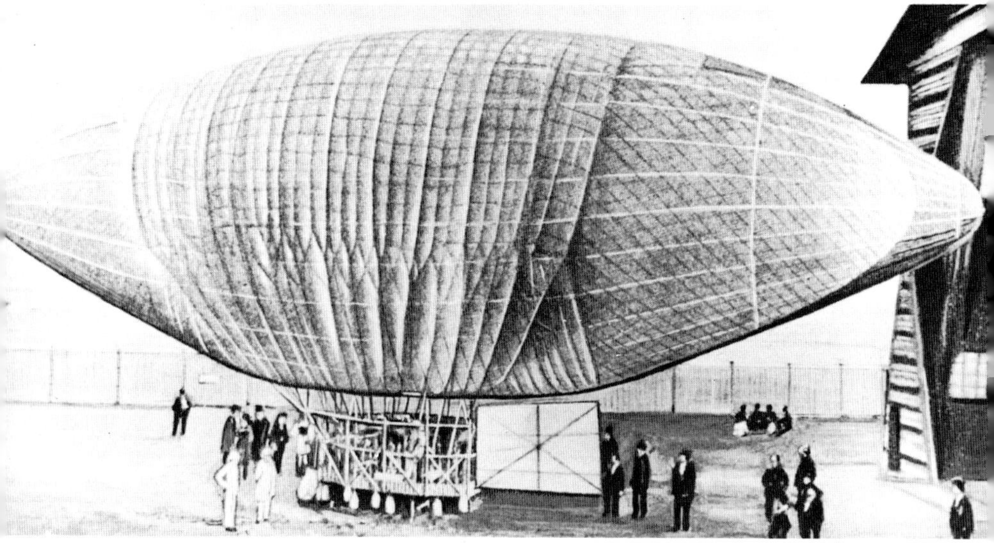

Linke Seite: oben
Der Leipziger Buchhändler Dr. Wölfert in der Gondel seines 1888 gebauten Luftschiffes. Der eingebaute Daimler-Motor leistete 2 PS und konnte wahlweise eine vor der Gondel, für die Vorwärtsbewegung, oder eine unter der Gondel, zum Hochdrücken, befindliche Luftschraube antreiben. Das große Segel hinter der Gondel sollte als Steuer dienen.

Linke Seite: Mitte
Dr. Wölferts auf den Namen ›Deutschland‹ getauftes Luftschiff vor der Halle in Tempelhof. Man sieht, daß Gondel und Steuer wesentlich vergrößert sind.

Linke Seite: unten
Das aus 0,2 mm dünnem Aluminiumblech gebaute ›starre‹ Luftschiff des Ingenieurs David Schwarz.

Rechte Seite: oben
LZ 1, das erste Luftschiff des Grafen Zeppelin, unmittelbar vor dem Aufstieg zu seiner Jungfernfahrt am 2. Juli 1900.

Rechte Seite: Mitte
Dr. Hugo Eckener, der zunächst heftige Artikel gegen die Zeppelin-Luftschiffe schrieb, wurde einer der engsten Mitarbeiter des Grafen und galt bald als der erfahrenste Luftschiffkommandant.

Rechte Seite: unten
Santos-Dumont in der Gondel seines ersten Luftschiffes.

Unten
Das Luftfahrzeug des Brasilianers Santos-Dumont, kurz bevor es in der Mitte zusammenknickte.

Links
Der unerschrockene Brasilianer Alberto Santos-Dumont umrundete am 19. Oktober 1901 den Eiffel-Turm mit seinem Luftschiff No. 6 und gewann damit den Deutsch-Preis von 100 000 Francs.

Unten
Chanute im Fluge.

25. August 1807

Während sich der italienische Graf vergeblich um die Lenkbarmachung des Aerostaten bemühte, sein Ziel aber mit jener fanatischen Zähigkeit verfolgte, aus der die großen Fortschritte in der Entwicklungsgeschichte der Menschheit erwachsen, saß in Wien der Uhrmacher Jakob Degen, ein spitzköpfiger kleiner Mann von 52 Jahren, der jede freie Minute damit verbrachte, in Büchern und Schriften herumzustöbern, die ›Über den Vogelflug‹, ›Über fliegende Schiffe‹ oder ›Von der Kunst zu fliegen‹ berichteten. Seine schmale Nickelbrille rutschte ihm dabei immer wieder auf das äußerste Ende seiner spitzen Nase, so daß er unentwegt damit beschäftigt war, sie zurückzuschieben.

Er war überhaupt ein merkwürdiger Mann und erinnerte in mancher Hinsicht an Professor Charles. Nur lachte er nicht so meckernd; bei ihm war alles spitz. Auch das Lachen. Und er sprach nicht so abgehackt und nervös wie der Franzose. Die Gemütlichkeit des Wieners klang aus seinen Worten.

Dabei stammte er aus der Schweiz, wurde in Siedertswil im Kanton Basel geboren, war jedoch schon im Alter von zehn Jahren nach Wien gekommen. Kein Wunder also, daß ein echter ›Weaner‹ aus ihm geworden war.

»Bitt' schön«, sagte einmal einer seiner Freunde, »sonst hätt' eahm sei Frau, die Mizzi, ja goarnet g'heiratet.«

Der Freund hatte gewiß recht. Obwohl Jakob Degen mit jeder Minute geizte, rief er seiner Frau des Abends gerne zu: »Geh, Mizzi, sei so gut und bring mir eine Schale Kaffee. Und setz dich zu mir. Ich hab' was außerordentlich Interessantes gefunden, das ich dir unbedingt vorlesen muß.«

»Wird wieder was recht Unnützes sein«, war zumeist ihre Antwort. So auch an einem Abend im Juli 1807, an dem sie hinzufügte: »Hoffentlich ist es nichts von dem Herrn Leonardo da Vinci. Von dem mag ich nichts mehr hören. Wie konnte ein so begnadeter Künstler nur so viel über den Vogelflug schreiben! Er hätt' lieber mehr malen sollen, wie du dich mehr um die Reparaturen deiner Uhren kümmern solltest.«

»Sei nicht so grantig, Mizzi. Geh, setz dich zu mir.«

Es dauerte eine ziemliche Weile, bis sie nachgab. Aber das machte nichts; das war immer so. Sie liebte es, den Eindruck zu erwecken, als ärgere sie sich über die Bemühungen ihres Mannes, einen ›Flügelschlagapparat‹ zu bauen, mit dem er sich vom Boden erheben wollte. In Wirklichkeit war sie sehr stolz auf ihn. Nur etwas Angst hatte sie. Nicht allzuviel, denn sie wußte, daß es ihm nicht darauf ankam, seine Erfindung zur Schau zu stellen, um Geld damit zu verdienen. Er arbeitete ernstlich an dem Problem des Schwingenfluges und hockte schon seit neun Jahren über den unterschiedlichsten Modellen, die er jedoch immer wieder verwarf, weil sie ihn nicht befriedigten.

»Also, was hast wieder g'funden?« fragte sie, als sie sich schließlich zu ihm setzte.

Jakob Degen entfaltete eine Zeitung und schob seine Brille hoch. Seine Augen waren voller Schalk. »Hab' ich dir eigentlich schon von Jacques Garnerin erzählt?«

»Nein.«

»Er ist Franzose.«

Sie verzog das Gesicht.

»Weißt du, was er gemacht hat? Er hat den Ruhm Blanchards in den Schatten gestellt!«

Ihre Miene erhellte sich. »Bravo!« sagte sie. »Das macht ihn beinahe sympathisch.«

»Aber, Mizzi!«

»Erzähl von diesem Garnerin. Wie hat er's ang'stellt?«

»Ganz einfach. Er hat eine ›Parachute‹, einen Fallschirm gebaut, der den Luftfahrer retten soll, wenn er in Gefahr gerät. Um zu beweisen, daß sein Apparat funktioniert, ist er am 22. Oktober 1797 mit einem Ballon aufgestiegen und . . .« Jakob Degen unterbrach sich und sah seine Frau erwartungsvoll an.

»Na und . . .?«

». . . hat sich aus 1 000 Meter Höhe herabfallen lassen!«

Sie fuhr entsetzt zurück.

»Der Fallschirm pendelte beängstigend, und die Menschen schrien auf, weil sie glaubten, Garnerin würde zu Tode stürzen. Und weißt, warum der Fallschirm pendelte? Weil er noch keine Öffnung besaß, durch welche die vom Fall zusammengepreßte Luft ausfließen konnte. Den Rat, an der Spitze des Schirmes eine Öffnung anzubringen, hat ihm inzwischen der Astronom de Lalande erteilt. Doch zurück zu Garnerin. Sein Absprung gelang trotz der gefährlichen Situationen, in die er geriet. Wirst dir denken können, wie die Pariser gejubelt haben, als der kühne Springer glücklich gelandet war.«

»Ihm ist nichts geschehen?«

»Nicht das geringste. Natürlich wurde er sofort zum ›Hofballonmeister‹ ernannt, und als Napoleon sich zum Kaiser krönen ließ, stellte er ihm 23 500 Francs zum Bau einer riesigen, mit farbigen Kugeln verzierten Kaiserkrone zur Verfügung, die – an einer Charlière hängend – am Krönungstag als besondere Attraktion aufsteigen sollte.«

»Geh!«

»Wenn ich's dir sage!«

»Und sie ist aufg'stiegen?«

»Freilich! Und zwar genau in dem Augenblick, in dem das Bukett des Krönungsfeuerwerkes in die Luft fuhr. Aber nun kommt das Schönste: Die Charlière trieb nach Italien, bis nach Rom und – schlug im Herabfallen gegen das Grabmal Neros! Beim Aufprall zersprangen die Glaskugeln. Der dadurch leichter gewordene Ballon stieg noch einmal kurz auf und landete schließlich im See Bracriano.«

»Das ist doch nicht wahr.«

»So wahr, wie ich hier sitze! Für die Entwicklung der Luftfahrt hat das Vorkommnis leider recht betrübliche Folgen gehabt.« Jakob Degen nahm ein Buch vom Tisch und schob seine Brille zurück. »Hier heißt es: ›Die Flucht der Krone nach Italien und der Zufall, daß sie am Grabmal Neros hängenblieb und zerschellte, gab Anlaß zu vielen Witzen, die Napoleon in eine solche Wut versetzten, daß er befahl, die Luftschifferschule von Meudon aufzulösen. Und das, obwohl bekannt war, daß die Aerostiers von Meudon den Fesselballon »L'Entreprenant« – »Der Kühne« gebaut und ihn im Koalitionskrieg eingesetzt hatten, wo er allein durch sein Erscheinen die österreichische Führung verwirrte und in der späteren Schlacht bei Fleurus eine entscheidende Rolle spielte, da es dem mit ihm aufgestiegenen Colonel Coutelle gelang, den General der französischen Armee acht Stunden lang über jede Bewegung des Feindes zu informieren.‹«

»Jetzt hörst aber auf, Jakob!« empörte sich Frau Degen. »Die Österreichischen ›Feinde‹ zu nennen, das geht zu weit!«

»Aber Mizzi! Ich hab' doch nur vorgelesen, was in diesem Buch steht.«

»Und darum sollt' ich mich zu dir setzen?«

»Nein!« Er schob seine Brille zurecht. »Ich kam durch Garnerin darauf, über den die Vossische Zeitung etwas Lustiges schrieb.«

»Wenn's was Lustiges ist . . .«

»Wirst schon sehen. Garnerin, der auf Grund des Vorfalls mit der Kaiserkrone in Ungnade gefallen war, ging nach Berlin, wo er die Absicht äußerte, gemeinsam mit einer Frau einen Aufstieg durchzuführen. Und dazu schrieb die Vossische Zeitung am 4. Mai 1798: ›Die Polizei hat dem Bürger Garnerin die Luftreise mit einer Frau verboten, weil er nicht erweisen könne, daß diese Gesellschaft etwas zur Vervollkommnung der Kunst beitragen würde, weil die Luftfahrt von zwei Personen verschiedenerlei Geschlechts unanständig und unmoralisch und weil es nicht ausgemacht sei, ob nicht der Druck der Luft den zarten Organen eines jungen Mädchens gefährlich werden könnte.‹«

Jakob Degen lachte hellauf und fuhr sich über den spitzen Kopf.

Seine Frau erstarrte. »Darüber kannst du lachen?«

»Hast recht, man sollt' darüber weinen!«

Sie machte ein ratloses Gesicht.

Er kicherte. »Der Garnerin hat es ihnen aber gegeben. Mit einer nakkerten Venus ist er aufgestiegen!«

Der Busen Frau Degens wogte. Auf ihren Wangen bildeten sich hektische Flecke. »Pfui!« rief sie und erhob sich. »Pfui! Und nochmals: Pfui!«

»Was regst dich auf? Die Berliner haben gejubelt. Garnerin ist seitdem ihr erklärter Liebling!«

»Das sieht den Preußen ähnlich«, schrie sie und rannte aus dem Zimmer.

Jakob Degen feixte und rieb sich die Hände. Heute nacht kann ich in Ruhe arbeiten, dachte er. Wird auch höchste Zeit, daß ich fertig werde; in drei Wochen soll die Vorführung sein. Er schlurfte in einen hinter seiner Werkstatt gelegenen Schuppen, zündete eine Laterne an und betrachtete seinen Flügelschlagapparat, an dem er seit über einem Jahr arbeitete.

Der Apparat bestand aus zwei durch etliche Stangen und 1 664 Seidenschnüre gehaltene Schwingen von insgesamt 6,7 Meter Spannweite und 2,5 Meter Tiefe, zwischen denen gerade so viel Platz gelassen war, daß ein Mensch dort stehen konnte. Unverkennbar war das Gerät in Anlehnung an eine Darstellung Leonardo da Vincis entworfen.

Von der Überlegung ausgehend, daß der Flügelschlag die Luft nach unten drücken, bei der Aufwärtsbewegung dem Luftwiderstand jedoch ausweichen müsse, hatte Jakob Degen zwei Schwingen mit jeweils 3 500 ringförmig angeordneten Klappen aus gefirnißtem Papier gebaut, die sich bei jeder Aufwärtsbewegung jalousieartig öffnen und bei den Abwärtsbewegungen schließen mußten. Und da er sich sagte: Die Abwärtsbewegung wird eine Kraft erfordern, welche die Armmuskeln eines Menschen allein nicht aufbringen kann, hatte er ein trapezartiges Gestell konstruiert, auf dem der Flieger stehen und die Flügel durch Strecken der Beine bei gleichzeitigem Hochziehen der Arme bewegen konnte.

Doch nicht genug damit. Der kleine Wiener Uhrmacher dachte realistischer als alle seine Zeitgenossen. Ebensowenig wie er an die Lenkbarmachung der Aerostaten glaubte, »solange keine Kraftquelle gefunden ist, die die Stärke des Windes übertrifft«, gab er sich der Illusion hin, daß sich der Mensch, gestützt nur auf die Kraft seiner Muskeln, von der Erde werde abheben können. Wenn er las, daß selbst Professoren an eine solche Möglichkeit glaubten, bedauerte er, eine Glatze zu haben. Denn gerne hätte er ihnen vorgeführt, daß man sich an den Haaren nicht selber hochheben kann.

Mit Johann Christian Stelzhammer, dem Direktor des Kaiserlich Königlichen Physikalischen Kabinetts, hatte er sich hierüber unterhalten, als ihm dieser einmal eine Uhr zur Reparatur brachte. Daraufhin hatte ihn der Wissenschaftler verwundert angesehen und gesagt: »Sie wissen das und wollen dennoch einen Flügelschlagapparat bauen?«

»Warum nicht?« hatte er erwidert. »Irgend jemand muß den Anfang machen.«

»Wozu, wenn man weiß, daß es nicht geht?«

Jakob Degen hatte verschmitzt gelächelt. »Gehen tut's schon. Halt nur nicht allein mit der Kraft der Muskeln.«

»Wie soll ich das verstehen?«

»Warten Sie!« hatte er geantwortet, eine Zeichnung hervorgeholt und seine Brille hochgeschoben. »Sehen Sie, dies ist der Entwurf meines neuen Flügelschlagapparates. Sein Gewicht dürfte etwa 24 Pfund betragen. Ich wiege 105, zusammen macht das 129. Nun schätze ich, mit meinem Apparat etwa 80 bis 90 Pfund heben zu können; es fehlt mir also die Kraft für die restlichen 40 bis 50 Pfund.«

»Klar!«

Jakob Degen hatte tief Luft geholt. »Was geschieht«, fragte er, »wenn ich das Gesamtgewicht nun um die fehlenden 40 bis 50 Pfund vermindere? Indem ich – sagen wir an der Decke einer hohen Halle – eine Rolle befestige, durch die ich ein an meinen Flügelapparat gebundenes Seil führe, an dem ein Gewicht von 40 bis 50 Pfund hängt?«

Direktor Stelzhammer hatte ihn eine Weile verwundert angesehen und dann geschworen: »Wenn Sie den Apparat bauen, sorge ich dafür, daß Sie ihn im Saal der Universität vorführen dürfen!«

Nun war es an Jakob Degen gewesen, die Augen aufzureißen. Und seit jener Stunde arbeitete er unablässig an seiner Maschine. Nur wenige Stunden gab es noch, in denen er, wie an diesem Abend, in der Wohnstube hockte, um in Büchern und Zeitschriften herumzuschmökern.

Direktor Stelzhammer suchte ihn in der Folge oft auf und notierte gewissenhaft alle Daten, so daß er später einen eingehenden Bericht abfassen und schreiben konnte: ›Ich habe dem Bau der Maschine von ihrer Entstehung bis zur Vollendung beigewohnt und alle Versuche mit aufmerksamem Blick verfolgt.‹

Der 25. August 1807 wurde zum Tag der Vorführung bestimmt. Jakob Degen war es nicht wohl zumute, als er im dunklen Anzug die Aula der Wiener Universität betrat, in der eine große Anzahl von Wissenschaftlern, Gelehrten und Schriftstellern den Flügelschlagapparat umstanden. Voller Entsetzen stellte er fest, daß sich auch Mitglieder des Hofes sowie Damen und Herren der Gesellschaft eingefunden hatten.

Direktor Stelzhammer entdeckte den Uhrmacher, der wie verloren um sich schaute. Er ging ihm entgegen und führte ihn zu Seiner Magnifizenz, dem Rektor der Universität, dem er ebenso vorgestellt wurde wie den anwesenden Herren des Kaiserlich Königlichen Physikalischen Kabinetts.

Degen wußte nicht, was er tun sollte. Er fühlte, daß seine Handflächen naß waren, wäre am liebsten davongelaufen.

»Nun, Herr Uhrmachermeister«, bat ihn der Rektor, »würden Sie jetzt die Liebenswürdigkeit haben, uns Ihren Apparat zu erklären?«

Zunächst stockend, dann freier werdend, erläuterte er die einzelnen Teile, wie er auch die Gründe anführte, die ihn bewogen hatten, ihnen diese und jene Form zu geben.

Als er endete, drängte sich ein norddeutscher Journalist an ihn heran. »Darf ich fragen, wie oft Sie sich mit Ihrem Apparat schon vom Boden erhoben haben?«

Degen sah ihn groß an. »Noch nie!«

»Aha! Und Sie behaupten, mit ihm fliegen zu können?«

»Behaupten? Nein, mein Herr. Ich behaupte überhaupt nichts, möchte nur den Versuch machen, mich mit Hilfe dieses Apparates in vertikaler Richtung vom Boden zu erheben. Damit wir uns aber richtig verstehen: Selbst wenn es mir gelingt, dann ist das noch kein ›Fliegen‹. Unter ›Fliegen‹ verstehe ich das freie Schweben und Sichfortbewegen eines Gegenstandes, der schwerer ist als Luft. Ich sagte vorhin schon, daß ich hoffe, mich mit meiner Muskelkraft und einem zusätzlichen Gewicht von 40 Pfund vom Boden heben zu können. Es tut mir leid, wenn ich Sie enttäusche, aber das freie Fliegen aus eigener Kraft möchte ich anderen, klügeren Köpfen überlassen.«

Der Journalist, es handelte sich um einen Mitarbeiter der ›Zeitung für die elegante Welt‹, war offensichtlich sehr enttäuscht. Denn er schrieb: ›Da kam ein kleines, hageres bejahrtes Männchen, spitz von Gesicht und Kopf, und machte uns mit seiner Vorrichtung bekannt, die im Saal aufgestellt stand. Was mich am meisten dabei ärgerte, war des kleinen Männchens Bescheidenheit in seinem Versprechen. Denn er versprach nur bloß, sich in vertikaler Richtung bis an die Decke des Saales zu erheben . . .‹

Die Professoren teilten nicht die Ansicht des Journalisten. Im Gegenteil. Sie klatschten Beifall. So zurückhaltende Worte hatten sie nicht erwartet. Auch im Saal entstand anerkennendes Gemurmel.

»Meine Hochachtung!« flüsterte einer der anwesenden Gäste. »Dem Preußen hat er's gegeben, der Herr Uhrmachermeister.«

Das Geraune verebbte, und eine beklemmende Stille trat ein, als Jakob Degen zwischen das Gestänge seines Flügelschlagapparates trat und einen Strick anziehen ließ, an dem ein Sandsack befestigt war. Als der Sack knapp unter der Umlenkrolle an der Decke hing, wickelte er sich das Seilende um den Leib und bat Direktor Stelzhammer, es zu verknoten.

»Aufgeregt?« fragte ihn der Wissenschaftler.

Degen nickte, schaute zur Decke hoch und wandte sich mit heiser gewordener Stimme an die Versammelten: »Meine Damen und Herren! Mein Apparat und ich wiegen 129 Pfund; der Sandsack dort oben hat ein Gewicht von 40 Pfund, um das ich jetzt – da er nach unten zieht – erleichtert bin. Ich werde nun versuchen, die verbleibenden restlichen 89 Pfund vermittels der von mir gebauten Schwingen mit meiner Muskelkraft vom Boden zu heben.«

Er stellte sich auf den unteren Teil des trapezartigen Gestells, ergriff das in Handhöhe liegende Gestänge und drückte es nach unten. Die Flügelspitzen hoben sich, und die Anwesenden sahen, daß er für diese

Bewegung kaum Kraft benötigt hatte. Unschwer war aber auch zu erkennen, warum sich die Schwingen so leicht heben ließen. Die insgesamt 7000 Klappen der beiden Flügel hatten sich bei der Aufwärtsbewegung jalousieartig geöffnet und die Luft nach unten durchstreichen lassen.

Doch nun begann die Arbeit. Degen zog das Gestänge hoch und spreizte die Beine: Die Schwingen senkten sich. Er drückte das Gestänge hinunter: die Flügelspitzen hoben sich. Erneutes Ziehen und Senken, Drücken und Heben – Ziehen und Senken, Drücken und Heben ...

Immer schneller schlugen die Flügel, immer rhythmischer und harmonischer wurden Degens Bewegungen. Aber es war ihm anzusehen, wie sehr er sich anstrengen mußte. Seine Halsadern schwollen, sein Spitzkopf glich einer Paprikaschote.

Das Rauschen der 7000 Klappen steigerte sich. Staub wirbelte auf. Die Seidenschals der Damen flatterten. Und dann geschah das Unglaubliche: der Flügelschlagapparat hob sich. Langsam zunächst und ein wenig schaukelnd, doch er stieg: ein – zwei – drei – vier Meter!

Degen holte Luft und verlangsamte seine Bewegungen: die Maschine senkte sich. Er verdoppelte seine Kraft: der Apparat stieg: fünf – sechs – sieben – acht – neun Meter! Es fehlte nicht viel, und er befand sich unter der Decke. Doch er fühlte seine Kraft erlahmen, verringerte die Ausschläge und ließ die Maschine auf den Boden zurücksinken.

Vom ausbrechenden Sturm der Begeisterung hörte er nichts. Ihn schwindelte. Vor seinen Augen tanzten Kreise. Nach Luft ringend, ließ er sich auf den Stuhl sinken, den ihm Direktor Stelzhammer zuschob.

Man reichte ihm ein Glas Wasser; er leerte es, ohne es zu wissen. Man drückte ihm die Hand; er gewahrte es kaum. Er war entkräftet und wünschte nichts sehnlicher, als die Augen zu schließen und zu schlafen.

Nur langsam erholte er sich. Zu seiner Verwunderung hörte er, daß jemand eine Rede hielt, in der immer wieder sein Name genannt und zum Ausdruck gebracht wurde, daß er »ein Markstein in der Geschichte der Menschheit« sei und daß man »an der Schwelle eines neuen Zeitalters« stehe. Dann wurde es still, und man bat ihn, etwas über seine zukünftigen Pläne zu sagen.

Degen erhob sich. Seine Knie zitterten. Er dankte für die anerkennenden Worte und bat darum, es ihm nicht zu verübeln, wenn er bezüglich des ›Marksteines in der Geschichte der Menschheit‹ und der ›Schwelle des neuen Zeitalters‹ anderer Meinung sei. »Montgolfier ist ein Markstein«, sagte er, »und fraglos leitete er ein neues Zeitalter ein: das des ›Sich-in-die-Luft-Hebens‹. Damit ist gesagt, daß das nächste Zeitalter nur das des ›freien Fliegens‹ sein kann.«

»Eben!« erwiderte der Vorredner. »Und da Sie geflogen sind ...«

Jakob Degen schüttelte den Kopf. »Ich erläuterte vorhin schon, was ich unter ›Fliegen‹ verstehe. Ein neues Zeitalter kann erst anbrechen, wenn eine Kraft gefunden sein wird, die so groß ist, daß sie nicht nur ihr eigenes Gewicht, sondern auch das eines Flugapparates und eines Menschen vom Boden abzuheben vermag.«

Man war enttäuscht. Worauf wollte dieser Uhrmachermeister hinaus? Man war bereit, ihn zu feiern und in Zukunftsbildern zu schwelgen, aber nicht willens, sich Belehrungen erteilen zu lassen. Der Zwerg tat ja geradeso, als habe er die Weisheit mit Löffeln gefressen, und er raubte einem jede Freude und Illusion. Aber durfte man sich darüber wundern? Etwas anderes konnte ja nicht dabei herauskommen. Man soll sich nicht mit kleinen Leuten, mit Handwerkern und dergleichen einlassen.

Doch da es nun einmal geschehen war, sollte der Herr Uhrmachermeister noch eine Chance haben. »Sehen Sie nach dem heutigen Versuch eine Möglichkeit, Ihren Flügelschlagapparat zu verbessern?«

Degen zögerte. »Ich möchte die Frage bejahen«, antwortete er vorsichtig.

»Und dann?«

Über sein Gesicht huschte ein verschmitztes Lächeln. »Werde ich im Freien aufsteigen.«

Ein erregtes Stimmengewirr setzte ein. »Also doch frei fliegen?«

»Nein! Ich werde meinen Flügelschlagapparat an einen kleinen Ballon hängen, dessen Auftriebskraft dem Gewicht entsprechen soll, das ich zur Durchführung des heutigen Versuches benötigte.«

»Ach, Sie streben danach, den Aerostaten lenkbar zu machen?«

»›Lenkbar‹ ist ein großes Wort. Auch wenn ich unter einem Ballon hänge, werde ich über keine Kraft verfügen, die größer ist als die meiner Muskeln. Glauben Sie, daß ich mit ihr den Wind aufhalten könnte?«

Genug! Man war es leid. Ein Tüftler, ein Zögerer, ein – nun ja, ein Uhrmacher war er. Es lohnte nicht, sich mit ihm zu beschäftigen. Kein Format, keine Linie . . .

Jakob Degen spürte die plötzliche Ablehnung und wußte, daß er in Ungnade gefallen war. Es war ihm gleichgültig. Sollte er den Herren zuliebe erklären, physikalische Gesetze aufheben zu können? In welcher Welt lebten diese ›Gelehrten‹ eigentlich?

Er machte, daß er nach Hause kam, lud seine Frau zu einer Fahrt in den Prater und nach Grinzing ein, trank mit ihr einen guten Heurigen und überlegte, wie er den Flügelschlagapparat verbessern könnte.

Drei Jahre arbeitete er an der neuen Maschine, deren Schwingen er nicht mehr aus Papier, sondern ›aus je 64 Taftstreifen fertigte, die sich, wie Ausschnitte einer Kreisfläche, vom Mittelpunkt aus immer mehr erweiterten und Klappen bildeten, welche sich beim Heben der Flügel öffneten und beim Schlagen schlossen‹.

Mit diesem Apparat, den er unter einen Wasserstoffballon hängte, der eine Auftriebskraft von 66 Pfund besaß, machte er im Herbst 1810 die ersten Versuchsflüge im Freien. Erfolg: die ›Allerhöchste Stelle‹ interessierte sich für seine Erfindung und forderte ihn auf, den Flügelschlagapparat am 6. Dezember 1810 vor Kaiser Franz I. im Park des Lustschlosses Laxenburg vorzuführen.

Als Jakob Degen die Augen der erlauchten Gesellschaft auf sich gerichtet sah und das hämische Grinsen bemerkte, das seine kleine Gestalt auslöste, fühlte er sich wieder todunglücklich. Wie vor dem ersten Versuchsflug in der Aula, so wurden ihm auch hier die Handflächen naß. Am liebsten wäre er davongelaufen.

Man gab das Zeichen, mit der Vorführung zu beginnen.

Er setzte die Schwingen in Bewegung; langsam zunächst, dann immer schneller und rhythmischer werdend. Und wesentlich früher, als es in der Halle der Universität geschehen war, hob sich der am Ballon hängende Apparat vom Boden.

Ein Augenzeuge schrieb: ›Der Flügelschlag begann, der Künstler stieg empor, und eine sanfte Harmonie von Blasinstrumenten begleitete seinen Flug.‹

Um sich nicht zu verausgaben, ließ Degen die Maschine in mäßige Höhe steigen, flog über die Tribüne hinweg, wendete und kehrte zurück.

In diesem Augenblick erfaßte ihn ein Windstoß und drückte ihn nach unten. Er sah die Köpfe der Zuschauer auf sich zukommen. Ein Schrei des Entsetzens flog ihm entgegen. Jesus, steh mir bei, dachte er und betätigte die Schwingen mit letzter Kraft. Es gelang ihm, den Apparat zu heben und sich von der Menschenmenge zu entfernen, doch da erfaßte ihn eine neue Bö und trieb ihn zum Turnierplatz, auf dem er mit Mühe und Not landen konnte.

Trotz des Zwischenfalls, der deutlich erkennen ließ, daß es um die Lenkbarmachung des Ballons noch schlecht bestellt war, lächelte der Kaiser gnädig und ließ ihm einen Ehrensold überreichen.

Berichte über Jakob Degen füllten die Zeitungen, und es dauerte nicht lange, bis sich ein französischer Agent, der in dem kleinen Wiener Uhrmacher eine glänzende Attraktion für das sensationslüsterne Pariser Publikum erblickte, an seine Fersen heftete und ihm ein verlockendes Angebot machte. Degen lehnte zunächst ab, akzeptierte dann aber, weil er sich sagte: Wohin ich blicke – überall sind es Franzosen, die sich in die Luft erheben. Vielleicht ist es gut, der Welt, und insbesondere den Parisern, einmal zu zeigen, daß in anderen Nationen ebenfalls etwas geschieht.

Möglicherweise reizte ihn auch der Hinweis des Agenten, daß er – falls er annehmen würde – der ›Erste deutsche Flieger‹ in Paris sei.

Tatsächlich wurde der Österreicher Jakob Degen in Paris als erster ›deutscher‹ Flieger angekündigt. Dies ist insofern nicht verwunderlich, als in damaliger Zeit die österreichischen Monarchen gleichzeitig Deutsche Kaiser waren.

Doch welche Gründe Jakob Degen auch bewogen haben mögen, auf den Vorschlag des Franzosen einzugehen, er tat den verhängnisvollen Schritt und verließ den Boden des Forschers, um Schausteller und Akrobat zu werden. Er sollte es bitter bereuen.

Zunächst allerdings sah es nicht danach aus, denn es gelang ihm ein großartiger Flug entlang der Seine, der die Pariser begeisterte. Dann aber, am 5. Oktober 1812, hatte er Pech. Durch die Schuld des ihm zugeteilten Assistenten, der eine falsche Schnur ergriff, verlor sein Ballon so viel Gas, daß der Auftrieb zu gering wurde und die Schlagkraft der Flügel nicht ausreichte, sich vom Boden zu erheben. Und nun mußte er erleben, was Montgolfier bereits erfahren hatte: die enttäuschten Zuschauer stürzten sich auf ihn, zerschlugen und zerrissen seinen Apparat und verdroschen ihn so sehr, daß die berittene Polizei mit gezogenem Säbel einschreiten mußte, um ihn vor dem Gelynchtwerden zu retten.

Die Presse überschüttete Degen mit Spott und Hohn, Karikaturisten und Chansonkomponisten bot er willkommenen Stoff, in Varietés wurde er verulkt und in Theaterstücken verlacht – es war, als habe die Welt darauf gewartet, ihm den Garaus zu machen. Kein Mensch wollte mehr etwas von ihm wissen – niemand außer seiner Frau und Kaiser Franz I., der den Geschmähten kurzerhand in einer kaiserlichen Karosse abholen ließ.

Zutiefst gerührt, sagte Degen dem livrierten Diener: »Bestellen Sie dem Kaiser, daß ich nie vergessen werde, was er für mich getan hat. Und daß ich versuchen will, mich dankbar zu erweisen.«

Er hielt Wort. Jahrelang arbeitete er am Modell eines Hubschraubers, das er – wiederum in Anlehnung an eine Darstellung Leonardo da Vincis – aus Rohr und Seide anfertigte. Es wog 12 Pfund und bestand aus einer vertikalen Spindel, an der eine zweiflügelige Schraube befestigt war, die durch ein Uhrwerk in Umdrehungen versetzt werden konnte.

Nach fünfjähriger Arbeit endlich, im Juni 1817, konnte er das Modell im Wiener Prater vorführen. Die Menschen trauten ihren Augen nicht, als sie sahen, daß die kleine Maschine, kaum daß sich die Schraube drehte, senkrecht in die Höhe schoß. Sie stieg auf 170 Meter, schleuderte im Gipfelpunkt einen Fallschirm heraus und sank unversehrt zu Boden.

Rasender Applaus belohnte den gelungenen Versuch. Man beglückwünschte Degen und fragte ihn, ob er sich nach dieser glänzenden Rehabilitierung nicht wieder dem Problem des Schwingenfluges widmen wolle.

Er schüttelte den Kopf und klemmte das Modell, das sich heute im Polytechnischen Museum in Wien befindet, unter den Arm, nahm seine Frau bei der Hand und ging mit ihr davon.

Sie sah, daß ihm eine Träne über die Wange lief. »Möchtest nicht doch wieder?« fragte sie ihn.

Er blieb stehen und schneuzte sich. »Freilich möcht ich«, erwiderte er. »Es hat aber keinen Zweck, Mizzi. Was nützt alles Wollen und Streben, wenn man so klein ist, wie ich es bin. Wenn ich größer wäre . . .« Er steckte sein Taschentuch zurück und gab sich einen Ruck. »Nein, ich mach jetzt etwas ganz anderes, weißt du, wo es Wurscht ist, ob ich klein oder groß bin.«

»Jessas! Saust dir schon wieder was im Kopf rum?«

Er lachte spitz.

»Was hast du vor, Jakob?«

»Ich weiß es noch nicht. Vielleicht baue ich eine Banknotendruckmaschine für zwei Farben.«

»Bist narrisch g'worden?«

Er war es nicht, denn er konstruierte eine Banknotendoppeldruckmaschine, die die Österreichische Nationalbank gegen Zahlung einer beachtlichen Lizenzgebühr erwarb. Überaus vermögend, starb er im Alter von 88 Jahren.

9. August 1884

›Ein um hundert Jahre zu früh Geborener ist von uns gegangen‹, hieß es in einem dem Wiener Uhrmacher gewidmeten Nachruf. Und Jakob Degen war wirklich um hundert Jahre zu früh geboren. Denn als er seinem Flügelschlagapparat den Rücken kehrte, tat er es nicht, weil man ihn mit Hohn und Spott übergossen hatte. Die Erfahrungen, die er in Paris hatte machen müssen, mögen ihn in seinem Entschluß bestärkt haben, ausschlaggebend aber war die Erkenntnis: Die Zeit ist noch nicht reif. Er sah die Dinge, wie sie waren, gab sich keinen Illusionen hin und sagte sich: Solange keine neue Energiequelle gefunden ist, kann aus der Lenkbarmachung des Ballons und aus dem Fliegen nichts werden.

Es war also kein Verrat an der Sache, sondern nüchterne Überlegung, die ihn zwang, sich dem Bau einer Zweifarbendruckmaschine zuzuwenden und die Hoffnung zu begraben, einmal frei fliegen zu können. Wie keiner seiner Zeitgenossen erkannte er die Sinnlosigkeit aller bis dahin angestellten Versuche. Was darüber geschrieben worden war, hatte er gelesen; er wußte, wieviel Hoffnungen man zu Grabe getragen hatte und was alles schon unternommen worden war, um aus den Kinderschuhen herauszukommen.

Angefangen hatte es mit Joseph Montgolfier, der 1783 in einer Rede vor den Professoren der Akademie zu Lyon sagte: »Es ist anzunehmen, daß man sich zur willkürlichen Bewegung, das heißt zur Steuerung der Flugmaschine, des Aerostaten selbst bedienen kann. Man müßte ihn nämlich, so wie er steigt oder fällt, in schiefer Richtung der Luft entgegenhalten.«

Montgolfier wollte damit sagen, daß man im Neigungswinkel veränderliche Tragdecken anbringen solle, auf denen man – im Steigen und Sinken – in schräger Richtung auf oder abwärts gleiten könne.

Wenn man bedenkt, zu welcher Zeit Montgolfier diesen Vorschlag unterbreitete, wird man den Kopf nicht schütteln. Unverständlich aber ist es, daß der österreichische Professor an der k. k. Techn. Hochschule zu Brünn, Georg Wellner, diesen Gedanken hundert Jahre später erneut aufgriff. Er glaubte ernstlich, durch Anbringen schiefer Flächen einen ›lenkbaren Segelballon‹ schaffen zu können.

Entsprechende Experimente Montgolfiers verliefen ebenso erfolglos wie die Versuche des Franzosen Girard de Bussou, der den Ballon mit Hilfe von Pergamentrudern vorwärts bewegen wollte.

Da waren die Vorschläge des energischen Generals Meusnier weitaus realistischer. Dieser schnauzbärtige und ewig polternde Haudegen stand trotz seiner krummen Beine fest auf dem Boden der Tatsachen, und wenn er auch unablässig mit den Augen zwinkerte, so besaß er doch einen seltenen klaren Blick für technische Dinge. Schon 1784, zu einer Zeit also, da Blanchard damit begann, das Volk durch Firlefanzereien für sich zu gewinnen, erklärte der General in seiner ruppigen Art auf einem Treffen der Luftfahrer:

»Was ihr macht, ist Nonsens! Der Aerostat schwimmt in der Luft, das ist doch klar. Die Luft aber bewegt sich und mit ihr der Ballon! Wenn ihr gegen die Luftströmung anrennen wollt, dann müßt ihr vier Dinge tun: Erstens, dem Aerostaten eine längliche, ellipsoide Form geben, damit der Stirnwiderstand verringert wird. Zweitens, in diesen Körper ein ›Ballonett‹ hängen; darunter verstehe ich eine kleine, mit atmosphärischer Luft gefüllte Kugel, die nach vorne und hinten verschiebbar sein muß, um durch sie – da Luft schwerer als Wasserstoff ist – die Spitze des Aerostaten heben und senken zu können. Drittens sind Luftschrauben anzubringen, die kräftige Männer drehen müssen; das mit den Rudern des Monsieur Bussou ist Unsinn! Und viertens muß achtern ein mechanisches Steuer angebracht werden! Wenn ihr das nicht macht, schafft ihr es nie, dann treibt ihr im Wind, fallt auf die Schnauze und seid tot, tot und nochmals tot! Das sag' ich euch – ich, General Meusnier!«

Man kannte den alten Polterer und lächelte. Länglicher Ballon? Davon hatte man noch nichts gehört. Und Ballonett, Luftschrauben, Steuer?

Der Schnauzbärtige sah das Lächeln. Seine Wangen wurden rot wie seine großporige Weinnase. Empört rasselte er mit dem Degen. »Glaubt ihr, ich sehe euer verstecktes Grinsen nicht, dieses jämmerliche Lachen ohne den Mut, es zu zeigen? Na schön. Ich weiß ja, daß ihr Küken seid, taube und blinde Küken! Regt euch nur auf!« schrie er, als einige der Zuhörer aufsprangen. »Ich werde euch beweisen, daß ihr im Kopf nicht mehr Verstand habt als im Hintern!«

Man war außer sich, protestierte und lief davon.

Meusnier aber stand da wie ein Sieger. Seine Augen strahlten. Er lachte aus vollem Halse und rief dem einzigen zurückgebliebenen Kongreßteilnehmer zu: »Eingeschlafen, bester Graf?«

Es war der Duc de Chartres. »Nein, General!« erwiderte er. »Sie haben eben erklärt, daß Sie etwas ganz Bestimmtes beweisen wollen. Wenn Sie mich dabei brauchen können, bitte, ich stehe zu Ihrer Verfügung.«

»Glauben Sie etwa an das, was ich sagte?«

Der Graf hüstelte. »Das weiß ich nicht.«

»Dann möchte ich wissen, warum Sie sich mir zur Verfügung stellen?«

»Pardon, mon général – vielleicht, weil ich verrückte Menschen liebe.«

Meusnier stutzte. »Mir scheint, wir passen zusammen.«

Das taten sie auch. Der General gab den von ihm beschriebenen Aerostaten in Auftrag, und am 15. Juli 1784 stieg er mit dem Grafen und den Gebrüdern Robert, die den Ballon gebaut hatten, vom Pariser Marsfeld auf.

Zunächst ging alles gut, doch dann gerieten sie in stark bewegte Luftmassen, gegen die sie nichts ausrichten konnten. Es war, als hätte der böige Wind seinen Spaß am Steuer, denn der Aerostat wurde nach allen Seiten geschleudert.

Dem alten Haudegen wurde es zuviel, er befahl, die Steuerflächen abzumontieren und über Bord zu werfen. Mit dem Erfolg, daß die Schlingerbewegung zwar aufhörte, der Ballon aber plötzlich mächtig stieg.

Der Graf staunte. »Woran mag das liegen?«

»Am Gewicht!« bullerte der General. »Haben Sie vielleicht gedacht, daß so ein Steuer nichts wiegt?«

»Natürlich, Sie haben recht!«

Wenige Minuten später glaubten sie, die Welt gehe unter. Durch das jähe Ansteigen waren sie in eine turbulente Wolke geraten und wurden umeinander gewirbelt, daß ihnen Hören und Sehen verging. Sie wußten kaum noch, woran sie sich klammern sollten, um nicht über die Brüstung geschleudert zu werden. Die Spitze des länglich geformten Aerostaten hob und senkte sich wie ein Schiff im Ozean; manchmal sah es aus, als sausten sie senkrecht in die Tiefe.

»Das Ballonett!« donnerte Meusnier.

»Was ist damit?« rief einer der Brüder Robert.

Der General lachte grimmig. »Auch diese meiner Errungenschaften müssen wir opfern!«

Der Mechaniker sah ihn verwundert an.

»Sie blöder Hund!« brüllte Meusnier. »Merken Sie denn nicht, daß sich unsere Spitze hebt und senkt? Das tut sie, weil das Ballonett pendelt! Los, schneidet das Ding ab!«

Dem Duc de Chartres wurde unheimlich zumute.

Meusnier bemerkte es. »Mit Ihrer Liebe für verrückte Menschen scheint es nicht allzu weit her zu sein!« tobte er.

Der Graf bemühte sich zu lächeln.

»Damit können Sie mir auch nicht imponieren!«

»Dachten Sie, daß ich es wollte?«

Eine plötzliche Bö warf sie zu Boden.

Der General erhob sich. »Was wollten Sie denn?« fragte er wütend.

»Nichts, als Sie anlachen, mon général!«

»Überlassen Sie das gefälligst den Weibern!« schrie Meusnier und wandte sich an die Brüder Robert. »Wie weit seid ihr?«

Sich gegenseitig haltend, kappten die Mechaniker einige Seile. Das im Wasserstoffballon hängende Ballonett fiel herab, und fast augenblicklich hörten die schlingernden Bewegungen auf.

Der General feixte. »Na also! Man braucht nur abzuschneiden, was ich mir ausgedacht habe, und schon klappt die Sache!«

Der ältere der Brüder Robert machte ein bedenkliches Gesicht.

»Haben Sie keine andere Visage bei sich?« polterte Meusnier.

Der Mechaniker zeigte nach oben. »Das Ballonett ist auf die Auslaßöffnung gefallen. Es kann kein Gas mehr entweichen!«

»Na und?«

»Der Ballon wird platzen, wenn wir weiter steigen.«

Der General lachte schallend. »Dummkopf!«

»Nein, wirklich! Wir befinden uns in großer Gefahr!«

»Was Sie nicht sagen.« Meusnier zog seinen Degen und hieb in die Hülle des Aerostaten. »Befinden wir uns auch jetzt noch in Gefahr?«

Es war schon eine aufregende Fahrt, die der General veranstaltete. Und wenn sein Unternehmen die Lenkbarmachung der ›Luftmaschine‹ auch ebensowenig weiterbrachte wie alle anderen Versuche jener Zeit, so *geschah* doch wenigstens etwas. Man rührte sich und legte die Hände nicht einfach in den Schoß, wie es in Deutschland der Fall war.

Die Gründe für die deutsche Untätigkeit auf dem Gebiet der Luftfahrt sind leicht zu finden. Eine große Rolle spielte das unterschiedliche Temperament. Der Deutsche ist schwerfälliger. Er kann sich nicht so schnell begeistern, gleicht vielmehr einer Maschine, die langsam auf Touren kommt. Und ist er endlich in Schwung geraten, dann sind Behörden zur Stelle, die sagen: Wie, du möchtest etwas tun? Es steht ja gar nicht fest, ob du tun darfst, was du möchtest. Das müssen wir erst einmal prüfen. Und dann werden wir bestimmen, ob du ...

So erließ Wilhelm IX., Landgraf zu Hessen, die Verordnung:

›Liebe Getreue! Nachdem durch die seit einiger Zeit aufgekommenen Luftballons, welche mit angehängtem Feuer aufsteigen, leicht Brandschaden entstehen kann, zumal wenn sie in der Nacht auf ein Strohdach oder auf ein mit Heu oder Stroh belegtes Gelände herunterfallen, so finden Wir Uns zur Abwendung dieser Unglücksfälle gnädigst gewogen, hierdurch zu verordnen, daß niemand sich ermächtigen soll, bei 100 Reichsthaler Herrschaftlicher Strafe, einen solchen Ballon aufsteigen zu lassen. Gegeben bei Unserer Regierung zu Cassel, den 12. Dezember 1785.‹

Der Landgraf zu Hessen war nicht der einzige, der die Entwicklung hemmte. Kaum hatte man im Reichsstift Oberbeuren damit begonnen, Versuche mit Montgolfieren anzustellen, da gab die Niederösterreichische Regierung bekannt: ›Alle Luftballons werden zur Abwendung der Feuersgefahr untersagt, und dürfen solche weder in den Städten noch auf dem Lande ohne obrigkeitliche Erlaubnis auch nicht mehr in die Höhe gehen.‹

Wie sollten sich junge Menschen angesichts solcher Erlasse für die Luftfahrt begeistern?

Aber nicht nur die Behörden unterdrückten jedes Streben, auch die merkwürdige deutsche Eigenart, Bastler und Erfinder zu verlachen, stellte sich all jenen in den Weg, die bereit waren, sich mit Flugproblemen zu befassen. Der Bau von Aerostaten verlangte Geld; man war also – wie in Frankreich und Italien – auf die Unterstützung der Mitmenschen angewiesen. Was aber geschah, wenn in Deutschland jemand versuchte, Geldgeber zu finden? Man ließ die Hunde auf ihn los oder schlug ihm die Tür vor der Nase zu und brüstete sich auch noch damit, für Luftfahrtbegeisterte nichts übrig zu haben. Öffentlich ließ Fürst Palm bekanntmachen: ›Diesen Leuten gebe ich nichts; allein ich will 200 Dukaten schenken, um solche unter die Armen, die kein Holz haben, zu verteilen!‹

Diejenigen aber, die auf keine Unterstützung angewiesen waren und den Bau eines Aerostaten aus eigenen Mitteln finanzieren konnten, taten der Sache oft keinen guten Dienst. So der Berliner Wachstuchfabrikant Carl Claudius, ein Neffe des bekannten Dichters Matthias Claudius. In Anlehnung an die Versuche Jakob Degens entwarf er einen Ballon mit angehängten, jalousieartig ausgebildeten ›Steig- und Senkflügeln‹. Mit diesem Ballon führte er zwei Aufstiege durch, dann ließ er ihn in den äußersten Winkel eines Schuppens stellen und schrieb ein Buch unter dem Titel ›Ausführlicher Bericht meiner Luftreisen nebst einer Abbildung meines Flugwerkes und dessen Beschreibung‹. Doch damit war sein Geltungsbedürfnis noch nicht gestillt. Testamentarisch bestimmte er, welche Worte sein Grabmal in Lichtenberg zieren sollten:

›Hier ruht in Frieden Carl Claudius,
Der kühn die Lüfte einst durcheilte,
Lang wirkend auf der Erde weilte,
Bis ihn zum Licht erhob der Welten Genius.‹

Da ist der vielfach verlachte und verspottete Albrecht Ludwig Berblinger, der Schneider von Ulm, zu loben, der zwar nichts anderes machte, als den Flügelschlagapparat Jakob Degens zu kopieren, sich aber – sei es, weil er wirklich glaubte, damit fliegen zu können, sei es, weil er keinen Ausweg mehr wußte, da sein Flug vor König Friedrich von Württemberg angesagt worden war – mutig von einer Kaimauer stürzte und in die Donau plumpste. Denn gleichgültig, ob er etwas leistete oder nicht, er machte sich an das Problem heran und bastelte jahrelang an einem Flugapparat. Sein Versagen bedrückte ihn so sehr, daß er vor Kummer darüber starb.

Sein Wohnhaus trägt heute die Inschrift: ›Icarus per nubium tractus volat alitis instar / Macte virtute sartor, gurgite mersus aquae.‹ – ›Ikarus flog den Vögeln gleich durch die Wolken / Obgleich dich, Flickschneider, der Strudel des Wassers verschlang, Heil deinem Mute.‹

Der Entwicklung der deutschen Luftfahrt tat Berblinger allerdings einen schlechten Dienst. Die durch ihn ausgelöste Flut von Spott- und Schmähgedichten dürfte viele davon abgehalten haben, sich mit dem Problem des Fliegens zu befassen.

Es wäre jedoch unrecht, wollte man den Schneider von Ulm mit den

Unterlassungssünden einer Nation belasten. Man glaubte einfach nicht daran, daß die Luftfahrt in absehbarer Zeit bedeutungsvoll werden könnte, dachte vielmehr wie der dänische Märchendichter Hans Christian Andersen, der schrieb: ›Ja, in Jahrtausenden werden wir auf den Flügeln des Dampfes durch die Luft über das Weltmeer herüberkommen.‹

Ja, in Jahrtausenden!

Aber noch etwas war der Entwicklung der deutschen Luftfahrt in höchstem Maße abträglich. Die wenigen, die sich in Deutschland mit Aerostaten befaßten, taten es aus Sensationslust und Profitgier, was abstoßen mußte. So gab ein ›gerade vom Aachener Kongreß kommender Luftschiffer‹ in der Sondershäuser Zeitung Teutonia bekannt, anläßlich des Deutschen Rettungstages am 19. Oktober 1818 mit einem Ballon ›auffahren‹ zu wollen. Verständlich, daß die Menschen zum Aufstiegsgelände liefen und den geforderten Tribut entrichteten. Verständlich auch, daß die ›sorgfältig mit Tüchern verhangene Gondel‹ das besondere Interesse der Zuschauer erweckte. Verständlicher noch, daß sie aufschrien, als sich der Ballon plötzlich hob und sie einen Menschen an der Gondel hängen sahen, dem es offensichtlich nicht gelungen war, rechtzeitig einzusteigen. Das höllische Entsetzen aber packte die Versammelten, als sie erleben mußten, daß sich der Unglückliche nicht mehr halten konnte und aus 100 Meter Höhe auf die Erde herabstürzte. Man rannte zur Unglücksstelle, wollte helfen und – fand eine in Kleider gesteckte Strohpuppe.

Angesichts solcher Mätzchen ist es nicht verwunderlich, daß sich ernsthaft an der Luftfahrt interessierte Männer in Deutschland zurückzogen oder in das Ausland wanderten, um ihre Ideen und Pläne zu verwirklichen. In der Heimat wurden sie verlacht, draußen aber winkte Unterstützung.

So ging der Mechaniker Leppig nach Rußland und versprach den Russen, ihnen »zur Vernichtung des korsischen Eroberers einen lenkbaren Riesenballon zu bauen, der das Hauptquartier Napoleons zur Nachtzeit bombardieren soll«.

Bestimmt nahm Leppig den Mund zu voll; einen ›lenkbaren‹ Ballon konnte niemand bauen. Aber man verlachte ihn nicht, prüfte seine Pläne, so gut man dazu in der Lage war, und stellte ihm in Woronzowo bei Moskau ein Arbeitsgelände sowie 160 Mann Infanterie und 12 Dragoner zur Verfügung. Und Rostopschin, der Gouverneur von Moskau, erließ die Proklamation:

›Es ist mir vom Zaren aufgetragen worden, einen großen Luftballon bauen zu lassen, in welchem 50 Personen hinfliegen werden, wohin sie wollen, mit dem Wind und gegen den Wind. Wenn er vollendet sein wird, werdet ihr es hören und euch freuen. Ist das Wetter gut, so erhalte ich morgen oder übermorgen einen kleinen Ballon zu Versuchszwekken. Es wird euch dies im voraus verkündet, damit ihr beim Anblick des

Ballons nicht glaubt, daß er von dem Verderber Napoleon sei, sondern wißt, daß er zum Untergang und Sturze desselben verfertigt wurde.‹

Nun, die Lenkversuche mit dem Probeballon schlugen in jeder Hinsicht fehl, und Rostopschin sah sich zu seinem Leidwesen gezwungen, den Auftrag zurückzuziehen. Doch was spielte das, vom Standpunkt der Entwicklungsgeschichte aus gesehen, schon für eine Rolle? In den seltensten Fällen werden Erfolge sofort errungen, und oft ist das Wollen und Streben wichtiger als das Ergebnis der Bemühungen. Die Russen hatten – wie die Franzosen und Italiener – getan, was sie konnten. Sie legten die Hände nicht in den Schoß und verlachten Menschen, die an die Zukunft der Luftfahrt und an sich selbst glaubten. Man darf sich deshalb nicht wundern, wenn in der Geschichte der Weiterentwicklung des Luftballons wieder kaum deutsche Namen auftauchen.

Nach wie vor lag das Paradies der Luftfahrt in Frankreich. Aber auch hier gab es ›Erfinder‹, die sich dem trügerischen Glauben hingaben, das Problem der Lenkbarmachung im Handumdrehen lösen zu können. Verständlich, denn es ist wirklich nicht erfreulich, sich immer wieder daran erinnern zu müssen, daß die Götter den Schweiß vor den Erfolg gesetzt haben.

Zu denen, die von Arbeit und Schweiß nichts wissen wollten, gehörte der Herzog Lennox. Er wünschte ein berühmter Mann zu werden und hatte den ›genialen‹ Einfall, die Gedanken des Generals Meusnier aufzugreifen und ein wenig abzuändern. So baute er ein 43 Meter langes Luftschiff, das er stolz ›Aigle‹ – ›Adler‹ – taufte. Es zeigte die ellipsoide Form, von welcher der alte Haudegen gesprochen hatte, besaß im Innern ein Ballonett und war auch mit einem Steuer versehen. Nur die von Meusnier erwähnten Luftschrauben hatte es nicht; aus ihnen waren große, seitlich angebrachte Luftruder geworden, die durch ein vertracktes und unsinniges Kettensystem in Bewegung gesetzt werden sollten.

Selbstverständlich wollte es sich der blasierte Hagestolz nicht nehmen lassen, vom berühmten Marsfeld aus zu starten. Auf dem am 17. August 1834 durchgeführten Transport dorthin wurde die Hülle des Luftschiffes jedoch beschädigt, so daß der Aufstieg eine Verzögerung erfuhr. Das paßte den Zuschauern nun ganz und gar nicht. Voller Wut durchbrachen sie die von der Stadtverwaltung vorsorglich errichtete Umzäunung, und dann gab es kein Pardon: der mit großem Kostenaufwand erbaute Aerostat wurde zusammengeschlagen und der Herzog nach allen Regeln der Kunst verprügelt.

Sein Bedarf war gedeckt; er kehrte Frankreich den Rücken, ließ sich in England nieder, gründete die European Aeronautical Society und baute ein neues Luftschiff, das er nun ›Eagle‹ nannte. Doch wenn aus dem ›Aigle‹ auch ein ›Eagle‹ geworden war, mit einem Adler hatte das Luftschiff nichts gemein. Monatelang stand es in Kensington in einer eigens errichteten Halle, dann wurde es nach Vauxhall Garden übergeführt und – stieg niemals auf. Wahrscheinlich, weil dem Herzog die Erkenntnis gekommen war, daß auch Briten über Fäuste verfügen.

Wenige Jahre später, Anfang 1837, schlug der Engländer Sir George Cayley seinen Landsleuten vor, eine Dampfmaschine in die Gondel eines Luftschiffes einzubauen. Es fand sich aber niemand bereit, einen solch gefährlichen Versuch zu unternehmen. Der Vorschlag geriet in Vergessenheit, und vielleicht hätte sich niemand mehr an ihn erinnert, wenn nicht der junge Franzose Henri Giffard im Jahre 1851 auf den Gedanken gekommen wäre, ›die Anwendung des Dampfes in der Luftschiffahrt‹ zum Patent anzumelden.

Giffard war ein temperamentvoller junger Mann, der gerne lachte und ausgelassen war, hübschen Mädchen den Kopf verdrehte, dennoch aber nur eine große Liebe kannte: die Liebe zur Dampfmaschine. Natürlich nicht zur stationären, Gott bewahre, sie mußte Räder haben und ›Lokomotive‹ heißen. Allein schon die Vorstellung, einmal eine Lokomotive führen zu dürfen, ließ ihn schwindelig werden. Was mußte es für ein Gefühl sein, mit großer Geschwindigkeit über einen Schienenstrang dahinrasen zu können! Wie würden die Mädel schauen, wenn er die Pfeife ertönen lassen, den blanken Hebel umlegen und mit Volldampf anfahren würde! Und erst das Bremsen mit ›Kontredampf‹! Oh, er würde die Maschine fauchen lassen, daß den Menschen Hören und Sehen verginge!

Zugegeben, der junge Giffard träumte gerne und mit viel Phantasie, er ließ es aber nicht dabei bewenden und setzte seine Träume in die Tat um. Um Lokomotivführer werden zu können, studierte er im Collège Bourbon, dann wurde er Zeichner im Büro der Eisenbahngesellschaft Saint-Germain, die ihn bald mit der Führung einer Lokomotive beauftragte.

Giffard strahlte. Aber nicht allzulange. Schneller, als er dachte, hatte er sich an Geschwindigkeiten von 40 bis 45 km/h gewöhnt. Die Lokomotive lief ihm nun viel zu langsam, und der vermaledeite Schienenstrang machte ihn halb wahnsinnig. Weder nach rechts noch links konnte er ausbrechen.

In jenen Tagen begann er von einer ›Lokomotive der Luft‹ zu träumen. Das wäre eine Sache, dachte er. Solch eine Lokomotive wäre an keine Geleise gebunden.

Giffard fand keine Ruhe mehr. Er suchte den Ingenieur Jullien auf, von dem erzählt wurde, daß er das Modell eines Luftschiffes gebaut habe, dessen Propeller durch eine Uhrfeder angetrieben werde.

Dem Ingenieur gefiel der aufgeschlossene, stets fröhliche und energische Giffard. Er vermittelte ihm die Grundbegriffe der Aerostatik, mußte jedoch schon bald bekennen: »Ich kann Ihnen nichts mehr beibringen.«

Giffard klopfte ihm auf die Schulter. »Machen Sie sich nichts daraus!« sagte er und ging schnurstracks zum Patentamt, um sich ›die Anwendung der Dampfkraft in der Luftschiffahrt‹ patentieren zu lassen. Anschließend ließ er sich durch charmante Frauen mit vermögenden Männern bekannt machen, die er im Handumdrehen für seine Pläne gewann. Und dann legte er los. Unterstützt von zwei jungen Ingenieuren, baute er ein spindelförmiges, symmetrisches Luftschiff von 44 Meter Länge, über das er ein engmaschiges Netz legte, dessen Auslaufleinen an einer 20 Meter langen Holzstange endeten. An diese hängte er – mit nur wenigen Seilen befestigt – eine einfache Gondel, die zur Aufnahme der Dampfmaschine und des Luftfahrers diente. Fertig. Aus.

Daß die Maschine bei einem Eigengewicht von 150 kg nur 3 PS leistete, störte ihn nicht. Und da er weder Wert darauf legte, berühmt zu werden, noch Lust verspürte, sich verprügeln zu lassen, wählte er nicht das Marsfeld, sondern das Hippodrom als Aufstiegsgelände.

Der Start gelang. Gegen den heftig wehenden Wind konnten die 3 PS allerdings nur wenig ausrichten. Giffard landete schon nach kurzem Flug und setzte seine Versuche am nächsten Tag fort, wobei einwandfreie Messungen ergaben, daß er sich bei Windstille mit 2 bis 3 m/sec vorwärts bewegt und eine Steighöhe von 1 800 Metern erreicht hatte.

›Lenkbar‹, im wahrsten Sinne des Wortes, konnte man Giffards Luftschiff natürlich nicht nennen. Dennoch wurde durch ihn eine neue Epoche eingeleitet. Er hatte bewiesen, daß man ein Luftschiff nach allen Richtungen dirigieren kann, wenn ihm die notwendige Eigengeschwindigkeit gegeben wird. Die Erfindung als solche war gemacht, es fehlte nur noch die entsprechende motorische Kraft.

In Fachkreisen war man begeistert und erregt zugleich. Die Pariser Zeitung La Presse schrieb: ›Gestern, Freitag, den 23. September 1852, ist ein Mann, den man mit Recht den Fulton – Erfinder der Dampfschiffe – der Luftschiffahrt nennen kann, mit unerschütterlicher Ruhe, auf dem Tender einer Maschine sitzend, in die Luft gestiegen. Der Aerostat, welcher ihn trug, hatte die Form eines ungeheuren Walfisches. Es war ein Luftschiff, dem der Mast als Kiel und das Segel als Steuer diente. Es war ein schönes, dramatisches Bild, der Anblick dieses Helden des Gedankens, der mit der Unerschrockenheit, welche die Erfindung dem Erfinder vermittelt, den Gefahren, vielleicht sogar dem Tode trotzte. Denn in dem Augenblick, wo ich diese Zeilen schreibe, weiß ich noch nicht, ob die Landung glücklich vonstatten gegangen ist und wie sie überhaupt zustande gebracht wird. Ich hoffe, daß sie gelungen ist und sich unter so günstigen Umständen vollzogen hat, daß Monsieur Giffard ohne Verzug einen zweiten Versuch unternehmen kann.‹

Nun, ganz so schnell, wie es der Schreiber hoffte, konnte Giffard nicht wieder starten. Das Luftschiff hatte Beschädigungen erhalten, und dem temperamentvollen jungen Mann erschien das Umhergondeln mit nur 2 bis 3 m/sec viel zu langweilig. Er wollte eine größere und stärkere Maschine bauen.

Da Giffard jedoch mehr auf die Augen junger Mädchen als auf Popularität achtete und keine Sekunde daran dachte, sich zu beweihräuchern oder hinter Geldgebern herzurennen, mußte er einen ziemlichen Umweg einschlagen, um zu Geld zu kommen. Er konstruierte eine Dampfstrahlpumpe, eröffnete eine Fabrik, wurde Millionär und baute ein 70 Meter langes Luftschiff, mit dem er 1857 in Begleitung des französischen Aeronauten Gabriel Yon aufstieg.

Alles klappte vorzüglich. Kurz vor der Landung richtete sich der lange Ballonkörper jedoch plötzlich steil auf, und das über das Luftschiff gelegte Netz glitt herab. Die Gondel stürzte, der Ballon platzte, die Dampfmaschine fauchte ihr Leben aus und – Giffard und Yon krochen unter den Trümmern hervor.

»Jetzt einen Armagnac!« stöhnte Giffard erleichtert, als er sah, daß auch seinem Begleiter nichts geschehen war.

In der Folge widmete sich der unternehmungslustige Franzose der Fabrikation von Dampfmaschinen, und 1867 konstruierte er die erste maschinell betriebene Winde für Fesselballons, mit deren Hilfe er auf der Londoner Ausstellung einen Aerostaten von 12 000 cbm Inhalt aufsteigen ließ, der die unvorstellbare Summe von 700 000 Francs gekostet hatte. Dann arbeitete er Pläne für ein neues, von zwei Dampfmaschinen angetriebenes Luftschiff aus, zu dessen Bau es jedoch nicht mehr kam. Seine Augen, die immer so glücklich gestrahlt hatten, erkrankten; er erblindete und nahm sich vor Kummer darüber das Leben.

Wenn es Giffard auch nicht gelungen war, das Luftschiff ›lenkbar‹ zu machen, so hatte er doch die Richtung gewiesen, die eingeschlagen werden mußte. Was noch fehlte, war der Motor. Mit ihm stand und fiel die Weiterentwicklung.

Daß die Dampfmaschine für das Luftschiff nur von vorübergehender Bedeutung sein konnte, war allen, auch Giffard, klar. Abgesehen von vielen anderen Nachteilen, war ihr Gewicht pro Pferdestärke zu groß.

Um so erstaunlicher ist es, daß die Luftfahrer jener Zeit nicht aufhorchten, als 1859 bekannt wurde, daß der französische Ingenieur Jean Etienne Lenoir einen Gasmotor erfunden hatte, der zur vollen Zufriedenheit arbeitete. Seine Erfindung wurde später von den Deutschen Otto, Daimler, Maybach und Benz verbessert und zum Explosionsmotor weiterentwickelt.

Die Bedeutung des Gasmotors für die Luftfahrt erkannt zu haben ist das Verdienst des deutschen Ingenieurs Paul Hänlein, der sich den ›Antrieb von Luftschiffen durch Gasmaschinen‹ im Jahre 1865 patentieren ließ.

Mit welch klarem Blick Hänlein die sich aus der Erfindung Lenoirs ergebenden Vorteile erkannte, zeigt ein von ihm veröffentlichter Artikel, in dem es heißt: ›Die Gasmaschine ist proportional der Kraftäußerung die leichteste, bedarf keines Kessels, keines Speisewassers, keines Feuerungsmaterials, schließt jede Brandgefahr absolut aus und vereinigt in sich alle erforderlichen Eigenschaften in solch hohem Grade, daß man glauben möchte, sie sei speziell zum Betriebe des Ballons erfunden worden.‹

Der in seinem Wesen recht stille, in der Verfolgung seiner Ziele aber hartnäckige Hänlein ließ es nicht bei dem Artikel bewenden. Was er an Geld besaß, kratzte er zusammen, um ein fast 12 Meter langes Modell-Luftschiff zu bauen, das er – mit einem $^{1}/_{3}$-PS-Lenoir-Motor ausgerüstet – 1867 mit gutem Erfolg über seiner Heimatstadt Mainz aufsteigen ließ. Niemand jedoch zeigte Verständnis für die Bemühungen des Ingenieurs. Man erfreute sich an dem schönen Anblick des Modells, tippte sich aber an die Stirn, wenn Hänlein um Unterstützung zum Bau eines Luftschiffes bat.

»Auf den haben wir gerade gewartet!«

»Wenn er keinen anständigen Beruf ergreifen will, soll er machen, daß er dahin kommt, wo der Pfeffer wächst!«

Dieses Land war Hänlein zu weit. Fortgehen aber mußte er, wenn er seinen Plan verwirklichen wollte. Weder in Mainz noch in irgendeiner anderen deutschen Stadt konnte er Geldgeber finden.

Also ging er nach Österreich, wo sich die Luftfahrer die Hände rieben und über die Deutschen lachten, die sich eine glänzende Gelegenheit hatten entgehen lassen, ihre Rückständigkeit gegenüber anderen Ländern auszugleichen.

Die ersten Versuche wurden angestellt, und 1872 war Hänlein so weit, daß er mit Unterstützung des Niederösterreichischen Gewerbevereins in Wien die ›Gesellschaft zum Zweck der Ausführung eines großen Personen tragenden Ballons‹ gründen konnte. Den Vorsitz übernahm Baron von Oppenheimer.

Das Luftschiff wurde in Auftrag gegeben, und noch im Dezember des gleichen Jahres sollte es in Brünn zu einer Versuchsfahrt starten. Bei den dazu notwendigen Vorbereitungen stellte sich jedoch heraus, daß das gelieferte Leuchtgas zu schwer, der Auftrieb somit zu gering war. Um bis zum Eintreffen des neuen Gases nicht untätig verharren zu müssen, beschloß man, Manövrierübungen durchzuführen, bei denen die Haltetaue von mitlaufenden Soldaten lose gehalten werden sollten. Erfolg: die Messungen ergaben, daß sich das Luftschiff mit 5 m/sec vorwärtsbewegte.

Hänlein war zufrieden und glaubte sich schon am Ziel seiner Wünsche, als der berüchtigte Wiener Bankkrach 1873 seinen Bemühungen ein jähes Ende bereitete. Die von ihm gegründete Gesellschaft sah sich gezwungen, zu liquidieren; das Luftschiff mußte abgewrackt und das Material verkauft werden. Von heute auf morgen mittellos geworden, blieb ihm nichts anderes übrig, als seine Pläne zu begraben.

Ohne Geld geht es nun einmal nicht. Erfindern aber wird Geld zumeist erst zur Verfügung gestellt, wenn zu übersehen ist, daß sich das Ergebnis ihrer Arbeit militärisch verwenden läßt. Es ist tragisch, daß gerade die Luftfahrt, deren natürliche Aufgabe es nur sein kann, Länder und Völker zu verbinden, ihre stärksten Impulse von der entgegengesetzten Seite erhielt – vom Krieg!

Die erste Bombardierung aus der Luft fand im Jahre 1849 bei der Belagerung von Venedig statt, wo die Österreicher dreißigpfündige Bomben an unbemannte Ballons hängten, die vermittels einer Zündschnur zur Explosion gebracht wurden, so daß die Bomben zur Erde fielen. Der Erfolg soll gleich Null gewesen sein. Jedenfalls erklärte der Schweizer Hauptmann Debrunner, der auf der Seite der Venezianer kämpfte, nicht eine Bombe habe die Stadt getroffen. Freuen wir uns darüber.

Große militärische Bedeutung erlangte der Ballon erstmalig im amerikanischen Bürgerkrieg. Initiator war der Meteorologe Thaddeus Lowe, der am 20. April 1861 in Cincinnati mit einem Ballon aufstieg und vom Wind nach Süd-Carolina getragen wurde, wo er von den Südstaatlern zunächst als Spion verhaftet, dann aber wieder freigelassen wurde, weil ihm der Nachweis gelang, daß seine Luftfahrt ausschließlich wissenschaftlichen Zwecken gedient habe. Nach Washington zurückgekehrt, sprach er bei der Regierung vor, der er empfahl, Fesselballons zur Beobachtung feindlicher Truppenbewegungen einzusetzen. Sein Vorschlag fand Beifall, und als Lowe am 18. Juni 1861 vor Präsident Abraham Lincoln einen Aufstieg durchführte, bei dem er die erste telegraphische Nachricht aus der Luft zur Erde gab, war der Präsident so beeindruckt, daß er Lowe mit der Bildung einer Heeresballontruppe beauftragte.

Auch die Franzosen schufen eine militärische Luftschifferschule, und im Deutsch-Französischen Krieg von 1870/71 gelang es ihnen bereits vier Tage nach der Einschließung von Paris, den ersten Ballon aus der Hauptstadt in das Hinterland zu entsenden und so die Verbindung mit dem französischen Volk wieder herzustellen. Fünfundsechzig Ballons überquerten die deutschen Linien; in einem von ihnen befand sich der Führer der französischen Regierung, Léon Gambetta.

Doch es waren nicht immer nur kleine Fahrten, die unternommen wurden. So startete der ›Genieoffizier‹ Rolier und der Franktireur Bezier in einer stürmischen Nacht mit dem Ballon ›Ville d'Orléans‹ vom Marsfeld. Sie wurden abgetrieben und gerieten über die Nordsee, wo der verzweifelte Rolier eine Brieftaube mit der Meldung fliegen ließ: ›Wir sind über dem Meer und in Gottes Hand. Es lebe Frankreich!‹ Am Nachmittag sichteten die bereits mutlos gewordenen Luftfahrer ein Schiff. Sie versuchten zu wassern, der Wind fegte jedoch mit einer solchen Geschwindigkeit über die Wogen, daß sie ihr Vorhaben aufgeben mußten. In größter Eile warfen sie allen Ballast und zu guter Letzt auch den schweren Depeschensack über Bord, den sie befördern sollten.

Sie hatten Glück. Der Ballon stieg, erreichte aber eine Höhe von über 5000 Meter. Das Thermometer zeigte 32 Grad unter Null. Schneeschauer setzten ein, und Rolier und Bezier sahen ihr Ende schon nahen.

Das Schicksal war ihnen jedoch gnädig. Nach fünfzehnstündiger Fahrt landeten sie in Norwegen, wo sie halb erfroren von Bauern aufgefunden und in Sicherheit gebracht wurden.

Im Jahre 1861 erreichte der Engländer James Glaisher, Leiter des meteorologischen Institutes von Greenwich, mit seinem Ballon eine Gipfelhöhe von über 9 000 Metern. Er erlebte diese Höhe allerdings im schlafenden Zustand, da er in 8 000 Meter Höhe infolge Sauerstoffmangels bewußtlos geworden war. Doch er hatte Glück. Der Ballon sank infolge Gasverlustes zu einem Zeitpunkt, da Glaisher noch lebte, und es muß als besonders tragisch empfunden werden, daß Theodor Sivel, der auf Grund der von Glaisher gemachten Erfahrungen 1874 mit dem Gelehrten Crocé-Spinelli zu einer Höhenfahrt aufstieg, um ein Sauerstoffgerät zu erproben, dabei mit Crocé-Spinelli den Tod fand.

Die von James Glaisher erreichte Höhe wurde erst 1901 von den Deutschen Berson und Süring übertroffen, die mit einem Ballon der Augsburger Ballonfabrik Riedinger eine Höhe von 10 800 Meter erreichten. Diesen Rekord überbot der englische Captain Hawthorne Gray im Jahre 1927, als er bis auf 12 800 Meter vorstieß. Sein Leben aber war damit besiegelt; er war so mitgenommen, daß er während des Abstieges starb.

Der grandiose Flug des ›Genieoffiziers‹ Rolier und des Franktireurs Bezier nach Norwegen ließ das französische Militär aufhorchen. Man erkannte plötzlich, welch ungeahnte Chancen sich bieten, wenn es gelingen würde, den Ballon lenkbar zu machen. Von Stund an spielte Geld keine Rolle mehr. Die Luftschifferschule von Meudon, die Napoleon in seinem Ärger über die am Grabmal Neros hängengebliebene Krone hatte auflösen lassen, wurde wieder eröffnet, und in aller Stille begannen die Offiziere Charles Rénard und A. C. Krebs mit dem Bau eines Luftschiffes, das große Ähnlichkeit mit der Konstruktion Hänleins hatte. Auch die Maße waren fast gleich. Hänleins Luftschiff: Tropfenform; 50,4 Meter lang, 9,2 Meter Durchmesser. Das Luftschiff von Rénard und Krebs: Tropfenform; 50,4 Meter lang, 8,4 Meter Durchmesser. Zum Antrieb wählten Rénard und Krebs allerdings nicht die von Lenoir gebaute Gasmaschine, sondern den 1866 von Werner von Siemens erfundenen Elektromotor, dessen Leistung ihnen günstiger erschien.

Ein Angehöriger der Société de Navigation Aériénne – eine Gesellschaft, die sich die Durchführung wissenschaftlicher Ballonfahrten zur Aufgabe gemacht hatte – schmunzelte, als er das im Bau befindliche Luftschiff erblickte.

Capitaine Rénard, der im Gegensatz zu seinem schlanken Kameraden recht korpulent war, bemerkte es. »Was gibt's?« fragte er.

Das Mitglied der Société lachte und antwortete ungeniert: »Ihr habt ganz schön geklaut!«

»*Geklaut?*« wiederholte Rénard entsetzt.

»Das ist eine Unverschämtheit!« empörte sich der wesentlich jüngere und temperamentvolle Krebs.

»Aber, Messieurs!« Der Besucher rang die Hände. »So, wie Sie mich verstanden haben, war es nicht gemeint. Ich wollte nur sagen . . .«

». . . daß die Gebrüder Tissandier und Paul Hänlein bei unserer Konstruktion Pate standen, nicht wahr?«

Der Zivilist machte einen verlegenen Eindruck. »Nun ja.«

»Dachten Sie, wir machen ein Hehl daraus? Würden wir das tun, dann träfe das von Ihnen benutzte Wort zu. Aber so . . .«

»Sie haben recht, meine Herren. Ich kann nur wiederholen: ich habe es nicht so gemeint. Verzeihen Sie, daß ich . . .«

»In Ordnung«, unterbrach Rénard den Gast, nahm ihn beim Arm und führte ihn aus der Halle. »Gehen wir ins Kasino, es ist ohnehin Zeit zu essen.«

Bei Tisch redete Rénard kaum; man sah ihm an, daß ihm das Essen gut schmeckte. Nur hin und wieder stellte er eine Frage, trank dann einen gehörigen Schluck Wein und aß genußvoll weiter.

Erzählen mußte das Mitglied der Société. Insbesondere von dem unglücklichen Verlauf des am 15. April 1875 unternommenen Versuches der Gesellschaft, mit fünf gekoppelten Ballons in noch nie erreichte Höhen vorzustoßen, bei dem die Aeronauten Th. Sivel und Crocé-Spinelli den Tod gefunden hatten.

»Mir wird das ein ewiges Rätsel bleiben«, sagte Capitaine Krebs. »Beide hatten doch Sauerstoff an Bord.«

»Richtig!« erwiderte der Gast. »Nach den Aussagen Gaston Tissandiers, der mit dem Ballon ›Zenith‹ bis auf 8600 Meter stieg, scheint es aber so zu sein, daß der Mensch den Eintritt der Höhenkrankheit nicht bemerkt. Auch er war eine Zeitlang ohnmächtig, kann sich jedoch nicht daran erinnern, das Bewußtsein verloren zu haben. Er weiß nur, daß er, als der Ballon bereits wieder sank, wach wurde und zu seiner Verwunderung feststellte, auf dem Boden der Gondel zu liegen. Wie er, so werden auch Sivel und Crocé-Spinelli eingeschlafen sein. Sie merkten es nicht und erstickten.«

»Eigentlich ein schöner Tod«, sagte Rénard. »Aber da wir gerade von Tissandier sprechen, möchte ich, um noch einmal auf unser Gespräch zurückzukommen, folgendes feststellen: Unzweifelhaft ist es Tissandiers Verdienst, die Verwendbarkeit der Siemensschen Maschine zum Antrieb von Luftschrauben erkannt zu haben. Es liegt uns fern, ihm diese Idee zu ›klauen‹; wir berücksichtigen lediglich die guten Erfahrungen, die er mit seinem Luftschiff ›Dirigeable‹ mit dem Elektromotor machte.«

»Gute Erfahrungen? Der ›Dirigeable‹ wurde doch nicht dirigeable!«

»Ich sprach von den guten Erfahrungen, die er mit dem Elektromotor machte, der ausgezeichnet lief und nur zu schwach war. Die von Tissandier gewählte Form der Hülle hingegen war nicht gerade vorteilhaft; in dieser Hinsicht halten wir uns an die Konstruktion des Deutschen Hänlein und machen nicht das geringste Hehl daraus. Warum auch? Es wird immer so sein, daß man auf Erfahrungen aufbaut, die Vorgänger machten. Oder glauben Sie, daß wir auf die Erkenntnisse von Dupuy-de-Lôme verzichten?«

»Schauen Sie mich an«, warf Capitaine Krebs ein. »Was tue ich? Ich führe Pläne aus, die Rénard mit meinem Vorgänger la Haye ausheckte. Auf meinem Mist ist nur wenig gewachsen. Soll ich mich deshalb schämen?«

»Aber, meine Herren! Ich habe doch erklärt, daß ich es nicht so gemeint habe.«

»Natürlich nicht!« erwiderte Rénard. »Ich wollte auch nur nochmals zum Ausdruck bringen, daß wir ...«

»Nun fang nicht wieder von vorne an«, unterbrach ihn Krebs. »Schluß jetzt!«

Der Gast lachte. »Ich bin beruhigt. Mich würde es aber noch interessieren zu erfahren, wie Sie es schafften, beim Kriegsministerium die 200 000 Francs loszueisen, die man Ihnen zur Verfügung stellte.«

Rénard schmunzelte. »Mein Antrag wurde zunächst rundweg abgelehnt. Trotz Hinweis auf 1870/71, trotz Unterstützung des Chefs der Ingenieure, Colonel Laussedat. Daraufhin habe ich mich an General Gambetta gewandt; Sie wissen, daß er im Krieg selber aufstieg. Da hat's geklappt. Er versprach die benötigten 200 000 Francs und – hielt Wort.«

»Die Herren im Ministerium haben also noch immer nicht begriffen, worum es geht?«

Rénard zuckte die Achseln.

»Und haben Sie Hoffnung – ich meine berechtigte –, daß es Ihnen gelingen wird, das Luftschiff lenkbar zu machen?«

»Ich bin davon überzeugt. Unser Elektromotor leistet 8,5 PS; ›La France‹ wird es schaffen!«

»›La France‹?«

»So wird das Luftschiff heißen.«

»Dann kann ja nichts mehr schiefgehen!« Der Besucher hob sein Glas. »Vive ›La France‹!«

Es dauerte noch Monate, bis das Luftschiff fertiggestellt war. Capitaine Rénard ersann immer wieder Verbesserungen. So sagte er sich eines Tages, daß ein langer, durch die Luft bewegter Körper bei einer gewissen Geschwindigkeit sein Gleichgewicht verlieren und zu pendeln anfangen müsse. Also ließ er horizontale ›Dämpfungsflächen‹ anbringen, an die zuvor noch niemand gedacht hatte.

Auch den zu erwartenden Landungsstoß vergaß er nicht. Um ihn zu verringern, ließ er ein schweres, etwa 100 Meter langes Seil an der Gondel befestigen und grinste, als ihn Krebs nach der Bedeutung des Seiles fragte. »Ist ganz einfach«, antwortete er. »Mit jedem Meter, mit dem sich das Tau beim Herabsenken auf den Boden legt, wird der Auftrieb des Luftschiffes größer, da das Gewicht des Seiles laufend abnimmt. Steigen wir dann aus irgendwelchen Gründen wieder, zum Beispiel durch eine Bö, so vergrößert sich das Gewicht. In gewissem Sinne besorgt also das Seil ein automatisches Ausbalancieren.«

Rénard ging äußerst gewissenhaft zu Werke, und als ›La France‹ fertiggestellt war, stieg er nicht sofort auf. Zum ersten Versuchsflug wünschte er absolut windstilles Wetter, wußte er doch, daß er mit den zur Verfügung stehenden 8,5 PS den Kampf mit dem Wind nicht aufnehmen konnte. Zwei Monate wartete er, zwei Monate, die ihn beinahe verrückt machten.

Aber dann kam der denkwürdige 9. August 1884. Kein Blatt regte sich an den Bäumen. Der Rauch eines auf dem Startgelände entzündeten Feuers stieg senkrecht empor.

»Nun?« fragte Capitaine Krebs und sah Rénard erwartungsvoll an.

Der atmete auf. »Wir starten!«

Der junge Offizier tat einen Luftsprung und raste wie ein Wiesel davon.

In aller Eile wurde die Hülle gefüllt, und um Punkt 4 Uhr erhob sich ›La France‹ vom Boden.

»Soll ich den Motor anlaufen lassen?« rief Krebs.

Rénard blickte auf die Hügel der Umgebung und schüttelte den Kopf. »Erst wenn wir über die Höhen dort drüben hinwegsehen können.«

Es dauerte eine ziemliche Weile, bis das Gelände zu überschauen war. Als sie den Motor aber anließen, bemerkten sie sofort, daß sich das Luftschiff vorwärts bewegte.

»Wir fahren!« jubelte Krebs. »Mon Dieu, wir fahren!«

Rénard lächelte wie ein Vater über ein ausgelassenes Kind. »Fragt sich nur, ob wir gesteuert fahren oder vom Wind getrieben werden.«

»Wind? Ist doch keiner da! Los, steuere die Straße von Choisy nach Versailles an!«

Rénard verstellte das Ruder, und gleich darauf wendete ›La France‹ nach Süden. Seine Augen strahlten. »Wir fahren wirklich!« sagte er. Es klang, als hätte er die Lenkbarmachung des Luftschiffes im innersten Herzen nicht für möglich gehalten.

Krebs war außer Rand und Band. Er jubelte und schrie: »Wir nähern uns der Stadt!«

Etwa vier Kilometer vor der Ortschaft legte Rénard das Steuer um und vollführte eine Kehrtwendung. Dann stellte er das Luftschiff gegen den schwach wehenden Höhenwind und nahm Kurs auf das Startgelände. »Laß etwas Gas ab!« rief er.

Krebs zog die Ventilleine. ›La France‹ begann zu sinken.

»Genug!« Rénard steuerte die Stelle an, über der sie sich vom Boden erhoben hatten. »Jetzt den Motor abstellen!« kommandierte er, als sie sich in etwa 80 Meter Höhe über den Köpfen der Haltemannschaft befanden, die begeistert winkte. »Schlepptau ergreifen!« rief er nach unten, und wenige Minuten später berührte die Gondel den Boden.

Krebs umarmte Rénard. »Das Luftschiff ist lenkbar geworden, wirklich und wahrhaftig lenkbar! Wir haben es geschafft!«

»Wir? ›La France‹ hat es geschafft!«

9. August 1896

Der Erfolg von Rénard und Krebs begeisterte das In- und Ausland. In aller Welt verkündeten die Schlagzeilen: ›Die Lenkbarmachung des Ballons ist gelungen!‹

War dieses Ziel wirklich erreicht? Wohl kaum. Bei den schwachen Motoren jener Tage mußte das ›lenkbar‹ gemachte Luftschiff mehr den Luftströmungen als dem Steuer gehorchen. Der zweite Aufstieg der ›La France‹ bewies es. Eine Zeitlang hielt sich das gegen einen mäßig wehenden Wind gerichtete Luftschiff, dann aber versagte der Motor, und ›La France‹ wurde abgetrieben.

»Da seht ihr, was erreicht wurde!« riefen diejenigen, die keine Sachkenntnis besaßen und mit einem Urteil schnell bei der Hand waren. »Die ganze Luftfahrerei ist Mumpitz, nutzlose Zeit-, Kraft- und Geldvergeudung!«

Die Fachleute dachten anders. Wenn sie aber das Ergebnis aller Bemühungen betrachteten, dann waren auch sie enttäuscht.

Offen erklärte 1886 der Wiener Oberingenieur Friedrich Ritter von Lößl: »Alles in allem zusammengenommen, dürfte die Furcht nicht unbegründet sein, daß die Rénard-Krebssche an sich höchst verdienstvolle Errungenschaft weniger als der Anfang einer neuen gedeihlichen Luftschiffahrtaera, sondern vielmehr als der Abschluß der jetzt hundertjährigen, auf die Herstellung lenkbarer Luftballons gerichteten Bemühungen anzusehen ist.«

Erstaunlich ist es, daß der Engländer Joseph Glanville schon Mitte des 17. Jahrhunderts in einer Schrift, die er ›Scepsis Scientifica‹ nannte, prophetisch schrieb: ›Ich zweifle nicht daran, daß die Nachwelt viele Dinge, die uns unmöglich erscheinen, verwirklichen wird. Vielleicht ist eines Tages eine Reise zum Mond nicht merkwürdiger als eine Fahrt nach Amerika.‹

Demgegenüber zählt der Deutsche Gottfried Zeidler in seiner Schrift ›Die Fliegekunst‹ alle Nutzen und Schäden auf, die durch eine weitverbreitete Luftfahrt entstehen können, und es ist amusant zu lesen, was er da alles aufführt. So hält er es für einen Vorteil des Fliegens, daß man schnell vorwärts kommt, vor Räubern und wilden Tieren geschützt ist, nicht müde wird und nicht abgeworfen werden kann wie beim Reiten, über bessere Ausweichmöglichkeiten verfügt als auf der Erde, Kosten für Pferde, Wagen und Schiffe erspart, ›wie es auch von großem Nutzen sein könnte, wenn die Post schneller befördert und ganze Nationen im Winter wie Vögel in wärmere Gegenden fliegen würden‹. Selbstverständlich empfindet er es auch als sehr vorteilhaft, daß man dann alle Festungen von oben bombardieren und ›die Türkei, Frankreich und die ganze Welt‹ bezwingen könnte.

Aber was ist das alles gegen die Nachteile, die Zeidler aufzuzählen weiß; er sagt selbst, daß ›einem billig die Haare zu Berge stehen‹, wenn sich die Fliegekunst allgemein verbreiten sollte. ›Es würde weder an Lufträubern noch an Luftkriegen fehlen, die viel schlimmer als zu Lande wären, indem man sich in der Luft nicht salvieren kann‹, schreibt er. ›Kein Land und keine Stadt würde vor feindlichen Einfällen mehr sicher sein, und kein Hof ist so ummauert, daß sich nicht ganze Scharen Diebe und Räuber daselbst niederlassen und alles preismachen und ermorden würden. Man wird daher ständig streifende Parteien auch in Friedenszeiten mit großen Kosten in der Luft halten müssen, und wir Europäer werden noch mehr Sünden auf uns laden in Bezwingung der bisher unbekannten Länder und Verführung der frommen Heiden; denn wo wir hinkommen, da ist es gut gewesen. Und wenn alle Schelme fliegen, werden sie von oben herab jedermann beschimpfen und mit Dreck und Steinen werfen wie Tobias seine Schwalbe. Jedermann, auch Kirchen- und Rathausdächer, werden sie mit ihrem Unflate bedecken. Ja, sie werden aus bloßem Mutwillen Feuer ins Getreide, in Heuschober und Scheunen werfen. Und alle Fuhrleute und Landkutscher werden darben, und die Zölle zu Wasser und zu Lande werden sich verringern, indem man in der Luft keine Zollschranken aufstellen kann. Die Vögel wird man verscheuchen und verfolgen, und wenn alles andere gut wäre, so würde doch die Fliegekunst, da die Reichen und Vornehmen allein fliegen und den armen und gemeinen Leuten überall zuvor kommen würden, noch viel mehr arme Leute machen.‹

Im Gegensatz zu Zeidler schrieb der Schwede Emanuel Swedenborg, der seiner Zeit weit voraus war, 1716 in der Zeitschrift ›Daidalos hyperboracus‹: ›Es ist leichter, über eine Flugmaschine zu reden, als sie zu bauen und in die Luft zu bringen. Denn einen Flugapparat in die Luft zu führen, kostet mehr Kraft und weniger Gewicht als der menschliche Körper besitzt.‹ Mit dieser Feststellung tat Swedenborg kund, was lange Zeit hindurch nicht begriffen wurde: daß der Mensch aus eigener Kraft nicht fliegen kann.

Auch der Wiener Uhrmacher Jakob Degen, der das Problem absolut nüchtern betrachtete, erkannte nicht, was einem Flügel ›Auftrieb‹ gibt.

Das wußte ebenfalls der Engländer George Cayley noch nicht, als er 1809 schrieb: ›Das ganze Problem besteht darin, den Luftwiderstand durch eine Kraft zu überwinden, so daß eine Tragfläche ein bestimmtes Gewicht tragen könnte.‹ Cayley rückte aber eindeutig von sich bewegenden Schwingen ab. Er baute viele Flugzeugmodelle mit starren Flügeln, und seine Versuche in bezug auf Flugstabilität, Luftwiderstand und Steuervorrichtungen dürften alle späteren Erfinder beeinflußt haben.

Cayley stellte auch größere Modelle her, und es ist bekannt, daß sich mit einem von ihnen 1849 ein zehnjähriger Junge mehrere Meter vom

Boden abhob, als er einen Hang hinablief. Darüber hinaus wird erzählt, Cayley habe 1853 seinen Kutscher gebeten, mit einem neuen Modell probeweise einmal einen Hügel hinabzurennen. Der Kutscher habe dem Wunsche seines Herrn entsprochen und sei dann mit einem Male regelrecht in der Luft ›gehangen‹, gleich darauf aber unsanft zu Boden gestürzt. Daraufhin soll er erbost erklärt haben: »Sir, ich bitte Sie, davon Kenntnis zu nehmen, daß ich nicht zum Fliegen angestellt bin.«

Cayleys Versuche ermunterten seinen Landsmann Samuel Henson, sich intensiv mit dem Problem des Fliegens zu befassen, und da die Dampfmaschine inzwischen erfunden war, meldete er 1842 einen ›Dampfluftwagen‹ zum Patent an, der zweifelsohne auf Cayleys Überlegungen basierte. Denn das Luftgefährt, das Henson ›Ariel‹ nannte, ist ein Eindecker mit einem Leitwerk, das dem eines Vogels gleicht und ein senkrecht stehendes Seitenruder aufweist. Es verfügt über eine Kabine mit einem dreiteiligen Fahrwerk – durchaus der heutigen Anordnung entsprechend –, und es besitzt zwei Propeller, die noch niemand zuvor in Vorschlag gebracht hatte.

Wenn die ›Ariel‹ infolge des hohen Leistungsgewichtes der damaligen Dampfmaschinen auch niemals hätte fliegen können, so ist man doch erstaunt, wenn man die zeitgenössische Darstellung dieses ›Dampfluftwagens‹ näher betrachtet. Gegen die später entwickelten ersten Motorflugzeuge sieht das Luftgefährt hypermodern aus.

Gemeinsam mit seinem Freund John Stringfellow fertigte Henson ein Modell von sechs Meter Spannweite an, dessen Erprobung er jedoch einstellte, als sich damit lediglich Gleitflüge mit Höhenverlust anstellen ließen. Henson verlor das Interesse und wanderte nach Amerika aus, während Stringfellow ein weiteres, nun jedoch nur drei Meter großes Modell herstellte, für das er eigens eine kleine Dampfmaschine konstruierte, mit welcher der Apparat dann einmal – teils angetrieben, teils gleitend – geflogen sein soll. Überzeugend dürfte das Ergebnis nicht gewesen sein; sonst würde Stringfellow sich nicht zurückgezogen haben.

Er tat es aber nicht für immer. Als er im Jahre 1866, also etwa zwanzig Jahre später, einen Vortrag des Marineingenieurs F. H. Wenham hörte, der sich mit dem Vogelflug befaßt hatte und auf Grund seiner Beobachtungen nach oben gekrümmte und möglichst kurze Tragflächen empfahl, entschloß er sich nochmals zum Bau eines Flugzeugmodells, eines ›Dreideckers‹, der 1868 auf der Ausstellung der Aeronautical Society große Beachtung fand, jedoch fluguntüchtig war.

Zehn Jahre zuvor hatte sich der französische Fregattenkapitän Felix Du Temple ein Motorflugzeug patentieren lassen, welches an das alte Modell von Stringfellow erinnert, nur mit dem Unterschied, daß seine Flügel V-förmig angeordnet waren und der Antrieb nicht von Druck-, sondern von Zugpropellern erfolgen sollte. Es scheint auch erwiesen zu sein, daß sich ein von einem Uhrwerk angetriebenes Modell dieses

Flugapparates vom Boden abhob und einwandfrei flog, denn Du Temple baute das Flugzeug nach seinen ersten Modellversuchen gleich in Originalgröße und rüstete es mit einer Dampfmaschine aus. Im Jahre 1874 unternahm ein Matrose – Untergebene sind oft die wahren Helden – von einem Hügel einen Startversuch, bei dem das Flugzeug angeblich einen kleinen Luftsprung tat.

Von Fliegen im Sinne des Wortes kann hier ebensowenig die Rede sein wie im Fall des russischen Kapitäns Alexander F. Moschaiski, der 1884 ein Flugzeug mit Dampfantrieb baute, das mit dem ›Piloten‹ J. N. Golubew in der Nähe von Petersburg einen Sprung tat.

Keiner der erwähnten ›Luftsprünge‹ soll geleugnet oder als etwas Unwichtiges hingestellt werden, denn in jener Zeit war jeder Luftsprung schon eine Leistung, die ihre Würdigung verdient. Falsch aber wäre es, einen Schritt als Sprung und einen Sprung als Flug zu bezeichnen. Das Primat, das erste ›dynamische‹ Flugzeug geschaffen zu haben, können weder Frankreich noch Rußland für sich beanspruchen. Du Temple und Moschaiski haben unstreitig die ersten Luftsprünge mit von Dampfmaschinen angetriebenen Flugapparaten durchgeführt, und wer ihre Leistungen ummünzt, schmälert sie und hat keine Ahnung von den Schwierigkeiten, die damals überwunden werden mußten.

Alphonse Pénaud, ein unglaublich talentierter Franzose, ging an den damaligen Schwierigkeiten zugrunde. Er baute schon 1870 Modelle von Hubschraubern und Flugzeugen, deren Propeller er mit aufgezwirbelten Gummiseilen antrieb. Alle seine Modelle flogen hervorragend, was er auf etlichen öffentlichen Vorführungen unter Beweis stellte. Und wenn wir uns den Entwurf seines Amphibienflugzeuges ansehen, das zur Betätigung des Höhen- und Seitenruders nur ein Steuerorgan vorsieht, nämlich den heutigen ›Steuerknüppel‹, und darüber hinaus erkennen, daß die mit einer verglasten Führerkanzel und mit einem einziehbaren Fahrwerk ausgerüstete Maschine ganz gewiß flugfähig gewesen wäre, sofern es ein entsprechendes Antriebsaggregat gegeben hätte, dann begreift man, was in dem überintelligenten Pénaud vor sich gegangen sein mag, als er angesichts der Sinnlosigkeit all seiner erfolgreichen Versuche und Demonstrationen zum Revolver griff und sich erschoß. Ihm fehlte der Motor, ohne den er nicht weiterkommen konnte.

Der in Fragen der Luftfahrttechnik anerkannte Wiener Ingenieur Joseph Popper schrieb 1887: ›Wenn die Fortschritte auf dem Gebiet der lenkbaren Luftballons auch noch größer wären, so wird doch immer die viel bequemere Flugmaschine ohne Ballon das eigentliche Ziel der Flugtechnik bleiben.‹

»Das könnten Worte von dir sein«, sagte Gustav Lilienthal, der seinem an einer Tragfläche arbeitenden Bruder den Artikel vorlas.

Otto Lilienthal legte ein Stück Schmirgelpapier aus der Hand und fuhr durch sein krauses Haar, das recht lang geworden war und einer

Künstlermähne glich, weil er wieder einmal nicht die Zeit gefunden hatte, den Friseur aufzusuchen. Seine tiefliegenden, ein wenig starren Augen erweckten den Eindruck, als schaue er in unbekannte Fernen. Er strich über seinen struppigen Vollbart, und es sah aus, als wolle er etwas sagen. Seine Lippen öffneten sich auch schon, schlossen sich aber wieder.

Wenn er nur reden würde, dachte der offenherzige, manchmal jedoch tolpatschige Gustav. Er verehrte den Bruder und bewunderte dessen ruhige Art, hätte ihn aber gerne, wenn er so gar nichts sagte, tüchtig schütteln mögen. »Mußt du denn immer der große Schweiger sein?« ereiferte er sich.

Otto Lilienthal blickte auf, als käme er aus einer anderen Welt. »Ich verstehe dich nicht.«

»Unterhalte dich mit mir!«

»Über was?«

»Über die Probleme, die uns beschäftigen. Meinetwegen auch über etwas anderes. Aber rede! Irgend etwas!«

»Ich hab' dir schon oft gesagt, daß uns das Grübeln und Theoretisieren nicht mehr weiterbringen kann. Nur noch die Praxis ...« Er schwieg, als habe er bereits zuviel gesagt, nahm das Schmirgelpapier und bearbeitete den Randbogen der Tragfläche.

Gustav schüttelte den Kopf. »Ohne Theorie geht's nicht. Denk an Zambeccari!«

Ein heimliches Lächeln spielte um den Mund des Bruders. Mein Gott, überlegte er, wie lange habe ich nicht mehr an Zambeccari gedacht. Und wie haben wir in der Jugend von ihm geschwärmt! Keine Ruhe gaben wir, bis Mutter uns das Buch von August von Kotzebue über ihn gekauft hatte.

Unwillkürlich wanderten seine Gedanken in frühere Zeiten zurück, und er sah förmlich, wie er nach der Lektüre des heißersehnten Buches auf die Weiden von Anklam gelaufen war, um sich an Störche, Krähen, Kibitze, Bussarde und Möwen heranzuschleichen und ihren Flug zu beobachten.

Schon damals war etwas in ihm gewesen, das ihm sagte: Du wirst eines Tages fliegen. Was dieses Gefühl hervorgerufen hatte, glaubte er zu wissen. Er konnte sich daran erinnern, daß es erstmals über ihn gekommen war, als die Mutter, die gerne in ihren Tagebüchern blätterte, eines Abends laut aufgelacht und dem Vater gesagt hatte: »Es ist unglaublich, was man als junges Mädchen so alles schreibt. Hier steht: ›Mir träumte, ich trat aus einem netten Haus, welches anmutig im Schatten hoher Bäume lag. Mir war so wohl zumute, daß ich anfing zu tanzen. Ich tanzte leicht und gut und bewegte mich immer höher in die Lüfte. Ich konnte über das Haus fortsehen; auf die üppigen Wipfel der höchsten Bäume senkte sich mein Blick. Ich war glücklich in dem Gedanken, fliegen zu können. Oh, Traum, würdest du wahr!‹«

Der Vater hatte geschmunzelt. »Ich hoffe, Caroline, du schriebst es an dem Tag, an dem du mich kennenlerntest.«

Die Mutter war errötet und hatte das Buch zugeklappt.

Otto Lilienthal konnte sich gut daran erinnern, daß er über die Frage des Vaters nachgegrübelt hatte. Aber dann hatte sie ihn nicht mehr interessiert und er sich nur noch vorgestellt, wie es sein müßte, wenn man auf die ›üppigen Wipfel der höchsten Bäume‹ hinabblicken könnte – so, wie es die Mutter geschrieben hatte.

Am nächsten Tag war er auf den Schuppen des elterlichen Hauses geklettert, um ›in die Tiefe‹ zu schauen.

»Was machst du da oben?« hatte der um ein Jahr jüngere Gustav gerufen.

»Sehen, wie es ist, wenn man fliegt.«

Der Bruder war ihm gefolgt, und sie hatten lange auf ein Strauchwerk hinabgeschaut und phantasiert und geredet, wie Kinder es nun einmal tun. Und ihre Phantasie war nicht die schlechteste; sie hatten sie von der Mutter geerbt, für die es nichts Schöneres gab, als Geschichten zu erzählen und zu schreiben.

Vom Vater, der einen Tuchhandel betrieb, hatten sie das Interesse für technische Dinge geerbt, für die er sich so sehr begeisterte, daß er sein Geschäft darüber vernachlässigte. Kein Wunder also, daß seine auf dem Schuppen stehenden elf- und zwölfjährigen Söhne mit todernsten Mienen beschlossen, sich das Fliegen nicht nur vorzustellen, sondern eine richtige Flugmaschine zu bauen.

Über das Wie waren sie sich allerdings nicht im klaren. Sie glaubten, daß es das Beste sein würde, zunächst einmal zu beobachten, wie es die Vögel machen.

Wochenlang hatten sie auf der Lauer gelegen und bei den Störchen die erste, ihnen wichtig erscheinende Entdeckung gemacht. Die Adebare hüpften, wenn sie sich vom Boden erheben wollten, zunächst in die Richtung, aus welcher der Wind wehte. Sie schlossen daraus, daß ein Aufsteigen gegen den Wind leichter sein müsse.

Als sie dem Vater mit vor Erregung geröteten Gesichtern von ihrer Beobachtung berichteten, hatte er gelacht und gesagt: »Das ist ein uraltes Fluggeheimnis. Schon ›Wieland der Schmied‹ kannte es. Auch euch war es bekannt, ihr bedachtet es nur nicht. Denn lauft ihr, wenn ihr einen Drachen steigen lassen wollt, mit oder gegen den Wind?«

Sie waren enttäuscht gewesen, hatten sie doch geglaubt, etwas ungemein Wichtiges festgestellt zu haben.

Aber sie hatten sich schnell getröstet. Der Hinweis auf den Drachen hatte genügt, den Wunsch in ihnen zu erwecken, sich wieder einmal einen zu bauen. Also bastelten sie tagelang im Schuppen, und als der Drachen fertiggestellt war, verbrachten sie jede freie Minute auf der Weide, um ›Zambeccari I‹, wie sie ihn tauften, fliegen zu lassen.

Dabei machte Otto eine Feststellung, die er sich nicht erklären konnte und die ihn noch jahrelang beschäftigen sollte. Erhielt der Drachen durch einen Windstoß eine schräge Lage, so stand er augenblicklich nicht mehr still, sondern schoß mit einer heftigen Bewegung zur Seite. Und senkte sich seine Spitze, was gelegentlich auch vorkam, so bewegte er sich plötzlich vorwärts. Gegen den Wind!

Woran mag das liegen, hatte er sich immer wieder gefragt. Er fand keine Antwort, wandte sich an den Vater, fragte die Mutter und den Lehrer, aber niemand konnte es ihm erklären.

»Du wirst dich täuschen«, tröstete man ihn.

Er schwor Stein und Bein, gesehen zu haben, was er behauptete.

Man lachte über seinen Eifer.

Das Ausweichen der Erwachsenen verwirrte ihn. Er wußte genau, daß sich sein Drachen verhalten hatte, wie er es erzählte. Warum glaubte man ihm nicht?

Doch damit hätte er noch fertig werden können. Was ihn weitaus mehr bedrückte, war die Tatsache, daß man über ihn gelacht hatte. Er deutete das Lachen falsch, fühlte sich bis ins Innerste getroffen und nahm sich vor, künftig zu schweigen und keine Fragen mehr zu stellen.

An jenem Abend hatte er keinen Schlaf finden können und sich schließlich an seinen Bruder gewandt. »Weißt du, was wir machen? Wir bauen uns Flügel, die wir uns unter die Arme binden können.«

»Woraus?«

»Aus Weidenruten, die wir mit Packpapier bekleben.«

»Und dann?«

»Versuchen wir zu fliegen.«

Gustav war es unheimlich zumute geworden. »Ich weiß nicht ... Wenn uns die anderen auslachen?«

»Wir sagen es keinem.«

»Und wenn man uns sieht?«

»Wird man nicht! Ich hab' mir's schon überlegt. Wir schleichen in der Nacht zum Exerzierplatz.«

»Was willst du denn da?«

»Fliegen! Hinterm Schießplatz ist die Kugelschanze. Dort werden wir es versuchen.«

Nun war auch Gustav begeistert gewesen. Weniger vom Gedanken zu fliegen als von der Vorstellung, des Nachts aus dem Haus zu schleichen und mit Flügeln zum Exerzierplatz zu laufen.

Monatelang hatten sie im Schuppen des Vaters gewerkelt, und in einer mondhellen Nacht schleppten sie tatsächlich zwei Flügel von je zwei Meter Länge den Kugelfanghang hinauf.

»Hoffentlich kommst du nicht zu hoch«, hatte Gustav gesagt, als er sah, daß der Bruder sich startbereit machte und die Arme durch die unter den Flügeln befindlichen Riemen führte.

Otto hatte zum Mond empor geblickt. »Dann mach' ich einfach kleinere Ausschläge.«

Wie nicht anders zu erwarten, erwiesen sich Gustavs Befürchtungen als unbegründet. Kaum hatte der Bruder nach kurzer Anlaufstrecke die Beine angezogen, da überschlug er sich und sauste den Hand hinunter.

Gustav war erschrocken hinter ihm hergelaufen. »Hast du was abgekriegt?«

Otto hatte den Kopf geschüttelt.

»Mensch, ein Glück, daß wir die Arme nicht festgeschnallt haben. Ich glaube, das mit dem Fliegen ist doch 'ne schwierige Sache.«

»Sicher. Aber . . . Einen Augenblick lang war es mir, als trüge mich die Luft. Soll ich's noch mal versuchen?«

»Laß es lieber sein. Wenn was passiert, haut Papa uns die Hucke voll.«

Sie ahnten nicht, daß der Vater wenige Tage später nicht mehr dazu in der Lage sein sollte; er wurde krank und starb.

Von heute auf morgen sah sich die Mutter vor die schwierige Aufgabe gestellt, den Lebensunterhalt für sich und die Kinder verdienen zu müssen. Außer den beiden Buben hatte sie noch eine kleine Tochter. Caroline Lilienthal ließ den Kopf aber nicht hängen, sondern eröffnete ein Geschäft und nahm die Jungen vom Gymnasium, weil sie sich ausrechnen konnte, daß die spärlichen Einkünfte bestenfalls die Ernährung sicherstellen würden. Seiner Veranlagung entsprechend, schickte sie den Ältesten zur technischen Ausbildung auf die Gewerbeschule in Potsdam, und Gustav mußte in eine Anklamer Baufirma eintreten.

Die Brüder sahen sich in den folgenden Jahren nur selten, doch kaum hatte der inzwischen neunzehnjährige Otto seine Ausbildung beendet, da begannen sie mit dem Bau eines zweiten Flugapparates. Aus hartem Palisanderholz, das sie abrundeten und zuspitzten, fertigten sie ›Federkiele‹ von drei Meter Länge; die ›Fahnen‹ stellten sie aus auf Stoffstreifen aufgenähten Gänsefedern her, die sie – angeregt durch einen Artikel über Jakob Degens Flügelschlagapparat – so anordneten, daß sich die Federn beim Auf- und Niederschlagen ventilartig öffnen und schließen mußten. Aber auch mit diesem Apparat gelang es ihnen nicht, sich vom Boden zu erheben.

»Wir werden die Flügel vergrößern müssen«, sagte Gustav, als er sah, daß der Bruder immer wieder erfolglos gegen den Wind anlief.

Otto Lilienthal blieb schwer atmend stehen. »Nein«, antwortete er. »Jetzt hilft nur noch eins: Wir müssen systematisch vorgehen.«

Gustav sah ihn fragend an.

»Zunächst werden wir ein Gerüst bauen, an das wir – so, wie es Jakob Degen machte – über zwei Rollen ein Gegengewicht hängen.«

»Wozu?«

»Ich will die Schlag- und Hebewirkung messen, will wissen, wie groß beides ist.«

»Und dann?«

»Werden wir weiter sehen.«

Sie bauten das Gerüst und kamen zu dem bedrückenden Ergebnis, daß sie sich beim Niederschlagen der Flügel zwar bis zu 20 Zentimeter vom Boden heben konnten, diese Höhe aber augenblicklich wieder verloren, wenn die Flügel zum nächsten Schlag aufgerichtet wurden. Damit stand fest, daß die Schlagwirkung praktisch gleich Null war.

Um die Hebewirkung zu ermitteln, beschwerten sie das über Rollen gelegte Seil mit einem Gewicht, das sie so lange vergrößerten, bis es Otto Lilienthal gelang, sich durch den Flügelschlag schwebend über dem Boden zu halten. Ergebnis: er benötigte ein Gegengewicht von 40 kg. Da er und der Apparat zusammen 80 kg wogen, betrug die durch den Flügelschlag erzielte Hebewirkung somit nur 40 kg.

»Schluß!« sagte er. »Jetzt wissen wir, warum unsere Flugversuche negativ verliefen.«

»Du willst aufgeben?«

»Nein. Aber wir müssen das Problem anders angehen. So kommen wir nicht weiter.«

Gustav machte ein betrübtes Gesicht. »Hast du eine Vorstellung?«

»Ja. Wir werden zunächst nur daran denken, Geld zu verdienen, Mutter plagt und rackert sich ab, daß es eine Schande ist. Das muß als erstes anders werden. Haben wir das geschafft, dann sehen wir weiter.«

Sie gingen nach Berlin, wo Otto als Ingenieur in eine Berliner Maschinenfabrik eintrat und Gustav eine Anstellung als Architekt erhielt. Beide verdienten aber so wenig, daß sie eine Dachkammer bewohnen mußten, die sie mit einem Berliner Droschkenkutscher teilten.

Zwei Jahre hausten sie dort. Und als sie endlich so weit waren, daß es ihnen besser ging und sie sich erneut dem Problem des Fliegens zuwenden konnten, brach der Krieg aus. Otto wurde zum Garde-Füsilier-Regiment eingezogen und Gustav, der eines Ohrenleidens wegen vom Militärdienst befreit worden war, blieb in Berlin und zählte die Tage, die zwischen den Briefen des Bruders verstrichen. Aufregend fand er dessen Mitteilungen allerdings nicht; seinem Geschmack nach waren sie viel zu nüchtern. Du lieber Gott, wenn er sich vorstellte, er hätte eine Stadt wie Paris belagern können! Noch dazu in der schmucken Uniform der ›Maikäfer‹! Bestimmt, er würde ausführlich berichtet haben: von den Kämpfen, vom Schlachtenlärm, von siegreichen Vorstößen und von Heldentaten. In den nüchternen Briefen des Bruders war nichts darüber zu finden. Die wenigen Sätze, die er schrieb, ließen eher einen Schmerz fühlen, den er darüber zu empfinden schien, gegen eine Nation kämpfen zu müssen, die der Welt Männer wie Montgolfier und Charles geschenkt hatte.

Und was teilte er an dem Tag mit, an dem er als siegreicher Deutscher in Paris einmarschieren durfte? Nichts als die Worte: ›Mit Wehmut erblickte ich das Champ de Mars, von dem so mancher Aerostat aufstieg. Wenn ich zurück bin, werden wir Mutter nach Berlin holen und dem Flugproblem zu Leibe rücken.‹

Sein Wunsch sollte sich nicht erfüllen. Die Mutter starb, und die Brüder hausten weiter allein in Berlin, in einer kleinen Mansarde in der Albrechtstraße, wo sie jeden Abend bis in die Nacht hinein an einer Flugmaschine von Storchengröße arbeiteten, die ein leichter Motor antreiben sollte.

Den Motor aber, den sie benötigten, gab es nicht. Also setzte sich Otto hin und konstruierte eine kleine Dampfmaschine, deren Hochdruckzylinder das Niederschlagen und deren Niederdruckzylinder das Heben der Flügel besorgen sollte. Ergebnis: die Maschine arbeitete so vorzüglich, daß die Flügel von den über Erwarten kräftigen Schlagbewegungen augenblicklich zerstört wurden.

Gustav raufte sich die Haare: »Es soll und soll nicht klappen!« rief er verzweifelt. »Warum nur nicht?«

Otto hob die Schultern. »Wer weiß, wofür es gut ist. Wir haben uns dem Flügelschlagapparat zugewandt, obwohl wir in Anklam bereits erkannten, uns damit in einer Sackgasse zu befinden. Wir müssen das Problem anders lösen.«

Ihm fiel der Drachen ein, den er in der Jugend hatte steigen lassen, und der so plötzlich vorschießende Bewegungen gemacht hatte, wenn er sich zur Seite neigte oder wenn sich seine Spitze senkte. »Laß uns nach Anklam fahren«, sagte er.

»Was willst du dort?«

Otto strich sich über den struppigen Bart, den er seit 70/71 trug. »Maria besuchen und einen Drachen bauen. Keinen wie früher. Er soll ein Profil haben, das dem der Vogelschwinge entspricht.«

»Was versprichst du dir davon?«

»Ich kann's dir nicht erklären.«

Sie fuhren nach Anklam und bauten einen gewölbt geformten Drachen, an den sie vier Schnüre befestigten – vorne, hinten und an den Seiten. Dann gingen sie auf die Weide. Maria mußte mitkommen, ob sie wollte oder nicht.

Otto reichte ihr den an der rechten Seite befestigten Faden. »Du tust genau, was ich dir sage.«

Sie verzog das Gesicht. »Daß du nie erwachsen wirst! Solltest lieber nach einer Frau Ausschau halten. In deinem Alter sind die meisten Männer verheiratet.«

Er überhörte die Bemerkung und reichte Gustav einen Faden. »Du hältst die linke Seite. Aber ganz locker hängen lassen.« Er blickte die Schwester an. »Das gilt auch für dich.«

»Nun laß ihn schon steigen!« erwiderte sie patzig.

Otto nahm den vorderen und hinteren Faden und rannte gegen den Wind, bis er fühlte, daß der Drachen stieg. Dann blieb er stehen und rief: »Nachlassen!«

Als der Drachen eine Höhe von etwa 200 Meter erreicht hatte und ruhig im Wind stand, wandte er sich an die Schwester: »Zieh deinen Faden jetzt mal an. Aber nicht stark, nur so, daß sich der Drachen ein wenig schräg legt.«

Sie tat es. Im selben Moment schoß der Drachen zur Seite.

»Loslassen!« rief er.

Der Drachen stellte sich wieder gerade.

Gustav starrte mit offenem Mund in die Höhe. »Wie kommt das?« rief er verwundert.

»Weiß ich noch nicht. Aber das kriegen wir schon raus. Jetzt bist du an der Reihe. Zieh mal an.«

Das gleiche Bild. Sobald der Drachen eine schräge Lage bekam, bewegte er sich in die entsprechende Richtung.

Otto wiederholte den Versuch noch einige Male, dann forderte er die Geschwister auf, die von ihnen gehaltenen Fäden loszulassen.

»Was machst du nun?« fragte der Bruder.

»Jetzt zieh' ich den vorderen Faden an, damit sich die Spitze senkt.«

Er hatte es kaum getan, da setzte sich der Drachen in Bewegung und flog – gegen den Wind – auf ihn zu und schließlich sogar über ihn hinweg. Doch dann richtete sich seine Spitze plötzlich nach unten, und er stürzte senkrecht zu Boden.

Gustav war sprachlos.

Die Schwester schüttelte den Kopf. »Um das zu erleben, seid ihr nach Anklam gekommen?«

Otto blickte in die Ferne. Ich bin auf dem richtigen Weg, dachte er.

Gustav löste sich aus seiner Erstarrung. »Gegen den Wind hat er sich bewegt! Gegen den Wind!« Er schüttelte den Kopf. »Hast du das erwartet?«

»Erwartet wäre zuviel gesagt.«

»Wie bist du darauf gekommen?«

»Mir fiel ein, was ich früher beobachtet hatte und was mir niemand erklären konnte.«

»Weißt du jetzt, woran es liegt?«

»Ich habe nur eine Vermutung. Bei dem der Vogelschwinge nachgebildeten Profil entsteht auf der oberen Seite anscheinend ein Auftrieb. Denn wenn sich die Spitze senkt«, fuhr er grüblerisch fort, »drückt der Wind – der den Drachen ja hält – nicht mehr gegen die Unterseite, und er müßte eigentlich herunterfallen. Das tut er aber nicht. Also muß – hervorgerufen durch die gewölbte Form – über ihm eine Kraft entstanden sein, die nach oben zieht und dem Gesetz der Schwere entgegenwirkt: er muß gleiten, und es entsteht eine Bewegung.«

»Gegen den Wind?«

»Natürlich! Anders wäre es ja nicht möglich. Der Auftrieb entsteht offensichtlich erst dadurch, daß der Wind über das gewölbte Profil hinwegstreicht.«

Otto Lilienthal wußte in diesem Augenblick gewiß noch nicht, welche entscheidende Erkenntnis er gewonnen hatte. Denn erst die nach oben gewölbte Tragfläche, die heute an jedem Flugzeug zu sehen ist, ermöglicht das Fliegen. Ein Flugzeug liegt nicht *auf* der Luft, wie etwa ein Schiff auf dem Wasser, sondern es bewegt sich *in* der Luft.

»Dann wäre der Drachen ja richtig geflogen«, sagte Gustav nach kurzer Überlegung.

Die Schwester lachte laut auf. »Sein Absturz war auf jeden Fall ein richtiger Absturz!«

Otto nickte. »Hast recht. Er stürzte aber nur ab, weil der Faden zu kurz wurde, als sich der Drachen vorwärts bewegte. Da mußte er sich auf den Kopf stellen.«

»Und was tun wir nun?« fragte Gustav.

»Jetzt hat alles Grübeln und Theoretisieren keinen Sinn mehr. Nur die Praxis kann uns noch weiterbringen. Dazu benötigen wir gewölbte Flügel, mit denen wir Gleitversuche anstellen müssen. Das aber kostet Geld und nochmals Geld. Da wir keins haben, müssen wir es erst verdienen.«

»Leicht gesagt.«

»Abwarten. Was mich anbelangt: ich werde eine Maschinenfabrik eröffnen.«

»Ohne Kapital?«

»Kopf und Hände sind auch Kapital.«

Sie kehrten nach Berlin zurück, und Otto gelang es, eine kleine Werkstatt zu pachten. Als erstes konstruierte er eine ›Schräm-Maschine‹, die der leichteren Kohlegewinnung dienen sollte. Bedingt durch die schlechte Geschäftslage auf dem Kohlenmarkt, brachte sie ihm einen nur geringen finanziellen, dafür aber um so größeren ideellen Erfolg. Er lernte Agnes Fischer, die Tochter eines Bergbaubeamten, kennen, die er bald darauf heiratete.

Gustav bemühte sich indessen, dem vernachlässigten Kunstgewerbe neue Impulse zu geben. Er gründete eine Kunstgewerbeschule, für deren Arbeiten sich der Kronprinz, der spätere Kaiser Friedrich III., auf einer Ausstellung interessierte. Er stellte einen Besuch des Lilienthalschen Ateliers in Aussicht, erschien jedoch nicht.

Darüber ärgerte sich Gustav so sehr, daß er Deutschland den Rücken kehrte und nach Australien ging, wo er in Melbourne eine gut bezahlte Stellung als Regierungsbaumeister erhielt.

Fünf Jahre blieb er dort – Jahre, in denen sein Bruder Otto unermüdlich tätig war. Die von ihm für das Flugmodell konstruierte Maschine mit dem Hoch- und Niederdruckzylinder erwies sich als entwicklungsfähig. Außerdem baute er einen ›Schlangenrohrkessel‹, der patentiert wurde und als ›*Lilienthalkessel*‹ eine solche Verbreitung fand, daß aus der kleinen Werkstatt eine stattliche Fabrik wurde.

Seine Frau sah ihn in diesen Jahren kaum; jede freie Minute widmete er dem Problem des Fliegens. Zunächst entwickelte er einfache, aber höchst sinnreiche Meßgeräte zur Untersuchung des Luftwiderstandes, um Klarheit über die von ihm gemachten Beobachtungen zu gewinnen. Doch nicht genug damit. Da er beim Studium der einschlägigen Literatur festgestellt hatte, daß die Kenntnisse der meisten Autoren überaus mangelhaft oder überholt waren, schrieb er das Buch ›Der Vogelflug als Grundlage der Fliegekunst‹. Die Druckkosten mußte er selber zahlen, denn kein Verleger war bereit, das Buch herauszugeben. Erst 20 Jahre später, im Jahre 1910, publizierte es der Verlag R. Oldenbourg in zweiter Auflage.

Als Gustav Lilienthal nach fünf Jahren aus Australien zurückkehrte, sah er voller Verwunderung, welche Entwicklung sein Bruder genommen hatte. Er konnte sich aber nur kurze Zeit darüber freuen, denn schon bald mußte er feststellen, daß Otto kaum mehr sprach. Dabei hatte er alles, was man sich wünschen kann: eine reizende Frau, ein schönes Haus und eine gut gehende Fabrik.

»Was ist nur mit ihm los?« fragte Gustav seine Schwägerin.

Sie sah ihn bedrückt an. »Otto leidet darunter, daß man in Deutschland nichts von der Fliegerei wissen will. Hier verlacht man jeden, der sich mit dem Problem des Fliegens befaßt.«

Gustav schüttelte den Kopf. »Versteh' ich nicht. Ich hab' doch gelesen, daß der ›Deutsche Verein zur Förderung der Luftfahrt‹ gegründet wurde und daß Doktor Wilhelm Angerstein, der den Vorsitz übernahm, die Zeitschrift des Deutschen Vereins zur Förderung der Luftfahrt herausbringt.«

»Stimmt! Du hättest aber erleben sollen, mit welchem Getöse die Deutsche Presse versuchte, den Verein und die Zeitschrift niederzuschreien. Otto ärgerte sich darüber so sehr, daß er nicht mehr sprechen mag.«

»So ein Unsinn. Wenn die Kerle schreien wollen, dann sollen sie es doch tun!«

»Das habe ich ihm auch gesagt. Da ist er blaß geworden und hat geantwortet: ›Es geht nicht um mich, sondern um den Nachwuchs! Wie sollen wir junge Kräfte gewinnen, wenn man uns verlacht? Dabei wird es höchste Zeit, daß wir anfangen zu experimentieren. Sollen sich etwa die greisen Professoren an Tragflügel hängen und den Hang hinablaufen? Bei denen will ich froh sein, wenn sie glauben, daß die Schwinge eines Vogels gewölbt ist!‹«

Gustav lachte. »Das dürfte etwas übertrieben sein.«

»Übertrieben? Weißt du, daß ein prominenter Redner des Münchener Luftfahrervereins erst kürzlich in Anspielung auf Ottos Buch erklärt hat, es sei unverantwortlich zu behaupten, daß die Flügel der Vögel gewölbt seien.«

»Das ist doch ein Witz!«

»Durchaus nicht! Aber über so etwas ärgert sich Otto nicht einmal mehr, es macht ihn nur traurig. Weil er möchte, daß auch in Deutschland in der Fliegerei etwas geleistet wird. Ich befürchte jedoch, daß wir immer mehr ins Hintertreffen geraten. Während man hier noch die Wölbung der Flügel bestreitet, erhält Otto aus Frankreich anerkennende Schreiben. Gerade vor wenigen Tagen meldete sich ein Capitaine der französischen Artillerie; ich glaube, er heißt Ferber. Er bat darum, ihn über die Flugversuche zu informieren, die Otto nun anstellen will. Hat er dir eigentlich schon die Anlaufschanze gezeigt, die er im Garten errichten ließ?«

»Natürlich. Na, ich bin froh, daß ich wieder hier bin. Werde jetzt nicht mehr von seiner Seite weichen.«

Sie verzog den Mund. »Und ich bildete mir ein, nun jemanden zu haben, mit dem ich mich unterhalten kann.«

Gustav schmunzelte. »Für Unterhaltung ist vielleicht schon in Kürze gesorgt.« Sie sah ihn fragend an.

Er rückte näher. »Hab' auf der Fahrt nach Berlin ein Fräulein Rother kennengelernt. Könnte mir vorstellen, daß sie gut zu dir paßt.«

Gustav vermutete richtig. Fräulein Rother und seine Schwägerin verstanden sich ausgezeichnet. Er zögerte deshalb nicht lange, hielt um Fräulein Rothers Hand an, heiratete und war von Stund an genauso selten zu sehen wie sein Bruder. Über Tag arbeitete er in der Fabrik, wo er versuchte, ein feuer- und termitensicheres Material zu schaffen, aus dem er für die Tropen geeignete Bauelemente herzustellen beabsichtigte, und des Abends hockte er mit Otto in einer kleinen, neben dem Wohnhaus errichteten Werkstatt, um ein neues Fluggerät zu bauen. Denn die ersten im Garten durchgeführten Versuche entsprachen den Erwartungen. Aus zwei Meter Höhe hatte Otto Sprünge von sechs bis sieben Meter durchführen können, bei denen er den Eindruck gewann, »daß der Körper in der Luft auf dem tragenden Apparat ruht«.

Erheblich stärker wurde dieses Gefühl, als es ihm 1891 gelang, von dem etwa fünf Meter hohen Windmühlenberg bei Derwitz Sprünge von 20 bis 25 Meter durchzuführen, die allerdings nicht immer glimpflich verliefen. Otto Lilienthal schrieb darüber: ›Wenn der Wind eine Stärke von 5 bis 6 m/sec besitzt, ist die Handhabung des Apparates äußerst schwierig. Bevor man nicht durch längere Übung eine gewisse Fertigkeit erlangt hat, darf man es nicht wagen, den Boden mit den Füßen zu verlassen. Wiederholt wurde ich durch unvorhergesehene Windstöße mehrere Meter hoch gehoben und konnte einem Genickbruch nur dadurch entgehen, daß ich mich aus dem schon gehobenen Apparat herausfallen ließ. Die dabei verstauchten Füße oder Arme waren aber immer schon in wenigen Wochen geheilt.‹

Da die am Windmühlenberg durchgeführten Flugversuche nicht verheimlicht werden konnten, sandte die Presse Beobachter, die offensichtlich ihren Spaß daran hatten, sich über Lilienthal lustig zu machen. Deutsche Zeitungen verulkten ihn als ›Akrobaten‹, und das französische Journal Le Petit Parisien stellte ihn als verrückten ›Fallschirmkünstler‹ dar.

Einer aber war da, der die praktische Bedeutung der Lilienthalschen Versuche sofort erkannte: der leidenschaftliche Förderer des Fluggedankens, Capitaine F. Ferber. In seinem Buch ›Die Kunst zu fliegen‹ schrieb er: ›Als mich die Versuche Lilienthals mit Staunen erfüllten, wurde mir klar, daß dieser Mann eine Methode entdeckt hatte, fliegen zu lernen, und daß aus der Anwendung dieser Methode unverzüglich die Flugtechnik erwachsen mußte.‹

Darüber hinaus erklärte der französische Artilleriehauptmann unumwunden: »Der Tag, an dem Lilienthal im Jahre 1891 seine ersten 15 Meter in der Luft durchmessen hat, ist für mich der Tag, seitdem der Mensch fliegen kann.«

Nun, was Ferber sagt, ehrt den Franzosen, der neidlos und begeistert die Leistung eines Deutschen anerkannte. Seine Feststellung hat auch eine gewisse Berechtigung. Lilienthal ließ sie aber nicht gelten. Er hatte die Auffassung, daß seine 20 bis 25 Meter weiten Sprünge keine ›Flüge‹ im Sinne des Wortes seien; in ihnen sah er nur ein ›Gleiten‹ oder ›Segeln‹, und er stellte sich auf den zweifellos richtigen Standpunkt: »Erst wenn ich – durch Aufwinde oder dergleichen – segelnd eine Höhe erreiche, die über meinem Absprungspunkt liegt, dann habe ich wirklich geflogen.«

Lilienthal setzte alles daran, dieses Ziel zu erreichen. Er wählte 1892 eine bei Berlin-Steglitz liegende Kiesgrube als Sprungschanze, deren Wand gut 10 Meter hoch war. Hier gelangen ihm Flüge bis zu 80 Meter, bei denen er im ersten Streckenteil oftmals fast horizontal segelte. Seinen Absprungspunkt konnte er jedoch nicht erhöhen, auch nicht, nachdem er am Rand der Grube einen Schuppen hatte errichten lassen, dessen Dach ihm als ›erhöhte Schanze‹ diente.

Dennoch war er mit den erzielten Ergebnissen sehr zufrieden, insbesondere, weil ihm die Flüge wertvolle Hinweise für Verbesserungen lieferten.

1893 suchte er mit einem neuen Flugapparat, den er so konstruiert hatte, daß die Flügel zusammengeklappt und in wenigen Minuten entfaltet werden konnten, die Rhinower Berge bei Rathenow auf, um den Versuch zu machen, weitere Strecken zu durchsegeln. Als er den Berghang hinunterschaute, wurde ihm jedoch unheimlich zumute. ›Mich überkam ein ängstliches Gefühl‹, schrieb er, ›da ich mir sagte: Von hier oben sollst du nun in das tief da unten liegende, weit ausgedehnte Land hinaus segeln. Allein, die ersten Versuchsabsprünge gaben mir bald das Bewußtsein der Sicherheit zurück, denn der Segelflug ging in den Rhinower Bergen ungleich sanfter vonstatten, als von meinem Schuppen in Steglitz.‹

Hunderte von Flügen, bei denen er Strecken bis zu 250 Meter überwand, führte er im Laufe dieses Jahres durch. Da es ihm aber immer noch nicht gelang, eine über dem Startplatz liegende Höhe zu erreichen, und Gustav ihn beständig drängte, den Flügelschlagapparat nicht außer acht zu lassen, beauftragte er den in seiner Fabrik tätigen Ingenieur Hugo Eulitz, einen Kohlensäuremotor mit einer Leistung von 2 PS für den Flügelschlagapparat zu entwickeln, den er selbst konstruierte.

Damit war seine Arbeitskraft noch nicht erschöpft; er widmete sich auch anderen Dingen. So interessierte er sich für die soziale Frage, und er ließ es nicht beim bloßen Interesse bewenden. Als einer der ersten Unternehmer führte er in seinem Betrieb die Gewinnbeteiligung der Arbeiter ein. Und als er im Berliner Ostend-Theater eine Heizanlage einzubauen hatte und Einblick in die schwierigen Wirtschaftsverhältnisse dieses Theaters gewann, beteiligte er sich sofort. Nicht jedoch, um ein Geschäft daraus zu machen. Er ließ es in ›National-Theater‹ umbenennen und versuchte die Idee des Schriftstellers Wilhelm Meyer-Förster zu verwirklichen, der das Bühnenstück ›Alt-Heidelberg‹ geschrieben und die Schaffung eines ›Zehnpfennig-Theaters‹ vorgeschlagen hatte, das durch staatliche oder städtische Zuschüsse dazu in die Lage versetzt werden sollte, auch den Ärmsten der Armen den Theaterbesuch zu ermöglichen.

Das ›National-Theater‹ entwickelte sich zu einem Unternehmen besonderer Art. Meyer-Förster schrieb darüber: ›Es war komisch: man sah Maria Stuart, ging während der langen Pause in den Garten, wo man Karussell fuhr, sah wieder einen Akt Maria Stuart, ging wieder in den Garten, um nach der Scheibe zu schießen, sah endlich Mortimer sterben und aß dann im Garten sein Abendbrot.‹

In erster Linie brachte Otto Lilienthal nur soziale Dramen wie ›Die Weber‹, ›Moderne Raubritter‹ und ›So wird es gemacht‹ heraus, deren Inszenierung er selbst überwachte. Gustav, der nicht zurückstehen wollte, kümmerte sich um die ›Arbeiterbaugenossenschaft Freie Scholle‹, die er ins Leben gerufen hatte. Das hinderte die Brüder aber nicht, immer noch Zeit für Hunderte von Flugversuchen zu finden, die in jedem Jahr durchgeführt wurden.

In die entfernt gelegenen Rhinower Berge konnten sie nun allerdings nicht mehr so häufig fahren. Darum ließ Otto unter großem Kostenaufwand aus dem Abraum der Heinersdorfer Ziegelei in Lichterfelde-Ost einen ›Fliegeberg‹ von 15 Meter Höhe aufschütten, in dessen Spitze er einen Schuppen für die Flugapparate einbaute.

Der ›Fliegeberg‹ wurde bald zum beliebten Ausflugsort der Berliner, die in den Versuchsflügen Otto Lilienthals freilich nicht die ernste Arbeit eines Flugpioniers erblickten. Sie empfanden den Nervenkitzel als angenehm und wanderten deshalb gerne nach Lichterfelde-Ost.

Mit der Zeit kamen auch Persönlichkeiten, deren Namen in der Luftfahrt guten Klang hatten. So der bedeutendste österreichische Vorkämpfer des Fluggedankens, Wilhelm Kreß, der verschiedene Flugmodelle mit Landekufen, beweglichen Steuern und elastischen Luftschrauben gebaut hatte und dem Präsidenten der Akademie der Wissenschaften bereits 1877 das erste, wirklich frei fliegende, stabile Flugmodell hatte vorführen können.

Von den Gleitflügen Lilienthals war er begeistert. »Da ich Ihre Bücher und Schriften sehr genau studierte, habe ich einiges erwartet, als ich hierher fuhr«, sagte er. »Daß Sie aber schon so weit sind, konnte ich nicht vermuten.«

Lilienthal versuchte abzuschwächen. »Es ist immer noch nur ein Gleiten.«

»Machen Sie sich nicht kleiner, als Sie sind. Ihre Leistungen sind ungeheuerlich. Wenn es die Menschen heute auch noch nicht verstehen – ich sage Ihnen: Man wird Sie dereinst als den Vater der Fliegerei feiern! Denn unzweifelhaft sind Sie der erste Mensch, der sich fliegend von der Erde erhoben hat.« Als er bemerkte, daß Lilienthal etwas einwenden wollte, sagte er schnell: »Keine Widerrede! Wie ich Sie vorhin so ruhig und sicher durch die Luft segeln sah, mußte ich an den leider so früh verstorbenen Bruszus denken, der im Deutschen Verein einmal sagte: ›Man kann sich nicht dem Gedanken verschließen, daß nach der Erfindung des dynamischen Luftschiffes, also eines Luftfahrzeuges, das schwerer als Luft ist, der lenkbare Luftballon wohl kaum noch zu hohen Ehren gelangen wird.‹«

Otto Lilienthal nickte.

Beinahe verbittert fuhr Wilhelm Kreß fort: »Herrgott, wenn man nur den zehnten Teil von den Hunderttausenden, die für Ballonexperimente ausgegeben werden, für dynamische Flugversuche opfern würde, dann hätten wir wahrscheinlich schon heute brauchbare Flugmaschinen. Haben Sie übrigens die Reihenbilder des Franzosen Marey gesehen?«

»Ja, ich studiere sie gerade.«

»Großartig, nicht wahr? Fünfzig Bilder je Sekunde! Durch seine Chronofotografie wurde der Flügelschlag der Möwen in all seinen Phasen ersichtlich.«

Aber nicht nur der Österreicher Wilhelm Kreß suchte Otto Lilienthal auf. Es kamen auch der Engländer Percy Sinclair Pilcher, der Amerikaner Samuel Pierpont Langley, der Franzose Comte de Lambert, der Amerikaner A. M. Herring, der deutsche Ingenieur Alois Wolfmüller und viele andere In- und Ausländer, um das Fliegen zu erlernen und Flugapparate zu kaufen, so daß sich Lilienthal genötigt sah, in seiner Fabrik eine besondere Abteilung zur Herstellung von Flugapparaten einzurichten. Verlangt wurde in erster Linie der 1893 entwickelte zusammenlegbare Segler, den er in aller Herren Länder verschicken mußte. In der internationalen Fachwelt begann sich Lilienthal durchzusetzen, in Deutschland aber war und blieb er der komische ›Akrobat‹, der sich vor der Haustür einen ›Fliegeberg‹ errichten ließ, um seinem einfach unbegreiflichen Spleen zu huldigen.

1894 wagte er sich mit einem neuen Apparat, dessen Flügelprofil er verändert hatte, in die höheren Stöllner Berge, wo er den ersten wirklichen Absturz erlebte.

In 20 Meter Höhe war er mit einer Geschwindigkeit von etwa 15 m/sec am Hang entlanggesegelt, als sich – vermutlich infolge Erlahmung seiner Oberarme – der Schwerpunkt des Flugapparates nach hinten verlagerte. Er versuchte sich nach vorne zu ziehen, doch zu spät: der Gleiter richtete sich plötzlich auf und verlor alle Fahrt. Dann rutschte er rückwärts, beschrieb einen halben Kreisbogen, stellte sich auf den Kopf und sauste zu Boden. Ein Stoß, ein Krach und – Lilienthal lag auf einer Wiese, deren weicher Untergrund ihm das Leben rettete. Außer einer unbedeutenden Fleischwunde am Kopf und einem verstauchten Handgelenk hatte er sich keine Verletzung zugezogen.

›Bei meinen Tausenden von Segelflügen ist dies der einzige derartige Unfall‹, schrieb er später. ›Und auch ihn hätte ich bei noch mehr Vorsicht vermeiden können.‹

Das ganze nächste Jahr widmete er der Sicherung des Gleichgewichtes. Er machte verschiedene Konstruktionsversuche und erzielte die besten Ergebnisse mit einem Doppeldecker, dessen ungewöhnliche Stabilität ihm schließlich sogar die Ausnutzung stärkerer Winde ermöglichte. Mit ihm ließ er sich bei Windgeschwindigkeiten von über 10 m/sec ohne Anlauf von der Bergspitze abheben, und nun gelang es ihm, Flughöhen zu erreichen, die höher lagen als sein Abflugspunkt: die ersten ›echten‹ Flüge waren gelungen.

»Jetzt solltest du mit der Gleiterei aufhören«, sagte ihm Gustav, der im Erreichen des gesetzten Zieles eine willkommene Gelegenheit sah, die Aufmerksamkeit des Bruders erneut auf den Flügelschlagapparat zu lenken, von dem er sich mehr versprach als von der ganzen Segelfliegerei. Der Flügelschlagapparat war in ihm zur fixen Idee geworden, wahrscheinlich, weil er in Melbourne fünf Jahre lang jede freie Minute dazu benutzt hatte, die Bewegungen der großen australischen Vögel zu beobachten und in Skizzen festzuhalten.

Otto Lilienthal blickte lange in die Ferne, bevor er antwortete. Neue Ergebnisse werden die Gleitflüge nicht mehr bringen können, dachte er. »Vielleicht hast du recht. Bevor ich mich jedoch dem Motorflug zuwende, muß ich noch einige Änderungen an der Steuerung ausprobieren.«

Gustav wurde ungehalten. »Wozu? Beim Flügelschlagapparat wird die Steuerung ohnehin anders sein müssen.«

»Gewiß. Es steht aber noch nicht fest, ob ich einen Schlagapparat baue.«

»Was willst du damit sagen?«

»Ich fürchte, wir verrennen uns. Denk an unsere früheren Meßergebnisse.«

»Jetzt red keinen Unsinn, Otto! Damals haben wir noch nicht gewußt, was wir heute wissen. Im übrigen solltest du nicht vergessen, daß auch du einmal bezweifeltest, es könne mir gelingen, ein leicht transportables feuer- und termitensicheres Baumaterial zu schaffen. Und heute? Überall in den Tropen stehen meine zusammenlegbaren ›Terrast-Häuser‹.«

»Ich weiß. Dennoch . . .« Otto unterbrach sich. »Wir wollen später darüber sprechen. Zunächst muß ich die Steuerung ändern.«

Gustav schwieg. Er wußte, daß es jetzt keinen Zweck hatte, weiterzureden.

So kam der 9. August 1896, an dem Otto Lilienthal noch einmal in die Stöllner Berge fuhr, um die durchgeführte Änderung auszuprobieren. Wie immer begleitete ihn der Monteur Paul Beylich, den er seiner Zuverlässigkeit und Wortkargheit wegen schätzte.

Es war ein warmer Sommertag. Nur vereinzelte Wolken segelten am Himmel.

Gemächlich stiegen sie den Hügel hinauf. Oben angekommen, zogen sie ihre Jacken aus, und Lilienthal legte sich mit einem Seufzer der Erleichterung in das Gras.

Währenddessen begann Beylich damit, den Flugapparat herzurichten. Als er damit fertig war, blickte er den Hang hinab. »Is schon knorke hier, wa?«

Lilienthal nickte.

»Von mir aus kann's losjehn.«

Lilienthal erhob sich und prüfte die Verspannung. Dann schob er den Oberkörper durch die Aussparung in der Mitte der Tragfläche, ergriff den Haltebügel, nickte seinem Gehilfen zu, nahm einen kurzen Anlauf und – schwebte davon.

Der Monteur schaute hinter ihm her und sah, daß Lilienthal nur wenig an Höhe verlor. Heute kommt er weit, dachte er. Vierhundert Meter dürften es werden; mindestens zwanzig Meter ist er hoch.

Beylich täuschte sich nicht. Fast 500 Meter legte Lilienthal zurück.

Der Monteur lief den Hang hinab, um den Apparat zurückzutragen. »Klappt det mit der Steuerung?« fragte er.

Lilienthal nickte. »Ich konnte die Beine wesentlich stärker anziehen. Dadurch wurde der Luftwiderstand geringer, und ich kam höher und weiter als sonst. Wollen's gleich noch mal probieren.«

Sie trugen den Apparat den Hang hinauf, und Lilienthal setzte zum zweiten Flug an. Das gleiche Bild: wieder erreichte er eine Höhe von etwa 20 Meter, und erneut segelte er annähernd 500 Meter weit.

»Noch'n Flug?« fragte Beylich.

Lilienthal zögerte. »Einen könnte ich eigentlich noch machen. Stopp dabei die Zeit; ich möchte wissen, wie lange der Flug dauert.«

Beylich holte die Stoppuhr aus der Aktentasche und drückte auf den Knopf, als Lilienthal nach kurzem Anlauf die Beine anzog und davonschwebte. Das wird ein Rekordflug, dachte er, als er sah, daß der Eindecker kaum Höhe verlor. Doch dann beschlich ihn ein ungutes Gefühl; er bildete sich ein, der Apparat stünde still, und im nächsten Augenblick wußte er, daß er sich nicht täuschte. Denn Lilienthal streckte plötzlich die Beine aus und begann sie zu bewegen, als wollte er auf diese Weise versuchen, aus einer Windflaute herauszukommen, in die er allem Anschein nach geraten war. Aber dann geschah das Entsetzliche: der Flugapparat richtete sich jäh hoch, kippte vornüber und stürzte senkrecht zu Boden.

Wie ein Wahnsinniger raste Beylich den Hang hinunter. »Lilienthal!« schrie er. »Lilienthal!«

Der lag besinnungslos am Boden.

Der Monteur beugte sich über ihn. »Um Gottes willen, wat is passiert?«

Er erhielt keine Antwort und wußte nicht, was er tun sollte. Verzweifelt lief er zum Startplatz zurück, um eine Flasche Selterswasser zu holen. Einige Buben, die immer in der Nähe waren, wenn Lilienthal Flüge durchführte, rannten den Berg hinauf. Er rief ihnen zu, einen Arzt zu holen.

Als er zurückkehrte, hatte Lilienthal die Augen geöffnet. »Was ist eigentlich los?« fragte er.

»Se sind abjestürzt!«

»Abgestürzt?«

»Ja!«

Lilienthal machte ein verwundertes Gesicht. »Das kann immer mal vorkommen«, sagte er und schloß die Augen. »Jetzt ruhe ich mich etwas aus, und dann machen wir weiter.«

»Nee, nee, Herr Lilienthal«, erwiderte Beylich, dem ein Stein vom Herzen fiel, »mit Weitermachen is nischt. Der Apparat is kaputt.«

Lilienthal versuchte hinter sich zu blicken, brachte es jedoch nicht fertig. Sein Kopf sackte plötzlich kraftlos zur Seite.

Beylich sah es und erschrak. Du lieber Gott, dachte er, ihm ist allem Anschein nach doch etwas zugestoßen! Womöglich eine innere Verletzung!

Es dauerte ihm viel zu lange, bis der Arzt kam. Als der aber endlich erschien und Lilienthal hastig untersuchte, hätte er ihn umbringen können. »Können Se nich vorsichtiger sein?« schrie er den Mediziner an.

Der Dorfarzt erhob sich. »Regen Sie sich nicht auf. Es ist nichts gebrochen, alles ist ganz.«

»Warum is er dann ohnmächtig?«

»Wahrscheinlich hat er eine Gehirnerschütterung. Wir können jetzt nichts anderes tun, als ihn nach Stölln zu schaffen. Am besten ins Hotel Herms.«

Beylich eilte den Hang hinauf, um die abgelegten Jacken zu holen. Er konnte sie jedoch nicht finden: sie waren gestohlen! »Verdammt!« fluchte er. »Det hat mir jrade noch jefehlt.« Er war der Verzweiflung nahe, als er zu Lilienthal zurückrannte, den er wenig später mit einem

Fuhrwerk in das Hotel brachte. Dort lieh er sich einige Mark und fuhr mit dem Abendzug nach Berlin, um den Bruder des Verunglückten zu verständigen. Er erreichte Gustav Lilienthal aber erst nach Mitternacht, denn er hatte vom Lehrter Bahnhof noch fast drei Stunden laufen müssen, um nach Lichterfelde zu kommen.

Gustav ließ sofort eine Kutsche anspannen und jagte nach Stölln. Als er hörte, daß der Bruder noch immer ohne Bewußtsein sei, veranlaßte er dessen Überführung in die Klinik von Prof. Ernst von Bergmann.

Auf dem Transport dorthin öffnete Otto Lilienthal die Augen und schaute fragend um sich.

Gustav beugte sich über ihn. »Ach, Otto«, sagte er, »was machst du für Sachen! Kaum habe ich dich allein gelassen . . . Hättest du doch mit der Segelfliegerei Schluß gemacht!«

Über das stets ernste Gesicht des Bruders glitt ein schwaches Lächeln. »Nimm's nicht so tragisch«, erwiderte er kaum hörbar. »Opfer müssen gebracht werden.«

Es waren seine letzten Worte.

17. Dezember 1903

Es ist tragisch, daß Otto Lilienthal an dem Tage verunglücken mußte, an dem er von der Gleitfliegerei Abschied nehmen wollte, um sich dem Problem des Motorfluges zuzuwenden. Nicht zu begreifen aber ist es, daß die Geschichte des Segelfluges mit seinem Tod ihr vorläufiges Ende fand. Und das zu einem Zeitpunkt, da das Gleitfluggerät zur Vollkommenheit ausgebildet worden war.

In Deutschland begriffen nur wenige, welchen Verlust man erlitten hatte. Angesehene Zeitungen meldeten den Tod Lilienthals unter ›Vermischtes‹, zwischen Brillantendiebstählen, Kugelblitzen und durchgebrannten Ehefrauen. Außer Verwandten und Bekannten gaben ihm nur einige Freunde das letzte Geleit.

Das Ausland aber anerkannte die überragende Bedeutung des Verunglückten. Der Amerikaner Octave Chanute, der in Chikago damit begonnen hatte, Gleitflugzeuge zu bauen, die er mit A. M. Herring, Avery und Butusoff am Rande des Michigansees ausprobierte, erklärte wenige Jahre später vor dem Aéro-Club in Frankreich: »Ich habe kein anderes Verdienst, als die Versuche Lilienthals da wiederaufgenommen zu haben, wo der Tod sie abgebrochen hatte.«

Und der Franzose Lecornu schrieb in der Zeitschrift La navigation aérienne: ›Lilienthals Tod ist für die Wissenschaft ein unermeßlicher Verlust. Er hinterläßt eine nicht ausfüllbare Lücke in der Geschichte der Eroberung der Luft.‹

Das war nicht übertrieben. Denn wer hätte die entstandene Lücke schließen können? Gustav Lilienthal versuchte es, disqualifizierte sich aber selbst, weil er an nichts anderes als an den Flügelschlagapparat dachte, der in ihm zur fixen Idee geworden war.

Man weiß nicht, ob man die Hartnäckigkeit, mit der Gustav Lilienthal die Schaffung eines Flügelschlagapparates betrieb, bestaunen, bewundern, belachen oder ›rührend‹ finden soll. Denn ungeachtet der Entwicklung der Dinge, bastelte er bis zu seiner letzten Lebensstunde an einem ›Schwingenflieger‹. 1912 ging er zur Einführung des von ihm geschaffenen ›Terrast‹-Hauses nach Brasilien, wo er in der Bucht von Rio de Janeiro den Flug der Fregattvögel studierte. 1913 kehrte er nach Deutschland zurück und setzte durch, daß in der Nähe von Cuxhaven zwei hohe Masten errichtet wurden, an denen flugtechnische Experimente durchgeführt werden sollten. Dazu kam es jedoch nicht; der Krieg brach aus. Die Masten mußten aus strategischen Gründen entfernt werden.

Für den ›Eisernen Gustav‹ war das kein Grund, nicht weiterzuarbeiten. Er entwarf neue Konstruktionen und brachte es mit 71 Jahren 1924(!) fertig, von der Flugplatzverwaltung Berlin-Tempelhof eine Halle zu erhalten, in der er einen ungefügen ›Vogel‹ von 15 Meter Spannweite baute, dessen Flügel ein 3,5-PS-DKW-Motor bewegen sollte.

Mit Broten in der Tasche erschien er täglich um 8 Uhr auf dem Flughafen und klopfte und hämmerte an seinem Flügelschlagapparat so lange herum, bis sich die Schwingen eines Tages bewegten und ihm einen so heftigen Schlag versetzten, daß er für immer die Sprache verlor.

Das hinderte ihn nicht, weiterzumachen. Er gab den hoffnungslosen Kampf nicht auf. Auch noch nicht, als die ihm zugewiesene Halle 1928 einstürzte und seinen Schwingenflieger zerstörte. Er flickte ihn wieder zusammen und erlebte noch im selben Jahr die Freude, zu sehen, daß der Apparat mit einer Geschwindigkeit von 3 m/sec über eine Strecke von 250 Metern rollte. Vom Boden wollte er sich allerdings nicht abheben.

Gustav Lilienthal machte das nichts aus. ›Wird schon werden‹, notierte er und nahm, als man sich aus technischen Gründen gezwungen sah, ihm die Halle zu kündigen, seine Siebensachen und zog nach Adlershof, wo er am 1. Februar 1933 im Alter von 83 Jahren an seinem Schwingenflieger arbeitend einem Herzschlag erlag.

In Deutschland war niemand, der das Erbe Otto Lilienthals hätte antreten können. Der ›Fliegeberg-Schüler‹ Alois Wolfmüller mühte sich redlich, kam aber nicht über den Punkt hinaus, an dem sein Lehrer gestanden hatte. Und andere Männer, die sich ernstlich mit dem Flugproblem befaßten, waren entweder reine Theoretiker, wie Friedrich Robitsch – dessen glänzende Konstruktion zwar patentiert, aber nicht verwertet wurde, weil sich das Kriegsministerium für Flugapparate nicht interessierte – , oder sie schieden von vornherein aus, weil sie sich, wie Georg von Tschudi und Richard von Kehler, dem Luftschiff und nicht dem ›dynamischen‹ Flugapparat verschrieben hatten.

Gefragt waren Attraktionen, wie sie Fräulein Käthe Paulus bot, die Fallschirmabsprünge von einem Ballon aus vorführte.

Hinzu kam, daß es in jenen Tagen so aussah, als wäre das Rennen zwischen ›schwerer‹ und ›leichter‹ als Luft bei weitem noch nicht entschieden. Denn neben den begeisterten Anhängern der ›dynamischen‹ Maschine, wie Percy Sinclair Pilcher, Octave Chanute, A. M. Herring, Samuel Pierpont Langley und den Amerikanern Wilbur und Orville Wright, tauchten über Nacht nicht minder vitale Verfechter des ›lenkbaren Luftschiffes‹ auf: der schwedische Gelehrte Salomon August Andrée, der deutsche Reitergeneral Graf Ferdinand von Zeppelin und der junge brasilianische Kaffeeplantagenbesitzer Santos-Dumont. Sie alle wollten die Entscheidung über ›schwerer‹ oder ›leichter‹ als Luft erzwingen, und so entwickelte sich plötzlich ein unsichtbarer, aber dennoch harter Wettkampf.

Opfer müssen gebracht werden. Diese letzten Worte Lilienthals waren auch dem ehrgeizigen und ungemein eigenwilligen Schweden Andrée bekannt. Ihm ging es nicht um konstruktive Dinge, sondern einzig und allein darum, die Luftfahrt in den Dienst der Wissenschaft zu stellen.

Andrée war von stattlicher Figur. Er hatte ein breitflächiges Gesicht, schmale, zumeist aufsässig blickende Augen und einen herabhängenden Schnauzbart, der die Borstigkeit seines Wesens noch zu unterstreichen schien. Ihn interessierten nur Aufgaben, die er sich selber stellte. Für Literatur, Kunst und Musik fehlte ihm jedes Verständnis. Brachte es dennoch einmal jemand fertig, ihn in eine Oper zu locken, so rächte er sich, indem er sich bemühte, jede Stimmung zu zerstören.

Als Selma Lagerlöf ihn auf einem Empfang anläßlich der Verleihung eines Ehrenpreises für ihren ›Gösta Berling‹ fragte, ob er den ›Gösta‹ gelesen habe, antwortete er: »Ich hab' den ›Münchhausen‹ gelesen, das kommt wohl auf eins heraus.«

So ruppig er sich seinen Mitmenschen gegenüber zeigte, so hart war er sich selbst gegenüber. Deutlich wurde dies sichtbar, als er den verwegenen Plan faßte, die unendliche Eiswüste der Arktis mit dem Ballon zu überqueren. Denn als man ihn warnte und zurückzuhalten versuchte, polterte er ärgerlich: »Wenn diejenigen, die den Mut zum Wagnis haben, zu gut dazu sind – wer soll dann das Wagnis unternehmen?«

Schon 1876 hatte er sich mit Fragen der Luftfahrt befaßt, und 1893 gelang es ihm, von der ›Lars-Hierta-Gedächtnis-Stiftung‹ die Mittel zum Ankauf eines Ballons zu erhalten, den er ›Svea‹ taufte. Mit ihm führte er einsame Fahrten bis zu zehn Stunden Dauer durch.

Anfang 1894 errechnete er, daß eine Polarfahrt möglich sein müßte, wenn der Ballon so weit ›lenkbar‹ gemacht werden könne, daß Kursänderungen bis zu 30 Grad möglich seien. Er machte Versuche und löste das Problem auf recht einfache Weise.

Von der Gondel ließ er Taue von unterschiedlicher Länge herabhängen, die zwei Aufgaben erfüllten. Sie wirkten als zusätzlicher Ballast, sobald das Luftfahrzeug aufstieg, da ihr Gewicht mit jedem vom Boden abgehobenen Meter größer wurde. Entsprechend ausbalanciert konnte der Ballon auf diese Weise in einer bestimmten Flughöhe gehalten werden; er war also kein ausgesprochener ›Freiballon‹ mehr, der endlos stieg, aber auch kein ›Fesselballon‹, da er mit dem Wind treiben konnte. Aber eben beim Treiben mit dem Wind erfüllten die Seile ihre zweite Aufgabe: ihre Reibung am Boden verringerte die Geschwindigkeit. Bewegt sich ein Luftfahrzeug aber langsamer als der ihn treibende Wind, so ist – durch Verstellen von Segeln – die Möglichkeit gegeben, gewisse Kursänderungen durchzuführen.

Mit einem Flug von Göteborg nach Gotland, bei dem Andrée die 400 Kilometer lange Strecke in 4 Stunden 45 Minuten zurücklegte, bewies er die Richtigkeit seiner Überlegung.

Daraufhin sprach er mit dem in Stockholm sehr angesehenen Freiherrn A. E. Nordenskiöld, der ihm die Möglichkeit bot, seinen Plan der ›Schwedischen Gesellschaft für Anthropologie und Geographie‹ vorzutragen. Seine Ausführungen fanden Beifall, und man stellte ihm die veranschlagten Mittel in Höhe von 128 000 Kronen zur Verfügung, von denen Alfred Nobel allein 65 000 Kronen stiftete.

Da die Fahrt über den Nordpol keine Rekordfahrt werden, sondern der Wissenschaft dienen sollte, wählte Andrêe als Begleiter den Meteorologen und Astronomen Dr. Nils Ekholm und Nils Strindberg als Physiker, Fotografen und technischen Assistenten. Mit dem Expeditionsschiff ›Virgo‹ fuhren sie nach Spitzbergen, um von dort die Polarfahrt anzutreten.

Das Jahr 1896 war ihnen jedoch nicht hold. Verschiedene Gründe zwangen sie, die Verwirklichung des Planes zurückzustellen. Sie kehrten nach Stockholm zurück und starteten im folgenden Jahr mit dem schwedischen Kanonenboot ›Svensksund‹ erneut nach Spitzbergen. Den Platz von Dr. Ekholm nahm nunmehr der Ingenieur Knut Fraenkel ein, weil der Meteorologe aus familiären Gründen nicht mehr an der Fahrt teilnehmen wollte.

Am 21. Juni 1897 war der auf den Namen ›Adler‹ getaufte Ballon, dessen Durchmesser 20,5 Meter betrug und der einen Inhalt von 4 500 cbm aufwies, frisch gefirnißt und startbereit. Das Wetter ließ aber viel zu wünschen übrig, so daß der Start verschoben werden mußte.

Am 11. Juni war es endlich soweit. Um 13 Uhr 43 bestiegen die Luftfahrer die Gondel, und drei Minuten später erhob sich der Ballon.

Dabei ereignete sich etwas, das trotz seiner Geringfügigkeit dem Unternehmen den Todesstoß versetzte.

Um der Gefahr zu entgehen, festzusitzen, wenn sich das eine oder andere Seil in den endlosen Eisfeldern der Arktis verklemmen sollte, hatte Andrée die Taue in kleine Enden unterteilt und durch Gewinde miteinander verbunden, die so kurz waren, daß ein eventuell hängengebliebener Teil durch Schleuderbewegungen abgetrennt werden konnte. Vor dem Start hatte man die Taue ausgelegt, und zwar – um ein Verheddern auszuschließen – in die Richtung, die der ›Adler‹ im Augenblick des Aufsteigens nehmen würde. Was aber geschah? Der Ballon hob sich vom Boden, stieg einige Meter, drehte sich, wahrscheinlich infolge des bereits gesetzten Segels, um die eigene Achse, stieg weiter und hob dabei die ausgelegten Seile, die nun alle ein wenig geschleudert wurden. Das Ganze sah lustig aus, und niemand wäre auf den Gedanken gekommen, daß in diesem Augenblick eine Tragödie ihren Anfang nahm, die sich über 98 Tage erstrecken sollte. Denn keiner bemerkte, daß sich – bedingt durch die Schleuderbewegung – die unteren Teile der Seile lösten und am Boden liegenblieben. Damit aber war die wichtigste Voraussetzung für ein Gelingen des Fluges nicht mehr erfüllt. Der Ballon mußte jetzt in größere Höhen steigen – und somit Gas verlieren –, und Andrée war nicht mehr in die Lage versetzt, den Kurs zu korrigieren.

Doch ein Unglück kommt selten allein. Infolge des in der Bucht herrschenden Fallwindes stieg der ›Adler‹ zunächst nur sehr schwach, so daß Andrée, der nicht ahnte, daß ein Teil der Schleppseile zurückgeblieben war, neun Sandsäcke ausleeren ließ, wodurch weitere 207 kg Ballast verlorengingen.

Dementsprechend schoß der Ballon unmittelbar nach Verlassen der Bucht steil in die Höhe, und die Zurückgebliebenen sahen zu ihrem Entsetzen, daß er in den Wolken verschwand.

Andrée war wie gelähmt, als er feststellte, was geschehen war; er war so bedrückt, daß er in den ersten Stunden keinerlei Aufzeichnungen machen konnte. Und Strindberg notierte nur knapp: ›Die Führleine verloren. 13 Uhr 56 Holländernes überflogen. Ballon schwebt über der Mitte der Vogelsanginsel in 600 Meter Höhe.‹

Um 16 Uhr 16 sichteten sie das Binneneis auf der Ostseite der Wiedjebucht, um 16 Uhr 54 erreichten sie den Treibeisrand, um 17 Uhr 29 senkte sich der ›Adler‹ auf 240 Meter, und eine Stunde später trieben sie mit ziemlicher Geschwindigkeit über einer geschlossenen Eisdecke nach Nordosten – geradenwegs in die gewünschte Richtung.

Sie ließen eine Brieftaube fliegen, die Spitzbergen jedoch nicht erreichte, und warfen kurz vor Mitternacht die erste Schwimmboje als ›Flaschenpost‹ ab, die nach 1 142 Tagen, am 27. August 1900, von einer Strandgutsammlerin bei Lögsletten an der Nordküste von Finnmarken gefunden wurde.

Um Mitternacht überquerte der Ballon den 82. Breitengrad, und die drei Luftfahrer wurden wieder zuversichtlicher. Aber dann änderte sich das Bild innerhalb von einer Stunde. Sie gerieten in eine Flaute und standen schließlich still. Unter ihnen Eis, durchzogen von breiten Rissen. Wie ein Unglücksbote tauchte ein schwarzer Vogel auf, der sie eine Weile umkreiste und dann wieder verschwand.

Wenige Stunden später bewegte sich der ›Adler‹ langsam nach Westen und behielt diese Richtung bis 22 Uhr. Dann stand er wieder still. Bis zum nächsten Mittag, an dem er eine schleichende Drift nach Osten aufnahm.

Dicht unter ihnen, ihre Flughöhe betrug nur noch 20 Meter, lagen Wasserrinnen von 80 bis 90 Meter Breite. ›Und auf dem Eis entdeckten wir blutrote Spuren von der Mahlzeit eines Bären‹, schrieb Strindberg.

Der Ballon sank weiter; der jähe Aufstieg nach dem Start hatte zuviel Gas gekostet. Um 15 Uhr 06 prallten sie zum ersten Male auf das Eis. Ihre Lage wurde kritisch, denn nun mußten sie Ballast opfern. Sie warfen Schleppseilkapper, 25 kg Sand und Tauwerk über Bord und trennten sich, als das alles nichts nützte, schweren Herzens von ihrer großen Boje, die sie über dem Nordpol hatten abwerfen wollen.

Die Boje wurde am 11. September 1899 an der Küste von König-Karl-Land gefunden.

Nach dem Abwurf brachen schwere Stunden an. Der ›Adler‹ trieb durch dichten Nebel, der alles mit Rauhreif überzog. Strindberg notierte: ›Die Gondel stößt unablässig auf den Boden, steigt dann um einige Meter und macht den nächsten »Bumser«. Alle 50 Meter hinterläßt sie ihre Schleifspuren auf dem Eis, das »gestempelt« wird, wie Andrée sagt. In 30 Minuten erlebten wir 8 »Bumser«! Nicht mal essen kann man in Ruhe.‹

Dann lag der Ballon 13 Stunden lang still. Anschließend bewegte er sich kaum merklich nach Nordosten, und erneut begannen die Stöße.

Am 14. Juli machte die Besatzung einen letzten Versuch, den ›Adler‹ freizubekommen. Vergebens: der Ballon war zu sehr von Eis und Rauhreif überzogen. Es blieb ihr nichts anderes übrig, als die zusammenlegbaren Schlitten und Boote herzurichten, ihre Lebensmittel und Zelte aufzuladen und den Marsch ins Ungewisse anzutreten.

Es wurde ein furchtbarer, grauenhafter Marsch. Was Andrée, Fraenkel und Strindberg leisteten, ist unvorstellbar. Vom 14. Juli bis zum 5. Oktober, 83 Tage lang, wanderten sie durch Schnee, Eis und Kälte, um den Versuch zu machen, das nur etwa 320 Kilometer entfernt liegende Spitzbergen zu erreichen.

Es gab Tage, an denen sie vom frühen Morgen bis zum späten Abend in den zerklüfteten Aufstauchungen wie Kulis schuften mußten, um einen einzigen Kilometer vorwärts zu kommen. Es gab aber auch Tage, an denen es ihnen gelang, drei oder fünf Kilometer zurückzulegen. Über solche Tage konnten sie sich jedoch nicht einmal freuen; denn was nützten ihnen die drei oder fünf Kilometer, die sie nach Süden gewandert waren, wenn die Standortmessung des nächsten oder übernächsten Tages zeigte, saß sie sich in Wirklichkeit 20, 30 oder sogar 50 Kilometer nach Osten, Westen oder Norden bewegt hatten – je nachdem, in welche Richtung das Eis gerade driftete.

Sie waren der Verzweiflung nahe. Manchmal glaubten sie, den Verstand zu verlieren. Sie würden wohl zusammengebrochen sein, wenn ihnen nicht immer wieder Bären vor die Flinte gelaufen wären. Ihr Blut konnten sie trinken, ihr Fleisch essen und ihre Felle sich um die eiternden Füße wickeln.

Sie gaben den Kampf nicht auf, trotz aller Widerwärtigkeiten, trotz Schnee, Eis, Sturm und Kälte, mochte ihr Tun auch sinnlos erscheinen. Und so gelang ihnen das Unwahrscheinliche: am Dienstag, dem 5. Oktober, landeten sie auf der unter ewigem Eis liegenden Insel Vitö, etwa 50 Kilometer östlich von Spitzbergen. Zum ersten Male seit 86 Tagen hatten sie wieder festen Boden unter den Füßen.

Am nächsten Tag setzte ein schwerer Schneesturm ein. Sie ließen sich nicht unterkriegen, bereiteten den Bau einer Eishütte vor, erkundeten die Umgebung und zogen am 7. Oktober ihr mit Vorräten reich beladenes Boot weiter an Land.

Und dann? Was nach dem 7. Oktober geschah, wissen wir nicht. Wir kennen nur noch die letzte Eintragung Strindbergs, der am Sonntag, dem 17. Oktober 1897, notierte: ›Nach Hause, 7.05‹

Dreiunddreißig Jahre später, am 6. August 1930, entdeckte die Besatzung des Robbenfängers ›Bratvaag‹ das Lager Andrées mit den sterblichen Überresten der drei Luftfahrer sowie deren zum Teil gut erhaltenen Tagebüchern. Da ebenfalls reichlich Nahrungsmittel gefunden wurden, ist schwer zu sagen, warum Andrée, Fraenkel und Strindberg starben, nachdem sie sich praktisch in Sicherheit gebracht hatten. Auf Grund der Funde und Dokumente wird folgendes vermutet: Da Strindbergs letzte Notiz ›Nach Hause, 7.05‹ lautet und zwischen dem 7. und 17. Oktober niemand eine Eintragung machte, ist anzunehmen, daß sich die drei nochmals auf das Meer hinauswagten, um den Versuch zu machen, Spitzbergen zu erreichen. Storö ist bei klarem Wetter von Vitö aus zu sehen.

Dann starb Strindberg. Dies steht fest, da seine sterblichen Überreste in einem Felsspalt gefunden wurden und Andrée und Fraenkel seine Wertsachen säuberlich zusammengepackt und verschnürt hatten.

Andrée und Fraenkel starben Seite an Seite. Sie lagen auf nacktem Boden. Warum sie sich nicht auf die vorhandenen Eisbärenfelle legten und ihre Schlafsäcke nicht benutzten, wissen wir nicht.

Opfer müssen gebracht werden. Das wußte auch der langaufgeschossene, rotblonde Engländer Percy Sinclair Pilcher, der die Angewohnheit hatte, die Hände tief in die Taschen zu stecken, wenn er die Lösung eines Problems suchte. Er hatte das Lilienthalsche Gleitflugzeug verbessert und eine neue, einfache Startart gefunden: er ließ sich mit einem Seil hochziehen, als wäre sein Gleitapparat ein Kinderdrachen. So startete er auch am 30. September 1899, obwohl es regnete und ein böiger Wind wehte. Er wußte, welcher Gefahr er sich aussetzte, wollte aber einige Menschen nicht enttäuschen, die eigens nach Market Harborough gekommen waren, um ihn fliegen zu sehen. Vorsorglich machte er zunächst nur einen kleinen Flug, und als dieser einwandfrei verlief, ließ er sich beim zweiten Start höher ziehen.

Die Zuschauer waren begeistert, als er in etwa 25 Meter Höhe dahinsegelte. Doch dann fuhren sie erschrocken zusammen: irgend etwas hatte gekracht. Im nächsten Augenblick sahen sie, daß Pilcher das Gleichgewicht verlor. Die Maschine stürzte zu Boden und begrub den befähigten Nachfolger und Schüler Lilienthals, der wie kein anderer dazu berufen gewesen war, das Erbe seines Meisters anzutreten.

Genaugenommen hatte er das Erbe bereits angetreten. Denn er war es, der die Amerikaner Herring und Chanute zur Segelfliegerei brachte, und diese wiederum gaben den Gebrüdern Wright die erste Anleitung.

Chanute hielt sich in seinen Konstruktionen allerdings weniger an Lilienthals Gleitapparat als vielmehr an dessen Modell eines Doppeldeckers, das hinten einen Pfeilschwanz zeigte, den der Amerikaner zu zwei sich kreuzförmig schneidenden Kielflächen ausbildete, die sich dadurch nicht nur selbst trugen und die vorderen Tragflächen pfeilartig ausrichteten, sondern den Apparat bei seitlichen Windstößen auch gegen den Wind stellten. Damit war in etwa schon das Stabilitätsschema für den späteren Gleitapparat der Gebrüder Wright gegeben.

Bevor diese jedoch – und parallel mit ihnen der Amerikaner Samuel Pierpont Langley – ernsthaft in den Kampf um die Entscheidung ›schwerer‹ oder ›leichter‹ als Luft eingreifen konnten, traten Graf Ferdinand von Zeppelin und Santos-Dumont auf den Plan, die alles daransetzten, dem Luftschiff zum endgültigen Sieg zu verhelfen. Dabei schien der Graf die größeren Chancen zu haben.

Sein Interesse galt in erster Linie der militärischen Bedeutung der Luftfahrzeuge. Er war Soldat und hatte in zwei Kriegen – als Freiwilliger im nordamerikanischen Sezessionskrieg 1861/65 und als Generalstabsoffizier im Deutsch-Französischen Krieg 1870/71 – den Einsatz von Ballons erlebt. Dennoch dürfte sein auf die Entwicklungsmöglichkeiten gerichtetes Denken durch eine Schrift des deutschen Generalpostmeisters Heinrich von Stephan beeinflußt worden sein, der sich schon 1874 mit dem Problem ›Weltpost und Luftschiffahrt‹ auseinandersetzte.

Stephan hatte geschrieben: ›Der Luftozean bietet idealste Möglichkeit zur schnellen Postbeförderung. Die Hauptsache bleibt die Erfindung einer hinlänglich starken Kraftmaschine von möglichst geringem Gewicht und Feuerungefährlichkeit. Dampfmaschinen genügen nicht.‹

Das erkannte Stephan absolut klar. Und doch: auch er war ein Kind seiner Zeit. Denn er sagte weiter: ›Sollte es möglich sein, dem Ballon eine Eigenbewegung zu geben, so würde – selbst wenn auf diese Weise durch ein uns bis jetzt noch unbekanntes Kraftmittel Geschwindigkeiten von 150 km/h gegen die Luftströmung erreicht werden könnten – aus physiologischen Gründen wohl doch davon Abstand zu nehmen sein, da unsere Lungen nicht die der Vögel sind und wir bei einer so rapiden Art, die Luft zu durchschneiden, ersticken würden.‹

Aber gleichgültig, ob Graf Zeppelin von Stephan beeinflußt wurde oder nicht, der Generalstabsoffizier war ein Draufgänger, dem nichts undurchführbar erschien. An die unmöglichsten Dinge wagte er sich heran, und er ließ den Kopf nicht hängen, wenn sich ihm Hindernisse in den Weg stellten.

Als junger Oberleutnant setzte er durch, daß er zu ›militärischen Studien‹ nach Amerika beurlaubt wurde. Er glaubte zu erkennen, daß dort Kriegswolken am Himmel hingen, kam tatsächlich zur rechten Zeit, kämpfte auf der Seite der Nordstaaten gegen die gefürchteten Truppen des Reitergenerals Stuart und erhielt vom Präsidenten Abraham Lincoln die Genehmigung, sich innerhalb der Heere der Vereinigten Staaten ungehindert zu bewegen, »um den Wert eines Milizheeres beurteilen zu können«. Dadurch kam er mit technischen Truppenteilen in Berührung, die zur Beobachtung des Feindes Fesselballons einsetzten.

Die ›Gaskugeln‹ beeindruckten ihn sehr, er fand jedoch keine Gelegenheit, sich mit ihnen zu beschäftigen. Das tat er erst später, nachdem er vor Paris erlebt hatte, wie führende Mitglieder der französischen Regierung, unter ihnen General Gambetta, die Stadt auf dem Luftwege verließen, um die Verbindung mit dem Hinterland aufrechtzuerhalten und die Provinzen zu mobilisieren. Ballon um Ballon sah er über sich hinwegsegeln; er konnte sich gut vorstellen, mit welch triumphierendem Lächeln die Franzosen dabei auf die deutschen Belagerer hinabschauten.

Den Anblick der unbehindert über die Front hinwegfahrenden Gegner vergaß er nie. Und als er im Oktober 1887 zum Württembergischen Gesandten und Bundesratsbevollmächtigten ernannt wurde, unterbreitete er – anknüpfend an die Erfolge der Capitaine Rénard und Krebs – dem König von Württemberg eine Denkschrift zur Lösung des Luftschiffproblems.

Der König fand die Vorschläge recht interessant und – ließ sie zu den Akten legen. Was sollte er damit? Heiligsblechle, nei, er konnte sich nicht um alles kümmern.

Der mit 35 Jahren zum General avancierte Graf ließ sich nicht beirren. Er schied aus dem aktiven Heeresdienst und beauftragte den Diplomingenieur Theodor Kober mit dem Entwurf eines ›Luftfahrzuges‹, den er drei Jahre später, 1894, Kaiser Wilhelm I., den er glücklicherweise persönlich bemühen konnte, mit der Bitte um Prüfung durch eine Sachverständigenkommission vorlegte.

Erfolg: bei aller Anerkennung einzelner Gedanken fiel das Gutachten in seiner Gesamtheit negativ aus.

Graf Zeppelin schnaubte und reichte den Entwurf zum Patentschutz ein. Unter dem 31. August 1895 erhielt er die Patentschrift, in der es heißt: ›Den Gegenstand der vorliegenden Erfindung bildet ein lenkbarer Luftfahrzug, welcher im wesentlichen dadurch gekennzeichnet ist, daß er aus mehreren beweglich miteinander verbundenen Fahrzeugen besteht, von denen das eine das Triebwerk enthält, während die übrigen zur Aufnahme der zu befördernden Lasten dienen. Das Zugfahrzeug und die Lastfahrzeuge haben im wesentlichen eine zylindrische Form von gleichem Durchmesser; sie werden durch Kupplungen zusammengehalten. Der Zwischenraum zwischen je zwei Fahrzeugen wird durch einen zylindrischen Mantel, welcher sich über die zylindrische Hülle der beiden benachbarten Fahrzeuge legt, abgeschlossen, so daß sich der Wind nicht in den Zwischenräumen fangen kann.‹

›Bittend um das Geleite der deutschen Ingenieure auf dem noch so dunklen Pfade, den ich einzuschlagen gedenke‹, wandte sich Graf Zeppelin ein Jahr später an den ›Württembergischen Bezirksverein des Vereins deutscher Ingenieure‹, dem er im Stil jener Tage schrieb: ›Möchten es Sie als Ihre vaterländische Pflicht betrachten, die Prüfung des von mir Geschaffenen nicht mehr ruhen zu lassen und den Meinungskampf darüber mit mir sofort eröffnen. Wenn Sie mir beweisen, daß ich geirrt habe, ich werde auch dafür von Herzen dankbar sein. Denn der Schmerz, daß meine Arbeit vergeblich gewesen, wäre unendlich leichter zu ertragen als das Leben mit dem Glauben in der Brust, dem Vaterlande eine herrliche Gabe bereitet zu haben und dabei sehen zu müssen, daß das Kleinod nicht erkannt und darum nicht aufgegriffen wird.‹

Der Vorstand des Bezirksvereins war von den markigen Worten des Grafen zutiefst beeindruckt und ›stellte sich solcher Bitte gegenüber nicht auf den Standpunkt, daß hier der Meister sein Werk schon im voraus lobe‹. Er würdigte die ruhmreiche Vergangenheit des Grafen und empfahl in einem Gutachten das Unternehmen ›in voller Erkenntnis und Würdigung der scheinbar entgegenstehenden grundsätzlichen Bedenken‹.

Damit war das Eis gebrochen. Zeppelin gründete die ›Gesellschaft zur Förderung der Luftschiffahrt‹, deren Aktienkapital 800 000 Mark betrug. Für gut 400 000 Mark Aktien fanden sich Abnehmer, den Rest übernahm er selbst.

Der Bau konnte beginnen. Als erstes wurde in der Bucht von Manzell am Bodensee eine schwimmende Luftschiffhalle errichtet, deren Ausmaße die Öffentlichkeit in Staunen versetzte und erregte, als man erfuhr, daß die Arbeiten im Inneren der Halle streng geheimgehalten wurden. Journalisten aus aller Welt erschienen; sie konnten nichts anderes tun, als – auf die Patentschrift von 1895 gestützt – mehr oder weniger phantasievolle Berichte über den Bau ›eines mehrteiligen lenkbaren Luftzuges‹ zu schreiben und tiefsinnige Betrachtungen darüber anzustellen, warum der Graf wohl eine schwimmende und keine feststehende Halle gewählt hatte. Dabei war der Grund recht einfach. Am Boden mußte das Manövrieren mit einem 128 Meter langen und im Durchmesser fast 12 Meter großen Luftschiff auf unübersehbare Schwierigkeiten stoßen. Um allen Gefahren aus dem Wege zu gehen, baute Zeppelin eine schwimmende und somit drehbare Halle, die es ermöglichte, das Luftfahrzeug bei jeder Windrichtung mit Motorbarkassen herauszuholen und wieder einzubringen.

Dem Bau des Luftschiffes, das die Bezeichnung Z 1 erhielt, kamen in jenen Tagen zwei Umstände zugute: die plötzliche Verbilligung des Aluminiums und die rasche Entwicklung des Benzinmotors.

1855 hatte ein Kilogramm Aluminium noch 1 000 Mark gekostet, 1886 sank der Preis auf 100 Mark, 1891 auf ein Sechstel dieser Summe und 1900 schließlich auf 2 Mark. Dadurch war die Möglichkeit gegeben, Aluminium zu verwerten und ein ungewöhnlich leichtes, mit Stahldrähten zu verspannendes Gerüst zu erstellen, dessen in Schotten eingeteilter Innenraum die einzelnen Ballons aufnehmen konnte.

Die Frage des Antriebs war durch die Erfindung des Benzinmotors gelöst, den Gottlieb Daimler – von Wilhelm Maybach unterstützt – überraschend dadurch schuf, daß er eine genial einfache Erkenntnis in die Tat umsetzte. Von der Überlegung ausgehend, daß bei einer bestimmten Leistung das Gewicht eines Motors um so geringer werden muß, je höher seine Drehzahl ist, versuchte er diese zu erhöhen, was ihm schließlich durch die Schaffung der Glührohrzündung gelang. 1885 baute er den ersten Motor, noch im gleichen Jahre das erste ›Motorzweirad‹, und schon 1886 folgte der gemeinsam mit Maybach entworfene Daimler-Kutschwagen: das erste Automobil!

Wie klar der Württemberger die Tragweite seiner Erfindung erkannte, zeigen seine Worte: »Mein Motor verhält sich in seiner Leistung, verglichen mit den übrigen Systemen, wie das Schnellfeuergeschütz zum alten Steinschloßgewehr.«

Doch was nützte dieses Wissen? Die Luftschiffertruppe lehnte den Ankauf seiner Erfindung ab, und erst im Verlauf der nächsten Jahre konnte Daimler am Luftfahrzeug des Dresdener Buchhändlers Dr. H. Wölfert praktische Versuche mit einem 2-PS-Motor anstellen, die zur Entwicklung eines 5-PS-Vierzylindermotors führten, den der Deutsche David Schwarz in ein Aluminium-Luftschiff einbaute, das er im Auftrage der Russen entworfen hatte.

Und dennoch: Das lenkbare Luftschiff steckte noch tief in den Kinderschuhen; es konnte praktisch nur bei Windstille dirigiert werden. Daran hatte sich seit dem 9. August 1884, an dem Charles Rénard und A. C. Krebs ihre erste Fahrt mit dem Luftschiff ›La France‹ durchgeführt hatten, nichts geändert. Und der Freudentaumel, der nach dieser Fahrt in Paris ausgebrochen war, hatte sich schnell wieder gelegt, da schon der zweite Start der ›La France‹ erkennen ließ, wie wenig das Problem der Lenkbarmachung des Ballons gelöst war. Das geringste Aufkommen von Wind zwang zur Landung. Ein Elektromotor von 9 PS ist nun einmal nicht in der Lage, mehr als 9 PS zu entwickeln, und an eine längere Fahrt konnte ohnehin nicht gedacht werden, weil die Batterien immer schnell leer waren. Also entschloß man sich eines Tages, ›La France‹, das schon kühne Luftverkehrsträume erweckt hatte, in aller Stille abzuwracken.

Auch in Amerika machte man betrübliche Erfahrungen. Dort gelang es dem Juwelier Peter C. Campbell zwar im Dezember 1888, auf Coney Island mit einem Elektroluftschiff ›eine halbe Stunde lang mit großer Sicherheit und Genauigkeit nach allen Himmelsrichtungen zu fahren, blitzschnell zu wenden und dann an einer vorgeschriebenen Stelle ohne fremde Hilfe zu landen‹, wie es eindrucksvoll in einem zeitgenössischen Bericht heißt.

Die Wirklichkeit dürfte anders ausgesehen haben, denn als der Wissenschaftler Professor Hogan mit dem von Campbell gebauten Luftschiff aufstieg, wurde er vom Wind erfaßt und seewärts fortgetrieben – hinaus auf den Atlantischen Ozean. Von Professor Hogan und dem Luftschiff wurde nie wieder etwas gesehen.

Das Schicksal des deutschen Buchhändlers Dr. Hermann Wölfert zeigt ebenfalls, wie es in Wirklichkeit um die Lenkbarmachung der Ballons bestellt war. Dr. Wölfert, dessen elipsoides, mit einem Daimler-Motor ausgerüstetes Luftschiff in Stuttgart und Ulm einige zufriedenstellende Probefahrten machte, war so stolz auf das Erreichte, daß er, als Antwort auf ›La France‹, sein Luftschiff ›Deutschland‹ taufte und damit nach Berlin fuhr, um es vor geladenen Sachverständigen und Offizieren der Berliner Luftschifferschule auf dem Tempelhofer Feld vorzuführen.

Zur Füllung wurden ihm Soldaten zur Verfügung gestellt, und als er nach Beendigung aller Vorbereitungen den Motor zur Probe einmal laufen ließ, machte ihn der Kommandeur der Luftschifferschule, Georg von Tschudi, darauf aufmerksam, daß die aus dem Auspuff schlagenden Flammen das Gas des Ballons zur Entzündung bringen könnten.

Dr. Wölfert bedeutete ihm, der Fahrtwind sorge schon dafür, daß sich zwischen der Luftschiffhülle und dem Motor kein explosives Gemisch bilde. Sprach's, kletterte mit seinem Monteur A. Knabe in die Gondel und startete.

Kaum hatte sich das Luftschiff von der Erde abgehoben, da fiel das zwischen Hülle und Gondel aufgehängte große Seitensteuer herab, und es war klar, daß die ›Deutschland‹ nun auf keinen Fall mehr manövriert werden konnte. Dennoch brach Dr. Wölfert das Unternehmen nicht ab, und als das mit dem Wind treibende Luftschiff eine Höhe von etwa 600 Meter erreichte, trat ein, was v. Tschudi befürchtet hatte. Eine Stichflamme schoß aus der Ballonhülle, und Sekunden später stürzte ein loderndes Bündel zur Erde herab.

Fast an der gleichen Stelle verunglückte das Aluminiumluftschiff von David Schwarz. Hätte David Schwarz etwas mehr Glück gehabt, stünde sein Name heute wahrscheinlich in großen Lettern über dem Kapitel der lenkbaren Luftschiffe, denn es war eine großartige Idee, Aluminium, dessen spezifisches Gewicht nur 2,7 beträgt, als Baustoff für Luftschiffe zu verwenden. Daß David Schwarz auf diesen Gedanken kam, ist verwunderlich, weil er Holzhändler war und in den Wäldern von Ungarn lebte. Das hinderte ihn jedoch nicht, sich an seiner eigenen Idee so zu entzünden, daß er seinen Beruf aufgab und als Arbeiter in eine Aluminiumfabrik eintrat, um das merkwürdige, aus Tonerde gewonnene Metall genauestens kennenzulernen. Dann entwarf er ein Aluminiumluftschiff und fuhr nach Wien, wo er versuchte, den österreichischen Kriegsminister für seine Pläne zu gewinnen. Das war freilich ein hoffnungsloses Unterfangen. Ohne Rang und Namen konnte man im Wien der Jahrhundertwende nichts machen.

Aber auch etwas anderes ist bezeichnend für das damalige Wien. Irgend jemand entrüstete sich bei einem Hofrat über die Schlamperei im Kriegsministerium, und schon wanderte die Kunde vom Metall-Luftschiff des ungarischen Herrn Holzhändlers Schwarz auf geheimnisvolle Weise nach Petersburg.

Oben
Das von den Gebrüdern Wright auf braunem Packpapier entworfene und in mühsamer Arbeit fertiggestellte erste Motorflugzeug kurz vor seinem Jungfernflug auf der Startschiene, die so konstruiert war, daß sie nach allen Seiten verlegt werden konnte – je nachdem, von welcher Seite der Wind wehte. Gut erkennbar ist der in der Mitte zwischen den Tragflächen versetzt eingebaute Motor, der zwei Propeller über Fahrradketten antrieb. Rechts vom Motor war der Platz des Piloten.

Unten
Ein historischer Augenblick: der Wrightsche Motorflugapparat hebt sich zum erstenmal von der Erde.

Linke Seite: links oben
Das Modell des von Professor Samuel Pierpont Langley entworfenen Eindeckers mit zwei Tragflächen in Tandemanordnung. Professor Langley war schon über fünfzig Jahre alt, als er mit dem Bau von Flugzeugmodellen begann, deren Propeller er, wie Alphonse Pénaud, mit Gummibändern antrieb. Das Kriegsministerium stellte ihm zu Versuchszwecken 50000 Dollar zur Verfügung. Mit diesem Geld, und vor allen Dingen mit der tatkräftigen Unterstützung seines Assistenten Charles M. Manly, baute er ein Flugzeug, das mit einem 5-Zylinder-Sternmotor ausgerüstet wurde. Doch die von einem Hausboot vorgesehene Katapultierung klappte nicht, und Manly stürzte in den Fluß.

Linke Seite: Mitte
Das Hausboot auf dem Potomac, von dem Manly startete. Gut zu sehen ist die nach vorne führende Katapultbahn, auf der Langleys Aeroplan startbereit steht.

Linke Seite: unten
Kaum hatten die Gebrüder Wright ihren ersten geglückten Motorflug gemeldet, da behauptete Gustav Whitehead, sein ursprünglicher Name war Weißkopf, mit dem hier abgebildeten Flugzeug schon zwei Jahre zuvor geflogen zu sein. Seine Behauptung wurde durch Zeitungsmeldungen erhärtet. Es wäre falsch, diese Meldungen einfach zu leugnen, zumal Spannweite und Form des ›Albatros‹, wie Whitehead sein Flugzeug nannte, dem Wind eine beachtliche Angriffsfläche boten.

Linke Seite: rechts oben
Professor Dr. August von Parseval.

Rechte Seite: oben
Hier sitzt Orville Wright bereits während des Fluges, und da er an diesem Tage über Wasser fliegen wollte, band er vorsorglich ein Kanu unter die Tragfläche. Gut erkennt man auf diesem Foto die Ketten, welche die Propeller antreiben. Das hinter dem Benzintank hochragende dunkle Rechteck ist der Wasserkühler des Motors.

Rechte Seite: Mitte
Das von Julliot für die Gebrüder Lebaudy entworfene Luftfahrzeug ›Le Jaune‹.

Rechte Seite: unten
Das ›Prall-Luftschiff‹ des Majors Dr. von Parseval.

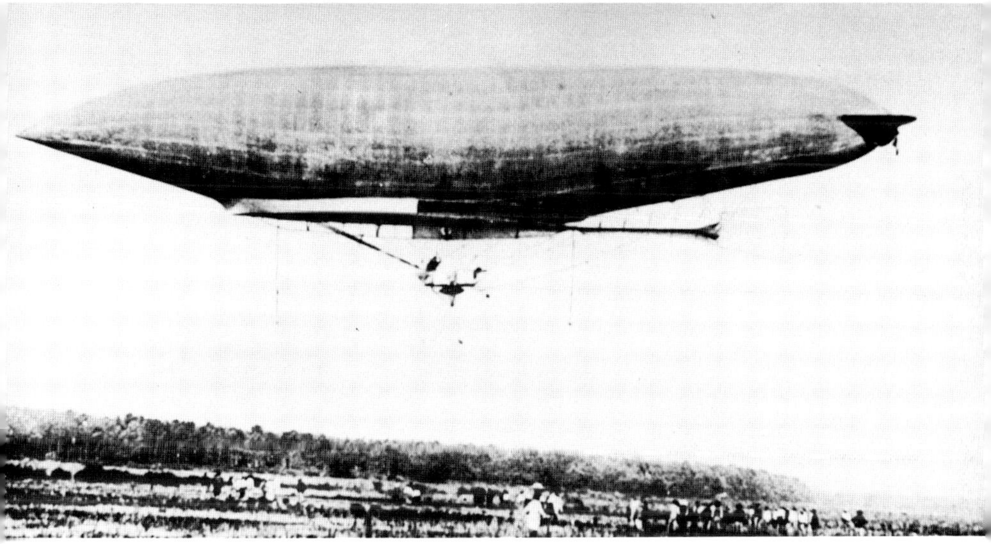

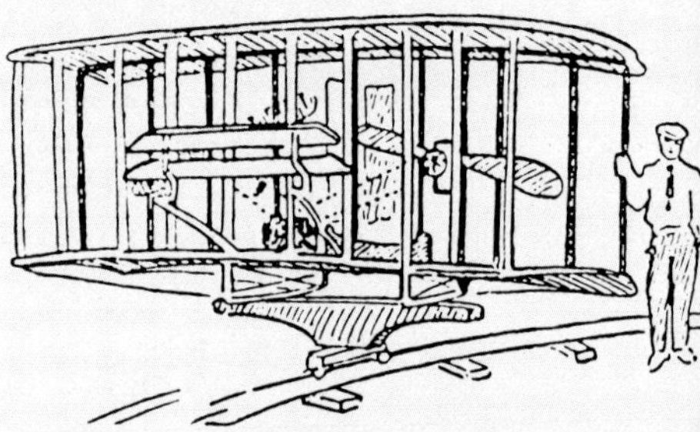

Linke Seite: links oben
Zum größten sportlichen Ereignis wurde das nach seinem Stifter benannte Gordon-Bennett-Rennen, das zum erstenmal am 16. September 1906 in Paris gestartet wurde. Gordon Bennett war der Inhaber der Zeitung New York Herald. Den ersten Preis errang der Amerikaner Lahn.

Linke Seite: rechts oben
Dr.-Ing. h. c. Dürr, einer der ältesten Mitarbeiter des Grafen Zeppelin, unter dessen Leitung das Zeppelin-Luftschiff zum Luftverkehrsmittel entwickelt wurde.

Linke Seite: Mitte
Die von Coquelle ›besorgte‹ und in der Zeitschrift ›L'Auto‹ am 25. Dezember 1905 veröffentlichte Zeichnung des Wrightschen Flugapparates.

Linke Seite: unten
Santos-Dumont, der seine Luftschiffe im Stich ließ und sich nur noch für Motorflugzeuge interessierte, als er vom ersten Flug der Gebrüder Wright hörte.

Rechte Seite: oben
Das Luftschiff LZ 2 kurz vor dem Aufstieg am 17. Januar 1906.

Rechte Seite: Mitte
LZ 4 wird aus seiner schwimmenden Halle gebracht. Die Halle war schwimmend gebaut, um sie in die Richtung des Windes drehen zu können.

Rechte Seite: unten
Santos-Dumonts ›Drachenflieger Wrightscher Art‹, mit dem er zunächst Flugversuche an einem Stahlseil durchführte; die Flugrichtung ist von links nach rechts.

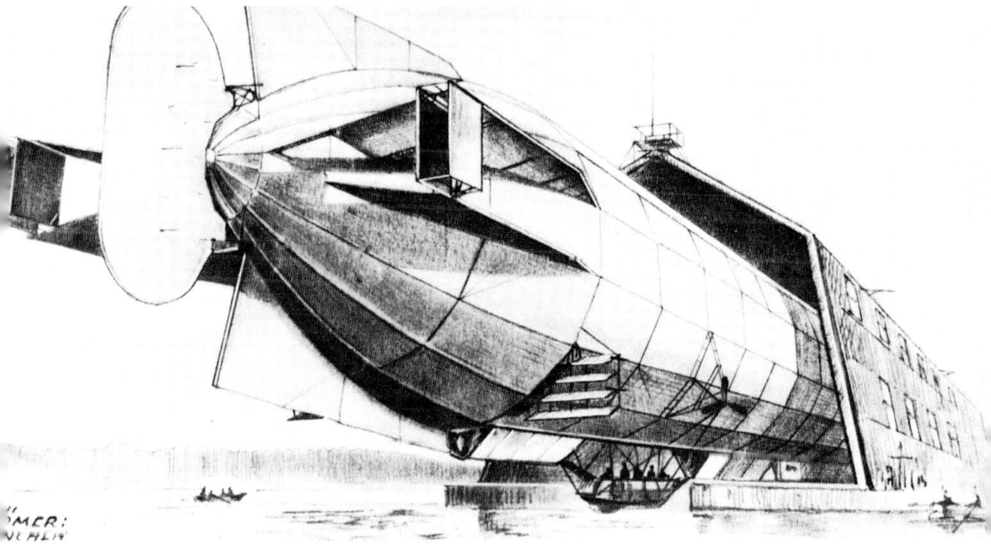

14 bis

Linke Seite: oben
Ein an den Grafen Zeppelin nach der Katastrophe von Echterdingen gerichteter Brief eines Münchener Jungen.

Linke Seite: Mitte
Santos-Dumont auf dem Sitz des von ihm konstruierten Drachenfliegers, mit dem er am 13. September 1906 seinen ersten Flug durchführte.

Linke Seite: unten
Mit dieser Karikatur glossierte Th. Th. Heine im Simplizissimus das ›Duell zwischen Starr und Halbstarr‹. Der Text lautete: »Na ja, Herr Graf, aber theoretisch is Ihre Sache man doch bloß ne Kinderei.«

Rechte Seite: oben
Das am 5. August 1908 unbeschädigt in Echterdingen gelandete Luftschiff LZ 4.

Rechte Seite: Mitte
Ein französisches Militärluftschiff aus dem Jahre 1912.

Rechte Seite: unten
Der von Gabriel Voisin für den Bildhauer Leon Delagrange gebaute ›Drachenflieger‹, mit dem Charles Voisin am 16. März 1907 zum erstenmal startete.

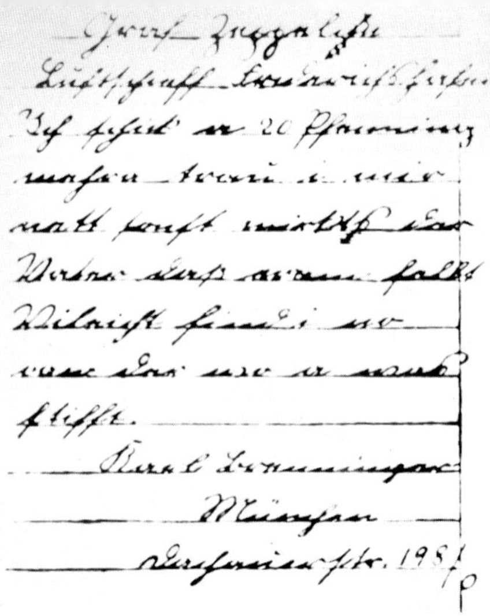

Linke Seite: oben
Wilbur Wright mit seinem Schüler Tissandier (rechts).

Linke Seite: Mitte
Der Engländer Hubert Latham auf dem ›Hochsitz‹ seines von Levavasseur gebauten Antoinette-Eindeckers, dessen Steuerung recht merkwürdig war. Auf jeder Seite des Piloten befand sich ein Handrad zur Betätigung des Höhensteuers resp. der Querruderklappen. Das Seitensteuer wurde, wie allgemein üblich, über Fußhebel bedient.

Linke Seite: unten
Hubert Latham nach dem Start zur Überquerung des Ärmelkanals.

Rechte Seite: oben
Der Antoinette-Eindecker Hubert Lathams nach der Notlandung im Ärmelkanal.

Rechte Seite: unten
Louis Blériot, in der Mitte mit Sportmütze, macht die von ihm konstruierte ›Blériot XI‹ startbereit.

Linke Seite: oben
Blériot unmittelbar nach seinem Start zum Flug über den Ärmelkanal.

Linke Seite: Mitte
Madame Blériot fährt mit ihrem Mann und dessen Freunden von Month Pale nach London, wo Blériot, hinten in der Mitte, wie ein König empfangen wurde.

Linke Seite: unten
Blériot nach der Landung im Gespräch mit seiner Frau.

Rechte Seite: oben
Der von den Berlinern ›Stube, Kammer und Küche‹ genannte Voisin-Doppeldecker des Franzosen Armand Zipfel. Flugrichtung: von links nach rechts.

Rechte Seite: Mitte
Henry Farman während seines Distanzfluges von 189,95 km.

Rechte Seite: unten
Hubert Lathams Antoinette-Eindecker galt als das schönste aller Flugzeuge. Es ist die gleiche Maschine, mit der Latham einige Wochen vorher im Ärmelkanal notlanden mußte.

20

13

Linke Seite: oben
Der Kronprinz läßt sich von Orville Wright – mit Sportmütze – den Wrightschen Motorflugapparat erklären.

Linke Seite: Mitte
Das von Gipkens für den Franzosen Hubert Latham entworfene Werbeplakat.

Linke Seite: unten
Hans Grade auf seinem ersten Dreidecker, den er mit einem 36-PS-Grade-Motor ausrüstete. Tragflächen, Holme, Verstrebungen, Rumpf und Leitwerk waren aus Bambusrohr und Leinen gefertigt. Lediglich der Motorblock und die Fahrwerkstreben waren aus Stahlrohr geformt.

Rechte Seite: links oben
Henry Farman eröffnete 1910 in Bue (Frankreich) eine Fliegerschule. Hier sieht man den Engländer Graham White, der ein bekannter Flieger wurde, im Pilotensitz eines Farman-Doppeldeckers.

Rechte Seite: rechts oben
August Euler legte als erster Deutscher die Flugzeugführerprüfung gemäß den Bestimmungen der FAI ab und erhielt den deutschen Flugzeugführerschein Nr. 1.

Rechte Seite: Mitte
Nachdem Hans Grade auf seinem Dreidecker die ersten Luftsprünge gemacht und Grunderfahrungen gesammelt hatte, baute er diesen Grade-Eindecker, mit dem er am 30. November 1903 den Lanz-Preis der Lüfte gewann. Das Foto zeigt ihn während der Vorführung. Typisch für den Grade-Eindecker ist der Hängesitz unter der Tragfläche.

Rechte Seite: links unten
Der berühmte französische Antoinette-Motor (8 Zylinder, V-Form, 40 PS) aus dem Jahre 1909.

Rechte Seite: rechts unten
Hier baut der Amerikaner Glenn H. Curtiss mit seinem Monteur den selbstkonstruierten Doppeldecker auf, mit dem er mehrere Preise gewann.

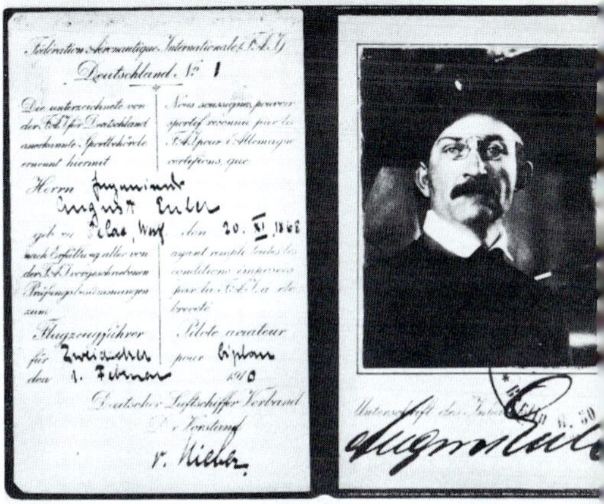
Fédération Aéronautique Internationale (F.A.I.)
Deutschland No 1
Die unterzeichnete von der F.A.I. für Deutschland anerkannte Sportbehörde ernennt hiermit
Nous soussignés, pouvoir sportif reconnu par la F.A.I. pour l'Allemagne certifions, que
Herrn Ingenieur August Euler
geb. zu Oelde, Westf. den 20. XI. 1868
nach Erfüllung aller von der F.A.I. vorgeschriebenen Prüfungsbestimmungen zum
ayant rempli toutes les conditions imposées par la F.A.I. a été breveté
Flugzeugführer für Zweidecker den 1. Februar 1910
Pilote aviateur pour biplan
Deutscher Luftschiffer Verband
Der Vorstand
v. Nieber

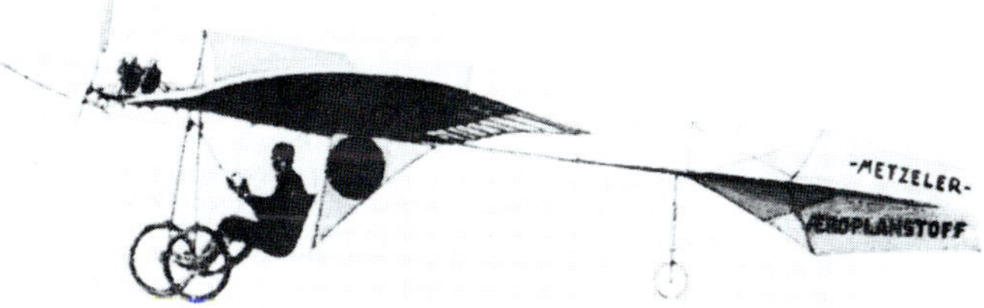

Linke Seite: oben
Einer der rührigsten französischen Piloten war der Fluglehrer Louis Paulhan. Das Foto veranschaulicht die Gestaltung der damaligen ›Cockpit‹. Der Pilotensitz ist das Stück einer Leiter, die – ein wenig vorstehend – auf der unteren Tragfläche befestigt wurde. Mit den Füßen bediente man das Seitensteuer, mit der rechten Hand wurden Höhen- und Querruder betätigt.

Linke Seite: Mitte
Der Peruaner Geo Chavez auf dem Pilotensitz seines Blériot-Eindeckers.

Linke Seite: unten
Man könnte glauben, einen traurigen Clown vor sich zu haben, aber es ist der französische Pilot Poillot, der sich mit seinem Foxl am Steuer seines Voisin-Doppeldeckers fotografieren ließ. Das Bild veranschaulicht hervorragend, wie primitiv die damaligen Flugzeuge waren.

Rechte Seite: links oben
Ein Mann, der berühmt werden sollte: Captain Geoffrey De Havilland in Aldershot auf dem Führersitz des von ihm konstruierten Doppeldeckers DH 2. Auch die Kraftquelle des Flugzeuges, ein 35/50-PS-4-Zylinder-Motor, wurde von de Havilland entworfen.

Rechte Seite: links Mitte
Henry Fournier nahm in Reims die Kurve um den Wendemast zu eng, ›schmierte ab‹ und machte ›Kleinholz‹. Er selbst kam mit dem Schrecken davon.

Rechte Seite: links unten
Der englische Motorindustrielle Charles Stewart Rolls, Mitbegründer der bekannten Rolls-Royce-Werke, am Steuer seines Wright-Doppeldeckers, mit dem er im Juni 1910 als erster Brite von England nach Frankreich und zurück flog. Rolls besaß das englische Flugpatent No. 2. Kurz nach seinem Flug über den Ärmelkanal stürzte er bei einem Flugmeeting in Bournemouth tödlich ab (12. Juli 1910).

Rechte Seite: rechts oben
Baronin Raymonde de Laroche war die erste Pilotin. Bereits 1909 steuerte sie einen Voisin-Doppeldecker.

Rechte Seite: rechts unten
Ein Zufallsfoto, das den Augenblick festhält, in dem Geo Chavez in das ›Zwischenbergental‹ einfliegt.

Oben
Der Münchner Arzt Otto Erik Lindpaintner auf einem Otto-Doppeldecker.

Mitte
Ernst Heinkel bei einem seiner ersten Flüge über dem ›Cannstatter Wasen‹.

Unten
Der von Franz Schneider konstruierte Nieuport-Eindecker No. 1, mit dem er am 19. Dezember 1908 zum erstenmal startete.

Und dann dauerte es nicht lange, bis David Schwarz von hohen russischen Offizieren eingeladen wurde, sein Projekt in Rußland zu verwirklichen.

David Schwarz zögerte nicht. Sofort reiste er nach Rußland und erhielt dort, was er benötigte. Nach zweijähriger Arbeit war das erste Aluminiumluftschiff fertiggestellt, und als zwei Probefahrten zur vollen Zufriedenheit verlaufen waren, da zeigte sich, daß nicht nur Wien, sondern auch Petersburg seine Eigenarten hat. David Schwarz erfuhr von einem befreundeten Offizier, daß er verhaftet und deportiert werden sollte; man hatte ihn ja nicht mehr nötig. Es gelang ihm, mit Hilfe eines falschen Passes nach Deutschland zu flüchten, wo er – wie könnte es anders sein – nunmehr als interessanter Flüchtling mit offenen Armen aufgenommen wurde. Man stellte ihm auf dem Tempelhofer Feld eine große Halle zur Verfügung, und der einzige deutsche Aluminiumfabrikant, Carl Berg, entschloß sich, das benötigte Material kostenlos zu liefern. Das Luftschiff wurde gebaut, doch noch bevor die erste Probefahrt unternommen werden konnte, starb David Schwarz an einem Schlaganfall.

Mit seinem Tod brach alles zusammen. Der erste Aufstieg wurde von einem ›Luftschiffsoldaten‹ durchgeführt, der noch nie in einer Ballongondel gesessen hatte, und als das Luftschiff verunglückt war, fanden sich weder das Kriegsministerium noch der Industrielle Kommerzienrat Carl Berg bereit, weitere Gelder in ein Projekt zu stecken, dessen Initiator nicht mehr unter den Lebenden weilte.

Trotzdem glaubte man gerade in jenen Tagen, die Probleme der Luftfahrt endgültig gelöst zu haben, und man blieb auch bei dieser Meinung, als immer wieder auftretende Unfälle das Gegenteil bewiesen. So die am 12. Mai 1902 erfolgte Explosion des Luftschiffes von Augusto Severos, der aus dem Unfall des Dr. Wölfert keine Lehre zog, obwohl er sie eigentlich gezogen hatte. Denn er hatte die beiden in der Gondel seines Luftschiffes ›Pax‹ eingebauten Buchet-Motoren mit Drahtgaze umgeben, um gegen eine Entzündung des beim Aufsteigen aus dem Ballon austretenden Gases geschützt zu sein. Am 12. Mai entfernte er diesen Sicherungsschutz jedoch aus völlig unverständlichen Gründen unmittelbar vor dem Aufstieg, und es kam dann in 400 Meter Höhe zu einer Explosion, die Paris erzittern ließ.

Sein Tod konnte den Grafen Zeppelin ebensowenig von der Durchführung seines Planes abhalten wie alle anderen Unfälle jener Zeit, bei denen namhafte Persönlichkeiten wie Bartsch von Sigsfeld, Dr. Franz Linke, Baron Otto von Bradsky und Paul Morin den Tod fanden. Graf Zeppelin war allerdings auch so klug, nur die Grundidee des ihm vorschwebenden Luftschiffes zu Papier zu bringen und die Konstruktion einem Fachmann zu überlassen. Und er hatte das Glück, vom Daimler-Werk zwei 15-PS-Motoren beziehen zu können, die eine Weiterentwicklung der für Dr. Wölfert und David Schwarz gebauten Aggregate waren. Diese Maschinen wurden in besonderen Motorengondeln untergebracht und trieben je zwei vierflügelige Luftschrauben von über einem Meter Durchmesser an, so daß erstmalig eine Kraftquelle von insgesamt 30 PS zur Verfügung stand.

Am 30. Juni 1900 sollte die Jungfernfahrt des Z 1 erfolgen. Die kleine Ortschaft Manzell glich einem Heerlager. Tausende und aber Tausende waren herbeigeeilt, um den großen Augenblick zu erleben. ›Auf dem See lag eine Flotte‹, schrieb ein Augenzeuge, ›wie sie vereint auf dem Schwäbischen Meer nicht so bald wieder auftreten wird: Dampfer, Motorboote, Segel- und Ruderfahrzeuge waren mit unzähligen Menschen dicht besetzt. Und am Ufer stand eine schier unübersehbare Menge.‹

Alle Augen richteten sich auf die schwimmende Halle, über der gegen Mittag ein Fesselballon zur Messung der Windstärke hochgelassen wurde. Die Hallentore aber wurden nicht geöffnet.

Verständlich, daß die Menschen enttäuscht waren und die Presse der allgemeinen Verärgerung Ausdruck verlieh. Unter der Überschrift ›Eine Ballonfahrt mit Hindernissen!‹ schrieb der Sonderberichterstatter der Frankfurter Zeitung: ›Das war gestern eine Enttäuschung, wie sie in dem weiten Seebezirk von Hegau bis zum St. Gallener Land wohl noch nie oder nur selten erlebt sein mag.‹ Nach eingehender Schilderung der Verstimmung der Zuschauer tadelte er, daß es an Proben und Vorversuchen gefehlt und die Werksleitung erst am Tag des Aufstiegs festgestellt habe, daß das Füllen des Luftschiffes nicht fünf, sondern fünfundzwanzig Stunden erfordere. ›Ein derartiger Rechnungsfehler kann vorkommen‹, schrieb er, ›allein, er läßt doch die ganze Art und Weise, wie der erste offizielle Aufstieg des neuen Ballons inszeniert wurde, in etwas eigentümlichem Licht erscheinen. Daß man sich in Berechnungen geirrt haben könne, daran hatte man entfernt nicht gedacht, ja, man war seiner Sache so sicher gewesen, daß man – man darf wohl sagen – das ganze Land in feierlicher Weise zu einem Schauspiel entbot, zu dem, wie sich im letzten Augenblick herausstellte, nicht einmal die Ouvertüre gespielt werden konnte.‹

Zwei Tage später, am 2. Juli 1900, gelang der erste Aufstieg dann aber doch. Offiziell wurde darüber berichtet: ›Außer dem Erfinder des Fahrzeuges nahmen an der Fahrt Baron Bassus, der Afrikareisende Eugen Wolf, Ingenieur Burr und Monteur Graß teil. Auf das gegebene Kommando hob sich der Koloß langsam zunächst um 5 bis 10 Meter, dann wurde er freigelassen und stieg unter den Hurrarufen der Zuschauer bis zu einer Höhe von 300 bis 400 Metern. Horizontalschwankungen des Ballons wurden mittels des Laufgewichtes leicht ausgeglichen, d. h. unter dem Luftschiff war ein nach vorne und hinten verschiebbares Gewicht angebracht, mit dem das Fahrzeug ausbalanciert und die Spitze gehoben und gesenkt werden konnte. Als die Luftschrauben in Bewegung gesetzt wurden, konnte es merklich gegen den Wind vorwärts kommen, dessen Stärke 4 bis 5 Meter in der Sekunde betrug. Bei dem darauffolgenden Versuch mit den Steuerapparaten, machte das Luftschiff eine Drehung von etwa 260 Grad. Man konnte ihm aber nicht rasch genug eine entgegengesetzte Richtung geben, so daß es gegen Immenstaad abgetrieben wurde, wo es nach einer Fahrt von etwa 20 Minuten glücklich, durch einen Pfahl im See beschädigt, auf dem Wasser landete. Der Dampfer »Buchhorn« schleppte das Floß zum Verankern des Luftschiffes herbei, und in der Nacht wurde das Luftschiff wieder in die Halle gebracht.‹

Aus dem zweifellos schöngefärbten Bericht geht eindeutig hervor, daß die Jungfernfahrt des Z 1 alles andere als zufriedenstellend verlief; darüber kann auch die ›glücklich‹ verlaufene Landung nicht hinwegtäuschen. Offensichtlich war das Problem der Lenkbarmachung von den Franzosen Rénard und Krebs schon besser gelöst. Diese Meinung vertrat auch der Sonderkorrespondent der Frankfurter Zeitung, der abschließend schrieb: ›Die Füllungskosten der gestrigen Auffahrt stellten sich auf rund 10000 Mark. Bedenkt man dazu, daß in dem Ballon und seinem Zubehör ein Kapital von etwa einer Million investiert wurde, so ist auf eine billige Beförderung durch die Luft, auch wenn alle bis jetzt noch dunklen Punkte des Problems Aufkärung erfahren sollten, vorderhand nicht zu hoffen.‹

Die gemachten Erfahrungen führten zu verschiedenen Verbesserungen, und am 21. Oktober gelang es dem Grafen, ›in einem weiten Bogen über den See zu fahren und an die Aufstiegsstelle zurückzukehren‹. Aber auch diese Tatsache konnte den Berichterstatter der Frankfurter Zeitung nicht begeistern; denn er errechnete eine Durchschnittsgeschwindigkeit von 3,5 m/sec und schrieb: ›Sonach hat es bis jetzt noch nicht den Anschein, als ob die künftige Beförderung per Luftschiff gerade den Reiz der Schnelligkeit haben dürfte. Wenigstens würde das Zeppelinsche Luftschiff beispielsweise nach seinen heutigen Leistungen ca. 40 Stunden brauchen, um diese Zeilen von Friedrichshafen nach Frankfurt zu bringen, wenn – kein Wind weht. Aber die bösen Winde ruhen ja leider so selten.‹

Es ist nicht ohne Reiz, den Namen des Korrespondenten zu erfahren, der eine so wenig gute Meinung vom Werk des Grafen hatte und den zukünftigen Wert der Luftschiffe recht gering einschätzte. Es war Dr. Hugo Eckener, der spätere weltberühmte Kommandant der ›Zeppeline‹.

Doch was der Saulus unter den Luftschiffern in jenen Tagen auch schrieb, in Deutschland, wo man die Pionierarbeit Otto Lilienthals noch immer nicht erkannt hatte, war man froh, endlich mit einer Leistung aufwarten zu können. Kaiser Wilhelm II. beeilte sich, ein Handschreiben an den Grafen zu richten, dem er in Anerkennung seiner Verdienste den Roten Adlerorden Erster Klasse verlieh.

Dadurch ruckte Graf Zeppelin in den Brennpunkt des öffentlichen Interesses und mit ihm das ›starre Luftschiff‹, das von Stund an nur noch ›Zeppelin‹ genannt wurde.

So berechtigt und erfreulich dies war, Deutschland verlor in jenen Tagen die letzte Chance, auf dem Gebiet des ›dynamischen‹ Luftfahrzeuges führend werden zu können. Denn der ›Zeppelin‹ wurde zu einer nationalen Angelegenheit, und niemand interessierte sich mehr für das Problem ›schwerer als Luft‹. Wer auf diesem Gebiet arbeiten oder gar Versuche anstellen wollte, mußte damit rechnen, verlacht zu werden; Unterstützung konnte er keinesfalls erwarten.

Aber auch in Frankreich war es weitblickenden Männern wie Capitaine Ferber nicht vergönnt, eine Bresche für das ›dynamische‹ Flugzeug zu schlagen. Bedingt durch die Erfolge von Rénard und Krebs sowie Graf Zeppelin, gelangten die Menschen zu der Überzeugung, daß die Zukunft der Luftfahrt beim Luftschiff liege.

Zu diesem Zeitpunkt tauchte in Paris der junge Brasilianer Alberto Santos-Dumont auf, der die bereits allgemein verbreitete Auffassung noch vertiefen und die Herzen der Franzosen im Sturm erobern sollte. Insbesondere die der Französinnen. Von dem schmalen Gesicht des heißblütigen Südländers waren sie ebenso fasziniert wie von seinen brennenden Augen und seinem Draufgängertum.

Ohne es zu wollen tat Santos-Dumont allerdings alles, um den Pariserinnen den Kopf zu verdrehen. Er bevorzugte sportliche Kleidung, trug gerne eine Nelke im Knopfloch und steuerte ein Automobil, dessen Messingkühler wie pures Gold glänzte. Daß er langsam fuhr, konnte man bei seinem Temperament nicht erwarten; knatternd und fauchend raste er mit dreißig und mehr Stundenkilometern über die Boulevards, wobei er elegante Bogen vollführte und sich besonders gerne unterschiedlich tönender, aber durchaus harmonierender Ballhupen bediente.

Imponierend war auch seine Sportmütze, die er der ›hohen‹ Geschwindigkeit wegen falsch herum aufsetzte. Ach, und erst die große Staubbrille über der Mütze! Und der lässig um den Hals geschlagene Wollschal, ganz zu schweigen von den dicken schweinsledernen Handschuhen, die er meistens auf dem Volant liegen ließ, wenn er ein Café oder Restaurant aufsuchte. Wohin ›der schöne Alberto‹ kam, erregte er Aufsehen. Er wußte es und genoß es.

Im Grunde genommen interessierte sich der außerordentlich vermögende Kaffeeplantagenbesitzer nur für technische Dinge. Einer seiner Bekannten hatte nicht unrecht, als er im Freundeskreis die Behauptung aufstellte: »Alberto führt uns alle miteinander an der Nase herum. Im Augenblick geht es ihm um nichts anderes, als sich zu akklimatisieren und unsere Sprache zu erlernen. Daß er es auf verrückte Art tut – mon Dieu, kann man von einem Verrückten erwarten, daß er sich normal benimmt? Bedenkt, er ist Südländer!«

Man lachte über die Bemerkung.

»Ich möchte sogar wetten, daß er mit einem ganz bestimmten Plan nach Paris gekommen ist!« fuhr der Sprecher fort.

»Wie kommst du darauf?«

Der Franzose zuckte die Achseln. »Ich habe festgestellt, daß er jeden Abend mit einem anderen Buch ins Bett geht.«

Man war entsetzt. »Mit *was* . . .?«

»Habt ihr keine Ohren? Jeden Abend mit einem anderen Buch!«

»Hier in Paris?«

»Ja! In seinem Hotelzimmer liegen an die fünfzig technische Wälzer. Über Autos, Motoren, Ballons, Luftschiffe . . .«

»Dann ist er bestimmt verrückt.«

»Hab' ich doch gesagt!«

Der Franzose kam der Wahrheit ziemlich nahe, denn Santos-Dumont war tatsächlich nach Paris gefahren, um sich über Motoren und Luftfahrzeuge zu informieren. Auf der Hazienda seines Vaters hatte er es nicht mehr ausgehalten, als er hörte, daß in Frankreich Motoren für Kutschen und Ballons hergestellt würden. Dies war darauf zurückzuführen, daß die Patente Daimlers im Ausland ein weitaus größeres Interesse fanden als in Deutschland, wodurch sich u.a. die französische Automobilindustrie wesentlich schneller entwickelte als die deutsche. Das gleiche gilt für die Entwicklung der Flugmotoren und damit für das gesamte Flugwesen.

Der Wunsch, sich ein Luftschiff zu bauen, ließ Santos-Dumont nicht mehr zur Ruhe kommen. Über das Wie machte er sich keine Gedanken; er wußte, daß er Geld hatte und daß man mit Geld sehr viel erreichen kann.

Also fuhr er nach Paris, lernte Französisch, machte sich mit Automobilen und Motoren vertraut, studierte die einschlägige Literatur und suchte eines Tages die Firma H. Lachambre auf, um ein von ihm entworfenes zylindrisches Luftschiff in Auftrag zu geben, das eine Länge von nur 25 Metern und einen Durchmesser von 3,5 Metern haben sollte.

Die im Ballonbau erfahrenen Herren Lachambre und Machuron machten bedenkliche Gesichter, als sie hörten, welche Form und Größe das Luftfahrzeug haben sollte; und sie waren geradezu bestürzt, als Santos-Dumont auch noch strahlend erklärte, in die Gondel des von ihm geplanten leichten Ballons einen 3-PS-Explosionsmotor einbauen zu wollen. Sie holten tief Luft und rangen die Hände, kamen gegen den temperamentvollen Brasilianer aber nicht an. So wie er konnte niemand mit den Armen fuchteln. Es fiel ihm also nicht schwer, die Bedenken der Franzosen zu zerstreuen. Zumal er nachdrücklich darauf hinwies, daß die Gondel mehrere Meter unter der Hülle hängen sollte, wodurch eine gute Stabilität erreicht und jede Explosionsgefahr ausgeschlossen sein würde.

Nun, sie konnten dem Plantagenbesitzer nicht beweisen, daß er verunglücken würde, und angesichts dieser Tatsache war es wohl das beste, den ergiebigen Auftrag anzunehmen und das Luftschiff zu bauen.

Damit waren die Würfel gefallen, und für den Brasilianer begann eine ereignisreiche und aufregende Zeit.

Zunächst jedoch verstrichen noch einige verhältnismäßig geruhsame Wochen. Das Luftschiff mußte gebaut werden, und Santos-Dumont nützte die Zeit, sich mit der Luftfahrt vertraut zu machen. Er hielt sich viel in den Werkstätten von Lachambre auf und führte unter der Anleitung eines erfahrenen Aeronauten mehrere Ballonaufstiege durch.

Dann aber kam der Tag, an dem sein Luftschiff fertiggestellt war. Santos-Dumont bestimmte, daß die Füllung im Jardin d'Acclimatisation erfolgen solle, wo er zu starten wünschte, und forderte den Verband der Luftfahrer auf, eine Kommission zur Beobachtung seiner Fahrt zu entsenden.

Kommissionen zu bilden und zusammenzurufen, wurde von nun an eine Art Lieblingsbeschäftigung des Brasilianers. In all den folgenden Jahren führte er keinen Aufstieg durch, ohne zuvor eine für die betreffende Fahrt speziell gebildete Kommission eingesetzt zu haben.

Zu seinem ersten Aufstieg hätte er allerdings keine Kommission einzuberufen brauchen; die Luftfahrer von Paris versammelten sich ohnehin im Jardin d'Acclimatisation. Denn für jeden, der etwas Ahnung vom Luftschiffbau hatte, stand fest: Wenn der Brasilianer einen Benzinmotor an einen Gasballon hängt, muß und wird dieser explodieren! Und das wollte man gesehen haben.

Am Nachmittag war das Luftschiff gefüllt, und Santos-Dumont ließ es gegen den Wind ausrichten, um zu starten.

Die Aeronauten waren entsetzt. Sie begriffen nicht, was das Manöver bedeuten sollte, und erhoben Einspruch. »Er muß total verrückt geworden sein!« riefen sie. »Laßt ihn nicht aufsteigen!«

»Aber, Messieurs!« empörte sich der Brasilianer. »Auf diesem kleinen Gelände muß ich mich *gegen* den Wind erheben.« Er wies auf die Bäume des Gartens. Seine Augen brannten. »Begreifen Sie denn nicht? Wenn ich *mit* dem Wind starte, bleibe ich drüben in den Ästen hängen!«

Die Aufsichtsbehörde schaltete sich ein. »Ein Aufstieg hat mit dem Wind zu erfolgen!« belehrte man ihn. »Entweder starten Sie mit dem Wind oder gar nicht!«

Santos-Dumont sah aus, als würde er jeden Augenblick platzen. Er fluchte, riß sich die Mütze vom Kopf und schleuderte sie auf den Boden. »Verrückte Hunde seid ihr!« schrie er in seiner Heimatsprache.

Wenn man die Worte auch nicht verstand, so glaubte man doch, ihren Sinn erfaßt zu haben. Beamtenbeleidigung? Man hob die Brauen. »Was haben Sie da gesagt?«

Mich fangt ihr nicht, dachte der Brasilianer und zwang sich zu einem Grinsen. »Ich habe die Mutter Gottes angerufen und um ihren Beistand gefleht«, antwortete er.

Man sah ihn mißtrauisch an. »Werden Sie nun mit dem Wind aufsteigen?«

Er zögerte. »Was bleibt mir anderes übrig. Wenn ich aber verunglükke und damit erwiesen ist, daß *ich* und nicht Sie recht haben, darf ich dann das nächste Mal *gegen* den Wind starten?«

»Nerven scheint er zu haben!« sagte einer der Beamten.

Irgend jemand lachte. »Ich denke, daß wir die Zusage machen können. Wenn er verunglückt, wird er auf weitere Versuche verzichten.«

Man einigte sich auf der vorgeschlagenen Basis, schaffte das Luftschiff zur anderen Seite des Jardin d'Acclimatisation, und – wenige Minuten später hing Santos-Dumont in der Krone eines Baumes.

Die Menschen schrien auf und rannten zur Unglücksstelle.

Der Brasilianer aber winkte und lachte aus vollem Halse. »Nun, Messieurs, wer hat jetzt recht gehabt?« Gelassen stieg er aus der Gondel, kletterte an den Ästen zur Erde hinab und betrachtete das nur geringfügig beschädigte Luftschiff. »Messieurs«, sagte er, »der nächste Start findet übermorgen statt. Und zwar *gegen* den Wind! Darf ich um die Bildung einer neuen Kommission bitten?«

Sein Verhalten, über das die Zeitungen eingehend berichteten, begeisterte die Pariser. Ohne einen Aufstieg durchgeführt zu haben, wurde Santos-Dumont zum Helden des Tages.

Zwei Tage später mußte die Polizei den Jardin d'Acclimatisation abriegeln: eine wahre Völkerwanderung hatte eingesetzt. Alle Straßen und Plätze der Umgebung waren verstopft. Die Nelke im Knopfloch, die Sportmütze mit dem Schirm nach hinten gedreht und darüber die imponierende Autobrille gebunden, stieg Santos-Dumont in die Gondel. Seine Augen brannten wie glühende Kohlen, als er die schweinsledernen Handschuhe anzog und den Motor anwarf, der knatternd losraste. »Fertig!« rief er und warf der Kommission einen wilden Blick zu. »*Gegen* den Wind, Messieurs!« Er gab das Zeichen, die Taue loszulassen, und jagte den Motor auf Vollgas. »Au revoir, Messieurs!«

Der Wind hob die Spitze des Luftschiffes, das sich wie ein hochnäsiges Ungetüm in Bewegung setzte.

Das Volk schrie und raste vor Begeisterung, Santos-Dumont aber grüßte lässig nach rechts und links.

Dann begann er, die Steuerung auszuprobieren. Er führte einige willkürliche Bewegungen durch, die ihm gelangen und ihn so sehr begeisterten, daß er den Entschluß faßte, in größere Höhen zu steigen. Vermittels eines Seiles verlagerte er das in der Hülle vorhandene Ballonett – das als Gewicht diente und dafür sorgen sollte, daß der längliche Ballon bei Gasverlust prall blieb und nicht zusammenknickte – und wenige Minuten später befand er sich in einer Höhe von 400 Metern.

Alles schien in bester Ordnung zu sein. Die Menschen winkten und jubelten, als hätten sie noch nie einen Ballon gesehen. Und Santos-Dumont strahlte. Er vollführte noch eine Wendung und ließ das Luftschiff wieder sinken, als er mit einem Male fühlte, daß sich ein Unglück anbahnte.

Das Gas, das sich beim Steigen ausgedehnt hatte, zog sich im Herabgleiten zusammen, und der Brasilianer erkannte, daß das zum Ausgleich eingebaute und mit Luft gefüllte Ballonett nicht groß genug war. Der längliche Ballon wurde zusehends schlaffer, bis er plötzlich, in etwa 300 Meter Höhe, wie ein Taschenmesser zusammenklappte.

Die Pariser, die eben noch gejubelt hatten, erstarrten. Santos-Dumont aber bewies, daß er so schnell nicht aus der Ruhe zu bringen war. Kaltblütig visierte er das Gelände an, auf das er hinabstürzte: es war der Gazon de Bagatelle, auf dem etliche Jungen spielten.

Die Buben sehen und handeln, war eins. Er ergriff das an der Gondel hängende Schleppseil, warf es hinab und rief: »Ergreift das Seil!«

Die Jungen blickten mit offenen Mäulern zu ihm hoch.

»Schnappt das Seil!« rief er erneut. »Hundert Francs, wenn ihr damit bis ans Ende der Wiese lauft!«

Das ließen sich die Buben nicht zweimal sagen. Sie ergriffen das Seil und rasten los. Gerade noch zur rechten Zeit. Denn kaum waren sie in Schwung gekommen, da schlug die Gondel auf den Boden. Aber dennoch: durch die Vorwärtsbewegung war der Aufprall nicht senkrecht erfolgt und so weit abgeschwächt, daß Santos-Dumont mit geringfügigen Verstauchungen und Hautabschürfungen davonkam.

Paris war fasziniert. Ein Teufelskerl schien dieser Brasilianer zu sein. Man war überzeugt, daß er im Augenblick des Absturzes ebenso gelacht hatte wie an jenem Tag, an dem er im Baum hängengeblieben war.

Paris schwärmte: Welch ein Mann! Mutig, unerschrocken, geistesgegenwärtig, temperamentvoll, elegant, vermögend, und – es war zum Verrücktwerden – ein Brasilianer war er obendrein!

›Das Gefühl des Erfolges schwellte mir die Seele‹, schrieb Santos-Dumont in der Nacht nach dem ersten Aufstieg. ›Ich hatte die Luft durchschifft. Ich muß gestehen: mein erster Eindruck beim Durchschiffen der Luft war Erstaunen – Erstaunen, den Wind mir ins Gesicht wehen zu fühlen. Er schlug mir ins Gesicht, und mein Jackett flatterte hinter mir her wie auf der Brücke eines transatlantischen Dampfers.‹

Doch so überschwenglich und stolz er war, nicht eine Minute dachte er daran, auf seinen Lorbeeren auszuruhen. Er hielt sich nicht einmal mit dem Zusammenflicken des zerstörten Luftschiffes auf, sondern gab ein neues in Auftrag, das die Nummer II erhielt und eine wesentliche Verbesserung zeigte. Das Ballonett konnte durch einen Ventilator mit Luft beschickt werden, so daß ein Verlust an Gas auszugleichen und die Hülle prall zu halten war.

Aber auch dieses Luftschiff knickte zusammen, da der Ventilator zu schwach war, um der eintretenden Volumenminderung in ausreichendem Maße entgegenwirken zu können. Diesmal aber verlief der Absturz wesentlich schneller und plötzlicher, und Santos-Dumont wäre wohl kaum mit dem Leben davongekommen, wenn er nicht in eine Baumkrone gestürzt wäre, die den Aufprall milderte.

Daß er dabei wieder gelacht hatte, stand für die Pariser fest. Es konnte ja gar nicht anders sein; eindeutig ging aus den Zeitungsberichten hervor, daß der Brasilianer schon eine Stunde nach dem Unfall das Luftschiff III in Auftrag gab, das doppelt so groß werden und die Form einer Spindel erhalten sollte. Ein Mann, der so handelte, lachte beim Absturz, das war klar!

Im übrigen stellte Santos-Dumont die Füllung des Ballons auf Leuchtgas um, wie er auch zwischen Gondel und Hülle eine Bambusstange anbringen ließ, um ein Durchbiegen des Luftschiffes zu verhindern. Er ging gewissermaßen zum ›halbstarren‹ System über.

Der erste Aufstieg, den er mit Nummer III am 13. November 1899 durchführte, fand auf dem Etablissement Vaugirad statt. Die Pariser konnten nur noch staunen. Der tollkühne Brasilianer kurvte über der Stadt umher, als wäre es nichts, wobei er den anläßlich der Weltausstellung errichteten Eiffelturm mehrere Male in weitem Abstand umkreiste. Dann landete er, da das Startgelände inmitten von hohen Schornsteinen lag, auf dem Gazon de Bagatelle, den er vom ersten Absturz her in guter Erinnerung hatte.

Der Rundflug über Paris war schlechthin sensationell. Unter den Luftfahrern horchte man auf, und auch diejenigen, die den Versuchen des Kaffeeplantagenbesitzers nur wenig Interesse entgegengebracht hatten, anerkannten seine Leistung und brachten offen zum Ausdruck, daß die ›Lenkbarmachung‹ im Grunde genommen erst jetzt gelungen sei.

Santos-Dumont war glücklich. In seinem neuen, als Rennwagen konstruierten Automobil raste er mit Geschwindigkeiten von über vierzig Stundenkilometern durch Paris; die Menschen flüchteten, sobald sie ihn kommen hörten. Dem Aéro-Club gegenüber zeigte er sich großzügig. Er errichtete auf dem Gelände des Verbandes eine Ballonhalle mit Anschluß an die Leuchtgasleitung und ließ außerdem einen besonderen Gaserzeuger für Wasserstoffgas aufstellen. Sich selber gönnte er das Luftschiff IV, dessen Versteifung nun aber nicht mehr nur aus einer Bambusstange bestand.

Dieses Luftfahrzeug führte er der im September 1900 in Paris tagenden ›Internationalen Kommission für wissenschaftliche Luftschiffahrt‹ vor, deren Mitglieder äußerst verwundert waren, als sie sahen, daß das Luftfahrzeug keine Gondel hatte.

»Ja, aber wo nehmen Sie denn Platz?« fragte man ihn.

Der Brasilianer grinste, drehte den Schirm seiner Sportmütze nach hinten, legte sich den Wollschal um den Hals und zog seine schweinsledernen Handschuhe an. »Hier, Messieurs!« erwiderte er und setzte sich auf einen Fahrradsattel.

»Wie, auf dem Sattel wollen Sie durch die Luft fahren?«

Santos-Dumont nickte. »Bequemer geht's wirklich nicht. Schauen Sie. Meine Füße setze ich, wie beim Fahrrad, auf die Antriebspedalen dieses neuartigen Motors; es ist ein Buchet von 5,1 PS Leistung. Und meine Hände stütze ich, wiederum wie beim Fahrrad, auf diese Lenkstange, mit der ich – ich muß nochmals sagen, wie beim Fahrrad – das Steuerruder betätige, also tatsächlich lenke.«

»Und den Propeller haben Sie vorne angebracht?«

»Ja. An Stelle einer Schubschraube verwende ich jetzt eine Zugschraube. Bekomme dann mehr Luft«, fügte er lachend hinzu und fuhr wie nebenbei fort: »Vielleicht sind die Herren so liebenswürdig, etwas zurückzutreten. Ich möchte den Motor anlassen.«

Man entsprach der Bitte.

Im nächsten Moment wirbelten seine Beine herum, als wollte er mit einem Fahrrad davonjagen. Der Motor sprang an, und Santos-Dumont gab der Haltemannschaft zu verstehen, die Taue loszulassen. Dann rief er: »Au revoir, Messieurs!« gab Vollgas und hob sich vom Boden. »Will schnell mal nachsehen, wieviel Menschen sich auf dem Eiffelturm befinden. Komme gleich zurück!«

Man war sprachlos. »Also, das ist – das ist . . .«

»Der verwegenste Mann aller Zeiten!« sagte einer der Monteure.

Eine ähnliche Behauptung stellte im darauffolgenden Jahr die Pariser Presse auf. Verständlich, denn nach dem Einbau eines stärkeren Motors und der dadurch notwendig gewordenen Vergrößerung der Hülle, in die Santos-Dumont ein Zwischenstück einsetzen ließ, startete er mit dem in Nummer V umgetauften Luftschiff am 12. Juli 1901 vom Gelände des Aéro-Clubs zu einer verwegenen Fahrt. Zunächst nahm er Kurs auf Longchamps, wo er – als säße er auf einem Rennpferd – die Rennbahn in Bodennähe zehnmal umkreiste. Nachdem er auf diese Weise 35 Kilometer zurückgelegt hatte, steuerte er den Eiffelturm an. Auf dem Weg dorthin riß jedoch die Zugschnur des Steuers, und jeder andere Luftfahrer, der sich in dieser Situation – und nur auf einem Fahrradsattel sitzend! – einige hundert Meter über dem Häusermeer von Paris befunden hätte, wäre nervös geworden. Der Brasilianer aber landete in aller Ruhe im Jardin de Trocadéro, reparierte den Schaden, stieg wieder auf, umkreiste den Eiffelturm und kehrte nach einer Stunde und sechs Minuten zum Aérodrome zurück, wo er darum bat, eine Kommission zur Verleihung des vom Petroleumkönig Deutsch de la Meurthe ausgeschriebenen Preises zu bilden, da er beabsichtige, als erster den Eiffelturm in 30 Minuten zu umkreisen.

»Aber, Alberto!« ereiferte sich einer seiner Freunde. »Wie willst du das machen? Es geht doch nicht darum, den Turm zu umkreisen; in den vorgeschriebenen dreißig Minuten muß auch die Strecke von St. Cloud zum Eiffelturm und zurück bewältigt werden!«

Santos-Dumont rückte die Nelke in seinem Knopfloch zurecht. »Ich weiß, daß es nicht einfach sein wird«, sagte er. »Aber das ist ja gerade das Gute an der Sache. Wäre die Aufgabe leichter, könnte sich jeder die 100 000 Francs holen.«

»Du hast es nötig, hinter 100 000 Francs herzulaufen!«

Er zuckte die Achseln. »Ehrlich verdientes Geld stinkt nicht!«

Der Start erfolgte am nächsten Nachmittag. Der Brasilianer befand sich jedoch kaum über dem Stadtzentrum, als der Motor ausfiel. Zu allem Übel wurde das Luftschiff bald darauf von einer Bö erfaßt: es stellte sich auf den Kopf, stürzte und sauste – wie hätte es bei Santos-Dumont anders sein können – in einen Kastanienbaum. Wieder einmal war der gefährliche Sturz abgefangen, und ›das Kind des Glücks‹, wie man den ›närrischen Plantagenbesitzer‹ auch nannte, kam erneut mit geringfügigen Prellungen davon.

Das Luftschiff wurde repariert und der Versuch am 8. August wiederholt. Santos-Dumont ahnte nicht, was ihn erwartete. Mitten über Paris platzte der Ballon, der augenblicklich wie eine zerfetzte Fahne in die Tiefe jagte. Das Gestell mit dem Motor schlug auf ein Dach, und der Brasilianer flog in hohem Bogen in den Luftschacht des Hotels Trocadéro.

Doch was bedeutet das schon bei einem Menschen, an dem die Göttin des Glücks einen Narren gefressen hat. Kein Haar wurde Santos-Dumont gekrümmt! Zugegeben: er befand sich in einer recht unangenehmen Lage, konnte sich aber ausrechnen, daß die Feuerwehr zu irgendeinem Zeitpunkt erscheinen und ihn aus dem engen Schacht herausziehen würde. Was dann auch geschah.

Kaum war er an das Tageslicht gezerrt, wurde er von Reportern bestürmt. »Monsieur, was dachten Sie, als Sie auf die Hauser hinabstürzten?«

Santos-Dumont schmunzelte. »Was man halt in solchen Sekunden denkt. Tolle Geschwindigkeit, werde ich gedacht haben.«

»Großartig, großartig! Und was werden Sie jetzt tun?«

»Zu Lachambre fahren und ein neues Luftschiff bestellen.«

»Phantastisch! Fabelhaft! Sie werden also wieder aufsteigen?«

Einen Augenblick lang schaute der Brasilianer verwundert, dann lachte er. »Haben Sie etwa gemeint, mir wäre die Lust vergangen?«

»Nun ja. Wenn man bedenkt . . .«

»Aber, Messieurs! Ein Luftfahrzeug kann man doch nicht so leid werden wie Reporter!«

Man war begeistert und raste in die Redaktionen, um der Welt vom neuesten Husarenstück des Brasilianers zu berichten, der wirklich, kaum gerettet, zu Lachambre fuhr, um das Luftschiff VI in Auftrag zu geben, das weitere Verbesserungen erhalten sollte. Vor allen Dingen ein Ventil, das ein Platzen der Hülle unmöglich machte.

Mit diesem Luftfahrzeug gelang es ihm am 19. Oktober 1901, die Strecke von St. Cloud zum Eiffelturm und zurück in 29 Minuten und 30 Sekunden zu bewältigen. Die Jury anerkannte Zeit und Leistung und sprach ihm den von Deutsch de la Meurthe ausgesetzten Preis zu.

Santos-Dumont strahlte.

»Es ist schon merkwürdig«, mokierte sich einer seiner Freunde, »daß immer diejenigen die Geldpreise erhalten, die es am wenigsten nötig haben.«

Santos-Dumont lachte vor sich hin. »Möglich, daß du recht hast. Ich bin dennoch anderer Meinung.«

Er sagte nicht, wieso und warum. Sein Freund würde ihn jedoch verstanden haben, wenn er erfahren hätte, daß Santos-Dumont, ohne darüber zu reden, 25 000 Francs seinen Monteuren und Hilfsmannschaften zuschob und dem Polizeipräfekten von Paris 75 000 Francs mit der Bitte überwies, das Geld unter die Ärmsten der Armen zu verteilen.

Als sollte er dafür belohnt werden, erhielt er von der brasilianischen Regierung ›125 000 Francs zum weiteren Ausbau Ihrer Luftschiffe‹.

Wieder nahm er die Hilfe des Polizeipräfekten in Anspruch. Für sich behielt er nur die gleichzeitig gestiftete ›Goldene Medaille‹, deren Vorderseite ihn darstellte – geleitet von der Göttin des Sieges und einer geflügelten Fama, die ihn mit Lorbeer bekränzte – und deren Rückseite das Bild der aufgehenden Sonne zeigte und die Inschrift trug: ›Der Präsident der Vereinigten Staaten von Brasilien, Dr. Manuel Ferraz de Campos-Sellas, ließ diese Medaille zu Ehren Alberto Santos-Dumonts schneiden und prägen. 19. Oktober 1901.‹

Die Ehrungen nahmen nun kein Ende mehr; sie stiegen dem heißblütigen Brasilianer aber nicht zu Kopf, sondern steigerten sein Draufgängertum, soweit das überhaupt noch möglich war.

So führte er im Winter 1901/02 etliche Fahrten über dem Mittelmeer durch, nachdem ihm Fürst Albert von Monaco eine Ballonhalle hatte errichten lassen. Daß die Aufstiege nicht alle glatt vonstatten gingen, verstand sich bei Santos-Dumont von selbst. Aber warum sollte er immer nur auf Bäume und Dächer hinabfallen? Das Meer hat schließlich auch seine Reize. Im übrigen konnte er nicht ewig mit dem Luftschiff VI durch die Weltgeschichte fahren, irgendwann mußte es zerstört werden, um Platz für Nummer VII zu schaffen. Und Nummer VII mußte verschwinden, damit die Nummern VIII, IX und X an die Reihe kamen. Was konnte er mit seinem Geld Besseres tun?

Also baute er weiter und weiter, insgesamt sechzehn Luftschiffe, denen er immer neue Formen gab: zylindrisch, konisch, elliptisch; eiförmig, birnenförmig, tropfenförmig; als Spindel, als Walze, als Torpedo; sehr spitz, sehr stumpf, sehr dick, sehr dünn – er wiederholte sich nie. Man könnte glauben, die Ballonfabrik sei für ihn eine Art Schneideratelier gewesen, das jedes Luftschiff anders, gewissermaßen nach der Mode, zu entwerfen hatte.

Die größte Popularität erwarb das Luftschiff IX, mit dem er des öfteren – selbstverständlich ›vorschriftsmäßig‹ gekleidet – kurz vor Beginn des Pferderennens in Longchamps landete, um Wetten abzuschließen und unmittelbar nach Beendigung des Rennens wieder aufzusteigen.

Dabei blieb es nicht. Gelegentlich landete er auch auf dem Trottoir vor seiner Wohnung. Er band dann das Luftschiff an einen Laternenpfahl, aß in aller Ruhe und setzte sich, wenn er den Hunger gestillt hatte, wieder auf seinen Fahrradsattel, warf den Motor an und brauste davon.

Die Pariser vergötterten ihn. Als er jedoch die Kühnheit besaß, während einer Truppenparade vor dem Präsidenten der Republik, Loubet, zu landen, um ihn mit einigen Detonationen des Motors zu begrüßen, da kannte ihr Jubel keine Grenzen.

Wenige Tage nach diesem Intermezzo hörte Santos-Dumont, daß die Gebrüder Wright in aller Stille einen ›dynamischen‹ Flugapparat gebaut hätten. Überall sprach man darüber, niemand aber konnte sagen, ob das, was erzählt wurde, wirklich stimmte. Die einen nannten die Wrights die ›fliegenden‹, andere die ›lügenden‹ Brüder.

Was ist Wahrheit, was Lüge oder Dichtung, fragte er sich. Er wollte es wissen und setzte alles daran, es herauszubekommen. Denn das stand für ihn fest: Wenn die Wrights ein Motorflugzeug gebaut hatten, mußte dieses schneller als ein Luftschiff sein. Und dann mußte er es haben.

In jenen Tagen war es für in Europa lebende Menschen nicht leicht, herauszufinden, ob das amerikanische Brüderpaar nun tatsächlich eine umwälzende Erfindung gemacht hatte oder nicht. Die Schwierigkeit, dies festzustellen, ergab sich aus der großen Entfernung zwischen der ›Alten‹ und ›Neuen Welt‹ und aus dem Wesen des publikumsscheuen Wilbur Wright, der alles daransetzte, die Versuche geheimzuhalten, die er und sein Bruder Orville anstellten. Er fühlte, daß sie den richtigen Weg eingeschlagen hatten, und war nicht gewillt, das Ergebnis einer langjährigen und mühevollen Arbeit für ein paar Dollar preiszugeben. Sie hatten geopfert, was sie besessen hatten, und er stellte sich auf den durchaus verständlichen Standpunkt, daß ein möglicher Nutzen ihnen zufließen müsse.

»Nennenswerte Gewinne werden nur durch große Leistungen erzielt«, sagte er seinem um vier Jahre jüngeren Bruder, der es nicht erwarten konnte, seine ›Fliegekunst‹ zur Schau zu stellen. »An die Öffentlichkeit treten wir erst, wenn wir wirklich fliegen, das Stadium der ›Luftsprünge‹ also überwunden haben!«

Der zierliche Orville, der die Sportmütze gern keck auf das linke Ohr setzte, kniff die Lider zusammen. »Zum Teufel!« erboste er sich. »Willst du damit sagen, daß mein gestriger Flug nur ein ›Luftsprung‹ war? Er hat immerhin 26 Sekunden gedauert! Über 2000 Fuß legte ich zurück! Lilienthals Rekord ist überboten!«

»Richtig!« antwortete Wilbur. »Aber was will das schon besagen? Auf ein paar Meter mehr oder weniger kommt's nicht an. Mit etwas Glück segeln wir morgen 3000 Fuß weit. Meinetwegen auch 4000! Ändert sich dadurch etwas an der Tatsache, daß bis heute noch niemand ›fliegt‹, daß wir alle nur segeln?«

»Natürlich nicht! Dennoch sind wir weitergekommen. Denk an unsere ersten Versuche vor zwei Jahren. Oder an die Überlegungen, die wir anstellten, als wir vom Versuch des Österreichers Wilhelm Kreß hörten.«

Wilbur Wright schmunzelte. Er kannte den nicht zu dämmenden Eifer seines Bruders. »Ich bestreite nicht, daß wir weitergekommen sind«, sagte er. »Trotzdem behaupte ich: Segeln ist kein Fliegen! Lilienthal hatte ganz recht, als er . . .«

Der schrille Ruf eines Negers unterbrach ihn. »Master, Master! Essen fertig! Kommen speisen!«

Orville blickte zu dem Holzschuppen hinüber, den sie vor zwei Jahren in den Sanddünen von Kitty Hawk errichtet hatten. »Kill-Devil-Hills«, schimpfte er. »Weiß Gott, hier möchte man den Teufel zehnmal am Tag erschlagen. Wenn ich an den Fraß denke, den uns der Schwarze wieder zusammengebraut haben wird!«

»Sei froh, daß wir ihn haben.«

Orville schob seine Mütze in die Stirn und kratzte sich den Hinterkopf. »Ich weiß nicht, was mit mir ist, aber heute könnte ich uns umbringen – dich, den Neger und mich!«

Wilbur lachte. »Eine andere Reihenfolge wäre mir lieber. Fang bei dir an! Vielleicht ist es jedoch besser, wenn du damit bis nach Tisch wartest; die Welt sieht nach dem Essen wesentlich freundlicher aus.«

Orville faßte den Bruder beim Ärmel. »Sei ehrlich, Wilbur! Macht dich das Leben in dieser verflixten Einsamkeit nicht auch verrückt? Mir ist manchmal, als könnte ich nicht mehr atmen. Immer nur Sand – nie eine Abwechslung. Immer der gleiche Fraß – nie ein Glas klares Wasser. Immer nur eine Wolldecke – nie ein richtiges Bett. Immer . . .«

». . . den Hügel mühsam hinaufstapfen und in Sekundenschnelle hinabsegeln!« fiel Wilbur ein.

»Darüber hab' ich mich noch nie beschwert!«

»Eben! Und darum solltest du wissen, daß das eine zum anderen gehört. Es geht nicht anders. Wir sind hier, weil uns das geographische Institut sagte, daß die Kill-Devil-Hills für unser Vorhaben am geeignetsten seien. Wenn wir weiterkommen wollen, müssen wir die unerfreulichen Dinge in Kauf nehmen. Daß du das nicht einsiehst!«

»Zum Teufel, ich seh's ein! Nur – weißt du, manchmal . . .«

». . . bekommst du deinen Koller.«

»Wundert's dich? Mit neunundzwanzig steht man ja schließlich in den besten Jahren.«

Wilbur lachte. »Was soll ich da sagen?«

»Du? Du bist schon dreiunddreißig!«

Erneut ertönte der schrille Ruf des Negers. »Master, Master! Speisen kommen! Essen sonst kalt.«

»Gib nicht so an!« rief Orville zurück. »Hast du jemals heißes Essen auf den Tisch gebracht?«

Der Neger rollte die Augen. »Nein, Master. Liegt aber an kalter Spiritus. Hab's gesehen. Wärmt sich gerade nur selber, wenn man Flamme anzündet.«

»Quatsch kein dummes Zeug!«

»Nicht dummes Zeug, Master! Hab' eben noch mit Flamme und Spiritus gesprochen. Beide gesagt . . .«

»Halt's Maul!«

Der Neger griff sich in den Mund.

»Gibt's wieder Erbsen mit Speck?«

»Nein, Master. Das war gestern. Heute umgekehrt.«

Orville stöhnte und ließ sich auf einen Holzschemel sinken, der vor einem Brett stand, das quer über zwei Fässer gelegt war. »Ich Idiot!« sagte er.

»Was ist jetzt schon wieder?« fragte der Bruder.

»Hätte ich dir doch damals, als du krank im Bett lagst, nicht den Artikel über Lilienthal vorgelesen. Da fing's an.«

Wilbur nickte. »Ja, da fing's an! Wir wollten die Ursache seines Absturzes herausfinden und – segelten eines Tages selber. Weißt du noch, wie wir uns die Schriften von Chanute, Langley und Louis Pierre Mouillard besorgten?«

»Als wäre es gestern gewesen. Und dann sagtest du eines Abends: Ich glaube, ich weiß jetzt, warum der Deutsche verunglückte. Er hing in seinem Segelapparat und korrigierte die Fluglage durch Bewegungen des Körpers. Das konnte auf die Dauer nicht gutgehen. Beim Gleiten hätte er liegen müssen, ganz ruhig, damit keine Verlagerung des Schwerpunktes eintritt. Und die Korrektur der Fluglage . . . Mouillard schreibt in seinem Buch ›L' Empire de L'Air‹, daß eine Korrektur wahrscheinlich nur durch ein ›Verwinden‹ der Tragflächen möglich werden dürfe. Erinnerst du dich, wie wir unser Hirn marterten, um herauszufinden, was er damit sagen wollte?«

Wilbur nickte. »Durch unsere Flugversuche haben wir's inzwischen ja herausgefunden. Wird das Ende der linken Fläche nach oben und das der rechten gleichzeitig nach unten ›verwunden‹, man könnte auch ›verdreht‹ sagen, so drückt die vorbeistreichende Luft die linke Fläche herab und die rechte hinauf: die Linkskurve wird eingeleitet. Umgekehrt erzielt man eine Rechtskurve. In gleicher Weise können die Schwankungen des Flugapparates um die Längsachse korrigiert werden.«

Der Neger brachte die Suppe, und die Brüder begannen zu essen. Sie dachten an den Tag zurück, an dem sie den Entschluß gefaßt hatten, sich einen ›Segeldrachen‹ zu bauen, den sie so nannten, weil er einem ›Kastendrachen‹ gleichen und nicht an die ›Gleitflieger‹ von Lilienthal, Herring, Pilcher und Chanute erinnern sollte, die ihrer Meinung nach den Fehler gemacht hatten, den Flug in hängender Haltung durchzuführen. Abgesehen vom Luftwiderstand, den der Körper dabei bieten mußte, bestand in jeder Sekunde des Dahingleitens die Gefahr einer Schwerpunktverlagerung, die Lilienthals – und wahrscheinlich auch Pilchers – Absturz herbeigeführt hatte.

Sie bauten deshalb einen ›Doppeldecker‹, auf dessen unterer Tragfläche der Luftfahrer liegen sollte. Etwas überhöht vor dem unteren Flügel brachten sie eine schmale ›Hilfsfläche‹ zur Stabilisierung der Fluglage an, die sie später zu einem Höhenruder ausbildeten, mit dem sie – durch windschiefe Verdrehungen – auch kleine Seitenbewegungen einleiten und Schwankungen um die Längsachse ausgleichen konnten.

Die liegende Haltung brachte allerdings einen großen Nachteil mit sich. Der Pilot konnte nicht gegen den Wind anlaufen. Der Start erforderte zumindest zwei kräftige Männer, die den Doppeldecker an den Tragflächenenden heben und mit ihm den Hügel hinabrennen mußten, um ihn in die Luft zu schleudern, sobald die notwendige Geschwindigkeit erreicht war.

Das wiederum bedingte eine ungemein leichte Bauweise, und wenn ihr erster Flugapparat auch weniger als 50 kg wog, so gerieten Wilbur Wright und Octave Chanute, den die in der Flugpraxis unerfahrenen Brüder zur Einweisung nach Kitty Hawk gebeten hatten, doch schnell außer Atem, als sie mit dem zierlichen und verhältnismäßig leichten Orville zum ersten Male gegen den Wind anliefen.

Zunächst gelangen ihnen nur ›Luftsprünge‹ von wenigen Metern. Als eie aber einige Erfahrungen gesammelt hatten und Hügel von 20 und 30 Meter Höhe aufsuchten, waren Flüge über eine Strecke von 100 Meter bald keine Seltenheit mehr.

Damit gaben sich die Brüder jedoch nicht zufrieden. In der Abgeschiedenheit der Kill-Devil-Hills führten sie in der Zeit von 1900 bis 1902 über tausend Versuchsflüge durch, die sie immer sicherer werden ließen und die zu entscheidenden Verbesserungen führten. Ohne an den Franzosen Mouillard zu denken, dessen Ausführungen sie nicht richtig begriffen hatten, konstruierten sie eine Tragfläche, deren Enden in gewissem Sinne verdreht, also ›verwunden‹ werden konnten, wodurch sich die Stabilität wesentlich erhöhte, da nunmehr ›echte‹ Korrekturen um die Längsachse möglich wurden. Aber auch die Hochachse vergaßen sie nicht. Der zunächst schwanzlos gewesene Flugapparat erhielt eine lotrechte Kielfläche, die auf seitliche Windstöße stabilisierend wirkte, und aus dieser Kielfläche, die sie später beweglich gestalteten, wurde ein Seitensteuer, das allen Anforderungen genügte.

Mit dem so ausgebildeten und schon recht vollkommen gewordenen Doppeldecker gelang es Orville Wright, den bei über 500 Meter liegenden ›Flugrekord‹ Otto Lilienthals zu überbieten und eine Strecke von 622,5 Metern zu durchsegeln, nachdem es seinem Bruder Wilbur gelungen war, sich bei kräftig wehendem Wind 72 Sekunden lang in der Luft zu halten, wobei er allerdings nur 30 Meter vorwärts kam. Er unterhielt sich dabei, wie es auch Lilienthal schon getan hatte, mit dem unter ihm stehenden Bruder und gab einem Fotografen Anweisungen, wie dieser ihn fotografieren sollte.

Angesichts dieser Leistungen hielt es der junge und unternehmungslustige Orville in den Sanddünen von Kitty Hawk kaum mehr aus. Er wollte heraus aus der Einsamkeit, wünschte Schauflüge durchzuführen und fiel, weil ihn sein Bruder daran hinderte, von einem ›Kill-Devil-Koller‹ in den anderen. Ganz plötzlich tobte er dann los.

So auch an diesem Mittag, an dem er, an frühere Tage denkend, die Suppe auslöffelte. »By Jove!« schrie er. »Wenn jetzt nichts geschieht, dann . . .« Er schnaufte, als bekomme er keine Luft, schob die Mütze in die Stirn und kratzte sich den Hinterkopf.

Wilbur grinste. »Na, was ist dann?«

Orville schlug auf das über die Fässer gelegte Brett. »Dann geh' ich nach Dayton zurück!«

Der Neger lief mit zwei Henkeltassen herbei. »Master!« rief er. »Gleich alles gut. Ich Kaffee gekocht. Ganz stark. Der beruhigt.« Er stellte die Tassen auf die primitive Unterlage und sah Orville mit flehend rollenden Augen an.

Wilbur wurde ungehalten. »Du willst kapitulieren?«

»Ich denke nicht daran!« empörte sich Orville. »Wenn du glaubst, daß mich nur die idiotische Gegend hier verrückt macht, dann täuschst du dich. Die anderen sind's, die mich wahnsinnig werden lassen: Langley, Chanute, Clément Ader, Ferber und wie sie alle heißen. Was hören wir hier von ihnen? Nichts! Wer sagt uns, daß sie in der Zeit, in der wir einen Gleitflug nach dem anderen durchführen, nicht schon einen Motorflugapparat entwerfen? Denk an den leichten Benzinmotor von Daimler! Die Kraftquelle ist geschaffen, die Zeit ist reif! Schon morgen kann uns einer zuvorkommen!«

Wilbur blickte nachdenklich vor sich hin. »Mag sein, daß du recht hast«, sagte er nach einer Weile. »Und doch: Ich wette, daß noch niemand soweit ist wie wir. Weil ich keinen kenne, der die Strapazen und Belastungen auf sich nehmen würde, die wir nun schon seit Jahren ertragen. Wenn Lilienthal noch lebte – ja, dann . . .«

»Und was ist, wenn jemandem der ›große Wurf‹ gelingt?« ereiferte sich Orville.

Der Bruder schüttelte den Kopf. »Das ist nicht möglich«, erwiderte er. »Erst später, wenn man Erfahrungen gesammelt hat und sich auf Erkenntnisse stützen kann, besteht die Möglichkeit, daß jemandem der ›große Wurf‹ gelingt. Bis dahin liegt der Schlüssel zum Fluggeheimnis in der Praxis.«

»Alles gut und schön«, wetterte Orville. »Ich bilde mir aber ein, daß wir genügend Erfahrungen gesammelt haben und daß es höchste Zeit ist, mit dem Bau eines für unsere Zwecke geeigneten Motors zu beginnen. Glaubst du etwa, daß wir uns den aus dem Ärmel schütteln können? Na also!« fuhr er fort, als er sah, daß der Bruder die Frage verneinte. »Das bedeutet, daß weitere Zeit verstreichen wird, Zeit, in der uns ein anderer zuvorkommen kann.«

Wilbur malte Kreise in den Sand.

»Denk an den Brief von Ferber«, bohrte Orville weiter. »Der setzt sich hin und fragt bei uns an, ob wir ihm einen Flugapparat liefern können, und wünscht dann – natürlich so nebenbei – dieses und jenes zu erfahren.«

»Du weißt, daß ich ihm nicht geantwortet habe.«

»Darauf will ich nicht hinaus. Ich möchte nur, daß du wach wirst und aus seinem Brief ersiehst, daß man drüben, in ›Old Europe‹, nicht untätig ist und eifrig herumhorcht! Kommt uns einer zuvor, ein einziger, Wilbur, dann ist es aus mit dem erhofften Dollarsegen! Dann haben wir unsere Fahrradfabrik umsonst geopfert.«

Geschickter hätte Orville nicht vorgehen können. So besonnen und wägend sein Bruder war, er konnte ein äußerst nüchterner Rechner sein. Und sosehr sein Herz der Fliegerei gehörte, er war Amerikaner und dachte an den Nutzen, den ihm die Flugapparate eines Tages bringen sollten.

»Hast recht!« sagte er nach einigem Zögern. »Gehen wir nach Dayton und bauen wir den Motor. Das sage ich dir aber gleich: Wenn er fertig ist, kehren wir zurück! Und wenn wir nochmals zwei Jahre hier hausen müssen!«

Der Neger, der in der Nähe gestanden und mit wachsender Spannung gelauscht hatte, tat einen Freudensprung.

»So froh, hier wegzukommen?«

Die Augen des Schwarzen rollten schneller denn je. »No, Master! Ich sein glücklich, weil Master eben haben gesagt, daß wir zurückkommen nach hier. Dann ich doch wieder kann sein Vater und Mutter von beide Masters!«

Es folgten aufregende Monate. Auf dem Gebiet des Motorbaues besaßen die Gebrüder Wright keinerlei Erfahrungen, und wenn ihnen auch die Pläne Daimlers zur Verfügung standen, so mußten sie doch zahlreiche Berechnungen und Versuche anstellen, die ihnen nicht leicht fielen. Größtes Kopfzerbrechen bereiteten ihnen die Luftschrauben, über deren Wirksamkeit noch nichts bekannt war. Kein Wunder, daß sie später schrieben: ›Nach vielerlei Überlegungen befanden wir uns oft in der lächerlichen Situation von Leuten, die ihre Meinung immer wieder völlig auf den Kopf stellen und doch keinen Schritt weiterkommen.‹

Aber sie waren zäh und gaben nicht auf. Ununterbrochen schmiedeten, hämmerten, feilten und bohrten sie in ihrer Werkstatt, bis der Motor, der 8 PS leisten sollte, eines Tages ansprang und so laut knatterte, daß die Nachbarschaft zusammenlief. Nur einer rannte mit vor Entsetzen rollenden Augen davon: der Neger. Bei Gott, der ratternde Motor war zuviel für ihn. Das konnte nicht mit rechten Dingen zugehen. Er kehrte jedoch zurück. Wenn die ›fliegenden Brüder‹ es für richtig hielten, sich mit dem Teufel zu verbinden – nun gut, dann mußte auch er es tun. Und wenn er zittern sollte, daß die Zähne wie Schutzbleche eines alten Fahrrades klapperten – er durfte die Wrights nicht im Stich lassen. Einer mußte für sie sorgen.

Von den Gewissenskonflikten des Negers wußten die Brüder natürlich nichts. Sie sahen nur ihren wassergekühlten Vierzylindermotor, der über Erwarten gut lief und zu ihrer größten Verwunderung nicht 8, sondern 12 PS leistete. Da er 90 kg wog, betrug das Gewicht pro PS nur 7,5 kg, ein Ergebnis das sie in ihren kühnsten Träumen nicht zu hoffen gewagt hätten. Denn die 1899 von Daimler für das Zeppelin-Luftschiff gebauten Motoren von je 15 PS hatten noch ein Gewicht von 27,5 kg pro PS!

»Weißt du, was das heißt?« frohlockte Wilbur. »Wir können den Flugapparat stabiler bauen und die Tragflächen vergrößern, so daß wir einen wesentlich günstigeren Auftriebswert erhalten.«

Orville, der es in Kitty Hawk nicht mehr ausgehalten hatte, konnte plötzlich nicht schnell genug nach dorthin zurückkehren. Der Gedanke, mit einem Motorflugzeug starten zu können, ließ ihn nicht zur Ruhe kommen.

Nun aber war es Wilbur, der in Dayton zu bleiben wünschte. »Ich denke nicht daran, unseren Aufbruch zu überstürzen«, wehrte er die immer drängender werdenden Vorstöße des Bruders ab.

»Wir kommen in den Winter!« rief dieser dagegen.

»Das ist mir gleichgültig! In den Kill-Devil-Hills stehen uns nicht die Mittel zur Durchführung größerer Arbeiten zur Verfügung!«

»Hast du Angst, daß ich den Apparat zusammenschmeiße?«

Wilbur schüttelte den Kopf. »Ich denk' an etwas ganz anderes: an den Start! Zugegeben, wir haben einen schönen Motor. Ob der aber in der Lage sein wird, das Beharrungsvermögen der am Boden stehenden Maschine zu überwinden und sie in Schwung zu bringen, wage ich zu bezweifeln.«

»Du meinst . . .?«

»Ja, ich meine, daß wir da Schwierigkeiten bekommen werden, die wir schon jetzt – hier in Dayton – bedenken und berücksichtigen sollten.«

»Wie?«

»Wir werden den Flugapparat mit Kufen versehen, die auf Holzschienen gleiten können, welche wir gegen den Wind auslegen.«

»Eine gute Idee!«

»Dann werden wir aus vier starken Balken ein pyramidenförmiges, zusammenlegbares Gerüst bauen, in das wir, gehalten durch eine Arretierung, ein Gewicht von etwa 700 Kilo an ein Seil hängen, das über drei Umlenkrollen geführt wird. Die erste Rolle bringen wir in der Spitze des Gerüstes unter, die zweite am Fuß der Pyramide, und die dritte montieren wir auf das vordere Ende der gegen den Wind ausgelegten Holzschiene. Lassen wir das Gewicht fallen, so reißt es das über die Umlenkrollen gelegte und mit seinem Ende am Flugapparat eingeklinkte Seil schlagartig nach vorn: die Maschine wird also katapultiert!«

Orville konnte nur noch staunen. »Wie bist du darauf gekommen?«

Wilbur zuckte die Achsel. »Ich konnte nicht schlafen; das Startproblem gab mir keine Ruhe.«

Von dieser Stunde an schufteten und arbeiteten sie wie nie zuvor. Sie konnten es nicht mehr erwarten, nach Kitty Hawk zurückzukehren. Beiden saß die Zeit wie ein Gespenst im Nacken. Wenn es ihnen nicht gelang, die ersten Versuchsflüge noch vor Einsetzen des Schneefalls durchzuführen, verloren sie Monate, die im Falle eines Gelingens dazu benutzt werden konnten, Änderungen durchzuführen und Verbesserungen anzubringen.

Je weiter die Zeit vorrückte, um so ängstlicher schauten sie zum Himmel hoch.

Aber dann kam der heißersehnte Tag. Anfang Dezember 1903 konnte Wilbur die Ketten der Motorantriebswelle über die Zahnräder legen, die die beiden hinter dem Liegeplatz des Piloten angebrachten, gegenläufig arbeitenden Luftschrauben antreiben sollten. Ein letzter Probelauf und – die Brüder atmeten auf: alles war in Ordnung!

Wilbur fuhr sich durch die Haare. »Abmontieren und zusammenpakken!« sagte er. »Wir brechen auf.«

Orville tat einen Juchzer und schob sich die Mütze in die Stirn.

Der Neger rollte die Augen und grinste.

Drei Tage später verließen sie Dayton, und eine Woche darauf, am 17. Dezember 1903, standen sie vor Kälte zitternd in den Sanddünen von Kitty Hawk. Mit ihnen froren die Angehörigen der Küstenrettungsstation John T. Daniels, W. S. Dough und A. D. Etheridge sowie W. C. Brinkley aus Manteo und John Ward aus Naghead, die schon oft gekommen waren, um zuzuschauen.

Dem anhänglichen, stets um das leibliche Wohl der Brüder besorgten Neger schlotterten die Glieder nicht minder. Aber nicht der Kälte wegen, Gott bewahre, die machte ihm nichts aus. Für ihn war eine Welt eingestürzt. Die von ihm vergötterten Gebrüder Wright, die sich anschickten, zum ersten Male mit einem Motorflugzeug zu starten, hatten zum Frühstück keine Eier gegessen! Und auch den Kaffee hatten sie nicht getrunken. Das war noch nie vorgekommen. Darum schlotterten ihm die von zerfransten Hosen nur spärlich bedeckten Knie.

Wilbur sah es. »Verdammt kalt, was?«

Der Neger schüttelte den Kopf. »No, Master!«

»Mir scheint, du spinnst mal wieder«, sagte Orville und rieb sich die

Arme. »Zitterst wie Espenlaub und ...« Er unterbrach sich und sah den Bruder an. »Die Kälte ist vielleicht ganz gut. Kalte Luft trägt besser als warme.«

»Da hast du recht.«

»Wer startet als erster?«

Wilbur lächelte. »Der Klügere gibt nach.«

»Heißt das, daß ich ...?«

Der Bruder nickte. »Mach dich fertig. Aber das sag' ich dir: Wenn du ›Bruch‹ machst, schlag ich dich windelweich!«

Orville, der zwischen Wilbur und dem Flugapparat stand, wußte nicht, ob er zur Maschine laufen oder den Bruder umarmen sollte.

»Hau ab!« sagte Wilbur. »Und keinen falschen Ehrgeiz! Fünfzig zurückgelegte Meter und ein unbeschädigter Apparat sind mir lieber als hundert Meter und zerbrochene Streben.«

»Ich verspreche dir, nichts zu riskieren!« rief Orville. Behutsam stieg er auf die Tragfläche und legte sich auf den Bauch. »Von mir aus kann's losgehen.«

Der Bruder warf den Motor an, der zunächst nur stotternd lief, dann aber auf Touren kam.

»Fertig?«

»Ja!«

Wilbur trat an den ›Fallturm‹ und ergriff die zur Arretierung führende Leine. »Achtung!« rief er in den Lärm der Explosionen.

Orville schob den Gashebel vor.

»Los!« Wilbur zog an der Leine, und augenblicklich sauste das 700 kg schwere Gewicht zur Erde.

Orville fühlte einen mächtigen Druck im Nacken und glaubte, die Sinne würden ihm schwinden. Zum Teufel, dachte er, nur das nicht! Im nächsten Moment war es ihm, als stünde der Flugapparat still, als jage die Erde unter ihm dahin. Bis er einen Sandhügel auf sich zukommen sah und ein jäher Stoß ihn nach vorne warf.

Er begriff nicht, wieso; der Flug hatte doch gerade erst begonnen. Es gab aber keinen Zweifel: er steckte in einer Düne. Der Motor ratterte, und die Propeller wirbelten. Der Flug jedoch, der erste Motorflug war beendet. Nur 12 Sekunden hatte er gedauert. Ganze 53 Meter waren zurückgelegt.

Bedrückt unterbrach er die Zündung. Der Motor blieb stehen. Hübscher Reinfall, dachte er.

Hinter ihm schrien Stimmen: »Großartig! Es ist geglückt!«

Er begriff nichts mehr.

Wilbur trat an ihn heran. »Phantastisch!« jubelte er. »Wenn du gesehen hättest, wie der Apparat davonsauste! Unbeschreiblich, sage ich dir!«

Orville erhob sich und blickte zum ›Fallturm‹ zurück. »Aber ich bin doch nur ein paar Meter ...«

Wilbur lachte. »Macht nichts! Ich glaube, die Startgeschwindigkeit war zu groß. Wahrscheinlich drückte die auf die Stabilisierungsfläche aufschlagende Luft den Apparat herunter. Wir werden uns entweder weiter zurücklegen oder die vordere Fläche verstellen müssen, damit die Maschine sich nicht senkt. Nur dadurch wurde der Flug beendet.«

Orville war wie benommen. »Möglich, daß du recht hast«, sagte er.

»Bestimmt! Los, wir versuchen es gleich noch mal! Leg dich jetzt aber weiter zurück!«

Orville sah den Bruder verwundert an. »Du bist doch an der Reihe!«

Wilbur stieß ihn in die Seite. »Das war doch kein Flug, nur ein Ausprobieren der Startanlage.«

Orville strahlte. »Bist'n Pfundskerl!«

»Rühr mich nicht zu Tränen.«

Sie schafften die Maschine zum Fallturm zurück, zogen das Gewicht hoch und klinkten das über die Umlenkrollen gelegte Seil erneut ein.

Wilbur warf den Motor an. »Fertig?«

»Ja.«

»Los!«

Orville gab Vollgas. Das Gewicht sauste zu Boden. Der Doppeldekker schoß vor, hob sich und schwebte: 30 – 60 – 90 – 120 Meter weit. Dann glitten die Kufen durch den Sand.

Orville stellte den Motor ab und vollführte einen wahren Freudentanz. »Es geht!« rief er dem herbeieilenden Bruder entgegen. »Ich konnte spüren, wie mich die Propeller vorwärts schoben. Wenn ich mich noch mehr hätte zurücklegen können, wäre ich noch weiter gekommen.«

»Dann war meine Vermutung also richtig.«

»Und wie! Sollen wir die Stabilisierungsfläche gleich verstellen?«

Wilbur zögerte. »Ich bin schwerer als du. Vielleicht genügt schon der Gewichtsunterschied, um den Apparat vorne zu heben.«

Orville war außer Rand und Band. Er schob die Mütze in die Stirn und kratzte sich den Hinterkopf. »Mensch, Wilbur, wir haben es geschafft! Du und ich – wir haben es geschafft! Sollst mal sehen, wie jetzt die Dollars rollen werden!«

Der Bruder hob die Arme. »Um Gottes willen!« rief er. »Beschrei es nicht!«

Unterstützt von den Zuschauern, trugen sie die Maschine zum Startplatz zurück.

»Lauf zum Zelt!« wandte sich Wilbur an den Neger. »Koch Kaffee! Aber heißen!«

Der Schwarze rollte die Augen. »Ja, Master! Ich sofort laufen!« Er blieb jedoch stehen und rührte sich nicht vom Fleck.

Wilbur legte sich auf die Tragfläche. »Worauf wartest du?«

Der Neger trippelte von einem Bein auf das andere. »Gleich, Master. Nur noch sehen, wie Master durch die Luft fliegen.«

Diesmal übernahm Orville das Kommando. Das Gewicht fiel zu Boden, der Flugapparat schoß vor, und sofort war zu sehen, daß Wilburs Überlegung richtig war. Die Maschine stieg auf gut drei Meter, flog eine Weile parallel zur Erde, neigte sich dann leicht vornüber und setzte erst nach fast 200 Metern auf.

Wilburs Augen glänzten, als Orville auf ihn zulief. »Ich glaube, wir haben es wirklich geschafft!«

»Da gibt's keinen Zweifel mehr!« frohlockte der Bruder.

»Wollen wir jetzt die Stabilisierungsfläche verstellen?«

Wilbur nickte. »Aber nicht zuviel. Meiner Meinung nach müßte eine ganze Kleinigkeit genügen.«

Eine halbe Stunde später legte sich Orville auf die untere Tragfläche. Erneut wurde der Motor angeworfen, wieder fiel das Gewicht herab, und zum vierten Male hob sich die Maschine vom Boden.

»Er steigt!« rief Wilbur und ballte die Hände, als müsse er etwas halten. »Vier – ach was, fünf Meter ist er hoch!«

Ruhig und sicher glitt der Flugapparat dahin.

»Das wird ein Rekord!« schrien die Zuschauer.

Sie hatten recht, es wurde ein Rekord, den in diesem Jahr niemand mehr überbieten sollte. Denn als sie wenige Minuten später neben Orville standen und das Ergebnis besprachen, erfaßte eine plötzliche Bö die Maschine, stellte sie auf den Kopf und schleuderte sie zu Boden.

Im ersten Augenblick waren die Brüder wie gelähmt, dann aber sagte Wilbur: »Regen wir uns nicht auf; der Winter steht vor der Tür. Zur Reparatur steht uns mehr Zeit zur Verfügung, als uns lieb ist. Hauptsache, wir haben den Beweis dafür erhalten, daß der Motorflug möglich ist. 59 Sekunden lang hielt sich die Maschine in der Luft! Und 260 Meter wurden durchflogen! Es gibt keinen Zweifel mehr: das Rätsel des Motorfluges, das Problem ›Schwerer als Luft‹ ist gelöst.«

31. Dezember 1908

Wilbur Wright hatte recht. Das Problem des Motorfluges war gelöst. Damit stand jedoch nicht fest, daß der ›dynamische‹ Flugapparat im Kampf um die endgültige Eroberung der Luft den Sieg davontragen würde. Bewiesen war nur, daß sich eine nach dem Prinzip ›Schwerer als Luft‹ gebaute Maschine vom Boden abheben und ›fliegen‹ konnte. Und daß die Gebrüder Wright diese einzigartige Leistung vollbracht hatten.

War die von ihnen erbrachte Leistung aber wirklich einzigartig? Die Meinungen darüber waren verschieden; wie sehr, das erfuhren die Brüder, als sie im Aerodynamischen Verein in Washington von ihren Versuchen und Erfolgen berichteten und voller Stolz zum Ausdruck brachten, die ersten Motorflieger der Welt zu sein. Denn kaum waren diese Worte gefallen, erhob sich lebhafter Widerspruch.

»Wie kommt ihr dazu, zu behaupten, ›die ersten Motorflieger der Welt‹ zu sein?« fragte der Vorsitzende.

Wilbur sah ihn verwundert an. »Was soll die Frage?«

»Stellt ihr euch dumm, oder wißt ihr tatsächlich nicht, daß vor euch schon andere geflogen sind?«

Orville blieb der Mund offen stehen.

Wilbur wurde blaß. Er fühlte sich wie vor den Kopf gestoßen. »Wer?« fragte er beinahe tonlos.

»Zum Beispiel Clément Ader. Die Franzosen, die ihn den ›père de l'avion‹ nennen, sagen, daß er 1897 mit Unterstützung des Kriegsministeriums ein Motorflugzeug gebaut und insgeheim erprobt habe. Seine an eine Fledermaus erinnernde Maschine wurde 1900 auf der Pariser Weltausstellung gezeigt.«

»Und es ist erwiesen, daß er damit flog?«

»Angeblich ja! Wie gesagt: er baute den Apparat im Auftrage des Kriegsministeriums, das die Ergebnisse seiner Versuche aus naheliegenden Gründen geheimhält.«

»Das geht zu weit!« empörte sich Wilbur. »Stellen Sie sich vor, ich würde behaupten: Wir haben uns mit unserem Motorflugzeug vom Boden erhoben, bleiben Ihnen den Beweis aber schuldig, weil wir dieses und jenes noch nicht bekanntwerden lassen wollen. Was würden Sie dann sagen?«

Die Mitglieder des Vereins grinsten.

»Wetten, daß Sie nicht lachen, sondern uns als Lügner bezeichnen würden?«

»Möglich. Doch lassen wir Clément Ader aus dem Spiel. Es bleibt dann immer noch Sir Georges Cayley, der in England der ›Vater der Aeronautik‹ genannt wird. Er starb bereits 1857, dennoch scheint erwiesen zu sein, daß er ...«

»Damned!« rief Orville wütend. »Wollt ihr uns zum Narren halten?«

»Ganz gewiß nicht. Wir können aber Cayleys Leistungen ebensowenig ignorieren wie die Flüge Otto Lilienthals. Oder wie die Versuche des Russen Alexander Moschaiski, der 1882 das ›erste Flugzeug der Welt‹ entworfen, gebaut und erprobt haben soll.«

Wilbur schüttelte den Kopf. »Wenn ich nicht wüßte, vor Mitgliedern des Aerodynamischen Vereins zu stehen, würde ich alle Anwesenden für verrückt erklären. Herrgott, gibt es denn irgendwelche Beweise dafür, daß Clément Ader und wie sie alle heißen . . .?«

»Moment mal«, unterbrach ihn der Vorsitzende. »*Wir* können nicht beweisen, daß das, was die Franzosen, Engländer und Russen sagen, richtig ist. Wir sind aber auch nicht in der Lage, Gegenteiliges zu behaupten und zu belegen, und solange wir das nicht können, dürfen wir nicht einfach hingehen und sagen: Die Franzosen, Engländer und Russen lügen! Warum sollten sie auch? Was hätten sie davon?«

»Das weiß ich nicht!« erwiderte Wilbur Wright erregt. »Bestimmt aber weiß ich, daß oftmals nationale Gründe . . .«

»Solche Gesichtspunkte spielen bei allen Nationen eine Rolle«, unterbrach ihn der Vorsitzende erneut. »Wir wollen sie deshalb nicht beachten, weder bei uns noch bei den anderen. Doch abgesehen davon, mir geht es im Augenblick um ganz etwas anderes. Ich möchte versuchen, euch zu zeigen, wie sehr man sich täuschen kann, und daß man nicht das Recht hat, die Behauptungen anderer – und hier handelt es sich ja immerhin um Nationen – als Lüge abzutun.«

Orvilles Augen brannten. »Auf die Beweisführung bin ich gespannt!«

»Wißt ihr, daß Professor Langley am 8. Dezember 1903, also neun Tage vor euch, den Versuch machte, auf dem Potomac mit einem Motorflugzeug zu starten?«

Die Brüder machten große Augen.

»Seht ihr, davon habt ihr nichts gewußt! Und dennoch ist es eine Tatsache!«

»Der Versuch ist gelungen?«

»Nein. Der Mitarbeiter Langleys, Professor Manly, stürzte mit der Maschine ins Wasser. Wahrscheinlich, weil die Schleudervorrichtung versagte, die man auf der erhöhten Plattform einer Barke errichtet hatte.«

Orville atmete auf.

»Es war mir nicht bekannt, daß Langley schon soweit war«, sagte Wilbur bedrückt.

»Na, bitte! Ihr hattet keine Ahnung davon, und doch war er soweit! Ich kann euch sogar verraten, daß ihm die Militärverwaltung – auf Grund von motormäßig angetriebenen Modellmaschinen, die Strecken von 5 bis 6 000 Fuß zurücklegten – 50 000 Dollar zum Bau des Motorflugzeuges zur Verfügung stellte.«

»Und davon hat man nichts erfahren?«

»Geheim! Militär!«

»Na schön, er hat es aber nicht geschafft.«

»Zugegeben. An Hand dieses Beispiels wollte ich auch nur dartun, daß nicht alles sofort bekannt wird.«

»Das glaube ich gerne. Damit ist jedoch nicht bewiesen, daß wir nicht die ersten sind, die sich mit einem Motorflugzeug von der Erde erhoben haben.«

»Nein«, sagte der Sprecher, »das ist damit nicht bewiesen.« Er wühlte in einigen Zeitungen. »Aber hier, diese Journale beweisen eindeutig, daß vor euch schon jemand anderer da war: Gustav Whitehead!«

»Wer?«

»Whitehead. Nie von ihm gehört?«

»Nein.«

»Um ehrlich zu sein, wir kannten seinen Namen bis vor kurzem auch nicht. Whitehead existiert aber, wir haben uns davon überzeugen müssen. Es ist das Verdienst Harvey Philipps, die merkwürdigerweise sogar in Luftfahrerkreisen nicht bekanntgewordene Leistung Whiteheads in das rechte Licht gerückt zu haben. Dabei berichtete der New York Herald schon am 19. August 1901, daß Whitehead am 14. August zwei Flüge mit einem Flugapparat durchführte, der von einem selbstkonstruierten Azetylenmotor angetrieben wurde. Der Boston Transkript vom 19. August bestätigt diese Flüge. Und am 17. Januar 1902 soll er, derselben Zeitung zufolge, sieben Meilen weit und 450 Fuß hoch geflogen sein. Das schreibt auch die Aeronautical World vom Mai 1903, die allerdings erwähnt, daß Whitehead bei diesem Flug in den Sund von Long Island gestürzt sei und daß Fischer ihn gerettet haben sollen.«

Die Gebrüder Wright waren unfähig, etwas zu erwidern. Erst nach einer ganzen Weile konnte Wilbur fragen: »Und was macht Whitehead heute? Ich meine: Fliegt er noch? Führte er weitere Flüge durch?«

»Nein! Er soll seine Versuche aus Geldmangel eingestellt haben.«

Wilbur schüttelte den Kopf. »Soso«, sagte er. »Die soll er eingestellt haben. Schade, ich hätte mir seine Maschine gerne einmal angesehen. Denn sieben Meilen weit – mit derartigen Leistungen können wir nicht aufwarten.« Und dann fragte er hämisch: »Gibt es noch jemanden, der vor uns flog?«

Orville lachte aus vollem Halse. »By Jove, Wilbur, du hast recht: Nur so kann man mit dem Gehörten fertig werden.«

»Ach, ihr glaubt, eure Vorgänger mit spöttischen Bemerkungen und Lachen fortschaffen zu können?« empörte sich der Vorsitzende. »Täuscht euch nicht! Es gibt tatsächlich noch jemanden, der sich vor euch mit einem Motorflugapparat von der Erde abhob: der Deutsche Karl Jatho.« Er blätterte in einem Buch. »Wir erhielten Nachricht, daß er im August 1903 in der Vahrenwalder Heide bei Hannover einen Zweidecker montierte und mit einem Buchet-Einzylindermotor ausrüstete.«

»Und . . .? Startete er mit der Maschine?«

»Ja. Ihm sollen einige Luftsprünge gelungen sein.«

Orville knurrte: »Sollen! Luftsprünge!« Er wandte sich an den Bruder. »Da kann man nichts machen, Wilbur. Pech! Alle sind uns zuvorgekommen: Franzosen, Engländer, Russen, Amerikaner, Deutsche . . .« Er schüttelte den Kopf. »Ich finde es nur verdammt merkwürdig, daß von all denen, die angeblich schon vor uns geflogen haben, heute keiner mehr fliegt. Warum eigentlich nicht?«

Man zuckte die Achseln.

»Gehn wir!« sagte der Bruder.

»Eingeschnappt?« fragte eines der Vereinsmitglieder.

Wilbur blickte zurück. »Möglich, ich weiß es selber nicht. Muß das Gehörte zunächst verdauen. Bye!«

»He, nicht so schnell!« rief ein anderer. »Wann wollt ihr uns euren Apparat vorführen?«

Wilbur drehte sich um und antwortete ungemein scharf: »Überhaupt nicht!« Doch dann schwächte er ab: »Vielleicht später einmal.«

Als sie draußen waren, blieb Orville stehen. »Wenn sie auch hart mit uns umgegangen sind, unsere Maschine sollten wir ihnen vorführen. Jetzt erst recht!«

»Damit sie sehen, wie sie gebaut ist? Ich denke nicht dran! Nach allem, was ich hörte, weiß ich nur noch eins: Die Zeit ist reif – überreif, Orville! Das beweisen die Namen Samuel Pierpont Langley, Clément Ader, Karl Jatho und Gustav Whitehead!«

»Glaubst du etwa, daß die Berichte über sie stimmen?«

»Wir müssen es glauben, dürfen sie nicht einfach anzweifeln. Mit welchem Recht? Und wozu? Pionierarbeiten muß man anerkennen.«

Orville war entsetzt. »Dann wären wir ja tatsächlich nicht die ersten.«

»Wie man's nimmt. Wenn wir jetzt aufhören und keine weiteren Versuche anstellen, wie es unsere Vorgänger allem Anschein nach gemacht haben, sind wir wirklich die vierten, fünften oder sechsten. Wenn wir aber weitermachen, werden wir die ersten werden! Weil noch keiner über Luftsprünge hinausgekommen ist. Und weil von niemandem das ausging, was ich einen lebendigen Strom nennen möchte.«

Orville schob die Mütze in die Stirn und stieß einen langgezogenen Pfiff aus.

»Verstehst du nun, warum ich unseren Apparat im Augenblick nicht vorführen will? Nicht mit ›Luftsprüngen‹, sondern mit ›Flügen‹ will ich aufwarten. Wir treten erst an die Öffentlichkeit, wenn wir so weit sind, daß wir einen Kreis fliegen und an der Stelle landen können, an der wir gestartet sind. Keinen Tag eher!«

»Na, dann kann ich mir schon denken, was kommen wird.«

Wilbur sah ihn fragend an.

»Man wird behaupten, wir könnten überhaupt nicht fliegen, und wird uns als Lügner hinstellen.«

»Das ist mir gleichgültig.«

Orville behielt recht. Es dauerte nicht lange, da nannte man die Wrights nur noch die ›lügenden Brüder‹. Zumal man erfuhr, daß sie sich nicht mehr in den Sanddünen von Kitty Hawk, sondern in Dayton aufhielten, wo sie sich offensichtlich bemühten, ihre kleine Fahrradfabrik wieder in Schwung zu bringen.

Was sollten sie anderes tun? Die Gelder, die ihnen zur Verfügung gestanden hatten, waren erschöpft, und sie sahen sich gezwungen, neue Mittel zu beschaffen. Also richteten sie ihre Fabrik wieder ein und setzten ihre Versuche auf einem abgelegenen Gelände in der Nähe von Dayton fort, wo sie im Verlaufe der nächsten zwei Jahre 105 Flüge durchführten, bei denen sie weitere Erfahrungen sammelten und schließlich so sicher wurden, daß sie die liegende Haltung aufgaben und auf einem Sitz neben dem Motor Platz nahmen.

Nach fast zwei Jahren, am 20. September 1905, gelang Orville der heißersehnte erste Kreisflug mit anschließender Landung an der Startstelle. Und am 1. Dezember desselben Jahres führte Wilbur den ersten Passagierflug durch.

»So«, sagte er nach der Landung, »nun melden wir unseren Apparat zum Patent an. Und dann mag die Presse kommen und sich davon überzeugen, daß wir fliegen und nicht lügen.«

Noch nach Jahren sollte er diesen Entschluß bereuen. Denn an dem Tag, an dem die Journalisten der angesehensten Zeitungen nach Dayton kamen, schien sich die Welt gegen sie verschworen zu haben. Es regnete in Strömen, der Wind pfiff durch die Streben der Maschine, die von acht Männern gehalten werden mußte, damit sie nicht schon am Boden zerstört wurde. Und der Motor stotterte und lief so miserabel, daß es unmöglich war, mehr als einige belanglose ›Luftsprünge‹ durchzuführen.

»Hätten wir doch nur den Mund gehalten«, flüsterte Wilbur dem Bruder zu, als er die enttäuschten und verärgerten Mienen der Reporter sah. Er ahnte, was sie schreiben würden, und konnte sich denken, mit welch hämischem Grinsen ihre Artikel im Aerodynamischen Verein von Hand zu Hand gehen würden.

Wilbur Wright sah eine verheerende Kritik voraus, seine Befürchtungen wurden aber noch übertroffen. Eine andere Bezeichnung, als ›die lügenden Brüder‹ schien es auf dieser Erde überhaupt nicht zu geben. Wohin er schaute: ›Die lügenden Brüder! Die lügenden Brüder!‹

Doch das war für ihn nicht das Schlimmste. Was ihn weitaus mehr bedrückte, war die Tatsache, daß durch den schlechten Eindruck, den *sein* ›dynamischer‹ Flugapparat hinterlassen hatte, fast alle Journalisten die Leistungen der Luftschiffe, die sie zu Vergleichszwecken heranzogen, in günstigerem Licht sahen und über Gebühr vergrößerten, so daß allgemein der Eindruck entstand, die Entscheidung im Kampf zwischen ›leichter‹ und ›schwerer‹ als Luft sei zugunsten der Luftschiffe gefallen.

Er grämte sich darüber so sehr, daß er krank wurde, sah er doch voraus, daß nun auch in Amerika eintreten würde, was die Entwicklung der ›dynamischen‹ Fliegerei in Europa seit Jahr und Tag lähmte: die Begeisterung der Massen für das große und imposant wirkende Luftschiff. Zwangsläufig mußte sie die Entscheidung der verantwortlichen Herren in den Ministerien beeinflussen, ohne deren Unterstützung nicht weiterzukommen war.

Dabei waren die Leistungen der Luftschiffe in keiner Weise überzeugend. Gewiß, Santos-Dumont hatte glänzende Fahrten vollbracht; genau betrachtet, waren seine Unternehmungen jedoch nichts anderes als Husarenstücke eines tollkühnen Mannes.

Zugegeben, Husarenstücke sind oft wichtiger als alles andere; sie begeistern die Menschen. So gesehen war es das unbestreitbare Verdienst Santos-Dumonts, das Luftschiff in Frankreich populär gemacht zu haben. Wäre er nicht gewesen, hätten sich die ›Zuckerkönige von Frankreich‹, die Gebrüder Lebaudy, wohl niemals dazu entschlossen, ihre Millionen dem französischen Ingenieur Julliot zum Bau von ›halbstarren‹ Luftschiffen zur Verfügung zu stellen, die alle bisher erzielten Erfolge in den Schatten stellen sollten. Schon das erste von ihm entworfene Luftfahrzeug ›Le Jaune‹ führte vom November 1902 bis zum Juli 1903 insgesamt 29 Fahrten durch, bei denen es nur einmal nicht an seinen Aufstiegsort zurückkehrte.

Benannt wurde ›Der Gelbe‹ nach dem in Hannover hergestellten chromgelb gefärbten Baumwollstoff. Das Luftschiff hatte einen Durchmesser von 9,8 und eine Länge von 57 Meter. Es wurde über zwei Luftschrauben von einem 40-PS-Daimler-Motor angetrieben und erreichte eine Geschwindigkeit von 11 m/sec. Sein ständiger Führer war der Aeronaut Juchmés.

Der Erfolg des ›Le Jaune‹, dessen Stoffüberzug sich so hervorragend bewährte, daß er erst gewechselt werden mußte, nachdem das französische Militär das Luftschiff 70 Tage lang ununterbrochen in den Dienst gestellt hatte, ließ die Welt, und insbesondere die Kriegsministerien aller Nationen, aufhorchen. Niemand interessierte sich mehr für das ›dynamische‹ Flugzeug. In allen Ländern beeilte man sich, ein gleichwertiges Luftschiff zu entwickeln.

In Deutschland stritten drei Männer um die Gunst der obersten Heeresleitung: Major Hans Groß, der ein dem Julliotschen nachgebildetes ›halbstarres‹ Militärluftschiff baute, Major Dr. von Parseval, der für ein von ihm und Bartsch von Sigsfeld konstruiertes ›unstarres‹ Prall-Luftschiff plädierte – das ebenfalls einem französischen Vorgänger nachgebaut war –, und Graf Zeppelin, der die Hoffnung nicht aufgab, daß das von ihm erdachte ›starre‹ System den Sieg davontragen werde.

Er hatte den schwersten Stand. Denn die Konstruktionen seiner Konkurrenten hatten zwei nicht zu unterschätzende Vorteile: die Herstellungskosten ihrer Luftfahrzeuge betrugen nur den Bruchteil eines ›Zeppelins‹, und die ›halbstarre‹ und insbesondere die ›unstarre‹ Bauweise entsprach den Belangen des Militärs weitaus mehr als das ›starre‹ System. Einen ›Zeppelin‹ konnte man nicht zusammenlegen und verladen, ein ›halbstarres‹ Luftschiff jedoch ließ sich verhältnismäßig schnell auseinandernehmen und transportieren, und ein ›unstarres‹ bereitete in dieser Hinsicht überhaupt keine Schwierigkeiten. Bei diesem brauchte das Gas nur abgelassen zu werden, und schon war die durch keinerlei Streben abgestützte Hülle transportbereit.

Es war nicht leicht für den alten Grafen, erleben zu müssen, wie er mehr und mehr ins Hintertreffen geriet. Mit der kaiserlichen Anerkennung, die ihm nach der geglückten Rundfahrt über dem Bodensee zuteil geworden war, konnte er nicht viel anfangen. Was er brauchte, war Geld. Er mußte ein neues Luftschiff bauen, da das erste bestenfalls noch Schrottwert besaß.

Dr. Eckener hatte über LZ 1 bereits geschrieben: ›Das Fahrzeug pendelte mehr, als man gutheißen durfte, und verschiedene Durchbiegungen und Verwerfungen wurden als so schlimm angesehen, daß der Erfinder sich auf dem deutschen Ingenieurtage, wo er trotz alledem seine Ansichten verteidigen wollte, öffentlichem Spotte preisgegeben sah.‹

Anerkennung durch den Kaiser, Spott von seiten der Fachleute, Hohn in der Presse, Gelächter im Volk und kein Geld in der Tasche, das war das Ergebnis einer zwölfjährigen Arbeit. Man kann sich nur wundern, daß Graf Zeppelin die Flinte nicht ins Korn warf. Zumal er von allen Seiten hören mußte: Julliot erhält von den Millionären Lebaudy jede Unterstützung! ›Le Jaune‹ hat schon einen Nachfolger: die ›Lebaudy 1904‹. Sie wurde zur Durchführung von Nachtfahrten mit einem Azetylenscheinwerfer ausgerüstet, der über eine Leuchtkraft von 1 000 000 Kerzen verfügt! Und Major Groß erhielt den Auftrag, das erste deutsche Militärluftschiff zu bauen! Auch Parseval wird in Kürze ...

Der Graf war der Verzweiflung nahe. Überall regten sich die Geister, aber von ihm, dem der Kaiser seine Anerkennung ausgesprochen hatte, wollte niemand etwas wissen. Dabei lagen die Pläne für LZ 2 griffbereit im Panzerschrank. Drei Jahre hatte der Konstrukteur Ludwig Dürr an ihnen gearbeitet, Jahre, die sinnlos vertan waren, wenn das zweite Luftschiff nicht gebaut werden konnte.

Das Wort ›kapitulieren‹ geisterte plötzlich durch die Werkstätten von Manzell. Unbekannt, wer es zuerst ausgesprochen hatte. Es war einfach da und drang eines Tages auch an die Ohren des Grafen.

»Was?« donnerte er aufgebracht. »Kapitulieren? Niemals!« Er raste in seine Wohnung und schrieb einen Brief an Kaiser Wilhelm II., den er inständig bat, ihn zum Vortrag zu empfangen.

Der Kaiser lehnte ab.

Zeppelin biß die Zähne aufeinander. Dann gehe ich einen anderen Weg, schwor er, setzte sich hin und verfaßte einen Aufruf an wohlhabende deutsche Männer!

›Ein Heer falscher Propheten ist mit dem selbstbewußten Ton des eingebildeten überlegenen Wissens daran‹, schrieb er, ›der Welt weiszumachen, die sichere Durchquerung der Luft auf die weitesten Strekken werde mit Ballonschiffen wohl niemals, eher noch mit »dynamischen« Flugmaschinen möglich werden. Das Scheitern oder die ungenügenden Erfolge einer großen Anzahl von Flugschiffen scheinen ihnen recht zu geben. Wenn die öffentliche Meinung weiterhin ohne Widerstand mißtrauisch gemacht wird, so wird für absehbare Zeit niemand mehr Aufwendungen zur Lösung des Problems machen. Rettung von diesem bedauernswerten Untergang ist nur noch möglich, wenn es gelingt, in dieser letzten Stunde der Welt das Vertrauen zur Sache wiederzugeben. In kurzer Zeit werden Witterung, Sturm und Wellen mein lagerndes Material unverwendbar gemacht haben, meine letzten geschulten Gehilfen werden mir nicht mehr zur Verfügung stehen, meine Mittel werden erschöpft sein, und die Gebrechen des Alters oder der Tod werden meinem Schaffen ein Ziel gesetzt haben . . . Darum eilet, die ihr eine Flugschiffahrt haben wollt, dem die Mittel zu bieten, der allein sie euch schaffen kann! Eilet! Sonst werdet ihr das in der Tiefe versinkende Kleinod nicht mehr erfassen können!‹

Der Erfolg des Aufrufes war praktisch gleich Null: 16 000 Mark wurden gespendet.

Graf Zeppelin ließ sich nicht entmutigen. Er verfaßte einen zweiten Aufruf, den er nunmehr ›Notruf zur Rettung der Flugschiffahrt!‹ nannte und den der Zeitungsverleger Scherl in all seinen Blättern veröffentlichte. Der ›Notruf‹ verhallte völlig ungehört.

»Aufgeben? Schluß machen? Kapitulieren?« wetterte der Graf. »Ich denke nicht daran!« Er befahl, das Luftschiff LZ 1 abzuwracken und das Material zu verkaufen. Dann setzte er sich in den Zug und fuhr nach Berlin, wo es ihm gelang, aus dem Dispositionsfonds des Reichskanzlers Bülow eine Spende in Höhe von 50 000 Mark zu erhalten.

Die Welt sieht schon wieder rosiger aus, dachte er, als er von Berlin nach Stuttgart fuhr, um den König von Württemberg zu bitten, die Abhaltung einer Lotterie zugunsten der Luftschiffahrt zu genehmigen. 16 000 Mark plus 50 000 macht: 66 000! Mit dem Erlös aus dem Altmaterial werden es 100 000 werden. Und die Lotterie . . .

Sie brachte 124 000 Mark.

»Die erste Viertelmillion ist beisammen!« jubelte er, als ihm das Ergebnis gemeldet wurde. »Die restlichen 750 000 schaffe ich nun spielend!«

»Spielend?« fragte ihn einer seiner Mitarbeiter. »Wie?«

»Das ist meine Sache. Spuckt ruhig schon in die Hände. Es geht los!«

Erneut begab sich der 67jährige auf die Reise, nun aber nicht, um irgendeine Spende zu erbitten, sondern um den ›verrücktesten‹ seiner Pläne durchzuführen. Er wünschte das gesamte Baumaterial *kostenlos* zu erhalten. Mit verbissener Zähigkeit und beispielloser Überredungskunst brachte er es tatsächlich fertig, daß ihm alle Firmen, die Materialien liefern sollten, entsprechende Zusagen machten.

Was kein Mensch für möglich gehalten hatte, gelang dem Grafen. Am 30. November 1905 wurde LZ 2 aus der Halle gezogen, die diesmal allerdings nicht in den Wind gedreht werden konnte, da die schwimmende Halle abgesackt war und auf dem Grund des Bodensees lag. Zeppelin hatte sich gezwungen gesehen, eine neue Halle zu bauen, die er, um Kosten zu sparen, am Ufer errichten ließ. Er war sich natürlich darüber im klaren, daß dadurch große Schwierigkeiten erwachsen konnten, es blieb ihm jedoch keine andere Wahl.

Erfolg: Schon das erste Herausholen von LZ 2 endete mit einer kleinen Katastrophe. Infolge zu niedrigen Wasserstandes mußte das Luftschiff auf Pontons aus der Halle gezogen werden. Während der nicht gerade leichten und langwierigen Prozedur frischte der von Land wehende Wind auf und trieb den Koloß plötzlich so schnell nach vorn, daß er das ziehende Schleppboot zu überholen drohte. Der Mannschaft blieb nichts anderes übrig, als die Taue zu kappen und die Motoren anzuwerfen, um nicht manövrierunfähig davonzutreiben. Die Maschinen sprangen an, und im gleichen Augenblick schoß das Luftschiff mit der Spitze ins Wasser, da sich das Zugseil verheddert hatte und nicht mehr rechtzeitig gekappt werden konnte.

Aus. Das Luftschiff war schwer beschädigt, noch bevor es hatte aufsteigen können.

Die Menschen schüttelten den Kopf, und Graf Zeppelin mußte alle Kraft aufwenden, um seine Enttäuschung zu verbergen.

Du darfst dir nichts anmerken lassen, dachte er, und schlug einigen Monteuren auf die Schulter: »Kopf hoch!« sagte er. »Sieht schlimmer aus, als es ist. So etwas kann immer mal vorkommen. Starten wir eben ein paar Monate später – was spielt das schon für eine Rolle.«

Nicht im geringsten zeigte er, wie es in seinem Inneren aussah. Und doch wußte jeder, der älteste Werkmeister und der jüngste Lehrling, daß der Graf unsichtbare Tränen weinte. Das verband sie noch enger mit ihm. Sie fühlten sich nicht mehr als Handlanger, Arbeiter, Schlosser, Monteure oder Werkmeister, sondern als Mitarbeiter des Grafen, für den sie bereit waren, durch das Feuer zu gehen.

Schneller und gewissenhafter denn je arbeiteten sie, und schon nach einem Monat war das Luftschiff wiederhergestellt.

Die Jungfernfahrt wurde auf den 17. Januar 1906 festgelegt, und jeder hoffte, daß es diesmal ein Glückstag sein möge.

Tausende, die am Ufer des Bodensees standen, drückten dem weißhaarigen Grafen die Daumen. Tausende zitterten mit ihm, als LZ 2 in das Freie gezogen wurde. Und Tausende beschlich ein ungutes Gefühl, als sie sahen, daß das Luftschiff nach dem Lösen der Taue – noch bevor die Motoren angeworfen waren und sich die Propeller drehten – unerhört rasch auf etwa 450 Meter stieg.

»Was hat das zu bedeuten?« riefen die Zuschauer. »Da stimmt doch etwas nicht!«

Die Werksangehörigen kniffen die Lippen zusammen; sie ahnten, was geschehen war: LZ 2 war nicht richtig ausgewogen! Das Luftschiff hatte zuviel Auftrieb und kam erst in unerwünscht großer Höhe in das Gleichgewicht.

War der Fehler noch zu korrigieren? Die nächsten Minuten mußten die Entscheidung bringen. Gelang es dem Grafen nicht schnellstens, das Luftfahrzeug gegen den in der Höhe kräftig wehenden Wind zu stellen und einen Höhenwechsel durchzuführen, dann bestand die Gefahr, daß LZ 2 abgetrieben und zum Spielball der Luftströmungen wurde.

Graf Zeppelin versuchte zu retten, was zu retten war. Das Schicksal aber arbeitete gegen ihn. Ein zu hastig eingeleiteter Ruderausschlag ›überdrehte‹ das Luftschiff; es stand plötzlich quer zur Windrichtung. Er wollte ausgleichen – unmöglich: das Seitensteuer klemmte. LZ 2 trieb ab. Landeinwärts!

Die Werksangehörigen faßten sich an den Kopf. Hatte sich denn alles gegen den Grafen verschworen? Am Boden wehte Ostwind! Wie war es möglich, daß das Luftschiff nach Osten, in Richtung auf das Allgäu, auf die Berge abgetrieben wurde?

Graf Zeppelin erkannte die drohende Gefahr und befahl, das Gas abzulassen. Noch während die Ventile gezogen wurden, kritzelte er die Worte ›Schlepptau werfen!‹ auf einen Laufzettel, den er an einem Draht befestigte, der zu dem in der hinteren Gondel sitzenden Schlosser Preiß führte.

Wenn das nur gutgeht, dachte dieser, als er den Befehl las. Er kannte die Berichte der ›Luftexperten‹, die ausnahmslos prophezeit hatten, daß ein starres Luftschiff niemals auf festem Boden würde niedergehen können, ohne schwerste Beschädigungen zu erhalten.

Graf Zeppelin war anderer Meinung gewesen, und er bewies in den nächsten Minuten, daß auch ›Sachverständige‹ sich irren können.

Der Kettenanker rasselte in die Tiefe und blieb in den gefrorenen Furchen eines Ackers hängen. Die Gondeln senkten sich herab, schlugen auf und wippten, als wollten sie sagen: Prächtig, prächtig, wir sind am Ziel. Doch da riß die Kette, und augenblicklich stieg das Luftschiff wieder auf fast 100 Meter Höhe. Eine Weile trieb es weiter nach Osten, dann sank es erneut hinab. In der Nähe einiger Einödhöfe streifte es zwei Birken, die die Außenhaut leicht beschädigten, dann glitt es über moorigen Wiesengrund, auf den es schließlich sanft aufsetzte und liegenblieb.

Mit Hilfe etlicher Bauern, die von allen Seiten herbeieilten, gelang es dem Grafen, das kostbare Luftschiff an Bug und Heck zu verankern. Als er sah, daß keine Gefahr mehr bestand, nahm er die für ihn schon typisch gewordene helle Schirmmütze vom Kopf und fuhr sich mit einem Taschentuch über den Schädel. »Zum Teufel!« stöhnte er erleichtert. »Das hätte ins Auge gehen können! Mir ist es kalt und heiß über den Rücken gelaufen.« Er lachte und setzte die Mütze wieder auf. »Na, ein bißchen Glück scheine ich ja doch zu haben. Nicht viel, aber . . .«

Hätte er geahnt, welchen Befehl er am nächsten Morgen geben würde, dann hätte er wohl kaum von dem »bißchen Glück« gesprochen, das er zu besitzen meinte. Denn in der Nacht frischte der Wind auf, und ehe etwas unternommen werden konnte, war das stolze Luftschiff zerstört, restlos, weil es an Bug und Heck angeseilt worden war. Wäre es nur an der Spitze verankert gewesen, hätte es sich in den Wind drehen können und würde aller Wahrscheinlichkeit nach nicht im geringsten beschädigt worden sein. So jedoch . . .

Man schrieb das Jahr 1906 und stellte in technischer Hinsicht noch die merkwürdigsten Überlegungen an.

Aber Kerle waren die Männer, die in jenen Tagen alles daransetzten, die Luftfahrt voranzutreiben, gleichgültig, aus welchem Lager sie kamen und für welches System sie plädierten: für das Prinzip ›schwerer‹ oder ›leichter‹ als Luft. Niemand von ihnen ließ sich jemals entmutigen.

Graf Zeppelin am allerwenigsten. Als er das zerstörte Luftschiff am Boden liegen sah, wurde sein Gesicht grau. Eine Weile blickte er regungslos auf die zerfetzte Hülle und das zerborstene Gerippe, dann sagte er mit beherrschter Stimme: »Holt Äxte! Und Sägen! In vierundzwanzig Stunden will ich hier nichts mehr liegen sehen!«

Die Mannschaft glaubte nicht richtig zu hören. »Wir sollen LZ 2 zerstören?«

Der Graf sah über die Trümmer hinweg. »Hier ist nichts mehr zu zerstören, nur noch zu beseitigen. Geht, beeilt euch!«

Wenige Stunden später rückten die Werftarbeiter heran. Sie schlichen um den Grafen, der sich nicht vom Fleck rührte und unverwandt auf das Wrack blickte. Vor seinen Augen sollten sie zersägen und zerschlagen, was mit Fleiß und unendlicher Liebe erstellt worden war? Beinahe flehend schauten sie zu ihm hinüber.

Sein Gesicht war wie gemeißelt. »Fangt an!« befahl er.

Die Menschen, die im Laufe des Tages zu Tausenden zur Unglücksstelle strömten, mieden seine Nähe; unheimlich erschien er ihnen.

Unter den Zuschauern befand sich auch Dr. Hugo Eckener, der Sonderberichterstatter der Frankfurter Zeitung, dessen von Zweifel und Spott erfüllte Artikel dem Grafen besonders zugesetzt hatten, weil er fühlte, daß hier die Feder nicht von irgendeinem Schreiber, sondern von einem Mann geführt wurde, der keine Schmerzen bereiten wollte, aber weh tun mußte, weil er die den Luftschiffen noch anhaftenden Mängel mit klarem Blick erkannte.

Im Geiste wird er mich schon ›zerreißen‹, dachte Graf Zeppelin, als er sah, daß Dr. Eckener zu ihm hinüber blickte. Nun gut, auch dieser Kelch wird an mir vorübergehen.

Er sollte sich täuschen. Denn Dr. Eckener schrieb: ›Wer kann nachfühlen, was den Erfinder in einer schlaflosen Nacht der Entschluß gekostet haben mag, den Befehl zum Zertrümmern des Werkes zu geben, über das er ein Menschenalter nachgegrübelt, an dem er sieben Jahre gebaut hatte! Wer ahnt, was jetzt in ihm vorgeht, wo er es ringsum in Trümmern liegen sieht! Aber obgleich jeder Axtschlag treffen, jedes Knirschen der Säge ihm das Herz zerreißen muß, steht er in vollkommener Beherrschung gelassen und tapfer da unter den Augen der fremden Menge. Wie groß und stark ist das menschliche Herz, so allen Mächten auf Erden Trotz bietend, und wie schwach ist dabei des Menschen Werk, das ein Windhauch vernichten konnte!‹

Nur wenige Gegner des ›starren‹ Systems beugten sich wie Dr. Eckener vor der menschlichen Größe des Grafen. Die meisten triumphierten und nahmen mit Befriedigung zur Kenntnis, daß die von Zeppelin gegründete Aktiengesellschaft den Verlust von zwei Luftschiffen nicht überstehen konnte. Man rieb sich die Hände und warf sich in die Brust: Was haben wir gesagt! Es mußte so kommen! Vielleicht wird dem dickköpfigen alten Mann nun endlich klar, daß er einem Phantom nachjagt. Wenn nicht, dann ist ihm nicht mehr zu helfen, dann gehört er zu den unverbesserlichen Wolkenkuckucksheimern. Aber wie es auch sei, ob er Vernunft annimmt oder nicht: für seine uferlosen Projekte wird er keinen roten Heller mehr erhalten. Und das ist ein Glück. Er ruinierte uns ja schon alle miteinander.

Für den Grafen begann, wie er später selber sagte, die schlimmste Zeit seines Lebens. Er kämpfte erneut um Unterstützung und mußte erleben, daß sich alle diejenigen, die um ein Gutachten gebeten wurden, gegen ihn aussprachen. So der Ausbilder des Luftschifferbataillons, Major Groß, der knapp schrieb: ›Durch die Versuche des Grafen Zeppelin ist die Frage, ob man »starre« oder »unstarre« Luftschiffe bauen soll, verhältnismäßig schnell geklärt. Vorläufig ist man noch nicht in der Lage, derartige starr gebaute Riesenluftschiffe lenk- und steuerbar zu machen. Vielleicht wird man später, wenn die Luftschiffbautechnik weitere Fortschritte gemacht haben wird, wieder auf solche Schiffe zurückkommen und sich dann dankbar des Zeppelinschen Luftschiffes als eines kühnen Vorläufers auf diesem Gebiet erinnern.‹

Diplomatischer konnte der als gefährlichster Widersacher Zeppelins bekannte Major seine ablehnende Stellungnahme nicht formulieren. Denn wer Groß kannte, wußte, daß der letzte Satz seines Gutachtens ironisch aufzufassen war und eine für den alten Grafen versteckte Ohrfeige darstellte.

Dialektisch weniger geschliffen, dafür aber um so offener und ehrlicher, drückte sich der bayerische Kommandeur der Luftschiffertruppe aus, als ihn der deutsche Kaiser aufforderte, ein Urteil über das Zeppelinsche Luftschiff zu fällen. Er antwortete kurz und bündig: »Majestät – ein Schmarrn!«

Der Erfolg derartiger Äußerungen war eine von höchster Stelle an alle Offiziere gegebene Warnung, über die Major a. D. Oskar Wilke, der spätere Direktor der Luftschiffbau Zeppelin G.m.b.H., schrieb: ›Wir Offiziere mußten eine Verfügung zur Kenntnis nehmen, in der zwar dem Grafen Zeppelin alle Anerkennung gezollt wurde für die Ausdauer und Energie, mit der er sein Ziel verfolgte, in der im übrigen aber den Offizieren abgeraten wurde, Geld an diese nun mal aussichtslose Sache zu wenden.‹

Graf Zeppelin wußte, was über ihn gesprochen und geschrieben wurde, er gab dennoch nicht auf. Mit Genehmigung des ihm wohlgesinnten württembergischen Königs veranstaltete er eine zweite Lotterie, deren Ergebnis ihn in die Lage versetzte, das Luftschiff LZ 3 zu bauen, mit dem ihm endlich, am 9. und 10. Oktober 1906, zwei mehrstündige Probefahrten über dem Bodensee gelangen.

Das Eis schien gebrochen zu sein. Hatte schon die erste, am 9. Oktober durchgeführte Fahrt mit neun Personen das württembergische Königspaar, vor dem Zeppelin über Friedrichshafen eine Schleife fahren konnte, im höchsten Maße begeistert, so horchte ganz Deutschland auf, als bekannt wurde, daß LZ 3 am 10. Oktober, mit elf Personen an Bord, in 2 Stunden 17 Minuten insgesamt 117 Kilometer durchfuhr und glatt an seinen Ausgangspunkt zurückkehrte.

Sollte man sich doch getäuscht haben? Major Groß beeilte sich einzugestehen: »Das Schiff lag sehr gut ohne jede stampfende oder rollende Bewegung in der Luft und gehorchte seinen Steuerorganen.«

Auch bei den Professoren und Technikern, die sich jahrelang befleißigt hatten, von der ›Aussichtslosigkeit und Unmöglichkeit des Zeppelinballons‹ zu reden, schlug der Wind um. Die Dresdener Technische Hochschule verlieh Graf Zeppelin den Titel eines Dr.-Ing. h. c.

Und die Reichsregierung beschloß am 19. Dezember 1906, dem Grafen 500 000 Mark zum Bau einer schwimmenden ›Reichs-Ballonhalle‹ zur Verfügung zu stellen, da man anerkannte, daß die Unterbringung des ›Zeppelins‹ in der am Ufer errichteten, nicht drehbaren Halle eine ständige Gefährdung des Luftschiffes darstellte. Nicht von ungefähr war man plötzlich um die Sicherheit von LZ 3 besorgt; angesichts der Erfolge ausländischer Luftfahrzeuge trug man sich ernstlich mit dem Gedanken, im Reichstag eine Vorlage einzubringen, derzufolge – zur Unterstützung des Zeppelinschen Unternehmens – LZ 3 vom Reich gekauft werden sollte, um den Grafen in die Lage zu versetzen, ein viertes Luftschiff zu bauen, von dem man noch bessere Leistungen erwartete.

Graf Zeppelin sah sich am Ziel seiner Wünsche. Wenn er auch wußte, daß LZ 3 noch viele Mängel aufwies, und er sich ebenfalls darüber im klaren war, daß das neu zu bauende Luftschiff LZ 4 unmöglich schon das ›Non plus ultra‹ eines lenkbaren Luftfahrzeuges werden konnte, so glaubte er doch sagen zu dürfen: »Die schwerste Zeit liegt hinter mir.« Und: »Der Kampf um ›schwerer‹ oder ›leichter‹ als Luft scheint zugunsten der Luftschiffe entschieden zu sein.«

Es war keine Überheblichkeit, die ihn so sprechen ließ; in jenen Tagen geschah auf dem Gebiet des ›dynamischen‹ Flugapparates praktisch nichts. Nur ganz selten noch vernahm man etwas von Versuchen mit Motorflugzeugen.

Von den Gebrüdern Wright hatte man nach dem Mißerfolg vor der Presse überhaupt nichts mehr gehört. Sie mieden die Öffentlichkeit, ließen sich nirgendwo sehen und gerieten beinahe in Vergessenheit. Ihnen war es recht. Denn mehr noch als eine neue Blamage fürchteten sie den Verrat ihres ›Fluggeheimnisses‹. Ihre Angst, in letzter Minute um die Frucht ihrer langjährigen Arbeit gebracht zu werden, wurde geradezu grotesk. Sie flüchteten an immer abgeschiedenere Plätze, um sich im Motorflug zu trainieren, arbeiteten des Nachts an neuen und stärkeren Motoren und ahnten nicht, daß die Chance, ihre Erfindung auszuwerten, mit jedem Tag geringer wurde, den sie in der Einsamkeit verbrachten. Denn wenn die Journalisten, denen sie an jenem Unglückstag den Motorflugapparat vorgeführt hatten, von ihren Leistungen auch enttäuscht gewesen waren, so drangen deren Berichte doch nach Europa, wo – ganz besonders in Frankreich – etliche Verfechter des ›dynamischen‹ Prinzips aufhorchten und alles daransetzten, Näheres über die Wrightsche Konstruktion zu erfahren.

An erster Stelle der rührige Capitaine Ferber, der schon frühzeitig mit Lilienthal in Verbindung getreten war und auch den Wrights bereits einige Male geschrieben hatte, ohne allerdings eine Antwort erhalten zu haben.

Doch das störte den leidenschaftlichen Vorkämpfer der französischen Luftfahrt nicht. »Ich werde ihnen immer wieder schreiben«, sagte er einem Freund. »Weil ich fühle, daß sie weiter sind, als wir annehmen. Nur darum antworten sie nicht. Ich werde es aber schon herausbekommen; denn wenn den Wrights der große Wurf gelungen ist, müssen wir ihnen die Erfindung abkaufen. Um jeden Preis! In Frankreich steht die Wiege der Luftfahrt, und in Frankreich muß auch die Motorfliegerei ihren Anfang nehmen. Ich weiß, wie schwer der Weg vom ›Schritt zum Sprung und vom Sprung zum Flug‹ ist. Sollten die Wrights diesen Weg schon gegangen sein, nun gut, dann haben wir Franzosen den Preis dafür zu zahlen und alles daranzusetzen, die Erfindung weiterzuentwickeln. Damit wir es sind, die eines Tages den großen Bogen ›von Dorf zu Dorf, von Stadt zu Stadt und von Land zu Land‹ schlagen.«

Hätte Ferber gewußt, daß Flugleistungen von 10 bis 15 Kilometer für

Wilbur und Orville Wright keine Seltenheit mehr waren, wäre er gewiß sofort nach Amerika gefahren und hätte sich nicht damit begnügt, den fliegenden Brüdern einmal wieder einen Brief zu schreiben.

Um so größer war sein Erstaunen, als er schon nach kurzer Zeit eine Antwort erhielt. Die Brüder dankten ihm für das Interesse, das er ihrer Arbeit entgegenbringe, teilten im übrigen aber nur mit, noch nicht soweit zu sein, einen verläßlichen Flugapparat herstellen zu können.

Capitaine Ferber war wie elektrisiert. Immer wieder las er die Worte: ›Noch sind wir nicht soweit, einen verläßlichen . . .‹ Verläßlichen! *Verläßlich!* Das Wort ließ ihn nicht mehr los. Wie weit müssen sie es gebracht haben, wenn sie schon an der Verläßlichkeit ihres Apparates arbeiten, fragte er sich. Ich selbst bin noch nicht weitergekommen, als mich mit meinem an einem langen Hebelarm hängenden ›Kastendrachen‹ um den Mast zu drehen, den ich bei Nizza errichtete, um die Wirkung von Luftschrauben zu erproben. Und die Gebrüder Gabriel und Charles Voisin – mon Dieu, gibt es in der Luftfahrt denn nur Brüderpaare? – sind auch noch nicht über das Stadium der Gleitversuche hinausgekommen. Ebensowenig Henri Farman, dessen Zähigkeit ich bewundere, und Léon Delagrange, dieser begnadete Bildhauer, der sich in jeder freien Minute mit dem Problem des Fliegens befaßt. Niemand von uns ist über die ersten Geh- und Tastversuche hinausgekommen, und die Wrights schreiben: ›Noch sind wir nicht soweit, einen verläßlichen Flugapparat . . .‹

Es gibt nur zwei Möglichkeiten, sagte sich Ferber, nachdem er in Ruhe überlegt hatte. Entweder bluffen die beiden Burschen, dann tragen sie den Namen die ›lügenden Brüder‹ zu Recht, oder sie sind schon so weit, daß uns die Augen eines Tages heraustreten werden. Sollte letzteres der Fall sein, dann hat ihnen die Welt jahrelang unrecht getan, dann haben sie die ganze Zeit über in aller Stille erprobt, und es bewahrheitet sich, was ich in meinem Buch schrieb: ›Eine Flugmaschine erfinden, heißt nichts, sie bauen, nicht viel, sie versuchen – alles!‹

Über die tatsächlichen Leistungen der Gebrüder Wright sollte Capitaine Ferber nicht mehr lange im ungewissen bleiben. Denn wenige Monate später erhielt er einen zweiten, vom 9. Oktober 1905 datierten Brief, in dem es hieß:

›Sehr geehrter Herr! Als wir Ihren letzten Brief erhielten, faßten wir gerade die Ergebnisse unserer Versuche zusammen und glaubten, auf Ihre Frage über den praktischen Wert unseres Fliegers bald antworten zu können. Dennoch haben wir länger mit der Antwort warten müssen, als wir dachten.

Unsere Versuche im vergangenen Monat haben gezeigt, daß wir jetzt Maschinen bauen können, die wirklich für verschiedene Zwecke, militärische usw., brauchbar sind. Am 3. Oktober haben wir einen Flug von 24,535 Kilometer in 25 Minuten 5 Sekunden gemacht. Dieser Flug wurde dadurch beendet, daß sich ein Lager aus Mangel an Öl heißlief. Am

4. Oktober haben wir eine Entfernung von 33,456 Kilometer in 33 Minuten 17 Sekunden erreicht. Wieder lief die Transmission warm, aber wir konnten zum Abflugplatz zurückkehren, ohne vorher landen zu müssen. Am 5. Oktober dauerte unser Flug 38 Minuten 3 Sekunden und überbrückte eine Distanz von 39 Kilometern. Die Landung wurde durch Benzinmangel erzwungen; ein Öler hatte der Ursache abgeholfen, welche die früheren Flüge verkürzte.

Wir sind bereit, Maschinen nach Vertrag zu liefern, abnehmbar nach einem Probeflug über 40 Kilometer, wobei die Maschine einen Steuermann und einen Benzinvorrat für mehr als 100 Kilometer tragen soll. Wir könnten auch einen Kontrakt machen, in dem die Strecke des Versuchsfluges größer als 40 Kilometer ist, aber dann wäre der Preis der Maschine höher. Wir könnten die Maschine auch für mehr als eine Person Belastung bauen. Ergebenst W. und O. Wright‹

Capitaine Ferber war außer sich. So weit waren die beiden Amerikaner?

Am 4. November erhielt er einen weiteren Brief, in dem die Brüder ergänzend mitteilten, daß der Preis ihres Flugapparates eine Million Francs betragen würde, zahlbar nach Durchführung eines Fluges über 50 Kilometer in weniger als einer Stunde.

Ferber war wie aufgelöst. Er schrieb an das Kriegsministerium und bat darum, sofort einen Apparat in Auftrag zu geben, ›um Frankreich den ihm gebührenden Platz und einen Vorsprung vor allen anderen Nationen zu sichern‹.

Man lächelte über Ferbers Eifer, glaubte weder ihm noch den ›lügenden‹ Brüdern und brachte offen zum Ausdruck, daß man den Eindruck habe, ›er sei nicht ganz klar im Kopf‹. ›Denn‹, so schrieb man ihm, ›wenn Menschen wirklich in den Lüften geflogen wären, würde man es erfahren haben. Wie wollen Sie als simpler Artillerie-Capitaine wissen, was nicht einmal amerikanischen Journalisten bekannt wurde, die die Ehre beanspruchen, die am besten informierten der Welt zu sein?‹

Ferber gab sich nicht geschlagen. Wenn ihr nicht wollt, dachte er, dann verfolge ich mein Ziel auf eigene Faust. Er schrieb einem in Dayton wohnhaften Franzosen namens Gouffault, dessen Adresse er vom französischen Konsul in Chikago erhalten hatte, und richtete an ihn die Bitte, schnellstens festzustellen, ob die Gebrüder Wright mit einem Motorflugzeug Flüge durchführten oder nicht. Um ganz sicher zu gehen, bat er auch den amerikanischen Gleitflieger Chanute, entsprechende Nachforschungen anzustellen; und um jeden Zweifel auszuschließen, wandte er sich schließlich noch an ein Mitglied des amerikanischen Aeroclubs, das er anläßlich der Gordon-Bennet-Ballonwettfahrt in Paris kennengelernt hatte.

Es dauerte nicht lange, und er besaß drei Briefe, aus denen eindeutig hervorging, daß ihn die Gebrüder Wright nicht belogen hatten. Für sie waren Flüge von 30 Kilometer Länge keine Seltenheit mehr.

Und nun tat Capitaine Ferber etwas, das – ohne daß er es wollte – zu einer regelrechten Spionageaffäre führte. Er wandte sich an Ernst Archedeacon, einen vermögenden Franzosen, der hohe Geldpreise für besondere Flugleistungen ausgesetzt hatte, und flehte ihn an, im Interesse der Nation von den Gebrüdern Wright einen Flugapparat zu kaufen.

Monsieur Archedeacon lachte ihn aus. »Das kann doch nicht Ihr Ernst sein«, sagte er. »Ich soll bei den ›lügenden Brüdern‹ eine Maschine bestellen? Um mich zu blamieren? Nein, nein, daraus wird nichts! Damit Sie aber gleich wissen, was ich jetzt tue – gewissermaßen, um andere zu warnen –, ich werde unverzüglich dafür sorgen, daß die Zeitschrift Les Sports einen Artikel bringt, der klar herausstellt, um was für Gangster es sich bei diesen Wrights handelt.«

Ferber fühlte sich wie vor den Kopf gestoßen. Die Welt ist ein Narrenhaus, dachte er.

Der Artikel erschien, blieb aber nicht unbeantwortet. Ein Monsieur Bessançon, der sich ebenfalls an die Wrights gewandt und eine ähnliche Antwort wie Capitaine Ferber erhalten hatte, veröffentlichte in der Zeitung L'Auto einen Gegenartikel, und in kurzer Zeit entbrannte eine Pressefehde, die die Leser so verwirrte, daß niemand mehr wußte, was Wahrheit und Dichtung war. Da der Mensch im allgemeinen aber eher zweifelt als glaubt, hatte Les Sports die Mehrheit auf ihrer Seite. Das paßte den Herausgebern der Zeitschrift L'Auto ganz und gar nicht; im Interesse ihres Renommees und um eine Klärung herbeizuführen, entschlossen sie sich, den Schriftsteller Coquelle nach Dayton zu schicken.

Man muß Monsieur Coquelle zugestehen, daß er in wenigen Tagen mehr leistete als alle amerikanischen Journalisten miteinander. Als wäre er der Held eines modernen Spionagefilms, suchte er kurzerhand die Redaktionen mehrerer amerikanischer Zeitungen auf, als er erkannte, daß die ›fliegenden‹ Brüder nicht gewillt waren, ihm ihren Flugapparat zu zeigen. Denn die im Umgang mit Reportern nur wenig erfahrenen Wrights hatten einen entscheidenden Fehler gemacht, als er sie fragte: »Ja, warum in aller Welt wollen Sie nicht, daß ich Ihre Maschine sehe?«

Wilbur Wright hatte skeptisch aufgeschaut. »Warum? Das will ich Ihnen sagen. Wir hatten schon einmal mit Journalisten zu tun. Einer von ihnen fertigte eine Zeichnung unseres Flugapparates an, die auch prompt von seiner Zeitung klischiert wurde. Nur einem glücklichen Umstand ist es zu verdanken, daß wir rechtzeitig davon erfuhren und eine Veröffentlichung des Bildes verhindern konnten. Wäre die Zeichnung damals publiziert worden, würde es heute bestimmt schon etliche Nachbildungen unserer Maschine geben.«

»Ach so«, hatte Monsieur Coquelle erwidert, »jetzt verstehe ich. Ja, sagen Sie, war die Zeichnung denn so detailliert, daß man aus ihr . . .?«

»Alles war aus ihr zu ersehen«, hatte sich Wilbur Wright ereifert. »Die Form der Flächen, ihre Verspannung, die Anordnung des Hilfsruders und Leitwerkes – ja, sogar die Unterbringung des Motors! Ein Laie hätte vielleicht nichts damit anfangen können, ein anderer aber ... Ich hoffe, Sie verstehen, daß wir ...«

»Natürlich, natürlich!« hatte sich Monsieur Coquelle beeilt zu sagen. Und war davongestürmt, um in den Redaktionen aller in Frage kommenden Zeitungen herumzustöbern.

Es fiel ihm nicht sonderlich schwer, das gewünschte Klischee zu finden. Seine beim Durchblättern der einzelnen Artikel in den verschiedenen Redaktionen immer wieder beiläufig gestellte Frage: »Haben Sie damals nicht eine Zeichnung veröffentlichen wollen?« brachte ihn bald an das Ziel seiner Wünsche. Schon in der vierten Redaktion bejahte man seine Frage. Als man dann auf seine Bitte hin das Klischee aus dem Archiv holen ließ, hatte er gewonnen. Denn nun brauchte er die amerikanischen Kollegen nur noch in ein fesselndes Gespräch zu verwickeln, was ihm als Franzose nicht sonderlich schwer fiel, und schon war es geschehen: das auf den Tisch zurückgelegte Klischee befand sich plötzlich in seiner Tasche. Und wenige Wochen später, am 25. Dezember 1905, triumphierte die Zeitschrift L'Auto über Les Sports, deren Redakteure aus allen Wolken fielen, als sie Coquelles Bericht lasen und voller Verwunderung die Zeichnung des Wrightschen Apparates betrachteten.

Größer aber noch war das Erstaunen in den Kreisen der Luftfahrer. Überall wurde das Bild mit fachmännischen Augen geprüft. Ein Fieber ergriff die Gleitflieger, die plötzlich klar zu sehen glaubten. Ganz ohne Zweifel: vor dem Apparat der Gebrüder Wright war ein horizontales Stabilisierungssteuer angebracht, hinten ein vertikales Leitwerk. Die Propeller wurden durch zwei Treibriemen angetrieben, der Motor stand, seitlich etwas versetzt, auf der unteren Tragfläche. Neben ihm nahm der Pilot Platz, so daß das Gleichgewicht erhalten blieb. Der Start erfolgte auf einer Kufe und, wie Coquelle schrieb, vermittels einer Schleuderanlage in Form eines ›Fallturmes‹.

Der Artikel rief die Deutsche Zeitschrift für Luftfahrt auf den Plan, die darauf hinwies, bereits im März 1904 einen ausführlichen Bericht über die Motorflüge der Gebrüder Wright gebracht zu haben, nachdem sie schon im Jahre 1901 einen von Wilbur Wright verfaßten Beitrag über ›Die waagerechte Lage während des Gleitfluges‹ veröffentlichte.

Der Kampf der Zeitschriften kam den Luftfahrern wie gerufen. Denn abgesehen davon, daß sich das Publikum durch die ausgebrochene Fehde stärker denn je mit dem ›dynamischen‹ Flugapparat befaßte, wurden immer mehr Details bekannt. So konnte L'Auto am 7. Februar 1906 eine zweite Darstellung des Wrightschen Apparates veröffentlichen, die von besonderem Interesse war, weil sie diesmal die hintere Seite des Flugapparates zeigte und in einer kleinen gesonderten Abbildung auch den Start veranschaulichte.

Man wußte nun, woran man war, und zögerte nicht lange, die

Wrightsche Maschine zu kopieren. In seinem Buch ›Die Kunst zu fliegen‹ gesteht Capitaine Ferber offen: ›Die Abbildungen waren für uns wichtig, denn sie zeigten die letzten Einzelheiten, die wir nicht kannten; das ist auch der Grund, weshalb die ersten Apparate von Delagrange und Farman vorne ein Kastensteuer hatten.‹

Ferber selbst machte sich nicht daran, eine Maschine im Sinne des Wrightschen Aufbaues zu konstruieren. Er versuchte vielmehr mit allen Mitteln, den französischen Aéro-Club zu bewegen, einen Flugapparat in Auftrag zu geben. Vergebens. Monsieur Archedeacon war dagegen, und sein Wort galt mehr als hundert andere.

Daraufhin setzte sich der unermüdliche Capitaine mit dem Herausgeber des Pariser Journal, Monsieur Letellier, in Verbindung, der sich schließlich bereit erklärte, einen Vertrauensmann nach Dayton zu schicken, um mit den Wrights einen Vertrag abzuschließen. Vorsorglich ließ er zunächst aber telegrafisch anfragen, ob ihnen die Ankunft eines Bevollmächtigten mit dem nächsten Dampfer recht sei.

Lakonisch kabelten die Brüder zurück: ›Zeit einverstanden.‹

Die Verhandlungen blieben nicht geheim. Das französische Kriegsministerium erfuhr davon, und plötzlich hatte man Angst, zu spät zu kommen. Also telegrafierte man und bot den Wrights 600 000 Francs für den ersten Flugapparat.

Die Brüder antworteten: ›Undiskutabel.‹

Hätten sie geahnt, daß Zeichnungen ihrer Maschine an jedem Pariser Kiosk zu erhalten waren, wären sie wohl kaum so leichtfertig gewesen, ein Angebot von 600 000 Francs in den Wind zu schlagen. Und hätten sie den ›verrückten Brasilianer‹ Santos-Dumont gekannt, der natürlich auch die Zeitschriften Les Sports und L'Auto gelesen hatte, wären sie wahrscheinlich sofort nach Frankreich gereist, um den Kaufvertrag so schnell wie möglich unter Dach und Fach zu bringen. Denn dann wäre ihnen klar gewesen, daß Santos-Dumonts Blut schon bei dem Gedanken, sich einen ›dynamischen‹ Flugapparat bauen zu können, nicht mehr normal zirkulierte.

Der temperamentvolle Brasilianer zögerte denn auch nicht lange. Er warf sich den Wollschal um den Hals, setzte seine karierte Sportmütze falsch herum auf, band die imponierende Autobrille darüber, zog die schweinsledernen Handschuhe an und raste mit Vollgas und fast 50 Stundenkilometer hinaus aus Paris, zu Monsieur Levavasseur, einem begnadeten Motorenkonstrukteur, der für das überall siegreiche Rennboot seines vermögenden Gönners Gastambide einen 80-PS-Motor mit dem erstaunlich niedrigen Gewicht von nur 2 kg pro PS gebaut hatte.

»Monsieur!« bestürmte er ihn, kaum daß er in dessen Büro eingetreten war. »Sie müssen mir schnellstens einen ganz leichten Antoinette-Motor von etwa 24 PS bauen.«

Levavasseur hatte seiner Konstruktion zu Ehren der Tochter seines

Geldgebers, Antoinette Gastambide, die seinen ersten Motor getauft hatte, den Namen Antoinette gegeben.

Der Konstrukteur lachte. »Schnellstens? Wie ich Sie kenne, wollen Sie ihn schon morgen haben.«

»Morgen? Wo denken Sie hin, mon cher? Noch heute brauche ich ihn!«

»So ungefähr habe ich es mir vorgestellt. Jetzt legen Sie aber erst einmal ab und setzen Sie sich. Wofür benötigen Sie das Ding? Kommt Luftschiff XVII an die Reihe?«

Der Brasilianer machte eine abwehrende Bewegung. »Luftschiffe sind für mich passé!«

»Ach nein!«

»Bau jetzt einen ›dynamischen‹ Flugapparat! Luftschiffe sind ganz nett, aber zu langsam.«

Levavasseur ließ sich in einen Korbsessel fallen. »Darf man fragen, in welcher Art Sie . . .?«

»Tiefes Geheimnis.«

Der Motorenkonstrukteur nickte. »Verstehe. Werd' Sie nicht weiter bedrängen.«

»Hätte auch keinen Zweck. Also, wann kann ich den Motor haben?«

»In einem Monat.«

»Abgemacht!«

Gut einen Monat später saß Santos-Dumont erneut vor Levavasseur, der interessiert die Binde betrachtete, die das Gesicht des Brasilianers halb verdeckte. »Hat wohl nicht richtig geklappt, wie?«

»Sie meinen wegen dieser kleinen Schramme?« Er faßte sich an den Kopf. »Wann habe ich keine Verletzung? Ich muß einen stärkeren Motor haben: mindestens 50 PS!«

»Oh, là là! 50 PS?«

»Ja.«

»Na schön. Aber – darf ich Ihnen einen Rat geben?«

»Gerne. Ob ich ihn allerdings befolge, ist eine andere Sache.«

»Weiß ich. Dennoch: Empfehle Ihnen, eine andere Bauart zu wählen. Etwa die Wrightsche.«

»Wie bitte?«

»Gabriel Voisin, Léon Delagrange und Henri Farman könnten Ihnen sonst zuvorkommen.«

»Sie meinen . . .?«

»Die Herren sind nicht untätig. Voisin baut die Apparate. Nach Wrightscher Art.«

»Und Louis Blériot?«

»Ein Sonderfall. Er lehnt sich an den Gleitflieger von Chanute an.«

»Hm! Vielleicht haben Sie recht. Bekomme ich den 50-PS-Motor?«

»Wenn Sie mir etwas Zeit lassen. Vor Anfang September kann ich ihn nicht liefern.«

»Kommt gut aus. So lange wird es dauern, bis ich meinen Apparat fertiggestellt habe.«

»Dann sind wir ja wieder einig. Und wie gesagt, denken Sie an meinen Rat!«

Santos-Dumont beherzigte, was Levavasseur gesagt hatte. Er baute einen ›Drachenflieger Wrightscher Art‹, mit dem es ihm am 13. September 1906 gelang, einen Luftsprung über 10 Meter zu machen.

Santos-Dumont glaubte in jenem Moment, der erste Pilot zu sein, der über europäischem Boden einen Luftsprung mit einem Motorflugapparat durchführte. Außer dem bereits erwähnten Karl Jatho, dem 1903 ein Sprung über 18 Meter gelang, war jedoch noch jemand da: der Däne Ellehamer. Genau einen Tag vor Santos-Dumont, am 12. September 1906, durchflog er auf der Ostseeinsel Lindholm eine Strecke von 40 Meter.

Natürlich bat Santos-Dumont sofort um die Bildung einer Kommission. »Sie werden sich vielleicht darüber wundern«, sagte er. »Ich versichere jedoch, daß ich gewillt bin, den von Monsieur Archedeacon gestifteten Pokal für den ersten 25-Meter-Flug über französischem Boden zu gewinnen!«

Man grinste, da man die Manier des ›verrückten Brasilianers‹ kannte, der allem Anschein nach ohne Kommissionen nicht leben konnte. Aber man tat ihm den Gefallen, zumal es stets lustig und unterhaltsam war, ihm bei seinen Luftsprüngen zuzuschauen. Die Maschine rumpelte dann wie ein vorsintflutliches Ungeheuer über den Boden, wobei mitlaufende Männer den um sieben Meter vorgeschobenen Rumpf heben mußten, damit das an dessen vorderem Ende hängende ›Stabilisierungswerk‹ beim Start nicht zerstört wurde. Außerdem hatte Santos-Dumont eine neue Marotte. Bei seinen Flugübungen trug er nicht die für ihn typische sportliche Kleidung mit der falsch herum aufgesetzten Mütze, sondern einen feierlich wirkenden dunklen Anzug, hohen Stehkragen und eine schwarze ›Melone‹.

Als ihn seine Freunde dieserhalb hänselten, sagte er: »Seid froh, daß ich mich so kleide! Die ›dynamische‹ Fliegerei ist nicht ungefährlich. Sollte mir etwas zustoßen, braucht ihr mich nicht mehr umzukleiden und könnt mich, so wie ich bin, in den Sarg legen. Schraubt den Deckel aber gut zu – ihr wißt, ich komme sonst wieder heraus!«

Wenn die Freunde auch über ihn lachten, sie wußten nicht, was sie von seinen Worten halten sollten. Die Folge: sie sahen seinen weiteren Luftsprüngen mit reichlich gemischten Gefühlen entgegen.

So auch am 23. Oktober, an dem ein verhältnismäßig kräftiger Westwind wehte, gegen den Santos-Dumont unbedingt zu starten wünschte, obwohl ihm alle Anwesenden dringend rieten, die Maschine in der Halle stehen zu lassen.

»Das könnte euch so passen«, sagte er. »Gerade heute, wo ich den Pokal erringen will.«

Er ließ den Flugapparat ins Freie schaffen, warf den Motor an, stellte sich in den unmittelbar vor der Tragfläche ausgesparten ›Führerstand‹ des Rumpfes, nahm die Melone vom Kopf und grüßte zur Kommission hinüber. »Au revoir, Messieurs!« rief er, setzte den Hut in aller Gemessenheit wieder auf und gab Vollgas.

Die auf zwei leichten Speichenrädern stehende Maschine setzte sich langsam in Bewegung; an den Tragflächen stehende Männer schoben kräftig mit, bis der Apparat schneller wurde und anfing, holprig zu springen.

»Loslassen!« rief Santos-Dumont nach vorn, da er fühlte, daß das weit voraus hängende ›Stabilisierungswerk‹ frei schwebte und nicht mehr gehalten werden mußte.

Die mitlaufende Startmannschaft sprang zur Seite, und die an den Tragflächen schiebenden Männer gaben dem Drachenflieger einen letzten Schubs.

Sekunden später blieben sie wie angewurzelt stehen. »Mon Dieu!« schrien sie. »Was ist denn heute los? Er hebt sich ja schon!«

Die Kommission und etliche Zuschauer hielten den Atem an. Kein Zweifel, die Maschine flog. Mindestens zwei Meter über dem Boden schwebte sie dahin. Und 10 Meter hatte sie bereits zurückgelegt! Ach was, 15 Meter! Jetzt schon 20 – 25 – 30 Meter!

»Der Pokal ist gewonnen!« rief jemand.

»Er fliegt noch immer: 35 – 40 – 45 – 50 Meter!«

Die Räder berührten den Boden. Die Maschine rollte aus, und das ›Stabilisierungswerk‹ legte sich vornüber.

›Erstaunt stand die Menge wie vor einem Wunder‹, schrieb Capitaine Ferber. ›Zunächst stumm vor Bewunderung, stieß sie plötzlich Urlaute der Begeisterung aus und trug den Flugkünstler im Triumph davon.‹

Paris geriet in einen Taumel. Santos-Dumont, der vielgeliebte und bewunderte Brasilianer, hatte wieder einmal bewiesen, welch unerschrockener und grandioser Held er war. Man wünschte ihn zu feiern wie keinen Menschen zuvor.

Er wehrte ab. »Das alles ist doch nur ein Anfang!« sagte er.

Und wirklich, schon 20 Tage später führte er, ›umrauscht vom Beifall der Zuschauer, einen Flug von 22 Sekunden aus, bei dem 220 Meter durchflogen wurden.‹

Die Zeitungen kündeten ein neues Zeitalter an, und den Gebrüdern Wright, die nach wie vor in Dayton saßen und seelenruhig darauf warteten, daß sich die französische Regierung bereit erklären würde, eine Million Francs für den ersten Flugapparat zu zahlen, lief es heiß und kalt über den Rücken, als sie lasen, daß die Pariser einem Brasilianer zujubelten, der mit einem ›Drachenflieger‹ eine Strecke von 220 Meter zurückgelegt hatte.

»Jetzt wird's mir zu dumm!« tobte Orville. »Wir sitzen hier, drehen Däumchen und hüten unser Fluggeheimnis, als wären wir Kinder, und drüben . . .« Er schnaubte und schob sich die Schirmmütze in die Stirn. »Wenn nicht sofort etwas geschieht, trennen sich unsere Wege.«

Wilbur preßte die Lippen zusammen. Er wußte nicht, was er sagen sollte.

Orville blieb vor ihm stehen. »Ich fahre mit dem nächsten Schiff nach Europa und verhandle mit den Franzosen!«

Der Bruder sah ihn entgeistert an. »Bist du verrückt geworden? Was meinst du, was das kostet?«

»Das ist mir gleichgültig! Ich sage dir: Wenn wir nun nicht schnellstens handeln, ist es aus! Dann zählen wir in kurzer Zeit zu den Erfindern, von denen es heißt: ›Waren ja ganz nette Leute, starben aber arm wie eine Kirchenmaus!‹ «

Wilbur fuhr über sein hager gewordenes Gesicht, in dem sich scharfe Falten gebildet hatten. »Kann sein, daß du recht hast«, sagte er. »Vielleicht ist es wirklich besser, wenn du fährst und mit den Leuten sprichst, bevor es zu spät ist.«

»Bestimmt, Wilbur. Los, fertige so schnell wie möglich Duplikate von unseren Konstruktionszeichnungen an! Ich kümmere mich inzwischen um alles andere.«

Der Bruder rang nach Luft. »Du willst unsere Pläne . . .? Ausgeschlossen!« rief er außer sich. »Die Unterlagen bleiben hier! Wenn die Franzosen die Zeichnungen sehen, zahlen sie keinen Nickel und kopieren unseren Apparat. Das kommt nicht in Frage! Die Pläne bleiben hier!«

Orville gab nach. Als er jedoch in Paris war, hätte er sich die Haare raufen können. Wohin er kam, überall wollte man Unterlagen sehen.

»Aber, bester Herr Wright!« sagte man immer wieder. »Sie können unmöglich erwarten, daß wir einen Vertrag abschließen, ohne irgend etwas gesehen oder in Händen gehalten zu haben. Noch dazu, wo . . .«

»Wo was?« fragte er lauernd, da er fühlte, daß seinen Verhandlungspartnern das Wort von den ›lügenden Brüdern‹ auf der Zunge gelegen hatte.

»Nun, wo – wo es auch Gabriel Voisin gelungen ist, diverse Luftsprünge durchzuführen.«

»Luftsprünge!« wiederholte Orville verächtlich. »Die führten wir vor Jahren aus. Unsere Apparate fliegen!«

»Fliegt Santos-Dumont etwa nicht? Und Léon Delagrange und Henri Farman?«

»Wie bitte, wer?«

»Noch nie von diesen Herren gehört? Santos-Dumont ist nicht mehr der einzige. Wir können Ihnen weitere Namen nennen: der Automobilfabrikant Louis Blériot, Armand Zipfel und Robert Esnault-Pelterie. Sie alle sind so weit, daß wir eigentlich täglich damit rechnen, daß einer von ihnen den von Deutsch de la Meurthe gestifteten Preis in Höhe von 50 000 Francs für den ersten in Europa durchgeführten Kreisflug gewinnen wird.«

Wenn das auch übertrieben war, Orville sah ein, daß es keinen Zweck hatte, weiterhin in Frankreich zu bleiben. Ohne Konstruktionspläne konnte er nichts ausrichten. Also fuhr er nach Amerika zurück, wo er dem Bruder klarmachte, daß sie – leider, leider – den Bogen überspannt hätten und nun alles dransetzen müßten, zu retten, was noch zu retten sei.

»Aber wie?« stöhnte Wilbur.

»Es bleibt uns nichts anderes übrig, als unsere Maschine vorzuführen. Du wirst sehen, alles Weitere erledigt sich dann von selbst. Man will uns nicht betrügen, will aber auch nicht betrogen werden. Für viele sind wir die ›lügenden Brüder‹; den Klotz haben wir nun mal am Bein.«

»Und welche Summe, meinst du, können wir noch fordern?«

»Im Höchstfall 500 000 Francs.«

Zu ungefähr der gleichen Zeit, da die Gebrüder Wright den Entschluß faßten, mit ihrem Flugapparat nach Europa zu fahren, gelangen Graf Zeppelin mit LZ 3 weitere ausgedehnte Versuchsfahrten, die die Vorzüge des ›starren‹ Systems eindeutig zu beweisen schienen. Und als das Luftschiff am 30. September 1907 sogar eine achtstündige Fahrt nach Ravensburg und weiter landeinwärts durchführte, bei der eine Höhe von 900 Metern erreicht wurde, da strichen selbst notorische Zweifler die Segel.

Nicht jedoch die Majore Groß und Dr. von Parseval. Da sie die Flugleistung als solche nicht mehr anzweifeln konnten, bemühten sie sich, ihren Mitmenschen klarzumachen, daß die Dauerfahrt eines Luftschiffes völlig uninteressant, belanglos und mit der Langstreckenfahrt eines Freiballons zu vergleichen sei.

Graf Zeppelin amüsierte sich über das merkwürdige Gehabe seiner Widersacher. Das Lachen verging ihm aber, als Major Groß in einem Vortrag die Behauptung aufstellte, der alte Graf habe letztlich nichts anderes getan, als die ›starre‹ Bauweise von David Schwarz zu kopieren, dessen Aluminiumluftschiff unglücklicherweise kurz nach dessen Tode zerstört worden sei.

Der im Range eines Generals stehende Graf wurde rot vor Zorn und forderte den Major zum Duell.

Es kam jedoch nicht soweit. Der Kaiser verbot den Zweikampf mit der geschickten Begründung: »Da beide Herren im Kampf um die Eroberung der Luft stehen, gelten sie als ›Offiziere vor dem Feinde‹. Vor dem Feind aber gibt es bekanntlich kein Duell.«

In jenen Tagen lag Kaiser Wilhelm II. viel daran, jede Störung zu vermeiden, wußte er doch, daß das Ansehen der deutschen Luftfahrt durch die Leistung des Grafen Zeppelin über Nacht in ungeahntem Maße gestiegen war. Noch nie hatte ein Luftschiff eine achtstündige Fahrt durchführen können, und dieser Rekord erhielt eine besondere

Bedeutung, als bekannt wurde, daß die Reise nur der einbrechenden Dunkelheit wegen abgebrochen worden war. Nach der Landung von LZ 3 befand sich noch Benzin für weitere acht Fahrstunden an Bord.

Und noch etwas anderes erschien bedeutungsvoll. Der am Bodensee in der Villa Monrepos wohnende Privatgelehrte und Sonderberichterstatter der Frankfurter Zeitung, Dr. Hugo Eckener, war gemeinsam mit Graf Zeppelin auf dem Landungssteg erschienen, um – einer Einladung des Grafen folgend – an der Versuchsfahrt teilzunehmen. Damit stand fest, daß der gerecht und objektiv denkende Graf die sachliche Berechtigung der bisherigen Einwände Eckeners guthieß, und dieser wiederum die Leistung des besessenen Erfinders anerkannte. Doch so bedeutsam das Zusammentreffen der beiden Männer auch erscheinen mochte, an diesem frühen Morgen konnte niemand ahnen, daß Graf Zeppelin in seinem einstigen Kritiker den genialen Helfer und Vollender seines Lebenswerkes finden sollte.

Daß sein Werk unterstützungswürdig war und einer dringenden Hilfestellung bedurfte, war allen, sogar den im Reichstag sitzenden Vertretern des deutschen Volkes klargeworden. Unter der Bedingung, daß das Luftschiff in absehbarer Zeit eine vierundzwanzigstündige Fahrt durchführe und dabei an einem vorgeschriebenen Ort lande, bewilligten die Abgeordneten eine Vorlage, derzufolge LZ 3 gekauft und unter der Bezeichnung Z I in den Dienst des Deutschen Reiches gestellt werden sollte. Dabei wurde festgelegt, daß bei der ›Bemessung des Kaufpreises alle diejenigen Aufwendungen berücksichtigt werden, die Graf Zeppelin im Laufe seiner mehr als 15 Jahre umfassenden Versuche aus eigenem Vermögen und aus ihm gegen die Verpflichtung der Rückgabe dargeliehenen Mitteln gemacht hat, unter Abzug aller Summen, die ihm schon bisher aus öffentlichen Fonds des Reiches und der Einzelstaaten zugeflossen sind‹.

Hiernach ergab sich ein Kaufpreis von rund 1650000 Mark, zu denen noch ›eine Entschädigung in Höhe von 500000 Mark für eigene Arbeit‹ gewährt wurde, weil anzuerkennen sei, ›daß Graf Zeppelin seit dem Jahre 1892 seine gesamte Arbeitskraft ausschließlich der Erreichung dieses Zieles gewidmet hat.‹

Das Eis war endgültig gebrochen. Für den alten Grafen gab es keine Widerstände mehr. Sie verwandelten sich vielmehr in Anerkennungen und Ehrungen, die kein Ende nehmen wollten. Am 8. Oktober 1907 durfte er eine Probefahrt vor dem König von Württemberg, dem Kronprinzen des Deutschen Reiches und dem Erzherzog Leopold Salvator von Österreich durchführen, und später nahmen das württembergische Königspaar und der deutsche Kronprinz sogar an einer Fahrt teil.

Doch nicht genug damit. Es war wie einstmals in Paris, wo man in den Tagen der Gebrüder Montgolfier, Charles und Pilâtre de Rozier vom ›Eau de Montgolfier‹ schwärmte, ›Ballonhüte‹ trug und ›Bartwichse à la Rozier‹ bevorzugte. In Deutschland machte man Reklame für

›Zeppelinpostkarten‹, ›Zeppelinbackwerk‹, ›Zeppelinfrüchte‹, ›Zeppelinzigaretten‹ und ›Zeppelinzigarren‹, obwohl der Graf selbst nicht rauchte. Er nahm es hin wie etwas Unabwendbares, wie die Ehrenbürgerrechte, die ihm von fast jedem Dorf und jeder Stadt verliehen wurden, die er auf einer seiner Versuchsfahrten überquerte. Was hätte er auch anders tun sollen? Der Bau des Luftschiffes LZ 4, den er sofort in Angriff nahm, da aus LZ 3 ein ›Reichsluftschiff‹ werden sollte, beanspruchte ihn zur Genüge. Der Rumpf sollte 136 Meter lang werden und einen Durchmesser von 13 Meter betragen. Und an Stelle der im Jahre 1900 verwendeten 15-PS-Daimler-Motoren sollten zwei Maschinen von 110 PS eingesetzt werden. Die Berechnungen waren so angelegt, daß LZ 4 insgesamt 4800 kg aufnehmen konnte. An Personal waren vorgesehen: zwei zur Führung über Land und Meer bei Tag und Nacht geeignete Kapitäne; ein Unterkapitän, der gleichzeitig als Obersteuermann fungieren und in der Lage sein sollte, die Schiffsführung zeitweilig zu übernehmen; drei Steuerleute, zwei Führer der hinteren Gondel und schließlich für jeden Motor zwei Mechaniker.

Ende 1907 war das Luftschiff fertiggestellt. Es konnte aber zu keiner Probefahrt aufsteigen, da sich das Schicksal wieder einmal gegen den Grafen gewandt hatte. Am 14. Dezember brachte ein Sturm die schwimmende Halle zum Sinken, und es dauerte ein halbes Jahr, bis das schwerbeschädigte Luftschiff repariert war.

Unwillkürlich erinnerte man sich an das bewährte französische Militärluftschiff ›La Patria‹, das 1906 nach Plänen des Ingenieurs Julliot gebaut wurde. Die Konstruktion dieses halbstarren Luftschiffes, System der Gebrüder Lebaudy, war vorbildlich, und mancher spätere Konstrukteur hat sich von diesem Typ inspirieren lassen.

Das spitze Gestell unter der Gondel diente dem Schutz der beiden seitlich von der Gondel angebrachten Propeller, die den Boden berührt haben würden, wenn die Gondel auf die Erde aufgesetzt hätte. Aber ausgerechnet dieses Gestell sollte zum Totalverlust der ›La Patria‹ führen, und zwar am 30. November 1907, nachdem das Luftschiff infolge Motorschadens eine Zwischenlandung hatte machen müssen. Da der Defekt nicht gleich beseitigt werden konnte, wurde eine Mannschaft herbeibeordert, die den Auftrag erhielt, die Gondel mit Sandsäcken zu beschweren und das Luftschiff über Nacht zu halten. Der Auftrag wurde ausgeführt, doch ein gegen Morgen einsetzender Sturm schleuderte die ›La Patria‹ stark hin und her und brachte die auf dem spitz zulaufenden Gestell ruhende Gondel so ins Schwanken, daß ein großer Teil des Ballastes über Bord fiel.

Die Hilfsmannschaft sah sich plötzlich nicht mehr in der Lage, das Luftschiff zu halten. Immer mehr Männer verloren den Boden unter den Füßen und schwebten bereits in ein bis zwei Meter Höhe. Da gab der Kommandant den Befehl, die Seile loszulassen. Die ›La Patria‹ schoß empor und wurde nie wieder gesehen.

Erst am 1. Juli 1908 konnte LZ 4 zur Werkstattfahrt aufsteigen. In den Orten am Bodensee sprangen die Menschen aus den Betten, als sie am frühen Morgen das weithin vernehmbare Surren der Propeller hörten. Allgemein wurde angenommen, daß Graf Zeppelin sofort die 24stündige Dauerfahrt antreten werde, zu der er verpflichtet worden war. Er dachte jedoch nicht daran, sondern nahm Kurs auf Konstanz, um eine Reise anzutreten, die die Welt in Erstaunen setzen sollte.

Der an Bord befindliche Meteorologe Professor Hergesell hatte ihm geraten, die günstige Wetterlage im süddeutschen und Schweizer Gebiet auszunutzen, und so steuerten Graf Zeppelin und Oberingenieur Dürr, die das Kommando übernommen hatten, von Konstanz über den Hohentwiel auf den Rheinfall von Schaffhausen zu, wendeten dort und nahmen Kurs auf die Schweiz. Und da es ihnen gelang, das Luftschiff ohne Ballastabgabe auf über 800 Meter steigen zu lassen, wurden sie immer tollkühner. Gegen Mittag überquerten sie die Stadt Baden im Limmattal, dann ging es durch das Reußtal in Richtung auf Luzern. Unter ihnen lagen der Zuger und der Vierwaldstätter See, seitlich neben ihnen standen die Bergriesen des Berner Oberlandes, der Pilatus und der Rigi.

Die Begeisterung der Schweizer kannte keine Grenzen. Fahnen wurden gehißt und Tücher geschwenkt, die Glocken läuteten, und auf den Seen ließen die Dampfer ihre Sirenen heulen.

Gerne hätte sich Graf Zeppelin eine Weile über Luzern aufgehalten, doch er mußte zurück; zunächst nach Küßnacht und von dort zum Züricher See. Denn der Wind wehte jetzt genau auf sie zu, und vor ihnen lag der schwerste Streckenteil: der hohe Felsrücken von Horgen mußte überquert werden.

›Im Vertrauen auf unser wackeres Schiff wurden die Höhensteuer emporgerichtet‹, schrieb Professor Hergesell, ›und sofort fuhren wir in schräger Richtung nach oben über Baar der Paßhöhe zu.‹

Am frühen Nachmittag war der Züricher See erreicht. Trotz der großen Höhe und des Lärmes der Motoren konnten Graf Zeppelin und seine Begleiter den unbeschreiblichen Jubel vernehmen, den das Erscheinen des Luftriesen auslöste.

Dann ging es zurück zum Bodensee, nach Manzell, wo LZ 4 in der untergehenden Sonne landete.

Als Graf Zeppelin den See unter sich liegen sah, war er nicht fähig, ein Wort hervorzubringen. Professor Hergesell schilderte den Augenblick mit den Worten: ›Neben mir stand der Mann, der dies alles – man kann sagen, gegen den Widerstand einer ganzen Welt – geschaffen, in ruhiger, aber stolzer Bescheidenheit da. Ein mildes Lächeln verklärte seine Züge, als er auf seine Arbeitsstätte, den Bodensee, hinabblickte. Die Abendsonne beschien das edle Antlitz und küßte es mit dem Hauch der Unsterblichkeit.‹

Die Welt horchte auf und war fasziniert. Es gab keine Zeitung, die nicht ausführlich über die sensationelle Fahrt des deutschen Luftschiffes berichtete. Und überall hieß es: Die Entscheidung ist gefallen! Der Kampf um ›schwerer‹ und ›leichter‹ als Luft ist zugunsten der Luftschiffe entschieden!

War diese Entscheidung wirklich gefallen? Es sah ganz danach aus. Denn daran, daß das Luftschiff lenkbar geworden war, wirklich und absolut lenkbar, konnte nicht mehr gezweifelt werden. Und daß es weitaus mehr leistete als der ›dynamische‹ Flugapparat, war auf den ersten Blick zu sehen. Selbst wenn man unterstellte, daß die ›lügenden Brüder‹ nicht logen, stand bestenfalls die Leistung einer Flugstunde in Bodennähe, einer zehn- oder zwanzigstündigen Fahrtdauer in Höhen bis zu tausend Meter gegenüber. Es hatte keinen Sinn, sich irgendwelchen Illusionen hinzugeben oder das Argument der unterschiedlichen Herstellungskosten in die Waagschale zu werfen. Daß diese beim Luftschiff größer sein mußten, war klar. Das bedingte allein schon der ›Einzelbau‹. An fünf Fingern aber war zu errechnen, daß sich die Kosten mit der Zeit wesentlich verringern würden.

Umgekehrt mußten die Verhältnisse beim ›dynamischen‹ Flugapparat liegen. Bei ihm war mit steigenden Herstellungskosten zu rechnen. Denn welche Ausmaße mußten derartige Maschinen erreichen, wenn sie in die Lage versetzt werden sollten, jene Nutzlast vom Boden zu heben, die ein ›Zeppelin‹ durch die Lüfte trug?

Es schien wirklich so zu sein, als hätte der alte Graf mit seinem Sieg über ›halbstarr‹ und ›unstarr‹ gleichzeitig auch die Entscheidung über ›schwerer‹ und ›leichter‹ als Luft herbeigeführt. Gelang ihm jetzt noch die vom Reichstag geforderte 24-Stunden-Fahrt, dann konnte es überhaupt keinen Zweifel mehr geben.

Mit Spannung sah man dem großen Ereignis entgegen, und über Deutschland lief eine Welle der Erregung, als am Vormittag des 4. August 1908 die Telegrafenstationen meldeten: ›Graf Zeppelin ist heute morgen mit LZ 4 zur 24stündigen Fernfahrt nach Mainz gestartet, wo eine Zwischenlandung vorgenommen werden soll!‹

Auf der vorgesehenen Route wurden die Schulen, Behörden und Geschäfte geschlossen. Man rannte nach draußen, kletterte auf Dächer und Türme und rief sich die Telegramme über den jeweiligen Standort des Luftschiffes zu, die die Zeitungen laufend bekanntgaben.

»Jetzt kreist er über Straßburg! Nun über Maxau! Er nähert sich Speyer! Mannheim sieht ihn bereits!«

Die Menschen in Mainz begannen zu fiebern. »Allmählich könnte er aber kommen«, sagten sie und schauten sich die Augen aus. »Warum ist er noch nicht zu sehen?«

»Vielleicht plagt den alten Zeppelin das Zipperlein.«

Mit Witzen versuchte man sich die Zeit zu vertreiben, bis es plötzlich hieß: Er kommt nicht! Ein Motorschaden machte eine Landung nötig! Um 5 Uhr 15 ist er bei Oppenheim gelandet!

Die Mainzer machten lange Gesichter, die sich erst wieder erhellten, als bekanntgegeben wurde: Er kommt doch! Allerdings erst später, in der Nacht!

Und tatsächlich: kurz nach 10 Uhr erschien der riesige Leib des Luftschiffes über der Stadt. Graf Zeppelin konnte sich jedoch nicht lange aufhalten. Er wendete und nahm unter dem Glockengeläut der Kirchen Kurs nach Süden – hinein in die dunkle Nacht.

Am nächsten Morgen um 7 Uhr läuteten die Glocken von Stuttgart. Die Schwaben waren außer sich vor Glück. Ihr Landsmann hatte es geschafft! Nur noch eine kleine Strecke zum Bodensee war zu bewältigen. Die Nacht war überwunden. Schwäbischer Geist und schwäbischer Fleiß hatten den Sieg davongetragen. Die Begeisterung kannte keine Grenzen.

Plötzlich aber verstummten die Freudenschreie. »Ha, was isch jetzt dees? Dr ›Zepp‹ tut sich ja senke!«

»Heiligsblechle, nei!«

»Da! Kannscht net sehe? Dees eine Motorle tut sich nimmer drehe!«

Die Spitze des Luftschiffes neigte sich der Erde entgegen.

»Gang na, Bua! Auf nach Degerloch! Dr ›Zepp‹ tut lande!«

Die Stuttgarter rasten den Berg hinauf. Und dann gleich weiter. Von allen Seiten wurde ihnen entgegengerufen: »En Echterdinge isch'r runterkomme!«

»Glatt?«

»Ha, freili!«

Schon von weitem war zu sehen, daß das Luftschiff völlig unbeschädigt und gut verankert am Boden lag. Zum zweiten Male, und wiederum ohne es zu wollen, hatte Graf Zeppelin bewiesen, daß eine Landung auf festem Boden nicht nur möglich, sondern ungefährlich war. Nun hätten auch die letzten Zweifler schweigen müssen, wenn – ja, wenn am Nachmittag nicht etwas Unfaßliches geschehen wäre.

Da der Himmel vertrauenerweckend aussah und die Monteure auf Ersatzteile warten mußten, hatte sich der Graf entschlossen, in die Stadt zu fahren, um sich zu erfrischen. Er hielt sich jedoch noch keine Stunde in Stuttgart auf, als sich plötzlich ein schweres Gewitter bildete, dessen gewaltige Sturmschläge die Verankerung des Luftschiffes losrissen. Im nächsten Moment trieb LZ 4 davon. Der zur Bewachung an Bord zurückgebliebene Monteur Schwarz erkannte die Gefahr und rannte über den Laufsteg zur vorderen Gondel, um die Ventile zu ziehen und das Gas entweichen zu lassen, so daß das Luftschiff zu Boden sinken mußte. Das Vorhaben gelang; LZ 4 sank herab und näherte sich der Erde. Dabei streifte es die Zweige einiger Bäume, und im selben Augenblick schossen aus den Ventilen helle Stichflammen empor. Die Berührung mit der Erde hatte eine elektrostatische Entladung herbeigeführt, die den Wasserstoff zur Entzündung brachte.

Was folgte, war das Werk von Sekunden – was übrigblieb, der häßliche Haufen eines verbogenen Gerippes. Wie ein Wunder mutete es an, daß die beiden an Bord gewesenen Monteure Schwarz und Labourdas, die durch das herabtropfende Aluminium schwere Brandwunden erlitten, mit dem Leben davongekommen waren.

Graf Zeppelin war wie gelähmt, als er erfuhr, was geschehen war. Was nützte es, daß er sofort zur Unglücksstelle eilte – sein Werk war vernichtet, wieder einmal restlos vernichtet.

Jetzt wird man mir keinen roten Heller mehr geben, dachte er, als er Echterdingen erreichte und das Wrack vor sich liegen sah. Alles schön und gut, wird man sagen, aber wenn ein Luftschiff so leicht Feuer fängt...

Er sollte sich täuschen. Im Unglück reichte ihm das Glück die Hand. Irgend jemand unter den Zuschauern, der den siebzigjährigen Grafen gesenkten Hauptes vor den Trümmern stehen sah, rief plötzlich: »Spendet für Zeppelin! Spendet für die deutsche Luftschiffahrt!«

An Ort und Stelle begann man zu sammeln. Der Ruf pflanzte sich fort, und schon am 7. August, zwei Tage nach dem Unglück, waren 1 300 000 Mark zusammengetragen. Die Reichsregierung stiftete weitere 500 000 Mark und erachtete die gestellte Bedingung der 24-Stunden-Fahrt als erfüllt. Der Deutsche Flottenverein Mannheim leitete eine großzügige Sammlung ein, und unter dem Ehrenpräsidium des deutschen Kronprinzen wurde ein ›Deutsches Reichskomitee zur Aufbringung einer Ehrengabe des gesamten deutschen Volkes für den Grafen von Zeppelin zum Bau eines neuen Luftschiffes‹ gegründet. Mit dem Erfolg, daß innerhalb von sechs Wochen über sechs Millionen Mark gesammelt wurden.

Die Sache des Grafen Zeppelin war zu einer Sache des deutschen Volkes geworden, die das Ausland nachdenklich werden ließ. Man anerkannte die einmalige und großartige Leistung des alten Grafen, fühlte sich in seiner Haut aber nicht mehr recht wohl. Beinahe prophetisch schrieb die Daily Mail: ›Vom englischen Standpunkt aus kann man die Eroberung der Luft nicht als wünschenswert betrachten. England wird aufhören, eine Insel zu sein. Was nützt uns die Beherrschung der Meere, wenn der Feind durch ein anderes Element kommen kann? Das englische Kriegsministerium und die Admiralität müssen Versuche größten Stils anstellen, und das Parlament muß die nötigen Geldmittel gewähren.‹

Aber nicht nur in England wurden solche Stimmen laut, auch in Amerika wurde man nachdenklich. Zumal man erfuhr, daß die Bemühungen des von den Gebrüdern Wright für Frankreich ernannten Bevollmächtigten Hart O'Bergs dazu geführt hatten, daß unter Lazare Weiler eine französische Gesellschaft gegründet wurde, die den von den Wrights angebotenen ›50-Kilometer-Vertrag‹ übernahm und sich bereit erklärte, nach Erfüllung der Bedingungen für die Nachbaulizenz 500000 Francs zu zahlen.

»Damned«, sagte man im amerikanischen Kriegsministerium, »wenn wir uns nicht beeilen, kommen wir zu spät!«

Die Regierung zögerte nicht. Sie bot 25000 Dollar für die erste Maschine. Und Wilbur Wright konnte zum ersten Male wieder lachen.

»Jetzt geht's los!« sagte er strahlend. »Gut, daß wir uns teilen und zu gleicher Zeit auf zwei Hochzeiten tanzen können.«

Orville sah ihn fragend an.

»Du wirst hier und ich werde in Paris den geforderten Abnahmeflug erledigen.«

Der Bruder war enttäuscht. »Wäre es nicht besser, wenn wir umgekehrt . . .?«

Wilbur klopfte ihm auf die Schulter. »Nein, mein Lieber! Dieses Mal fahre ich nach Old Europe!«

Am 1. Juni 1908 traf er in Paris ein, wo er sich auf dem Rennplatz Hunaudières bei Le Mans etablierte, um sich auf die Erfüllung der Bedingungen vorzubereiten. Die französischen Piloten staunten nicht schlecht, als sie die ersten Probestarts sahen, und es war ihnen bald klar, daß Wilbur Wright mit der kleinen Rennbahn nicht auskommen konnte. Sie unterstützten deshalb seine Forderung, ihm ein größeres Gelände zur Verfügung zu stellen, und das Kriegsministerium veranlaßte die Räumung des Truppenübungsplatzes von Avours, der sogar abgezäunt und mit einer Fernsprechanlage ausgerüstet wurde.

Währenddessen führte Orville die von der amerikanischen Regierung geforderten Abnahmeflüge durch, bei denen bestimmungsgemäß jeweils ein Beobachter mitfliegen sollte. Am 3. September stieg der Sieger der Gordon-Bennet-Ballonwettfahrt, Leutnant Frank P. Lahm, mit ihm auf, der sich ungemein begeistert zeigte und am 17. September von Leutnant Selfridge abgelöst wurde. Auch mit ihm verlief der Flug zunächst ausgezeichnet, bis plötzlich ein Steuerdraht riß. Die Maschine richtete sich jäh hoch und stürzte zu Boden.

Der Motorflug verlangte sein erstes Opfer: Leutnant Selfridge wurde getötet, während Orville Wright mit Bein- und Rippenbrüchen davonkam.

Wilbur erhielt die niederschmetternde Nachricht am 21. September, und zwar in dem Augenblick, in dem er seine Vorbereitungen abgeschlossen hatte und starten wollte, um den Franzosen zu beweisen, daß die Wrights nicht lügen, sondern fliegen. Denn nach den ersten Versuchsflügen in Le Mans, bei denen er sich aus taktischen Gründen bewußt zurückgehalten hatte, war das Gerede von den ›lügenden Brüdern‹ erneut aufgelebt. Gewiß, man hatte gesehen, daß der Amerikaner kurze Strecken durchfliegen konnte, aber was er gezeigt hatte, war nicht viel mehr als das, was Santos-Dumont und Léon Delagrange leisteten, ganz zu schweigen von Henri Farman, dem es schon am 13. Januar 1908 gelungen war, den von Deutsch de la Meurthe ausgesetzten Preis in Höhe von 50000 Francs zu gewinnen. In 1 Minute 28 Sekunden hatte er zum ersten Male über europäischem Boden einen Kilometer in geschlossener Bahn durchflogen.

»Wir haben Verständnis dafür, wenn Sie heute, nach Erhalt der furchtbaren Nachricht, nicht starten«, sagte ihm einer der französischen Aviateure, die vollzählig erschienen waren, da Wilbur Wright angedeutet hatte, die Absicht zu haben, gleich beim ersten Flug alle bestehenden Rekorde, seine eigenen eingeschlossen, zu brechen.

»Danke, Monsieur, ich fliege!« antwortete er, obwohl er sich hundeelend fühlte. Aber er wußte: Wenn ich jetzt nicht fliege, wird das Gerede von den ›lügenden Brüdern‹ nie aufhören.

Er zog seine Lederjacke an, die ›dernier cri‹ bei den Luftfahrern geworden war, setzte seine Sportmütze auf, ließ den Motor an und startete.

Man glaubte nicht richtig zu sehen. Zum Teufel, hatten sie denn alle miteinander auf dem Mond gelebt? Was der Amerikaner ihnen vorführte, hätten sie in ihren kühnsten Träumen nicht für möglich gehalten. Er kurvte, daß es einem angst und bange werden konnte, und er schien überhaupt nicht mehr landen zu wollen: 1 Stunde 31 Minuten und 25 Sekunden blieb er in der Luft, wobei er den eigenen Streckenrekord auf 66,6 Kilometer erhöhte und zeitweilig eine Geschwindigkeit von 60 km/h erreichte.

Man wollte ihn auf die Schultern heben, als er endlich wieder gelandet war. Doch er wehrte ab. »Bitte nicht!« sagte er. »Denken wir an den toten Leutnant Selfridge.«

Man fühlte sich beschämt. Was hatte dieser Mensch getan, daß man ihm jahrelang nicht geglaubt hatte? War man denn mit Blindheit geschlagen gewesen?

Wilbur Wright genügte der Erfolg nicht. Er hatte den brennenden Ehrgeiz, den Franzosen noch mehr zu zeigen, und führte weitere Flugversuche durch, die zu immer besseren Ergebnissen führten. Bis er am 31. Dezember 1908 schließlich sagte: »So, am letzten Tag dieses Jahres will ich all denen, die noch immer nicht glauben wollen, daß der ›dynamische‹ Flugapparat den Sieg über ›schwerer‹ und ›leichter‹ als Luft schon seit langem errungen hat, einen Vers ins Stammbuch schreiben, der sie nachdenklich machen wird.«

Man horchte auf. »Was wollen Sie damit sagen?«

»Das werden Sie sehen«, erwiderte er und wandte sich an seinen Mechaniker. »Häng den Barographen zwischen die Tragflächen. Die Ungläubigen sollen schriftlich bekommen, was ich ihnen zu sagen habe.«

Die mit Tusche benetzte Feder des Registriergerätes hielt den Flug in all seinen Phasen fest: 2 Stunden 43 Minuten und 24 Sekunden befand sich die Maschine in der Luft. Die größte Flughöhe betrug 115 Meter. Und 124,7 Kilometer wurden zurückgelegt.

23. September 1910

Wilbur Wright sah die Dinge vollkommen richtig. Der Sieg des ›dynamischen‹ Luftfahrzeuges wurde nicht erst an dem Tage errungen, an dem ein Flug von fast drei Stunden Dauer gelang. An diesem Tag wurde der Sieg nur deutlich gemacht, gewissermaßen manifestiert; errungen wurde er in all den schweren Monaten und Jahren zwischen dem 17. Dezember 1903, an dem Orville in Kitty Hawk vor wenigen Zuschauern den ersten Motorflug durchführte, und dem 31. Dezember 1908, an dem Wilbur die Einsatzfähigkeit des ›Aeroplanes‹ unter Beweis stellte.

Wenn die Gebrüder Wright auch nicht die ersten Menschen waren, die sich mit einem Motorflugapparat von der Erde erhoben, so wurden sie durch die beharrliche Verfolgung ihres Zieles und Vervollkommnung ihres Könnens dennoch die ›ersten wirklichen Motorflieger der Welt.‹

Und doch, ihr Sieg stellte bei weitem nicht die Eroberung des Luftraumes dar. Nur der unsichtbar zwischen den Vertretern der unterschiedlichen Systeme entbrannte Kampf wurde entschieden. Das ›Flugzeug‹ war geboren; es lag jedoch noch in Windeln wie ein Baby, das nicht weiß, das Licht der Welt erblickt zu haben. Und wie Kinder zunächst von ihren Eltern, eines Tages aber von Lehrern und Meistern betreut und ausgebildet werden, so sahen die Flugzeuge in der ersten Periode ihres Daseins nur ihre ›Erzeuger‹, die Erfinder, und dann ihre›Erzieher‹, die Piloten aus aller Welt. Sie waren es, die die Entwicklung vorantrieben; denn sie flogen unerschrocken drauflos und sammelten Erfahrungen, die Erfinder und Konstrukteure zu immer neuen Verbesserungen anregten. Nur wenn man die Tätigkeit der Piloten – und insbesondere deren Erstleistungen – näher betrachtet und über alles andere hinwegsieht, kann man ein anschauliches und übersichtliches Bild vom weiteren Verlauf der Dinge gewinnen. Mit der Erfindung des Flugzeuges entwickelte sich die Luftfahrt über Nacht wie ein üppig wucherndes Gewächs; wollte man an ihm jeden Zweig und jedes Blatt untersuchen, würde man fraglos viel Interessantes entdecken, die Pflanze als solche aber bald nicht mehr sehen.

Unabhängig davon gebietet die Achtung vor allen, die der Fliegerei entscheidende Impulse verliehen, daß nur diejenigen angeführt werden, deren Leistung als stellvertretend für ihre Zeit und ihre jeweiligen Kameraden gelten kann. Würde man, um nur ein Beispiel zu nennen, auf konstruktive Verbesserungen eingehen, die der eine oder andere schuf, so wäre es ungerecht, gleichwertige Verbesserungen anderer nicht zu erwähnen. Und betrachtete man die Entwicklung nur von der deutschen, italienischen oder französischen Warte, dann handelte man unfair anderen Nationen gegenüber – es sei denn, man wünschte die deutsche, italienische oder französische Geschichte der Fliegerei zu erfassen.

Im Jahre 1909 war der Kreis der Piloten noch recht klein und gut überschaubar. In erster Linie setzte er sich aus den in Frankreich lebenden Vorkämpfern des Motorfluges zusammen, zu denen sich bald etliche Schüler Wilbur Wrights gesellten, der sein Lager in Avours aufgab, um sich nach Südfrankreich zu begeben, wo er in Pau eine Flugschule eröffnete, die zur ›Hohen Schule‹ der europäischen Fliegerei werden sollte. Seine ersten Schüler waren Comte de Lambert, der bereits bei Lilienthal einen ›Gleitflieger‹ in Auftrag gegeben hatte, Lucas Geradville und Paul Tissandier.

Aber auch Orville, der unmittelbar nach seiner Genesung nach Frankreich reiste, bildete viele Piloten aus, und es dauerte nicht lange, bis namhafte Persönlichkeiten aus aller Welt nach Pau kamen, um sich über die Tätigkeit der Wrights zu informieren; unter anderen König Eduard VII. von England und König Alfons XIII. von Spanien.

Ehrungen wurden den Wrights nun von allen Seiten zuteil; die bedeutsamste dürfte die Verleihung des Titels eines Ehrendoktors der Technischen Hochschule zu München an Wilbur und Orville gewesen sein, die kurz darauf Gelegenheit fanden, ihr Können in Rom und Berlin unter Beweis zu stellen.

Doch so groß ihre Erfolge auch waren, es gelang ihnen nicht, die Welt von der Verwendbarkeit der Aeroplane als Verkehrsmittel zu überzeugen. Selbst der militärische Wert der Flugapparate blieb umstritten. Die Fliegerei war für die meisten ein waghalsiger Sport, der – neben dem Nervenkitzel, den er den Zuschauern schenkte – bestenfalls dazu dienen mochte, das Geltungsbedürfnis einiger ›Akrobaten‹ zu befriedigen. Erst dem außerordentlich bescheidenen französischen Automobilfabrikanten Louis Blériot war es vergönnt, mit dieser Auffassung aufzuräumen.

Ziemlich abseits von allen anderen hatte der eher an einen gallischen Häuptling denn an einen Fabrikanten erinnernde Franzose, der stets eine glatte Lederkappe trug, die ihm, zusammen mit seinem herabhängenden Schnauzbart, ein wenig das Aussehen eines Walrosses verlieh, ein Motorflugzeug nach dem anderen gebaut und zerschlagen, bis er in seiner Blériot XI eine Maschine besaß, die ihn befriedigte. Mit ihr glaubte er, den von der englischen Zeitung Daily Mail ausgesetzten Preis in Höhe von 1 000 Pfund für die erste Überquerung des Ärmelkanals erringen zu können.

Blériot wollte und mußte diesen Preis gewinnen, weil er unmittelbar vor dem Konkurs stand. Seine Versuche hatten ein Vermögen gekostet. Er war ruiniert, wenn es ihm nicht noch in letzter Minute gelang, sich durchzusetzen und seinen Flugapparat bekanntzumachen.

Hinzu kam, daß es ihm körperlich recht schlecht ging. Bei einem

Versuchsflug hatte er einen Kühlerbruch erlebt; die Maschine hatte Feuer gefangen, und bevor er die rettende Erde erreichen konnte, erlitt er schwere Verbrennungen an den Füßen, so daß er an Krücken umherhumpeln mußte.

Daß er im Kampf um die Eroberung des Luftweges nach England einen schweren Stand haben würde, war ihm klar. Er hatte erfahren, daß auch andere den Versuch machen wollten, den Kanal zu überqueren; so Hubert Latham, der seinen schon berühmt gewordenen Antionette-Eindecker in Sangatte startbereit machte. Und Comte de Lambert, der sein Lager in Wassant aufgeschlagen hatte.

Die Anwesenheit des Grafen beunruhigte ihn weniger. Er glaubte nicht, daß Lambert den Sprung über das Wasser riskieren würde. Latham aber, der über Nacht wie ein Komet am Fliegerhimmel aufgetauchte neue Stern, bereitete ihm um so größere Sorgen. Erst am 3. Juni hatte dieser junge und vermögende englische Pilot einen Dauerflug von über einer Stunde durchgeführt.

Blériot, der sich im Gehöft ›Les Baraques‹ einquartiert hatte, wurde recht nervös, als sein Freund Leblanc in der Frühe des 19. Juli 1909 atemlos ins Schlafzimmer stürzte und rief: »Latham läßt seine Maschine auf die Höhe von Kap Blanc Nez schaffen! Er will starten!«

Aus, dachte Blériot, der sofort aufstand. Das Spiel ist verloren. Und als um 6 Uhr 45 das Geknatter eines Motors von der Küste herüberschlug und gleich darauf zu sehen war, daß es Latham gelang, sich auf fast 100 Meter hinaufzuschrauben, da hätte er losheulen können. Er gönnte Latham den Sieg, sah aber die letzte Chance, sich finanziell zu erholen, dahinschwinden und konnte sich plötzlich nicht vorstellen, wie das Leben weitergehen sollte.

Von einer Düne blickte er zu dem vor der Küste liegenden Torpedoboot ›Harpon‹ hinüber, das den Konkurrenten begleiten sollte. Er sah, daß das Kriegsschiff mit einer mächtigen Rauchwolke auslief, und wußte: Latham hat die Flagge gesetzt und damit das Zeichen gegeben, den Kanal überqueren zu wollen.

Deprimiert humpelte er zurück und trat in den Schuppen, in dem sein Apparat untergestellt war. Auf dem Rumpf der noch nicht fertig montierten Maschine hockten etliche Hühner. »Verdammte Biester!« fluchte er aufgebracht, verscheuchte das Federvieh und begann damit, die Spanndrähte anzuziehen. Wozu eigentlich, fragte er sich nach einer Weile. Es hatte ja alles keinen Sinn mehr.

In diesem Augenblick wurde das Tor des Schuppens aufgerissen.

»Latham ist abgestürzt!« rief Leblanc.

Blériot flog herum. »Um Himmels willen!«

»Er ist gerettet! Die Männer des Torpedobootes haben ihn aus dem Wasser gezogen!«

Der wie ein Walroß aussehende Pilot ließ sich auf einen Holzklotz sinken. »Bist du sicher, daß er gerettet ist?«

»Ja! Ich weiß es von der Küstenstation, die mit dem Boot in Verbindung steht.«

»Gott sei Dank!«

»In jeder Hinsicht! Jetzt bist du dran!«

Blériot erstarrte.

»Daran hast du wohl gar nicht gedacht, was?« fragte Leblanc lachend.

Blériot schüttelte den Kopf.

»Latham ist aber ein toller Kerl«, fuhr Leblanc fort. »Sein Motor fiel nach 16 Kilometern aus. Und weißt du, was er da gemacht hat? Er hat die Maschine aufs Wasser gesetzt und als erstes seine Zigaretten und Streichhölzer in Sicherheit gebracht! Stell dir vor: als das Torpedoboot ihn erreichte, saß er auf der schwimmenden Tragfläche und rauchte!«

»Großartig!« Blériots Augen leuchteten. Doch dann strich er sich nachdenklich über den herabhängenden Schnauzbart. »Wenn sein Unglück vielleicht auch mein Glück ist – jetzt tut er mir leid. Weil er wirklich allerhand kann.«

»Komm, hör auf! Wenn alle Flieger so denken wollten . . .«

»Ich weiß, dann wären wir Engel und keine Menschen«, unterbrach ihn Blériot. »Möglicherweise sind Piloten aber andere Menschen. Mein Ehrenwort, ich empfinde im Augenblick nichts als Mitleid. Vielleicht weil mir mein Innerstes sagt: Morgen kann es dir wie ihm ergehen.«

»Male den Teufel nicht an die Wand!«

»Ach, Quatsch! Ich will doch nur zum Ausdruck bringen, daß das Unglück bei uns näher beim Glück liegt als bei anderen Menschen. Ich habe es deutlich gespürt, als du riefst: ›Latham ist abgestürzt!‹ Wahrscheinlich reagiere ich darum nun anders als du. Ich kann mir nicht helfen: Latham tut mir leid!«

»Und du mir, wenn du nicht augenblicklich mit deiner Spinnerei aufhörst und die Chance ergreifst, die sich dir bietet. Wenn du in den nächsten Tagen nicht fertig wirst, kommt Lambert dir zuvor!«

Blériot gab nicht zu, daß er von dieser Minute an nur noch einen Gedanken hatte: Lambert darf mir nicht zuvorkommen! Ich muß den Preis erringen! Ich!

Er arbeitete wie ein Besessener und gönnte sich kaum noch Schlaf, bis die Maschine am 24. Juli fertiggestellt war. In der Nacht zum 25. wälzte er sich unruhig auf seinem Lager, weil er wußte: Sobald der Sturm abnimmt, der jaulend um den Schuppen fegt und die Fensterläden von ›Les Baraques‹ klappern läßt, kann ich starten!

Gegen zwei Uhr vernahm er, daß das Rauschen des Meeres das Heulen des Windes übertönte. Sofort stieß er seinen Freund an, der neben ihm auf dem Feldbett lag. »Hörst du die Brandung?«

»Denkst du, ich hätte keine Ohren?«

»Los, raus! Der Sturm läßt nach. Bis jetzt war das Meer nicht zu hören.«

»Willst du es versuchen?«

»Ja! Lauf zum Hafen und verständige den Torpedozerstörer ›Escopette‹, der mich begleiten soll. Und sorg dafür, daß der Kommandant alles daransetzt, Fontaine zu benachrichtigen. Sonst kreise ich nachher über dem Schloß und weiß nicht, wo ich landen soll.«

Fontaine, ein weiterer Freund Blériots, war nach Dover gefahren, um in der Nähe des Schlosses ein geeignetes Landefeld auszusuchen. Es war vereinbart worden, daß er Blériot durch Schwenken der Trikolore auf sich aufmerksam machen und zur Landung einwinken sollte.

»Wann willst du starten?«

»Unmittelbar nach Sonnenaufgang. Der Zerstörer soll signalisieren, sobald er soweit ist. Du kennst die Bestimmungen, die vorschreiben, daß der Flug zwischen Sonnenaufgang und -untergang begonnen und beendet werden muß. Nicht eine Minute möchte ich verschenken.«

Leblanc hastete davon, und noch bevor der Morgen graute, schoben Blériot und die Bewohner des Gehöftes ›Les Baraques‹, die er aus den Betten getrommelt hatte, den Flugapparat auf einen in der Nähe der Küste gelegenen Hügel. Um vier Uhr warf er den Anzani-Motor an und ließ ihn warmlaufen, dann stellte er ihn wieder ab und wartete darauf, daß die Sonne über den Horizont stieg.

Die Minuten erschienen ihm wie Stunden. Das Herz klopfte ihm im Halse. Nervös ballte er die Hände. Zum Teufel, dachte er. Was ist mit dir? Hast du Angst, in ›den Bach‹ zu fallen? Er blickte über das Meer, das sich grau färbte. Es war von langen Schaumstreifen durchzogen.

Unwillkürlich strich er über die Tragfläche seines Eindeckers, mit dem er oft wie mit einem Tier sprach. »Sei unbesorgt«, sagte er. »Die See ist zwar bewegter als an dem Tag, da Latham aufs Wasser heruntergehen mußte, aber das spielt keine Rolle. Wir werden es schaffen! Sollte unser Anzani wider Erwarten aber doch verrecken – du weißt ja: Motoren sind launisch wie Weiber –, na schön, dann wird uns der Lufttank, den ich vorsorglich eingebaut habe, über Wasser halten. Was kann uns also passieren?«

Um 4 Uhr 35 signalisierte die ›Escopette‹: ›Sonnenaufgang in fünf Minuten. Wir sind auslaufbereit.‹

Blériot atmete auf: Endlich! Er gab die letzten Anweisungen, und als er auf den Führersitz kletterte, war ihm zumute, als glitte ihm die Anspannung der letzten Stunde wie ein schwerer Mantel von den Schultern.

Die Bauern stellten sich an die Tragflächen, um die Maschine zu halten.

»Frei!« rief er.

Ein Monteur ergriff die Luftschraube und warf den Motor an, der knatternd losraste.

Blériot preßte die Lippen aufeinander. Sein herabhängender Schnauzbart wehte im Propellerwind. Mein guter Anzani, dachte er. Ich hab' gewußt, daß ich mich auf ihn verlassen kann!

Er blickte zu Leblanc hinüber, der mit einer Flagge auf einem nahe am Meer gelegenen Hügel stand, um das Startzeichen zu geben, sobald die ›Escopette‹ den Sonnenaufgang signalisierte.

Punkt 4 Uhr 40 schwenkte er die Trikolore. Blériot gab den Bauern das Zeichen, die Tragflächen loszulassen, schob den Gashebel vor und startete.

Das Flugzeug hob sich schnell vom Boden. Um genügend Fahrt zu bekommen, drückte er nach. Dann zog er das Höhensteuer und ließ die Maschine steigen.

Sie kletterte bis auf fast 50 Meter. Blériot hätte jubeln mögen. Bestenfalls hatte er mit 40 Metern gerechnet, und nun flog er in beinahe 50 Meter Höhe! Es war nicht zu begreifen.

Voller Übermut leitete er eine Kurve ein. Leblanc, der Monteur und die Bauern sollten sehen, wie großartig sein Aeroplan flog. Sie sollten wissen, daß er voller Hoffnung und Zuversicht war.

In aller Ruhe umkreiste er die Startstelle, dann winkte er ein letztes Mal zurück und nahm Kurs auf den Zerstörer, aus dessen Schornstein mächtige Rauchwolken emporstiegen.

»Und wenn ihr noch so tüchtig einheizt«, brüllte er gegen den Fahrtwind an, »ich fliege euch davon!«

Er ergriff eine neben ihm liegende Flagge und steckte sie in einen am Rumpf angebrachten Halter; es war das verabredete Zeichen dafür, daß er nunmehr den Versuch unternehmen werde, den Kanal zu überfliegen.

Der schwarzbraune Qualm der ›Escopette‹ wurde dichter und wälzte sich wie der unförmige Leib eines Ungeheuers über das Meer.

»Nützt euch alles nichts!« frohlockte Blériot. »Verglichen mit meinem Vogel sitzt ihr auf'ner lahmen Ente!«

Er korrigierte die Fluglage und nahm Kurs auf England.

»Die Maschine lag wie ein Brett in der Luft«, erzählte er später. »Ihre Stabilität war vollendet. Und der Anzani – ah, er lief wie ein Wunderwerk und dachte nicht daran, auch nur einmal zu husten.«

Immer weiter entfernte er sich von dem Kriegsschiff, zu dem er oftmals zurückblickte, um die einzuhaltende Flugrichtung zu kontrollieren. Denn er besaß keinen Kompaß. Und mit jedem Kilometer, den er durchflog, wurde es dunstiger. Sein einziger Anhaltspunkt war der hinter ihm herlaufende Zerstörer.

Er bekam deshalb einen ziemlichen Schrecken, als er wieder einmal zurückschaute und die ›Escopette‹ nicht finden konnte. Wohin er blickte – Dunst, Wasser und sprühende Wogen. »Zum Teufel!« fluchte er. Was nun? Kehrtmachen? Kreise drehen? Weiterfliegen?

Durchhalten, sagte er sich. Richte dich nach den Schaumstreifen. Wenn du sie im gleichen Winkel wie bisher ansteuerst, mußt du dein Ziel erreichen.

Fast zehn Minuten lang richtete er sich nach den Schaumstreifen. Es dauerte ihm viel zu lange, und er wurde schon nervös, als er plötzlich Kreidefelsen vor sich auftauchen sah. »Hurra!« schrie er. »Die Küste! England! Ich hab's geschafft! 25 000 Francs! Ich bin gerettet!«

Er gebärdete sich wie ein Schulbub, rutschte auf seinem Sitz herum, streichelte die Bordwand des Flugzeuges und hätte den Motor am liebsten geküßt. Die Freude sollte jedoch nur von kurzer Dauer sein, da er bald darauf erkannte, daß die vor ihm liegende Steilküste höher war, als die Maschine zu steigen vermochte.

Ihm wurde unheimlich zumute. Der Wind muß mich versetzt haben, sagte er sich. Bei Dover sind die Felsen bei weitem nicht so hoch. Aber zu welcher Seite mag ich abgetrieben sein? Den Schaumstreifen nach zu urteilen, nach Nordost.

Noch während er überlegte, welchen Kurs er einschlagen sollte, entdeckte er zwei Frachter, die nach Süden fuhren. Sie werden Dover anlaufen, dachte er, und korrigierte augenblicklich die Richtung. Hoffentlich täusche ich mich nicht. Der Tank dürfte bald leer sein.

Sorgenvoll schaute er zu den nun rechts von ihm liegenden Kreidefelsen hinüber, die Steil in das Meer hinabfielen; einen Platz, auf dem er hätte notlanden können, gab es nicht.

Zu allem Übel wurde es auch noch böig. Immer häufiger mußten seine vom Flugzeugbrand noch wunden Füße das Seitensteuer betätigen, um die Maschine waagerecht zu halten. Verkrampft saß er da und schaute sich die Augen aus. Durchhalten, beschwor er sich. Nicht sinnlos hin und her fliegen, sondern den einmal eingeschlagenen Kurs beibehalten! Selbst wenn es die falsche Richtung sein sollte. Irgendwann muß ein Hafen oder ein Fischerdorf kommen.

Das unbeirrbare Beibehalten der einmal eingeschlagenen Richtung rettete Blériot. Um 5 Uhr 05 entdeckte er einen weiteren Frachtdampfer, und schon wenige Minuten später sah er Dover vor sich liegen. Er atmete auf, als wäre er der Hölle entronnen, und drehte voller Übermut einige Kreise, obwohl er wußte, daß das Benzin jeden Moment zu Ende gehen konnte. Ihm war es gleichgültig. Viel kann mir nicht mehr geschehen, dachte er. Ich sehe ja schon das Schloß, in dessen Nähe Fontaine ein geeignetes Landefeld ausgesucht haben wird.

Seine Augen glänzten, als er nach dreimaliger Umrundung des Hafens das Schloß ansteuerte. Schon von weitem sah er die Trikolore, die sein am Rand des Golfplatzes Month Pale stehender Freund wie besessen schwenkte.

Er drückte die Maschine nach unten und jagte mit annähernd 60 Stundenkilometern über die Köpfe der Versammelten hinweg. Dann flog er noch eine ›Ehrenrunde‹ und setzte zur Landung an.

Um 5 Uhr 12 berührten die Räder den Boden und – knickte das viel zu leicht gebaute Fahrwerk ein. Aber was spielte der kleine Schaden schon für eine Rolle angesichts der Tatsache, daß der erste bedeutsame Streckenflug, die Überquerung des Ärmelkanals, gelungen war. Man jubelte Blériot zu, der den von der Daily Mail ausgesetzten Preis erhielt und gefeiert wurde wie selten ein Mensch zuvor. Ähnliches hatte vor ihm nur Blanchard erfahren. In London empfing man ihn wie den König von England, und in Paris wurde er wie ein heimkehrender Sieger eingeholt. Man verlieh ihm das Kreuz der Ehrenlegion und überschüttete ihn mit Flugzeugbestellungen, die den Grundstein zu einem Vermögen bildeten, von dem er nicht zu träumen gewagt hätte.

Was die Gebrüder Wright trotz vielfacher Bemühungen nicht hatten erreichen können, gelang Blériot mit einem einzigen Flug. Die Menschen glaubten plötzlich an die zukünftige Bedeutung des Motorflugzeuges. Die Daily Mail aber, die den Preis ausgesetzt hatte, stellte erschrocken fest: ›Großbritannien ist keine Insel mehr!‹

Die europäischen Kriegsministerien glichen aufgescheuchten Bienenschwärmen. Erregt steckten die Militärs aller Länder ihre Köpfe zusammen. Es muß etwas geschehen, riefen sie. Die Leistungsfähigkeit der ›dynamischen Flugapparate‹ ist unter Beweis gestellt! Wir dürfen nicht mehr untätig verharren! Wenn wir uns nicht beeilen, geraten wir ins Hintertreffen! Wir müssen uns sichern!

Das sagte auch der Lehrer der deutschen Luftschiffer-Lehranstalt, Hauptmann Alfred Hildebrandt, der 1908 die vom Kieler Verkehrsverein durchgeführte ›Erste öffentliche deutsche Flugvorführung‹ geleitet hatte, zu der allerdings nur ein Flieger, der Däne Ellehamer, gekommen war.

Voller Entsetzen hatte Hildebrandt in jenen Tagen gefragt: »Gibt es denn in ganz Deutschland keinen einzigen Piloten? Wohin kommen wir, wenn das so weiter geht? Bietet der angesichts der gefährlichen Rückständigkeit des deutschen Flugwesens von Dr. Karl Lanz ausgesetzte ›Lanzpreis der Lüfte‹ in Höhe von 50000 Mark noch immer keinen genügenden Anreiz? Lebt denn in dem Land, das einen Otto Lilienthal seinen Sohn nennen darf, kein Mensch, der ein Flugzeug konstruieren, bauen und fliegen kann?«

Er war verzweifelt gewesen, als er hörte, daß nur der Däne Ellehamer nach Kiel kommen würde. Und er wurde es noch mehr, als er das enttäuschte Publikum nach Hause gehen sah. Denn das stand für ihn fest: Wer zur Kieler Flugvorführung gekommen war, fühlte sich betrogen und wollte von der ›neumodischen Motorfliegerei‹ nichts mehr wissen.

Dabei hatte sich der ruhige, beinahe behäbige Däne alle Mühe gegeben, die zahlreichen Zuschauer bei guter Stimmung zu halten. ›Mit seinem nach eigenen Plänen gebauten und auf drei Speichenräder gestellten Flugapparat führte er zunächst einige Rundfahrten am Boden durch, um dem Publikum Gelegenheit zu geben, den Aeroplan in Fahrt zu besichtigen‹, schrieb Hauptmann Hildebrandt. ›Sodann begannen die eigentlichen Versuche. Jeder Laie bemerkte sofort, daß an der Maschine etwas nicht in Ordnung war. Anstatt daß sich die Geschwindigkeit allmählich steigerte, ließ sie plötzlich nach. Unregelmäßigkeiten in

Oben
Die Deutsche Nelly Beese errang am 24. September 1911 den Dauerflugrekord für Frauen mit 2 Std. 20 Min.

Mitte
Eine interessante, für das Jahr 1910 hochmoderne Konstruktion war der von den Franzosen Paulhan und Fabre gebaute Zweidecker mit 50-PS-Gnôme-Umlaufmotor.

Unten
Die Patentschrift, die Prof. Hugo Junkers im Jahre 1910 erteilt wurde.

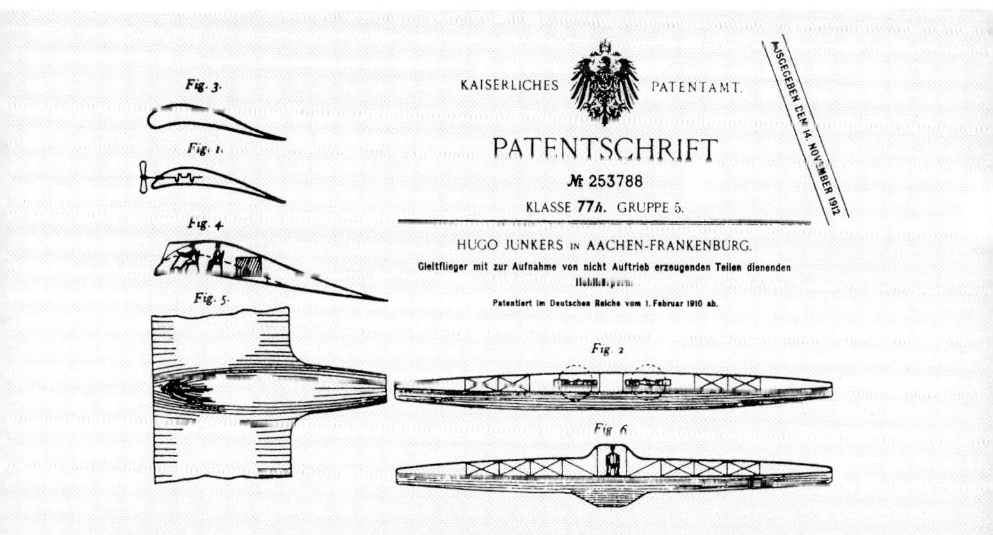

KAISERLICHES PATENTAMT.

AUSGEGEBEN DEN 14. NOVEMBER 1912

PATENTSCHRIFT

№ 253788

KLASSE 77h. GRUPPE 5.

HUGO JUNKERS IN AACHEN-FRANKENBURG.

Gleitflieger mit zur Aufnahme von nicht Auftrieb erzeugenden Teilen dienenden [illegible]

Patentiert im Deutschen Reiche vom 1. Februar 1910 ab.

Linke Seite: Mitte
Die erste Etrich-Rumpler-Taube.

Linke Seite: unten
Igo Etrich vor seinem ersten Flug auf der Etrich-Taube, die Ingenieur Franz Bönisch nach Etrichs Ideen konstruiert hatte. Das Flugzeug war mit einem 40-PS-Clerget-Motor ausgerüstet.

Rechte Seite: links oben
Alfred Friedrich vor seiner Etrich-Rumpler-Taube.

Rechte Seite: rechts oben
Der Pilot S.F. Cody, ein Vetter von William Frederick Cody, dem berühmten Buffalo Bill, am Steuer des 1911 von ihm gebauten Cody-Doppeldeckers. Cody gewann 1912 den ersten Militärflugwettbewerb.

Rechte Seite: Mitte
Helmuth Hirth, am Steuer des Rumpler-Eindekkers, vor seinem Start zum Flug Berlin – Wien (8. Juni 1912).

Rechte Seite: unten
Die 1909 von Santos-Dumont konstruierte Demoiselle, deren Spannweite nur 5,64 Meter betrug, wurde für den Farbfilm ›Die tollkühnen Männer in ihren fliegenden Kisten‹ nachgebaut und mit einem 40-PS-Volkswagen-Motor ausgerüstet.

Linke Seite: Mitte
Der französische Pilot Jules Védrinnes auf dem Morane-Borel-Eindecker während einer Zwischenlandung auf seinem Flug von Paris nach Madrid (1911).

Linke Seite: unten
Dieser aus dem Paulhanschen Doppeldecker entwickelte Dreidecker nahm 1911 erfolgreich an den französischen Manövern teil. Die Grundform entspricht der des Doppeldeckers, doch besitzt diese Maschine ein doppeltes Leitwerk. Das vorne liegende Höhensteuer ist in die Ebene der mittleren Tragfläche verlegt, und die Landekufen haben vorne kleine Stoßräder erhalten.

Rechte Seite: oben
Mit diesem Flugzeug stellte Louis Breguet am 23. März 1911 einen sensationellen Rekord auf. Er startete mit 10 Fluggästen, die er, wie deutlich zu sehen ist, einfach übereinander packte und sogar hinter sich auf den Rumpf setzte.

Rechte Seite: Mitte
König Ludwig III. von Bayern besuchte 1913 die Militärfliegerschule in Schleißheim, um sich den Otto-Doppeldecker (links) und die Etrich-Taube (rechts) vorführen zu lassen.

Rechte Seite: unten
Start des Franzosen Brindejouc de Moulinais zum Flug von Paris über Berlin nach Warschau, den er mit seinem Morane-Saulnier-Eindecker am 10. Juni 1913 in zehn Stunden bewältigte (1420 km). Anschließend flog er über Petersburg, Stockholm, Kopenhagen, Hamburg, Den Haag nach Paris zurück und führte damit die längste geglückte Flugreise der Vorkriegszeit durch.

BREGUET
63

Linke Seite: oben
Das Zeppelin-Verkehrsluftschiff ›Viktoria Luise‹ (LZ 11) nach einer Landung in München-Oberwiesenfeld (1912).

Linke Seite: Mitte
Die Passagierräume der ›Viktoria Luise‹ waren schon recht komfortabel; es konnte wie im Speisewagen gegessen werden.

Rechte Seite: oben
LZ 7 wurde auf den Namen ›Deutschland‹ getauft und 1910 von der DELAG als erstes Verkehrsluftschiff in den Dienst gestellt.

Rechte Seite: unten
Das ebenfalls auf den Namen ›Deutschland‹ getaufte Luftschiff LZ 8 wurde am 16. Mai 1911 beim Aushallen in Düsseldorf von einer Bö erfaßt und zerstört.

DEUTSCHLAND

Linke Seite: Mitte
Der von Sopwith 1914 gebaute Seejagdeinsitzer ›Baby‹.

Linke Seite: unten
In Rußland baute Igor Sikorsky diesen viermotorigen Riesendoppeldecker von 20 m Länge bei einer Spannweite von 28,2 m. Die Maschine war mit vier deutschen Argus-Motoren von je 100 PS Leistung ausgerüstet und hat mehrere Versuchsflüge, unter anderem auch über Petersburg, mit 16 Passagieren durchgeführt. Bei Kriegsausbruch verfügte Rußland über 70 (!) dieser Maschinen.

Rechte Seite: oben
Sachlich und elegant ist dieser Torpedo-Eindekker, den der Deutsche Kühlstein schuf. Ausgerüstet war die Maschine mit einem 95/120-PS-Daimler-Motor.

Rechte Seite: Mitte
Der Franzose Legagneux erreichte mit diesem 80 PS starken Nieuport-Eindecker am 27. Dezember 1913 eine Höhe von 6150 m.

Rechte Seite: unten
Der Franzose Prévot jagt hier (1913) beim Gordon-Bennett-Rennen im ›gedrückten‹ Flug der Zielmarke entgegen. Er legte die 200-Kilometer-Strecke in 59 Minuten 54 Sekunden zurück und überschritt damit als erster eine Geschwindigkeit von 200 km/h.

Linke Seite: links Mitte
Den ersten Hochzeitsflug führte das Ehepaar Gustav Otto am 21. Dezember 1913 durch. Gustav Otto, Sohn des Erfinders des Viertakt-Gasmotors, Nikolaus Otto, war Begründer der bayrischen Flugzeugindustrie (Otto-Werke). Pilot war der ewig ›grantig‹ dreinschauende Flugzeugführer Bayerlein.

Linke Seite: rechts Mitte
Privat beförderte Hermann Pentz die erste Luftpost in Deutschland am 18. Februar 1912 mit einem Grade-Flugzeug von Bork i. d. Mark zur acht Kilometer entfernt gelegenen Ortschaft Brück.

Linke Seite: unten
Der Münchner Dr. Noeggerath vor seinem Dekan-Eindecker auf dem Flugplatz Oberwiesenfeld (1912). Der eigenartige Vorbau aus Stahlrohr, auf dem sich vorne der Ölbehälter befindet, sollte den Propeller und Motor bei Kopfständen schützen.

Rechte Seite: oben
Unverkennbar ist der Einfluß des Militärs, das ein transportables Flugzeug verlangte. Die Lösung der LVG (Luft-Verkehrs-Gesellschaft) war geradezu ideal, denn der schnell montierbare Eindecker ruhte auf dem abgeschrägten Dach eines Autos, das als Werkstattwagen eingerichtet war.

Rechte Seite: Mitte
Die militärische Konzeption des Mars-Eindeckers der Deutschen Flugzeugwerke (DFW) ist unschwer zu erkennen. Er verfügte über klappbare Tragflächen. Ein leichtes Zelt wurde gleich mitgeliefert.

Rechte Seite: unten
Da es noch keine richtigen Kriegsmaschinen gab, wurden die vorhandenen Flugzeuge so gut wie möglich umgerüstet. Diesen dreistieligen Albatros B I, dessen große Spannweite eine beachtliche Zuladung gestattete, setzte die deutsche Marine versuchsweise als ›Torpedoträger‹ ein.

Linke Seite: rechts oben
Auch die Franzosen warfen die ersten Bomben mit der Hand; hier aus einem Voisin-Doppeldecker, der mit einem beweglichen MG ausgerüstet war.

Rechte Seite: oben
August Euler rüstete sein Flugzeug ›Gelber Hund‹ mit einem starr eingebauten Maschinengewehr aus, so daß das Zielen vermittels Steuerung des Flugzeuges erfolgen und sehr genau sein konnte. Diese Anordnung war möglich, weil der Motor hinter dem Piloten lag.

Unten
Nach Ausbruch des Ersten Weltkrieges mußten Aufklärungsflugzeuge auch bei schlechten Wetter- und Bodenverhältnissen fliegen. Hier startet ein Otto-Doppeldecker der bayrischen Fliegertruppe auf einer aus Brettern gebildeten Startbahn zum Erkundungsflug.

EULER-WERKE-FRANKFURT a/M

Linke Seite: links oben
Der Holländer Antony Fokker in seinem 1914 gebauten Jagdflugzeug, das er ›Eindecker für Rükkenflüge‹ nannte.

Linke Seite: rechts oben
Beim Deperdussin-Eindecker stellten die Franzosen den Beobachter in ein ›Ställchen‹, damit er nicht davonflog. Zum Schießen mußte er stehen, um über den Propellerkreis hinwegzukommen.

Linke Seite: unten
Mit diesem Morane-Saulnier-Jagdflugzeug schoß der Franzose Roland Garros binnen zwei Wochen fünf deutsche Maschinen ab. Gut erkennbar sind auf dem Foto das über dem Motor eingebaute MG sowie die in MG-Höhe an der Luftschraube befestigten Stahlabweiser, die den Propeller treffende Geschosse zur Seite schleudern sollten.

Rechte Seite: oben
Antony Fokker hatte den genialen Einfall, die Schußfolge des MGs mit der Umdrehung des Propellers zu synchronisieren. Bei diesem im Mai 1915 eingesetzten und berühmt gewordenen Fokker-Jagdeinsitzer Fok E I schoß das über dem 80-PS-Oberursel-Umlaufmotor starr eingebaute MG bereits durch den Propellerkreis. Besonders interessant ist die rechts stehende Maschine, die nicht mit Stoff, sondern mit Cellon bespannt wurde, um sie schwerer sichtbar zu machen. Boelke und Immelmann erzielten mit der Fok E I ihre ersten großen Erfolge.

Rechte Seite: Mitte
Bei diesem Hansa-Brandenburg-Aufklärer ist der MG-Stand des Beobachters nicht mehr völlig frei, sondern tropfenförmig verkleidet.

Rechte Seite: unten
Dieser zweisitzige Bristol-Fighter F 2B war ein hervorragendes Kampf- und Aufklärungsflugzeug der Royal Air Force. Ausgerüstet war die Maschine mit einem Rolls-Royce-Eagle-Flugmotor.

64.01

H1420
H
1420

Oben
Obwohl die Fokker-Eindecker, mit denen Boelke und Immelmann ihre Siege errangen, zuerst bevorzugt wurden, ging man nach dem vorübergehenden Bau von Dreideckern allgemein wieder zum Jagddoppeldecker über. Der hier im Längsschnitt dargestellte Doppeldecker Fokker D VII galt als das beste Jagdflugzeug aller Nationen.

Mitte
Man ist manchmal erstaunt über das, was es schon alles gegeben hat. Mit Brandraketen griffen die französischen Piloten bereits 1915 in den Kampf ein. Die hier am V-Stiel des Nieuport-Jagdeinsitzers befestigten Raketen dienten in erster Linie zum Abschuß von Fesselballonen.

Unten
Beinahe malerisch sieht der Feldflugplatz des deutschen Jagdgeschwaders II in Toulis bei Laon aus. Im Vordergrund stehen Albatros D V; weiter hinten Fokker-Dreidecker D I.

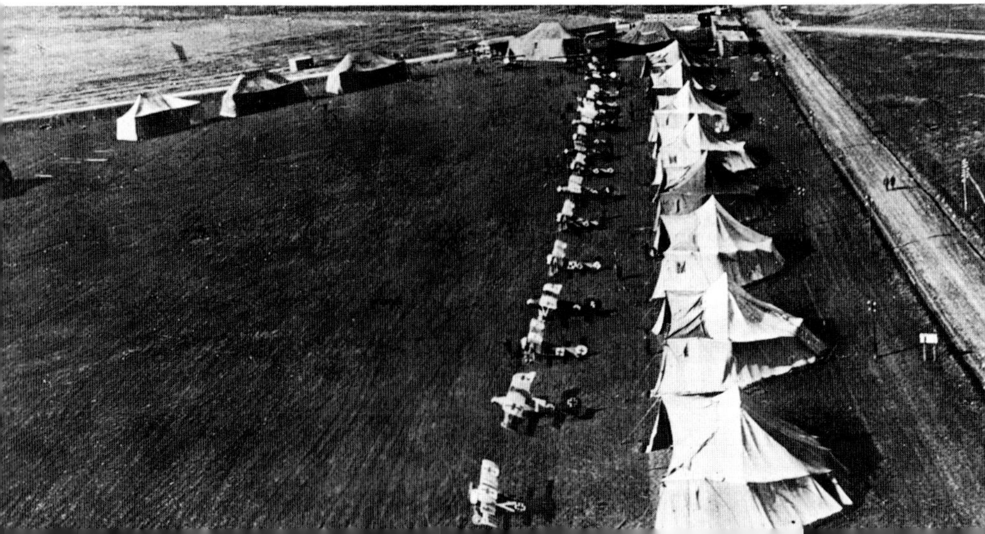

der Zündung, schlechtes Benzin und ein verbogener Propeller sollen hieran schuld gewesen sein. Mehrfach versuchte Ellehamer mit seinen Monteuren die Mängel abzustellen. Endlich, bei einem letzten Versuch, flog sein Aeroplan tatsächlich von ebener Erde in etwa zwei Meter Höhe eine Strecke von 47 Meter. Bei der Landung kippte der Apparat, anscheinend durch einen seitlichen Windstoß, nach rechts, und ein Rad war verbogen.‹

Nach der ›Kieler Blamage‹, wie man den Flugtag auch nannte, hatte Hauptmann Hildebrandt erklärt: »Wenn es nicht anders geht, müssen wir ausländische Piloten nach Deutschland holen, damit unserem Volk die Augen geöffnet werden. Mit Veranstaltungen wie die Kieler Flugvorführung versetzen wir dem deutschen Flugwesen nur den Todesstoß.«

In seiner Not hatte er sich an den Inhaber des Verlagshauses Scherl gewandt, den er händeringend bat, französische Flieger zu einer vom Lokal Anzeiger zu veranstaltenden ›Flugwoche‹ nach Berlin einzuladen, »um das Interesse des deutschen Volkes und der bei uns sehr dünn gesäten Aviatiker zu wecken«.

Man hatte seinem Wunsche entsprochen, erreichte aber nicht viel, da sich die namhaftesten Piloten Frankreichs auf eine Flugwoche vorbereiteten, die als ›Grande Semaine de Champagne‹ vom 21. bis 29. August in Reims stattfinden und ›das sportlichste Ereignis des Jahres 1909‹ werden sollte. Nur Armand Zipfel folgte dem deutschen Ruf und erschien mit einem unförmigen und wenig leistungsfähigen Voisin-Doppeldecker, dem die Berliner seiner vielfachen ›Kästen‹ wegen den nicht gerade schmeichelhaften Namen ›Stube, Kammer und Küche‹ gaben.

›Meistens streikte der Motor dieses merkwürdigen Vehikels‹, schrieb ein Berichterstatter. ›Nur an zwei Tagen gelang es dem Franzosen, sich vom Boden zu erheben und in etwa drei Meter Höhe zu fliegen. Allerdings fast 1 000 Meter weit.‹

Die Berliner, die noch nie ein Flugzeug gesehen hatten, waren begeistert. Ihr Ruf: »Hurra, es ist erreicht – der Zipfel steigt!« wurde zu einer Redensart, die jahrelang von Mund zu Mund ging. Denn der Ausruf war doppelsinnig. ›Es ist erreicht‹ wurde in jenen Tagen der an seinen Enden – Zipfeln! – hochgezwirbelte Schnurrbart Kaiser Wilhelms II. genannt.

Wenn das Ergebnis der Berliner Flugwoche auch nicht gerade überwältigend war, so trug die Veranstaltung doch dazu bei, das Interesse an der ›neumodischen Flugart‹ zu wecken. Sichtlich befriedigt schrieb eine Zeitung: ›Der Bann ist gebrochen, der Alp gewichen, die Optimisten sind übergücklich und die Skeptiker beschämt. Wir können uns beglückwünschen, einem großen, epochalen Ereignis beigewohnt zu haben.‹

Die Berliner, die sich an den relativ geringen Leistungen Armand

Zipfels schon begeistert hatten, staunten nicht schlecht, als sie von der Kanalüberquerung Blériots hörten und bald darauf lasen, daß es Henri Farman auf der Reimser Flugwoche gelungen sei, mit einem Flug von 3 Stunden und 4 Minuten einen neuen Dauerrekord aufzustellen.

›Wir haben ein Recht darauf, die größten Aviatiker der Welt fliegen zu sehen‹, schrieben die deutschen Tageszeitungen, und über Nacht sah sich Hauptmann Hildebrandt in die angenehme Lage versetzt, die namhaftesten Piloten der Erde zu einem Konkurrenz-Fliegen einzuladen, das anläßlich der Eröffnung des Flugplatzes Berlin-Johannisthal stattfinden sollte. Für das Flugprogramm wurden Geldpreise in Höhe von 150000 Mark zur Verfügung gestellt.

›Das am 26. September 1909 eröffnete Konkurrenzfliegen wurde ein glänzender Erfolg‹, schrieb ein Augenzeuge. ›Schon um 4 Uhr morgens ertönten als Hornsignal die bekannten Klänge des Reiterliedes aus Wallenstein. Man wußte: Orville Wright wird fliegen! Seine Maschine hatte er aus Amerika mitgebracht; ihren Zusammenbau hatte er in den Werkstätten der neugegründeten Flugmaschine-Wright-Gesellschaft in Reinickendorf persönlich überwacht. An einem Zelt, das dem Flugapparat als Obdach diente, wehende Fahnen, eine deutsche und das Sternenbanner der Union, gaben das angekündigte Zeichen für die ernstliche Absicht des Fluges. Die Zuschauer waren erregt. Mit Kind und Kegel waren manche Familien hinausgezogen. Dann endlich kam das langersehnte Signal. Vom Startturm fiel das Gewicht, und der hierdurch auf einer horizontalen Schiene vorwärts gerissene Flugapparat löste sich vom Boden und hob sich. Es war 4 Uhr 42 Minuten.‹

Tag um Tag flog Orville Wright, den die Berliner bewunderten und verehrten. Zumal sie sahen, daß sich das Kronprinzenpaar vielfach mit ihm unterhielt, und sie darüber hinaus erleben durften, daß der Amerikaner mit einem Flug auf 172 Meter Höhe ›vor den Augen der Kaiserin einen neuen Weltrekord aufstellte‹. Doch nicht genug damit: ›Er führte auch Passagierflüge durch und trug Frau Hauptmann Hildebrandt als erste deutsche Frau kühn und sicher durch die Lüfte.‹

Aber noch jemand war da, der die Bewohner der Hauptstadt begeisterte und die jungen Berlinerinnen unruhig schlafen ließ: der schöne, reiche und immer nach Juchten duftende Hubert Latham, dessen eindrucksvolles, von Gipkens gezeichnetes Werbeplakat an allen Litfaßsäulen prangte. Hypermodern gekleidet, sein Bärtchen zwirbelnd oder eine Fluse vom Revers abklopfend, stieg er mit unnachahmlicher Gelassenheit in seine Maschine. War sein Motor angesprungen, dann lächelte er, warf Handküßchen nach rechts und links, gab Gas und – startete.

Natürlich nicht zu Rekordflügen. Wozu? Rekordflüge überließ er Orville Wright. Er kam auch so zurecht, da er genau wußte, was beim Publikum ›ankam‹.

Und weil er den ›richtigen Riecher‹ hatte, ließ er sein Flugzeug eines Nachts in aller Heimlichkeit abmontieren, nach Tempelhof schaffen und dort wieder aufbauen, um nach Johannisthal zurückzufliegen. Er wollte der erste sein, der einen Streckenflug über Deutschland durchführte.

Gegen Mittag war der Aeroplan startbereit. Latham aber dachte nicht daran, sofort zu starten. Er wußte, daß in Johannisthal die meisten Zuschauer erst gegen vier Uhr erschienen, da der Start Orville Wrights für diese Zeit angesetzt war. Warum also sollte er früher erscheinen?

Er erreichte, was er erreichen wollte. Von Tempelhof kommend, tauchte er wenige Minuten vor vier Uhr in 70 bis 80 Meter Höhe über Johannisthal auf, flog eine weite Platzrunde und landete unter einem nicht enden wollenden Sturm der Begeisterung.

Die Berliner waren hingerissen. Latham war das Gespräch des Tages. Er hatte den ersten Überlandflug über deutschem Boden durchgeführt – alles andere verblaßte dagegen. Man hatte einen Helden und wollte ihn feiern.

Die Hüter der Ordnung aber dachten anders. »Überlandflug?« fragte der Polizeipräfekt. »Wo steht geschrieben, daß solches erlaubt ist?«

Man wälzte Verordnungen, Erlasse und Bestimmungen und kam zu dem Ergebnis, daß dem ›Allgemeinen Landrecht‹ zufolge ein solcher Flug als verboten anzusehen sei, weil der Apparat bei Versagen des Motors auf die Straße fallen und unberechenbaren Schaden anrichten könnte. Also wurde ein Strafbefehl in Höhe von 150 Mark erlassen, und Hubert Latham konnte machen, was er wollte – er mußte zahlen!

Dieser Strafbefehl mutet uns heute seltsam an. Er ist aber nicht so merkwürdig, wie wir denken. Schon wenige Jahre später wurde man sich darüber klar, daß ein Überfliegen von fremdem Grund und Boden einen Eingriff in bestehende Eigentumsrechte darstellt. Denn zweifellos gehört dem Inhaber eines Grundstückes nicht nur die obere Schicht seines Bodens, sondern auch die gesamte darunter liegende Erde; sinngemäß somit ebenfalls der sich über seinem Grundstück befindliche Luftraum. Deshalb mußte man, wenn man die Entwicklung der Fliegerei nicht aufhalten wollte, zu einer gewissen ›Enteignung‹ schreiten, d. h. allen Inhabern von Grund und Boden mußte das Eigentumsrecht an dem über ihren Grundstücken liegenden Luftraum genommen werden. Dies geschah durch die Schaffung des Luftrechts, dessen erster Satz lautet: ›Der Luftraum ist frei.‹

Als Äquivalent für die auf diese Weise vorgenommene ›Enteignung‹ wurde die ›reine Erfolgshaftpflicht‹ geschaffen, d. h. jeder ›Flugzeughalter‹ wurde verpflichtet, eine Versicherung abzuschließen, die nicht nur für Schäden aufkommt, die er oder sein Flugzeug unmittelbar anrichten, wie bei der Autohaftpflichtversicherung, sondern auch Schäden reguliert, die indirekt entstehen können, zum Beispiel wenn eine Frau durch den Anblick einer abstürzenden Maschine eine Fehlgeburt erleidet.

Der gegen Latham erlassene Strafbefehl hatte aber auch eine gute

Seite: Man schrieb und diskutierte darüber, verteidigte den Piloten und beschäftigte sich wie nie zuvor mit fliegerischen Problemen.

Das hatte zur Folge, daß man gespannter denn je der ›Internationalen Fliegerwoche‹ entgegensah, die anläßlich der in Frankfurt stattfindenden ›Internationalen Luftfahrt-Ausstellung‹ am 3. Oktober 1909 auf dem Flugfeld der hessischen Hauptstadt eröffnet werden sollte. Besonders interessiert war man auch, weil immer wieder behauptet wurde, daß in Frankfurt erstmalig deutsche Piloten fliegen würden. Man nannte sogar schon Namen, wie Hans Grade, Hermann Dorner und August Euler, und man war ziemlich enttäuscht, als in den ersten Berichten über die Flugwoche kein deutscher Flieger erwähnt wurde. Nur von den großen Ausländern war die Rede, von dem Amerikaner Orville Wright, den Franzosen Latham, Blériot und Rougier.

Über den Grafen Zeppelin wurde selbstverständlich viel geschrieben, das war klar. Kein Wunder, denn er unternahm in jenen Tagen eine Fernfahrt nach der anderen, so daß Berichte über seine Leistungen fast zur Tagesordnung gehörten. Wo er landete, sang man ›Die Wacht am Rhein‹, und immer wieder gab es rührende Szenen, wie etwa in München, wo eine alte Dame in dem Augenblick, da der Graf dem Prinzregenten entgegenschritt, die Absperrung durchbrach, auf ihn zulief, ihn umarmte und schluchzte: »Ach, du lieber, lieber Zeppelin!«

Doch so groß die Begeisterung auch war und sosehr man den alten Grafen bewunderte und verehrte, man war es leid, in ›fliegerischer‹ Hinsicht immer nur von ausländischen Piloten hören zu müssen. Herrgott, gab es denn wirklich keine deutschen Flieger?

Es gab schon einige. Sie aber scheuten das Licht der Öffentlichkeit und wagten sich aus ihren primitiven Schuppen nicht heraus, weil sie wußten, daß ihre Leistungen noch zu gering waren. Wie sollten sie auch weiterkommen, wenn ihnen niemand die notwendigen Mittel zur Verfügung stellte? Mit dem Entwurf eines Flugapparates war es nicht getan; zumindest eine Werkstatt mußte zur Verfügung stehen, in der die Maschine und der Motor gebaut werden konnten, da kaum jemand in der Lage war, sich einen einwandfrei laufenden Motor kaufen zu können. Das fertige Flugzeug wiederum verlangte einen Schuppen, und hatte man den, dann benötigte man ein geeignetes Start- und Landegelände. Und war das endlich beschafft, mußte man sich auch noch das Fliegen beibringen. Selber, ohne Lehrer.

›Unsere damaligen Flugversuche stellten eine Gleichung mit zwei Unbekannten dar‹, schrieb Hans Grade, der 1908 mit einem selbstgebauten Dreidecker auf dem Exerzierplatz in Magdeburg seine ersten Luftsprünge machte. ›Denn weder wußte man, ob die Maschine flog, noch wußte der Pilot, wie er fliegen sollte – wer hätte es ihn lehren sollen? Und Unterstützung? Man nahm uns nicht ernst. Damals sah man es schon als schlimm an, wenn man Ingenieur wurde. Man hatte Soldat, Jurist oder Philologe zu werden!‹

Die deutschen Piloten hatten es in jenen Tagen wirklich nicht leicht. Man rief nach ihnen, verlangte sie zu sehen, dachte aber nicht im entferntesten daran, sie zu unterstützen. Zugegeben, es waren Preise ausgesetzt – was aber nützen 50 000 Mark am Horizont, wenn die Mittel fehlen, den zur Erringung des Preises notwendigen Apparat zu bauen?

Hans Grade gab sich alle Mühe. Nach endlosen Fehlschlägen mit seinem Dreidecker entwarf er Anfang 1909 einen Eindecker, mit dem es ihm mehrfach gelang, ›eine Vertiefung in einer Weide gewissermaßen fliegend zu überspringen‹. Sollte er mit diesem ›Kunststück‹ in Frankfurt gegen die Elite der Ausländer antreten? Er dachte nicht daran. Ihm genügte der Spott und Hohn, mit dem ihn Verwandte und Bekannte bedachten. Er wünschte sich nichts sehnlicher als einen ruhigen Platz, irgendwo in der Heide, wo er ungestört Versuche anstellen konnte. Denn er fühlte, daß er den richtigen Weg eingeschlagen hatte.

Etwas leichter als Hans Grade, der stets in Schaftstiefeln ging, und durch seinen langen Schnauzbart an einen biederen Bauern erinnerte, hatte es der junge, sensible Hermann Dorner. Er genoß eine gründliche wissenschaftliche Ausbildung, die ihn zum Flugzeugkonstrukteur geradezu prädestinierte, in den Augen seiner Mitmenschen jedoch als einen ›in seinen Ideen verrannten und vernarrten Sinnierer‹ erscheinen ließ. Schon 1907, also noch vor Hans Grade, hatte er ein Gleitflugzeug gebaut, das so konstruiert war, daß vorne ein Motor eingehängt werden konnte. Beim Training mit dieser Maschine lernte er Gottfried Begas kennen, den Sohn des bekannten Bildhauers, der ihm die Mittel zum Bau eines Motorflugapparates zur Verfügung stellte, mit dem er 1908 die ersten erfolgversprechenden Starts durchführen konnte.

Was ihm noch fehlte, war ein genügend großes Übungsgelände. Er wandte sich an das Kriegsministerium und ersuchte um die Genehmigung, den Truppenübungsplatz Döberitz benützen zu dürfen, erhielt jedoch einen abschlägigen Bescheid. Daraufhin bat er um die Freigabe des Bornstedter Feldes bei Potsdam. Auch dieser Antrag wurde abgelehnt. Ihr seid Narren, dachte er und bestürmte die Schöneberger Stadtverwaltung, die ihm schließlich versicherte, ›das Nebengelände eines »Rieselgutes« in Deutsch-Wusterhausen zur Verfügung zu stellen, sofern Sie sich bereit erklären, die Gesamthaftung für den Viehbestand, für die Gutsarbeiter, Gebäude, Bäume und Telegrafendrähte zu übernehmen und zu diesem Zwecke eine Versicherung abzuschließen, deren Prämie monatlich 75 Mark beträgt‹.

Der Bildhauer übernahm auch diese Kosten, und Dorner sah sich endlich in die Lage versetzt, mit den Flugversuchen beginnen zu können. Ihre Ergebnisse befriedigten ihn, ließen ihn aber nicht größenwahnsinnig werden. Also verzichtete auch er darauf, sein bescheidenes Können in Frankfurt zur Schau zu stellen.

›Nur einer war da, der dem Ruf des deutschen Volkes Folge leistete und den Mut aufbrachte, sich in Frankfurt zu zeigen: August Euler!‹ Hätte er gewußt, was die Zeitungen, die noch tags zuvor das Fehlen deutscher Piloten lebhaft bedauert hatten, nach seinen ersten Starts schreiben würden, dann wäre er wahrscheinlich in Griesheim geblieben. Denn die deutsche Presse wertete seine Flüge nicht als solche, sondern verglich sie mit denen der berühmtesten Piloten und verspottete ihn mit Überschriften wie: ›August, laß das Fliegen sein!‹ Oder: ›Lerne fliegen ohne zu klagen!‹ Um dann tiefsinnige Betrachtungen anzustellen und zu dem Ergebnis zu kommen: ›Das deutsche Volk ist zum Fliegen nun einmal nicht geboren. Von Natur aus sind uns die wendigeren Franzosen in dieser Luftakrobatik voraus.‹

Nun, dem Baskenmütze, Zwicker und Schillerkragen tragenden August Euler war es gleichgültig, was man über ihn schrieb. Er wußte, daß er den längeren Atem besaß. Hinter ihm stand ein riesiges Vermögen, das er im Laufe der Jahre mit seiner Fahrrad- und Automobilfabrik erworben hatte. Und er war gewillt, es in die Waagschale zu werfen. Er war nicht nur ein begeisterter Motorsportler, sondern auch ein weitblickender Geschäftsmann, der die Zukunft der Luftfahrt klar erkannte.

Systematisch ging er vor. Als erstes sicherte er sich die Nachbaulizenz des Voisin-Doppeldeckers, mit dem Henri Farman am 30. Oktober 1908 seinen großen Überlandflug von Châlons nach Reims durchgeführt hatte. Als zweites baute er einen Gleitflieger nach dem Muster Chanutes, um das Fliegen der Lilienthalschen Tradition gemäß zu erlernen. Als drittes ließ er sich durch die Fürsprache des Generals von Eichhorn in der Nähe von Darmstadt ein geeignetes Gelände auf dem alten Griesheimer Truppenübungsplatz zur Verfügung stellen, an dessen 30 Meter hohem ›Chimborasso‹ genannten ›Feldherrnhügel‹ er in aller Stille trainierte.

Als er glaubte, so weit zu sein, mit dem Bau von Flugapparaten beginnen zu können, ergaben sich jedoch Schwierigkeiten mit der Flugzeugfabrik Voison-Frères, die ihren Lizenzvertrag auf Grund eines Einspruches des französischen Kriegsministeriums nicht aufrechterhalten durfte. Euler verhandelte nicht lange. Er hatte genug gesehen und gelernt, um – natürlich in Anlehnung an Voisin – ein eigenes Flugzeug konstruieren zu können, das er gleich in mehreren Exemplaren bauen ließ, um auf der ›Internationalen Luftfahrtausstellung‹ nicht nur mit einer Maschine vertreten zu sein. Zu großen Versuchsflügen hatte die Zeit allerdings nicht mehr gereicht. Die wenigen Starts aber, die er durchführen konnte, hatten ihm eindeutig gezeigt, daß sein Apparat flog. Und so war er kurz entschlossen nach Frankfurt gefahren, um als erster Deutscher vor Deutschen zu fliegen.

Wenn man sich nun über ihn lustig machte – was spielte das schon für eine Rolle? Euler wußte, was er wollte, und er war sich völlig darüber im klaren, daß seine Leistungen noch mangelhaft waren. Es kam ihm auch nicht darauf an, Lorbeeren zu erringen; er wollte nur dabeisein, wollte üben, sehen und lernen. Und Erfahrungen sammeln, die er, ganz auf sich selbst gestellt, auf dem Griesheimer Gelände bestenfalls im Verlaufe von Monaten hätte machen können.

Er war deshalb beinahe erschrocken, als ihm am Abend des 7. Oktober der ›Preis für den weitesten Tagesflug‹ überreicht wurde.

»Wie ist das möglich? Ist denn niemand außer mir geflogen?« fragte er mit leichter Selbstironie. »Ich hab' den Flugplatz doch nur viermal umrundet. Meine Gesamtflugzeit betrug lächerliche 4 Minuten und 54 Sekunden!«

»Seien Sie nicht so bescheiden«, wurde ihm geantwortet. »Möglich, daß Sie heute mehr Glück als Verstand hatten. Das ändert aber nichts an der Tatsache, daß Latham und Rougier, die heute ebenfalls aufstiegen, nicht so lange in der Luft blieben wie Sie.«

Euler strahlte. Und die Presse beeilte sich, die Scharte auszuwetzen, die sie sich selber zugefügt hatte. Denn eines stand fest: Wenn Euler gegen die ausländische Konkurrenz auch nicht ankommen konnte, er hatte den Mut gehabt, sich zu stellen, und er hatte herausgeholt, was herauszuholen war. Man wußte nun, daß es zumindest schon einen Deutschen gab, der ein Flugzeug bauen und es fliegen konnte, und unwillkürlich war man bereit, die Bemühungen anderer in einem neuen Licht zu sehen.

Interessiert verfolgte man jetzt die Arbeiten Hans Grades, der Magdeburg verlassen hatte und nach Bork gegangen war, um seine Versuchsflüge in der Abgeschiedenheit der Mark Brandenburg durchführen zu können. Oder man ging nach Deutsch-Wusterhausen, um Hermann Dorner aufzusuchen, der mit Gottfried Begas bei schmaler Kost in einem ›Indianerzelt‹ hauste und ›die größtmögliche Ökonomie des Fluges zu ermitteln versuchte‹.

Die Bemühungen beider Piloten sollten von Erfolg gekrönt sein; beiden gelang es, ein Flugzeug zu bauen, das ausgezeichnete Flugeigenschaften besaß, und beide errangen bedeutende Erfolge.

Hans Grade war der glückliche Gewinner des Lanz-Preises von 50000 Mark, den er am 30. November 1909 mit einem Flug von 2 Minuten und 43 Sekunden gewann, bei dem er ›über deutschem Boden in 20 Meter Höhe eine Acht, also je einen vollen Kreis nach rechts und links, mit einem Flugzeug durchführte, das von einem Deutschen entworfen und ausschließlich aus deutschem Material gebaut worden war‹.

Mit dem Geld gründete er eine Flugzeugfabrik sowie eine Fliegerschule, die schon bald von Österreichern, Schweizern, Norwegern, Schweden, Russen, Persern, Japanern und Amerikanern besucht wurde.

Und doch, so erfolgreich die Bemühungen der ersten deutschen Piloten waren, ihre Leistungen ließen sich mit denen der Ausländer nicht vergleichen. Kostbare Jahre waren verschenkt worden – Jahre, die unmöglich von heute auf morgen eingeholt und ausgeglichen werden konnten. Die Kluft, die sich gebildet hatte, schien unüberbrückbar zu sein; ihre Größe machte ein Ereignis des Jahres 1910 deutlich, das so gewaltig war, daß es nicht nur Laien, sondern auch Experten den Atem raubte.

Wie im Jahre 1909, so wurde auch 1910 in Reims eine ›Flugwoche‹ veranstaltet, die schon nach einigen Tagen erkennen ließ, daß die Fliegerei in nur wenigen Monaten nicht für möglich gehaltene Fortschritte gemacht hatte. Nach dem sensationellen Flug des Comte de Lambert, der es am 18. Oktober 1909 fertigbrachte, den Eiffelturm in 400 Meter Höhe zu umkreisen, hatte man es allgemein für ausgeschlossen gehalten, daß dieser Rekord im Laufe der nächsten Jahre gebrochen werden könnte. Als Hubert Latham aber bereits am 7. Januar 1910 mit einem 8-Zylinder-Antoinette-Motor die schwindelerregende Höhe von 1 000 Metern erreichte, wurde man in der Beurteilung der zukünftigen Entwicklung wesentlich vorsichtiger. Zumal der Rekordheld angedeutet hatte, das Letzte aus seiner Maschine erst auf der ›Flugwoche‹ herausholen zu wollen.

Tatsächlich stellte er in Reims einen neuen Höhenrekord auf: er erreichte 1 483 Meter! Dennoch wurde sein großartiger Flug ebensowenig zur Sensation des Tages wie die Leistung irgendeines anderen Piloten. Ein Gedanke wurde es, ein Vorschlag, den der temperamentvolle italienische Journalist Luigi Barzini machte, als das Ergebnis des Höhenfluges Lathams bekanntgegeben wurde.

»Messieurs!« rief er spontan. »Wollen Sie die diesjährige ›Mailänder Herbstflugwoche‹ nicht durch ein grandioses Vorspiel einleiten? Durch einen Alpenflug per Aeroplan?«

Man glaubte nicht richtig gehört zu haben. Was schlug der Italiener vor? Einen Alpenflug per Aeroplan?

»Sie meinen, wir sollten den Versuch unternehmen, die Alpen mit dem Flugzeug zu überqueren?«

»Ja.«

»Die Idee ist toll!« sagte ein Pilot.

»Aber undurchführbar«, erwiderte ein anderer. »Latham erreichte noch nicht ganz 1 500 Meter. Ich schätze, daß der niedrigste Paß, der überquert werden müßte, 2 400 Meter beträgt!«

»Kann sein, daß Sie recht haben«, warf der Journalist ein. »Mit den Höhen kenne ich mich nicht so aus. Eines aber steht fest: Ich drücke in Mailand durch, daß ein Preis von 100 000 Lire ausgesetzt wird! Könnte es sich da nicht lohnen, ein wenig an den Flugapparaten herumzubasteln, ihnen größere Tragflächen oder stärkere Motoren zu geben? Was weiß ich, was da gemacht werden müßte.«

Der Gedanke elektrisierte und zündete sowohl im Lager der Piloten als auch im Komitee der ›Mailänder Herbstflugwoche‹. Und nicht nur dort. Er begeisterte die Schweizer und vor allen Dingen die Stadtväter des am Fuße der Simplonstraße gelegenen Kurortes Brig. Sie witterten ein Geschäft und beschlossen sofort, die vor der Mailänder Veranstaltung gelegene Woche vom 18. bis zum 25. September zur ›Briger Flugwoche‹ zu erklären, und legten fest, daß sich die Teilnehmer des Wettbewerbes bis zum 1. September in Brig anmelden müßten. Auf daß genügend Zeit verbliebe, die Namen der Piloten an die Werbetrommel zu hängen.

Es meldeten sich die Franzosen Latham, Aubrun, de Lesseps und Pailette, der Italiener Cattaneo, die Amerikaner Weymann und Glenn Curtiss, der Deutsche Wiencziers – der im Auftrage des Förderers des deutschen Luftfahrtgedankens, Dr. Walther Huth, seine Ausbildung auf der französischen Fliegerschule Mourmelon erfahren hatte – und der in Paris lebende Peruaner Geo Chavez.

Die größte Chance, die Alpen zu überqueren und den Preis von 100 000 Lire zu gewinnen, gab man – wenn überhaupt jemandem – dem Franzosen Latham, der sich auf Höhenflüge spezialisiert hatte. Alle anderen waren mehr oder weniger unbeschriebene Blätter. Im Grunde genommen rechnete niemand damit, daß sie erscheinen würden. Man kannte das von anderen Wettbewerben her. Immer wieder meldeten sich viele, die ihre Namen in den Zeitungen sehen wollten, und am Schluß mußte man froh sein, wenn zwei oder drei kamen.

Um so größer war das Erstaunen, als unmittelbar vor Beginn der ›Briger Flugwoche‹ bekannt wurde, daß Latham seine Meldung zurückzog. Hatte er angesichts des sensationellen Fluges des Peruaners Chavez, der am 8. September 1910, also nur zehn Tage vor Beginn des Wettbewerbes, einen neuen Höhenrekord von 2652 Metern aufstellte, den Mut verloren? Aber abgesehen davon: Wer war dieser Chavez, der – geradezu, als wäre es nichts – eines Nachmittags auf dem Flugfeld von Issy-les-Moulineaux erschienen war, sich in seinen funkelnagelneuen Blériot-Eindecker gesetzt und innerhalb von knapp zwei Stunden den Welthöhenrekord an sich gerissen hatte?

Geo Chavez war nur wenigen bekannt, wer aber mit ihm zu tun gehabt hatte, konnte ein Lied über ihn singen. Vor allen Dingen der französische Rekordflieger Louis Paulhan, der ihn auf einem Farman-Doppeldecker ausgebildet hatte. Er hob schon abwehrend die Arme, wenn er den Namen des Peruaners hörte.

»Laßt mir meine Ruhe!« rief er dann. »Ein Santos-Dumont ist gewiß schlimm; zehn von seiner Sorte sind mir aber lieber als ein halber Chavez! Ich bin Fluglehrer und kein Dompteur! Und noch weniger Vorsteher einer Irrenanstalt!«

Man grinste, weil bekannt war, daß es für Paulhan nichts Schöneres gab, als sich erregen zu können. Man wußte aber auch, daß es keinen verrückteren Flieger als den Peruaner gab, der schon als Flugschüler damit begonnen hatte, Steilkurven zu fliegen, die jeden ›im Propellerwind ergrauten Piloten‹ bleich werden ließen.

Paulhan hatte getobt, als Chavez nach seiner ersten ›Kurbelei‹ gelandet war. »Sind Sie wahnsinnig geworden?« hatte er geschrien. »Ich schmeiß Sie raus, wenn Sie noch einmal . . .!«

Der breitschultrige Peruaner, der nicht daran dachte, den Motor abzustellen und auszusteigen, hatte wie suchend hinter sich geblickt und verwundert gefragt: »Mit wem schimpfen Sie eigentlich? Hier ist doch niemand.«

»Mit Ihnen, Sie unverschämter Mensch!«

»Mit mir? Mich wollen Sie rausschmeißen?«

»Ja!«

Chavez hatte den Kopf geschüttelt. »Aber, Herr Paulhan! Was sind das für Manieren?« hatte er beinahe mitleidig gefragt. Und dann plötzlich gerufen: »Platz da, sonst rolle ich über Sie hinweg, und wir feiern noch heute Ihre Leiche!«

Dem Fluglehrer war nichts anderes übriggeblieben, als zur Seite zu springen, denn der Peruaner gab tatsächlich Vollgas und startete zum nächsten Übungsflug, bei dem er – genau über dem Kopf seines Lehrers – eine Steilkurve nach der anderen drehte, ohne an Höhe zu verlieren oder gar abzustürzen.

Paulhan und alle anderen anwesenden Piloten hatten Mund und Nase aufgesperrt. Und sich immer wieder gefragt: Wie ist es nur möglich, daß dieser Himmelhund nicht ›abschmiert‹? Sie fanden keine Erklärung, wußten nur, daß bei ihnen die Maschine die ›Schnauze‹ nach unten steckte, wenn sie eine enge Kurve fliegen wollten. Warum tat sie das bei Geo Chavez nicht? Sie standen vor einem Rätsel und bestürmten den Peruaner mit endlosen Fragen, als er wieder gelandet war.

Chavez hatte verschmitzt gelacht. »Denkt nach! Was ändert sich im Hinblick auf die Steuerorgane, wenn ein Flugzeug eine seitliche Neigung von über 45 Grad erfährt?«

Man hatte ihn groß angesehen.

»Es tritt ein Steuerwechsel ein! Das Höhenruder wird zum Seitensteuer und das Seitensteuer zum Höhenruder!«

»Wahrhaftig!« hatte einer der Piloten gerufen. »Er hat recht! Wie sind Sie darauf gekommen?«

»Ich flog eine Kurve – in meiner Dummheit wahrscheinlich zu steil. Die Maschine wollte ›abschmieren‹. Vor lauter Verzweiflung zog ich den Knüppel, an dem ich mich im Grunde genommen nur festhalten wollte. Und was geschah? Die Kurve wurde enger und enger, und der Apparat fing an, sich auf den Kopf zu stellen. In diesem Augenblick muß mich mein Schutzengel erleuchtet haben, denn ich wußte plötzlich: das Höhenruder wirkt als Seitensteuer, also muß das Seitensteuer als Höhenruder wirken. Ich trat links rein, und – das Flugzeug nahm die Schnauze hoch und kurvte einwandfrei weiter.«

Paulhan, der mißtrauisch zu dem an einen Boxer erinnernden Peruaner hochgesehen hatte, schüttelte den Kopf.

»Na«, fragte Chavez, der während der Erzählung in aller Gemütsruhe seine wattierte Lederjacke ausgezogen hatte, »wollen Sie mich noch immer rausschmeißen?«

Der Fluglehrer verzog das Gesicht. »Ich will Ihnen mal was sagen: Jetzt schlage ich zwei Fliegen mit einer Klappe! Ich verpasse Ihnen den Flugzeugführerschein und bin Sie und die Verantwortung los!«

Geo Chavez hatte einen Juchzer getan und den nicht gerade leichten Paulhan vom Boden gehoben. »Die Verantwortung mögen Sie los sein«, rief er ausgelassen, »mich aber noch lange nicht!« Damit warf er sich den Fluglehrer über die Schulter und ging unter dem Gelächter der Kameraden auf seinen neben der Halle stehenden rotlackierten Rennwagen zu.

»Lassen Sie mich los!« hatte Paulhan geschrien.

»Erst, wenn Sie mit mir bei Blériot waren, wo wir noch heute einen neuen, blitzblanken Eindecker kaufen werden.«

Tatsächlich verhandelten sie noch am selben Abend mit dem ›Kanalflieger‹, und schon vierzehn Tage später besaß der vermögende Peruaner den französischen Flugzeugführerschein Nr. 23 und ein eigenes Flugzeug, mit dem er am 8. September den Höhenrekord Lathams übertrumpfte.

Verständlich, daß Hubert Latham seine Chancen dahinschwinden sah und es vorzog, nicht in Brig zu erscheinen. Er war aber nicht der einzige, der einen Rückzieher machte. Auch die Franzosen Aubrun, de Lesseps, Poillot und Paillette sowie der Italiener Cattaneo und der Deutsche Wiencziers ließen sich nicht sehen, so daß der ausgeschriebene Wettbewerb zu einem Zweikampf zwischen Weymann und Chavez werden mußte. Beide erschienen pünktlich in Brig und bauten in einem von der Stadtverwaltung eigens errichteten Schuppen ihre Flugzeuge auf.

Im Gegensatz zu Chavez, der einem Herkules glich, ein Draufgänger war, selber zupackte und offen sagte, was er dachte, zeigte sich der feingliedrige, sensible und elegant gekleidete Weymann recht verschlossen. Er arbeitete nicht an seiner Maschine, sondern überließ ihren Aufbau dem Rekordflieger und Flugzeugkonstrukteur Henri Farman, den er zu diesem Zweck verpflichtet und mitgenommen hatte.

Chavez ärgerte es, daß es ihm trotz mehrfacher Bemühungen nicht gelang, mit Weymann Kontakt zu bekommen. »Möchte wissen, warum er mir aus dem Wege geht«, sagte er seinen Freunden Christaens und Duray, als er mit ihnen einmal wieder – er wußte nicht zum wievielten Male – von Brig über Simplon-Kulm nach Domodossola fuhr, wo den Bestimmungen gemäß nach Überquerung des Gebirgsmassivs eine Zwischenlandung durchgeführt werden mußte. »Ein paarmal habe ich ihn jetzt schon eingeladen, mitzufahren, aber nein, er will nicht. Man könnte denken, wir seien Feinde.«

Christaens zuckte die Achseln. »Laß ihn doch. Wenn er glaubt, die Strecke nicht abfahren zu brauchen . . .«

»... dann fällt er auf die Schnauze!« unterbrach ihn Chavez. »Bis Simplon-Kulm ist die Sache einfach. Hinter dem Paß aber gibt es zwei Möglichkeiten, die man an Ort und Stelle studieren muß. Entweder wählt man den geraden Weg über den Muncherapaß, oder man fliegt durch die Gondoschlucht. Es kommt ganz auf das Wetter an.«

Chavez begriff nicht, daß der Amerikaner kein Interesse zeigte, an den Erkundungsfahrten teilzunehmen, um eine genaue Vorstellung vom Gelände zu gewinnen. Er gab es aber auf, sich weiterhin um ihn zu bemühen, und so kam es, daß die beiden Konkurrenten schließlich wortlos aneinander vorübergingen.

Doch das merkten in dem Kurort die zahlreichen Gäste nicht, die das Startgelände bereits vor Beginn der Festwoche umlagerten und des Abends im Hotel Trinkgelder austeilten, um einen Platz in der Nähe von Weymann, Farman oder Chavez zu erhalten. Es war auch davon die Rede, daß der britische Captain Geoffrey De Havilland noch erscheinen würde.

Besonders Geo Chavez hatte es den Gästen angetan, an erster Stelle den Damen. Nun ja, er war groß und stattlich, hatte ein ausgesprochen männliches Aussehen und – kam aus Peru! Wenn Amerika schon weit entfernt lag, wie weit mußte es erst bis Peru sein! Unvorstellbar! Zog man dann noch in Betracht, daß er und sein Bruder die Alleininhaber eines berühmten Bankhauses waren, dann konnte einem schon schwindlig werden.

Verständlich also, daß die weiblichen Bewohner des Hotels Geo Chavez ›hinreißend‹ fanden. Ihre Begeisterung wurde aber grenzenlos, als sie am zweiten Abend sahen, daß der von ihnen vergötterte, zielbewußt und sicher auftretende Pilot unter ihren Blicken bis zu den Haarwurzeln errötete, wenn er durch den Speisesaal ging. Zu ihrem Bedauern mußten sie allerdings am darauffolgenden Abend feststellen, daß er nicht ihretwegen, wie sie geglaubt hatten, unsicher geworden war, daß es ihm vielmehr eine junge Italienerin angetan hatte, die mit einer älteren Dame an einem der Tische saß.

»Dich scheint es heftig erwischt zu haben«, hänselten ihn seine Freunde, denen bereits beim ersten Abendessen aufgefallen war, daß Chavez sich für die kleine Italienerin interessierte.

»Ihr habt 'nen Vogel«, erwiderte er unwirsch.

Duray lachte. »Vor uns brauchst du dich nicht zu verstellen.«

Der Peruaner wurde nervös und zerbröselte das Brot, das er in der Hand hielt. »Zugegeben, ich finde sie nett«, sagte er. »Sehr sogar. Aber ...« Er drehte den Kopf zur Seite und bemerkte, daß die Italienerin, die offensichtlich zu ihm herübergeschaut hatte, schnell nach unten blickte. »Ihre Augen sind wundervoll«, fuhr er träumerisch fort. »Bestimmt!« erboste er sich, als er sah, daß die Freunde grinsten. »Ich habe noch nie so dunkle und glänzende Augen ...« Er unterbrach sich unwillig. »Jetzt fehlt nur noch, daß ihr behauptet, ich hätte geschwärmt!«

Christaens lachte. »Werd' mich hüten, so etwas zu sagen. Sonst verlangst du womöglich, daß wir dich mit Angelina Carponi bekannt machen.«

Chavez erstarrte. »Mit wem?«

»Mit Angelina Carponi, der jungen Dame, von der wir sprechen. Sie ist in Begleitung ihrer Tante.«

»Ihr kennt sie?«

Christaens weidete sich am verblüfften Gesicht des Freundes. »Seit gestern abend. Wir hatten ihr doch den Brief zu übergeben.«

»Welchen Brief?«

»Den uns ihr Vater gegeben hatte. In Domodossola. Erinnerst du dich nicht an Signore Carponi, den Leiter der Organisation des Alpenfluges?«

»Er ist ihr Vater?«

»Ja.«

»Ich werd' verrückt!«

Das wurde er natürlich nicht. Aber er errötete nicht mehr, wenn er an den folgenden Abenden am Tisch der Italienerinnen vorüberging und ihnen »Guten Appetit« wünschte. Denn selbstverständlich hatte er sich noch am selben Abend vorstellen lassen, und Tante wie Nichte hatten dankbar von seinem Anerbieten Gebrauch gemacht, an seinen Informationsfahrten nach Simplon-Kulm teilzunehmen, wo er sich täglich eingehend mit dem zur Sicherung des Alpenfluges eingesetzten Meteorologen Dr. Maurer unterhielt, um eine möglichst genaue Vorstellung von den auf der Höhe des Passes herrschenden Wetterverhältnissen zu erhalten.

Die ›fortschrittlich‹ gesinnte, von den vielfachen Fahrten aber bald arg strapazierte Tante erhob keinen Einwand, als Angelina am Nachmittag des 17. September 1910 – gewissermaßen am Vorabend der ›Briger Flugwoche‹ – darum bat, den Peruaner und seine Freunde allein begleiten zu dürfen, wenn sie, die liebe Tante, schon nicht mitkommen wolle. So kam es, daß die letzte Fahrt zur Paßhöhe – an der Christaens und Duray aus irgendwelchen Gründen nicht teilnehmen konnten, was man der Tante freilich verschwieg – sowohl für Angelina Carponi als auch für Geo Chavez die schönste wurde. Allerdings beobachteten sie den Verlauf des schluchtenreichen Geländes weniger intensiv als bei den früheren Fahrten. Dafür gaben sie sich an einer Stelle, die den herrlichsten Ausblick bot, einen Kuß.

»Ich habe keine Angst mehr«, sagte sie überglücklich. »Ich weiß, daß du es schaffen wirst.«

Er drückte ihr die Hand. »Darf ich, wenn ich in Domodossola gelandet bin, mit deinem Vater sprechen?«

Sie umarmte ihn.

Am nächsten Morgen glich der Himmel einem über die Alpen gespannten Seidentuch. Kein Wölkchen war zu entdecken. Die schneebedeckten Gipfel glitzerten, und die über die taufrischen Wiesen zum Startplatz laufenden Menschen glaubten, noch nie einen schöneren Morgen erlebt zu haben. Der Prickel der Sensation ließ alles in einem glanzvolleren Licht erscheinen.

Chavez und Weymann aber, die bereits im Morgengrauen hinausgeeilt waren, um die günstige Wetterlage auszunützen und so früh wie möglich zu starten, standen mit verbissenen Gesichtern vor dem Flugzeugschuppen und blicken fast feindselig zu den Polizisten hinüber, die vor den Hallentoren patrouillierten. Sie konnten nicht begreifen, daß sie nicht fliegen durften. Befürchtete die Behörde, daß es ›Bruch‹ geben könnte, wie es auf Flugtagen nun einmal gang und gäbe war? Gerade in Reims hatte sich das wieder gezeigt. Blériot und Henry Fournier hatten ihre Flugzeuge total zerstört; sie selbst aber waren glimpflich davongekommen.

»Es tut mir leid«, erklärte ihnen ein Polizeihauptmann, »heute ist Buß- und Bettag, der in allen Kantonen strengstens einzuhalten ist. Beschweren Sie sich beim Komitee der Flugwoche, das die Ungeschicklichkeit besessen hat, diesen Feiertag als Eröffnungstag zu wählen. Ich kann nicht anders handeln.«

Die Menschen waren empört. »Denkt ihr, wir wären euretwegen nach Brig gefahren?« riefen sie der Polizei zu. »Wir hauen euch zusammen.«

Die Beamten pflanzten ihre Bajonette auf.

Das Komitee der ›Mailänder Flugwoche‹ schaltete sich ein und sandte Protesttelegramme. Vergebens. Die Folge: In Domodossola waren die temperamentvollen Italiener nicht mehr zu halten. Tausende marschierten zum Schweizer Konsulat, rissen die Fahne herunter und verprügelten völlig schuldlose Eidgenossen, die gerade des Weges kamen.

Doch das alles nützte nichts. Die Schweizer Polizei blieb unerbittlich. Die ›Briger Flugwoche‹ begann mit glänzendem Flugwetter und einem handfesten Startverbot.

Schimpfend und fluchend gingen die Menschen nach Hause. Aber schon am nächsten Morgen strömten sie wieder zum Hangar hinaus. Ihnen machte es nichts aus, daß dichter Nebel herrschte. Sie kannten das Rhônetal und wußten, daß sich der Nebel zeitig verflüchtigen würde.

Und sie behielten recht. Schon um sechs Uhr konnte der Startschuß abgefeuert werden, und gleich darauf sah man den hünenhaft gewachsenen Peruaner auf den Sitz seines Eindeckers klettern.

Der Motor wurde angeworfen. Chavez ließ ihn eine Weile laufen. Dann rief er den vor der Halle stehenden Christaens zu sich. »Was ist los? Habt ihr noch immer keine Verbindung mit Simplon-Kulm?«

»Gerade bekommen!« schrie der Freund gegen den Motorenlärm an. »Duray spricht mit Doktor Maurer.«

»Er soll sich beeilen. Was macht Weymann?«

Christaens blickte zurück. »Er macht sich fertig. Halt dich ran, Geo. In ein paar Minuten ist auch er soweit.«

Duray lief auf die Maschine zu. »Alles in Ordnung!« rief er. »Hau ab! Über der Paßhöhe stehen nur winzige Föhnwolken, die sich auflösen. Windstärke drei bis vier Metersekunden. Günstiger kann es gar nicht sein!«

Chavez strahlte. »Fahrt los, sonst verliert ihr mich aus den Augen!«

»Sei unbesorgt. Wir geben Vollgas!«

»Was denkt ihr wohl, was ich tun werde?« Er gab den Hilfsmannschaften das Zeichen, die Tragflächen loszulassen.

Die Freunde rannten davon.

»Vergeßt nicht, Angelina zu grüßen!« rief er hinter ihnen her.

Wenige Minuten später brachte er den Motor auf volle Leistung. Die Maschine setzte sich in Bewegung. Langsam zunächst und ein wenig holprig, dann aber, immer schneller und leichter werdend, hob sie sich nach einer Anlaufstrecke von knapp 100 Metern vom Boden.

Die Zuschauer rasten vor Begeisterung. Und Chavez hätte schreien mögen vor Glück. Er sah die taufrischen Weiden, die unter den Strahlen der aufgehenden Sonne glitzerten, als hinge flüssiges Silber an ihren Halmen, roch die würzige Luft, die seine Wangen massierte, hörte den gleichmäßigen Lauf des Motors, dessen Geknatter ihn an das erregte Keckern aufgescheuchter Wildenten erinnerte.

Behutsam legte er das Flugzeug in eine Kurve und begann damit, sich zwischen den Hängen des Glisshorn und Faulhorn emporzuschrauben.

Die Erregung der ihm nachblickenden Menschen steigerte sich von Minute zu Minute. Die meisten von ihnen hatten noch nie einen Flugapparat gesehen. Unwirklich erschien es ihnen, daß sich ein Mensch vom Boden abheben und frei durch die Luft fliegen konnte. Sie versuchten die Flughöhe zu schätzen und einigten sich schließlich auf 1000 Meter, da deutlich zu sehen war, daß sich die Maschine bereits über dem Roßwald befand, hinter dem sie dann auch bald darauf verschwand.

Dem Flug des Eindeckers waren die Zuschauer mit solchem Interesse gefolgt, daß sie den Start Weymanns, der seinen Farman-Doppeldecker etwa 15 Minuten nach Chavez vom Boden abhob und kräftig steigen ließ, zunächst übersahen.

Man begann Wetten abzuschließen, wer von den Piloten als erster in Domodossola landen würde, und man debattierte gerade über die Steig- und Fluggeschwindigkeiten der unterschiedlichen Apparate, als plötzlich jemand rief: »Er kommt zurück!«

Man starrte zum Flugzeug des Amerikaners hinauf. »Unsinn! Er steigt doch.«

»Ich meine nicht den Amerikaner – den Peruaner! Da, über dem Roßwald! Er schraubt sich tiefer!«

»Tatsächlich!«

Es gab keinen Zweifel, der Eindecker näherte sich dem Startgelände, während der Doppeldecker laufend an Höhe gewann.

Die Zuschauer schrien wild durcheinander.

»Es muß etwas passiert sein!«

»Sein Motor hat versagt!«

»Um Himmels willen, gleich wird er abstürzen.«

Man hatte Angst davor und fieberte doch dem grausigen Erlebnis entgegen.

Chavez sah indessen die Erde immer näher kommen. Er glich einem Nervenbündel. Die Hände waren ihm vor Kälte fast abgestorben; er konnte das Steuer, das er umklammerte, kaum noch fühlen. Aber das war nicht das Schlimmste. Über dem Roßwald hatte er plötzlich geglaubt, von einer unsichtbaren Faust erfaßt worden zu sein. Er war umhergeschleudert worden, als säße er auf einem nicht zugerittenen Pferd. Seine letzte Stunde hatte er kommen sehen. Da hatte er den Mut verloren, den Gashebel zurückgerissen und nur noch einen Wunsch gehabt: so schnell wie möglich zu landen.

In jenen Tagen wußte man noch nichts von thermischen Winden, Fallböen und dergleichen. Normalerweise wurde nur bei gutem Wetter und über ebenem Gelände geflogen. Je höher die Piloten bei ihren Flügen gekommen waren, um so ruhiger war die Luft geworden. Chavez – und nach ihm auch Weymann – sahen sich bei ihrem ersten Versuch, die Alpen zu überqueren, Verhältnissen ausgesetzt, die sie sich nicht erklären konnten und die ihnen deshalb unheimlich erschienen.

Die nie zuvor erlebte Böigkeit hatte den Peruaner so sehr verwirrt, daß er außerhalb des von der Stadtverwaltung eingezäunten Flugplatzes landete, weil er eine in der Nähe des Flugfeldes gelegene Wiese für das Start- und Landegelände hielt.

Wenige Minuten später waren Christaens und Duray bei ihm. Sie hatten seine Rückkehr von der Landstraße aus beobachtet und waren sofort zurückgejagt. »Was ist los?« riefen sie, als sie aus dem Auto sprangen.

Chavez war bleich wie ein Leinentuch. Er taumelte auf sie zu und ließ sich ins Gras fallen. »Es war furchtbar!« stöhnte er. »Entsetzlich!«

»Was?«

Er schaute sie entgeistert an. »Was? Ich weiß es selber nicht. Die Maschine machte mit einem Male Sprünge, als wollte sie . . .« Er strich sich über die Augen. »Ich glaubte schon, sie breche auseinander.«

Die Freunde sahen ihn ratlos an.

Chavez richtete sich auf. »Wißt ihr, was der Sieger dieser Konkurrenz gewinnt? Den Tod!«

Christaens war entsetzt. »Du willst nicht wieder starten?«

Der Peruaner machte eine hilflose Geste. »Ich muß das Erlebte zunächst überdenken. Bitte, bringt mich zum Hotel.«

Er hatte es kaum gesagt, da deutete Duray nach oben. »Weymann kehrt auch zurück.«

Chavez blickte hoch und nickte. »Klar. Ich sagte ja schon: Der Sieger dieser Konkurrenz gewinnt den Tod!«

»Willst du mit Weymann sprechen?«

»Wozu? Ich weiß, warum er zurückkommt. Die unheimliche Faust hat nach ihm gegriffen.«

Chavez schien recht zu haben. Denn Weymann, der zwar nicht auf einer Weide, sondern auf dem Flugfeld landete, war ebenso bleich wie sein Konkurrent.

Farman lief ihm entgegen. »Ist mit dem Motor etwas nicht in Ordnung?«

»No!«

»Nicht?«

Weymann kletterte von seinem Sitz und strauchelte.

»Ist Ihnen nicht gut?«

»Weiß nicht.«

»Warum sind Sie zurückgekommen?«

Der wortkarge Amerikaner preßte die Lippen aufeinander.

»So reden Sie doch!« bat Farman. »Wollen Sie noch mal starten?«

Weymann blickte zu Boden. »Vielleicht morgen.« Er ging zu seinem Wagen und fuhr, wie Chavez, zum Hotel, um sich hinzulegen und zu schlafen. In seinem ganzen Leben war er nie so müde gewesen wie nach diesem Flug.

Die Zuschauer waren enttäuscht; sie hatten keine Vorstellung davon, wie einem Piloten zumute ist, der unangeschnallt zwischen Spanndrähten und Streben sitzend von Böen geschüttelt wird und nicht weiß, woran er sich festhalten soll.

Böse aber wurden die in Domodossola wartenden Menschen, als ihnen am Nachmittag bekanntgegeben wurde, daß mit einem Eintreffen der Alpenflieger nicht mehr gerechnet werden könne. Man fluchte über die Schweizer, denen man zutraute, daß sie aus Bosheit einen zweiten Buß- und Bettag erfunden hatten. Nur um Italiener zu ärgern.

Am nächsten Tag lagen die Start- und Landeplätze in Brig und Domodossola verwaist da. Ein Blick zum wolkenverhangenen Himmel genügte, um zu wissen, daß keiner der Piloten würde starten können. Am darauffolgenden Tag war das Wetter noch schlechter; es regnete in Strömen. Die Gäste fingen an zu murren. Und als Dr. Maurer dann noch meldete, daß auf der Paßhöhe starkes Schneetreiben herrsche, packten die meisten ihre Koffer.

Chavez und Weymann standen wie eingesperrte Löwen auf der glasverkleideten Hotelterrasse.

»Morgen wird es bestimmt besser«, flüsterte Angelina Carponi, die eine günstige Gelegenheit benutzte, an Chavez vorüberzugehen und einen Handschuh fallen zu lassen.

Er hob ihn schnell auf. »Ihr Handschuh, Signorina.«
»Oh, pardon!«
»Du mußt mal was anderes fallen lassen«, murmelte er. »Sonst fällt es auf!«
Sie errötete. »Lade uns heute nachmittag zum Tee ein.«
Seine Hand berührte die ihre. Er glaubte das Knistern von Funken zu hören. »Wo ist die Tante?«
»Im Vestibül.«
»Dann bleib doch hier.«
»Unmöglich!« Sie errötete noch mehr und eilte davon.
Verdammt merkwürdige Zeit, in der wir leben, dachte Chavez. Da versuchen wir die Alpen zu überwinden und – kleben an Konventionen, die von vorgestern stammen. Angelina und ich wissen, daß wir heiraten wollen. Wir wohnen hier unter einem Dach und haben nicht einmal die Möglichkeit, uns ohne Tante oder sonstigen ›Anstandswauwau‹ zu sprechen. Zum Verrücktwerden ist das! Wie das Wetter.
Das wurde – Angelina hatte es prophezeit – am Donnerstag ein wenig besser, und am Freitagmorgen leuchtete der Himmel in solch tiefem Blau, daß man glaubte, es könne auf der ganzen Erde keine Wolke mehr geben. Dennoch lautete die Wettermeldung von Simplon-Kulm nicht günstig. Wohl strahlte auch dort die Sonne, die Hänge waren jedoch tief verschneit, und es wehte ein eisiger Nordwind, der auf der Südseite des Passes Fallwinde auslöste, die gefährlich werden konnten.
Chavez zögerte. Er konnte sich nicht dazu entschließen, einen neuen Versuch zu unternehmen. Vielleicht dachte er an Capitain Ferber, den sympathischen und unermüdlichen ›Motor der französischen Fliegerei‹, der vor kurzem tödlich verunglückt war.
Als er später aber sah, daß der Doppeldecker Weymanns startbereit gemacht wurde, und durch Zufall erfuhr, daß der Amerikaner zunächst noch einen ausgedehnten Probeflug durchführen wolle, nahm er seine Freunde und den Mechaniker zur Seite.
»Hört zu«, sagte er, »wir fahren jetzt fort und tun so, als wollte ich nicht fliegen. Duray jagt mit der Limousine zum Hotel, wo er Angelina und Tante aufnimmt, die ihren Urlaub heute beenden wollen. Mit ihnen fährt er über Simplon-Kulm, wo wir uns nochmals treffen werden, nach Domodossola.« Er sah Christaens an. »Denn wir beide nehmen den Rennwagen und fahren direkt zur Paßhöhe und sehen uns das Wetter an, sprechen mit dem Meteorologen und flitzen zurück. Und Sie«, er legte die Hand auf die Schulter des Mechanikers, »schaffen die Maschine ins Freie, sobald Sie uns kommen sehen. Ich springe dann hinein, und ihr werdet es erleben – bevor Weymann merkt, was gespielt wird, hänge ich in der Luft.«
Christaens machte ein bedenkliches Gesicht. »Weißt du, was ich glaube? Du willst plötzlich – gleichgültig, welchen Eindruck wir auf der Höhe gewinnen – auf Biegen und Brechen losfliegen!«

Chavez machte eine wegwerfende Bewegung. »Unsinn!«

»Sei ehrlich, Geo! Du willst doch nur starten, weil Angelina nach Domodossola zurückkehrt.«

»Nein!« antwortete er bestimmt. »Das ist es nicht.«

»Was ist es denn?«

»Ich will nicht zweiter werden.«

Wenige Minuten später jagte er zur Paßhöhe hinauf, und es war noch keine Stunde vergangen, als er Angelina zum letzten Male die Hand drückte.

Ihre Augen schimmerten feucht. Da die Tante neben ihr stand, wußte sie nichts anderes zu sagen als: »Riskieren Sie nicht zuviel, Monsieur.«

Er warf einen vielsagenden Blick auf ihre Handtasche.

Sie ließ sie fallen.

Beide bückten sich. Ihre Köpfe lagen dicht nebeneinander.

»Wirst du auf mich warten?« fragte er.

»Und wenn es hundert Jahre dauern sollte!«

Auf dem Rückweg übernahm Christaens das Steuer des Wagens, weil Chavez sich das Gelände nochmals genauestens einprägen wollte. Er sah aber immer nur die dunklen Augen Angelinas vor sich. Und er grüßte verstohlen zu der Stelle hinüber, an der er ihr den ersten Kuß gegeben hatte.

Und wenn tausend unsichtbare Hände nach mir greifen sollten, dachte er, ich starte! Noch heute will ich mit ihrem Vater sprechen. Als Sieger des Alpenflugwettbewerbes will ich vor ihn hintreten.

Unentwegt dachte er an Angelina. Nur einmal wurde er aus seinen Gedanken gerissen, als ihnen in einer Kurve ein Auto entgegen kam und Christaens plötzlich stoppen mußte.

Der Fahrer des anderen Wagens stutzte und hob die Hände. »Hilfe!« schrie er. »Gibt es denn keinen Platz auf der Erde, an dem man vor Ihnen sicher ist?«

Chavez glaubte nicht richtig zu sehen. Vor ihm saß sein einstiger Fluglehrer. »Was machen Sie hier?« rief er zurück.

Paulhan stieg von seinem Sitz herunter. »Urlaub! Wollt mal sehen, was für Dummheiten die Herren Alpenflieger machen.«

»Ich komme gerade von der Paßhöhe. Starte in spätestens einer Stunde.«

Der Fluglehrer machte ein entgeistertes Gesicht. »Wollen Sie mich foppen?«

»Keineswegs. Ich denke vielmehr an die reizende Baronin Raymonde de Laroche, die Sie zur ersten Pilotin gemacht haben. Wenn Sie einer Frau zutrauen . . .«

Die Stirnadern Paulhans schwollen. »Daraus abzuleiten, bei dem zur Zeit herrschenden Wind fliegen zu können, ist lächerlich.« Er wies auf die schlagenden Zweige einiger Tannen.

Chavez grinste. »Nordwind, Monsieur! Er treibt mich nicht nur nach

Süden, sondern hebt mich auf der Nordseite des Passes auch über die gefährlichste Stelle der Strecke hinweg. Wir haben es uns gerade angesehen. Am Paß jagt der Wind buchstäblich den Berg hinauf!«

Paulhan rang nach Luft. »Und was tut er hinter der Höhe? Dort fällt er ins Tal! Er wird Sie hinabreißen, Chavez!«

Der zuckte die Achseln. »Möglich, daß Sie recht haben. Aber was spielt das schon für eine Rolle? Bis dahin bin ich über die höchste Erhebung hinweg.«

»Sie sind wahnsinnig!«

Chavez nickte. »Wahrscheinlich. Aber das gibt mir das Recht, zu starten.«

Eine Stunde später dachte er anders. Allen Warnungen zum Trotz war er unmittelbar nach der Unterredung mit Paulhan zum Flugfeld gefahren, wo ihm gelang, was er vorausgesagt hatte: Er ›hing‹ in der Luft, bevor Weymann begriff, daß sein Konkurrent einen neuen Versuch unternahm.

Die Überrumplung wäre gelungen, hatte er im Überschwang des Glücks gedacht und versucht, sich auf die Maschine und auf sich selbst zu konzentrieren. Ein wenig weilten seine Gedanken freilich auch bei Angelina, die er im Geiste schon in Domodossola als Held des Tages begrüßte. Denn der Motor lief ausgezeichnet, das Flugzeug stieg wunderbar, und er spürte bereits den Wind, der ihn dem Ziel entgegentreiben sollte.

Verhältnismäßig ruhig und ungemein schnell verlief der Flug nach Simplon-Kulm. Doch kaum hatte er die Paßhöhe überflogen, da war es ihm, als öffneten sich die Pforten der Hölle. Die Maschine legte sich schräg und sackte ab, als wäre sie ein Stein. Die Tragflächen zitterten. Der Himmel verschob sich. Wo eben noch Berge zu sehen gewesen waren, stand jäh ein gähnendes Nichts, in das sich im nächsten Moment rostige Felsgrate schoben, die zu kreisen schienen. Dann Wälder, Schneeflächen, Wolkenfetzen, Schluchten, Berge, Gletscher . . .

Chavez umklammerte das Steuer und zog es an sich. Er wurde auf den Sitz gepreßt. Gleich darauf fühlte er sich schwerelos. Dann erhielt er einen Stoß. Die Maschine ächzte. Er glaubte die Sinne zu verlieren. Angelina, dachte er. Paulhan! Was soll ich tun? Wo ist oben, wo unten? Ich will nicht abstürzen, will leben!

Das Flugzeug lag plötzlich wieder gerade; er hätte nicht sagen können, warum. Aber er drückte blitzschnell nach. Unter ihm lag ein Hospiz. Er sah Mönche, die ins Freie liefen und gebannt nach oben starrten. Betet für mich, flehte er.

Chavez hatte es kaum gedacht, da spürte er, daß sich der Druck auf dem Höhenruder verstärkte. Er zog das Steuer an sich, vorsichtig zunächst, beinahe ungläubig. Das Flugzeug stieg. Unter ihm jagten Felsen vorbei. Seitlich erkannte er das Simplondorf, dann das Laquintal; der Nordwind trug ihn dem Mucherapaß entgegen.

Durchhalten, beschwor er sich. Den Fallwinden bist du entronnen. Wenn die Maschine steigt, kommst du spielend über den Paß hinweg.

Er überflog das Galdenhorn, passierte die Gletscher des Fletschhorns und entdeckte in der Ferne bereits Gondo, als sich das Flugzeug erneut aufbäumte und in wildem Wirbel nach unten stürzte. Berge und Himmel waren wie weggewischt; er sah nur noch Streifen, die um ihn herumfegten.

Dann jagte die Maschine wie von einer Riesenfaust geschleudert in die Höhe; Chavez wurde auf den Sitz gepreßt. Gleich darauf stürzte sie wieder hinab; er schwebte frei und umklammerte die Streben, um nicht hinausgeschleudert zu werden. Pausenlos ging es hinauf und hinunter – er hätte nicht sagen können, wie lange der Wahnsinnstanz dauerte. Die Zeit erschien ihm wie eine Ewigkeit; unwirklich empfand er das jähe Ende des Kampfes. Mit einem Male, geradeso als wäre nichts gewesen, lag das Flugzeug knapp über der Moräne von Roßboden ruhig in der Luft.

Chavez fühlte sich wie ausgehöhlt. Er konnte sich nicht darüber freuen, auch den zweiten Absturz glücklich überstanden zu haben, ahnte vielmehr, daß noch weitere Schrecken auf ihn warteten.

Und so war es. Nur wenige Minuten verblieben ihm, um sich zu verschnaufen und Kurs auf den Muncherapaß zu nehmen, dann raste er wieder in die Tiefe – vorbei an den Felsen des Seehorns, an denen er beinahe zerschellte.

Erneut gelang es ihm, die Maschine aufzufangen; er war jedoch so weit hinabgestürzt, daß er den Plan, den Muncherapaß zu überfliegen, aufgeben mußte. Nur zwei Möglichkeiten gab es noch: notlanden oder hinein in das Zwischenbergental und von dort in das zerklüftete ›Val Divedro‹, aus dem es kein Entrinnen gab. Nur Sieg oder Untergang waren dann noch möglich. Zurückkurven konnte er in der engen Schlucht nicht. Entweder zerschellte er in der vom Wildwasser der Toce durchschäumten Felsenhölle, oder er kam hindurch und hatte sein Ziel in greifbarer Nähe vor sich liegen.

Chavez blieb keine Zeit zum Überlegen. Vom eisigen Nordwind getrieben, näherte er sich mit unheimlicher Geschwindigkeit dem Gebirgsmassiv. Angelina, dachte er, noch heute will ich ...

Er drückte die Maschine in das Zwischenbergental, kurvte wenige Minuten später in das ›Val Divedro‹ ein und flog, dem Lauf des Gebirgswassers folgend, mit klopfendem Herzen weiter.

Verkrampft saß er da. Die Hände waren ihm wie abgestorben, die Lippen fast weiß. Ihm schlotterten die Knie. Er versuchte, sie ruhig zu halten; es gelang ihm nicht. Beherrsch dich, beschwor er sich. Gleich kommen wieder Fallböen! Sie werden dich auf den höchsten Berg der Erde schleudern! Immer höher wirst du fallen, so hoch, daß du nie wieder herunterkommst. Angelina wird dann warten. Und weinen. Weil du zu hoch gefallen bist.

Zu hoch? Er lachte ein irres Lachen. Das ist doch Unsinn! Nicht zu hoch, zu tief! Sonst kannst du ja nicht steigen!

Weiter und weiter flog er, bis sich die Schlucht verbreiterte und ein Dorf vor ihm auftauchte. »Domodossola!« rief er. »Ich hab' es geschafft! Die Alpen sind überwunden!«

Er gab Tiefensteuer, umkreiste die Ortschaft und suchte das Landegelände. Seine Augen blickten gehetzt. Zum Teufel, wo ist das Landegelände? Es kann doch nicht einfach . . .

Verzweifelt schaute er nach rechts und links; er konnte das Flugfeld nicht finden. Ob es vielleicht in eine Fallbö geraten ist, überlegte er. Dann müßte ich mehr oben suchen. Viel höher. Wo aber könnte dann Angelina sein?

Chavez strich sich über die Augen. Angelina! Mein Gott, was hab' ich da gedacht? Was ist mit mir? Das ist ja gar nicht Domodossola. Das ist . . . Dort drüben liegt der Pizzo d'Albione. Über ihn muß ich noch hinweg, erst dann kommt Domodossola.

Seine Lippen bebten. Ich mag den Pizzo nicht. Aber ich muß ihn überfliegen. Angelina wartet hinter ihm.

Er ließ die Maschine steigen, überquerte den Bergrücken und drückte das Flugzeug mit aller Gewalt hinab, als er endlich das von Tausenden umstandene Landegelände von Domodossola vor sich liegen sah.

Die Spanndrähte pfiffen. »Pfeift nur!« schrie er. Seine Augen glichen glühenden Kohlen. »Solange ihr pfeift, hab' ich genügend Fahrt und kann ich nicht fallen. Los, pfeift! Lauter! Noch viel lauter! Ich will nicht abstürzen! Ich will nicht! Angelina wartet auf mich!«

Auf seinen Lippen stand Schaum. Er drückte die Maschine noch stärker an. Seine Ohren dröhnten. Die Erde kam näher, nahm bizarre Formen an – verschwamm . . .

»Komm!« flehte er. »Schnell! Ich will nicht!«

Dann war es ihm, als zerrissen Schleier vor seinen Augen. Er sah, daß er das Flugfeld viel zu steil ansteuerte. Abfangen, dachte er.

»Was macht er nur?« fragte Duray, der vor einer knappen halben Stunde mit Angelina und deren Tante in Domodossola eingetroffen war. Im selben Augenblick sah er, daß die Tragflächen des Eindeckers hochklappten.

Angelina schrie auf.

Die Maschine überschlug sich. Der Motor bohrte sich in die Erde. Chavez wurde herausgeschleudert. Ein Schrei des Entsetzens flog über das Feld.

Duray war als erster bei dem Verunglückten, der regungslos auf dem Bauch lag. »Wie konnte das geschehen?« stammelte er.

Er wollte den Freund gerade umdrehen, als jemand hinter ihm rief: »Vorsicht! Liegen lassen!«

Es war der Arzt von Domodossola, der sich über Geo Chavez beugte und ihn behutsam abtastete.

Angelina, die ebenfalls herbeigeeilt war, umklammerte den Arm Durays und folgte den Bewegungen des Arztes mit geweiteten Augen und zusammengepreßten Lippen. Über ihre Wangen liefen Tränen. Ihre Hände verkrampften sich, als der Arzt sich aufrichtete.

»Die Bahre!« sagte er.

Sie brach fast zusammen. Ihr war es, als hätte er gesagt: Den Sarg! »Was ist mit ihm?« schrie sie.

Der Arzt blickte zurück und stutzte, als er Angelina Carponi hinter sich stehen sah. Aber nur den Bruchteil einer Sekunde. Dann glitt ein feines Lächeln über sein Gesicht. »Ich glaube, wir haben Glück gehabt«, sagte er beinahe väterlich. »Einige Hautabschürfungen und zwei Beinbrüche, die in ein paar Wochen verheilt sein werden. Innere Verletzungen scheint er nicht zu haben.« Er wandte sich an zwei Sanitäter: »Legt ihn auf die Bahre. Aber vorsichtig!«

»Geo«, flüsterte Angelina.

Es war, als hätte Chavez sie gehört. Denn er schlug die Augen auf und blickte suchend um sich. »Der Wind!« stöhnte er. »Ich will nicht ... Fallböen ... Immer höher. Ich falle ... Hilfe! Ganz tief jetzt ... Die Felsen ... Nein!« schrie er plötzlich mit sich überschlagender, fast kindlich klingender Stimme. »Nicht in die Schlucht! Ich will nicht!«

Die herbeigelaufenen Menschen erstarrten.

Der Arzt blickte unsicher zu Angelina hinüber, die ihre Hände vor das Gesicht schlug und haltlos schluchzte. »Schnell!« sagte er zu den Sanitätern. »Zum Hospital!« Ihm war zumute, als habe er einen unerlaubten Blick in das Innere eines Menschen getan.

Duray nagte an seinen Lippen. Eine unheimliche Angst hatte ihn befallen. Er hätte nicht sagen können, warum, und wußte es doch. Die Stimme des Freundes war es, die ihn erschreckt hatte. Mein Gott, dachte er, das war die Stimme eines ... Er zwang sich, nicht weiter zu denken.

Christaens, der noch am gleichen Abend eintraf, war keines Wortes mächtig, als er den Freund verließ, an dessen Bett er mit Angelina und Duray über eine Stunde verbracht hatte. Unablässig hatte Chavez mit hoher Stimme fast die gleichen Worte und Sätze gerufen, die er ausstieß, als er aus der ersten Ohnmacht erwachte.

Angelina blieb bei ihm. Sie verlangte, die Nachtwache zu übernehmen; weder der Arzt noch ihr Vater hatte sie bewegen können, diese Aufgabe einer Krankenschwester zu überlassen.

Von kurzen Unterbrechungen abgesehen, saß sie fünf Tage an seinem Bett. Fünf Tage lang mußte sie erleben, daß Geo Chavez im Geiste immer noch flog und mit Fallböen und Wirbelwinden kämpfte.

Die Ärzte standen vor einem Rätsel. Chavez hatte weder Fieber noch war eine Gehirnerschütterung festzustellen. Ebenfalls keine innere Verletzung. Die erlittenen Hautabschürfungen und Wunden verheilten. Die Beinbrüche waren nicht kompliziert. Das Herz schlug normal.

Und doch siechte er dahin, ununterbrochen phantasierend, schreiend oder wimmernd.

Der Chefarzt des Hospitals nahm Christaens und Duray zur Seite, als sie Chavez am Morgen des 28. September besuchen wollten. »Signori«, sagte er bedrückt, »sein Zustand ist beängstigend. Ich glaube, er geht seinem Ende entgegen.«

Den Freunden war es, als bliebe ihnen das Herz stehen.

Der Arzt nahm die Brille ab und rieb sich die Augen. »Wir stehen vor einem Rätsel.«

Duray stöhnte.

Der Chirurg legte ihm die Hand auf die Schulter. »Ihnen brauche ich nichts vorzumachen. Sie werden bemerkt haben, daß sein Geist – sagen wir: aus der eisigen Höhe nicht heimgekehrt ist. Er muß Furchtbares durchgemacht haben, kann sich dem Erlebten nicht mehr entziehen. Noch immer kämpft er mit Fallböen; bis an sein Ende wird er mit ihnen ringen müssen. Ich möchte behaupten, daß er seine ganze Lebenskraft in einem einzigen Flug verbraucht hat.«

Der Arzt hat recht, dachten Christaens und Duray, als die Stimme des Freundes gegen Mittag leiser wurde. Nach wie vor stammelte er: »Wind ... Höher! Ich will nicht! Der Motor ... Landen!« Bis er kurz vor drei Uhr verstummte. Für immer.

Dem Wunsch seiner Verwandten entsprechend, wurde Chavez nach Paris übergeführt, wo man ihn am 1. 10. 1910 auf dem Friedhof Père Lachaise beisetzte. Und doch befindet sich in Domodossola ein Grab, das an ihn erinnert. Unter einem weißen Marmorkreuz mit goldenen Buchstaben und dem Datum 22. 11. 1910 ruht Angelina Carponi. Sie starb vor Kummer.

26. September 1913

Das tragische Ende des vitalen Peruaners erschütterte die Menschen. Immer wieder wurde die Frage aufgeworfen: Was kann den Geist dieses gesunden und sportlichen Mannes verwirrt haben? Eine Antwort fand man nicht, da Chavez, den Berichten der Ärzte zufolge, weder innere Verletzungen noch eine Gehirnerschütterung erlitten hatte, die eine geistige Umnachtung hätte erklären können. Man stand vor einem Rätsel, das niemand zu lösen wußte.

Man kannte in jenen Tagen die ungeheuren Kräfte noch nicht, denen sich Flieger ausgesetzt sehen, wenn sie in turbulente Luftströme geraten. Wohl hatte man schon von ›Fallwinden‹ gehört, und man konnte sich darunter auch einiges vorstellen. Man ahnte aber nicht, daß ein Flugzeug in ihnen unter Umständen mit 20 und mehr Metersekunden in die Tiefe stürzen kann, um schon im nächsten Moment, wie von einer Riesenfaust erfaßt, mit aller Gewalt in die Höhe geschleudert zu werden.

Fällt die Maschine, so fühlt sich der Flugzeugführer zunächst schwerelos. Dann aber schneiden ihm, bedingt durch das Beharrungsvermögen seines Körpers, die Anschnallgurte tief in die Schultern, und er muß alle Kraft aufwenden, um die Arme unten zu halten und den Gashebel zu erreichen, der zurückgenommen werden muß, damit der im Sturz infolge Überdrehzahl aufheulende Motor nicht auseinanderplatzt. Und dann kann er nichts anderes tun, als – im Fallen! – Tiefensteuer zu geben. Denn das Flugzeug stürzt mit den Luftmassen. Will der Pilot nicht erleben, daß die Strömung an den Tragflächen abreißt, die Maschine also steuerlos wird, so muß er dafür sorgen, daß die erforderliche Eigengeschwindigkeit – gegenüber der fallenden Luft – keinesfalls unterschritten wird.

In solchen Sekunden ›hängen‹ die Augen an den Instrumenten, die allein noch zu sagen vermögen, in welcher Lage sich das Flugzeug befindet. Auf sein Gefühl kann sich der Flugzeugführer nicht mehr verlassen. Und der Anblick der Skalen ist alles andere als erfreulich. Das Variometer zeigt 10, 15 und 20 m/sec Fallen, der Fahrtmesser sinkt trotz allen ›Andrückens‹ weiter in den Gefahrenbereich, und die Nadel des Höhenmessers rast zurück wie der Zeiger einer defekten Uhr: 5000 – 4500 – 4000 Meter, immer tiefer geht es hinab. Man ist machtlos, glaubt ins Bodenlose zu sinken.

Bis die Maschine plötzlich einen Stoß erhält, daß man meint, sie breche auseinander. Die Riesenfaust ist da! Jäh, wie man in die Tiefe stürzte, wird man emporgeschleudert. Eine Zentnerlast senkt sich auf die Schultern. Man sinkt in sich zusammen und klebt auf seinem Sitz wie ein Brummer, der von einer Fliegenklatsche getroffen wurde. Die Tragflächen schütteln, Spanten und Nieten ächzen, und der Rumpf knarrt wie die Takelage eines alten Dreimasters.

Aber man weiß, warum das so ist; den heutigen Piloten sind die Zusammenhänge klar. Sie wissen, daß es keine ›Luftlöcher‹ gibt, sondern nur unterschiedlich bewegte, steigende und fallende Luftmassen – wie Wogen auf dem Meer oder wie Wasserfälle an Gebirgswänden. Sie wissen, daß ihnen praktisch nichts geschehen kann, wenn sie sich nur fest genug angeschnallt haben.

Was aber wußte Geo Chavez von alledem? Nichts! Er war der erste Mensch, der sich derartigen Naturgewalten ausgesetzt sah. Und er verfügte über kein Flugzeug im heutigen Sinne des Wortes. Sein Flugapparat war letztlich nichts anderes als ein von Spanndrähten und mit Leim zusammengehaltenes, merkwürdig sinnvolles Gebilde aus Streben, Zigarrenkistenholz und Leinwand, vor dem ein Motor hing, ›den man bestaunte und streichelte, wenn er einmal eine ganze Stunde hindurch, ohne zu husten, gelaufen hatte‹, wie Blériot schrieb.

Wer dies bedenkt und sich vergegenwärtigt, daß Männer wie Chavez durch nichts geschützt waren, daß sie frei zwischen ihren Tragflächen saßen und sich bei auftretender Böigkeit am Rumpf oder Spannturm festhalten mußten, da sie noch nicht einmal Anschnallgurte kannten, der wird nicht fragen, warum der Geist des Peruaners über den Alpen blieb und nicht zur Erde zurückkehrte. Im Gegenteil, er kann nur noch darüber staunen, daß es etlichen seiner Kameraden nicht erging wie ihm. Und daß sie den Kampf nicht aufgaben, daß sie immer wieder starteten.

Und wie sind sie geflogen! Wer ihren Weg verfolgt, glaubt manchmal in ein Tollhaus zu blicken und möchte ausrufen: Woher nahmen sie den Mut, sich in Maschinen zu setzen, denen anzusehen war, daß man mit ihnen, wenn alles mit rechten Dingen zuging, eher abstürzen als fliegen konnte? Woher nahmen sie, wie zum Beispiel der Konstanzer Franz Schneider, das Gottvertrauen, sich ohne jede Erfahrung Flugzeuge zusammenzubasteln und mit ihnen zu starten? Sie müssen aus einem besonderen Holz geschnitzt gewesen sein, müssen jene Unruhe des Herzens in sich getragen haben, die den jungen Studenten der Technischen Hochschule in Stuttgart, Ernst Heinkel, eines Tages trieb, seine Ersparnisse zusammenzukratzen und zur ›Internationalen Luftfahrtausstellung‹ nach Frankfurt zu fahren. Als er zurückkehrte, war er ein anderer Mensch. Er hatte nur noch einen einzigen Wunsch: sich ein Flugzeug zu bauen. Und da er etliche Maschinen gesehen hatte, fühlte er sich befähigt dazu. Also entwarf er – in Anlehnung an den Flugapparat Henri Farmans – einen Doppeldecker, den er mit einem 60-PS-Daimler-Motor auszurüsten gedachte. Und dann baute er munter drauflos.

Monatelang arbeitete er. Tag und Nacht. Bis das Ergebnis seiner Bemühungen zum ›Cannstatter Wasen‹ geschafft werden konnte, wo

Heinkel die ersten Probeflüge durchführen wollte. Geflogen hatte er noch nie; er besaß aber ein gutes theoretisches Wissen und einen Flugapparat. Damit, und mit etwas Mut und Gottvertrauen, läßt sich schon einiges anfangen, dachte er.

Und wirklich: die ersten ›Sprünge‹ gelangen ihm so gut, daß er beschloß, noch am gleichen Tag einen richtigen Flug zu wagen. Ganz wohl war ihm allerdings nicht zumute, als er Vollgas gab. Die Maschine stieg jedoch glänzend, und als er eine Höhe von etwa 30 Meter erreicht hatte, fand er das Fliegen so herrlich, daß er nicht sofort wieder landen wollte. Jetzt bleibe ich erst mal oben, dachte er und leitete eine Kurve ein, die ihm zu seiner eigenen Verwunderung keinerlei Schwierigkeiten bereitete.

Na also, sagte er sich. Das mach' ich noch einmal.

Er gab ›Verwindung‹. Die Maschine legte sich schräg, viel schräger als bei der ersten Kurve. Das dürfte zuviel sein, überlegte er und nahm den Steuerhebel zurück. Zu spät – das Flugzeug rutschte bereits, kippte plötzlich zur Seite, dann vornüber und sauste in die Tiefe.

Was folgte, war das Werk von Sekunden. Es krachte, als explodiere ein Kessel. Der Motor bohrte sich in die Erde. Die Luftschraube zersplitterte. Fetzen flogen umher. Die Tragflächen brachen und begruben Ernst Heinkel. Der Tank platzte. Ausströmendes Benzin entzündete sich. Eine Stichflamme schoß empor, und im nächsten Moment stand alles in Flammen.

›Der zufällig auf einem Fahrrad vorbeikommende Handwerker Franz Stocka jagte auf die Unfallstelle zu und konnte den unglücklichen Flieger nur noch mit knapper Not dem Feuertode entreißen‹, schrieb die Cannstätter Zeitung. ›Mit entstelltem, blutigem und zerfetztem Gesicht lag er im Grase, doch kehrte sein Bewußtsein bald zurück. Bei dem harten Aufprall hatten ihn die Spanndrähte übel zugerichtet. Er wurde im Automobil ins Krankenhaus übergeführt.‹

Dort stellte man nüchtern fest: ›Bruch des Schädeldaches. Bluterguß über den ganzen Kopf. Bruch der Schädelbasis. Blutungen aus Ohren und Nase. Bruch des Oberkiefers und des Unterkiefers. Verbrennungen zweiten und dritten Grades an der linken Gesichtsseite. Bruch des rechten dritten Fingers. Bruch des linken Oberschenkels ...‹

Wochenlang wurde Ernst Heinkel von Ärzten betreut, wochenlang dokterte und flickte man an ihm herum. Doch noch bevor er völlig wiederhergestellt war, verließ er das Krankenhaus, um mit dem Bau eines neuen Flugzeuges zu beginnen, mit dem er dann prompt zum zweiten Mal abstürzte.

Erneut lag er im Krankenhaus. Es schien ihm nichts auszumachen. Er entwarf eine dritte Maschine und verunglückte zum dritten Male. Er baute ein viertes, ein fünftes und sechstes Flugzeug – die Kette seiner Unfälle riß nicht ab. Aber er gab nicht auf. Er ließ sich zurechtflicken, so gut es ging, und flog weiter. Immer wieder startete und verunglückte er, bis er eine Maschine geschaffen hatte, die glänzende Flugeigenschaften besaß und als flugsicher angesehen werden konnte.

Wie wichtig es war, gerade die Sicherheit der Flugzeuge zu erhöhen, zeigte der französische Rundflug Circuit de l'Est, bei dem auch das erste militärische Aufklärungsflugzeug, die ›Bristol-Boxkite‹, zu sehen war. Von 36 Bewerbern, die sich zu dem in sechs Etappen über 800 Kilometer führenden Flug gemeldet hatten, erschienen 16 Piloten am Start, von denen jedoch nur acht aufsteigen konnten und drei das Ziel erreichten.

Unter den acht gestarteten Teilnehmern befand sich auch ein Deutscher, der Münchener Arzt Otto Erik Lindpaintner, der aus sportlicher Begeisterung flog und im Laufe der Jahre fast eine Viertelmillion Goldmark für Flugzeuge ausgab.

Doch was waren das für Apparate! Lindpaintner schrieb selbst: ›Eigens zum Circuit de l'Est hatte ich mir den sehr gelobten französischen Sommer-Doppeldecker gekauft, dessen Motor jedoch – man kann sagen erwartungsgemäß – schon nach einem knappen Stündchen streikte. Ich mußte notlanden. Das ging auch ganz gut; nur eine einzige Fahrgestellstrebe ging dabei in die Brüche. Aber es dauerte lange, bis meine Mechaniker zur Stelle waren. Und bis der Apparat instand gesetzt war, hatte es zu regnen angefangen, und der Boden war so durchweicht, daß ich trotz mehrfacher Versuche nicht hochkam.‹

Der Münchener Arzt ließ sich nicht entmutigen. Er gab den Auftrag, die Maschine abzumontieren und nach Nancy zu schaffen, um bei der nächsten Tagesetappe wieder ›mit von der Partie zu sein‹.

In Nancy aber mußte er zu seinem Entsetzen feststellen, daß das ganze hintere Leitwerk fehlte. ›Wahrscheinlich war es beim Transport vom Lastwagen heruntergefallen, ohne daß es jemand bemerkt hatte.‹

Lindpaintner machte aus seinem bayrischen Herzen keine Mördergrube. Er fluchte, daß die Halle dröhnte, und beruhigte sich erst wieder, als man ihm bedeutete, daß die Flugzeugfabrik Sommer in der Nähe von Nancy liege. Sofort rief er dort an, mußte zu seinem Leidwesen aber erfahren, daß die Fabrik über keinerlei Ersatzteile verfügte.

»Mein Circuit de l'Est ist zu Ende«, schimpfte er, als er zu seinen Kameraden zurückkehrte, die vor der Halle standen und die Landung eines französischen Offiziers beobachteten, der den Herren Zivilisten einmal eine ›richtige‹ Landung zeigen wollte. Er hatte jedoch Pech. Und Lindpaintner Glück. Denn der Herr Leutnant verschätzte sich, kam zu weit und raste mit Schwung in eine Hecke. Es krachte und splitterte, und – sein Doppeldecker war hinüber. ›Restlos, bis auf das hintere Leitwerk, das schön und unversehrt am Boden lag.‹

Der Offizier war noch völlig benommen, als sich Lindpaintner auf ihn stürzte, ihm zum guten Verlauf des Unfalls gratulierte und ihn händeringend darum bat, das Leitwerk des zerstörten Flugzeuges benutzen zu dürfen.

Es dauerte lange, bis der junge Franzose begriff, was der ›Fremdling‹ von ihm wollte. Doch dann legte er selbst Hand an, um dem deutschen Flugkameraden so schnell wie möglich zu helfen.

Dem Münchener gelang es, seine Maschine zu reparieren und noch rechtzeitig genug zu starten. Der Flug sollte ihm aber wenig Freude bereiten. ›Denn ganz so, wie mein Aeroplan sein sollte, war er nun doch nicht‹, schrieb er. ›Ich brachte ihn beim besten Willen nicht über hundert Meter hinauf, torkelte in dieser Höhe über Nancy hinweg und blieb am nächsten Höhenzug, der zufällig ein wenig höher war, als ich fliegen konnte, einfach kleben.‹

Zum zweiten Male beorderte Lindpaintner seine Monteure zu sich, nunmehr, um das Flugzeug zum Sommerschen Fabrikfluggelände bei Sedan schaffen zu lassen. ›Dort wurde es genauestens geprüft, durchgesehen und in Ordnung gebracht, so daß ich schon am nächsten Morgen wieder im Rennen lag.‹

Auf der Strecke nach Mézières wurde ihm jedoch recht merkwürdig zumute, weil sich das angeblich in Ordnung gebrachte Flugzeug immer mehr nach rechts legte. ›Ich brauchte den ganzen Ausschlag der Verwindungsklappen, um es gerade zu halten‹, schrieb er. ›Kamen aber kleine Böen dazwischen, so mußte ich diese mit dem Seitensteuer ausgleichen, was zur Folge hatte, daß ich von meinem schon in der Ferne sichtbaren Ziel immer weiter abgetrieben wurde. Da ich mit der »hängenden« Maschine nicht mehr steuern konnte, mußte ich jedesmal einen Dreiviertelkreis nach links beschreiben, um wieder in die Zielrichtung zu kommen. So näherte ich mich in Schnörkeltouren bis auf wenige Kilometer dem Landegelände, mußte dann aber doch eine eilige Notlandung vornehmen, weil mein Flugzeug endgültig abzurutschen drohte.

Ich hatte Glück. Auch die dritte Notlandung gelang. Froh darüber setzte ich mich inmitten der schönen Hügellandschaft neben meine Kiste und zündete mir gerade eine Zigarette an, als ich bemerkte, daß in Mézières ein Farman-Apparat aufstieg, der bald darauf auf mich zukam.

Es war der Amerikaner Charlie Weymann, der sofort gestartet war, als er erkannte, daß ich nach merkwürdigen Zickzack-Kurven plötzlich hinuntergehen mußte. Als er mich dann, angeblich recht traurig und einsam, neben meiner lahmen Maschine sitzen sah, dachte er, wie er mir später sagte: Ich werde landen und den Deutschen mitnehmen. Sein Flugzeug mag man später holen.

Gedacht, getan. Weymann schwebte an, verschätzte sich jedoch und rumpelte in einen Graben. Das Fahrwerk flog davon, die Maschine stellte sich auf den Kopf, und eine Tragfläche ging in Fetzen.

Da standen wir mit zwei kaputten Maschinen in der Gegend und konnten nichts Besseres tun, als lachen und uns zu Fuß in Richtung Mézières auf den Weg zu machen. Wir hatten aber Glück. Unterwegs begegneten wir einem radelnden Bäuerlein, dessen Fahrrad wir uns »liehen«. So kam es, daß wir zum großen Gaudium unserer Kameraden statt mit zwei Flugmaschinen zu zweit auf einem Fahrrad sitzend auf dem Flugplatz »landeten«.‹

Mehr noch lachte Lindpaintner bei der Preisverteilung. Denn trotz seines Mißgeschickes lag er am Ziel des ›Luftrennens‹ an vierter Stelle!

Wenn sein ›Sieg‹ auch nicht überwältigend war, der Erfolg vielmehr ein grelles Licht auf die Zuverlässigkeit der damaligen Flugzeuge warf, so verdient Lindpaintners Teilnahme am Circuit de l'Est dennoch Beachtung, weil er der erste Deutsche war, der es wagte, sich mit der Elite der Piloten zu messen. Den deutschen Fliegern, die in jenen Tagen im stillen, ganz auf sich selbst gestellt und ohne jede Unterstützung an ihren Apparaten arbeiten mußten, gab allein diese Tatsache neuen Auftrieb und Mut.

»Die Zeit wird kommen, da man auch uns unter die Arme greifen wird«, sagten sie. »Und dann wollen wir nicht mit leeren Händen dastehen.«

Die deutschen Piloten, unter ihnen befand sich auch eine Frau, hatten in jenen Tagen wirklich einen schweren Stand. Im Jahre 1910 gab es insgesamt zwanzig deutsche Flugzeugführer, und als zehn von ihnen einen Überlandflug von Frankfurt über Mainz nach Mannheim versuchen wollten, aber nur fünf am Start erschienen, da wurden sie von der Presse so sehr kritisiert, daß sie am liebsten in ihre Schuppen zurückgekrochen wären, aus denen sie sich endlich einmal herausgewagt hatten.

August Euler, der unabhängige Industrielle, der es sich leisten konnte, den Mund aufzumachen, erkannte die Gefahr und schrieb einen geharnischten Gegenartikel, in dem er den deutschen Piloten zurief: ›Wollt ihr weiterfliegen, nur um die Sensationslust der Menschen zu befriedigen? Was habt ihr davon? Haltet mit euren Leistungen zurück! Fliegt eure Maschinen nicht entzwei! Wartet, bis man euch etwas bietet! Ihr könnt verlangen, daß das deutsche Volk das »Flugwesen« in gleicher Weise fördert, wie es die »Luftschiffahrt« gefördert hat!‹

Euler traf den Nagel auf den Kopf. Millionen wurden dem Zeppelinluftschiffbau zur Verfügung gestellt, für die Fliegerei aber hatte man nicht einen roten Heller übrig.

Das war ein offenes Geheimnis. Kein Wunder also, daß das deutsche Publikum die ›Aviatik‹ nicht ernst nahm. Noch im Jahre 1911 waren Aviatik und Akrobatik für die meisten Deutschen ein und dasselbe. Und Flugtage wurden nur des Nervenkitzels wegen besucht. Man wünschte eine Sensation zu erleben.

»Es ist schmerzlich zu sagen, daß es die Unfälle sind, die die Zuschauer anlocken«, klagte von Tschudi, der langjährige Kommandant des Flugplatzes Johannisthal. »Ein akademisch gebildeter Besucher sagte mir erst kürzlich: ›Heute war es aber langweilig. Es wurde ja viel geflogen, es gab aber keinen einzigen Unfall.‹ «

Nun wäre es jedoch ungerecht, wollte man ausschließlich das Publikum dafür verantwortlich machen, daß es zwischen Akrobaten und Fliegern nicht zu unterscheiden wußte. Die Schuld hierfür ist zum Teil auch bei den Piloten zu suchen. Und zwar bei denen, die sich auf ihre Leistungen zuviel einbildeten, die sich für bedeutender hielten, als sie waren, und sich wie ›Stars‹, gewissermaßen also wie Akrobaten benahmen.

So der Elsässer Ernst Jeannin, den die Franzosen sicherlich höchst amüsant fanden, mit dem die schwerblütigen Deutschen jedoch nicht fertig werden konnten. Weniger, weil er unentwegt lächelte. Man wußte, daß er es tat, um seine blitzenden Zähne zu zeigen. Das verstand man noch. Nicht aber, daß er stolz auf den Spitznamen war, den ihm seine Kameraden gegeben hatten. Sie riefen ihn »Mimi«! Seiner übertrieben eleganten Kleidung und der süßlichen Parfümwolke wegen, die ihn stets einhüllte.

Doch das war nicht der einzige Grund. ›Mimi‹ gab sich auch in anderer Hinsicht recht merkwürdig. Er bevorzugte Kopfbedeckungen, die mit Herrenhüten nichts gemein hatten, und wollte ihn jemand fotografieren, was aus naheliegenden Gründen ziemlich oft vorkam, so stellte er sich sofort in Positur, hob ein Windmeßgerät, das er anlächelte, als sei es ein junges Mädchen, schlug sein Jackett zurück und schob eine Hand in die Hosentasche.

Daß die Menschen kicherten und sich anstießen, wenn sie ihn sahen, machte ihm nichts aus. Im Gegenteil. Er war ›Mimi‹, und ›Mimi‹ war der Bruder des Besitzers der Argus-Motorenwerke. Als solcher hatte er keine Sorgen, sondern einen auffallend grell lackierten Rennwagen. ›Und etliche, gleich Fregatten aufgetakelte Freundinnen, mit denen er tändelnd und spielend daherkam‹, wie der Flieger Willy Hahn schrieb. ›Man schob dann seinen schmalen Eindecker heran. Er würdigte ihn kaum eines Blickes, sondern unterhielt sich weiterhin angelegentlich mit den Damen. Bis es Zeit wurde, den Apparat zu besteigen. Er tat dies graziös, geziert, wie spielend. Man hatte den Eindruck, als sei für ihn das Fliegen, das ganze Leben überhaupt, eine einzige Spielerei. Und er hat dann auch beides, Fliegen und Leben, verspielt. »Ein Opfer des Staatsanwaltes«, sagen die einen. »Von den Frauen ruiniert«, meinen seine Freunde.‹

Verständlich, daß ein Pilot wie Jeannin, der im übrigen ein glänzender Flieger und ausgezeichneter Flugzeugkonstrukteur war, dem deutschen Publikum weniger gut gefiel. Es wünschte sich Männer wie Hans Grade und August Euler, die nicht nach Parfüm dufteten, sondern nach Öl und Benzin. Deren Hände waren nicht manikürt, sondern zeigten Spuren harter Arbeit. Und ihren Gesichtern war anzusehen, daß sie die Fliegerei ernst nahmen und sich nicht scheuten, selbst namhaften Persönlichkeiten ihre Meinung zu sagen, wenn es ihnen danach zumute war. Im Gegenteil, das machte sie nur noch beliebter.

So freute man sich diebisch über die Reaktion August Eulers, dem die Königin-Mutter von Holland anläßlich eines Besuches des Frankfurter Flugplatzes ihren Adjutanten schickte, nachdem sie über eine Stunde vergeblich auf den Start des inzwischen berühmt gewordenen Piloten gewartet hatte.

Der Adjutant entdeckte den Darmstädter in einer halbgeöffneten Halle, in der er an seinem Doppeldecker arbeitete. »Verzeihung«, sagte er überaus höflich, »dürfte ich einmal stören?«

»Dürfen Sie«, erwiderte Euler, ohne aufzublicken.

»Ihre Majestät läßt fragen, ob Sie bald starten werden.«

Der Pilot deutete mit dem Daumen nach oben.

Der Holländer machte ein ratloses Gesicht. »Ich bitte um Entschuldigung«, sagte er. »Soll das heißen, daß das Wetter nicht günstig ist?«

Euler nickte. »Zuviel Wind.«

»Ja, aber«, wagte der Adjutant einzuwerfen, »die Fahnen hängen reglos herab.«

Euler grinste. »Sie scheinen nicht zu wissen, daß die Frankfurter Lausbuben Steine an die Fahnentücher binden, um uns zu täuschen. Den Burschen macht es nichts aus, wenn wir auf die Schnauze fallen. Hauptsache, sie sehen uns fliegen.«

Der Holländer schaute betreten vor sich hin. »Ja, dann wird Ihre Majestät leider nicht mehr länger warten können.«

Euler wurde puterrot. »Das ist mir egal!« schrie er aufgebracht. »Sagen Sie Ihrer Majestät, Jahrtausende hätten darauf gewartet, einen Menschen fliegen zu sehen, da werde Ihre Majestät wohl auch noch ein wenig warten können!« Sprach's, drehte sich um und arbeitete weiter.

Arbeiten, immer wieder arbeiten, das war die Haupttätigkeit der damaligen Piloten. Jede Flugminute setzte Hunderte von Arbeitsstunden voraus, die geleistet werden mußten und von all denen geleistet wurden, die in der Aviatik keine Akrobatik erblickten. Diesen Preis hatten auch diejenigen zu entrichten, die in der glücklichen Lage waren, sich bei der Kölner Flugzeugfabrik Arthur Delfosse einen ›Eindecker, garantiert fliegend, Gerippe aus nahtlosem Stahlrohr, autogen geschweißt oder Holz, mit Motor-Type 1, für 7 500 Mark‹ kaufen zu können, wie es in einer Anzeige in der Zeitschrift Flugsport im Jahre 1911 hieß. Denn auch die ›garantiert fliegende‹ Maschine flog nicht ohne weiteres; man mußte sie erst einmal fliegen können. Und bis man es konnte, hatte der Apparat bestimmt einige Male wie ein gerupftes Huhn ausgesehen.

In jenen Jahren waren ›Garantie‹ und ›Sicherheit‹ in der Fliegerei nichts anderes als schöne Worte. Beides gab es noch nicht und konnte es nicht geben, solange man der Auffassung war, daß ein Flugzeug in erster Linie leicht sein müsse. Diese Meinung bedingte möglichst dünne Tragflächen, die wiederum zahlreiche ›Spanndrähte‹ – bei Eindekkern außerdem ›Spanntürme‹ – voraussetzten, die, abgesehen vom erhöhten Luftwiderstand, mancherlei Gefahren in sich bargen.

Man wußte das, blieb allgemein aber dennoch der festen Überzeugung, daß an der Tatsache, daß das leichteste Flugzeug das beste sein müsse, sich niemals etwas würde ändern können.

Nur wenige Menschen waren deshalb bereit, den Mann ernst zu nehmen, der weit vorausschauend der Flugzeugentwicklung völlig neue Wege wies: Professor Hugo Junkers. Bereits im Jahre 1910 hatte er ein Nurflügel-Großflugzeug zum Patent angemeldet und die Forderung erhoben, Flugzeug, Motor und Luftschraube als eine Einheit zu betrachten. Er war seiner Zeit jedoch zu weit voraus und konnte nicht verstanden werden.

Eine teilweise Verwirklichung der Gedanken Professors Junkers' führte im Jahre 1929 zum Bau des Großflugzeuges Junkers G-38.

Wie sehr seine Überlegungen der Zeit vorauseilten, zeigt ein im Jahre 1912 veröffentlichter Aufsatz eines Professors der Technischen Hochschule zu Berlin, der über den zukünftigen Luftverkehr schrieb: ›Sicherlich wird auf diesem Gebiet noch manch weitere überraschende Erfindung gemacht werden. Darüber muß man sich aber im klaren sein, daß diese Apparate sich *niemals* zu sicheren Verkehrsmitteln ausarbeiten werden, daß es sich immer nur – abgesehen vielleicht von einer Verwendung im Kriege – um eine neue Sportart handelt, ähnlich etwa dem Segelsport oder Skilauf; leider um einen Sport, welcher schon jetzt mehr Menschenleben vernichtet hat als jede sonst bekannte Art von Sport.‹

Es gab natürlich auch Gelehrte, die völlig anderer Meinung waren. So der Hamburger Professor Friedrich Ahlborn, der die idealen Flugeigenschaften des Samens der tropischen Pflanze Zanonia macrocarpa frühzeitig erkannt hatte. Bereits 1897 erläuterte er die Bedeutung der Form dieses ›Samenblattes‹ für den zukünftigen Flugzeugbau in einer Schrift ›Über die Stabilität der Flugapparate‹.

Diese Schrift war um die Jahrhundertwende in die Hände des böhmischen Tuchfabrikanten Igo Etrich gelangt, der sich, angeregt durch Otto Lilienthal, mit dem Problem des Gleitfliegens beschäftigte. Die Ausführungen Ahlborns beeindruckten ihn so sehr, daß er nach Hamburg fuhr, um sich mit dem Professor zu unterhalten.

Etrich sah um vieles klarer, als er nach Österreich zurückkehrte, wo er den Konstrukteur Franz Wels mit dem Entwurf eines dem Zanonia-Samen nachzubildenden Gleitflugapparates beauftragte, der sich glänzend bewähren und eine Stabilität zeigen sollte, die alle Erwartungen übertraf.

Die günstigen Flugeigenschaften ließen den Tuchfabrikanten nicht zur Ruhe kommen. »Wir müssen den Gleiter weiterentwickeln«, beschwor er Franz Wels. »In ihm steckt das Motorflugzeug von morgen!«

Der Konstrukteur war anderer Meinung. Er hatte in Frankreich die Leistungsfähigkeit der Doppeldecker kennengelernt und konnte sich nichts Besseres vorstellen. Sein Herz gehörte den französischen Flugapparaten. Igo Etrich blieb nichts anderes übrig, als sich nach einem neuen Mitarbeiter umzusehen.

Er hatte Glück und erhielt gleich zwei. In Franz Bönisch fand er einen geschickten Konstrukteur, und in Karl Illner einen befähigten Piloten, der mit dem von Bönisch zur Etrich-Taube weiterentwickelten Motorflugzeug den ersten österreichischen Überlandflug von Wiener-Neustadt nach Wien durchführen konnte, bei dem er eine Flughöhe von 300 Meter erreichte und die etwa 40 Kilometer weite Strecke in 30 Minuten durchflog.

Daß die Etrich-Taube ein ausgesprochen glücklicher und vielversprechender ›Wurf‹ war, bewies Illner während der Budapester Flugwoche, auf der es ihm gelang, sich mit gutem Erfolg gegen Orville Wright, Blériot und Voisin zu behaupten.

Karl Illner errang später als Fluglehrer und k. u. k. Feldpilot den Höhenweltrekord. Er wurde Direktor der österreichischen Flugzeugwerke Weiser & Sohn. 1935 starb er in Armut.

Die günstige Entwicklung der ›Taube‹, die sich ihres eleganten Aussehens wegen bald allgemeiner Beliebtheit erfreute, wurde allerdings entscheidend durch einen von Ferdinand Porsche konstruierten Daimler-Flugzeugmotor von 60/70 PS beeinflußt, der nur ein Drittel des bis dahin üblicherweise verwendeten 80-PS-Automotors wog.

Die Augen der Piloten glänzten, wenn sie eine Etrich-Taube sahen; unter ihnen gab es keinen, der sich diesen ›Vogel‹ nicht sehnlichst gewünscht hätte. Die ›Taube‹ wurde so beliebt, daß man nicht mehr von einer ›Flugmaschine‹ oder einem ›Flugapparat‹ sprach, sondern alles, was flog und schwerer als Luft war, schlechthin als ›Taube‹ bezeichnete.

Sehr zur Freude Igo Etrichs, der ein lukratives Geschäft witterte. Zumal seine Konstruktion in Österreich patentiert worden war und er einen Vertrag mit Dr. Edmund Rumpler abschließen konnte, demzufolge diesem gegen Zahlung einer Lizenzgebühr das Recht eingeräumt wurde, das Flugzeug in Deutschland unter dem Namen Etrich-Rumpler-Taube nachzubauen. Die Freude währte jedoch nicht lange, da sich das Deutsche Patentamt infolge der schon 1897 veröffentlichten Schrift Professor Ahlborns außerstande sah, ein Patent auf die Etrich-Taube zu erteilen, die somit von jedem gebührenfrei nachgebaut werden durfte.

Erfolg: Rumpler leistete keine Zahlungen mehr und brachte – dem Vertrag zuwider – das gleiche Flugzeug unter dem Namen Rumpler-Taube heraus. Und Igo Etrich, der seine Felle fortschwimmen sah, beeilte sich, in Schlesien die Etrich-Flieger-Werke zu gründen, deren Konstruktionsbüro Ernst Heinkel leitete.

Zu spät. Denn zu diesem Zeitpunkt, man schrieb das Jahr 1912, flogen namhafte deutsche Piloten, wie Helmuth Hirth, Hans Vollmoeller und Alfred Friedrich, bereits den Rumpler-Eindecker, mit dem sie wahre Triumphe feierten.

Erst am 16. Juni 1944 erfuhr Igo Etrich Genugtuung. In Anerkennung seiner Pionierleistung auf dem Gebiet des Flugwesens und in Würdigung seiner Erfindung zur mechanischen Aufbereitung von Hanf und Flachs wurde er zum Ehrendoktor der Technischen Hochschule zu Wien ernannt.

Einen grandiosen Triumph errang Alfred Friedrich, der Anfang September 1913 einen ›Fünf-Länder-Flug‹ über Deutschland, Belgien, Frankreich, England und Holland durchführte, bei dem er, in Begleitung seines Freundes Dr. Elias, als erster deutscher Flieger in Paris und London landete.

Die Pariser staunten nicht schlecht, als die ihnen unbekannte und gegen die üblichen Flugapparate ungemein zierlich wirkende ›Taube‹ bei strömendem Regen über dem Flugplatz Villacoubley erschien, auf dem ausgerechnet zu dieser Stunde ein unter dem Protektorat der russischen Großfürstin Anastasia stehender Flugtag stattfinden sollte, der des schlechten Wetters wegen jedoch nicht abgehalten werden konnte. Die Piloten liefen nach draußen und starrten zu dem fremden Luftfahrzeug hoch, als hätten sie noch nie ein Flugzeug gesehen. Regen und Wind schienen der Maschine nichts anhaben zu können; ruhig und sicher umkreiste sie das Landegelände.

»Was mag das für ein Apparat sein?« riefen sie erregt.

Niemand wußte es zu sagen.

Aber noch während sie herumrätselten, geschah etwas, was ihnen den Atem raubte. Das Flugzeug legte sich plötzlich auf die Seite und drehte sich in einer engen Spirale nach unten. Die Tragflächen standen dabei fast senkrecht zur Erde.

»Er stürzt ab!« schrien sie. »Die Maschine trudelt.«

Alfred Friedrich aber lachte still vor sich hin. Er wußte, was die Menschen in diesem Augenblick dachten, und zog den ›Knüppel‹ weiter an sich heran, um den ›Korkenzieher‹, wie er die von ihm erdachte und vielfach geübte Flugfigur nannte, noch enger werden zu lassen.

»Jetzt zählen sie uns zu den Toten!« brüllte Dr. Elias gegen den Fahrtwind an.

Friedrichs Augen strahlten. Im Ausdruck seines Gesichtes lag etwas Spitzbübisches. Er legte die Maschine gerade, gab Tiefensteuer und visierte die Hallen an.

Die französischen Piloten glaubten nicht richtig zu sehen. Die ›Taube‹ jagte auf sie los, daß ihnen angst und bange wurde. Knapp einen Meter hoch brauste sie über die Hallendächer hinweg. Dann wurde sie jäh in eine Kurve gelegt, holte weit aus, schwebte zur Landung an und setzte so sanft auf, daß ein Übergang vom Flugzustand zum Rollen, wie die Bewegung des Flugzeuges am Boden genannt wird, kaum festzustellen war.

»Das ist das Tollste, was ich je gesehen habe!« rief Santos-Dumont, der brasilianische Kaffeeplantagenbesitzer, der nach wie vor karierte

Sportmützen und schweinslederne Handschuhe bevorzugte. »Eine derartige Leistung hätte ich nicht für möglich gehalten!«

Roland Garros, ein junger, zur Spitzengruppe der französischen Piloten zählender Flieger, schüttelte den Kopf. »Ich begreife nichts mehr«, sagte er betreten. »Du lieber Himmel, bei dem Wetter wäre ich überhaupt nicht gestartet! Wer mag das sein?«

»Wer? Das ist doch egal!« erwiderte Guillaux, ein Flugzeugführer von internationalem Ruf. »Ich melde den Konkurs an, geb' die Fliegerei auf. Gegen den da«, er wies zu der ›Taube‹ hinüber, die auf die Hallen zurollte, »sind wir Stümper. Nichts als Stümper.«

Fast alle der anwesenden Piloten – unter ihnen befanden sich auch Audemars und Letort – dachten wie Guillaux. Nur Adolphe Pégoud, der Chefpilot der Flugzeugwerke Blériot, war anderer Meinung. Aufgeben, fragte er sich. Warum? Ich werde das Gegenteil von dem tun, was Guillaux sagte. Dem fremden Piloten will ich nacheifern! Mehr noch: Ich werde es tausendmal toller treiben als er. Bewußt! Nicht der Tollheit wegen – dem Gefühl der Sicherheit zuliebe, das uns allen noch fehlt. Denn darüber bin ich mir nun klar: Geo Chavez ging zugrunde, weil er sich unsicher fühlte. In den entsetzlichen Fallböen muß er unablässig gedacht haben: Jetzt bricht die Maschine auseinander! Hätte er gewußt, was ich nun weiß, daß ein Flugzeug nicht ohne weiteres ›abmontiert‹, dann würde sich sein Geist nicht verwirrt haben. Seitdem ich die Spirale dieses fremden Aviateurs gesehen habe, steht für mich fest, daß Flugzeuge weitaus widerstandsfähiger sind, als wir glauben. Wie weit, das wird man feststellen müssen. Man? Ich! Ich will es herausfinden! Um das immer wieder auftauchende Gefühl der Unsicherheit zu verlieren. Und die Angst, die uns alle miteinander überfällt, wenn etwas Besonderes eintritt. Die Menschen glauben immer, wir seien Helden, vergessen aber, daß Helden Menschen sind.

Alfred Friedrich ahnte nicht, daß sein im Hochgefühl des Erreichten über Villacoubley gedrehter ›Korkenzieher‹ für die Fliegerei bedeutsame Folgen haben sollte. Hätte er es gewußt, er wäre stolz darauf gewesen. Und sicherlich hätte er sich dann den kleinen Pégoud genauer angesehen, der in dieser Stunde abseits stand und sich vornahm, dem Deutschen nachzueifern. Und der wiederum wußte nicht, daß er schon einige Wochen später in dem Franzosen sein Vorbild sehen würde.

Keiner von den Piloten, die Alfred Friedrich in dieser Stunde in ehrlicher Bewunderung die Hand drückten, ihn beglückwünschten, hochleben ließen und, im Regen neben seiner ›Taube‹ stehend, auf sein Wohl ein Glas Champagner tranken, das die Großfürstin Anastasia kredenzte, konnte ahnen, welchen Vorsatz Pégoud gefaßt hatte. Und doch war dem jungen Franzosen anzusehen, daß etwas Außergewöhnliches in ihm vorgegangen war. Seine beinahe grünen Augen, die in merkwürdigem Kontrast zu seinen dunklen Haaren standen, blickten voller Unruhe. Irgendeine Sache schien ihn stark zu bewegen.

Mit der ihm eigenen Zähigkeit setzte Pégoud alles daran, seinen Plan zu verwirklichen. Noch am gleichen Abend suchte er seinen Chef, den Flugzeugfabrikanten Louis Blériot auf, dem er kurz und bündig erklärte: »Stellen Sie mir eine Maschine zur Verfügung, mit der ich machen kann, was ich will. Von mir aus kann's eine uralte Kiste sein.«

Blériot horchte auf und strich sich, wie immer, wenn er nicht sofort antworten wollte, über seinen langen Schnauzbart. »Was wollen Sie damit anfangen?«

»Ich will sie zum Teufel jagen.«

»Was wollen Sie?«

Der junge, aber energische Pilot grinste. »Monsieur, es wäre besser – ich meine für Sie –, wenn Sie keine weiteren Fragen stellen würden. Meine Antworten könnten Sie nur belasten. Genügt es Ihnen nicht, wenn ich sage: Die Maschine geht in die Brüche – restlos!«

Blériot machte große Augen. »Sie wollen sie zerstören?«

»Ja.«

»Moment«, sagte der Flugzeugfabrikant und holte eine Flasche Cognac aus seinem Schreibtisch. »Ich bin ja ziemlich verrückt, erlaubte mir bekanntlich, als erster über den Kanal zu fliegen, so verrückt aber, wie Sie zu sein scheinen, bin ich noch lange nicht.« Er füllte zwei Gläser und schob eines zu Pégoud hinüber. »Trinken Sie. Und dann gehen Sie entweder nach Hause, und ich vergesse Ihren eigenartigen Antrag, oder Sie erzählen mir bis in die kleinste Einzelheit, was Sie vorhaben.«

»Dann weiß ich schon jetzt, daß Sie mir das Flugzeug nicht geben werden.«

Blériot lachte. »Möglich.« Er hob sein Glas und sah den Chefpiloten an.

Pégoud trank und zündete sich eine Zigarette an. »Also gut. Mir geht es um zwei Dinge: um unsere Sicherheit schlechthin und um das *Gefühl* der Sicherheit, das uns noch fehlt und das uns in Augenblicken der Gefahr nervös werden und Fehler machen läßt.«

Blériot spitzte die Lippen.

Der Pilot stieß den Rauch vor sich hin. »Punkt eins: Sicherheit!« fuhr er beinahe dozierend fort. »Meines Erachtens dürfte sie ohne große Schwierigkeiten zu erreichen sein.«

Der Flugzeugfabrikant, der inzwischen hervorragende Maschinen baute, zog die Brauen hoch. »Da bin ich aber gespannt.«

»Ist Ihnen Kätchen Paulus ein Begriff?«

»Die deutsche Fallschirmspringerin? Und ob ich die kenne! Patentes Mädel. Sie sprang an einem der von mir in Deutschland veranstalteten Flugtage, ich glaube, es war in Köln, von ihrem Luftballon ab.«

»Bis heute ist sie schon über sechzigmal gesprungen!«

»Ich weiß. Ihr ist es zu verdanken, daß heute alle militärischen Beobachter, die sich des Fesselballons bedienen, mit Fallschirmen ausgerüstet sind. Aber worauf wollen Sie hinaus?«

»Auf unsere Sicherheit! Warum fliegen wir eigentlich ohne Fallschirm? Glauben Sie nicht auch, daß es ein leichtes sein müßte, einen Fallschirm so zu konstruieren, daß man ihn umschnallen und mit ihm starten könnte?«

Blériot stieß einen langgezogenen Pfiff aus. »Parbleu!« rief er. »Der Gedanke ist großartig! Sie haben vollkommen recht. Warum fliegen wir ohne . . .« Er unterbrach sich und nahm eine erregte Wanderung auf, blieb jedoch plötzlich stehen und blickte zu Pégoud hinüber. »Junger Freund, die Sache wäre zu schön, wenn sie nicht einen Haken hätte.«

»Welchen?«

»Wie wollen Sie den Fallschirm im Notfall, also in einem Augenblick betätigen, in dem Sie in höchster Gefahr schweben und nicht in der Lage sind, sich konzentrieren zu können?«

Pégoud lachte jungenhaft. »Automatisch! Ich habe mir alles genau überlegt.«

Blériot machte große Augen.

»Ist doch ganz einfach. Der Fallschirm muß durch eine Reißleine betätigt werden, die grundsätzlich vor dem Start am Flugzeug befestigt wird. Geraten wir während eines Fluges in Not, so brauchen wir nichts anderes zu tun, als hinauszuspringen. Der Schirm muß sich dann selbständig öffnen, weil der Mensch nicht mit derselben Geschwindigkeit wie das Flugzeug stürzen wird. Die Fallrichtung dürfte ebenfalls eine andere sein.«

Blériot war wie erstarrt. »Die Idee ist phantastisch!« sagte er.

»Und durchführbar!« ergänzte der Pilot.

Der Flugzeugfabrikant stimmte ihm zu.

Jetzt ist er warm, dachte Pégoud. Schmiede das Eisen, bevor es wieder kalt wird! »Monsieur«, sagte er, »ich bin glücklich, Sie überzeugt zu haben. Verstehen Sie nun, daß ich eine Maschine benötige, die zum Teufel gehen darf? Ich möchte die Sache ausprobieren, möchte beweisen, daß es geht.«

Blériot war ein alter Fuchs. Warum muß das Flugzeug dabei in die Brüche gehen, überlegte er blitzschnell. Es könnten doch zwei Piloten aufsteigen – einer, der steuert, und einer, der springt. Der Bursche verheimlicht mir etwas. Was mag das sein?

Pégoud sah seinen Chef erwartungsvoll an. Er hoffte auf das erlösende Wort und war erstaunt, als Blériot plötzlich auf ihn zuging und ihn bei den Schultern faßte.

»Raus mit der Sprache!« donnerte der Fabrikant. »Zu welchem Zweck wollen Sie die Maschine haben?«

»Das hab' ich doch schon gesagt! Ich möchte abspringen, möchte beweisen . . .«

»Papperlapapp!« unterbrach ihn Blériot. »Wenn Sie nur das wollten, brauchten Sie kein Flugzeug, das zum Teufel gehen darf. Dann würden Sie mit einem zweiten Piloten in einer zweisitzigen Maschine . . .«

»Das will ich eben nicht!« unterbrach ihn Pégoud. »Ich will künstlich, also bewußt einen Notfall herbeiführen. In all seinen Phasen! Und dann erst abspringen!«

Aha, dachte der alte Kanalflieger. Da liegt der Hase im Pfeffer. Ihn sticht der Hafer. Er will Zicken machen, will Steuerwechselkurven drehen ...

Pégoud spürte, daß Blériot mißtrauisch geworden war. Da er ihn zur Genüge kannte und wußte, daß es nun keinen Sinn mehr haben würde, ihm etwas zu verheimlichen, sagte er trotzig: »Es gibt noch einen anderen Grund, der mich zwingt, ein Flugzeug zu erbitten, das abstürzen darf.«

Blériot feixte. »Na also! Haben Sie gedacht, Sie könnten mich an der Nase herumführen?«

Der Chefpilot zuckte die Achseln.

»Noch einen Cognac?«

Pégoud nickte. »Den Grund habe ich Ihnen übrigens schon genannt, als ich sagte, daß es mir um zwei Dinge geht. Um die Sicherheit als solche und um das *Gefühl* der Sicherheit.«

Blériot schenkte ein. »Gefühl der Sicherheit? Sie haben es vorhin schon so sehr betont. Was wollen Sie damit sagen?«

»Denken Sie an Geo Chavez, der eine Ihrer Maschinen flog. Hätte er gewußt, was wir durch ihn heute wissen, würde sich sein Geist wahrscheinlich nicht verwirrt haben. Der Gedanke, daß sein Apparat jeden Augenblick ›abmontieren‹ könnte, belastete ihn geistig und seelisch so sehr, daß ...« Pégoud machte eine wegwerfende Bewegung. »Wozu noch darüber reden.«

Blériot stocherte zwischen seinen Zähnen herum. »Ich verstehe. Aber wie wollen Sie ...«

»... das Gefühl der Sicherheit erhöhen?« fiel Pégoud ein. »Zunächst einmal durch die Mitnahme des Fallschirmes. Allein das Wissen, ihn zu besitzen und jederzeit benutzen zu können, wird beruhigend wirken. Besonders in Notfällen.«

Blériot lachte. »Sofern Sie allen Piloten klarmachen, daß der Fallschirm ein Gegenstand ist, den man, wenn man ihn braucht und nicht gebraucht, nie wieder gebrauchen kann.«

Das Wortspiel verwirrte Pégoud. »Sie sollten jetzt nicht scherzen«, erwiderte er gereizt. »Bedenken Sie vielmehr, daß ein Fallschirm die Sicherheit nicht nur erhöhen, sondern auch ein Gefühl der Sicherheit geben wird. Mehr aber noch als durch den Fallschirm könnte dieses Gefühl durch etwas ganz anderes gesteigert werden: durch exaktes Wissen!«

»Versteh' ich nicht.«

»Hätte Chavez gewußt, daß Fallböen seine Maschine nicht ohne weiteres zerstören können, wäre er innerlich ruhig geblieben. Wenn ich heute erfahren würde, daß der Zustand des Trudelns, also des Abstürzens, durch einen bestimmten Steuerausschlag beendet werden kann, dann werde ich morgen nicht nervös, wenn mein Flugzeug plötzlich trudeln sollte. Verstehen Sie, worauf ich hinaus will? Wir müssen feststellen, was unsere Maschinen aushalten können, müssen sie in die verrücktesten Situationen bringen, um zu sehen, was in diesem und jenem Fall geschieht, und wir müssen versuchen, herauszufinden, was man dagegen machen kann.«

Blériot sah seinen Chefpiloten nachdenklich an. »Sie sind noch tausendmal verrückter, als ich dachte. Aber Sie haben recht. Man müßte ... Wie sind Sie auf diese Idee gekommen?«

Pégoud erzählte von der Etrich-Taube, von ihrer Weiterentwicklung zur Fluglimousine und von dem ›Korkenzieher‹, den der Deutsche Alfred Friedrich über Villacoublay gedreht hatte. Und er bekannte offen: »Keiner von uns hätte eine derartige Flugfigur für möglich gehalten. Was mich anbelangt: ich hätte Stein und Bein geschworen, daß eine Maschine dabei abstürzen müßte, daß die Tragflächen platzen und davonsausen würden. Was aber geschah? Nichts von alledem. Alfred Friedrich machte mit seiner ›Taube‹, was er wollte. In jener Minute wurde mir klar, daß wir von den Belastungsmöglichkeiten noch nichts wissen, und ich nahm mir vor, Sie zu bitten, mir ein Flugzeug zu Versuchszwecken zur Verfügung zu stellen. Wir müssen feststellen, was eine Maschine aushalten kann. Wissen wir das erst einmal, dann stellt sich das Gefühl der Sicherheit von selbst ein.«

Blériot gab Pégoud in allem recht. Dennoch konnte er sich nicht dazu entschließen, ihm das erbetene Flugzeug zu geben. Den Verlust der Maschine wollte er gerne verschmerzen, er sah sich aber außerstande, die Verantwortung für das Leben seines Chefpiloten zu übernehmen.

»Ich mache Ihnen folgenden Vorschlag«, sagte er. »Sie erhalten ein Flugzeug, wenn das Kriegsministerium mit der Durchführung des von Ihnen vorgeschlagenen Experimentes einverstanden ist.«

Pégoud umarmte den um gut zwanzig Jahre älteren Fabrikanten. »Mit den Herren werde ich schon fertig!«

»Täuschen Sie sich nicht!« warnte Blériot.

Der Pilot lachte übermütig. »Die kriege ich schneller herum, als Sie denken. Weil ich mit den Herren anders als mit Ihnen umgehen kann. Wenn die Etappenhengste nicht wollen, dann drücke ich ihnen die Pistole auf die Brust, indem ich sage: ›Was, Sie sabotieren einen dringend erforderlichen und militärisch ungemein wichtigen Versuch? Denken Sie an den britischen Commander Samson, der kürzlich vom Deck eines Kriegsschiffes startete, um die Verwendbarkeit des Flugzeuges auch auf hoher See unter Beweis zu stellen! Wollen Sie mich angesichts solch spektakulärer Bemühungen daran hindern, alles daranzusetzen, die Sicherheit der französischen Militärflieger zu erhöhen? Wenn Sie mir die Genehmigung nicht erteilen, werde ich die Truppe alarmieren!‹ Was meinen Sie, was dann passiert?«

Blériot schüttelte den Kopf. »Sie sind ein Erpresser!«

Der gleichen Meinung waren wenige Tage später etliche Offiziere des Kriegsministeriums, die erregt ihre Köpfe zusammensteckten.

»So etwas ist mir noch nicht vorgekommen!« tobte ein Capitaine. »Messieurs, ich kann mir nicht helfen: die letzten Worte dieses unglaublichen Piloten waren eine glatte Erpressung.«

»Zugegeben«, beschwichtigte ihn ein Major. »Und trotzdem gefällt mir der Kerl. Denn wünscht er etwas für sich zu erreichen? Nein, er will nichts anderes, als die Sicherheit aller Flieger erhöhen.«

Einer der Offiziere lachte geringschätzig. »Mit einem ›Rettungsring der Luft‹?«

»Womit, das kann uns gleich sein«, erwiderte der Major. »Lassen wir ihn gewähren. Wenn er sich das Genick bricht, so ist das seine Sache. Sollen wir uns mit der Truppe anlegen?«

Der Capitaine grinste. »Da haben Sie nicht unrecht.«

Die Offiziere feixten.

»Na also! Erteilen wir die Genehmigung. Zumal der geplante Versuch recht interessant werden dürfte. Ich möchte sogar vorschlagen, daß das Ministerium die Kosten des Flugzeuges übernimmt. Wir können dann zur Beobachtung des Experimentes eine Kommission einsetzen, zu der wir – das brauche ich wohl nicht zu betonen – gehören werden. Nebst einigen Generälen, die wir einladen. Kontakte schaffen, Messieurs!«

»Ein großartiger Gedanke, Herr Major!«

»Na bitte! Was wollen Sie mehr? Mahlzeit, meine Herren.«

Pégoud gebärdete sich wie ein Schulbub, als ihm Blériot acht Tage später die Genehmigung in die Hand drückte. Wie ein Wirbelwind fegte er durch das Büro des Flugzeugfabrikanten, der ihn nur noch entgeistert anstarren konnte.

»Sie sehen aus, als hielten Sie mich für wahnsinnig«, sagte Pégoud, als er schließlich vor Blériot stehenblieb.

»Wundert Sie das?«

»Offen gestanden: ja! Denn ein bißchen könnten Sie sich mit mir freuen.«

Der durch seinen langen Schnauzbart an ein Walroß erinnernde Kanalflieger schüttelte den Kopf. »Ich? Nein, mein Lieber. Freuen werde ich mich, wenn die Erde Sie wieder hat.«

»Aber, Papa!« hänselte Pégoud. »Bis heute ist noch niemand oben geblieben.«

Blériot schnappte nach Luft. »Seien Sie nicht vermessen, Adolphe! Sie wissen ebensogut wie ich, daß die Luft keine Balken hat.«

»Eben! Sie bietet somit eine Garantie dafür, daß wir nirgendwo anstoßen können«, erwiderte Pégoud übermütig. »Außerdem sollten Sie daran denken, daß es ein Engländer war, der gerade jetzt den ersten Militärflugwettbewerb gewann. Wir müssen den anderen Nationen mit etwas Besonderem zuvorkommen.«

Zwei Tage darauf startete er mit dem Konstrukteur des von ihm erdachten automatischen Fallschirmes zu einem Höhenflug, um einen ersten Versuch zu machen. Sie wollten einen Sandsack abwerfen, an den sie einen Fallschirm gebunden hatten, dessen Reißleine am Flugzeug befestigt war.

In 1 000 Meter Höhe gab Pégoud das verabredete Zeichen.

Der Konstrukteur hob den Sack auf den Rand des Rumpfes und schob ihn – um das Leitwerk nicht in Gefahr zu bringen – so gut es ging nach vorne. Einen Moment zögerte er, dann stieß er ihn über Bord.

Es gab einen Ruck. Die um über einen Zentner erleichterte Maschine machte einen Satz nach oben.

Pégoud drückte nach, legte das Flugzeug in eine Kurve und starrte in die Tiefe.

Unter ihnen schwebte ein weißer Punkt, der ein wenig pendelte, sonst aber ruhig in der Luft lag.

»Gelungen!« rief er.

Der Konstrukteur nickte. Seine hinter großen Brillengläsern liegenden Augen glänzten.

Pégoud gab Tiefensteuer und jagte hinter dem Fallschirm her, den er bald erreichte und umkreiste. Er hätte jubeln mögen vor Freude, unterließ es aber, weil er wußte, wie unangenehm es ist, wenn einem der Fahrtwind in den geöffneten Mund schlägt.

Unablässig folgte der Pilot dem Sandsack; er landete erst, nachdem er gesehen hatte, daß der Fallschirm mit seiner Last in der Nähe des Flughafens sanft auf ein Feld herabgesunken war.

Blériot sowie etliche Werksangehörige und Freunde, die das Experiment beobachtet hatten, beglückwünschten Pégoud, als er aus der Maschine kletterte.

Es schien ihm nicht recht zu sein, denn er erwiderte unwillig: »Wartet damit gefälligst, bis . . .« Er unterbrach sich, als hätte er schon zuviel gesagt.

Man sah ihn fragend an. »Bis was?«

»Bis die Erde *ihn* wieder hat«, sagte Blériot.

»Was soll das heißen?«

»Am Sechsundzwanzigsten will er selber abspringen! Vor einer Kommission des Kriegsministeriums.«

Die Freunde erstarrten. »Ja, bist du wahnsinnig?«

Pégoud zuckte die Achseln. »Meiner Meinung nach nicht. Wir müssen es abwarten. In einer Woche wissen wir mehr.«

Bewußt gab er sich burschikos. Er wünschte, das Thema so schnell wie möglich zu wechseln. Nicht aus übertriebener Bescheidenheit, sondern weil er spürte, daß das riskante Unternehmen anfing, an seinen

Nerven zu zerren. Die letzten Tage waren ihm schon wie Wochen erschienen. Er fürchtete sich vor der Zeit, die noch verstreichen mußte.

Das Schlimmste tut sich der Mensch selber an, schimpfte er im stillen. Warum war ich so blöd, den Termin so weit hinauszuschieben?

Er wußte genau, daß er es getan hatte, um in Ruhe alles bedenken und vorbereiten zu können. Denn der Absprung mit dem Fallschirm sollte nur den Abschluß des Experimentes bilden. Zuvor wollte er das ihm zur Verfügung gestellte Flugzeug einer Belastung unterwerfen, der es aller Voraussicht nach nicht gewachsen war.

Unüberlegt wollte er allerdings nicht handeln. Er wollte genauso gewissenhaft zu Werke gehen wie sein Landsmann Jules Védrinnes, der einen Flug von Paris nach Madrid durchgeführt hatte. Es kam ihm nicht darauf an, die Maschine einfach in der Luft zum ›Zerplatzen‹ zu bringen, er wünschte vielmehr festzustellen, bei welchen Belastungen sie noch nicht ›abmontiert‹. Darüber hinaus wollte er ermitteln, was man mit einem Flugzeug alles anstellen kann, wie es sich im Moment des Absturzes verhält und was man dagegen unternehmen könnte. Um das herauszufinden, hatte er einen Plan entworfen, der so verwegen war, daß er es vorzog, mit niemandem darüber zu sprechen.

Aber sosehr er den 26. September 1913 auch herbeisehnte, ihm war es, als habe er einen Kloß im Hals, als er am Morgen dieses Tages in einer neben der Flugzeughalle gelegenen Baracke seinen weißen Sweater überstreifte. Wenn ich nur schon in der Maschine säße, dachte er, als er die Beine spreizte und die Karabinerhaken des Fallschirmes einklinkte, der so konstruiert war, daß er als ein sorgfältig gepacktes Bündel fest auf seinem Rücken lag.

Ein Monteur zog die Gurte an. »Hoffentlich geht alles gut«, sagte er.

»Wird schon schiefgehen.«

»Malen Sie den Teufel nicht an die Wand!«

Pégoud lachte. Es klang anders als sonst, verkrampft.

»Haben Sie eigentlich keine Angst?«

»Ein bißchen schon. Bin ja kein Übermensch.«

Der Monteur schneuzte sich. »Versteh' ich nicht. Warum starten Sie dann überhaupt?«

Pégoud hob die Schultern. »Weil es Dinge gibt, die man tun muß, ohne sagen zu können, warum. Eines aber weiß ich bestimmt: Würde ich heute nicht tun, was ich glaube tun zu müssen, dann liefe ich ein Leben lang als unzufriedener Mensch herum. Davor möchte ich mich schützen. Und wenn der Preis das Leben selbst sein sollte. Es war dann wenigstens schön.«

»Komische Philosophie.«

»Weniger komisch, als Sie denken. Gehen Sie mal hin und schauen Sie sich die Gesichter unzufriedener Menschen an. Sie werden mich dann verstehen.«

Blériot trat in den Raum. »Kommen Sie! Die Kommission ist vorgefahren. Verdammt hohe Herren darunter. Unter anderem die Generale Lyautey und Gamelin in Begleitung des Generalstabsobersten Buat, der sich so sehr für den Paulhanschen Dreidecker einsetzt.«

»Er und Lyautey sind auch bloß Menschen.«

»Natürlich. Aber dennoch . . . Sie scheinen den Herren im Ministerium ja mächtig eingeheizt zu haben.«

Pégoud grinste. »Sorgen Sie lieber dafür, daß das Vorstellen so schnell wie möglich über die Bühne geht. Ich habe keine Lust, mich jetzt lange zu unterhalten.«

»Versteh' ich.« Blériot klopfte ihm auf die Schulter und umarmte ihn plötzlich. »Mach's gut, Adolphe«, sagte er. »Toi – toi – toi!«

Wenige Minuten später kletterte Pégoud in seine Maschine. »Die Gurte noch strammer«, wandte er sich an den Mechaniker, nachdem er sich zurechtgesetzt und angeschnallt hatte.

»Sie können ja jetzt schon nicht mehr ›Papp‹ sagen.«

»Red nicht so viel! Heute muß ich sitzen, als wäre ich festgenagelt.«

Der Monteur zuckte die Achseln und zog die Riemen an. »Genügt's?«

»Noch mehr!«

Es dauerte eine ganze Weile, bis Pégoud zufriedengestellt war. Um keinen Millimeter konnte er sich vom Sitz heben.

Der Monteur machte ein griesgrämiges Gesicht. »Die Riemen schneiden Ihnen ja in die Schultern!«

»Sind's deine oder meine?«

»Natürlich Ihre!« Er machte eine wegwerfende Bewegung. »Daß man mit Ihnen immer Ärger haben muß.«

Der Pilot schob sich die Brille über die Augen. »Wirf den Motor an.«

»Toi – toi – toi! Ich drück' die Daumen.«

Zwanzig Minuten später befand sich Pégoud in 1 000 Meter Höhe. Unter ihm lag das Flugfeld. Seitlich sah er die Hallen, vor denen sich winzige Punkte wie Ameisen bewegten, die hier und da Gruppen bildeten. Er konnte sich lebhaft vorstellen, mit welcher Spannung Blériot, die Herren der Kommission und die Angehörigen der Flugzeugwerft nun zu ihm heraufschauten.

Wenn ihr glaubt, daß ich jetzt abspringe, dann täuscht ihr euch, dachte er. Ihr werdet euch noch wundern. Augen, Mund und Nase sollt ihr aufreißen.

Es war nicht Überheblichkeit, was ihn so denken ließ. Im Gegenteil. Er mußte sich selber treiben zu tun, was er sich vorgenommen hatte. Denn er spürte das Vibrieren der Nerven, fühlte, daß seine Knie zitterten und die Hände naß wurden.

Er korrigierte die Flugrichtung und visierte die Hallen an. Der Propeller glänzte wie eine silberne Scheibe. Vor ihm hämmerten die Kipphebel der Ventile. Seine Rechte umspannte den Steuerknüppel, die Linke erfaßte den Gashebel.

Los, befahl er sich. Drück an und reiß die Maschine hoch! Was macht's, wenn der ›Überschlag‹, den du dir ausgedacht hast, nicht gelingt. Hast ja einen Fallschirm, mit dem du so oder so abspringen willst.

Er gab Tiefensteuer. Der im Dunst vor ihm liegende Horizont schien zu steigen, die Erde auf das Flugzeug loszurasen. Über dem Motor wurden die Hallen sichtbar. Die Spanndrähte pfiffen. Das auf der Tragfläche montierte Windmeßgerät zeigte 100 km/h.

Jetzt hast du genügend Schwung, sagte er sich, gab Vollgas und zog den ›Knüppel‹ an den Leib. Die Maschine bäumte sich auf und schoß in die Höhe. Die Tragflächen schüttelten. Die Erde sank zurück; es sah aus, als rutsche der Horizont vom Himmel. Die Flugbahn wurde steiler. Vor den Kipphebeln tauchten Wolken auf. Der Klang des Motors wurde dumpfer, verlor seinen metallischen Charakter. Die Geschwindigkeit nahm ab. Dann schien die Maschine stillzustehen, und plötzlich drehte sich alles – die Erde ›lag‹ oben, der Himmel unten.

Die Zuschauer erstarrten. Einige schrien auf, die meisten aber waren keines Wortes mächtig.

Pégouds Nerven waren bis zum Zerreißen gespannt. Mit dem Kopf nach unten hängend, sah er, daß sich die über ihm liegende Erde weiter in sein Gesichtsfeld schob, bis sie schließlich wie eine dunkle Wand vor ihm stand, auf die er mit schüttelnden Tragflächen losraste.

Nicht abmontieren, dachte er. Wenn ihr jetzt nicht davonfliegt, dann haben wir es geschafft! Er schob den Knüppel vor und riß den Gashebel zurück, Bewegungen, die er in schlaflosen Nächten vorausbedacht und in der Vorstellung schon unzählige Male gemacht hatte.

Die Maschine raste der Erde entgegen. Behutsam fing er sie ab, und in der nächsten Sekunde war alles wieder so, wie es sein mußte: die Erde lag unten und der Himmel war oben. Ruhig und sicher flog er in 900 Meter Höhe dahin.

»Unglaublich!« rief General Lyautey, der sich nur mühsam aus der Erstarrung lösen konnte, die ihn überfallen hatte. »Ich bin begeistert!« Er wandte sich an Gamelin. »Was sagen Sie, mon général?«

»Toll! Einfach toll! Der Pilot ist noch verrückter als dieser Louis Breguet, der mit seiner kleinen Maschine zehn Passagiere beförderte. Pégoud muß in die Armee eintreten. Männer wie ihn . . .«

Weiter kam er nicht. Der Motor des Flugzeuges heulte erneut auf, und zum zweiten Male vollführte Pégoud einen ›Überschlag‹.

Niemand unter den Zuschauern – auch Pégoud nicht – ahnte in diesem Augenblick, daß der ›Überschlag‹ schon wenige Wochen später in allen Ländern der Erde kopiert und unter dem Namen ›Looping the Loop‹ zur beliebtesten, weil effektvollsten und am einfachsten durchzuführenden ›Kunstflugfigur‹ werden würde. Denn sie setzt kein hohes fliegerisches Können, sondern nur genügend Schwung voraus. Hat man den erst einmal, dann braucht man nichts anderes zu tun, als den Knüppel an den Bauch zu nehmen.

Adolphe Pégoud erkannte das schnell und gab es schon bald auf, weitere ›Loopings‹ zu drehen. Er wußte, was er hatte wissen wollen. Das Flugzeug war weitaus widerstandsfähiger, als man geglaubt hatte. Selbst die bei einem ›Überschlag‹ auftretende ungeheure Belastung konnte es ertragen.

So, dachte er, nun kommt der nächste Punkt meines Programms an die Reihe. Seine Nerven vibrierten nicht mehr, das unangenehme Zittern der Knie war wie fortgeblasen, die Hände fühlten sich nicht mehr feucht an. Übermütig bleckte er die Zähne. Er genoß den frischen Fahrtwind, der seine Wangen massierte. Nie zuvor hatte er sich während eines Fluges so wohl gefühlt wie in dieser Stunde.

Ich behalte recht, frohlockte er, während er die Maschine steigen ließ. Das Gefühl der Sicherheit stellt sich erst ein, wenn man weiß, was alles man mit einem Flugzeug anstellen kann.

Der Höhenmesser zeigte 1 500 Meter. Pégoud blickte in die Tiefe. Unter ihm lag das Fluggelände, das nicht größer als ein Teller zu sein schien. Die Hallen sahen aus, als wären sie einem Miniaturbaukasten entnommen. Wir haben Westwind, überlegte er. Ich muß weiter nach Westen fliegen, damit mich der Wind zum Platz treibt, falls ich das Trudeln nicht beenden kann oder die Maschine abmontieren sollte.

Eine Weile flog er nach Westen, dann kurvte er zurück, so daß er das Landefeld vor sich liegen hatte. Sekundenlang zögerte er; es war, als müsse er sich selbst überwinden. Doch dann zog er langsam das Höhensteuer an sich und drosselte den Motor.

Eine unheimliche Stille trat ein. Die Luftschraube drehte sich wie mit letzter Kraft. Das Pfeifen der Spanndrähte verstummte und wurde zu einem Säuseln. Die Maschine schwankte. Der Zeiger des Windmessers pendelte und fiel schließlich ganz zurück. Die Steuerorgane verloren ihren Druck. Der Propeller blieb stehen. Im nächsten Augenblick kippte das Flugzeug schräg vornüber, stellte sich auf den Kopf und drehte sich in irrsinnigem Wirbel in die Tiefe.

Pégoud sah die Erde kreisen. Erkennen konnte er nichts mehr. Er sah nur endlose Streifen, die um ihn herumfegten, und er zwang sich, auf das Windmeßgerät zu blicken. Dessen Zeiger tat hin und wieder einen Sprung, zeigte aber keinerlei Geschwindigkeit an. Blitzartig dachte er: Sollten die Tragflächen beim Trudeln keiner besonderen Belastung ausgesetzt sein? Er hörte ein klackerndes Geräusch und gewahrte, daß sich die Luftschraube wieder drehte. Allerdings nur schwach und im Rhythmus des merkwürdigen Geräusches. Der Höhenmesser sank rapide: 1 200 – 1 100 – 1 000 Meter!

Schon 500 Meter hatte er verloren. Nichts deutete darauf hin, daß die Maschine auseinanderbrechen würde. Sie stürzte, sich irrsinnig schnell drehend, in die Tiefe, ohne Geschwindigkeit aufzuholen.

Wenn man den Zustand des Trudelns beenden könnte, wäre diese ›Flugfigur‹ eine tolle Sache, dachte er.

Denk an was anderes, sagte er sich. Spätestens bei 500 Meter mußt du herausspringen.

Er griff nach dem Knüppel, den er unwillkürlich losgelassen hatte, um sich an der Bordwand festzuhalten, zog ihn an sich und versuchte, die Maschine abzufangen. Vergeblich: das Höhenruder war ohne Druck.

Der Höhenmesser sank weiter: 800 – 700 – 600 Meter!

Pégoud betätigte das Seitensteuer. Es geschah nichts. Die Maschine rotierte wie ein Kreisel, die Schnauze fast senkrecht zur Erde gerichtet.

500 Meter!

Einen letzten Versuch machst du noch, befahl er sich, stellte die Ruder neutral und gab Vollgas.

Der Motor heulte auf. Im selben Augenblick verspürte er Druck auf den Steuern. Die Maschine schoß nach unten, drehte sich aber nicht mehr. Er drückte nach. Die Erde raste auf ihn zu. Der Höhenmesser zeigte 200 Meter!

Vorsichtig abfangen! Er nahm den Knüppel zurück, drosselte den Motor. Die Erde schien zurückzugleiten, der Horizont tauchte auf ...

Pégoud war unfähig, etwas zu denken. Nicht einmal freuen konnte er sich. Er konnte nur noch Luft holen, tief Luft holen und für einen Moment die Augen schließen.

Den Zuschauern ging es nicht viel anders.

»Donnerwetter!« stöhnte General Gamelin. »Der Kerl scheint ja des Teufels zu sein!« Er wandte sich an Blériot. »Also, ich muß schon sagen: Sie haben einen tollen Chefpiloten. Gehört aber all das, was er uns hier vorführt, zum Programm des Abspringens?«

Der alte Kanalflieger machte einen verkrampften Eindruck. »Ja und nein«, erwiderte er. Seine Stimme klang brüchig. Er hatte sich von dem Erlebten noch nicht erholt. Als die Maschine immer weiter trudelte und Pégoud nicht absprang, hatte er schon befürchtet, daß irgend etwas eingetreten sei, was den Absprung unmöglich mache.

»Ja und nein?« wiederholte der General. »Wie soll ich das verstehen?«

»Mein Chefpilot steht auf dem Standpunkt, daß die Verwendbarkeit des Fallschirmes nicht durch einen Normalabsprung, wie etwa vom Ballon aus, bewiesen werden kann. Er wünscht ein Gefahrenmoment herbeizuführen. Das ist alles.«

»Na, ich danke. Aber die Überlegung spricht für Ihren Piloten«, fügte der General nachdenklich hinzu. »Wie heißt er noch?«

»Adolphe Pégoud.«

»Großartiger Bursche. Er muß in die Armee eintreten.«

»Ich glaube, es wird besser sein, wenn Sie auf ihn verzichten.«

»Warum?«

»Solange er hier ist, haben Sie eine Garantie dafür, daß die Flugzeuge, die wir der Armee liefern, in Ordnung sind.«

Der General lachte meckernd. »Da haben Sie recht. Wir reden aber noch mal darüber. Wenn ich bedenke, was sich im Ausland tut! Der König von Bayern hat . . .« Er unterbrach sich und blickte zum Himmel hoch. »Was macht Pégoud denn jetzt?«

Der Fabrikant zuckte die Achseln. »Weiß nicht.«

General Gamelin staunte. »Wie, Sie als sein Chef wissen das nicht?«

Blériot grinste frech. »Nein. Wenn wir auch Militärmaschinen bauen, so kennen wir dennoch keine Befehle. Wir sind ein ziviler Verein.«

Pégoud würde seine Freude gehabt haben, wenn er das Gespräch gehört hätte. Er befand sich jedoch bereits wieder in 700 Meter Höhe und ließ die Maschine weiter steigen, um mit dem nächsten Versuch beginnen zu können. Dabei dachte er: Wenn der Vogel jetzt immer noch nicht in die Brüche geht, springe ich freiwillig ab. Allmählich spüre ich doch, daß ein nicht gerade alltägliches Pensum hinter mir liegt. Aber es macht Spaß, wenn es auch aufregend ist. Besonders das Trudeln. Pfui Teufel, der Rotz ist mir aus der Nase geflogen. Da dürfte es Brindejouc de Moulinais auf seinem gewiß nicht einfachen Flug von Paris nach Warschau doch leichter gehabt haben.

Als der Höhenmesser 1 000 Meter anzeigte, wollte er zum Fluggelände zurückkurven, um die Hallen erneut anzusteuern, sagte sich aber plötzlich: Bevor ich den Versuch mache, die Maschine horizontal durch die Luft zu drehen, sie also gewissermaßen durch den Äther ›rolle‹, sollte ich mich zunächst einmal auf den Rücken legen. Denn bei der ›Rolle‹ komme ich durch die Rückenlage. Es dürfte somit zweckmäßig sein, zuvor in Ruhe festzustellen, wie sich ein Flugzeug in dieser Situation verhält.

So mach' ich's, sagte er sich, zumal ich leicht in die Rückenlage kommen kann. Einfach halber Überschlag, den ich nun ja schon gut kenne, und dann, in der Rückenlage angekommen, den Knüppel vorschieben und nicht vergessen, daß alle Steuerorgane umgekehrt wirken. Das Höhenruder wird zum Tiefensteuer, links ist rechts, und rechts ist links; es ist beinahe wie beim Militär, wenn man vor der Truppe steht und kommandieren muß.

Unwillkürlich glitt ein Grinsen über sein Gesicht. Ausgerechnet in einem Augenblick, in dem er die Maschine zum halben Looping andrückte, mußte er daran denken, daß er bei einer Reserveübung einmal ein falsches Kommando gegeben hatte. Als er jedoch die Erde über den unermüdlich hämmernden Kipphebeln des Motors auftauchen sah, veränderten sich seine Züge. Er preßte die Lippen zusammen, warf einen schnellen Blick auf das Windmeßgerät, das 100 km/h anzeigte, und zog den Knüppel an den Leib.

Das Flugzeug bäumte sich auf und schoß nach oben. Er fühlte sich auf den Sitz gepreßt. Der Horizont versank. Wolken schoben vorbei. Die Maschine drehte weiter. Der Himmel schien fortzurutschen. Die Erde ›lag‹ über ihm.

Jetzt!

Pégoud schob den Knüppel vor. Ihm war es, als verliere er jedes Gewicht. Er glaubte zu schweben. Aber nur den Bruchteil einer Sekunde. Dann spürte er, daß ihm die Gurte in die Schultern schnitten. Seine Füße fielen vom Seitensteuer. Mehr im Unterbewußtsein als wirklich dachte er: Das nächste Mal muß ich auch sie anschnallen!

Der Motor verstummte. Nur der Fahrtwind rauschte noch. Dann wurde es immer stiller. Der durch die Spanndrähte streichende Wind war kaum noch zu hören.

Du hast zu wenig Fahrt. Gib Tiefensteuer, sonst trudelst du, auf dem Rücken liegend.

Pégoud drückte das Steuer nach vorn. Die Maschine hob die Schnauze. »Merde!« fluchte er, als er seinen Fehler erkannte. Schnell zog er den Knüppel zurück. Der Motor senkte sich der Erde entgegen. Das Rauschen des Fahrtwindes verstärkte sich.

Das wäre noch mal gutgegangen, dachte er. Und dann erfaßte ihn ein Glücksgefühl. Ich fliege auf dem Rücken, hämmerte es in ihm. Mit dem Kopf hänge ich nach unten! Über mir ›liegt‹ die Erde, unter mir der Himmel – Herrgott, ist das Leben schön!

Er erkannte den Flughafen, sah, daß er genau darüber hinwegflog. Voller Übermut ließ er das Steuer los, um die Arme nach draußen zu strecken und herabbaumeln zu lassen.

Die vor den Hallen stehenden Werksangehörigen schrien vor Begeisterung.

Blériot aber war blaß. Mach Schluß, Adolphe, flehte er insgeheim. Laß es gut sein! Ich halte es nicht mehr aus! Wirklich, ich kann nicht mehr! Seit über einer halben Stunde zittere ich dem Augenblick entgegen, da du abspringen willst. Mein Gott, wenn sich der Fallschirm nicht öffnet . . .

Der Motor heulte auf. Mit einem halben Überschlag nach unten hatte Pégoud das Flugzeug wieder in die Normallage zurückgebracht.

General Lyautey klopfte dem Fabrikanten auf die Schulter. »Monsieur, ich spreche Ihnen meine Anerkennung aus. Ist ja toll, was man mit Ihren Maschinen machen kann.«

»Man?« fragte Blériot, der sich unwillkürlich daran erinnerte, daß der General für eine Konstruktion der Gebrüder Henri und Maurice Farman plädiert hatte. Er deutete mit dem Daumen nach oben. »Das kann nur der da, sonst keiner.«

»Dann muß er es unseren Aviateuren beibringen. Wir werden ihn zum Offizier ernennen.«

Blériot hob abwehrend die Hände.

»Wenn Sie glauben, auf Ihren Chefpiloten nicht verzichten zu können, werden wir Ihrem Unternehmen eine Militärfliegerschule angliedern. Dann kann er Ihnen und uns dienen. Was halten Sie davon?«

»Pardon, mon général, dazu kann ich im Moment beim besten Willen nichts sagen«, erwiderte Blériot. »Ich zittere um das Leben Pégouds.«

Der drückte die Maschine bereits wieder an, um die Geschwindigkeit zu erhöhen. Dann hob er die Schnauze ein wenig über den Horizont und legte das Querruder zur Seite. Das Flugzeug drehte sich um seine Längsachse. Die Tragflächen stellten sich senkrecht, die Maschine geriet in die Rückenlage, drehte weiter, weiter und weiter, bis sie sich wieder in der Normallage befand.

»Es ist nicht zu begreifen«, stammelte Blériot.

Pégoud kurvte zurück und wiederholte das Manöver zur anderen Seite. Zum zweiten Male gelang es ihm, eine ›Rolle‹ zu drehen.

Aber dann wurde er übermütig; es sah aus, als wisse er nicht, wohin mit seinen Kräften. Eine Flugfigur reihte sich an die andere: halber Überschlag nach oben, kurzer Rückenflug, halbe Rolle – Normallage. Anschließend: halbe Rolle, Rückenflug, halber Looping nach unten – Normallage. Immer tiefer geriet er dabei; mit jeder Flugfigur näherte er sich der Erde um 50 bis 100 Meter.

»Er ist wahnsinnig«, stöhnte Blériot. »Du lieber Himmel, er ist ja höchstens noch 400 Meter hoch!«

Ob wahnsinnig oder nicht, Pégoud wußte, was er tat. Pausenlos setzte er die Maschine den unterschiedlichsten Belastungen aus, immer wieder hoffte er, daß sie ›abmontieren‹ würde, weil er sich fest vorgenommen hatte, erst im Augenblick höchster Gefahr abzuspringen.

Der Eindecker tat ihm nicht den Gefallen.

»Verdammt!« fluchte Pégoud, der deutlich spürte, daß seine Nerven anfingen, ihm einen Strich durch die Rechnung zu machen. Wenn ich jetzt nicht abspringe, und zwar sofort, dann tue ich es nie mehr. Ich werde dann landen, und alle Welt wird sagen: Seht ihr den dort? Das ist der Maulheld Pégoud! Er kündigte an, aus einem Flugzeug springen zu wollen, und machte in die Hosen, als es soweit war!

Nur das nicht, dachte er. Lieber will ich . . .

Er blickte nach unten. Die Hallen lagen seitlich hinter ihm. Kommt gut aus, überlegte er. Wenn ich jetzt einen halben Überschlag mache und mich losschnalle, werde ich über dem Platz herauspurzeln. Die Maschine wird weiterjagen und entweder in dem weiter hinten liegenden Wäldchen oder auf einem der Felder in die Brüche gehen.

Der Höhenmesser? 450 Meter! Das genügt. Los, zögere nicht mehr! Aber sorg für einen guten Abgang! Die Menschen sind so glücklich, wenn sie jemanden bewundern können.

Er drückte das Flugzeug an, holte Fahrt, zog die Maschine hoch und vollführte einen halben Überschlag. Die Erde drehte sich. In der Rükkenlage schob er den Knüppel vor, schaltete die Zündung aus und dachte: Adieu, treuer Vogel! Du gehst nicht umsonst in die Brüche. Was du mir erzählt hast, sollen – so Gott will – alle Piloten der Erde erfahren.

Er gab das Steuer frei. Jetzt kommt der Abgang. Und wenn's schiefgeht! Der Flug hat sich auf jeden Fall gelohnt – so oder so!

Er streckte die Arme nach draußen und ließ sie frei hängen. Unter ihm lag das Fluggelände. Deutlich erkannte er die Zuschauer vor den Hallen. Und dachte plötzlich: Was bist du doch für ein verlogenes Subjekt. Sagst einfach: Und wenn's schiefgeht! Zur gleichen Zeit aber bemühst du dich um einen glanzvollen Abgang. Und warum? Weil du willst, daß sie dich bewundern, weil du ohne ihren Beifall nichts anderes bist als sie. Das aber genügt dir nicht. Ums Verrecken willst du mehr sein!

In einem Augenblick, da alles auf den Kopf gestellt war, da die Erde oben und der Himmel unten ›lag‹, hatte Pégoud das Bedürfnis, ehrlich mit sich selbst zu sein. Wieso und warum, wußte er nicht. Aber es fiel ihm mit einem Male leicht – nicht leicht: leichter –, das Steuer freizugeben, die Anschnallgurte loszureißen und sich fallen zu lassen.

Die Menschen schrien auf.

Bruchteile von Sekunden hörte er es. Ihm war es, als stocke das Blut in seinen Adern, als bliebe ihm das Herz stehen. Dann sah er, daß er sich überschlug, daß Himmel und Erde durcheinanderwirbelten. Aber auch das dauerte nur Bruchteile von Sekunden. Über ihm gab es einen Knall, dann einen Ruck; er glaubte, ihm würden Arme und Beine vom Körper gerissen. Doch noch bevor er alles richtig erfaßte, hing er im Fallschirm und pendelte ruhig und sicher der Erde entgegen.

Alles ist wieder in Ordnung und an seinen rechten Platz gerückt, dachte er. Der Himmel ist oben, die Erde unten. Und ich bin froh, lebend davongekommen zu sein.

16. Juni 1919

Adolphe Pégoud erreichte mit seinem verwegenen Flug mehr, als er hatte erreichen wollen. Schon wenige Wochen später übten sich alle namhaften Flieger der Erde im ›Kunstflug‹. Überall drehte man ›Loopings‹ und ›Rollen‹, über allen Flugplätzen trainierte man das ›Rückenfliegen‹ und gewann, gewissermaßen als wertvollste Beigabe, ein Gefühl der Sicherheit, wie man es nie zuvor gekannt hatte. Das Vertrauen zum Flugzeug wurde grenzenlos. Die Piloten verwuchsen mit ihren Maschinen. Sie schauten nicht mehr sorgenvoll auf die Tragflächen, wenn Böen an ihnen zerrten, sondern ließen sich ›schaukeln‹ und genossen es sogar, wenn ihnen der Regen ins Gesicht schlug. Sie wußten nun, was ihnen bis dahin nicht klargeworden war: daß das Flugzeug die Windeln abgestreift und die ersten Gehversuche glücklich hinter sich gebracht hatte. Und daß es nun an ihnen lag, seine Leistungen zu steigern. Es wurde höchste Zeit, die Fliegerei entscheidend voranzutreiben, denn die ›aufgeblasene‹ Konkurrenz‹, das Luftschiff, erzielte Erfolge, über die man nicht hinwegsehen konnte. Gewiß, eine echte Verkehrsluftschiffahrt, wie sie den Anhängern des Systems ›leichter als Luft‹ vorschwebte, hatten die ›Zeppeline‹ noch nicht bewerkstelligen können. Dennoch konnten sie mit Leistungen aufwarten, die – insgesamt gesehen – außerordentlich waren. So wurden bis zum Sommer 1914 über 1 600 Fahrten durchgeführt, auf denen 37 250 Personen befördert und 150 000 Kilometer zurückgelegt wurden.

Aber wenn man auch voller Stolz melden konnte, daß ›alle Verkehrsfahrten als solche‹ ohne Unfall verliefen, so büßten die Luftschiffer doch etliche Zeppeline ein. Im Jahre 1910 ging die auf den Namen ›Deutschland‹ getaufte LZ 7 verloren. Kapitän E. A. Lehmann schrieb darüber: ›Am 28. Juni startete das Luftschiff mit 20 Pressevertretern aus aller Herren Ländern an Bord. Es sollte zeigen, was ein Zeppelin zu leisten vermag. Direktor Colsmann war mit, auch Dr. Eckener. Aber leider kommandierte er damals noch nicht, und so saß das Schiff auf einmal wie eine Krähe auf einem Baum. Colsmann lief durch den Laufgang nach vorn und fragte: »Wann fahren wir weiter?« Worauf Steuermann Marx, nicht eben bester Laune, knurrte: »Da müssen Sie im Eisenbahnfahrplan nachsehen. Der Kahn ist hin. Es ist noch nichts mit dem Weltverkehr, es ist bloß eine verkehrte Welt.«

Der Direktor war verdutzt. »Was wollen Sie damit sagen?«

»Nun«, erwiderte Marx und blinzelte treuherzig, »sonst liegt der Teutoburger Wald in Deutschland, diesmal aber liegt die ›Deutschland‹ im Teutoburger Wald!«‹

Das Luftschiff mußte abgerüstet werden. Es folgte LZ 8. Dieser ebenfalls auf den Namen ›Deutschland‹ getaufte Zeppelin wurde am 16. Mai

1911 beim ›Aushallen‹ durch Seitenwind zerstört. Man wählte einen anderen Namen. Die ›Schwaben‹ kam an die Reihe. Sie verbrannte am 28. Juni 1912 in Düsseldorf in der Halle. Ihr folgten die ›Viktoria Luise‹, die ›Hansa‹ und die ›Sachsen‹, an Geld fehlte es ja nicht. In Deutschland stand dem Luftschiffbau zur Verfügung, was er brauchte, der Fliegerei jedoch verwehrte man nach wie vor die dringend benötigten Mittel.

In dieser Hinsicht trat ein Wandel erst im Jahre 1912 ein, als es August Euler gelang, seinen Flugschüler Prinz Heinrich von Preußen zu bewegen, eine National-Flugspende ins Leben zu rufen und sich mit einem Aufruf an das deutsche Volk zu wenden.

Der Erfolg überstieg alle Erwartungen. Über sieben Millionen Mark wurden gesammelt.

»Endlich!« jubelten die deutschen Piloten. »Endlich versteht man auch bei uns, worum es geht.«

Es wurde höchste Zeit. Denn daß die Fliegerei nicht nur in Frankreich, sondern auch in anderen Ländern große Fortschritte gemacht hatte, war schon 1911 aus einem Bericht über den ›Tripolitanischen Krieg‹ zu ersehen, in dem Italien 12 Flugzeuge einsetzte, ›die großartige Dienste leisteten, da es ihnen möglich war, schon kurz nach Sonnenaufgang die feindlichen Stellungen zu erkunden. Nach ihren Meldungen wurden dann die Dispositionen von den Befehlshabern getroffen, die meistens mit einem Sieg der italienischen Waffen endeten‹.

Der Einsatz der italienischen Maschinen in der Libyschen Wüste ließ die Welt aufhorchen, insbesondere die Engländer, die unverzüglich die notwendigen Mittel zum Ankauf von Flugapparaten zur Verfügung stellten und alles daransetzten, eine Elite von Fliegern heranzubilden. Ohne viel zu reden, gingen sie ans Werk, und schon nach kurzer Zeit deutete alles darauf hin, daß die seit eh und je sportlich veranlagte Nation glänzende Piloten hervorbringen würde.

Aber nicht nur in England verstand man die Zeichen der Zeit, auch in Rußland. Von dort hörte man zwar wenig, doch man war nicht weniger tätig. Seit Jahren schon beschäftigte man sich in dem riesigen Reich mit der Entwicklung von Langstreckenflugzeugen, welche die Welt noch aufhorchen lassen sollten. Denn Rußland verfügte über ausgezeichnete Konstrukteure, wie Sikorsky, der sich bereits mit dem Bau eines viermotorigen Riesenflugzeuges befaßte.

Es wurde wirklich Zeit, daß der deutsche Michel aus seinem Schlaf erwachte und die Zipfelmütze gegen die Fliegerhaube eintauschte. Das besorgte er dann allerdings mit der ihm eigenen Art. Er zog sie tief in die Stirn, stürmte los und riß in wenigen Monaten etliche Weltrekorde an sich.

Die deutschen Piloten triumphierten. Nicht nur, weil es ihnen gelang, Rekorde zu erobern, die bis dahin fest und sicher in französischen Händen gelegen hatten, sondern weil ihre Erfolge deutlich machten, wer in den vergangenen Jahren versagt hatte: die zuständigen Behörden. Die Flieger trugen keine Schuld an der langwährenden Rückständigkeit des deutschen Flugwesens. Sie hatten getan, was sie konnten, hatten sich jahrelang in zugigen Hallen auf den Tag vorbereitet, der kommen mußte und der nun gekommen war. Jetzt, da Geld zur Verfügung stand, brauchten sie nur loszulegen.

Bruno Langer war der erste, der es bewies. Am 3. Februar 1914 errang er mit einem Roland-Pfeil-Doppeldecker der Luftfahrzeug GmbH den Weltrekord im Dauerflug mit 14 Stunden und 7 Minuten. Seine Freude sollte jedoch nur von kurzer Dauer sein, denn schon vier Tage später überbot Karl Ingold die großartige Leistung Langers mit einem Flug von 16 Stunden und 20 Minuten.

Und nun begann ein hartnäckiger Kampf. Am 27. April holte der Franzose Poulet den Dauerflugrekord mit einer Flugzeit von 16 Stunden und 28 Minuten nach Frankreich zurück. Das paßte dem 21jährigen Gustav Basser nicht. Am Nachmittag des 24. Juni setzte er sich in seinen Rumpler-Doppeldecker und sagte: »Schlaft gut, heute nacht. Wenn ihr wach werdet, hab' ich Deutschland schon halb gerächt. Wetten, daß ich den Weltrekord erringe?«

Er ahnte nicht, daß der unter den Zuhörern stehende gleichaltrige Werner Landmann dachte: Abwarten, ich bin auch noch da.

›So kam es, daß sich in dieser Nacht ein Zweikampf entwickelte, von dem Basser zunächst nichts wußte‹, schrieb eine Tageszeitung. ›Denn erst als er in der Dunkelheit seine Kreise zog, rüstete sich unten sein Konkurrent, um ihm den Erfolg streitig zu machen. Wohl setzte Landmann ebenfalls Positionslichter, die beiden Piloten konnten sich aber unmöglich gegenseitig sehen. Es begann ein gefährlicher Doppelflug, der leicht mit einer Katastrophe hätte enden können. An plötzlichen und starken Böen spürte Basser mehrmals, daß er nicht allein in der Luft sein konnte, daß ein Rivale aufgestiegen sein mußte, der hin und wieder seine Flugbahn kreuzte. Er war deshalb froh, als endlich die Sonne aufging und er seinen Gegner sehen konnte.‹

Landmann hatte aber kein Glück. Als Gustav Basser nach 18 Stunden und 12 Minuten landete, hatte er den Weltrekord im Dauerflug errungen und konnte mit einem Blick auf den gewittrigen Himmel sagen: »Laßt die Hallentore nur gleich offen. Der gute Werner wird das Ziel der Klasse heute nicht erreichen. In spätestens einer halben Stunde geht der Wirbel los, dann muß er landen, ob er will oder nicht.«

Darin täuschte sich Basser. Ganz so schnell gab Landmann den Kampf nicht verloren. Er wich aus, so gut er konnte, trieb vor dem Gewitter und ließ sich über 220 Kilometer, bis nach Liegnitz, versetzen, wo er erst landete, als es wirklich nicht mehr ging. 17 Stunden und 30 Minuten hielt er sich in der Luft. Er achtete weder auf Sturm noch Böen und vollbrachte eine großartige Leistung. Den Rekord Bassers aber hatte er nicht gebrochen.

Er tat es jedoch, nachdem er sich gründlich ausgeschlafen hatte.

Schon drei Tage später, am 27. Juni 1914, um 20 Uhr 35, startete er erneut mit seinem Albatros-Doppeldecker. Stunde um Stunde kreuzte er zwischen Johannisthal und Schulzendorf, bis der letzte Tropfen Benzin verbraucht war. 21 Stunden und 49 Minuten blieb er in der Luft. Der Weltrekord Bassers war um 3 Stunden und 37 Minuten überboten.

Aber auch Landmanns Freude währte nicht lange. Denn bereits am 11. Juli 1914 gelang es dem Albatros-Piloten Reinhold Böhm, 24 Stunden und 10 Minuten in der Luft zu bleiben. Damit sicherte er sich einen Rekord, der erst 1927 durch den Ozeanflieger Charles Lindbergh gebrochen wurde.

Einen anderen Weltrekord errang der Deutsche Heinrich Oelerich drei Tage später. Oelerich hatte das Fliegen auf einem Schulze-Herfort-Eindecker erlernt und versuchte seit Jahren mit bewunderungswürdiger Ausdauer, sich auf Höhenflüge zu spezialisieren. Immer wieder startete er, immer wieder trachtete er danach, an internationale Leistungen heranzukommen. Vergebens. Ihm fehlten die notwendigen Mittel. Jetzt aber bewies er sein Können. Am 14. Juli 1914, fünf Tage nachdem Otto Linnekogel den Rekord des Franzosen Legagneux gebrochen hatte, führte er seinen 5450. (!) Aufstieg durch und erreichte mit 8100 Meter den Höhenweltrekord.

Zwei beachtliche Rekorde hatten die Deutschen errungen, den Schnelligkeitsweltrekord jedoch, den Prévot mit einer Geschwindigkeit von über 200 Stundenkilometer errungen hatte, konnten sie den Franzosen nicht nehmen.

Aber Rekord hin, Rekord her – noch waren und blieben die Franzosen führend. Die Leistungen eines Roland Garros, der am 24. September 1913 in der Nähe von St. Raphael mit einem Morane-Saulnier-Eindecker startete und nach acht Stunden auf einem Feld bei Tunis landete, war nicht zu überbieten. Unerschrocken hatte er Korsika, Sardinien und das Mittelmeer in einer Breite von 760 Kilometer überflogen.

Eine hervorragende Leistung vollbrachte auch der Schweizer Oscar Bider. Ihm gelang mit einem Blériot-Eindecker die Überquerung der Alpen in ihrer vollen Ausdehnung von Norden nach Süden und von Süden nach Norden. Zuvor war er schon von Pau, Südfrankreich, nach Madrid geflogen und hatte dabei die Pyrenäen überquert. Wenige Monate später, am 13. Juli 1913, startete er von Bern aus zum Flug nach Mailand. Er verließ Bern um 4.08 Uhr, schraubte sich hoch und nahm Kurs auf das Jungfraujoch (3500 m), das er an seiner höchsten Stelle überflog. Dann ging es weiter über das Eggishorn (2900 m), die Ortschaft Brig und das Helsenhorn (3200 m) nach Domodossola, wo Bider eine Zwischenlandung vornahm, um zu tanken. Da alles vorbereitet war, konnte er schon zehn Minuten nach der Landung wieder starten, und er erreichte Mailand um 8 Uhr, mußte aber noch bis 8.44 Uhr über der Stadt kreisen, weil der Flugplatz im Nebel lag.

Am 28. Juli trat Bider den Rückflug an. Er startete um 4.30 Uhr in

Mailand, nahm Kurs auf den St. Gotthard, der jedoch in Wolken eingehüllt war, so daß er nicht überflogen werden konnte. Bider wechselte den Kurs und flog in Richtung des Lukmaniers bis Disentis, wo er nach Westen abbog und den 2 300 Meter hohen Kreuzlipaß ansteuerte, nach dessen Überquerung er über das Maderaner- und das Reußtal nach Luzern und weiter nach Olten flog. Hier erkannte Bider, der nach Basel fliegen wollte, daß sein Betriebsstoff nicht ausreichte. Er machte deshalb im Liestal um 7.35 Uhr eine Zwischenlandung, tankte in aller Eile und konnte so schnell wieder starten, daß er Basel bereits um 8.15 Uhr erreichte.

Man muß sich immer wieder vor Augen halten, mit welchen Flugzeugen die Piloten in jenen Tagen flogen. Es waren wirklich höchst primitive Gebilde aus Holz, Leim, Leinen und Spanndrähten, und die Motoren waren alles andere als zuverlässig. Notlandungen waren an der Tagesordnung, aber das Wort ›Notlandung‹ klingt schlimmer als es in den meisten Fällen war. Für gewöhnlich mußte man hinunter, weil der Motor ›kotzte‹ oder aussetzte, doch bei den damaligen Geschwindigkeiten war es nicht allzu schwer, ein Feld zu finden, in das man ›seine Kiste hineinquetschen‹ konnte.

Der Amerikaner Cal Rodgers, ein begeisterter Flieger mit unverwüstlicher Natur und eisernen Nerven, brachte es 1911 sogar fertig, den amerikanischen Kontinent von New York bis nach Pasadena, Kalifornien, in 49 Tagen mit mehr Notlandungen als geplanten Zwischenlandungen zu bewältigen. Damit hatte er allerdings gerechnet. Als er sich mit seinem Wright-Doppeldecker auf den Weg machte, reisten seine Frau, seine Mutter und einige Mechaniker mit Ersatzteilen im Werte von 4 000 US-Dollar im Eiltempo hinter ihm her, um zur Stelle zu sein, wenn irgend etwas schiefgehen sollte. Und es ging vieles schief. Rodgers Aeroplan mußte so oft repariert werden, daß am Ziel von der ursprünglichen Maschine nur noch ein Ruder des Leitwerkes und eine Strebe vorhanden waren. Alles andere war mindestens einmal ersetzt worden. Und auch Rodgers, der die 5 100 Kilometer weite Strecke in einer reinen Flugzeit von 82 Std. 4 Min. – innerhalb von 49 Tagen – bewältigte, war nicht mehr ›ganz neu‹. Am Kopf hatte er eine beachtliche Wunde, ein Bein trug er im Gipsverband. Aber er war munter und stolz, Pasadena nach 69 Zwischenlandungen erreicht zu haben.

Die Möglichkeit, notfalls landen zu können, war dem Franzosen Roland Garros nur bedingt gegeben, als er am 23. September 1913 in der Nähe von St. Raphael an der französischen Riviera zu einem Flug über Korsika und Sardinien nach Tunesien startete. In einer Breite von 760 km wollte er das Mittelmeer überfliegen, aber sein Motor fing schon vor Korsika an zu ›meckern‹. Verständlich, daß Garros heilfroh war, als die Insel schließlich unter ihm lag. Doch er landete nicht. Solange ich Land unter mir habe, kann mir nicht viel passieren, sagte er sich. Und wenn der Motor bis zur Südspitze von Korsika durchhält, wird er auch nicht gerade ›verrecken‹, wenn ich mich zwischen Korsika und Sardinien befinde. Und wenn ich Sardinien erreicht habe, kann ich ja wieder zwei Stunden über Land fliegen, und wenn das geklappt hat, dürfte feststehen, daß das ›Meckern‹ des Motors nicht bösartig ist.

So dachte Roland Garros und flog mit einem dauernd spuckenden und schüttelnden Motor bis an die Küste von Tunesien, an der er glatt landete und befriedigt feststellte, daß er noch ein paar Minuten hätte fliegen können. Im Tank befanden sich noch ganze fünf Liter Benzin.

Roland Garros hatte zweifellos Glück gehabt, aber in der Fliegerei braucht man zunächst Glück, Glück und nochmals Glück. Sonst hat man keine Gelegenheit, Erfahrungen zu sammeln, ohne die sich schwierige Situationen nicht meistern lassen. Das Glück kommt jedoch nicht einfach daher; es muß gerufen werden. Garros rief es, als er beim ersten ›Stottern‹ seines Motors nicht verzagte, und das Glück trat an seine Seite, als er darauf verzichtete, gleich an der Küste Korsikas zu landen.

Freilich gibt es Menschen, die dauernd Glück haben, während andere vom Pech verfolgt werden. Zu letzteren gehört der deutsche Hauptmann Friederich Robitzsch, der gerne Maschinenbauingenieur geworden wäre und sich schon vor der Jahrhundertwende intensiv mit dem Problem des Fliegens befaßte. Wo immer er konnte, beobachtete er alles, was da fliegt: Vögel, Libellen, Fliegen und Schmetterlinge. Sein Auge war dadurch geschult, und als er eines Tages in einer Waldlichtung stand und honigsammelnde Bienen beobachtete, fiel ihm auf, daß eine von ihnen nie geradeaus, sondern immer mehr oder weniger im Kreise flog. Er versuchte, die Biene einzufangen, und als ihm das gelungen war, stellte er fest, daß einer ihrer Vorderflügel infolge einer Verletzung etwas heruntergebogen war. ›Verwunden‹ nannte er es und machte sich aus einem Zeitungsblatt eine ›Papierschwalbe‹, die er fliegen ließ. Danach bog er einen ihrer Flügel hinten hinab, und siehe da, sie flog nicht mehr geradeaus, sondern beschrieb einen Kreis.

Das wird man dermaleinst beim Flugzeugbau berücksichtigen müssen, sagte sich Robitzsch und ging zum Patentamt, um sich die ›Verwindung von Tragflächen‹ patentieren zu lassen. Aber das war gar nicht so einfach, weil die Herren Beamten den Sinn der Erfindung nicht begreifen konnten. Man kann sich doch nicht die Steuerung für eine Maschine patentieren lassen, die es überhaupt nicht gibt, erklärten sie nicht ganz zu Unrecht, doch Robitzsch gab nicht nach, bis ihm 1902, nach zweijährigem Kampf, das erbetene Patent unter der Nummer 155 358 erteilt wurde.

Daraufhin versuchte der glückliche Erfinder sein Patent an das Kriegsministerium zu verkaufen, das erst Jahre später hellhörig wurde, als es von der ersten Postbeförderung hörte, die Hermann Pentz durchgeführt hatte. Die zuständigen, aber noch unwissenden Herren schüttelten verständnislos den Kopf und lächelten mitleidig, als Robitzsch ihnen erklärte, daß es über kurz oder lang zum Bau von Flugzeugen kommen würde. Und nun reagierte Robitzsch anders als Garros, der beherzt mit schüttelndem Motor weitergeflogen war. Robitzsch resignierte. Er kümmerte sich nicht mehr um die Sache und zahlte keine Erneuerungsgebühren für das ihm erteilte Patent, so daß es verfiel und die Steuerung eines Flugzeuges durch Verwindung von Tragflächen ›gemeinfrei‹ wurde.

Die Jahre gingen dahin, bis eines Tages die Gebrüder Wright in Europa erschienen und ihr Flugzeug mit allem, was dazu gehörte, zum Patent anmeldeten, das ihnen auch erteilt wurde. Damit war jeder, der in Europa ein Flugzeug bauen wollte, verpflichtet, an die Gebrüder Wright eine Lizenzgebühr zu zahlen, wenn konstruktive Teile, wie beispielsweise die Steuerung mittels Verwindung, welche die Wrights verständlicherweise als ihre Erfindung ansahen, nachgebaut wurden.

Die beiden Amerikaner fielen aus allen Wolken, als ein gewisser Hauptmann Robitzsch ihr Patent mit der Begründung anfocht, die ›Verwindung von Tragflächen‹ sei seine Erfindung, und da er sein Patent verfallen lassen habe, sei seine Erfindung gemeinfrei geworden; sie dürfe somit in der ganzen Welt ohne Zahlung einer Lizenzgebühr nachgebaut werden.

Das Patentgericht entschied zunächst zu Gunsten der Gebrüder Wright, urteilte aber anders, als Robitzsch in die zweite Instanz ging und sich ihm nun einundzwanzig deutsche und französische Flugzeugfirmen anschlossen. Angesichts dieser Phalanx erklärte das Gericht die ›Verwindung‹ für gemeinfrei, ›sofern sie nicht, wie bei dem Flugzeug der Gebrüder Wright, mit dem Seitenruder gekoppelt ist‹.

Robitzsch hatte gesiegt, verlor aber ein Vermögen, weil er seine Prozeßkosten selber zu zahlen hatte. Laut Urteil wurden die Kosten des Rechtsstreites gegenseitig aufgehoben. Sein finanzieller Verlust war so groß, daß er sich bis zu seinem Tode im Jahre 1935 nicht davon erholen konnte. Wahrscheinlich hatte er gehofft, die Nutznießerin seines Prozesses, die europäische Flugzeugindustrie, würde ihm beistehen. Aber weit gefehlt. Niemand half ihm. Er hatte eben kein Glück.

Den Flug von Garros müßte man als die letzte große fliegerische Tat vor dem Ersten Weltkrieg bezeichnen, wenn es nicht einen russischen Piloten gegeben hätte, der 1914 als erster Flieger unter unendlichen Strapazen über der Arktis kreuzte, um den Versuch zu machen, die im ewigen Eis eingeschlossene ›Brussilow-Expedition‹ zu suchen: Iwan Josiphowitsch Nagurski. Mit einem Wasserflugzeug führte er von Nowaja Semlja aus fünf sensationelle Flüge durch, bei denen er sich jeweils mehr als 10 Stunden in der Luft hielt und etwa 1 100 Kilometer zurücklegte. Im Norden erreichte er das Kap Litka, und über der Barentssee drang er bis 76° 30′ nordliche Breite vor. Gewiß, vom Festland entfernte er sich nicht über 100 Kilometer, aber was sind 100 Kilometer in einer Region, in der Kälte, Schnee und Eis dominieren! Was gehört noch heute dazu, in der Arktis zu starten! Als Nagurski seine einsamen Flüge durchführte, schrieb man das Jahr 1914! Eine grandiose Tat in einem schrecklichen Jahr, das eine furchtbare Zeit einleitete: der Weltkrieg brach aus.

Plötzlich war alles auf den Kopf gestellt. Die Erde schien oben und der Himmel unten zu liegen; der Mensch wurde seines Lebens nicht mehr froh; nichts mehr war in Ordnung, nichts an seinem rechten Platz.

In den Schützengräben – hüben wie drüben – schuf der Krieg Tote, Krüppel und ›Frontschweine‹, wie sich die Männer nannten, die es nicht ›erwischte‹ und die dieses Glück mit einem jahrelangen Leben zwischen Pulver und Granaten in Dreck und Angst bezahlen mußten.

In der Heimat – hüben wie drüben – schuf der Krieg weinende Mütter, zitternde Frauen, unterernährte Kinder, Tag und Nacht arbeitende Menschen, ›Etappenschweine‹ und Kriegsgewinnler.

In den Konstruktionsbüros – hüben wie drüben – schuf der Krieg Ingenieure, die an Reißbrettern darüber nachgrübelten, wie man das Töten schneller und wirksamer machen könnte. In den Flugzeugwerften – hüben wie drüben – interessierte man sich nicht mehr für die sinnvolle Gestaltung von Querrudern, für die zweckmäßige Aufhängung von Fahrwerken oder für die Sicherheit der Piloten. Man überlegte: Wie können wir Maschinengewehre einbauen, wie Bomben unterbringen?

Und in den ›Chateaux-Schlössern‹ – hüben wie drüben – sinnierten die Flieger bei einer guten Flasche Wein, aus welcher Fluglage heraus man den Gegner am besten ›abknipsen‹ könnte. Der Geist der internationalen Flugkameradschaft war verbannt; an seine Stelle trat der Geist der Truppe. Und in der Fliegertruppe schuf der Krieg neben Toten und Krüppeln keine ›Frontschweine‹, sondern Helden – Flieger, die ›abknipsten‹.

Der Sinn des Fliegens war dahin, vorbei die Zeit, da das Fliegen noch als ein Vergnügen betrachtet wurde. Die Straße der Piloten erhielt ein beängstigendes Aussehen. Darum sollte an dieser Stelle eigentlich ein Schweigen über Jahre einsetzen. Es genügt zu wissen, daß – hüben wie drüben – Geld keine Rolle mehr spielte und die Fliegerei in einer Zeit, da der Tod regierte, ungeahnte Fortschritte machte. Und daß Adolphe Pégoud, der bereit gewesen war, sein Leben im Interesse der Sicherheit zu opfern, 1915 ›abgeknipst‹ wurde. Ihm, wie manchem anderen alten Piloten, blieb nicht die Zeit, ein Held zu werden.

Anders lagen die Dinge bei Roland Garros, der gleich nach Ausbruch des Ersten Weltkrieges wieder handelte, wie er es auf seinem Flug über das Mittelmeer getan hatte. Es war allerdings kein ›meckernder‹ Motor, über den er sich nun hinwegsetzte, er ignorierte vielmehr die Tatsache, daß man eine Luftschraube durchlöchert und sich selbst erledigt, wenn man mit einem Maschinengewehr durch einen laufenden Propeller schießt. Garros dachte natürlich nicht daran, sich selbst abzuschießen, er wollte vielmehr die in aller Seelenruhe sich über seiner Heimat tummelnden Gegner daran hindern, Stellungen zu fotografieren und Truppenaufmärsche zu beobachten. Für ihn war es ein unmöglicher Zustand, daß sich Franzosen, Deutsche und Engländer in der Luft zuwinkten und sich mehr für die Konstruktion des begegnenden Flugzeuges interessierten als für irgend etwas anderes. Aber so war es zu Beginn des Ersten Weltkrieges. Für einen Flugzeugführer war der Pilot einer anderen Nation kein Feind im üblichen Sinne des Wortes. Man kannte sich zum Teil von Flugmeetings her, dachte international und legte keinen Wert darauf, sich zu beschießen – zumal das Fliegen nachgerade genug zu schaffen machte –, und als der englische Lieutenant L. A. Strange eines Tages ein Maschinengewehr auf seine Tragfläche montierte und versuchte, ein deutsches Flugzeug anzugreifen – was ihm nicht gelang, weil die deutsche Maschine schneller stieg –, da sagte ihm sein Vorgesetzter nach der Landung: »Daß der Gegner entwischen konnte, liegt an Ihrem Maschinengewehr, das viel zu schwer ist. Lassen Sie solche Waffen gefälligst bei der Infanterie.«

Lieutenant Strange gehorchte. Ein halbes Jahr später aber, im Juli 1915, fand Captain Lanoe Hawker vom Royal Flying Corps, daß es langweilig sei, dem Feind über der Front immer nur zu begegnen, anstatt sich in ritterlichen Kämpfen mit ihm zu messen. Wie auf den Flugtagen in Reims oder beim Circuit de l'Est, wo man ja auch vom Himmel hinunterfallen konnte. Außerdem müsse dringend etwas gegen die verstärkte Aufklärung der Deutschen unternommen werden, die verschiedentlich sogar zum Bombenwurf übergegangen waren. So warf Hermann Dressler als erster einige Vier-Kilogramm-Bomben mit der Hand über Paris ab.

Captain Hawker war fest entschlossen, eine Änderung herbeizuführen, und er baute sich deshalb einen Karabiner so neben seinen Sitz ein, daß die Geschosse seitlich am Propeller vorbeiflogen. Kreuzte er den Gegner nun in einem bestimmten Winkel, so mußte dieser in die Geschoßbahn kommen. Das Zielen war natürlich nicht einfach, aber es dauerte nicht lange, da gelang es Hawker, zwei deutsche Aufklärer abzuschießen. Er war begeistert, seine Freunde beneideten ihn, und der König verlieh ihm den höchsten englischen Orden: das Victoria-Kreuz.

Aber Hawker war nicht der erste, der deutsche Maschinen angriff. Das hatte Roland Garros bereits im Februar 1915 getan, und es war ihm dabei gelungen, innerhalb von zwei Wochen fünf Flugzeuge abzuschießen. Seine Siege wurden jedoch verheimlicht, weil man verhindern wollte, daß seine Art zu schießen den Deutschen bekannt wurde. Dabei war seine Schießmethode geradezu selbstmörderisch. Parallel zur Längsachse des Flugzeuges hatte er ein Maschinengewehr so vor seinen Sitz montiert, daß er sein Ziel ohne Vorhaltewinkel anvisieren konnte. Er brauchte das Flugzeug lediglich genau auf den Gegner auszurichten und dann abzudrücken. Natürlich mußte er durch den

Propellerkreis schießen, und damit die Luftschraube nicht beschädigt wurde, schraubte er auf ihre Rückseite zwei dreieckige, eingekerbte Stahlabweiser, welche die auftreffenden Geschosse zur Seite schleudern sollten. Das taten sie auch; es ließ sich allerdings nicht vermeiden, daß etliche Geschosse in die eigene Tragfläche jagten. Garros nahm das in Kauf, und das Glück war ihm hold, bis er am 19. April 1915 wegen Motorschadens zur Notlandung hinter der deutschen Linie gezwungen wurde, wo man den gepanzerten Propeller interessiert betrachtete und den hervorragenden holländischen Konstrukteur Antony Fokker, dessen Dienste man sich gesichert hatte, herbeirief und ihn beauftragte, die Garrossche Methode nachzubauen und nach Möglichkeit zu verbessern.

Garros benützte eine günstige Gelegenheit zur Flucht, und Fokker kam der glänzende Gedanke, die Schußfolge des Gewehrs mit der Umdrehung des Propellers zu synchronisieren, d. h., das Maschinengewehr nur schießen zu lassen, wenn sich die Luftschraube in einer Stellung befand, in der sie nicht getroffen werden konnte.

Die ersten so ausgerüsteten Fokker-Eindecker erhielten Boelke und Immelmann, die nun mühelos einen Gegner nach dem anderen abschossen, und es ist nicht übertrieben, wenn man sagt, daß die Fokkersche Erfindung Deutschland bis Ende 1916 die absolute Luftüberlegenheit schenkte. Die deutsche Führung war allerdings auch so vorsichtig, das Überfliegen der Front mit synchronisiertem Maschinengewehr zu untersagen. Aber dann verflog sich eines Tages ein deutscher Pilot bei Nebel und landete auf der falschen Seite, und von diesem Zeitpunkt an dauerte es nicht lange, bis auch französische und englische Flugzeuge mit Maschinengewehren ›à la Fokker‹ ausgerüstet wurden.

Im Krieg spielt Geld bekanntlich keine Rolle, und ein Gerät, das dem Krieg zu dienen vermag, erfährt innerhalb von wenigen Monaten eine Entwicklung, die in normalen Zeiten nicht in Jahren erreicht werden könnte. Wir dürfen uns deshalb nicht darüber wundern, daß das Flugzeug, das eben noch in den Kinderschuhen gesteckt hatte, über Nacht erwachsen, somit leistungsfähig und verläßlich wurde. Es wurde freilich auch mörderisch, aber diese Eigenschaft ist ja ebenfalls nur bei Erwachsenen anzutreffen.

Geschwindigkeiten von 200 km/h waren keine Seltenheit mehr, und ein Jagdflugzeug wie die Fokker D VII stieg in zehn Minuten auf 4 000 m und verfügte über eine Gipfelhöhe von 6 000 m. Kurios an dieser Maschine war nur, daß Fokker sie, in Anlehnung an eine geniale Konstruktion von Ingenieur Hugo Junkers, mit freitragenden Flächen entworfen hatte, die der zuständigen deutschen Aufsichtsbehörde jedoch mißfielen, da sie der Überzeugung war, eine solche Konstruktion könne nicht zuverlässig sein. Sie befahl deshalb die Beibehaltung von Streben, und Fokker mußte das Gewünschte einbauen, obwohl sich die Stabilität des Flugzeuges dadurch nicht erhöhte.

Sehr zum Kummer der deutschen Piloten, die ihre Herrschaft über der Front mehr und mehr abtreten mußten. Um so bemerkenswerter ist es, daß der Kampf auch weiterhin in einer manchmal kaum glaublichen Ritterlichkeit geführt wurde. Dafür seien einige Beispiele genannt.

Als dem deutschen Jagdflieger Erwin Böhme am 28. Oktober 1916 das Mißgeschick widerfuhr, die Tragfläche seines Staffelführers Boelke, der schon 40 Luftsiege errungen hatte, so unglücklich zu streifen, daß Boelke abstürzte – im Ersten Weltkrieg wurde noch ohne Fallschirm geflogen –, warf das Royal Flying Corps einen Kranz über dem Flugplatz der Jagdstaffel Boelkes ab, welcher eine Schleife mit der Inschrift trug: ›Unserem tapferen und ritterlichen Gegner‹. Und als Freiherr von Richthofen am 21. April 1918 infolge Motorstörung mitten im Kampf abdrehen und flüchten mußte, da verfolgte ihn keiner seiner Gegner. Richthofens Schicksal war aber dennoch besiegelt. Der Kanadier Roy Brown, der nicht wußte, welchem wehrlosen Gegner er über der Front begegnete, schoß auf Richthofen und traf ihn tödlich. Als er hörte, wen er abgeschossen hatte, eilte er erschüttert zu Richthofens Leiche, und am Abend schrieb er in sein Tagebuch: ›... Plötzlich fühlte ich mich elend und unglücklich, als hätte ich ein Unrecht begangen. Keine Siegesfreude kam darüber auf, daß dort Richthofen lag, der Größte von allen. Hätte ich es gekonnt, ich würde ihn ins Leben zurückgerufen haben. Ich verfluchte den Zwang, der mich getrieben hatte.‹

Nicht nur Roy Brown war gelähmt. Das ganze englische Fliegercorps war betroffen und bestattete Richthofen unter militärischen Ehren. Und wenige Tage darauf wurde ein Bild von Richthofens geschmücktem Grab über dem Flugplatz seiner Kameraden abgeworfen.

Mehr Glück als Richthofen hatte Ernst Udet, als er 1916 mit dem Franzosen Guynemer in einen schweren Luftkampf verstrickt wurde. Über acht Minuten hatte der Kampf schon gedauert, als Udets Maschinengewehr plötzlich versagte. Guynemer sah, daß Udet verzweifelt auf seine Waffe klopfte. Er nutzte die Chance und flog dicht an Udet heran. Aber nicht, um auf ihn zu schießen. Er winkte ihm vielmehr zu.

Derartige Handlungen sind vielleicht unverständlich, wenn man nicht weiß, daß die erfolgreichen Piloten aller Nationen durch ihre persönlichen, auf den Flugzeugrümpfen aufgemalten Kennzeichen allgemein bekannt waren. In einigen Fällen genügte es schon, die Farbe einer Maschine zu sehen, um zu wissen, wer am Steuer saß. Richthofen flog beispielsweise stets ein knallrotes Flugzeug, und Udet, der bis zum Kriegsende 62 Luftsiege errang, wurde von Engländern und Franzosen an den großen Buchstaben LO erkannt, die er in Verehrung seiner Verlobten, Lo Zink, auf seinen Flugzeugrumpf hatte aufmalen lassen.

Nicht immer war es jedoch so, daß ein Gegner nur geschont wurde, weil man damit seine ritterliche Kampfweise anerkennen wollte. Es gab auch rein menschliche Gründe, und diese muß man noch höher werten.

So schoß Gill Rob Wildon, der als Bordschütze mit seinem Freund Jean Henin Aufklärung flog, eines Tages nicht auf einen deutschen Jagdflieger, der sich aus völlig unerklärlichen Gründen neben das englische Flugzeug setzte, ohne es anzugreifen. Der Deutsche kam so nahe heran, daß Wildon ihn deutlich erkennen konnte. Er trug einen Schnurrbart und sah irgendwie traurig aus.

»Schieß doch!« schrie Henin seinen Kameraden an.

Wildon brachte es nicht fertig, sein Maschinengewehr auf den Gegner zu richten. Wie gebannt blickte er in die ihm glanzlos erscheinenden Augen des Deutschen, bis dieser mit einem Male abdrehte und verschwand, wie er gekommen war.

»Warum hast du nicht geschossen?« fragte Henin seinen Freund später.

Der zuckte die Achseln. »Ich konnte nicht.«

Henin klopfte ihm auf die Schulter: »Bin ganz froh darüber.«

Piloten wollen keine Helden sein, nur Männer. Und Männer sehnen sich nach Aufgaben, die nicht auf Kriegsschauplätzen zu finden sind. Die Engländer John Alcock und Arthur Whitten-Brown bewiesen es.

Alcock hatte sich in der Fliegerei schon vor dem Krieg durch mancherlei Husarenstücke hervorgetan. 1912 hatte er mit zwanzig Jahren beim Royal Aero Club auf einem Bristol-Eindecker seinen Flugzeugführerschein erworben, kurz darauf wurde er Fluglehrer, und 1914 war er bereits Leiter einer Kunstflugschule. Kein Wunder also, daß der erst 22jährige freudigen Herzens in den Krieg zog, in dem er nichts anderes als ein großes Abenteuer sah, das ihm wie gerufen kam und geeignet zu sein schien, seinen Tatendrang zu befriedigen. Whitten-Brown hingegen war die personifizierte Ruhe und Güte, wenngleich er den Typ des blauäugigen, ein wenig steifen, aber zähen Engländers verkörperte. Er hatte eine Ausbildung als ›Flugzeug-Beobachter‹ und als ›Luftfotograf‹ erfahren und wurde, wie Alcock, zur Orientfront abkommandiert, wo er den jungen und ungestümen Piloten kennenlernte.

So unterschiedlich die beiden waren, sie wurden bald Freunde. Vielleicht, weil sie sich ergänzten; bestimmt aber, weil sie sich auf ihren langen, oft eintönigen und zum Grübeln wie geschaffenen Erkundigungsflügen in die Türkei, die sie mit schweren zweimotorigen ›Bombern‹ durchzuführen hatten, in ihren Überlegungen bei einem Punkt trafen: sie fanden ihre Flüge interessant, aber im höchsten Maße unbefriedigend.

Zu dieser Auffassung gelangten sie allerdings aus unterschiedlichen Beweggründen. Der stille Leutnant Whitten-Brown, weil er mit dem Krieg nicht fertig wurde, und der temperamentvolle Captain Alcock, weil er seinen Tatendrang am Steuer der großen und schwerfälligen Bomber zu sehr zügeln mußte. In seiner Verzweiflung hierüber begann

Oben
Ein erfreuliches Bild. Freiherr von Richthofen (links) im angeregten Gespräch mit einem soeben von ihm abgeschossenen englischen Piloten.

Mitte
Die mit zwei 360-PS-Rolls-Royce-Motoren ausgerüstete Handley Page 0/400 konnte 800 kg Bomben aufnehmen.

Unten
Dieses von Blackburn gebaute englische Großflugzeug ›Kangaroo‹ war mit zwei 250-PS-Rolls-Royce-Motoren ausgerüstet. Es besaß vorne und hinten einen MG-Stand und war dadurch schwer angreifbar.

Linke Seite: Mitte
Ein denkwürdiger Augenblick. Die mit zwei Rolls-Royce-Motoren von je 360 PS ausgerüstete Vikkers ›Vimy‹ von Alcock und Whitten-Brown hat sich in St. Johns, Neufundland, vom Boden abgehoben und fliegt ihrem Sieg entgegen.

Linke Seite: unten
John Alcock (rechts) und Arthur Whitten-Brown (links) zur Zeit ihres Atlantikflugs.

Rechte Seite: oben
Das letzte von Gotha als Fernaufklärer gebaute Riesenseeflugzeug WD 27, das mit vier überkomprimierten 175-PS-Daimler-Motoren ausgerüstet war. Sein Fluggewicht betrug 6690 kg; seine Geschwindigkeit 135 km/h.

Rechte Seite: Mitte
Das Dornier-Riesenwasserflugzeug Do Rs II besaß einen eigenstabilen Bootskörper und wurde von vier in zwei Gondeln tandemförmig eingebauten Maybach-Motoren von je 240 PS angetrieben. Aus den unteren kleinen Tragflächen entwickelten sich die späteren typischen Flossenstummel der ›Wal‹-Flugboote, die dann den Südatlantik bewältigten.

Rechte Seite: unten
Eine merkwürdige Konstruktion war das 1918 von Dornier gebaute Groß-Seeflugboot RS IV, dessen vier 270-PS-Mercedes-Motoren zwischen Boot und Tragfläche in Tandemform eingebaut waren. Die Spannweite betrug 37 Meter; Länge 22,3 Meter.

Linke Seite: unten
Vorderansicht des Linke-Hoffmann-Riesenflugzeuges RI. 1) Doppelsteuer in der Führerkanzel; 2) Luftschrauben; 3) Abstützung der Luftschraubenachse; 4) Auslegerwellen vom Zentralgetriebe zu den Propellergetrieben; 5) Auspuffrohre; 6) Wasserkühler. Das Leergewicht betrug 8000 kg; die Nutzlast 3200 kg.

Rechte Seite: unten
Die Motorenanlage des Linke-Hoffmann-Riesenflugzeuges RI. Paarweise waren die vier 275-PS-Mercedes-Motoren hintereinander angeordnet (M_1–M_4). B) Boschmagnete; P) Propellerwelle (hohl); Z) Zentralgetriebe; N) Anschlußflansch für die Luftschraubennabe. Jeder Motor hatte eine kombinierte Konus- und Klinkenkupplung.

Rechte Seite: oben
Die Vickers ›Vimy‹ nach der Bruchlandung in Clifden, Irland.

M2
M1
Z
M3
M4
P
B
B
B
N

Linke Seite: oben
Die Franzosen eröffneten den Luftverkehr Paris-London mit einem alten Breguet-Aufklärer, den man wegen der Überquerung des Ärmelkanals zusätzlich mit Schwimmern versah.

Linke Seite: unten
Das dreimotorige Curtiss-Flugboot NC 4, mit dem Leutnant Read von Neufundland über die Azoren nach Lissabon flog.

Rechte Seite: oben
Wie die Zeppelin-Werft, so baute auch die Firma Schütte-Lanz starre Luftschiffe, die im Krieg über England eingesetzt wurden. Das Foto zeigt SL 2.

Rechte Seite: Mitte
Im Januar 1915 wurde dieses Parseval-Kriegsluftschiff Pl 25 gebaut. Es war mit zwei Maybach-Motoren von je 210 PS ausgerüstet und besaß auf der Oberseite des Ballonkörpers einen Maschinengewehrstand zur Abwehr von Flugzeugangriffen.

Rechte Seite: unten
Geriet ein Luftschiff in starken Wind, dann war es rettungslos verloren. Hier sehen wir das Marineluftschiff L 49 (LZ 96), das nach einem Angriff auf England von einem Sturm abgetrieben wurde und bei Bourbonne-les-Bains in Frankreich verunglückte.

Rechts
Das Marineluftschiff L 43 (LZ 92) über dem Friedrichshafener Werftgelände.

Linke Seite: Mitte
Eine geschickte Einrichtung war der sogenannte ›Spähkorb‹, der vom Zeppelin so weit herabgelassen wurde, daß der darin sitzende und mit einem Telefon ausgestattete Beobachter die Erde sehen konnte, während sich das Luftschiff in oder über den Wolken aufhielt. Der Angreifer war dadurch nicht zu sehen.

Linke Seite: unten
Das englische Luftschiff R 34.

Rechte Seite: unten
Bei einem Vorstoß deutscher Kriegsschiffe in der Nordsee leisteten Zeppeline und Seeflugzeuge hervorragende Aufklärungsdienste.

L43

Linke Seite: oben
In den USA wurde das Boeing-Flugboot B I als erstes amerikanisches Postflugzeug eingesetzt (1919).

Linke Seite: Mitte
Die berühmte Fokker D VII war ein bevorzugtes Beutegut amerikanischer Piloten. Ihre Kunstflugeigenschaften waren unübertroffen. Das Foto zeigt eine Fokker D VII in den USA bei einem Looping, der immer noch attraktivsten Kunstflugfigur.

Linke Seite: unten
Die Fairey III D, mit der Cabral und Coutinho 1922 den Südatlantik überquerten.

Rechte Seite: oben
Viele Piloten versteckten ihre Maschinen bei Kriegsende in Heuschobern und Scheunen, um sie eines Tages wieder hervorzuholen. Hier sehen wir den bekannten Kriegsflieger Ritter von Greim vor seiner Rumpler Ru D I.

Rechte Seite: Mitte
Dieser mit einem 160-PS-Beardmore-Motor ausgerüstete Verkehrsdreidecker Avro 547 wurde 1920 in England in den Dienst gestellt. Seine Leistungen waren beachtlich. Die Reisegeschwindigkeit betrug 170 km/h; seine Landegeschwindigkeit nur 80 km/h. Voll besetzt stieg die Maschine in 15 Minuten auf 1 500 m. Der Aktionsradius betrug 820 km.

Rechte Seite: unten
Hans Albers, hier mit einer Filmpartnerin, war ein oft gesehener Gast bei der DLR. Man beachte den vor den Spanndrähten auf der Tragfläche abgestellten und mit einer zur Baldachinstrebe führenden Schnur befestigten Koffer.

RUMP

DLR

Linke Seite: Mitte
Eine der vier Douglas DT 2, hier mit Fahrwerk ausgerüstet, die im Jahre 1924 zum Flug um die Welt starteten.

Linke Seite: unten
1921 baute Dornier dieses mit einem 185-PS-BMW-Motor ausgerüstete Flugboot ›Delphin‹ in der von ihm gegründeten italienischen Lizenzfirma ›Construzioni Meccaniche Aeronautiche SA‹. Der Versailler Friedensvertrag verbot jede Weiterarbeit in Deutschland.

Rechte Seite: oben
Mit diesem in Marina di Pisa gebauten Dornier-Wal versuchte der Italiener Locatelli, rechts auf dem Boot, 1924 den Nordatlantik zu überqueren.

Rechte Seite: Mitte
Das von der US-Navy entwickelte Flugboot PN 9-1. Auf diesem Foto sind die ›Stufen‹ unter dem Rumpf gut zu erkennen.

Rechte Seite: unten
Locatelli im Anflug auf den Horna-Fjord.

U.S.NAVY
1

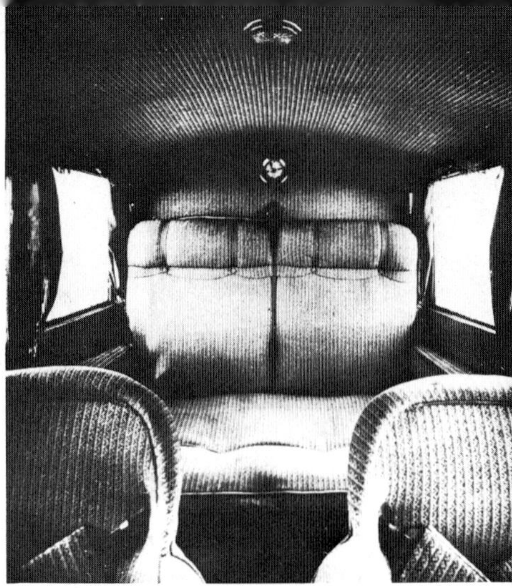

Linke Seite: oben
Die Kabine der viersitzigen Junkers F 13 war heizbar. In ihr durfte geraucht werden.

Linke Seite: Mitte
Das erste Ganzmetallverkehrsflugzeug war die auf den Namen ›Annelise‹ getaufte Junkers F 13, die wir hier nach ihrem Höhenrekordflug sehen, bei dem sie am 13. September 1919 in 86 Minuten mit 8 Personen auf 6750 m stieg. Ausgerüstet war die Maschine mit einem 185-PS-BMW.

Linke Seite: unten
Erstaunlich war das viermotorige Rohrbach-Riesenflugzeug, das vom Zeppelin-Werk in Staaken 1919/20 gebaut wurde. Seine Spannweite betrug 31 m. Der Einstieg befand sich vorne im Bug.

Rechte Seite: oben
Am 13. Oktober 1922 errang E. Mitchell in Detroit, USA, mit diesem Curtiss-Renndoppeldecker R 6 den Geschwindigkeitsweltrekord mit 358,8 km/h. Auch der Motor war von Curtiss; er leistete 400 PS.

Rechte Seite: Mitte
Mit diesem Nieuport-Doppeldecker stellte der Franzose Sadi-Lecointe zwei Höhenweltrekorde auf. Am 5. September 1923 erreichte er eine Höhe von 10741 m und am 30. Oktober 1923 11145 m. Ausgerüstet war die Maschine mit einem 320-PS-Hispano-Suiza-Motor.

Rechte Seite: unten
Den Geschwindigkeitsweltrekord verbesserte Alfred J. Williams am 4. November 1923 mit dieser Curtiss R2 C-1 auf 429,025 km/h.

Oben
Amundsens mit Schneekufen ausgerüstete Junkers F 13.

Mitte
Über Spitzbergen. Eines der hervorragenden Fotos, die der Schweizer Mittelholzer machte.

Unten
1923 sammelte Mittelholzer auf einem 1 000-Kilometer-Flug über der nördlichen Eiswelt wertvolles Bildmaterial für Wissenschaft und Forschung. Hier sind Mittelholzer und der Pilot Neumann mit ihrer Junkers F 13 in der Advent-Bai gelandet.

er damit, sich selbst die schwierigsten Navigationsaufgaben zu stellen. Und als er sah, daß er sie mit wachsender Meisterschaft löste, dachte er eines Tages: Wenn der Krieg vorbei ist, sollte ich einen regelrechten Luftverkehr aufziehen. Mit einem Fahrplan wie bei der Eisenbahn, pünktlich auf die Minute. Kleckerstrecken kommen natürlich nicht in Frage – wenn schon, dann will ich über Länder und Meere fliegen, von Kontinent zu Kontinent!

Der internationale Luftverkehr wurde in ihm zur fixen Idee, und von Stund an konnten ihn Kriegsflüge nicht mehr befriedigen.

Aber er tat seine Pflicht, genau wie Whitten-Brown und alle anderen.

Doch kaum war der Krieg zu Ende, da erklärte er jedem, der es hören wollte, daß sich das Flugzeug schon in absehbarer Zeit zu einem Völker und Kontinente verbindenden Verkehrsmittel entwickeln werde.

Die meisten seiner Kameraden grinsten oder lachten, wenn sie ihn so reden hörten.

Das brachte ihn eines Abends so sehr in Rage, daß er aufbrauste und rief: »Haltet mich ruhig für blöd – wir werden es ja sehen! Damit ihr aber nicht lange zu warten braucht, werde ich euch den Beweis dafür liefern, daß eine Überquerung des Atlantiks schon heute möglich ist!« Sprach es, drehte sich um und lief davon.

»Er spinnt«, sagte einer seiner Kameraden.

»Na ja«, meinte ein anderer, »die dauernde Fliegerei . . . Er hat halt einen kleinen Dachschaden mit nach Hause gebracht.«

Sie ahnten nicht, daß Alcock und Whitten-Brown sich bereits seit Wochen auf einen Ozeanflug vorbereiteten, den sie mit einem alten Bomber durchführen wollten.

Alcock beschleunigte die Vorbereitungen nun so sehr, daß das ehemalige Militärflugzeug schon Anfang Mai 1919 nach St. Johns auf Neufundland transportiert werden konnte. Dort angekommen, duldete er keine Pause. Tage und Nächte verbrachte er mit Whitten-Brown, einigen Monteuren, Schlossern, Schreinern und Tapezierern in einer primitiven Halle, um die Maschine nach eigenen Plänen umzurüsten. Zusatztanks mußten geformt und eingebaut werden, Leitungen waren zu verlegen und Pumpen zwischenzuschalten. Die größte Sorge aber bereitete ihm das Fahrgestell, weil Benzin für 22 Flugstunden mitgenommen werden mußte. Wie sollten die Räder eine derartige Last federnd tragen?

Aber noch etwas war da, das ihm schlaflose Nächte bereitete. In der Halle stand neben der von ihm erworbenen zweimotorigen Vickers-Vimy ein Martinsyde-Doppeldecker, mit dem die englischen Piloten Raynham und Morgan den gewaltigen Sprung über den Ozean riskieren wollten. Und dahinter wurde an einer mit einem 350-PS-Rolls-Royce-Motor ausgerüsteten Sopwith gearbeitet, mit der die Australier Hawker und Grieve ihr Glück zu machen hofften. Whitten-Brown und er waren also nicht die einzigen, die einen Atlantikflug planten. Gelang es einem der Konkurrenten, das Ziel vor ihnen zu erreichen, dann konnten sie sich bestenfalls noch als Tellerwäscher betätigen. Denn sie hatten Schulden gemacht, die nur zu tilgen waren, wenn sie den von der Daily Mail für die ›Erste Überquerung des Atlantiks ohne Zwischenlandung‹ ausgesetzten Preis in Höhe von 10000 Pfund gewannen.

Alcock wurde nervös.

»Wir müssen ruhig bleiben!« ermahnte ihn Whitten-Brown. »Erzwingen kann man nichts. Wenn wir uns jetzt hetzen lassen, machen wir Fehler, die wir nie wieder korrigieren können. Wir richten uns nach unseren Plänen und nach nichts anderem. Und wenn wir hundertmal Pleite machen!«

Dem besonnenen Whitten-Brown war es zu verdanken, daß sie in Ruhe weiter arbeiteten und sich durch nichts beirren ließen.

Am 18. Mai 1919 aber weiteten sich ihre Augen: Raynham und Morgan machten sich startbereit.

»Das ist Wahnsinn«, erboste sich Alcock. »Wie soll das gutgehen? Nicht einmal einen Probeflug haben sie gemacht. Sie können ihre Maschine doch nicht einfach bis obenhin volltanken und munter drauflos starten.«

Was Raynham und Morgan unternahmen, grenzte wirklich an Wahnsinn. Wie eine lahme Ente holperte ihre Martinsyde über die Startfläche. Keinen Zentimeter kam sie hoch.

Was nützte es, daß Alcock rief: »Gas raus!«, als er erkannte, daß das Flugzeug nicht rechtzeitig abheben würde, Raynham konnte ihn nicht hören und hätte wahrscheinlich auch nicht auf ihn gehört. Er machte den größten Fehler, den ein Pilot beim Start machen kann: mit einem Ruck riß er die überladene Maschine vom Boden. Etwa zwei Meter kam sie hoch, dann sackte sie durch, schlug auf und war im nächsten Augenblick ein in eine Staubwolke gehüllter Trümmerhaufen.

Aber nicht genug damit; der Tag schien es in sich zu haben. Denn Hawker und Grieve, die als Kriegsflieger große Erfahrungen im Langstreckenflug gesammelt hatten, schoben ihre Sopwith unmittelbar nach dem mißglückten Versuch der englischen Kameraden aus der Halle, ließen sie volltanken und – starteten. Es war, als handelten sie in Trance, als glaubten sie, daß sich ihnen nunmehr *die* Chance ihres Lebens biete.

Mit bleichen Gesichtern beobachteten Alcock und Whitten-Brown den Start. Zunächst sah es aus, als käme die Maschine nicht frei, dann hob sie sich jedoch, stieg Meter um Meter, sackte aber plötzlich wieder durch.

Gewitzt durch den Fehler Raynhams drückte Hawker augenblicklich auf ein Feld hinab, das er gerade überquerte. Das Manöver gelang. Er gewann Fahrt und konnte die Maschine wieder steigen lassen.

»Du lieber Himmel!« stöhnte Alcock.

Whitten-Brown klopfte ihm auf die Schulter. »Die Würfel sind gefallen – so oder so. Ich bin nicht traurig darüber. Wir können jetzt wenigstens in Ruhe weiterarbeiten.«

»Und wenn sie den Preis gewinnen?«

»Dann machen wir ein dummes Gesicht und starten dennoch!«

Zwei Tage später wußten sie, daß Hawker und Grieve nicht in Europa angekommen waren. Was geschehen war, vermochte niemand zu sagen.

Verständlich, daß Alcock und Whitten-Brown still wurden und bedrückt an ihrem riesigen Doppeldecker arbeiteten, an dessen verspannten Stielpaaren zwischen den Tragflächen zwei 350-PS-Eagle-VIII-Rolls-Royce-Motoren hingen.

Blindfluginstrumente gab es noch nicht. Auch kein für ein Flugzeug geschaffenes Navigationsgerät. Aber sie besaßen zwei Schiffskompasse, die sie neben dem Führersitz einbauten. Und einen Sextanten, mit dem sie die Sonne oder Sterne ›anschießen‹ wollten, um ihren Standort festzustellen. Um dieses zu ermöglichen, schnitten sie ein Loch in den Rumpf, das sie mit einer Klappe abdeckten, die Whitten-Brown, der die Navigation übernehmen sollte, zu gegebener Zeit öffnen und schließen konnte. Der Rumpf war groß genug, um darin stehen und gehen zu können. Die Verständigung war also gesichert.

Außerdem verfügten sie über ein imponierend großes Steuerrad, und John Alcock besaß ein ansehnliches Muskelpaket. Seine Arme würden nicht so schnell erlahmen, auch nicht, wenn sie in ein böiges Gebiet kommen sollten.

Darüber hinaus hatten sie sich mit einem Meteorologen der Seewetterwarte angefreundet, der ihnen Bescheid geben wollte, wenn eine frische Brise von West nach Ost wehen würde, die die Eigengeschwindigkeit des Flugzeuges – sie betrug 140 Stundenkilometer – erhöhen sollte.

Alles hatten sie bedacht, bedrückend aber war das Wissen, daß Hawker und Grieve verschollen blieben.

Erst am 26. Mai, acht Tage nach dem Start der Australier, erhielten sie die Nachricht, daß die Funkstelle Butt auf den Hebriden am 25. gemeldet hatte: ›Ostwärts fahrender Dampfer »Mary« signalisierte: »Zwei Ozeanflieger 70 Kilometer vor der Irischen Insel aufgefischt. Die Piloten steuerten das zufällig gesichtete Schiff an, weil ihr Motor unregelmäßig lief. Das Flugzeug sank bereits acht Minuten nach der Wasserung.«‹

Alcock war wie verwandelt. »Stell dir vor, Arthur«, jubelte er, »bis auf 70 Kilometer sind sie an Irland herangekommen! Ich sage dir, wir schaffen es! Dem guten Hawker sind womöglich die Nerven durchgegangen. Mit meinen Nerven und unseren zwei Motoren werden wir unser Ziel erreichen.«

Am 15. Juni, die Vickers-Vimy stand startbereit in der Halle, meldete der Meteorologe: Ostwind, 25 Stundenmeilen.

Alcock zitterte wie ein Rennpferd vor dem Start. »Los!« rief er. »Öffnet die Hallentore! Raus mit dem ›Dampfer‹!«

In aller Eile packten sie ihre Sachen, und um 16 Uhr 28 waren sie so weit, daß Alcock das Flugzeug am äußersten Ende des Rollfeldes gegen den Wind drehen konnte. Über den ganzen Platz hatten sie in Abständen von 300 Fuß Schilder ausgesteckt, die ihnen die jeweils zurückgelegte Strecke anzeigen sollten.

Alcock blickte zu dem hinter ihm stehenden Whitten-Brown hoch. »Fertig?«

Der nickte.

»God save the king!« Er schob die Gashebel vor.

Die Motoren dröhnten. Das Flugzeug setzte sich beängstigend langsam in Bewegung; die ›bis zum Stehkragen‹ gefüllten Tanks machten sich bemerkbar.

Alcock sah den Markierungen entgegen, ohne den Fahrtmesser außer acht zu lassen. Als die Maschine einigermaßen in Schwung gekommen war, rief er: »1 500 Fuß! Unsere Geschwindigkeit beträgt noch keine 50 Meilen.«

»Ruhig Blut!« erwiderte der stets beherrschte Whitten-Brown. Gelassen, als ginge es ihn nichts an, schaute er zum Platzrand hinüber.

Alcocks Gesicht rötete sich. »1 800! 55 Meilen! Bei 2 100 müßten wir 70 haben.«

»Durchhalten, John! Wir kommen frei, wenn du nicht ziehst! Denk an Raynham und Morgan!«

Der Fahrtmesser zeigte 60 mph. Die Markierung 2 100 flog vorbei.

»Kannst auch an deinen Luftfahrtplan denken«, fuhr Whitten-Brown gleichmütig fort.

Alcock wußte, daß es kein Zurück mehr gab. Entweder kamen sie jetzt hoch, dann war es geschafft, oder Hunderte von Gallonen Benzin ergossen sich über sie. Er schwor sich, das Höhensteuer um keine Sekunde zu früh anzuziehen.

65 mph! Die letzte Markierung jagte dahin, der Platzrand war zum Greifen nahe. Nur noch 300 Fuß, lächerliche 100 Meter trennten sie von einigen Büschen, die das Rollfeld begrenzten.

Und wenn die Räder sie zerfetzen, dachte Alcock.

200 Fuß! 100! – 70 mph! Das Gestrüpp schien zu wachsen. Rechts und links drohten Bäume.

Whitten-Brown spitzte den Mund. Seine blauen Augen weiteten sich. Er stemmte sich gegen eine Strebe.

Alcock zog das Höhenruder.

Die Maschine hob ab, strich über die Büsche, stieg – Meter um Meter.

Keinen Ton konnten sie hervorbringen.

Alcock drückte erneut an und ließ das Flugzeug in Bodennähe dahinjagen. Fahrt ist das halbe Leben, dachte er. Die andere Hälfte ist Glück.

Oder Angabe.

Der Geschwindigkeitsmesser zeigte 80 mph. Er ließ die Maschine steigen: 100 Fuß! 150! Nochmals drückte er nach. Lieber tief, aber mit der notwendigen Geschwindigkeit fliegen. Das Flugzeug holte auf: der Zeiger des Fahrtmessers rückte der Zahl 90 entgegen; 140 km/h!

Die Hand Whitten-Browns legte sich auf die Schulter des Piloten.

Der blickte zurück. »Erleichtert?«

»Ich glaube, ich muß meinen Pullover ausziehen.«

Sie holten zu einer weiten Kurve aus, überflogen den Startplatz und grüßten zu den Hilfsmannschaften hinunter, die begeistert ihre Tücher schwenkten. Dann nahmen sie Kurs auf England, Kurs über den mehr als 3 000 Kilometer breiten Atlantischen Ozean.

Gut 300 Meter waren sie hoch, als sie die Küste überflogen. Die Motoren klangen vertrauenerweckend. Das Meer war aufgewühlt; dunkel und drohend lag es unter ihnen. Es störte sie nicht. Im Gegenteil. Der helle Gischt zeigte, daß ein kräftiger Nordost sie mit 40 bis 50 km/h nach Westen trug. Sorgenvoll betrachteten sie nur die Wolken, die sich grau dahinwälzten.

Alcock mußte unablässig ›Verwindung‹ geben, um Böen auszugleichen. Dabei hatte er auch das Seitensteuer zu betätigen, da das in der Drehung um die Längsachse labile Flugzeug nur träge reagierte. Er blickte auf die beiden Kompasse, die neben ihm standen. Sie pendelten und drehten. Immer wieder schätzte er den anliegenden Mittelwert und korrigierte er den Kurs.

Nach einer Weile wies er nach vorn. »Die Wolken sinken weiter ab. Dürfte eine schöne Schaukelei werden.«

Whitten-Brown nickte. »Alles Gute ist selten beisammen.«

»Danke für den Trost.«

»Gern geschehen.«

Über eine halbe Stunde flogen sie unter der Wolkendecke. Die Ruderausschläge wurden größer. Alcock bemühte sich, die immer heftiger werdenden Stöße zu parieren. Die Böigkeit wuchs und erreichte eine Stärke, daß er manchmal befürchtete, das Flugzeug nicht wiederaufrichten zu können. »Arthur!« rief er.

Whitten-Brown schnallte sich los und versuchte nach vorne zu gelangen. Obwohl er sich dabei an Streben festhielt, ging er einige Male in die Knie.

»So geht's nicht, Arthur. Arme und Hände erlahmen, ich zieh' rauf. Wir müssen versuchen, über die Wolken zu kommen.«

»Kann ich etwas für dich tun?«

»Gib mir meinen Schal. Und die Handschuhe!«

Whitten-Brown hatte zusätzliche Kleidungsstücke neben dem Führersitz eingeklemmt. Er legte Alcock einen wollenen Schal um und streifte ihm Fäustlinge über. »Die Waschküche wird dick sein.«

Der Pilot nickte. »Hoffe in 7 000 Fuß herauszukommen.«

»Bring uns an die Sonne, und ich belohne dich mit einer exakten Standortbestimmung.«

»Well. Melde dann aber hundert Meilen Rückenwind!«

»Fünfzig wären auch annehmbar.«

Ihre Hoffnung sollte sich nicht erfüllen. Über eine Stunde schaukelten sie im undurchsichtigen Wasserdampf. Beängstigend pfiffen die Spanndrähte und heulten die Motoren, wenn sich das Flugzeug, das in den Wolken nur nach dem Fahrtmesser und Kompaß gesteuert werden konnte, nicht rechtzeitig wiederaufrichten ließ. Verzweifelt dachte Alcock dann: Man müßte ein Gerät haben, das die Lage der Maschine anzeigt. Gewiß, Gefühl muß der Flieger im Gesäß haben, ich pfeif' aber auf Gefühle ohne relative Anhaltspunkte.

Die Borduhr, die sie gleich nach dem Start auf die Mitteleuropäische Zeit vorgestellt hatten, zeigte 19 Uhr 05, als sie eine ›Zwischenschicht‹ erreichten.

Whitten-Brown schaute zu der über ihnen liegenden Wolkendecke hoch. Aus ist es mit der Navigation, dachte er. Und die Kiste liegt jetzt so schön ruhig. Er schnallte sich los und ging vor.

Alcock spreizte die Hände und rieb sich die Finger. »Bringst du das ›Besteck‹?« foppte er.

»Ich hätt' zu Hause bleiben können.«

»Meinst du?«

»Sieht so aus.«

»Wieviel Meilen werden wir bis jetzt zurückgelegt haben?«

»Wenn der angenommene Wind stimmt, machen wir ungefähr 110 bis 120 Meilen in der Stunde. Es werden also etwa 180 Meilen sein.«

»Und wieviel liegen noch vor uns?«

»Weißt du doch: rund 1 820!«

»Aha! Fühlst du dich angesichts dieser Entfernung noch als Ballast?«

Whitten-Brown sah den Kameraden an. »Hoffentlich kann ich bald ein Besteck nehmen. Du rackerst dich ab und ich . . . möchte doch auch etwas zu tun haben!«

Alcock klopfte dreimal gegen den Holzrahmen des Kabinenvorbaues.

Whitten-Brown zuckte die Achseln. Er ahnte nicht, was ihn erwartete. Sonst wäre er wahrscheinlich sehr erschrocken gewesen.

Zunächst jedoch rannen die Stunden ohne besondere Ereignisse dahin. Alcock erkannte, daß die über ihnen liegende Wolkendecke nicht allzu mächtig sein konnte. In der Hoffnung, von dort durch Lücken den Himmel erspähen zu können, wechselte er in eine 600 Meter höher liegende Zwischenschicht hinüber, die jedoch bald mit einer weiteren Wolkenbank zusammenwuchs, so daß er das Flugzeug nochmals steigen lassen mußte. Er tat es nicht ungern, da keinerlei Böigkeit herrschte und sie hoffen durften, daß der Wind mit zunehmender Höhe auffrischte.

Aber auch die heranrückende Nacht ließ es wünschenswert erscheinen, die Wolken so weit wie möglich unter sich zu lassen. Alcock war sich darüber im klaren, daß er – nur mit Taschenlampen versehen – niemals längere Zeit hindurch würde ›blindfliegen‹ können. Der Tanz der Kompasse machte ihm schon so genügend zu schaffen. Wie würde es erst werden, wenn er in der Nacht turbulente Strecken durchfliegen mußte? Zudem war es dringend notwendig, eine Standortbestimmung zu erhalten. All ihre Berechnungen basierten auf Vermutungen, auf geschätzten Werten. Sie mußten ihre Geschwindigkeit kennenlernen und die möglicherweise eingetretene Abdrift ermitteln.

20 Uhr 30! Der Höhenmesser zeigte 11 000 Fuß, gut 3 000 Meter. Es wurde kühl. Alcock schüttelte sich. Mißmutig suchte er die höher liegende Wolkendecke ab. Nichts, keine Lücke. Im Osten rückte die Nacht wie eine blauschwarze Wand heran.

Whitten-Brown brachte Taschenlampen und befestigte sie über den Instrumenten und Kompaßrosen. »Möchtest du Schokolade?«

»Danke.«

»Solltest etwas zu dir nehmen, John!«

»Mag nicht.«

»Und warum nicht?«

»Es macht mich nervös, daß wir unseren Standort nicht kennen.«

»Wie lange sind wir geflogen?« Whitten-Brown tat gelangweilt.

»Dumme Frage: drei Stunden.«

»Und wie lange werden wir fliegen müssen?«

»Achtzehn, neunzehn Stunden. Aber was soll das?«

»Darf ich zurückgeben, was du mir vorhin sagtest?«

Alcock grinste. »Hast recht. Geh schlafen.«

Die Nacht brach herein. Nichts war mehr zu sehen: keine Wolken, kein Wasser, kein Himmel. Die spärlich erhellten Instrumente wirkten gespenstig. Nur der Motorenlärm erinnerte daran, daß die Maschine flog und nicht auf dem Boden stand.

Stunden verrannen. Es wurde empfindlich kalt. Mitternacht strich vorüber, als die beiden Männer plötzlich zusammenfuhren. Der gleichmäßige Lauf der Motoren wurde jäh unterbrochen. Eine Maschine stockte, setzte wieder ein und stockte erneut.

Whitten-Brown rannte nach vorn. »Was ist, John?«

Der starrte auf die Drehzahlmesser. »Backbord fällt ab!«

Vorsichtig nahm er den Gashebel zurück und schob ihn wieder vor. Einige Sekunden lief der Motor ruhig, dann sank die Nadel, pendelte und fiel zurück. Draußen platschte und knallte es.

»Ventil?« fragte Whitten-Brown.

Alcock schüttelte den Kopf, nahm nochmals Gas zurück und schob den Hebel erneut vor. Der Motor wurde ruhig, setzte kurz darauf jedoch wieder aus. »Das gleiche!« Er preßte die Lippen aufeinander.

»Was kann es sein?«

»Ist doch Wurscht. Was nützt uns das Wissen? Unser Traum fällt ins Wasser – wir leider auch!«

Der Motor raste los und setzte erneut aus.

»Wenn er auf Touren kommt, klingt er gesund.«

»Das ist es ja!« schrie Alcock wütend. »Er ist in Ordnung! Wahrscheinlich scheitern wir an einer lächerlichen Eisschicht, die sich am Ansaugstutzen gebildet haben wird. Er kriegt keinen Sauerstoff, nur noch Benzin! Könnten wir landen, wäre der Schaden bei laufendem Motor mit einem Handgriff behoben! Wenn wir jetzt eines von den großen deutschen See- oder Riesenlandflugzeugen hätten, deren Motoren zum Teil während des Fluges gewartet werden können . . .«

»Wie wär's, wenn wir tiefer fliegen würden?« unterbrach Whitten-Brown den Kameraden im Bestreben, ihn in die Wirklichkeit zurückzuführen.

»Leicht gesagt.« Alcock sah vor sich hin. »Uns wird wohl nichts anderes übrigbleiben. Ob ich den Kasten aber stundenlang in den Böen halten kann?« Er zeigte auf die Kompasse. »Richte dich mal nach den verflixten Dingern, wenn du ins Schmieren gekommen bist und nichts siehst. So schnell wie die sich dann drehen, kannst du gar nicht sehen!« Er schlug auf das Steuer. »Verdammter Mist!«

Ich muß einen Ausweg finden, sagte sich Whitten-Brown. Jetzt kann ich mich nützlich machen. Mein Sextant liegt ohnehin nutzlos im Rumpf. Ein verwegener Gedanke kam ihm. »John!« rief er. »Ich klettere raus und schlag das Eis vom Vergaser!«

»Bist du wahnsinnig?«

»Ich weiß nur, daß ich es tun muß!«

»Vom Rumpf aus kommst du doch gar nicht an den Motor heran!«

»Wie sich so was rumspricht!«

Draußen knallte es. Aus dem Auspuff schlugen lange Flammen. Whitten-Brown ergriff die im Durchgang hängende Taschenlampe, öffnete die Schnalle seiner Armbanduhr, schob den Riemen durch den Aufhänger der Lampe und band die Uhr wieder um.

»Du kannst unmöglich auf die Tragfläche hinausklettern!«

»Hab' noch nie gehört, daß dabei einer hinuntergefallen ist. Oder?«

»Mach keinen Unsinn, Arthur!«

Der hob den Arm und ließ die Lampe baumeln. »Schön, was?« Er streckte dem Freund die Hand entgegen. »Das Flugzeug wird drehen, wenn ich draußen bin. Halte dagegen. Ich werde versuchen, mich möglichst klein zu machen.«

»Du willst wirklich . . .?«

»Freu' mich erstmalig über das Vorhandensein von Spanndrähten und Streben. Nun weiß ich wenigstens, wozu die Dinger gut sein können.«

»Um alles in der Welt, Arthur . . .«

»Bye, John!« Er schnallte seine Kopfhaube fest und zog die Handschuhe aus, weil er befürchtete, durch sie behindert zu sein. Dann öffnete er eine im Rumpf eingelassene Luke. Scharfer Fahrtwind schlug ihm entgegen; es heulte und pfiff in den Spanndrähten. Der Motor dröhnte, stotterte, knallte. Flammen schlugen aus dem Auspuffstutzen.

Er richtete den Lichtkegel nach draußen, sah die Tragfläche, den ölverschmierten Motor und den Propeller, der wie eine silberne Scheibe glänzte. Kalt und nüchtern betrachtete er alles, erst dann ergriff er einen der an der Decke befindlichen Bügel, umklammerte ihn, streckte ein Bein durch die Öffnung und schob das andere nach.

Eisiger Wind peitschte die Füße zur Seite. Er hielt dagegen, so gut er konnte, ließ sich herab, zwängte den Unterleib durch die Luke und begann sich zu drehen. Dabei trachtete er danach, weiter nach unten zu rutschen, um die Tragfläche zu erreichen und Halt zu gewinnen. Doch nur die Fußspitzen vermochten sie zu berühren. Macht nichts, dachte er. Dann muß es eben so gehen. Hauptsache, ich fühle sie schon. Er winkelte die Arme auseinander, um nicht herausrutschen zu können, gab den Bügel frei und drehte sich, bis er auf dem Leib in der Öffnung hing. Behutsam setzte er die Füße auf die mit Sperrholz beplankte Fläche und schob sich langsam nach draußen.

Immer stärker erfaßte ihn der Fahrtwind. Er stemmte sich dagegen, stellte die Füße in Flugrichtung und hielt sich am Rand der Luke fest. Er glaubte nicht atmen zu können, zu mächtig traf ihn der Luftstrom. Die Augen tränten. Er senkte den Kopf und beugte sich gegen den Wind. Nur zögernd nahm er seine Hand von der Öffnung, um sich die Brille herunterzustreifen. Hättest du auch vorher tun können, dachte er dabei.

Im nächsten Augenblick beschlich ihn eine Vorstellung, die ihn fast lähmte. Er bildete sich ein, sich loslassen zu müssen. Immer stärker wurde das Gefühl, den Händen keine Befehle mehr erteilen zu können. Er lehnte sich nicht dagegen auf, spürte, daß in der Erstarrung etwas lag, was er bisher nicht kannte: das Schwinden des Selbstvertrauens, in das sich deutlich spürbar eine unerklärliche Lust, sich aufzugeben, mischte.

Sein Herz fühlte sich an, als wäre es von einer eisernen Klammer umschlossen. Er rang nach Luft, reckte und drehte den Kopf. Helle Punkte tanzten vor den Augen. Der Lichtkegel der Taschenlampe pendelte, fiel auf den Rumpf, auf die Spanndrähte und Stiele ...

Erneut gewahrte er die Punkte. »Sterne!« schrie er und konnte im selben Moment wieder denken. Verdammt, ausgerechnet jetzt! Hoffentlich verschwinden sie nicht, steht uns mehr als nur dieses eine Wolkenloch zur Verfügung. Ich muß eine Standortbestimmung machen.

Er hob den Arm, tastete nach einem Spanndraht. Der Fahrtwind schlug die Hand zur Seite. Verfluchter Druck! Sein Gesicht brannte, die Wangen wurden gepreßt. Licht irrte durch die Nacht.

Endlich hatte er den Spanndraht erfaßt. Wie eine Zange umklammerte er ihn. Erneut befiel ihn die Vorstellung, sich loslassen zu müssen.

Fort mit dem Gedanken, beschwor er sich. Fort mit dem Gedanken!

Er löste den Griff der rechten Hand, stieß sich vom Rumpf ab, schnellte den Arm herum, suchte Halt und – griff ins Leere. Augenblicklich faßte er nach dem Draht, an dem er sich schon hielt. Er rutschte. Ein Fuß drückte das Sperrholz ein, auf dem er stand. Er schob das Bein vor die Verspannung. Wenn die reißt, ist es aus, dachte er. 11 000 Fuß durch Nacht und Nebel sind auch ein Weg zum Friedhof.

Er fühlte seine Kräfte zurückkehren, drehte das linke Handgelenk und versuchte den Lichtkegel auf das nächste Kabel zu richten. Als er es sah, stieß er den Arm vor und stand gleich darauf zwischen den Spanndrähten.

Großartig, man muß es nur heraushaben, dachte er. Und muß den Rücken dem Wind zukehren.

Noch zweimal mußte er zwischen Spanndrähten wechseln, dann atmete er auf. Er hatte eine stabile Verstrebung erreicht. Der stotternde Koloß lag in greifbarer Nähe. Die Drehzahl schnellte hoch und fiel wieder ab. Aus den Auspuffstutzen schlugen gelbrote Flammen.

Er leuchtete den Block ab, sah die Kipphebel, die wie Röcke hüpfender Mädchen wippten. Die Ventilfedern erinnerten an Zwerge, die pausenlos auf kleine Ambosse schlagen.

Das Licht glitt herab und fiel auf den Vergaser. Whitten-Brown staunte. Daß der überhaupt noch arbeitet. Ein dicker Eismantel lag vor der Ansaugöffnung. Wie herankommen, überlegte er. Eineinhalb Meter waren noch zu überwinden. Dazwischen lag nichts Greifbares, wirbelten nur vom Propeller gepeitschte Luftmassen.

Um besseren Halt zu gewinnen, stellte er ein Bein gegen das Stielende, dann versuchte er das Eis fortzutreten. Der Luftstrom schleuderte den Fuß zur Seite, noch bevor er den Motor erreicht hatte. Ein neuer Versuch. Der Wind fegte dagegen. Noch einmal. Es gelang nicht. Na schön, resignierte er und richtete den Lichtkegel auf die Tragfläche. Deutlich zeichnete sich der unter dünnem Sperrholz liegende Holm ab. Kurz entschlossen trat er mit dem Absatz in die Verkleidung. Das wäre das erste Loch! Er schob sich weiter vor und trat nochmals zu. Und dies das zweite! Sich an der Verstrebung haltend, ging er in die Knie, legte sich auf den Bauch, griff in die zunächst geschlagene Öffnung, brach Sperrholz weg, bis er den Holm fühlte, und zog sich vor.

Einen Augenblick verharrte er untätig, um zu verschnaufen. Dann suchte die andere Hand das zweite Loch, krallte sich darin fest, und er rutschte weiter an den Motor heran. Nur sein Oberschenkel lag noch am Stiel. Der Körper war nun ungeschützt und mußte von einer Hand gehalten werden, weil die andere zum Vergaser hinübergreifen sollte. Noch einmal versuchte er, den Motor anzuleuchten; er hatte keine Vorstellung mehr, in welche Richtung er die freie Hand bewegen sollte. Es gelang ihm nicht. Er lag im Propellerstrahl, und der Lichtkegel der baumelnden Lampe ließ sich nicht dirigieren. Das Eis schlage ich dennoch ab, dachte er. Und wenn ich hinuntersausen sollte – Alcock wird auf alle Fälle das Ziel erreichen!

Er tastete in die Dunkelheit und hatte Glück. Schon nach kurzem Suchen fühlte er den Vergaser. Wenn er jedoch geglaubt hatte, daß die Arbeit nun schwierig werden würde, so sah er sich angenehm überrascht. Denn kaum stieß er gegen die Eiskruste, da fiel sie ab, zerbrach und stob davon, als habe sie nie existiert. Der Motor donnerte, der Luftstrom wuchs, und aus den Auspuffen züngelten wieder magisch blaue Flammen.

»God save the king!« stöhnte er und begann damit, sich behutsam zurückzuschieben.

Der Rückweg kam ihm wie ein Spaziergang vor, obgleich er um nichts leichter war. Dennoch versagten ihm fast die Beine, als er den Rumpf erreichte.

»Arthur!« hörte er Alcock rufen, noch bevor er durch die Luke gestiegen war. »Bist du zurück?«

»Zufrieden?« antwortete er erschöpft. Als er bald darauf festen Boden unter sich fühlte, brach er fast zusammen.

»Komm her, Arthur! Laß dich umarmen!«

»Gleich.« Er fühlte sich elend.

»Was ist? Fehlt dir was?«

»Nein, alles in Ordnung! Nur – meine Knie schlottern. Zu blöd, so was.«

»Hast du die Sterne gesehen, Arthur? Über uns sind Wolkenlücken!«

Whitten-Brown gab sich einen Ruck. Er fühlte, daß Alcock ihn aus der Erschlaffung herausreißen wollte. Am liebsten wäre er gleich zum Sextanten gelaufen, brachte es jedoch nicht fertig, da er sich zu sehr nach dem Freund, nach dessen Händedruck sehnte.

Erst später, als er hinten im Rumpf stand und die Sterne ›anschoß‹, spürte er Schmerzen. Seine Hände waren von Striemen durchzogen und aufgerissen, die Lippen bluteten, ein Finger war blau angelaufen – wie und wo er ihn gequetscht hatte, wußte er nicht. Es interessierte ihn auch nicht, er dachte nur an die Ortsbestimmung. Und daran, daß er keinen unnötigen Ballast mehr darstellte.

Der Sextant lag schwer in seinen Händen. Er schob die ›Alhidade‹ vor, um durch Höhenmessungen die geographische Breite zu ermitteln. Dann drehte er das Gerät und maß die Distanz einiger Sterne, um den Längengrad zu erhalten. Gewissenhaft notierte er alle Werte, obwohl er den Bleistift kaum halten konnte.

»Wie sieht's aus?« rief Alcock, der keinen Luftzug mehr verspürte und somit wußte, daß das Besteck genommen war.

»Moment noch!« gab Whitten-Brown zurück und richtete die Taschenlampe auf eine Seekarte, um die ermittelten Werte einzutragen. Je weiter er kam, um so zufriedener wurde der Ausdruck seines Gesichtes.

Die Differenzen zwischen den einzelnen Messungen betrugen höchstens 20 Meilen. Er blickte auf die Uhr, errechnete die zurückgelegte Strecke unter Einschluß des angenommenen Windes, zeichnete auch sie ein und ging nach vorn.

Alcock hörte ihn kommen. »Nun?« Er fieberte, das Ergebnis zu erfahren.

»In Ordnung«, erwiderte Whitten-Brown wortkarg.

»Was heißt das?«

»Daß alles in Ordnung ist.«

»Zum Teufel, rede endlich!«

»Wir liegen auf Kurs, John! Genau auf Kurs! Jagen mit 120 Stundenmeilen auf England zu!«

Alcocks Kopf flog herum. Das Licht der Taschenlampe glänzte in seinen Augen. »Ist das wahr?«

»120 Meilen! In Kilometern klingt es noch toller: 190 km/h!«

Der Pilot schlug auf das Steuer. »Wann erreichen wir England?«

»Die irische Küste gegen neun!«

Alcock blickte auf den Chronometer; es war 1 Uhr 15. »Die Hälfte liegt also schon hinter uns. Nur noch gut acht Stunden, und der Chef der Daily Mail muß zahlen!« Er ließ das Segment los und rieb sich die Hände. »Was machen wir mit dem Überschuß?«

»Wir könnten uns ein Haus bauen.«

»Bist du verrückt? Luftverkehr werden wir machen! Ich sage dir, Arthur: In fünfzig Jahren wird man Flugzeuge benutzen wie heute die Eisenbahnen!«

Sie gerieten in eine ausgelassene Stimmung, die jedoch nach einer halben Stunde ein jähes Ende fand. Denn erneut setzte der Backbordmotor aus.

Alcock war verzweifelt. »Ich gehe tiefer, Arthur. Du kannst nicht nochmals . . .«

»Ich kann!« unterbrach ihn Whitten-Brown. Es war das einzige, was er sagte. Dabei war ihm hundeelend zumute; er zeigte es nicht. Aber ein Grauen erfaßte ihn, das er beim ersten Male nicht verspürt hatte. Es fiel ihm nun wesentlich schwerer als zuvor, die Taschenlampe festzubinden und den Ausstieg zu öffnen. Er zwang sich, nicht zu denken.

Erneut verbrachte er über zehn Minuten auf der Tragfläche, kämpfte sich von Spannseil zu Spannseil bis zum Stiel vor, legte sich auf den Bauch und zog sich an den Motor heran.

Es war fast zwei Uhr, als er zurückkehrte. Diesmal konnte er weder zu Alcock gehen noch sich freuen, es ein zweites Mal geschafft zu haben. Nur hinlegen konnte er sich. Und die Augen schließen. Wann wird ein dritter Ausstieg notwendig sein? Er fürchtete sich davor.

Während dessen biß sich Alcock die Lippen wund. Er hätte sich die Haare raufen mögen. Warum nur, fragte er sich immer wieder, kam ich nicht auf den Gedanken, Arthur zu sagen, er solle Fett mitnehmen!

Dann wäre der Ansaugstutzen wahrscheinlich nicht wieder vereist. Nun war er zum zweitenmal draußen – wieder ohne Fett! Kann ich es zulassen, daß er ein drittes Mal . . .? Wenn es doch hell würde! Ich lass' mich gerne ›schaukeln‹, muß nur die Chance haben, den ›Drachen‹ heil durchzubringen. In der Dunkelheit ist es nicht zu schaffen.

Nach einer weiteren halben Stunde trat ein, was sie befürchtet hatten: die Drehzahl fiel erneut ab, und wieder zuckten helle Flammen durch die Nacht. Zum dritten Male, nun aber mit Fett, verließ Whitten-Brown den Rumpf, um seinen einsamen Kampf zu kämpfen. 3 000 Meter über dem Atlantischen Ozean. Zum drittenmal kehrte er zurück, zum erstenmal schloß er die Luke nicht. Wozu, dachte er und lehnte sich müde an die Bordwand. Merkwürdigerweise war er nicht so erschöpft wie nach der zweiten Rückkehr.

»Iß etwas Schokolade!« rief Alcock.

Whitten-Brown schüttelte den Kopf. »Willst du welche?«

»Nein, danke.« Und nach einer Weile: »Komm zu mir!«

Whitten-Brown schlurfte vor.

Alcock machte einen Arm frei und legte ihn um den Freund. »Wie soll ich dir danken?«

»Schon gut.«

»Hast du die Luke offengelassen?«

Whitten-Brown nickte.

»Mach sie zu.« Er wies auf die Borduhr. »Es ist bald drei, im Osten wird es grau. Nochmals lasse ich dich nicht raus! Bei Tageslicht werde ich mit den Wolken schon fertig.«

Whitten-Brown kämpfte mit sich. »Wir müssen den günstigen Höhenwind ausnutzen, John!«

»Wenn du die Öffnung nicht schließt, gebe ich Tiefensteuer! Mein letztes Wort, du kennst mich!«

Whitten-Brown drückte ihm die Hand.

Der Tag brach an. Voraus wuchsen die Wolken über die Flughöhe hinaus. Alcock setzte zum gestreckten Gleitflug an.

»Willst du wirklich . . .?« fragte Whitten-Brown. »Wir haben dann keine Orientierungsmöglichkeit mehr!«

»Und keine Vereisungsgefahr. Nimm noch ein Besteck.«

Der Freund entfernte sich. Als er wiederkam, sah er bleich und mitgenommen aus, seine Augen aber hatten ihren weichen Glanz zurückerhalten. »Wenn ich mich nicht täusche, stehen wir 600 Meilen vor Irland. Meine Berechnungen decken sich mit den früheren. Gegen neun Uhr müßte Land in Sicht kommen.«

Alcock bedauerte, sich nicht um Whitten-Brown kümmern zu können. Voraus türmten sich Wolkenbänke, in die sie jeden Augenblick eintauchen mußten. Drohend sahen ihre Ballungen aus. »Anschnallen, Arthur. Es geht los!«

»Welche Untergrenze schätzt du?«

Alcocks Fäuste umklammerten das Steuer, als befürchtete er, daß es ihm aus der Hand geschlagen würde. »Schwer zu sagen. Etwa 2000 Fuß.« Er drosselte die Motoren.

Das Flugzeug zitterte; es erinnerte an Blätter vor dem Gewitter. Und wie jene plötzlich ergriffen und umhergewirbelt werden, so wurde auch die Maschine in die Höhe, nach unten und zu den Seiten geschleudert, kaum daß sie in die Wolken eingetaucht war.

Die Augen Alcocks ruhten auf Kompaß und Fahrtenmesser, seine Füße drückten gegen das Seitensteuer. Das Segment schlug; er hielt es fest. Die Flächen ächzten. Kompaßrosen kreisten. Spanndrähte pfiffen. Die Motoren heulten. Dann wieder umgab sie plötzlich eine unheimliche Stille; sie hatten den Eindruck, frei im Raum zu schweben. Alcock drückte nach. Ein Stoß: sie wurden gepreßt. Der Höhenmesser sank, stieg, sank weiter: 8000 Fuß! 7000! 6000! 5000! Schweiß trat ihnen auf die Stirn.

Alcock steuerte nicht mehr. Er ruderte mit beiden Armen, glich aus, so gut er konnte, leistete schwerste körperliche Arbeit. Das Flugzeug schmierte ab, glitt normal, bäumte sich auf, kippte, legte sich nach rechts, nach links, stieg, sank. Hätten wir ein Doppelsteuer, dachte er flüchtig, könnte Arthur mir jetzt helfen.

4000 Fuß! 3000! 2000! Es wurde dunkel, fast so, als breche die Nacht herein. Wolkenfetzen jagten dahin. Das Meer, der Ozean tauchte auf.

1800 Fuß! Sie waren durch, klebten jedoch noch an den graublauen Unterseiten der Wolken, die stießen und zerrten. Unter ihnen rollte die See. Der Wind peitschte die Wellen. Gischt sprühte. Wildbewegte Wassermassen, so weit das Auge reichte. Dazwischen Regenschauer, die grauen, schräggespannten Vorhängen glichen.

»Nimm Schal und Handschuhe!«

Whitten-Brown befreite den Kameraden von den Kleidungsstücken.

Alcock ›ruderte‹ weiter. Wenn er geglaubt hatte, unter den Wolken eine ruhigere Schicht anzutreffen, so sah er sich getäuscht. Stärker denn je schlugen die Böen. Seine Hände wurden naß, der Körper klebte. »Öffne meine Jacke!« rief er, da er keine Hand vom Steuer nehmen konnte.

Whitten-Brown verfolgte den Lauf der Uhr. Manchmal glaubte er, sie sei stehengeblieben. Wie soll John das aushalten, fragte er sich. Seit dreizehn Stunden sitzt er am Steuer. Eine Stunde schon kämpft er mit dem Sturm. Drei liegen mindestens noch vor uns! Er betrachtete Alcock, dessen Wangen zwar gerötet, aber eingefallen waren. Die Bakkenknochen traten hervor. Sein Kinn wirkte eckig. Die Lippen hielt er zusammengepreßt. Er sitzt verkrampft, dachte er und fragte: »Schokolade, John?«

Der schüttelte den Kopf.

»Du hast noch nichts zu dir genommen!«

»Du etwa?«

Sie schwiegen und hofften von Minute zu Minute, daß die Böigkeit abnehmen werde. Oder daß sich ein Schiff zeige, das neuen Mut hätte geben können.

Sekunden wurden zu Minuten, Minuten zu Stunden. Unsagbar träge bewegte sich der Zeiger der Borduhr. Doch er wanderte und zeigte endlich, daß die achte Stunde erreicht war.

Whitten-Brown erkannte, daß Alcocks Kräfte nachließen. Er versuchte, ihn aufzumuntern. »Höchstens noch eine Stunde, John! Nur 120 Meilen werden es noch sein!«

Der Pilot erwiderte nichts. Verbissen kämpfte er darum, das Flugzeug in der horizontalen Lage zu halten. Erst nachdem eine ziemliche Weile verstrichen war, sagte er: »Ich wollte, das Land käme in Sicht.«

Er wird apathisch, dachte Whitten-Brown. Was könnte ich nur für ihn tun?

Bevor er den Gedanken zu Ende gedacht hatte, geschah etwas, das beiden den Atem verschlug: der Steuerbordmotor fiel ab. Wie elektrisiert warteten sie. Würde er ganz ausfallen?

»Was mag das sein, John?«

»Ein Zylinder setzt aus!«

Unwillkürlich dachten sie an Hawker und Grieve, deren Flug vor einem Monat an etwa der Stelle, an der sie sich befanden, sein plötzliches Ende gefunden hatte.

Alcock nahm das Gas zurück und schob den Hebel mehrmals ruckartig vor. »Wenn es ein Ventil ist, könnte es auf diese Weise . . .«

Die Drehzahl schnellte hoch. Der Motor lief normal.

Whitten-Brown fuhr sich durch die Haare. Er wußte nicht, ob er sich freuen sollte. Konnte der Schaden nicht im nächsten Augenblick erneut auftreten?

»Ventilfederbruch war's nicht!« sagte Alcock erleichtert. »Was mag das Biest veranlaßt haben, sich festzusetzen?«

Die Frage hing wie ein Damoklesschwert über ihnen. Ihre Augen suchten den Horizont ab, doch was sie entdecken wollten, fanden sie nicht. Kein Schiff kreuzte ihren Weg.

Sie sprachen nicht darüber, fragten sich aber: Kann man Hunderte von Meilen zurücklegen, ohne ein einziges Schiff zu entdecken? Liegen wir wirklich auf Kurs?

Ein zweites Mal drückte der Steuerbordmotor ihre Stimmung auf den Gefrierpunkt – erneut setzte ein Zylinder aus. Es tröstete sie kaum, daß er bald darauf wieder ruhig lief, denn sie wußten nun, daß sich ein größerer Schaden anbahnte. Hätten sie sich doch für das Flugboot ›Felixtone-Super Fury‹ entschieden, das über fünf Motoren verfügte! Gewiß, sie würden dann wesentlich mehr Benzin benötigt haben, aber die Sicherheit wäre entscheidend größer gewesen. Würden sie die Küste nun noch erreichen? Sollte alles, die Arbeit von Monaten, umsonst gewesen sein?

Whitten-Brown sah, daß Alcock drauf und dran war, die Nerven zu verlieren. Fünfzehn Stunden saß er schon hinter dem Steuer. Nicht eine Entspannungsminute hatte es für ihn gegeben. Er sah bleich aus, seine Augen waren dunkel umrandet.

Der Höhenmesser zeigte 1 500 Fuß und die Borduhr 8 Uhr 58, als der Motor plötzlich ganz aussetzte, dann ruckartig wieder anlief und unregelmäßig stotterte. Schlagartig drehte das Flugzeug nach rechts. Alcock gab Seitensteuer und ›Verwindung‹, um die Maschine aufzurichten. Mühsam gelang es ihm.

»Es geht nicht mehr!« stöhnte er und stieß das Höhenruder vor. »Schluß, ich kann nicht mehr, Arthur! Ich kann nicht mehr!« rief er verzweifelt.

Whitten-Brown riß seine Gurte auf und umklammerte die Schulter des Freundes. »Du mußt, sonst ist es aus!«

»Ich bin am Ende, Arthur! Verstehst du denn nicht?«

»Reiß dich zusammen! Wir müssen unmittelbar vor der Küste stehen.«

»Zeig sie mir! Wenn du sie mir zeigen kannst . . .«

Whitten-Brown blickte hilflos nach draußen. Wasser, nichts als Wasser. Doch dann fuhr er hoch. »John!« schrie er aus Leibeskräften und deutete nach vorn. »Ein Fischerboot! Halte durch, wir schaffen es! Die Küste muß direkt vor uns liegen! Verlier jetzt nicht die Nerven!«

Was soll ich nicht verlieren, dachte Alcock und erinnerte sich an seine über Hawker gemachte Bemerkung, als sie die Nachricht erhielten, daß der Australier neben dem Dampfer ›Mary‹ gelandet war. »Dem sind womöglich die Nerven durchgegangen«, hatte er gesagt. Und er wußte, daß seine Stimme überheblich geklungen hatte.

Das Recht zu deiner damaligen Überheblichkeit mußt du dir nun erkaufen, indem du nicht die Nerven verlierst.

Unter ihnen glitt das von Whitten-Brown entdeckte Schiff vorüber; es war ein einfacher kleiner Fischkutter. Ein junger Matrose winkte wie besessen.

»Hast recht, Arthur, die Küste muß unmittelbar vor uns liegen. Ich halte durch.«

Die Uhr zeigte 9 Uhr 02.

Whitten-Brown atmete auf.

Doch dann setzte der Motor wieder aus, und erneut drohte das Flugzeug abzukippen.

Unter Aufbietung aller Kräfte legte Alcock den schwerfälligen Doppeldecker gerade. Und er schwor sich: Freiwillig gehe ich auf keinen Fall auf das Wasser hinunter.

Der Motor schnellte hoch, die Maschine flog herum. Der Motor setzte aus, das Flugzeug pendelte zurück.

Wie soll das nur gutgehen, dachte Whitten-Brown, der hin und her geschleudert wurde und verzweifelt den Horizont absuchte. Es kann

Oben
Amundsen (X) besichtigt seinen Dornier-Wal, mit dem er als erster über den Nordpol zu fliegen gedachte, nachdem er den Südpol bezwungen hatte.

Mitte
Die Besatzung des Dornier-Flugbootes ›N 25‹. Von links nach rechts: Bordmonteur Karl Feucht, Roald Amundsen, Pilot Hjalmar Riiser-Larsen.

Unten
Die ›N 25‹ im Polareis.

Rechts
Der dreimotorige Fokker-Hochdecker F VII/3.

Linke Seite: unten
Blick in das Cockpit der Fokker F VII/3.

Rechte Seite: unten
Das italienische Luftschiff ›Norge‹ nach der Landung in der Kingsbai am 7. Mai 1926.

FOKKER
FOKKER
BA-1
FOKKER
JOSEPHINE FORD
BYRD ARCTIC EXPEDITION

Linke Seite: oben
Nungesser besteigt seine Maschine, auf die er in letzter Minute die Insignien des Todes hatte aufmalen lassen.

Linke Seite: Mitte
Das Fahrgestell des Levasseur-Doppeldeckers, welches Nungesser nach dem Start abwarf, um die Maschine schneller zu machen.

Linke Seite: unten
Byrds dreimotorige Fokker F VII/3 nach dem Überfliegen des Nordpols.

Rechte Seite: oben
Die Fokker F VII. Mit dieser Maschine starteten die Engländer Hamilton und Minchin mit der Flugzeugführerin Prinzessin Löwenstein-Wertheim am 31. August 1927 zu einem Flug von England nach Kanada. Sie erreichten ihr Ziel nicht und wurden nicht aufgefunden.

Rechte Seite: Mitte
Dieses Sikorsky-Amphibium S 38 wurde auf der Strecke nach Puerto Rico und nach Zentralsüdamerika eingesetzt. Zur Besatzung gehörten erstmals ein Bordfunker und ein Steward.

Rechte Seite: unten
Der Stinson-›Detroiter‹-Hochdecker, mit dem Hinchcliffe und Miss Eleonore Mackay am 13. März 1928 in Cranwell, England, zum Flug nach Amerika starteten. Der Atlantik wurde ihr Verhängnis; man hat nie wieder etwas von ihnen gehört.

G

WESTERN AIR EXPRESS
AIR EXPRESS

The
DETROITER

Linke Seite: oben
Charles Lindbergh vor seinem auf den Namen ›Spirit of St. Louis‹ getauften Ryan-Hochdecker. Der Wright-Whirlwind-Motor leistete 220 PS.

Linke Seite: Mitte
Charles Lindbergh mit seiner Frau im Jahre 1931.

Linke Seite: unten
Clarence D. Chamberlin mit seinem Wright-Bellanca-Hochdecker vor dem Start zum Nonstopflug von New York nach Berlin.

Rechte Seite: oben
Byrds Fokker F VII/3, ›America‹, kurz vor dem beabsichtigten Flug von New York nach Paris-Le Bourget.

Rechte Seite: Mitte
Seit 1922 flog die Junkers F 13 in fast allen südamerikanischen Staaten, wo sie vielfach mit Schwimmern ausgerüstet wurde, um auf den Flüssen landen zu können. Aus der F 13 wurde die W 33 und später, mit Sternmotor, die W 34 weiterentwickelt.

Rechte Seite: unten
William Brock, mit Strohhut, und Edward Schlee vor dem Stinson-Hochdecker ›Stolz von Detroit‹, mit dem sie 1927 in 18 Tagen von Neufundland über Europa, Kleinasien, Indien und China nach Tokio flogen.

AMERICA

"PRIDE OF DETROIT"

Linke Seite: links Mitte
Die Junkers W 34, hier mit einem 450-PS-Bristol-Jupiter-Motor ausgerüstet. Mit dieser Maschine verbesserte der Junkerspilot Willy Neuenhofer am 26. Mai 1929 den Höhenweltrekord auf 12 739 Meter.

Linke Seite: rechts Mitte
Der ›Amundsen-Wal‹, mit dem die Piloten Wolfgang Gronau und Eduard Zimmer von Sylt über Island, Grönland und Neufundland nach New York flogen (18.–25. August 1930). Aufgabe des Fluges war die Streckenerkundung für den geplanten Luftverkehr.

Linke Seite: unten
Der Tragschrauber des Spaniers de la Cierva.

Rechte Seite: oben
Der Franzose Paul Cornu baute den ersten Hubschrauber, der mit einem 24-PS-Antoinette-Motor ausgerüstet war. Cornu gelang es damit am 13. November 1907, sich vom Boden zu erheben; allerdings nur wenige Zentimeter.

Rechte Seite: Mitte
Dies ist kein Radarschirm, sondern die absurde Konstruktion des Amerikaners W. R. Kimbath, der mit diesem aus zwanzig Propellern gebildeten ›Schraubenflugzeug‹ zu fliegen gedachte (1908).

Rechte Seite: unten
Der Eineinhalbdecker Bréguet 19, mit dem Costes und Le Brix im Nonstopflug von Afrika nach Südamerika flogen.

Linke Seite: oben
Wilkins, mit weißer Mütze, und Ben Eielson vor ihrer Lockheed-Vega.

Linke Seite: Mitte
Köhl, v. Hünefeld und Fitzmaurice in New York nach der Verleihung des ›Flying Cross‹.

Linke Seite: unten
Köhls Ozeanmaschine ›Bremen‹ wird startbereit gemacht.

Rechte Seite: oben
Die im Eis eingebrochene Junkers W 33.

Rechte Seite: Mitte
Auf diese dreimotorige Junkers G 24 setzten die Deutschen Loose, Starke, Loewe und Lilli Dillenz all ihre Hoffnungen.

Rechte Seite: unten
Das Lockheed-Vega-Wasserflugzeug, mit dem Wilkins ausgedehnte Polarflüge unternahm und am 15. April 1928 von Point Barrow, Alaska, nach Spitzbergen flog (3500 km).

JUNKERS

JUNKERS

WILKINS - HEARST -

Linke Seite: oben
Das italienische Polarluftschiff ›Italia‹.

Linke Seite: unten
An Bord des Eisbrechers ›Krassin‹ befand sich eine mit Schneekufen versehene Junkers K 30, ein Vorläufer der später berühmt gewordenen Ju 52.

Rechte Seite: oben
Die dreimotorige Fokker F VII/3 des Australiers Kingsford-Smith.

Rechte Seite: Mitte
Mit dieser Savoya-Marchetti SM 64 gelang es den italienischen Piloten Arturo Ferrarin und del Prete am 3. Juli 1928 im Nonstopflug von Rom nach Tauros, Brasilien, zu fliegen.

Rechte Seite: unten
Die ›Southern Cross‹ nach ihrer Landung in Suwa, Fidschiinseln.

1985
SOUTHERN CROSS

Linke Seite: oben
Der Speiseraum im Luftschiff ›Graf Zeppelin‹.

Rechte Seite: oben
Das Luftschiff LZ 127 ›Graf Zeppelin‹ wurde 1928 in den Dienst gestellt.

Linke Seite: links unten
Der von Riedinger gebaute Höhenballon des belgischen Professors Piccard unmittelbar nach dessen Aufstieg am 27. Mai 1931.

Rechte Seite: unten
Sensationell waren die Leistungen des mit zwölf 625-PS-Curtiss-Conqueror-Motoren ausgerüsteten Dornier-Flugbootes Do X, das den Nord- und Südatlantik mühelos überquerte. Das Fluggewicht betrug 56 Tonnen. Bei einem Probeflug startete das Flugboot mit 162 Personen an Bord.

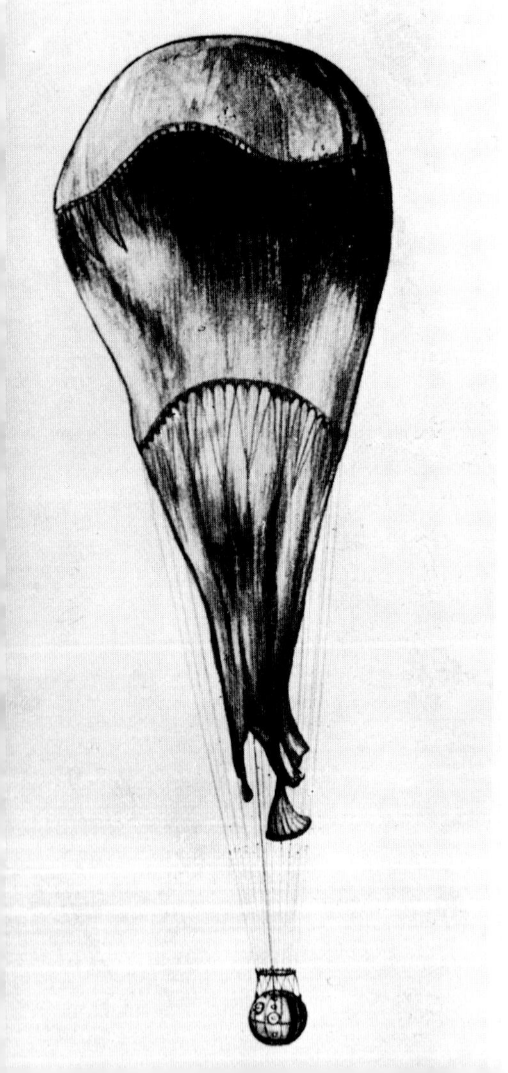

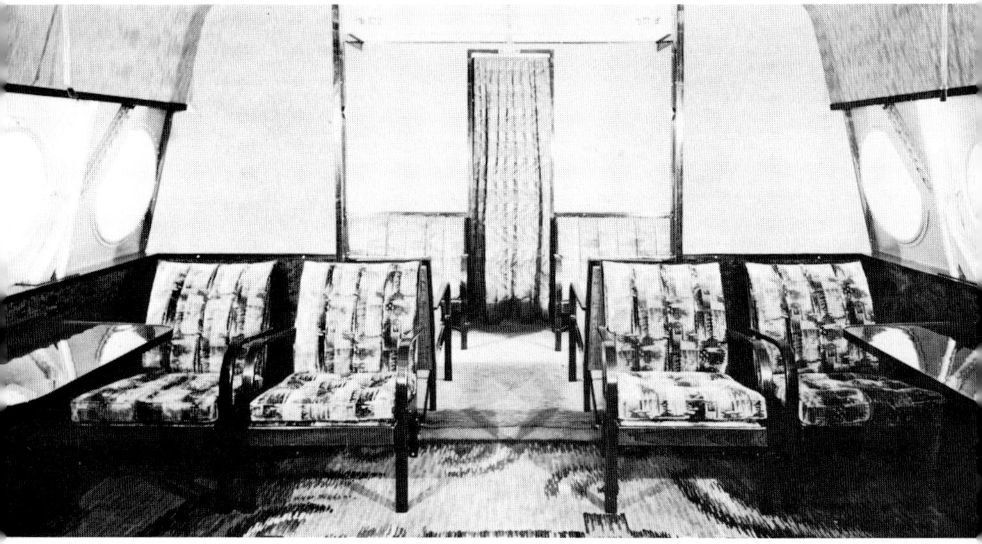

Oben
Die Schnittzeichnung der Do X veranschaulicht die Aufteilung des Bootskörpers in drei übereinander liegende Decks.

Mitte
Geräumig und bequem war das für die Passagiere bestimmte B-Deck eingerichtet.

Unten
Der ›Süd-Atlantik-Wal‹ läuft auf das Schleppsegel auf.

doch nicht möglich sein, daß wir an wenigen Minuten, die uns noch fehlen, scheitern sollen. Es wäre zum Wahnsinnigwerden!

Es schien jedoch so, als sollten sie es nicht schaffen. Denn jedesmal, wenn der Motor bockte, verloren sie Höhe. Nicht viel, aber es genügte, um sich ausrechnen zu können, daß sie in spätestens einer halben Stunde aufschlagen würden – immer vorausgesetzt, daß sich der Schaden nicht verschlimmerte und Alcock die Maschine stets rechtzeitig abfangen konnte.

Das Herz klopfte ihnen im Halse, als sie um 9 Uhr 25 die 1000-Fuß-Marke des Höhenmessers unterschritten. Dreihundert Meter waren sie nur noch hoch, und nach wie vor war kein Land zu sehen.

»Verdammt«, fluchte Alcock. »Kannst du noch nichts entdecken?«

Whitten-Brown schaute sich die Augen aus, bis er endlich rufen konnte: »Ein blauer Streifen, John! Land! Irland!« Er preßte die Fäuste, daß die Knöchel hell wurden.

Erneut setzte der Motor aus, die Maschine drehte. Sie verloren Höhe. Nur noch 600 Fuß hatten sie, als das Hämmern der Ventile wieder gleichmäßig wurde.

»Täuschst du dich nicht?« fragte Alcock mit heiserer Stimme. Er wagte es nicht, den Blick in die Ferne zu richten.

»Bestimmt nicht! Dreh etwas nach Norden, dort ist ganz deutlich Land zu erkennen. Ich glaube, wir haben ausgerechnet eine Bucht erwischt.«

Alcock kurvte um einige Grad nach links.

»Genug!« rief Whitten-Brown. Auch er war vor Aufregung heiser. »Ich erkenne einen Kirchturm. Wir schaffen es, John!«

»Beschrei es nicht!«

Immer näher rückte die Küste heran. Sie wagten kaum zu atmen. Wenn der Motor noch fünf oder sechs Minuten lang lief, konnte ihnen nicht mehr allzuviel geschehen.

Aber er setzte noch einmal aus. Und wieder verloren sie Höhe. Auf 100 Meter sanken sie herab.

»Such einen Notlandeplatz!« rief Alcock, als die Küste in greifbarer Nähe vor ihnen lag.

Dazu war Whitten-Brown viel zu aufgeregt. Er sah nur die Küste, der sie sich Meter um Meter näherten und die sie schließlich aufatmend überflogen. »Wir haben es geschafft!« schrie er. »9 Uhr 37! John, Europa ist erreicht!«

»Bist du wahnsinnig?« tobte Alcock. »Du reißt mir ja das Steuer aus der Hand.« Aber er warf Whitten-Brown einen dankbaren Blick zu.

Gleich darauf setzte der Motor erneut aus. Fieberhaft suchten sie das unter ihnen liegende Gelände ab. Das Flugzeug drohte zu kippen. Um es zu verhindern, riß Alcock beide Gashebel zurück und gab Tiefensteuer. Eine Wiese lag vor ihnen. Er hielt darauf zu. »Halt dich fest!« rief er. »Ich lande!«

Unheimlich schnell ging alles. Die Räder stießen hart auf, und die Maschine machte einen Satz nach oben. Im Bestreben, sie abzufangen, zog Alcock das Höhenruder an sich. Aber da kamen Bäume auf ihn zu, und im nächsten Augenblick krachte es ohrenbetäubend. Das Flugzeug wirbelte herum. Streben brachen. Die Tragflächen knickten, der Rumpf platzte auseinander.

Whitten-Brown wurde zur Seite geschleudert.

Alcock riß seinen Anschnallgurt auf und zwängte sich an einem gebrochenen Holm vorbei. »Hat's dich erwischt?«

»Sorry, John, den Gefallen kann ich dir nicht tun. Die 10 000 Pfund werden geteilt!«

»Dann raus!« Er zog ihn hoch. »Der Vogel könnte Feuer fangen!«

Sie sprangen nach draußen.

Alcock warf sich auf den Boden und krallte die Hände in den Sand. »Erde!« rief er. »Europäische Erde! Riech mal!« Er hielt dem Freund eine Handvoll unter die Nase. »Gut, was?«

Whitten-Brown umarmte ihn. »Mensch, John! Daß wir das geschafft haben! Hättest du es für möglich gehalten?«

Der Pilot kratzte sich den Schädel. »Für möglich schon, nur – geglaubt habe ich's nicht.«

»Nicht?«

»Sagen wir: Nicht immer.«

Sie lachten, boxten und schlugen sich. Aber dann schauten sie doch traurig zu ihrem zerfetzten Flugzeug hinüber.

»Schade, was?«

Alcock zündete sich eine Zigarette an. »Was glaubst du, was wir mit unserem Geld nun machen werden?«

Whitten-Brown grinste. »Zunächst die gute ›Vimy‹ wiederherrichten.«

»Und dann?«

»Machen wir Luftverkehr!«

»Und dann?«

»Bauen wir uns ein Haus!«

»Quatsch, dann machen wir noch mehr Luftverkehr!«

»Ohne Ende?«

»Bis zum Ende!«

16. Juni 1922

Als Alcock nach der glimpflich verlaufenen Notlandung auf irischem Boden zu Whitten-Brown sagte: »Bis zum Ende!«, glaubte er sicher nicht, daß sein Ende schon bald kommen könnte. Und doch wartete es bereits auf ihn. Genau ein halbes Jahr später, am 19. Dezember 1919, geriet er auf einem ›Verkehrsstrecken-Erkundungsflug‹ von London nach Paris in eine Nebelbank, aus der er nicht herausfand. Er stieß gegen einen Baum und verunglückte tödlich.

Aber noch etwas trat ein, das er nicht geglaubt und wohl auch kaum für möglich gehalten hätte: daß er und Whitten-Brown, denen Winston Churchill den Preis der Daily Mail überreichte, nachdem sie vom König von England, Georg V., in den Adelsstand erhoben worden waren, von der Welt schon nach kurzer Zeit vergessen sein würden.

Hätte er es gewußt, es würde ihm bestimmt nichts ausgemacht haben. Denn er sehnte sich nach Aufgaben und nicht nach ›Publicity‹, und er hatte, wie Whitten-Brown der ›siebenten Großmacht‹, der Presse, den Rücken gekehrt. Ergebnis: Die Journalisten mieden die wortkargen Atlantikflieger, die dadurch zwangsläufig in Vergessenheit gerieten.

Aber was spielt das schon für eine Rolle. John Alcock und Arthur Whitten-Brown werden für alle Zeiten, »bis zum Ende«, zu den bedeutendsten Pionieren der Luftfahrt zählen.

Welch unglaubliche Leistung sie vollbrachten, geht allein aus der Tatsache hervor, daß zu dem Zeitpunkt, da sie über 3 000 Kilometer zurücklegten, der Weltrekord für Flüge ohne Zwischenlandung von dem italienischen Capitano Laureati mit 1 600 Kilometern gehalten wurde.

Daß die Amerikaner, die alles daransetzten, den Ruhm der ersten Ozeanüberquerung für sich zu gewinnen, in jenen Tagen die Möglichkeit eines ›Direktfluges‹ noch nicht einmal sahen, beweist ein Unternehmen der amerikanischen Kriegsmarine, die am 16. Mai 1919, also genau einen Monat vor dem Start Alcocks und Whitten-Browns, drei Curtiss-Flugboote von Halifax nach Neufundland beorderte, um den Versuch zu machen, von dort über eine von 40 Kriegsschiffen gebildete Kette zu den Azoren und nach einer Zwischenlandung weiter nach Portugal zu gelangen. Der Flug war großartig vorbereitet, dennoch konnte nur die unter der Führung von Leutnant Read stehende NC-4 am 27. Mai in Lissabon landen. Eines aber lehrte auch dieser Versuch. Das Flugzeug war geeignet, sich zu einem Verkehrsmittel zu entwickeln, das größte Strecken überwinden und Kontinente und Völker einander näherbringen konnte. Was ihm noch fehlte, war die notwendige Reife.

Um so verwunderlicher muß es anmuten, daß es in der Luftfahrt weite Kreise gab, die der festen Überzeugung blieben, nicht das Flugzeug, sondern allein das Luftschiff könne und werde der Träger eines zukünftigen Luftverkehrs sein. Und das angesichts der nicht zu bestreitenden Tatsache, daß jedes bis dahin gebaute Luftschiff früher oder später entweder im Sturm zerbrochen war oder Feuer gefangen hatte. ›Luftschiffskatastrophen‹ gehörten beinahe zur Tagesordnung; es gab bald viele Fachleute, die warnend und auch energisch ihre Stimme gegen das Prinzip ›leichter als Luft‹ erhoben.

So der bekannte österreichische Luftfahrtsachverständige Victor Silberer, der schon 1913, nach der Strandung des Marineluftschiffes L 1 bei Helgoland, wütend gedonnert hatte: »Mit dem geräuschvollen Zeppelinrummel wird es nun hoffentlich definitiv zu Ende sein. Der ›Zeppelin‹ ist die größte technische Verfehlung, die die Welt je gesehen hat: der technische Unsinn in Kolossalität! Lieber die Tragödie eines Grafen als die Tragik eines Volkes! Lieber ein von Enttäuschungen niedergebrochenes Leben als noch einmal den gellenden Ruf eines im Flammenring zuckenden Menschen hören müssen.« Damit erinnerte er an den Ausruf eines Soldaten, der bei einer Luftschiffkatastrophe lebendigen Leibes verbrannte und ununterbrochen gerufen hatte: »Schlagt mich tot! Schlagt mich tot!«

Silberers Worte mögen hart klingen, zweifellos aber erkannte er, was viele nicht sehen wollten: daß Wind und Wetter, Sturm und Regen nicht ›abgestellt‹ werden können und somit jedes Luftschiff, das nun einmal keine kleine und feste, sondern große und leichte Bauweise verlangt, früher oder später verlorengehen muß. Darüber können auch die größten Erfolge nicht hinwegtäuschen.

Andererseits muß zugegeben werden, daß die ›Zeppeline‹ in der damaligen Zeit den Flugzeugen in mancher Hinsicht überlegen waren. Ihre Reichweite ließ sich mit der eines Flugzeuges nicht vergleichen, der Ausfall eines Motors brachte sie nicht zum Absturz, die Nutzlast war weitaus größer, die Navigation konnte in Ruhe und mit Hilfe von Funkgeräten durchgeführt werden, und manche Reparatur ließ sich während der Fahrt bewerkstelligen. Da war es naheliegend, daß Deutschland nach Ausbruch des Krieges möglichst viele Zeppeline, Schütte-Lanz- und Parseval-Luftschiffe mit großen Bombenlasten nach England geschickt hatte. Der Erfolg stand jedoch in keinem Verhältnis zu den Verlusten, die in Kauf genommen werden mußten.

Daran änderte sich auch nichts, als es dem erfolgreichsten Luftschiff-Kommandanten, Heinrich Mathy, am 8. September 1915 gelang, zwei Tonnen Bomben über London abzuladen, wodurch ein Schaden von mindestens zehn Millionen Mark angerichtet wurde. Die englischen Flieger schossen nun mit Brandmunition, und eine idealere Zielscheibe als ein Luftschiff kann es für einen Piloten kaum geben. Zeppelin um Zeppelin stürzte brennend in die Tiefe, und als auch Mathy abgeschossen war, wollte Kaiser Wilhelm II. die nutzlosen Angriffe einstellen. Peter Strasser aber, der Kommandeur der Luftschifferabteilung, plädierte mit Engelszungen für weitere Zeppelineinsätze, die, wie er erklärte, zwar kostspielig seien und viel Blut forderten, die englischen Fliegerverbände jedoch daran hinderten, an der Front in Frankreich in den Kampf einzugreifen.

Es folgten Massenangriffe und Massenabstürze, die den Kommandeur der deutschen Luftschifferabteilung jedoch nicht beeindruckten. Er sah nicht das Nutzlose seines Tuns, bis er am 5. August 1918 mit LZ 70, einem Riesen unter den Zeppelin-Riesen, selbst zum Angriff auf London startete, aber schon vor Erreichen der Küste von einem Engländer in Brand geschossen und in die Tiefe geschickt wurde.

Peter Strassers Tod beendete das Bestehen der Zeppelin-Verbände, die nun aufgelöst wurden. Sein hartnäckiger Kampf aber trug zweifellos wesentlich zur weiteren Entwicklung und Vervollkommnung der Zeppelin-Luftschiffe bei. Wie leistungsfähig diese inzwischen geworden waren, zeigt die Fahrt des Luftschiffes L 59, das am 21. November 1917 in Jamboli, Bulgarien, mit dem Auftrag aufstieg, Munition und Medikamente zu der in Deutsch-Ostafrika kämpfenden Truppe Lettow-Vorbecks zu bringen. Tag und Nacht blieb das Luftschiff auf befohlenem Kurs, bis der Funker über Khartum – Dreiviertel der Strecke war also schon zurückgelegt – eine englische Meldung auffing, aus der die Kapitulation Lettow-Vorbecks hervorging. Nicht ahnend, daß es sich um eine Falschmeldung handelte, befahl der Kommandant, Kapitänleutnant Bockholt, zu wenden und nach Jamboli zurückzukehren, wo L 59 nach einer Fahrt von 97 Stunden glatt landete. 6700 Kilometer – eineinhalbmal die Strecke Hamburg–New York – waren zurückgelegt worden, eine für damalige Verhältnisse geradezu unglaubliche Leistung.

Daß die meisten Menschen den Luftschiffen größere Sympathien entgegenbrachten als den Flugzeugen, ist verständlich. Der imposante Anblick eines ruhig dahinfahrenden ›Zeppelins‹ war bestechend. Etwas Erhabenes, man sagte »Majestätisches«, ging von ihm aus.

Doch nicht deshalb beschlossen die Engländer 1919, ein Großluftschiff zu bauen, das in gewisser Hinsicht dem 1917 über England abgeschossenen Zeppelin L 43 entsprechen und die Bezeichnung R 34 erhalten sollte. Über die Nachteile des Luftschiffes waren sie sich absolut im klaren. Sie wollten es sich nach dem Sieg von Alcock und Whitten-Brown aber nicht nehmen lassen, auch die ersten zu sein, die den Atlantik in seiner vollen Breite überquerten. Und das in beiden Richtungen von Ost nach West und West nach Ost. Für sie galt es, das Ansehen ihrer Nation zu verteidigen.

Zum Kommandanten der R 34 wurde der hochqualifizierte, energische und zähe Major Scott ernannt, der alles daransetzte, das ihm geschenkte Vertrauen zu rechtfertigen. Um Gewicht einzusparen, ließ er für die 31köpfige Besatzung seidene Hemden und Unterwäsche sowie eine Spezialkleidung aus besonders leichtem Leinen herstellen. Und als das startbereite Luftschiff in der Nacht zum 2. Juli 1919 ausgewogen wurde und sein Gewicht nicht genau der erstellten Berechnung entsprach, befahl er einem Besatzungsmitglied, von Bord zu gehen.

Der Mann gehorchte, tauchte aber zwölf Stunden später aus einem Versteck auf und meldete sich zur Stelle. Was kann mir schon passieren, dachte er. So weit das Auge reicht, Wasser, Wasser, Wasser. Und Wolken, die recht unfreundlich aussehen. Da kann mich der ›Alte‹ nicht über Bord werfen lassen. Über Land hätte er es bestimmt getan, da hätte er einfach befohlen: Fallschirm anlegen und raus mit ihm!

Der Mann kannte seinen Kommandanten. So wütend aber, wie er ihn in dieser Stunde erlebte, hatte er ihn noch nie gesehen.

Und doch, im Grunde genommen brachte Major Scott dem ›blinden Passagier‹ das größte Verständnis entgegen. Ich würde es wahrscheinlich genauso gemacht haben, sagte er sich. Vielleicht war es auch ein bißchen hart, ihn so plötzlich von Bord zu jagen. Na, wer weiß, womöglich können wir ihn noch gut brauchen.

Schon eine Stunde später war es soweit. Das Luftschiff geriet in eine Gewitterfront, die den Einsatz aller Männer verlangte. Der Tag wurde zur Nacht. Es goß in Strömen. Dazwischen zuckten Blitze. Und immer tiefer wurde die R 34 auf das Wasser hinabgedrückt.

Da Major Scott wußte, daß er über weitaus mehr Benzin verfügte, als er benötigte – es wurden 220 000 Liter mitgenommen, die eine Fahrt von England nach Amerika und zurück ermöglichen sollten –, gab er den Befehl, alle Motoren mit voller Kraft laufen zu lassen. Verbrauchen wir eben mehr, als vorgesehen ist, dachte er. Wir können ja in New York nachtanken.

Aber es blieb nicht bei dem Gewitter, durch das sich die R 34 wie ein auf hoher See schlingernder Dampfer hindurchkämpfen mußte. Ein Unwetter löste das andere ab. Wasser brach ein, Motoren fielen aus, Streben knickten, und die Verbindung mit der Außenwelt ging verloren. Die elektrische Aufladung wurde so stark, daß von den Antennen Funken sprühten. Überall knisterte es und bildeten sich ›Elmsfeuer‹; Major Scott sah das Ende schon kommen, aber er gab nicht auf.

Über dreißig Stunden dauerte der Kampf. Alle Sender der Welt riefen die R 34 – niemand erhielt eine Antwort.

Die Motoren machten immer größere Schwierigkeiten. War der eine halbwegs wieder in Ordnung gebracht, setzte ein anderer aus, und obwohl die Maschinisten ununterbrochen arbeiteten, sank die Geschwindigkeit auf 40 km/h.

Major Scott ließ sich nicht anmerken, was er dachte. Unablässig beobachtete er die Wolken, erteilte er Befehle, nannte er neue Kurse, um dieses oder jenes Unwetter zu umfliegen, kontrollierte er die Standortbestimmungen, den Benzinverbrauch und die Eintragungen im Bordbuch, oder er kümmerte sich um die Funkanlage, um die Motoren und um die Verpflegung seiner Männer. Den Steuerleuten gab er einen Stoß in den Rücken, wenn er sah, daß sie nahe daran waren, einzuschlafen. Fuhren sie dann erschrocken hoch, grinste er sie an, schob ihnen ein Stück Schokolade in den Mund und sagte im Ton höchster Verwunderung: »Daß ihr nicht müde werdet!«

Konnten sie da anderes tun als ebenfalls grinsen? Wie sie sich allerdings weiterhin auf den Beinen halten sollten, wußten sie nicht. Am 2. Juli um 2 Uhr 48 waren sie gestartet, inzwischen schrieb man den 4. Juli! Seit über 50 Stunden steuerten sie Kurs West. Und noch immer tauchte kein Land auf.

»Halb so schlimm«, tröstete Major Scott. »Kolumbus und seine Männer mußten 70 Tage aushalten. Dabei wollte seine verdammte Mannschaft dauernd umkehren! Und warum? Nur weil sie seiner Prophezeiung keinen Glauben mehr schenkte. Toll, was? Stellt euch vor, wir hätten so undisziplinierte Kerle an Bord.«

Mit allen Mitteln versuchte er, die Besatzung bei guter Stimmung zu halten. Aber dann wurde es auch ihm schwer, zur rechten Zeit das rechte Wort zu finden. Er fühlte, daß seine Kräfte erlahmten.

Ihm fiel deshalb ein Stein vom Herzen, als der Navigationsoffizier nach 54stündiger Fahrt »Land in Sicht!« rief.

Wer konnte, stürzte an ein Fenster. Unter ihnen lag die Notre-Dame-Bucht, voraus die Nordküste von Neufundland – der Atlantik war überquert!

Und als sollten alle Schrecken ihr Ende nehmen, meldete der Funker wenige Minuten später: »Die atmosphärischen Störungen lassen nach. Ich habe Verbindung mit einer amerikanischen Station.«

Die Welt, die schon das Schlimmste befürchtet hatte, atmete auf. Der Kampf der Besatzung war aber noch nicht zu Ende. Das Ziel hieß New York! Weitere 2 000 Kilometer waren zurückzulegen, und das mit einer Geschwindigkeit, die auf 71 km/h herabgesunken war. Nochmals zwei Tage mußten vergehen, bevor die Wolkenkratzer der amerikanischen Metropole auftauchen würden.

Aber dennoch: man faßte neuen Mut. Der schwerste Abschnitt war bewältigt, und man konnte sich wieder ablösen.

Halb schlafend, halb wachend sehnte man den 6. Juli herbei, der Erlösung und Triumph bringen sollte. Im Geiste sah man sich bereits über den Broadway fahren, von Konfetti überschüttet und umjubelt von Millionen.

Nur einer war an Bord, der sich noch nicht in New York landen sah: Major Scott. Von Stunde zu Stunde wurde er stiller. Immer deutlicher ließen die Kraftstoff-Vorratsmeldungen erkennen, daß der nicht enden wollende Gegenwind und die zum Teil unregelmäßig laufenden Motoren so viel Benzin verbraucht hatten, daß der für die Hin- und Rückfahrt mitgenommene Betriebsstoff aller Voraussicht nach nicht einmal für eine Strecke reichte.

Der 5. Juli wurde für Major Scott zu einer einzigen Qual. Immer wieder rechnete er, immer wieder flehte er den Wettergott um günstigen

Wind an. Vergebens. Am Morgen des 6. Juli stand fest, daß das gesteckte Ziel nicht zu erreichen war.

»Es ist zum Verrücktwerden!« fluchte er. »Wir scheitern an einer lächerlichen Benzinmenge! 200 Kilometer fehlen uns, ich kann es drehen und wenden, wie ich will.«

Eine Weile wagte niemand zu sprechen. Dann fragte der diensthabende Navigationsoffizier: »Sollen wir Boston ansteuern?«

Major Scott zögerte und warf einen Blick auf die Karte. »Nein!« sagte er grimmig und wandte sich an den technischen Offizier. »Lassen Sie die drei besten Motoren auf die günstigste Drosselstellung bringen. Wir nehmen Kurs auf Long Island. Vielleicht haben wir Glück. Ein bißchen Rückenwind könnte uns retten. Der Funker soll vorsorglich das an der Nordostspitze von Long Island gelegene Flugfeld Haxelhurst rufen und Landehilfe erbitten.«

Sie hatten kein Glück. Nach wie vor wehte eine steife Brise, die das Luftschiff nur langsam vorwärts kommen ließ. Stunden noch dauerte es, bis Long Island und bald darauf auch Haxelhurst in Sicht kamen.

»Landemanöver vorbereiten!« kommandierte Major Scott. Er ahnte nicht, daß die Landung beinahe ebenso aufregend verlaufen sollte wie die Fahrt. Denn über Long Island brütete ein wolkenloser Himmel, und die heißen Strahlen der Julisonne bewirkten eine so starke Ausdehnung des Gases, daß die in aller Eile zusammengetrommelte Landemannschaft nach Ergreifen der hinuntergelassenen Haltetaue von der Erde hochgerissen wurde.

»Das haut nicht hin!« rief Major Scott. »Die Mannschaft muß verstärkt werden. Außerdem verstehen die Burschen verdammt wenig von ihrem Geschäft.« Er stieß einen jungen Offizier an, der gerade in seiner Nähe stand. »Übernehmen Sie da unten das Kommando!«

»Ich?« Der Leutnant machte große Augen.

»Na klar! Wofür haben wir Fallschirme?«

»Ich bin noch nie gesprungen!«

»Dann wird's höchste Zeit! Los, ab dafür!«

Tatsächlich schwebte der junge Offizier wenige Minuten später in die Tiefe, und bald darauf berührte die R 34 nach einer Fahrtdauer von 4 Tagen, 12 Stunden und 22 Minuten amerikanischen Boden. 5770 Kilometer waren zurückgelegt. Was spielte es angesichts dieser Leistung für eine Rolle, daß das 170 Kilometer entfernt liegende New York nicht erreicht wurde.

Die Welt jubelte, und die Bewohner New Yorks verlangten die Besatzung und ihren Kommandanten zu sehen. Der aber dachte nicht daran, zu feiern und sich mit dem Erreichten zufriedenzugeben. Er wünschte das in ihn gesetzte Vertrauen zu rechtfertigen. Sein Auftrag lautete, den Atlantik von Ost nach West und von West nach Ost zu überqueren. Also gab er, nachdem er die Mannschaft vierundzwanzig Stunden lang hatte schlafen lassen, den Befehl: »Luftschiff startklar machen!«

Zwei Tage brauchte die Besatzung, um den auf schnellstem Wege nach Haxelhurst beorderten Brennstoff zu übernehmen, Gas nachzufüllen und die Motoren zu überholen. Als die Arbeit getan war, blieb den Männern gerade noch genügend Zeit, um sich zu waschen und »Good bye!« zu sagen. Denn schon am 9. Juli um 18 Uhr 57 wurde die Rückfahrt nach England angetreten, wo die R 34 nach einer Fahrtzeit von 75 Stunden und 3 Minuten am 12. Juli unversehrt im Heimathafen landete.

Major Scott und seine Besatzung hatten Amerika kaum gesehen, aber eine Leistung vollbracht, die von allen Nationen bewundert wurde. Überall sprach man von ihnen. In keinem Land aber so sehr wie in Portugal. Die Portugiesen sind ein altes Seefahrervolk, das an der Eroberung der Weltmeere bedeutenden Anteil hat. Schon vor Jahrhunderten genossen sie einen hervorragenden Ruf und rühmte man ihr außergewöhnliches Navigationstalent. Sollten sie nun, da die Technik neue Wege wies, abseits stehen? War es nicht ihre Aufgabe, auch jetzt wieder die Führung zu übernehmen?

Der Wunsch der portugiesischen Regierung war es. Da das Land aber über keine eigene Flugzeugindustrie verfügte, der Wunsch somit ein Traum bleiben mußte, wenn nicht besondere Maßnahmen ergriffen wurden, übernahm die Regierung die Beschaffung geeignet erscheinender Flugzeuge und stiftete einen ansehnlichen Preis ›für diejenige portugiesische Flugzeugbesatzung, der es gelingt, den Südatlantik auf dem Luftwege zu überqueren, gleichgültig, ob im Nonstopflug oder in Etappen‹. Unabhängig davon beauftragte sie den portugiesischen Piloten Sacadura Cabral und den schon älteren, aber erfahrenen Marineoffizier Gago Coutinho mit der Durchführung eines Fluges von Lissabon nach Rio de Janeiro.

Die beiden Portugiesen erkannten, daß sich ihnen *die* Chance ihres Lebens bot. Tag und Nacht widmeten sie sich der ihnen gestellten Aufgabe, und schon bald wurde deutlich, daß in ihren Adern das Blut einer mit der See verwachsenen Nation floß. Sie betrachteten die Dinge anders als alle anderen Piloten, denen die Lösung des Problems in erster Linie eine technische Frage zu sein schien. Cabral und Coutinho unterschätzten die technische Seite nicht, legten das Schwergewicht ihrer Vorbereitungen jedoch auf das Gebiet der Navigation. Sie waren der Auffassung, daß zu einer ordentlichen Ozeanüberquerung eine einwandfreie Flugnavigation ›ohne fremde Hilfsmittel‹ gehört, und sie hielten es für dringend notwendig, die Richtigkeit dieser Auffassung unter Beweis zu stellen, weil die Amerikaner bei ihrem Versuch, den Nordatlantik mit drei Flugzeugen zu überfliegen, keinerlei navigatorische Voraussetzungen geschaffen, sondern sich damit begnügt hatten, aus 40 Schiffen eine Kette zu bilden, an der die Piloten entlangfliegen sollten.

Eine solche Methode mußte den Portugiesen mißfallen. Sie waren es gewohnt, ihren Weg über See durch exakte Ortsbestimmungen zu kontrollieren und zu korrigieren, und sie begriffen nicht, weshalb man glaubte, in der Luft anders verfahren zu können.

Cabral und Coutinho konzentrierten sich also auf navigatorische Dinge, wobei der Marineoffizier in einem Punkt allerdings wohl doch zu weit ging: hartnäckig verzichtete er auf die Mitnahme eines Funkgerätes, weil er der klassischen Forderung zu entsprechen wünschte, ›ohne fremde Hilfe‹ zu navigieren. Seine in diesem Punkt nicht gerade ›fortschrittliche‹ Auffassung glich er durch den Entwurf eines neuartigen Flugkompasses sowie eines ›künstlichen Horizontes‹ aus. Beide Geräte sollten weniger der Flugzeugführung als der Ortung mittels Sextanten dienen und eine Gewähr dafür bieten, daß das Navigationsgerät auch bei fehlendem natürlichem Horizont benutzt werden konnte. Zur Messung der Abdrift sah er Rauchbomben vor, die in Verbindung mit am Leitwerk angebrachten, auf Grund von Versuchen ermittelten Meßstrichen verwendet werden sollten.

Mit geradezu pedantischer Sorgfalt bereiteten die beiden Portugiesen ihren Flug vor, den sie in vier Etappen durchzuführen gedachten. Von Lissabon wollten sie nach Las Palmas auf den Kanarischen Inseln fliegen, dann weiter über St. Vincent auf den Kapverdischen Inseln und Fernando Noronha, etwa 350 Kilometer vor Südamerika, nach Natal, wo ihnen der träge dahinfließende Rio Grande do Norto zur Landung besonders günstig erschien. Von dort sollte der Flug – wiederum mit mehreren Zwischenlandungen – an der südamerikanischen Küste entlang bis nach Rio de Janeiro führen. Der Plan war so tollkühn, daß man ihn selbst in Fliegerkreisen für undurchführbar hielt. Als man aber hörte, daß Cabral und Coutinho beabsichtigten, mit einer englischen Fairey zu starten, der in Portugal Schwimmer untergesetzt worden waren, da rangen auch diejenigen die Hände, die den beiden Portugiesen eine gewisse Chance nicht hatten absprechen wollen.

»Die Kerle müssen verrückt geworden sein!« rief ein erfahrener Pilot. »Zugegeben, die Fairey ist in Ordnung und ihr Rolls-Royce ausgezeichnet. Aber die Schwimmer, die Schwimmer! Stellt euch vor, was die Dinger tragen sollen! Der 360-PS-Motor säuft wie ein Loch; welche Benzinmengen müssen da mitgenommen werden! Und damit glauben die Portugiesen starten und landen zu können? Nicht einmal aus dem Hafen von Lissabon werden sie herauskommen. Auf die Schnauze werden sie fallen! Und was ist dann mit ihrer Navigation? Der Fahrer des Leichenwagens findet den Friedhof auch ohne Sextanten und ›künstlichen Horizont‹. Die ganze Sache sähe anders aus, wenn die beiden sich für das amerikanische Flugboot ›Boeing B 2‹ entschieden hätten.«

Nun, Cabral und Coutinho wußten sehr genau, daß die der Fairey untergesetzten Schwimmer viel zu wünschen übrig ließen. Aber was sollten sie machen? Zu Hause bleiben und warten, bis die Technik neue Wege wies? Darüber konnten Jahre vergehen.

Doch abgesehen davon: Haben diejenigen, die nie etwas riskieren, jemals die Entwicklung vorangetrieben? Ist es nicht ein wesentliches Merkmal aller Pioniere, daß sie eine sich selbst gestellte Aufgabe mit unzulänglichen Mitteln zu lösen versuchen?

Cabral und Coutinho waren der Auffassung, daß ihre Chance nicht geringer sei als die Alcocks und Whitten-Browns am 15. Juni 1919. Warum sollten sie also zögern? In ihnen steckte der Geist der alten Seefahrer, die das Unbekannte reizte und die Angst trieb, zu spät zu kommen. Sie liebten ihr primitives, auf den Namen ›Lusitania‹ getauftes Flugzeug ebensosehr, wie ihre Vorfahren die gebrechlichen Karavellen geliebt hatten, und sie sahen – so paradox es klingt – der Weiterentwicklung der Flugzeuge mit Gefühlen entgegen, die den alten Seefahrern angesichts der Weiterentwicklung der Schiffe gekommen waren. Wie ihre Großväter, so fürchteten auch sie das Einfache und Alltägliche; im Geiste sahen sie das Sterben jedweder Persönlichkeit herannahen: das Farbloswerden der Menschheit.

Davor graute ihnen, und darum fiel es ihnen trotz aller Warnungen leicht, in den frühen Morgenstunden des 30. März 1922 die Taue von der Boje zu lösen, an der die ›Lusitania‹ im Hafen von Lissabon verankert war.

Die Schwimmer lagen tief im Wasser, und der graumelierte Coutinho warf dem Piloten einen fragenden Blick zu, als er das Flugzeug bestieg.

Der schwarzhaarige Cabral, der bereits auf dem Führersitz saß, grinste. »Wird schon schiefgehen«, sagte er und schob sich die Brille über die Augen.

Wenige Minuten später gab er Vollgas. Zunächst langsam, dann immer schneller werdend, setzte sich der schwerbeladene Doppeldecker in Bewegung. Zu beiden Seiten sprühte Gischt hoch, der klatschend gegen die Tragflächen schlug und den Rumpf in eine Wasserwolke einhüllte.

Cabral versuchte, die Schwimmer ›auf Stufe‹ zu setzen. Dies ist notwendig, weil die Unterseite eines Schwimmers nicht glatt wie bei einem Boot ist, sondern ›Stufen‹ hat, ohne die es infolge der Adhäsion des Wassers nicht möglich wäre, ein Flugzeug aus dem Wasser zu heben. Erst wenn Luft hinter, das heißt unter den ›Stufen‹ liegt, können die Schwimmer herausgehoben werden. Darum ist ein Start auf ›Glattwasser‹ unmöglich; die ›Kräuselung‹ muß helfen, den Schwimmer zunächst ›auf Stufe‹ zu setzen.

Das Manöver gelang Cabral schneller, als er vermutet hatte. Er fühlte, daß das Flugzeug ›leicht‹ wurde, sah, daß die Schwimmer auftauchten, und spürte den wachsenden Druck auf dem Steuer. Nun mußte er auf einen günstigen Augenblick warten, auf eine kleine Unterstützung, die es ihm möglich machte, die Schwimmer aus dem Wasser herauszuheben.

Eine Woge kam ihm zu Hilfe. Er zog das Höhenruder, und im nächsten Moment ›hing‹ die Maschine in der Luft.

Coutinho, der hinter ihm saß, beugte sich vor und klopfte ihm auf die Schulter. »Gut gemacht!« rief er gegen den schneidend werdenden Fahrtwind an.

Cabral lachte wie ein Junge. »Was hab' ich gesagt? Wird schon schiefgehen!«

Coutinho drohte mit dem Finger. »Nicht übermütig werden!« Dann wies er nach vorn.

Cabral wußte Bescheid: Kurs steuern, der Welt zeigen, was Flugnavigation heißt.

Geradlinig und außer Sichtweite der afrikanischen Küste flogen sie dem gesetzten Ziel entgegen. Der Motor lief wie ein Uhrwerk, das Wetter war ausgezeichnet, und das Meer lag ruhig wie selten. Nur hin und wieder sahen sie ein Schiff oder eine Rauchwolke am Horizont. Gegen Mittag kam Madeira in Sicht, und nach 10 Stunden tauchten die Kanarischen Inseln vor ihnen auf, wo sie um 16 Uhr im Hafen von Las Palmas glatt wasserten. Ohne vom Kurs abgekommen zu sein, hatten sie die 1450 Kilometer weite Strecke in genau der von ihnen berechneten Zeit zurückgelegt und damit bewiesen, daß die von ihnen getroffenen Vorbereitungen den an einen Überseeflug zu stellenden Forderungen entsprachen.

Am nächsten Tag übernahmen sie den bereitgestellten Betriebsstoff und ließen den Motor noch einmal gründlich durchsehen. Der Weiterflug sollte am 2. April erfolgen. Doch da bereitete ihnen der Wettergott Schwierigkeiten. Es herrschte eine Dünung, die einen Start unmöglich machte. Der ehrgeizige Cabral wollte sich aber nicht abhalten lassen; er mußte seinen Tatendrang mit der Beschädigung eines Schwimmers bezahlen. Der Schaden war jedoch gering und konnte an Ort und Stelle behoben werden.

Am 3. April besserte sich das Wetter, und am 4. hatte sich die See so weit beruhigt, daß sie mit gutem Gewissen in ihre Maschine klettern konnten. Wieder gelang das Abheben vom Wasser nach einer relativ kurzen Anlaufbahn, wieder flogen sie genau Kurs, und es gelang ihnen, die 1580 Kilometer weite Strecke von Las Palmas zu den Kapverdischen Inseln in der von ihnen errechneten Zeit zurückzulegen. Und doch waren sie in gedrückter Stimmung, als sie im Hafen von St. Vincent zu der dicht umdrängten Anlegestelle ›rollten‹. Denn die Schwimmerstreben zeigten Beschädigungen, die erkennen ließen, daß sie brechen würden, wenn sie einer noch größeren Belastung als bisher ausgesetzt würden. Das aber war notwendig, da die Entfernung von St. Vincent nach Fernando Noronha 2200 Kilometer betrug; sie kamen nicht daran vorbei, wesentlich mehr Benzin aufzunehmen als bisher. »Was nun?« fragte Coutinho.

Cabral strich über sein gut rasiertes, blauschimmerndes Kinn. »Ich sehe nur eine Möglichkeit: Wir setzen uns hin und verbessern die Dreckskonstruktion durch den Einbau weiterer Streben und beordern den Tanker, der uns in Fernando Noronha erwarten soll, nach St. Paul. Bis dorthin sind es 1 900 Kilometer, also 300 Kilometer weniger, für die wir in diesem Fall keinen Sprit aufzunehmen brauchen.«

»Sie glauben, daß der Start dann klargeht?«

Cabral zuckte die Achseln. »Was soll ich darauf sagen? In der Kirche müssen Sie glauben, hier müssen Sie hoffen.«

Über eine Woche lang arbeiteten sie an den Schwimmern, die sich nach einer genauen Prüfung als beinahe unbrauchbar erwiesen. Coutinho schlug deshalb vor, den Sprung über den Ozean nicht von St. Vincent aus zu wagen, sondern zunächst den etwa 200 Kilometer südwestlich liegenden Hafen Praia anzufliegen und dort zu tanken, so daß sich die unumgänglich aufzunehmende Benzinmenge weiterhin verringern würde.

»Einverstanden«, erwiderte Cabral. »Ist verdammt gut, daß wir zwei Köpfe haben.«

Am 16. April flogen sie nach Porto Praia, von wo sie im Morgengrauen des nächsten Tages zum Flug über den Südatlantik starteten.

Ganz wohl war ihnen nicht zumute, denn sie hatten auf jegliche Betriebstoffreserve verzichtet, um die Schwimmer soweit wie möglich zu entlasten. Gerieten sie jetzt vom Kurs – und es genügten wenige Kilometer –, dann flogen sie an dem nur 300 Meter breiten St.-Paul-Felsen vorbei, in dessen Lee ein Kreuzer der portugiesischen Marine auf sie wartete. Dann gab es keine Rettung mehr. Eine Wasserung auf hoher See konnte unmöglich glatt verlaufen, und sie wußten, daß es im Zielgebiet von Haien wimmelte.

»Wir können uns dann nur noch ein letztes Adios zurufen«, hatte Cabral gesagt, als sie die verschiedenen Möglichkeiten erörterten.

1 700 Kilometer lagen vor ihnen. Über 14 Stunden mußten sie fliegen. Einen ganzen Tag lang, von Sonnenauf- bis -untergang hatten sie ›Millimeterarbeit‹ zu leisten, mußten sie sich darauf konzentrieren, einen 300 Meter breiten Felsen zu finden, der in einer Wasserwüste lag, die kein Ende zu nehmen schien, und den sie aller Voraussicht nach erst in der Dämmerung erreichen würden. Und ununterbrochen brannte die Sonne.

Ihre Gaumen klebten, die Lippen platzten und die Augen schmerzten. Am Nachmittag wußten sie kaum noch, wohin sie schauen sollten. Miteinander sprechen konnten sie nicht, nur sich hin und wieder ansehen und einige Worte zurufen.

Etwa wie Coutinho, der in gleichmäßigen Abständen meldete: »Noch sieben Stunden! Liegen auf Kurs.« Oder: »Noch sechs Stunden. Backbord plus zwei Grad.«

Cabral nickte jedesmal, kniff die Augen zusammen, starrte auf seinen Kompaß und dachte: Noch sechs, noch fünf, noch vier Stunden!

Herrgott, wann heißt es endlich: noch eine, noch eine halbe, noch eine Viertelstunde!

Als es jedoch soweit war, fühlte er sich um nichts erleichtert. Im Gegenteil, sein Herz begann sich bemerkbar zu machen. Immer häufiger hatte er in den letzten Stunden Haie entdeckt. Wie Teleskope schnitten ihre Rückenflossen durch das Wasser. Er wußte nun, was sie erwartete, wenn sie an St. Paul vorbeiflogen, wußte nach der letzten Meldung Coutinhos aber auch, daß der Felsen erst mit hereinbrechender Dämmerung erreicht werden konnte. Zur Landung blieben ihm dann – vorausgesetzt, daß sie nicht am Felsen vorbei, sondern direkt auf ihn zuflogen – nur wenige Minuten, denn die tropische Nacht fällt wie eine berstende Wand vom Himmel.

»Wieviel Benzin haben wir noch?« rief Coutinho.

Cabral prüfte die Standgläser. »Knapp 40 Minuten.«

Uns steht eine Reserve von 25 Minuten zur Verfügung, überlegte Coutinho. Da er sicher war, daß sie genau auf Kurs lagen, rief er: »Bei der Reserve könnten Sie etwas mehr Gas geben.«

Er hat recht, dachte Cabral. Auf jede Minute kommt es jetzt an. Wenn wir den Felsen nicht auf Anhieb erwischen, ist es so oder so aus. Er schob den Gashebel vor.

Das Dröhnen des Motors verstärkte sich.

Coutinho tippte Cabral auf die Schulter. »Ich beobachte Steuerbordseite!«

»Verstanden! Übernehme Backbord!«

»Aber Kurs halten!«

»Klar!«

Die Minuten wurden zur Ewigkeit. Der Horizont verschwamm. Die Augen schmerzten. Das Meer verfärbte sich, wurde bleiern. Der Dunst schien zu steigen, wurde blau: die Dämmerung brach herein.

Cabral wurde es unheimlich zumute. Er schaute auf die Borduhr. Drei Minuten fehlen noch. In drei Minuten mußte nach Coutinhos Berechnung St. Paul unter ihnen liegen. »Madre Maria«, flehte er, »wenn jetzt nicht . . .«

Voraus tauchten winzige Lichter auf, dahinter ein breiter dunkler Schatten. »Die ›Republica‹!« rief er. »Und der Felsen! Genau vor uns!« Er drehte sich zurück, da er nicht wußte, was er vor Freude tun sollte. »Sehen Sie die Lichter?« rief er erneut. »Die ›Republica‹!«

Coutinho nickte. Sein Gesicht sah aus, als wäre es gemeißelt.

Cabral blickte wieder nach vorne. Er fühlte, daß seine Knie anfingen zu zittern. Die Lichter vor ihm verschwammen. »So was Blödes!« fluchte er, schob schnell die Brille über die Haube und wischte Tränen fort, die ihm über die Wangen liefen.

»Gas weg!« rief Coutinho. »In ein paar Minuten ist es dunkel!«

Cabral drosselte den Motor und zog eine Schleife, um parallel zum Kreuzer aufsetzen zu können.

Das Meer bewegte sich in einer weichen, weitläufigen Dünung, die die Wasserung leicht machen mußte.

Gott sei Dank, dachte er, das werden die Schwimmer aushalten.

Der Kreuzer rückte näher heran.

Noch 1 000 Meter, schätzte Cabral, als er das Kriegsschiff seitlich vor sich liegen sah. Er nahm den Gashebel ganz zurück. Jetzt eine saubere Wasserung, dann ist Feierabend und wird einer hinter die Binde gegossen!

Nur wenige Meter trennten ihn noch von der Meeresoberfläche. Er zog das Höhenruder. Die Maschine wurde langsamer. Vor ihm hob sich eine Woge. Er riß den Knüppel an den Leib. Die Kiele der Schwimmer berührten das Wasser. Gischt sprühte auf. Es zischte, als führen Diamanten über Glas. Aber dann verringerte sich die Geschwindigkeit; das schneidende Geräusch verebbte, die Schwimmer tauchten ein, das Flugzeug ›rollte‹ aus.

»Großartig!« rief Coutinho. »Hervorragend! Gratuliere!«

Cabral strahlte. »Gelernt ist gelernt.«

»Nur nicht übermütig werden!«

»Übermütig?« Cabral lachte jungenhaft und lehnte sich zurück. »Ich meinte Ihre Navigation!« Er reichte Coutinho die Hand.

Der drückte sie nur kurz. »Wir müssen uns beeilen. Gleich ist es stockfinster!«

Cabral gab Gas und dirigierte das Flugzeug an den Kreuzer heran. Er hätte jubeln mögen vor Glück und sah sich im Geiste schon von der Besatzung der ›Republica‹ auf die Schultern gehoben, als plötzlich, ohne jedes Vorzeichen, die Streben des rechten Schwimmers brachen. Die Maschine legte sich zur Seite, kippte, und noch bevor die Ozeanflieger begriffen, was geschehen war, schlugen Wellen über sie hinweg.

Was nützte es, daß sie wenige Minuten später gerettet wurden, die ›Lusitania‹ lag wie ein lahmer Vogel im Wasser, und jedem war klar, daß eine Bergung frühestens am nächsten Morgen durchgeführt werden konnte. Bis dahin aber hatten Dünung und Salzwasser das Ihre getan; es war sinnlos, zu hoffen, daß eine Reparatur möglich sein würde.

Cabral und Coutinho waren wie gelähmt. Es wollte ihnen nicht in den Kopf, daß die Überquerung des Südatlantiks 550 Kilometer vor dem ersehnten Ziel an einer gebrochenen Strebe scheitern sollte.

»Das kann und darf nicht wahr sein!« ereiferte sich Cabral.

Der Kommandant des Kreuzers legte ihm die Hand auf die Schulter. »Es ist aber wahr. Leider! Sie müssen sich damit abfinden.«

Cabral brauste auf. »Was soll ich? Mich abfinden? Aufgeben? Nachdem wir unsere navigatorischen und fliegerischen Fähigkeiten unter Beweis gestellt haben?« Er blickte zu Coutinho hinüber, der einen verbissenen Eindruck machte und aussah, als wäre er aus Wachs modelliert. »Was sagen Sie dazu?«

Es dauerte eine Weile, bis Coutinho antwortete. »Wir geben nicht auf.« Dann wandte er sich an den Kommandanten. »Darf ich um ein Blatt Papier bitten?«

Der Pilot sah ihn groß an. »Was wollen Sie tun?«

»Einen Funkspruch aufsetzen. Unserer Regierung mitteilen, was geschehen ist, und sie ersuchen, uns auf schnellstem Wege eine neue Maschine zu senden.«

Cabral sprang auf. »Bravo! Das ist die Lösung! Aber fügen Sie gleich hinzu, wir hätten uns geschworen, den St.-Paul-Felsen nicht ohne Flugzeug zu verlassen!«

Coutinho machte eine bedenkliche Miene »Lieber nicht.«

»Warum nicht?«

»Riecht zu sehr nach Erpressung!«

Wenige Tage später bestätigte die portugiesische Regierung den Empfang des Funkspruches und sicherte zu, sofort eine zweite Fairey mit verstärkten Schwimmern zu schicken.

Aber was heißt ›sofort‹, wenn Tausende von Kilometern von einem Frachtdampfer überbrückt werden müssen. Der Monat Mai ging darüber hin. Erst am 5. Juni 1922 konnte Cabral mit der neuen, ebenfalls auf den Namen ›Lusitania‹ getauften Maschine starten und Kurs auf Südamerika nehmen.

Die kurze Strecke bereitete ihnen keine Schwierigkeit; Coutinho machte sich einen Spaß daraus, ›mit der linken Hand‹ dafür zu sorgen, daß sie genau auf Natal zuflogen, wo sie nach wenigen Flugstunden glatt auf dem Rio Grande do Norto wasserten.

Nicht aber, um sich auszuruhen, wie es ursprünglich geplant gewesen war; dazu hatten sie inzwischen genügend Zeit gehabt. Schon am nächsten Morgen verließen sie Natal, und nach weiteren Zwischenlandungen tauchte am 16. Juni 1922 der ›Zuckerhut‹, das Wahrzeichen der brasilianischen Hauptstadt, vor ihnen auf.

Damit war nicht nur die erste Überquerung des Südatlantiks, sondern auch der erste Flug von Lissabon nach Rio de Janeiro gelungen. Wer die Strecke und die damaligen Flugzeuge kennt, dem wird die Leistung der beiden Portugiesen ein ewiges Rätsel bleiben, das auch der vorgenommene Maschinenwechsel nicht zu lösen vermag. Der ist bedeutungslos, da Cabral und Coutinho nicht starteten, um einen Rekord zu erringen oder um die Güte eines Flugzeugmusters unter Beweis zu stellen. Sie wollten nichts anderes, als der Seefliegerei den navigatorischen Weg weisen und der Welt zeigen, daß die Söhne Portugals das Erbe ihrer ruhmreichen Väter zu hüten wissen.

Duplizität der Ereignisse: Wie John Alcock, so verunglückte auch Sacudra Cabral bald darauf in einer Nebelwand über dem Ärmelkanal.

9. Mai 1926

Der Kampf um die Erstüberquerung der Ozeane hatte begonnen, und die Weltpresse beeilte sich, hohe Preise auszusetzen, um ihn nur ja nicht wieder einschlafen zu lassen. Man brauchte Sensationen.

Die Flieger hatten dafür volles Verständnis und freuten sich über die Chancen, die sich ihnen boten. Aber was nützten ihnen die höchsten Preise, wenn ihnen das zum Bau einer geeigneten Maschine notwendige Geld fehlte? Mit den vorhandenen Flugzeugen konnten sie nichts anfangen; die ›großen Teiche‹ verlangten Spezialmaschinen, ausgesprochene Langstreckenflugzeuge, deren Entwicklung Summen erforderte, die kein Unternehmer investieren wollte.

Aus den ›Helden des Krieges‹ waren verschuldete Männer geworden, ›Luftikusse‹, die sich im Bestreben, das Fliegen nicht aufgeben zu müssen, als Luftakrobaten und Fallschirmspringer verdingten. Als einer von ihnen einmal gefragt wurde, was das Gefährlichste an der Fliegerei sei, antwortete er trocken: »Die Gefahr, zu verhungern.«

Nur wenige hatten das Glück, bei einer Luftfahrtgesellschaft unterzukommen, die wiederum glücklich war, wenn sie sich über Wasser halten konnte. Ohne Subventionen oder feste Postaufträge war dies kaum möglich. Außerdem standen lediglich aus dem Krieg gerettete Maschinen zur Verfügung, die nur wenige Passagiere mitnehmen konnten.

In Deutschland übernahm die Deutsche Luftreederei den Passagier- und Luftpostdienst zwischen Berlin und Weimar, wohin sich die Nationalversammlung aus Sicherheitsgründen zurückgezogen hatte. In Frankreich und England etablierten sich im Februar 1919 zwei Gesellschaften, die den Luftpostverkehr zwischen Paris und London aufnahmen.

Die Piloten konnten zunächst nichts anderes tun, als sich darauf zu beschränken, ›treibende Kraft‹ zu sein. In allen Ländern versuchten sie, ihren Regierungen und Militärbehörden klarzumachen, wie wichtig es für ihre Heimat sei, die Initiative zu ergreifen und die erforderlichen Mittel zur Verfügung zu stellen.

Ihr Kampf war nicht vergebens. Fast überall brachte man ihnen Verständnis entgegen. Doch da Regierungsbeamte und Militärs ihre Entscheidungen nicht von heute auf morgen treffen, blieb den Piloten in der Folge nichts anderes übrig, als zu hoffen und zu warten.

Wie die Presse, die bereits anfing, nervös zu werden. Aber auch sie mußte sich gedulden. Zwei Jahre lang. Erst zwei Jahre nach der Überquerung des Südatlantiks durch die Portugiesen konnte sie ein neues, dafür allerdings wirklich sensationelles Flugunternehmen ankündigen: ›Amerikanische Piloten planen Weltflug!‹

Wer dieser Nachricht keinen Glauben schenkte, wurde bald eines Besseren belehrt. Schon wenige Tage später, am 6. April 1924, starteten in Washington vier Douglas DT 2, auf deren dickleibigen Rümpfen die Erdkugel mit einer Route dargestellt war, die über Alaska, die Beringstraße und Asien nach Europa und von dort über den Atlantik zurück nach Amerika führte.

Die einmotorigen Doppeldecker waren mit 400 PS starken Liberty-Motoren ausgerüstet und besaßen Fahrwerke, die vor Antritt der jeweiligen Seestrecken gegen Schwimmer ausgetauscht werden konnten. Und wie bei der Atlantiküberquerung im Jahre 1919, so hatte die Kriegsmarine auch dieses Mal wieder eine große Anzahl von Schiffen zur Verfügung gestellt, welche die See-Abschnitte sichern und gleichzeitig als Richtungsweiser dienen sollten. An eine ordnungsgemäße Flugnavigation, wie sie Cabral und Coutinho durchgeführt hatten, dachte man noch immer nicht.

Dennoch waren die Anforderungen, die an die Besatzungen und Maschinen gestellt wurden, so gewaltig, daß in Fachkreisen allgemein die Ansicht vertreten wurde: Keines der Flugzeuge wird das Ziel erreichen. Die Piloten können von Glück reden, wenn sie bis Asien kommen.

Um so erstaunter war man, als nach zwei Monaten drei von den vier gestarteten Doppeldeckern in England landeten, von wo der letzte und schwierigste Streckenteil, die Überquerung des Nordatlantiks in westlicher Richtung, in Angriff genommen werden sollte.

In Brough in Mittelengland wurden die Flugzeuge gründlich durchgesehen und die Fahrwerke gegen Schwimmer ausgetauscht, und am 30. Juli 1924 war es so weit, daß sich die drei auf den Namen amerikanischer Städte getauften Douglas DT 2 vom Wasser abheben konnten. Das Tagesziel war Kirkwall auf den Orkneyinseln, das die Besatzung der ›Boston‹, Leigh Wade und Henri Ogden, jedoch nicht erreichte, da sie infolge Motorschadens in der Nähe eines Sicherungsschiffes notlanden mußte.

»Kein schöner Anfang«, rief Lowell Smith, der Pilot der ›Chicago‹, seinem Begleiter Leslie Arnold zu.

Der nickte. »Hauptsache, die beiden sind gerettet.« Er blickte zu der neben ihnen fliegenden ›New Orleans‹ hinüber und winkte den Kameraden Eric Nelson und John Harding zu. Es sah aus, als wollte er sagen: Paßt bloß auf, daß wir zusammen bleiben.

Sie blieben zusammen, landeten am Abend in Kirkwall und starteten am 2. August nach Reykjavik, wo sie längere Zeit verharren mußten, weil die Meldungen der grönländischen Wetterstationen zu ungünstig lauteten.

Die Amerikaner fanden es ganz interessant, ein paar Tage auf Island verbringen zu müssen. Sie hatten ja Zeit. Hätten sie gewußt, daß die Wetterberichte eine andere Flugzeugbesatzung zu höchster Eile antreiben würden, dann wären sie bestimmt nicht so sorglos gewesen. So aber saßen sie in aller Ruhe auf der ihnen fremd und dennoch heimisch erscheinenden Insel und ahnten nicht, daß die italienischen Piloten Locatelli und Grosio in Begleitung von zwei Mechanikern ohne jede Ankündigung am 1. August mit einem Dornier-Wal-Flugboot in Pisa gestartet und über Lausanne, Mannheim und Rotterdam nach Hull an der Ostküste von England geflogen waren, um den Versuch zu machen, den Atlantik noch vor den Amerikanern zu überqueren. Eine günstigere Gelegenheit konnte es für die Italiener nicht geben. Sie spekulierten darauf, daß in diesen Tagen kein verlassener Ozean, sondern ein von zahllosen amerikanischen Sicherungsschiffen bewachtes Meer unter ihnen lag. Sollte also wirklich einer ihrer beiden in Tandemanordnung auf der Tragfläche montierten 360-PS-Rolls-Royce-Motoren ausfallen, so konnte ihnen nicht allzuviel geschehen.

Locatelli, der am 5. August in Hull landete, warf seinen Kameraden einen vielsagenden Blick zu, als er die Wetterkarte eingehend studiert hatte. »Wir haben Glück. Das Wetter ist verheerend und wird es noch einige Zeit bleiben. Wenn wir mit unseren Vorbereitungen in einer Woche fertig sind, holen wir die Yankees ein. Was meint ihr, was die für Augen machen, wenn sie unseren Wal sehen!«

Nicht Überheblichkeit ließ ihn die letzten Worte sagen. Er war nur maßlos stolz auf sein Flugboot, das ihm das erste richtige Wasserflugzeug zu sein schien. Darüber hinaus bewegte es ihn ungemein, daß er Dr. Claudius Dornier, den deutschen Konstrukteur des Wal, nicht nur persönlich kannte, sondern auch einen guten Kontakt zu ihm gefunden hatte.

Das konnten nur wenige von sich behaupten, da der im Allgäu aufgewachsene Flugzeugfabrikant äußerst unzugänglich war. Er hatte einen großen runden Schädel. Nur selten öffnete er seine schmalen Lippen, immer aber blickten seine Augen mißtrauisch, abweisend, unerbittlich. Was ihn interessierte und beschäftigte, war die Fliegerei, sonst nichts. Schon 1907, als er im Alter von 23 Jahren an der Technischen Hochschule zu München seine Diplomprüfung als Maschinenbauer abgelegt und eine Stellung in einer Brückenbaufirma erhalten hatte, benutzte er jede freie Minute, um Flugzeuge zu entwerfen. Jahrelang saß er Nacht für Nacht vor Plänen und Berechnungen, bis es ihm 1910 gelang, beim Luftschiffbau tätig zu werden, wo er als erstes eine drehbare Halle konstruierte, die preisgekrönt wurde. Graf Zeppelin wurde dadurch auf ihn aufmerksam und gab ihm den Auftrag, ein Großluftschiff für den Transozean-Verkehr zu entwerfen. Dornier erledigte die Arbeit zur vollen Zufriedenheit des Grafen, der ihn daraufhin zur Seite nahm und unter vier Augen bat, mit der Konstruktion eines Wasserflugzeuges zu beginnen.

Es handelt sich hier um keinen Schreibfehler. Graf Zeppelin war nicht so blind in seine Idee verrannt, wie vielfach angenommen wird.

Zweifellos erkannte er die Vorteile eines Flugzeuges und erteilte deshalb den Auftrag. Daß er ihn nicht publik werden lassen wollte, ist verständlich.

War es ein sechster Sinn, der den alten Grafen veranlaßte, sich mit diesem ungewöhnlichen Auftrag an Dornier zu wenden? Man ist versucht, es zu glauben. Denn wie kein anderer war Dornier dazu berufen, ein echtes, seefestes Wasserflugzeug zu entwickeln.

Er machte sich frei von allem Herkömmlichen. Seine Maschine sollte nicht die üblichen Schwimmer haben, sondern aus einem zum Boot ausgebildeten Ganzmetallrumpf bestehen, aus dem seitlich zwei ›Flächenstummel‹ herausragten, die im Wasser stabilisierend wirken und in der Luft zusätzlichen Auftrieb geben sollten. Auf die ebenfalls aus Metall geformte und über den Rumpf gelegte durchgehende Tragfläche wollte er zwei Motoren in Tandemanordnung aufstellen, deren Propeller unterschiedlich wirkten: der vordere als Zug-, der hintere als Druckschraube.

Sinnvoll, zweckmäßig und genial einfach war die Konstruktion, deren Verwirklichung jedoch – wie könnte es anders sein – viele Anfangsschwierigkeiten bereitete. Dornier überwand sie. Doch als sie überwunden waren, brach der Erste Weltkrieg aus und beendete die Weiterarbeit an diesem Modell. Und als der Krieg zu Ende ging, verbot der Versailler Friedensvertrag jede fliegerische Entwicklung.

Damit konnte sich der schweigsame, immer allein in einem riesigen Arbeitszimmer sitzende Dornier nicht abfinden. Er packte seine Siebensachen und ging nach Italien, wo er in Marina di Pisa die italienische Lizenzfirma Construzioni Meccaniche Aeronautiche S.A. gründete und 1922 mit dem Bau des ersten Dornier-Wal begann, den dann die italienischen Piloten Locatelli und Grosio über Lausanne, Mannheim und Rotterdam nach Hull überführten, um den Versuch zu machen, den Nordatlantik noch vor den Amerikanern zu überqueren.

Das schlechte Wetter über Grönland, das die beiden amerikanischen Besatzungen in Reykjavik festhielt, half den Italienern tatsächlich, den Anschluß zu gewinnen. Am 13. August 1924 konnten sie ihre Vorbereitungen in Hull beenden, am darauffolgenden Tag, in 4 Stunden 15 Minuten, zu den Orkneyinseln fliegen und am 15. August nach Island starten. Den Hafen von Reykjavik erreichten sie allerdings erst am 17. August, weil sie infolge starken Nebels Zwischenlandungen in Thorshavn auf den Faröer Inseln und im Horna Fjord an der Ostküste Islands hatten vornehmen müssen.

Die Amerikaner waren höchst erstaunt, als sie das infolge des mächtigen Rumpfes ein wenig schwerfällig wirkende Flugboot sicher und ruhig anschweben und bald darauf wie ein Schiff im Wasser liegen sahen.

»Phantastisch«, sagten sie und wollten sich eben für die Konstruktion begeistern, als sie hörten, daß die Italiener beabsichtigten, nach

Grönland und von dort über Labrador nach New York zu fliegen. Schlagartig war es aus mit der Begeisterung. Sie zogen sich schnell zurück und beratschlagten, was sie tun sollten. Unmöglich konnten sie zulassen, daß ihnen der beinahe schon greifbare Sieg in letzter Minute entwunden wurde. Ein amerikanischer Pilot, Leutnant Read, war es gewesen, der mit einer Zwischenlandung auf den Azoren den Nordatlantik als erster in östlicher Richtung bewältigt hatte. Der Ruhm der Erstüberquerung von Ost nach West mußte ebenfalls einem Amerikaner zufallen, das waren sie dem Ansehen ihrer Nation schuldig.

»Diese verdammten Makkaroniboys!« schimpfte Eric Nelson, der Pilot der ›New Orleans‹. »Wir müssen ihnen zuvorkommen!«

Lowell Smith, der stets eine kurze Lederjacke, Breeches und Reitstiefel trug, strich sich über sein glatt zurückgekämmtes Haar. »Well«, sagte er, »das müssen wir. Fragt sich nur, wie wir es anstellen.«

»Indem wir vor ihnen starten!«

»Und in dem Sauwetter über Grönland gegen einen Felsen bumsen? Nein, das Ding muß anders angefaßt werden.«

Nelson sah ihn fragend an.

Smith verzog sein Gesicht zu einem breiten Grinsen. »Wir machen folgendes: Wir beobachten jetzt die Wetterentwicklung ganz genau und werden in dem Augenblick, da wir erkennen, übermorgen hat sich die Wetterlage so weit beruhigt, daß wir starten können, gründlich bluffen, indem wir so tun, als gingen wir schon morgen auf die Reise.«

»Was versprichst du dir davon?«

»Die Italiener werden es merken und sofort abhauen!«

»Und?«

»Am Abend werden sie wieder hier sein, da geh' ich jede Wette ein. Warum? Weil sie zu früh starteten und nicht durchkommen konnten. Erfolg: sie müssen am nächsten Tag, an dem das Wetter wirklich gut ist, ihren ›Dampfer‹ wieder startklar machen, und wir gewinnen einen Vorsprung von vierundzwanzig Stunden. Was haltet ihr davon?«

Die Kameraden machten bedenkliche Gesichter. Überzeugt waren sie nicht, aber was sollten sie machen? Irgend etwas mußten sie unternehmen.

Ob sich Locatelli bluffen ließ oder seinem Dornier-Wal mehr zutraute als den Douglas DT 2, steht nicht fest. Tatsache ist jedoch, daß er am 21. August startete und daß die Amerikaner, die ihm einen Tag später folgten, seinen Start mit gemischten Gefühlen beobachteten. Ohne Schwierigkeit hob er den mit Betriebsstoff für 1 800 Kilometer beladenen Wal aus dem Wasser, flog eine ›Ehrenrunde‹ und – ging auf Kurs.

In den ersten acht Stunden legte er 1 200 Kilometer zurück, dann verringerte sich die Geschwindigkeit auf 100 km/h, da die Leistung des hinteren Motors abfiel.

»Verdammter Mist!« fluchte Locatelli. »Das hat uns gerade noch gefehlt!«

»Wenn der Motor so bleibt, ist es nicht schlimm«, erwiderte Grosio. »Dann landen wir eben zwei Stunden später in Farvel. Hauptsache, wir erreichen die Südspitze Grönlands.«

Der Motor hielt sich nicht. Nach zehn Flugstunden, es waren gerade 1 400 Kilometer bewältigt, fing er an zu schütteln, so daß nichts anderes übrigblieb, als ihn stillzulegen.

Locatelli warf einen Blick in die Tiefe. »Wir müssen landen. Mit nur einem ›Quirl‹ wage ich mich durch die vor uns liegenden Nebelbänke nicht an Grönland heran.«

Grosio schaute ebenfalls nach unten. »Ganz schöne Dünung. Aber besser eine Landung auf hoher See als gegen einen Berg knallen. Schauen wir uns den Motor an, vielleicht können wir den Schaden beheben. Wofür haben wir Mechaniker bei uns?«

Die Landung war nicht einfach, ging aber glatt vonstatten. Das Flugboot lag wie ein Schiff im Wasser, schaukelte jedoch so stark, daß die Monteure es nicht wagen konnten, auf die Tragfläche zu klettern.

»Wird ohnehin bald dunkel«, sagte Locatelli. »Warten wir bis morgen früh. Wir haben ja Zeit. Der Wal ist seefest, und bis die Yankees starten, sind wir wieder flott.« Er ließ den Treibanker ausbringen, teilte Wachen ein und legte sich auf die Abdeckplane, die groß genug war, um drei Mann Platz zu bieten.

Mit einem aber hatte Locatelli nicht gerechnet. Der Seegang nahm von Stunde zu Stunde zu, und die Mechaniker, die noch nie auf hoher See gewesen waren, wurden so krank, daß sie sich am Morgen nicht mehr zu retten wußten. Es sah aus, als wollte sich ihr Inneres nach außen kehren. An eine Behebung des Motorschadens war nicht zu denken.

Aber auch in anderer Hinsicht täuschte sich der italienische Pilot. Er wußte nicht, daß er sich in seiner letzten Ortsbestimmung geirrt hatte. Das Flugboot lag fast 160 Kilometer südlich von Kap Farvel, wohin die Kette der amerikanischen Sicherungsschiffe führte, an der Smith und Nelson an diesem Tage mit ihren Doppeldeckern entlangflogen. Sie erreichten das Kap und brachten damit einen weiteren schwierigen Streckenabschnitt hinter sich, während Locatelli und Grosio das zweifelhafte Vergnügen hatten, auf hoher See in einer von bestialischem Gestank erfüllten Kabine zu schaukeln. Vierundzwanzig Stunden hockten sie nun schon mit den sich unablässig erbrechenden Mechanikern im Rumpf des Flugzeuges, dessen Luken sie der überschlagenden See wegen nicht öffnen konnten.

Am nächsten Tag, dem 23. August, nahmen Sturm und Seegang weiter zu. Dem Wal schien es nichts auszumachen. Er zog kein Wasser, zeigte nie Neigung, zu kentern, und erwies sich als absolut seefähig, so daß Locatelli keinerlei Befürchtungen hegte und auch nichts unternahm, was die Sicherungsschiffe hätte alarmieren können.

»Einmal muß der Sturm ja aufhören«, sagte er. »Und dann werden wir den Motor reparieren und starten. Wenn wir ein bißchen Glück haben, holen wir die Yankees wieder ein. Weiter als bis Kap Farvel können sie noch nicht gekommen sein. Und dort werden sie ein bis zwei Tage an ihren ›Drachen‹ arbeiten müssen.«

Darin hatte er recht. Doch auch am 24. nahm der Seegang nicht ab. Ebenfalls nicht in der Nacht zum 25. August. Und an diesem Tag starteten die Amerikaner nach Ivigtut, einem grönländischen Hafen nordwestlich von Kap Farvel, von wo sie die wettermäßig schwierigste Strecke nach Indian Harbor auf Labrador in Angriff nehmen wollten.

Locatelli, der noch immer nicht bereit war, den Kampf aufzugeben, erkannte in der Nacht zum 25. August, daß er seine völlig entkräfteten Mechaniker nicht mehr sich selbst überlassen durfte. Zumal Seegang 7 bis 8 herrschte. Der Rumpf des Flugbootes dröhnte, wenn Brecher über ihn hinwegschlugen, und Grosio hatte schon einen zweiten Treibanker ausbringen müssen, weil das Seil des ersten gerissen war.

Also entschloß er sich, noch in der Nacht einige Raketen abzuschießen, um eines der amerikanischen Sicherungsschiffe auf sich aufmerksam zu machen. Er hatte Glück. Die ›Richmond‹, die den Wal schon suchte und zufällig in der Nähe kreuzte, sah die aufsteigenden Raketen. Sie drehte sofort bei und blinkte mit ihrem Scheinwerfer: ›Verstanden, kommen und übernehmen euch!‹

»So seht ihr aus!« knurrte Locatelli.

Grosio, der neben ihm auf dem Rumpf stand und sich an einer Tragwerksstrebe festhielt, lachte.

»Du machst doch mit?« fragte Locatelli.

»Klar!«

Kein weiteres Wort wurde gesprochen, und doch hatten sich die beiden Piloten verstanden. Wir bleiben an Bord und werden den Wal nicht verlassen, war der Sinn ihrer Rede.

Sie wußten, was mit dem Flugboot geschehen würde, wenn auch sie von Bord gingen, und wollten durchhalten, mochte kommen, was da wollte.

Der Kommandant der ›Richmond‹ glaubte es mit Verrückten zu tun zu haben, als Locatelli und Grosio ihn baten, nur die Mechaniker zu übernehmen. Er lehnte das Ansinnen glatt ab und mußte es ablehnen, weil sich nicht nur die kranken Monteure, sondern die gesamte Besatzung in Seenot befand.

Locatelli flehte ihn an: »Lassen Sie uns wenigstens noch bis morgen früh an Bord unserer Maschine! Vielleicht hat sich bis dahin das Wetter gebessert, und wir können starten.«

»Zum Warten habe ich keine Zeit«, entschied der Kommandant. »Sie befinden sich in Seenot, also habe ich die Pflicht, Sie zu retten. Und Sie haben die Pflicht, mir dabei keine Schwierigkeiten zu bereiten. Ich fordere Sie und Ihre Männer nochmals auf, zu mir an Bord zu kommen!«

Locatelli blieb nichts anderes übrig, als zu gehorchen. Als letzter verließ er den Wal und erlebte gleich darauf, daß die Geschütze des Kreuzers auf das Flugboot gerichtet wurden. Nachdem es verlassen war, mußte es, dem geltenden Seerecht entsprechend, als ›Wrack‹ behandelt und als solches versenkt werden.

Der Pilot ballte die Fäuste, als die erste Salve krachte.

»Kommen Sie«, sagte der Kommandant der ›Richmond‹ und legte ihm die Hand auf die Schulter. »Sie machen es sich und mir nur schwer. Gehen wir in die Messe. Ein Drink wird Ihnen jetzt guttun.«

Locatelli nickte. »Es ist vielleicht das beste. Mir ist zumute, als würde ich umgebracht.«

»Sie werden ein neues Flugboot bekommen.«

Der Kommandant behielt recht. Doch bis dahin sollte noch viel Zeit vergehen und hatten die amerikanischen ›Weltflieger‹ ihren verdienten Sieg errungen. Am 31. August, sechs Tage nach dem Untergang des Dornier-Wal, gelang es ihnen, von Ivigtut nach Indian Harbor zu fliegen, wo sie am Morgen des 1. September landeten. Am 6. erreichten sie Boston, und am 28. September 1924 kehrten sie nach Washington, dem Ausgangspunkt ihres Unternehmens, zurück. In einer reinen Flugzeit von 15 Tagen, 11 Stunden und 7 Minuten hatten sie die Erde umflogen und dabei den Atlantischen Ozean zum ersten Male mit einem Flugzeug in westlicher Richtung überquert.

Die amerikanische Bevölkerung jubelte, und die Presse nahm wehmütig Abschied von einer Zeit, in der ihnen einige wenige Piloten täglich die aufregendsten ›Headlines‹ geliefert hatten. Doch dieses Mal sollte keine schmerzliche Pause entstehen. Im Gegenteil, die Ereignisse überschnitten sich, da der ›Zeppelin‹ LZ 126 am 25. September 1924 zu einer zweitägigen Probefahrt über Deutschland aufgestiegen war und es keinen Amerikaner gab, den der Ausgang dieser Fahrt nicht brennend interessiert hätte. Ganz Amerika wußte, daß das Luftschiff als Reparationsleistung für die Vereinigten Staaten gebaut worden war und daß es unter der Bezeichnung ZR III und dem Namen ›Los Angeles‹ von Dr. Eckener sowie den Kapitänen Lehmann und Flemming auf dem Luftwege nach New York übergeführt werden sollte.

Die kleinsten Details brachten die Zeitungen. Die Spatzen auf den Wolkenkratzern wußten, daß die in aller Kürze zu erwartende ›Los Angeles‹ bei einer Länge von 200 Metern über einen Gasinhalt von 70 000 cbm verfügte und von fünf 400-PS-Maybach-Motoren getrieben wurde, die dem ›Zeppelin‹ eine Geschwindigkeit von 120 km/h verliehen. Das Funkrufzeichen N-E-R-M kannte jedes Kind. Mit dem Schrei »NERM« flitzten die Buben um die Hausblöcke, wenn sie ZR III spielten.

Die Presse hatte getan, was sie konnte, um die Bewohner der Neuen Welt von dem Augenblick an, da das Luftschiff die Reise über den Ozean antreten würde, in ein hektisches Fieber zu versetzen. Es sollten die aufregendsten Stunden und Tage werden, die Amerika je erlebt hatte; man konnte nur hoffen, daß irgend etwas passierte. Natürlich nichts Schlimmes, um Gottes willen, nur irgendeine Kleinigkeit. Vielleicht ein zu behebender Motorausfall, vorübergehende Sendestörungen oder etwas Ähnliches. Derartige Dinge geben die Möglichkeit, in den Schlagzeilen mit Fragezeichen zu arbeiten. Was dann in den Spalten steht, ist nicht so wichtig – das kann man erst lesen, wenn man die Zeitung gekauft, also bezahlt hat.

Dementsprechend lauteten die ›Headlines‹ nach der zweitägigen Deutschlandreise des Luftschiffes: ›Startet ZR III schon morgen nach New York?‹ Oder: ›Stellten sich auf der Werkstattfahrt Fehler heraus?‹

Die Spannung wurde von Tag zu Tag höher getrieben. Zwei Wochen lang. Bis zum 12. Oktober, an dem man endlich melden konnte, daß ZR III um 5 Uhr 35 MEZ über dem Bodensee die Halteleinen gelöst und die Fahrt nach Amerika angetreten habe.

An Bord befanden sich 32 Personen, unter ihnen Captain Steel, der Kommandant des Flughafens Lakehurst, Captain Klein, der spätere Kommandant der ›Los Angeles‹, sowie die amerikanischen Offiziere Major Kennedy und Lieutenant Kraus. Bei Lörrach verließ der ›Luftkreuzer‹ das deutsche Hoheitsgebiet. Um 15 Uhr 30 schwebte er über der Girondemündung dem Atlantik entgegen, und um 16 Uhr 30 meldete Dr. Eckener der Funkstation Norddeich: ›Französische Küste hinter uns. Ansteuern Coruña. Erwarten etwa 21 Uhr Kap Ortegal zu passieren. An Bord alles in Ordnung.‹

Die gemeldete Zeit wurde eingehalten und mit eintretender Dunkelheit das europäische Festland in Höhe von Kap Finisterre im Nordwesten Spaniens verlassen.

Kurz nach Mitternacht gab der Funker bekannt, um 24 Uhr den 12. westlichen Längengrad erreicht zu haben. Dann wurde der Empfang schwächer, traten immer stärker werdende Sendestörungen auf, und schließlich hörte man nichts mehr.

›Verbindung mit ZR III abgerissen!‹ lauteten die Schlagzeilen am nächsten Morgen.

»Meteorologen melden Aufkommen eines Schlechtwettergebietes!« schrien die Zeitungsverkäufer.

»Es besteht die Möglichkeit, daß die Ausläufer eines Tiefs dem Luftschiff gefährlich zusetzen!« verkündete der Sprecher des Rundfunks. »Zur Zeit keine Funkverbindung!«

Die Meldungen stimmten – doch was besagten sie? Nichts. Zur Besorgnis bestand überhaupt kein Anlaß. Jeder Radiobastler wußte, daß das Luftschiff während der Fahrt über dem Atlantik die Funkverbindung infolge der zu geringen Sendeenergie nicht aufrechterhalten konnte.

Und das Schlechtwettergebiet? Nun ja, es war da und zwang die Führung, einen nördlicheren Kurs zu steuern und wechselweise einen Motor stillzulegen, um Betriebsstoff zu sparen. Aber das war alles. An

Bord war man in bester Stimmung. Speisen und Getränke waren ausgezeichnet, und nur der technische Offizier machte ein betrübtes Gesicht, weil er festgestellt hatte, daß das Waschwasser nicht reichen würde. Irgendwann im Verlauf des zweiten Tages mußte es zur Neige gehen.

Die Passagiere trösteten ihn. Sie sicherten ihm zu, sich nicht zu beschweren, wenn sie sich am folgenden Morgen mit Sekt rasieren und die Zähne putzen müßten.

Mit Anbruch des dritten Tages näherte sich die ›Los Angeles‹ dem amerikanischen Festland. Lakehurst empfing eine halbe Stunde lang Funksprüche, die jedoch schwach und verstümmelt waren, so daß man mit ihnen nicht viel anfangen konnte. Aber was spielte das für eine Rolle? Man wußte nun wenigstens, daß das Luftschiff kein Opfer des Sturmes geworden war und wollte sich gerne noch eine Weile gedulden.

Klarheit brachte wenige Stunden später der Kreuzer ›Milwaukee‹, dem es gelang, einen Funkspruch aufzunehmen, aus dem hervorging, daß sich das ›Silberschiff‹ südlich von Neufundland in dichtem Nebel befand. Da Dr. Eckener gleichzeitig meldete, daß an Bord alles in Ordnung sei und darum bat, drahtlose Grüße nach Berlin zu übermitteln, sah man dem weiteren Fahrtverlauf zwar in gespannter Erwartung, jedoch weniger sorgenvoll entgegen.

In den Redaktionen herrschte Hochbetrieb. Es war nichts passiert, und doch gab es genügend ›Stoff‹, mit dem sich etwas anfangen ließ.

Die Presse ahnte nicht, daß ihr der Wettergott noch am selben Tage einen großen Dienst erweisen würde. Der ›Zeppelin‹ geriet am Nachmittag in einen schweren Sturm, der ihn jedoch nicht fort, sondern vor sich her trieb. Darüber konnte man großartig schreiben, zumal man sich in die glückliche Lage versetzt sah, am Schluß des Artikels – natürlich erst ganz am Schluß – erwähnen zu können, daß über Kanada glänzendes Wetter herrsche. Wenn nichts Außergewöhnliches eintrat, mußte die ›Los Angeles‹ Boston gegen 3 Uhr und New York in den ersten Morgenstunden erreichen.

Und so war es. Im Licht der aufgehenden Sonne erschien das Luftschiff über den Wolkenkratzern. Ruhig und majestätisch kreuzte es über der Freiheitsstatue, über Manhattan, Bronx und Brooklyn und bot der Bevölkerung ein nie gesehenes Schauspiel. Die Straßen und Plätze waren schwarz von Menschen. Der Verkehr lag still. Sirenen heulten, Autos hupten – ein Lärm brach aus, wie ihn New York noch nicht erlebt hatte. Zum ersten Male in der Geschichte der Menschheit war der Nordatlantik in seiner vollen Breite planmäßig überquert und eine Leistung vollbracht, die in jenen Tagen ein Flugzeug noch nicht vollbringen konnte.

Die Piloten wußten dies genau. Kein Wunder also, daß sie dem rauhen und vielfach von Nebeln verhangenen Atlantik den Rücken kehrten und sich anderen Zielen zuwandten. Es gab ja genügend Strecken und Gebiete, die noch nicht überflogen waren. So der Stille Ozean, an den sich noch niemand herangewagt hatte, weil er nur in beängstigend großen Etappen bewältigt werden konnte. Allein von San Franzisko bis zu den Hawaii-Inseln waren 3 890 Kilometer zurückzulegen.

Aber je schwieriger ein Unternehmen ist, um so mehr reizt es. Und wen hätte die Überquerung des Stillen Ozeans mehr reizen und interessieren können als die amerikanische Kriegsmarine, die auf Hawaii Stützpunkte unterhielt. Also bereitete sie 1925 einen Flug von Oakland nach Honolulu vor und stellte wiederum, wie auf dem Nordatlantik in den Jahren 1919 und 1924, eine große Anzahl von Kriegsschiffen zur Verfügung, die dieses Mal jedoch neben ihrer Sicherungsaufgabe nicht als Richtungsweiser im früheren Sinne dienen sollten. In navigatorischer Hinsicht hatte man einen wesentlichen Schritt vorwärts getan. Die drei mit je zwei 450-PS-Packard-Motoren ausgerüsteten Flugboote waren mit Funkgeräten ausgestattet, deren Sender und Empfänger eine Reichweite von annähernd 450 Kilometer besaßen, so daß es den Besatzungen möglich war, sich von den auf der Strecke nach Honolulu verteilten Schiffen Funkpeilungen geben zu lassen.

Die Funknavigation ist wesentlich einfacher als die astronomische Navigation und kann nicht durch Wolken, die das Anvisieren von Gestirnen unmöglich machen, oder durch Dunst, der den Horizont nicht erkennen läßt, beeinträchtigt werden. Darüber hinaus ist sie sehr schnell durchzuführen. Vermittels eines Senders – des Flugzeuges – werden Peilzeichen – anhaltende Töne – gesendet. Eine Bodenstation, deren ›Standort‹ bekannt ist – sie kann auch auf einem Schiff liegen – empfängt die Peilzeichen und ermittelt – durch Drehen eines Peilrahmens – die Richtung, aus der die Peilzeichen auf die Antenne treffen. Diese Richtung, angegeben in den Gradzahlen der Kompaßrose, wird dem Flugzeug bekanntgegeben. Hört die Bodenstation die Peilzeichen z. B. aus genau Nord (360°), so muß der Pilot, um zur Bodenstation (Schiff) zu gelangen, nach Süden (180°) steuern. Werden die Peilzeichen von zwei Bodenstationen aufgenommen, so können die beiden ermittelten Richtungen als ›Standlinien‹ in die Karte eingetragen werden. Der ›Schnittpunkt‹ der ›Standlinien‹ ergibt den ›Standort‹.

Doch was nützt die zuverlässigste Funknavigation, wenn die Motoren streiken. Nur eine der drei am 1. September 1925 um 22 Uhr 30 bei herrlichem Mondschein in der Bucht von Oakland gestarteten Maschinen konnte auf Kurs gehen; zwei Flugzeuge mußten schon wenige Minuten nach dem Start infolge Motorenschadens zurückkehren.

Das Oberkommando der amerikanischen Kriegsmarine war enttäuscht und setzte alle Hoffnungen auf das Flugboot PN 9–1, das unter dem Kommando von John Rodgers stand und von den Piloten Connel und Bowlin gesteuert wurde. Außer ihnen befand sich noch der Mechaniker Stanz an Bord.

Der Flug verlief zunächst ohne Zwischenfälle. Das Wetter war gut, und es herrschte nur leichter Gegenwind, der die Geschwindigkeit kaum herabdrückte. Und doch sollte der an sich bedeutungslose Gegenwind katastrophale Folgen haben. Denn nach etwa 11 Flugstunden traten Störungen am linken Motor ein, welche die Geschwindigkeit verringerten und das Steuern ungemein erschwerten, da die Maschine – infolge der jetzt ungleich wirkenden Kräfte – nicht mehr geradeaus flog, sondern das Bestreben zeigte, seitlich fortzudrehen. Der Besatzung blieb nichts anderes übrig, als den rechten Motor entsprechend der Drehzahl des linken zu drosseln und zu hoffen, den damit zwangsläufig eintretenden weiteren Geschwindigkeitsverlust durch Benzinersparnis wettzumachen.

Monoton strich der 2. September dahin. In regelmäßigen Abständen wurden die Sicherungsschiffe überflogen, mit denen Rodgers Funkgrüße austauschte. Immer weiter wanderte die Sonne nach Westen, wo sie schließlich wie ein Feuerball in das Meer tauchte, das zu schäumen und zu kochen schien.

Im Osten webte die Nacht ihre ersten Schleier. An Bord der PN 9–1 wurde es still. Über zwanzig Stunden schon wurde Kurs Südwest gesteuert, und der ermittelte Standort zeigte, daß die Durchschnittsgeschwindigkeit knapp 100 km/h betrug. Annähernd 2 000 Kilometer waren zurückgelegt, die gleiche Entfernung mußte noch bewältigt werden. Und der Benzinverbrauch war größer als zunächst angenommen.

»Ich sehe schwarz«, sagte der hagere, gut durchtrainierte Connel, als er sich von dem immer zufrieden und gemütlich aussehenden Bowlin ablösen ließ. »Wenn der Wind nicht dreht, wird's morgen brenzlig. Die Motoren saufen wie Kegelbrüder.«

Bowlin grinste, klemmte sich hinter das Steuer und setzte sich zurecht. »Dürfte zum Teil an deinen abstehenden Ohren liegen. Die wirken wie Bremsen.«

Connel fuhr dem Kameraden von unten her über das Gesicht. »Dafür fängt sich bei dir der Wind in der Nase.« Er lachte, als Bowlin den Kopf zur Seite drehte und klopfte ihm auf die Schulter. »Mach's gut. Öldruck Backbord im Auge behalten. Zeigt etwas weniger an als normal.«

»In Ordnung.«

Die Nacht ging dahin. Nichts Außergewöhnliches geschah. Funkmeldungen wurden ausgetauscht, das Wetter war gut, und die Motoren brummten ihr gleichmäßiges Lied; es gab keinen Grund zur Klage. Und doch saß der noch sehr junge und für sein Alter ungewöhnlich stille Kommandant voller Unruhe an seinem primitiven Kartentisch, den eine blaue Lampe nur spärlich erhellte. Immer wieder zeichnete er den jeweils ermittelten Standort ein, ließ er sich den Benzinvorrat melden und stellte Berechnungen an, die ihn von Stunde zu Stunde deprimierter werden ließen. In 30 Flugstunden hatten sie 3 000 Kilometer zurückgelegt. Vor ihnen lagen noch rund 1 000 Kilometer, also etwa 10 Flugstunden. Benzin aber stand ihnen höchstens noch für fünf Stunden zur Verfügung. »Es hat keinen Sinn«, sagte er, als der Morgen graute. »Wir können Honolulu nicht mehr erreichen, auch nicht, wenn der Wind drehen und auffrischen sollte. Ich werde die Admiralität verständigen. Spätestens beim nächsten Sicherungsschiff müssen wir landen.«

Das Oberkommando der Kriegsmarine war anderer Meinung. Es gab den eindeutigen Befehl: ›So lange wie möglich weiterfliegen. Vor Landung genaue Position bekanntgeben. Senden Schiff zur Übernahme.‹

Rodgers blickte verbissen vor sich hin, als er den Funkspruch aufgenommen hatte.

»Was ist los?« fragte Connel, dem das Gesicht des Kommandanten nicht gefiel.

Der reichte ihm die Funkkladde.

Der Pilot lief rot an und fluchte, daß die Motoren übertönt wurden.

So verstimmt Rodgers war, er konnte ein Lachen kaum unterdrükken. Er kannte Connel und wußte, daß es eine Weile dauern würde, bis er sich beruhigte. »Geht's dir jetzt besser?« fragte er, als es soweit war.

»Besser nicht, aber ich fühle mich wohler. Doch das sage ich dir«, brauste er im nächsten Moment erneut auf, »wenn wir zurück sind, werde ich den Herren vom grünen Tisch meine Meinung sagen, daß ihnen . . .« Er unterbrach sich. »Was stellen die sich eigentlich vor? Was geschieht mit uns, wenn das FT-Gerät jetzt ausfällt? Wo wollen die Schweine uns dann suchen?«

Das Funkgerät fiel nicht aus, den letzten Funkspruch jedoch, den Rodgers vier Stunden später mit der Positionsangabe und dem Bescheid ›Setzen zur Landung an!‹ in den Äther schickte, hörte niemand. Der Grund ist nicht bekannt. Wahrscheinlich wurde der Funkspruch nicht aufgenommen, weil der Sender – Reichweite etwa 450 Kilometer – zu schwach war. Es besteht aber auch die Möglichkeit, daß eine atmosphärische Störung vorlag.

Doch was auch immer der Grund gewesen sein mag, die Besatzung der PN 9–1 hockte auf dem Rumpf des Flugbootes im Stillen Ozean und suchte den Horizont vergeblich nach einem Schiff ab.

»Verdammter Mist!« tobte Connel, als die Sonne unterging. »Ich hab's kommen sehen. Eine ganze Nacht müssen wir nun noch in diesem Dreckskasten hausen.«

Die Kameraden grinsten. »Zu deiner Freundin wärst du heute sowieso nicht mehr gekommen.«

Wenn der eine oder andere gelegentlich auch kräftig schimpfte, so waren sie doch in guter Stimmung. Sogar noch am nächsten Morgen, als sie zu ihrer Verwunderung feststellten, daß weit und breit kein Schiff zu sehen war.

»Sonnen wir uns etwas«, sagte der stets zufrieden dreinblickende Bowlin. Er wollte eben auf die obere Tragfläche klettern, als ihn Rodgers zurückhielt.

»Bleib im Schatten.«

»Warum?«

»Na, warum schon. Unser Trinkwasser geht zu Ende. In der Sonne wirst du nur noch durstiger.«

Augenblicklich schlug die Stimmung um. Es war, als würden sich die Männer erst in dieser Sekunde des Ernstes ihrer Lage bewußt. Bedrückt blickten sie über das Meer, über das eine sanfte Dünung lief. Vergeblich suchten sie den Horizont ab.

Die Sonne stieg. Der Durst fing an, quälend zu werden. Sie wurden ungehalten.

Besonders Connel, der sich kaum noch zu beherrschen wußte. »Rück das Wasser raus, bevor es faul wird!« fuhr er Rodgers an.

Der Kommandant blieb bedächtig. »Gut, von mir aus kannst du deinen Teil haben. Aber was ist, wenn das Schiff bis zum Abend nicht gekommen ist?«

»Das hältst du für möglich?«

Rodgers zuckte die Achseln. »Sei vernünftig«, sagte er. »Wenn man unseren letzten Funkspruch nicht erhalten hat, und es sieht danach aus, da sie sonst längst aufgekreuzt wären, dann kann es unter Umständen noch ein bis zwei Tage dauern, bis sie uns finden.«

»Das sind ja herrliche Aussichten.«

»Ob herrlich oder nicht: ich bin der Meinung, daß wir unter den gegebenen Umständen mit unseren Vorräten sehr sorgsam umgehen müssen.«

Connel sah das ein und wollte schon einlenken, als der rundliche Mechaniker wie von einer Tarantel gestochen aufsprang. Seine feisten Wangen glänzten. »Wir sind ja blöd!« rief er.

Die Kameraden sahen ihn groß an.

»Wollt ihr mir mal sagen, wieviel Wasser wir noch haben?«

»Etwa zwei Liter«, antwortete Rodgers.

»Quatsch!« frohlockte Stanz. »Mindestens vierzig! Wir Idioten haben vergessen, daß sich in jedem Motor gut zwanzig Liter Kühlwasser befinden.«

Rodgers fiel ein Stein vom Herzen. »Das Zeug wird zwar saumäßig schmecken«, sagte er, »aber in der Not frißt der Teufel Fliegen. Los, Stanz, hol die beiden letzten Flaschen aus dem Rumpf.«

Der Mechaniker ließ sich das nicht zweimal sagen, und die Stimmung, die schon auf den Nullpunkt gesunken war, stieg in wenigen Minuten um etliche Grade. Die Besatzung fing sogar an zu fachsimpeln, sprach über den Geschwindigkeitsweltrekord, den ihr Landsmann E. Mitchell mit 358 km/h errungen, aber gerade vor kurzem an Alfred J. Williams hatte abtreten müssen, als es diesem gelang, mit einem 500-PS-Curtiss-Motor die schier unglaubliche Geschwindigkeit von 429 km/h zu erreichen.

Rodgers, der sich mehr für Höhenflüge interessierte, erwärmte sich an der Leistung des Franzosen Sadi-Lecointe, der es fertiggebracht hatte, bis auf 11 741 Meter Höhe zu steigen.

Der Mechaniker wiederum, dem technische Leistungen imponierten, schwärmte von der Konstruktion eines Rohrbach-Riesenflugzeuges, das 1920 vom Zeppelin-Werk in Berlin-Staaken gebaut worden war, jedoch nach seinen ersten Probeflügen auf Geheiß der Alliierten abgewrackt werden mußte. Der Grund war allzu durchsichtig. Nach Kriegsende hatte man Deutschland zunächst nur den Bau von Militärmaschinen untersagt, nun aber, da eine unliebsame Konkurrenz erkennbar wurde, verbot man kurzerhand auch die Herstellung von Zivilflugzeugen.

Die Gespräche über Flugapparate und alltägliche Dinge hielten jedoch nicht lange an. Sehr bald war wieder alles, wie es gewesen war. Jeder grübelte vor sich hin.

Geduldig erwarteten sie den dritten Tag; er brachte keine Rettung.

»Wenn sie morgen nicht kommen, ist es aus«, sagte Bowlin. »Morgen geht unser Notproviant zu Ende.«

Rodgers sorgte dafür, daß das nicht stimmte. Er teilte die letzte Ration in zwei Teile.

Es nützte nicht viel, denn der fünfte Tag ging dahin wie der vierte und dritte. Keine Rauchfahne zeigte sich am Horizont. Auch am sechsten Tag warteten sie vergebens.

Rodgers, der an diesem Tag ununterbrochen zwischen den Tragflächen stand und das Meer absuchte, ließ sich am Abend ermattet auf den Rumpf sinken. »Ich begreife das nicht«, sagte er mit müder Stimme. Er war der Verzweiflung nahe. Seit vierundzwanzig Stunden waren sie ohne Nahrung, und am Mittag hatten sie den letzten Rest des rostbraunen, widerwärtig schmeckenden Kühlwassers getrunken.

Connel lachte hysterisch. »Du begreifst das nicht? Ich versteh' nicht, warum du immer noch nicht begreifst. Sie haben uns abgeschrieben, haben die Suche eingestellt. Wenn du nicht endlich . . .«

»Halt die Schnauze!« unterbrach ihn Bowlin.

Es waren die letzten Worte, die an diesem Abend gesprochen wurden.

Am siebten Morgen mußte Rodgers den Mechaniker mit Gewalt davon abhalten, Meereswasser zu trinken. »Sei vernünftig«, redete er auf ihn ein. »Dein Durst wird dadurch nur noch schlimmer.«

Bewegungslos verbrachten sie den Tag im Schatten der oberen Tragfläche. Die Sonne brannte, daß sie glaubten, wahnsinnig zu werden. Wohin sie schauten, Wasser, nichts als Wasser. Und kein Tropfen, den sie hätten trinken können. Ihre Lippen platzten und eiterten, die Zungen klebten; sie konnten kaum noch sprechen.

Am achten Morgen bedeckte sich der Himmel. Sie flehten den Herrgott um Regen an. Hunger, Hitze, Kalte – alles wollten sie ertragen, wenn nur der Durst gestillt würde.

»Ich halte das nicht mehr aus!« schrie der Mechaniker mit sich überschlagender Stimme. »Wozu noch warten?« Seine Augen flackerten. »So oder so werden wir verrecken.« Er sprang auf und wollte sich in das Meer stürzen.

Bowlin hielt ihn zurück.

Stanz wollte sich auflehnen.

Der sonst immer ruhige Pilot schlug ihm ins Gesicht. »Idiot!« brüllte er und drückte Stanz gegen den Rumpf des Flugbootes. »Hast du den Hai vom Dienst vergessen? Versprich mir, daß du das nicht noch einmal versuchst!«

Die Mundwinkel des Monteurs zuckten.

Bowlin umarmte ihn. »Setz dich zu mir. Dir sind die Nerven durchgegangen, weiter nichts. Das kann jedem passieren.«

Stanz brach zusammen.

Bowlin hockte sich neben ihn und blickte zu den Wolken hoch. »Wetten, daß es in ein paar Stunden regnet?«

Der Mechaniker hob den Kopf.

Jetzt krieg ich dich, dachte Bowlin. »Könnten wir nicht irgendwas unternehmen, um den Regen aufzufangen?«

Stanz zuckte die Achseln.

»Denk mal scharf nach. Wozu bist du Mechaniker?«

»Wir könnten höchstens versuchen, die obere Tragfläche mit einer Dachrinne zu versehen.«

Connel lachte abfällig. »Hast du eine mitgenommen?«

Rodgers warf ihm einen wütenden Blick zu. »Laß ihn doch ausreden«, sagte er, weil er erkannte, daß es nicht nur für Stanz, sondern für alle gut sein würde, eine Aufgabe zu erhalten.

Die Augen des Mechanikers flackerten nicht mehr. »Eine Dachrinne ließe sich schon herstellen«, sagte er mehr zu sich selbst. »Wir brauchten das Leinen der unteren Tragfläche nur in Streifen zu schneiden. Durch die Cellonierung ist es ziemlich steif. Mit Hilfe von Bindfäden könnten wir den Streifen dann eine halbrunde Form geben.«

»Und wie befestigen wir die Rinne?«

»Ebenfalls mit Bindfäden. Wir haben ja genügend Taue, die wir auseinanderdrehen können.«

Wenige Minuten später war die Besatzung der PN 9–1 fieberhaft damit beschäftigt, das Leinen der unteren Tragfläche in Streifen zu schneiden. Der Durst war nicht vergessen, aber er quälte nicht mehr, da sie wieder Hoffnung schöpften.

Ihre Arbeit war nicht umsonst. Noch während sie sich bemühten, die notdürftig geformte ›Dachrinne‹ an der oberen Tragfläche anzubringen, begann es zu regnen, und bald darauf sprudelte das Wasser an mehreren Stellen wie ein kleiner Gebirgsbach herab. Sie hielten ihre Köpfe darunter, tranken, lachten und prusteten wie ausgelassene Schulbuben.

»Schluß jetzt!« rief Rodgers, nachdem sie sich eine Weile ausgetobt hatten. »Wir müssen unsere Flaschen füllen. Und alle Behälter, die wir bei uns haben. Vorsorglich auch die Kühler. Wer weiß, wie lange wir noch . . .« Er stockte, da er die Gesichter der Kameraden sah, und hätte sich ohrfeigen mögen.

Seine Worte hatten in Erinnerung gebracht, was sie einige Stunden lang hatten vergessen dürfen: Seit acht Tagen trieben sie auf dem Stillen Ozean und warteten vergeblich auf ein Schiff, das sie retten sollte. Konnte man in der Heimat noch glauben, daß sie lebten? War nicht anzunehmen, daß die Suchaktion wirklich schon eingestellt wurde?

Das Wasser, das ihnen zunächst neue Kraft gegeben hatte, steigerte ihre Hoffnungslosigkeit. Ihre Hirne waren nun nicht mehr umnebelt, und sie konnten wieder klarer denken. Verzweifelt krochen sie an diesem Abend in den Rumpf des Flugbootes, das erstmalig stark schlingerte, da mit dem Regen eine Brise aufgekommen war, die das Meer stündlich stärker peitschte.

»Komisch«, sagte Stanz, als er sich auf seinem Sitz festschnallte, »vor ein paar Stunden hatte ich Angst, zu verdursten, jetzt fürchte ich mich vorm Ertrinken. Bin gespannt, was morgen sein wird.«

»Kann ich dir genau sagen«, antwortete Connel. »Wie üblich wird der Haifisch vom Dienst auftauchen und nachschauen, ob es noch nicht soweit ist.«

Der hagere Connel, der zusehends verfiel, sollte nicht recht behalten. Es war kein Haifisch, sondern ein U-Boot, das am neunten Morgen vor ihnen auftauchte und die ersehnte Rettung brachte.

Ganz Amerika atmete auf. Dennoch fehlte es nicht an entrüsteten Stimmen, die sich gegen die Offiziere richteten, die dem Kommandanten der PN 9–1 den verhängnisvollen Befehl gegeben hatten, bis zum letzten Tropfen Benzin weiterzufliegen. Neun Tage und zwei Stunden hatte die Besatzung des Flugbootes nach einem Flug von dreißig Stunden auf dem Stillen Ozean ausharren müssen.

Man bereitete den Männern einen stürmischen Empfang, und wochenlang füllten ihre Erlebnisse die Spalten aller Zeitungen. Bis ein neues Drama die Welt in atemlose Spannung versetzte.

Dieses Mal spielte es sich nicht auf einem der Ozeane, sondern in der Nähe des Nordpols ab, den der tatkräftige und ehrgeizige Norweger Roald Amundsen auf Biegen und Brechen als erster überfliegen wollte. Sein beinahe krankhafter Ehrgeiz duldete es nicht, sich mit dem zweiten Platz zufriedenzugeben. Immer und überall wollte er der erste sein. Vielleicht, weil er als junger Schiffskapitän ein Erlebnis gehabt hatte, das ihn so sehr beeindruckte, daß er es nie vergessen konnte.

Mit der kleinen Heringsjacht ›Gjoa‹, mit der er schon im Jahre 1901 die nördlichen Meere durchkreuzt hatte, segelte er 1903 in die Baffinbai, um den Versuch zu machen, die von MacClure im Jahre 1850 entdeckte ›Nordwestpassage‹ über den Lancestersund entlang der Nordküste von Amerika zum Stillen Ozean zu durchfahren und am magnetischen Nordpol wissenschaftliche Untersuchungen durchzuführen.

Drei Jahre dauerte das Unternehmen. Als er sich 1906 der Franklin-Bai und damit dem Ziel seiner Fahrt näherte, begegnete ihm als erstes Schiff die ›Charles Hansen‹, zu der er sich übersetzen ließ.

Und nun geschah, was ihn so sehr beeindruckte. Der alte, weißbärtige Kapitän des Schiffes, MacKenna, empfing ihn an der Reling und stellte sich vor.

»Roald Amundsen«, erwiderte der wettergebräunte Norweger, der in seiner zottigen Fellhaube wie ein Eskimo aussah.

MacKennas Augen weiteten sich. »Sie sind Kapitän Amundsen?«

»Ja!«

Es sah aus, als verschlage es dem Amerikaner die Stimme. Er rang nach Worten. »Wenn Sie in der Franklin-Bai sind«, sagte er, »dann müssen Sie ja die Nordwestpassage durchfahren haben.«

Die wasserblauen Augen Amundsens leuchteten. »Stimmt! Drei Jahre habe ich gebraucht.«

Der alte MacKenna verbeugte sich vor dem jungen Kapitän, als stünde ein Kaiser vor ihm. »Darf ich Ihnen die Hand reichen? Ich kann nicht sagen, wie glücklich ich bin, den Menschen kennenzulernen, dem es als erstem gelungen ist, diese Strecke zu bewältigen.«

Er war ›der erste‹. Die in der Franklin-Bai gesprochenen Worte fesselten und faszinierten Amundsen ein Leben lang. Immer und überall wollte er der erste sein. Und wo boten sich bessere Möglichkeiten, diesen Ehrgeiz zu befriedigen, als in der unerforschten Arktis. Noch niemand hatte den Nordpol betreten, er wollte der erste sein.

Also segelte er so schnell wie möglich nach Norwegen zurück, um den berühmten Polarforscher Fridtjof Nansen zu bitten, ihm die in aller Welt bekannt gewordene ›Fram‹ zur Verfügung zu stellen, mit der sich der große Gelehrte und Staatsmann 1893 vom Packeis hatte einschließen lassen, um drei Jahre lang die ›Drift‹ mitzumachen und so ein Bild von den Meeresströmungen in der Arktis zu gewinnen.

Auf den Gedanken, sich vom Packeis einschließen zu lassen, kam Nansen durch eine Zeitungsnotiz über einen Fund, den Eskimos in einer grönländischen Bucht machten. Auf einer treibenden Scholle hatten sie Teile des im Jahre 1881 nordöstlich der Neusibirischen Inseln vom Eis zerdrückten und untergegangenen amerikanischen Expeditionsschiffes ›Jeanette‹ gefunden, mit der de Long zum Nordpol hatte vorstoßen wollen. Nansen sagte sich: Wenn Teile der ›Jeanette‹ in Grönland angetrieben wurden, muß es eine Meeresströmung geben, die über das ganze Polarbecken verläuft, möglicherweise sogar über den Nordpol.

Nansen stellte die ›Fram‹ zur Verfügung, und Amundsen bereitete eine Nordpolarexpedition vor, bei der er sich zunächst ebenfalls vom Packeis einschließen lassen und dann den schwierigen Weg zum Pol auf Hundeschlitten zurücklegen wollte.

Anfang 1909 konnte er aufbrechen. Begleitet von den Hoffnungen und Wünschen einer ganzen Nation, steuerte er Kurs Nord, dem ewigen Eis entgegen.

Doch schon nach kurzer Fahrt traf ihn – wie er selbst schrieb – ein ›niederschmetternder Schlag‹. In einem Hafen, den er noch anlief, erhielt er die Nachricht, daß entweder der Amerikaner Peary oder dessen Landsmann Cook, man konnte ihm nicht genau sagen, welcher von beiden, den Nordpol erreicht habe.

Peary gilt heute als derjenige, der als erster den Nordpol betrat. Ob er ihn allerdings tatsächlich erreichte, steht nicht absolut fest, da seine Standortberechnungen Ungenauigkeiten vermuten lassen.

Amundsen war von der Nachricht wie gelähmt. Er hatte der erste sein wollen, sollte er sich nun mit dem zweiten Platz begnügen? Unmöglich.

Tagelang konnte er weder schlafen noch essen; er wurde krank von verzehrendem Ehrgeiz. Aber dann hatte er sich gefangen.

›Um meinen Namen als Forscher aufrechtzuerhalten, mußte ich schnellstens einen sensationellen Erfolg gewinnen‹, schrieb er. ›Gleichgültig, auf welche Weise. Ich beschloß, nun meinerseits zu einem Schlag auszuholen.‹

Er kehrte nach Norwegen zurück, wo er in aller Eile und Heimlichkeit eine Fahrt zum Südpol vorbereitete. Niemandem jedoch sagte er, was er vorhatte, selbst seinen engsten Freunden nicht. Er ahnte, wie sehr sie sich über seinen Plan entrüsten würden. Jedem war bekannt, daß der Engländer Robert Falcon Scott, der schon viele Fahrten zur Erforschung der Antarktis unternommen hatte, in London seine ›Terra Nova‹ startbereit machte, um erneut in das südliche Eismeer zu segeln und den Versuch zu machen, den Südpol auf Hundeschlitten zu erreichen. Ihm wollte Amundsen zuvorkommen.

Als der nichts ahnende Scott am 1. Juni 1910 London verließ und in aller Ruhe nach Süden segelte, gab auch Amundsen den Befehl, die Haltetaue überzuwerfen und Kurs Süd zu steuern. Die Schiffsbesatzung wußte nicht, was sie sagen sollte. Mit allem möglichen hatte sie gerechnet, aber nicht mit einer Fahrt in die Antarktis.

Gut ein halbes Jahr segelten sie nach Süden, wo sie am 15. Januar 1911 die Walfischbucht erreichten, in der Scott wenige Tage zuvor geankert hatte. Und nun begann ein heimlicher unfairer Kampf, der die Welt entsetzen sollte. Denn nur Amundsen wußte, daß er einen ›Gegner‹ hatte, Scott hingegen, der sich kurz vor Eintreffen der ›Fram‹ auf den Weg zum Südpol begeben hatte, konnte nicht wissen, daß ihm ein Widersacher folgte, der sich geschworen hatte, ihm den Erfolg streitig zu machen. Ahnungslos erledigte er seine Tagesetappen entsprechend der von ihm in allen Teilen sorgfältig vorgenommenen und wohlüberlegten Planung. Der vom Ehrgeiz angestachelte Amundsen aber stürmte rücksichtslos vorwärts. Das Letzte holte er aus sich und seinen vier Begleitern heraus, bis es ihm am 14. Dezember 1911 gelang, den Südpol noch vor Scott zu erreichen.

Amundsen triumphierte. Er war der erste! Doch der Sieg allein genügte ihm nicht. Neben der norwegischen Flagge ließ er ein Zelt errichten, in das er einen an König Haakon gerichteten Brief mit dem Vermerk legte: ›Der zweite Eroberer des Südpols soll diesen Brief befördern, um Zeuge zu sein für die Tat des ersten.‹

Am 18. Januar 1912 erreichten Scott und seine Gefährten den Pol. Schon von weitem sahen sie das Zelt, daneben eine rote Fahne mit blauem Kreuz.

Scott brach zusammen. ›All die Mühen, all die Entbehrungen, all die Qualen – wofür?‹ schrieb er in sein Tagebuch. ›Was bedeutet eine großartige Leistung in einer Welt, in der der erste alles und der zweite nichts ist?‹

Bedrückt nahm er den an den norwegischen König gerichteten Brief an sich und trat den Rückweg an, der ihn von Tag zu Tag kraftloser werden ließ. Sein Lebenswille war gebrochen. Sinnlos erschien ihm alles. Hoffnungslos strauchelte er dahin. Hoffnungslos wurden auch seine Kameraden. Sie sahen, daß Scott mehr und mehr verfiel und wußten, daß sie der Eiswüste nicht mehr würden entrinnen können, wenn er zusammenbrach.

Am Abend des 29. März 1912 konnte sich Scott kaum noch auf den Beinen halten. Seine Wangen waren eingefallen. Er kroch in seinen Schlafsack, nahm das Tagebuch und machte seine Eintragungen. Als er damit fertig war, blickte er lange vor sich hin. Dann schrieb er auf einen Zettel: ›Schickt dieses Tagebuch meiner Frau.‹ Meiner Frau? Er strich das letzte Wort aus und setzte ›Witwe‹ darüber.

Eine im Oktober 1912 aufgebrochene Expedition fand die erfrorenen Leichen in ihren Schlafsäcken. Scott hielt das für seine Frau bestimmte Tagebuch und den Zettel in seinen erstarrten Händen.

Die Welt war entsetzt, als bekannt wurde, welche Tragödie sich am Südpol abgespielt hatte. Amundsen aber genügte es nicht, zum zweitenmal in seinem Leben der erste gewesen zu sein. Er hatte von den Erfolgen der französischen Flieger gehört und reiste, kaum vom Südpol zurückgekehrt, nach Frankreich, um den ersten norwegischen Flugzeugführerschein zu erwerben. Und er erhielt ihn. Voller Stolz nahm er das norwegische Brevet Nr. 1 entgegen.

Doch es ging ihm nicht nur darum, der erste Pilot seiner Heimat zu sein, er hatte weiterreichende Pläne. Sein Tatendrang war nicht zu stillen. War es ihm schon nicht vergönnt gewesen, den Nordpol als erster zu betreten, so wollte er ihn zumindest als erster überfliegen. Dabei war er sich vollkommen darüber im klaren, welche Schwierigkeiten überwunden werden mußten und welchen Gefahren er sich aussetzte.

Ihm war bekannt, daß Andrée, Strindberg und Fraenkel ihren Versuch, den Nordpol mit dem Ballon zu erreichen, mit dem Tod hatten bezahlen müssen. Er wußte, daß der amerikanische Journalist Walter Wellman, der als einziger den drei Schweden nachgeeifert hatte, kläglich scheiterte, als er 1907 mit einem Luftschiff in die Arktis vorstoßen wollte.

Wellman war Schriftleiter des Chicago Record Herald. Ihm dürfte es weniger um die Eroberung des Nordpols als um einen sensationellen Pressewirbel gegangen sein. Jedenfalls ließ er sich zunächst einmal wochenlang in heldenhafter Pose vor einem absolut untauglichen und äußerst merkwürdigen Luftschiff fotografieren, das der Franzose Vaniman gebaut hatte. Das seltsamste an dem auf den Namen ›America‹ getauften Luftfahrzeug war ein ›Schleppschlauch‹ von 1700 kg Gewicht, der außen mit Stahlschuppen verkleidet und innen mit Proviant gefüllt war.

Mit dem russischen Ingenieur Popow startete Wellman 1907 von der Däneninsel bei Spitzbergen; sie kamen aber nur 60 Kilometer weit. Die Presse sprach von einem ›glücklichen Scheitern‹, da Wellman neben einem ›zufällig vorbeifahrenden‹ Dampfer landete.

1910 veranstaltete er einen zweiten, wochenlangen Presserummel. Er erklärte, mit dem verbesserten Luftschiff ›America II‹ den Atlantik überqueren zu wollen. Diesmal hatte er an das Schleppseil einen Schwimmer angehängt, den er ›Äquilibrator‹ nannte und der dazu dienen sollte, das Luftschiff nicht steigen zu lassen. Denn er wollte – was er sich dabei gedacht hat, ist nicht erfindlich – vermittels des ›Äquilibrators‹ die Meeresströmung ausnutzen.

In einem Punkt aber war Wellman fortschrittlicher als mancher Ozeanflieger der späteren Jahre: Er ließ in die Gondel des Luftschiffes einen ›Telegrafiesender‹ mit einer Reichweite von 160 Kilometern einbauen.

Am 15. Oktober 1910 startete er mit Vaniman als Luftschiffer, Jack Irvin als Funker, Simon und Aubert als Maschinisten sowie einem schwarzen Kater als Glücksbringer. Dem Kater muß aber nicht recht wohl zumute gewesen sein, denn im Augenblick des Aufsteigens sprang er über Bord.

Gewiß nicht zu seinem Nachteil. Denn als der Daily Telegraph, der das Unternehmen finanzierte, am 17. Oktober meldete: ›»America II« befindet sich 1500 Meilen von der Küste entfernt mit Kurs auf die Bermudainseln‹, lag das Luftschiff in Wirklichkeit in einer Entfernung von etwa 200 Meilen im Wasser, und die Besatzung warf alles Entbehrliche über Bord. Zum Glück kam der Dampfer ›Trent‹ vorbei und rettete die allzu kühnen Luftfahrer. Das hinderte den Journalisten Wellman aber nicht, im Brustton der Überzeugung zu behaupten, zunächst 1200 Meilen weit gefahren zu sein.

Von Wellman drohte keine Gefahr mehr. Amundsen war dennoch

auf der Hut. Er wußte, daß 1910 eine deutsche Expedition nach Spitzbergen aufgebrochen war, um die Möglichkeit einer Polarfahrt mit einem Zeppelin zu prüfen. An dieser Expedition nahmen außer Graf Zeppelin und Professor Hergesell, der den Grafen schon auf dessen denkwürdiger Fahrt über die Schweiz begleitet hatte, Prinz Heinrich von Preußen und Professor Miethe teil. Man kam zu dem Ergebnis, daß ein ›Zeppelin‹ brauchbar sein würde, wenn es gelänge, ihm eine Fahrtdauer von mehreren Tagen zu geben.

Gerade dieses Ergebnis ließ Amundsen nicht mehr zur Ruhe kommen. Er hatte Angst, die Deutschen könnten ihm zuvorkommen, und erwarb deshalb Anfang 1914 einen Farman-Doppeldecker, obwohl ihm jeder sagte, daß er den Nordpol mit dieser Maschine niemals würde erreichen können. Das wußte auch er. Er wollte aber wenigstens einen Anfang machen, wollte der erste sein, der sich mit einem Flugzeug über das Eismeer wagte.

Amundsen hatte kein Glück. Noch bevor er zu seinem ersten Flug starten konnte, kreuzte der Russe Nagurski über der Arktis, um die im Eis eingeschlossene ›Brussilow-Expedition‹ zu suchen. Und den weiterreichenden Plänen des Norwegers setzte der Weltkrieg ein jähes Ende.

Amundsen aber wäre nicht Amundsen gewesen, wenn er in den Kriegsjahren nicht viel Geld verdient hätte, das er sicher anlegte, um im entscheidenden Augenblick in der Lage zu sein, ein für die Erstüberquerung des Nordpols geeignetes Flugzeug kaufen zu können.

Doch sosehr der Streit der Völker die technische Entwicklung vorwärtsgetrieben hatte, Amundsen fand bei Kriegsende keine Maschine, die seinen Erwartungen und Anforderungen entsprach. Und da er angesichts des sogenannten Versailler Diktates nicht mehr zu befürchten brauchte, daß ihm ein deutsches Luftschiff zuvorkam, beschloß er, eine Weile zu warten und die Dinge an sich herankommen zu lassen.

Untätig war er jedoch nicht. Es gab ja genügend Dinge, die noch niemand getan hatte und die darauf warteten, daß irgend jemand sie als erster tun würde. Also ließ er sich ein noch stärkeres Schiff als die ›Fram‹ bauen, die ›Maud‹, mit der er 1920 in die Arktis aufbrach, um den ersten Expeditionsfilm zu drehen.

Von dieser Fahrt zurückgekehrt, erreichte ihn 1922 die Nachricht, daß zwei russische Piloten von einem Dampfer aus verschiedene Flüge zur Wrangelinsel durchführen konnten und daß sie anschließend daran die 2 500 Kilometer weite Strecke von der Lena-Mündung nach Irkutsk ohne Zwischenlandung zurücklegten.

Amundsen fühlte sich wie vor den Kopf gestoßen. Doch es sollte noch schlimmer kommen. Mitte 1922 gelang es norwegischen Marinefliegern, zum ersten Mal Spitzbergen zu überfliegen.

Das war zuviel für den ehrgeizigen Norweger. Eigene Landsleute kamen ihm zuvor? Sofort fuhr er nach New York, um sich nach einem geeigneten Flugzeug umzusehen. In einer Halle entdeckte er einen Ganzmetall-Tiefdecker, dessen ungewöhnliche Bauweise ihn vom ersten Augenblick an faszinierte.

»Was ist das für eine Maschine?« fragte er einen Monteur.

Der grinste. »Junkers F 13. Toller Schlitten, was?«

»Ein deutsches Flugzeug?« fragte er ungläubig.

Der Monteur nickte.

»Wie kommt es hierher?«

»Wir haben die Nachbaulizenz erworben. Wissen Sie, wieviel Sachen das Ding macht?«

»Nein.«

»Mit 'nem 225-PS-Junkers-Motor 110 Meilen in der Stunde. Das sind gut 170 km/h.«

»Und der Aktionsradius?«

»Werden Sie mir nicht glauben. Wenn wir an Stelle der Passagiersitze Zusatztanks einbauen, kann der Drachen siebenundzwanzig Stunden in der Luft hängen.«

Professor Junkers hatte unmittelbar nach dem Krieg erkannt, daß man mit den vorhandenen Maschinen keinen rentablen Luftverkehr würde durchführen können. Er entwarf mit seinen Konstrukteuren O. Mader und Otto Reuter das erste wirkliche Verkehrsflugzeug der Welt: die F 13. Gleich nach ihrer Zulassung durch die Prüfungsbehörde errang sie einen Weltrekord. Mit acht Personen erreichte sie am 13. September 1919 eine Höhe von 6750 Metern.

Wenn dieser Rekord auch nicht anerkannt werden konnte – Deutschland wurde nach dem Kriege von der F. A. I., Federation Aeronautique Internationale, ausgeschlossen –, so horchte man im Ausland doch auf. Der Flugsachverständige der nordamerikanischen Regierung, John Larsen, reiste nach Dessau und erwarb die Nachbaulizenz. Darüber hinaus kaufte er acht Maschinen, um die F 13 in den USA einführen zu können.

Zwei Tage nach seiner Ankunft in Amerika erwarb Amundsen eine F 13. Und da er wußte, daß er mit der Maschine allein ebensowenig anfangen konnte wie mit dem norwegischen Flugzeugführerschein Nr. 1, verpflichtete er gleich auch einen als umsichtig bekannten Piloten: den Norweger Oscar Omdal. Mit ihm wollte er von Point Barrow in Alaska zum Nordpol fliegen, obwohl ihm bekannt war, daß der Betriebsstoff, der mitgenommen werden konnte, nicht ausreichte, um nach Grönland oder Spitzbergen zurückkehren zu können. Aber das machte ihm nichts aus. Ihm kam es darauf an, den Nordpol als erster zu überfliegen, und um dieses Ziel zu erreichen, war er bereit, jede Strapaze auf sich zu nehmen. Wenn das Benzin zu Ende ging, nun gut, dann sollte es zu Ende gehen. Irgendwo in der Eiswüste würde sich schon ein Landefeld finden, von dem aus er den Rest der Strecke zu Fuß zurücklegen wollte.

Sein Ehrgeiz gab ihm keine Ruhe. Und doch sollte aus seinem Plan nichts werden. Beim Start brachen die Schneekufen der völlig überladenen F 13, und der Flug mußte aufgegeben werden. Amundsen und Omdal blieb nichts anderes übrig, als in Alaska zu überwintern.

Das hatte zur Folge, daß Anfang 1923 zwei Piloten, die von sich aus niemals auf den Gedanken gekommen wären, den hohen Norden zu befliegen, und die nicht im entferntesten daran dachten, den beiden Norwegern Konkurrenz zu machen, ausgedehnte Flüge über der Arktis durchführten: der Schweizer Mittelholzer und der Deutsche Neumann. Sie waren von Professor Junkers, den das Vorhaben Roald Amundsens stark beunruhigte, mit einer F 13 nach Spitzbergen geschickt worden, um sofort Hilfsdienste leisten zu können, wenn Amundsen und Omdal ihr Ziel nicht erreichen sollten. Mit dem Bruch der Schneekufen erledigte sich ihr Auftrag, und Neumann benutzte die sich bietende günstige Gelegenheit, um Vermessungsflüge durchzuführen, bei denen der Gebirgsflieger Mittelholzer außergewöhnlich eindrucksvolle Filme drehte.

Die Nordlandflüge öffneten Walter Mittelholzers Augen für die überwältigenden Schönheiten, welche die Welt dem fliegenden Fotografen bietet. Von nun an war er fast jedes Jahr zu einem großen Flug unterwegs. 1924/25 flog er im Auftrage der Deutschen Lufthansa nach Teheran und zum Persischen Golf, wobei er den 5 670 Meter hohen Demawend überflog. 1926/27 überquerte er ganz Afrika, von Kairo bis Kapstadt, mit einem Wasserflugzeug. Im Winter 1929 brachte er die Jagdgesellschaft des Wiener Barons Louis von Rothschild nach Ostafrika, wo es ihm am 8. Januar 1930 mit der ›Switzerland III‹, einer Focker mit drei Armstrong-Siddley-Lynx-Motoren von je 200 PS, gelang, die höchste Spitze des Kilimandscharo (Kibo, 6 010 m) zu überfliegen. 1931 wurde er Direktor und Chefpilot der Schweizer Fluggesellschaft Swissair. Daneben führte er nach wie vor große Flüge durch. Im Auftrage des Amerikaners Macober flog er über die Sahara zum Tschadsee. Um das amerikanische Schnellflugzeug Read Lockheed zu propagieren, startete er am 20. Mai 1933 zu einem Rekordflug. In 8 Stunden 30 Minuten flog er die Strecke Zürich-Tunis-Rom-Zürich. 1934 brachte er dem Kaiser von Äthiopien, Haile Selassie, eine Fokker. Ende des gleichen Jahres fuhr er – zu Studienzwecken – mit dem Luftschiff ›Graf Zeppelin‹ nach Südamerika und kehrte auf dem Dornier-Wal ›Taifun‹ von Natal nach Bathurst zurück, wobei ihn ein Motorschaden zur Notlandung zwang. Das Katapultschiff ›Schwabenland‹ kam ihm zu Hilfe und hievte das Flugzeug an Bord. Immer kehrte er wohlbehalten zurück, bis er am 9. Mai 1937 auf einer Klettertour in den Steiermärkischen Alpen tödlich verunglückte.

Amundsen wurde fast krank, als er von Mittelholzers und Neumanns Flug hörte. Waren ihm Widersacher erstanden, die sich mit dem Gedanken trugen, den Nordpol vor ihm zu überfliegen? Er wußte es nicht, wußte nur, daß er der erste sein wollte. Und da er zu der Überzeugung gelangt war, daß die Zeit für einen direkten Polflug noch nicht reif sei, beschloß er, sich mit seiner ›Maud‹ einfrieren und über das Polarbecken hinwegtreiben zu lassen, wobei er hoffte, so weit nach Norden zu driften, daß ein Flug über den Nordpol vom Schiff aus möglich werden würde.

Das Glück schien ihn verlassen zu haben: die ›Maud‹ kam nicht über den 75. Breitengrad hinaus, so daß Omdal nur einige wenige Erkundungsflüge über die Neusibirischen und Wrangel-Inseln durchführen konnte.

Amundsen brach das Unternehmen ab und kehrte zur Beringstraße zurück. Aber nicht, um aufzugeben. Im Gegenteil. Seine Ungeduld hatte einen gefährlichen Grad erreicht, mußte er doch erfahren, daß in der Zeit, in der er sich vom Eis hatte einschließen lassen, andere Flieger nicht untätig gewesen waren. So führte eine Expedition der Universität Oxford zahlreiche Vermessungsflüge über Nordostland durch, und der Russe Michael Michailowitsch Tschuchnowski hatte von Nowaja Semlja aus Flüge über das Karische Meer unternommen, um die Eisverhältnisse für einen Seeweg zu den Mündungen des Ob und Jenissei zu erkunden.

Doch das war nicht alles. MacMillans rüstete mit amerikanischem Geld eine Expedition aus, an der die Piloten Byrd, Reben und Shur mit drei Amphibienflugzeugen teilnehmen sollten, um von Etoh auf Westgrönland über die Gletscher des Ellesmerelandes nach Norden vorzustoßen.

Wenn ich jetzt keine ausgesprochene Nordpolexpedition auf die Beine stelle, ist es aus, dachte Amundsen. Doch woher die Gelder nehmen, die ein solches Unternehmen verlangt? Er sah nur eine Möglichkeit. Mit dem nächsten Schiff fuhr er nach Amerika, um den ihm gut bekannten Sohn eines vielfachen Millionärs, Lincoln Ellesworth, aufzusuchen, von dem er wußte, daß er schon an einer Südpolexpedition teilgenommen hatte. Ihm machte er klar, daß er den Nordpol bezwingen könnte, wenn ihm die Mittel zum Bau von zwei Dornier-Wal-Flugbooten zur Verfügung stünden, auf die er durch einen Bericht Locatellis aufmerksam gemacht worden war.

Ellesworth sprach mit seinem Vater, und wenige Tage später erhielt die von Claudius Dornier in Marina di Pisa gegründete Flugzeugwerft den Auftrag, so schnell wie möglich zwei Flugboote zu liefern und ihnen die norwegischen Kennzeichen ›N 24‹ und ›N 25‹ zu geben.

Amundsen bereitete inzwischen den Flug vor, dessen Ausgangspunkt nun nicht mehr Alaska, sondern die Kingsbai auf Spitzbergen sein sollte. Von Spitzbergen aus betrug die Entfernung zum Pol etwa 1 200 Kilometer, die bei einer Eigengeschwindigkeit von 125 km/h in knapp 10 Stunden bewältigt werden konnten. Hin und zurück ergab das eine Flugdauer von rund 20 Stunden. Da Amundsen sich aber ausrechnete, daß ein Flug über den Nordpol nach Alaska ebenfalls etwa

20 Stunden dauern würde, spielte er mit dem Gedanken, nicht zur Kingsbai zurückzukehren, sondern gleich Kurs Alaska zu nehmen. Zwei Fliegen wollte er mit einer Klappe schlagen. Gelang das Vorhaben, dann war er nicht nur der erste, der den Nordpol überflog, sondern auch der erste, der das ganze Polarbecken überquerte.

Am 13. April 1925 traf er mit Ellesworth, den Fliegeroffizieren der norwegischen Marine Hjalmar Riiser-Larsen und Leif Dietrichson sowie dem von den Dornier-Werken zur Verfügung gestellten deutschen Monteur Feucht und seinem nun schon jahrelangen Begleiter Oscar Omdal in der Kingsbai ein. Omdal sollte dieses Mal nicht als Pilot fungieren, sondern die Navigation übernehmen, die – bedingt durch die Tatsache, daß der geographische und magnetische Pol nicht zusammenfallen – besondere Schwierigkeiten bereiten mußte, wenngleich beide Flugzeuge mit dem eben erst erfundenen Boykowschen Sonnenkompaß ausgestattet waren.

Der von dem ehemaligen österreichischen Marineoffizier Ingenieur Johann Maria Boykow im Jahre 1923 konstruierte Sonnenkompaß ermöglichte eigentlich erst den von Amundsen geplanten Polflug. Bei dem Boykowschen Kompaß spiegelt sich das Bild der Sonne auf einer Mattscheibe. Der Pilot, der zunächst den Kurs einstellt, hat im Grunde genommen nur darauf zu achten, daß sich das Sonnenbild immer in der Mattscheibe befindet. Wandert es aus, so zeigt dieses ein Abweichen vom Kurs an. Der Flugzeugführer muß dann seine Richtung so lange korrigieren, bis sich das Bild der Sonne wieder in der Mattscheibe befindet.

Damit ist schon gesagt, daß der Boykowsche Kompaß nur bei Tag und bei wolkenlosem Wetter benutzt werden kann. Gutes Wetter aber war die Voraussetzung für das Gelingen des Fluges, und da die Sonne im Polargebiet während des monatelangen Sommers nicht untergeht, war der Sonnenkompaß das gegebene Hilfsmittel.

Zunächst aber mußten die ›N 24‹ und ›N 25‹ startklar gemacht werden, und als das geschafft war, verschlechterte sich die Wetterlage. Im großen und ganzen sah sie nicht ungünstig aus, doch der ewig unruhige und vom Ehrgeiz getriebene Amundsen hatte sein Vorhaben bereits wieder erweitert. Er wollte den Pol nicht nur überfliegen, sondern auch als erster auf ihm landen. Das aber bedingte absolut nebelfreies Wetter.

Am 21. Mai glaubten die Meteorologen eine windstille und nebelfreie Wetterlage voraussagen zu können. Sofort gab Amundsen den Befehl zu starten. Mit einiger Mühe gelang es Riiser-Larsen und Dietrichson, die Flugboote hochzubekommen.

Amundsen und der Mechaniker Feucht hatten in der Maschine Riiser-Larsens Platz genommen, die über die Crossbai hinweg Kurs Nord nahm.

Neben ihnen flog die ›N 24‹, in der Dietrichson, Omdal und Ellesworth saßen.

»Schon eine tolle Sache, sich im gepolsterten Sessel dem Nordpol zu nähern«, sagte Amundsen, als sie gut eine Stunde geflogen waren. Seine wasserblauen Augen leuchteten. »Herrgott, wenn ich an Nansens monatelange Märsche im ewigen Eis denke!«

Er sprach von Nansen, dachte aber an seinen eigenen, unendlich beschwerlichen Weg zum Südpol, über den zu sprechen er nicht wagte, weil er wußte, daß ihn die Welt für den Tod von Scott und dessen Begleiter verantwortlich machte. Das war das wahre Ergebnis seines Sieges: der erste war er geworden, er durfte aber nicht darüber sprechen; sein Name war befleckt. Mit der Eroberung des Nordpols hoffte er, das Zurückliegende vergessen zu machen und seinen Namen reinigen zu können. Darum wollte er auf Biegen und Brechen als erster den Pol überqueren, als erster auf ihm landen und als erster weiter nach Alaska fliegen. Die Schuld und nicht sein Ehrgeiz war der Motor, der ihn trieb und ruhelos machte. Doch wem konnte er das sagen?

Amundsen wußte, daß er im Grunde genommen ein armer Mensch geworden war, gehetzt und gejagt durch sich selbst. Er empfand es, als er das wuchtige Bild des Polarmeeres unter sich vorüberziehen sah. Die endlosen Eisschollen glichen schwimmenden Festungen, bewehrt mit scharfkantigen Kränzen. Über ihnen wölbte sich ein azurblauer Himmel, und vom Westen her überschüttete die tiefstehende Sonne die weißen Flächen mit goldenem Licht.

Amundsen fror, als er über die unberührten Schneefelder hinwegblickte. Ihm war es, als sei er ein dunkler Punkt auf einer unendlich weiten und makellos reinen Fläche. Woher dieses Gefühl kam, wußte er nicht, deutlich aber glaubte er zu spüren, daß die Arktis, über die er nun ohne Mühe hinwegjagte, nichts von ihm wissen wollte. Er wunderte sich deshalb nicht, als wenig später eine drohend aussehende, bis weit über 1 000 Meter reichende Nebelbank vor den Flugzeugen auftauchte.

Riiser-Larsen deutete zu ihr hinüber. »Was nun?«

»Können Sie nicht drüber ziehen?«

»Unmöglich, dafür sind wir noch zu schwer.«

Amundsen kniff die Lider zusammen. Einen Augenblick zögerte er. Aufgeben, dachte er. Nein, der Teufel ist auch von Gott geschaffen. Seine Stirnadern schwollen. »Hinein!« sagte er verbissen. Es klang wie ein Peitschenknall.

Der Pilot stutzte. »Die kleinste Vereisung und wir sinken wie bleierne Enten.«

»Angst?«

Riiser-Larsen sah Amundsen an. »Vielleicht fragen Sie mich noch, ob ich in die Hosen mache?« Er wandte sich an den Mechaniker. »Schalten Sie die Heizdüsen ein und beobachten Sie die Tragflächen. Beim ersten Eisansatz geben Sie mir Bescheid.«

Amundsen blickte wütend vor sich hin. Der Bursche scheint bei der geringsten Vereisung umkehren zu wollen. Na, ich werde ihm dann Beine machen. Mit jungen Kerlen ist es doch immer dasselbe: sie machen in die Hosen und wollen es nicht wahrhaben.

Unausgesprochen stand eine gegenseitige Auflehnung zwischen ihnen. Jeder fühlte sich als Kommandant des Flugzeuges. Riiser-Larsen als der verantwortliche Pilot, Amundsen als der Leiter der Expedition. Und beide hatten recht.

Zu einem Ausbruch der gegenteiligen Meinungen sollte es jedoch nicht kommen. Es gab keinen Eisansatz. Die Zeit strich monoton dahin, Grau in Grau, wie der Nebel, der die nun weit auseinander fliegenden Maschinen umgab.

Nach zwei Stunden lag das Schlechtwettergebiet hinter ihnen. Der Himmel strahlte wieder azurblau.

Amundsen triumphierte. »Was hab' ich gesagt?«

Riiser-Larsen zuckte die Achseln.

Das tat er nach acht Flugstunden nochmals, als der Mechaniker kurz nach Mitternacht, das Tageslicht war kaum verblaßt, mit einem vielsagenden Unterton meldete: »Die Hälfte des Benzins ist verbraucht!«

»Das ist doch nicht möglich«, erregte sich Amundsen. »Erst in zwei Stunden . . .«

»Ich weiß«, unterbrach ihn der Deutsche. »Dennoch ist es so. Die Motoren saufen wie Löcher, viel mehr, als wir angenommen haben. Weiß der Teufel, woran das liegt.«

Riiser-Larsen sah Amundsen an.

Der biß sich auf die Lippen. Wieder alles umsonst, fragte er sich. Er fühlte sich mit einem Male müde. Unentwegt blickte er nach Norden.

»Was sollen wir tun?«

Amundsen rang mit sich. »Umkehren«, sagte er schließlich mit heiserer Stimme.

Die Vernunft hat gesiegt, dachte Riiser-Larsen, der augenblicklich das Bedürfnis verspürte, den Polarforscher zu trösten.

Dazu kam es aber nicht. Denn noch bevor er ein Wort sagen konnte, brauste Amundsen ohne ersichtlichen Grund auf. »Bilden Sie sich nicht ein, daß wir auf der Hinterhand kehrtmachen.«

Riiser-Larsen sah seinen Landsmann verwundert an.

Der blickte in die Tiefe. »Sehen Sie da drüben die Wasserrinne?«

»Ja.«

»Dort landen wir.«

Das ist Wahnsinn, dachte der Pilot. Der Spalt ist viel zu schmal. »Was haben wir davon, wenn wir hier eine Zwischenlandung vornehmen?« fragte er bewußt ruhig.

»Sehr viel!« fuhr ihn Amundsen an. »Wir befinden uns nördlich des 87. Breitengrades. Noch nie ist ein Flugzeug so weit vorgedrungen. Wenn ich schon darauf verzichten muß, den Pol zu erreichen, dann will ich zumindest der erste sein, der in dieser Höhe landete.«

Riiser-Larsen schüttelte den Kopf. »Das lohnt doch nicht. Stellen Sie sich vor, das Boot würde beschädigt. Was ist dann?«

Die Augen des Norwegers verfärbten sich. »Wer ist der Leiter dieser Expedition?«

»Natürlich Sie.«

»Dann tun Sie, was ich Ihnen sagte.«

Wenn er nur der erste sein kann, dachte Riiser-Larsen. Es ist schon krankhaft. »Muß das wirklich sein?« fragte er nochmals.

Die Antwort gab der hintere Motor der ›N 25‹, der plötzlich schüttelte, ein paarmal knallte und dann aussetzte. Es war wie ein Gottesurteil.

Riiser-Larsen blickte verwirrt auf die Instrumente. Der Öldruck war abgesunken. Er wußte bestimmt, daß die Anzeige eben noch völlig normal gewesen war, und begriff nicht, warum der Druck so jäh hatte absinken können.

»Ölrohrbruch!« rief Feucht.

Dann brauch' ich mich nicht zu wundern, dachte der Pilot.

»Na bitte«, sagte Amundsen, als wäre nichts Außergewöhnliches geschehen. »Landen wir und reparieren wir den Schaden.«

Riiser-Larsen deutete eine Verneigung an. »Ich beuge mich der Gewalt Ihrer Gedanken, die allem Anschein nach sogar Motoren zum Stehen bringen können.«

Amundsen lachte. »Wer weiß . . .«

Omdal bemerkte, daß die ›N 25‹ an Höhe verlor und auf eine schmale Wasserrinne zuflog. »Was machen die?« fragte er verwundert. »Die wollen doch wohl nicht landen?«

Dietrichson drehte bei und schaute hinter dem bereits wesentlich tiefer fliegenden Flugboot her. »Sie wollen nicht, sie müssen!« rief er. »Der hintere ›Quirl‹ steht.«

»Verdammt! Wenn das nur gut geht! Die Rinne ist viel zu schmal.« Omdal wies nach vorne. »Schau dir die seitlichen Barrieren an.«

»Längst gesehen.« Dietrichson gab Tiefensteuer und folgte der ›N 25‹. »Wenn die Tragflächen angekratzt werden, können sie den ›Wal‹ gleich stehenlassen.«

Riiser-Larsen drosselte den vorderen Motor und steuerte die Wasserrinne an. Er sah die zackigen Erhöhungen an den Rändern der Eisschollen

»Sie kommen zu kurz!« rief Amundsen ihm zu.

»Ach nee«, entflog es dem Piloten. »Merken Sie nicht, daß ich zu kurz kommen will? Wenn wir nicht gleich am Anfang der Pfütze aufsetzen, knallen wir am Ende gegen das Eis, daß uns Hören und Sehen vergeht.«

Er hat recht, dachte Amundsen.

Konzentriert blickte Riiser-Larsen über wildzerklüftete Schollen zu dem dunklen Wasserstreifen hinüber, in dem er landen sollte. Seine Linke umfaßte das Segment, die Rechte hielt den Gashebel. Er schätzte die Entfernung: zwei Kilometer. Der Höhenmesser zeigte 100 Meter. Jetzt noch etwas Gas, dann wird die Sache hinhauen.

Er schob den Hebel vor. Der Druck auf dem Steuer vergrößerte sich. »Schwanzlastiger trimmen!«

Der Mechaniker drehte ein Rad nach hinten.

»Genug!«

Amundsen stemmte sich zurück.

Die Wasserrinne lag unmittelbar vor der Flugzeugkanzel. So stell' ich mir den Blinddarm vor, dachte Riiser-Larsen. Er nahm den Gashebel zurück. »Brandhahn schließen!«

Feucht betätigte den Hebel.

Der Pilot zog das Höhenruder an sich.

Das Flugboot sackte durch und klatschte auf das Wasser. Gischt sprühte zu den Seiten.

Vor dem Rumpf tauchte die Spitze eines Eisblockes auf. Riiser-Larsen riß die Maschine herum. Die Tragfläche neigte sich und berührte den Harsch des Schollenrandes. Schnee wirbelte hoch. Erneut trat er ins Seitensteuer. Die ›N 25‹ kam frei und schoß wieder geradeaus. Doch da war die Rinne auch schon zu Ende. Das Flugzeug raste auf einen Haufen Alteis zu.

»Festhalten!« schrie Riiser-Larsen, der den Bug bereits bersten sah. Im nächsten Moment jedoch war es ihm, als würde das Flugboot von Gummiseilen gehalten. Die Geschwindigkeit nahm jäh ab. Er fühlte sich nach vorne gepreßt, und ohne daß es krachte oder knirschte, lag die ›N 25‹ mit einem Mal still im Wasser. »Was war das?« fragte er erstaunt und blickte fassungslos auf den Wall von Eis, der wenige Zentimeter vor dem Rumpf lag.

Amundsen schmunzelte und schnallte sich los.

»Wenn Sie jetzt sagen, daß Sie mit Ihren Gedanken auch ein Flugzeug zum Stehen bringen können, dann glaube ich Ihnen aufs Wort.«

Der Norweger lachte aus vollem Halse und streifte sich die Haube vom Kopf. »Schauen Sie nach unten, da finden Sie des Rätsels Lösung. Wir sind auf Schneebrei geraten. Der ist zäh wie Fischleim und wirkte als Bremse. Na ja, Schwein muß man haben.« Er hob sich aus seinem Sitz, kletterte auf den Rumpf und sprang zur Eisscholle hinüber. »Als erster setze ich meinen Fuß auf . . .« Er unterbrach sich und rief dem Mechaniker zu: »Bringen Sie mir meinen Sextanten. Ich muß wissen, wo wir uns befinden.«

»Sollten wir uns nicht erst einmal um unser Boot kümmern?« fragte Riiser-Larsen.

»Eins nach dem anderen.«

Während Amundsen das Besteck nahm, umgingen Riiser-Larsen und Feucht die ›N 25‹, die buchstäblich im letzten Zipfel der Wasserrinne lag.

Der Mechaniker nickte anerkennend. »Das nenne ich Maßarbeit. Wir liegen wie auf einer Helling. Von allen Seiten können wir an den ›Dampfer‹ heran. Ich muß schon sagen, besser geht es wirklich nicht.«

Riiser-Larsen machte ein bedenkliches Gesicht. »Mir wäre wohler, wenn ich wüßte, wie ich hier wieder herauskomme.«

Feucht kratzte sich die Haare. »Möchte ich auch wissen.«

»Werden Sie den Motor reparieren können?«

Der Deutsche grinste. »Wenn Sie mir ein bißchen helfen.«

Riiser-Larsen schaute zum Himmel hoch und wollte eben etwas sagen, als Amundsen kräftig fluchte. »Wißt ihr, wo wir uns befinden? 87 Grad 44 Minuten nördlicher Breite und 10 Grad 10 Minuten westlicher Länge. In zwei Stunden wären wir am Nordpol gewesen. Wir liegen genau auf Kurs.«

»Und im Bach«, fügte Riiser-Larsen trocken hinzu. »Was mich im Augenblick viel mehr interessiert: Wo steckt die ›N 24‹?«

Amundsen stutzte. »Donnerwetter, ja!« Er suchte den Himmel ab. »Ich hab' doch gesehen, daß Dietrichson uns folgte.«

»Eben«, erwiderte Riiser-Larsen. »Aber er hat uns, und dessen bin ich mir erst gerade bewußt geworden, nicht ein einziges Mal umkreist.«

»Stimmt«, sagte Feucht.

Sie suchten den Himmel in allen Richtungen ab, konnten aber kein Flugzeug entdecken.

»Haben Sie dafür eine Erklärung?« fragte der Mechaniker.

Amundsen gab ihm den Sextanten zurück. »Ich bin nicht der liebe Gott, schätze aber, daß Dietrichson und Omdal gesehen haben, was bei uns los ist. Sie werden irgendwo in der Nähe in einer breiteren Rinne gelandet sein.«

Das war richtig. Amundsen ahnte aber nicht, daß der hintere Motor der ›N 24‹ ebenfalls ganz plötzlich ausgefallen war, wodurch sich auch Dietrichson gezwungen sah, in der nächstbesten Spalte zu landen. Dabei hatte er weniger Glück als Riiser-Larsen; der Rumpf seines Flugbootes wurde von umhertreibenden Eisblöcken aufgerissen, und Ellesworth, Omdal und ihm blieb nichts anderes übrig, als sich daranzumachen, das eintretende Wasser herauszupumpen.

Zwei Tage lang lösten sie sich gegenseitig ab, dann waren ihre Kräfte verbraucht, und sie sahen keine andere Möglichkeit, als ihre Lebensmittel in Sicherheit zu bringen, den Wal aufzugeben und sich zum Lager Amundsens durchzuschlagen. Sie wußten, daß es nur etwa sieben Kilometer von ihnen entfernt lag. Von der höchsten Erhebung einer Eisbarriere konnten sie die Kameraden sogar sehen, wenn diese auf der Tragfläche der ›N 25‹ standen und an dem defekten Motor arbeiteten. Zunächst hatten sie versucht, sich bemerkbar zu machen, hatten es aber bald aufgegeben, da ihnen klar wurde, daß die Schüsse, die sie abfeuerten, im pausenlosen Knallen der berstenden Eisschollen untergingen.

Einen vollen Tag brauchten sie, um die sieben Kilometer zurückzulegen. Immer wieder versperrten ihnen Risse und Spalten den Weg. Völlig erschöpft erreichten sie das Lager der Kameraden, die sie schnellstens im Rumpf des Flugbootes unterbrachten und mit Alkohol und heißen Getränken versorgten.

Und nun zeigte der ruhelose Norweger, daß er nicht nur aus Ehrgeiz bestand, daß sein Ehrgeiz vielmehr das Ventil einer nicht zu bändigenden Tatkraft und Energie war. Kein Romanschriftsteller würde es wagen, seinen Helden tun zu lassen, was Amundsen in jenen Tagen in der Nähe des Nordpols tat. Weil er genau wüßte, daß ihm niemand glauben würde.

Amundsen war sich völlig darüber im klaren, daß er sich in einer Lage befand, in der sich noch kein Polarforscher befunden hatte. Weder Skier noch Schlitten, noch Hunde standen ihm zur Verfügung. Und Hunderte und abermals Hunderte von Kilometern trennten ihn und seine Begleiter vom Festland. Der Proviant mochte für einen Monat ausreichen, niemals aber für Monate, die sie brauchen würden, wenn sie versuchen wollten, zu Fuß zum Franz-Joseph-Land oder nach Spitzbergen zu gelangen. Was also sollte er tun? Gab es einen Ausweg?

Er wußte keinen, schwor sich aber, seine fünf Begleiter zu retten. Scott und die Seinen waren auch fünf; er wollte seine Schuld tilgen.

»Wie lange brauchen Sie, um den Motor in Ordnung zu bringen?« fragte er Feucht.

»Zwei Tage.«

»Dann werden Sie es mit unserer Hilfe bis morgen schaffen!«

»Wozu? Aus dieser Rinne kommen wir nicht heraus.«

»Das steht jetzt nicht zur Debatte«, erwiderte Amundsen. »Ich weiß nur eins: Die Maschine muß so schnell wie möglich startklar gemacht werden.«

»Warum?« fragte Dietrichson.

»Um sie mit Hilfe der Motoren auf die Scholle setzen zu können. Wenn wir sie bis morgen abend nicht aus dem Wasser heraus haben, ist der Rumpf vielleicht schon übermorgen zerdrückt. Das zu verhindern ist unsere erste Aufgabe. Alles Weitere wird sich finden.«

Riiser-Larsen sah ihn prüfend an. »Ich gebe Ihnen recht«, sagte er. »Aber wollen Sie mir mal sagen, wie wir das tonnenschwere Boot an Land – sprich Eis – hieven sollen?«

»Halb so wild. Jeder schnappt sich einen Pickel. Es wäre doch gelacht, wenn wir in Verlängerung der Wasserrinne keine schiefe Ebene aus dem Eis heraushauen könnten, über die wir unser hübsches ›Rettungsboot‹ dann mit voll laufenden Motoren heraufziehen.«

So unmöglich den Piloten das Vorhaben erschien, Amundsen setzte seinen Plan in die Tat um. Am nächsten Abend stand die ›N 25‹ auf der Scholle, neben ihr dampften sechs Männer wie Pferde nach einem Rennen.

»Hätte nicht geglaubt, daß wir das schaffen«, sagte der Mechaniker.

Amundsens wasserblaue Augen leuchteten. »Merken Sie es sich fürs nächste Mal. Man kann alles, was man können will, wenn hinter dem Wollen Überzeugung und Ausdauer stehen.«

Dietrichson lachte. »Dann sagen Sie nur gleich, was wir nun wollen.«

Amundsen feixte. »Sie scheinen ein äußerst gelehriger Schüler zu sein. Doch Scherz beiseite. Wir werden die Maschine jetzt um 180 Grad drehen und«, er sah die ihn Umstehenden erwartungsvoll an, »starten!«

»Das ist doch nicht Ihr Ernst«, sagte Riiser-Larsen.

»Haben Sie einen besseren Vorschlag?«

Die Frage verwirrte den Piloten.

»Ich nehme nicht an, daß Sie sich im Rumpf häuslich niederlassen wollten.«

»Natürlich nicht.« Riiser-Larsen sah seine Kameraden an. »Meint ihr, daß wir auf der schiefen Ebene genügend Fahrt bekommen, um uns anschließend vom Wasser abheben zu können?«

Omdal und Dietrichson zuckten die Achseln.

Amundsen wandte sich an Feucht. »Haben Sie nicht eben gesagt, Sie hätten nicht geglaubt, daß wir die Maschine hier herauf schaffen?«

Der Mechaniker nickte.

Amundsen blickte in die Runde. »Nun, meine Herren? Wollen wir es nicht wenigstens versuchen?«

Sie versuchten es. Riiser-Larsen und Dietrichson nahmen in der Führerkanzel Platz, und Amundsen, Omdal, Feucht und Ellesworth hockten unmittelbar hinter ihnen, um den Rumpf weitgehend zu entlasten.

»Fertig?« fragte Riiser-Larsen.

»Wir halten die Daumen«, erwiderte Omdal.

»Los!« Die Hände des Piloten umspannten das Segment.

Dietrichson jagte die Motoren auf Vollgas.

Der Rumpf bebte, die Tragflächen schüttelten. Langsam, zunächst zentimeterweise, dann etwas schneller werdend, setzte sich die ›N 25‹ in Bewegung. Sie erreichte die schiefe Ebene, schoß hinunter, drückte das Eis dabei aber ein und schlug auf das Wasser, ohne auch nur die geringste Fahrt gewonnen zu haben.

Dietrichson riß die Gashebel zurück. »Da wären wir wieder.«

Riiser-Larsen preßte die Lippen aufeinander.

»Schade«, sagte Amundsen. »Ich hatte gehofft, daß es klappen würde. Na, dann müssen wir uns was Neues einfallen lassen.«

Er ist nicht totzukriegen, dachte Riiser-Larsen, der seinen Landsmann bewunderte, wenngleich er nicht immer mit ihm fertig wurde. Bin gespannt, was er sich nun wieder einfallen lassen wird.

Amundsen blickte auf die schmale Wasserrinne, die durch den mißglückten Versuch von herausgebrochenen Eisbrocken übersät war. »Heute nacht werden wir schuften müssen«, sagte er. »An den herumschwimmenden Schollen wird sich Jungeis bilden. Wenn wir es nicht laufend aufhacken, wird der Rumpf in einigen Stunden in allen Fugen krachen. Und dann . . .«

»Was ist dann?« fragte Ellesworth, als Amundsen schwieg.

»Muß ich das noch sagen?«

»Das müssen Sie nicht«, erwiderte Riiser-Larsen. »Wir werden, so wie Sie sich ausdrückten, heute nacht schuften und werden alles tun, um das Boot frei zu halten. Morgen aber – und das mach' ich zur Bedingung – wollen wir gemeinsam überlegen, wie es weitergehen soll.«

Amundsen überhörte die Schärfe. »Einverstanden«, sagte er, ergriff einen Pickel und reichte ihn Feucht. »Sie übernehmen mit Dietrichson den Bug. Omdal und Riiser-Larsen übernehmen die Seiten des Rumpfes. Und Ellesworth und ich werden die Lebensmittel auf die Alteisscholle schaffen.«

Am nächsten Morgen waren sie zum Umfallen müde. Dennoch bestand Amundsen darauf, sofort die von Riiser-Larsen geforderte gemeinsame Besprechung abzuhalten. »Ich glaube, ich kann mich kurz fassen«, sagte er und wies auf die ›N 25‹. »Hier haben wir ein Flugzeug mit 900 PS, das uns in acht Stunden nach Hause bringt, wenn es uns gelingt, aus der Wasserrinne herauszukommen.« Er drehte sich um und zeigte auf den in Sicherheit gebrachten Proviant. »Dort liegen Lebensmittel für knapp einen Monat. Zur Debatte stehen zwei Fragen: Wollen wir um das Flugzeug kämpfen und versuchen, es irgendwie frei zu bekommen ...?«

»Das ist unmöglich«, unterbrach ihn Riiser-Larsen.

»Moment, ich bin noch nicht fertig, formulierte nur die erste Frage. Die zweite lautet: Wollen wir das 900 PS starke ›Rettungsboot‹ im Stich lassen und versuchen, uns zu Fuß durchzuschlagen?«

Die Männer blickten vor sich hin. Keiner gab eine Antwort.

Amundsen wandte sich an Ellesworth. »Was meinen Sie, Lincoln?«

»Wäre es nicht besser, die Entscheidung erst in acht oder vierzehn Tagen zu treffen?«

»Warum?«

»Ein Fußmarsch erscheint mir hoffnungslos. Ich möchte auf das ›Rettungsboot‹ nicht ohne weiteres verzichten und deshalb die Entwicklung der Eisverhältnisse zunächst einmal beobachten. Allerdings nur eine begrenzte Zeit, keinesfalls länger als vierzehn Tage. Wir laufen sonst Gefahr, daß der Proviant zur Neige geht, und könnten eines Tages nichts anderes mehr tun, als dem Hungertod entgegenzusehen. Wenn schon sterben, dann nicht wartend, sondern kämpfend.«

Amundsen sah Riiser-Larsen an. »Und Sie?«

»Ich schlage vor, daß wir aufbrechen. Die ›N 25‹ ist so oder so verloren. Wir kommen hier nicht heraus.«

»Dietrichson?«

»Ich bleibe beim Flugzeug. Es ist unsere letzte Chance. Zu Fuß kommen wir niemals durch.«

»Ganz meine Meinung«, sagte Feucht. »Denkt ihr, ich ließe meinen Wal im Stich? Kommt ja überhaupt nicht in Frage.«

»Und du, Oscar?«

Omdal konnte oder wollte sich zu keinem Entschluß durchringen. »Ich füge mich der Mehrheit«, sagte er.

Amundsen nickte. »Ich darf zusammenfassen: Dietrichson und Feucht wollen auf jeden Fall hierbleiben. Ellesworth noch vierzehn Tage, Omdal fügt sich der Mehrheit.« Er sah Riiser-Larsen an. »Ich bleibe ebenfalls hier, fordere allerdings das Kommando.«

»Das Ihnen niemand streitig macht. Ich wollte lediglich, daß wir gemeinsam überlegen, was wir tun könnten. Im übrigen: ich schließe mich dem Vorschlag von Ellesworth an.«

Amundsen lachte. »Dann sind wir uns für die nächsten vierzehn Tage ja einig.« Er blickte zur Sonne hoch. »Jetzt schlafen wir erst mal. Über Tag bildet sich kein Neueis. Und heute abend überlegen wir weiter.«

Es gab nicht viel zu überlegen. In der Nähe von Amundsen gab es eigentlich nie etwas zu überlegen; er kannte nur Arbeit. Ruhe gönnte er sich kaum. Nur zwei Stunden schlief er an diesem Tag, dann stand er heimlich auf und führte eine ausgedehnte Wanderung bis zur untergegangenen ›N 24‹ durch. Als seine fünf Begleiter aufwachten, hatte er bereits einen klaren Entschluß gefaßt.

»Drüben sind verschiedene Wasserrinnen«, sagte er, »durch die wir den Wal hindurchbugsieren und an eine Stelle bringen können, die etwa vierhundert Meter eisfrei ist. Wenn das noch nicht reicht, bauen wir uns auf der dort liegenden Alteisscholle eine regelrechte Ablaufbahn. Und wenn sie fünfzig oder hundert Meter lang sein müßte. Irgendwie werden wir das ›Schiff‹ schon in die Luft heben.«

Drei Tage brauchten sie, um den Wal von einem Spalt in den anderen und schließlich in die fast 400 Meter lange Wasserrinne zu bringen. Und dann errichteten sie in fünftägiger Arbeit eine gestreckte schiefe Ebene, die jedoch auseinanderbrach, als sie das Flugboot mit Motorenkraft auf sie hinaufziehen wollten.

»Es hat keinen Sinn«, sagte Riiser-Larsen. »Glaubt's mir, so kommen wir nicht weiter.«

»Gut«, erwiderte Amundsen, »dann werden wir jetzt alle Sachen auspacken und versuchen, mit den zur Verfügung stehenden vierhundert Metern auszukommen.«

»Das geht nicht«, beharrte der Pilot. »Eher hebe ich den ›Dampfer‹ von einer Schneefläche ab als aus diesem Tümpel heraus.«

Amundsen horchte auf. »Was haben Sie da gesagt? Sie meinen, das Flugboot eher von einer Schneefläche abheben zu können als ...?«

»Ist doch klar«, unterbrach ihn Riiser-Larsen. »Eine glatte Fläche bietet bei weitem nicht soviel Widerstand wie Wasser.«

Der Polarforscher schlug sich vor die Stirn. »Zum Teufel, warum bin ich nicht selbst auf den Gedanken gekommen!«

»Auf welchen?«

»Von der Eisfläche aus zu starten!«

Die Piloten rangen die Hände. »Wo denken Sie hin? Das war nur theoretisch gemeint. Wir können unmöglich . . .«

»Warum nicht?«

Riiser-Larsen wies auf die Scholle, auf der sie standen. »Ist die Fläche eben und glatt?«

»Nein.«

»Na also!«

»So schnell wollen wir das Problem nicht abtun. Wie lang müßte die Startbahn sein, die Sie brauchen?«

Riiser-Larsen sah seine Kameraden an. »Wenn sie glatt ist, könnten sechs- bis siebenhundert Meter reichen.«

»Und wenn wir alles, was wir nicht unbedingt benötigen, herausschmeißen und ausbauen, also gewissermaßen ›va banque‹ spielen, wie lang müßte die Bahn dann sein?«

»Kann ich nicht so genau sagen. Ich schätze aber, daß wir dann mit fünfhundert Meter auskommen würden.«

»Großartig!« Amundsen blickte drein, als wollte er sich in eine Schlacht stürzen. »Ausschwärmen!« kommandierte er mit gemacht militärischer Stimme.

»Wie bitte?«

»Jungens, begreift ihr immer noch nicht? Wir müssen eine Scholle suchen, die möglichst wenig Erhebungen hat und mindestens fünfhundert Meter lang ist, damit wir uns eine Startbahn bauen können.« Er wandte sich an Riiser-Larsen. »Wie breit müßte sie sein?«

Der Pilot schüttelte den Kopf. »Ihr Plan grenzt an Wahnsinn, aber, weiß Gott, Sie haben recht. Wir müssen es versuchen. Ich denke, daß eine Breite von zehn bis zwölf Metern genügen wird.«

Amundsen klopfte ihm auf die Schulter. »Sie glauben also, daß es gelingen könnte?«

»Ich hoffe es. Hoffen und Glauben sind aber zwei Dinge.«

»Wirklich?« Amundsen sah ihn fragend an. »Ich bin anderer Meinung: Im Hoffen liegt Glauben.«

»Dann wollen wir hoffen.«

»Und arbeiten.«

Den im ewigen Eis eingeschlossenen Männern wurde nichts geschenkt. Was sie in den nächsten Tagen und Wochen leisteten, hatte mit ›Arbeit‹ nicht das geringste zu tun. Wie Kulis mußten sie schuften. Schon wenige Tage, nachdem sie eine ihnen geeignet erscheinende Scholle gefunden hatten, waren ihre Hände voller Blasen, ihre Lippen geplatzt und die Schuhe von den scharfen Kanten des Eises zerfetzt. Dabei hatte die eigentliche Arbeit noch nicht einmal begonnen. Fast eine Woche brauchten sie, um die fünf Tonnen schwere ›N 25‹ von einer Scholle zur anderen zu schaffen. Eiswälle mußten zerschlagen und Kanäle überbrückt werden; es schien ihnen unmöglich, das Flugboot immer und immer wieder aus dem Wasser herauszuziehen. Die Motoren, die dabei eine nur ungenügende Kühlung erfuhren, mußten geschont werden. Und sie selbst waren entkräftet, da Amundsen die Tagesrationen rücksichtslos gekürzt hatte.

»Ihr werdet mir noch dankbar sein«, sagte er, wenn irgend jemand darüber maulte.

Man wußte es, schimpfte aber doch. Das befreite und schaffte Luft.

Fünf Tage lang rackerten sie sich vom frühen Morgen bis zum späten Abend ab, um den Wal auf die Eisscholle zu bringen, die als ›Abfluggelände‹ dienen sollte. Dann steckten Riiser-Larsen und Omdal eine 12 Meter breite und 500 Meter lange Startbahn ab, und es begann eine Arbeit, die kein Ende zu nehmen schien. Unebenheiten mußten herausgeschlagen und fortgeschafft werden; über 500 Tonnen Eis wurden zu den Seiten getragen. Damit war die Bahn jedoch nicht fertig. Die ganze Strecke mußte nun noch festgetrampelt werden.

»Welches Datum haben wir?« fragte Ellesworth, als er sich eines Abends ermattet neben dem Flugboot niederließ.

»Den elften Juni«, antwortete Amundsen. »Sie wollten ja eigentlich spätestens nach vierzehn Tagen abhauen. Das wäre am vierten gewesen.«

Ellesworth nickte. »Ich weiß. Hatte es mir auch fest vorgenommen.«

»Traurig, daß Sie es nicht getan haben?«

Der Amerikaner machte eine müde Bewegung.

»Wir haben es ja bald geschafft. Ich denke, daß wir in drei Tagen fertig sind.«

Omdal seufzte. »Hoffentlich.«

»Bestimmt.« Amundsen wandte sich an den Mechaniker. »Ab übermorgen sind Sie vom Schneestampfen befreit.«

Feucht machte große Augen.

»Damit Sie die Motoren noch einmal gründlich durchsehen können.«

Der Deutsche rieb sich die Hände. »An mir wird's nicht liegen, wenn wir nicht hochkommen.«

»An mir ebenfalls nicht«, warf Riiser-Larsen ein.

Amundsen grinste. »Wollt ihr damit sagen, daß es an uns, an uns Passagieren liegt, wenn irgend etwas nicht klappt?«

»Hört auf mit der Unkerei!« schimpfte Dietrichson.

»Nervös?«

»Sie etwa nicht?«

Es trat eine Stille ein. Unwillkürlich dachte jeder: Wenn der Start nicht gelingt, ist es aus. Die Lebensmittel reichen nur noch für knapp eine Woche.

Beinahe verbissen stampften sie in den darauffolgenden Tagen weiter, Fußbreit um Fußbreit, Schritt fur Schritt. Bis die 500 Meter lange und 12 Meter breite Startbahn am Abend des 14. Juni festgetreten war.

Riiser-Larsen nahm Amundsen zur Seite. »Ich halte es nicht mehr aus. Unentwegt frage ich mich: Klappt es oder klappt es nicht? Das macht mich verrückt. Wollen wir es nicht noch heute versuchen?«

»Zu starten?«

»Ja.«

Der Polarforscher sah ihn prüfend an. »Sind Sie nicht zu müde?«

Der Pilot lachte. »Zu müde, wenn es heißt: Starten!«

»Dann los!«

Eine halbe Stunde später nahm Dietrichson neben Riiser-Larsen Platz, der die Motoren bereits hatte laufen lassen. Das Herz klopfte ihnen in der Kehle. Die Hände des Flugzeugführers umspannten das Steuer. Er gab das Zeichen, Vollgas zu geben. Die Maschine ruckte, setzte sich in Bewegung, kam aber nicht in Fahrt. Der Schnee klebte und ließ den Rumpf nicht gleiten.

»Es geht nicht!« rief Riiser-Larsen. »Es geht nicht!«

Dietrichson nahm den Gashebel zurück.

Sein Kamerad ließ den Kopf sinken. Er hätte heulen können.

Amundsen kletterte aus dem Rumpf. »Mich wundert es nicht. Der Schnee ist zu naß. Dafür aber, daß es morgen klappt, garantiere ich. Die Kälte wird den Schnee über Nacht hart werden lassen. Sollt mal sehen, wie das Boot morgen gleitet.«

Keiner der Männer konnte in der darauffolgenden Nacht schlafen. Das Schwanken zwischen Hoffen und Bangen ließ sie nicht zur Ruhe kommen. Verzweifelt wälzten sie sich hin und her, versuchten sie sich von Gedanken und Überlegungen zu befreien, die Gespenstern gleich auf sie einstürmten. Sie waren deshalb wie erlöst, als sie sich am nächsten Morgen erheben konnten.

»Wollen wir alles auf eine Karte setzen?« fragte Amundsen, als er die Morgenrationen austeilte.

Die Kameraden begriffen nicht.

»Ich möchte vorschlagen, daß wir alles, aber auch alles ausladen. Die Fotoapparate, die Filme, die Gewehre, die Zelte – ja, sogar die Faltboote, unsere Fellkleidung und die letzten Lebensmittel.«

»Ach, geben Sie mir doch eine Dose Corned beef«, sagte der deutsche Mechaniker. »Ich bin nämlich einverstanden, möchte unter den gegebenen Umständen allerdings vorher noch eine ordentliche Fresserei veranstalten.«

Alle waren einverstanden, und alle, bis auf Riiser-Larsen, verspürten trotz der großen inneren Anspannung plötzlich einen riesigen Hunger.

»Schlagt euch die Bäuche nur voll«, sagte der Pilot. »Ich geh' inzwischen die Startbahn noch mal ab.«

Als er zurückkehrte, machte er einen zuversichtlichen Eindruck. »Ich glaube wirklich, daß es gelingen kann. Die Bahn ist hart wie Beton und glatt wie Eis.«

Amundsen legte ihm die Hand auf die Schulter. »Sehen Sie, nun ist aus Ihrer Hoffnung ein Glaube geworden. Sie sollten sich den Tag merken.«

Es war der 15. Juni 1925.

Wieder nahm Dietrichson neben Riiser-Larsen Platz, und um 10 Uhr 30 gab er Vollgas. Es war das dritte Mal in der endlos erscheinenden Eiswüste. »Toi-toi-toi!« sagte er.

Die Motoren schrien auf, die Tragflächen schüttelten, der Rumpf bebte. Riiser-Larsen drückte das Segment nach vorne. Der Wal setzte sich in Bewegung, langsam zunächst, doch dann immer schneller werdend. Wie ein Messer schnitt sein Kiel in den gefrorenen Schnee. Eisstücke spritzten zu den Seiten. Die Motoren wurden lauter, ihre Drehzahl erhöhte sich.

Die Geschwindigkeit wuchs. Dietrichson blickte dem Ende der Startbahn entgegen. 200 Meter standen noch zur Verfügung. Der Fahrtmesser zeigte 70 km/h. »Etwas entlasten!« rief er. »Wir schaffen es!«

Riiser-Larsen zog das Höhenruder um wenige Millimeter an. Die Geschwindigkeit steigerte sich: 80 km/h! Noch 100 Meter! Der Rumpf des Flugbootes dröhnte. Amundsen, Omdal, Feucht und Ellesworth hockten dicht zusammengepreßt hinter den Piloten. Sehen konnten sie nichts. Sie horchten auf das messerscharfe Geräusch des Kieles. Würde es jäh abbrechen?

Noch 50 Meter! Der Fahrtmesser zeigte 90 km/h.

Riiser-Larsen mußte sich beherrschen, das Höhensteuer nicht zu betätigen. Das Ende der Startbahn rückte heran. Den letzten Meter wartete er ab, erst dann nahm er das Segment zurück.

Die ›N 25‹ hob ab. Das bis ins Mark dringende Kratzen verstummte. Die Männer im Rumpf hielten den Atem an. Flogen sie, oder hatte Riiser-Larsen die Maschine nur für einen Augenblick vom Eis hochreißen können?

Dietrichson drosselte die Motoren. Der metallische Klang ging in ein dumpfes, sattes Brummen über.

»Gerettet!« schrie Feucht. »Sie drosseln, wir fliegen!«

Amundsen schloß die Augen. Herrgott, ich danke dir und flehe dich an, uns in den nächsten Stunden nicht zu verlassen. Die fünf Männer müssen gerettet werden – du weißt warum. Die fünf Männer! An sich selbst dachte er nicht. Seit 24 Tagen dachte er nicht mehr an sich selbst. Seit 24 Tagen aber war er ausgeglichen, fühlte er sich wohler denn je zuvor.

An Bord des Flugzeuges wurde es still. Jeder horchte auf den Lauf der Motoren, jeder verfolgte den Zeiger der Uhr. Eine Minute, das waren zwei Kilometer – zwei Kilometer dem rettenden Festland entgegen.

Die erste, die zweite, die dritte Stunde strich dahin. Und das unter ihnen liegende ›weiße Grab‹ nahm kein Ende.

Dietrichson, der die Navigation besorgte, stieß Riiser-Larsen an. »Die ersten vierhundert Kilometer liegen hinter uns. Damit sind wir schon weiter, als wir gekommen wären, wenn wir uns vor vierundzwanzig Tagen in Marsch gesetzt hätten.«

Der Pilot nickte. »Ohne Amundsen wären wir verloren gewesen. Keiner von uns wäre auf den Gedanken gekommen, mit einem 5-Tonnen-Flugboot vom Eis zu starten.«

»Bin gespannt, wer's uns glaubt.«

Nach weiteren zwei Flugstunden ergab die Betriebsstoffmessung, daß Spitzbergen nicht erreicht werden konnte. Amundsen entschied, das Nordkap des Nordostlandes anzusteuern.

Omdal machte ein bedenkliches Gesicht. »Von dort aus zu Fuß?«

»Uns bleibt nichts anderes übrig.«

»Wir werden Wochen brauchen, wenn wir ...«

»... nicht Glück haben«, unterbrach ihn der Polarforscher und schnitt mit einer heftigen Handbewegung jede weitere Diskussion ab.

Sie hatten Glück. »Mehr als Verstand«, wie der Mechaniker Feucht später sagte. »Denn als das Benzin zur Neige ging, tauchte das Nordland vor uns auf. Wir landeten in unmittelbarer Nähe der Küste, und wir lagen noch keine halbe Stunde im Wasser, als der norwegische Robbenfänger ›Sjölio‹, der uns von weitem gesehen hatte, auf uns zuschipperte. Man holte uns an Bord, nahm den Wal ins Schlepp und brachte uns nach Ny-Aalesund, wo wir am 19. Juni 1925, nach 29 Tagen, zum ersten Male wieder Land betraten. Nur einen Gedanken kannten wir noch: Nach Hause!«

Der Mechaniker Feucht täuschte sich. Von dem Augenblick an, da Amundsen wußte, daß seine Begleiter gerettet waren, wanderten seine Gedanken bereits wieder dem Nordpol entgegen. Unablässig überlegte er, was er unternehmen könnte, um den Pol doch noch als erster zu überfliegen. Die Frage wurde für ihn quälend, als er in der Kingsbai von norwegischen Marineoffizieren erfuhr, daß es den Piloten der Mac-Millan-Expedition, Byrd, Reben und Shur, gelungen sei, von Etoh aus mit Amphibienflugzeugen bis zum 80. Breitengrad vorzustoßen.

Ihre Flüge waren nicht die einzigen, die ihn beunruhigten. Es war ihm auch gesagt worden, daß die Russen immer häufiger über der Arktis kreuzten und daß man positiv wisse, daß es Tschuchnowski und Kalwiza gelungen sei, ohne Zwischenlandung von Leningrad über Archangelsk nach Nowaja Semlja zu fliegen. Wer also gab ihm eine Garantie dafür, daß die nie etwas ankündigenden, zähen Söhne Mütterchen Rußlands nicht schon morgen den Versuch machten, ihm den Rang abzulaufen?

Die Russen fürchtete er am meisten. Er wußte, daß sie mehrmotorige Langstreckenflugzeuge schon zu einer Zeit gebaut hatten, da man in anderen Ländern an solche Maschinen noch nicht einmal dachte. Wenn er sich an ein Foto aus dem Jahre 1913 erinnerte, das einen viermotorigen Sikorsky-Doppeldecker zeigte, dann konnte er sich vorstellen, wie ihre derzeitigen Flugzeuge ungefähr aussehen mußten.

Je mehr Amundsen über die Russen, über deren Maschinen und Ausgangsbasen nachdachte, um so unruhiger wurde er. Auf der Rückreise nach Norwegen wandte er sich eines Abends an Lincoln Ellesworth. »Glauben Sie, daß mir Ihr Vater nochmals helfen wird?«

Der Sohn des Multimillionärs sah ihn fragend an. »Sie planen ein neues Unternehmen?«

»Ja.« Er rückte näher an den Amerikaner heran. »Unter uns, Sie werden sich wundern über das, was ich Ihnen jetzt sage: Ich denke an eine Polfahrt mit einem Luftschiff. Warum plötzlich ein Luftschiff? Weil ich zu der Überzeugung gekommen bin, daß unsere Flugzeuge, speziell die Motoren, für die Arktis noch nicht reif genug sind.«

»Denken Sie an einen ›Zeppelin‹?«

Amundsen schüttelte den Kopf. »Der wäre zu groß. Und viel zu teuer. Kennen Sie die Konstruktion des Italieners Umberto Nobile?«

»Nein.«

»Feine Sache.«

Ellesworth lachte. »Dann hat er dem Deutschen sicher allerhand abgeluchst.«

Amundsen machte eine abwehrende Bewegung. »Da täuschen Sie sich. Gewiß, irgend etwas bleibt immer hängen. Nobile ist aber kein billiger Nachahmer. Hat er gar nicht nötig. Er ist Fachmann, ein glänzender Organisator, besitzt eine unerhörte Tatkraft und ist, das hat er 1918 bewiesen, außerordentlich ritterlich. Als italienischer Vertreter der Alliierten Kommission enthielt er sich der Stimme, als darüber entschieden werden sollte, ob Italien – und damit praktisch er, als der namhafteste italienische Luftschiffer – den Zeppelin ›Bodensee‹ erhalten sollte.«

»Alle Achtung!«

»Meine ich auch. Er hat nun ein kleines halbstarres Luftschiff konstruiert, mit dem man den Nordpol bestimmt erreichen könnte. Das Ding kostet natürlich eine schöne Stange Geld.«

Ellesworth strich sich über den Bart, der ihm in der Schneewüste gewachsen war und den er sich erst in Amerika abnehmen lassen wollte.

»Die Hälfte dürfte ich aufbringen können«, fuhr Amundsen fort. »Durch Vorträge und durch den Verkauf des Wal, den ich dann ja nicht mehr benötige.«

»Wenn Sie die Hälfte aufbringen, sorge ich für den Rest«, sagte der Amerikaner. »In der Freude, mich wiederzusehen, wird mir mein Alter Herr keinen Wunsch abschlagen. Aber ich fahre mit zum Pol, das ist doch klar?«

»Dachten Sie, ich wollte Sie zu Hause sitzenlassen?«

Der Amerikaner hielt ihm die Hand hin. »Topp!«

Amundsen schlug ein. Kaum dem weißen Tod entronnen, beschäftigte er sich mit einer neuen Expedition. Auf direktem Weg fuhr er nach Italien, wo er die ersten Verhandlungen mit Nobile führte. Dann jagte er weiter nach Amerika, um Vorträge zu halten, und schon wenige Wochen später konnte er den Bau eines Luftschiffes in Auftrag geben, das den Namen ›Norge‹ erhalten sollte.

Die Welt war sprachlos über so viel Tatkraft, Energie und Ausdauer, und die Zeitungen brachten große Artikel über den rastlosen Norweger, der dem sagenhaften ›Fliegenden Holländer‹ zu gleichen schien, den eine frevelhafte Tat verdammte, bis an sein Lebensende ruhelos über die Weltmeere zu segeln.

Aber man beschäftigte sich auch mit Nobile. Man verglich den italienischen Obersten mit Amundsen und stellte fest, daß das Wesen des unternehmungsfreudigen und überaus stolzen Offiziers dem des Polarforschers erstaunlich ähnlich war. In mancherlei Hinsicht glichen sie sich so sehr, daß Stimmen laut wurden, die besorgt fragten: »Kann es gutgehen, wenn sich zwei so gleichartige, ehrgeizige und dynamische Männer zusammenschließen? Können bei einem Unternehmen, wie sie es planen, nicht Dinge eintreten, welche die Unterwerfung des einen unter den anderen notwendig machen? Was geschieht, wenn – wie zu erwarten steht – sich keiner von ihnen beugen will?«

Daß derartige Überlegungen auftauchen konnten, hatten sich Amundsen und Nobile selbst zuzuschreiben. Denn der in seiner Fellhaube an einen Eskimo erinnernde Norweger betonte in seinen Vorträgen immer wieder, daß er und nicht Nobile der Leiter der Expedition sei. Und der mittelgroße, beinahe jünglinghafte Italiener, dessen weichgeschwungene Lippen und melancholisch wirkende Augen nicht die Energie und den Ehrgeiz verrieten, die in ihm steckten, parierte die recht deutlichen Hinweise seines Partners mit der Feststellung, daß er der Kommandant des von ihm konstruierten und von ihm erbauten Luftschiffes sei.

Kein Wunder, daß sich die Presse angesichts solcher Bemerkungen in zunehmendem Maße mit der für Anfang Mai 1926 geplanten Expedition beschäftigte. Zumal das Gerücht kursierte, daß sich der amerikanische Pilot Richard Evelyn Byrd, der von Etoh aus mit einem Amphibienflugzeug über das Ellesmereland bis zum 80. Breitengrad vorgestoßen war, mit der Absicht trage, Amundsen und Nobile zuvorzukommen, um den Sieg der ersten Polarüberquerung an die Fahne der Vereinigten Staaten zu heften.

Amundsen schenkte dieser Behauptung wenig Beachtung, wenngleich ihm Byrd bei einem Empfang in New York gesagt hatte: »Ich möchte Sie davon in Kenntnis setzen, daß ich mit Ihnen um den Nordpol konkurriere.«

Er hatte dem Amerikaner gönnerhaft zugenickt. »Ich weiß, bin über Ihre Flüge genauestens informiert.«

»Dann ist es gut«, hatte Byrd erwidert. »Ich habe das Thema angeschnitten, um das ›fair play‹ zu wahren.«

Was soll das, hatte Amundsen empört gedacht. Kann man es immer noch nicht vergessen, daß ich Scott gegenüber nicht fair handelte? Er war so verstimmt gewesen, daß er den Amerikaner, der nicht im entferntesten daran gedacht hatte, ihn zu kränken oder gar zu beleidigen, kurzerhand stehenließ. Er wollte von Byrd nichts mehr wissen und interessierte sich nicht für Gerüchte, die über ihn umherschwirrten.

Weitaus größere Bedeutung maß er den Artikeln über Nobile und sich selbst bei. Die beständig erneut auftauchenden Überlegungen hinsichtlich der Kommandogewalt brachten ihn in Harnisch. »Gibt es denn kein anderes Thema mehr?« fragte er eines Tages einen Freund.

»Allem Anschein nach nicht«, antwortete der lachend. »Es fehlt an Katastrophen, da mußt du eben herhalten.«

»Willst du damit sagen, daß ich eine Katastrophe bin?«

»Nicht unbedingt.«

Der Norweger schüttelte den Kopf. »Ich glaube, ihr seid alle verrückt. Herrgott, ich wollte, mein Name würde einmal ein paar Wochen lang in keiner Zeitung zu finden sein.«

»Der Fall könnte in Kürze eintreten.«

Amundsen sah den Freund an.

»Spanische Piloten bereiten einen Flug über den Südatlantik vor. Das gibt Schlagzeilen, die dir die ersehnte Ruhe verschaffen werden.«

»Hoffentlich!«

Der Freund behielt recht. Am 21. Januar 1926 meldete die Weltpresse, daß die spanischen Flieger Ramon Franco und Julio Ruiz de Alda in Begleitung von Juan Manuel Duran und Pablo Rada von Palos de Moguer in Südspanien mit einem auf den Namen ›Plus Ultra‹ getauften Dornier-Wal nach Argentinien gestartet seien und daß sie beabsichtigten, die gleiche Route zu wählen, die die Portugiesen Cabral und Coutinho einschlugen: über die Kanarischen und Kapverdischen Inseln nach Fernando Noronha und von dort über Pernambuco und Rio de Janeiro nach Buenos Aires.

Für den mit zwei englischen 450-PS-Napier-Motoren ausgerüsteten Wal hatten sich die Spanier auf Grund der von Locatelli und Amundsen gemachten Erfahrungen entschieden. »Das ›Schiff‹ könnt Ihr unbesehen kaufen«, hatte ihnen der Italiener gesagt. Und er hatte hinzugefügt: »Es ist verläßlich wie eine Ehefrau mit zwölf Kindern.«

Damit hatte er wohl recht. Jedenfalls schnurrte die ›Plus Ultra‹ ihre Etappen wie ein Uhrwerk herunter. Am 21. Januar wurde Las Palmas überflogen, und drei Tage später kurvten die Spanier über den Kapverdischen Inseln. Am Abend des 29. starteten sie zum Nachtflug nach Fernando Noronha, wo sie nach einer Flugzeit von 12 Stunden 15 Minuten am Morgen des 30. Januar glatt wasserten. Und schon am nächsten Tag ging es weiter über Pernambuco, São Salvador, Rio de Janeiro,

São Paulo und Montevideo bis zur Hauptstadt Argentiniens, die am 10. Februar erreicht wurde. Ohne den geringsten Zwischenfall legten die Spanier eine Strecke von 10 120 Kilometer zurück und vollbrachten damit eine Leistung, die alles bisher Dagewesene in den Schatten stellte. So reibungslos war noch kein Ozeanflug verlaufen.

»Nehmen wir es als gutes Omen«, sagte Amundsen, der sich mit Nobile über den sensationellen Flug der Spanier unterhielt. »Die Motoren scheinen doch wesentlich besser geworden zu sein. Etwas vom Glück der Söhne Iberiens, und wir sind die ersten, die den Nordpol überfliegen.«

»Überfahren!« korrigierte der Italiener. »Wir benutzen bekanntlich ein Luftschiff und kein Flugzeug. Mit dem Glück allein ist es aber nicht getan. Man muß auch etwas können.«

Er spielt auf sein Können als Luftschiffer an, dachte Amundsen. »Richtig«, erwiderte er. »Was nützt jedoch alles Können, wenn – um nur ein Beispiel zu nennen – die Organisation nicht klappt?«

»Da haben Sie recht.«

»Stellen Sie sich vor, Sie landeten mit der ›Norge‹ in der Kingsbai und die Halle wäre nicht fertig. Oder es wäre kein Wasserstoff zur Stelle, kein Betriebsstoff, kurzum, es fehlte irgendeines der tausend Dinge, die wir benötigen.«

Nobile sah Amundsen prüfend an. »Bewegen wir uns nicht wie Katzen um den heißen Brei?«

»Wie soll ich das verstehen?«

»Seien wir ehrlich. Die verdammten Zeitungsartikel haben uns beide mißtrauisch gemacht. Wir belauern uns, achten mehr auf die Worte des anderen als auf die eigenen.«

»Es freut mich, daß Sie dieses Thema anschneiden.«

»Darf ich einen Vorschlag machen?«

»Bitte.«

»Leiter der Expedition hin, Kommandant des Luftschiffes her – geben wir uns ein Versprechen: Ruhm und Ehre für alle Beteiligten!«

»Bravo!« sagte Amundsen und hielt dem Italiener die Hand hin. »Wollen wir, um das klar zum Ausdruck zu bringen, unser Unternehmen ›Amundsen-Ellesworth-Nobile-Transpolarexpedition‹ nennen?«

»Einverstanden!«

»Und übereinkommen, daß wir Berichte über die Fahrt nur gemeinsam und gegen höchstes Honorar verkaufen?«

»Ausgezeichnet!«

Es herrschte plötzlich ein Einvernehmen, wie man es sich besser nicht hätte wünschen können, und als sich die beiden Männer trennten, war jeder der Überzeugung, im anderen einen großartigen Partner gefunden zu haben. Und für beide stand fest, daß sie den Sieg bereits in der Tasche hatten.

Dieser Meinung blieben sie auch, als sie erfuhren, daß es Byrd gelungen sei, mit Hilfe von Edsel Ford, dem Sohn des amerikanischen Automobilkönigs, eine dreimotorige Fokker F VII/3 zu kaufen.

Amundsen hörte davon, als er im März 1926 mit Ellesworth und Riiser-Larsen, der ebenfalls an der Polarfahrt teilnehmen sollte, zur Kingsbai fuhr, um den Bau der Luftschiffhalle zu überwachen. »Byrd hat seiner Maschine den Namen ›Josefine Ford‹ gegeben«, sagte er spitz. »Nach der dreijährigen Tochter seines Gönners.«

»Warum nicht?« erwiderte Riiser-Larsen.

»Sicher, warum nicht? Wird ihm aber wenig nützen.«

»Möglich. Aber dennoch: Ich hab' mir auf Grund der Daten der Fokker ausgerechnet, daß er verdammt gute Chancen hat.«

Amundsen lachte. »Sofern er seine Maschine in eine günstige Ausgangsposition bringen kann. Wollt ihr mir mal sagen, wie Byrd, der doch arm wie eine Kirchenmaus ist, das machen will? Ohne Schiff jedenfalls nicht. Und das kostet Geld und nochmals Geld.«

Byrd wußte das auch. Er wußte aber ebenfalls, daß ein guter Gedanke unter Umständen ein großes Bankkonto zu ersetzen vermag. Und da er nicht phantasielos war, wandte er sich mit dem Ruf »Die Pole den Amerikanern!« an die Presse, die wie elektrisiert aufhorchte und sich schlagartig für ihn einsetzte. Mit dem Erfolg, daß er über Nacht von allen Seiten Unterstützung erhielt und sich schon wenige Tage später in die Lage versetzt sah, ein Schiff zu chartern und 50 geeignete Männer anzuheuern. Doch das ließ er nicht publik werden. Er bereitete vielmehr in aller Eile und Heimlichkeit ein Unternehmen vor, das den Namen ›Josefine Ford – Byrd Arctic Expedition‹ erhielt, und verließ New York am 5. April 1926, ohne ein Ziel bekanntzugeben.

Zu dieser Zeit ging der Bau der Luftschiffhallen in der Kingsbai seiner Vollendung entgegen, und der ruhelose Norweger sehnte den Mai herbei, in dessen ersten Tagen Nobile die ›Norge‹ von Rom aus auf dem Luftwege überführen wollte. Der monotone Tagesablauf machte ihn nervös, und er wurde es noch mehr, wenn er daran dachte, daß in der Zeit, die noch verstreichen mußte, mit keinerlei Abwechslung gerechnet werden konnte.

Er war deshalb angenehm überrascht, als am 29. April ein amerikanischer Dampfer in die Kingsbai einlief. Der Überraschung sollte jedoch eine heillose Bestürzung folgen. Denn nach dem Anlegen des Schiffes sah er den jungen Richard Evelyn Byrd in der Uniform eines Admirals die Reling herabsteigen. Ihm folgte Floyd Bennett, ein Pilot, von dem bekannt war, daß er sich auf Langstreckenflüge spezialisiert hatte.

»Wie komme ich zu der Ehre Ihres Besuches?« fragte Amundsen verdattert.

Byrd legte die Hand an die Mütze. »Wir begrüßen Sie gerne, Roald Amundsen«, erwiderte er, »sind aber nicht gekommen, um Sie zu besuchen.«

Dem Polarforscher lief es kalt über den Rücken.

»Sie erinnern sich, daß ich Sie davon in Kenntnis setzte, mit Ihnen um den Nordpol zu konkurrieren. Das ›fair play‹ ist also gewahrt. Mein Freund und ich wollen von hier aus starten.«

Amundsen war wie gelähmt. Ich hab' ihm unrecht getan, dachte er. Damals, in New York, als ich annahm, er hätte mich mit der Erwähnung des ›fair play‹ beleidigen wollen. Er raffte sich zusammen. »Eine harte Nuß, die Sie mir da zu knacken geben. Aber dennoch, ich wünsche Ihnen alles Gute.«

»Das wünsche ich Ihnen auch«, erwiderte Byrd, grüßte nochmals und gab den Befehl, mit dem Ausladen zu beginnen.

Wie ein geprügelter Hund kehrte Amundsen in seine Baracke zurück; ihm war es, als versagten ihm die Beine den Dienst. Er verriegelte die Tür seines Raumes und ließ sich auf seine Pritsche sinken. Das ist die Rache, dachte er. Seit 17 Jahren versuche ich den Nordpol zu erreichen, und jetzt, da ich fühle, daß mich nur noch wenige Tage von ihm trennen, holt ein anderer zum Gegenschlag aus. Wie damals, als ich hinter Scott in der Walfischbucht einlief. Nein, es ist anders: offener, ehrlicher.

Er griff in die Tasche und zog eine alte, unansehnlich gewordene Streichholzschachtel hervor, die er seit 1911 bei sich trug. Am Südpol öffnete er sie zum ersten Male, entnahm er ihr das erste Streichholz.

»Der Nordpol mag uns nicht«, flüsterte er. »Uns?« Er betrachtete die Schachtel. »Unsinn. Von mir will der Pol nichts wissen. Was kannst du schon dafür, daß ich ...« Seine faltigen Hände umschlossen die Schachtel. »Du gabst, was in dir steckte, Licht und Wärme. Und klagst nicht darüber, daß deine Hülle alt und unansehnlich wurde, sondern bist froh über das warme Plätzchen in meiner Tasche. Ich wollte, auch ich hätte ...«

Von diesem Augenblick an verstummte Amundsen. Tagelang sprach er kein Wort. Stundenlang stand er hinter dem Fenster seines Zimmers, um in die Richtung zu blicken, aus der die ›Norge‹ kommen mußte. Wie ein Greis sah er aus, gealtert über Nacht.

»Von dem Schlag erholt er sich nicht«, sagten seine Freunde.

Sie sollten sich täuschen. Denn als das Luftschiff am 7. Mai am Horizont auftauchte, stürmte Amundsen nach draußen, als gelte es, den Teufel zu vertreiben. Seine wasserblauen Augen leuchteten, die Falten in seinem Gesicht gaben ihm nun das Aussehen eines Haudegens. Ein Kommando nach dem anderen fegte über den Platz. Die Haltemannschaften rannten wie Wiesel. Wie von Geisterhand geleitet, rollten Benzinfässer heran, gruppierten sich Wasserstoffflaschen zu endlosen Batterien.

»Wie weit ist Byrd?« rief er Riiser-Larsen zu.

»Die Fokker ist montiert. Sie arbeiten an den Motoren.«

»Wie lange wird er noch brauchen?«

»Schwer zu sagen. Zwei bis drei Tage.«

»In der Zeit können wir es unter Umständen schaffen. Los, hol alle Leute heran.«

Der Pilot lachte. »Sind doch längst alle da.«

»Auch der Küchenjunge, der Schiffsarzt und die Freiwache? Jeder muß jetzt helfen!«

Es begann ein Wettlauf, wie ihn die Welt noch nicht erlebt hatte. In beiden Lagern hetzte man vom Morgen bis zum Abend, und in beiden Lagern lag man auf der Lauer. Wie weit sind die anderen? Ein Fieber ergriff die Mannschaften. Ihr Letztes gaben sie her, da sie wußten, daß *die* Besatzung den Sieg erringen würde, die als erste starten konnte.

Doch so sehr sich Amundsen bemühte, das Schicksal zu zwingen, es wandte sich gegen ihn. In der zweiten Morgenstunde des 9. Mai 1926, um 1 Uhr 45, nahmen Byrd und Floyd Bennett in ihrer Maschine Platz, und fünf Minuten später gelang es ihnen, die schwer beladene Fokker vom Boden zu heben.

Amundsen erwachte vom Lärm der Motoren. Er sah das Flugzeug, sah, daß es Kurs Nord nahm und fühlte, daß es den Pol erreichen und unversehrt zurückkehren würde.

Die Würfel sind gefallen, dachte er. Ich sollte den Nordpol nicht bezwingen. Vielleicht gibt es wirklich so etwas wie eine ausgleichende Gerechtigkeit.

Dieses Mal brach er nicht zusammen. Im Gegenteil, er wurde aggressiv. Wenn es eine ausgleichende Gerechtigkeit gibt, sagte er sich, dann muß ein Sieg Byrds den Ausgleich schaffen und müssen die Hindernisse, die ein höheres Walten mir in den Weg stellte, ausgeräumt sein. Sonst wäre es keine Gerechtigkeit. Wenn der Ausgleich aber geschaffen ist, dann muß es mir gelingen, über den Nordpol nach Alaska zu fliegen. Vielleicht kann ich dabei sogar als erster auf dem Pol landen.

Die Kämpfe der letzten Jahre hatten Amundsen in mancherlei Hinsicht geläutert, seinen Willen und seine Tatkraft hatten sie jedoch nicht schwächen können. Auch seinen Ehrgeiz nicht. Er war nur natürlicher geworden, echter.

Ungebrochen überwachte er den Fortgang der Arbeiten. Und während er mit Nobile eine neue Route festlegte, die über den Nordpol nach Teller in Alaska führen sollte, hockte Floyd Bennett hinter dem Steuer der ›Josefine Ford‹ und beschäftigte Byrd sich mit dem Nachfüllen der Flächentanks. Frühzeitiger als vorgesehen hatte er sich von dem jungen und sympathischen Piloten ablösen lassen müssen. Er hatte einen leichten Anfall von Schneeblindheit erlitten, da er vor Freude über den gelungenen Abflug vergessen hatte, seine Schneebrille aufzusetzen. Und Bennett war es dummerweise nicht aufgefallen.

»Während der nächsten Stunden lösten wir uns mehrmals ab«, erzählte Byrd später. »Floyd lächelte immer, war immer zufrieden und steuerte die Maschine, ohne nur einmal um einen Grad vom Kurs abzukommen. Es gibt keinen besseren Piloten als ihn, sagte ich mir oftmals während des Fluges. Fast ohne zu sprechen, flogen wir Stunde um Stunde nach Norden. Irgendwo zur Rechten dehnte sich der Schauplatz von Nansens kühnen Taten, links lag das Gebiet, das Peary im Alleingang durchwandert hatte, und immer mehr näherten wir uns der Stelle, an der Amundsen und seine Begleiter wochenlang hatten schuften müssen.«

Als Byrd das 8-Uhr-Besteck genommen hatte und in die Kabine zurückkletterte, um den Standort in die Navigationskarte einzutragen, sah er zu seinem Entsetzen, daß der Boden des Rumpfes von Öl verschmiert war. »Ein Öltank muß leck sein!« rief er außer sich.

Floyd Bennett wurde blaß. »Welcher?«

»Moment.« Byrd prüfte die Behälter. »Steuerbord.«

»Dann gute Nacht. Wenn der Steuerbordmotor ausfällt, müssen wir auch Backbord ausschalten.«

»Was sollen wir tun?«

»Uns wird nichts anderes übrigbleiben, als zu landen und den Tank zu reparieren.«

Byrd sah die zerklüftete Eislandschaft unter sich. »Unmöglich«, sagte er und deutete in die Tiefe. »Wenn wir landen, gibt's Fokkersalat, getoastet auf luftgekühlten Wright-Motoren.«

»Umkehren?«

Byrd blickte auf die Borduhr. »Nein«, sagte er. »Entweder verreckt der Motor, und dann ist es Wurscht, ob wir achthundert, tausend oder tausendzweihundert Kilometer von Spitzbergen entfernt sind. Oder er hält durch, und dann will ich den Nordpol überfliegen.«

»Hast recht. Wann werden wir oben sein?«

»Spätestens in einer Stunde.«

Der Motor hielt durch, und um 9 Uhr 02 ergab das Besteck, daß sich die ›Josefine Ford‹ über dem Nordpol befand.

›Wir drehten nach rechts, um zwei bestätigende Sonnenmessungen vorzunehmen‹, schrieb Byrd. ›Anschließend kurvten wir zum gleichen Zweck nach links. Ich machte einige Aufnahmen, und Bennett flog einen weiten Kreis, damit ich den Pol auch sicher einfangen konnte. Dabei vollendeten wir in wenigen Minuten einen Flug um die Erde. Wir verloren einen Tag und gewannen ihn gleich darauf wieder. Unter uns dehnte sich das ewig gefrorene Meer. Zackige Eisrippen ließen die Ränder mächtiger Bruchschollen erkennen. Hier und da sahen wir eine mit Jungeis überzogene Wasserrinne, die inmitten der schneeweißen Landschaft grünblau aufleuchtete.‹

Um 9 Uhr 15 nahm Byrd Kurs auf Spitzbergen. Er war in einer solchen Siegerstimmung, daß er zeitweilig das Leck des Ölbehälters vergaß.

Stunde um Stunde rann dahin – der Steuerbordmotor setzte nicht aus. Er hielt durch, 15 Stunden lang, bis die Räder des Flugzeuges das Gelände berührten, das sie am frühen Morgen verlassen hatten.

Oben
Das Gesicht des Bristol-Pegasus-Motors, der 525/575 PS leistete und das Höhenrekordflugzeug Vikkers-Vespa unter Führung von C.F.Uwins am 16. September 1932 auf 13404 m trug.

Mitte
Eines der beiden Westland-Höhenflugzeuge der Mount-Everest-Expedition (1933).

Unten
Das viermotorige Flugboot Do 26 ›Seefalke‹.

Linke Seite: links Mitte
Die Houston-Westland am 19. April 1933 ungefähr 3 Minuten Flugzeit vom Everest entfernt.

Linke Seite: rechts Mitte
Diese Macchi-Castoldi MC 72 war mit einem 2 × 12-Zylinder-Fiat-Doppelmotor von 2800 PS ausgerüstet und stellte unter Führung des Italieners Francesco Agello neue Schnelligkeitsrekorde auf.

Linke Seite: unten
Schnittzeichnung des italienischen Rekordflugzeuges MC 72. Gut erkennbar sind die hintereinander angeordneten Fiat-Motoren, die gegenläufigen Luftschrauben sowie die in den Schwimmern und unter dem Rumpf eingelassene ›Oberflächenkühlung‹.

Rechte Seite: oben
Die De Havilland DH 66 ›Hercules‹.

Rechte Seite: Mitte
Start eines Schulgleiters.

Rechte Seite: links unten
Diese Darstellung zeigt das Verhältnis der Kräfte beim Hangsegeln.

Rechte Seite: rechts unten
Mit diesem Segelflugzeug wagte sich Max Kegel als erster in eine Gewitterfront.

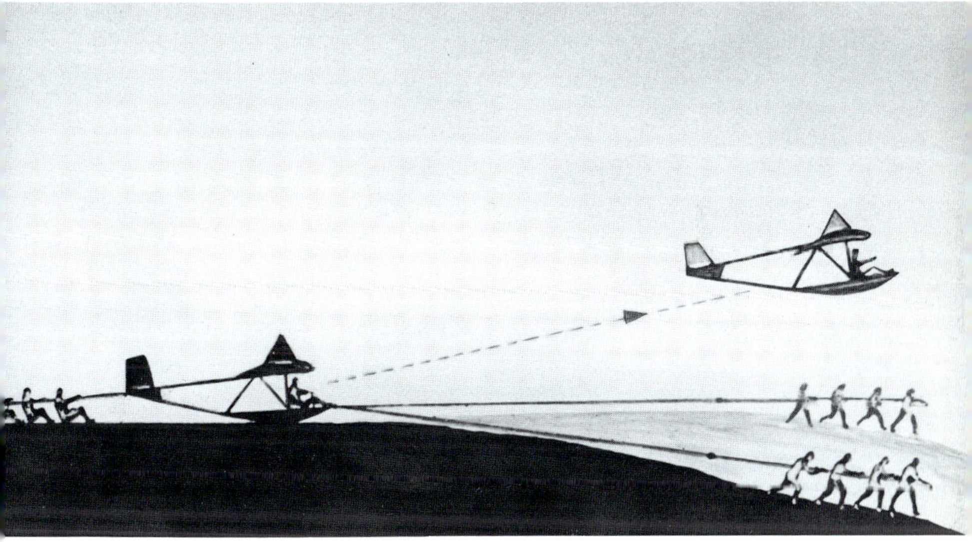

Flugbahn
H
R
S
K1
R1
K2
Richtung
Hangwind
Berghang
Hangsegeln

Linke Seite: oben
Der vom Segelflugzeugbau Göppingen für Hanna Reitsch gebaute ›Sperber-Junior‹.

Linke Seite: Mitte
Hanna Reitsch.

Linke Seite: unten
Das russische Langstreckenflugzeug Ant 25, das Lewanewski und Tschkalow benutzten.

Rechte Seite: oben
Die Messerschmitt Me 109.

Rechte Seite: Mitte
Außerordentlich wirtschaftlich war das Kleinverkehrsflugzeug Messerschmitt M 18, das 1927 zum Einsatz kam. Es bot vier Passagieren Platz und war mit einem 80-PS-Siemens-Motor ausgerüstet.

Rechte Seite: unten
Im Juni 1938 verbesserte Ernst Udet mit dieser Heinkel He 100 den Schnelligkeitsweltrekord für Landflugzeuge auf 634,47 km/h.

Nordbayer.
Verkehrsflug
Messerschmitt M 18
D-

HEINKEL

Linke Seite: links Mitte
Professor Dr. Ernst Heinkel.

Linke Seite: rechts Mitte
1928 flog Fritz Stamer die erste raketenangetriebene ›Segelmaschine‹. Flugrichtung: von rechts nach links.

Linke Seite: unten
1934 führte der populäre Kunstflieger Ernst Udet diesen Curtiss-Hawk-Akrobatikdoppeldecker in vielen deutschen Städten vor. Die Maschine war mit einem 750-PS-Wright-Cyclone-Motor ausgerüstet und erreichte 1000 Meter Höhe in einer Minute. Im Sturzflug, den Udet überall zum Abschluß zeigte, erreichte sie 580 km/h.

Rechte Seite: oben
Das Weltrekordflugzeug Heinkel He 100 mit dem Werkpiloten Dieterle, der mit 764,6 km/h den absoluten Geschwindigkeitsrekord errang (30. März 1939).

Rechte Seite: Mitte
Der Raketen-Rennwagen ›Opel-Rak II‹ von Max Valier.

Rechte Seite: unten
Am 30. September 1929 startete Fritz von Opel auf dem Frankfurter Flugplatz Rebstock mit dem von Hatry konstruierten Raketenflugzeug (Dreiecksgitterträger mit doppeltem Seitenleitwerk) ›Opel-Sander-Rak 1‹.

OPEL

Linke Seite: oben
Professor Hermann Oberth, der ›Vater der Raketentechnik‹.

Rechte Seite: links oben
Prof. Robert Goddard mit einer seiner Raketen.

Rechte Seite: rechts oben
Wernher von Braun.

Linke Seite: links unten
Ing. Reinhold Tiling baute torpedoförmige Pulverraketen mit ausklappbaren Flügeln. Die Landung erfolgte im Gleitflug.

Mitte
Die He 178, das erste Düsenflugzeug.

Unten Mitte
Das erste ›echte‹ Raketenflugzeug He 176.

Rechte Seite: rechts unten
Start einer A 4-Rakete (›V 2‹).

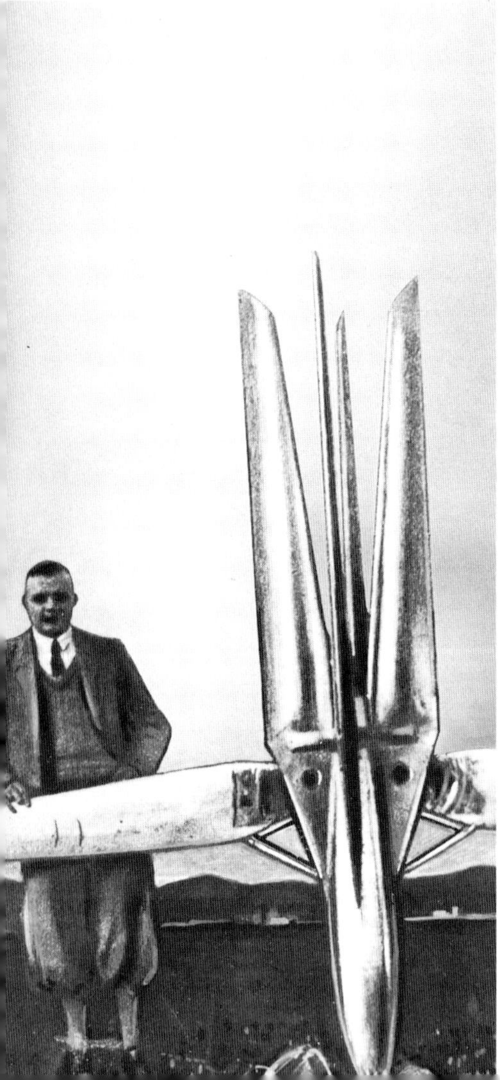

Linke Seite: Mitte
Die Junkers Ju 52/3.

Linke Seite: unten
Im April 1933 wurde dieses von Junkers gebaute Großflugzeug G 38 auf den Namen ›Generalfeldmarschall von Hindenburg‹ getauft und in den Dienst gestellt. Es war das größte Landflugzeug seiner Zeit und wurde von vier 800-PS-Jumo-Dieselmotoren angetrieben.

Rechte Seite: oben
Eine Parallelentwicklung zur FW 200 war die Junkers Ju 90, die eine vierköpfige Besatzung hatte und 40 Passagiere befördern konnte. Diese Maschine wurde vielfach im Nachtstreckendienst eingesetzt.

Rechte Seite: Mitte
Mit dem viermotorigen Verkehrsflugzeug Focke Wulf FW 200 Condor flogen Flugkapitän Henke und Freiherr von Moreau im August 1938 von Berlin nach New York und zurück. Dabei legten sie die Gesamtstrecke von 12763 km in 44 Std. 31 Min. zurück. Im November desselben Jahres flog die Besatzung mit der gleichen Maschine von Berlin über Hanoi nach Tokio (13844 km in 46 Std. 18 Min.). Die Maschine war mit vier 720-PS-BMW-Motoren ausgerüstet.

Rechte Seite: unten
Marokkanische Soldaten gehen in Nordafrika an Bord einer Junkers Ju 52. Deutsche Transportflugzeuge brachten zu Beginn des Bürgerkriegs mehr als 10 000 Marokkaner für Franco nach Spanien.

FOCKE-WULF
CONDOR

Linke Seite: Mitte
Jagdflugzeug He 51.

Linke Seite: unten
Schneller als alle ausländischen Jagdflugzeuge war beim Züricher Flugmeeting 1937 das deutsche Kampfflugzeug Dornier Do 17, das mit Flugkapitän Willi Polte den ersten Platz belegte.

Rechte Seite: oben
Der mit zwei 1050-PS-Daimler-Benz-Motoren ausgerüstete Heinkel-Bomber He 111 war der ›Packesel‹ der deutschen Luftwaffe. Fliegerisch unkompliziert und technisch kaum anfällig, bewährte sich diese Maschine an allen Fronten.

Rechte Seite: links Mitte
Die Junkers Ju 87 wurde das klassische Sturzkampfflugzeug des Zweiten Weltkrieges. Erst kurz vor dem Ziel klinkte der Pilot die schwere Bombe im senkrechten Sturz aus. Die Festigkeit der Ju 87 gestattete ein rücksichtsloses Abfangen der Maschinen aus höchster Geschwindigkeit.

Rechte Seite: rechts Mitte
Der englische Avro-Bomber Lancaster wurde in verschiedenen Versionen in großer Stückzahl gebaut und bildete den Standardtyp der britischen Nachtbomber.

Rechte Seite: unten
Eines der besten Jagdflugzeuge war die Vickers-Supermarine ›Spitfire‹, von der über 20000 Stück gebaut wurden. Zunächst war sie mit einem 1050-PS-Rolls-Royce-Merlin II ausgerüstet, der ihr eine Geschwindigkeit von 590 km/h verlieh. Die letzte Spitfire besaß einen Rolls-Royce-Griffon-65-Motor, der eine fünfflügelige Luftschraube antrieb.

Linke Seite: Mitte
Das englische Jagdflugzeug Hawker-Hurricane. Die Maschine, die der Me 109 in fliegerischer Hinsicht unterlegen war, besaß vier MGs und vier in den Tragflächen eingebaute Kanonen.

Linke Seite: unten
Als Zerstörer, Nachtjäger und Langstreckenaufklärer bewährte sich die Messerschmitt Me 110 an allen Fronten. Sie war mit zwei 1 100-PS-Daimler-Benz-Motoren ausgerüstet.

Rechte Seite: oben
Die Consolidated B-24 ›Liberator‹ war ein viermotoriges amerikanisches Kampfflugzeug.

Rechte Seite: Mitte
Der amerikanische Langstreckenbomber Boeing B-17B ›Flying Fortress‹, Fliegende Festung, der in riesigen Serien gebaut und mit immer mehr Waffen ausgerüstet wurde – bis zu 13 MGs –, erbrachte schließlich die absolute Luftüberlegenheit der USA im Zweiten Weltkrieg.

Rechte Seite: unten
Das schnellste amerikanische Jagdflugzeug des Zweiten Weltkrieges war der Langstreckenbegleitjäger ›Mustang P51‹, der regulär 720 km/h erreichte. Bewaffnung: 6 MGs in der Tragfläche und Gehänge für zwei 450 kg Bomben oder zehn 125-mm-Raketengeschosse.

312131

Oben
1942 gelangte der mit einem 1600-PS-BMW-Motor ausgerüstete Focke-Wulf-Jäger FW 190 zum Einsatz.

Mitte
Über 600 km/h betrug die Geschwindigkeit des als Fernaufklärer, Nachtjäger und Schnellbomber eingesetzten englischen Flugzeuges Havilland DH 98 ›Mosquito‹, der ganz aus Holz gebaut wurde, um eine Radar-Ortung zu erschweren.

Unten
Das zweimotorige Düsenflugzeug He 280.

Byrd umarmte seinen Freund. »Three cheers for ›Josefine Ford‹!« rief er überglücklich und sprang aus der Maschine, kaum daß sie ausgerollt war.

Von allen Seiten stürmten Menschen auf ihn zu, die ihn auf die Schultern hoben. Er ließ es sich gefallen, bis er Amundsen entdeckte. »Laßt mich runter«, bat er.

Der Polarforscher umarmte den siegreichen Konkurrenten und machte ihm das größte Kompliment, das er machen konnte. Er erkundigte sich nicht, ob der Nordpol bezwungen sei, sondern fragte: »Und was kommt nun an die Reihe?«

Byrd lachte. »Der Südpol.«

»Der Südpol?« wiederholte Amundsen, griff in die Hosentasche und zog eine alte, zerknitterte Streichholzschachtel hervor. »Nehmen Sie sie«, sagte er. »Ich habe sie damals bei mir gehabt, hab' mich seitdem nicht von ihr getrennt. Heute möchte ich sie Ihnen schenken. Sie wird Ihnen Glück bringen.«

14. Oktober 1927

Der sensationelle Flug Byrds und Floyd Bennetts kam einem Gottesurteil gleich. Amundsen, der über ein Jahrzehnt verbissen darum gekämpft hatte, den Nordpol als erster zu überfliegen, mußte erleben, daß ihm ein anderer in dem Augenblick zuvorkam, da er sich anschickte, den Sieg zu erringen.

›Scott ist gerächt!‹ frohlockten verschiedene Zeitungen.

Gewiß, so konnte man es nennen. Aber war es angesichts des Verhaltens Amundsens notwendig, den Sieg Byrds in ein solches Licht zu stellen? Hatte der Norweger nicht gezeigt, daß er demütig geworden war? Er hatte sich wirklich gewandelt, wenngleich der kämpferische Geist ihn immer noch beherrschte.

Zwei Tage nach Byrd und Bennett, am 11. Mai 1926 um 10 Uhr, startete er mit der ›Norge‹ zur Fahrt von Spitzbergen über den Nordpol nach Teller, um als erster das gesamte Polarbecken zu überqueren.

Als erster? Amundsen mußte bald erkennen, daß man ihm das Recht streitig machen wollte, dieses Wort für sich in Anspruch zu nehmen. An Bord des Luftschiffes befanden sich sechzehn Mann – acht Norweger, sechs Italiener, ein Amerikaner und ein Schwede –, und sechzehn Menschen bilden schnell Parteien, wenn sich die Führung nicht einig ist. Und sie war sich nicht einig. Schon wenige Stunden nach dem Start wurden alle Vereinbarungen über Bord geworfen, und als sich die unter dem Kommando Nobiles stehende ›Norge‹ nach 16stündiger Fahrt dem Nordpol näherte und man sich bereitmachte, die Flaggen abzuwerfen, kam es zu Szenen, die niemand für möglich gehalten hätte.

Amundsen beendete sie auf seine Weise. »Sie können mich kreuzweise ...!« schrie er Nobile an und warf als erster die norwegische Flagge in die Tiefe.

Ellesworth, der wie ein Luchs auf der Lauer gelegen hatte, jagte das amerikanische Sternenbanner hinterher.

Nobile schäumte vor Wut. Er befahl seinen Landsleuten, ganze Bündel italienischer Trikoloren zum Fenster hinauszuwerfen.

Es war nicht zu begreifen. Die Männer, die sich zur Eroberung der Arktis zusammengeschlossen hatten, sahen sich an, als wollten sie sich gegenseitig umbringen. Am Ziel ihrer Hoffnungen und Wünsche brach eine Feindschaft aus, die keine Grenzen zu kennen schien.

»Ich bin der Leiter der ›Amundsen-Ellesworth-Nobile-Transpolarexpedition‹«, tobte der Norweger. »Ich bestehe darauf, daß gemacht wird, was ich sage!«

Nobile lachte hellauf. »Wenn mein Name auch an letzter Stelle steht, so bin ich dennoch der Kommandant des Luftschiffes. Solange wir uns in der Luft befinden, bestimme ich – nicht Sie!«

Amundsen blieb nichts anderes übrig, als sich zu fügen, und er konnte es mit ruhigem Gewissen tun, da Nobile ein ausgezeichneter Luftschiffer war. Das aber war das Unverständliche an dem sinnlosen Streit: Beide Männer waren Experten, jeder auf seinem Gebiet, und in sachlicher Hinsicht machte niemand einen Fehler. Beide waren jedoch nicht in der Lage, ihre menschlichen Schwächen zu verdecken. Bei Amundsen war es der Ehrgeiz, der ihn trotz der Läuterung, die er erfahren hatte, nicht verließ. Bei Nobile war es übertriebener Stolz, der ihn schließlich so blind machte, daß er sich selbst der Lächerlichkeit preisgab.

Hätte Amundsen geahnt, was sich noch am Abend desselben Tages ereignen würde, dann wäre er dem gegen Mittag von Nobile gegebenen Befehl, alles Entbehrliche über Bord zu werfen, bestimmt freudigen Herzens nachgekommen. So jedoch trennte er sich, als das Luftschiff in einem ausgedehnten Nebelgebiet immer mehr vereiste und an Höhe verlor, nur ungern von den Dingen, die wohl oder übel geopfert werden mußten. Zunächst kamen Ersatzteile und Werkzeuge an die Reihe. Es folgten Zelte, Schlitten und Skier. Und als das alles noch nichts nützte, befahl der Italiener, auch das Letzte über Bord zu werfen: Lebensmittel, Schlafsäcke und die sogenannte ›gute Kleidung‹, die jedes Besatzungsmitglied für die Rückreise hatte mitnehmen müssen.

Der Erfolg gab Nobile recht. Die ›Norge‹ erhielt Auftrieb, und die Fahrt konnte nach 29 Stunden und 50 Minuten am vorgesehenen Ziel beendet werden. 3 200 Kilometer waren zurückgelegt, zum ersten Male war die Arktis von Spitzbergen bis Alaska überquert und damit eine Leistung vollbracht, welche die Welt in Erstaunen versetzte. Wie aber stellte sich die Besatzung der Bevölkerung von Teller?

Die Führung war verfeindet, und die nicht gerade ansehnlich gekleidete Mannschaft machte finstere Gesichter. Sie konnte sich zum Empfang ebensowenig umziehen wie Amundsen, Ellesworth und Riiser-Larsen. Umkleiden konnte sich nur einer: Nobile. Als einziger hatte er sich nicht von seiner Uniform getrennt, als er den Befehl gab, auch das Letzte über Bord zu werfen. Doch nicht genug damit. Sein Stolz machte ihn so borniert, sich unmittelbar nach der Landung der staunenden Bevölkerung als vielfach dekorierter Oberst der italienischen Armee zu präsentieren. Und das inmitten seiner Grau in Grau gekleideten Begleiter.

Das Ergebnis war durchschlagend. Ein kleines Mädchen, das an Amundsen herangeführt wurde, um ihm einen Blumenstrauß zu überreichen, weigerte sich hartnäckig, dieses zu tun. Nobile imponierte ihr weitaus mehr, und so kam es, daß nicht der Leiter der Expedition, sondern der Kommandant des Luftschiffes den Strauß erhielt.

Sehr zur Freude Amundsens, der augenblicklich Wind in seinen Segeln spürte. Wie kann man sich in einem historischen Augenblick nur so dumm benehmen, dachte er. Und er benutzte die Gelegenheit, die feierliche Minute dadurch zu würzen, daß er schallend lachte und sagte: »Habt ihr's gesehen? Die Uniform bekam die Blumen.«

Die Welt, die bereit gewesen war, die Polarfahrer zu feiern, entsetzte sich, als sie erfuhr, in welcher Feindschaft sich die Männer trennten. Jeder schimpfte über jeden. »Mangelnder Verstand« und »aufgeblasener Mensch« waren die harmlosesten Worte, die sie füreinander fanden.

»Das ist ja ekelhaft«, sagte der Australier Georg Hubert Wilkins, der mit Ben Eielson, einem amerikanischen Piloten norwegischer Abstammung, nach Point Barrow geflogen war, um von dort aus den Versuch zu machen, die Arktis mit dem Flugzeug zu überqueren. »Ich begreife weder Amundsen noch Nobile. Wenn ich daran denke, daß wir jubelten, als wir sie drüben«, er wies nach Nordwesten, »am Horizont vorbeirauschen sahen, dann könnte ich mich ohrfeigen.«

Ben Eielson grinste, griff nach einem Tagebuch, das auf einer Kiste lag, und schlug die zuletzt beschriebene Seite auf. »Darf ich vorlesen, was du gestern, am 13. Mai, notiertest? ›Es war einer der schönsten Augenblicke meines Lebens. Wenn wir nun auch nicht mehr die ersten sein können, die Tatsache, daß das Polarmeer überquert wurde, ist Triumph genug.‹ «

»Der Meinung bin ich auch jetzt noch«, ereiferte sich Wilkins. »Darum fuchst es mich ja so, daß die beiden keinen Fliegergeist aufbringen.«

Wilkins hatte nicht das geringste Verständnis für den entbrannten Streit. Wie sollte er auch? Er war nach Point Barrow gereist, um durch einen Flug von Alaska nach Spitzbergen festzustellen, ob das sagenhafte ›Keenanland‹ existiere, beziehungsweise das in allen Atlanten mit einem Fragezeichen versehene ›Crockerland‹. Das war es, was ihn interessierte; der erste zu werden, erschien ihm unwichtig.

In allen Sagen der recht phantasievollen Eskimos spielt ein im ewigen Eis liegendes unbekanntes und reiches Land, das ›Keenanland‹, eine große Rolle. Der Amerikaner Peary, der den Nordpol als erster erreichte, konnte über dieses Land nichts Definitives berichten. Er meinte jedoch, auf seinem Marsch zwischen dem 80. und 85. Grad n. Br. und 60. bis 70. Grad w. L. ein Land gesehen zu haben, dem er – für alle Fälle – einen Namen gab: ›Crockerland‹.

Wilkins war kein Wissenschaftler. Die unerforschte Welt der blauschimmernden Gletscher und kristallenen Berge ließ ihn jedoch nicht mehr zur Ruhe kommen, seit er als Fotograf an der Arktisexpedition des Kanadiers Vikjalmar Stefanson teilgenommen hatte, die 1913 aufgebrochen und erst 1916 zurückgekehrt war, weil das Treibeis das Schiff der Expedition, die ›Karluk‹, zerdrückt hatte. Während des mühseligen Rückmarsches über das Packeis hatte Wilkins, der 1910 in Australien den Flugzeugführerschein erworben hatte, oftmals gedacht: Jetzt müßte ich eine Maschine haben! Nicht das Schiff, sondern das Flugzeug oder das Luftschiff werden das Eismeer erobern. Und da er ein Mann der Tat war, setzte er nach dem Kriege in England und Deutschland alles daran, ein Luftschiff zu erhalten, mit dem er von Spitzbergen nach Alaska fahren wollte. Man hielt ihn jedoch für einen Schwärmer – um nicht zu sagen: Narren – und dachte nicht daran, ihn zu unterstützen, so daß er seinen Plan zurückstellen mußte.

Die Eiswüste zog ihn aber weiterhin magisch an. In den Jahren 1920/21 nahm er an der ›British Empirial Antarctic Expedition‹ teil, die das Südpolargebiet durchforschte, und 1922 schloß er sich der Antarctic Expedition von Sir Ernest Shackleton an.

Als es Amundsen 1925 gelang, mit den beiden Dornier-Flugbooten bis zum 88. Breitengrad vorzustoßen, bat er seine Freunde erneut, ihm die Mittel für einen Flug über das Polarbecken zur Verfügung zu stellen, um herausfinden zu können, ob das sagenhafte ›Crockerland‹ tatsächlich existiere oder nicht. Die North America News Paper Alliance erklärte sich schließlich bereit, ihm für die Erstveröffentlichungsrechte seines Berichtes einen ansehnlichen Betrag zu zahlen und darüber hinaus zwei Flugzeuge zu liefern. Außerdem brachte ihn der Zeitungskonzern mit einigen Millionären der Stadt Detroit zusammen, die ihm weitere Gelder zur Verfügung stellten und eine einmotorige und eine dreimotorige Fokker kauften.

»Wenn schon eine Expedition, dann keine kleine«, hatten sie lachend gesagt.

Wilkins war anderer Ansicht. Aber sollte er angesichts der Großzügigkeit der Millionäre erklären: Nein, danke, so will ich es nicht!

Also packte er alles auf ein Schiff, das man für ihn charterte, und im März 1926 dampfte er in Begleitung der Flugzeugführer Eielson und Lanphier sowie etlichen Mechanikern, Funkern, Fotografen und Zeitungsberichterstattern nach Anchorage in Alaska ab, von wo die Maschinen mit der Bahn nach Fairbanks und dann auf dem Luftwege über das Edicottgebirge nach Point Barrow geschafft werden sollten.

Insgeheim verfluchte er den viel zu schwerfälligen Troß, der ihm wie ein Klotz am Bein hing. Wenn er daran dachte, wie oft sie über das Edicottgebirge würden hinwegfliegen müssen, um allein den benötigten Betriebsstoff nach Point Barrow zu bringen, wurde ihm schon schlecht.

Zu allem Übel geriet er, kaum in Fairbanks angekommen, in eine Pechsträhne. Beim ersten Probelauf der auf den Namen ›Alaska‹ getauften einmotorigen Fokker F VII lief der stets hilfsbereite und sich immer nützlich machende Reporter Palmer Hutchinson in den Propeller und wurde getötet. Zwei Tage darauf setzte Ben Eielson zu früh zur Landung an. Fahrgestell und Luftschraube der ›Alaska‹ wurden zerstört. Am nächsten Tag sackte Major Lanphier mit der dreimotorigen ›Detroiter‹ durch. Damit fiel auch diese Maschine aus, und es war nicht abzusehen, wann sie wieder fertiggestellt sein würde.

Die Millionäre, mit denen Wilkins über Funk und Telegrafie in Verbindung stand, rieten ihm, die Piloten zu wechseln.

Der Australier dachte nicht daran. ›Jeder Mensch macht Fehler‹, kabelte er nach Detroit, ›und über verschüttete Milch zu klagen, hat keinen Sinn. Wo bliebe die Kameradschaft, würde ich mich wegen eines Bedienungsfehlers von meinen Mitarbeitern trennen? Der Mensch als Ganzes muß betrachtet werden, nicht nur die eine oder andere seiner Seiten.‹

Kein Wunder, daß der Mann, der so dachte, verständnislos den Kopf schüttelte, als er von den Streitereien Amundsens und Nobiles erfuhr, deren Ursache er klar erkannte: Beide sahen nur die Fehler des anderen.

Wilkins bedauerte dies um so mehr, als er Amundsen, trotz allem, was gewesen war, ungemein schätzte. Er konnte in ihm nicht nur Negatives erblicken und hoffte im stillen, daß der Norweger der Welt noch zeigen würde, daß unter seinen Schwächen ein echter Kern liege.

Hätte Wilkins geahnt, daß sich seine Hoffnung in absehbarer Zeit erfüllen sollte, würden ihn die unerfreulichen Radiomeldungen, die er am 14. Mai 1926 in Point Barrow empfing, nicht so bedrückt haben. So aber sagte er zu Ben Eielson: »Am liebsten machte ich Schluß.«

»Du bist verrückt.«

»Verrückt oder nicht: Du vergißt, daß ich feststellen wollte, ob ›Crokkerland‹ existiert. Amundsen wird diese Frage wahrscheinlich schon beantworten können. Es wäre unfair, meine Geldgeber nicht darauf aufmerksam zu machen.«

Noch am selben Abend fragte Wilkins bei dem Millionärskomitee in Detroit an, ob man ihn unter den gegebenen Umständen weiterhin unterstützen wolle. Er brachte gleichzeitig zum Ausdruck, daß er aller Voraussicht nach erst in einem Jahr in der Lage sein werde, den geplanten Flug anzutreten.

Die Antwort lautete kurz und bündig: ›»Norge« mußte große Strekken im Nebel zurücklegen – stop – Amundsen kann Frage nach dem »Crockerland« nicht beantworten – stop – Unterstützen Sie, bis Ziel erreicht – stop – Detroit-News stiftet zwei neue Stinson-Doppeldecker.‹

Die Millionäre waren von dem korrekten Verhalten Wilkins so beeindruckt, daß sie es nun ihrerseits als eine kameradschaftliche Pflicht betrachteten, den Mann nicht im Stich zu lassen, der sich schützend vor seine Piloten gestellt hatte.

Der Australier war überglücklich, als er den Bescheid erhielt. Er schwor sich, seine Geldgeber nicht zu enttäuschen, zumal er sich darüber im klaren war, daß sie die Detroit-News veranlaßt hatten, ihm zwei neue Stinson zur Verfügung zu stellen, die für Flüge über dem Eismeer besonders geeignet erschienen. Und Ben Eielson war nicht traurig, als er hörte, die Maschinen abholen zu müssen. Er überführte sie mit dem Piloten Algar Graham, da Major Lanphier keine Lust verspürte, nochmals ein Jahr in Point Barrow zu verbringen.

Am 30. März 1927 starteten Wilkins und Eielson zu einem ersten ausgedehnten Erkundungsflug, der jedoch infolge Motorschadens ein plötzliches Ende nahm, als sie 900 Kilometer zurückgelegt hatten. Dabei hatten sie aber noch Glück. Es gelang Eielson, die Maschine glatt zu landen.

So froh Wilkins darüber war, er machte ein bedrücktes Gesicht.

»Was ist denn los?« fragte ihn der Pilot. »Ist doch alles in bester Ordnung.«

»Du glaubst, den Motor reparieren zu können?«

»Nichts leichter als das. Die Zündkerzen sind verrußt, das ist alles. In einer Stunde können wir wieder starten.«

Wilkins fühlte sich um vieles wohler. »Ist ja großartig«, sagte er. »Dann starten wir morgen.«

»Wie bitte?«

»Mensch, begreifst du nicht, welche Chance sich uns bietet? Hier«, er zeigte auf die Eisscholle, auf der sie standen, »in dieser Gegend soll sich das ›Keenanland‹ befinden, von dem die Eskimos dauernd faseln. Siehst du es?«

»Nein.«

»Ich auch nicht. Ich möchte aber mit einem Beweis dienen und will die günstige Gelegenheit benutzen, einen Spalt zu suchen, um eine Lotung vorzunehmen.«

Am Abend wußte Wilkins, daß das unter ihnen liegende Meer weit über 1 000 Meter tief war. Das sagenhafte ›Keenanland‹ gab es demnach nicht.

»Streich's aus«, sagte Eielson.

Der Australier schüttelte den Kopf. »Nein«, antwortete er. »Es besteht immer noch die Möglichkeit, daß ›Keenanland‹ und ›Crockerland‹ nicht ein und dasselbe sind. Bevor ich nicht das gesamte Gebiet von Alaska bis nach Spitzbergen überflogen habe, streiche ich nichts aus.«

Am folgenden Morgen gelang es Eielson, ohne große Schwierigkeiten das mit Kufen versehene Flugzeug von der Schneedecke abzuheben. Der Rückflug verlief jedoch anders, als er geglaubt hatte. Noch zweimal mußte er wegen verrußter Zündkerzen landen, und dann gerieten sie in einen Schneesturm, der jedes Weiterfliegen unmöglich machte. »Hilft nichts!« rief er. »Wir müssen runter!«

Wilkins nickte. Und dachte: Jetzt gibt's Bruch.

Zum Glück sollte er nicht recht behalten. Trotz der verminderten Sicht gelang es dem Piloten, glatt aufzusetzen. Es war aber höchste Zeit gewesen, denn schon wenige Minuten später wurde das Schneetreiben so dicht, daß die Tragflächenenden nicht mehr zu sehen waren.

Fünf Tage lang schneite es ununterbrochen, fünf Tage und Nächte verbrachten sie im Rumpf der Stinson, von der sie schon am dritten Tag wußten, daß sie mit ihr niemals wieder würden starten können, weil sie vom Schnee vollkommen verdeckt war.

Ein Gutes aber hatte die lange Wartezeit gehabt. Als die Sonne am Morgen des sechsten Tages durchbrach und Wilkins eine neue Standortmessung vornehmen konnte, stellte er erleichtert fest, daß die Eisdrift sie um 140 Kilometer an das Festland herangetrieben hatte. ›Wir waren nicht mehr 270, sondern nur noch 130 Kilometer von Beechy-Point entfernt‹, schrieb er, ›wohin wir dann auch gleich aufbrachen.‹

Nach einem mühseligen Marsch von dreizehn Tagen erreichten sie die Küste. Wilkins, der sich früher schon in Beechy-Point aufgehalten hatte und die Bevölkerung gut kannte, schickte seinen Eskimofreund Tabbuk mit einem Hundeschlitten nach Point Barrow, um Algar Graham zu verständigen und ihn zu bitten, sie mit dem Flugzeug abzuholen. Sie waren zu entkräftet, um sich einem Schlitten anvertrauen zu können. Und Ben Eielson hatte Erfrierungen erlitten, die die Amputation zweier Finger erforderlich machte.

»Wirst du mit dem Flug nach Spitzbergen warten, bis ich wiederhergestellt bin?« fragte er besorgt, als sie ihr Lager erreichten.

Wilkins klopfte ihm auf die Schulter. »Mein Wort: Wenn, dann fliege ich mit dir!«

Die Welt, die schon das Schlimmste befürchtet hatte, las begeistert die Berichte Wilkins', die sich durch Bescheidenheit und Sachlichkeit auszeichneten. Man empfand es wohltuend, daß es in ihnen weder einen verantwortlichen Leiter noch einen unerhört tüchtigen Kommandanten oder Piloten gab. Es war einfach die Geschichte zweier Kameraden, die glücklich darüber waren, gerettet zu sein, und die hofften, im nächsten Jahr das Ziel zu erreichen, das sie sich gesetzt hatten.

Vom Standpunkt der Presse aus gesehen, hatten die Berichte allerdings einen großen Fehler: Sie waren nicht sensationell genug. Man war deshalb recht froh, zur gleichen Zeit melden zu können, daß aller Voraussicht nach schon in den nächsten Tagen einige Flugzeugbesatzungen versuchen würden, die Strecke New York–Paris im ›Nonstopflug‹ zu überwinden, um den von dem Franzosen Raymond Osteig ausgeschriebenen Preis in Höhe von 25 000 Dollar zu erringen.

Als aussichtsreiche Bewerber wurden Captain Davis und Leutnant Wooster angesehen, die mit einem dreimotorigen Huff-Daland-Doppeldecker vom New Yorker Flugplatz Langley Field starten wollten. Ferner die Franzosen Nungesser und Coli, die einen Flug von Paris nach New York planten und sich zu diesem Zweck von Levavasseur einen Doppeldecker hatten bauen lassen, der – um die Geschwindigkeit zu erhöhen – ein abwerfbares Fahrwerk besaß, so daß die Landung auf dem Rumpf erfolgen mußte, der ebenfalls anders als üblich war. Er besaß eine glatte Unterfläche und war wasserdicht, so daß sich die auf den Namen ›Weißer Vogel‹ getaufte Maschine im Notfall über Wasser halten konnte.

Als dritten Bewerber nannte man den amerikanischen Postflieger Charles Lindbergh, dessen serienmäßig hergestellter, mit einem 220-PS Wright-Whirlwind-Motor ausgerüsteter Ryan-Hochdecker auf dem New Yorker Flugplatz Roosevelt Field startbereit gemacht wurde.

Davis und Wooster starteten am 26. April 1927, kamen aber nicht vom Boden frei. Sie verbrannten am Ende der Startbahn.

Ein ähnliches Schicksal erlitten der Franzose Clavier und der Russe Islamof, die als Navigator und Bordwart mit den französischen Piloten Fonk und Curtin am 21. September 1926 vom New Yorker Flugplatz Garden City zu einem Ozeanflug starten wollten. Den Piloten gelang es nicht, die überbeladene dreimotorige Sikorsky S 35 – ausgerüstet mit drei 450-PS-Le Rhône-Motoren – vom Boden zu heben. Clavier und Islamof verbrannten, während Fonk und Curtin, die herausgeschleudert wurden, mit geringfügigen Verletzungen davonkamen.

Nungesser und Coli gelang es am Morgen des 8. Mai 1927, ihr Flugzeug vom Pariser Flugplatz Le Bourget abzuheben. Das Bild, das die hell gestrichene Maschine bot, war aber alles andere als erfreulich, da die Piloten in letzter Minute die Insignien des Todes am Rumpf angebracht hatten. Besorgt schauten die Pariser den Fliegern nach, die im Interesse der Gewichtsersparnis auf die Mitnahme eines Funkgerätes verzichtet hatten. Werden sie ihr Ziel erreichen? Man wußte, daß man in den nächsten 30 bis 40 Stunden nichts von ihnen hören würde, hoffte jedoch, dann eine Siegesnachricht zu erhalten.

Und tatsächlich, am Abend des 9. Mai verkündeten Extrablätter, daß Nungesser und Coli in New York gelandet seien. Ein Taumel der Begeisterung ergriff die Franzosen, die sich in die Arme fielen. Man tanzte bereits auf den Straßen, als bekanntgegeben wurde, daß es sich bei der Nachricht um eine Fehlmeldung gehandelt habe.

Die Pariser erstarrten. Niemand begriff, wie so etwas möglich sein konnte. Man fühlte sich wie vor den Kopf gestoßen und fand sich nicht zurecht. Bedrückt hockte man in den Lokalen, die über einen Radioapparat verfügten, und wartete Stunde um Stunde auf eine erlösende Nachricht.

Vergebens. Nungesser und Coli blieben verschollen. Nicht das kleinste Teilchen ihrer Maschine wurde gefunden.

Verständlich, daß viele Menschen angesichts der deprimierenden Ergebnisse der ersten Versuche dem Start des Postfliegers Lindbergh mit gemischten Gefühlen entgegensahen, zumal bekannt wurde, daß auch seine auf den Namen ›Spirit of St. Louis‹ getaufte Maschine über kein Funkgerät verfügte. Er konnte also ebenfalls keinen Hilferuf senden, wenn er in Not geriet.

Doch das war noch nicht alles. Offen wurde darüber gesprochen, daß hinter Charles Lindbergh stehende Kreise bewußt auf die Mitnahme eines zweiten Piloten verzichteten, dessen Gewicht eingespart werden sollte, um mehr Betriebsstoff aufnehmen zu können.

›Man setzt alles auf eine Karte‹, schrieb eine Zeitung, ›eben auf die des noch sehr jungen Piloten, der offensichtlich alles in sagenhafter Unbekümmertheit mit sich geschehen läßt.‹

Das stimmte nicht. Lindbergh wußte sehr genau, was er wollte. Er wußte aber ebenfalls, daß die Zeit nicht stehengeblieben war, daß sie sich gewandelt hatte und daß dieser Wandlung Rechnung getragen werden mußte. Pioniere im Sinne eines Blériot oder Chavez konnte es nicht mehr geben. Die Entwicklung der Flugzeuge war so weit vorangetrieben, daß der Mut als solcher keine ausschlaggebende Rolle mehr spielen konnte. Auf ganz andere Dinge kam es jetzt an: auf Geld und auf eine gründliche Vorarbeit. Flugzeugführer, die etwas Besonderes leisten wollten, mußten sich an finanzkräftige Gruppen wenden.

Daß diese nicht uneigennützig handelten und ein Mitspracherecht forderten, lag auf der Hand. Wer das nicht einsehen wollte oder so eingebildet war, zu glauben, als Pilot kein Teil in einem Räderwerk darzustellen, dem war nicht zu helfen.

Die Fliegerei war in ein neues Stadium eingetreten, doch es war nicht denkbar, daß dieses Stadium ohne entsprechende Pioniere auskommen würde. Die Instrumentierung der Maschine ließ auch schon erkennen, welcher Art die neuen Männer sein mußten. In Frage kamen nur Piloten, die sich frei machen konnten vom ›manuellen‹ Fliegen. Das zukünftige ›Knüppeln‹ verlangte eine geistige Tätigkeit. Im Flugzeugführer der Zukunft mußten sich – verglichen mit der Seefahrt – Steuermann und Kapitän vereinigen.

Der erst 25jährige Charles Lindbergh gehörte zu den wenigen, die das klar erkannten. Er flog mit dem Kopf, und wenn die Männer, die hinter ihm standen und ihn unterstützten, es für richtig hielten, ihm dieses und jenes zu empfehlen – warum sollte er ihre Ratschläge in den Wind schlagen, solange sie nicht unsinnig waren?

Gewiß, er wußte, daß es ihm nicht leichtfallen würde, dreißig und mehr Stunden ununterbrochen am Steuer zu sitzen, er wußte aber auch, daß das immer noch besser war, als vor der französischen Küste wegen Brennstoffmangels notlanden zu müssen. Im übrigen brauchte ihm niemand zu erzählen, daß das geplante Unternehmen eine Glückssache war, aufgebaut auf einem zuverlässigen Motor, einem verhältnismäßig schnellen und viel tragenden Flugzeug, auf gutem Wetter und – darauf, daß er keinen Fehler machte, immer genau Kurs hielt und nicht einschlief. Aber bei welchem großen Unternehmen kann man auf Glück verzichten? Darum setzte er, wie die Kreise, die ihm behilflich waren, alles auf eine Karte. Und da in einer solchen Situation das Grübeln mehr schadet als nützt, flüchtete er bewußt in die manchem Menschen nicht verständliche Unbekümmertheit hinein.

Dieses Sichlösen von der Aufgabe, die ihn erwartete, ließ ihn seinen Strohhut wie an jedem anderen Tag aufsetzen, als ihm die Meteorologen des Roosevelt Field am Vormittag des 20. Mai 1927 eine günstige Wetterlage prophezeiten. Wenige Minuten später kaufte er sich zwei belegte Brötchen, die er in die Seitentaschen seines Jacketts steckte, dann ging er zu der ›Spirit of St. Louis‹ hinüber, die schon seit Tagen vollbetankt auf ihn wartete.

Im Nu jagten von allen Seiten Reporter auf ihn zu. »Ist es soweit?«

Lindbergh lachte. »Yes.«

»Sie fliegen nach Paris?«

»Ich hoffe es.«

Man sah ihn groß an. »Mit der ›Kreissäge‹?«

Unwillkürlich faßte er an den Rand seines Hutes. »Warum nicht?«

»Und Sie fliegen ganz allein?«

»Das wissen Sie doch.«

»Wie lange, schätzen Sie, wird der Flug dauern?«

»Hoffentlich über dreißig Stunden. Ich würde mein Ziel sonst nicht erreichen.«

»Über dreißig Stunden? Wie halten Sie das aus?«

»Das weiß ich noch nicht.«

»Ja, müssen Sie sich da nicht etwas zu essen mitnehmen?«

»Natürlich.« Lindbergh zog die Brötchen aus der Tasche.

Die Reporter waren begeistert. Ihre Bleistifte rasten über die Notizblöcke. Noch so ein ›gag‹, und sie hatten die beste ›story‹ des Jahres.

»Sagen Sie, haben Sie sonst nicht immer eine kleine Katze als Maskottchen bei sich?« fragte ein Berichterstatter, dessen rechte Wange unablässig zuckte.

Du lieber Gott, dachte Lindbergh, wer hat das nun wieder ausgeplaudert? Wenn ich nur schon in der Maschine säße. »Ja«, erwiderte er und öffnete die Tür des Hochdeckers.

»Ist es eine Katze oder ein Kater?«

»Eine Katze.«

»Und die nehmen Sie heute nicht mit?«

»Nein.«

»Warum nicht?«

Lindbergh stöhnte. »Weil ich nicht will, daß sie ersäuft.«

Die Reporter waren nicht mehr zu halten. Herrgott, das war eine Antwort, mit der sich etwas anfangen ließ! Spätestens morgen früh, wenn der blonde Junge noch über dem Atlantik hinwegbrauste, sollten er und seine Katze die erklärten Lieblinge aller Amerikaner sein.

»Three cheers for Charles Lindbergh!« riefen sie.

Der lachte verlegen, kletterte in die Kabine, schloß die Tür, setzte sich auf seinen Sitz und legte den Strohhut neben sich. Dann gab er das Zeichen, den Motor anzulassen.

Zehn Minuten später rollte er an die Platzgrenze heran. Noch einmal blickte er zur Flugleitung hinüber, die den Start frei gab, dann schob er den Gashebel vor.

Das Flugzeug setzte sich schwerfälliger als sonst in Bewegung, holte jedoch bald an Fahrt auf, und um 7 Uhr 52 New Yorker Sommerzeit lösten sich die Räder vom Boden.

»Er wird es schaffen«, sagten seine Freunde. »Seine Unbekümmertheit und sein Gottvertrauen werden ihm helfen.«

Das war nicht ganz richtig. In den ersten Stunden mochten ihm Unbekümmertheit und Gottvertrauen helfen, die Entscheidung jedoch konnten – sofern der Motor nicht versagte – nur überragendes Können und eine hohe menschliche Eignung bringen. Stunde um Stunde mußte er den Kurs nach vorausberechneten Steuertabellen einhalten. Über eine Nacht und einen vollen Tag hinweg hatte er bewegungslos auf seinem Platz zu sitzen und auf die Instrumente zu achten. Pausenlos mußte er den Lauf des Motors abhorchen, nicht eine Sekunde durfte er den guten Ausgang des Unternehmens anzweifeln. Er hatte eine geistige Haltung einzunehmen, die ein Irrewerden an sich selbst ausschloß, die jeden demoralisierenden Gedanken im Keim erstickte. Der Kopf mußte dominieren, mußte überlegen, befehlen.

Während die Reporter noch an ihren Berichten feilten und die letzten, günstig lautenden Wetterberichte verarbeiteten, sichtete die Besatzung eines vor der Küste Neufundlands im Schneesturm fahrenden Schiffes die in dem Unwetter tief fliegende ›Spirit of St. Louis‹ zum letzten Mal.

Man war entsetzt über die Meldung. Der blonde Junge saß in einem Schneesturm? Wie war das möglich? Die Meteorologen hatten doch eine gute Wetterlage prophezeit.

»Mit den ›Laubfröschen‹ ist es immer dasselbe«, tobten die Freunde Lindberghs. »Wenn sie ›Guten Morgen‹ sagen, haben sie das erste Mal gelogen.«

Die so redeten, bedachten nicht, daß sich die Lindbergh gegebene Beratung nicht über einen kleinen Raum, sondern über ein Gebiet von 6 000 Kilometern erstreckte. Selbst bei der günstigsten Wetterlage kann eine solche Strecke nicht frei von schlechten Zonen sein.

Lindbergh wußte das und war über die Schneeschauer, die er zu durchfliegen hatte, bei weitem nicht so entsetzt wie seine Freunde. Angenehm war ihm das Schlechtwettergebiet natürlich nicht, zumal es dunkel wurde und er tief fliegen mußte, um einer Vereisung zu entgehen.

Später war es umgekehrt. Er ließ die Maschine auf 2 000 Meter steigen, um ein ›Tief‹ zu passieren, dessen das Meer beinahe berührende Wolken glücklicherweise nur bis auf 1 800 Meter hinaufreichten. Über den Wolken lag die Maschine ruhig, so daß er sich ein wenig entspannen konnte; er bereute es allerdings sehr, in der Eile des Aufbruchs nur den Strohhut mitgenommen zu haben. Denn die Nacht wurde kalt, und er hätte sich jetzt gerne einen Pullover übergezogen. Den aber hatte er nicht bei sich.

Geschieht dir recht, sagte er sich. Man muß für alles bezahlen: in diesem Fall mit Haltung. Mach deinen Nerven klar, daß sie heute zu schweigen haben, daß in den nächsten 20 Stunden ausschließlich der Wille bestimmt.

Wenn er sich in der Folge auch einbildete, nicht mehr zu frieren, so wurde ihm doch wärmer, als die Sonne im Osten über den Horizont stieg. Er warf einen Blick auf die Uhr. Es war 6 Uhr 30. Fast vierundzwanzig Stunden war er unterwegs.

Um diese Zeit grölten die Zeitungsverkäufer von Paris ihre ersten Werbeschreie über die Boulevards: »Lindbergh im Anflug auf Le Bourget! Landung der ›Spirit of St. Louis‹ in den Abendstunden! Le Bourget rüstet zum Empfang!«

Zu Hunderttausenden rannten die Pariser zum Flughafen hinaus.

Man wollte ihn sehen, den blonden Amerikaner schwedischer Abstammung, der in New York mit einem Strohhut gestartet war und der seine Katze daheim ließ, damit ihr nichts geschah. Die Reporter hatten ganze Arbeit geleistet. Kein Land gab es, in dem man nicht wußte, wie Lindbergh aussah, was er vor dem Start gesagt hatte, womit die Brötchen belegt waren, die er bei sich hatte, und welchen Anzug er trug.

Nirgendwo aber war man erregter als auf dem Flugplatz Le Bourget. Wird er es schaffen? Wird es ihm wirklich gelingen, die unendlich erscheinende Strecke zu durchfliegen? Man hoffte es, gönnte dem blonden Jungen, der seine Katze schonen wollte, den Sieg wie niemandem sonst.

Als die Nacht jedoch hereinbrach und noch immer keine Nachricht von einem Schiff oder einer Küstenstation vorlag, da wurde man unruhig. Man sah die schnell herbeigeschafften Scheinwerfer, die ihre Strahlenbündel zum Himmel emporschickten, sah das nervös auf und ab gehende Empfangskomitee, sah die Zeiger der Turmuhr, die immer weiterwanderten, und lauschte vergeblich auf das Motorengeräusch, auf das man nun schon seit Stunden wartete.

Niemand aber wich von der Stelle. Die Ausdauer sollte belohnt werden. Um 20 Uhr 30 tauchten im Westen des Flugplatzes rote und grüne Positionslampen auf. Die Scheinwerfer gerieten in Bewegung. Motorengeräusch wurde hörbar. Und dann gab es keinen Zweifel mehr: ein Hochdecker, die ›Spirit of St. Louis‹, jagte heran, überflog den Flugplatz, vollführte einen Bogen und setzte zur Landung an.

Kurz darauf rollte die Maschine vor das Verwaltungsgebäude. Der Motor wurde abgestellt, und im Licht der Scheinwerfer sah man einen jungen Mann aus der Kabine herausklettern. Er schwenkte seinen Strohhut.

Die Pariser schrien vor Begeisterung, und im nächsten Moment brach der Zaun, der das Rollfeld begrenzte. Hunderttausende wälzten sich dem Amerikaner entgegen, der erschrocken der Menschenflut entgegenblickte.

Sie werden mich zermalmen, dachte Lindbergh, und kletterte schnell in das Flugzeug zurück.

Doch da waren die ersten Läufer schon bei ihm. Sie ergriffen ihn, zerrten ihn aus der Kabine, hoben ihn auf die Schultern und schrien unentwegt: »Gosse du ciel! Himmelsgör!«

»Gosse du ciel hin – gosse du ciel her«, wetterten andere dagegen. »Er gehört nicht nur euch, sondern auch uns.« Sie rissen den Piloten an sich.

Lindbergh konnte sich nicht wehren. Er flog von einer Schulter zur anderen, landete schließlich auf dem Boden, wurde umhergeschleift und geriet in Gefahr, zertrampelt zu werden.

In diesem Augenblick entschloß sich der Kommandant der Pariser Schutzpolizei zu einer Verzweiflungstat. Er befahl seinen Beamten, die Bajonette aufzupflanzen, stürmte mit ihnen rücksichtslos auf die sich wie toll gebärdenden Menschen los, haute Lindbergh frei, nahm dessen Strohhut und knallte ihn irgendeinem blonden Mann auf den Kopf, den er nun als Lindbergh durch die Menschenmenge bugsierte, so daß der schwer angeschlagene Atlantikflieger Gelegenheit fand, in eine Halle zu flüchten, aus der er durch eine Seitentür auf die Straße und in ein Auto gebracht werden konnte, das ihn zur amerikanischen Botschaft fuhr.

Währenddessen jubelten die Pariser dem mit Bajonetten bewachten falschen Lindbergh zu, und der Polizeikommandant machte sich daran, die ›Spirit of St. Louis‹ in Sicherheit zu bringen. Sie sah bereits recht zerfetzt aus, da etliche Zuschauer ihre Messer gezückt und aus der Stoffbespannung ›Andenken‹ herausgeschnitten hatten.

Wenn Lindbergh sich am nächsten Morgen auch sagte, daß der am Flugzeug angerichtete Schaden mit einigen wenigen der 25 000 Dollar zu beheben sei, die er errungen hatte, so ärgerte er sich über die Beschädigung der Maschine doch mehr als über die Beulen und Kratzer, die er davongetragen hatte. Ihm blieb aber keine Zeit, sich zu grämen, da er – kaum ausgeschlafen – eine Ehrung nach der anderen über sich ergehen lassen mußte. Man reichte ihn wie einen Wunderknaben herum, beförderte ihn zum Oberst der amerikanischen Armee, ernannte ihn zum ›Botschafter des guten Willens‹, verlieh ihm die goldene Verdienstmedaille ›Congressional Medal of Merit‹, stellte ihm aus dem von Daniel Guggenheim gestifteten Fonds zur Förderung der Luftfahrt unbegrenzte Mittel zur Verfügung und bot ihm die höchsten Stellungen an. Das Gold der Erde und den Glanz des Himmels schien er errungen zu haben. Die Welt lag ihm zu Füßen, wie es zuvor nur ein Mann erlebt hatte: der Ballonfahrer Jean-Pierre Blanchard. Und um das abzurunden, was die Amerikaner die ›Lindbergh-Saga‹ nennen, schenkte ihm Anne Morrow, die Tochter eines der größten Finanzmagnaten, Herz und Hand.

Gosse du ciel! Himmelsgör! Der von den Parisern spontan geprägte Name reizte manchen Piloten jener Tage ebensosehr wie der Ruhm und Glanz, der sich über Nacht auf den bescheidenen, nach wie vor verlegen dreinschauenden Lindbergh gesenkt hatte. Die Folge war ein ›Sturm‹ auf den Atlantik, wie man ihn nicht für möglich gehalten hätte. Flieger von Format, Hasardeure und Sensationsmacher übler Art stürzten sich in geeignete und ungeeignete Maschinen, um dem blonden Jungen nachzueifern.

Zu den ernst zu nehmenden Flugzeugführern zählte Clarence D. Chamberlin, der schon vor dem Start Lindberghs einen Bellanca-Hochdecker zum Ozeanflug umrüstete. Er wurde jedoch nicht rechtzeitig fertig, weil es zwischen ihm und Mr. Levine, dem Eigentümer des Flugzeuges, zu Meinungsverschiedenheiten gekommen war. Entgegen der zunächst getroffenen Vereinbarung bestand Levine plötzlich darauf, mitzufliegen. Das aber war nicht möglich, weil Chamberlin aus der auf den Namen ›Miß Columbia‹ getauften Maschine einen ›fliegenden Brennstoffbehälter‹ gemacht hatte, der nur Platz für eine Person bot.

Der Pilot beschwor den Besitzer, es bei der ersten Vereinbarung zu belassen.

Levine gab nicht nach, so daß Chamberlin nichts anderes übrig blieb, als den im Rumpf untergebrachten Zusatzbehälter umzubauen. Er gab ihm die Form eines Klaviers und stellte Levine anheim, an der Stelle Platz zu nehmen, an der sich beim Klavier der Tastendeckel befindet.

Den Flug bereitete er gründlich vor, es fehlte ihm allerdings eine gute Karte von Mitteleuropa, die er sich aus einem merkwürdigen Grund nicht besorgte. Er fürchtete, mit der Beschaffung der Karte sein Ziel zu verraten, und das wollte er auf keinen Fall. Nachdem Lindbergh in Paris gelandet war, legte er Wert darauf, ein weiter gelegenes Ziel anzufliegen, das er aber nicht bekanntzugeben wünschte, um nicht als ›Großmaul‹ verschrien zu werden, wenn es ihm nicht gelingen sollte, seinen Plan in die Tat umzusetzen. Also schwieg er sich aus und verzichtete auf die Karte.

Am Abend des 3. Juni 1927, zwei Wochen nach dem sensationellen Flug Lindberghs, meldeten die Meteorologen eine günstige Wetterentwicklung. Chamberlin entschloß sich, zu starten.

»Wohin geht denn nun die Reise?« bestürmten ihn die Reporter, als er in den frühen Morgenstunden des 4. Juni hinter seinem Steuer Platz nahm.

Chamberlin zuckte die Achseln. »Verabschieden wir uns mit ›Good bye, Broadway‹«, sagte er. Als er jedoch ringsum nur enttäuschte Gesichter sah, fügte er schnell hinzu: »Hoffen wir, daß es heißt: ›Hallo, Berlin!‹« Nur nicht in Ungnade fallen, sagte er sich und forderte die Berichterstatter auf, einen Blick in die Kabine zu werfen, in der Mr. Levine wie ein Affe auf einem Klavierdeckel hockte. Die Reporter brüllten vor Lachen, wünschten Chamberlin viel Glück und winkten ihm ein letztes Mal zu.

Um 6 Uhr 04 gab er Vollgas. Der Flug verlief zunächst ohne Zwischenfall. Ein starker Rückenwind schob die ›Miß Columbia‹ Europa entgegen, und die Presse erlebte aufregende Stunden, da die Route infolge glücklicher Umstände beinahe laufend verfolgt werden konnte. Um 14 Uhr wurde das Flugzeug über Halifax gesichtet, um 23 Uhr meldete Kap Race das Überfliegen der Südspitze von Neufundland. Am folgenden Morgen wurde der Weg der ›Mauretania‹ gekreuzt, am Nachmittag funkte ein Schiff: ›Flugmotorengeräusch 185 Kilometer westlich von Irland wahrgenommen‹, und am Abend des zweiten Tages, um 21 Uhr 10, sah man den Hochdecker über der englischen Hafenstadt Plymouth.

»Er ist gerettet!« jubelten Chamberlins Kameraden. »Wenn er jetzt noch etwas Glück hat, erreicht er Berlin.«

Er hatte Glück und Pech zugleich. Denn mit Anbruch des 6. Juni, einem trüben Pfingstmorgen, erreichte die ›Miß Columbia‹ Deutschland, doch Chamberlin fand sich mit seiner mangelhaften Karte über dem Ruhrgebiet nicht zurecht. Um 3 Uhr 20 wurde er über Krefeld und um 4 Uhr über Dortmund beobachtet, dann aber hörte man nichts mehr von ihm.

Über dem großen, Tag und Nacht von einer riesigen Staubglocke überlagerten westdeutschen Industriegebiet haben sich schon viele Flieger – auch dort ansässige – verflogen, ›verfranzt‹, wie es in der Fliegersprache heißt. ›Franz‹ nennt man den Beobachter, den Flugzeugführer ›Emil‹.

Der Amerikaner, der wohl wußte, daß er sich über Deutschland befand, nicht aber, über welchem Ort, tat das einzig Richtige. Er drosselte den Motor, um Betriebsstoff zu sparen, ging auf ›Sicherheitshöhe‹ und flog stur nach Osten. Bis der Morgen graute. Mit dem letzten Tropfen Benzin landete er um 6 Uhr 15, nach 48 Stunden 11 Minuten, in strömendem Regen auf einer Wiese bei Helfta in der Nähe von Eisleben, wo er eine zufällig vorbeikommende Bauersfrau bat, den nächsten Gemeindevorsteher oder Lehrer zu holen. Beide erschienen dann auch und besorgten ihm 100 Liter Benzin, mit denen er um 9 Uhr 35 weiter nach Berlin flog.

Das Glück schien ihn jedoch verlassen zu haben. Im Bestreben, keine unnötige Minute zu verlieren, vergaß er in Helfta, sich eine vernünftige Karte geben zu lassen. Er landete nicht in Tempelhof, wo sich inzwischen zahlreiche Vertreter des Staates und der Stadt versammelten, um ihn gebührend zu empfangen, sondern beim Rittergut Klinge in der Nähe von Cottbus. Das wäre nicht weiter schlimm gewesen, wenn der Propeller bei der Notlandung nicht beschädigt worden wäre.

Als sein Pech in Berlin bekannt wurde, jagte eine endlose Autokolonne nach Cottbus. Allen voran Lincoln Eyre, der Korrespondent der New York Times und Vorsitzende des amerikanischen Clubs in Berlin, der Chamberlin versicherte, bis zum nächsten Morgen eine neue Luftschraube zu beschaffen, mit der er, begleitet von deutschen Sport- und Verkehrsflugzeugen, nach Tempelhof fliegen könne.

»Schlafen Sie sich bis dahin gründlich aus«, sagte Eyre. »Denn in der Reichshauptstadt erwartet Sie ein königlicher Empfang.«

Chamberlin verdiente ihn wirklich. Das Pech, das ihn in der letzten

Phase des Fluges verfolgt hatte, konnte die ungeheure Leistung nicht schmälern, die er vollbrachte. Zwei Tage und zwei Nächte hatte er ununterbrochen am Steuer gesessen und damit den von Lindbergh errungenen Dauerflugrekord, den bis dahin der Deutsche Reinhold Böhm seit 1914 gehalten hatte, um gut 14 Stunden überboten. Gleichzeitig errang er mit den zurückgelegten 6294 Kilometern auch den Streckenweltrekord.

Ein wenig zum Kummer des Nordpolfliegers Evelyn Byrd, der Chamberlin den Erfolg zwar von ganzem Herzen gönnte, über dessen Leistung aber nicht gerade glücklich sein konnte, weil er vorgehabt hatte, mit dem Rekordflieger Bert Acosta, dem norwegischen Piloten Bernt Balchen und dem amerikanischen Beobachter und Funker Noville den Streckenrekord an sich zu ziehen. Ursprünglich hatte er den Osteigpreis erringen wollen. Als ihm Lindbergh zuvorgekommen war, beschloß er, die Strecke zu erweitern, um dem Flug eine neue Note zu geben. Nun jedoch, da Chamberlin 6294 Kilometer durchflogen hatte, sah die Sache für ihn recht betrüblich aus. Ihm stand eine dreimotorige, auf den Namen ›America‹ getaufte Fokker F VII/3 zur Verfügung, die zwar wesentlich mehr Betriebsstoff als die Maschinen Lindberghs und Chamberlins mitnehmen konnte, deren Benzinverbrauch aber auch ungleich höher lag. Bestenfalls glaubte er, annähernd 6000 Kilometer zurücklegen zu können. Chamberlins Rekord war also nicht zu brechen. Es blieb ihm, wenn er eine irgendwie geartete Steigerung bringen wollte, nichts anderes übrig, als die Strecke New York – Paris zu wählen und zu versuchen, Lindberghs Flugzeit zu unterbieten.

In dieser Hoffnung und Absicht startete er mit seinen Kameraden drei Wochen nach Chamberlin, am 29. Juni 1927, zum Flug nach Le Bourget, wo die Landung am Abend des 30. Juni erfolgen sollte. An Bord befand sich ein Sender, jedoch kein Empfänger, so daß Noville den jeweiligen Standort nur ›blind‹ bekanntgeben konnte, wie man es nennt, wenn man eine Sendung ausstrahlt, ohne sie selbst zu hören, und von der man nicht weiß, ob sie von jemandem empfangen wird.

Am 30. Juni erreichte die ›America‹ die französische Küste nach einer Flugzeit von 34 Stunden. Wenn damit auch feststand, daß Lindberghs Flugzeit bereits überschritten war, so wanderten doch Hunderttausende zum Flugplatz hinaus, um die Ozeanflieger zu empfangen. Byrd und seine Kameraden machten sich auf Grund der Erfahrungen Lindberghs schon auf einiges gefaßt, und der immer zufriedene, beinahe behäbige Bernt Balchen, der mit Bert Acosta am Steuer saß, ließ sich vorsorglich einige Jiu-Jitsu-Griffe erklären.

Es wäre wohl besser gewesen, wenn er sich im Schwimmen, insbesondere im Tauchen, hätte unterrichten lassen. Denn je mehr sie sich Paris näherten, um so unsichtiger wurde das Wetter. Sie sahen schließlich nichts mehr, flogen an dem hellerleuchteten Flugplatz vorbei, irrten eine Weile ziellos umher und kehrten, als sie nicht mehr wußten, wo sie sich befanden, zur Küste zurück, um nochmals Kurs aufzunehmen.

In der Dunkelheit gelang es ihnen jedoch nur, die Küste ausfindig zu machen, ihren Standort vermochten sie nicht zu bestimmen. Und da der Betriebsstoff zur Neige ging, entschlossen sie sich zur Notlandung.

»Aber auf dem Wasser«, sagte Acosta, »sonst knallen wir gegen ein Hindernis, und dann ist Feierabend.«

Bernt Balchen nickte. »In Ordnung. Schlage vor, daß wir vorher noch etwas am Strand entlangzuckeln. Vielleicht finden wir einen Leuchtturm. In der Nähe dieser Dinger sollen Menschen sein. Ich könnte mir vorstellen, daß uns eine kleine Hilfestellung nicht unangenehm sein wird.«

Wenn Balchen auch nicht schnell aus der Ruhe zu bringen war, so klopfte ihm das Herz doch in der Kehle, als sie ein Leuchtfeuer entdeckten. »Machst du's?« fragte er Acosta.

Der nickte.

»Na, dann: Good luck, boys!« Er schaltete die Motoren aus und schloß die Brandhähne.

Acosta nahm die Maschine flacher. Eine unheimliche Stille trat ein. Nur das Rauschen des Fahrtwindes war noch zu hören. Zu sehen war nichts. Schwarz in Schwarz gingen Himmel und Wasser ineinander über.

»Jetzt müßte es allmählich bumsen«, sagte der Pilot, als sie eine Weile dahingeschwebt waren.

Er hatte es kaum gesagt, da gab es einen heftigen Stoß. Im nächsten Moment krachte es ohrenbetäubend. Das Fahrwerk wurde abgerissen, die Maschine stellte sich auf den Kopf und verschwand unter der Wasseroberfläche.

Es folgte ein zweiter Stoß: die ›America‹ berührte den Grund, prallte auf und bäumte sich wieder hoch. Von allen Seiten brach Wasser ein.

Byrd stieß mit dem Ellenbogen in eine Scheibe. Wie eine Kaskade stürzte ihm Wasser entgegen. Er verspürte einen unheimlichen Druck, bekam Ohrensausen, daß er glaubte, der Schädel würde ihm platzen, und zwängte sich mit aller Gewalt durch das Fenster.

Noville gelang es, ihm zu folgen.

Byrd schwamm wie verzweifelt umher. »Bert! Bernt!« rief er.

Es erfolgte keine Antwort.

»Hast du gesehen, ob die beiden verletzt wurden?«

»Nein.«

Er wollte eben tauchen, als er sich plötzlich hochgehoben fühlte. Die zufällig unter ihm liegende Tragfläche stieg nach oben. »Hierher!« rief er zu Noville hinüber.

»Evelyn?« japste jemand in seiner Nähe.

»Bist du's, Bert?«

»Ja.«

»Gott sei Dank! Wo ist Bernt?«

»Er muß noch in der Maschine sein.«

Byrd tastete an der Tragfläche entlang. »Kommt, wir müssen . . .«

Vor ihm tauchte ein Kopf auf.

»Bernt?«

Balchen prustete: »Pfui Teufel, ist das Wasser salzig!«

Byrd lachte erleichtert.

»Alle oben?« fragte der rundliche Balchen.

»Du warst der letzte.«

»Ich?« Es klang, als wollte er sagen: Das gibt's doch nicht.

Eine halbe Stunde später – bis zum Strand hatten sie nur etwa 200 Meter zu schwimmen gehabt – erreichten sie einige Fischerhütten. Wenn sie jedoch gehofft hatten, in Kürze in einem Bett zu liegen, dann wurden sie enttäuscht. Sie konnten klopfen, wo und soviel sie wollten, keine Tür öffnete sich ihnen.

»In diesem Land scheint es nur Verrückte zu geben«, schimpfte Acosta. »Entweder vermöbeln sie einen vor Begeisterung oder sie wollen nichts von einem wissen.«

Das stimmte nicht ganz. Denn würden die in der Einsamkeit lebenden Fischer gewußt haben, daß die vor ihren Fenstern stehenden Männer, deren Sprache und Fliegerkleidung sie nicht kannten, amerikanische Piloten waren, hätten sie ihre Türen sicherlich aufgemacht. So aber glaubten sie, es mit Fabelwesen von einem anderen Stern zu tun zu haben. Da bekreuzigten sie sich lieber und flehten den Herrgott um Gnade und Barmherzigkeit an.

Byrd ahnte, was in den Köpfen der weltfremden Küstenbewohner vor sich ging. Als er es jedoch seinen Kameraden sagte, machten sie abfällige Bemerkungen.

»Glaubt mir's«, redete er auf sie ein. »Sie halten uns für Marsmenschen, Gespenster, oder was weiß ich.«

»Du bist verrückt.«

Die Kameraden wurden anderer Meinung, als wenig später ein Mann auf einem Fahrrad daherkam, der im selben Augenblick, da er sie entdeckte, Reißaus nahm, als sei der leibhaftige Teufel hinter ihm her.

Es nützte ihnen nicht viel, daß sie herzhaft lachten; sie trugen nasse Kleidung und waren zum Umfallen müde.

»Wir können nichts anderes tun, als zum Strand zurückzukehren, uns die Klamotten vom Leibe zu reißen und zu versuchen, zu pennen«, sagte Bernt Balchen. »Die Sonne muß ja bald aufgehen. Wir werden dann schon warm werden.«

Es blieb ihnen tatsächlich nichts anderes übrig. Sehr zum Kummer des Bürgermeisters von Ver-sur-Mer, dem am nächsten Morgen die Landung von ›unbekannten Lebewesen‹ gemeldet wurde. Außer sich über so viel Dummheit, eilte er zum Strand, um den amerikanischen Piloten Hilfe zu bringen.

Die Welt atmete auf und lachte herzlich, als bekannt wurde, was die

Besatzung der ›America‹ in der Nähe von Ver-sur-Mer erleben mußte. Und Byrd suchte Trost im Bewußtsein, nahe an den Rekord Chamberlins herangekommen zu sein, ohne es gewollt zu haben. Denn die Rekonstruktion der Flugroute ergab, daß die Fokker F VII alles in allem 6198 Kilometer durchflogen hatte, also nur 96 Kilometer weniger, als Chamberlin zurücklegte.

»Ganz schöne Leistung«, sagte einer der Direktoren der Junkers-Werke, die in Zusammenarbeit mit dem Norddeutschen Lloyd einen doppelten Ozeanflug in westlicher Richtung vorbereiteten. Er sah den Freiherrn Günther von Hünefeld an. »Wenn Sie und Ihre Männer nicht bald starten, kommt Ihnen noch eine vierte amerikanische Besatzung zuvor.«

»Von mir aus die fünfte und sechste«, erwiderte der Organisator des geplanten Unternehmens. »Ich kann es nicht ändern. Sie vergessen, daß wir nicht mit dem Wind, sondern gegen ihn zu fliegen haben. Wir müssen eine windstille Zeit abwarten, da hilft alles nichts.«

Damit hatte er recht. Denn die von den Junkers-Werken aus der F 13 weiterentwickelte Frachtmaschine W 33 nützte ihm trotz ihres hervorragenden 300-PS-Junkers-L5-Motors nichts, wenn die gewählte Strecke Dessau–New York nicht in mindestens 50 Stunden bewältigt werden konnte. Zugegeben, die Werkspiloten Eckzard und Riszticz hatten wenige Tage zuvor den Weltrekord im Dauerflug mit 52 Stunden 9 Minuten errungen, ein Flug über den Ozean in westlicher Richtung aber war unter normalen Umständen in dieser Zeit nicht zu schaffen. Es blieb nichts anderes übrig, als zu warten, bis die Meteorologen sagten: Haut ab, jetzt herrscht ein verhältnismäßig schwacher Gegenwind.

Am 14. August 1927 war es endlich soweit. Um 18 Uhr 21 startete die auf den Namen ›Bremen‹ getaufte W 33 mit Loose, Köhl und von Hünefeld, und vier Minuten später die ›Europa‹ mit Eckzard und Riszticz, denen sich der durch spannende Reiseberichte und neumodische Hosen weltbekannte amerikanische Journalist Knickerbocker angeschlossen hatte.

Dem Unternehmen war kein Erfolg beschieden. Die ›Europa‹ mußte wegen Vergaserschadens über der Nordsee kehrtmachen und landete um 23 Uhr in Bremen, wo Knickerbocker erstaunt fragte: »Suind wir schon in Emerika?« Und die ›Bremen‹ geriet über Irland in ein Sturmgebiet mit Windgeschwindigkeiten bis zu 100 km/h, so daß sich Loose und Köhl zur Umkehr entschlossen und nach Dessau zurückkehrten, wo sie nach 22 Flugstunden landeten.

Vierzehn Tage darauf, am 27. August, starteten die amerikanischen Postflieger William Brock und Edward Schlee mit einem Stinson-Hochdecker zu einem Flug, der von Harbor Grace auf Neufundland nach London und von dort über Europa, Kleinasien, Indien und China nach Tokio führen sollte. So grandios das Vorhaben war, man beachtete die beiden Piloten kaum. Zunächst nicht, weil man ihren Plan überspannt fand. Dann nicht, weil bei ihnen alles so reibungslos, beinahe wie im Spiel, vonstatten ging. Und schließlich nicht, weil sie sich nicht feiern lassen wollten und den Reportern aus dem Wege gingen.

Am 28. August 1927 landeten sie, als hätten sie einen Spazierflug hinter sich liegen, nach einer Flugzeit von 23 Stunden 19 Minuten in London. Sie dachten aber nicht daran, auf einem ihnen zu Ehren veranstalteten Empfang zu erscheinen, sondern legten sich in die Betten, schliefen sich gründlich aus und starteten am nächsten Morgen weiter nach München, der Heimatstadt ihrer Väter. Trotz des guten Bieres hielten sie sich auch dort nicht auf. Im Bestreben, die geplante Strecke so schnell wie möglich zurückzulegen – darin sahen sie den Sinn ihres Unternehmens –, erledigten sie Etappe um Etappe, bis die Räder ihrer auf den Namen ›Stolz von Detroit‹ getauften Maschine am 15. September das Landefeld von Tokio berührten. In 18 Tagen hatten sie 21 930 Kilometer in einer Gesamtflugzeit von 145 Stunden 30 Minuten zurückgelegt und damit eine Leistung vollbracht, die man für unmöglich gehalten hatte.

Wenn Brock und Schlee aber geglaubt hatten, daß sie nun, nachdem sie Wort gehalten und ›fahrplanmäßig‹ um die halbe Welt geflogen waren, entsprechende Beachtung finden würden, dann irrten sie sich. Sie hatten die größte Sünde begangen, die sie begehen konnten. Sie hatten die Leistung über die ›Publicity‹ gestellt. Nun mochten sie sehen, wo sie blieben.

Brock und Schlee? Nie davon gehört. Ach, Sie meinen die Piloten, die damals ... Richtig, was ist mit denen? Was haben die gemacht?

Ja, was hatten die gemacht? Was haben so viele gemacht, von denen nicht mehr die Rede ist und vielleicht nie die Rede war, weil sie immer nur an ihr Handwerk, nicht aber an das ›Klimpern‹ dachten.

Sieben Jahre nach dem erstaunlichen Flug der beiden Amerikaner fand man in einer Straße von Chikago einen Mann, der ohnmächtig geworden war. Man stellte fest, daß es sich um einen stellungslosen und völlig unterernährten Chikagoer Bürger handelte, um einen gewissen William Brock, den man, da er offensichtlich mittellos war, in ein Armenhaus schaffte. Hier erkannte man, daß er schwer magenleidend war, und transportierte ihn in ein Krankenhaus, wo sein Name zum zweiten Male registriert wurde, ohne daß jemand auf den Gedanken kam, es könne sich bei dem Todkranken um den Piloten William Brock handeln. Auf diese Idee kam man auch nicht, als er wenige Tage später starb und sein Totenschein der zuständigen Behörde mit der Bitte vorgelegt wurde, ein Armenbegräbnis zu bewilligen. Das Gesuch wurde genehmigt, und so kam es, daß nur ein Geistlicher seiner Leiche folgte. Einige Tage später stieß zufällig ein Reporter in der Rubrik ›Verstorbene Ortsarme‹ auf den Namen William Brock und – erinnerte sich!

Nach Brock und Schlee gelang es im Jahre 1927 niemandem mehr, den Nordatlantik zu bewältigen. Versucht wurde die Überquerung noch von mehreren Piloten, so von den Engländern Hamilton und Minchin, die in Begleitung der bekannten englischen Flugzeugführerin Prinzessin Löwenstein-Wertheim mit einer einmotorigen Fokker F VII nach Kanada fliegen wollten. Der Start erfolgte am 31. August, das Ziel wurde jedoch nicht erreicht. Wo und wie die Besatzung verunglückte, konnte nie geklärt werden.

Man sollte glauben, die Welt hätte es angesichts der immer wieder eintretenden Verluste begrüßt, daß es Piloten gab, die den Mut hatten, umzukehren und zurückzufliegen, wenn sie erkannten, daß sie ihre Fähigkeiten überschätzt oder ihren Maschinen zuviel zugetraut hatten. Doch weit gefehlt. Die Franzosen zum Beispiel waren außer sich, als Léon Givon und Charles Corbu am 2. September mit ihrer auf den Namen ›Blauer Vogel‹ getauften zweimotorigen Farman nach Paris zurückflogen, weil sie hatten erkennen müssen, daß der von ihnen mitgenommene Betriebsstoff bei den herrschenden Windverhältnissen nicht ausreichte. Man warf ihnen Feigheit vor, bezichtigte sie, »ganz Frankreich blamiert« zu haben, und beruhigte sich erst wieder, als am Tage darauf der angesehene englische Pilot Courtney ebenfalls einen Ozeanflug abbrach und kaltschnäuzig erklärte: »Es ist besser, sich zu blamieren, als vor die Hunde zu gehen.«

Dabei kehrte Captain Courtney, der mit Leutnant Downer und dem Bordwart Little zu einem Flug über die Azoren nach Amerika gestartet war, nach Plymouth zurück, obwohl an Bord seines Dornier-Wal-Flugbootes alles in Ordnung war. Er hatte genügend Benzin bei sich, und die Motoren arbeiteten tadellos. Das Wetter hatte sich jedoch so sehr verschlechtert, daß er sich sagte: Ich kann wohl allerhand, was ich heute aber können muß, kann ich nicht.

Courtney hatte den Mut zur Wahrheit, obgleich es ihm besonders schwerfallen mußte, sich zum Rückflug zu entschließen. Sein Name besaß internationalen Klang. In der ganzen Welt hatte er den Tragschrauber des Spaniers de la Cierva vorgeführt; er wußte, daß sein Ansehen mit dem Abbruch des Ozeanfluges dahin war. Und das um so mehr, als der Wal, den er flog, nicht irgendein Wal, sondern der ›Amundsen-Wal‹, die ehemalige ›N 25‹ war, die Riiser-Larsen von der Eisscholle abgehoben hatte. Jeder kannte die außergewöhnliche Geschichte dieses Flugbootes, und Courtney konnte sich vorstellen, wie übel man es ihm ankreiden würde, wenn er den Flug mit diesem Veteranen der Luft abbrach. Zumal er selbst es gewesen war, der – um seine Eitelkeit zu befriedigen – dafür gesorgt hatte, daß alle Welt erfuhr, mit welch grandiosem Flugzeug er nach Amerika fliegen wollte. Sein Name sollte neben dem des berühmt gewordenen ›Amundsen-Wal‹ stehen; die ›N 25‹ sollte seinem Unternehmen eine besondere Note verleihen und Propaganda für ihn machen. Nun saß er da und mußte erleben, daß die Mittel, die er gewählt hatte, sich gegen ihn wandten.

Courtney gab den ›Amundsen-Wal‹, der vom Deutschen Reichsverkehrsministerium für die Deutsche Verkehrsflieger-Schule erworben und dem Engländer leihweise zur Verfügung gestellt worden war, an die DVS zurück. Das Flugboot, das die norwegische Nummer ›N 25‹ und das englische Kennzeichen ›G-EBQO‹ getragen hatte, erhielt nun die deutsche Registernummer ›D-1422‹, unter der die Piloten Wolfgang von Gronau und Eduard Zimmer in Begleitung des Funkers Albrecht und des Monteurs Hack am 18. August 1930 von List auf Sylt zu einem Flug über Faröer, Island, Grönland, Labrador und Neufundland nach New York starteten, wo sie am 25. August glatt landeten.

Damit war das Flugboot in jeder Hinsicht museumsreif geworden. 24 Tage hatte es in der Nähe des Nordpols gelegen, dann wurde es von einer Eisscholle gestartet und rettete sechs Menschen das Leben. Und nun hatte es auch noch den Atlantik bewältigt.

Der Gründer des Deutschen Museums, Oskar von Miller, bat darum, den ›Amundsen-Wal‹ dem Museum zum Geschenk zu machen. Das Reichsverkehrsministerium entsprach der Bitte. Aber wie sollte das Flugboot nach München geschafft werden? Für den Bahntransport war es zu groß.

»Der alte ›Schlitten‹ ist Kummer gewohnt«, sagten einige Piloten. »Bringen wir ihn nach München, wenn es geschneit hat. Schnee und Eis sind ihm nicht fremd.«

Tatsächlich landete das Flugboot im März 1932 in Oberwiesenfeld auf einer Schneedecke. Doch nicht genug damit. Als ein Traktor heranratterte, um den ›Polarexperten‹ in eine Halle zu ziehen, verzichtete dieser großzügig darauf. Er rutschte mit eigener Kraft bis vor das Hallentor.

Das Flugboot wurde im Deutschen Museum während eines Bombenangriffs auf München zerstört.

Doch zurück zum englischen Piloten Courtney. Sein Entschluß, den Flug abzubrechen, ist hoch zu achten, denn er erkannte, daß seine Fähigkeiten nicht ausreichten. Blind drauflos fliegen kann jeder, der Verantwortungsbewußte jedoch erkennt und respektiert die ihm gesetzten Grenzen.

Wie Courtney handelte auch der irische Pilot MacIntosh, der in Begleitung seines Landsmannes Fitzmaurice mit einer auf den Namen ›Princess Xenia‹ getauften einmotorigen Fokker F VII am 16. September 1927 in Dublin startete. Als er wenige Stunden später zurückkehrte, sagte er: »Lieber sich mit Vernunft blamieren als durch Unvernunft sterben.«

Ausgesprochen unvernünftig dagegen handelte die Amerikanerin Ruth Wumak, die unter ihrem Mädchennamen Ruth Elder zur Schönheitskönigin von Florida erkoren worden war. Das genügte ihr nicht. Sie hatte den brennenden Ehrgeiz, ihren ›Ruhm‹ zu vergrößern, und strapazierte ihr schönes Köpfchen mit der quälenden Frage: Wie stelle ich es an? Bis ein Geistesblitz sie erleuchtete. Sie gab bekannt, das Fliegen erlernen zu wollen, um als erste Frau den Atlantik zu überqueren.

Das war selbst den Amerikanern zuviel. Als Mrs. Wumak das Pilotenzeugnis erhalten hatte, verlangten alle Zeitungen von der Regierung, den »Schönheitsköniginnen-Flug« zu verbieten.

Frau Wumak freute sich diebisch über die kostenlose Propaganda und schwor sich, nicht nachzugeben. Um allen Schwierigkeiten aus dem Wege zu gehen – insbesondere den fliegerischen –, machte sie sich auf die Suche nach einem versierten Piloten, der ›mitfliegen‹ sollte. Zunächst hatte sie wenig Glück. Wer etwas konnte, wollte von ihrem Unternehmen nichts wissen. Doch da Mrs. Wumak, alias Ruth Elder, es durch ihr attraktives Äußeres auf dem Wege der Eheschließung bereits zu einem ansehnlichen Bankkonto gebracht hatte, stand nicht zu befürchten, daß sie keinen ›smarten‹ und für ihre Zwecke geeigneten Flugzeugführer finden würde. Und den fand sie auch. Es gelang ihr, den Verkehrsflieger George Haldeman zu verpflichten, der gerade zusammen mit Eddi Stinson den Dauerflugrekord auf 58 Stunden 37 Minuten verbessert hatte.

Man bedauerte es offen, daß der gute ›Georgi‹ der Frau Wumak – sie bestand darauf, daß sie Elder-Wumak genannt wurde – in das Garn gegangen war. Doch was sollte man tun? ›Cherchez la femme!‹ schrieben die Zeitungen. Der Schönheitskönigin war es recht. Je mehr über sie und ihren auf den Namen ›American Girl‹ getauften Stinson-Hochdekker gesprochen und geschrieben wurde, um so wohler fühlte sie sich.

Nicht ganz so wohl war ihr allerdings zumute, als Haldeman am 11. Oktober um 23 Uhr 04 Vollgas gab. Es gefiel ihr zwar sehr, daß das Roosevelt Field schwarz von Menschen war, die den Abflug erleben wollten, es war aber so schrecklich dunkel, und hinter dem Flugplatz lag so entsetzlich viel Wasser.

Schlecht wurde ihr jedoch nicht. Das war erst am übernächsten Morgen der Fall, am 13. Oktober, als der Motor der ›American Girl‹ plötzlich ausgesprochen unschön schnaufte, fauchte und knallte.

»Um Gottes willen!« japste sie. »Ist etwas nicht in Ordnung?«

Es schien so zu sein. Haldeman jedenfalls hatte nicht mehr den geringsten Blick für die neben ihm sitzende attraktive Schönheit übrig. Er dachte nur noch an das Schiff, das er vor kurzem überflogen hatte. Und an die 800 Kilometer, die ihn von Irland trennten. Kehrt auf der Hinterhand, sagte er sich und leitete augenblicklich eine Kurve ein.

Er hatte Glück, der Motor hielt noch einige Minuten durch, und es gelang ihm, neben dem holländischen Dampfer ›Barendrecht‹ zu landen.

Hätte allerdings der Kapitän des Schiffes nicht schon bei Annäherung der Maschine ein Boot aussetzen lassen, dann wären die ›Flugbrüchigen‹ niemals gerettet worden. Denn kaum waren sie übernommen, fing das ›American Girl‹ Feuer.

Frau Elder-Wumak war zu Tode erschrocken. Aber nur für den

Bruchteil einer Sekunde. Blitzartig erkannte sie die Chance, die sich ihr bot. »Oh«, sagte sie, »wie gut, daß ich meine ›beauty box‹ nicht liegen ließ!« Sie öffnete ein goldenes Etui, nahm Puderquaste und Lippenstift und machte sich zurecht.

Das war natürlich etwas für die Presse. Und nicht nur für diese. Es war auch ›ein gefundenes Fressen‹ für den weltbekannten deutschen Sportflieger Ernst Udet, dem es Spaß machte, fliegerische Ereignisse zu karikieren. Da er gerade den ›Heldenkeller‹ des Flughafenrestaurants Berlin-Tempelhof mit Karikaturen ausschmückte, warf er ein entsprechendes Bild an die Wand und schrieb darunter: ›Und draußen hing als Hampelmann, der liebe gute Haldeman.‹

Er hing wirklich draußen, der gute Haldeman. Seine Laufbahn war zum Teufel.

Noch während er an Bord der ›Barendrecht‹ über den Sinn und Unsinn eines Ozeanfluges mit einer Schönheitskönigin nachgrübelte, befanden sich zwei französische Flugzeuge im Anflug auf Saint Louis in Westafrika: die von Jean Mermoz und Négrin gesteuerte Latécoére 26 sowie eine Bréguet 19, mit der Dieudonné Costes und Joseph Le Brix zur Mündung des Senegal flogen, um von Saint Louis aus zu einem noch nie versuchten Direktflug nach Südamerika zu starten.

Nach den Spaniern Ramon Franco und Julio Ruiz de Alda, die Anfang 1926 mit dem Dornier-Flugboot ›Plus Ultra‹ von Spanien nach Argentinien geflogen waren, hatten nur noch die italienischen Piloten de Pinedo und del Prete in Begleitung des Bordwarts Zacchetti den Südatlantik in der Zeit vom 19.–24. Februar 1927 mit einem Savoia-S-55-Doppelflugboot in Etappen überquert. Von Natal flogen sie nach Rio de Janeiro und von dort nach Nordamerika, wo sie am 23. Mai aus der Trepassy-Bay nach Horta auf den Azoren starteten. Nach einer Flugzeit von 15 Stunden 30 Minuten mußten sie jedoch auf Position 42 Grad n. Br. 33 Grad w. L. notwassern. Das Flugboot wurde erst drei Tage später gesichtet und in den Hafen von Horta geschleppt. Nach Instandsetzung konnte es am 10. Juni über Lissabon und Barcelona nach Rom starten. Die Besatzung de Pinedo, del Prete und Zacchetti war damit die erste, die den Süd- und Nordatlantik überquerte. Gesamtflugstrecke: 43 820 Kilometer.

Costes und Le Brix ahnten nicht, daß ihnen Konkurrenten erwachsen waren, da Mermoz und Négrin es geflissentlich unterlassen hatten, ihren Flug bei der zuständigen Behörde anzumelden. Nicht, daß sie die Kameraden hätten überrumpeln wollen, das lag nicht im Wesen des französischen Flugpioniers Mermoz. Die Leitung der Latécoére-Werke hatte darauf bestanden, das Unternehmen geheimzuhalten, um kein Aufsehen zu erregen, wenn es mißlingen sollte.

Den Piloten Costes und Le Brix gegenüber handelte man damit freilich ausgesprochen unfair, und man tat es um so mehr, als Mermoz und Négrin beauftragt wurden, ebenfalls – und wenn möglich noch vor den

Konkurrenten – nach Südamerika zu fliegen, sofern der Flug nach Westafrika glatt verliefe. Um jeden Preis wollte man den Sieg erringen, und man setzte alles daran, dieses Ziel zu erreichen und die Absicht zu verbergen. Zehn Nächte hintereinander mußte Mermoz die Laté 26 heimlich fliegen. Zehn Tage hintereinander wurden immer wieder Änderungen vorgenommen und die Tragflächen sogar ausgewechselt. Und als man im Morgengrauen des 9. Oktober 1927, am Vortag des von Costes und Le Brix angesetzten Fluges, Mermoz fragte, ob er zufrieden sei, und dieser zum Ausdruck brachte, daß ihm die alte Tragfläche günstiger erscheine, stellte sich Daurat, der Leiter der Flugzeugfabrik, 24 Stunden lang mit der Uhr in der Hand neben die Maschine, um einen neuen Tragflächenwechsel zu überwachen und vorwärtszutreiben. Mit dem Erfolg, daß Mermoz und Négrin am 10. Oktober zwei Stunden vor Costes und Le Brix nach Saint Louis starten konnten.

Beide Maschinen nahmen Kurs auf Perpignan, überflogen die Pyrenäen, Barcelona, Valencia, Malaga und Gibraltar. Beide Besatzungen donnerten über Casablanca hinweg, über Agadir, über Juby und die Wüste, über Cisneros und die Wüste, über Port Etienne und die Wüste – über all jene Stationen, in denen französische Postflieger lagen, welche die Verbindung mit der Heimat aufrechterhielten, über all jene Wüsten, in denen Nomadenstämme darauf warteten, daß irgendein Motor aussetzte. Denn die Wüstenstämme wünschten sich Piloten, die sie gefangennehmen und drangsalieren konnten, um von den Fluggesellschaften Lösegelder zu erhalten.

Endlos erschien den Besatzungen die Strecke. Einen Tag und eine Nacht hindurch mußten sie Kurs Süd steuern. Dann erst, in der Morgendämmerung des 11. Oktober, konnten sie Saint Louis erreichen.

Mermoz jubelte, als er den Flugplatz unter sich liegen sah. Vor einer Holzhalle standen viele Menschen, die Maschine von Costes und Le Brix aber war nicht zu entdecken. »Wir sind die ersten!« rief er.

Négrin nickte und wies in die Tiefe. »Das Empfangskomitee.«

Mermoz' Gesichtsausdruck veränderte sich schlagartig. »Scheußlich«, sagte er mit plötzlich brüchig klingender Stimme.

»Was?«

»Das da.« Er zeigte auf die Menschen. »Die warten nicht auf uns. Sie wollen Costes und Le Brix begrüßen.«

Négrin zuckte die Achseln. »Das ist nun mal so im Leben.«

»Sicher. Darum ist es aber doch dreckig, was wir machen.«

»Machen müssen! Für unser Werk. Vergiß das nicht.«

Mermoz drosselte den Motor und setzte zur Landung an. »Ob darauf ein Segen ruht, muß sich noch erweisen.«

»Scheinst übermüdet zu sein.«

War er es wirklich, oder wollte ein gütiges Schicksal, daß sein glanzvoller Name nicht befleckt wurde? War es womöglich Mermoz selbst, der einleitete, was sich in den nächsten Sekunden ereignete? Wir wissen es nicht, wissen nur, daß die Laté 26 glatt landete, und daß sie sich dann, als sie fast schon ausgerollt war, ohne ersichtlichen Grund langsam auf den Kopf stellte, so, als hätte der Pilot den Knüppel nach vorne geschoben. Die Folge: das Flugzeug selbst wurde nicht beschädigt, die Luftschraube aber zerfetzt, und – für Costes und Le Brix war der Weg über den Ozean frei.

Außer dem stets kameradschaftlichen Verhalten Mermoz' gibt es keinen Anhaltspunkt dafür, daß er das Flugzeug bewußt auf den Kopf stellte. Mermoz aber war ein Mann, dem man eine solche, aus echter Kameradschaft geborene Handlung eher zutrauen darf, als einen Bedienungsfehler. Er flog immer außerordentlich konzentriert. Saint-Exupéry schrieb über ihn: ›Er nahm den Kampf auf, ohne den Feind zu kennen, ohne zu ahnen, ob er aus dem Ringen lebend wieder herauskommen könne. Er »versuchte« es für die anderen.‹

Am 7. Dezember 1936 kehrte Mermoz, nachdem er die südamerikanischen Berge und den Südatlantik für den französischen Luftverkehr erschlossen hatte, von einem Flug über den Ozean nicht zurück. Er hatte ›zuviel versucht‹. Saint-Exupéry widmete ihm die Worte: ›Er ging hinter seiner Arbeit zur Ruhe, wie der Erntearbeiter sich in den Schatten der Garben ausstreckt, die er so treulich gebunden hat.‹

Costes und Le Brix überquerten den Südatlantik im Nonstopflug mit ihrem auf den Namen ›Nungesser und Coli‹ getauften 500 PS starken Eineinhalbdecker. Sie absolvierten den Flug mit einer Akkuratesse, die nur die Möglichkeit offen läßt, zu sagen: Sie starteten in Saint Louis am 14. Oktober 1927 und landeten, wie vorausberechnet, in Natal nach 18 Stunden 05 Minuten. In Abwandlung eines Wortes des großen französischen Piloten und Schriftstellers Antoine de Saint-Exupéry möchte man allerdings hinzufügen: Vollkommenheit ist offensichtlich erst gegeben, wenn weiter nichts berichtet werden kann. Die Leistung in ihrer höchsten Vollendung wird unaufffällig.

Die Aufgabe, die sich Costes und Le Brix gestellt hatten, führten sie planmäßig durch. Sie legten auf ihrem Weiterflug über Süd- und Nordamerika sowie Asien – das sie mit dem Schiff erreichten – 58 410 Kilometer zurück.

Später versuchte Le Brix mit dem französischen Piloten Dorret über Rußland den Langstreckenrekord zu verbessern. Sie vereisten jedoch in der Nähe von Ufa. Dorret gelang es, mit dem Fallschirm abzuspringen; Le Brix konnte sich nicht mehr frei machen und verunglückte tödlich.

5. Juni 1928

Während Lindbergh den Nordatlantik in östlicher und Costes und Le Brix den Südatlantik in westlicher Richtung bezwangen, saßen Wilkins und Ben Eielson noch immer in Point Barrow. Es wollte und wollte ihnen nicht gelingen, das Polarbecken zu überqueren, das sie überfliegen mußten, um herauszufinden, ob das in allen Atlanten mit einem Fragezeichen versehene ›Crockerland‹ tatsächlich existierte oder nicht.

Kein Wunder, daß Wilkins' Stimmung auf den Nullpunkt gesunken war. Und er wurde noch mißgestimmter, als er erkannte, daß die Detroiter Millionäre angesichts der über den Ozeanen errungenen Erfolge keine Lust mehr verspürten, ihm weiterhin behilflich zu sein. Dabei hatte er die Vorbereitungen so weit vorangetrieben, daß er sich sagen konnte: In diesem Jahr schaffen wir es, wenn uns ein geeignetes Flugzeug zur Verfügung gestellt wird.

»Laß uns abhauen«, sagte Eielson, der das verknitterte Gesicht des Australiers nicht mehr sehen mochte.

Wilkins blickte verwundert auf. »Du meinst, wir sollten es mit der alten Fokker versuchen?«

Der Pilot schüttelte den Kopf. »Unsinn. Mit der kommen wir nicht klar. Wir müssen eine leistungsfähige einmotorige Maschine haben. Fliegen wir zu den Geldsäcken. Du mußt mit ihnen reden. Im persönlichen Gespräch läßt sich alles viel besser und schneller regeln. Solange wir hier sitzen, geschieht nichts.«

Wilkins gab Eielson recht und flog mit ihm nach Detroit. Das Gespräch mit den Geldgebern nahm jedoch einen anderen Verlauf, als er angenommen hatte. Er war der Meinung gewesen, daß man auf die Leistungen von Lindbergh, Chamberlin oder Byrd weisen würde, und er hatte einer sich daraus entwickelnden Debatte sorglos entgegengesehen, weil er sich sagte: Es wird mir nicht schwerfallen, den Beweis dafür anzutreten, daß ein Ozeanflug nicht mit dem von mir geplanten Unternehmen verglichen werden kann. Man wird einsehen müssen, daß ein Start von einem Flugplatz, auf dem Hallen und Werkstätten zur Verfügung stehen, wesentlich einfacher ist als von einer Schneefläche, über der 50 und 60 Grad Kälte herrschen.

Die Millionäre sprachen aber nicht von den Leistungen amerikanischer oder französischer Piloten; es war ausschließlich von russischen Fliegern die Rede.

»Sie betonen immer wieder, daß Ihre Ausgangsbasis im hohen Norden liegt«, warf ein Mitglied des Komitees ein, als Wilkins die Schwierigkeiten schilderte, mit denen er zu kämpfen hatte. »Zugegeben, Sie sitzen nördlich des 72. Breitengrades. In gleicher Höhe aber, nämlich über dem Weißen Meer und über der Barentssee, fliegt der sowjetische Flugzeugführer Babuschkin seit Jahr und Tag im Auftrage irgendwelcher Robbenfänger. Das ist kein Märchen. Wir wissen definitiv, daß er sich unentwegt über dem Eismeer aufhält.«

»Ich glaub's Ihnen gerne«, erwiderte Wilkins. »Aber was will das besagen? Babuschkin unternimmt keine Langstreckenflüge.«

»Haben wir das behauptet? Wir führten diesen Russen nur an, um festzustellen, daß es Piloten gibt, die dauernd im hohen Norden herumkutschieren.«

Wilkins zuckte die Achseln. »Wahrscheinlich mit Maschinen, die wesentlich kleiner als unsere sind. Vergessen Sie nicht, daß ein schwacher Motor bei großer Kälte viel leichter in Gang zu setzen ist als ein starker.«

»Stimmt! Die Russen fliegen aber, wie wir zuverlässig wissen, auch mit Langstreckenflugzeugen in Gebieten mit hohen Kältegraden.« Der Sprecher schlug ein Notizbuch auf. »Es wird Sie interessieren, zu erfahren, daß ein Pilot namens Galyschew schon im Jahre 1926 einen Flug von Krasnojarsk längs dem Jenissei nach Dudinka durchführte. Das sind gut 2 000 Kilometer. Und 1927, also im letzten Jahr, drang eine unter der Leitung von Krassinski stehende Expedition in das nördliche Eismeer vor. Dabei flogen die Flugzeugführer Lucht und Koschilew des öfteren vom Kap Sewerny zur Wrangelinsel, wie sie im gleichen Jahr auch die 4 500 Kilometer weite Strecke von der Mündung der Lena über Bulun, Schigansk, Jakutsk und Oleminsk nach Irkutsk zurücklegten.«

Wilkins glaubte nicht richtig zu hören. »Und davon erfährt man nichts?« fragte er. »Das sind doch Leistungen ...«

»... über die man drüben zur Tagesordnung übergeht«, fiel einer der Millionäre ein. »Das ist ja das Tolle. Die Russen reden nicht, sie handeln. Man weiß nie, woran man ist, glaubt, ihnen überlegen zu sein, und stellt plötzlich durch irgendein Ereignis fest, daß sie weiter sind als wir, daß sie uns in aller Heimlichkeit überrundet haben.«

Der Australier schüttelte den Kopf. »Dann verstehe ich nicht, daß sich die Russen nicht an den Ozeanflügen beteiligen.«

»Haben sie doch gar nicht nötig. Die Luftlinie von Leningrad nach Wladiwostok beträgt rund 9 000 Kilometer. 9 000 Kilometer können sie im eigenen Land herunterrasseln, ohne daß wir auch nur das geringste davon erfahren. Wollen wir wetten, daß die Kerle in dem Augenblick bei uns aufkreuzen, in dem sie mehr als 9 000 Kilometer im ›Nonstopflug‹ zurücklegen können?«

Wilkins hob abwehrend die Hände. »Entschuldigen Sie, meine Herren, aber das sind Hirngespinste. Wirklich, ich glaube ...«

Der Sprecher unterbrach ihn. »Darf ich eine Frage an Sie richten?«

»Bitte.«

»Können Sie sich – ich meine rein wettermäßig gesehen – eine schwierigere Strecke vorstellen als die von Wladiwostok über das

Ochotskische Meer, Kamtschatka und Beringmeer nach Kap Deschnew am Nördlichen Eismeer?«

»Nein.«

»Dann wird es Ihnen zu denken geben, wenn ich Ihnen sage, daß sich die russischen Piloten Koschilew und Wolynski zur Zeit auf diesen Flug vorbereiten.«

Dieser Flug wurde tatsächlich noch im selben Jahr durchgeführt.

Der Australier faßte sich an den Kopf. »Das ist wahr?«

»Ja!«

»Dann war ich allem Anschein nach zu lange in Point Barrow. Ich hätte Stein und Bein geschworen, daß die Sowjets uns nicht im entferntesten das Wasser reichen können.«

»Eine allgemein verbreitete, aber absolut irrige Meinung. Wissen Sie, welche Luftverkehrslinie die Burschen im letzten Jahr eröffnet haben? Moskau – Swerdlowsk – Omsk – Krasnojarsk – Irkutsk – Jakutsk! Das sind 6600 Kilometer, die mit nur vier Zwischenlandungen bewältigt werden! Wer eine solche Strecke regelmäßig befliegen kann, der ist verdammt weit.«

In Wilkins' Augen blitzte es, da er dachte: Jetzt kann ich die Geldsäkke in die Zange nehmen. Sie müssen mit den Waffen geschlagen werden, mit denen sie mich erledigen wollen. Beinahe mitleidig sagte er: »Wenn richtig ist, was Sie behaupten, kann ich nur fragen: Sind die von Ihnen genannten Tatsachen nicht Grund genug, mich weiterhin zu unterstützen? Wollen Sie, daß die Russen uns zuvorkommen, daß sie als erste über den Pol hinweg nach Spitzbergen fliegen?«

Man sah ihn verwundert an.

»Ich brauche nicht mehr viel«, fuhr er wie nebenbei fort. »Nichts weiter als ein neues Flugzeug. Es müßte natürlich den russischen Maschinen ebenbürtig sein«, fügte er nachdenklich hinzu. »Mit meiner Fokker kann ich es nicht schaffen. Ich erkläre mich aber gerne bereit, sie zu verkaufen und den Erlös an Sie abzuführen, wenn Sie mir eine neue Lockheed-Vega mit einem 220-PS-Whright-Whirlwind-Motor zur Verfügung stellen.«

Das Millionärskomitee akzeptierte diesen Vorschlag, und Ben Eielson tat einen Juchzer, als er hörte, in welcher Form man sich geeinigt hatte. Sofort brachte er Wilkins mit dem australischen Piloten Kingsford-Smith zusammen, der einen Flug über den Stillen Ozean plante und ein mehrmotoriges Flugzeug suchte. Kingsford-Smith übernahm die Fokker F VII/3, und Wilkins erhielt die seit langem ersehnte einmotorige Lockheed, die ihm die erste aerodynamisch einwandfreie Maschine zu sein schien.

»Jetzt werden wir es schaffen«, sagte er zu Eielson.

Der drückte die Daumen. »Bestimmt.«

Bevor sie jedoch an die Ausführung ihres Planes herangehen konnten, startete der deutsche Hauptmann a. D. Hermann Köhl von Irland aus zu einem Ozeanflug in westlicher Richtung. Mit der von den Junkers-Werken gebauten und auf den Namen ›Bremen‹ getauften W 33, mit der er bereits im Vorjahr sein Glück versucht hatte, war er in den ersten Apriltagen in Begleitung seines Freundes von Hünefeld nach Baldonnel geflogen, um sich dort mit dem erfahrenen irischen Piloten James Fitzmaurice zu vereinen, der ebenfalls schon einen erfolglosen Versuch hinter sich hatte.

In aller Ruhe trafen sie ihre Vorbereitungen, und als ihnen am Abend des 11. April 1928 eine günstige Wetterlage prophezeit wurde, entschlossen sie sich, in den frühen Morgenstunden des nächsten Tages zu starten.

Um das Abheben der mit Benzin für etwa 40 Flugstunden betankten Maschine zu erleichtern, wurde der Rumpf auf einen ›Spornwagen‹ gestellt, so daß sich das Flugzeug schon beim ›Anrollen‹ in einer waagerechten Lage befand. Obwohl der Luftwiderstand auf diese Weise in der ersten Phase des Starts verringert wurde, kam die mit der zweieinhalbfachen Last ihres Leergewichtes beladene W 33 nur langsam in Fahrt, und die Zurückgebliebenen – unter ihnen der irische Staatspräsident Cosgrave – befürchteten schon, die 3 700 Kilogramm schwere Maschine würde sich nicht vom Boden heben lassen. Sie tat es aber doch, wenngleich ›mit Hängen und Würgen‹.

Damit war die Besatzung jedoch nicht gerettet. Hinter dem Flugplatz stieg das Gelände ziemlich steil an, und der Motor mußte sein Letztes hergeben, um die ›Bremen‹ über die ersten Hügel hinwegzubringen.

»Phh!« machte von Hünefeld, als Köhl und Fitzmaurice das Steuer endlich andrücken und Fahrt aufholen konnten. »Gut, daß das hinter uns liegt.«

Die Piloten sagten nichts, öffneten aber die Kragen ihrer Kombinationen. Ihren Gesichtern war anzusehen, daß ihnen reichlich heiß geworden war.

Wenn sie jedoch gehofft hatten, mit dem Start den schwierigsten Teil ihres Unternehmens hinter sich gebracht zu haben, dann täuschten sie sich. Am Nachmittag wurde das Wetter derart schlecht, daß sie sich kaum noch anzusehen wagten. Jeder wußte, wenn einer jetzt den Vorschlag macht, umzukehren, dann sagt keiner nein. Ihnen graute vor den nächsten Stunden. Sie dachten unwillkürlich an ihre Kameraden Loose, Starke, Loewe und Lili Dillenz, die am 28. November 1927 mit einer dreimotorigen Junkers G 24 in Norderney zu einem Nonstopflug nach Amerika gestartet waren, aber das Pech gehabt hatten, in Höhe der Azoren wegen Motorschadens notlanden zu müssen.

Zum Glück wußten Köhl und seine Begleiter nicht, daß die Nacht weitaus schlimmer verlaufen sollte, als sie befürchteten. Regen, Sturm und Wolken verfolgten sie auf der ganzen Strecke. Zeitweilig glaubte niemand mehr daran, daß sie mit heiler Haut davonkommen würden. Das Wetter verschlechterte sich zusehends, und zu allem Übel entstand ein Kurzschluß in der Lichtleitung, so daß der im ›Blindflug‹ versierte Köhl kaum noch wußte, wie er die Maschine gerade halten sollte.

Beim Flug in den Wolken kann ein Pilot die Lage des Flugzeuges nicht beurteilen, da ihm jeder relative Anhaltspunkt fehlt. Man bedient sich daher dreier Hilfsgeräte: eines ›künstlichen Horizontes‹, eines ›Wendezeigers‹ und einer ›Libelle‹, die alle Bewegungen um die Hoch-, Längs- und Querachse anzeigen. ›Künstlicher Horizont‹ und ›Wendezeiger‹ arbeiten nach dem Kreiselprinzip.

Erst als der Morgen graute, schöpften Köhl, Fitzmaurice und Hünefeld neue Hoffnung. Dabei war es ihnen nur hin und wieder möglich, durch ein Wolkenloch in die Tiefe zu blicken. Und was sie entdeckten, war nicht gerade erfreulich. In den nächsten fünf Stunden sahen sie nichts anderes als ein aufgepeitschtes und von langen Gischtbändern durchzogenes Meer, erst dann konnten sie feststellen, daß Land unter ihnen lag. Doch wohin waren sie geraten? In den Wolkenlücken wurden nur bewaldete oder felsige Schneeflächen sichtbar.

»Verdammt!« fluchte Fitzmaurice. »Wir müssen weit nach Norden versetzt worden sein, befinden uns allem Anschein nach über Labrador.«

Köhl wurde es unheimlich zumute. Der Höhenmesser zeigte 1 000 Meter. Schon im nächsten Augenblick konnte er gegen einen Berg anrennen. »Was soll ich machen?« rief er. »Rauf oder runter?«

Fitzmaurice blickte angestrengt durch vereinzelte Wolkenlöcher und riß plötzlich den Gashebel zurück. »Runter!« rief er. »Unter uns liegt ein Fluß. Vielleicht entdecken wir eine Siedlung und können uns orientieren.«

Köhl drückte die Maschine aus den Schwaden heraus. Vor ihnen lag ein breites Tal. »Großartig«, rief er. »Ich werde dem Fluß folgen.«

Hünefeld lachte erleichtert. »Wenn es sich einrichten laßt, in sudlicher Richtung. Der Schnee irritiert mich.«

Sie gerieten in eine ausgelassene Stimmung, die jedoch nicht lange anhielt, da sie bald erkennen mußten, daß sie sich über einem Land befanden, in dem es offensichtlich keine Menschen gab.

Stunde um Stunde flogen sie nach Suden, das Bild änderte sich nicht: Wälder, Felsen, Schnee und nochmals Schnee. Und dann sanken die Wolken immer tiefer herab.

»Wieder rauf?« fragte Köhl, als er keine Möglichkeit mehr sah, unter den Wolken zu bleiben.

Fitzmaurice nickte. Auch er machte einen ratlosen Eindruck.

Köhl ließ die Maschine auf 1 500 Meter steigen. Aus war es mit der Erdsicht. Er mußte wieder ›blindfliegen‹.

Hünefeld zwängte seinen Oberkörper durch die Kabinentür und warf einen Blick auf die Instrumente. »Meinst du, daß der Kompaß richtig anzeigt?«

Der Pilot hob die Schultern und wies auf schraffierte Stellen in der

Seekarte, die auf seinen Knien lag. »Weißt ja, was das bedeutet: starke magnetische Störungen. Ich befürchte, daß wir uns in diesem Gebiet befinden.«

»Scheiße.«

»Kann man wohl sagen.«

»Wie lange willst du den Kurs beibehalten – ich meine ›blindfliegen‹?«

Köhl kontrollierte den Brennstoffvorrat und blickte auf die Uhr. »Um siebzehn Uhr sind wir fünfunddreißig Stunden unterwegs. Dann haben wir noch Benzin für ein paar Stunden. Spätestens um diese Zeit müssen wir hinunter, weil wir sonst nicht mehr umkehren können, wenn wir jetzt womöglich wieder aufs Meer hinausfliegen.«

Die nächsten Stunden wurden zur Qual. Immer erneut mußten Köhl und Fitzmaurice mit sich kämpfen, die Höhe nicht schon früher zu wechseln. Sie unterließen es, weil sie sich sagten: Knallen wir dabei gegen einen Berg, dann ist es auf jeden Fall aus. Warten wir also lieber. Auf diese Weise leben wir zumindest einige Stunden länger.

Um 17 Uhr waren ihre Nerven zum Zerreißen gespannt. Was mögen die nächsten Minuten bringen, fragten sie sich. Berge, Felder, Wälder, Schnee, Wasser ...?

Köhl drosselte den Motor und gab Tiefensteuer. »Herrgott, steh uns bei!« sagte er in aller Offenheit und fügte etwas theatralisch hinzu: »Laß diesen Flug um Deutschlands willen nicht scheitern!«

Fitzmaurice strich sich über sein kleines Bärtchen.

Der Zeiger des Höhenmessers begann zu sinken. 1 200 – 1 000 – 800 – 600 – 400 Meter. Noch immer zogen Schwaden an ihnen vorüber.

Köhl nahm die Maschine flacher.

300 – 200 – 100 Meter!

Fitzmaurice schob das Seitenfenster auf und starrte nach draußen.

Hünefeld steckte seinen Kopf in die Führerkanzel. Sein Monokel, das er während des ganzen Fluges noch nicht einmal aus dem Auge genommen hatte, war beschlagen.

50 Meter!

»Drücken Sie weiter«, sagte Fitzmaurice mit ruhiger Stimme. »Der Höhenmesser stimmt nicht. Über Irland war der Luftdruck anders als hier.«

Ein Höhenmesser ist nichts anderes als ein Barometer, bei dem der jeweilige Luftdruck vermittels eines Zeigers auf einer entsprechend geeichten Skala angezeigt wird. Stellt man den Höhenmesser am Startort bei einem Luftdruck von z. B. 980 Millibar auf 0 Meter – Meeresspiegel –, so wird er am Landeort nur dann 0 Meter – NN – anzeigen, wenn auch hier ein Luftdruck von 980 mb herrscht.

Der Hinweis auf den veränderten Luftdruck ließ Köhl aufatmen. »Ich scheine nicht mehr denken zu können. Wie hoch mag die Fehlanzeige sein?«

»Hundert bis zweihundert Meter.«
»Dann kann es doch noch brenzlig werden.«
»Natürlich. Aber nur, wenn wir uns in einem Nebelgebiet befinden.«
Köhl mußte sich zwingen, die Maschine weiterhin sinken zu lassen. Die Wolken wurden dichter; die Tragflächenenden waren kaum noch zu sehen. Vor seinen Augen bewegten sich Kreise. Der Zeiger des Höhenmessers sank schon auf Null, als die Schwaden aufrissen.
»Wir sind durch!« schrie Fitzmaurice.
Köhl blickte zur Seite und gab Vollgas. Etwa 100 Meter unter ihnen lagen von Schnee bedeckte Packeismassen. »Du lieber Gott!« stöhnte er. »Wohin sind wir geraten?«
Fitzmaurice fuhr sich über das Kinn. »Sieht nach Nordpol aus.«
»Was nun?«
»Kurs halten! Weiter nach Süden.«
»Und wenn der Kompaß nicht stimmt?«
»Darüber nachzudenken ist sinnlos.«
Über eine Stunde lang sahen sie nichts als Schnee und Eis. Dann aber fuhr Fitzmaurice wie von einer Tarantel gestochen hoch.
»A boat!« brüllte er. »A boat!«
Köhl glaubte, der Irländer sei übergeschnappt. »Ein Schiff?« fragte er. »Hier im Eis?«
»Wahrscheinlich eingefroren. Da! Sehen Sie es nicht?«
Köhl legte die Maschine in eine Kurve und spähte in die gewiesene Richtung. »Tatsächlich«, antwortete er. Im nächsten Moment lachte er aus vollem Halse. »Das ist kein Schiff«, schrie er, »das ist ein Leuchtturm! Hurra, wir sind gerettet!«
Sie flogen wirklich auf einen Leuchtturm zu, den sie wenige Minuten später umkreisten. Neben ihm stand eine große Blockhütte, aus der Männer, Frauen und Kinder ins Freie stürzten.
»By Jove! Jetzt müßten wir wissen, welchen Namen der Turm hat«, sagte Fitzmaurice.
Köhl drosselte den Motor. »Gedulden Sie sich. Wir werden ihn gleich erfahren.«
»Sie wollen landen?«
»Haben Sie gedacht, daß ich weiterfliege? Unser Sprit geht zu Ende. Seit über sechsunddreißig Stunden hängen wir in der Luft. Und schauen Sie sich das Schneefeld neben dem Leuchtturm an! Ist das nicht ein idealer Landeplatz?«
Köhl war nicht mehr zu halten. Er legte das Flugzeug gerade und schwebte zur Landung an, die ihm auf der weichen Schneedecke glänzend gelang. Doch noch bevor die ›Bremen‹ ausgerollt war, gab es einen heftigen Stoß. Irgend etwas krachte, das Flugzeug drehte sich, legte sich schräg und jagte mit der rechten Tragfläche durch den Schnee, der wie Staub emporwirbelte. Und dann war plötzlich alles still. Sogar der Motor schwieg.

»Was war jetzt das?« fragte Köhl mit entgeistertem Gesicht.

Fitzmaurice schaute nach draußen. »Mir scheint, wir sind eingebrochen. Jedenfalls bildet sich neben mir eine Pfütze.«

»Dann nichts wie raus!«

Etwa ein Dutzend Menschen fiel über sie her. Ihre Hände wurden ergriffen und geschüttelt, als sollten ihnen die Arme ausgekugelt werden. Fitzmaurice wehrte sich verzweifelt und fragte immer wieder nach dem Namen des Leuchtturmes. Man lachte aber nur und schien ihn nicht zu verstehen.

»Ja, zum Teufel!« fluchte er schließlich und stampfte wütend auf. »Sprecht ihr denn nicht Englisch?«

Die Männer sahen ihn groß an.

Es dauerte lange, bis der Irländer herausfand, daß die Bewohner der Blockhütte ein miserables Französisch sprachen. Und daß die ›Bremen‹ auf Greenly Island gelandet war, nur zwölf Kilometer von der Küste Neufundlands und der nächsten Telegrafenstation entfernt!

Sofort setzte von Hünefeld eine Meldung auf, die von einem der Leuchtturmwärter mit einem Hundeschlitten an Land gebracht wurde. Das Telegramm löste einen Wirbel aus, den niemand voraussehen konnte. Schon eine halbe Stunde nach Abgabe der ersten Nachricht war der Morseapparat der kleinen Poststation von pausenlos eingehenden Telegrammen so überlastet, daß es unmöglich wurde, von Greenly Island aus noch ein einziges Wort in die Welt zu schicken, geschweige denn, einen ausführlichen Bericht, wie ihn alle größeren Zeitungen anforderten.

Der Postmeister raufte sich die Haare. Der Boden seines Arbeitsraumes war unter den endlosen Streifen des unablässig tickenden Morseapparates kaum mehr zu sehen. »Was soll ich machen?« stöhnte er. »Ich hab' nur noch zwei Rollen, dann ist es aus.«

Er war nicht der einzige, der sich die Haare raufte. Fast alle amerikanischen Redakteure gaben sich einer ähnlichen Beschäftigung hin. »Wir brauchen Berichte«, jammerten sie. »Irgend etwas muß geschehen.«

Sie sorgten dafür, daß etwas geschah. Innerhalb weniger Stunden charterte die Presse sämtliche in New York stationierten Flugzeuge, deren Besitzer sich erfreut die Hände rieben. Sie hatten blitzschnell begriffen, worum es ging. Pro Flugstunde verlangten sie 100 Dollar zuzüglich einer Sonderentschädigung, die zunächst 1 000 Dollar betrug, bald aber auf 5 000 Dollar erhöht wurde.

Das Geld war zum Fenster hinausgeworfen. Lediglich zwei Maschinen gelang es, die im hohen Norden gelegene Insel zu erreichen. Alle anderen kamen über den wegen der großen Entfernung notwendigerweise anzufliegenden Zwischenlandeplatz St. Agnes nicht hinaus, weil hier ein findiger Kopf kurzerhand den Betriebsstoff aufgekauft hatte.

Unter den Piloten, die nach Greenly Island starteten, befand sich auch Floyd Bennett, der mit Byrd zum Nordpol geflogen war. Als er von der Notlandung der ›Bremen‹ hörte, lag er mit hohem Fieber in einem Detroiter Krankenhaus. Er wollte es sich aber nicht nehmen lassen, den Ozeanfliegern Hilfe zu bringen. Unter dem Protest seines Arztes stand er auf, ließ sich zum Flugplatz fahren und startete nach Greenly Island. Unterwegs erkannte er jedoch, daß er sich übernommen hatte. Völlig erschöpft landete er in Quebec, wo man ihn sofort in ein Spital brachte. Die Ärzte stellten fest, daß eine Lungenentzündung hinzugekommen war, und forderten in New York ein Serum an, von dem sie hofften, daß es den Piloten retten würde. Lindbergh schaltete sich ein und brachte das Serum nach Quebec. Zu spät: als er landete, war Floyd Bennett tot.

Als erster landete der Pilot Duke Schiller im Auftrage der Transcontinental Canadian Airways in der Nähe von Greenly Island, um der Besatzung der ›Bremen‹ Lebensmittel und Ersatzteile zu bringen. Mit diesem Flug machte er *das* Geschäft seines Lebens. Denn unmittelbar vor dem Start ließ er sich zum außerordentlichen Berichterstatter der North American Newspaper Alliance ernennen und kassierte für dieses Vergnügen 40 000 Dollar.

Der Flugzeugführer der zweiten und letzten Maschine, die Greenly Island erreichte, hatte nicht soviel Glück. Er mußte sich – außer Stundengeld und Sonderentschädigung – mit 10 000 Dollar begnügen, da er nur vier Reporter mitnehmen konnte, denen er pro Sitz 2 500 Dollar in bar abverlangte.

Unter den vier ›Glücklichen‹ befand sich ein Pressefotograf, dem die zurückgebliebenen Berufskollegen es übel ankreideten, daß er sich nicht bereit erklären wollte, seine ›Ausbeute‹ mit ihnen zu teilen. In ihrer Wut steckten sie sich hinter das Personal des Flughafens, das sie überredeten, dem Fotografen bei der Rückkehr von Greenly Island die belichteten Platten wegzunehmen. Das gelang aber nicht. Der Reporter weigerte sich hartnäckig, die von ihm gemachten Bilder herauszugeben, woraufhin man ihm den Weiterflug nach New York verwehrte.

Der Pressefotograf war jedoch mit allen Wassern gewaschen. Als er erkannte, daß er mit Gewalt daran gehindert werden sollte, das Flugzeug zu besteigen, wandte er sich an den Piloten. »Fliegen Sie los«, sagte er so, daß es jeder hören konnte. »Ich bleibe freiwillig hier. Meine Bilder kann ich auch noch in der nächsten Woche verkaufen.«

Die neidvollen Kollegen rieben sich die Hände.

Der Flugzeugführer verabschiedete sich. »Tut mir leid für Sie. Hätte Sie gerne mitgenommen. Das Geld kann ich Ihnen natürlich nicht zurückgeben.«

»Damit habe ich gerechnet. Futsch ist futsch und hin ist hin. Ich werde die Zeit benützen, einige Luftaufnahmen von St. Agnes und Umgebung zu machen. Meine Serie wird dadurch noch vollständiger.«

Die Reporter grinsten. »Wenn Sie glauben, auf diese Weise abhauen zu können, täuschen Sie sich. Hier verfügt keine Maschine über mehr Benzin als für ein oder zwei Flugstunden.«

»In der Zeit kann ich zwei oder drei Rundflüge machen«, erwiderte der Fotograf. »Oder will man mir auch die verbieten?«

Daran hatte niemand ein Interesse. Also charterte er sich eine kleine Sportmaschine, zog nach dem Start 500 Dollar aus der Brieftasche und sagte dem Piloten: »Die gehören Ihnen, wenn Sie mich in der Nähe irgendeiner Bahnstation absetzen.«

Wenige Stunden später saß er in einem Sonderzug, den er telegrafisch in Montreal angefordert hatte. Kostenpunkt: 2 800 Dollar.

Der Dollar rollte wie nie zuvor. Freiherr von Hünefeld erhielt von Hearst 25 000 Dollar für einen ausführlichen Flugbericht, und die New York Times honorierte Fitzmaurice mit 20 000 Dollar. Einer unvollständigen Aufstellung von Editor and Publisher zufolge gab die Presse der Vereinigten Staaten für die ›Sensation des Jahres‹ 240 800 Dollar aus.

Wahrscheinlich wäre man nicht so großzügig gewesen, wenn man gewußt hätte, daß das Jahr 1928 noch viele fliegerische Sensationen bringen würde. Doch wer konnte ahnen, daß die ›Sensation des Jahres‹ nur der Anfang einer Kette von Sensationen sein würde?

Die Ereignisse überstürzten sich geradezu. Kaum druckten die Rotationsmaschinen die ersten Berichte über den Flug der ›Bremen‹, da traf die Nachricht ein, daß Wilkins und Ben Eielson am 15. April, also zwei Tage nach der Landung der W 33 auf Greenly Island, von Point Barrow nach Spitzbergen gestartet seien. Wenn der Australier vor dem Start auch zu verstehen gegeben hatte, daß er die 3 500 Kilometer weite Strecke aller Voraussicht nach nicht in 24 Stunden bewältigen werde, weil er beabsichtige, einen Zickzackkurs zu fliegen, um eine absolut klare Antwort auf die Frage nach dem ›Crockerland‹ geben zu können, so hielt man doch den Atem an, als die Zeitungen bekanntgaben, daß der von Ben Eielson gesteuerte Hochdecker bis zum Abend des 16. April nicht über Spitzbergen gesehen wurde, in den letzten Stunden allerdings auch nicht hätte gesehen werden können, da ein starkes Schneetreiben eingesetzt habe.

»Dann können wir sie abschreiben«, sagte einer der Millionäre.

Er sollte sich täuschen. Denn fast zur selben Zeit, da er dies sagte, riß Ben Eielson den Gashebel der Lockheed zurück und setzte zur Landung auf einer kleinen, ebenen Schneefläche an, die er plötzlich unter sich hatte liegen sehen.

Wilkins, der das Gelände aus dem Seitenfenster nicht überschauen konnte und nur endlose weiße Bänder vorbeifegen sah, schnallte sich schnell fest. Jetzt wird's krachen, dachte er.

Das Gegenteil trat ein. Sekundenlang ertönte das erregende Zischen der mit hoher Geschwindigkeit die Schneedecke berührenden Kufen, dann ging der Ton in ein weiches Rauschen über, das schließlich ganz erstarb. Die Maschine stand still.

»Wie habe ich das gemacht?« rief Eielson.

Wilkins schnallte sich los. »Großartig.«

Der Pilot hob sich von seinem Sitz und kletterte in den Rumpf zurück. Seine Augen leuchteten. »Wir haben mehr Schwein als Verstand gehabt«, sagte er. »Ich dachte schon, heute bringe ich den ›Schlitten‹ nicht heil herunter, da seh' ich plötzlich eine topfebene Fläche unter mir. Topfeben, inmitten einer restlos zerklüfteten Landschaft.«

»Zerklüftete Landschaft?«

»Ja. Hast du nicht gesehen, daß wir . . .?«

»Ich hab' zuletzt überhaupt nichts mehr sehen können«, unterbrach ihn Wilkins. Glaubst du wirklich, daß wir uns über einem zerklüfteten Gelände befanden?«

»Bestimmt.«

Wilkins war nicht mehr zu halten. Er ergriff einen Pickel und stieß die Kabinentür auf. »Komm, wir müssen das Eis untersuchen.«

Eine halbe Stunde später saßen sie wieder in der Maschine. Es gab keinen Zweifel: sie standen auf Landeis.

Der Australier klopfte sich den Schnee aus dem Fellkragen. »Weißt du, was ich glaube? Wir haben es geschafft – so oder so.«

»Was willst du damit sagen?«

»Wir befinden uns entweder schon auf Spitzbergen oder auf dem Prinz-Karl-Vorland. Herrgott, ich wollte, die Sonne käme heraus und ich könnte unseren Standort bestimmen!«

Das konnte er erst nach fünf Tagen. Fünf Tage lang schneite es oder herrschte Nebel, und fünf Tage lang blieb ihnen nichts anderes übrig, als in der Kabine zu hocken und auf besseres Wetter zu warten. Dann endlich brach die Sonne durch, und Wilkins stellte mit Befriedigung fest, daß sie tatsächlich auf dem westlich von Spitzbergen gelegenen Prinz-Karl-Vorland gelandet waren.

»Wahrscheinlich befinden wir uns in der Nähe von Green Harbor«, sagte er und holte eine Landkarte hervor. »Wie es auch sei, jetzt kommt der große Augenblick, in dem ich das ›Keenan‹- und ›Crockerland‹ verschwinden lasse. Nach unserem Zickzackflug über die gesamte Arktis steht einwandfrei fest, daß es beide Länder nicht gibt.« Er nahm einen Bleistift und strich die Namen aus.

Bald darauf machten sie ihren Hochdecker startbereit. So schnell jedoch, wie sie geglaubt hatten, kamen sie nicht fort. Eielson konnte Gas geben, soviel er wollte, die Maschine rührte sich nicht vom Fleck, da die am Ende des Rumpfes angebrachte und aus einer glatten Eisenplatte bestehende Spornkufe an der Eisdecke wie angeschraubt festklebte. Es half ihnen nichts, daß es ihnen schließlich gelang, die Kufe vom Eis zu lösen und den Rumpf zur Seite zu schieben; unter dem Gewicht des schweren Flugzeuges klebte die Platte gleich wieder fest. Ein Start konnte nur möglich werden, wenn Wilkins den Rumpf zur Seite drückte, während Eielson Gas gab. Er mußte dann in dem Augenblick, in dem sich das Flugzeug in Bewegung setzte, mitlaufen und in die Kabine springen.

›Der erste Startversuch ging schief‹, schrieb Wilkins später. ›Ben Eielson gab Gas, während ich am Schwanz rüttelte und mit aller Gewalt versuchte, ihn zur Seite zu schieben. Minuten vergingen, bis das Flugzeug einen Satz nach vorne machte. Ich rannte hinterher, klammerte mich an die Kabinentür und versuchte hinaufzuklettern. Es ging nicht. Die Maschine wurde immer schneller, ich vermochte mich nicht mehr zu halten, fiel der Länge nach in den Schnee und mußte sehen, wie Eielson, der sich weder umdrehen noch zurückblicken konnte, die schöne Lockheed von der Schneedecke abhob.

Wie er mir später sagte, fluchte er nicht schlecht, als er eine »Abschiedsrunde« drehte und mich unten stehen sah.

Natürlich landete er wieder. Ich befestigte jetzt eine Strickleiter an der Tür, wenngleich ich mir nicht viel davon versprach. Doch was sollte ich tun? Mir blieb keine andere Wahl.

Beim zweiten Startversuch sprang ich auf das Schwanzende, als sich die Maschine in Bewegung setzte, und versuchte verzweifelt, mich mit Hilfe der Strickleiter an die Tür heranzuziehen. Vergebens. Das Flugzeug wurde immer schneller, und Ben Eielson, der mein Gewicht am Steuerdruck spürte, gab Vollgas, da er glaubte, ich säße in der Kabine.

Ich war dem Wahnsinn nahe. Die Tür konnte ich nicht erreichen. Also ließ ich mich los und sauste in hohem Bogen in den Schnee. Glücklicherweise in eine Verwehung. Aber dennoch – mir wackelten alle Zähne.

Eielson flog erneut eine Runde und sah zu seinem Entsetzen, daß ich noch immer unten war. Sofort drosselte er den Motor und setzte zur zweiten Landung an, die dieses Mal in meiner unmittelbaren Nähe erfolgte. Ich sah, wie die Kufen über die Schneerillen hinwegsprangen und dachte: Noch eine Landung und die Lockheed ist hinüber.

Etwas mitgenommen und in meiner dicken Kleidung vor Anstrengung naß, näherte ich mich dem Flugzeug.

Eielson sah bedrückt zu mir herab. »Was nun?« rief er.

»Versuchen wir's noch mal«, erwiderte ich. »Wenn es jetzt nicht klappt, packen wir das Zelt aus, und du fliegst allein los und holst Hilfe. Irgendwie wirst du schon zu mir zurückfinden.«

»So siehst du aus«, antwortete er. »Entweder fliegen wir zusammen, oder wir gehen zusammen. Trennen werden wir uns auf keinen Fall.«

Anständiger Kerl, dachte ich und verschnaufte noch eine Weile. Dann machten wir einen dritten Versuch. Ich schob, daß mir die Muskeln schmerzten. Plötzlich gab es einen Ruck: die Maschine bewegte sich.

Schneller als früher griff ich nach dem Türrahmen, zog mich heran, stemmte mich hoch und taumelte auf den Boden der Kabine. Es war geschafft!

Ben Eielson fiel ein Stein vom Herzen, als er meine Stimme hinter sich hörte. Sofort ließ er den Hochdecker auf 1 000 Meter steigen, um eine Übersicht von dem unter uns liegenden Gelände zu gewinnen. Und dann glaubte er nicht richtig zu sehen. Vor ihm breitete sich eine etwa acht Kilometer weite Bucht aus, an deren Rand einige Häuser und zwei Sendemaste standen. »Das muß Green Harbor sein!« rief er. »Siehst du den Sender?«

Ich konnte nichts sehen, da die Kabinenfenster unter der Wärme meines Körpers beschlagen und vereist waren. »Lande, wo du willst«, gab ich zurück. »Wenn Häuser und Sendemaste unter uns liegen, befinden wir uns auf jeden Fall über Spitzbergen.«

Wenig später flog Eielson über ein großes Bergwerk und dann über den Sender hinweg, in dessen Nähe er ein günstiges Landefeld entdeckte. Er hatte richtig vermutet. Wir befanden uns in Green Harbor, waren am Ziel unserer Wünsche. Als erste hatten wir die 3 500 Kilometer weite Strecke von Alaska nach Spitzbergen in einem Flugzeug zurückgelegt. Und wußten: Das »Crockerland« existiert nicht!‹

Die Welt atmete auf, als die Nachricht von der Landung bekannt wurde. Aus allen Ländern der Erde trafen Glückwunschtelegramme ein: von Königen, Staatsmännern, Regierungen, Forschern, Fliegern und Freunden.

Am meisten aber freute sich Wilkins über ein Telegramm Amundsens, dessen Name wenige Wochen später durch ein merkwürdiges Schicksal erneut neben dem des italienischen Luftfahrers Nobile stehen sollte.

Hubert Wilkins wurde vom englischen König zum Ritter geschlagen und in den Adelsstand erhoben. Im Winter 1928/29 führte er mit Ben Eielson Flüge über der Antarktis durch, bei denen er feststellte, daß das Grahamland aus zwei großen Inseln besteht. Der nordlichsten Spitze des Landes gab er den Namen ›Kap Eielson‹.

Der Pilot überlebte die Ehrung nur kurze Zeit. Am 10. November 1929 startete er mit dem Bordmechaniker Earl Borland von Teller, Alaska, nach Kap Sewerny an der Eismeerküste der Tschuktschenhalbinsel, um dem eingefrorenen Schiff ›Nanuk‹ Hilfe zu bringen. Südlich der Wrangelinsel geriet er in einen Schneesturm und verunglückte tödlich.

Im Jahre 1931 versuchte Sir Hubert Wilkins in einem alten U-Boot, dem er – nach Jules Verne – den Namen ›Nautilus‹ gegeben hatte, eine verwegene Polfahrt durchzuführen. Mit dem Enkel des französischen Schriftstellers wollte er dessen Phantasiefahrt unter dem Eis des Polarbeckens verwirklichen. Das U-Boot, das Wilkins oben mit Kufen hatte versehen lassen, mit denen er unter dem Eis entlanggleiten wollte, war jedoch nicht seetüchtig genug, so daß er die Versuchsfahrt abbrechen und zurückkehren mußte.

Wilkins' Plan wurde im Juli/August 1958 vom Kommandanten des mit Atomkraft betriebenen U-Bootes ›Nautilus‹, Fregattenkapitän

W. R. Anderson, in die Tat umgesetzt. Tauchroute: Beringstraße – Nordpol – Island. Zurückgelegte Strecke unter Eis: 3400 Kilometer, Geschwindigkeit: 20 Knoten. Tauchtiefe: bis zu 125 Meter.

Eine Woche nach der denkwürdigen Landung Wilkins' und Eielsons auf Spitzbergen empfing Papst Pius XI. die Besatzung des Luftschiffes ›Italia‹, um ihr den Segen der Kirche mit auf den Weg zu geben, den sie unter Führung Nobiles antreten wollte.

Der zum General beförderte Nobile hatte es nicht verwinden können, daß auf der Fahrt mit Amundsen die norwegische und amerikanische Flagge *vor* der italienischen Trikolore über dem Nordpol abgeworfen worden waren, und rüstete deshalb zu einer neuen Polfahrt, an der dieses Mal – außer dem tschechischen Geophysiker Professor Franz Behounek und dem schwedischen Meteorologen Finn Malmgren – nur Italiener teilnehmen sollten. Er wollte der Welt zeigen, daß das Gelingen der Fahrt mit der ›Norge‹ auf seine und nicht auf die Leistung Amundsens zurückzuführen sei.

Verständlich, daß das italienische Volk in Nobile einen Nationalhelden erblickte, dem es zujubelte. Und es durfte auch stolz auf ihn sein. Denn sein neues Luftschiff ›Italia‹ machte einen ausgezeichneten Eindruck, und man konnte nicht umhin, zuzugeben, daß er die Expedition auf das sorgfältigste vorbereitet hatte. Er war ein genialer Organisator, prüfte selbst alles bis in das kleinste Detail und fuhr, als die Vorbereitungen beendet waren, vorsorglich noch zu Fridtjof Nansen, um sich von diesem sagen zu lassen, ob er auch nichts übersehen habe.

Nansen bestätigte ihm, daß er an alles gedacht und nach menschlichem Ermessen die beste Besatzung zusammengestellt habe, die man sich denken könne. Außer der Mannschaft, die sich bereits auf der Fahrt der ›Norge‹ bewährt hatte, und den anerkannten Wissenschaftlern Behounek und Malmgren hatte Nobile den Professor der Physik Dr. Aldo Pontremoli verpflichtet, der als eine Kapazität auf dem Gebiet der Flugwissenschaft galt. Und von der Marine hatte er sich die erfahrensten Navigationsoffiziere geholt: die Korvettenkapitäne Mariano und Zappi sowie den Oberleutnant Viglieri.

Sie alle wurden am 30. März 1928 vom Heiligen Vater empfangen, der die Kühnheit des Unternehmens lobte und ihnen ein großes Eichenkreuz mit auf den Weg gab. »Ihr sollt es als Zeichen Christi am nördlichsten Punkt der Erde abwerfen«, sagte er und fügte mit einem wissenden Lächeln hinzu: »Es ist nicht leicht, dieses Kreuz, und wie alle Kreuze, so wird auch dieses schwer zu tragen sein.«

Als der Papst den Segen erteilt hatte und den Audienzsaal verließ, blieb er unter der großen Flügeltür stehen und blickte zurück. Jeder der Anwesenden glaubte, er wolle etwas sagen. Er schwieg jedoch und sah die Besatzung aus merkwürdig veränderten Augen an. Dann neigte er den Kopf und ging weiter; es war, als habe eine innere Stimme ihn getrieben, die Männer der ›Italia‹ noch einmal anzusehen und für immer von ihnen Abschied zu nehmen.

Wochen später mußte Nobile an diese Szene denken. Und zwar in einem Augenblick, da sich die Spitze des von Rauhreif überzogenen und dadurch überlasteten Luftschiffes, das den Nordpol am 24. Mai 1928 um Mitternacht glücklich umfahren hatte und sich auf der Rückreise nach Spitzbergen befand, am Vormittag des 25. Mai plötzlich senkte und auf das Packeis losraste.

»Das Steuer versagt!« schrie der am Höhenruder stehende Ceccioni. »Wir sind zu schwer!«

Nobiles Stimme gellte. Er versuchte zu retten, was zu retten war. Zu spät. Die ›Italia‹ stürzte und war nicht mehr zu halten. Sie jagte dem Eis entgegen, schlug krachend auf, schnellte hoch, kippte und prallte erneut auf das Eis. Die Führergondel zersplitterte und wurde vom Rumpf gerissen, der sich wie ein Krüppel aufrichtete und, vom Wind erfaßt, wie eine schaurige Vision mit den wie gelähmt aus den Motorengondeln herausstarrenden Maschinisten in die Höhe stieg.

Geisterhaft trieben sie davon. Steuerlos. Kein Laut drang über ihre Lippen. Niemand tat einen entsetzten Schrei, weder die Maschinisten Caratti und Ciocca noch der leitende Ingenieur Arduino, der Werkmeister Alessandrini, Professor Pontremoli und der Journalist Dr. Lago. Sie wußten, daß ihr Tod besiegelt war, aber kein Ruf drang über ihre Lippen.

Klagende Laute, Schreie und Flüche waren nur bei denen zu hören, die sich in der Führerkanzel befunden hatten und die sich – zumindest im Augenblick – als gerettet ansehen konnten.

Nobile, der beim Aufprall bewußtlos geworden war und einen Beinbruch davongetragen hatte, jammerte den Korvettenkapitän Mariano an, kaum daß er wieder zur Besinnung gekommen war. »Mariano«, stöhnte er, »ich fühle, daß es mit mir zu Ende geht. Bestimmt, ich habe nur noch wenige Stunden zu leben.«

»Aber, Herr General«, erwiderte der Offizier, »das ist doch Unsinn.«

»Nein, nein«, beharrte Nobile. »Ich weiß es. Ihr werdet nach Italien zurückkehren, ich nicht.«

Mariano blickte nach Nordosten, wo eine schwarze Rauchsäule zum Himmel emporstieg. »Wir, die wir hier sind, werden zurückkehren«, sagte er und fügte gedämpft hinzu: »Die anderen nicht. Sie hatten weniger Glück als wir.«

»Glück nennen Sie das?«

»Ja. Wir leben und sind mit allem versorgt. Beim Aufprall sind ein Zelt und etliche Kisten Lebensmittel aus dem Rumpf herausgefallen. Sogar das Funkgerät ist da, und es scheint in Ordnung zu sein.«

»Was nützt ein Gerät ohne Funker?«

»Auch den haben wir. Biagi befand sich zufällig in der Führergondel, als die Katastrophe hereinbrach. Er ist unverletzt und bereits damit beschäftigt, eine Antenne zu ziehen.«

»Dann stimmt doch, was ich sagte. Ihr werdet nach Italien zurückkehren, ich nicht.«

Der Korvettenkapitän wurde ungehalten. »Entschuldigen Sie mich, Herr General. Ich muß dafür sorgen, daß das Zelt aufgeschlagen wird, in das wir Sie, Ceccioni und Zappi legen werden. Die beiden sind auch verletzt.«

»Schwer?«

»Ceccioni hat den Fuß gebrochen, Zappi eine Rippe.«

»Gut, gut, laufen Sie. Nein, halt! Ich muß wissen, wer sonst noch gerettet ist.«

»Die Doktoren Behounek und Malmgren, ferner Trojani. Pomella wurde aus der Gondel geschleudert. Er ist tot.«

Nobile stöhnte. »Mariano, Sie müssen mir etwas versprechen.«

Der Offizier sah ihn fragend an.

»Geben Sie mir Ihr Wort, daß Sie meine Frau, meine Kinder und meine Schwester grüßen, wenn Sie nach Italien zurückgekehrt sind.«

Dem Korvettenkapitän lag eine scharfe Antwort auf der Zunge. Er beherrschte sich jedoch. »Herr General«, sagte er, »ich werde Ihren Wunsch erfüllen.« Ohne ein weiteres Wort zu verlieren drehte er sich um und ging zu Ceccioni hinüber, der laut stöhnte. »Beißen Sie die Zähne zusammen«, herrschte er ihn an. »Ist doch nur ein Fuß, der gebrochen ist. Ich werde ihn nachher schienen.«

»Als wenn es damit getan wäre. Sie werden abhauen und mich hier liegenlassen.«

»Reden Sie nicht solchen Unsinn!«

Wenige Meter von Ceccioni entfernt lag Korvettenkapitän Zappi, der wie ein Feldwebel fluchte.

Mariano trat an ihn heran. »Von dir könnte ich eigentlich erwarten, daß du dich zusammenreißt.«

Zappi lachte gehässig. »Du hast gut reden. Mit heilen Knochen kann man 'ne große Klappe haben.«

Mariano kniete nieder und tastete die Brust des Kameraden ab. »Halt den Mund und sei froh, daß es nur eine Rippe ist«, sagte er. Und fügte leise hinzu: »Wäre es ein Bein, könntest du nicht marschieren.«

Zappis Augen weiteten sich. »Du glaubst, daß wir zu Fuß . . .?«

Mariano zischte: »Idiot? Kannst doch nicht vor Ceccioni . . .« Er blickte zurück.

»Was hast du vor?«

»Nichts. Nur . . .« Er zögerte. »Wenn wir keine Funkverbindung bekommen – kann ja sein, daß das Gerät zum Teufel ist –, höre ich mir die Klagen des Alten nicht lange an. Dann haue ich ab. Natürlich nicht, um ihn im Stich zu lassen«, fügte er schnell hinzu, »sondern um Hilfe zu holen. Bis Spitzbergen sind es höchstens dreihundert Kilometer.«

»Versprich mir, daß du mich mitnimmst.«

»Würde ich mit dir darüber reden, wenn ich es nicht wollte? Wir nehmen aber noch einen mit: Doktor Malmgren. Der kennt sich aus.«

Kaum dem Tod entronnen, wurden die ersten Ränke geschmiedet. Sie waren aber wie fortgeblasen, als Biagi wenige Stunden später mit vor Erregung zitternder Stimme rief, daß Sender und Akkumulator in Ordnung seien und er bereits SOS funke. Doch die unkameradschaftlichen Überlegungen kehrten zurück, als der Funker nach mehreren Tagen in einem Wutanfall seine Geräte umstieß und mit verzerrtem Gesicht schrie, daß er alle europäischen Sender höre, auf seine Notrufe aber keine Antwort erhalte.

Mariano befahl Biagi, sofort weiterzufunken. Der lehnte sich auf, und es wäre zweifellos zu Handgreiflichkeiten gekommen, wenn Dr. Behounek, der als einziger die Ruhe bewahrte, nicht zufällig in der Nähe gestanden hätte. Der tschechische Gelehrte kümmerte sich um alles, war überall und bemühte sich unablässig, die Stimmung zu verbessern. Leicht fiel es ihm nicht, da er nicht damit fertig wurde, daß seine als hochqualifiziert geltenden Schicksalsgenossen so schnell die Nerven verloren. Ihm war auch nicht entgangen, daß sich die Korvettenkapitäne Mariano und Zappi des öfteren mit Dr. Malmgren absonderten, und er nahm sich des Funkers in besonderem Maße an, weil er sich sagte: Solange die Hoffnung besteht, daß einer unserer SOS-Rufe aufgenommen wird, geschieht hier nichts. Ist diese Hoffnung aber dahin, dann werden die drei losmarschieren und in den Tod rennen.

Er saß in den nächsten Tagen beständig neben dem Funker, der immer unzufriedener und mürrischer wurde und sich nicht damit abfinden konnte, daß es ihm nicht gelang, eine Funkverbindung herzustellen. Nicht einmal das italienische Schiff ›Città di Milano‹, das zur Sicherung der Nobile-Expedition nach Spitzbergen geschickt worden war, schien seine Rufe zu hören.

Der Tscheche beruhigte ihn. »Seien wir froh, daß wir Rom und Paris regelmäßig hören. Wir sind dadurch wenigstens informiert. Und wer weiß, vielleicht liegen die Dinge morgen schon anders. Sie müssen es immer wieder versuchen und dürfen nie vergessen, daß unser Schicksal in Ihren Händen liegt.«

Das wußten auch Mariano, Zappi und Dr. Malmgren. Und da sie nicht mehr daran glaubten, daß es dem Funker gelingen könnte, eine Verbindung mit der Außenwelt herzustellen, darüber hinaus die Standortbestimmungen erkennen ließen, daß die Meeresströmung sie bis auf 160 Kilometer an Spitzbergen herangetrieben hatte, erklärten sie eines Morgens kurz und bündig, sich zu Fuß auf den Weg machen zu wollen, um Hilfe zu holen.

Nobile war entsetzt. Dr. Behounek schüttelte den Kopf. Ceccioni schrie, daß er es geahnt habe. Und Oberleutnant Viglieri und Biagi baten den General, sich der Gruppe Mariano anschließen zu dürfen.

Das war zuviel für Nobile. »Wollt ihr uns denn alle im Stich lassen?« rief er.

Viglieri und Biagi erklärten, die Bitte spontan ausgesprochen und die Konsequenzen nicht bedacht zu haben.

Nobile beruhigte sich. »Gut«, sagte er, »die drei mögen gehen. Vielleicht ist es ganz vernünftig, den Versuch zu machen, Hilfe herbeizuholen. Drei Mann, das ist gerade das Richtige. Wenn einem etwas zustoßen sollte, kann der zweite bei ihm bleiben und der dritte weitergehen.«

Am nächsten Morgen brachen Mariano, Zappi und Dr. Malmgren auf, nachdem sich jeder eine Kiste mit Lebensmitteln auf den Rücken gebunden hatte. Die Nahrungsmittel allein genügten ihnen aber nicht: sie verlangten die einzige Waffe, die zur Verfügung stand.

Nobile wurde rot vor Zorn. Er beherrschte sich jedoch und entschied: »Die Pistole bleibt hier!«

Am folgenden Abend konnten die Zurückgebliebenen aus den Nachrichten des römischen Senders entnehmen, daß der russische Volksschullehrer und Radioamateur Nikolai Schmidt am 2. Juni in Wosnessenskoje, einem Dorf in der Nähe von Archangelsk, zweimal den Ruf ›SOS Nobile‹ sowie die Worte ›Italia‹ und ›Franz-Josephs-Land‹ gehört habe, die Ortsangabe allerdings nicht einwandfrei, sondern verstümmelt.

Es ist furchtbar, dachte der tschechische Gelehrte. Jetzt, wo Mariano, Zappi und Malmgren unterwegs sind, erfahren wir, daß die Welt uns gehört hat. Jetzt, da man alles daransetzen wird, uns zu retten, sind sie fort, wurden sie zu winzigen Punkten in einer unendlichen Schneewüste.

Biagi saß nun Tag und Nacht an seinem Apparat. Am 6. Juni konnte er dem General melden, daß Moskau die italienische Regierung davon in Kenntnis setzte, dem größten Eisbrecher der Welt, ›Krassin‹, den Auftrag erteilt zu haben, die Teilnehmer der Nobile-Expedition zu suchen.

Die Russen wußten, warum sie in Rom nicht anfragten, ob es der italienischen Regierung recht sei, daß ein sowjetisches Schiff zu einer Rettungsaktion auslief. Sie wollten sich nicht der Gefahr aussetzen, einen Bescheid zu erhalten, wie ihn Mussolini den deutschen Junkers-Werken gegeben hatte, als diese ihre Hilfe anboten. In unbegreiflichem Stolz hatte der Staatschef dankend abgelehnt – wenn, dann sollte die Besatzung der ›Italia‹ von Italienern gerettet werden. Die Russen hatten dafür kein Verständnis. Ihnen ging es darum, Menschen zu retten, die in Lebensgefahr schwebten. Es war ihnen gleichgültig, welcher Nation sie angehörten.

Aber noch jemand war da, den es nicht im geringsten interessierte, ob die Hilfsbedürftigen Freunde oder Feinde waren: Roald Amundsen. Er schob seinen Groll über Nobile beiseite und startete mit Dietrichson und den französischen Piloten Guilbaud und de Cuverville in einem Latham-Wasserflugzeug von Tromsö nach Spitzbergen, um das Lager des Generals zu suchen. Es wurde sein letzter Flug. Er verunglückte in einem Augenblick, in dem er seinen Widersacher zu retten versuchte. Es war, als habe er der Welt im Hinscheiden deutlich machen wollen, daß trotz allem, was er getan hatte, ein guter Kern in ihm stecke.

Der norwegische Fischdampfer ›Brodd‹ fand später den Schwimmer eines Wasserflugzeuges, der von der Mannschaft des französischen Walfischfängers ›Durance‹ als von einer Latham stammend identifiziert wurde.

So schmerzlich der Verlust dieses ruhelosen Wanderes zwischen den Polen war, sein Ende krönte sein Leben und ließ vergessen, was gewesen war. Freund und Feind trauerte um ihn, und Nobile brach fast zusammen, als Biagi ihm den Tod des großen Norwegers meldete.

»Warum erkennen wir unsere Fehler immer erst, wenn es zu spät ist?« jammerte er. »Herrgott, was würde ich darum geben, wenn . . .«

Der Funker schlich aus dem Zelt. Ich muß etwas tun, dachte er, darf mich nicht mehr mit dem Abhören der Nachrichten zufriedengeben. Der Akkumulator verliert Energie; bevor der Strom zu Ende geht, muß mit irgendeiner Station die Verbindung hergestellt sein.

Auf dem Weg zu seinem Funkgerät stolperte er über ein längliches Stück Holz. Er wollte schon einen Fluch ausstoßen, als er die offensichtlich aus der Führergondel herausgebrochene Strebe nachdenklich betrachtete. Sind zwar nur zwei bis drei Meter, überlegte er, aber wer weiß, vielleicht genügt es schon, wenn die Antenne um nur einen Meter erhöht wird.

Zwei Stunden später, es war am Abend des 8. Juni 1928, lief er wie ein Wiesel auf das Zelt des Generals zu. »Ich hab' Verbindung mit der ›Città de Milano‹!« schrie er. »Man hat mich verstanden und weiß jetzt, wo wir sind! Ich soll das Gerät nur noch um Punkt neun Uhr abends einschalten, damit wir Strom sparen.«

Biagis Funkspruch löste ein förmliches Wettrennen aus. Der unter dem Kommando des russischen Professors Samoilowitsch stehende Eisbrecher ›Krassin‹ nahm Kurs auf die Foyninsel, da man nun wußte, daß sich die Besatzung der ›Italia‹ nicht nördlich des Franz-Josephs-Landes befand, wie der russische Volksschullehrer glaubte verstanden zu haben.

Die Alpinioffiziere Sola und Giovanni brachen zu Fuß auf, um den Versuch zu machen, Mariano, Zappi und Malmgren entgegenzugehen. Riiser-Larsen und Lützow-Holm starteten im Auftrag der norwegischen Regierung mit zwei Wasserflugzeugen. Schweden schickte die Piloten Lundborg und Schyberg, und von Italien jagten die Majore Maddalena und Penzo mit zwei Savoya-Flugbooten heran. Und doch sollten noch fast zwei Wochen vergehen, bevor die erste Erfolgsmeldung in die Welt hinausgefunkt werden konnte.

Italien jubelte: Maddalena, ein italienischer Pilot, hatte das Zelt des Generals am 20. Juni entdeckt, hatte es umfliegen und Lebensmittel, Medikamente, Schlafsäcke, Akkumulatoren, Gewehre und ein Gummiboot abwerfen können. Die Verbindung war hergestellt, und man durfte hoffen, daß die Rettung nun bald folgen würde.

Maddalena teilte diese Hoffnung nicht. Er hatte das Gelände gesehen und wußte, daß kein Wasserflugzeug in der Nähe des Lagers landen konnte. Seiner Meinung nach war eine Landung nur mit einer sehr kleinen, mit Schneekufen versehenen Sportmaschine möglich.

Er sagte es den Schweden, die über ein entsprechendes Flugzeug verfügten, und Lundborg und Schyberg trafen sofort die notwendigen Vorbereitungen.

Wenige Tage später starteten sie. Ihr Flug schien unter einem guten Stern zu stehen, denn sie steuerten auf das Zelt Nobiles zu, als würden sie von unsichtbarer Hand geleitet. Nicht eine Sekunde brauchten sie zu suchen.

Lundborg umkreiste das Lager und landete erst, nachdem er ein ihm günstig erscheinendes Schneefeld mehrere Male versuchsweise angeflogen hatte.

Dr. Behounek, Viglieri, Trojani und Biagi, die kaum zu fassen vermochten, daß ein Flugzeug bei ihnen gelandet war, rannten wie von Sinnen zur Maschine hinüber, aus der der Pilot bei laufendem Motor herauskletterte. Als sie aber einen adretten und glattrasierten Offizier vor sich stehen sahen, der sie betroffen anblickte, wagten sie kaum, ihm die Hand zu geben.

Sie schämten sich plötzlich ihres verwilderten Aussehens. Seit 31 Tagen waren sie aus ihrer Polarkleidung nicht herausgekommen. Ihre Schuhe waren zerfetzt und mit Segeltuch umwickelt.

Lundborg wurde unsicher. »General Nobile?« fragte er.

Viglieri wies zum Zelt hinüber. »Wir werden Sie zu ihm führen«, antwortete er auf englisch.

Der Pilot lachte. »Gut, daß es die englische Sprache gibt. Aber beeilen wir uns. Ich kann mich nicht lange aufhalten, weil wir den Motor laufen lassen müssen. Darum muß mein Kamerad auch im Flugzeug bleiben.«

Nobile stützte sich hoch, als der Schwede in das Zelt trat. Seine Augen schimmerten feucht. Er konnte seine Erregung kaum verbergen.

Der Pilot blieb unmittelbar vor ihm stehen und grüßte militärisch. »Oberleutnant Lundborg von der schwedischen Fliegertruppe«, meldete er sich. »Ich bin glücklich, daß es mir gelungen ist, bei Ihnen zu landen, Herr General.«

Nobile streckte ihm sichtlich bewegt die Hand entgegen. »Ich weiß nicht, wie ich Ihnen danken soll.«

»Sie sollen mir nicht danken, Herr General. Ich bin gekommen, um Sie und Ihre Männer zu holen. Dieses Mal kann ich allerdings nur eine

Person mitnehmen, da ich einen Kameraden an Bord habe. Beim nächsten Flug werde ich allein sein, so daß es dann möglich ist, zwei Personen mitzunehmen. Ich denke, daß ich bis Mitternacht alle gerettet habe.«

Nobile bedankte sich und bat darum, als ersten Ceccioni abzutransportieren, dem es am schlechtesten gehe. Anschließend Dr. Behounek, der sich ein Augenleiden zugezogen habe, dann ihn selbst und zuletzt Trojani, Viglieri und Biagi, die unverletzt und gesund seien.

Lundborg bedauerte, dem Wunsch nicht entsprechen zu können, da er den Auftrag habe, zunächst ihn, den General, in Sicherheit zu bringen.

»Mich? Unmöglich!« erwiderte Nobile und wies auf Ceccioni, der neben ihm lag. »Diesem Mann geht es am schlechtesten. Er muß als erster gerettet werden.«

Der schwedische Offizier wurde verlegen. »Ich bitte um Entschuldigung«, sagte er, »aber das geht nicht. Der Mann an Ihrer Seite wiegt, wie ich auf den ersten Blick sehe, bedeutend mehr als Sie. Ich kann ihn dieses Mal nicht mitnehmen. Das Flugzeug wäre dann überlastet, und wir kämen von der kleinen Startfläche nicht hoch. Außerdem habe ich den eindeutigen Befehl erhalten, zunächst Sie zu holen.«

Ceccioni lachte hysterisch. »Fliegen Sie los, Herr General! Vielleicht kommt er tatsächlich noch mal und holt uns.«

Lundborg, der die auf italienisch gesprochenen Worte nicht verstehen konnte, ihren Sinn aber erfaßte, wurde ungeduldig. »Herr General«, sagte er, »ich habe erklärt, daß ich alle hier Anwesenden holen werde. Und zwar noch heute. Verstehen Sie, bitte, daß ich mich an meinen Befehl halten muß. Im übrigen kann ich mich nicht mehr lange hier aufhalten. Mein Motor läuft. Wenn wir uns nicht beeilen, verrußen die Zündkerzen.«

Nobile flehte den Schweden nochmals an, nicht ihn, sondern Ceccioni mitzunehmen.

Lundborg schüttelte den Kopf. »Ich darf es nicht, Herr General. Glauben Sie mir.«

»Ja, dann . . .« Nobile blickte der Reihe nach Ceccioni, Dr. Behounek, Viglieri, Trojani und Biagi an, die ihre Köpfe verlegen senkten. Er machte einen gequälten Eindruck. »Was soll ich tun?« fragte er verzweifelt. »Soll ich mich beugen?«

Erwartete er wirklich eine Antwort?

»Es ist selbstverständlich, daß Sie unter den gegebenen Umständen mitfliegen«, sagte Dr. Behounek.

Viglieri nickte. »Ich bin der gleichen Meinung.«

»Ich auch«, sagte Ceccioni kaum hörbar.

Biagi und Trojani schlossen sich an.

Der General übertrug das Kommando auf Viglieri und ließ sich zum Flugzeug tragen.

Als er davongeflogen war, sprachen die Zurückgebliebenen noch lange über die scheußliche Situation, in die Nobile geraten war. Sie bedauerten ihn. Die Welt aber empörte sich, als bekannt wurde, daß er sich als erster hatte retten lassen. Vielleicht hätte man ihm verziehen, wenn es Lundborg, wie verabredet, gelungen wäre, auch die übrigen zu holen. Der Schwede aber konnte nicht mehr helfen. Er saß an Nobiles Stelle im Zelt und verfluchte den Seitenwind, der ihn bei der zweiten Landung gegen ein Hindernis getrieben und die Maschine zertrümmert hatte.

»Bin gespannt, wann das nächste Flugzeug kommt«, sagte Ceccioni, der alles daransetzte, seine Enttäuschung zu verbergen. Viglieri und Biagi hatten ihn schon zum Landefeld getragen, als Lundborg das Lager zum zweiten Male umkreiste.

»Wird nicht lange dauern«, erwiderte der Pilot. »Spätestens morgen. Schyberg wird mich nicht im Stich lassen. Wenn er erfährt, was passiert ist, kommt er bestimmt sofort und holt mich ab.«

Ceccioni blickte zu Dr. Behounek hinüber. Der drehte an einem Seilende herum. Trojani öffnete den Mund, um etwas zu sagen, schloß ihn jedoch wieder.

Lundborg sah, was er angerichtet hatte, und lief rot an. »Ich scheine blöd geworden zu sein«, sagte er und wandte sich an Ceccioni. »Entschuldigen Sie, bitte. So war das nicht gemeint. Ich wollte sagen . . .«

»Schon gut«, unterbrach ihn der Italiener. »Ich bin nicht mehr skeptisch. Heute mittag war ich es. Da glaubte ich, Sie würden nicht wiederkommen. Jetzt bin ich davon überzeugt, daß man uns alle holen wird.«

Schyberg erschien aber weder am nächsten noch an einem der darauffolgenden Tage, und Lundborg wurde von Stunde zu Stunde nervöser.

»Ich begreife das nicht«, sagte er immer wieder. »Ich hätte geschworen, daß mein Kamerad sofort kommen würde.« Er hielt es im Zelt nicht aus, verbrachte Tage und Nächte auf der Tragfläche der zerstörten Maschine und blickte vergebens in die Richtung, aus der das Flugzeug kommen mußte.

Am 4. Juli verlor er die Beherrschung. »Worauf warten wir noch?« schrie er Viglieri an. »Warum marschieren wir nicht los? Uns rettet niemand!«

Der Italiener bat ihn, nicht die Nerven zu verlieren, und versuchte, ihn zu trösten. »Sie kennen doch den Funkspruch des Generals.«

Lundborg lachte verächtlich. »Den kenne ich allerdings genau: ›Teure Gefährten! Der »Krassin« arbeitet sich sehr schnell vorwärts. Vielleicht seht ihr schon in einigen Tagen seine Schornsteine am Horizont. Da ich krank bin, muß ich das Bett hüten. Aber wir gehören zusammen. Ihr seid für mich wie meine Familie. Auf Wiedersehen und viele Grüße an Lundborg. Nobile.‹« Der Schwede lachte erneut. »Ein herrlicher Funkspruch. Ihnen mag er genügen, mir nicht.«

»Weil Sie erst eine Woche hier sind«, erwiderte Ceccioni, der sich mit seinem Schicksal abgefunden zu haben schien. »Wir warten schon seit einundvierzig Tagen.«

»Das ist mir egal«, brauste Lundborg auf. »Ich habe keine Lust, hier zu verrecken! Ich will weg!«

Oberleutnant Viglieri schüttelte den Kopf. »Wie wollen Sie über die sich zur Zeit ständig vermehrenden Wasserrinnen hinwegkommen?«

»Mit dem Gummiboot.«

»Mit oder ohne Ceccioni?«

Lundborg schlug sich vor die Stirn. »Ich glaube, ich habe wirklich den Verstand verloren. Los, hauen Sie mir in die Fresse!«

Viglieri grinste. »Beim nächsten Koller. Aber trösten Sie sich: Wir kennen das. Wir alle haben unsere Anfälle durchstehen müssen.«

Am Abend geriet der Schwede außer Rand und Band. Zwei kleine Doppeldecker donnerten über das Lager hinweg und warfen zahlreiche mit roten Fahnen versehene Päckchen sowie einen Stapel Zeitungen und einen an ›Hauptmann Lundborg‹ adressierten Brief ab.

Er wußte sich kaum noch zu halten. »Ich bin befördert!« jubelte er und riß den Umschlag auf.

»Gratuliere«, sagte Dr. Behounek.

Lundborg überhörte es und las mit glänzenden Augen das an ihn gerichtete Schreiben. »Hurra!« schrie er ohne aufzublicken. »Sie kommen morgen wieder, um mich zu holen. Wir sollen das Landefeld mit den Fahnen kennzeichnen, die an den Päckchen hängen.«

Der Tscheche sah den Schweden betroffen an. »Heißt das, daß Sie vor Ceccioni . . .?«

»Der wird natürlich auch geholt. Sie alle werden geholt, das ist selbstverständlich. Ich soll nur als erster . . .« Er unterbrach sich. »Nicht, daß ich das will. Es ist ein Befehl. Wie damals, bei Nobile.«

»Ich verstehe«, sagte Behounek, wandte sich um und ging zum Zelt hinüber. Nach wenigen Schritten zögerte er jedoch und kehrte nochmals zurück. »Ich wäre Ihnen dankbar, wenn Sie es Ceccioni nicht sagen. Er erfährt es morgen früh genug.«

Lundborg nickte und machte sich daran, ein geeignetes Landefeld zu kennzeichnen, auf dem am nächsten Mittag tatsächlich ein kleines Sportflugzeug aufsetzte.

»Es ist Schyberg!« rief er und rannte auf die Maschine zu.

»Gehen wir rüber?« fragte Trojani.

»Selbstverständlich«, erwiderte Viglieri. »Er war unser Gast, und wir müssen ihn verabschieden. Außerdem haben wir den Piloten zu begrüßen.«

Es wurde ein kurzes Gespräch. Der laufende Propeller zerfetzte die Worte.

»Ich komme noch heute zurück!« rief Schyberg.

Viglieri dankte ihm.

In diesem Augenblick sagte Lundborg etwas, das allen eine Gänsehaut über den Rücken jagte. »Wenn der ›Krassin‹ kommt, dann nehmen Sie doch mein Flugzeug mit an Bord. Sollte es Schwierigkeiten bereiten, dann wenigstens den Motor.«

Dr. Behounek wurde blaß. Man belügt uns, dachte er. Lundborg weiß, daß Schyberg nicht wiederkommen wird. Sonst würde er nicht darum bitten, sein Flugzeug mitzunehmen, wenn der Eisbrecher kommt.

Viglieri, Trojani und Biagi dachten wie der Tscheche. Keiner aber wollte es wahrhaben, und keiner wagte es Ceccioni zu sagen, der im Zelt lag und darauf wartete, daß man ihn zum Landefeld transportiere, um zur Stelle zu sein, wenn die Maschine zurückkehrte. Niemand wollte ihm die Hoffnung nehmen, und so brachten sie ihn auf das Schneefeld hinaus, legten ihn auf die Tragfläche des zerstörten Flugzeuges und wickelten ihn in Decken ein.

Einen Tag und eine Nacht verbrachte er dort. Dann sagte er: »Vielleicht hat Schyberg bei der Landung Pech gehabt. Es wird besser sein, wenn ihr mich wieder ins Zelt schafft.«

Die Schweden erschienen tatsächlich nicht wieder. Sie hatten, um mit der kleinen Maschine das Zelt erreichen zu können, auf einer größeren Eisscholle eine vorgeschobene Basis geschaffen, auf der sie zwischenlandeten, um zu tanken. Als Lundborg gerettet war, wagten sie es nicht, noch länger auf der Scholle zu bleiben, und brachen die Rettungsaktion ab.

Die Kameraden versuchten Ceccioni zu trösten.

»Hört auf damit«, sagte er abwehrend. »Glaubt ihr, ich wüßte nicht Bescheid? Besser, als ihr denkt. Ich bin aber ganz froh über die Entwicklung. Unserem General kann jetzt niemand mehr einen Vorwurf machen. Nicht nur ein italienischer, auch ein schwedischer Offizier ist als erster abgehauen.«

»Bravo«, erwiderte Viglieri, der sich Tag für Tag über die Meldungen erregte, welche die europäischen Sender über Nobile verbreiteten. »Das Erlösende an dieser Tatsache ist, daß sie beide auf Grund eines Befehles handelten.«

Trojani und Biagi stimmten ihm zu, und Dr. Behounek fiel ein Stein vom Herzen. Merkwürdig, dachte er. Je länger wir hier sitzen, um so erfreulicher wird das Denken und um so echter die Kameradschaft.

Während die auf der Eisscholle Zurückgebliebenen immer gelassener wurden und der Kapitän der ›Città di Milano‹ von der italienischen Regierung Anweisung erhielt, Nobile unter Arrest zu stellen – damit besaß er keine Möglichkeit mehr, irgendwelche Hilfsmaßnahmen einzuleiten –, gab der estnische Kapitän Eggi den Befehl, die Maschinen des ›Krassin‹ zu stoppen.

Der politische Kommissar, Vizeadmiral Oras, stürzte auf die Kommandobrücke. »Was ist los?« rief er.

Eggi wies auf eine hohe Eisbarriere. »Hier kommen wir nicht weiter.«

»Na und? Versuchen wir es anderswo.«

»Nicht so einfach.«

»Wo ein Wille, da ist ein Weg. Irgendwie müssen wir uns durchschlagen! Da draußen warten fünf Menschen seit sechsundvierzig Tagen auf ihre Rettung.«

Der Kapitän wollte eben den Befehl »Äußerste Kraft zurück!« geben, als sich der russische Flieger Michael Michailowitsch Tschuchnowski einmischte. »Moment«, sagte er und wandte sich an den Leiter der Rettungsexpedition. »Wäre es jetzt nicht an der Zeit, mich loszuschicken? Wofür haben wir die dreimotorige Junkers übernommen?«

Professor Samoilowitsch zögerte. »Was meinen Sie?« fragte er den Dozenten der Universität Oslo, Hoel, den die Sowjetregierung gebeten hatte, an der Fahrt teilzunehmen.

Der Norweger nickte. »Ich wäre dafür. Wir gewinnen zumindest ein richtiges Bild von den bestimmt schwierigen Eisverhältnissen zwischen dem Zelt und uns.«

»Also gut, Michael Michailowitsch, versuch es.«

Das Flugzeug wurde bereitgemacht, und am nächsten Vormittag gelang es Tschuchnowski, mit der schweren Maschine aus der Eiswüste heraus zu starten. In seiner Begleitung befanden sich zwei Monteure, ein Funker und der Filmoperateur Blumenstein.

Tschuchnowski nahm Kurs auf das Zelt und ließ die Eisverhältnisse laufend an den Eisbrecher durchgeben, bis ihn der Bordmonteur Selagyn anstieß und mit seiner mächtigen Pranke nach unten zeigte. »Da«, sagte er. Weiter nichts.

»Was?«

»Zwei Menschen.«

Der Pilot blickte in die Tiefe und traute seinen Augen nicht. Unter ihnen befanden sich tatsächlich zwei Gestalten, die gebannt heraufstarrten.

»Das muß die Gruppe Mariano sein!« rief Blumenstein. »Dreh'ne Kurve. Ich will sie filmen.«

Die Gruppe Mariano, fragte sich Tschuchnowski. Das waren doch drei. »Verständige den Professor!« rief er dem Funker zu. »Man soll uns auspeilen und sofort versuchen, hierher durchzubrechen.«

Gut zehn Minuten kreiste er über den beiden Menschen, von denen einer unablässig winkte, während der andere einen apathischen Eindruck machte. Dann nahm er erneut Kurs auf das Lager Nobiles, das er jedoch infolge Nebels nicht zu finden vermochte. Er kehrte daraufhin zum Eisbrecher zurück, konnte aber nicht landen, da sich inzwischen auch hier ein unübersehbares Nebelfeld gebildet hatte. Also weiter. Er steuerte die Wrede-Spitze an, doch noch bevor er sie erreichte, stellten sich Motorstörungen ein, die ihn zwangen, auf einer winzigen Eisscholle zu landen, die gerade unter ihnen lag. Die Schneekufen brachen, und weitere fünf Menschen waren zu Gefangenen des nördlichen Eismeeres geworden.

Tschuchnowski behielt die Ruhe. Er informierte Professor Samoilowitsch und schloß den Funkspruch mit den Worten: ›Bitte dringend, sich nicht um uns zu kümmern. Versucht zur Gruppe Mariano und zum Zelt zu kommen. Nehmt erst die Menschen auf, die schon lange auf ihre Rettung warten. Wir haben Zeit.‹

Dabei wußte er genau, daß er auf einer Scholle saß, die unter dem Gewicht des Flugzeuges jederzeit auseinanderbrechen konnte.

Tschuchnowski und seine Begleiter wurden acht Tage später gerettet.

Es ist immer wieder erstaunlich, mit welcher Selbstverständlichkeit und Gelassenheit die Russen alle nur erdenkbaren Strapazen auf sich nehmen, wenn es gilt, Menschen zu retten. Ein geradezu klassisches Beispiel dafür ist die Rettung der Besatzung des ›Tscheljuskin‹, der in der Arktis durch ›Eispressung‹ unterging. In der Zeit vom 5. März bis 13. April 1934 brachten die russischen Piloten Ljapigewski, Wodopjanow, Lewanewski, Uschakow, Slepnjew, Kamanin, Molokow und Doronin über 100 Besatzungsmitglieder – alle, bis auf einen Mann, der starb – in Sicherheit. Da auf der Scholle eine Landung mit großen Flugzeugen nicht möglich war, kleine Maschinen die weite Strecke aber nur bewältigen konnten, wenn Zusatztanks eingebaut wurden, die wiederum Platz raubten, legten die Piloten die zu rettenden Menschen zuweilen in starke Netze, die sie unter die Tragflächen banden.

Samoilowitsch versicherte Tschuchnowski, ihm so schnell wie möglich zu Hilfe zu kommen, und nahm Kurs auf die Gruppe Mariano. Er wußte nicht, welch schauriger Szene er entgegenfuhr, ahnte aber, daß etwas Furchtbares auf ihn zukam, als die Maschinen des Eisbrechers am Nachmittag des 10. Juli gestoppt wurden und er durch ein Fernglas die beiden Männer betrachtete, an die sie bis auf etwa 100 Meter herangekommen waren. »Das ist doch nicht möglich«, sagte er betroffen und wandte sich an seinen Sekretär Iwanow. »Begleite die Matrosen, die die Männer holen sollen. Bei den beiden da draußen stimmt etwas nicht. Achte auf alles, was du siehst und was gesprochen wird. Ich möchte einen detaillierten Bericht haben.«

Der Sekretär schrieb noch am gleichen Abend: ›Als wir auf die Männer zukamen, lag einer von ihnen, Mariano, halb in einer Vertiefung im Schnee, halb kniete er. Seine Beine waren von den Knien bis zu den Knöcheln bloß. An den Füßen trug er nur Socken, am Körper hatte er nichts als ein ledernes Hemd, den sogenannten Polarrock, und eine dunkelbraune kurze Hose. Seine Hände waren ohne Handschuhe. Er war bis auf die Knochen abgemagert und stieß lallende Töne aus. Seine Haut war vom Eiswind zerfressen.

Neben ihm stand Zappi, der uns lebhaft begrüßte. Er lachte, war wohlgenährt und zeigte keinerlei Erschöpfungserscheinungen. Von den Strümpfen angefangen bis zum Hals trug er doppelte und dreifache Kleidungsstücke übereinander. Einige davon gehörten Mariano, andere offensichtlich dem nicht bei der Gruppe befindlichen Dr. Malmgren.

Mariano wurde auf eine Bahre gelegt und an Bord getragen. Zappi ging aufrecht und plauderte munter drauflos. Ohne Schwierigkeiten kletterte er das Fallreep hinauf.‹

In Professor Samoilowitsch regte sich ein scheußlicher Verdacht, der sich noch verstärkte, als ihm gemeldet wurde, daß sich im Gepäck der Italiener unbegreiflich große Mengen Lebensmittel befänden. Er wollte mit den Geretteten sprechen, unterließ es aber, weil ihm Mariano zu entkräftet erschien und er Zappi nicht zu sehen wünschte. Es war ihm einfach unmöglich, sich mit einem Menschen zu unterhalten, der wohlgenährt aussah und die Kleidung seines völlig abgemagerten Kameraden und wahrscheinlich auch die eines Toten trug. Er bat deshalb den Schiffsarzt Dr. Schrednewskij zu sich, nachdem dieser die Geretteten untersucht hatte.

Der Arzt machte einen niedergeschlagenen Eindruck. »Es ist entsetzlich«, sagte er.

»Was ist mit Malmgren?«

Dr. Schrednewskij schüttelte sich. »Er soll, vierzehn Tage nachdem die drei das Lager Nobiles verlassen hatten, zusammengebrochen sein und Mariano und Zappi gebeten haben, ihn liegen zu lassen, sich nicht um ihn zu kümmern und weiter zu gehen.«

»Sie haben ihn verlassen, als er noch lebte?«

»Es ist nicht zu begreifen. Beide sagen: ›Wir haben sein Opfer angenommen, da er so flehentlich darum bat.‹«

Der Professor glaubte nicht richtig zu hören.

»Das ist aber nicht alles«, fuhr der Arzt fort. »Sie haben auch noch ein weiteres ›Opfer‹ angenommen: die Kleidung Malmgrens!«

Professor Samoilowitsch erstarrte. »Einem noch Lebenden haben sie die Kleider genommen?« Er schlug mit der Faust auf den Tisch. »Das ist das Ungeheuerlichste, was ich je gehört habe. Das ist Plünderei, das ist Mord, das ist . . .« Er rang nach Luft. »Und für solche Menschen sind wir . . .«

»Ich bin leider noch nicht zu Ende«, fuhr Dr. Schrednewskij fort. »Die Tatsache, daß Zappi ausgesprochen wohlgenährt ist, läßt die schlimmste Vermutung aufkommen. Dreiundvierzig Tage waren die beiden unterwegs. Nach meiner Berechnung hätten die Lebensmittel in dieser Zeit längst verbraucht sein müssen. Sie sind aber da, fast vollständig!«

»Hören Sie auf!« schrie Professor Samoilowitsch. »Ich nehme das nicht zur Kenntnis!« Er fühlte, daß ihm übel wurde, und rannte nach draußen.

Zwei Tage später gab Kapitän Eggi zum zweiten Male den Befehl, die Maschinen zu stoppen. Das Zelt der letzten Überlebenden war erreicht.

Ergriffen standen die Matrosen an der Reling und schauten zu den fünf Männern hinunter, die stumm zu ihnen heraufblickten.

Professor Samoilowitsch stieg das Fallreep hinab, als ginge er einem geweihten Ort entgegen. Niemand folgte ihm. Kein Laut unterbrach die Stille.

Schritt um Schritt näherte er sich den Überlebenden. Über seine wettergebräunten Wangen liefen Tränen.

Viglieri ging ihm entgegen. Er wollte etwas sagen, brachte aber kein Wort über die Lippen.

Der Russe umarmte ihn, umarmte und küßte Dr. Behounek, Biagi, Trojani und Ceccioni, der sich erhoben hatte und von seinen Kameraden gestützt wurde. Er wollte in diesem Augenblick nicht am Boden sitzen, er wünschte seinem Retter stehend zu danken.

Wenige Minuten später rannte die Besatzung des ›Krassin‹ über das Eis. Allen voran der italienische Journalist Guidicci vom Corriere della Sera, dem die Sowjetregierung erlaubt hatte, an der Fahrt des Eisbrechers teilzunehmen.

»Was ist mit Mariano, Zappi und Malmgren?« bestürmte ihn Viglieri. »Habt ihr sie gefunden?«

Guidicci nickte. »Malmgren ist tot.«

Viglieri sah ihn entgeistert an. »Und die anderen?«

Der Reporter legte seinen Arm um den Oberleutnant. »Sie leben. Wir wollen aber jetzt nicht über sie sprechen. Die beiden haben unserer Heimat eine Schande angetan, die man lange nicht vergessen wird.«

Guidicci sah voraus, was kommen mußte. Die Welt, die immer geneigt ist, die Fehler einzelner einer ganzen Nation anzukreiden, empörte sich nicht über Zappi und Mariano, sondern über das italienische Volk schlechthin. Wenn hierzu auch keine Veranlassung bestand, so muß man doch verstehen, daß man das Geschehene in einem Augenblick verallgemeinerte, da bekannt wurde, daß von drei hohen italienischen Offizieren ein General enttäuschte und zwei Korvettenkapitäne ein Verbrechen entsetzlichster Art begingen, während zur gleichen Zeit die Norweger Amundsen und Dietrichson, die Franzosen Guilbaud, de Cuverville, Brazy und Valette und die Italiener Penzo, Grozier und della Cato ihr Leben für die im Eis Eingeschlossenen hingaben.

Die Handlungsweise Nobiles wurde später, nach eingehender Prüfung aller Details, nicht von allen Experten verdammt. Dr. Eckener z. B. stellte sich auf die Seite des Generals und schrieb ihm offen, daß seine Meinung auch die ›aller kompetenten Leute in Deutschland‹ sei. Für Nobile sprachen sich auch Dr. Behounek und Professor Samoilowitsch aus.

Aber dennoch, der General, der als Antifaschist bekannt war, wurde aus dem Heer entlassen und durfte nicht mit seiner in Neapel lebenden Familie zusammenkommen. Da man ihm in Italien keine Möglichkeit gab, sein Leben zu fristen, ging er nach Moskau, wo er vier Jahre lang den Luftschiffbau leitete. Als er zurückkehrte, fiel man gleich wieder über ihn her. Papst Pius XI. nahm sich seiner an und verschaffte ihm eine Stellung in Chikago. Bei Ausbruch des Krieges bot man ihm die amerikanische Staatsangehörigkeit an. Nobile lehnte ab und kehrte 1942 nach Italien zurück, um sich der Heimat zur Verfügung zu stellen. Man wünschte ihn nicht. Daraufhin emigrierte er nach Spanien, von wo er nach Kriegsende zurückkehrte und in der Folge als Professor und Abgeordneter in Neapel lebte.

Zappi und Mariano, dem ein Bein amputiert werden mußte, wurden von der damaligen italienischen Regierung für unschuldig befunden, freigesprochen und – befördert. Ob sie noch leben bzw. wo sie leben, ist nicht bekannt. Biagi wurde Inhaber einer Tankstelle in Moskau.

Es war ein Glück für Italien, daß in jenen Tagen andere fliegerische Ereignisse große Beachtung fanden und von Nobile, Mariano und Zappi ablenkten. So bereitete der Australier Kingsford-Smith, der von Wilkins die Fokker F VII/3 gekauft hatte, mit seinem Landsmann Charles Ulm einen Flug über den Stillen Ozean vor. Sie hatten es sich in den Kopf gesetzt, das Meer der Meere zu erobern, und es machte ihnen nichts aus, daß die Fachwelt sie für verrückt erklärte, als bekannt wurde, daß sie mit der alten, auf den Namen ›Southern Cross‹ umgetauften dreimotorigen Fokker von Amerika nach Hawaii und von dort über die Fidschiinseln nach Australien fliegen wollten. Es genügte ihnen, daß sie und die Amerikaner Harry Lyon und James Warner, die als Orter und Funker fungieren sollten, volles Vertrauen zu der Maschine, zu sich selbst und zueinander hatten.

›Man sollte diesen Versuch verbieten‹, schrieb eine angesehene Zeitung. ›Genügt nicht die Tragödie im hohen Norden? Wozu noch ein Drama auf dem Stillen Ozean? Nach menschlichem Ermessen kann der geplante Flug nicht gelingen. 3 890 Kilometer sind bis Honolulu zurückzulegen. Die Entfernung von dort nach Suwa beträgt 5 050 Kilometer. Und dann folgen nochmals über 3 000 Kilometer!‹

»Hauen wir ab, bevor man uns Schwierigkeiten macht«, sagte Kingsford Smith, als er erkannte, daß die zuständigen Behörden anfingen, nervös zu werden.

Charles Ulm gab ihm recht, und in aller Stille starteten sie am 31. Mai 1928 mit der schwerbeladenen ›Southern Cross‹ vom Flughafen Oakland, um Kurs auf Honolulu zu nehmen, wo sie am 1. Juni, nach 27 Stunden 27 Minuten, auf dem Wheeler Field landeten, aber betroffen feststellten, daß die Länge des Rollfeldes für einen Start mit vollbetankter Maschine nicht ausreichte. Sie beorderten daraufhin den Betriebsstoff zu der in der Nähe liegenden Insel Kauai, deren fester Strand ihnen als ideale Startbahn empfohlen wurde.

Als sie am Abend des 2. Juni über ›Barking Sand‹ anschwebten, sahen sie gleich, daß sie gut beraten waren. Der breite und glatte Strand schien überhaupt kein Ende zu nehmen. Sie ließen ihre Tanks bis zum

Rand füllen, und im Morgengrauen des 3. Juni ging es weiter: Kurs Fidschiinseln. 34 Stunden 33 Minuten sahen sie nur den Himmel, Wolken und Wasser, dann lag der Flugplatz von Suwa unter ihnen, der sich für einen Start aber ebenfalls als zu klein erwies.

Nun war guter Rat teuer. Einen vollen Tag verbrachten sie damit, ein günstigeres Gelände zu suchen, und erst am 8. Juni konnten sie nach Australien weiterfliegen, wo sie nach 19 Stunden 10 Minuten in Brisbane landeten.

Was man nicht für möglich gehalten hatte, war Tatsache geworden. Ohne Zwischenfälle, ohne Hilfestellung seitens eines Staates oder einer Millionärsgruppe und ohne großes Geschrei wurde der Stille Ozean bezwungen.

Kingsford-Smith und Ulm gründeten eine australische Luftverkehrsgesellschaft, die sich in besonderem Maße der Entwicklung des Luftverkehrs zwischen Europa und Asien annahm. 1935 verunglückte Kingsford-Smith auf einem Flug von England nach Australien. Es wird angenommen, daß er über dem Golf von Bengalen in einen Taifun geriet.

Das Jahr 1928 schien wirklich ein ›Jahr der Sensationen‹ zu werden. Köhl überquerte den Nordatlantik in westlicher Richtung, Wilkins bezwang das Polarbecken von Alaska bis Spitzbergen, Kingsford-Smith überflog den Stillen Ozean, und noch bevor das in der Arktis angelaufene Drama seinem Ende entgegenging, gelang es den italienischen Piloten Arturo Ferrarin und del Prete, den ersten ›Nonstopflug‹ von Europa nach Südamerika durchzuführen, mit dem sie gleichzeitig den von Haldeman und Stinson gehaltenen Dauerflug- und den von Chamberlin errungenen Langstreckenrekord überboten. Sie starteten am 3. Juli in Rom und legten mit ihrer Savoya-Marchetti SM 64 die 7 188 Kilometer weite Strecke nach Natal in 58 Stunden 37 Minuten zurück.

Den Dauerflugrekord mußten sie jedoch schon zwei Tage später an die deutschen Piloten Riszticz und Zimmermann abtreten, die am 5. Juli mit einer W 33 in Dessau starteten und das Gelände der Junkers-Werke 65 Stunden 25 Minuten lang umkreisten. Es war die letzte Sensation des Jahres 1928.

20. Juni 1937

Verglichen mit den Ereignissen des vergangenen Jahres, verlief das Jahr 1929 ausgesprochen ruhig. Wenn man davon absieht, daß der deutsche Pilot W. Neuenhofen den Höhenweltrekord am 26. Juni mit einer Junkers W 34 auf 12 739 Meter verbessern konnte und daß es Dr. Hugo Ekkener in der Zeit vom 8. bis 26. August gelang, mit dem Luftschiff ›Graf Zeppelin‹ eine Weltreise von New York über Europa, Asien und Japan nach Los Angeles durchzuführen, dann gab es 1929 eigentlich nur zwei bedeutsame fliegerische Ereignisse: die Bewältigung der Strecke Moskau – Seattle und die Überquerung des Südpols.

Die Amerikaner glaubten nicht richtig zu sehen, als am Morgen des 1. September ein ihnen unbekannter, riesiger zweimotoriger Tiefdecker in Seattle landete, aus dem vier vermummte Gestalten mit strahlenden Gesichtern herauskletterten und »Sdrawstwujtje!« – »Guten Tag!« sagten.

Die Beamten der Luftpolizei blickten ratlos drein. Sdrawstwujtje? Damned, ihnen war eine russische Maschine avisiert worden, die am 23. August in Moskau gestartet sein sollte. War es möglich, daß die vor ihnen stehende Besatzung die 20 112 Kilometer weite Strecke über Sibirien und die Aleuten in sieben Tagen zurückgelegt hatte? Es erschien ihnen unwahrscheinlich. Nach der Startmeldung hatte man sie – wenn überhaupt – frühestens am 5. oder 6. September erwartet.

»Wer ist der Pilot?« fragte der Kommandant des Flughafens.

»Pilott?« Eine der vermummten Gestalten trat vor. »Das ichch!«

»Wie ist Ihr Name?«

»Schestakow.«

Der Offizier blickte auf einen Zettel. »Zum Teufel, es stimmt! Wie ist der Name Ihres Flugzeuges?«

Schestakow schien den Sinn der Worte nicht gleich zu erfassen. Denn er zögerte und sagte erst nach einer Weile: »Ah, nun ich verstch'! Du willst wissen Name, wo steht in kyrillische Schrift an Rumpf von unser Apparat?«

»Ja.«

»Ist auf amerikanisch: ›Land of the Soviets‹.«

Der Kommandant schüttelte den Kopf. »Sie sind am 23. August in Moskau gestartet?«

Schestakow strahlte. »Genau.«

Man wollte es nicht glauben. Eine eingehende Prüfung des Bordbuches ergab jedoch, daß die Angaben stimmten. Über 20 000 Kilometer hatten die Russen in einer Woche zurückgelegt; allein die Etappe von Nikolajewsk über den nördlichen Teil des Stillen Ozeans betrug 7 500 Kilometer!

Die Amerikaner waren betroffen. Eine derartige Leistung hatte noch niemand vollbracht. War es möglich, daß die Sowjets ...?

Als Wilkins von dem Flug hörte, erinnerte er sich an das Gespräch mit den Detroiter Millionären. Die Geldsäcke haben recht behalten, dachte er. Die Russen sind genausoweit wie wir, wenn nicht weiter. Wer das nicht anerkennen will, ist blind oder verschließt sich den Tatsachen.

Viele Piloten dachten wie er. Es gab aber auch Experten, die es nicht wahrhaben wollten. Die Russen haben Glück gehabt, sagten sie. Eine Schwalbe macht noch keinen Sommer. Warten wir ab, ob eine zweite und dritte Maschine kommt. Auf einen Lindbergh folgte bekanntlich ein Chamberlin und auf diesen ein Byrd. Wenn die Russen wirklich etwas können, lassen sie ihrem Schestakow einen Iwanow und einen Popow folgen.

Es erschien kein zweites sowjetisches Flugzeug, jedenfalls nicht sofort, und diejenigen, die sich insgeheim darüber freuten, rieben sich die Hände, als bekannt wurde, daß Byrd zur ›Roßbarre‹ aufgebrochen sei, um den Versuch zu machen, den Südpol zu überfliegen.

Der zähe Amerikaner machte wahr, was er zu Amundsen gesagt hatte, als er vom Flug über den Nordpol zurückkehrte. Am 28. November 1929 startete er mit Bernt Balchen, der ihn schon über den Atlantik begleitet hatte, von der ›Roßbarre‹ aus zum Südpol. Am zweiten Steuer der dreimotorigen Fokker F VII/3 saß Harold June und in der Kabine der Fotograf Ashley McKinley, der die Strecke im Reihenbild aufnehmen und vermessen wollte.

So reibungslos wie der Flug zum Nordpol verlief die ›Eroberung‹ des Südpols allerdings nicht und konnte sie nicht verlaufen, da auf dem Wege dorthin entweder der Axel-Heiberg- oder der Liv-Gletscher überflogen werden mußte, deren Höhen auf 3 200 Meter geschätzt wurden.

Byrd entschied sich für den Liv-Gletscher. Als dieser aber überquert werden sollte, stieg die schwerbeladene Maschine nicht über 2 800 Meter hinweg.

Balchen sah ihn fragend an. »Was nun? Umkehren oder Benzin abwerfen und auf jede Reserve verzichten?«

Byrd entschied weiterzufliegen, und Balchen gelang es, eine Höhe von 3 100 Meter zu erreichen, nachdem er 2 500 Liter Treibstoff abgelassen hatte.

»Wir müssen noch 100 Kilo opfern«, rief er. »Aber keinen Sprit, sonst kommen wir in Druck.«

Byrd zögerte. Es fiel ihm schwer, einen Entschluß zu fassen. Lange blickte er auf den Notproviant, dann ergriff er einen 60-Kilo-Sack und warf ihn nach draußen.

Balchen kämpfte weiter, Meter um Meter. »Noch einen Sack«, forderte er, als sie sich dem Gletscher näherten.

Byrd sah die Eiswand, der sie sich näherten. Ihm blieb keine Wahl. Er schleuderte einen zweiten Sack in die Tiefe.

Das Flugzeug stieg. Vier Augenpaare blickten der letzten Erhebung entgegen. Sekunden wurden zu Minuten, Minuten zur Ewigkeit. Doch dann war es geschafft. In zwanzig Meter Höhe überflogen sie den Gletscher. Der Weg zum Südpol war frei.

Wenige Stunden später wurde er erreicht und die amerikanische Flagge abgeworfen, an die Byrd einen Stein befestigt hatte, den er vom Grabe Floyd Bennetts mitnahm, der mit ihm zum Nordpol geflogen war und ihn auch zum Südpol hatte begleiten sollen. Über dem Pol kreisend, sandte er dem früh verstorbenen Kameraden einen letzten Gruß, dann gab er den Befehl, auf schnellstem Wege zur Ausgangsbasis zurückzukehren.

Einschließlich aller Vorbereitungen kostete die Byrd-Antarctic-Expedition über eine Million Dollar. Byrd führte später noch weitere Antarktis-Expeditionen durch. Neben den höchsten Auszeichnungen wurde ihm von 17 Universitäten der Ehrendoktor verliehen. Er starb am 12. März 1957 während der Vorbereitungen zum Geophysikalischen Jahr 1957/58.

Bernt Balchen, der in der Folge Hunderte von Polarflügen durchführte, wurde 1946 Direktor der Skandinavischen Luftverkehrsgesellschaft SAS, die sich zum Ziel setzte, große polare Luftlinien einzurichten. Nach vielen Versuchsflügen und gründlichen Vorbereitungen flog Balchen von Alaska über den Nordpol nach Norwegen. 1952 führte Flugkapitän Paul Jensen den ersten Luftverkehrsprobeflug von Los Angeles über Thule nach Skandinavien durch.

Die Amerikaner jubelten, als der glückliche Ausgang der Byrdschen Expedition bekannt wurde, und beinahe besorgt fragte die Presse: ›Welchen Aufgaben werden sich die Pioniere unter den Fliegern nunmehr zuwenden? Was bleibt nach der Eroberung des Südpols, der letzten Provinz des Luftreiches, noch zu tun?‹

Byrd selbst war es, der die erste Antwort auf diese Frage erteilte. »Möchten sich die Zeitungen doch daran gewöhnen, nicht immer von ›Eroberungen‹ zu reden«, sagte er. »Bis jetzt wurde nur der Zipfel eines gewaltigen Schleiers gelüftet.«

Die zweite Antwort gab ein Journalist, der erstaunt fragte: »Letzte Provinz? Wieso? Bis heute wurden lediglich die Weltmeere und Pole überflogen, über dem höchsten Berg der Erde aber, dem Mount Everest, kreiste noch kein Flugzeug.«

Man stutzte, gab dem Journalisten recht und dachte: Merkwürdig, daß noch niemand den Versuch machte, den 8847 Meter hohen Gipfel des ›Tschomo-lungma‹, der ›Göttin-Mutter der Erde‹, zu überfliegen. Man forschte nach Gründen und suchte sie erneut, als es am 4. Juni 1930 dem amerikanischen Piloten A. Soucek mit einer Wright Apache gelang, den Höhenweltrekord auf 13 157 Meter zu verbessern.

Man bedachte nicht die Schwierigkeiten, die ein Flug über den Mount Everest mit sich bringen mußte. Nicht nur fliegerische, sondern Probleme diplomatischer Natur – und diese in erster Linie – waren zu lösen. Der nördliche Teil des Gebirgsmassivs liegt in Tibet, der südliche in Nepal. Tibet und Nepal aber darf man nicht ohne weiteres überfliegen, insbesondere Tibet nicht, welches das Überfliegen des Landes grundsätzlich verboten hatte. Wollte man also den höchsten Berg der Erde bezwingen, so waren zunächst langwierige Verhandlungen mit der Regierung von Nepal notwendig, die nur dann Aussicht auf Erfolg versprachen, wenn es möglich war, den wissenschaftlichen Wert des Fluges glaubwürdig nachzuweisen.

Major Blacker, ein englischer Offizier in der indischen Armee, der vor dem Weltkrieg einige Jahre zur Fliegertruppe abkommandiert gewesen war und sich für das Problem der Überfliegung des Mount Everest in hohem Maße interessierte, wußte das genau und arbeitete einen Plan aus, demzufolge ein Flug über den höchsten Berg wissenschaftlichen Aufgaben geodätischer und meteorologischer Art dienen sollte. Seinen Plan legte er der Königlich-Geographischen-Gesellschaft mit der Bitte vor, ihn zu begutachten und seine Bedeutung zu bestätigen. Dann wandte er sich mit einem Gesuch an die Regierung von Indien, die er bat, den König von Nepal zu bewegen, das Überfliegen des Mount Everest zu gestatten.

Jahre vergingen. Jahre, in denen Blacker immer wieder vorstellig werden mußte, Jahre, in denen die Luftfahrt sich ständig weiterentwikkelte und neue Triumphe feierte.

So gelang es am 27. Mai 1931 dem Schweizer Physiker Professor Auguste Piccard in Begleitung seines Assistenten Kipfer, mit einem Spezialhöhenballon, der eine kugelförmige, luftdichte Aluminiumgondel trug, bis auf 15 781 Meter zu steigen und damit in die Stratosphäre vorzudringen. Wenn der Aufstieg auch ausschließlich wissenschaftlichen Zwecken diente, so errang Professor Piccard dennoch den absoluten Höhenweltrekord.

1932 wiederholte Professor Piccard den Aufstieg mit dem belgischen Physiker Max Cosyns; er erreichte dabei eine Höhe von 16 940 Meter. Ab 1948 widmete er sich der Tiefseeforschung. Er konstruierte eine Tauchgondel ›Bathyscape‹, mit der er sich 1953 auf 3 150 Meter unter NN senken ließ.

Drei Tage nach Piccards erstem Höhenaufstieg, am 30. Juni, landete das bisher größte ›Flugschiff‹ der Erde, die von Dr. Claudius Dornier konstruierte und gebaute Do X, in Porto Praia auf den Kapverdischen Inseln, um von dort mit einem Ehrengast, dem portugiesischen Admiral Coutinho, nach Rio de Janeiro und anschließend über New York nach Berlin zurückzufliegen, wo das riesige Wasserflugzeug auf dem Müggelsee landen sollte und tatsächlich auch glatt landete, nachdem es 33 020 Kilometer störungsfrei zurückgelegt hatte.

Die Welt bestaunte die Do X, die nach ihrem Stapellauf über dem Bodensee einen einstündigen Probeflug durchgeführt hatte, an dem 162 Personen teilnahmen. Sie war mit 12 Curtiss-Conqueror-Motoren von je 625 PS ausgerüstet, besaß ein Gesamtgewicht von 31 198 Kilogramm und verfügte über einen Rumpf, der in drei Etagen aufgeteilt war. Im A-Deck lagen die technischen Räume für den Kommandanten, die Piloten, Orter, Ingenieure, Maschinisten und Funker: insgesamt 14 Mann. Im B-Deck waren komfortable Aufenthaltsräume für 70 Fluggäste untergebracht, und im C-Deck befanden sich die Tankräume.

Kommandant des ›Flugschiffes‹ war der erfolgreiche deutsche Seeflieger Friedrich Christiansen. Als Piloten fungierten die Flugkapitäne Horst Merz und Cramer von Clausbruch, die über große Erfahrungen im Atlantikflug verfügten.

Wenn der Flug der Do X die Welt auch begeisterte, so zeigte das Unternehmen doch, daß die Zeit für Großflugzeuge solchen Ausmaßes noch nicht reif war. Der lange Rumpf unterlag bei den Anläufen in der Dünung zu gewaltigen Belastungen, und es war oftmals nur der Geschicklichkeit der Piloten zu verdanken, daß sich das schwere Boot aus dem Wasser heraushob. Ohne besonders günstige See- und Windverhältnisse war ein Start unmöglich.

Dennoch muß die Do X als ein Markstein in der Geschichte des Flugzeugbaues bezeichnet werden. Sie wurde nicht geschaffen, um einen Rekord zu erringen, man machte mit ihr vielmehr den ersten ernsthaften Versuch, das Flugzeug in den Dienst des Transozeanluftverkehrs zu stellen, und die Erfahrungen, die dadurch gesammelt werden konnten, kamen manchem späteren Unternehmen zugute.

Die Deutsche Lufthansa, die beide Piloten gestellt hatte, bemühte sich zu jener Zeit schon intensiv darum, einen regelmäßigen Luftpostverkehr nach Sudamerika zu schaffen. Die Möglichkeit dazu bot ihr das strapazierfähige und ungewöhnlich sichere Dornier-Flugboot Do 18, eine Weiterentwicklung des fast schon legendär gewordenen Dornier-›Wal‹. Mit Zuladung konnte dieses Flugboot den Südatlantik freilich noch nicht im Nonstopflug bewältigen. Doch die Deutsche Lufthansa wußte Rat. Sie stationierte auf dem Südatlantik drei ›Flugsicherungsschiffe‹, die mit einem Schleppsegel ausgestattet waren, auf das die gewasserte Do 18 auflaufen konnte. War dies geschehen, dann wurde das Flugboot mit Hilfe eines Krans an Bord gehievt, dort neu betankt und vermittels einer Katapultanlage wieder in die Luft geschleudert. Auf diese Weise konnte selbst bei rauhester See gestartet werden, und es ging keine kostbare Zeit verloren. Dem Flugboot Do 26 ›Seefalke‹, eine viermotorige Weiterentwicklung der Do 18, gelang es 1938, dringend benötigte Medikamente in einer Rekordzeit von drei Tagen von Deutschland nach Buenos Aires zu bringen.

Im Gegensatz zu den Bestrebungen, dem Luftverkehr zu dienen, dachten die amerikanischen Piloten Post und Gatty ausschließlich daran, einen neuen Rekord aufzustellen. Vier Tage vor der Landung der Do X im New Yorker Hafen, am 23. Juni 1931, starteten sie mit einem Lockheed-Vega-Hochdecker vom Roosevelt Field nach Harbor Grace und von dort gleich weiter nach Berlin, wo sie am 24. Juni landeten. Auch hier hielten sie sich nicht auf. Schon am nächsten Morgen flogen sie nach Moskau, am 26. nach Nowosibirsk, am 27. und 28. über Irkutsk und Blagoweschtschensk nach Chabarowsk, am 29. nach Fairbanks in Alaska, am 30. nach Edmonton und am 1. Juli nach New York. In 8 Tagen 15 Stunden und 51 Minuten legten sie bei einer reinen Flugzeit von 96 Stunden 10 Minuten 23 000 Kilometer zurück.

Die Amerikaner jubelten. Der Flug des Russen Schestakow, der ihnen noch immer in den Gliedern saß, war übertrumpft worden, wenngleich Post und Gatty die ungleich schwierigere Strecke über die Alëuten gemieden hatten. Doch was spielte das für eine Rolle. Ihre Boys hatten in acht Tagen 23 000 Kilometer zurückgelegt, während die Russen in der gleichen Zeit nur gut 20 000 Kilometer bewältigten. Man konnte wieder ruhig schlafen. Amerikaner hatten als erste den Nordatlantik und die Pole überflogen, und Amerikaner hatten nun neben dem Höhenweltrekord auch den Rekord im Weltrundflug errungen.

Es bedrückte sie deshalb sehr, daß ihnen der Höhenrekord am 16. September 1932 von dem Engländer C. F. Uwins genommen wurde, der mit einer Vickers-Vespa 13 404 Meter erreichte. Schmerzlicher aber noch empfanden sie es, daß es ebenfalls Engländer waren, denen es nach mühevollen Vorbereitungen am 3. April 1933 gelang, den Mount Everest zu überfliegen. Und das gleich mit zwei Westland-Doppeldekkern.

Den Organisator des Unternehmens, Major Blacker, beneidete allerdings niemand. Man wußte, welch dornenvollen Weg er Jahre hindurch hatte gehen müssen, bevor er es fertigbrachte, seinen Plan zu verwirklichen.

Zunächst hatte er, um die Genehmigung zum Überfliegen des Königreiches Nepal zu erlangen, einflußreiche Persönlichkeiten gewinnen und ein Komitee gründen müssen, dem außer dem passionierten Flieger Lord Clydesdale der ›Master of Semphil‹ Oberst John Buchnan und Lord Peel beitraten. Als diese die Erlaubnis erwirkt hatten, folgten monatelange Verhandlungen mit der Bristol-Aeroplane- und der Westland-Aircraft-Company, die zwei Pegasus-Gebläse-Motoren und zwei geeignete Flugzeuge zur Verfügung stellen sollten.

Man brachte den Plänen des Majors das größte Verständnis entgegen und erklärte sich bereit, ihn in jeder Hinsicht zu unterstützen, aber ganz ohne Geld ging es beim besten Willen nicht.

Was tun? Blacker ernannte Lord Clydesdale, dessen gute Beziehungen er kannte, zum Chefpiloten, woraufhin sich dieser sofort an Lady Houston wandte, von der man wußte, daß sie ›nationale Anliegen‹ freigebig unterstützte. Er hatte Erfolg: Lady Houston stiftete eine ansehnli-

Oben
Der aus einer FW 190 und Ju 88 gebildete ›Mistel-Bomber‹.

Mitte
Das in den Caproni-Werken gebaute erste italienische Düsenflugzeug.

Unten
Das erste englische Düsenflugzeug Gloster E 28/39

Linke Seite: Mitte
Das englische Düsenflugzeug Gloster-›Meteor‹ konnte die deutsche Fernwaffe V 1 mühelos einholen und abschießen. Der Triebwerkskonstrukteur war Frank Whittle.

Linke Seite: unten
Das amerikanische Düsenflugzeug Bell P-59 ›Aircomet‹.

Rechte Seite: oben
Der Düsenjäger Me 262 war mit zwei Junkers 004-Strahltriebwerken ausgerüstet.

Rechte Seite: Mitte
Der Raketenjäger Me 163.

Rechte Seite: links unten
Schnittbild der Me 163, auch ›Das Kraftei‹ genannt. Hinter dem Führersitz befand sich der Brennstofftank und das Walter-Raketentriebwerk.

Rechte Seite: rechts unten
Eine Me 163 ›komet‹ kurz nach dem Start. Von der gewaltigen Rückstoßkraft getrieben, schießt das Flugzeug dahin. Antrieb: flüssigkeitsgetriebene Walter-Rakete mit 4500 PS Rückstoßkraft.

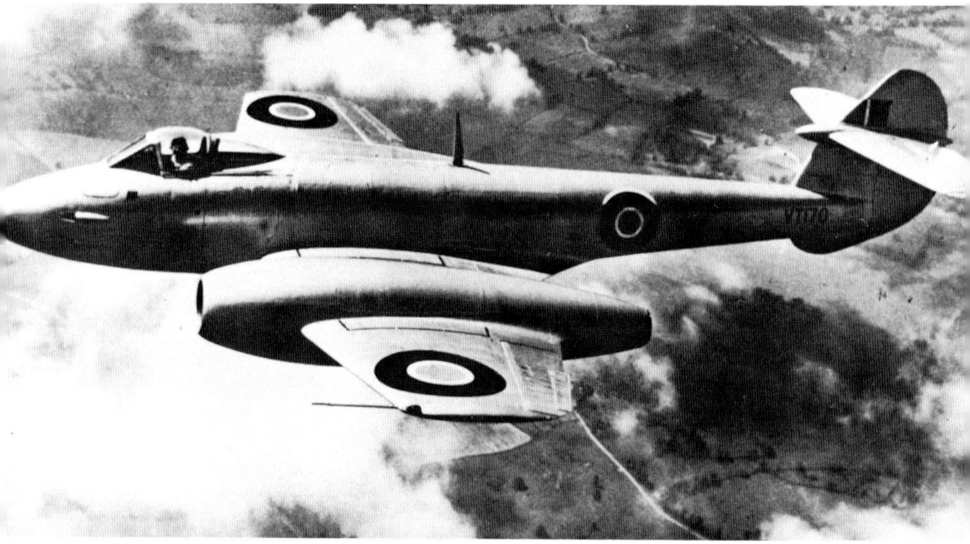

FE 500

Linke Seite: oben
Der ›Volksjäger‹ He 162.

Linke Seite: Mitte
Das aerodynamisch hervorragende englische Nur-Flügel-Düsenflugzeug DH 108.

Linke Seite: unten
Das amerikanische Raketenflugzeug Bell X 1, mit dem Charles Yeager am 17. Oktober 1947 die ›Schallmauer‹ durchstieß.

Rechte Seite: oben
Die Douglas-Skyrocket.

Rechte Seite: unten
Start einer A 4 (›V 2‹) mit aufgesetzter Wac-Corporal-Rakete, die 1949 eine Höhe von 402 Kilometern erreichte.

SKYROCKET

Linke Seite: oben
Der ›Comet III‹ das von Sir Geoffrey De Havilland entwickelte Düsenverkehrsflugzeug. Spannweite: 35,1 m; Länge: 34,0 m; Fluggewicht: 68 040 kg.

Linke Seite: Mitte
Hier führt ein Pilot der RAF mit dem zweimotorigen Gloster-Jagdflugzeug GA-5 ›Javelin‹ eine ›Kerze‹ vor, d.h., er läßt die Maschine senkrecht steigen, um ihre Leistungsfähigkeit zu demonstrieren.

Linke Seite: unten
Diese B-24 ›Liberator‹ wurde von 1941–43 gebaut.

Rechte Seite: oben
Der russische Düsenjäger MIG 15 (mit amerikanischen Kennzeichen!).

Rechte Seite: Mitte
Der russische Düsenjäger MIG 17.

Rechte Seite: unten
Die MIG 19.

616
616
U.S. AIR FORCE

72

157

Linke Seite: Mitte
Das vierstrahlige Düsenverkehrsflugzeug De Havilland ›Comet IV B‹.

Linke Seite: unten
Das russische Düsenverkehrsflugzeug TU 104 A.

Rechte Seite: oben
Das mit vier Propellerturbinen ausgerüstete russische Langstreckenverkehrsflugzeug TU 114. (Spannweite: 52 m; Länge: 44 m; Fluggewicht: 140 000 kg.)

Rechte Seite: Mitte
Das Douglas-Langstreckenverkehrsflugzeug DC-7 ›Seven Seas‹ hat eine Druckkabine, die – je nach Ausrüstung – 62 bis 99 Passagiere aufnimmt. Die Besatzung besteht aus 5 Mann. Vier Wright-Doppelsternmotoren von je 3450 PS geben der Maschine eine Reisegeschwindigkeit von 560 km/h.

Rechte Seite: unten
Die Lockheed-›Super-Constellation‹ befördert bei einer Besatzung von 5 bis 11 Mann je nach Ausrüstung 58 bis 92 Passagiere. Die Maschine hat eine Druckkabine und vier Motoren von je 3450 PS. Das Fluggewicht beträgt 70 700 kg; die Reisegeschwindigkeit 550 km/h; die Reichweite 11 500 km.

SAS
SCANDINAVIAN AIRLINES SYSTEM
LN-MOB

Linke Seite: links unten
Die amerikanische Dreistufenrakete Vanguard, die den Meßsatelliten ›Vanguard I‹ auf 4000 km Höhe trug.

Linke Seite: rechts oben
Die Druckkabine des russischen Satelliten ›Sputnik II‹ mit der Polarhündin Laika.

Rechte Seite: links oben
Der Satellit ›Pionier‹, ausgerüstet mit 4800 Siliziumzellen, die Sonnenlicht in Betriebsstrom umwandeln.

Rechte Seite: rechts oben
Prof. Dr. Eugen Sänger.

Rechte Seite: Mitte
Die X 15, die am 15. Oktober 1958 der Öffentlichkeit vorgeführt wurde.

Rechte Seite: unten
Das Versuchsflugzeug Douglas X 3.

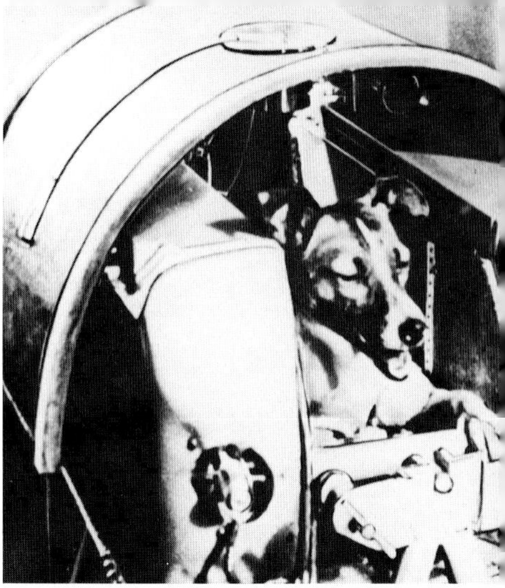

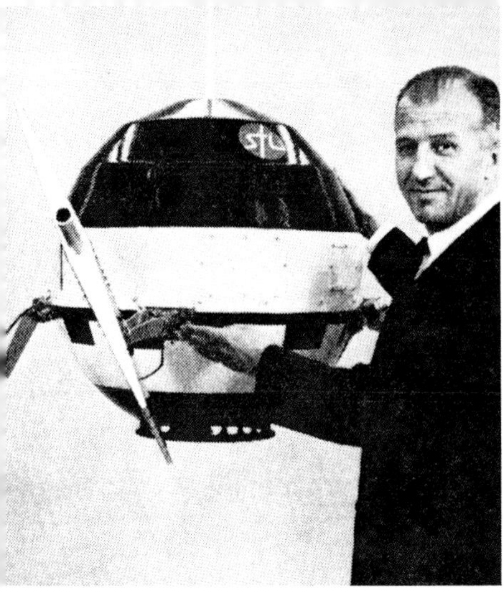

AIR FORCE
APU EXHAUST
X-15

DOUGLAS

Rechts
Dieser mittels eines Fallschirms gelandete Kopf einer russischen Forschungsrakete enthielt außer zahlreichen Geräten und Instrumenten auch eine Druckkammer für ein Versuchstier.

Linke Seite: links unten
Gewichtsdiagramm der von Prof. Wernher von Braun entwickelten A4-Rakete (V 2).

Linke Seite: rechts unten
Start der von Wernher von Braun entwickelten Rakete ›Redstone‹.

Rechte Seite: links unten
Modell der Instrumentenkammer, die in der ersten sowjetischen Mondrakete ›Lunik I‹ eingebaut war.

Rechte Seite: rechts unten
Der kegelförmige sowjetische Erdsatellit ›Sputnik III‹.

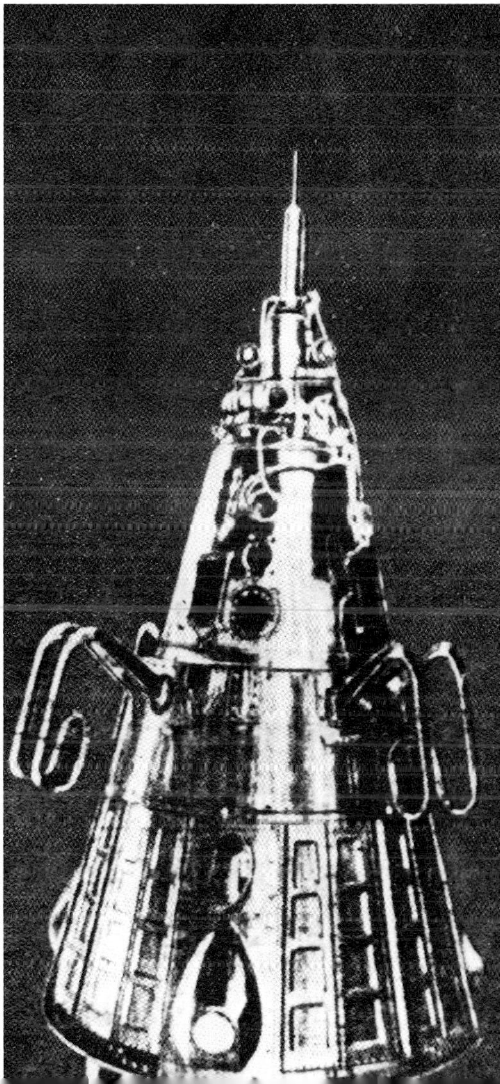

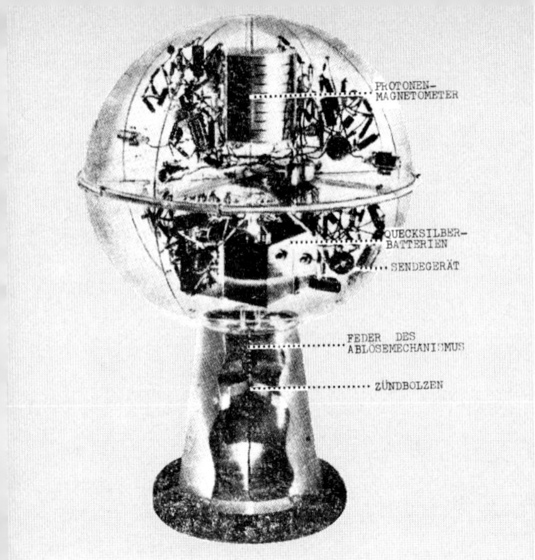

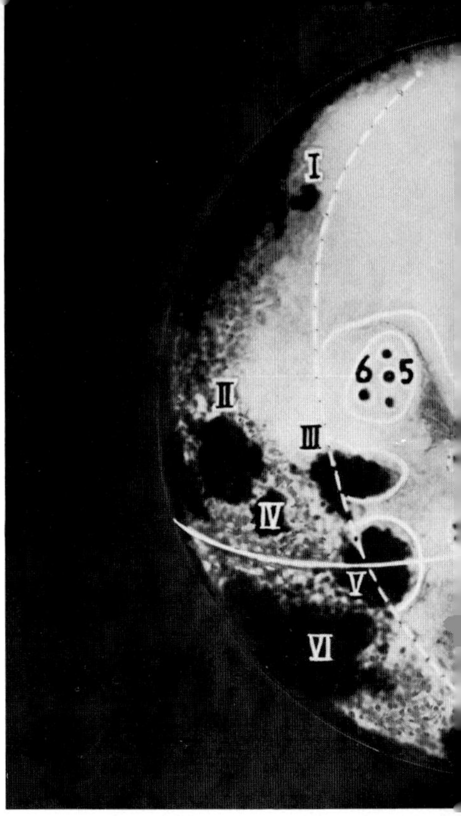

Links oben
Modell eines amerikanischen Erdsatelliten. Gewicht: 11,25 kg; Durchmesser: 50 cm.

Oben Mitte
Diese Aufnahme von der Rückseite des Mondes wurde von ›Lunik III‹ gemacht. Die römischen Zahlen links in der gestrichelten Linie kennzeichnen die auf der Vorderseite des Mondes befindlichen ›Mondmeere‹. Rechts der gestrichelten Linie sieht man 70% der bisher unbekannt gewesenen Rückseite des Mondes. Die neu entdeckten Formationen erhielten von der Sowjetischen Akademie der Wissenschaften nachstehend aufgeführte Bezeichnungen: 1) Mare Moskwa (ca. 300 km Durchmesser); 2) Astronautenbucht; 3) Fortsetzung des Südmeeres; 4) Tsiolkowski-Krater (ca. 100 km Durchmesser); 5) Lomonossow-Krater; 6) Joliot-Curie-Krater; 7) Sowjet-Gebirge (ca. 2000 km lang); 8) Mare Metschta (Traum-Meer).

Unten Mitte
Rückkehr der ›Mercury‹-Kapsel aus dem Weltraum. 1) Die Kapsel auf ihrer Flugbahn; 2) Raketen bremsen die Geschwindigkeit ab und bringen die Kabine in eine Schräglage; 3) Geschwindigkeit verringert sich weiterhin durch nunmehr auftretenden Luftwiderstand; 4) Bugkappe und Bremsraketengehäuse werden abgesprengt (der Bremsschild fängt an zu glühen); 5) Hilfsfallschirm entfaltet sich; 6) Ablösung des Hilfsfallschirmes; 7) Entfaltung des Hauptfallschirmes; 8) die Kapsel schlägt auf.

Rechts
Start einer ›Redstone‹-Rakete mit aufgesetzter ›Mercury‹-Kapsel. Darüber befindet sich die unverkleidete Rettungseinrichtung, ›Escape-Tower‹ genannt.

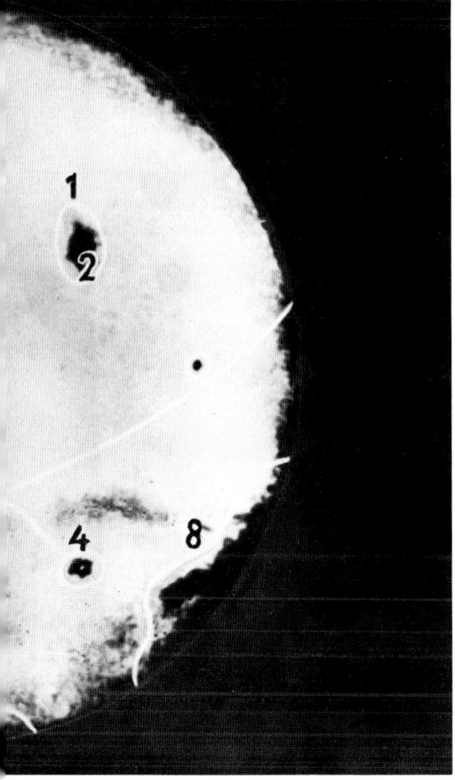
1
2
4
8

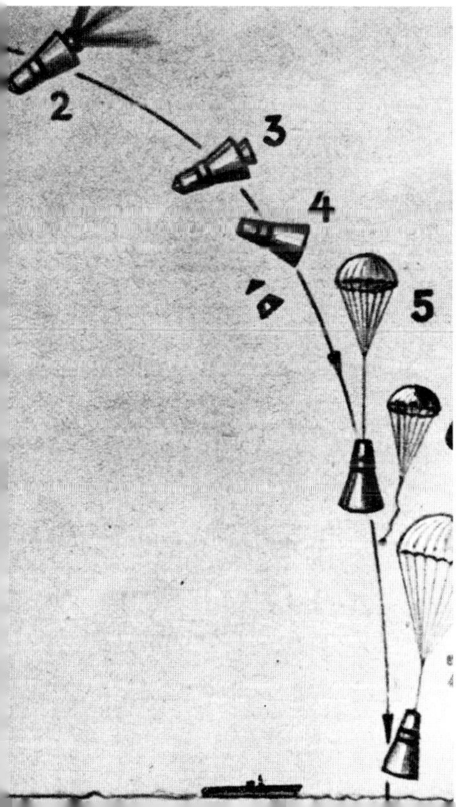
2
3
4
5

UNITED STATES

Rechts
Das sowjetische Einmannraumschiff ›Wostok‹ besitzt vorne eine sphärische Kabine und hinten einen zylindrischen Körper, der das Bahnkorrektur-Triebwerk, ein Lagesteuerungssystem, Bremsraketen und dergleichen enthält. Am konischen Zwischenstück befinden sich die Sauerstoff- und Stickstoffbehälter zur Regelung der Kabinen-Atmosphäre.

Unten
Die ›Mercury‹-Raumkapsel: 1) Horizontsucher; 2) Suchhilfen für die Bergung; 3) Instrumentenbrett; 4) Steuersegment; 5) Einsteigetür; 6) Fenster; 7) Weltraumpilot im Druckanzug; 8) Stabilisierungsdüsen für Längsachse; 9) Sende- und Empfangsgerät; 10) Glasfaserschicht zwischen Doppelwand zum Schutz gegen Hitze; 11) Bremsraketen (Gehäuse abwerfbar); 12) Spezial-Liegesitz; 13) Anschnallgurte; 14) Klimaanlage; 15) Stabilisierungsdüsen für Längsachse; 16) Proviant- und Wasserbehälter; 17) ausgefahrenes Periskop; 18) Hilfs- und Hauptfallschirm; 19) Stabilisierungsdüsen für die Seiten- und Höhenachse; 20) Antennenraum; 21) abwerfbare Bugkappe.

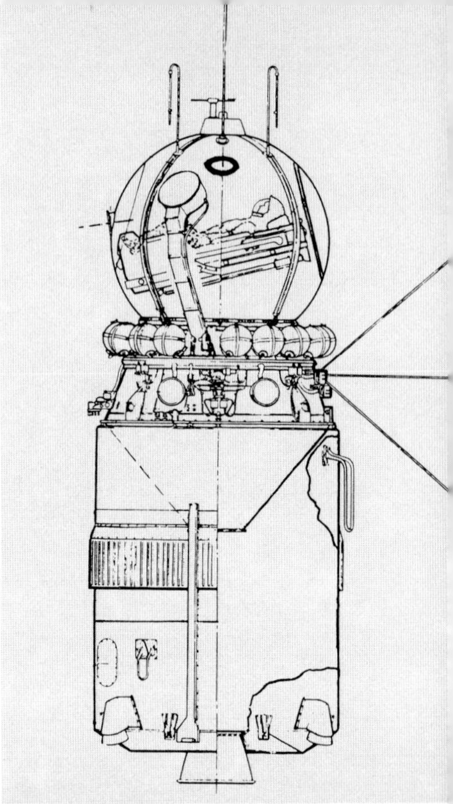

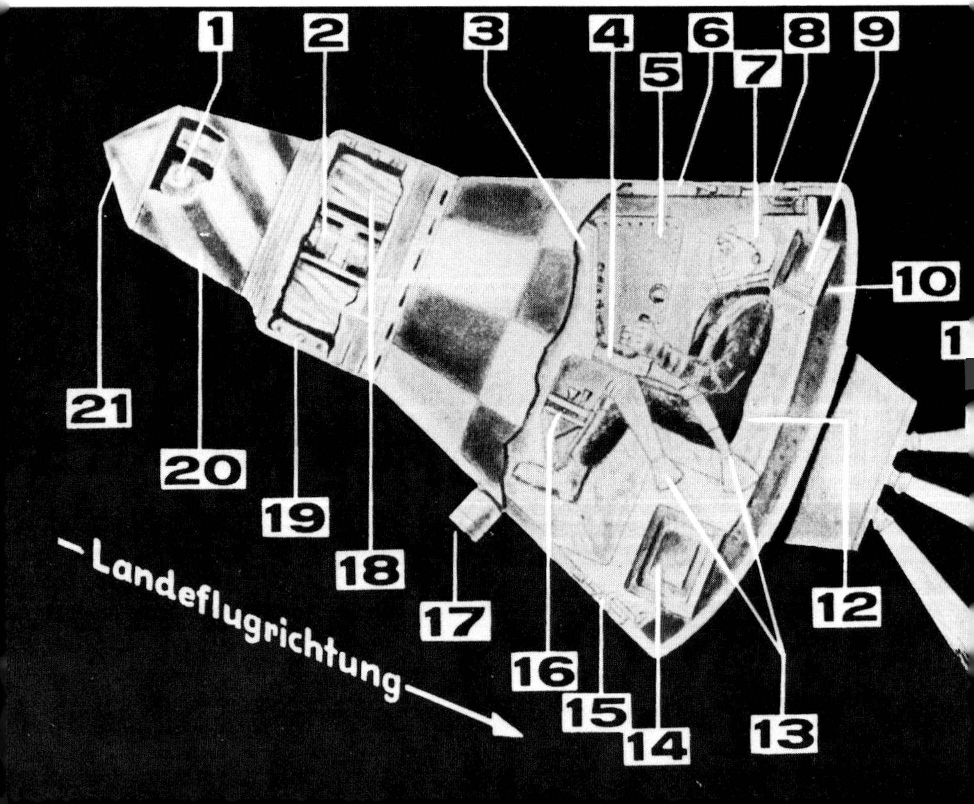

che Summe und – gründete ein Komitee, dem der Maharadscha Jam Sahib von Nawanaga und Lord Burnham beitraten.

Da die Angehörigen des Komitees aber nichts von der Sache verstanden, gründeten sie eine Organisation, deren administrativer Leiter Commodore Fellowes von der Royal Air Force wurde, der wiederum Leutnant McIntyre mitbrachte und diesen zum zweiten Piloten ernannte.

Und nun legte man los. Zum Flug auf den Mount Everest? Weit gefehlt. Die Organisation begann zu organisieren, und mit dem Organisieren wuchs die Organisation. Im Nu standen neben den beiden auf die Namen ›Houston‹ und ›Wallace‹ getauften Westland-Doppeldekkern drei weitere kleine Sportmaschinen, mit denen die Besatzungen Flüge über Indien durchführen sollten, »um sich mit den dortigen Luft- und Windverhältnissen vertraut zu machen«.

Das kostete natürlich Geld, und man mußte schnell weiter organisieren, um die entstehenden Löcher stopfen zu können. Der Times wurden die Vorabdrucks- und Bildrechte verkauft; sie schickte den flugtechnischen Redakteur Shepherd. Die Gaumont-British-Picture-Corporation erhielt das Recht, einen Film zu drehen; sie bildete unter der Leitung von Geoffrey Barkas einen Filmstab, der sich aus drei Operateuren, zwei Kameraleuten und einem Assistenten zusammensetzte.

Den erneuten Einnahmen standen natürlich weitere Ausgaben gegenüber. Man benötigte einen versierten Meteorologen und fand ihn in Dr. Norman, der sich gleich an die Arbeit machte, Assistenten ernannte und in Darjeeling und Purniah zwei Ballonstationen einrichtete.

Das Netz der Organisation erweiterte sich. Man brauchte Fahrzeuge, um die Verbindung untereinander aufrechterhalten zu können, und wandte sich an den Radscha von Banyili, der lächelnd 100 Wagen zur Verfügung stellte.

Man atmete auf. Aber: Autos verlangen Kraftfahrer, und Kraftfahrer verlangen Geld. Die Organisation wuchs. Personalkarteien mußten angelegt und eine Lohnstelle eingerichtet werden. Doch wo? Man benötigte ein Hauptquartier.

Der Maharadscha von Darbhanga hatte ein Einsehen. Er räumte in Purniah ein palastähnliches Gebäude, richtete es neu ein und gab der Hoffnung Ausdruck, daß man sich wohl darin fühle.

Erneutes Aufatmen. Es dauerte nur kurze Zeit. Das Hauptquartier verlangte einen verantwortlichen Leiter. Man fand ihn in dem der indischen Sprache kundigen Engländer Etherton.

Major Blacker schwindelte es. Er kannte sich nicht mehr aus. Die Organisation war zu einer Hydra geworden, die ihn zu vernichten drohte. Hunderte von Menschen waren tätig, um einen Flug vorzubereiten, der alles in allem etwa zwei Stunden dauern sollte.

Er fühlte sich aber nicht betrogen, als er am 3. April 1933 nach knapp zwei Stunden vom ersten Flug über den Mount Everest zurückkehrte.

Das Erlebnis, das er gehabt hatte, war von so überwältigender Schönheit, daß er noch Stunden nach der Landung unfähig war, darüber zu sprechen. Das Bild des tiefblauen Himmels, gegen den sich der majestätische Berg abhob, wollte nicht weichen. Noch immer sah er das weiße Dreieck des Gipfels vor sich, so weiß, als strahle es alles Licht der Erde aus. Und über der Spitze wehte, wie eine silberne Fahne, eine kilometerlange ›Schneefeder‹, welche die ungeheure Geschwindigkeit erkennen ließ, mit der der Sturm über den Gipfel des höchsten Berges der Erde hinwegfegte.

Lord Clydesdale, der angenommen hatte, daß es sich bei der ›Feder‹ um vom Wind abgehobene Schneepartikel handle, wagte es, die silberne ›Fahne‹ zu durchfliegen. Er war jedoch kaum in sie eingetaucht, da glaubte er, sein Ende sei gekommen. Mit der Gewalt eines Blizzards schlugen unzählige Eisstücke gegen die ›Houston‹, deren Fenster im selben Augenblick zersplitterten. Es war, als wäre die Maschine in ein Sperrfeuer geraten, und sie würde wohl rettungslos verloren gewesen sein, wenn es dem Lord nicht schnellstens gelungen wäre, das Flugzeug aus der Gefahrenzone herauszuziehen.

Aufnahmen konnten an diesem Tage nicht mehr gemacht werden, und so startete Blacker mit McIntyre am 19. April zum zweiten Flug über den Mount Everest, bei dem es gelang, den Berg in seiner ganzen Höhe und Breite im Reihenbild festzuhalten und zu vermessen.

Der Schleier, der noch über der letzten Provinz des Luftreiches gelegen hatte, war gelüftet, und erneut fragten die Zeitungen: Welchen Aufgaben werden sich die Piloten nun zuwenden?

Als ob es deren nicht genug gegeben hätte! Nur ein Anfang war gemacht worden, weiter nichts. Und doch war die Frage nicht ganz unberechtigt. Zweifellos war den Fliegern, die die Entwicklung des Flugzeuges durch den Einsatz ihrer Person vorwärtsgetrieben hatten, nach der ›Eroberung‹ der letzten Provinz die Möglichkeit genommen, weiterhin im gleichen Sinne tätig zu sein. Es gab nichts mehr, was nicht schon gemacht oder vollbracht worden wäre; es konnte jetzt nur noch darum gehen, die Leistungen zu verbessern und die Sicherheit zu steigern. Das aber erforderte nicht Mut und Tatkraft, sondern Geist, geschulte Köpfe: Ingenieure. An ihnen lag es nun, das Erbe der Pioniere anzutreten und das Ergebnis ihrer Überlegungen und Berechnungen dafür geeigneten Piloten anzuvertrauen, damit diese die vorgenommenen Veränderungen untersuchten und erprobten.

Als erstes galt es, den Aktionsradius der Flugzeuge zu erweitern und ihre Geschwindigkeit zu steigern, eine Aufgabe, die leichter zu stellen als zu lösen war. Es darf deshalb nicht verwunderlich erscheinen, wenn die Bemühungen der Ingenieure und Konstrukteure zunächst keine nennenswerten Erfolge zeitigten. Wohl gelang es dem Italiener F. Agello, den Schnelligkeitsrekord von 682 Stundenkilometern, den er am 10. April 1933 mit einer Macchi 72 errungen hatte, mit derselben Maschine am 23. Oktober 1934 auf 709 km/h zu erhöhen, nachdem der Doppelmotor des einsitzigen Wasserflugzeuges von 2 800 auf 3 100 PS hochgetrieben worden war.

Die Erwähnung der PS-Zahl kann das Verdienst Agellos nicht schmälern, sie soll nur deutlich machen, daß man sich in jenen Tagen von einer Steigerung der Motorenleistung mehr versprach als von einer Verbesserung der aerodynamischen Verhältnisse. Das Ergebnis war dementsprechend. Mit zusätzlichen 300 PS wurde eine Geschwindigkeitssteigerung von 27 km/h erreicht.

In aerodynamischer Hinsicht lag eben noch vieles im argen. Nach wie vor wurden Maschinen gebaut, die ein erschreckendes Gewirr von Spanndrähten und Streben zeigten. Man betrachte nur das bewährte Verkehrsflugzeug De Havilland DH 66, das seiner Stärke und Zuverlässigkeit wegen den Namen ›Herkules‹ erhielt und seit 1929 planmäßig zwischen England und Indien eingesetzt wurde.

Vielleicht würde sich das Gesicht der Flugzeuge auch in der Folge noch nicht so schnell verändert haben, wenn der Friedensvertrag von Versailles den Deutschen nicht Fesseln auferlegt hätte, die den Segelflugsport förderten. Denn dem motorlosen Flug blieb es vorbehalten, die wichtigsten aerodynamischen Erkenntnisse zu vermitteln.

Im Vergleich zu ausländischen Flugapparaten zeigten neue deutsche Konstruktionen, wie z. B. die Do X, sehr bald ein moderneres Gesicht. Dies nicht zuletzt, weil man sich auf Erfahrungen stützte, die junge Segelflieger gesammelt hatten. Ihnen war der Motorflug verboten; zwangsläufig wandten sie sich der Aerodynamik zu und forschten nach Mitteln und Wegen, sich die in der Natur vorhandenen Kräfte nutzbar zu machen.

Zunächst wurde einfach vom Hang aus gestartet, indem man sich vermittels zweier Gummiseile von Kameraden in die Luft katapultieren ließ, um dann den Hang entlang in das Tal zu gleiten. Bis man erkannte, daß man mit Hilfe des Hangwindes auch Steigflüge durchführen kann: aus Gleitflügen wurden Segelflüge.

Der Vorgang ist einfach. Aus der auf Seite 467 in der Zeichnung als (H) gekennzeichneten horizontalen Geschwindigkeit und der vertikalen Sinkgeschwindigkeit (S) ergibt sich die resultierende Kraft (R), die einen Gleitflug darstellt. Den Hangwind R_1 muß man sich in die Vertikalkomponente K_1 und in die Horizontalkoponente K_2 zerlegt denken. Ist K_1 größer als S, so wird das Flugzeug eine ansteigende Bahn nehmen, also zum Segelflug übergehen.

Nun dauerte es nicht mehr lange, bis das Segeln mit Hilfe thermischer Aufwinde herausgefunden und in Anwendung gebracht wurde.

Beim thermischen Segeln wird die durch Einstrahlung der Sonne entstehende Luftbewegung ausgenutzt. Ein Beispiel: Ein feuchter Wald speichert die Sonneneinstrahlung besser auf als ein freiliegendes Feld, das sich schneller als der Wald erwärmt, seine Wärme aber auch schneller wieder abgibt. Über Waldflächen finden wir deshalb in den Abendstunden aufsteigende Luftmassen – Abendthermik –, die an Steilhängen besonders ausgeprägt sind und es dem Segelflieger ermöglichen, noch zu später Stunde herrliche Flüge auszuführen.

Aus dem vorher Gesagten ergibt sich, daß ein vollendetes Segelflugzeug zwei wichtige Eigenschaften besitzen muß: niedriges Gewicht und möglichst geringer Luftwiderstand.

Das Segelflugzeug des Deutschen Max Kegel zeigte schon eine hervorragende Linienführung. Mit ihm wagte Kegel sich 1926 in eine Gewitterfront, um sich von den in ihr herrschenden turbulenten Luftmassen in die Höhe ›schleudern‹ zu lassen.

Aerodynamisch noch weit vollendeter war der vom Segelflugbau Göppingen für Hanna Reitsch gebaute ›Sperber-Junior‹.

Bevor jedoch die gesammelten Erfahrungen ihren Niederschlag finden und den Flugzeugbau revolutionieren konnten, mußten Jahre vergehen, Jahre, die den Russen Gelegenheit gaben, der Welt zu beweisen, daß sie zu keiner Zeit untätig gewesen waren.

Ihre Beweisführung ließ die Welt zunächst allerdings nicht sonderlich aufmerken. Sie errangen mit ihrem Stratosphärenballon ›Ossoawiachim‹, der am 30. Januar 1934 eine Höhe von genau 22 000 Metern erreichte, den absoluten Höhenweltrekord, mußten den Sieg aber mit dem Leben der Ballonfahrer Fedosienko, Wasienko und Usyskin bezahlen, die, infolge zu schnellen Herabgleitens der vereisten Gondel, beim Aufprall auf den Boden getötet wurden.

Sofort machten sich die Amerikaner daran, einen noch größeren Stratosphärenballon zu bauen. Es gelang ihnen aber nicht ohne weiteres, den russischen Rekord zu überbieten. Erst am 11. November 1935, nachdem sie sich annähernd zwei Jahre hindurch erfolglos bemüht hatten, konnten die Luftfahrer Anderson und Stevens mit dem Ballon ›Explorer II‹ eine Höhe von 22 066 Metern erreichen. Es war keine überwältigende Steigerung, aber immerhin: den absoluten Höhenrekord hatten sie errungen.

Die Russen blieben die Antwort nicht schuldig. Gleich zu Anfang des Jahres 1936 führte der Pilot Lewanewski einen Flug durch, der von allen Nationen offen bewundert wurde. Er startete in Los Angeles und flog über Seattle, Fairbanks, Jakutsk und Krasnojarsk nach Moskau, ohne sich auf den Zwischenlandeplätzen länger aufzuhalten, als es die Betriebsstoffaufnahme erforderte. Beinahe pausenlos legte er 15 000 Kilometer zurück.

Und nun folgte Schlag auf Schlag. Am 20. Juli desselben Jahres überbot die Besatzung Tschkalow, Baidukow und Beljakow den Langstreckenrekord, den die Italiener Arturo Ferrarin und del Prete mit ihrem Flug von Rom nach Natal errungen hatten. Tschkalow legte die 9 374 Kilometer weite Strecke von Moskau über Petropawlowsk auf Kamtschatka zur Insel Udd in 56 Stunden 20 Minuten zurück.

Dabei ging es dem Piloten nicht einmal darum, den Langstreckenrekord zu erringen. Er wünschte die Genehmigung für einen Flug von Moskau über den Nordpol nach Amerika zu erhalten und hatte lediglich unter Beweis stellen wollen, in der Lage zu sein, rund 10 000 Kilometer ohne Zwischenlandung zurücklegen zu können.

Die Sowjetregierung anerkannte die Leistung Tschkalows, war jedoch nicht gewillt, ihm die erbetene Erlaubnis zu erteilen. Sie wünschte keinen Rekordflug schlechthin. Wenn schon über den Nordpol geflogen werden sollte – und sie sah ein, daß sich ein zukünftiger Luftverkehr auf dieser Route abwickeln würde –, dann nur unter Beachtung aller erforderlichen Sicherheitsmaßnahmen.

»Und die wären?« fragte Tschkalow, als ihm Sergo Ordshonikidse den Beschluß des Zentralkomitees bekanntgab.

»Ein Sender und eine meteorologische Station am Nordpol.«

Der Pilot lachte verächtlich. »Sender und Wetterwarte am Nordpol! Da habt ihr euch mal wieder was Schönes ausgedacht. Warum sagt ihr nicht gleich: Auf dem Mond!«

Ordshonikidse grinste. »Eins nach dem anderen. Zunächst werden wir eine Station auf dem Nordpol errichten, dann wirst du nach Amerika fliegen, und mit dem Mond«, er hob die Schultern, »ich denke, es wird noch einige Zeit vergehen, bis wir soweit sind.«

Tschkalow glaubte nicht richtig zu hören. »Ihr wollt eine Station auf dem Nordpol errichten?«

»Ja.«

»Das ist doch ein Witz.«

»Nein«, erwiderte Ordshonikidse bestimmt. »Das Zentralkomitee hat Professor O. J. Schmidt den Auftrag gegeben, am Nordpol eine Wetterwarte einzurichten und einen Sender aufzustellen. Ihm ist der Pilot M. W. Wodopjanow zugeteilt, der die Wissenschaftler mitsamt ihren Geräten zum Pol fliegen soll. Wodopjanow stellt schon eine ganze Luftflotte zusammen, die alle benötigten Materialien und Lebensmittel zu der dem Franz-Josephs-Land vorgelagerten Rudolfsinsel bringen wird, auf deren Gletschern er bereits einige Male landete, um eine günstige Lande- und Startfläche zu erkunden.«

Tschkalow glaubte zu träumen. »Ist das wirklich wahr?«

»Würde ich es sonst sagen?«

»Auf dem *Nordpol* wollt ihr landen?«

Ordshonikidse nickte.

Der Pilot fuhr sich über die Stirn. »Und wie kommen die Wissenschaftler zurück, die am Nordpol abgesetzt werden sollen?«

»Wenn die Drift sie zu weit versetzt hat, werden wir sie wieder abholen. In einem, vielleicht auch erst in zwei oder drei Monaten oder Jahren. Das wird sich zeigen. Jetzt richten wir erst einmal ›Upol 1‹ ein. Und wenn diese Station nicht mehr existiert, kommt ›Upol 2‹ an die Reihe. Dann ›Upol 3‹, ›Upol 4‹ . . .«

»Es soll eine ständige Einrichtung werden?«
»Hast du schon mal gehört,daß wir halbe Sachen machen?«
Tschkalow schüttelte den Kopf.
»Na also. Richte dich darauf ein, daß du Mitte nächsten Jahres starten kannst. Wodopjanow hat den Auftrag, spätestens im Mai 1937 auf dem Nordpol zu landen.«
Der Pilot war benommen, als er den Kreml verließ. Was er gehört hatte, kam ihm phantastisch vor. Er wußte aber, daß das Zentralkomitee durchdrückte, was es sich in den Kopf gesetzt hatte, und so wunderte er sich nicht im geringsten, als das Radio am 21. Mai 1937 meldete, daß Wodopjanow und Professor Schmidt in Begleitung von neun Spezialisten mit einer N 170 glatt am Nordpol gelandet seien. Nicht genau auf dem Pol, da sie dort kein geeignetes Landegelände gefunden hätten, sondern 18 Kilometer daneben.
Tschkalow geriet außer Rand und Band. Wodopjanows Erfolg garantierte ihm die Genehmigung des geplanten Fluges von Moskau nach Portland, den er bereits in allen Teilen ausgearbeitet hatte. Mit einer einmotorigen Ant 25 wollten er und seine Kameraden Baidukow und Beljakow auf dem amerikanischen Militärflugplatz von Portland landen und sagen: »Hallo, boys, gibt's bei euch 'ne Tasse guten Tee? Wir kommen von Moskau, sind über den Nordpol geflogen und ein bißchen kalt geworden.«
Er konnte es nicht erwarten, die Starterlaubnis zu erhalten, und er fühlte sich wie erlöst, als das Zentralkomitee die Genehmigung für den 18. Juni erteilte.
Um 4 Uhr 05 hob er die Maschine von der Betonbahn des Moskauer Flugplatzes und nahm Kurs auf den Nordpol. Um 22 Uhr 10 wurde das Franz-Josephs-Land und am darauffolgenden Morgen um 5 Uhr 10 der Nordpol in 4150 Meter Höhe überflogen.
Baidukow, der sich mit Tschkalow laufend ablöste, steuerte nach dem Sonnenkompaß längs des 123. Meridians in südlicher Richtung und ließ die Maschine auf 5700 Meter steigen, weil vor ihnen eine Schlechtwetterfront lag, die er überfliegen wollte. Die Wolkenobergrenze reichte aber bis über 7000 Meter, so daß ihm nichts anderes übrigblieb, als ›blindzufliegen‹.
Wenn die Vereisung auch nicht allzu stark war, so sah sich Tschkalow späterhin doch gezwungen, die Maschine auf 3000 Meter hinabzudrücken. Um 16 Uhr 15 passierten sie das Kap Pears Point, und um 20 Uhr wurde der Mackenziestrom erreicht.
Das Eismeer lag hinter ihnen, und doch mußten nochmals eine volle Nacht und ein ganzer Tag vergehen, bevor sie Portland erreichen konnten. Sie fühlten ihre Kräfte erlahmen, lösten sich schließlich stündlich ab und atmeten erleichtert auf, als das Landefeld des Militärflughafens am 20. Juni nach einer Flugzeit von 62 Stunden vor ihnen auftauchte. 10137 Kilometer hatten sie zurückgelegt und damit eine Leistung voll-

bracht, die in jenen Tagen kein Pilot der Erde für möglich gehalten hätte.

Eine in Portland vorgenommene Benzinstandmessung ergab, daß die Maschine noch weitere 2500 Kilometer hätte zurücklegen können – etwa bis New Orleans am Golf von Mexiko. Der lange Aufenthalt in großer Höhe, die künstliche Atmung und ein Zyklon, der über den Rocky Mountains durchflogen werden mußte, hatten die Besatzung jedoch so weit entkräftet, daß sie an einen Weiterflug nicht denken konnte.

Und nun zeigten die Amerikaner, daß sie Haltung besaßen und gute Verlierer waren. Sie empfingen die Russen, als seien es Söhne ihres Landes, und überhäuften sie so sehr mit Geschenken, daß man sich in ihren Hotelzimmern kaum noch bewegen konnte. Vor ihren Fenstern stauten sich die Menschen, die sie immer wieder zu sehen verlangten, und die Städte San Franzisko, Washington und New York bereiteten ihnen Empfänge, als gelte es, europäische Könige zu begrüßen. Die Zeitungen schrieben lange Artikel, in denen Tschkalow als ›Bahnbrecher‹ und die russischen Piloten als ›starke Stützen der modernen Fliegerei‹ bezeichnet wurden, so daß wir, die wir dieses heute lesen, nur seufzen und denken können: Waren das noch Zeiten!

27. August 1939

Die Strecken wurden grenzenlos, die Höhen schwindelerregend, die Geschwindigkeiten beängstigend, und der Mensch, der vom freien Flug geträumt und ein neues Zeitalter herbeigesehnt hatte, wurde zu einem Teil dessen, was er schuf. Die Maschine regierte ihn. Skalen leiteten sein Denken, Zeiger sagten, was er zu tun hatte, Kontrollampen warnten, und Signale erteilten Befehle.

Die Zeit der Pioniere war vorbei. Es konnte keine Gebrüder Wright und keinen Blériot mehr geben, keinen Chavez, keinen Pégoud, keinen Alcock und Whitten-Brown, keinen Cabral und Coutinho, keinen Lindbergh oder Byrd. Das Fliegen war zum Metier geworden. Fast resignierend beobachteten die alten Piloten die weitere Entwicklung, der sie kaum zu folgen vermochten, nachdem sich die Ingenieure ihrer angenommen hatten.

›Einer steigt am höchsten, einer saust am schnellsten, wir aber wissen schon nicht mehr, warum wir sie steigen und sausen lassen‹, schrieb Antoine de Saint-Exupéry. Er sagte es aus berechtigter Sorge. Ihm graute vor dem militärischen Einsatz des modernen Flugzeuges, den er kommen sah. Zu deutlich war den immer weiterentwickelten Maschinen deren künftige Bestimmung anzusehen.

Doch was nützt eine aus dem Herzen kommende Warnung? Es liegt im Wesen des Menschen, sich mit dem Erreichten nicht zu begnügen. Er drängt vorwärts, betet den Rekord an und denkt nicht darüber nach, welche Folgen dieser einmal haben wird.

So jubelte man auch in Deutschland, als es dem Piloten Dr.-Ing. Wurster am 11. November 1937 mit einer Me 109 gelang, den Geschwindigkeitsrekord für Landmaschinen auf 610 Stundenkilometer zu verbessern. Gewiß, der absolute Geschwindigkeitsrekord, den der Italiener Agello mit einem Wasserflugzeug errungen hatte, betrug 709 km/h, aber welch ein Aufwand war erforderlich gewesen, um diese Geschwindigkeit zu erreichen. Seine Macchi 72 verfügte über 3 100 PS, während der Motor der Me 109 nur 800 PS leistete.

Wiederum soll die Erwähnung der PS-Zahl die Leistung Agellos nicht schmälern, sondern den gewaltigen Fortschritt veranschaulichen, der gemacht wurde. Man war endlich soweit, die im Segelflug gesammelten aerodynamischen Erfahrungen im Flugzeugbau verwerten zu können, und suchte das Heil nicht mehr in einer weiteren Steigerung der Motorenkraft.

Beinahe verächtlich hatte Ernst Heinkel in einem Vortrag gesagt: »Mit einem entsprechenden Motor versehen, fliegt auch ein altes Scheunentor. Wenn wir schneller werden wollen, müssen wir alle Störquellen beseitigen, den Stirnwiderstand verringern, die Formen der

Maschinen den aerodynamischen Gegebenheiten anpassen und den Reibungswiderstand auf ein Minimum reduzieren.«

Dieser Forderung entsprach die Me 109. Nicht jedoch, weil ihr Konstrukteur, der fränkische Professor Willy Messerschmitt, die Worte Ernst Heinkels beherzigte, sondern weil er aus dem Lager der Segelflieger kam und wie kein anderer dazu berufen war, dem Flugzeug ein neues Gesicht zu geben.

Als Zehnjähriger hatte er die Zeppelinkatastrophe von Echterdingen erlebt, die ihn so stark beschäftigte, daß er den Bamberger Regierungsbaumeister Harth aufsuchte, der auf dem Ludwager Kulm Versuche mit Gleitapparaten anstellte. Von ihm wollte er Näheres über die Gründe der Katastrophe erfahren, und was er hörte – mehr aber noch, was er sah –, bewegte ihn so sehr, daß er Harth inständig anflehte, ihn künftighin auf den Kulm begleiten zu dürfen.

Dem Regierungsbaumeister gefiel der kleine Messerschmitt, der sich in der Folge jahrelang bemühte, ihm behilflich zu sein. Er nahm ihn auch mit in die Rhön, nachdem er 1913 seinen vierten Gleiter gebaut hatte. Und als der Krieg ausbrach, übergab er dem Sechzehnjährigen sämtliche Konstruktionszeichnungen, die er angefertigt hatte.

Messerschmitt legte sie nicht in ein Schubfach, sondern baute ein von Harth entworfenes flügelgesteuertes Segelflugzeug, mit dem er den Regierungsbaumeister überraschte, als dieser 1915 Urlaub erhielt.

Das ungleiche Gespann – Harth war fast 20 Jahre älter – hielt auch nach dem Krieg zusammen. Bis der Regierungsbaumeister bei einem Absturz eine Gehirnerschütterung erlitt, die eine Trennung erforderlich machte.

Seit dieser Zeit wandte sich Messerschmitt dem Bau von Motorflugzeugen zu. Er entwarf die M 17, mit der er 1924 einen vielbeachteten Flug von München nach Mailand durchführte.

›Sein braungebeizter Einsitzer imponierte uns jungen Leuten mächtig‹, schrieb Theo Croneiß, der im Jahre 1927 mit einer M 19 als Sieger aus dem Sachsenflug hervorging und später Direktor der Messerschmitt A. G. wurde, die nach mehreren außergewöhnlich rentablen Verkehrsflugzeugen, wie die M 18 und M 20, den bestechend schönen und aerodynamisch glänzend ausgebildeten Taifun und schließlich die Me 109 herausbrachte, mit der Dr. Wurster den Schnelligkeitsrekord für Landmaschinen errang.

Es war ein merkwürdiges Zusammentreffen, daß Professor Messerschmitt, den die Zeppelinkatastrophe von Echterdingen zur Fliegerei getrieben hatte, ausgerechnet in dem Jahr, in dem er sich am Ziel seiner Wünsche sah, eine zweite Zeppelintragödie erleben mußte: die Katastrophe von Lakehurst, die das Ende der deutschen Luftschiffahrt besiegelte.

Am 3. Mai 1937 war die auf den Namen ›Hindenburg‹ getaufte LZ 129 in Frankfurt a. M. aufgestiegen, um im Dienst der Deutschen

Zeppelin-Reederei nach New York zu fahren. Kommandant war Kapitän Max Pruß, der bereits 161 Ozeanüberquerungen hinter sich hatte. Als Leiter der Luftverkehrsgesellschaft nahm Kapitän E. A. Lehmann an der Fahrt teil. An Bord befanden sich fast 100 Menschen.

Wie üblich, ließ Pruß zunächst Köln ansteuern, dann ging es über Holland und den Ärmelkanal auf den Atlantischen Ozean hinaus, der in zwei Tagen überquert wurde. Am 6. Mai um 21 Uhr erreichte das Luftschiff New York. Es fuhr eine Schleife über der Stadt, nahm anschließend Kurs auf Freehold und stand um 21 Uhr 30 über Lakehurst, wo es jedoch nicht ankern konnte, da westlich eine langgezogene Gewitterfront stand, die sich dem Landefeld näherte.

Kapitän Pruß blieb nichts anderes übrig, als auszuweichen. Er fuhr an der Küste entlang und suchte eine lichte Stelle in der Front, um hinter das Gewitter zu kommen. Zunächst hatte er wenig Glück, in Höhe von Toms River fand er jedoch eine Lücke, die einen Durchbruch erlaubte. Sofort stieß er in sie hinein, und zehn Minuten später atmete er erleichtert auf. Das Manöver war geglückt, die Gewitterfront passiert.

Der Platzkommandant von Lakehurst, Captain Rosendahl, erteilte die Landeerlaubnis, und Pruß gab den Befehl, den Luftschiffhafen anzusteuern. Bei voller Fahrt wurde viermal Gas abgelassen, das letzte Mal fünf Sekunden lang aus einer Gaszelle des Vorderschiffes. Zwischendurch erfolgte die übliche Ballastabgabe an Wasser, so daß sich die ›Hindenburg‹ landebereit dem Ankermast näherte.

Die Motoren wurden gestoppt und die Leinen übergeworfen. Die Fahrgäste machten sich aussteigebereit und beobachteten die Haltemannschaften, die mit geübten Griffen an den Seilen hantierten und das Luftschiff nach unten zogen.

Reibungslos und fast ohne Kommandos ging alles vonstatten. Die ›Hindenburg‹ wurde näher an den Mast herangezogen, die Stewards holten die Koffer aus den Kabinen, und um 22 Uhr 21 senkte sich das Verankerungsseil aus der Spitze des noch etwa 60 Meter über der Erde schwebenden Luftschiffes.

Sekunden später, das Stahlseil hatte den Boden kaum berührt, erfolgte eine ohrenbetäubende Explosion, und im selben Augenblick schoß eine riesige Stichflamme aus dem Heck. Der Rumpf erbebte. Funken sprühten. Das Luftschiff bäumte sich auf und stürzte mit dem Heck auf die Haltemannschaften hinab, die entsetzt davonrannten.

Eine zweite Detonation ließ Lakehurst erzittern: 200 000 Kubikmeter Wasserstoff hatten sich entzündet. Grell leuchtende Flammen schlugen zum Himmel empor. Flüssig gewordenes Aluminium zischte raketengleich nach allen Seiten. In panischer Angst sprangen die ersten Menschen aus den Fenstern.

Krachend schlug das Heck auf den Boden. Brennende Passagiere flogen durch die Luft. Glühende Trümmer sausten umher; die Pforten der Hölle schienen sich geöffnet zu haben. Das menschliche Auge vermochte dem Geschehen nicht zu folgen. Nur 32 Sekunden dauerte das Werk der Vernichtung, 32 Sekunden nach der ersten Explosion gab es nur noch rauchende Trümmer, verkohlte Leichen und mehr oder weniger schwerverletzte Menschen, von denen die meisten in den folgenden Tagen starben. Unter ihnen auch Kapitän Lehmann. Sie alle wurden Opfer eines Luftfahrzeuges, das sehr schön aussah, letzten Endes aber nichts anderes als ein majestätisches Pulverfaß war.

Zugegeben, es gab eine Zeit, in der die ›Zeppeline‹ den Flugzeugen überlegen gewesen waren. Diese Zeit aber lag weit zurück. Man schrieb das Jahr 1937, flog mit 700 km/h, überbrückte bis zu 10000 Kilometer und hatte Erfahrungen gesammelt, die den Einsatz von Luftschiffen unverständlich erscheinen ließen. Kein Wunder also, daß man in Fliegerkreisen aufatmete, als bekannt wurde, daß Deutschland keinen neuen ›Zeppelin‹ bauen und das noch vorhandene Luftschiff ›Graf Zeppelin‹ abrüsten werde.

Nicht, daß man froh gewesen wäre, die ›aufgeblasene Konkurrenz‹ nicht mehr sehen zu müssen. Im Gegenteil, auch ein Fliegerherz schlug beim Anblick eines ›Zeppelins‹ höher. Den Piloten wurde es aber unheimlich zumute, wenn sie bedachten, wieviel Menschen sich an Bord eines mit hochexplosivem Gas gefüllten Luftschiffes befanden. Ist das notwendig, fragten sie sich. Im Zeitalter der Motorschiffe fällt es doch keiner Reederei ein, mit alten Karavellen über den Ozean zu segeln.

Als Flieger konnten sie nicht anders denken. Sie waren dem Rausch der Geschwindigkeit verfallen und träumten vom Überwinden der 700-Kilometer-Grenze, von der Ernst Heinkel gesprochen hatte, nachdem es Dr. Wurster mit einer Me 109 gelungen war, die 600-Kilometer-Grenze zu überschreiten.

Und Heinkel hielt Wort. Mit der von ihm konstruierten He 100, die erstmalig eine widerstandslose Oberflächenkühlung aufwies – die Wärme des Motors wurde durch die Metallbeplankung der Tragflächen und des Rumpfes abgeführt –, erreichte Ernst Udet 1938 auf der 100-Kilometer-Prüfstrecke 634 km/h, und der Werkspilot Dieterle auf der offiziellen Meßstrecke von drei Kilometern 746 km/h, nachdem der Daimler-Benz-Motor für diesen Flug von 1 100 auf 1 800 PS ›hochgekitzelt‹ worden war.

Interessant ist eine kleine Begebenheit, die vorausgegangen war. Professor Willy Messerschmitt berichtet, daß Ernst Udet, als ihm die neue Messerschmitt Me 109 zum ersten Mal gezeigt wurde, zunächst betreten dreinschaute, dann nachdenklich um das Flugzeug herumging und schließlich kopfschüttelnd in den Führersitz kletterte. Als er Platz genommen hatte, schloß ein Monteur die Kabinenhaube der Maschine, und Messerschmitt sah mit Bestürzung, daß sich Udets Gesichtsausdruck immer mehr verfinsterte.

»Etwas nicht in Ordnung?« erkundigte sich der Konstrukteur, als Udet wieder ausstieg.

Der Sieger in 62 Luftkämpfen des Ersten Weltkrieges klopfte Messerschmitt auf die Schulter und erklärte: »Das wird nie ein Jäger. Der Pilot braucht einen offenen Führersitz. Er muß doch die Geschwindigkeit der Maschine spüren. Und dann sollten Sie noch einen zweiten Flügel über dem einen anordnen, mit Streben und Drähten dazwischen, dann wird ein richtiges Jagdflugzeug daraus.«

Ernst Udet machte keinen Spaß, als er dieses sagte. Er war offene Maschinen gewöhnt und flog zu jener Zeit einen sehr schnellen amerikanischen Doppeldecker, mit dem er auf Flugtagen höchst attraktiv wirkende Sturzflüge vorführte. Dieses von ihm heißgeliebte Flugzeug hatte offensichtlich seinen sonst klaren Blick getrübt. Der Zustand hielt aber nicht lange an, denn Udet selbst war es ja, der wenig später mit dem Heinkel-Jäger He 100, dessen Pilotensitz ebenfalls von einer Kabinenhaube verdeckt war, den Geschwindigkeitsrekord auf 634 km/h erhöhte.

Damit hatte Deutschland erstmalig den absoluten Geschwindigkeitsweltrekord errungen, und es schmälert nicht die Leistung Ernst Heinkels, wenn gesagt wird, daß dieser Erfolg ohne die in aerodynamischer Hinsicht gemachten Erfahrungen nicht möglich gewesen wäre. Der Rumpf der He 100 war glatt wie der Leib eines Fisches, die Tragflächen hatten eine vollendete Form, und zwischen den beiden Elementen gab es keine Störkörper mehr.

Daß der Sieg der He 100 nicht zufällig errungen wurde, bewies die von Messerschmitt nach den gleichen aerodynamischen Gesichtspunkten gebaute und weiterentwickelte Me 109 R, mit der Flugkapitän F. Wendel schon wenige Monate später, am 26.4. 1939, den absoluten Geschwindigkeitsrekord auf 755 km/h erhöhen konnte.

Die Grenze des Möglichen war für ein mit einem Kolbenmotor ausgerüstetes Flugzeug nahezu erreicht. Ernst Heinkel schätzte, daß man im günstigsten Fall an 800 Stundenkilometer herankommen könnte, und schilderte in einem Vortrag vor der Lilienthal-Gesellschaft die Gründe, die es unmöglich machen würden, diese Geschwindigkeit mit ›konventionellen‹ Motoren zu überschreiten.

Kolbenmotoren verlangen Luftschrauben. Diese aber erreichen an ihren Blattenden bei einer Fluggeschwindigkeit von 800 km/h bereits die Überschallgeschwindigkeit, die bei etwa 1 200 km/h liegt und bei der sich die aerodynamischen Verhältnisse grundlegend ändern.

Bis zur Schallgeschwindigkeit bildet der fallende Tropfen die günstigste Form, darüber hinaus jedoch das Geschoß, das im Gegensatz zur ›Stromlinie‹ vorne nicht stumpf, sondern spitz sein muß, um das Luftkissen durchstechen zu können, das sich vor dem mit Überschallgeschwindigkeit bewegten Gegenstand bildet, weil den einzelnen Luftteilchen keine Zeit verbleibt, normal abzuströmen. Das Luftkissen wiederum bedingt Wirbel, welche die Luftströmung abreißen lassen und die aufgewandte Kraft vernichten.

»Wenn wir die Geschwindigkeit steigern wollen, müssen wir Wege beschreiten, die von der Luftschraube und vom Kolbenmotor fortführen«, schloß Ernst Heinkel seinen Vortrag mit schiefem Gesicht. Und für diejenigen, die ihn noch nicht begriffen hatten, fügte er hinzu: »Das Flugzeug der Zukunft wird ohne Propeller fliegen.«

Man faßte sich an den Kopf, und etliche Zuhörer dachten: Jetzt ist er übergeschnappt. Ohne Luftschraube? Was soll der Unsinn?

Nun, der vielfach zusammengeflickte Flugzeugkonstrukteur hatte eine klare Vorstellung von dem zukünftigen ›Unsinn‹. Als er 1935 zum ersten Mal darüber nachdachte, erinnerte er sich eines Versuches, der 1928 im Segelfluglager auf der Wasserkuppe mit einem von Dr. Alexander Lippisch gebauten ›Nur-Flügel-Flugzeug‹ angestellt worden war.

Zu Lippisch, dessen schwanzlose Segelmaschinen allgemeines Aufsehen erregten, waren eines Tages zwei Herren gekommen, die sich interessiert in der Werkstatt umschauten, viel von einer phantastischen und für ein ›Nur-Flügel-Flugzeug‹ geradezu idealen Antriebsquelle redeten, sich aber hartnäckig weigerten, nähere Angaben zu machen. Nicht einmal ihre Namen wollten sie nennen.

»Die Tour kennen wir«, sagte der während des Gespräches hinzugekommene Segelflieger Fritz Stamer. »Große Töne spucken, munter herumspionieren und dann abhauen. Nee, nee, kommt nicht in Frage. Da sind Sie bei uns an die falsche Adresse geraten.« Er öffnete die Tür und schob die Besucher, die einen verdatterten Eindruck machten, unsanft nach draußen.

Einige Wochen später machte er ein dummes Gesicht, als ihm Lippisch eine Illustrierte in die Hand drückte, auf deren Titelseite das von Dr. Fritz von Opel mit 230 km/h über die ›Avus‹ gesteuerte Raketenauto abgebildet war, neben dem die beiden Besucher standen, die er an die frische Luft gesetzt hatte.

»Nanu«, sagte er, »das sind doch . . .«

». . . die Herren, die du kürzlich so zuvorkommend behandeltest: der ehemalige österreichische k. k. Fliegeroffizier Max Valier, der die Raketenkiste ›Opel-Rak II‹ baute, und der Pyrotechniker Friedrich Wilhelm Sander, der den ›Schlitten‹ mit Raketen ausrüstete. Aber das sage ich dir«, fuhr Lippisch fort, »da du sie rausgeschmissen hast, wirst du sie auch wieder reinholen. Wie, das ist mir egal.«

Stamer grinste. »Beruhige dich, wird mir ein Vergnügen sein.«

Tatsächlich erschienen Fritz von Opel, Valier und Sander auf der Wasserkuppe. Wenn sie aber geglaubt hatten, daß sich Lippisch ohne weiteres bereit erklären würde, eines seiner schwanzlosen Flugzeuge mit einem ›Raketenmotor‹ auszurüsten, so täuschten sie sich. Er dachte nicht daran, wild drauflos zu experimentieren, sondern verlangte, daß die Wirkungsweise des Rückstoßes zunächst an Modellen erprobt werde.

So kam es, daß eines Tages viele winzige Maschinchen die Wasserkuppe unsicher machten. Gewaltig zischend, schossen sie mit langen Stichflammen senkrecht hoch, überschlugen sich, trudelten und brachten die unmöglichsten Flugfiguren zustande, nur keinen vernünftigen Geradeausflug. Bis Lippisch den Fehler herausfand. Der Schub der Rakete mußte genau durch den Schwerpunkt des Flugkörpers gehen. Von diesem Augenblick an jagten die Modelle gradlinig durch die Luft, wobei sie Geschwindigkeiten bis zu 500 km/h erreichten.

Fritz von Opel und Valier waren nicht mehr zu halten. Sie bestürmten den Konstrukteur, eine Segelmaschine mit einer Rakete von 300 Kilogramm Schubkraft auszurüsten.

Lippisch entsetzte sich. »Dreihundert Kilogramm Schub?«

»Klar, immer feste druff!« erwiderte Opel.

Der Konstrukteur schüttelte den Kopf. »Wenn das Ihr Motto ist, dann sage ich: Immer langsam voran! Ich bin bereit, eine Rakete mit fünfzehn Kilogramm Schubkraft einzubauen, mehr nicht.«

»Damit wird die Maschine nicht einmal hochkommen«, warf Valier ein.

»Na und? Mir ist das Wurscht. Wenn Sie mit mir arbeiten wollen, werden vorerst nur fünfzehn Kilo genommen. Das bin ich meinem guten Stamer schuldig.«

Der Segelflieger erstarrte. »Heißt das, daß du mir gestattest, die Kiste zu fliegen?«

»Möchtest du's nicht?«

Stamer tat einen Luftsprung.

»Wozu dem eine Fünfzehner mitgeben?« fragte Sander. »Der hat ja 'ne Dreißiger im Hintern.«

Wenige Wochen später baute der Pyrotechniker in das fertiggestellte Flugzeug zwei 20 Zentimeter starke Stahlzylinder ein, die mit je vier Kilogrammm glashart gepreßtem Pulver gefullt waren. »So«, sagte er, als er die Arbeit beendet und zwei Zündschnüre zum Führersitz verlegt hatte, »von mir aus kann es losgehen.«

Lippisch winkte ab. »Jetzt nicht.«

Fritz von Opel, der schon aus der Halle rennen wollte, machte ein enttauschtes Gesicht. »Warum nicht?«

»Um diese Zeit sind noch zuviel Zuschauer da. Ich möchte, daß alles in äußerster Ruhe vor sich geht. Nur keine Hetzerei.«

Valier lachte und rieb sich die Hände.

»Was haben Sie?« fragte Lippisch.

»Das werden Sie schon sehen.«

Der Flugzeugkonstrukteur schüttelte den Kopf und begann damit, die Maschine noch mal genauestens zu überprüfen. Etwa eine Stunde lang kontrollierte er jede Kleinigkeit, dann wandte er sich an Fritz Stamer. »Wollen wir . . .?«

Der nickte.

»Hallentore auf!«

Fritz von Opel konnte nicht schnell genug fortkommen. Wie ein Wiesel rannte er aus der Halle.

»Was hat er nur?« fragte Lippisch verwundert.

Stamer zuckte die Achseln. »Schiß kann's nicht sein, da er sein Raketenauto selbst über die Avus steuerte. Vielleicht spinnt er ein bißchen.« Er wandte sich an Sander. »Wissen Sie, was mit ihm los ist?«

Der grinste. »Nein.«

»Mensch, auf einen Kilometer sieht man Ihnen an, daß Sie uns was verheimlichen.« Er blickte zu Valier hinüber. »Na klar! Los, raus mit der Sprache. Was wird hier gespielt?«

Valier schüttelte den Kopf. »Ich weiß nicht, was Sie wollen.«

»Na schön. Dann helfen Sie uns wenigstens.«

Zu viert schoben sie die schweren, in den Rollen quietschenden Holztore zu den Seiten, und im selben Augenblick, da sie sich daran machten, das schwanzlose Flugzeug nach draußen zu schaffen, erschien neben der Halle eine Musikkapelle, die unter der Führung Fritz von Opels nach der schleppend gespielten Melodie ›Immer langsam voran . . .‹ wie eine Garde alter Krüppel zur Startstelle wankte.

Lippisch, der nicht wußte, was er sagen sollte, blieb stehen und sah Stamer an.

Der machte ein dummes Gesicht. »Ich glaube, die wollen uns verpflaumen. Immer langsam voran! So eine Gemeinheit!«

»Was wollen Sie?« sagte Valier. »Das ist der ›Stamer-Lippisch-fünfzehn-Kilo-Marsch‹. So wird's aussehen, wenn Sie mit fünfzehn Kilogramm Schub starten. Und so«, er hob die Hand und gab ein Zeichen, »wenn der Schub auf dreihundert Kilogramm erhöht wird.«

Die beiden Segelflieger glaubten nicht richtig zu sehen. Die Musiker, die eben noch wankend dahingeschlichen waren, spielten plötzlich den Radetzkymarsch und vollführten einen Paradeschritt, der sich sehen lassen konnte.

»Ist das nicht was ganz anderes?« schrie Valier gegen die Kapelle an. »Taramtatata – taramtatata . . .! Das ist der ›Dreihundert-Kilo-Opel-Marsch‹!«

Lippisch lachte. »Ihr blöden Kindsköpfe.«

Fritz von Opel marschierte mit strahlendem Gesicht auf ihn los. Ein Zeichen, und die Kapelle brach jäh ab. »Na?« fragte er. »Wie machen wir's nun? Starten wir mit fünfzehn oder mit dreihundert Kilo?«

»Es bleibt beim ›Immer langsam voran‹«, erwiderte Lippisch.

»Bin ganz deiner Meinung«, warf Stamer ein. »Dennoch möchte ich, daß wir uns jetzt beeilen. Sonst wird's dunkel, und ihr könnt nicht sehen, an welcher Stelle ich mir die Schnauze poliere.«

Zehn Minuten später saß er angeschnallt auf dem vor der Tragfläche befindlichen Sitz und zündete die erste Rakete. Eine ohrenbetäubende Detonation erfolgte. Dann krachte, puffte, qualmte und zischte es, als wären tausend ›Knallfrösche‹ auf einmal zur Entzündung gebracht worden. Die Maschine rührte sich aber nicht vom Fleck, und Stamer blickte mit schreckgeweiteten Augen in das infernalische Feuerwerk, das hinter ihm abbrannte. Man hätte glauben können, ihm sitze der Teufel im Nacken. Dreißig Sekunden dauerte der unheimliche Lärm, der dann jedoch plötzlich in ein gutmütiges Fauchen überging.

»Was hab' ich gesagt?« schrie Valier. »Der Schlitten kommt mit fünfzehn Kilo Schub nicht hoch.«

»Doch«, erwiderte Sander bestimmt. »Die Rakete war nicht in Ordnung. Sie ist einfach ausgebrannt. Kann mal vorkommen. Ich häng 'ne neue ein. Wird schon schiefgehen.«

Den Eindruck hab' ich auch, dachte Stamer, dem der Schweiß über den Rücken lief.

»Bleiben Sie nur sitzen«, sagte Sander, als er sah, daß der Pilot sich losschnallen wollte. »In zwei Minuten ist alles vergessen. Sollen mal sehen, wie Sie dann durch die Luft fliegen.«

Stamer wurde es unheimlich. »Hoffentlich meinen Sie es anders, als Sie es sagten«, erwiderte er trocken.

Lippisch kaute an seinen Lippen und beobachtete den Pyrotechniker. »Sie bauen doch keine stärkere Rakete ein?« fragte er.

»Nee, nee«, antwortete Sander und warf Valier einen Blick zu, der zu sagen schien: Halt die Klappe! Er braucht nicht zu wissen, daß ich 'ne Zwanziger nehme.

Bald darauf klopfte er Stamer auf die Schulter. »So, und jetzt das Ganze noch mal von vorne.« Schnell ging er in Deckung.

Der Segelflieger blickte mißtrauisch hinter sich.

»Nun mal los!« rief Valier, der sich hinter eine kleine Bodenwelle gelegt hatte. »Passieren kann nichts!«

Stamer umfaßte den Knüppel und legte den Zündhebel herum. Es gab einen Ruck, dem ein Zischen folgte, das in ein unheimliches Fauchen überging. Für Bruchteile von Sekunden war die Maschine in undurchdringlichen Qualm gehüllt, dann setzte sie sich in Bewegung, schoß plötzlich vor und jagte steil in die Höhe.

Viel zu steil. Stamer gab augenblicklich Tiefensteuer. Die Geschwindigkeit steigerte sich. Die Platzgrenze sauste vorbei. Er legte das Flugzeug in eine Kurve, und im nächsten Moment umgab ihn eine beglükkende Ruhe: die Rakete war ausgebrannt.

Phantastisch, dachte er, als er fühlte, daß die Maschine langsamer wurde und der Flug gewohnte Formen annahm. Das Landefeld lag seitlich von ihm. Er sah die Menschen, die gebannt zu ihm hinaufstarrten. Jetzt die zweite Rakete, und ich habe einen vollen Kreis geflogen.

Eine Sekunde noch zögerte er, dann legte er den zweiten Kontakthebel nach unten.

Erneut fauchte und zischte es hinter ihm, aber er hatte sich bereits daran gewöhnt und genoß den weich einsetzenden Schub, der wiederum genau 30 Sekunden lang dauerte.

Er war außer sich vor Glück. Sein Innerstes jubelte: Ich bin der erste Mensch, der mit einem Raketenflugzeug fliegt! Der erste, der erste, der erste! Ein Rausch erfaßte ihn, am liebsten wäre er überhaupt nicht wieder gelandet. Doch was half es, die Raketen waren ausgebrannt.

Lippisch, Opel, Valier und Sander rannten auf ihn zu, noch bevor er richtig aufgesetzt hatte. »Wie war es?« schrien sie.

»Großartig! Los, gleich noch einmal. Aber am Hang. Ich möchte wissen, wie weit ich im Geradeausflug komme, wenn der Start mit dem Gummiseil erfolgt.«

Valier und Sander waren begeistert, holten sofort zwei neue Raketen, und eine Viertelstunde später wurde die Maschine über den Hang hinausgeschleudert.

Als das Flugzeug frei schwebte, zündete Stamer die erste Rakete. Das nun schon wohlvertraute Zischen und Fauchen setzte ein, und alles schien in bester Ordnung zu sein, als plötzlich eine Detonation die Luft zerriß: die Rakete war explodiert.

Stamer fuhr zusammen und drückte instinktiv nach unten, obwohl er sich kaum etwas davon versprach und eigentlich nichts anderes als einen bildschönen Absturz erwartete. Die Maschine flog jedoch, und erstaunt darüber blickte er hinter sich. Ihm stockte der Atem: das Flugzeug brannte lichterloh. Meterlange Flammen schlugen aus der Sperrholzfläche. Und das unter ihm liegende Gelände fiel steil ab.

Sofort kurvte er zurück, um den Hang anzusteuern. Behutsam nahm er die Maschine flacher. Nur keine Bruchlandung, dachte er. Dann liegst du unter dem ›Salat‹ und kannst dich nicht mehr retten.

Hinter ihm wurde es unerträglich heiß. Vor ihm tauchte ein Felsbrokken auf. Er preßte die Lippen aufeinander, zog das Höhensteuer und versuchte den Felsen zu überspringen. Es gelang ihm, das Segelflugzeug verlor jedoch an Fahrt. Schnell drückte er nach. Nur wenige Meter trennten ihn noch von der Erde.

In diesem Augenblick gab es eine zweite Explosion. Es krachte, als berste die Erde auseinander, und im nächsten Moment war es Stamer, als schiebe ihm jemand eine glühende Bratpfanne unter den Hosenboden. Er schrie auf, drückte die Maschine blindlings auf die vor ihm liegende Wiese, riß den Anschnallgurt auf und sprang vom Sitz.

Lippisch, Opel, Valier und Sander rannten mit bleichen Gesichtern zur Unfallstelle. Als sie aber sahen, daß Stamer mit hochrotem Kopf in munterer Reihenfolge entweder sein Hinterteil im Gras wetzte oder wahre Veitstänze vollführte, da brachen sie in ein schallendes Gelächter aus.

»Was hab' ich gesagt?« brüllte Sander und hielt sich den Bauch vor Lachen. »Er hat 'ne Rakete im Hintern! Seine und die von mir eingebauten – das war zuviel.«

Ernst Heinkel konnte sich eines Schmunzelns nicht erwehren, als er sich des 1928 in der Rhön durchgeführten ersten Raketenfluges erinnerte. Sollten wir jemals ein Raketenzeitalter bekommen, dachte er, dann wird man noch oft über Stamer, Lippisch, Opel, Valier und Sander lachen. Möchte nur wissen, wodurch Valier so frühzeitig auf die Idee kam, ein Flugzeug mit Raketen anzutreiben.

Die Antwort auf diese Frage erhielt er von Wernher von Braun, den er Anfang 1935 aufsuchte, um sich mit ihm ausgiebig über die Verwendungsmöglichkeit von Raketen als Antriebsmittel für Flugzeuge zu unterhalten.

»Ihre Frage ist schnell beantwortet«, sagte der junge Raketenspezialist, dessen strählendes Lachen eine beinahe fanatische Besessenheit überdeckte. »Als ehemaliger Fliegeroffizier begeisterte sich Valier für die Arbeiten des siebenbürgischen Professors Hermann Oberth, der sich seit 1910 intensiv mit dem Rückstoßprinzip befaßte und 1923 eine Dissertation über ›Die Rakete zu den Planetenräumen‹ schrieb, die gewaltigen Staub aufwirbelte, abgelehnt und dennoch gedruckt wurde. Valier spannte sich vor Oberths Pläne, führte für ihn eine Pressekampagne durch und versuchte, als er damit nicht recht weiterkam, in Abwandlung des Oberthschen Gedankens den Weg zur Raumfahrt über das Raketenflugzeug zu beschreiten. Fritz von Opel unterstützte ihn, und es kam zu den bekannten Versuchen mit dem Raketenauto und dem von Lippisch gebauten ›Nur-Flügel-Flugzeug‹, die natürlich nicht befriedigen konnten, da mit Pulverraketen experimentiert wurde, die nicht zu steuern sind und in sauerstoffarmen Räumen, also in großen Höhen, nicht arbeiten können. Valier wußte das und versuchte, eine Flüssigkeitsrakete zu entwickeln, die den Sauerstoff in flüssiger Form mitnehmen sollte. Sie explodierte und setzte seinem Wirken ein jähes Ende.«

Ernst Heinkel nickte. »Fritz von Opel hat seine Versuche dann ja auch aufgegeben.«

»Aber erst, nachdem er in Frankfurt selbst noch einmal mit einem wackligen Eindecker gestartet war, der von sechs Pulverraketen geschoben wurde. Gab 'ne saftige Bruchlandung. Mit Pulverraketen geht's nicht. Ich kenne die Dinger, hab' jahrelang mit ihnen gearbeitet.«

Ernst Heinkel sah den Ingenieur interessiert an. »Sie sind doch noch sehr jung.«

»Dreiundzwanzig.«

»Erstaunlich. Wodurch sind Sie so früh zum Raketenbau gekommen?«

Wernher von Braun erzählte, daß er, genaugenommen, durch Zukunftsromane ›narrisch‹ geworden sei. Wie Rudolf Nebel, den das Buch ›Auf zwei Planeten‹ von Kurd Laßwitz inspirierte und im Ersten Weltkrieg auf die Idee brachte, Raketen vom Flugzeug aus abzufeuern.

Nebel wollte den Kampf durch Raketen frühzeitig eröffnen können.

Im Zweiten Weltkrieg konstruierte er raketengetriebene ›Granatwerfer‹, die nach ihm ›Nebel-Werfer‹ benannt wurden.

Ähnlich sei es Professor Oberth ergangen, der als Zwölfjähriger ›Die Reise zum Mond‹ von Jules Verne gelesen und sich von Stund an fast ausschließlich mit Raumfahrtproblemen beschäftigt habe. »Das gleiche gilt für den bekannten amerikanischen Raketenpionier Professor Robert Goddard«, fuhr Wernher von Braun fort. »Auch er befaßte sich schon als Junge mit Raketen, nachdem er Jules Verne gelesen hatte. Seine Begeisterung ging allerdings nicht so weit, daß er dessen Verstöße gegen die physikalischen Gesetze übersah. Im Gegenteil, seine erste Arbeit bestand darin, alle Fehler Jules Vernes gewissenhaft zu notieren.«

»Dann sind also praktisch alle bekannten ›Raketenfritzen‹ durch Zukunftsromane ...«

»Nicht alle«, unterbrach ihn Wernher von Braun. »Zunächst war es umgekehrt. Da wurden die Schriftsteller durch die Rakete inspiriert, die ja keine moderne Errungenschaft darstellt, sondern vor etwa tausend Jahren von einem Chinesen erfunden wurde. Vor fünfhundert Jahren versuchte der Mandarin Wan-Hu, mit einem großen Kastendrachen aufzusteigen, an den er siebenundvierzig mannshohe Raketen hatte anbringen lassen, die auf sein Kommando gezündet werden sollten. Der Erfolg war dementsprechend: Eine Kette von Explosionen, und von Wan-Hu war nichts mehr zu finden.«

»Kann ich mir denken.«

»Die ersten ernsthaften Überlegungen stellte der russische Mathematiker Konstantin Edouardowitsch Ziolkowsky an, den man den ›Großvater der Raketen‹ nennen muß, wenn man Professor Oberth als den ›Vater der Raumschiffahrt‹ bezeichnet.«

Ziolkowsky lebte von 1857–1937. Er schrieb erstmals 1896 über die Grundzüge des Raketenbaues. 1905 legte er seine Erkenntnisse in einer Denkschrift ›Über die Rakete im kosmischen Raum‹ nieder, und bald darauf konstruierte er einen Raketenmotor für flüssige Treibstoffe. Ernst genommen wurde er erst nach der Russischen Revolution. Seinen gesamten Nachlaß vermachte er Stalin und der KPdSU. Heute gilt er als der geistige Vater der ›Sputniks‹. Sein erstes Modell befindet sich in einem Moskauer Museum.

Unschwer war zu erkennen, daß sich Wernher von Braun schon in frühester Jugend mit Raketen beschäftigt hatte. Angefangen hatte es mit harmlosen Feuerwerkskörpern, die er in kleine, aus einem Märklin-Baukasten zusammengebastelte Wagen steckte und zum Schrecken aller Passanten über die Berliner Beethovenstraße rasen ließ. In der Untertertia blieb er wegen ›unzulänglicher Leistungen‹ in der Mathematik sitzen, und die Lehrer empfahlen den Eltern, den Sohn von der Schule zu nehmen. Sie schickten ihn daraufhin in die Hermann-Lietz-Schule auf Spiekeroog, und hier geschah das Unglaubliche: Wernher von

Braun erteilte allen Kameraden Nachhilfeunterricht in Mathematik, schwelgte in Keplerschen Ellipsen, und die Direktion der Schule schrieb den Eltern: ›Seine mathematischen Leistungen sind eine Reklameleistung für die ganze Schule.‹

Während seines späteren Studiums verbrachte er jede freie Minute auf dem von der Reichswehr in der Nähe von Berlin geschaffenen ›Raketenflugplatz‹, und hier wurde der Artillerieoffizier Dr. Walter Dornberger auf ihn aufmerksam. Das theoretische Wissen des jungen Studenten setzte Dornberger so sehr in Erstaunen, daß er ihn als seinen ersten Mitarbeiter vorschlug, als er mit der Einrichtung einer heereseigenen Entwicklungsstelle für Flüssigkeitsraketen beauftragt wurde. Sein Vorschlag wurde genehmigt, und so kam es, daß der erst Zwanzigjährige am 1. Oktober 1932 Angestellter des Heereswaffenamtes wurde, das in Kummersdorf die ersten Prüfstände einrichtete und später nach Peenemünde umzog, als das Gelände von Kummersdorf nicht mehr ausreichte.

1934 gelang auf Borkum der Abschuß des Aggregats 2 (A 2), das auf 2 200 Meter stieg. Nach Hause zurückgekehrt, fragte Braun seine an seinen Arbeiten regen Anteil nehmende Mutter, ob sie kein besseres Versuchsgelände als Kummersdorf wisse. Da sie aus Anklam – der Geburtsstadt Lilienthals – kam, schlug sie den ›Peenemünder Haken‹ auf der Insel Usedom vor. »Da habt ihr die ganze Ostsee vor euch«, sagte sie und wurde so, ohne es zu wissen, die geistige Urheberin der Verlegung der Prüfstände des Heeres und der Luftwaffe nach Peenemünde, wo die erste moderne Großrakete, die A 4 – allgemein ›V 2‹ genannt – entwickelt wurde.

Wernher von Braun wurde der technische Direktor dieses Projektes – Kommandant war Dornberger –, an dem zeitweilig 15 000 Menschen arbeiteten, und entwarf immer ehrgeizigere Pläne. So die Rakete A 9, die in 35 Minuten 4 100 Kilometer nach Amerika überbrücken sollte, und die A 10, ein Monstrum von 87 Tonnen Gewicht.

Doch zurück zu Ernst Heinkel, der sich an Wernher von Braun wandte, um von diesem zu erfahren, was er vom Bau eines Raketenflugzeuges halte.

Seinem Metier entsprechend war der junge Raketenspezialist sofort Feuer und Flamme. Und da bei ihm alles schnell gehen mußte, schlug er vor, zunächst einmal eine Rakete als zusätzliches Antriebsaggregat auf den Rumpf eines Motorflugzeuges zu setzen, um sofort mit den Versuchen beginnen und Erfahrungen sammeln zu können.

Heinkel war einverstanden, und in aller Heimlichkeit wurde eine Braunsche Rakete auf eine He 112 montiert. Die Versuche am Stand zeigten, daß das Aggregat nach einigen kleinen Änderungen den Erwartungen entsprechen würde, und Anfang 1936 startete Flugkapitän Erich Warsitz mit der He 112. Nachdem er eine Höhe von 500 Metern erreicht hatte, zündete er die Rakete, und im nächsten Augenblick schoß das Flugzeug unter donnerartigem Getöse wie ein von einer Sehne abgeschnellter Pfeil davon und war in wenigen Sekunden am Horizont verschwunden.

»Noch heute beginnen wir mit der Entwicklung eines reinen Raketenflugzeuges!« jubelte Ernst Heinkel.

»Wird allerhand kosten«, sagte einer seiner Direktoren. »Sollten wir nicht erst mit dem RLM sprechen und uns einen Entwicklungsauftrag geben lassen?«

»De Herre vom Reichs-Luftfahrt-Ministerium könne me am Abend besuche«, erwiderte er in schwäbischem Dialekt, ein Zeichen dafür, daß er in bester Stimmung war. »Bei dieser Sach will e me net durch blödsinnige Vorschrifte einzwänge lasse. Ond wenn's me Hunderttausende koste sollt'.«

Um nichts hatte er sich in all den Jahren geändert, die seit seinen ersten Abstürzen vergangen waren. Nach wie vor triumphierte sein Dickschädel, und schon wenige Tage nach dem Raketenversuchsflug standen etliche, von den übrigen Mitarbeitern getrennt untergebrachte Konstrukteure vor ihren Reißbrettern, um das Projekt He 176, das erste echte Raketenflugzeug der Welt, auszuarbeiten.

Aber nicht nur Ernst Heinkel, auch andere in Deutschland, England, Italien und Frankreich lebende Experten waren sich darüber im klaren, daß eine nennenswerte Steigerung der Geschwindigkeit über 800 km/h mit Kolbenmotoren nicht möglich sein würde, solange die Luftschraubenindustrie sich außerstande sah, Propeller mit ausreichenden Wirkungsgraden im Bereich der Überschallgeschwindigkeit zu liefern. Man mußte also neue Wege suchen, und überall entsann man sich eines Versuches, den der Italiener Dr.-Ing. Gianni Caproni im Jahre 1930 gemacht hatte, als er den Kolbenmotor durch eine Gasturbine ersetzen wollte.

Die von ihm konstruierte Maschine hatte etwas Bestechendes. Er verwandte einen Flugmotor, der jedoch keine Luftschraube, sondern einen ›Verdichter‹ antrieb, der seitlich eintretende Luft stark komprimierte. In die dadurch heiß gewordene Luft spritzte er Benzin ein, das sich augenblicklich entzündete und aus einer hinteren, düsenartig geformten Öffnung wie die Flamme einer riesigen Lötlampe herausfauchte und bei der jähen Explosion einen gewaltigen Druck erzeugte.

Doch so großartig der Gedanke war, Caproni konnte ihn nicht verwirklichen, weil es an Stahllegierungen fehlte, die imstande gewesen wären, die auftretenden hohen Temperaturen zu ertragen.

Nun aber, da die technische Entwicklung fortgeschritten war und man sich der Luftschraube entledigen wollte, erinnerte man sich an den Versuch Capronis. Auch Ernst Heinkel dachte an ihn, als er am 3. März 1936 einen Brief des Göttinger Professors Pohl erhielt, der ihm mitteilte, einen ungemein befähigten Assistenten namens Pabst von Ohain zu haben, der sich mit einem neuartigen Antrieb für Flugzeuge, einem

Rückstoßmotor ohne Luftschraube, beschäftige. Er versicherte, daß Ohains Überlegungen wissenschaftlich einwandfrei seien, und bat darum, dem Assistenten weiterzuhelfen, da dieser seine Mittel für Versuchszwecke ausgegeben habe und am Ende sei.

Obwohl Ernst Heinkel sich bereits zum Bau eines Raketenflugzeuges entschlossen und die Vorarbeiten in Angriff genommen hatte, beantwortete er den Brief noch am selben Tage. Er bat darum, den auf den merkwürdigen Vornamen ›Pabst‹ getauften Assistenten nach Warnemünde zu schicken.

Am 17. März meldete sich dieser bei Heinkel und entpuppte sich als ein glänzender Physiker von 24 Jahren, der in knappen Worten die Durchführbarkeit seiner Idee an Hand von Berechnungen belegte, die Fertigstellung des ersten ›Strahltriebwerkes‹ auf ein halbes Jahr und die Kosten auf 50 000 Mark schätzte.

Das von vielen Unfällen schief gewordene Gesicht Heinkels wurde noch schiefer. Dann lachte er schallend und sagte: »Alles können Sie mir erzählen, nur nicht, daß wir Ihr Aggregat in sechs Monaten und für fünfzigtausend Mark auf die Beine stellen. Aber lassen Sie das meine Sorge sein. Als Ihr Chef – Sie sind nämlich ab sofort mein Mitarbeiter – beauftrage ich Sie hiermit, das von Ihnen vorgeschlagene ›Strahltriebwerk‹, das wir He S nennen wollen, zu bauen. Und damit Sie wissen, was ich von Ihren Plänen halte: Unter der Bezeichnung He 178 lass' ich gleichzeitig das zu Ihrem Triebwerk passende Flugzeug entwerfen. Dann hab' ich beides: eine Raketen- und eine Düsenmaschine.«

Dem jungen Physiker blieb die Luft weg. Er wußte kaum, wie er sich bedanken sollte, konnte es sich aber nicht verkneifen zu fragen: »Sie bauen auch ein Raketenflugzeug?«

Ernst Heinkel nickte. »Geht aber niemanden etwas an. Halten Sie also Ihre Gosch. Der Raketenschlitten ist übrigens wesentlich einfacher zu bauen. Da brauchen wir das Aggregat nur in den Rumpf zu stecken, und schon bläst es prächtig hinten raus. Bei Ihrer Turbine wird die Sache komplizierter. Der Rumpf muß praktisch hohl sein. Vorne 'ne Öffnung für den Lufteintritt, hinten eine für den Austritt. Und der Pilot will ja schließlich auch noch irgendwo sitzen. Weiß der Teufel, wie wir das Ding hindrehen. Irgendwie werden wir es aber schon schaukeln.«

Wenn Heinkel dies auch leichthin sagte, so war er sich doch bewußt, daß die Lösung der gestellten Aufgabe nicht von heute auf morgen erfolgen konnte, vielmehr ungeahnte Schwierigkeiten bereiten und Unsummen verschlingen würde. Dennoch konnte er sich nicht dazu entschließen, das Reichs-Luftfahrt-Ministerium zu bitten, ihm einen Entwicklungsauftrag zu erteilen. Er wollte frei sein und sich keine Vorschriften machen lassen. Beide Maschinen, das Raketen- und das Düsenflugzeug, wollte er ohne Wissen und ohne Unterstützung des Ministeriums fertigstellen.

In strenger Abgeschlossenheit wurde an den Flugzeugzellen und

Aggregaten gearbeitet. In Peenemünde entwickelte Professor Walter das nach ihm benannte Walter-Triebwerk, das in das Raketenflugzeug eingebaut werden sollte, und am Ufer der Warnow, an der Heinkel eine neue Baracke mit Toren zum Fluß hatte errichten lassen, um die heißen Abgase auf das Wasser hinausblasen zu können, arbeiteten Pabst von Ohain und dessen Assistent Hahn mit bewunderungswürdiger Verbissenheit. Nicht aber nur ein halbes Jahr lang, wie der junge Physiker geschätzt hatte; 18 Monate dauerte es, bis der Rückstoßmotor zum ersten Mal lief.

›Ich werde niemals vergessen‹, schrieb Ernst Heinkel, ›wie mich Hahn, der damals ebenso wie von Ohain fast ununterbrochen auf den Beinen war, in einer Nacht im September 1937 geradezu jubelnd anrief. Das Triebwerk hatte sich in Bewegung gesetzt! Eine Viertelstunde später hörte ich zum ersten Male jenes merkwürdig heulende und pfeifende, die ganze Luft erschütternde Geräusch, das heute für uns alle zur Selbstverständlichkeit geworden ist.‹

Dennoch bedurfte es einer weiteren halbjährigen Arbeit, bis das Aggregat He S-3 regelmäßig und regelbar lief. Und nun sogar mit Benzin oder Rohöl und nicht mehr nur mit Wasserstoff wie beim ersten Motor He S-1. Die Leistung war allerdings noch recht bescheiden, denn der Schub betrug nur knapp 500 kg.

Aber das reichte, und es wurde nun forciert am Bau des Versuchsflugzeuges He 178 gearbeitet, um den Turbinenmotor im Fluge erproben zu können. Bevor es jedoch soweit war, führten Flugkapitän Warsitz und sein Kamerad Künzel einige Testflüge mit einer He 118 durch, bei der das Strahltriebwerk als zusätzliche Antriebskraft unter dem Rumpf der Maschine montiert worden war, so daß es, wie bei den früher vorgenommenen Raketenversuchen, im Fluge gezündet werden konnte. Das Ergebnis entsprach den Erwartungen. Kaum hatte Künzel das Aggregat eingeschaltet, da jagten Schubgase aus der Düse, und schlagartig erhöhte sich die Geschwindigkeit.

Inzwischen war das Raketenflugzeug He 176 fertiggestellt und nach Peenemünde geschafft worden, wo Professor Walter den Einbau des Triebwerkes überwachte und der erste Versuchsflug erfolgen sollte. Als die Probeläufe am Stand befriedigende Ergebnisse zeigten, wurde der 20. Juni 1939 für den Start bestimmt.

»Aber im Morgengrauen«, hatte Ernst Heinkel verlangt. »Ich möchte keine ungebetenen Zuschauer haben. Lieber stehe ich mitten in der Nacht auf.«

In der Dämmerung des 20. Juni wurde die He 176 an die Platzgrenze geschoben und der Betriebsstoff eingefüllt: hochkonzentriertes Wasserstoffsuperoxyd und ein Spezialbrennstoff, die bei etwa 1 800 Grad in einer Brennkammer zur Verbrennung gelangen sollten.

Beim Zusammenkommen von Wasserstoffsuperoxyd (C-Stoff) mit einem Spezialbrennstoff (T-Stoff) tritt spontan eine Zersetzung ein, so daß kein Zündelement benötigt wird. Bei der Walter-Rakete wurden die Treibstoffe in einem bestimmten Verhältnis unter 20 Atü Druck durch ein Rohrsystem in eine Brennkammer geleitet. Dort mischten sie sich – durch 12 Düsen zerstäubt – und traten als Stichflamme mit einer Rückstoßkraft von etwa 4 500 PS ins Freie. 1 000 Liter Betriebsstoff reichten für etwa drei Minuten.

Flugkapitän Warsitz machte einen nervösen Eindruck, als die Tanks gefüllt und die erforderlichen Vorarbeiten beendet waren. Er ging unruhig hin und her und blickte immer wieder auf seine Armbanduhr.

»Aufgeregt?« fragte ihn einer der Anwesenden.

»Quatsch. Möchte nur wissen, wo der Heinkel bleibt?«

»Vielleicht hat er gestern abend ein kleines Prösterchen gemacht.«

»Malen Sie den Teufel nicht an die Wand. Der ›Alte‹ würde platzen vor Wut.«

Er ahnte nicht, daß Ernst Heinkel tatsächlich im Bett lag und den Schlaf des Gerechten schlief.

»Wir können unmöglich länger warten«, sagte Wernher von Braun. »Die Maschine ist betankt. Los, ab dafür!«

Warsitz zückte seine Brieftasche und reichte sie ihm.

»Was soll ich damit?«

Der Pilot grinste. »Aufbewahren. Der ›Schlitten‹ ist so eng, daß ich keine Brieftasche mitnehmen kann.« Er kletterte auf seinen Sitz, schnallte sich fest und ließ die schmale Plexiglashaube auflegen, die nach allen Seiten Sicht gewährte und die Kabine hermetisch abschloß. Unwillkürlich tastete er nach einem seitlich angebrachten Hebel, den er nur zu betätigen brauchte, wenn er in Not geriet. Mit einem Griff konnte er sich mitsamt Plexiglashaube, Sitz und Fallschirm in die Höhe katapultieren.

Die Anwesenden traten etwa 50 Meter zurück.

Warsitz schaute zu den Hallen hinüber, als hoffe er, daß Ernst Heinkel in letzter Minute noch kommen werde. Schade, dachte er und blickte konzentriert auf das vor ihm liegende Gelände. Als Richtmarke peilte er einen markanten Punkt an, legte den Kopf gegen eine hinter ihm angebrachte Stütze, umfaßte den Steuerknüppel und drückte auf den Zündknopf.

Eine ohrenbetäubende Detonation zerriß die Stille. Das Flugzeug schoß vor. Warsitz fühlte sich gegen die Rückenlehne gepreßt und brauchte alle Kraft, das Höhenruder vorzuschieben. Die Maschine raste wie irrsinnig davon. Er glaubte, ihm würden die Sinne schwinden. Der gewählte markante Punkt glich einem Geschoß, das auf ihn losjagte. Schneller, als er es sich vorgestellt hatte, war die Platzgrenze erreicht.

Er riß den Knüppel an den Leib und betätigte den Fahrwerkshebel. Die He 176 hob ab. Ihre Räder fuhren ein. Der Lärm wurde unerträglich, die Geschwindigkeit beängstigend. Er wollte den Motor drosseln und griff zu der Stelle, an der sich normalerweise der Schalter für die

Verstell-Luftschraube und der Gashebel befinden. Seine Rechte tastete ins Leere. Er hatte vergessen, daß er in einem Raketenflugzeug saß, daß es keinen Motor zu drosseln und keinen Propeller zu verstellen gab.

Unter ihm fegten taufrische Wiesen und Felder dahin. Er legte die Maschine in eine Kurve und betätigte das Höhenruder. Die He 176 stieg, als gebe es kein Gesetz der Schwere. Der Zeiger des Höhenmessers drehte sich im Kreise: 800 – 1 200 – 1 600 – 2 000 Meter. Wie ein Pfeil sauste er zum Himmel empor. Und immer noch verspürte er den Druck im Rücken.

Bis der Lärm jäh abbrach und eine unwirkliche Stille eintrat. Außer einem dumpfen Dröhnen, das aber nicht von außen her kam, sondern in den Ohren lag, hörte er nichts mehr. Er glaubte zu schweben und jedes Gewicht verloren zu haben.

Der Fahrtmesser zeigte 600 km/h. Er gab Tiefensteuer und umflog das Fluggelände. Das Dröhnen in den Ohren wurde zum Rauschen. Er schluckte, und erst nachdem er wieder richtig hörte und das Flugzeug in einen normalen Gleitflug übergegangen war, wurde er sich all dessen bewußt, was hinter ihm lag. Ihm war, als habe er in Trance gehandelt.

Gleich darauf landete er. Völlig benommen stieg er aus der Maschine. Unbegreiflich erschien ihm alles. Es wollte ihm nicht in den Kopf, daß er in wenigen Minuten gestartet, gelandet und in 2 000 Meter Höhe am Himmel umhergesaust war. Und das ohne Luftschraube!

Von allen Seiten rannte man auf ihn zu. Die Monteure wollten ihn auf ihre Schultern heben. Er wehrte ab und ahmte seinen Chef nach. »Heiligsblechle nei!« rief er. »Dees könnt'r später mache. Erscht muß e dr Ernscht a'rufe ond ehm Bescheid gäbe.«

Der fiel natürlich aus allen Wolken, als er erfuhr, daß er den ersten Start eines Raketenflugzeuges, seiner He 176, verschlafen hatte.

Es sollte nicht der letzte Ärger sein, den ihm dieses ›Lieblingskind‹ bereitete. Denn die zuständigen Herren des Reichs-Luftfahrt-Ministeriums, die er zur Vorführung einlud, nachdem er sich von den glänzenden Leistungen des Flugzeuges überzeugt hatte, konnten sich für die neuartige Konstruktion weder begeistern, noch rissen sie Mund und Nase auf, wie er geglaubt hatte. Gewiß, sie waren beeindruckt und fanden den Versuch als solchen hochinteressant, fragten sich aber: Wozu?

Es nützte nichts, daß Ernst Heinkel den Herren wie einem kranken Gaul zuredete. Keiner von ihnen begriff, Zeuge einer technischen Revolution geworden zu sein. Da gab er es auf. Er schenkte die He 176 dem Berliner Luftfahrtmuseum und wandte sich mit verstärktem Eifer dem Düsenflugzeug zu, das seiner Vollendung entgegenging.

Aber er fluchte. »Diese Scheißkerle. Mich wird's nicht wundern, wenn sie auch von der He 178 nichts wissen wollen.«

Es war, als habe er es beschrien. Denn als er nach Berlin fuhr, um die Herren des RLM zur Vorführung des ersten propellerlosen Düsenflugzeuges einzuladen, das Warsitz am 27. August 1939 mit Erfolg gestartet und geflogen hatte, bis kein Benzin mehr im Tank war, zeigte man sich desinteressiert. Nicht einmal sehen wollte man die Maschine.

Heinkel faßte sich an den Kopf und fragte sich: Was wird hier gespielt? Doch damit kam er nicht weiter. Er versuchte, mit Udet zu reden. Der saß in einer Konferenz und bat darum, am 1. September vorzusprechen.

Der 1. September! Einen unglücklicheren Termin konnte Ernst Heinkel nicht bekommen. Es war ein unglückseliger Tag. Denn als sich die Freunde trafen, erklang aus den Lautsprechern die Nachricht, daß deutsche Truppen die polnische Grenze überschritten hätten. Da hatte auch Udet keine Zeit.

17. Oktober 1947

Wieder war ein Weltkrieg ausgebrochen, und erneut schuf er Tote und Krüppel, weinende Mütter und zitternde Frauen, unterernährte Kinder, Tag und Nacht schuftende Menschen, Etappenschweine und Kriegsgewinnler. Und wieder war der Sinn des Fliegens dahin; die Straße der Piloten lag verlassen.

Mancher Flugzeugführer war in jenen Tagen verzweifelt. Sollten so herrliche Verkehrsmaschinen wie die Ju 52, das Großflugzeug G 38, die Ju 90 und die FW 200 ›Condor‹ nun militärische Verwendung finden? Man fürchtete das Schlimmste.

Eigentlich müßte auch an dieser Stelle – wie bei der Erwähnung des Ersten Weltkrieges – ein Schweigen über Jahre einsetzen. Es müßte genügen, zu sagen, daß das Geld plötzlich keine Rolle mehr spielte und die Fliegerei erneut in einer Zeit, in der alles auf den Kopf gestellt war, ungeahnte Fortschritte machte. Im Gegensatz zum Ersten Weltkrieg wurden jedoch nicht nur Leistungssteigerungen erzielt. Der Flugzeugbau erlebte vielmehr eine Revolution, die in ihren wichtigsten Phasen festgehalten werden muß, wenn die weitere Entwicklung verständlich werden soll.

Zuvor sei jedoch an den italienischen Graf Lana de Terzi erinnert, der 1670 schrieb: ›Gott wird es niemals zulassen, daß eine fliegende Maschine wirklich zustande kommt, schon um die vielen Folgen zu verhindern, welche die bürgerliche und politische Ordnung der Menschheit stören würden. Zu offensichtlich ist es, daß keine Stadt vor Überfällen mehr sicher wäre, da Luftschiffe ja zu jeder Stunde erscheinen könnten. Mit herabgeschleuderten Eisenstücken, mit kunstlichem Feuer, mit Kugeln und Bomben könnten sie alle Häuser, Schlösser und Städte bei völliger Gefahrlosigkeit vernichten.‹

Gott wird es niemals zulassen, schrieb der gläubige Graf, und man kann sagen, daß Gott die von Lana de Terzi geschilderten Scheußlichkeiten im Ersten Weltkrieg tatsachlich nicht ganz zuließ. Aber neben Gott gibt es Menschen, und diese benützen ihr Denkvermögen oft zu furchtbaren Dingen. Sie fragen sich beispielsweise: Warum haben die Flugzeuge im Ersten Weltkrieg eigentlich keine entscheidende Bedeutung gewonnen? Richtig eingesetzt, müßte es doch möglich gewesen sein, mit ihnen zu vernichten, was man vernichten will.

Der italienische General Giulio Douhet benutzte sein Denkvermögen, um eine Antwort auf diese Frage zu finden, und als er sie gefunden hatte, bemühte er sich – wie könnte es anders sein – zu ergründen, auf welche Weise Flugzeuge kriegsentscheidend eingesetzt werden könnten. Das Ergebnis seines intensiven Denkens bestimmte bereits 1921 die Entwicklung und den Aufgabenkreis, denn das Flugzeug im

Zweiten Weltkrieg nehmen sollte. Denn Douhet verfaßte eine von vielen Militärs gelesene Denkschrift, in der es heißt, daß ein Staat einen Krieg künftighin nur noch gewinnen kann, wenn er über eine völlig unabhängige und dabei so schlagkräftige Luftstreitmacht verfügt, daß es ihm in kürzester Frist möglich ist, die absolute Luftherrschaft zu erringen. Nach Erreichen dieses primären Teilzieles sei es Aufgabe strategischer Luftflotten, pausenlose Bombenangriffe auf das feindliche Hinterland durchzuführen, um die Industrie zu zerschlagen und die Moral der Bevölkerung zu unterminieren.

Hätte Jean Jacques Rousseau die Empfehlungen Douhets gelesen, würde er in seinem Buch ›Nouveau Dédale‹ vielleicht nicht geschrieben haben: ›Unterstellen wir, man hätte Luftkutschen erfunden und sie so weit vervollkommnet, daß man sie mit der größten Leichtigkeit lenken und in ihnen sogar Waffen mitführen könnte, dann dürften wir das Fliegen doch nicht untersagen, nur weil es sich möglicherweise irgendein elender Bandit eines Tages zunutze macht. Derartige Überlegungen würden uns dazu bringen, alles Vorzügliche auf dieser Erde abzuschaffen, denn womit wird kein Mißbrauch getrieben? Keine Pferde mehr, weil sie die Flucht der Verbrecher begünstigen. Keine Schiffahrt mehr, denn sie ernährt die Seeräuber. Keine Kleider mehr, weil sie den Luxus erzeugen. Doch was sage ich: Sogar nicht einmal Gesetze mehr und keine Religion, denn sie sind die Quellen der Schikane und des Fanatismus.‹

Philosophisch betrachtet hat Rousseau recht, aber seine Philosophie schützte keinen Äthiopier, als Mussolini, der Empfehlung seines Landsmannes Douhet folgend, 1935 dreihundert schwere Bomber in das militärisch bedeutungslose Äthiopien schickte. Macht geht vor Recht, und Macht läßt den Menschen so blind und dumm werden, daß er über einen deprimierenden Vorgang zu schreiben vermag: ›Die Bomben detonierten wie Blumen zwischen den strohbedeckten Hütten der primitiven Eingeborenenstämme Kaiser Haile Selassies.‹

Kein Irgendwer drückte sich so aus. Es war Mussolinis Sohn Vittorio, der mit seinen Worten manifestierte, was die Zivilbevölkerung aller Nationen in zukünftigen Kriegen zu erwarten hat: Wie *Blumen* detonierende Bomben!

Das spanische Volk mußte ein Jahr später die bittere Erfahrung machen, daß der moderne Krieg keinen Unterschied zwischen Soldaten und Zivilisten kennt. Italiener und Deutsche, die General Franco weniger aus ideologischen als aus selbstsüchtigen Gründen unterstützten, demonstrierten diese Tatsache in geradezu teuflischer Weise. Unbekümmert der dadurch bedingten großen Anzahl von Toten erprobten sie ihre neuesten Flugzeugmuster und Waffen an lebenden Zielen, und wenn das Volk oder die von Sowjetrußland – ebenfalls aus Erprobungsgründen – unterstützten ›Internationalen Brigaden‹ unter dem Hagel schwerster Bomben nahe daran waren, zusammenzubrechen, dann legte man schnell eine Verschnaufpause von einigen Wochen oder Monaten ein. Der Krieg durfte keinesfalls zu Ende gehen, bevor nicht alle Waffen einer gründlichen Erprobung unterzogen waren. Jagdflugzeuge, Sturzbomber und schwere Kampfmaschinen wurden gegen ein Volk eingesetzt, das niemandem etwas zuleide getan hatte, aber so unglücklich war, durch den egoistischen Machtkampf einiger Männer zwischen fremde Machtblöcke zu geraten.

Erfolg des Unternehmens: Das spanische Volk hungerte und darbte, ihre Toten waren nicht mehr zu begraben und verseuchten die Brunnen des Landes, Deutschland aber, das mit dem Heinkel-Jäger He 51 und der bewährten Ju 52 in den Bürgerkrieg gezogen war, konnte 1937 auf dem Internationalen Flugmeeting in Dübendorf, Schweiz, zeigen, was es hinzugelernt hatte. Die He 51, die sich gegen die russische Rata nicht hatte behaupten können, war durch den Messerschmitt-Jäger Me 109 ersetzt, der in Dübendorf mühelos alle ausgesetzten Preise gewann. Die He 111, welche die als Transport- und Bombenflugzeug eingesetzt gewesene Ju 52 ablöste, erwies sich als ungewöhnlich tragfähig und schnell, und der Dornier-Fernaufklärer Do 17, der wie ein fliegender Bleistift aussah und auch so genannt wurde, bewies im Alpen-Rundflug, daß er schneller als das schnellste ausländische Jagdflugzeug war. Und da es dem Testpiloten der Messerschmitt-Werke, Fritz Wendel, inzwischen gelang, mit einer spezial ausgerüsteten Me 109 den Geschwindigkeitsweltrekord für Landflugzeuge mit 755 km/h für Deutschland zu erringen, war es naheliegend, daß manch höherer Offizier der deutschen Luftwaffe überheblich wurde und die Leistungen anderer Nationen unterschätzte.

Die große Stunde der Douhets Idealvorstellung entsprechenden deutschen Luftwaffe schlug am 1. September 1939, als ihr der Auftrag erteilt wurde, in kürzester Frist die Luftherrschaft über Polen zu erringen. Bomber vom Typ He 111, Messerschmitt-Zerstörer Me 110, Sturzkampfflugzeuge Ju 87 und die schnellen Jäger Me 109 griffen die polnischen Flugplätze im Morgengrauen an, und ehe der Gegner begriff, was geschah, war seine aus etwa 600 Flugzeugen bestehende Luftstreitmacht am Boden zerstört. Die deutsche Luftwaffe war damit frei und konnte unbehindert in die Erdkämpfe eingreifen, wodurch es möglich wurde, die hart kämpfenden Polen innerhalb eines Monats niederzuringen.

Der zu leicht errungene Sieg führte zu einer Überschätzung der eigenen Fähigkeiten, und diese Überschätzung sollte ein Jahr später im Luftkrieg gegen England schlimme Folgen haben. Zunächst aber ging alles gut. Deutschland besetzte Dänemark und Norwegen, wo erstmalig Fallschirmjäger eingesetzt wurden, überfiel Holland mit Luftlandetruppen und erzielte in Belgien grandiose Erfolge mit ›Lastenseglern‹, die in großen Mengen mit je zehn vollausgerüsteten Soldaten an Bord auf den Befestigungsanlagen des Lütticher Forts Eben Emael landeten und damit die belgische Verteidigungslinie kampflos übersprungen hatten. Nach drei Tagen fiel Lüttich, und vier Tage später war Brüssel besetzt und die Front der Alliierten gespalten. Dünkirchen bildete den Schlußstein dieser Blitzoperation, doch es ist nicht so, daß Dünkirchen einen deutschen Sieg darstellt. Gewiß, die Briten befanden sich auf der Flucht vor deutschen Einheiten, und die deutsche Luftwaffe entfesselte mit ihren Sturzkampfbombern ein demoralisierendes Inferno, sie mußte aber auch beträchtliche Verluste hinnehmen und konnte nicht verhindern, daß es der britischen Führung gelang, über 350000 Soldaten aus der Umklammerung zu befreien und sicher nach England zu bringen. Und Hermann Göring, der Befehlshaber der Luftwaffe, hatte Adolf Hitler versichert, die englische Armee würde in Dünkirchen restlos vernichtet werden. Hätte man diese Fehlprognose beachtet und versucht, die Gründe zu ermitteln, die zur Überschätzung der eigenen Kräfte und Fähigkeiten führten, würde Deutschland in der Folge vieles erspart geblieben sein, denn dann hätte man die unerhörte Leistung der Royal Air Force erkannt, die in Dünkirchen erstmalig mit dem hervorragenden Jagdflugzeug Spitfire kämpfte. So aber sah man nur, daß der Engländer floh, man selbst siegte und Frankreich verlassen und leicht zu unterwerfen war.

Douhets Behauptung, daß ein Staat den Krieg nur gewinnen kann, wenn er in der Lage ist, die Luftherrschaft zu erringen, wurde in Frankreich in beinahe klassischer Form unter Beweis gestellt. Die französischen Flugzeuge waren so veraltet, daß Frankreichs Luftstreitmacht praktisch schon in der ersten Stunde ausgeschaltet wurde. Die Folge: Sechs Wochen nach Beginn des Feldzuges wurde im Wald von Compiègne das Waffenstillstandsabkommen unterzeichnet.

Das nächste Ziel konnte nur die Unterwerfung Englands sein, aber das setzte eine deutsche Invasion voraus, die Hitler offensichtlich nicht behagte. Denn er erklärte nach Beendigung des Frankreich-Feldzuges vor dem Deutschen Reichstag: »Ich kann keinen Grund dafür erkennen, warum dieser Krieg weitergehen soll.« Seine Worte waren zweifellos mehr für britische als für deutsche Ohren bestimmt, doch das von Winston Churchill gebildete Kriegskabinett blieb stumm, und die deutsche Heeresführung begann mit den Vorbereitungen zur Invasion, die nur möglich werden konnte, wenn es der deutschen Luftwaffe gelang, über dem Gebiet des Ärmelkanals und über ganz Südengland die absolute Luftherrschaft zu erringen.

Der zum Reichsmarschall ernannte Hermann Göring garantierte Hitler, dieses Ziel noch im Herbst 1940 zu erreichen, aber wieviel Einsätze seine Verbände in der am 8. August begonnenen ›Luftschlacht um England‹ auch flogen und wieviel gegnerische Jäger täglich abgeschossen wurden, die Luftherrschaft war nicht zu erringen. Im Gegenteil, die gewiß schwer angeschlagene Royal Air Force erholte sich zeitweilig und schickte in der Nacht zum 26. August 1940 sogar über achtzig Bomber nach Berlin – was Göring für völlig unmöglich erklärt hatte –, um einen Angriff auf London zu vergelten, der – angeblich infolge eines Navigationsfehlers – in der Nacht zuvor stattgefunden hatte. Wenn der in Berlin angerichtete Schaden auch nur gering war, so dokumentierte die Royal Air Force mit ihrem Einsatz doch, daß sie noch Schlagkraft besaß und an Reaktionsvermögen nichts eingebüßt hatte.

Hitler war außer sich, weil er Göring vertraut hatte. Und als Berlin in der folgenden Nacht auf Weisung Churchills zum zweitenmal angegriffen wurde, schwor der Führer des deutschen Volkes, etliche englische Städte von der Landkarte ›auszuradieren‹.

Operation ›Blitz‹ nahm ihren Anfang. Über 600 Bomber, begleitet von ebensoviel Jägern, warfen am 7. September vom Nachmittag an bis in die Nacht hinein Kaskaden von Bomben über London ab, das bald lichterloh brannte. Wer die Stadt am nächsten Morgen überflog, hielt es für unmöglich, daß der Krieg noch lange dauern könnte. Die Briten werden kapitulieren, sagte man sich, und täuschte sich wie die deutsche Führung, die nicht begreifen konnte, daß der Widerstandswille der Bevölkerung Londons stärker als der angerichtete Schaden war. Man bedachte nicht, was sich später auch in Berlin erwies, daß einfache Menschen eine moralische Zähigkeit besitzen, die sie über Krisen hinwegträgt, welche klarsichtige Intellektuelle leicht übermannen. Churchill hatte vollkommen recht, als er in jener schweren Stunde ausrief: »Für was für eine Sorte Mensch hält man uns eigentlich?« Er wußte, daß Engländer hartnäckiger sind, als Hitler es glaubte, und er spürte wohl auch, daß Hitlers Fehleinschätzung dem deutschen Volk zum Verhängnis werden würde.

Anders lagen die Dinge bei der deutschen Luftwaffe, die verheimlichte, welch empfindliche Schläge sie plötzlich einstecken mußte. Die Spitfire erwies sich als ein äußerst gefährliches Jagdflugzeug, und die deutschen Bomber konnten von der Me 109 und Me 110 infolge deren geringen Aktionsradius nicht so geschützt werden, wie es notwendig gewesen wäre. Die Überschätzung der eigenen Kraft, geboren aus zu leicht errungenen Siegen, verlangte unerbittlich ihren Preis. Es gab keinen Zweifel mehr: Die angestrebte Luftherrschaft war nicht zu erringen. Nicht einmal die Operation ›Blitz‹, die bis zu fünfzig Flugzeuge und zweihundert Mann am Tag kostete, konnte in der bisherigen Form aufrechterhalten werden. Man verlegte die Angriffe in die Nacht und setzte über Tag ›Jagdbomber‹ ein, Me 109, unter die eine 500-Kilogramm-Bombe gehängt wurde. Und was erreichte man? Es war kein Vergnügen mehr, in London zu leben, die deutsche Luftwaffe aber verschliß sich und ihre Maschinen in einem Kampf, der falsch angelegt war und deshalb niemals bringen konnte, was man erringen wollte: die Luftherrschaft.

Das Unternehmen ›Seelöwe‹, die geplante Invasion zur Unterwerfung Englands, mußte abgeblasen werden. Entscheidender aber noch war die Tatsache, daß der Oberste Befehlshaber der deutschen Wehrmacht, Adolf Hitler, der von der Unbesiegbarkeit seiner Luftwaffe überzeugt gewesen war, einen so nachhaltigen Schock erlitt, daß er bis zu seinem Ableben keinem Luftwaffengeneral mehr vertraute. Von nun an wußte er alles besser, auch in flugtechnischer Hinsicht, und seine bekannten Fehlentscheidungen hinsichtlich der Herstellung bestimmter Flugzeugmuster dürften hier ihren Ursprung haben. Der deutschen Luftwaffe wurden die Flügel gestutzt, als Hitler befahl, keine Neuentwicklung mehr voranzutreiben, die nicht in Jahresfrist frontreif zu machen sei. Wäre dieser und manch anderer Befehl nicht erteilt worden, dann hätten die Düsenjäger He 280 und Me 262 zwei Jahre früher zur Verfügung stehen können. So aber wurde ihre Herstellung erst angeordnet, als man keinen Ausweg mehr sah.

Zu diesem Zeitpunkt konnten die Düsenjäger jedoch nicht mehr entscheidend helfen. Die Amerikaner waren in den Krieg eingetreten, und es war nur noch eine Frage der Zeit, wann die US Air Force und die Royal Air Force der deutschen Luftwaffe den Lebensnerv töten, d.h., ihr durch Bombardierung der Hydrierwerke den Betriebsstoff nehmen würden.

Aber noch war es nicht soweit. Noch war die deutsche Luftwaffe schlagkräftig genug, um in wenigen Monaten über 8000 sowjetische Maschinen vernichten und die Luftherrschaft über Rußland erringen zu können. Doch das reichte nicht. Auch hier hatte die deutsche Führung die Fähigkeiten des Gegners unterschätzt. Niemand hatte daran gedacht, daß Stalin, im Falle eines stürmischen Vormarsches der grauen Bataillone, die gesamte russische Rüstungsindustrie so weit nach Osten verlagern könnte, daß sie außerhalb des Aktionsradius der deutschen Bomber liegen würde. Stalin aber hatte in seinen Überlegungen die Notwendigkeit einer solchen Verlagerung für möglich gehalten und Vorbereitungen getroffen, die es ihm gestatteten, die gigantische Verlagerung der russischen Industrie binnen weniger Wochen durchzuführen. Und die an Überheblichkeit leidende deutsche Führung schimpfte fortan auf die Luftwaffe, weil diese sich außerstande sah, in Irkutsk und Nowosibirsk liegende Fabriken mit Bomben zu belegen.

Aber auch bei den Alliierten klappte nicht alles ganz nach Wunsch, wenngleich Roosevelt schon vor Eintritt Amerikas in den Krieg dafür gesorgt hatte, daß die jährliche Flugzeugproduktion auf 50000 Maschinen gesteigert und die Tonnage der Flugzeugträger von 40000 Tonnen auf 120000 Tonnen erhöht wurde. Als die ersten viermotorigen B-17-Bomber, Flying Fortress, auf dem Luftweg in England eintrafen – etwa 900 B 17 und Consolidated B 24, Liberator, überflogen den Atlantik! –, entbrannte ein heftiger Meinungsstreit darüber, ob die amerikanischen Fliegenden Festungen über Tag oder in der Nacht eingesetzt werden sollten. Die Engländer hatten mit ihren Tagesangriffen schlechte Erfahrungen gemacht; sie plädierten deshalb für Nachtangriffe in der von ihnen durchgeführten Weise. Den Amerikanern gefiel das nicht. Sie wollten keine ›blinde‹ Flächenbombardierung, sondern den gezielten Abwurf, und ihre in diesem Sinne durchgeführten ersten Angriffe auf Flugplätze in Holland und auf Eisenbahnknotenpunkte in Frankreich verliefen so reibungslos, daß sie überzeugt waren, den richtigen Weg eingeschlagen zu haben.

Die Royal Air Force bombardierte nun in der Nacht, die US Air Force bei Tage. Köln wurde von 1 000 Bombern in Schutt und Asche gelegt. In Hamburg inszenierte man ein ›Round-the-clock-bombing‹, das 42 000 Menschen das Leben kostete und 500 000 Einwohner obdachlos machte. Round-the-clock-bombing! Man sprach vom Bombardieren wie von einem Gesellschaftsspiel.

Aber dann wurde der Krieg auch für die Besatzungen der viermotorigen Festungen unangenehm. Deutsche Jäger jagten plötzlich die aus Verteidigungsgründen dicht aufgeschlossen fliegenden Verbände mit Raketen auseinander und griffen dann jede Maschine einzeln an. Die Verluste wurden untragbar. Von 177 auf die Erdölraffinerie in Ploesti, Rumänien, eingesetzten Liberator-Bombern wurden 54 abgeschossen. Und die Raffinerie war so wenig getroffen, daß sie schon nach zwei Monaten wieder den vollen Produktionsausstoß erreichte.

Es folgten Angriffe auf die Messerschmitt-Werke in Regensburg und auf die Kugellagerfabriken in Schweinfurt, Angriffe, die als ›Pendel-Unternehmen‹ angelegt waren, d. h., die Verbände starteten in England, luden ihre Bomben über Deutschland ab und flogen weiter nach Nordafrika, um die im Westen konzentrierte deutsche Luftabwehr nicht ein zweitesmal durchfliegen zu müssen.

Doch auch solche Unternehmungen endeten mit schweren Verlusten. Von den 375 Bombern, die erstmals auf Regensburg und Schweinfurt eingesetzt wurden, schickten deutsche Jäger 60 in die Tiefe. Angesichts derartiger Verluste, die sich bis auf 148 Fliegende Festungen in einer Woche steigerten, ist es verständlich, daß die Kampfmoral der Amerikaner, die ohnehin nur eine vage Vorstellung davon hatten, wofür sie kämpften, immer mehr sank. Sie waren nicht scharf darauf, für irgendeine Sache zu sterben, und es ist nicht übertrieben, wenn man behauptet, die Amerikaner seien in jenen Tagen nahe daran gewesen, die Luftschlacht über Deutschland zu verlieren. Und sie würden sie wohl auch verloren haben, wenn Hitler zu diesem Zeitpunkt, da die Aufgabe der Luftwaffe nur noch Abwehr sein konnte, die Produktion von Abfangjägern nicht zugunsten von Offensivbombern verhindert hätte.

Würde, wenn, hätte . . .! Deutschland verlor den Krieg, den es in Unterschätzung seiner Gegner leichtfertig vom Zaun gebrochen hatte, und der Italiener Douhet war auf der ganzen Linie bestätigt. Deutschland blieb nur so lange siegreich, wie seine Luftwaffe die Luftherrschaft besaß. Als diese verlorenging, war Deutschlands Schicksal besiegelt. Von diesem Augenblick an konnten die Alliierten bombardieren, bombardieren und bombardieren, bis es nur noch Ruinen und keine Ziele mehr gab. Zwei Millionen Tonnen Bomben regneten auf Deutschland herab. Wer sich unter dieser Zahl nichts vorstellen kann, dem sei gesagt, daß auf England, einschließlich der V-Waffen, insgesamt 75 000 Tonnen herabfielen.

Es kann nicht Aufgabe dieses Buches sein, die gesamte Entwicklung des Zweiten Weltkrieges zu schildern. ›Die Straße der Piloten‹ soll die Geschichte der Luftfahrt wiedergeben, und deshalb kehren wir zu dem Augenblick zurück, da die Zukunft der Fliegerei begann. Dies geschah im Morgengrauen des 20. Juni 1939, als Flugkapitän Warsitz mit dem ersten Raketenflugzeug startete und ›der Vater des Gedankens‹ den Schlaf des Gerechten schlief. Und die Zukunft verdichtete sich, als derselbe Pilot zwei Monate später das erste Düsenflugzeug vom Erdboden abhob. Ihre Geburtsstunde aber lag früher. Vor Heinkel hatte schon Valier versucht, ein Raketenflugzeug zu schaffen, und vor von Ohain arbeiteten die Italiener Caproni und Campini, und insbesondere der Engländer Frank Whittle, an einem Rückstoßmotor. Nicht nur gelegentlich, sondern sehr intensiv, wie sich bald herausstellte. Denn als das Düsenflugzeug He 178 am 27. August 1939 zum ersten Male startete, war die Gloster-Aircraft-Company vom englischen Luftfahrtministerium bereits aufgefordert worden, sich mit der Fertigstellung des propellerlosen Düsenflugzeuges Gloster E 28/39, in das eine von Whittle konstruierte Turbine eingebaut werden sollte, zu beeilen und Pläne für eine Massenproduktion dieses Typs vorzulegen.

Es ist nämlich nicht so, wie vielfach angenommen wird, daß das Düsenflugzeug eine ausschließlich deutsche Erfindung ist. In jenen Tagen arbeitete man auch in anderen Ländern an diesem Problem, und Whittles Turbine, die erstmalig 1937 auf dem Prüfstand gelaufen hatte, erreichte am 26. Juni 1939 die befriedigende Drehzahl von 16 000 U/min. Das englische Luftfahrtministerium unterstützte daraufhin den Konstrukteur, und es entstand das für die Gloster E 28/39 bestimmte Aggregat W 2.

Hätte man Frank Whittle zeitiger unterstützt, würde das erste Düsenflugzeug zweifellos in England gestartet sein. 1931 schrieb Whittle die früheste Veröffentlichung über die Theorie des ›Strahltriebwerkes‹ – The Case for the Gas Turbine –, nachdem er seine Erfindung am 16. Januar 1930 hatte patentieren lassen. 1935 unterließ er die Erneuerung des Patentes, weil er die Kosten, 5 Pfund, nicht aufbringen konnte und wohl auch zu der Überzeugung gelangt war, daß seine Erfindung der Zeit zu weit vorauseilte.

Aber auch in Frankreich arbeitete man an einem Rückstoßmotor. Dort nahm Anxionnaz mit Imbert, dem Konstrukteur des nach ihm benannten ›Holzvergasers‹, Anfang 1939 ein Patent für die Société Rateau auf ein ›Turbo-Strahltriebwerk‹, dessen Bau durch den Einmarsch der Deutschen verhindert wurde.

Inzwischen bemühte sich Ernst Heinkel, seine He 178 vorführen zu dürfen. Man wich ihm jedoch immer wieder aus, und er fing schon an, am Verstand der Menschen zu zweifeln, als ihm am 28. Oktober 1939 mitgeteilt wurde, daß die Herren Milch, Udet und Lucht mit ihren Adjutanten nach Rostock-Marienehe kommen würden, um die Maschine zu besichtigen.

Heinkel atmete auf. Aber nur für kurze Zeit. Denn der Kommission gab das Düsenflugzeug mehr Anlaß zu Witzen und Spötteleien als zu einer ernsthaften Besichtigung. Man schaute flüchtig hinein und machte kindische Bemerkungen.

»Wo wird denn die Luftschraube befestigt?« fragte einer der hohen Offiziere.

Und ein anderer: »Wäre es nicht besser, die Öffnung da vorne schließen zu lassen? Muß doch verdammt ziehen.«

»Das soll's ja«, witzelte Udet. »Sonst wird's dem über der Düse sitzenden Piloten zu heiß unter dem Allerwertesten.«

Ernst Heinkel schwieg und dachte: Redet nur. Wenn Warsitz die Kiste startet, werdet ihr Augen machen.

Er täuschte sich. Denn als der Pilot die ersten Runden geflogen hatte, sagte Udet: »Der verrückte Warsitz soll machen, daß er runterkommt. So lange kann man mit dem Ding doch überhaupt nicht fliegen.«

Den in der Nähe stehenden Werksangehörigen ging ein Licht auf. »Jetzt ist alles klar«, flüsterte ein Direktor. »Man will von der He 178 nichts wissen. Ich fress' einen Besen, wenn der ›Alte‹ nicht in Ungnade gefallen ist.«

Daß er recht hatte, zeigte sich bereits wenige Minuten später. Die Herren Generäle verabschiedeten sich ohne Angabe irgendeiner Erklärung.

Heinkel ballte die Fäuste. Was wird hier gespielt, fragte er sich. Dummheit kann es nicht sein. Politische Dummheit?

Eine Woche später wußte er, was er verbrochen hatte. Das Technische Amt des RLM hatte den Junkers-Flugmotoren-Werken den Auftrag erteilt, jenes ›Strahltriebwerk‹ zu entwickeln, das er ohne Wissen des Ministeriums gebaut hatte. Gab es da noch etwas zu sagen? Seine eigenmächtige Handlung stand in krassem Gegensatz zum Führerprinzip, das auch im Flugzeug- und Motorenbau zu gelten hatte. Aus.

Und wir befinden uns im Krieg, dachte Heinkel. Vielleicht benötigt die Abwehr schon morgen eine überschnelle Jagdmaschine. Er unterdrückte seinen Groll und konstruierte die He 280, ein zweimotoriges Düsenflugzeug, bei dem die Turbinen außerhalb des Rumpfes unter den Tragflächen angeordnet waren, so daß sie unmittelbar im Luftstrom arbeiteten. Neben diesem Vorteil vereinfachten die außen liegenden Motoren den Bau der Flugzeugzelle ungemein. Er gab der Maschine an Stelle des bisher üblichen Spornrades ein Bugrad. Das brachte erhebliche Vorteile. Das Flugzeug stand jetzt waagerecht, wodurch sich die Start- und Landeeigenschaften verbesserten, und die Abgase konnten den Erdboden nicht mehr aufwühlen.

In aller Heimlichkeit ließ er die ersten Probeflüge durchführen, und als diese den Erwartungen entsprachen, lud er die Herren des RLM zum 5. April 1941 zu einem ›Schaukampf‹ zwischen seiner He 280 und einer Focke-Wulf FW 190 ein, die in jenen Tagen als das schnellste Jagdflugzeug Deutschlands galt.

Die FW 190 wurde übrigens später, als der Krieg fast schon zu Ende ging, in einer höchst merkwürdigen Weise eingesetzt. Bei Luftangriffen gegen die sowjetischen Oderübergänge tauchte sie als ›Huckepackflugzeug‹ auf. Sie war auf eine unbemannte Ju 88 gesetzt, in deren Kanzel sich eine kugelförmige Hohlladung von 3,8 t befand. Gesteuert wurde die Ju 88 von dem Piloten, der in der aufgesetzten FW 190 saß. Kurz vor Erreichen des Ziels, das auf diese Weise exakt angeflogen werden konnte, löste der Pilot die FW 190 vermittels einer Schnelltrennung von der Ju 88, machte schleunigst kehrt und ließ die brisante Ladung allein in das Ziel rasen.

Der Erfolg des Schaukampfes zwischen der He 280 und der FW 190 vor den Herren des RLM war durchschlagend. Udet umarmte Ernst Heinkel und erklärte: »Dies ist der stolzeste Tag Ihres Unternehmens.«

Was nützen Worte, wenn es bei ihnen bleibt. Weiterhin ging kostbare Zeit verloren, und vielleicht hätte man anders gehandelt, wenn man gewußt hätte, daß zwei Tage später, am 7. April, der Chefpilot der englischen Gloster-Aircraft-Company, P. E. G. Sayer, die ersten Rollversuche mit der Gloster E 28/39 machte. Zugegeben, es stellten sich dabei einige Mängel heraus, dennoch konnte er die von Whittle gebaute Turbine am 19. Mai 1941 bei angezogenen Bremsen auf 16 500 U/min jagen.

Das pfeifende Heulen der Abgase ließ die Luft erzittern und einen an einem Stirling-Bomber arbeitenden Amerikaner beinahe von der Tragfläche fallen.

»Als er das propellerlose Flugzeug wenig später über die Startfläche rasen und dann plötzlich steil aufsteigen sah, fiel er wirklich herunter«, erzählte Frank Whittle am Abend seinen Freunden.

Möglich, daß er übertrieben hat. Auf jeden Fall war der Amerikaner nicht der einzige, welcher der Gloster E 28/39 mit offenem Maul nachstarrte. Sogar Experten konnten sich nicht an die Vorstellung gewöhnen, daß über ihren Köpfen ein Flugzeug ohne Luftschraube mit 500 km/h seine Kreise zog.

Einer von ihnen klopfte Whittle auf die Schulter. »Mein lieber Frank«, sagte er, »sie fliegt.«

Woraufhin der Konstrukteur trocken erwiderte: »Dafür wurde sie ja schließlich gebaut.«

Die Gloster E 28/39 wurde zum Ausgangspunkt aller britischen und amerikanischen Düsenflugzeuge. In den Vereinigten Staaten hatte man sich mit dem Rückstoßproblem noch nicht beschäftigt. Man wußte nicht einmal, daß es in Deutschland propellerlose Flugzeuge gab, denn sonst würde General H. H. Arnold, der in der Nacht zum 4. September 1941 dringend Lawrence D. Bell, den Präsidenten der Bell-Aircraft-Corporation, und dessen Chefingenieur Harlan M. Poyer zu sprechen wünschte, dieses zum Ausdruck gebracht haben. Er berichtete nur, daß in England ein hochentwickeltes ›Experimentierflugzeug‹ geflogen sei, das von den Abgasen einer Turbine angetrieben werde, die ein gewisser Frank Whittle konstruiert habe. Und er erklärte, daß die US Air Force von der Bell-Aircraft-Corporation ein Jagdflugzeug mit zwei Strahltriebwerken wünsche, welche die General-Electric-Company auf Grund eines Abkommens mit England bauen werde.

Lawrence D. Bell war begeistert. Er begrüßte jede Weiterentwicklung. Mit voller Kraft stürzte er sich auf das neue Projekt, und wenige Wochen später wurde das oberste Stockwerk eines Gebäudes im Stadtinnern von Buffalo zur Geheimzentrale der Bell-Aircraft-Company. Die Fensterrahmen waren zugeschweißt und die Scheiben undurchsichtig gemacht worden, obwohl es in der Nähe kein Bauwerk gab, von dem aus man in die Konstruktionsbüros hätte blicken können. Tag und Nacht überwachten auf Herz und Nieren geprüfte Posten das Gelände, das nur mit Sonderausweisen betreten werden durfte. Die Mitarbeiter wurden den raffiniertesten Tests unterworfen, um zu ermitteln, ob sie absolut zuverlässig seien. Wer einen Freund hatte, war verdächtig. Freundinnen bedeuteten Entlassung. Und Ehefrauen – du lieber Gott, man konnte sie nicht umbringen, aber ihren Männern begegnete man mit dem größten Mißtrauen.

Dabei befand sich Amerika noch nicht im Krieg, und Lawrence D. Bell hatte dafür gesorgt, daß keiner der Ingenieure wußte, was er eigentlich konstruierte. Sie alle hatten nur Details zu entwerfen und glaubten an einer mit einem Kolbenmotor angetriebenen, allerdings reichlich verrückten Maschine zu arbeiten, der die Bezeichnung XP-59 gegeben war. In England und Deutschland aber heulten die Düsenflugzeuge um die Wette.

Doch das war nun einmal so. Die XP-59, die sich im entscheidenden Augenblick – Tarnung, Tarnung! – als Bell P-59 A entpuppte, war ein ›supergeheimes‹ Geschöpf. Ihren Namen wagte niemand auszusprechen, und man wußte sich kaum zu verständigen, als die ersten Teile angeliefert wurden. Dabei gab es genügend zu bereden, stellten doch viele Dinge große Unbekannte dar.

Schwieriger noch wurde es, als am 4. August 1942 die Turbinen von der General-Electric-Company angeliefert wurden. Mit den beiden Motoren kamen etliche Angehörige der ›Military-Police‹, die Anweisung hatten, die verpackten Aggregate erst nach Übergabe an die ›Bell Wachen‹ zu verlassen. Und die Werkspolizei wiederum hatte den eindeutigen Befehl, zu verhindern, daß irgendein unbefugtes Auge die ›Strahltriebwerke‹ zu sehen bekomme. Also überzog man sie mit Zeltbahnen, unter welche die ›befugten‹ Ingenieure und Konstrukteure kriechen mußten, wenn sie die neuartigen Wunderwerke besichtigen wollten.

Wie aber sollte es weitergehen? Irgendwo und irgendwann mußten die Turbinen ja in das für sie geschaffene Flugzeug eingebaut werden. In Buffalo war es unmöglich, das war klar. Doch wo?

Man beratschlagte und beschloß, alles miteinander an einen menschenleeren Ort zu bringen: nach Muroc, einem gottverlassenen und von unzugänglichen Gebirgszügen umgebenen Ort in der Wüste Mojave, wenige Stunden von Los Angeles entfernt. Eine altmodische Eisenbahn schnaufte dort hinauf. Wozu und warum, das wußte niemand, da am Ende der durch die Täler des San Bernardino führenden Strecke nichts als ein eingetrockneter Salzsee lag, der im Licht der Sonne blendete und entsetzlich durstig machte.

Aber glashart und eben war seine Oberfläche. Weder Bulldozer noch Zement hätten ein Fluggelände so glatt und widerstandsfähig machen können wie die Jahrtausende, die hier Salz und Sand zu einer unlöslichen Masse verbunden hatten. Und diese vermaledeite Fläche hatte es Lawrence D. Bell angetan; ihrer unendlichen Weite, Glätte und Abgeschiedenheit wegen.

Also wurde die in Einzelteile zerlegte Bell P-59 A in Kisten verpackt, neben die man Offiziere und Soldaten mit der Weisung postierte, die Ladung notfalls bis auf das Blut zu verteidigen. Denn inzwischen war der Krieg ausgebrochen, und es kursierten die wildesten Gerüchte. Dies nicht zuletzt, weil in jenen Tagen ein von Orson Welles gebrachtes Hörspiel über die Landung von ›Marsmenschen‹ eine Panik ausgelöst hatte, die noch wochenlang nachwirkte.

Im übrigen jagte während des Transportes ein riesiger Kompressor unablässig Luft durch die Turbinen, so daß sich diese während der Fahrt drehten und die Erschütterungen besser aufnahmen. Denn man befürchtete, daß sich die Wellen der Motoren verbiegen könnten. Amerika verfügte eben über unbegrenzte Mittel, und sachlich gesehen war die Maßnahme durchaus in Ordnung.

Unsinnig aber war es, daß man dem Bremser des Güterzuges, der – wie üblich – an den Steilstrecken über die Dächer der Waggons laufen wollte, um überall nach dem Rechten zu sehen, nicht gestattete, den Waggon zu überqueren, der die ›supergeheimen‹ Dinge enthielt. So mußte der Zug alle nasenlag anhalten, damit der Bremser von den hinteren Wagen zu den vorderen gelangen konnte, da sich die bewachten Kisten in der Mitte des Zuges befanden.

Verständlich, daß die Geheimniskrämerei das Zugpersonal neugierig machte. Sie tuschelten und hechelten, und noch bevor die Ladung Muroc erreichte, wußte der kleinste Blockwärter: Am Salzsee tut sich etwas. Was, das wußte allerdings niemand. Nicht einmal die Konstrukteure, die an der Bell P-59 gearbeitet hatten, gewannen Klarheit.

Das Flugzeug erhielt – Tarnung, Tarnung! – am Ziel seiner Reise als erstes eine neue Bezeichnung: ›Airocomet‹ wurde es nun genannt. Dann lud man es ehrfurchtsvoll aus, montierte es sorgfältig, und am 30. September 1942 begann der Chefpilot der Bell-Aircraft-Corporation, Robert M. Stanley, mit den ersten Rollversuchen, nachdem ›Larry‹, wie man Lawrence D. Bell nannte, höchstpersönlich erschienen war und sich davon überzeugt hatte, daß das Gelände von Hunderten von Soldaten umstellt und zum ›Luftsperrgebiet‹ erklärt worden war.

Stanley zeigte sich von den Rollversuchen befriedigt und jagte die Motoren am 1. Oktober auf volle Touren.

Der Präsident der Flugzeugwerke hielt sich die Ohren zu. Noch nie hatte er ein derart infernalisches Fauchen, Heulen und Pfeifen gehört. Er hatte aber auch noch nie ein Flugzeug gesehen, das ohne Propeller flog, und er dankte seinem Schöpfer, als er Stanley, der die Maschine beim Start glatt abheben konnte, nach 30 Minuten wieder landen sah.

»Das Ding fliegt von selber«, erklärte der Pilot, als er aus der Kabine sprang.

Er drückte mit wenigen Worten aus, was sein Kamerad Frank H. Kelley schrieb, nachdem er die Aircomet geflogen hatte. ›Es war der sanfteste Flug meines Lebens. Als ich zum ersten Male in das Cockpit kletterte, war ich natürlich ein bißchen nervös. Meine Nervosität hielt auch während des Startes noch an, dann dämmerte mir jedoch, daß die Maschine einfacher zu handhaben ist als ein Trainingsflugzeug für Anfänger.‹

Das war gewiß richtig, traf aber nur für routinierte Piloten zu. Flugzeugführer, denen das Fliegen nicht in Fleisch und Blut übergegangen war, konnten sich in einer Düsenmaschine unmöglich schon nach wenigen Minuten wohl fühlen. Erreichten sie aber diesen beglückenden Grad des Fliegens, dann wurde ihnen die Beherrschung des propellerlosen Flugzeuges zu einem unbeschreiblichen Genuß. Sie glaubten nicht mehr zu fliegen, sondern zum Himmel ›hinauf zu fahren‹.

Tatsächlich lag die Steigfähigkeit der Düsenflugzeuge weit über den Leistungen der mit Kolbenmotoren angetriebenen Maschinen. Nur ihr Start war und blieb eine heikle Angelegenheit, weil das ›Strahltriebwerk‹ erst bei relativ hoher Geschwindigkeit richtig arbeiten kann. Es benötigt einen gewissen ›Vorschub‹, und dieser bedingt lange Startstrecken: die Flugplätze mußten länger werden.

In Muroc hatte man genügend Platz. Auf dem eingetrockneten Salzsee stand eine Start- und Landebahn von 40 Kilometer Länge zur Verfügung. In England, Deutschland und Italien aber gab es keine so riesigen Versuchsgelände. Sie hätten dort auch nicht mehr viel genützt, da man zu dieser Zeit in England und Deutschland bereits zur Serienfabrikation von Düsenflugzeugen übergegangen war, also viele Plätze mit langen Startbahnen benötigte.

Die von Heinkel entwickelte zweimotorige He 280 wurde allerdings nicht in Auftrag gegeben. Man hatte sich für den schicksalsumwitterten Düsenjäger Me 262 von Messerschmitt entschieden, der jedoch auf Grund einer ausdrücklichen Anweisung des RLM nicht mit dem von Ernst Heinkel eingeführten Bugrad, sondern mit dem üblichen Spornrad ausgerüstet und mit zwei Junkers-Kolbenmotoren erprobt wurde. 1941 erhielt die Maschine zwei Heinkel-Turbinen. Doch nun wühlten die Abgase den Boden auf. Es half alles nichts: die Maschine mußte umgebaut werden. Ohne Bugrad ging es nicht.

Und da man festgestellt hatte, daß die Leistung der Heinkel-Turbinen der Me 262 nicht die überlegene Geschwindigkeit verlieh, die sie erhalten sollte, wechselte man auch gleich die Triebwerke.

Die gewählten BMW-Turbinen entsprachen ebenfalls nicht den Erwartungen. Aber das war noch nicht das Schlimmste. Ein ›Führerbefehl‹ untersagte die Fortführung der Versuchsarbeiten an der Me 262. Sicherlich nicht, um eine erfolgversprechende Konstruktion zu sabotieren. Wahrscheinlich, weil man glaubte, daß das von dem bekannten Aerodynamiker Dr. Alexander Lippisch mit dem Versuchspiloten Flugkapitän Heini Dittmar in Darmstadt bei Professor Georgii entwickelte und bei Messerschmitt vollendete Raketenflugzeug Me 163 in der Lage sein werde, die über Deutschland dahinfließenden Bomber-Ströme zu stoppen. Denn die Me 163 war als ›Intercepter‹ – intercipere: dazwischenfahren – gedacht, die geschlossen dahinfliegende ›Pulks‹ auseinandertreiben und vernichten sollte.

Nun war es aber so, daß die mit einer Walter-Flüssigkeitsrakete ausgerüstete Me 163 wohl in einem Winkel von etwa 70 Grad in 90 Sekunden auf 10 000 Meter stieg, jedoch einen völlig unzulänglichen Aktionsradius besaß, da die kleine Maschine nicht mehr als 2 000 Liter Betriebsstoff mitnehmen konnte, die in fünf bis sechs Minuten verbraucht waren. Ein Einsatz der Me 163 konnte also nur erfolgreich sein, wenn über ganz Deutschland verteilt viele Piloten in ›Lauerstellung‹ am Steuer saßen, um zu starten, sobald sie den feindlichen Verband sahen.

Das bedingte die Schaffung einer ausreichenden Anzahl von Raketenflugzeugen, und die Führung, die offensichtlich darauf baute, daß allein schon das Erscheinen der Me 163 demoralisierend wirken würde, gab 1942 den Auftrag, mit der Serienherstellung dieses Flugzeugmusters zu beginnen, und untersagte die Fortführung der Versuchsarbeiten an dem zweimotorigen Düsenjäger Me 262.

Damit begann ein endloses Desaster. Denn was nützte eine Unzahl von Raketenflugzeugen, wenn die für sie erforderlichen Plätze und benötigten Piloten nicht zur Verfügung standen? Die Maschine konnte Anfängern nicht anvertraut werden, obwohl sie hervorragende Flugeigenschaften besaß. Es gab da einige Dinge, die es erforderlich machten, selbst die erfahrensten Flugzeugführer ›umzuschulen‹.

So auch Hanna Reitsch, der so leicht niemand etwas vormachen konnte. Das Fliegen war ihr so in Fleisch und Blut übergegangen, daß es ihr, obwohl sehr zierlich, vollkommen gleichgültig war, ob sie eine große oder kleine, langsame oder schnelle Maschine zu steuern hatte. Sie wechselte die Flugzeugtypen wie Taxifahrer die Automarken. Auf die Me 163 aber mußte auch sie ›umschulen‹, als sie gemeinsam mit den Flugkapitänen Opitz und Späthe in Obertraubling bei Regensburg die ersten Serienmaschinen der Me 163b einfliegen sollte.

Es war eine gewaltige Umstellung erforderlich, zumal das Fahrwerk, das infolge Platzmangels nicht eingefahren werden konnte, unmittelbar nach dem Start abgeworfen werden mußte, wobei die Möglichkeit bestand, daß es – vom Boden zurückgeworfen – gegen den hinteren Teil der Rakete oder gegen die mit hochexplosiver Flüssigkeit gefüllten Tanks sauste. Die Landung erfolgte auf einer Kufe, die federnd ausgebildet war, damit sich der Pilot nicht die Wirbelsäule brach.

Aber auch an das infernalische Getöse der Rakete mußte sich der Flugzeugführer gewöhnen; man setzte ihn daher zunächst einmal in ein verankertes Flugzeug.

›Unwirklich erschien es einem, in der am Boden gefesselten Maschine zu sitzen, wenn der teuflische, feuersprühende Lärm um einen losging‹, schrieb Hanna Reitsch. ›Durch das Kabinenfenster sah ich die Menschen mit weitaufgerissenem Mund und zugehaltenen Ohren erschrocken zurückweichen, während ich selbst genug damit zu tun hatte, den fürchterlichen Eindruck der Detonationen, unter denen die Maschine unaufhörlich erbebte, zu überwinden. Ich fühlte mich einer Urgewalt ausgeliefert, die sich wie der Abgrund der Hölle aufzutun schien. Unvorstellbar, daß ein Mensch sie beherrschen sollte.‹

Kein Wunder also, daß die Me 163 nicht von heute auf morgen eingesetzt werden konnte und daß mancher Pilot die Fäuste ballte, wenn er Verbände über Verbände über sich hinwegfliegen sah und wußte, daß die Weiterentwicklung des zweimotorigen Düsenjägers Me 262 untersagt worden war. Doch was konnte man tun? Man mußte warten, bis auch höheren Orts ersichtlich wurde, daß in der Abwehr etwas nicht stimmte. Und das war 1943 der Fall.

›Rin in die Kartoffeln, raus aus die Kartoffeln!‹ Es wurde befohlen, die Me 262 schnellstens fertigzustellen. Zum Glück war das vom RLM bei Junkers in Auftrag gegebene ›Strahltriebwerk‹ inzwischen serienreif geworden, so daß die notwendigen Aggregate zur Verfügung standen. Man brauchte sie nur noch einzubauen. Und als man es getan hatte, erreichte die Me 262 in Bodennähe 805 und in sechs Kilometer Höhe 866 km/h.

Damit ließ sich schon einiges anfangen, und die deutschen Jagdflieger rieben sich die Hände. Zu früh. Denn als die erste Maschine Adolf Hitler vorgeführt wurde, rief er: »Das ist der Blitzbomber, den ich benötige.« Und er befahl, die Me 262 zu einem Bomber umzubauen.

Man faßte sich an den Kopf und versuchte ihn umzustimmen. Vergebens. Der serienreife Düsenjäger durfte nicht hergestellt und mußte umkonstruiert werden. Die bekanntesten Jagdflieger schalteten sich ein. Hitler brauste auf: »Es ist zwecklos, mich überzeugen zu wollen. Ich weiß es besser.« Und er erließ den ›Führerbefehl‹: ›Mit sofortiger Wirkung verbiete ich, mit mir über das Düsenflugzeug Me 262 in einem anderen Zusammenhang oder einer anderen Zweckbestimmung zu sprechen denn als Schnellst- oder Blitzbomber.‹ Und Göring schloß sich mit dem Echo an: »Jedes Gespräch über das Thema, ob Me 262 ein Jagdflugzeug ist oder nicht, verbiete ich.«

›Rin in die Kartoffeln, raus aus die Kartoffeln!‹ Es war nur eine logische Folge, daß man sich 1944 dazu entschloß, die ›Schnellstentwicklung‹ eines ›Volksjägers‹ zu befehlen, eines Düsenflugzeuges, das – hopplahopp – gebaut werden konnte und – hopplahopp – von Nichtfliegern nach kurzer Schulung gesteuert werden sollte.

Den Techniker reizt alles. Zwölf Tage nach Präzisierung der Ausführungsbestimmungen hatten Heinkels Konstrukteure die Attrappe eines ›Volksjägers‹ fertiggestellt. Da sich die Anordnung des Schmidt-Argus-Rohres auf dem Rücken der V 1 bewährt hatte, setzten sie das Antriebsaggregat in der gleichen Weise auf den Rumpf eines Flugzeuges, das – mit einem Bugrad ausgerüstet – verhältnismäßig leicht zu fliegen war.

Die V 1 wurde vielfach als Rakete bezeichnet. Sie war jedoch ein mit einem Düsenmotor ausgerüstetes unbemanntes Flugzeug, dessen Rumpf eine Bombe mit einer Sprengladung von 1 000 kg darstellte. Starten konnte die V 1 nicht; sie mußte katapultiert werden, da ihr Antriebsaggregat, das Schmidt-Argus-Rohr, erst nach Erreichen einer bestimmten Geschwindigkeit zu arbeiten befähigt war. Der Arbeitsvorgang in dem von Schmidt konstruierten ›intermittierenden Schubrohr‹ war einfach. Nach dem Katapultieren öffnete der ›Staudruck‹ ein Ventil, und die in das Rohr eintretende Luft bildete mit einem gleichzeitig eingespritzten Kraftstoff ein Gemisch, das durch eine Zündkerze gezündet wurde. Der durch die Explosion entstehende Druck schloß das Flatter-Ventil, so daß die Gase nur nach hinten entweichen konnten: es entstand ein Schub nach vorne. Dabei öffnete der ›Staudruck‹ das Ventil erneut. Wieder wurde Kraftstoff eingespritzt, gezündet und so fort. Das Ein- und Aussetzen der Explosionen gab der V 1 den bekannten röchelnden Ton.

Der Entwurf des ›Volksjägers‹ erhielt die Typenbezeichnung He 162, die Zeichnungen wurden am 5. November abgeliefert, und bereits am 6. Dezember konnte der Ingenieur-Pilot Peter mit dem Musterflugzeug den ersten Probeflug durchführen, bei dem er eine Höhe von sechs Kilometer und eine Geschwindigkeit von 840 km/h erreichte.

Doch was nützte das? Der Krieg ging zu Ende und verbannte das hektische und mörderische Treiben. Die Menschheit atmete auf, und die Amerikaner, die in der Raketen- und Turbinenentwicklung nur wenig Erfahrung hatten, nahmen sich des vorhandenen Materials ebenso dankbar an wie der führenden Ingenieure und Wissenschaftler, die froh waren, weiterarbeiten zu können. Sie dachten dabei nicht einmal nur an sich selbst. Direktor Wolff, zum Beispiel, der Leiter der Ernst Heinkel gehörenden Hirth-Motorenwerke in Stuttgart-Zuffenhausen, bat die Amerikaner, die in Angriff genommenen Turbinen He S-11 fertigstellen zu dürfen, und er erreichte, daß das Werk nicht demontiert wurde, wodurch den Betriebsangehörigen die Arbeitsplätze erhalten blieben.

Wernher von Braun wiederum, dessen ehrgeiziger Plan nicht die Schaffung einer raketenangetriebenen Vernichtungswaffe, sondern der Bau einer dreistufigen ›Satellitenrakete‹ gewesen war, die den ersten Schritt in den Weltraum tun sollte, erkannte, daß sich ihm *die* Chance seines Lebens bot. Das All wollte er erobern. Also übergab er die in den unterirdischen Fertigungsstätten bei Bleicherode lagernden ›V 2‹ und ging mit seinen engsten Mitarbeitern nach Amerika, wo die erste ›Beuterakete‹ am 16. April 1946 vom neu eingerichteten Raketenversuchsplatz White Sands abgeschossen werden konnte.

Wenn der von Wernher von Braun verfolgte Gedanke Professor Oberths, in den Weltraum vorzustoßen, in jenen Tagen von vielen Experten auch als reichlich phantastisch angesehen wurde, so gab es doch schon namhafte Persönlichkeiten, die anders dachten und sich auf die Zukunft einstellten. So der Präsident der Bell-Aircraft-Corporation, der das erste amerikanische Düsenflugzeug hatte bauen lassen, das am 1. Oktober 1942 auf dem Salzsee von Muroc gestartet war. Er sagte sich: Sollte es dermaleinst Raketen geben, die uns in die Lage versetzen, zunächst Satelliten, dann Weltraumaußenstationen und schließlich Weltraumschiffe zu bauen, dann benötigen wir Flugzeuge, die den Verkehr zwischen den Außenstationen und der Erde aufrechterhalten. Denn Raketen haben keine Tragflächen und können somit nicht landen. Außerdem würden sie – wiederum weil sie keine Tragflächen haben – mit hoher Geschwindigkeit in die unsere Erde umgebende Lufthülle eintauchen müssen und dabei meteorengleich aufglühen und verbrennen. Es ist also notwendig, ein Flugzeug zu schaffen, das im Grunde genommen kein Flugzeug, sondern eine Rakete ist, damit es bis zu den Außenstationen vorzustoßen vermag, und es muß dennoch ein Flugzeug sein, damit es, von diesen Stationen zurückkehrend, in die Lufthülle eintauchen, dort die hohe Geschwindigkeit verringern und schließlich landen kann.

Lawrence D. Bell sah die Dinge absolut klar, ohne sich irgendwelchen Illusionen hinzugeben. Er wußte, welche Schwierigkeiten zu überwinden waren. Sie begannen bei der ›Schallmauer‹, die noch kein Flugzeug durchstoßen hatte, und führten über den Bereich von Geschwindigkeiten, die das Material durch Reibungshitze aufglühen lassen, in Zonen, in denen die Anziehungskraft aufgehoben ist und der Mensch schwerelos im Raum schwebt.

Doch ihn reizte die Aufgabe, und so gab er den Auftrag, ein Raketenflugzeug zu bauen, das die erste Phase, den Durchbruch durch die Schallmauer, erzwingen sollte.

Wieder arbeiteten viele Ingenieure und Konstrukteure hinter zugeschweißten Fensterrahmen und undurchsichtig gemachten Scheiben, wieder kontrollierten zahlreiche Werkswachen die Hallen und begleiteten Offiziere und Soldaten alle erforderlichen Transporte, und erneut japste eines Tages die Lokomotive eines streng bewachten Güterzuges durch die zerklüfteten Täler des San Bernardino, um das Ergebnis einer fast zweijährigen Arbeit, die Bell X 1, zum Salzsee in der Wüste Mojave zu bringen.

Im gottverlassenen Muroc gab es jetzt aber schon eine ansehnliche Flugzeughalle und etliche Baracken. Und auch der untersetzte und krummbeinige alte Werkmeister William Makenzie Smith war schon dort, der sich auf Raketen spezialisiert hatte und allgemein nur ›Raketen-Smith‹ genannt wurde. Wie immer schnaubte und polterte er, wenn ein besonderes Ereignis bevorstand.

So auch am 17. Oktober 1947, an dem der Testpilot Charles Yeager den ersten Flug mit der Bell X 1 durchführen sollte. Der Himmel war strahlendblau und das blendendweiß gestrichene Flugzeug stand startbereit vor der Halle, so daß es eigentlich nichts mehr anzuordnen gab. Raketen-Smith aber kommandierte und wetterte, daß es nicht mehr schön war.

»Was haben Sie nur?« fragte ihn der Pilot, der auf eine Boeing B 29 wartete, die ihn mit dem Versuchsflugzeug auf 9 000 Meter tragen sollte. »Haben Sie Angst, daß die Rakete nicht in Ordnung ist?«

Smith machte ein verächtliches Gesicht und schneuzte auf den Boden. »By Jove, ich wette zehn Dollar gegen einen Nickel, daß die Rakete keine Dummheiten macht. Ist ja schließlich ein Walter-Triebwerk. No, die Rakete ist in Ordnung. Aber schauen Sie sich um. Wohin Sie blikken, stehen Jeeps und Soldaten, die einem alles aus der Hand reißen möchten. Sogar die Putzlappen. Könnten ja Bomben drunter versteckt sein. Wie soll man das aushalten, ohne die Krätze zu kriegen.«

Yeager lachte. »Das ist nun einmal so. Sie wissen doch, daß die Kleine hier«, er strich über die ungewöhnlich lange Nase der Bell X 1, »ein ›supergeheimes‹ Wesen ist.«

»Das Tausende von Soldaten zu sehen bekommen. Ist das notwendig?«

Der Pilot zuckte die Achseln. »Ist es notwendig, daß die Nase dieser Maschine nadelspitz ist?«

Raketen-Smith kniff die Augen zusammen. »Wahrscheinlich. Von Aerodynamik verstehe ich nichts.«

»Könnte es mit der Bewachung nicht ähnlich sein?«

»Also, jetzt will ich Ihnen mal was sagen. Wenn . . .« Der Werkmeister unterbrach sich und machte eine wütende Bewegung. »Los, sagen

Sie mir schon, warum das Ding da vorne so lang und spitz sein muß!«

Yeager klopfte ihm auf den Rücken. »Sie wissen doch, daß sich die Luft beim Erreichen der Schallgeschwindigkeit vor der Maschine staut, weil sie keine Zeit findet, abzufließen.«

»Hab' ich nicht gewußt«, knurrt Smith.

»Dann wissen Sie es jetzt. Die Luftteilchen nun, die nicht vorbeistreichen können, werden immer mehr, und sie bilden schließlich ein Kissen, das man wie einen prallen Ballon vor sich herschiebt. Und an ihm bilden sich Wirbel, die die Maschine in Gefahr bringen.

»Verstehe.«

»Na also. Dann werden Sie jetzt auch wissen, wofür die spitze Nase ist. Mit ihr soll das Luftkissen durchstochen werden, damit man über das hinwegkommt, was wir ›Schallmauer‹ nennen. Wird natürlich einen schönen Knall geben, weil die Luft, wie beim platzenden Ballon, auseinanderfliegt.«

Raketen-Smith griff in die Tasche. »Dann nehmen Sie vorsichtshalber etwas Watte mit.«

»Wozu?«

»Saudumme Frage! Beim Knall könnte Ihr Trommelfell platzen.«

Yeager schüttelte den Kopf. »Nie. Weil ich dann schon Überschallgeschwindigkeit habe und vor dem Knall hersause. Er kann mich nicht erreichen.«

Der Werkmeister fuhr sich über das Gesicht. »Zehn Dollar gegen einen Nickel, daß wir alle noch verrückt werden.«

Als sich die Bell X 1 eine Stunde später in 9000 Meter Höhe vom Rumpf der B 29 löste und unter donnerartigem Getöse mit einem langen Feuerschweif davonfegte, dachte er Ähnliches. Er glaubte, das Herz bleibe ihm stehen. Sie ist ihm durchgegangen, befürchtete er. Eine derartige Geschwindigkeit kann kein Mensch aushalten. Beinahe entsetzt schaute er zum Kontrollturm hoch, als ein Offizier begeistert schrie, daß Yeager die Schallmauer durchbrochen und 1700 Stundenkilometer erreicht habe.

»Das ist Wahnsinn!« murmelte er vor sich hin.

»Die Rakete ist ausgebrannt!« rief ein Monteur. »Er setzt zur Landung an!«

Yeager landet? Dieses höllische Tempo hat er ertragen?

»Na, was sagen Sie, Smithy?« fragte eine Stimme hinter ihm.

Der Werkmeister, der aschfahl geworden war, drehte sich um und gewahrte Lawrence D. Bell.

»Toll, was?« sagte der Vorgesetzte mit strahlendem Gesicht.

Raketen-Smith nickte. »Fragt sich nur, wann wir zu toll werden?«

Der Präsident sah ihn verwundert an. »Wie meinen Sie das?«

Die Runzeln des Alten vertieften sich. »Ich kenne Sie, Larry. Mit dem Erreichten haben Sie sich noch nie zufriedengegeben.«

»Da haben Sie recht.«

»Darum meine Frage, wann wir zu toll werden. Es muß doch eine Grenze geben.«

»Natürlich. Sie liegt immer genau dort, wohin wir sie dank unserer technischen Fähigkeit, die dem Geist erheblich nachhinkt, zu schieben vermögen. Heute lag sie hinter der ›Schallmauer‹.«

»Und morgen?«

»Wird sie im Bereich der sogenannten ›Hitzebarriere‹ liegen.

»Und dann?«

»Werden wir den ersten Schritt ins All tun.«

Der Werkmeister blickte den Präsidenten mitleidig an. »Darf ich fragen, wozu das gut ist?«

Lawrence D. Bell schmunzelte. »Wozu war es gut, auf die Kerze zu verzichten und das elektrische Licht zu schaffen?«

2. Januar 1959

Am 17. Oktober 1947 durchstieß Charles Yeager als erster die Schallmauer, und doch besteht die Möglichkeit, daß ein anderer schon vor ihm dieses Ziel erreichte: Captain Geoffrey de Havilland, der am 27. September 1946 mit dem schwanzlosen Düsenflugzeug DH 108 den Versuch machte, über die Schallgeschwindigkeit hinwegzukommen.

Vor dem Start hatte ihm sein Vater, Sir Geoffrey de Havilland, als letzter die Hand gedrückt und gesagt: »Riskiere nicht zuviel, mein Junge. Du weißt, daß du das Werk übernehmen mußt. Peter ist noch zu jung, und John . . .«

Captain de Havilland wußte, daß sein Vater schwieg, weil er über den Tod seines Sohnes John nicht hinwegkam, der 1943 bei der Erprobung einer Moskito abgestürzt war. Er bemühte sich deshalb, den Vater abzulenken. »Sei unbesorgt«, sagte er. »Unkraut vergeht nicht.«

Sir Geoffrey versuchte zu lächeln. Dennoch glich sein Gesicht einer Maske. Man hätte glauben können, er müsse sich zwingen, nicht zu sagen: Bleib hier, Geoffrey. Ein anderer soll die Maschine fliegen.

Was ist nur mit mir, dachte er, als er wenige Minuten später die steilen Stufen zum Kontrollturm hinaufstieg, der mit einer Batterie von Radargeräten in Verbindung stand, die den Weg des Flugzeuges verfolgen und seine Geschwindigkeit messen sollten. Das ungute Gefühl, das ihn beschlichen hatte, verstärkte sich, als er aus dem Lautsprecher der Flugüberwachungszentrale knackende Geräusche und gleich darauf die gequetscht klingende Stimme seines Sohnes hörte.

»Hatfield Tower, this is Delta – Hotel – Wun – Zero – Ait«, sagte er gemäß der internationalen Buchstabiertabelle. »Fliege in 27 000 Fuß. Gehe auf die Meßstrecke. Ende.«

Auf den Bildschirmen erschien ein heller Punkt.

»Jetzt geht er ran«, sagte der Control-Officer.

Die erste Messung ergab 1 020 km/h. Nur noch Sekunden konnte es dauern, dann mußte die Maschine das sich nun vor ihr bildende Luftkissen durchstoßen haben und mit Überschallgeschwindigkeit dahinrasen.

In diesem Augenblick verschwand der Punkt von den Bildschirmen.

Die diensttuenden Beamten fuhren hoch.

Der leitende Offizier ergriff das Mikrophon und schrie: »Delta – Hotel, this is Hatfield Tower! Melden Sie sich! Over! «

Es erfolgte keine Antwort.

Eine unheimliche Stille trat ein.

Sir Geoffrey tastete nach der Rückenlehne eines vor ihm stehenden Stuhles.

Erneut wurde der Pilot gerufen.

Nichts, keine Antwort unterbrach die eingetretene Stille, die von Sekunde zu Sekunde unerträglicher wurde.

Der Control-Officer machte einen verzweifelten Eindruck. Wenn doch Sir Geoffrey nicht hier wäre, dachte er.

Der schloß die Augen und nahm den Hut vom Kopf. Er wußte, daß er den zweiten Sohn verloren hatte, und ahnte, daß er ihn nicht einmal in ein Grab würde legen können.

Tagelang sprach er kein Wort. Dann gab er den Auftrag, die DH 108 weiterzuentwickeln, und wandte sich selbst einem Projekt zu, das ihn seit langem beschäftigte.

Entgegen der Auffassung vieler Experten war er zu der Überzeugung gelangt, daß sich der Kolbenmotor im Flugzeugbau nur noch für eine kurze Zeit würde halten können. Und da er es leid geworden war, immer wieder Tod und Verderben bringende Militärmaschinen bauen zu müssen, entwarf er ein mit vier Turbinen ausgerüstetes Düsenverkehrsflugzeug, das das schnellste der Welt werden und die Bezeichnung ›Comet‹ erhalten sollte.

Beim Düsentriebwerk wird einer bestimmten vom Triebwerk erfaßten Luftmasse eine Geschwindigkeit erteilt, die größer ist als die der umgebenden Luft. Dieser Geschwindigkeitsunterschied wirkt sich als Rückstoßkraft aus, die ihrerseits – nach dem Gesetz von Wirkung und Gegenwirkung – dem Triebwerk und damit dem Flugzeug einen Vortrieb verleiht. Bei einer fliegenden Maschine, bei der die Luft bereits mit der Fluggeschwindigkeit in das Triebwerk eintritt, muß somit die Austrittsgeschwindigkeit durch geeignete Mittel gegenüber der Eintrittsgeschwindigkeit – und damit gegenüber der Umgebung – vergrößert werden. Die Vortriebskraft, Schub genannt, hängt von der erfaßten Luftmasse und dem erreichten Geschwindigkeitsunterschied ab.

Ein physikalisches Gesetz besagt nun, daß der Druck vor der Düse größer sein muß als hinter derselben, wenn man eine Ausströmungsgeschwindigkeit aus einer Düse erzeugen will. Außerdem ist die Vortriebsenergie noch von dem verfügbaren Wärmegefälle abhängig. Daraus folgt, daß man zur Druckvergrößerung in das Triebwerk einen Luftverdichter einbauen muß und zur Temperaturerhöhung Brennstoff einzuspritzen und zu entzünden hat. Da der Verdichter jedoch irgendwie angetrieben werden muß, kam man auf den Gedanken, einen Teil der in der Brennkammer freiwerdenden Energie als Antriebsquelle zu benutzen, um so eine gesonderte Antriebsmaschine zu ersparen.

Damit ist der grundsätzliche Aufbau eines Luftstrahltriebwerkes bereits gekennzeichnet. Sämtliche Düsentriebwerke besitzen als wesentliche Bauteile einen Verdichter, einen Brennraum, Brennkammer genannt, einen Antrieb für den Verdichter und einen Entspannungsrichter, die Düse, in welcher der Druck in Geschwindigkeit umgesetzt wird. Als Verdichter kommen zwei Arten vor. Bei der einen durchströmt die Luft das mit Schaufeln besetzte Verdichterrad in Richtung der Achse –

Axialverdichter; bei der anderen Form wird die Luft umgelenkt und in Richtung des Laufradhalbmessers nach außen geschleudert – Radialverdichter.

Der Axialverdichter unterscheidet sich vom Radialverdichter auch aus folgendem Grund. Da moderne Triebwerke mit Verdichtungsdrükken von 4–7 Atmosphären arbeiten und man mit einem einzigen Axialschaufelrad nur eine kleine Druckerhöhung erzielen kann, etwa 0,5 Atü, war man gezwungen, mehrere Laufräder hintereinander zu schalten, zwischen denen feststehende Leitschaufelkränze untergebracht sind. Man spricht von einem mehrstufigen Gebläse.

Dabei wird die eintretende Luft in dem mit Schaufeln versehenen Gebläse verdichtet und strömt von hier in den ringförmigen Brennraum. Dort wird der Treibstoff eingespritzt und gezündet. Die heißen und hochgespannten Gase gelangen in die Turbine, werden dort weitgehend entspannt und verlassen mit großer Geschwindigkeit und noch hoher Temperatur die Düse.

Beim Propeller-Turbinen-Luftstrahltriebwerk, PTL-Triebwerk, sitzt die Luftschraube vor dem Gebläse. Da das Gebläse mit 8–12 00 Touren arbeitet, für eine Luftschraube jedoch eine Drehzahl von etwa 3 000 U/min. erwünscht ist, setzt man zwischen Gebläse und Luftschraube ein Getriebe.

Sir Geoffrey de Havilland war sich darüber im klaren, daß die Schaffung eines über dem Wettergeschehen ruhig und sicher dahinfliegenden Großflugzeuges nicht von heute auf morgen möglich sein würde. Überall war Neuland zu betreten; ohne eingehende und zeitraubende Versuche war sein Plan nicht zu verwirklichen. Aber gerade das war es, was ihn trieb. Er wollte intensiv beschäftigt sein, um nicht immer an seine verunglückten Söhne denken zu müssen.

Aus diesem Grunde verfolgte er auch den Flug seines Chefpiloten John Derry mit gemischten Gefühlen, als dieser am 6. September 1948 den Versuch machte, die Schallmauer mit der weiterentwickelten DH 110 zu durchstoßen.

Wieder wurde eine Flughöhe von 9 000 Meter gewählt, so daß der Pilot die Schallmauer nicht bei 1 200 km/h, sondern schon bei 1 040 km/h erwartete. Denn die Geschwindigkeit des Schalles nimmt mit zunehmender Höhe infolge der dünner werdenden Luft ab. Sie beträgt in Meereshöhe etwa 1 223 km/h, in 9 000 Meter etwa 1 040 km/h.

Als John Derry die vereinbarte Höhe erreicht hatte, kurvte er auf die Meßstrecke ein und drückte das Flugzeug an.

Der Fahrtmesser stieg auf 1 000 km/h, und John Derry umfaßte das Steuer fester, als er den neuartigen, hinter der Turbine eingebauten ›Nachbrenner‹ einschaltete, der ein zusätzliches Gemisch von Wasser und Alkohol entzünden sollte, das in die ausströmenden Gase eingespritzt wird, um die Leistung kurzfristig um 15 bis 25 Prozent zu erhöhen.

Er spürte den stärker werdenden Schub und wußte: Jetzt kommt der Augenblick, in dem die Maschine zerreißen kann.

Die Geschwindigkeit stieg auf 1 030 km/h. Seine Hand umklammerte den Knüppel wie eine Zange. Und dann ging es auch schon los. Er glaubte, auf eine Welle geprallt zu sein, die ihn zurückwerfen wollte. Im nächsten Moment kippte die Tragfläche und senkte sich die Nase der Maschine, die sich jedoch gleich darauf wieder aufrichtete. Das Luftkissen lag unmittelbar vor ihm. Die an den gestauten Luftmassen sich bildenden Wirbel schleuderten das Flugzeug wie einen Nachen umher. Und wie der in einem Boot auf stürmischer See befindliche Mensch durch Verlagerung seines Oberkörpers versucht, ein Kentern zu verhindern, so bemühte sich John Derry, die Maschine durch schnelles Umtrimmen den sich laufend verändernden Stabilitätsverhältnissen anzupassen.

Armer Geoffrey, dachte er, als das Flugzeug Sprünge wie ein junges Fohlen machte. Da konntest du nichts mehr machen. Derartigen Belastungen war die DH 108 nicht gewachsen. Bei dieser Turbulenz mußte sie auseinanderfliegen.

Er dachte es mehr im Unterbewußtsein als in Wirklichkeit. Denn nach wie vor kämpfte er gegen die Welle an, die sich ihm entgegengeworfen hatte. Bis die Geschwindigkeit so groß geworden war, daß die Nase des Flugzeuges das immer praller werdende Luftkissen durchstieß und die komprimierte Luft hinter der Maschine mit einem peitschenartigen Knall detonierte.

Merkwürdig, dachte er, wie ruhig plötzlich alles ist. Man könnte meinen, durch einen Sturm gelaufen und in den schützenden Eingang eines Hauses geflüchtet zu sein.

Er war der erste Mensch, der die Schallmauer mit einem Düsenflugzeug durchbrach und dabei alle Phasen genau beobachtete. Die Rakete der Bell X 1 trieb Yeager so schnell durch die Gefahrenzone, daß er sie kaum bemerkte.

Aber noch etwas stellte John Derry fest: Bei 960 km/h hatten sich die Tragflächen durch Reibungshitze um 36 Grad erwärmt, bei 1 120 km/h um 49 Grad und bei 1 280 km/h schließlich sogar um 64 Grad. Wenn dieser Temperaturanstieg auch noch nichts ausmachte – in großen Höhen herrscht immer mindestens 40 Grad unter Null –, so konnte man sich doch ein ungefähres Bild von dem machen, was einen erwartete, wenn die Geschwindigkeit weiterhin erhöht wurde.

Und daran arbeitete man in aller Welt. Besonders intensiv in Amerika, da der US-Informationsdienst festgestellt zu haben glaubte, daß die Russen im Flugzeugbau Fortschritte erzielen konnten, die denen der Vereinigten Staaten in nichts nachstanden. Erschrocken darüber riegelte man die Versuchsgelände stärker denn je ab und erteilte den Befehl, künftig keine Daten mehr bekanntzugeben. Man wandte die Methode der Russen an, die sich in dieser Hinsicht von jeher zurückhaltend gezeigt hatten. Noch nie hatten sie Wert darauf gelegt, in den offiziellen Rekordlisten genannt zu werden, und sie veröffentlichten die Ergebnisse ihrer Arbeiten selbst dann nicht, wenn der interessierende Gegenstand bereits in Serien hergestellt wurde und von der ›Geheimliste‹ gestrichen war. Man darf deshalb aus der Tatsache, daß die Russen in der Entwicklung der Düsen- und Raketenflugzeuge nicht genannt wurden, keinesfalls schließen, daß sie auf diesen Gebieten nicht tätig waren oder es erst später wurden. Immer wieder hat sich gezeigt, daß Rußland in entscheidenden Augenblicken mit Flugzeugen aufwarten konnte, deren Leistungen ebenbürtig, wenn nicht höher waren. So hörte man weder vor noch nach John Derrys Durchbruch durch die Schallmauer etwas von russischen Düsenflugzeugen. Zwei Jahre später aber, im Koreakrieg, tauchten ihre ersten serienmäßig hergestellten außergewöhnlich schnellen Düsenjäger MIG 15 und MIG 17 auf, die sich so überlegen zeigten, daß die Amerikaner in ihrer Ratlosigkeit nichts Besseres zu tun wußten, als über den feindlichen Linien Flugblätter abzuwerfen, in denen die Piloten des Gegners aufgefordert wurden, mit den genannten Flugzeugmustern in Südkorea zu landen. Um eine der schnellen Maschinen zu erhalten, sie auseinandernehmen und untersuchen zu können, sicherte man den Flugzeugführern freies Geleit, gute Stellung und 100000 Dollar Belohnung zu.

Gewiß, die MIG 15 und MIG 17 jagten erst zwei Jahre nach John Derry mit 1200 und mehr Stundenkilometern am Himmel umher, wer jedoch solche Geschwindigkeiten mit serienmäßig hergestellten Flugzeugen erzielt, hat lange Erprobungszeiten hinter sich liegen und ist in der Entwicklung bereits wieder um ein gutes Stück vorwärtsgekommen. Wenn also von russischen Düsenflugzeugen nicht die Rede war, so lediglich, weil die entsprechenden Unterlagen fehlten, die in der Folge auch von anderen Nationen nur schwer zu bekommen waren.

Aber vielleicht ist das gut so, da die Erfassung aller Einzelheiten die Übersicht rauben und das weitere Geschehen unklar werden lassen könnte. Zumal den wenigen noch zu erhaltenden Daten in gewisser Hinsicht etwas Bedrückendes anhaftet. Sie lassen erkennen, daß die erzielten Fortschritte nicht mehr das Ergebnis eines zwischen den Piloten aller Nationen ausgetragenen echten Wettstreites sind, sondern der Niederschlag eines erbitterten Machtkampfes.

Die Maschinen wurden schneller und schneller, und es begann die Zeit, da die körperliche Eignung der Piloten eine größere Rolle spielte als deren geistige Fähigkeit. Damit soll natürlich nicht gesagt sein, daß die fortschreitende Entwicklung geistlose Piloten verlangte. Nein, ›Köpfchen‹ sollten sie schon haben, darüber hinaus aber ›Super-Herzen‹, ›Super-Lungen‹ und ›Super-Nerven‹. Es mußten Männer wie William B. Bridgeman sein, der sich gummikauend auf den Sitz einer Douglas Skyrocket schnallen und von einer Boeing B 29 auf 10500 Meter Höhe tragen ließ, um den Versuch zu machen, die doppelte Schallgeschwindigkeit zu erreichen. Was aber tat er, als er sich vom Trägerflugzeug lösen sollte? Über die Funksprechanlage rief er den Piloten der B 29 und fragte:

»Sag, Jonny, kennst du schon den Witz von den Wildenten?«

»No«, erwiderte der Flugzeugführer. Und da er Bill Bridgeman gut kannte, fügte er hastig hinzu: »Erzähl ihn mir, wenn wir wieder unten sind.«

»Quatsch, er ist ganz kurz. Paß auf: Zwei Wildenten, es waren natürlich englische, begegnen einem vorbeizischenden Düsenjäger. Schnattert die eine: ›Igitt-igitt, der Bursche hat's aber eilig!‹ Meint die andere: ›Du hättest es auch, wenn sie dir eine Lötlampe dorthin bänden, wo er sie sitzen hat.‹ Gut, was?«

»Alte Quasseltante. Mach, daß du wegkommst«, antwortete der Pilot, der nervös wurde, weil er die Radarschirme auf die Skyrocket gerichtet wußte.

»Spielverderber«, erwiderte Bridgeman. Und im gleichen Atemzug zählte er: »Zehn, neun, acht . . . drei, zwei, eins, null!« Er klinkte seine Maschine aus und drückte sie nach unten. Dann grinste er hinter der Klarsichtscheibe seines luftdicht schließenden Helms und dachte: Jetzt wollen wir mal sehen, was sich tut, wenn ich die zusätzlichen Raketen einschalte. Eine halbe Himmelfahrt wird's bestimmt, hoffentlich nicht 'ne ganze.

Er legte einen Hebel herum, und im nächsten Augenblick glaubte er, von unsichtbaren Händen gegen die Rückenlehne gepreßt zu werden. Automatisch zog er das Höhensteuer. Der Horizont glitt zurück, als rutsche er von einer schiefen Ebene. Die Raketen donnerten, und die vorbeistreichende Luft pfiff in den höchsten Tönen. Der Zeiger des Höhenmessers raste im Kreise: 15 000 – 17 000 – 19 000 – 21 000 – 23 000 Meter.

Genug, dachte Bridgeman. Die vordere Seite der Medaille hab' ich mir errungen, nun kommt die Rückseite an die Reihe. Wenn's 'ne Kehrseite ist – ich kann's nicht ändern.

Er drückte das Flugzeug an. Noch immer dröhnten die Raketen. Der Fahrtmesser zeigte Mach 1,3. Die Schallmauer war längst durchstoßen. Weiter. Mach 1,5 – 1,7 – 1,9. Die Maschine lag wie ein Brett. Mach 2 – Mach 2,1!

Die Raketen verstummten, aber das gesetzte Ziel war erreicht. Mit 2 260 km/h jagte die Skyrocket dahin. Und Bill Bridgeman feixte wie ein Schulbub, der etwas ausgefressen hat und sich darauf freut, mit harmlosem Gesicht vor seinen Lehrer zu treten. Er war ein Testpilot, wie man ihn sich für das moderne Versuchsflugzeug nicht besser wünschen konnte: unbefangen, strahlend, mit dem Gebiß eines Nußknackers und mit Nervensträngen, von denen man annehmen konnte, daß er sie im Notfall herausholen und seinem Gegner um die Ohren schlagen würde.

Ganz anders hingegen der schmalgesichtige, sich stets beherrscht zeigende Sir Geoffrey de Havilland, der nüchtern die Berichte seiner Ingenieure und Piloten prüfte, die das nach seinem Willen gebaute und seit 1949 fliegende Düsenverkehrsflugzeug Comet einer harten Erprobung unterzogen. Unentwegt pendelten sie zwischen England, Afrika, Indien und Japan hin und her, bis es keinerlei Beanstandungen mehr gab und die erste Serie für die Britisch-Overseas-Airways-Corporation gebaut werden konnte.

Es war einer der größten Tage im Leben Sir Geoffreys, als die BOAC den ersten Comet im Frühjahr 1952 in den Dienst stellte. Und auch für die Luftverkehrsgesellschaft, die damit über die schnellste Verkehrsmaschine der Welt verfügte, war es ein bedeutender Tag. Wer immer nun von London nach Johannesburg, Ceylon, Singapur oder Tokio zu fliegen hatte, wünschte den Comet zu benutzen, dessen Rumpf als Druckkabine ausgebildet war, so daß man in 9000 Meter Höhe über den Wetterfronten dahingleitend seine Zigarre rauchen konnte. Doch das war noch nicht alles. Die vibrationsfreien Turbinen waren in der Kabine kaum zu hören; man glaubte, die Motoren arbeiteten nicht.

Die amerikanischen Luftverkehrsgesellschaften, die nicht damit gerechnet hatten, daß sich das Düsenflugzeug schon in absehbarer Zeit durchsetzen würde, rauften sich die Haare. Auf Jahre hinaus hatten sie Aufträge für Maschinen mit Kolbenmotoren oder mit auf Kurbelwellen wirkende Abgasturbinen vergeben. Wenn sie nicht restlos in das Hintertreffen geraten wollten, mußten sie sehen, daß sie schnellstens einige Düsenflugzeuge erhielten.

Sir Geoffrey de Havilland wußte sich kaum noch zu retten. Innerhalb weniger Tage hatte er Festaufträge in Höhe von 35 Millionen Pfund vorliegen, und darüber hinaus schwebten Verhandlungen über weitere 100 Millionen Pfund. Allein vom Baumuster Comet I und Comet II sollte er kurzfristig 50 Maschinen liefern. Er wurde aber nicht nervös, sondern arbeitete weiter an der Entwicklung des Comet III, der noch schneller und größer werden sollte, um den Einsatz auf der Nordatlantikstrecke rentabel zu machen.

Doch dann trafen ihn sechs Keulenschläge, die ihn beinahe zusammenbrechen ließen. Der erste Schlag erfolgte am 7. September 1952, an dem – wie jedes Jahr in England – in Farnborough diejenigen der neuesten Flugzeuge vorgeführt werden sollten, die von der ›Geheimliste‹ gestrichen waren. So auch die DH 110, mit der John Derry vor genau vier Jahren zum ersten Male die Schallmauer durchbrochen hatte.

Unter den 130000 Zuschauern befanden sich die deutschen Konstrukteure Dornier, Heinkel und Messerschmitt, welche die sportlichen Engländer in Anerkennung ihrer Verdienste eingeladen hatten.

Zunächst wurde der Comet vorgeführt, der Ernst Heinkel so sehr beeindruckte, daß er erklärte: »Es gibt keinen Zweifel: England ist der Welt um drei bis vier Jahre voraus.«

Als nächster startete John Derry. Das Volk jubelte, als er unmittelbar nach dem Start mit heulenden Turbinen wie ein Pfeil zum Himmel emporjagte. Nur wenige Sekunden konnte man die Maschine verfolgen, dann war sie im Dunst verschwunden.

Die Menschen hielten den Atem an, als befürchteten sie, den vielbesprochenen Knall zu verpassen.

Minuten verharrten sie so, dann entdeckten sie einen winzigen Punkt, der steil herabschoß und unheimlich schnell größer wurde. Aber kein Motorengeräusch war zu hören: die DH 110 flog schneller als der Schall.

»Jetzt wird's aber Zeit, daß er die Kiste abfängt«, sagte Messerschmitt.

In diesem Augenblick gab es einen Knall, dem unmittelbar darauf ein zweiter folgte.

»Nanu«, rief Heinkel verwundert. »Ist er schon wieder aus der Überschallgeschwindigkeit heraus? Der erste Knall muß der zweite und der zweite der erste gewesen sein.«

Heinkel täuschte sich nicht. Die Luft ›platzt‹ nämlich sowohl beim Überschreiten der Schallgeschwindigkeit als auch bei der Rückkehr in den Bereich der Schallgeschwindigkeit. Bricht also ein Flugzeug durch die Schallmauer, so entsteht ein Knall, der erste, den man – wenn das Flugzeug mit Überschallgeschwindigkeit auf einen zufliegt – später als den zweiten Knall hört, der entsteht, wenn das Flugzeug langsamer als der Schall wird. Denn der Weg, den der zweite Knall zurückzulegen hat, ist kürzer, da er später erfolgt; er dringt also als erster an unser Ohr.

Noch während Ernst Heinkel seine Feststellung traf, brachen die Turbinen aus dem Rumpf der Maschine. Sie überschlugen sich jedoch nicht, sondern jagten gradlinig weiter, während die Tragflächen in tausend Fetzen auseinander flogen.

Die Zuschauer schrien auf. Wie Geschosse rasten die Motoren auf sie zu, und Sekunden später waren 30 Menschenleben vernichtet.

Die Frau John Derrys, die unter den Zuschauern stehend das Ende ihres Mannes erlebte, eilte sofort zu der Stelle, an der die Motoren in die dichtgedrängte Menschenmenge gejagt waren, und bemühte sich um die Sterbenden und Verletzten, bis auch der letzte Verwundete abtransportiert war.

Sir Geoffrey glaubte dem Wahnsinn nahe zu sein. Ausgerechnet er, dessen Liebe den Verkehrsmaschinen galt, hatte zusehen müssen, wie eines seiner Militärflugzeuge 30 Menschen tötete.

Das Schicksal ließ ihm keine Zeit, zur Besinnung zu kommen. Drei Wochen später, am 26. September, verunglückte ein Comet beim Start und begrub alle Insassen. Man vermutete einen Bedienungsfehler. Am 2. März 1953 ereignete sich der gleiche Unfall in Karatschi in Indien. Wiederum alle tot. Drei Monate später, am 2. Juni, stürzte ein Comet ohne erkennbare Ursache über Kalkutta ab. Erneut kein Überlebender. Man ›sperrte‹ die vorhandenen Maschinen, untersuchte sie bis auf die kleinste Schraube, fand nichts, gab sie wieder frei, und am 10. Januar 1954 stürzte der nächste Comet aus etwa 9 000 Meter Höhe in der Nähe der Insel Elba ins Mittelmeer. Er blieb dort nicht allein. In seiner Nähe jagte am 5. April der fünfte Comet in die Tiefe.

Die Untersuchungskommissionen standen vor einem Rätsel. Hatten sie bei den ersten Unfällen noch annehmen können, daß die unmittelbar nach dem Start überaus empfindlichen Düsenflugzeuge durch Bedienungsfehler verunglückten, so mußten sie diese Auffassung nun fallenlassen. Zweifellos gab es andere Gründe. Doch welche? Niemand vermochte es zu sagen, und in ihrer Ratlosigkeit wiesen schließlich Experten auf die Möglichkeit von Attentaten hin. Man hütete sich natürlich, in diesem Zusammenhang weitere Überlegungen anzustellen, die zwangsläufig die Frage aufgeworfen hätten: Wer kann ein Interesse daran haben, die schnellen Verkehrsmaschinen der BOAC in Mißkredit zu bringen?

Sir Geoffrey glaubte nicht an eine Serie von Attentaten. Er gab den Auftrag, alle noch vorhandenen Maschinen aus dem Dienst zu ziehen und sie erneut zu untersuchen. Gleichzeitig trat der englische Geheimdienst in Tätigkeit, der die Ursache der Unfälle aber ebensowenig klären konnte wie die eingesetzten technischen Kommissionen.

»Wir kämpfen gegen einen unsichtbaren Feind«, sagte Sir Geoffrey, nachdem er alle Protokolle eingehend studiert hatte.

»Dann werden wir ihn nie finden«, erwiderte einer seiner Direktoren.

»Doch«, antwortete er bestimmt. »Verbrecher sind ebenfalls unsichtbare Feinde. Werden sie etwa nicht gefunden?«

»Das schon. Aber von Detektiven.«

»Was hindert uns, wie diese vorzugehen? Lokalisieren wir das Terrain, in dem sich der Feind aufhalten könnte. Meines Erachtens kann er nur in der Natur oder in der Technik selber stecken.«

Man sah den Flugzeugkonstrukteur fragend an.

»Wenn ich von der Natur spreche, so denke ich an die ›jet-streams‹, an die ›Strahlströme‹, von denen Sie sicher schon gehört haben. Über sie forderte ich einen ausführlichen Bericht an. Als zweites nannte ich die Technik. Wir wissen, daß es ›Materialermüdungen‹ gibt. Wer sagt uns, daß unsere Maschinen nicht ein Opfer dieser Erscheinung geworden sind?«

»In so kurzer Zeit?«

»Was wissen wir? Um es festzustellen, habe ich den Auftrag erteilt, die in der Nähe von Elba auf dem Meeresgrund liegenden Trümmer zu bergen. Wir werden dann sehen, ob beispielsweise eine Turbine platzte und Teile von ihr mit der Geschwindigkeit eines Geschosses den Rumpf durchschlagen haben.«

»Teile einer Turbine können meines Erachtens niemals fünfunddreißig Menschen auf einmal vernichten«, sagte der Chefingenieur der Flugzeugwerke.

»Natürlich nicht«, erwiderte Sir Geoffrey. »Ich glaube ja auch nicht, daß eine Turbine platzte. Dennoch könnte es sein, und um Klarheit zu gewinnen, lasse ich das Wrack heben.«

Wenige Tage später bereute er, den Bergungsauftrag so schnell erteilt zu haben. Denn nach den Informationen, die er über die ›jetstreams‹ erhielt, schienen diese der gesuchte unsichtbare Feind zu sein, wenngleich der Meteorologe betonte, daß man hinsichtlich der ›Strahlströme‹ noch nicht absolut klarsehe. Mit Sicherheit aber könne gesagt werden, daß es in großen Höhen ›Luftbänder‹ gibt, die mit ungeheuren Geschwindigkeiten dahinjagen.

Erstmals wurde man im Zweiten Weltkrieg auf sie aufmerksam, als am 4. November 1944 ein Patrouillenschiff der US-Kriegsmarine aus den pazifischen Küstengewässern Amerikas eine Ballonhülle zog, die japanische Schriftzeichen trug. Kurz darauf fand man weitere Hüllen, und dann explodierte ein Ballon über Montana. Ihm folgten andere, welche die ausgetrockneten Wälder des amerikanischen Mittelwestens in Brand setzten, so daß man annehmen mußte, Japan habe eine Ballonoffensive gegen die Vereinigten Staaten eröffnet. Von wo aus, das wußte man allerdings nicht. Man vermutete zunächst, daß die mit einem Brandsatz versehenen Papierballons bei günstigen Winden von U-Booten hochgelassen würden, bis man sich daran erinnerte, daß nach Japan fliegende Bomberbesatzungen vielfach behauptet hatten, den Rückflug in einer ihnen unerklärlich kurzen Zeit zurückgelegt zu haben. Sollte es Luftströmungen geben, die mit unerhörter Geschwindigkeit von Japan nach Amerika jagen?

Das Kriegsende brachte des Rätsels Lösung. Die japanischen Meteorologen hatten herausgefunden, daß es in der oberen Troposphäre, in etwa 8 000 bis 12 000 Meter Höhe, relativ schmale ›Luftbänder‹ mit extrem hohen Windgeschwindigkeiten gibt, die im allgemeinen in westöstlicher Richtung verlaufen.

Spätere Messungen ergaben: Im Februar 1947 über Amerika: 505 km/h; im Oktober 1952 über Argentinien: 593 km/h; im Januar 1954 über Neufundland: 606 km/h; im Januar 1955 über Philadelphia: 631 km/h.

Von der fast kaum glaublichen ›Windbrücke‹ erfuhr der japanische General Kusaba, der daraufhin aus mehreren Lagen Japanpapier Ballons mit einem Durchmesser von 10 Meter anfertigen ließ, an die – neben drei Splitterbomben und einem Brandsatz – 30 fünfpfündige Sandsäcke gebunden wurden, die ein mit einem Auslöser versehenes Barometer in bestimmten Abständen einzeln abwarf, wenn der Ballon unter 9 000 Meter sank. Stieg er höher als 11 000 Meter, so wurde ein Gasventil geöffnet, und war der letzte Ballast abgeworfen, fielen die Splitterbomben und der Brandsatz automatisch nach unten, wobei eine weitere

Vorrichtung dafür sorgte, daß der Ballon explodierte und verbrannte.

Die Japaner waren sich darüber im klaren, daß nicht jeder Ballon den amerikanischen Kontinent erreichen und den gewünschten Schaden anrichten werde, sie hatten aber recht gut die Zeit ermittelt, die ein Ballon benötigte, um auf der ›Windbrücke‹ nach Amerika zu gelangen. Und diese Zeit entsprach einem ungefähr dreißigmal erforderlichen Abwurf von Sand infolge Gasverlust. Über 9 000 Ballons wurden auf die Reise geschickt, und es wären zweifellos mehr geworden, wenn nicht eine in den USA äußerst selten erlassene Zensur jegliche Nachricht über entstandene Schäden unterbunden hätte. Erfolg: Die Japaner glaubten, ihre ›Spezialoffensive‹ verliefe ergebnislos, und brachen die Aktion ab. In Amerika aber atmete man auf. Nach einem Bericht des mit den Abwehrmaßnahmen beauftragten Generals W. H. Wilburs richteten mehr als 1 000 Ballons erhebliche Schäden an. Insbesondere in den Wäldern des Mittelwestens, deren Bestand ernsthaft gefährdet gewesen wäre, wenn die Angriffe noch zwei Monate gedauert hätten.

Der nach dem Kriege veröffentlichte Bericht über die japanische Ballonoffensive ließ die Meteorologen aller Länder aufhorchen. In England entsann man sich eines mysteriösen Fluges, den eine B 24 ›Liberator‹ im Februar 1944 durchgeführt hatte. Die Besatzung war zu einem Versuchshöhenflug aufgestiegen und befand sich trotz genauer ›Koppelnavigation‹ beim Abstieg nicht über England, sondern über der sudetendeutschen Stadt Eger. Und in Deutschland nahm man alles zurück, was man über Piloten gesagt hatte, die nach Bordeaux fliegen sollten und in Böhmen gelandet waren.

Man machte nun sorgfältige Messungen, die ein verblüffendes Phänomen erkennen ließen. Um die nördliche und südliche Halbkugel jagen je zwei ›Strahlströme‹ von West nach Ost, die ihre Bahnen mit den Jahreszeiten verändern. Im Sommer liegen sie nördlicher beziehungsweise südlicher als im Winter, immer aber winden sie sich in Schlangenlinien, etwa wie Flüsse im Flachland.

Doch noch etwas stellte man fest. Die sogenannte ›clear air turbulence‹, das heißt die in großen Höhen hin und wieder außerhalb aller Wolken angetroffene und darum nicht erklärbar gewesene Turbulenz, steht im engsten Zusammenhang mit den ›Strahlströmen‹. Wo eine ›clear air turbulence‹ angetroffen wird, da ist der ›jet-stream‹ nicht weit entfernt.

Wenn sich die ›clear air turbulence‹ auch nur auf schmale Schichten erstreckt, so kann sie doch so heftig sein, daß nicht nur die Tassen der Passagiere eines Verkehrsflugzeuges von den Tischen heruntersausen, sondern – wie über England in 10 000 Meter Höhe geschehen – eine Maschine schlagartig auf den Rücken geworfen wird. Das ist freilich ein Einzelfall, aber gerade dieser Einzelfall war geeignet, die Vermutung aufkommen zu lassen, daß ›jet-streams‹ die unsichtbaren Feinde der hochfliegenden Düsenflugzeuge seien. Zumal meteorologisch nachgewiesen werden konnte, daß am 10. Januar 1954, an dem Tag also, an dem ein Comet in der Nähe von Elba abstürzte, ein ›Strahlstrom‹ von England in südlicher Richtung über das Mittelmeer gejagt und in unmittelbarer Nähe der Unglücksstelle nach Nordosten abgebogen war, wobei er eine enge Kurve beschrieb, in der sich starke Wirbel bilden mußten.

Als Sir Geoffrey dies erfuhr, glaubte er den Grund des Absturzes gefunden zu haben. Dennoch wünschte er eine Untersuchung der Trümmer des inzwischen unter dem Kommando des englischen Admirals Lord Mountbatten gehobenen Flugzeuges. Dabei stieß man gleich auf eine merkwürdige Tatsache: Die Gesichter der geborgenen Toten – etliche Passagiere fehlten unerklärlicherweise – machten einen friedlichen Eindruck, ihre Unterkörper waren jedoch buchstäblich durchsiebt, so daß man zu der Überzeugung kam, die Verunglückten müßten während des Absturzes bereits tot gewesen sein. Auf die Frage aber, was ihre Unterkörper durchsiebt haben könnte, fand man keine Antwort.

Also beförderte man selbst das kleinste Teilchen, das man in 135 Meter Tiefe mit Hilfe einer Fernsehkamera auf dem Meeresboden fand, an die Oberfläche und fügte, als 70 Prozent des Wracks geborgen waren, Stück für Stück auf einem Holzrahmen zusammen, dessen Form dem verunglückten Comet entsprach. Und nun wurde deutlich, daß der Rumpf der Verkehrsmaschine mit einem Schlag ringsherum aufgeplatzt sein mußte.

Wodurch? Man überlegte: Der Luftdruck in 12 000 Meter Höhe beträgt nur noch ein Viertel des über dem Meeresspiegel liegenden Drukkes; in 12 000 Meter Höhe pressen somit auf jeden Quadratmeter des Rumpfes etwa sechs bis sieben Tonnen von innen nach außen. Diese Belastung nimmt aber beim Abstieg ab und beim Aufstieg zu, so daß der Rumpf eine laufende ›Massage‹ erfährt.

Um nun herauszufinden, ob das bei jedem Flug erneut einsetzende Dehnen und Pressen zu gefährlichen Materialermüdungen führt, ließ Sir Geoffrey ein Bassin bauen, das groß genug war, einen Comet aufzunehmen. In diese ›Riesenbadewanne‹ steckte man eines der Düsenflugzeuge und setzte seinen Rumpf abwechselnd den unterschiedlichsten Drücken aus, wobei die Tragflächen in Schwingungen versetzt wurden, die jenen während des Fluges entsprachen. Auf diese Weise konnte man in fünf Minuten die Beanspruchung eines Dreistundenfluges nachahmen, und als der Rumpf 9 000 künstlichen Flugstunden ausgesetzt gewesen war, bildeten sich plötzlich überall Risse, die vollkommen denen des zusammengesetzten Wracks entsprachen.

Es gab keinen Zweifel mehr. Die verunglückten Maschinen waren infolge Materialermüdung geplatzt.

Mit diesem Ergebnis gab sich Sir Geoffrey jedoch noch nicht zufrieden. In Originalgröße der verunglückten Flugzeuge ließ er ein Plexiglasmodell herstellen, in das lebensgroße und dem menschlichen Gewicht entsprechende Puppen gesetzt wurden. Dann pumpte man den

Rumpf auf und brachte ihn – während zahlreiche Filmapparate surrten – an den Stellen zum Bersten, an denen der Rumpf im Bassin jäh aufgerissen war. Das Ergebnis bestätigte die Vermutungen. Aus den Zeitlupenaufnahmen konnte geschlossen werden, daß bei allen Passagieren Herz und Lunge schon im ersten Augenblick des Druckabfalls geplatzt sein mußten, einwandfrei aber war zu sehen, daß etliche Puppen mit ihren Sitzen im Bruchteil einer Sekunde aus der Maschine herausgeschleudert wurden, während die geschoßartig umhersausenden Teile des schlagartig aufgerissenen Rumpfes die Unterkörper der restlichen Puppen verstümmelte.

Nun war alles klar. Der unsichtbare Feind war entlarvt, und die Ingenieure konnten mit der Konstruktion eines neuen Düsenverkehrsflugzeuges beginnen. Die gemachten Erfahrungen kamen aber nicht nur der Comet IV, sondern auch der inzwischen in Amerika in Angriff genommenen Boeing 707 zugute, die noch größer als ihr englischer Konkurrent werden sollte. Es blieb nur die Frage, welches Land als erstes in der Lage sein würde, eine nach menschlichem Ermessen absolut sichere Düsenverkehrsmaschine in den Dienst zu stellen: England oder Amerika. Die Engländer schworen darauf, daß Sir Geoffrey de Havilland nicht zu schlagen sei, und die Amerikaner schlossen jede Wette ab, daß ihre Luftfahrtgesellschaft PANAM den Reigen mit einer Boeing 707 eröffnen würde.

Beide Nationen fielen deshalb aus allen Wolken, als der ehemalige sowjetische Ministerpräsident Malenkow am 15. März 1955 mit dem russischen zweimotorigen Düsenverkehrsflugzeug TU 104 in London landete. Man faßte sich an den Kopf und begriff nichts mehr. Du lieber Gott, die Russen, von denen man angenommen hatte, daß sie um Jahre zurück seien, kreuzten, als wäre es nichts, unter infernalischem Geheul mit einem riesigen Düsenflugzeug auf, das offensichtlich nicht nur in Serie hergestellt wurde, sondern auch alles bisher Dagewesene in den Schatten stellte.

Wie ist das möglich, fragte man sich. Wie können die Russen ein Flugzeug bauen, das in 3 Stunden 30 Minuten von Moskau nach London fliegt?

Man bat darum, die Maschine besichtigen zu dürfen. Die Piloten hatten nichts dagegen und erklärten freimütig, daß der Aktionsradius bei einer Zuladung von 50 Passagieren 3 200 Kilometer und die Geschwindigkeit 800 km/h betrage. Beiläufig erwähnten sie, daß die TU 104 in gewisser Hinsicht schon überholt sei. An ihre Stelle trete die TU 104 A, die 70 Passagiere befördern könne und deren Innenausstattung noch komfortabler sei. Mit der TU 104 A, wie ebenfalls mit dem bewährten Propeller Turbinen-Verkehrsflugzeug TU 114, das zwei Etagen habe – in der unteren ein Restaurant für 48 Gäste – und Platz für 120 Passagiere biete, würden sie gerne am europäischen Luftverkehr teilnehmen, wenn man es ihnen gestatte. Sie seien durchaus konkurrenzfähig. Die TU 114 könnte zum Beispiel mit 120 Fluggästen ohne Zwischenlandung in 10 Stunden von Moskau nach New York fliegen.

Ganz offensichtlich hatten die Piloten die Anweisung, ›die Katze aus dem Sack zu lassen‹, und wer jetzt noch nicht glauben wollte, daß die Russen ein in technischer Hinsicht ungewöhnlich befähigtes Volk sind, dem war nicht zu helfen.

Die Experten steckten ihre Köpfe natürlich nicht in den Sand. Sie wußten, was es hieß, ein komfortables Düsenflugzeug serienreif zu machen, und sie setzten alle Kraft daran, die Schlappe auszugleichen. Mit einem Düsenverkehrsflugzeug konnten sie allerdings vor Ende 1958 nicht aufwarten; aber mit Langstreckenverkehrsflugzeugen wie die DC-7 ›Seven Seas‹ und der Loockheed ›Super Constellation‹, die beide über Druckkabinen verfügten, konnte man sich durchaus sehen lassen. Außerdem tat sich in Muroc, dem idealen Versuchsgelände auf dem 40 Kilometer weiten Salzsee, allerhand, auch wenn man nicht darüber schrieb. Fest stand auf jeden Fall: Bill Bridgeman, der mit der Skyrocket die doppelte Schallgeschwindigkeit erreicht hatte, war inzwischen mit der düsengetriebenen Douglas X 3 über die dreifache Schallgeschwindigkeit hinweggekommen. Man arbeitete auf einer ganz anderen Basis und dachte weniger an die Gegenwart als an die Zukunft, die Flugzeuge verlangte, mit denen man in das Weltall vordringen kann. Denn in Cape Canaveral war man intensiv damit beschäftigt, eine Satellitenrakete zu bauen, der zweifellos eines Tages die von Wernher von Braun projektierte Weltraumstation zwischen Erde und Mond folgen würde. Dann aber benötigte man Maschinen, die, ohne zu verglühen, den Verkehr zwischen der Erde und der Außenstation aufnehmen konnten. Und an diesem Problem arbeitete man.

Das Raketenproblem als solches war längst gelöst. Die einfachste Form einer Rakete ist die allgemein bekannte Feuerwerksrakete, bei welcher der stromlinienförmige Raketenkörper von einem äußeren Mantel umschlossen ist. In der Spitze der Rakete befindet sich die Nutzlast, beispielsweise Leuchtkugeln. Den Hauptteil beansprucht das fest in eine Hülle gepreßte und vom Mantel umschlossene Pulver, kurz Treibsatz genannt. In diesen ragt von unten her eine kegelförmige Bohrung hinein, Seele genannt, in der sich der Zündsatz in Form von lockerem Pulver befindet, der den Treibsatz zur Entzündung bringen soll. Die Zündung erfolgt mittels einer Zündschnur. Die Austrittsöffnung ist trichterförmig gestaltet und bildet so die Düse, durch welche die Verbrennungsgase unter hohem Druck in das Freie treten und durch den dabei entstehenden Rückstoß die Bewegung der Rakete bewirken. Dazu braucht man einen Führungsstab, der den Flug stabilisiert.

Die Faustregel der alten Chinesen gilt auch heute noch: Der Führungsstab muß siebenmal so lang wie die Rakete sein. Bei größeren Raketen reicht ein Führungsstab natürlich nicht aus. Man benutzt dort am unteren Ende der Rakete angebrachte Stabilisierungsflossen.

Um eine höhere Ausströmungsgeschwindigkeit der Gase zu erzielen, ging man dazu über, an Stelle des Pulvers flüssige Kohlenwasserstoffe wie Benzin, Benzol oder Methan zu verwenden. Reiner Wasserstoff mit Sauerstoff, Knallgas, liefert eine Ausströmgeschwindigkeit von rund 4 000 m/sec.

Der Aufbau einer Flüssigkeitsrakete ist in seinen Grundzügen wie folgt: In einem Behälter befindet sich der Brennstoff, in einem anderen der zur Verbrennung notwendige Sauerstoff, und in einem Hochdruckbehälter wird stark zusammengepreßtes Gas gespeichert, das den Inhalt der beiden erstgenannten Behälter in den Verbrennungsraum, Ofen genannt, preßt. Im Ofen werden die Betriebsstoffe zerstäubt, vermischt und verbrannt. Die Verbrennungsgase entströmen mit hoher Geschwindigkeit aus einer Düse und geben den Rückstoß. Bei großen Raketen werden anstelle der mit zusammengepreßtem Gas gefüllten Hochdruckbehälter Förderpumpen zwischen Brennstoff- und Sauerstoffbehälter eingebaut.

Ein reines Raketenflugzeug war die Bell X 2, mit der Frank Everest zum ersten Male die 4 000-Kilometer-Grenze überschreiten und in die ›Hitzezone‹ einbrechen sollte. Wenn ihm dies gelang, dann stand Amerika nicht nur wieder an führender Stelle, sondern durfte man auch hoffen, daß zwei weitere Versuche Aussicht auf Erfolg haben würden: der gleichfalls mit der Bell X 2 geplante Flug auf 35 000 Meter Höhe, auf den sich Captain Iven C. Kinchloe vorbereitete, und der für Anfang 1959 vorgesehene Start der von der North American Aviation gebauten X 15, die der 36jährige Testpilot Scott Crossfield mit über fünffacher Schallgeschwindigkeit auf 160 Kilometer Höhe steuern sollte – also schon weit hinein in die Dunkelheit des Alls.

Frank Everest startete am 16. September 1956 und erzielte, wie im ersten Kapitel dieses Buches geschildert, eine Geschwindigkeit von über 4 000 km/h. Und Kinchloe, der die Bell X 2 im Gegensatz zu seinem Kameraden nicht andrückte, um eine möglichst hohe Geschwindigkeit zu erzielen, sondern so lange steigen ließ, bis die Rakete ausgebrannt war, erreichte noch im selben Monat eine Höhe von fast 38 000 Meter.

»Damit ist er der erste Mensch, der nach physiologischen Maßstäben in den ›Raum‹ eintrat«, sagte der mit Wernher von Braun befreundete Raumfahrtmediziner Professor Dr. Heinz Haber. »Denn Kinchloe war einer Umwelt ausgesetzt, in der er ohne entsprechende Schutzausrüstung den gleichen Raumtod gestorben wäre wie auf dem Mond oder auf dem Mars. Die Atmosphäre schafft unsere Umwelt, und in einer Höhe von über 37 000 Metern befindet sich der Mensch in einer Umwelt, in der die Luftdichte gegenüber der Erdoberfläche auf weniger als ein halbes Prozent reduziert ist. Er hat über sich nur noch ein halbes Prozent und unter sich 99,5 Prozent der Atmosphäre.«

Die Amerikaner jubelten und waren der festen Überzeugung, daß sie auf dem Gebiet der Raketentechnik unerreichbar seien, bis Radio Moskau am 4. Oktober 1957 eine Nachricht verbreitete, welche die Welt den Atem anhalten ließ und das Selbstvertrauen der Amerikaner so sehr erschütterte, daß sie sich tagelang nicht zurechtfanden. Der erste Satellit, ›Sputnik I‹, war von den Russen in den Weltraum geschossen worden und kreiste mit zwei Sendern und einem Gewicht von 83,6 Kilogramm in etwa 900 Kilometer Höhe mit der unvorstellbaren Geschwindigkeit von 28 800 km/h auf einer elliptischen Bahn um die Erde.

Die Wissenschaftler stellten Berechnungen an und schüttelten die Köpfe. »Es kann nicht stimmen, was die Russen gesagt haben«, erklärten sie. »Keine uns bekannte Rakete vermag 83,6 Kilogramm 900 Kilometer hochzuschleudern. Bei der Nachrichtenübermittlung muß das Komma versetzt worden sein. Nicht 83,6 sondern 8,36 kg wird der Satellit wiegen.«

»Nein«, erwiderte der sowjetische Wissenschaftler Professor Antoliw Blagonrawow im amerikanischen Fernsehen. »›Sputnik I‹ wiegt 83,6 kg!« Und in aller Ruhe fügte er hinzu: »Sein Start war natürlich nur ein Experiment. Erst der nächste, wesentlich größere Satellit, dessen Start wir vorher ankündigen werden, ist für Beobachtungen innerhalb des Programms für das Internationale Geophysikalische Jahr bestimmt.«

Die Amerikaner verloren die Fassung. Es wollte ihnen nicht in den Kopf, daß es den Sowjets gelungen war, sie so entscheidend zu überrunden.

Dabei gab es genügend Fachleute, die ein solches Debakel hatten kommen sehen. Männern wie Wernher von Braun war es nicht unbekannt, daß die Russen schon mit Raketen experimentierten, als andere Nationen noch nicht daran dachten. Und aus den russischen Fachzeitschriften, die gewiß nicht die letzten Geheimnisse preisgaben, ersahen sie seit langem, daß man in der Sowjetunion gewaltige Fortschritte gemacht haben mußte.

Hinzu kam, daß Wissenschaftler, die in Rußland gewesen waren, immer wieder auf bestimmte, im Wesen des russischen Volkes liegende spezielle Fähigkeiten hingewiesen hatten. »Niemand vermag sich so geduldig mit Problemen zu befassen wie der Russe«, sagte ein zurückgekehrter Professor. »Meines Erachtens gibt es keine zweite Nation, in der die Fähigkeit, alles bis ins Letzte zu zergliedern, geradezu zum Sport erhoben wurde. Aber das ist noch nicht das Wichtigste. Die Russen können zergliedern, ohne dabei die Übersicht über das Ganze zu verlieren. Man braucht nur hinzugehen und sie beim Schachspiel zu beobachten, wenn man sich über ihre analytische Begabung und über ihre vielfältige Phantasie informieren will.«

Doch wer hätte solchen Worten schon Bedeutung beigemessen, wer hätte ihnen Glauben schenken und wahrhaben wollen, ›was nicht wahr sein darf‹? Die wenigsten. Kein Wunder also, daß das Auftauchen des ›roten‹ Satelliten einem Paukenschlag gleichkam.

Oben
Der sowjetische Kosmonaut Major Andrian Nikolajew.

Mitte links
Der erste private Nachrichtensatellit ›Telstar‹, der die Fernsehbrücke zwischen den USA und Europa eröffnete.

Unten links
Aufnahme vom Augenblick des Aufschlagens der ›Mercury‹-Raumkapsel im Pazifik.

Mitte rechts
Monatelang wurde der noch nicht ganz vier Jahre alte Schimpanse Ham auf seinen Raumflug vorbereitet.

Unten rechts
Weltraumfahrer John H. Glenn.

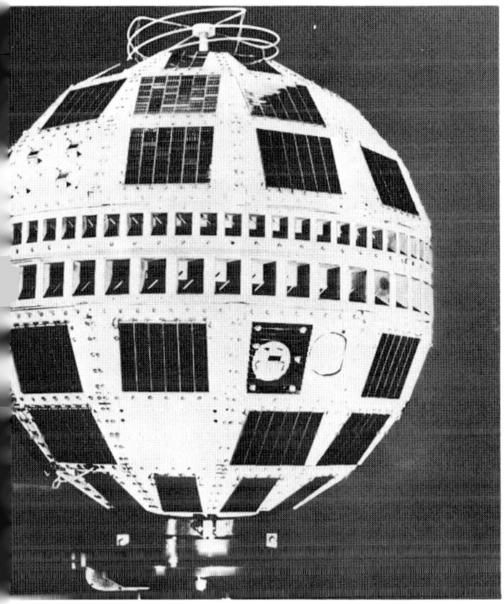

Linke Seite: links oben
Die Raumsonde ›Mariner II‹. Das runde Gebilde unten ist eine Hochleistungsantenne; die rechts und links herausstehenden ›Paddel‹ sind mit 9 800 Sonnenzellen besetzt.

Linke Seite: rechts oben
Der sowjetische Kosmonaut Major Pawel Popowitsch.

Linke Seite: unten
De Havilland 106 ›Comet IV‹.

Rechte Seite: oben
Das vierstrahlige Langstrecken-Düsenverkehrsflugzeug Vickers-Armstrong VC-10 wurde in Zusammenarbeit mit der britischen Luftfahrtgesellschaft BOAC entwickelt.

Rechte Seite: Mitte
Das französische Düsenverkehrsflugzeug ›Caravelle‹, das von der Sud Aviation entwickelt wurde.

Rechte Seite: unten
Der Erstflug der De Havilland ›Trident‹ fand am 9. Januar 1962 statt.

BOAC
BOAC

SAS
SCANDINAVIAN AIRLINES SYSTEM

Linke Seite: links unten
Die ›Mercury‹-Raumkapsel ›Faith 7‹ an Bord des Flugzeugträgers ›Kearsarge‹ nach der Bergung aus dem Pazifik.

Rechte Seite: oben
Dies ist die mysteriöse Lockheed A-11, die später in SR-71 umbenannt wurde. Militärische Bezeichnung: YF 12-A. Der Entwicklungsauftrag für diese mit dreifacher Schallgeschwindigkeit fliegende Maschine wurde 1959 erteilt und geheimgehalten. Erst als die Flugerprobung angelaufen war, berichtete US-Präsident Johnson von den beinahe unheimlich anmutenden Leistungen dieses ›Flugzeuges der Zukunft‹.

Mitte
Das von Marcel Dassault entwickelte französische Kampfflugzeug Mirage III Typ F.

Unten Mitte
Ein französisch-britisches Gemeinschaftsprodukt ist das elegante Verkehrsflugzeug ›Concorde‹, das mit Mach 2,2 fliegt. Vier mit Nachbrennern ausgestattete Bristol-Strahlturbinen von 36 000 kp Gesamtstandschub (rd. 34 000 PS) sind an der Unterseite des Deltaflügels in zwei Doppelgondeln untergebracht. Die Länge des Flugzeuges beträgt 51,81 m. Die Maschine befördert 100 Passagiere.

Rechte Seite: rechts unten
119 Meter ist die ›Saturn V‹ hoch, in deren Spitze sich das ›Apollo‹-Raumschiff befindet.

U.S. AIR FORCE

Rettungsrakete
Apollo-Kapsel
Antriebsteil
Mondlandefähre
Dritte Stufe
Zwischenstufe
2. Stufe
Zwischenstufe
1. Stufe

Linke Seite: Mitte
Die ersten russischen Kosmonauten (von links nach rechts): German Titow, Konstantin Feoktistow, Valery Bikowsky, Dr. Boris Jegorow, Walentina Tereschkowa, Jurij Gagarin, Andrijan Nikolajew, Wladimir Komarow.

Linke Seite: unten
Nachdem sich der russische Kosmonaut Alexej Leonow am 18. März 1965 als erster Mensch zehn Minuten lang frei im Weltraum bewegt hatte und um das von Oberst Beljajew gesteuerte Raumschiff Woßchod II ›gegangen‹ war, trat der amerikanische Astronaut Edward White am 3. Juni 1965 zu einem 20 Minuten dauernden ›Spaziergang‹ in den Raum.

Rechte Seite: links oben
Eine Aufnahme vom Rendezvous der Raumkapseln ›Gemini-6‹ und ›Gemini-7‹ (15. Dezember 1965). ›Gemini-6‹ schwebt hier vor ›Gemini-7‹, durch deren Luke das Foto gemacht wurde.

Rechte Seite: links unten
Start der ›Atlas‹-Rakete mit der Raumkapsel an der Spitze.

Rechte Seite: rechts oben
Der Astronaut Malcolm S. Carpenter bei der Übung an einem Flugsimulator.

Rechte Seite: rechts unten
Start einer ›Saturn‹-Rakete.

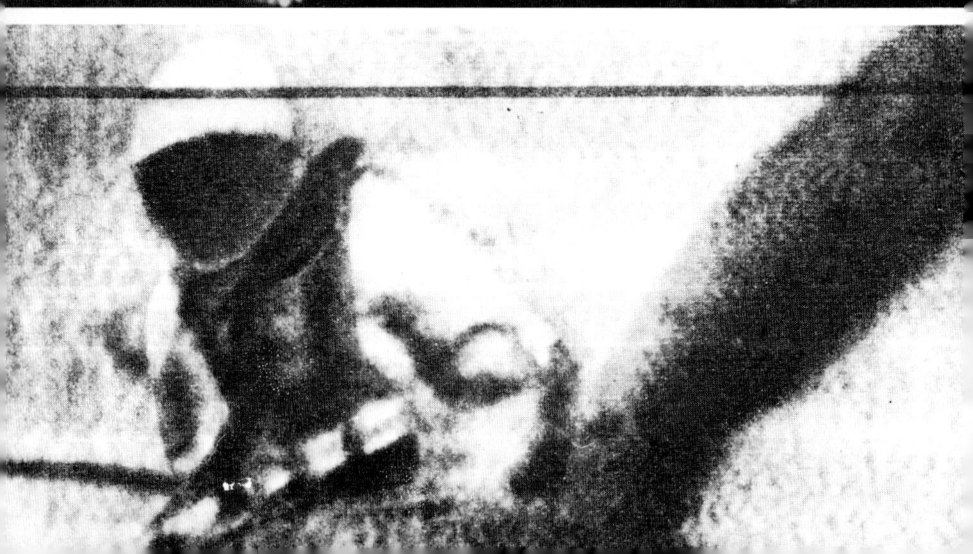

UNITED
STATES

Linke Seite: links oben
Bergung der ›Mercury‹-Kapsel durch den US-Zerstörer ›Borie‹.

Linke Seite: rechts oben
Eine wichtige Rettungseinrichtung für Raumfahrer ist der sogenannte ›Escape-Tower‹, ein auf der ›Mercury‹-Kapsel aufgesetzter Turm mit Rettungsraketen, die in Tätigkeit treten, wenn beim Start der Trägerrakete irgendeine Panne eintritt.

Linke Seite: unten
Die ersten amerikanischen Astronauten (von links nach rechts): Walter M. Schirra, Alan B. Shepard, Donald K. Slayton, Virgil J. Grissom, John H. Glenn, L. Gordon Cooper, Malcolm Scott Carpenter.

Rechte Seite: links oben
Der russische Kosmonaut Wladimir Komarow.

Rechte Seite: rechts oben
Moderne Hubschrauber wie der als Amphibium-Helicopter gebaute Sikorsky HSS-2 sind mit Turbinen ausgerüstet.

Rechte Seite: Mitte
Das vom ›Entwicklungsring Süd‹, München, gebaute VTOL-Flugzeug VJ 101 X 1 beim normalen Start auf der Piste.

Rechte Seite: unten
Hier führt die VJ 101 X 1 einen Senkrechtstart durch. Der Schulterdecker hat schwach gepfeilte Flügel, an deren Enden sich in schwenkbaren Gondeln je ein Rolls-Royce-Strahltriebwerk befindet. Im Rumpf sind zwei weitere Aggregate untergebracht. Den ersten freien Schwebeflug führte die VJ 101 X 1 am 10. April 1963 in Manching bei München aus.

NAVY
NAVY 9

Linke Seite: unten
Diese Aufnahme zeigt Cape Kennedy. Die Raketenstartplätze, direkt am Kap entlang der Küste, sind deutlich zu erkennen. Das spiralnebelartige weiße Feld rechts oben sind hohe Cirrus-Wolken; die weißen Tupfen ›Schönwetterwolken‹.

Rechts
Ablösung des ›Saturn‹-Boosters von der zweiten Stufe mit einer ›Apollo‹-Raumkapsel.

Rechte Seite: links unten
Am 18. September 1964 startete in Cape Kennedy vom Startplatz ›Complex 37‹ eine riesige ›Saturn Sa-7‹, die hier gerade aufgetankt wird, mit einer ›Apollo‹-Raumkapsel zum Testflug in das Weltall.

Rechte Seite: rechts unten
An der Spitze dieser ›Titan‹-III-C-Trägerrakete, deren zwei äußere Triebwerke feste Treibstoffe verbrennen, befindet sich der Raumgleiter X-20, ›Dyna-Soar‹ genannt.

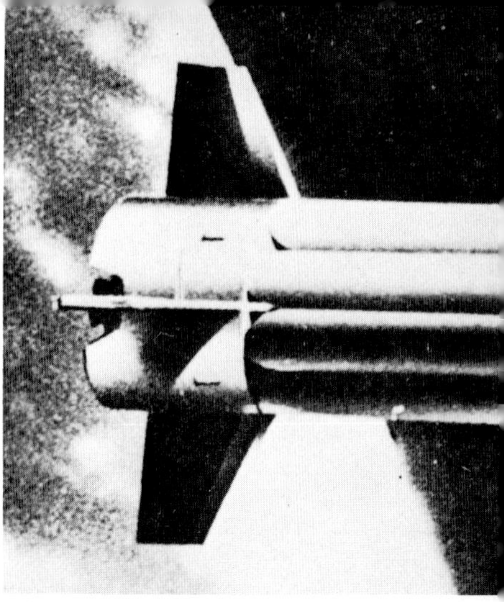

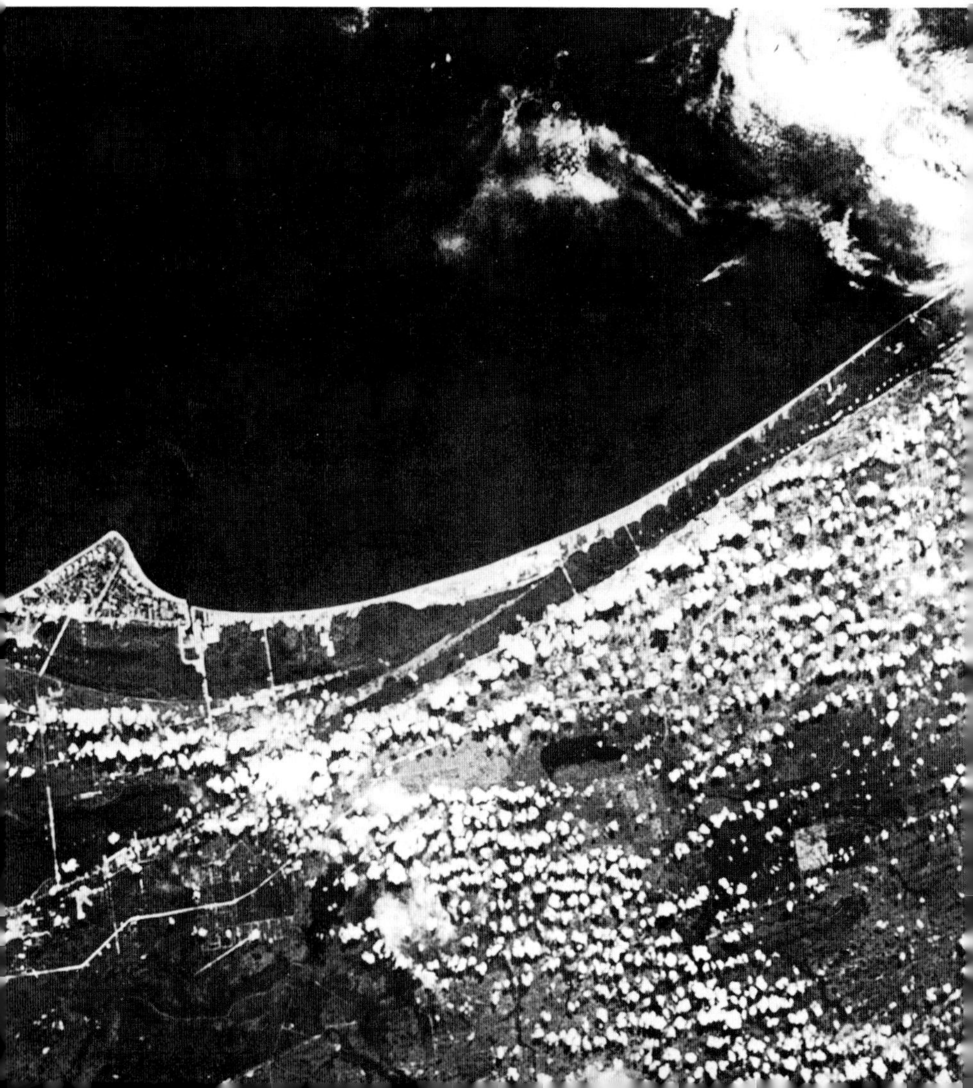

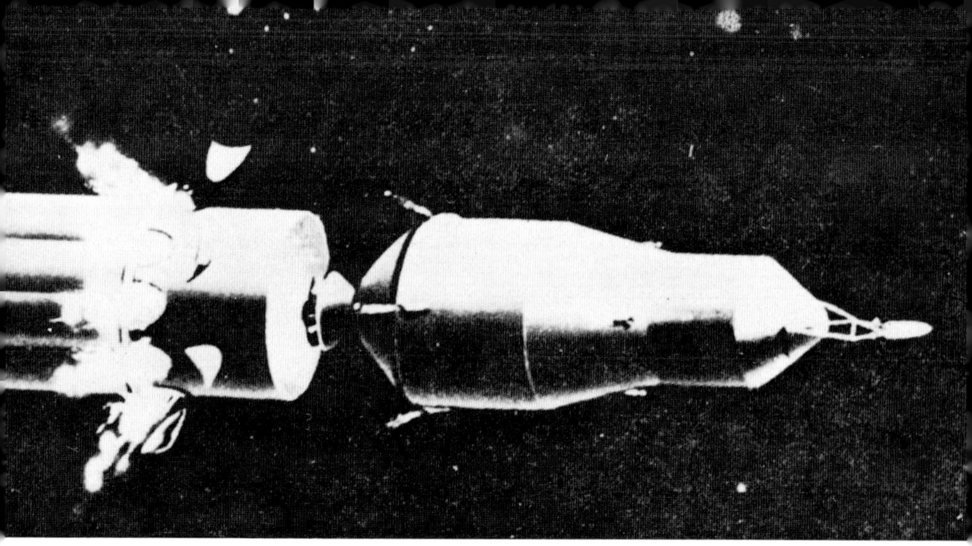

UNITED STATES

USAF

Linke Seite: rechts oben
Eines der vorzüglichen Fotos, die ›Mariner 4‹ von der Oberfläche des Planeten Mars machte.

Rechte Seite: oben
Das russische Überschall-Verkehrsflugzeug ›Tupolew 144‹.

Linke Seite: unten
Die für drei Astronauten bestimmte ›Apollo‹-Kapsel. Durchmesser und Höhe betragen vier Meter.

Rechte Seite: unten
Modell der Drei-Mann-Raumkapsel ›Apollo‹.

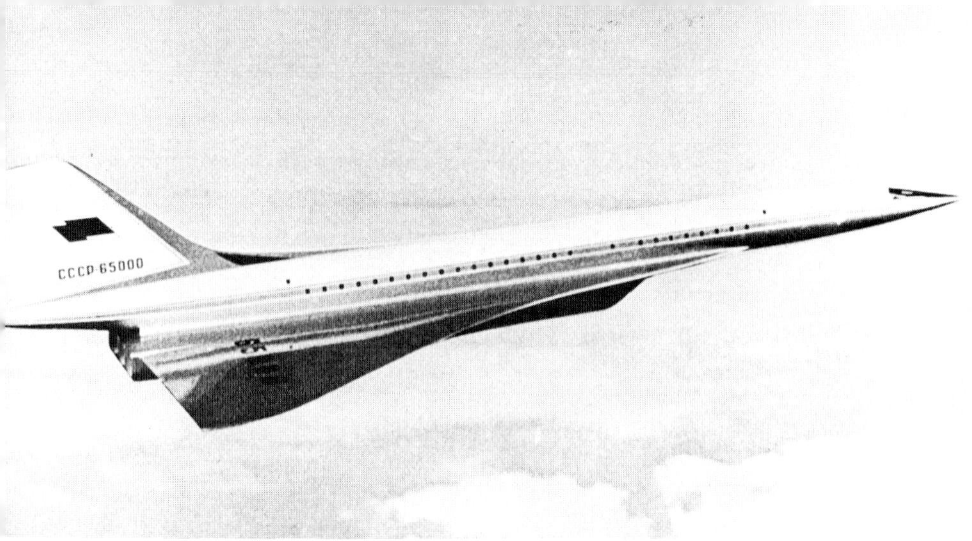
СССР-65000

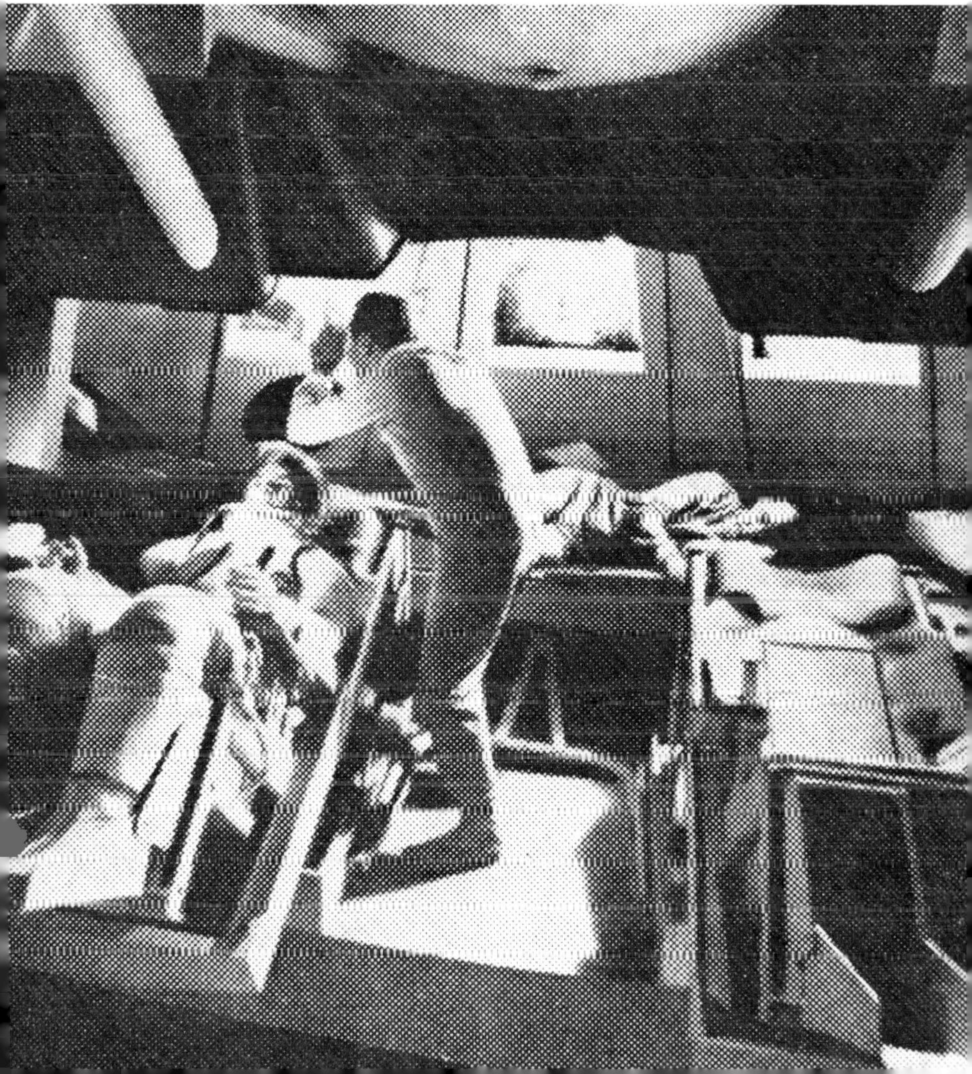

Linke Seite: rechts oben
Dies ist das Modell des ersten Satelliten, der im Rahmen des Geophysikalischen Jahres Auskünfte über kosmische Strahlen, Meteore und dergleichen lieferte.

Rechte Seite: oben
Major Joseph Kittinger vor der Ballongondel, aus der er, mit einem Raumanzug bekleidet, am 2. Juni 1957 aus 29644 Meter Höhe absprang.

Linke Seite: unten
Für jede Phase des ›Apollo‹-Programms mußten Raketen mit unterschiedlicher Schubleistung geschaffen werden. Dies sind die Entwürfe für die drei ›Apollo‹-Projekte: Erdumkreisung, Mondumrundung und Landung auf dem Mond.

Rechte Seite: unten
Die ersten Entwürfe der ›Apollo‹-Raumkapseln für den Start ins All, für die Mondumrundung und für die Landung auf dem Mond.

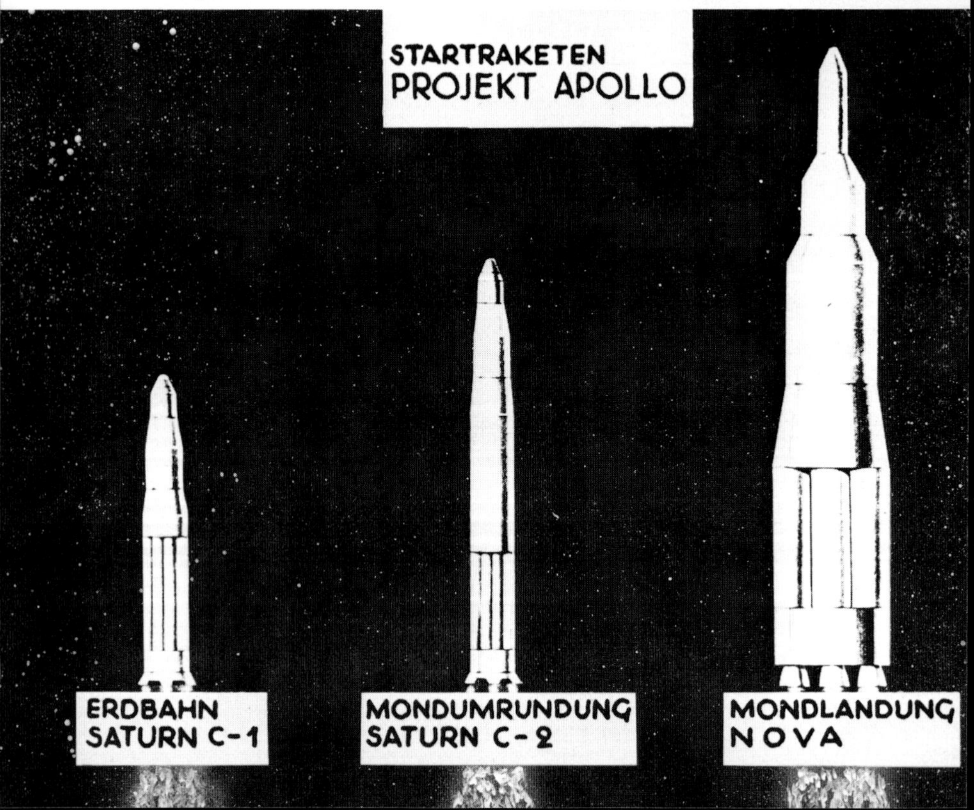

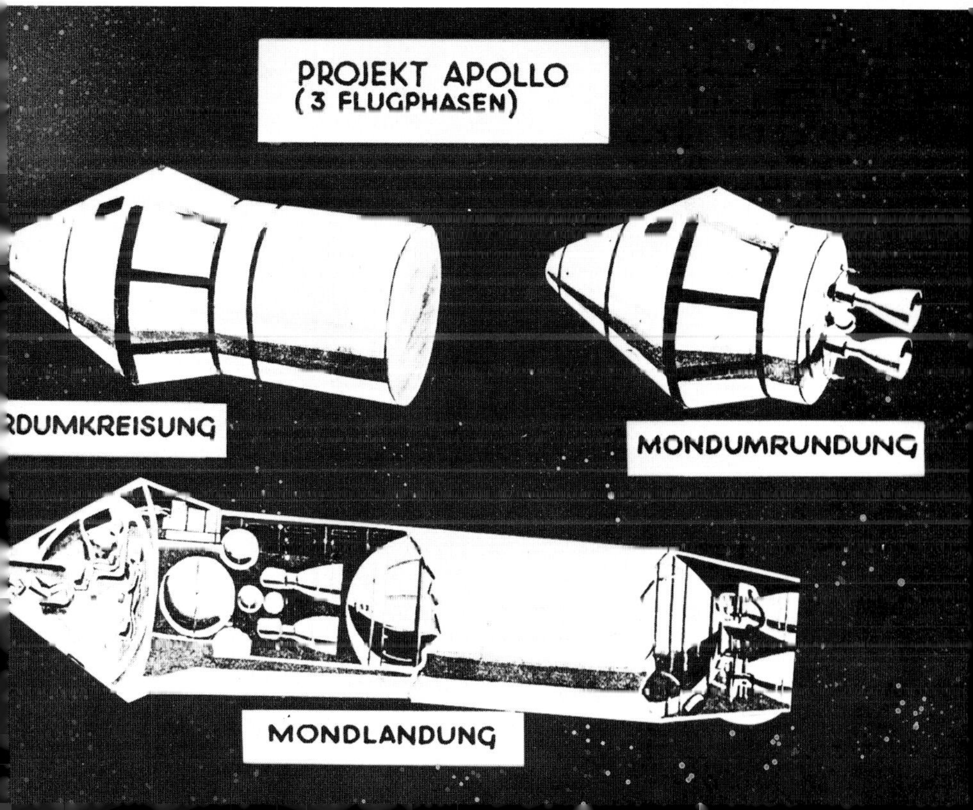

PROJEKT APOLLO
(3 FLUGPHASEN)
RDUMKREISUNG
MONDUMRUNDUNG
MONDLANDUNG

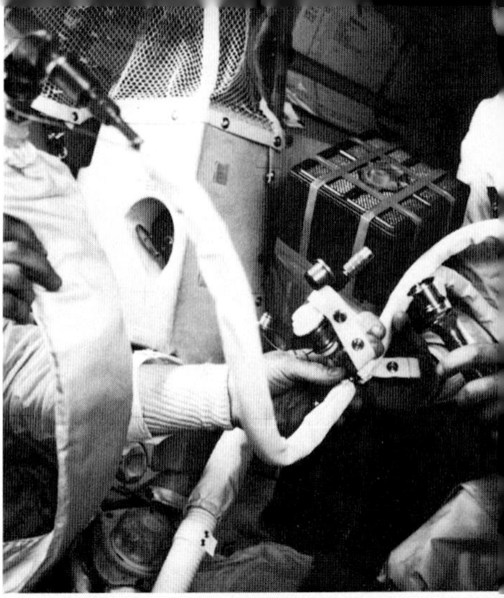

Rechts
Beim mißglückten Flug von ›Apollo 13‹ sahen sich die drei Astronauten genötigt, eine Leitung zusammenzubasteln, die es ihnen ermöglichte, aus der Raumkapsel das ausgeatmete Kohlendioxid zu beseitigen. Das Anschlußstück in der Bildmitte stammt von einer Kamera.

Unten
In unmittelbarer Nähe von ›Surveyor 3‹ landeten die Astronauten Conrad und Bean mit ›Apollo 12‹ (im Hintergrund) auf dem Mond.

Ihm folgte ein Keulenhieb. Am 3. November 1957 startete der 508,2 Kilogramm schwere ›Sputnik II‹ mit einem Hund an Bord auf 1 500 Kilometer Höhe.

War die Welt über diese Tatsache bestürzt, so waren die alten Piloten über die Reaktion entsetzt, die der neue Satellit auslöste. Für sie hatte die Zukunft, von der sie in ihrer Kindheit geträumt hatten, endgültig und wirklich begonnen. Sie konnten es deshalb nicht begreifen, daß der Mensch in einem Augenblick, in dem er sich anschickte, den ersten Schritt in das All zu tun, mit dem gleichen Geist, der ihn das noch Unfaßliche hatte schaffen lassen, all die Freude zerstörte, die sein Werk hätte bereiten können und müssen.

Zugegeben, Piloten sind keine Politiker. Sie sehen die Dinge von einer anderen Warte, weil sie keine Grenzen kennen, sondern nur den Himmel und Kameraden, die allen Nationen angehören. Sprechen sie am Morgen mit Amerikanern, dann vielleicht schon am Mittag mit Engländern, Franzosen, Russen oder Norwegern und am Abend mit Japanern, Chinesen, Indern, Griechen, Italienern oder Spaniern – je nachdem, welchen Kurs sie zu fliegen haben. Sie mußten es als schmerzlich empfinden, daß nicht alle Menschen in jenen Taumel der Freude fielen, in den sie geraten waren. In diesem Augenblick fühlten sie, was sie nie zuvor empfunden hatten: Sie lebten, obwohl sie unablässig in der Welt umherkutschierten, im Grunde genommen auf einer Insel, die nur eine Straße kennt: Die Straße der Piloten.

Um die Erhaltung dieser Straße bangten sie plötzlich. Sie sahen, daß das Heft, das die Gebrüder Montgolfier, Lilienthal, Byrd und Tschkalow in Händen gehalten und an Ingenieure wie Heinkel, Whittle, Bell und de Havilland weitergereicht hatten, diesen von Staatsmännern entrissen wurde. Die Forschung wurde nicht mehr um der Forschung und die Entwicklung nicht mehr um des Fortschrittes willen betrieben. Politische Gründe gaben nun den Ausschlag.

Verständlich, daß die Piloten angesichts dieser Entwicklung befürchteten, ihre Straße gehe zu Ende. Aber dann sagten sie sich: Der Mensch mußte schon durch Hunderte von Spannungsfeldern gehen und fand doch immer wieder einen Weg, der ihm das Gehen erleichterte und das Leben lebenswert machte. Warum sollte es jetzt anders sein?

Und wirklich, die Welt sah wesentlich freundlicher aus, als am 1. Februar 1958 der erste amerikanische Trabant ›Explorer I‹ seine Kameraden ›Sputnik I‹ und ›Sputnik II‹ in großer Höhe begrüßte und friedlich mit ihnen die Erde umkreiste.

»Bin ja noch ein bißchen klein«, soll er gepiepst haben. »Wiege nur 13,3 Kilo.«

»Na und?« haben die großen Brocken angeblich erwidert. »Das macht doch nichts. Wir waren auch mal klein. Im übrigen befinden wir uns hier im All. Da gelten andere Gesetze. Hier schwebt alles frei, die Feder wie der Bleiklumpen. Wichtig ist nur die Geschwindigkeit.«

»Und ihr tut mir nichts?«

»Du scheinst noch nicht lange von der Erde fort zu sein. Wir sagten doch schon: Hier gelten andere Spielregeln. Kosmische! Wer gegen sie verstößt, vernichtet sich selber. Ja, mein Lieber, im Weltraum ist alles anders. Das All ist gerecht.«

Wenn die zwischen den Satelliten geführte Unterhaltung auch als nicht verbürgt angesehen werden kann, so ist sie vielleicht doch geeignet, uns zu trösten, weil sie weich werden läßt, was im technischen Wettkampf der Machtgruppen plötzlich hart geworden war, ohne daß es jemand gewollt hätte. Die Härte entstand von selbst; aus dem verständlichen Bedürfnis der Russen, über ihren Erfolg zu jubeln, und aus dem begreiflichen Schock der Amerikaner über die erlittene Niederlage. Segnen wir also den Umstand, daß die Starts von ›Explorer I‹, ›Vanguard I‹ und ›Explorer II‹ noch vor dem Aufstieg von ›Sputnik III‹ gelangen, der am 15. Mai 1958 in den Weltraum befördert wurde. Gegen sein Gewicht von 1 327 Kilogramm waren die amerikanischen Satelliten zwar Waisenknaben, aber sie umkreisten die Erde mit der gleichen Geschwindigkeit, und ›Vanguard I‹ erzielte mit 4 000 km Höhe sogar einen neuen Rekord. Das stimmte versöhnlich und ließ hoffen, daß aus dem über Nacht entbrannten erbitterten Ringen doch noch ein echter Wettstreit werden könnte.

Und tatsächlich, die Wellen der Erregung legten sich. Man schielte nicht mehr nur zum Gegner hinüber, sondern arbeitete wieder in Ruhe. Der Erfolg ließ nicht auf sich warten. Am 11. Oktober 1958 konnten die Amerikaner die erste auf den Namen ›Pionier‹ getaufte ›Mondrakete‹ abschießen. Wenn diese ihr Ziel infolge ungenügender Geschwindigkeit auch nicht erreichte, so entfernte sie sich doch über 126 000 Kilometer von der Erde.

Wer bis zu diesem Tage der Meinung gewesen war, daß es dem Menschen in absehbarer Zeit nicht gelingen könne, in das All vorzudringen, der wurde jetzt nachdenklich und interessierte sich weniger für den Wettlauf amerikanischer und englischer Fluggesellschaften um die Eröffnung der Transatlantikroute mit Düsenverkehrsmaschinen, sondern wünschte die angekündigte X 15 zu sehen, die mit fünffacher Schallgeschwindigkeit auf 160 Kilometer Höhe steigen sollte.

Er brauchte sich nicht zu gedulden, denn schon vier Tage nach dem Start der ›Pionier‹ wurde die X 15 der Öffentlichkeit vorgeführt. Die meisten der geladenen Gäste blickten allerdings betroffen auf den stählernen Koloß, der behutsam aus einer Halle herausgeschoben wurde und in nichts an die edlen Formen der Douglas X 3 oder Bell X 2 erinnerte, bei denen man an die Worte Saint-Exupérys hatte denken müssen: »Vollkommenheit entsteht offensichtlich nicht dann, wenn man nichts mehr hinzuzufügen hat, sondern wenn man nichts mehr wegnehmen kann. Die Maschine in ihrer höchsten Vollendung wird unauffällig.«

Nun, an der X 15 war nichts zu entdecken, was man hätte fortnehmen können; dennoch wirkte sie wie ein Ungeheuer. Das also war das Gesicht des ersten bemannten ›Raumschiffes‹. Man verspürte keine Lust, es zu streicheln, stand vielmehr bedrückt da und schaute, als stünde man vor einem Gegenstand aus einer anderen Welt. Vielleicht machte es das Wissen, daß mit dieser Maschine ein Mensch in 90 Sekunden auf 160 Kilometer Höhe geschleudert werden sollte und daß er dann einen Abstieg zu überstehen haben würde, bei dem die aus hitzebeständigem Inconel-X, Titan und nichtrostendem Stahl gefertigten ›Flügelstummel‹ infolge Reibungshitze rotglühend werden mußten.

Gespannt erwartete man das Jahr 1959, das den ersten Start dieses sensationellen ›Raumflugzeuges‹ bringen und der Welt zeigen sollte, daß die amerikanischen Erfinder und Ingenieure den russischen in nichts zurückstanden. Denn die Schaffung der X 15, deren Einzelteile von über 300 Firmen mit einem Kostenaufwand von 100 Millionen Dollar hergestellt worden waren, bewies eindeutig, daß man sich in den Vereinigten Staaten neben dem Projekt der unbemannten ›Mondrakete‹ bereits intensiv mit der Praxis des zukünftigen ›Weltraumfliegens‹ befaßte.

Aber auch die Russen schienen sich mit diesem Problem schon zu beschäftigen. Jedenfalls wußte man seit Herbst 1957, daß sie mit der Erprobung eines ungewöhnlichen ›Gleitflugzeuges‹ begonnen hatten, das nach den erbeuteten Plänen des deutschen Raketenforschers Dr. Eugen Sänger und seiner Mitarbeiterin, der Physikerin Dr. Irene Bredt, gebaut worden sein sollte. Wenn es den Russen gelang, das kühne Projekt Dr. Sängers zu verwirklichen, dann hatten sie die Amerikaner allerdings gewaltig überrundet. Denn die X 15, die letztlich nichts anderes als eine raketenangetriebene Kühlanlage darstellt, die ein Aufglühen des Flugkörpers verhindern und den Piloten davor bewahren soll, bei lebendigem Leibe zu verbrennen, vermag das für die Raumfahrt so wichtige ›Rückkehrproblem‹ nicht zu lösen, weil ihre Höchstgeschwindigkeit höchstens ein Fünftel der Geschwindigkeit von 40 000 Kilometer pro Stunde betragen kann, mit der sich ein aus dem All heimkehrendes Raumschiff der Erde nähert.

Experten waren der Ansicht, daß das ›Rückkehrproblem‹ nur mit Hilfe des von Dr. Sänger entworfenen ›Gleitflugzeuges‹ zu lösen sei, für das sich jedoch die Amerikaner bei Kriegsende nicht interessiert hatten, so daß alle Unterlagen den Russen überlassen worden waren.

Das in Deutschland als ›Fernbomber‹ projektiert gewesene Sängersche ›Gleitflugzeug‹ sollte ein Profil für höchste Geschwindigkeiten und eine an ein Bügeleisen erinnernde flache Unterseite erhalten. Zum Antrieb war ein Raketensatz von 600 000 PS vorgesehen, der die Maschine in den luftleeren Raum hineinjagen sollte. Dort angekommen, würden die Raketen zwar ausgebrannt sein, doch das war einberechnet. Man benötigte von diesem Zeitpunkt an keinen Antrieb mehr, weil der ungeheure Schwung den Bomber noch Tausende von Kilometern weitergetragen haben würde. In großer Höhe gibt es ja nichts, was seine Geschwindigkeit relativ schnell hätte verringern können, und er konnte somit nur in einem weiten Bogen zur Erde zurückgleiten.

Und hierauf basierten die Überlegungen Dr. Sängers. Beim Erreichen der Atmosphäre sollte der Pilot die glatte Unterseite der Maschine auf die Oberfläche des irdischen Luftmeeres aufprallen lassen, so daß sie nach denselben physikalischen Gesetzen, die einen flach über ein Wasser geworfenen Stein nicht sofort untertauchen, sondern zunächst mehrere Male hochhüpfen lassen, wieder in den luftleeren Raum hinausgeschleudert worden wäre. Dr. Sänger rechnete mit einer acht- bis zehnmaligen Wiederholung dieses Vorganges und schätzte, daß sich die Geschwindigkeit dann so weit reduziert haben würde, daß die Maschine mit ungefähr 4000 Stundenkilometern in die unteren Luftschichten eintauchen und zur Landung ansetzen könnte.

Wenn die Amerikaner die weittragende Bedeutung des Sängerschen Projektes auch nicht sofort erkannten, so revidierten sie ihre Meinung doch schon nach kurzer Zeit. Sie verpflichteten den Stuttgarter Raketenforscher, der für sie tätig wurde und jahrelang in unmittelbarer Nähe des NATO-Hauptquartieres lebte.

Obgleich nichts Konkretes bekannt wurde, so darf doch als sicher angesehen werden, daß Russen wie Amerikaner an einem raketenangetriebenen ›Gleitflugzeug‹ im Sinne des Sängerschen Prinzips arbeiten und daß die X 15 eine Vorstufe zu diesem gewaltigen Projekt darstellt.

Kein Wunder also, daß die Experten mit Spannung dem ersten Start des mit zwei XLR-11-Raketen ausgerüsteten ›Raumflugzeuges‹ entgegenblickten, der Anfang 1959 erfolgen sollte. Doch kaum war das neue Jahr angebrochen, da gab die sowjetische Nachrichtenagentur TASS eine Meldung bekannt, die den Atem stocken ließ. Den sowjetischen Ingenieuren war es gelungen, der Endstufe einer ›Mondrakete‹ die kosmische Geschwindigkeit von 11,2 Kilometer in der Sekunde zu geben!

Wenn inzwischen auch die größten Zweifler insgeheim damit gerechnet hatten, daß es dem Menschen in absehbarer Zeit gelingen würde, einer Rakete eine derartige Beschleunigung zu erteilen, so lag doch etwas Beklemmendes in der Nachricht, daß ein von Menschenhand geschaffener Körper der Anziehungskraft der Erde entflohen und mit Kurs auf den Mond in die unendliche Weite des Alls eingetreten war. Wer die Bedeutung dieses Geschehens erfaßte, der saß mit klopfendem Herzen da und wurde von Empfindungen überfallen, die sich in nichts von denen unterschieden, die den Einwohnern von Annonay gekommen waren, als sie den ersten Heißluftballon der Gebrüder Montgolfier zum Himmel emporsteigen sahen. Unfaßlich erschien das Gehörte. Und es wurde nicht begreiflicher, wenn man den nüchternen Text der Meldung genauer studierte. Im Gegenteil. Die wenigen Daten, die bekanntgegeben wurden, ließen den unvorstellbaren Fortschritt erkennen, den die Russen auf dem Gebiet der Raketentechnik gemacht haben mußten.

Als wäre es eine Selbstverständlichkeit, hieß es im Bericht der TASS: ›Die am 2. Januar abgefeuerte vielstufige Rakete ist programmgemäß auf die Flugbahn in Richtung Mond gelangt, wobei die letzte Stufe die erforderliche kosmische Geschwindigkeit von 11,2 km/sec erreicht hat. Sie überquerte die Ostgrenze der Sowjetunion, überflog die Hawaii-Inseln und fliegt weiter über den Stillen Ozean. Am 3. Januar um 1 Uhr 10 MEZ wird sie den südlichen Teil der Insel Sumatra in einer Höhe von etwa 110 000 Kilometern überfliegen. Nach vorläufigen Berechnungen, die durch direkte Beobachtungen noch präzisiert werden, wird die Rakete den Bereich des Mondes am 4. Januar 1959 gegen 5 Uhr MEZ erreichen.‹

Und dann folgten Angaben, die jeden Raketenforscher stumm werden ließen. ›Die letzte Stufe der Rakete, die ohne Treibstoff 1472 kg wiegt, ist mit einem speziellen Behälter ausgerüstet, in dem sich Meßapparate für die Durchführung folgender wissenschaftlicher Beobachtungen befinden: Ermittlung des Magnetfeldes des Mondes, Erforschung der Intensität und des Wechsels der Intensität der kosmischen Strahlen außerhalb des Magnetfeldes der Erde, Registrierung der Photonen in der kosmischen Strahlung, Ermittlung der Radioaktivität des Mondes, Erforschung der Verteilung der schweren Kerne in der kosmischen Strahlung, der interplanetarischen Materie, der Korpuskularstrahlung der Sonne und meteorischer Partikel.‹

Man faßte sich an den Kopf. Alles, was die Russen zu ermitteln versuchten, waren Dinge, ohne deren vorherige Klärung ein bemannter Weltraumflug nicht in Frage kommen konnte. Wieviel Geräte mußten sie in ihre Rakete eingebaut haben! Man war kaum mehr erstaunt, als man erfuhr, daß das Gewicht der Instrumente über 360 kg betrug.

Die amerikanische Zeitschrift Time hatte schon recht, als sie schrieb: ›Was unsere Elektronik-Ingenieure in diesen Tagen anpeilen, ist das atemraubendste Projekt dieses Jahrhunderts!‹

Wie sehr dies stimmte, ging aus einer Rede des russischen Raketenforschers Professor Antoliw Blagonrawow hervor, der erklärte: »Unser neues kosmisches Geschoß, dem wir den Namen ›XXI. Parteitag‹ gaben, ist so groß, daß es zwei bis drei Menschen hätte befördern können.«

Sofort stellten die Wissenschaftler Berechnungen über das Abschußgewicht der ›Mondrakete‹ an. Das Ergebnis lautete: 250 Tonnen! Das waren 150 Tonnen mehr, als die amerikanische ›Atlas‹-Rakete gewogen hatte, die im Dezember 1958 von Cape Canaveral abgefeuert worden war.

Und wie verhielt es sich mit der Nutzlast? Man zog es vor, nicht darüber zu reden. Denn die Nutzlast der im Oktober 1958 verunglückten größten amerikanischen Rakete betrug etwas über 10 kg, die des russischen Weltraumgeschosses hingegen fast eineinhalb Tonnen.

Zu allem Übel landete in jenen Tagen auch noch das imposante russische Verkehrsflugzeug Tupolew Tu 114 in den USA. Das zu jener Zeit größte Turbo-Prop-Flugzeug der Welt erregte besonderes Aufsehen, weil es im Nonstopflug von Moskau nach Amerika geflogen war. Maximal vermochte die Maschine 200 Passagiere aufzunehmen. Die Standardausführung, die 11 000 km ohne Zwischenlandung durchführen kann, verfügt über 170 Plätze. Die vier Propellerturbinen treiben je zwei gegenläufige Vierblattluftschrauben an.

Viele Menschen fingen an nervös zu werden, besonders in Amerika, wo man den Ausbruch einer zweiten ›Sputnikpsychose‹ befürchtete. Um so erfreulicher war es, daß hervorragende Staatsmänner wie der amerikanische Präsident Eisenhower und der britische Premierminister MacMillan dem sowjetischen Ministerpräsidenten Glückwunschtelegramme übermittelten, in denen sie die glänzende Leistung der russischen Forscher und Techniker offen anerkannten.

Aber nicht nur führende Persönlichkeiten würdigten den erfolgreichen Start der ›Mondrakete‹. Unumwunden bekannte die New York Times: ›In kaum mehr als einem Jahr haben die sowjetischen Wissenschaftler etwas erreicht, gegen das »Sputnik I« wie eine verhältnismäßig bescheidene Errungenschaft anmutet.‹

Man hatte sich gefangen und war wieder dahin gekommen, die Verdienste anderer Nationen anzuerkennen. Darüber konnten auch die Stimmen einiger Uneinsichtiger nicht hinwegtäuschen. Aber zu welchen Zeiten hatte es diese nicht gegeben? Ihre Stellungnahmen waren bedeutungslos.

Oder sollte man die Äußerung jenes Politikers ernst nehmen, der vor Journalisten erklärte: »Daß die deutsche Presse dem neuen russischen ›Sputnik‹ so viel Platz eingeräumt hat, das verstehe ich nicht. Damit haben Sie doch nur dem Herrn Chruschtschow einen wertvollen Dienst geleistet. Was ist denn die Mondrakete von denen schon? Etwas Besonderes doch sicher nicht. Die Moskauer hätten für das viele Geld, das sie gekostet hat, besser Häuser für arme Menschen gebaut.«

Muß man da nicht an den Fürsten Palm denken, der 1786, als luftfahrtbegeisterte Deutsche den Versuch machten, die zum Bau eines Aerostaten erforderlichen Mittel zu erhalten, öffentlich bekanntmachen ließ: ›Diesen Leuten gebe ich nichts; allein ich will 200 Dukaten schenken, um solche unter die Armen, die kein Holz haben, zu verteilen!‹

Es ließen sich noch viele Parallelen solcher Art anführen, eine weitere mag jedoch genügen.

Als die Majore Groß und Dr. von Parseval die Leistungen des vom Grafen Zeppelin gebauten Luftschiffes LZ 3 nicht mehr anzweifeln konnten, bemühten sie sich, ihren Mitmenschen klarzumachen, daß die Dauerfahrt eines Luftschiffes völlig uninteressant, belanglos und mit der Langstreckenfahrt eines Freiballons zu vergleichen sei.

Und was erklärte ein namhafter Raketenforscher, als die Russen bekanntgaben, daß ihre Weltraumrakete etwa 7500 Kilometer am Mond vorbeifliegen werde? »Eine Rakete auf Weite zu schießen, so wie es die Sowjets jetzt machen, ist nicht bedeutungsvoll und wesentlich leichter, als sie auf den Mond zu schießen.«

Mußte diese Erklärung ausgerechnet zu einem Zeitpunkt gegeben werden, da es dem Menschen erstmalig gelungen war, die kosmische Geschwindigkeit von 11,2 Kilometern in der Sekunde zu erreichen? Ganz abgesehen davon, daß es den russischen Technikern nur wenig später tatsächlich gelang, ihren ›Lunik‹ auf der Mondoberfläche zu landen.

Der Mensch hatte es kraft seines Geistes fertiggebracht, den ersten Schleier zu lüften, der über der Unendlichkeit des Alls liegt. Man kann nur staunend vor den kaum begreiflichen Fähigkeiten stehen, die dem Menschen gegeben sind. Denn das Wesentliche an der ersten Mondrakete ist weniger, daß sie der Erdanziehung entfliehen konnte und nun für ewige Zeiten im Weltraum kreist, sondern die Tatsache, daß ihre Bahn die Richtigkeit aller bis dahin aus der Überlegung gewonnenen Kenntnisse beweist. Das ist das wirklich Unfaßliche und trotz aller Widerwärtigkeiten des Lebens Beglückende: einer Spezia anzugehören, die sich vom Höhlenbewohner zu einem Wesen entwickelte, das den Mut, die Kraft und den Geist besitzt, die Erde zu verlassen und in das All vorzudringen. Denn dieses Wissen schließt die Gewißheit ein, daß wir uns auch in Zukunft weiterentwickeln werden – so weit, daß der Mensch in tausend Jahren verständnislos den Kopf darüber schütteln wird, daß seine Vorfahren in Nationen und nicht in Planeten- und Sonnensystemen dachten.

Erste Anzeichen dafür lassen sich schon heute finden: bei den Verkehrspiloten, die keine politischen Karten kennen, obwohl sie von einem Land in das andere fliegen. Sie sehen nur das Relief der Erde, auf dem sich keine Grenzen abzeichnen, sie orientieren sich nach Flüssen, Bergen, Meeren und Kontinenten. Ist es da verwunderlich, daß sie oftmals sehr erstaunt sind, wenn sie am Ziel ihres Fluges in einer fremden Sprache angesprochen werden? Sie denken einfach nicht mehr daran, daß sie auf ihren täglichen Routen die unterschiedlichsten Nationen überfliegen.

Darum müssen sie es auch als schmerzlich empfinden, daß es gerade das Flugzeug war, das den letzten Krieg so grausam werden ließ. Und daß die Pionierleistungen der Gebrüder Wright, Chavez, Blériot, Heinkel, Lindbergh, Byrd und Tschkalow, um einige wenige zu nennen, nicht nur Glück, sondern auch unendliches Leid über die Menschheit brachten. Wer könnte mehr als sie daran interessiert sein, daß der Versuch des Menschen, zu anderen Planeten zu gelangen, schon bald zum erhofften Ziel führt – gleichgültig, ob es nun ein amerikanischer oder russischer, englischer, französischer oder deutscher Pilot sein wird, der die Straße der Piloten bis in das All hinein verlängert.

Es war klar, daß bis dahin noch viel Wasser durch die Ströme der Erde fließen würde – allzulange konnte es aber nicht mehr dauern. Denn bereits im Februar 1959 begann Scott Crossfield mit den ersten Versuchsflügen der X 15. Gewiß, die von der X 15 erreichte Höhe von 160 Kilometern war nur ein bescheidener Anfang, aber es war ein Anfang, den man vor einigen Jahren noch für unmöglich gehalten hätte.

Die Technik entwickelt sich mit Riesenschritten. Im Dezember 1903 führte Orville Wright seinen ersten Motorflug durch, 1909 überquerte Blériot den Ärmelkanal mit einem Aeroplan, der über die Kreidefelsen der englischen Küste nicht hinwegsteigen konnte, doch schon im darauffolgenden Jahr gelang es Chavez, die Alpen von Brig nach Domodossola zu überfliegen. Und siebzehn Jahre später führte Lindbergh den ersten Nonstopflug über den Atlantik durch.

An jenem Tage hätte er wohl kaum gedacht, daß nach weiteren zwanzig Jahren eine amerikanische Großmutter, die auf dem New Yorker Flugplatz Idewild ihre liebe Mühe und Not mit ihren sechs Enkelkindern hatte, die sie nach Europa bringen sollte, verzweifelt ausrufen würde: »Jetzt weiß ich, warum Lindbergh allein geflogen ist!«

Wernher von Braun, der in der Nähe stand und diesen Ausruf hörte, wandte sich an seine Freunde. »Na«, sagte er, »wollen wir wetten, daß in einigen Jahrzehnten eine ›superatomic grandmother‹ sinngemäß dasselbe vor dem Start eines Raumschiffes sagen wird?«

27. Januar 1967

Das Streben der Russen und der Amerikaner, ihren Konkurrenten im Kampf um die Eroberung des Weltenraumes auf den zweiten Platz zu verweisen, nahm groteske Formen an. Die Russen, die zweifellos zunächst an erster Stelle lagen, besaßen nicht die Größe zuzugeben, daß ›Lunik I‹ sein Ziel verfehlt hatte. Sie münzten den erlittenen Fehlschlag in einen Sieg um, indem sie ›Lunik I‹ in ›Metschta‹, ›Traum‹, umbenannten und behaupteten, ›Metschta‹ bewege sich am Mond vorbei auf einer unendlichen Bahn um die Sonne.

Die im All durchzuführenden Versuche sanken zu einem Show-Geschäft herab, und den Amerikanern fiel es nicht schwer, den Russen zu beweisen, daß sie von diesem Geschäft mehr verstehen. So schickten sie eine ›Atlas‹-Rakete in den Himmel, von der sie erklärten, sie sei wegen ihrer fast 300000 hochempfindlichen Einzelteile zwar so launisch wie die Callas, aber sie sei auch der größte von Menschenhand geschaffene Körper, der die Erde je umkreist habe.

›Ein neuer König des Weltenraumes!‹ frohlockte die New York Herald Tribune, die, wie alle amerikanischen Zeitungen in jenen Tagen, vom US-Verteidigungsministerium mit einem Katalog von Rekordziffern versorgt worden war, welche den amerikanischen Anspruch untermauern sollten, den bisher schwersten Satelliten auf eine Kreisbahn um die Erde gebracht zu haben. Es klang wirklich überwältigend, was da alles gemeldet wurde. Die Länge der Rakete betrug 26 Meter; ihre Kraft: 3,6 Millionen PS! Das entsprach einer Motorleistung von 15 Schlachtschiffen. Beim Start wurden innerhalb von viereinhalb Minuten 90000 Liter Betriebsstoff verbraucht! Und dann folgte triumphierend: ›Der Atlas-Satellit wiegt insgesamt fast vier Tonnen; das sind dreimal soviel wie »Sputnik III«, der bisher schwerste Sowjet-Satellit!‹

Hatten die Amerikaner wirklich eine Nutzlast von fast vier Tonnen in eine Kreisbahn um die Erde geschossen? Experten durchschauten den Bilanztrick und schmunzelten, das Volk aber, das unter dem Eindruck vieler beklemmender Mißerfolge gestanden hatte, atmete erleichtert auf. Um dies zu erreichen, hatten die amerikanischen Techniker zu einem Trick gegriffen, der die wirklich vollbrachte Leistung wesentlich aufbesserte. Die Nutzlast der ›Atlas‹-Rakete betrug nämlich nicht fast vier Tonnen, sondern genau 68 kg, die Bauweise der interkontinentalen Rakete aber gestattete ein Manöver, das die Erklärung rechtfertigte, man habe einen Vier-Tonnen-Satelliten in den Weltraum befördert. Das mag unwahrscheinlich klingen, aber die ›Atlas‹-Rakete besteht nicht aus mehreren Stufen, die sich nacheinander, wenn ihre Treibstoffbehälter leer sind, vom oberen Teil der Rakete lösen und zurückfallen; sie ist mehr oder weniger aus einem Stück gebaut und wirft nach einer bestimmten Brenndauer nur zwei Zusatztriebwerke ab. Bis zum Scheitelpunkt der Flugbahn bleibt die Raketenhülle mit dem Kopf der Rakete verbunden, und diesen Umstand machte man sich zunutze. Man versagte es sich, den leergebrannten Rumpf von der Spitze zu trennen und konnte somit ohne zu lügen den geglückten Start eines Vier-Tonnen-Satelliten melden, obwohl die wahre Nutzlast nur 68 kg betrug.

Rußland reagierte, wie Amerika reagiert haben würde, wenn russische Raketenspezialisten den Gauklertrick angewendet hätten. Es schrieb erbittert: ›Sensationsgeschrei!‹

Die Erregung dauerte jedoch nicht lange, da die Mondrakete ›Lunik II‹ am 13. September 1959 ihr Ziel erreichte und einen Behälter mit der Sowjetflagge in den Mondstaub schlug, nachdem sie kurz zuvor aus der Spitze des Raketenkopfes etliche russisch bedruckte Metallstreifen herausgeschleudert hatte.

Doch lassen wir die spektakulären Dinge einmal beiseite. Die Leistung der Russen vermag nur zu ermessen, wer mit der Materie vertraut ist. Das Problem, ein Geschoß zum Mond zu bringen, ist nicht vergleichbar mit der Aufgabe, eine hochgeworfene Kirsche von einem sich drehenden Karussell aus erhaschen. Wer die Raketenbahn zum Mond berechnen will, hat neben der Tatsache, daß sich die Erde beständig um ihre Achse dreht, der Mond sich mit dreifacher Schallgeschwindigkeit in einer gegen den Äquator geneigten elliptischen Bahn um die Erde bewegt und beide Himmelskörper zusammen mit neunzigfacher Schallgeschwindigkeit um die Sonne sausen, noch zu berücksichtigen, daß zu jeder Sekunde des Fluges zum Mond die unterschiedlichsten Kräfte auf das Geschoß einwirken. Die Anziehungskräfte von Erde, Sonne und Mond zerren mit unablässig wechselnden Richtungen und Stärken, und wegen dieser sich ständig ändernden Einflüsse kann eine Rakete den Mond nur auf einem sich theoretisch nicht mit einer Formel errechenbaren Weg erreichen. Den Mathematikern blieb deshalb nichts anderes übrig, als eine Flugbahn mit Hilfe von elektronischen Maschinen durchzurechnen, um zu sehen, ob die Bahn bei Berücksichtigung aller Kräfte im Mond endet.

In Moskau erhielten die Computer des Steklow-Institutes bereits 1953 den Auftrag, unter Hunderten von willkürlich gewählten Startbedingungen einen zum Mond führenden Weg zu suchen. Das Ergebnis war nicht ermutigend, da aus den Berechnungen der Roboter eindeutig hervorging, daß der Mond nur dann im direkten Beschuß erreicht werden kann, wenn es gelingt, die Rakete mit äußerster Präzision auf eine genau bestimmte Geschwindigkeit zu beschleunigen. Um nur ein Beispiel zu nennen: Wenn die Rakete mit exakt 11 km/sec beschleunigt werden soll, aber eine Geschwindigkeit von 11,1 km/sec erreicht, trifft sie nicht auf den Mond, sondern jagt in einer Entfernung von etwa 30000 Kilometern an ihm vorbei. Abgesehen von dieser und weiteren

Schwierigkeiten, welche die Rechenmaschinen ermittelten, können auch bei einem hundertprozentig gelungenen Start noch Dinge eintreten, die unberechenbar sind und die Arbeit von Jahren binnen einer Sekunde zunichte machen. ›Lunik I‹ bewies es. Die Rakete startete auf eine hundertstel Sekunde genau um Punkt zehn Uhr Weltzeit, und es gelang den Technikern, die rechnerisch ermittelte Brenndauer der drei Raketenstufen auf eine zehntel Sekunde exakt einzuhalten, so daß niemand mehr am Gelingen des Unternehmens zweifelte. Vorgenommene Peilungen ergaben jedoch acht Stunden später, daß die Rakete nicht auf ihrer vorgeschriebenen Bahn lag. Was war geschehen? Die Ursache der unerwarteten Kursdifferenz war bald ermittelt. Obwohl alles minutiös geklappt hatte, wurde der Sieg nicht errungen, weil ›Lunik I‹ kurz vor dem Abschalten der dritten Stufe in ein starkes Magnetfeld geraten war, welches das Funktionieren der magnetischen Nadelventile beeinträchtigte.

›Lunik II‹ aber erreichte sein Ziel, und die Leistung der Russen fand ungeteilte Bewunderung, wenngleich jedem klar war, daß der Starttermin dieser Mondrakete nicht von Wissenschaftlern, sondern von Politikern bestimmt worden war: Chruschtschow machte sich in jenen Tagen zur Reise nach Amerika bereit.

Es ist bedauerlich, daß so gewaltige Ereignisse wie der erste Flug zum Mond politisch ausgenutzt werden. Zwangsläufig wird dadurch die vollbrachte Leistung nicht in jedem Fall objektiv gewertet, und es ist nicht verwunderlich, wenn sich in solchen Augenblicken selbst seriöse Zeitungen zu unsachlichen Bemerkungen hinreißen lassen.

›Die Wissenschaft wurde auf den Rücksitz verwiesen‹, schrieb der Observer angesichts der Tatsache, daß Chruschtschow seine Amerikareise mit dem größten Theaterdonner aller Zeiten einleitete, und man muß dem Observer recht geben. Unsachlich aber war der Kommentar eines anderen weltberühmten Blattes, das wörtlich schrieb: ›Wäre den Sowjets ernsthaft daran gelegen, ein wissenschaftliches Experiment durchzuführen, so hätten sie die Sternwarten der Welt rechtzeitig von ihrem Vorhaben unterrichten müssen. Zudem wäre unter streng wissenschaftlichen Aspekten ein Raketenschuß, der das Projektil in eine Kreisbahn um den Mond herum- und wieder zur Erde zurückführt, sinnvoller gewesen.‹

Nun, die Russen bewiesen drei Wochen später, am 4. Oktober 1959, daß sie nicht nur spektakuläre, sondern auch rein wissenschaftliche Sonden zum Mond hinaufsenden können. ›Lunik III‹, ein mit zwei Kameras bestückter Raketenkopf, umkreiste den Mond und machte vierzig Minuten lang Aufnahmen von seiner der Erde abgewandten und deshalb bis zu diesem Zeitpunkt noch völlig unbekannten Rückseite.

Diese Leistung war grandios. Es war den russischen Wissenschaftlern nicht nur gelungen, die Rakete exakt auf eine um den Mond herumführende Flugbahn zu schicken, sie bewältigten auch mit staunenswerter Präzision all die anderen Probleme, welche die von ihnen in Angriff genommene Aufgabe mit sich bringt.

»Wie mögen sie die dauernden Drehbewegungen ausgeschaltet haben, die den durch das All sausenden Raketenköpfen zu eigen sind«, fragten bedeutende westliche Fachleute. Es gab keinen Zweifel: Die beiden Kameras waren vierzig Minuten lang unverwandt auf das kosmische Objekt gerichtet gewesen und hatten eine Aufnahme nach der anderen gemacht. Und zwar mit dauernd wechselnder Blende, weil die Helligkeitswerte auf der Rückseite des Mondes unbekannt waren. Auf dem Rückweg zur Erde wurden die automatisch entwickelten und fixierten Fotos nach Erteilung eines entsprechenden Funkbefehls wie eine Fernsehsendung auf den Bildschirm der sowjetischen Empfangsstation übertragen und dort neu fotografiert.

Ein Gebiet von der Größe Chinas war binnen vierzig Minuten optisch entschleiert, und der russische Astronom Professor Alexander Michailow sagte zu der frappierenden Unterschiedlichkeit der beiden Mondhälften: »Astronomen und Geologen stehen jetzt vor dem erregenden Problem, die Erscheinung zu erklären.«

Aber auch auf ein anderes, nicht minder erregendes Problem warf ›Lunik III‹ ein grelles Licht. Wer die Rückseite des Mondes fotografieren kann, ist ohne Schwierigkeit in der Lage, jeden Teil der Erde mit erdumkreisenden Kameras zu erfassen. Die Amerikaner waren sich darüber im klaren; nicht erst seit dieser Stunde. Neben der Durchführung des ›Mercury‹-Programmes, das sich die gefahrlose Rückführung einer Raumkapsel zur Erde zum Ziel setzte, arbeiteten sie an der Schaffung eines mit Fernsehkameras ausgestatteten Erdtrabanten, der als Wettersatellit eingesetzt werden und der Sicherheit des Weltluftverkehrs dienen sollte.

Nach anfänglichen Mißerfolgen mit der auf eine ›Atlas‹-Rakete montierten ›Mercury‹-Kapsel war das astronomische Zentrum der US-Army unmittelbar nach dem am 1. April 1960 erfolgten Abschuß des Wettersatelliten ›Tiros I‹ in der glücklichen Lage, den Wissenschaftlern aller Nationen ein Foto vorzulegen, auf dem neben der Erdkrümmung und weiten Wolkenfeldern die Küste Amerikas und speziell die Mündung des St.-Lorenz-Stromes deutlich zu erkennen waren. ›Tiros I‹ hatte das Foto, das eine Fläche von etwa der sechsfachen Größe der Bundesrepublik Deutschland erfaßte, zur Erde gefunkt, und es war nicht übertrieben, wenn die New York Times schrieb: ›Ein neuer Abschnitt in der Erschließung des Weltraumes ist eingeleitet. Für unsere Meteorologen hat dieses Bild die gleiche Bedeutung, wie die Erfindung des Fernrohres im 17. Jahrhundert für die Astronomen.‹

Tatsächlich lieferte ›Tiros I‹ schon am nächsten Tag an die 250 Fotos, auf denen u. a. einwandfrei zwei gewaltige Sturmgebiete auszumachen waren. Und einen Tag später legte der Forschungsdirektor des US-Wetterdienstes, Dr. Harry Wexler, den Regierungsbehörden das erste wissenschaftliche Forschungsergebnis vor. Er lokalisierte einen Doppelwirbel in einer nicht-tropischen Sturmformation, eine Erscheinung, die bis dahin nur in tropischen Stürmen beobachtet worden war.

Unnötig zu erwähnen, daß das US-Verteidigungsministerium sofort an die Schaffung eines Aufklärungssatelliten für rein militärische Zwecke heranging. Das gleiche werden auch die Russen getan haben. Sie gaben es nur nicht mit der Offenheit bekannt, die den Amerikanern zu eigen ist.

Mancher mag nun denken: Können aus solcher Höhe gemachte Aufnahmen denn überhaupt noch ausgewertet werden? Ja! Für die Luftaufklärung gelten heute Maßstäbe, die man im Zweiten Weltkrieg noch für utopisch hielt. Auf einem aus zehn Kilometer Höhe gemachten Foto läßt sich heute ein Nagelkopf bestimmen. Auf einem aus fünfzehn Kilometer Höhe geknipsten Bild kann man jede Zeitungsschlagzeile lesen. Aus zwanzig Kilometer Höhe ist noch jede Fußspur im Schnee zu erkennen, und auf Fotos aus fünfundzwanzig Kilometer Höhe läßt sich ein Radfahrer noch mühelos von einem Fußgänger unterscheiden.

Ja, es geht noch weiter, wie ein amerikanischer Experte einmal erläuterte. Er sagte: »Wir können heute sogar den wirtschaftlichen Status einer x-beliebigen Familie in allen Einzelheiten ermitteln: Wie und wann ihr Haus gebaut wurde, ob es Telefonanschluß hat und so weiter.«

Dabei ist zu bedenken, daß keine Nation, auch die Amerikaner nicht, das letzte Auflösungsvermögen ihrer Kameras bekanntgeben. So viel aber ließ die zuständige US-Behörde durchsickern: Ein zu militärischen Zwecken in 500 Kilometer Höhe eingesetzter ›Samos‹-Satellit liefert Fotos, auf denen Objekte von drei Meter Durchmesser noch zu erkennen sind. Eine Weltraumrakete wird also entdeckt, sobald sie auf ihrem Startplatz Aufstellung findet. Und nicht nur das. Infrarot-Geräte ermöglichen die Aufnahmen auch bei Nacht und durch Wolken hindurch, und Spezial-Emulsionen der Filme machen übliche Tarnungen zur Farce, da das in lebenden Pflanzen enthaltene Chlorophyll auf den Bildern rot erscheint, abgerissene Äste und Zweige hingegen graugrün.

Noch leistungsfähiger als die ›Samos‹-Augen sind die ›Midas‹-Satelliten der USA, welche seit Herbst 1961 die Erde umkreisen. Sie beruhen auf der Infrarot-Ortung, die der herkömmlichen Radar-Ortung weit überlegen ist. Während bei dieser elektromagnetische Wellen ausgesandt und wieder eingefangen werden, reagieren die Detektoren der ›Midas‹-Satelliten auf Wärmestrahlen, die das Beobachtungsobjekt selbst aussendet. Bis in größte Höhen hinein reagieren die ›Midas‹-Spürnasen beispielsweise augenblicklich auf die heißen Abgase einer startenden Rakete, und ein raffiniertes technisches System sorgt dafür, daß der ›Midas‹-Satellit sehr genau zwischen der Wärmestrahlung von Raketengasen und Hochöfen, Waldbränden und dergleichen unterscheidet.

Durch derartige technische Höchstleistungen wurden die Russen förmlich herausgefordert, ihren unbestrittenen Vorsprung im reinen Raketenbau immer wieder zur Schau zu stellen, und die Amerikaner gewöhnten sich in gewisser Hinsicht auch daran, daß jedem ihrer Erfolge ein russischer Kraftakt folgte. Als TASS aber am 13. Februar 1961 den Abschuß einer ›Venus‹-Rakete meldete, die einer Verlautbarung des Sputnik-Kommandeurs Leonid Sedow zufolge »in guter Übereinstimmung mit den Daten der Vorausberechnung am 14. April 1961, also nach rund zwei Monaten die Venus passieren wird«, da hielten sie doch den Atem an. Unfaßbar erschien es ihnen, daß die Sowjets in der Lage waren, von einem um die Erde kreisenden ›Sputnik‹ aus eine Rakete mit einer Geschwindigkeit von 4 km/sec in einer elliptischen Bahn auf ein Ziel abzufeuern, das 88 Millionen Kilometer entfernt ist.

Die zu diesem phantastischen Unternehmen erforderliche Präzision veranschaulicht eine Untersuchung amerikanischer Wissenschaftler, die erklärten: »Ein Fehler von dreißig Zentimetern in der Endgeschwindigkeit der Rakete bedeutet, daß sie bei einem Schuß zum Mond um 160 km am Ziel vorbeifliegt, bei einem Schuß zur Venus aber fast 40000 km an dem Planeten vorbeisaust.«

Fragwürdig erschien allgemein, ob es den Russen gelingen würde, die von den Meßinstrumenten der Rakete in Venusnähe aufgezeichneten Werte über Funk abzurufen. Theoretisch gab es zwar nichts, was dagegen sprach, und ein Versuch der Amerikaner mit einer in das All geschickten Rakete, die mit einer von Sonnenlicht gespeisten 150-Watt-Batterie ausgerüstet war, hatte gezeigt, daß Funkzeichen noch aus einer Entfernung von 36 Millionen Kilometern die Erde erreichen. Dann allerdings war die Verbindung mit ›Pionier V‹, wie die Rakete hieß, jäh abgebrochen. Man mußte also damit rechnen, daß die Funkzeichen der sowjetischen Rakete nicht mehr zu hören sein würden, wenn sie die Venus passierte, weil die Entfernung in jenem Augenblick 43 Millionen Kilometer betrug. Aus diesem Grunde hatten die Russen die Bahn der ›Venus‹-Rakete vorsorglich so angelegt, daß sie die Erde nach einer Reise um die Sonne in etwa Jahresfrist in einem Abstand von nur vier Millionen Kilometern passiert, um eine zweite Chance zu haben, die elektronisch gespeicherten Meßdaten abzurufen. Doch wie hervorragend der Start auch gelungen war und wie bewundernd sich westliche Experten über die erstaunliche Präzision äußerten, das Unternehmen erwies sich als Fehlschlag. Achtzehn Tage arbeitete der Sender, dann schwieg er. Und Leonid Sedow erklärte auf einer Tagung der Internationalen Astronautischen Vereinigung in Paris: »Wenn es unseren Technikern nicht gelingt, die Funkverbindung wieder herzustellen, dann wird die Venus-Rakete wenig Ergebnisse einbringen.«

Die Amerikaner, die ebenfalls einen Flug zur Venus planten und Einzelheiten des Projektes bereits im Februar 1959 bekanntgegeben hatten, zogen aus dem Mißgeschick der Russen die Lehre, einen Satelliten erst auf den Weg zur Venus zu bringen, wenn die Stromversorgung der eingebauten Geräte über Monate und Jahre hindurch als gesichert angesehen werden kann.

Heute gibt es kaum noch ein Problem, das technisch nicht gelöst werden könnte. Die Frage ist nur, ob genügend Geldmittel zur Verfügung stehen. Wenn nicht gespart werden muß, und das ist in den USA bei Raketenproblemen nicht erforderlich, werden die kompliziertesten Aufgaben in kürzester Frist gelöst.

Es darf deshalb nicht verwunderlich erscheinen, daß die amerikanische Raumfahrtbehörde National Aeronautics and Space Administration, NASA, der Öffentlichkeit schon wenige Wochen später das Modell eines neuen Flugkörpers präsentierte, aus dem vier breite Metallpaddel wie Windmühlenflügel herausragten. Und dann wurde der staunenden Bevölkerung verkündet: ›Dieser absonderliche Flugkörper, den wir Schaufelrad-Satellit nennen, ist ein Strom-Selbstversorger. Die Sonnenstrahlen, die bei der hier gewählten Konstruktion in jeder Fluglage auf zumindest einen Windmühlenflügel fallen, treffen dort auf eine sogenannte lichtelektrische Schicht, einen Halbleiterstoff, dessen Zellen das Sonnenlicht wie bei einem Belichtungsmesser unmittelbar in elektrischen Strom umwandeln. Schon in den nächsten Wochen wird ein Schaufelrad-Satellit, der eine ›Venus‹-Rakete 150 Tage lang mit Strom versorgen soll, probeweise in das All geschossen, und zwar auf eine extrem elipsoide Bahn, deren erdnächster Punkt – Perigäum – in 250 Kilometer Höhe liegt und dessen weiteste Entfernung von der Erde – Apogäum – 50000 Kilometer beträgt.‹

Es ist erstaunlich, mit welch merkwürdiger Mischung von Nonchalance und Gewissenhaftigkeit die Amerikaner ihre Probleme lösen. Sie schaffen alles, riskieren aber nichts, und es ist somit beinahe selbstverständlich, daß sie bis zu einem gewissen Zeitpunkt immer hinter den Sowjets herhinken. Der Russe hat ihnen etwas voraus: Unerhört schwere Raketen, die geschaffen werden mußten, um ›Träger‹ für klobige Wasserstoffbomben zu besitzen. Der Amerikaner wird die Russen aber einholen, weil zur Raumschiffahrt mehr als nur schwere Raketen gehören. Es gibt deshalb nichts Wünschenswerteres als eine Zusammenarbeit von Amerikanern und Russen auf allen Gebieten der Raketentechnik. Vorerst war natürlich nicht daran zu denken, denn noch konnten die Sowjets ihre Stärke zur Schau stellen, und die Amerikaner besaßen den Ehrgeiz zu beweisen, daß sie die Führung eines Tages übernehmen würden. Doch es mußte die Stunde kommen, da die mit der Weltraumfahrt verbundenen Ausgaben so anwuchsen, daß die Staatsmänner zur Vernunft gezwungen wurden.

Früher noch, als man allgemein erwartet hatte, kam der Tag, an dem der Mensch die Straße der Piloten bis in das All hinein verlängerte. Man glaubte nicht mehr atmen zu können, als am 12. April 1961 gemeldet wurde: ›Der russische Astronaut Major Jurij Alexejewitsch Gagarin, der die Erde mit dem Raumschiff »Wostok I« in 300 Kilometer Höhe umkreist, hat soeben erklärt, daß an Bord alles in Ordnung ist und er sich wohl fühlt.‹

Ein Traum war Wirklichkeit geworden. Der Mensch hatte den ersten Schritt in das All getan, und man stellte sich die bange Frage: Wird er gesund zur Erde zurückkehren?

Die Meldungen jagten sich. Kaum hatte man das Gehörte einigermaßen verdaut, da hieß es: »Jurij Alexejewitsch Gagarin ist soeben nach zwei Erdumrundungen glatt gelandet. Er entstieg dem Raumschiff mit den Worten: ›Bitte, berichten Sie der Partei, der Regierung und auch Nikita Sergejewitsch Chruschtschow persönlich . . .‹«

Man war wie gelähmt. Gewiß, schon seit Monaten konnte kein Zweifel mehr darüber bestehen, daß der Tag, an dem der erste Mensch die Erde wirklich und wahrhaftig verlassen würde, in greifbare Nähe rückte. Nun aber, da eingetreten war, was man erhofft und erwartet hatte, stand man irgendwie ratlos da. Das Geschehen war zu groß, als daß man ohne weiteres damit fertig werden konnte. Und es war noch etwas anderes da, was einem die Kehle zuschnürte: die Worte, die der erste Raumfahrer in der Geschichte der Menschheit beim Verlassen seiner Kabine gewählt hatte. Eine menschliche Regung hatte man erwartet – einen Luftsprung, einen Jubelschrei oder dergleichen. Statt dessen sprach er Sätze, die einen frieren machten.

Damit soll nichts gegen Jurij Gagarin gesagt sein; ebenfalls nichts gegen den Staat, der solche Disziplin fordert. Es ist einfach die Feststellung, daß man in Augenblicken hohen Glückes traurig werden kann.

Doch zurück zu der phantastischen Leistung der Russen und der scheinbaren Selbstverständlichkeit, mit welcher der Raumflug Gagarins durchgeführt wurde. Wieviel Versuche mochten diesem Unternehmen vorausgegangen sein, und welchen Belastungen wurde Gagarin ausgesetzt, bis er für raumfahrttauglich galt und in die Kabine ›Wostok I‹ einsteigen durfte. Die Sowjets sprechen nicht über derartige Dinge, man weiß aber, daß ihre Astronauten-Anwärter die gleichen Torturen über sich ergehen lassen müssen wie die amerikanischen Weltraum-Aspiranten. Sie werden auf Zentrifugen herumgeschleudert, bis sie das Bewußtsein verlieren; sie werden in Hitzekammern eingesperrt und in Eiswasser geworfen; man läßt sie in schalldichten und lichtlosen Zellen so lange schmachten, bis sie ihre Sinne nicht mehr zu koordinieren vermögen. Das alles ist notwendig, wenn sie jene Belastungen überstehen wollen, denen sie während eines Raumfluges ausgesetzt sind beziehungsweise ausgesetzt sein können.

Dabei wissen wir seit dem Tage, an dem Dr. Stapp in der Wüste von Mexiko geradezu selbstmörderische Versuche anstellte, daß der Mensch die bei einem Raketenstart auftretenden Beschleunigungskräfte gut überstehen kann. Um diese Frage zu klären, hatte Dr. Stapp sich ganz extremen Belastungen ausgesetzt. Er hatte sich auf einen Raketenschlitten schnallen lassen, der binnen fünf Sekunden auf 1 005 km/h beschleunigt und dann innerhalb von 1,4 Sekunden gestoppt wurde.

Was er tat, grenzte an Wahnsinn. Als die Ärzte auf ihn zueilten, glaubten sie nicht richtig zu sehen. Das Gesicht Dr. Stapps war blutunterlaufen. Seine Haltegurte hatten Haut und Adern durchschnitten und etliche Knochen gebrochen. Acht Minuten lang war er blind und außerstande, einen zusammenhängenden Satz zu sprechen. Er gab später zu Protokoll: »Zwei Sekunden nach dem Start begannen dunkle Schatten das Blickfeld einzuengen; es war, als würde vor den Augen die Blende eines Fotoapparates immer mehr geschlossen. Nach drei Sekunden ging die Sehkraft völlig verloren. Das Gefühl in den Augen glich dem Schmerz, den man spürt, wenn einem ein Backenzahn ohne Betäubung gezogen wird.«

Das wichtigste an Dr. Stapps Versuch aber war, daß er Beschleunigungs- und Bremskräfte überstanden hatte, die das Gewicht seines Körpers vervierzigfachten! Er wog in jenem Moment so viel wie eine aus Bronze gegossene lebensgroße Denkmalsfigur.

Einer derartig extremen physischen Belastung war Gagarin natürlich weder beim Start noch bei der Landung ausgesetzt gewesen. Psychisch dürfte er jedoch ähnliches wie Dr. Stapp durchgestanden haben, denn beide wußten nicht, wohin die Reise ging. Beide mußten mit ihrem Tode rechnen.

Ähnlich erging es den Amerikanern Alan Shepard und Virgil Grissom, die am 5. Mai beziehungsweise am 21. Juli 1961 auf einer ballistischen Bahn von 180 Kilometer Höhe und 450 Kilometer Weite durch das All geschleudert wurden. In ihrer Gegenwart war Anfang November 1960 ein ›Merkur-Redstone‹-Versuch kurz vor der geplanten Startzeit abgeblasen worden, weil ein Ventil nicht funktionierte. Vierzehn Tage später erhob sich die Rakete um wenige Zentimeter vom Boden, fiel jedoch auf die Rampe zurück, weil sich ein Kontakt um eine zwanzigtausendstel (!) Sekunde zu früh gelöst hatte. Am 4. Februar 1961 folgte schließlich der Abschuß des Schimpansen Ham, dessen Reise infolge eines Ventilfehlers zu hoch und zu weit verlief, wodurch der Affe wesentlich höheren als berechneten Beschleunigungskräften ausgesetzt wurde. Auch wurde seine Kapsel beim Aufschlagen auf den Atlantik leck geschlagen, und es war bestimmt kein Trost für Alan Shepard, daß er sich am 5. Mai 1961, als er sich startbereit machte, sagen konnte: Und Ham wurde dennoch gerettet!

Etwas anderes aber beruhigte ihn sehr: Die Tatsache, daß Amerika im Kampf um die Eroberung des Weltraumes lieber zurückstcht, als ein Menschenleben leichtfertig in Gefahr zu bringen. Dementsprechend verliefen bei Shepard und Grissom Start und Landung auch programmgemäß, und lediglich nach der planmäßig verlaufenen Landung von Grissom trat etwas Unvorhergesehenes ein.

Wie Shepard, so hatte auch Grissom die Anweisung erhalten, unmittelbar nach der Landung im Atlantik aus der Kapsel herauszuklettern und sich nach Eintreffen eines Hubschraubers von diesem hochziehen zu lassen. Als Grissoms Kapsel jedoch auf dem Wasser schwamm, kletterte er nicht heraus, sondern bat den Leutnant des Bergungshubschraubers über Sprechfunk um drei Minuten Aufschub, da er die Instrumente noch einmal überprüfen wolle.

Lieutenant Lewis gab ihm die Genehmigung.

Die Minuten vergingen, Grissom aber meldete sich nicht wieder.

Der Bergungsoffizier wurde nervös. »He, Gus!« rief er schließlich. »Was ist los?«

Keine Antwort.

»Mach, daß du herauskommst!«

Grissom reagierte nicht.

Nachdem elf Minuten vergangen waren, klang die Stimme des Lieutenants verzweifelt. »Gus!« flehte er wie in höchster Not. »Los, raus aus dem verdammten Ding!«

Wieder ließ Grissom die Aufforderung unbeantwortet. Dann aber passierte etwas, das Grissom später als den »größten Schock des ganzen Tages« bezeichnete und wie folgt schilderte: »Ich lag da so und dachte an nichts Schlimmes, als plötzlich – peng! Ich schaute hoch, sah aber nur blauen Himmel und hereinstürzendes Wasser.«

Das brachte Grissom auf die Beine. Er wand sich durch die Luke und sprang in den Atlantik.

Sein Sprung hätte die Bergungsmannschaft alarmieren müssen, doch es ging auch weiterhin alles unvorschriftsmäßig vor sich. Der Hubschrauber, der die Kapsel spätestens nach den von Grissom erbetenen drei Minuten aus dem Wasser hätte herausziehen müssen, klinkte erst jetzt den Haken eines Drahtseiles ein und jagte die Motoren auf volle Last. Die Folge: Der Propellerwind wirbelte die See auf und drückte Grissom unter Wasser. Aber nicht genug damit. Der Astronaut hatte vergessen, seinen Raumfahreranzug vor dem Sprung zu schließen. Er geriet dadurch in Lebensgefahr. Der Pilot eines zweiten Hubschraubers erkannte die kritische Situation und versuchte Grissom zu retten. Es gelang ihm nicht.

Währenddessen liefen die Motoren des ersten Hubschraubers heiß, ohne daß es möglich war, die Kapsel aus dem Wasser zu ziehen. Der Pilot kappte das Seil. Die Kapsel sackte ab. Zwanzig Millionen Mark sanken auf den an dieser Stelle 4 500 Meter tiefen Meeresboden, und mit der Kapsel gingen Filmrollen sowie Bandaufnahmen verloren, die das Verhalten des Astronauten und jede Phase des Raumfluges festhielten.

Wo waren die Froschmänner, die Grissom im Notfall helfen und ein Absacken der Kapsel durch Umlegen eines Gummifloßes verhindern sollten? Sie waren nicht zur Stelle. Und dem zweiten Hubschrauber gelang es erst beim dritten Rettungsversuch, den in Not geratenen Astronauten aus dem Wasser herauszuziehen.

Eine sofort eingesetzte Kommission untersuchte die ›seltsame Folge von Ereignissen‹, wie sich die Zeitung Newsweek ausdrückte. Eine befriedigende Antwort aber wurde auf keine der aufgetauchten Fragen gefunden. Vor allen Dingen blieb rätselhaft, warum Grissom elf Minuten lang in der Kapsel verharrte. Auch wurde nicht geklärt, ob ein technisches Versehen oder der Astronaut selbst den geglückten Sechzehn-Minuten-Flug plötzlich an den Rand einer Katastrophe gebracht hatte. Grissom sagte nach seiner Bergung, er sei »ziemlich sicher«, den Hebel zur Auslösung der Sprengpatronen nicht berührt zu haben. Später erklärte er jedoch, den Auslöser »bestimmt nicht« angefaßt zu haben.

Nun, was immer auch geschehen sein mag, es darf nicht vergessen werden, daß Grissom vor dem Start einer psychischen Belastung ausgesetzt gewesen war, die nach Auffassung von Experten dazu geführt haben könnte, daß er – ohne sich dessen bewußt zu sein – die Kapsel nach der geglückten Landung einfach nicht verließ. Dreimal wurde sein Start verschoben: einmal wegen eines durchziehenden Sommergewitters; das zweite Mal, weil am Verschlußbolzen der Einstiegluke irgend etwas nicht stimmte; und schließlich wegen eintretender Wetterverschlechterung.

Unabhängig davon verblaßten die Kurzflüge Shepards und Grissoms gegen die zweimalige Erdumrundung Jurij Gagarins so sehr, daß Präsident John F. Kennedy seiner Nation das Ziel setzte, »einen Menschen zum Mond zu schicken und ihn sicher zurückzuholen noch bevor diese Dekade verstrichen ist«.

Nach Heraklit ist Kampf und Streit der Vater aller Dinge, und man kann ohne weiteres sagen, daß sich Amerika wohl niemals zu der Kraftanstrengung entschlossen hätte, die es seit jener Stunde betrieb, wenn der Vorsprung der Russen nicht so gewaltig gewesen wäre. Die Ehre stand plötzlich auf dem Spiel. Als größte Industriemacht der Erde mußten die Vereinigten Staaten darauf bestehen, im Kampf um die Eroberung des Weltraumes die Führung zu übernehmen. Die Kostenfrage wurde zweitrangig. Man veranschlagte 40 Milliarden Dollar und rechnete damit, daß die Reise zum Mond 80 Milliarden Dollar verschlingt. Alles wollte man in Kauf nehmen, wenn nur der erste auf dem Mond landende Mensch ein Amerikaner sein würde.

Die über die finanzielle Entwicklung hocherfreuten Raketenexperten entwarfen gleich neue Projekte, doch kaum waren diese fixiert, da jagte der russische Astronaut German S. Titow in der Kapsel ›Wostok II‹ vom 6. zum 7. August 1961 binnen 25 Stunden siebzehnmal um die Erde. Eine solche Leistung hatte man noch für unmöglich gehalten. Doch wie deprimierend für Amerika das Wissen um den eigenen Rückstand auch sein mochte, seine Wissenschaftler und Techniker ließen sich weder beirren noch hetzen. Safety first! Sicherheit über alles, sagten sie und schossen am 13. September 1961 einen Roboter in eine Kreisbahn, der in der Lage war, Atmung, Feuchtigkeitsausscheidung und Sprache zu simulieren. Und dann registrierten sie in aller Ruhe die vom Satelliten ausgestrahlten Meßwerte.

Dem Roboter folgte am 29. November 1961 der Schimpanse ›Enos‹ mit zwei Erdumkreisungen, und als auch sein Flug zufriedenstellend verlaufen war, schlug die große Stunde für den Senior der amerikanischen Astronauten, für den 40jährigen Colonel John H. Glenn. Eine ganze Nation bangte um sein Leben, als er am 20. Dezember 1961 die Raumkapsel bestieg. Aber er mußte sie nach fünfstündigem Warten wieder verlassen, weil bedauerlicherweise irgend etwas nicht hundertprozentig stimmte.

Der Starttermin wurde auf Anfang Januar verlegt, kurz vor der festgelegten Zeit jedoch abgeblasen, weil in der ›Atlas‹-Rakete ein Treibstoffleck festgestellt wurde. Auch der nächste Termin konnte nicht eingehalten werden; die Sauerstoffversorgung versagte. Insgesamt fünfmal mußte der Start verschoben werden, und man wird sich vorstellen können, mit welchen Gefühlen John Glenn jedem neuen Starttermin entgegensah. Dies um so mehr, als er wußte, wie viele Raketen über Cape Canaveral schon explodiert waren. Außerdem war ihm nicht unbekannt, daß der Schimpanse ›Enos‹ nach der Landung einen Nervenschock erlitten hatte und daß beim Flug des Roboters die Sauerstoffversorgung der Kapsel ausgefallen war.

An manchen dieser Punkte dürfte John Glenn gedacht haben, als er sich am 27. Januar 1962 zum sechsten Mal startbereit gemacht hatte, aber Stunde um Stunde in seiner engen Raumkapsel lag, ohne daß der Abschußtermin in greifbare Nähe rückte. Irgend etwas klappte wieder einmal nicht. Da fängt man an zu grübeln und erinnert sich an die aus den Daten bestimmter Satelliten gerade erst gewonnene höchst unerfreuliche Erkenntnis bezüglich des zweifachen Strahlenkäfigs, der unsere Erde umgibt. Wie hatte Weltraumforscher Van Allen sich ausgedrückt? »Im inneren Strahlengürtel ist ein ungeschützter Astronaut einer Dosis von 24 Röntgen-Einheiten pro Stunde ausgesetzt; im äußeren Gürtel 200 Röntgen. 400 Röntgen sind tödlich. Wollte man die Raumkapsel schützen, müßte man Schutzschilde im Gewicht von über 20000 Kilogramm anbringen. Das ist unmöglich.«

Hieran mag John Glenn gedacht haben, während er fünf Stunden und dreizehn Minuten untätig in seiner Raumkapsel lag, um schließlich zu erfahren, daß der ›Countdown‹, die auf Sekunden abgestimmte Prüfprozedur vor dem Start, erneut abgebrochen werden muß.

Man rechnete mit einem Wutausbruch des Astronauten. Glenn aber sagte nur: »Dann das nächste Mal.«

Das nächste Mal klappte es wieder nicht. Noch dreimal zwängte sich Colonel Glenn vergeblich in seine auf den Namen ›Friendship 7‹ getaufte Raumkapsel. Die Experten wurden nervös, und der Raumfahrtmediziner Dr. Constantine Generales erklärte unumwunden: »Es besteht die Möglichkeit, daß die strapaziösen Wartezeiten in Glenns Unterbewußtsein einen Angstkomplex entwickelt haben.« Und die Londoner Fachzeitschrift New Scientist warnte: ›Wenn Glenn psychisch auch noch so auf der Höhe ist, so darf doch nicht außer acht gelassen werden, daß andauernde Belastungen zum neurotischen Zusammenbruch führen können.‹ Verständlich, daß Rußlands Raumpionier Gagarin bedrückt erklärte: »Glenn tut mir leid.«

Wahrhaftig, der Colonel konnte einem leid tun, und man bekam nasse Hände, als er sich am 20. Februar 1962 nach zehnmaliger Startverschiebung erneut durch die Luke von ›Friendship 7‹ zwängte und das begann, was die New York Times später als ›eine Americana von Anfang bis Ende‹ bezeichnete. ›Hollywood-Spektakel vermischte sich mit Zirkus- und Schützenfesttamtam: dreimal um die Erde in leuchtenden Farben, mit Direktübertragung aus dem Himmel.‹

Ungezählte Millionen saßen am Fernsehschirm, und als die Rakete endlich um 9 Uhr 49 gezündet wurde, schrie es aus allen Lautsprechern der New Yorker Untergrundbahn: »Colonel Glenn ist soeben zum erdumkreisenden Flug gestartet. Bitte, beten Sie für ihn. Bitte, beten Sie für ihn.«

Wie hektisch das Treiben auf der Erde auch wurde, Glenn war ruhig und verlor selbst die Beherrschung nicht, als nach der ersten Erdumrundung Schwierigkeiten im Stabilisierungssystem auftraten. Er meldete vielmehr nüchtern: »Steuere jetzt mit der Hand.« Und als die Temperatur in seiner Kapsel plötzlich anstieg, meinte er nur: »Ein bißchen warm hier oben.«

Wenig später, es war kurz vor dem Zeitpunkt, an dem Glenn die Bremsraketen zünden mußte, fuhren die Kontrolleure in Cape Canaveral erschrocken zusammen, weil vor ihnen ein Warnlicht aufflammte, welches anzeigte, daß sich der Hitzeschild löste, der die Kapsel beim Wiedereintritt in die Atmosphäre vor dem Verglühen bewahren soll. Sekundenlang herrschte Verwirrung, dann aber überlegten die Flugüberwacher in aller Ruhe und gaben in der Hoffnung, daß die ausgebrannten Bremsraketen den Hitzeschild festhalten würden, Glenn die Weisung, die Bremsraketen nach dem Abbrennen nicht abzustoßen, wie es vorgesehen war, sondern halten zu lassen.

»Warum denn das?« fragte Glenn verwundert.

»Wir glauben, daß es besser ist«, war die für den Astronauten nicht gerade aufschlußreiche Antwort.

Glenn stellte keine weitere Frage und handelte weisungsgemäß. Gefaßt sah er der Landung entgegen, und als die Hüllen der Bremsraketen beim Eintritt in die Atmosphäre verglühten und wie ein roter Sprühregen an seinem Fenster vorbeisausten, rief er verwundert: »Boys, was für ein Feuerball!«

Die Landung verlief programmgemäß, und die Zeitschrift DER SPIEGEL schrieb unter der Überschrift ›Wonderful‹, was Kennedy, Glenn und dessen Frau zu der dreimaligen Umrundung der Erde gesagt hatten. Kennedy: »A wonderful job!« Glenn: »A wonderful trip!« Seine Frau: »I feel wonderful.«

Amerika war glücklich, einen Erfolg aufweisen zu können, der den Leistungen der Russen ebenbürtig war, und man sorgte dafür, daß in den Schlagzeilen der Weltpresse weiterhin von amerikanischen Raketentechnikern und Astronauten die Rede war. Schon wenige Wochen nach Glenns dreifacher Erdumrundung schickte Cape Canaveral ›Ranger IV‹ auf eine Bahn zum Mond. Und die Rakete erreichte ihr Ziel! Nach zweieinhalbtägigem Flug schlug sie auf dem Mond auf, und die Freude über das gelungene Unternehmen wurde nur durch den Umstand getrübt, daß die in der Mondrakete eingebaute Fernsehkamera, welche die Vorderseite des Mondes im Anflug bis zur Sekunde des Aufschlagens filmen sollte, nicht gearbeitet hatte. Immerhin war der Beweis erbracht, daß nicht nur Russen, sondern auch Amerikaner eine Rakete auf den Mond schießen können.

Wenige Wochen später, am 24. Mai 1962, startete Korvettenkapitän Scott Carpenter zu einer dreifachen Umrundung der Erde, die völlig glatt verlief und weitere wichtige Erkenntnisse brachte. Dann folgte ›Telstar‹, der erste zur Übertragung von Fernsehsendungen in eine Kreisbahn geschickte Nachrichten-Satellit. Ihm wurde eine Umlaufhöhe von minimal 200 bis maximal 1 300 Kilometer gegeben, so daß der unter ihm liegenden Hälfte der Erde jeweils eine Direktübertragung von zirka 20 Minuten vermittelt werden konnte.

Im August 1962 folgte eine weitere gewaltige Leistung der Russen, die gleichzeitig zwei Satelliten um die Erde kreisen ließen, und zwar ›Wostok III‹, gestartet am 11. August 1962 mit dem Astronauten Andrijan Grigorjewitsch Nikolajew, und ›Wostok IV‹, gestartet am 12. August 1962 mit Pawel Romanowitsch Popowitsch. Das erstaunlichste an dem Gemeinschaftsflug war, daß ›Nik‹ und ›Pop‹, wie die britische Presse die jüngsten russischen Astronauten nannte, so nahe zusammen flogen, daß sie ihre Raumkapseln sehen konnten. Höchstens fünf Kilometer waren sie voneinander getrennt, und als sie am 15. August 1962 nach 64 beziehungsweise 48 Erdumrundungen im Abstand von nur sechs Minuten (!) glatt gelandet waren, läuteten in Rußland die Glocken, und die Staatsoberhäupter aller Nationen traten zur Gratulationscour an.

›Wir hinken nach, und zwar mehr als wir dachten‹, schrieb die New York Times. ›Die Sowjetunion hat wiederum einen Riesenschritt getan, um die USA im Rennen zum Mond zu schlagen.‹

Der Leiter der amerikanischen Weltraumbehörde, James E. Webb, hatte damit gerechnet, daß die Russen »noch vor uns zwei Männer in einen Satelliten setzen«, aber weder ihm noch einem seiner Mitarbeiter war es in den Sinn gekommen, daß die Sowjets einen Gruppenflug veranstalten würden. Erst das gemeinsame Unternehmen von ›Nik‹ und ›Pop‹ ließ die amerikanischen Experten erkennen, daß die Russen sich der gleichen Technik verschrieben hatten wie sie selbst: dem Rendezvous-Prinzip, d.h. dem Zusammenkoppeln von Raumschiffen im All, um von der so gebildeten Raumstation aus den Flug zum Mond starten zu können. In dem Augenblick, da ›Wostok IV‹ in die Kreisbahn von ›Wostok III‹ geschossen wurde, ahnten die Amerikaner, was ihre Konkurrenten planten, und von Stund an warteten sie auf ein Ereignis, das sie als Fachleute fasziniert, zugleich aber auch mit Neid erfüllt haben würde. Worauf sie warteten, das drückte Sir Bernard Lovell, Direktor der radioastronomischen Station Jodrell Bank in England, so aus: »Ich wäre nicht überrascht, wenn ›Nik‹ und ›Pop‹ in *einem* Raumschiff zur Erde zurückkehrten und das andere auf seiner Bahn beließen.«

Verständlich, daß man in Cape Canaveral aufatmete, als ›Nik‹ und ›Pop‹ ohne spektakuläre Aus- oder Umsteigeszene zur Erde herabschwebten, bedauerlich aber, daß gleich wieder Menschen da waren, die den grandiosen Doppelflug von 94 Stunden 25 Minuten beziehungsweise 70 Stunden 59 Minuten als einen Fehlschlag bezeichneten. Er war kein Fehlschlag, wenngleich manche Dinge dafür sprechen, daß das Unternehmen nicht so verlief, wie es verlaufen sollte. Der Raketen-Experte Willy Ley traf vielleicht den Nagel auf den Kopf, als er erklärte: »Der sowjetische Versuch, ein Stelldichein im Weltraum zustande zu bringen, ist wahrscheinlich wegen Treibstoffmangels von ›Wostok IV‹ gescheitert.« Doch wie die Dinge auch liegen mögen, Andrijan Grigorjewitsch Nikolajew und Pawel Romanowitsch Popowitsch taten den ersten Schritt auf dem Weg zur Schaffung einer Weltraumstation.

Wenige Tage nach der erstaunlichen Landung der beiden russischen Astronauten im Abstand von nur sechs Minuten, starteten die Amerikaner ihre zweite ›Venus‹-Rakete ›Mariner II‹, nachdem sie sich am 22. Juli 1962, genau 290 Sekunden nach dem Start ihrer ersten ›Venus‹-Rakete, gezwungen gesehen hatten, ›Mariner I‹ durch ein Funksignal zu zerstören. Der Grund war die peinliche Fehlleistung eines Mathematikers, der bei der Berechnung der Flugbahngleichung ein Komma falsch gesetzt hatte. Verursachter Schaden: 78 Millionen Mark.

Derartige Beträge spielten bei der NASA keine Rolle mehr. Wichtig war einzig und allein, Rückschläge so schnell wie möglich auszugleichen, und es ist erstaunlich, daß die Amerikaner bereits 36 Tage nach dem Fehlstart von ›Mariner I‹ in der Lage waren, ›Mariner II‹ auf den Weg zur Venus zu schicken. Und noch etwas ist bemerkenswert an diesem Flug: ›Mariner II‹ jagte acht Tage lang auf falschem Kurs durch den Raum, bis es den Raumfahrttechnikern der Beobachtungsstation Goldstone am neunten Tag gelang, die bereits 2,4 Millionen Kilometer entfernte Sonde durch Funksignale auf die rechte Bahn zu bringen.

Die Amerikaner waren glücklich, denn nun stand fest, daß ›Mariner II‹ nach einem 109 Tage dauernden Flug in einer Entfernung von etwa 14400 Kilometer an der Venus vorbeigehen und dabei Daten senden würde, die manches Geheimnis dieses ewig von Wolken umschleierten Planeten lösen konnten. Endlich waren die USA in der Lage, mit einer aufsehenerregenden Weltraum-Ersttat aufzuwarten.

Es klappte plötzlich überhaupt manches viel besser, und es wurde offensichtlich, daß der Gigant Amerika erwacht war. Die gewaltige Mobilmachung seiner Kräfte zeigte erste Erfolge und stellte, wie die Zeitschrift DER SPIEGEL schrieb, Rußland vor die Alternative: ›Mond oder Mais‹. Seit Kennedys Startbefehl investierten die USA täglich vierzig Millionen Mark in das Mondfahrtprojekt, das die Bezeichnung ›Apollo‹ erhielt. 435 000 Wissenschaftler, Techniker und Verwaltungsbeamte arbeiteten an dieser Aufgabe, und über 10 000 Firmen entwickelten und bauten Raketen, Raumschiffe und was dazu gehört. Bis Ende 1970 zahlten die Amerikaner für ihr Raumfahrtprogramm mehr als die Summe, die Deutschland vor dem Zweiten Weltkrieg für seine Aufrüstung ausgab.

›Mond oder Mais‹ schrieb DER SPIEGEL, und manche Experten sagten voraus, daß sich die Sowjetunion am Schluß für Mais entscheiden und die Vereinigten Staaten ›gegen die Uhr‹ ankämpfen lassen werde. Die Amerikaner rechneten mit dieser Möglichkeit, ließen sich aber nicht beirren.

Auf einem anderen Gebiet war es vor Jahren ähnlich gewesen. In den USA entwickelten die Boeing-Werke das für den Atlantik-Verkehr bestimmte Düsenflugzeug Boeing 707, und die Briten taten, was sie konnten, um mit ihrer Comet IV den Amerikanern die Schau zu stehlen. Es gelang ihnen auch, den Düsenluftverkehr über den Atlantik mit einer Comet IV zu eröffnen, sie errangen aber nur einen Scheinsieg, da sich die Comet IV mit ihren 48 Passagierplätzen gegenüber den 120 Sitzen der Boeing 707 im Langstreckenverkehr als unrentabel erwies. Die großen Gesellschaften kauften die Boeing 707, während die Spitzenschöpfung der englischen Flugzeugindustrie sich damit begnügen mußte, auf Mittelstrecken eingesetzt zu werden. Und dafür war sie ursprünglich auch konstruiert.

Aber nicht nur zwischen den beiden genannten Firmen entwickelten sich harte Konkurrenzkämpfe. Vickers-Armstrong brachte die VC-10 heraus, ein hervorragendes Verkehrsflugzeug, dessen vier Rolls-Royce-Strahlturbinen wie bei der französischen Caravelle hinten am Rumpf angebracht sind. Die Maschine vermag 147 Passagiere aufzunehmen und entwickelt in 8 000 Meter Höhe eine Reisegeschwindigkeit von 960 km/h. Und De Havilland überraschte mit dem dreistrahligen Luftriesen Trident, einem Verkehrsflugzeug, das von vornherein auf die Installierung eines automatischen Landesystems konzipiert wurde.

Die Palette der Neuentwicklungen war damit jedoch bei weitem noch nicht erschöpft. Die British Aircraft Corporation und die französischen Flugzeugwerke Sud Aviation und Générale Aéronautique Marcel Dassault bereiteten den gemeinsamen Bau des Verkehrsflugzeuges Concorde vor, das für die zweifache Schallgeschwindigkeit konzipiert wurde und zwischen Europa und Amerika fliegt. Man wählte diese Geschwindigkeit, obwohl bekannt war, daß auf Grund einer komplizierten aerodynamischen Gesetzmäßigkeit der Betriebsstoffverbrauch bei einer Geschwindigkeit von Mach 2 unrentabel ist und erst bei Mach 3 anfängt rentabel zu werden.

Natürlich war es keine Dickköpfigkeit oder Borniertheit, wenn die Engländer und Franzosen trotz der genannten Tatsache ein Verkehrsflugzeug mit einer Geschwindigkeit von Mach 2 planten. Der Vorteil einer solchen Maschine liegt darin, daß sie aus konventionellem Material gebaut werden kann, wohingegen ein Mach-3-Flugzeug wegen der bei dieser Geschwindigkeit bereits auftretenden Reibungshitze Baustoffe erfordert, die noch nicht genügend erprobt sind. Titan, zum Beispiel, müßte genommen werden; die Erfahrungen aber, die mit Titan im Flugzeugbau gemacht wurden, beliefen sich auf nur wenige Flugstunden, da dieser Werkstoff bis zu jener Zeit nur bei der X 15 Verwendung fand. Auch wußte man noch nicht, wie man den Betriebsstoff vor Entzündung schützen soll. Tanks benötigen bekanntlich eine Entlüftung; die Temperatur der Außenhaut einer mit Mach 3 fliegenden Maschine steigt jedoch auf 260 Grad, also auf eine Temperatur, die weit über dem Entzündungspunkt unserer Kraftstoffe liegt.

Das sind nur einige von vielen Problemen, die bewältigt werden mußten, wenn man ein Verkehrsflugzeug bauen wollte, das eine Geschwindigkeit von Mach 3 entwickelt, und es ist somit verständlich, daß sich Engländer und Franzosen zur Entwicklung einer nur mit Mach 2,2 fliegenden Maschine entschlossen.

Bei den Amerikanern lagen die Dinge anders. Sie wollten den Weltraum erobern und waren sich darüber im klaren, daß der Raumflug auf die Dauer nicht mit Kapseln durchgeführt werden konnte, die an Fallschirmen hängend zur Erde zurückkehren. Die planetarische Raumschiffahrt verlangt Maschinen, die auf kosmischen Bahnen in das All vorstoßen und von dort in die Erdatmosphäre zurücktauchen können, ohne zu verglühen. Für die Amerikaner war es somit naheliegend, sich nicht bei Geschwindigkeiten von Mach 2 aufzuhalten, sondern einen Schritt zu tun, der in ihr Raumfahrtprojekt hineinpaßte.

Hinzu kommt noch folgendes: 1961 meldeten in der Sowjetunion tätige Geheimagenten, russische Ingenieure seien mit der Schaffung von Überschall-Verkehrsflugzeugen beauftragt. Diese Nachricht ließ Cyrus Smith, Chef der American-Airlines, erregt erklären: »Es wäre eine der schlimmsten Niederlagen, die wir erleiden könnten, wenn wir zu einem sowjetischen Überschall-Verkehrsflugzeug aufblicken müßten, wie wir einst zum ersten ›Sputnik‹ aufgeblickt haben.«

Sein Appell blieb nicht ungehört. Wenige Tage später beantragte die US-Regierung beim Kongreß eine Entwicklungshilfe für Überschall-Verkehrsflugzeuge in Höhe von 12 Millionen Dollar, die genehmigt wurde, und Experten rechnen damit, daß die Strecke New York–Paris dereinst regelmäßig in neunzig Minuten durchflogen werden wird.

Damit ist die Geschwindigkeitsendspitze freilich noch nicht erreicht. Wenn die US-Techniker im Augenblick auch noch an der Entwicklung eines Supersonic arbeiten, d. h. an einem überschallschnellen Verkehrsflugzeug, so werden im Windkanal, wie US-Präsident Lyndon B. Johnson freimütig erklärte, bereits Studien am möglicherweise letzten Flugzeugtyp angestellt, an einem Hypersonic, einem hyperschnellen Himmelspfeil, der 200 Passagiere mit einer Geschwindigkeit von 6 400 km/h befördern soll, so daß ein Flug von Paris nach New York nur noch knapp eine Stunde dauern wird.

Das ist nicht Utopie, sondern ein systematischer Schritt auf dem Weg zur echten Weltraumfahrt. Es geht nicht darum, am Vormittag von New York nach Paris fliegen zu können und am Nachmittag wieder daheim zu sein; es geht um die Erschließung des Alls, die kosmische Geschwindigkeiten verlangt. In absehbarer Zeit sollen Supersonics zur Verfügung stehen, und wem diese Angabe unrealistisch erscheint, dem sei gesagt, daß beim Versuchsbomber XB 70 bereits mit der Erprobung eines völlig neuartigen Konstruktionsprinzips, nämlich dem der Supersonics, begonnen wurde.

Das neuartige Prinzip ist eigentlich ein aerodynamischer Kunstgriff, ohne den der Bau von Supersonics unmöglich wäre. Bekanntlich schiebt jedes Flugzeug, das schneller als der Schall fliegt, eine Welle zusammengepreßter Luft vor sich her. Man kann diese Welle mit der Bugwelle eines Schiffes vergleichen. Wird nun mit einer Geschwindigkeit von Mach 1 bis Mach 2 geflogen, so verläuft die Welle, ähnlich wie bei einem langsam fahrenden Schiff, im stumpfen Winkel nach außen. Bei höheren Geschwindigkeiten wird der Winkel, wie bei einem Rennboot, immer spitzer, und auf der Suche nach einem Ausweg aus diesem Dilemma kamen die Luftfahrt-Ingenieure auf den Gedanken, das Flugzeug der Zukunft wie ein Rennboot auf der eigenen Bugwelle dahinjagen zu lassen. Sie entwarfen einen neuartigen Pfeilflügel, der sich hinten weit nach unten wölbt und die Maschine bei hoher Geschwindigkeit zwingt, die Spitze gleich einem Rennboot hochzunehmen und auf der gestauten Bugwelle dahinzufliegen.

Beim US-Bomber XB-70, ›Walküre‹, ist dieses neuartige Prinzip erstmalig in der Weise angewandt, daß das hintere Drittel der Tragfläche während des Fluges schräg nach unten geklappt wird.

Wie sehr wir bereits in der Zukunft leben, mag ein von Präsident Johnson Ende Januar 1965 dem amerikanischen Kongreß übergebener Bericht zeigen, in dem es heißt, die NASA lasse schon jetzt zwei Supersonic-Modelle in Originalgröße herstellen, die jenen tausend Hitzegraden und millionenpfündigen Druckbelastungen ausgesetzt werden sollen, welche die Flugzeuge dereinst auszuhalten haben. Unabhängig davon sammeln die USA tagtäglich unschätzbare Erfahrungen mit dem

Überschalljäger F-111, der mit Mach 3 schneller als ein Geschoß fliegt und von zwei Düsenaggregaten angetrieben wird, die umgerechnet über 40000 PS leisten. 22 Millionen Mark kostet eine F-111, die übrigens wie die F-104, ›Starfighter‹, und der US-Aufklärer U-2 vom Chefkonstrukteur der Lockheed-Werke, Clarence Johnson, entworfen wurde.

Mit doppelter Schallgeschwindigkeit fliegt übrigens auch das von Marcel Dassault entwickelte französische Kampfflugzeug ›Mirage III‹.

Doch zurück zum Kampf um die Eroberung des Weltalls. Nach dem eindrucksvollen Doppelflug von Nikolajew und Popowitsch startete der amerikanische Astronaut Walter Marty Schirra am 3. Oktober 1962 in einer ›Mercury‹-Kapsel zu einem 6-Runden-Flug um die Erde, bei dem alles reibungslos verlief.

Dann waren die Sowjets wieder an der Reihe. Sie starteten am 4. Januar 1963 eine Mondsonde, die ›weich‹ aufsetzen sollte, jedoch explodierte, noch bevor sie das Schwerefeld der Erde verlassen hatte. Sehr zum Kummer der Russen, die Versager nur eingestehen, wenn es keine andere Möglichkeit gibt. Sie beeilten sich deshalb, die Scharte auszuwetzen und schickten am 2. August 1963 die nächste Mondsonde, ›Lunik IV‹, auf den Weg, die jedoch nicht weich auf dem Mond aufsetzte, sondern 8 500 Kilometer an ihrem Ziel vorbeischoß.

Die beiden nicht zu verheimlichenden Pannen setzten den Sowjets um so mehr zu, als es den Amerikanern kurz darauf gelang, den Astronauten Leroy Gordon Cooper in einer ›Mercury‹-Kapsel zweiundzwanzigmal um die Erde kreisen zu lassen. Sie leiteten nun ein Unternehmen ein, das an Publikumswirkung nichts zu wünschen übrig ließ. Am 14. Juni 1963 startete Oberstleutnant Walerij Bykowski in ›Wostok V‹ in den Weltraum, und kurz darauf folgte ihm die Raumkapsel ›Wostok VI‹ mit der russischen Astronautin Walentina Tereschkowa an Bord. Ein Mann und eine Frau jagten durch das All, und allgemein wurde angenommen, die Sowjets schickten sich an, der Welt in zweifacher Hinsicht ein Rendezvous vorzuexerzieren.

Zweifellos war dies ihre Absicht, denn die russische Agentur TASS gab kurz nach dem Start von Bykowski bekannt, seine Umlaufzeit werde 88,4 Minuten betragen. Apogäum der Raumschiffbahn: 235 km; Perigäum: 181 km.

Das stimmte aber nicht, wie das von den Amerikanern eingesetzte weltweite Satelliten-Spahersystem, das ›Wostok V‹ bereits kurz nach dem Start erfaßt hatte, unschwer feststellte. Nach den gemessenen Werten bewegte sich ›Wostok V‹ auf einer Bahn, die um mehrere Kilometer enger war, als TASS gemeldet hatte. Auf der angegebenen Bahn bewegte sich allerdings ebenfalls ein Flugkörper, aber dieser war die letzte Stufe von ›Wostok V‹, und die Amerikaner folgerten daraus, daß sich das sowjetische Raumschiff vorzeitig von seiner Antriebsrakete gelöst habe, was den Russen offensichtlich entgangen war.

Die Satelliten-Späher vermuteten richtig, denn sieben Stunden nach dem Start meldete TASS: ›Nach den neuesten Angaben beträgt die Umlaufzeit von »Wostok V« nunmehr 88,27 Minuten. Apogäum: 222 km; Perigäum 175 km.‹

Als später die Flugbahn von Walentina Tereschkowa bekanntgegeben wurde, die sich fast genau mit der zunächst genannten Bahn von ›Wostok V‹ deckte, wurde allen Experten klar, daß den Russen mißlungen war, was einige Zeitungen mit ›Kuß im All‹ umschrieben hatten: das Rendezvous im Kosmos, das eine unabdingbare Voraussetzung ist, wenn man zum Mond gelangen und wieder zur Erde zurückkehren will. Aber wenn die Russen ihr Ziel an diesem Tage auch nicht erreichten, so hat Walentina Tereschkowa doch Großartiges geleistet. Neunundvierzigmal umrundete sie die Erde, wobei sie länger im Weltraum weilte als alle amerikanischen Astronauten zusammen.

Aber die Amerikaner holten auf. Sie schossen eine Rakete nach der anderen in das All, und im Januar 1964 veranstalteten sie geradezu eine Woche der Rekorde. Sie starteten die von Wernher von Braun und seinen Mitarbeitern mit einem Aufwand von vier Milliarden Mark geschaffene ›Saturn‹-Rakete SA-5 von einer Abschußrampe, die mit ihren Wartungstürmen und Kontrollbunkern allein 260 Millionen Mark gekostet hatte. Die Grundstufe der Rakete entwickelte beim Start einen Schub von 680 Tonnen und verbrauchte in 147 Sekunden 427450 Liter Treibstoff. Dann war die Grundstufe leergebrannt und zündeten die Motoren der mit flüssigem Wasser- und Sauerstoff gespeisten zweiten Stufe. Acht Minuten später schwenkte der Satellit in seine vorgesehene Bahn ein und bewies mit seinen 17 Tonnen, was die Amerikaner in relativ kurzer Zeit zu schaffen vermögen. Ihr erster, Anfang 1958 abgeschossener Satellit ›Explorer I‹ wog 13,3 kg; das waren fast 500 kg weniger als das Gewicht von ›Sputnik II‹. Knapp sechs Jahre später wog der Kopf der Saturn-Rakete fast dreimal soviel wie der schwerste bis dahin gestartete russische Satellit.

In der von den Amerikanern als ›Big Week‹ bezeichneten Woche starteten des weiteren der Funksatellit ›Relay II‹, der Ballonsatellit ›Echo II‹, der im All bis zu einem Durchmesser von vierzig Metern aufgeblasen wurde, und die Mondsonde ›Ranger VI‹, die mit sechs automatischen Fernsehkameras ausgerüstet war und vor dem Aufschlag auf den Mond Nahaufnahmen von seiner Oberfläche zur Erde hinabfunken sollte. ›Ranger VI‹ erreichte sein Ziel am 2. Februar 1964 mit einer phantastischen Genauigkeit. Er bohrte sich nur 30 Kilometer vom vorherbestimmten Aufschlagspunkt in das lunare ›Meer der Ruhe‹. Seine Aufgabe aber hatte er nicht erfüllt. Die Fernsehkameras sandten nicht eine einzige Aufnahme zur Erde.

›Wir wollen den Tatsachen ins Auge sehen‹, schrieb das US-Fachblatt Missiles and Rockets. › »Ranger VI« war ein hundertprozentiger Versager.‹

»Ach was«, erklärte ein Sprecher der NASA dazu. »Es ist alles in Ordnung. Der Mond ziert sich nur wie eine Jungfrau.«

Die Offenheit, mit der Amerikaner ihre Fehlschläge zugeben, ist ebenso erfreulich wie die Schnoddrigkeit, mit der sie ihre Pannen kommentieren. Und es dauerte nicht lange, bis sie den Mond zwangen, sich nicht mehr zu zieren. Bereits Ende Juli 1964 funkte ›Ranger VII‹ 4361 Fotos zur Erde, die den Chef des Entwicklungszentrums für bemannte Raumfahrzeuge, Dr. Josef Shea, erleichtert ausrufen ließen: »Wir können jetzt wieder besser schlafen. Den Fotos zufolge wird nicht eintreten, was manche Wissenschaftler befürchten: daß Mondfahrer im Staub versinken und nie wiederkehren werden. Aufgabe von Mondspähern – ›Surveyor‹ – muß es nun sein, unsere Vermutungen zu bestätigen und ein klares Bild von der Mondoberfläche zur Erde zu funken.«

Inzwischen starteten die Russen ein höchst riskantes Unternehmen. Ohne Druckanzüge oder sonstige Spezialkleidung schossen sie im Oktober 1964 ›Woßchod I‹ mit einem Astronauten, einem Arzt und dem Konstrukteur des Raumschiffes in eine Kreisbahn um die Erde, und es hat den Anschein, als sei dieser Flug nach 16 Erdumrundungen plötzlich beendet worden, weil eintrat, was man als möglich vorausgesagt hatte: Die Selbstvergiftung von Kosmonauten, die möglich ist, wenn sie in ihrer Raumkapsel keinen Druckanzug tragen. Eine Selbstvergiftung kann durch Kohlenmonoxydgas eintreten, das Astronauten ausscheiden. Es sind zwar nur geringe Mengen, aber das Gas lagert sich in einem schleichenden Vergiftungsprozeß an den roten Blutkörperchen ab und mindert die Leistungsfähigkeit. Unabhängig davon tritt eine Vergiftung des Innenraums eines abgeschlossenen Raumschiffes auch dadurch ein, daß die Zahl der von der Haut der Astronauten abgesonderten Mikro-Organismen wächst, wodurch sich das normale biologische Gleichgewicht der Mikroflora des Raumfahrers verschiebt.

Um der Wahrheit die Ehre zu geben, muß jedoch vermerkt werden, daß wir nicht mit Sicherheit sagen können, ob das Unternehmen ›Woßchod I‹ aus den genannten Gründen abgebrochen wurde. Planmäßig verlief aber der Flug des Raumschiffes ›Woßchod II‹, mit dem Pawel Beljajew und Alexej Leonow am 18. März 1965 zu einem Flug um die Erde starteten, wie er noch nicht dagewesen war. In 250 Kilometer Höhe öffnete Alexej Leonow die Luke von ›Woßchod II‹ und tat, was die Professoren Ziolkowsky, Goddard und Oberth schon in ihren grundlegenden Werken über die Raumschiffahrt als durchführbar erklärt hatten. Er verließ das Raumschiff und begab sich, nur geschützt von einem Druckanzug, in das Weltall! Was viele Menschen noch immer nicht hatten glauben wollen, wurde von Leonow unter Beweis gestellt. Und die Russen sorgten dafür, daß seine Beweisführung von allen Menschen mitangesehen werden konnte. Eine außen auf dem Raumschiff montierte Fernsehkamera filmte zehn Minuten lang jede

Phase des atemraubenden Geschehens, und es war phantastisch zu sehen, wie Alexej Leonow, frei im Raum schwebend, grotesk anmutende Sprünge und Salto mortale durchführte. Nur ein dünnes Kabel verband ihn mit ›Woßchod II‹, und die unter ihm dahinziehende Erde bot eine Kulisse, wie man sie sich grandioser nicht vorstellen kann.

Verständlich, daß der erfolgreiche Flug der Sowjets den Eindruck erweckte, als seien die Amerikaner weit unterlegen. Aber das dauerte nur kurze Zeit, denn schon am 3. Juni 1965, also genau zweieinhalb Monate später, starteten Edward Higgins White und James Alton McDivitt mit ›Gemini-4‹ zu einem Vier-Tage-Flug um die Erde, bei dem ein Rendezvous mit der zurückbleibenden zweiten Stufe der ›Titan‹-Rakete herbeigeführt werden und Major White die Raumkapsel verlassen sollte. Da McDivitt zwei Stunden nach dem Start jedoch meldete, die ausgebrannte Stufe der ›Titan‹-Rakete schlingere heftig und habe offensichtlich auch nicht die errechnete Umlaufbahn erreicht, wurde das Rendezvous abgeblasen, obwohl es noch durchführbar war und ganz Amerika am Fernsehapparat saß und hoffte, daß ihre Boys etwas zeigen würden, was die Russen noch nicht fertiggebracht hatten. Doch safety first! Das Rendezvous-Manöver hätte mehr Treibstoff gekostet, als veranschlagt worden war, und der Leiter des Unternehmens, Christopher Kraft, erklärte kurz und bündig: »Rendezvous ist gestrichen!«

Da Major White bald darauf in das All hinaustrat, war die Nation nicht enttäuscht. Jeder konnte auf dem Fernsehschirm sehen, mit welcher Wonne der Astronaut Kobolz schoß und um ›Gemini-4‹ ›herumschwamm‹. Auch Major McDivitt hatte so viel Spaß an den komischen Bewegungen seines Kameraden, daß er vor lauter Lachen die Rufe der Bodenstation überhörte, die darauf drängte, das für zwölf Minuten vorgesehene Unternehmen pünktlich zu beenden. So kam es, daß Major White zwanzig statt zwölf Minuten im Weltraum blieb, worüber die NASA etwas ungehalten war. Seine Frau aber reagierte anders, als sie von der Überschreitung der Zeit hörte. Sie lachte und sagte: »Der scheint sich da ganz schön zu amüsieren.«

In immer schnellerer Reihenfolge starteten nun amerikanische Raketen, und es wurde offensichtlich, daß die Russen auf die Dauer nicht in der Lage sein würden, ihren einstmals gewaltigen Vorsprung zu halten. Über 200 Satelliten schossen die USA in das All, darunter auch ›Mariner IV‹, eine 260 kg schwere Marssonde, die am 28. November 1964 auf den Weg gebracht wurde und den Mars erst am 15. Juli 1965 passierte. Offen blieb nur die Frage, wem es als erstem gelingen würde, das Rendezvous-Problem zu lösen. Die Amerikaner hatten es sich in den Kopf gesetzt, den Russen in dieser Angelegenheit zuvorzukommen, und sie bangten deshalb um jeden Start, der sie näher an das gesteckte Ziel heranbringen sollte.

Die ›Jagd nach dem Biest‹, wie US-Astronauten das Rendezvous mit der ausgebrannten Trägerrakete nannten, wurde nach dem mißglückten

Versuch von ›Gemini-4‹ von den Astronauten Leroy Gordon Cooper und Charles Conrad mit der Raumkapsel ›Gemini-5‹ fortgesetzt. Diesmal sollte der Partner allerdings keine ausgebrannte Rakete sein, sondern ein 36 kg schweres Paket mit elektronischen Apparaten, das unterwegs auf seine Bahn geschleudert wurde.

Das Unternehmen klappte nicht; vielleicht, weil das Steuern im All insofern besonders schwierig ist, als derjenige, der einen anderen Körper einholen will, seine Geschwindigkeit nicht steigern, sondern reduzieren muß. Der Grund dafür ist folgender: Vergrößert man im All seine Geschwindigkeit, so steigt man höher und bewegt sich auf einer erdferneren Kreisbahn; man gerät dadurch hinter den Gegenstand, den man verfolgt, weil sich dieser auf einer erdnäheren und somit kürzeren Bahn bewegt. Bremst der Verfolger hingegen, so kommt er auf die engere und damit kürzere Kreisbahn und ›unterholt‹ gewissermaßen den Verfolgten.

Cooper und Conrad konnten dieses Problem mit ›Gemini-5‹ nicht lösen. Sie führten aber einen hervorragenden Doppelflug von 8 Tagen Dauer durch und bewiesen damit, daß der menschliche Körper in der Lage ist, einen Flug zum Mond und zurück zu überstehen.

Als nächste traten Walter Schirra und Thomas Stafford an. Ihre Raumkapsel ›Gemini-6‹ befand sich auf einer ›Titan‹-Rakete, und sie sollten ein Rendezvous mit der Agena einer ›Atlas‹-Rakete herbeiführen, die vor ihnen gestartet werden sollte. Leider aber explodierte die Agena sechs Minuten nach dem Start, so daß der Flug von Schirra und Stafford abgeblasen werden mußte.

Unglücklicherweise hatten die sonst so großzügigen Amerikaner bei diesem Unternehmen sparen wollen; sie hatten keine Ersatzrakete anfertigen lassen. Man war verzweifelt, da nun die Gefahr bestand, daß die Sowjets zuvorkommen würden. Aber da machte jemand den Vorschlag: Vereinigen wir doch unsere Projekte ›Gemini-6‹ und ›Gemini-7‹, d. h., starten wir Frank Borman und James Lovell mit ›Gemini-7‹ zu dem von ihnen durchzuführenden 14-Tage-Flug, und schicken wir Walter Schirra und Thomas Stafford mit ›Gemini-6‹ zum Rendezvous-Manöver hinter ihnen her. Auf diese Weise schlagen wir zwei Fliegen mit einer Klappe und benötigen keine neue ›Atlas‹-Rakete. Der Vorschlag fand Zustimmung, und man bereitete alles vor, um ›Gemini-6‹ unmittelbar nach dem Start von ›Gemini-7‹ auf die Abschußrampe stellen zu können.

Der Start von Frank Borman und James Lovell verlief programmgemäß. ›Gemini-7‹ erhob sich am 4. Dezember 1965 sicher von der Erde und zog mit phantastischer Genauigkeit seine Kreise. Und die beiden Astronauten fühlten sich ausgezeichnet, so daß alle Voraussetzungen für ein Gelingen des Unternehmens gegeben waren.

Auf der Erde war man indessen fieberhaft mit den Startvorbereitungen von ›Gemini-6‹ beschäftigt, doch als es endlich soweit war, trat eine

Panne ein. Mitten im Start schaltete das elektronische System die Zündung ab, und Walter Schirra und Thomas Stafford mußten ihre Weltraumkapsel schweren Herzens wieder verlassen.

Was war geschehen? Ein kleiner Stecker, der die Verbindung zu einem Kontakt herstellt, welcher normalerweise beim Abheben der Rakete, d.h. etwa 4 Sekunden nach erfolgter Zündung, einem elektronischen Rechengerät anzeigt, daß der Start vollzogen ist, fiel 1,6 Sekunden nach Beginn der Zündung aus seiner Steckdose, wodurch der Computer ein falsches Signal erhielt. Er kombinierte, wie es seine Aufgabe ist, daß irgend etwas nicht in Ordnung sei, und veranlaßte augenblicklich das Ausschalten der Zündung. Im selben Moment leuchtete bei den Astronauten die Warnlampe ›Fehlstart‹ auf, und Schirra und Stafford griffen im Bruchteil einer Sekunde zu dem Schalter, der die Katapultanlage zur Rettung der Besatzung betätigt. Beide aber verloren nicht die Nerven. Sie warteten ab, ob auch die anderen Alarmsignale aufflammten, und als diese nichts anzeigten, ließen sie die ›Notbremse‹ wieder los und warteten den Befehl zum Aussteigen aus der Kapsel ab.

Der herausgefallene Stecker wurde entdeckt und die Rakete einer neuerlichen Kontrolle unterzogen. Am 15. Dezember 1965 war es soweit, daß Schirra und Stafford erneut in ›Gemini-6‹ einsteigen konnten, und nun klappte der Start so hervorragend, daß die Kapsel genau auf die vorberechnete Bahn kommen mußte. Und wirklich, als die Rakete in die Umlaufbahn einschwenkte, lag sie nur eine halbe Meile von der errechneten Kreisbahn entfernt.

Von diesem Augenblick an arbeiteten sich Schirra und Stafford, deren Raumkapsel eigens mit einem Elektronenrechner zur Ermittlung der Steuerbewegungen ausgestattet war, systematisch an die zunächst noch 2200 Kilometer von ihnen entfernt fliegende ›Gemini-7‹ heran. »Wie im Bilderbuch ging alles vor sich«, erklärten später die amerikanischen Raumfahrt-Ingenieure. Nur eine Minute später, als es im Flugplan vorgesehen war, meldete Walter Schirra: »We did it! Wir haben es geschafft!« Im Abstand von nur zwei bis drei Metern jagten zwei amerikanische Raumkapseln in 300 Kilometer Höhe um die Erde und winkten sich vier Männer zu, von denen zwei bereits elf Tage im All weilten und dementsprechende Bärte hatten.

Das amerikanische Volk jubelte. Drei Rekorde waren erzielt. Zum erstenmal befanden sich gleichzeitig vier Männer im All; der bislang längste Flug eines bemannten Raumschiffes wurde durchgeführt; das erste Rendezvous-Manöver war gelungen.

Die Moskauer Zeitung Iswestija bescheinigte den Amerikanern, daß sie einen großen Sieg errungen hätten, und diese Erklärung dürfte den Russen schwergefallen sein angesichts der Tatsache, daß nach ihren Mondsonden ›Luna 4‹ bis ›Luna 7‹, die alle auf dem Mond zerschellten anstatt ›weich‹ aufzusetzen, während des Fluges von ›Gemini-7‹ auch ›Luna 8‹ bei seiner Landung auf dem Mond zertrümmert wurde. Trost mögen die Sowjets in dem Gedanken gefunden haben, daß sie mit jeder mißlungenen Landung wertvolle Erfahrungen sammelten, die es wahrscheinlich machten, daß sie doch noch als Sieger hervorgehen würden.

Dieser Ansicht schien auch der britische Astronom Sir Bernard Lovell zu sein, der es sich zur Aufgabe gemacht hatte, die Bahnen aller amerikanischen und sowjetischen Sonden zu verfolgen. Jedenfalls erklärte er nach dem Aufschlag von ›Luna 8‹, daß ein voller Erfolg des russischen Luna-Programmes nun bald in Sicht sei. Man konnte nur wünschen, daß er sich nicht täuschte, denn ›weiche‹ Landung und Rendezvous mußten für den Flug des Menschen zum Mond vorausgesetzt werden.

Schneller aber noch, als man zu hoffen gewagt hatte, erreichten die Russen das ersehnte Ziel: ›Luna 9‹ setzte am 3. Februar 1966 so behutsam auf dem Mond auf, daß keines der eingebauten hochempfindlichen Geräte beschädigt wurde. Die Funkübertragung riß nicht ab, und an den beiden folgenden Tagen übermittelten die Fernsehkameras sensationelle Fotos vom Mond, auf denen beispielsweise Steine von nur 15 Zentimeter Größe deutlich zu erkennen waren.

Welch großartige Leistung die sowjetischen Techniker vollbracht hatten, geht aus einer Meldung der Nachrichtenagentur TASS hervor, in der es heißt: ›Die 1583 Kilogramm schwere Sonde wurde am 31. Januar so gestartet, daß sie im vorgesehenen Landegebiet bei Anbruch des Mondmorgens niedergehen mußte. Die Bahn aber, die zum ›Ozean der Stürme‹ führte, wich am 1. Februar um 10 000 Kilometer vom Zentrum des Mondes ab und mußte durch Funkbefehl korrigiert werden. Die Ausgangsdaten für die Landung wurden im Koordinierungs- und Rechenzentrum der Bodenleitstelle ermittelt und am 3. Februar um 14 Uhr zur Mondsonde gesendet. 8 300 km vom Mond entfernt, wurde die Station samt Triebwerk genau auf eine Linie senkrecht zur Mondoberfläche orientiert. Diese Richtung wurde durch Benutzung optischer Mittel, bei der die Sonne und die Erde als Richtungspunkte dienten, eine Stunde lang beibehalten, bis das Bremswerk in Tätigkeit trat. Etwa 75 km über der Mondoberfläche, genau 48 Sekunden vor der Landung, wurden die Bremsraketen durch Kommando eines eingebauten Funkhöhenmessers gezündet. Während sich die Geschwindigkeit nun von 2600 m/sec auf einige wenige Meter in der Sekunde verringerte, wurde die Stoßdämpferanlage für die Landung vorbereitet. Unmittelbar vor der Landung löste sich dann die Station zusammen mit der Stoßdämpferanlage vom Triebwerk und setzte um 19 Uhr 45 MEZ behutsam auf der Mondoberfläche auf. Vier Minuten und zehn Sekunden später wurden die Antennen ausgefahren, und die erste Funksendung begann. Am 4. Februar um 2 Uhr 50 nahm ›Luna 9‹ die ersten Landschaftsbilder und ihre Übertragung zur Erde auf.‹

Was viele für unmöglich gehalten hatten, war Wirklichkeit geworden, und der Daily Telegraph schrieb treffend: ›Die Sowjets wissen jetzt mehr als irgend jemand anderer über die Oberfläche, auf welcher der erste Mondfahrer zu landen hat. Die Amerikaner aber sind in der Rendezvous-Technik überlegen. Dies sind ergänzende Faktoren. Würde man sie zu einem gemeinschaftlichen Unternehmen kombinieren, dann wäre das Ziel schneller erreicht und könnte sehr viel Geld erspart werden.‹

Auch aus anderen Gründen wäre es wünschenswert, wenn Amerikaner und Russen auf dem Gebiet der Raumschiffahrt zusammenarbeiten würden. Aber die anderen Gründe waren es eben, die eine Zusammenarbeit verhinderten.

Die ›weiche‹ Landung von ›Luna 9‹ war nicht nur eine überaus große technische Leistung, sie erbrachte auch einwandfrei, daß die von manchen Mondlande-Planern gehegten Befürchtungen nicht zutreffen. Der Mond ist nicht von einer haushohen Staubschicht bedeckt, in der Mondfahrer hilflos versinken müßten.

Der neuerliche Erfolg der Russen beeindruckte die Amerikaner, ließ sie jedoch nicht kopfscheu werden. Sie arbeiteten unbeirrt weiter am Problem der Rendezvous-Technik, und schon im März 1966, fünf Wochen nach der ›weichen‹ Landung von ›Luna 9‹, klinkte der Astronaut Neil Armstrong die Nase seiner Raumkapsel ›Gemini-8‹ in die konische Hecköffnung eines Agena-Zielsatelliten ein.

»Es ging wie geschmiert!« meldete Armstrong dem Gemini-Kontrollzentrum in Houston, aber es sollte nicht so bleiben. 29 Minuten nach der ersten Zusammenkoppelung zweier Satelliten in der Geschichte der Raumfahrt begann die Gemini-Kapsel plötzlich zu rotieren. Etwa sechsmal in der Minute drehte sie sich um ihre Längsachse, und der Kontrollarzt in Houston stellte besorgt fest, daß Amstrongs Puls auf 150 und der seines Kopiloten Scott auf 135 anstieg.

Das Kontrollzentrum sah sich gezwungen, den Flug vorzeitig abzubrechen, und dank der Kaltblütigkeit der beiden Astronauten ging die Landung glatt vonstatten.

Dann aber kam der große Tag, an dem den Amerikanern ein technisches Bravourstück gelang. Zwar um 300 Millionen Dollar teurer als veranschlagt worden war, jedoch nur drei Sekunden hinter der berechneten Landezeit herhinkend, setzte die US-Mondsonde ›Surveyor I‹ am 2. Juni 1966 knapp 16 Kilometer von der vorgesehenen Landestelle entfernt im lunaren ›Meer der Stürme‹ sanft auf. Und nicht nur das. Nachdem das elektronische Auge der Mondsonde zunächst nur schemenhafte 200-Zeilen-Bilder gesendet hatte, schaltete es nach einer bestimmten Zeit auf 600-Zeilen-Bilder um und lieferte nun Fotos, auf denen Objekte von einem halben Millimeter Durchmesser noch klar zu erkennen waren.

Die Amerikaner waren begeistert, und sie wurden es noch mehr, als tags darauf, am 3. Juni 1966, ›Gemini-9‹ mit den Astronauten Thomas Stafford und Eugene Cernan von einer riesigen ›Titan-II‹-Rakete in eine

Kreisbahn um die Erde geschossen wurde, um neue Rendezvous-Manöver und einen schwerelosen Schwebeflug im All durchzuführen. Nun waren sogar die Russen beeindruckt, und Sowjet-Außenminister Andrej Gromyko beeilte sich, den Amerikanern ein Vier-Punkte-Abkommen zu überreichen, das die militärische Nutzung und nationale Landnahme planetarischen Bodens untersagen soll.

Damit war den Amerikanern in gewisser Hinsicht die Hand gereicht, und die NASA erfüllte es mit Befriedigung, daß ihr Ende Juli 1966, kurz nach Gromykos Vorstoß, ein ›Weltraum-Trainingsprogramm‹ gelang, wie es die Russen noch nicht durchgeführt hatten. Auf die Sekunde genau wurden die Astronauten Young und Collins mit der ›Gemini-10‹ in eine Kreisbahn geschossen, deren Flughöhe 760 Kilometer betrug und einen Höhenrekord darstellte, der in der Nähe des Van-Allen-Strahlungsgürtels lag. Dort führte Young zwei reibungslose Rendezvous-Manöver mit der als Zielsatelliten dienenden eigenen Agena durch. Dann öffnete Collins die Kabine und machte, halb im Weltraum stehend, etliche Fotos von der Erde und den Gestirnen.

Am nächsten Tag steigerten die Piloten ihr Programm. Young führte ›Gemini-10‹ an die seit vier Monaten im All kreisende Agena von ›Gemini-8‹ heran, und Collins verließ die Kapsel, um sich mit einer ›Raumpistole‹ an die Agena heranzuschießen, von deren Bordwand er einen Meteoriten-Sammler abmontierte und damit die erste handwerkliche Arbeit im Weltraum leistete.

Damit war die den Astronauten gestellte Aufgabe aber noch nicht beendet. Sie schoben die Nase ihres Raumschiffes in die acht Meter lange Zielrakete, klinkten sie ein und zündeten viermal das Triebwerk der Agena, die sie auf diese Weise als ›Schublokomotive‹ zu neuen Umlaufbahnen benutzten. Siebzig Stunden dauerte der Flug von Young und Collins, der mit einer exakten Landung abschloß, nachdem erstmals alle Manöver durchgeführt waren, die ein Flug zum Mond erfordert.

Kein Zweifel konnte mehr darüber bestehen, daß die Russen überrundet waren, und wenn es noch eines Beweises bedurft hätte, so wurde dieser von Charles Conrad und Richard Gordon mit ›Gemini-11‹ und James Lovell und Edwin Aldrin mit ›Gemini-12‹ geliefert. Bei ihren Flügen stellte sich allerdings heraus, was sich schon beim Aussteigen des ›Gemini-9‹-Astronauten Eugene Cernan gezeigt hatte: die benutzten Raumanzüge waren nur bedingt tauglich. Die NASA zog die Konsequenz und forcierte die Entwicklung eines neuen Raumanzuges aus Glasfasern und Aluminium, der an den Gelenken so leichtgängige Scharniere hat, daß sich die Astronauten ohne nennenswerte Anstrengungen im Weltenraum bewegen können.

Unabhängig davon wurde mit ›Gemini-12‹ der letzte Start der Zwillings-Serie durchgeführt, dem nunmehr Flüge mit Raumschiffen vom Typ ›Apollo‹ folgten, deren Besatzung jeweils aus drei Mann bestand.

Mindestens viermal sollten bemannte Apollo-Kapseln auf erdumkreisenden Bahnen erprobt werden, erst dann sollte das erste Raumflug-Jahrzehnt seine Krönung durch den Flug eines amerikanischen Astronauten zum Mond erfahren.

Schon greifbar schien dieser Tag zu sein, als die Piloten Virgil Grissom, Edward White und Rodger Chaffee am 27. Januar 1967 mit Probeübungen in einer Apollo-Kapsel begannen, welche auf die unbetankte Saturn-Trägerrakete aufgesetzt war, mit der sie am 21. Februar 1967 zu einem vierzehntägigen Dauerflug starten sollten. Bei dieser Übung wurde die Kabine in der üblichen Weise an ein Versorgungssystem mit reinem Sauerstoff angeschlossen, und niemand hätte es in jener Minute für möglich gehalten, daß die drei Raumfahrer ausgerechnet in einem Augenblick zu Tode kommen würden, da sie sich anschickten, den Start der 66 Meter hohen Rakete zu simulieren, um Erfahrungen zu sammeln und ihre Überlebenschance zu verbessern. Doch das Unglaubliche geschah. Nicht auf ferner Weltraumbahn, nicht in einem manövrierunfähig gewordenen Raumschiff, nicht durch die Explosion einer Rakete verloren sie ihr Leben; sie verunglückten bei einer Routineübung infolge eines lächerlichen technischen Fehlers. Außer dem elektrischen Strom, den Raumschiffe am Boden von außen über ein Kabel erhalten, waren versehentlich auch die bordeigenen Batterien eingeschaltet worden, wodurch eine Kabelüberhitzung entstand, die zur Katastrophe führte, weil sich die meisten Materialien in einer reinen Sauerstoffatmosphäre schon bei niedrigen Temperaturen entzünden und dann etwa fünfmal so rasch und mit weit höheren Hitzegraden verbrennen als in normaler Luft.

»Opfer müssen gebracht werden«, waren die letzten Worte Otto Lilienthals gewesen. Die erste Apollo-Raumkapsel wurde zum feurigen Grab für Edward White, Rodger Chaffee und Virgil Grissom, der im Sinne der Lilienthalschen Worte einmal gesagt hatte: »In einem so komplizierten Unternehmen, wie es die Erschließung des Weltraumes darstellt, müssen wir damit rechnen, daß sich jederzeit ein Unglück ereignen kann. Wenn einer von uns dabei sterben sollte, so wollen wir, daß Amerika unseren Tod akzeptiert. Die Erschließung des Weltraumes ist das Risiko unserer Leben wert. Das Projekt muß weitergehen. Wir wollen es so haben.«

Es ist beeindruckend, daß es immer wieder Männer gibt, die ihr Leben für die Zukunft einsetzen – heute wie in früheren Zeiten.

21. Juli 1969

Trotz des Schocks, den der Tod der drei Astronauten in den Vereinigten Staaten auslöste, erklärte James Webb, Chef der NASA, daß die US-Raumfahrtplaner nicht bereit seien, ihre Entscheidung hinsichtlich der Sauerstoffatmosphäre in der ›Apollo‹-Kapsel zu revidieren. Die Gründe hierfür lagen auf der Hand. Eine Umstellung auf Mischgas nach sowjetischem Vorbild würde viel Zeit erfordert und die Chance, das Raumwettrennen zu gewinnen, auf ein Minimum herabgesetzt haben, ohne daß dadurch die Gefahr einer neuerlichen Brandkatastrophe ausgeschlossen worden wäre. Zudem gab Amerikas Weltraum-Mannschaft zu erkennen, daß der Tod der drei Astronauten als unvermeidbares Opfer hinzunehmen sei.

»Mit Rodger, das war gestern«, erklärte Chaffees bester Freund und brachte damit zum Ausdruck, daß er und seine Kameraden nicht daran dachten, sich bei der Tragödie aufzuhalten.

Aber man verschärfte die Kontrollen und untersuchte den ›Apollo‹-Unfall mit einer Akribie, die von der New York Times die ›monumentalste Detektivarbeit aller Zeiten‹ genannt wurde. Der 2375 Seiten umfassende ›Abschlußbericht‹ kommt, in wenigen Worten zusammengefaßt, zu dem Ergebnis: Fahrlässigkeit in geradezu absurder Weise führte zu der verhängnisvollen Katastrophe.

Jahrelang hatten sich Zehntausende von Technikern und Wissenschaftlern bemüht, alle nur vorstellbaren Funktionsmängel auszumerzen, doch niemand war auf den Gedanken gekommen, zu tun, was das kleinste Provinztheater nicht außer acht läßt: einen Feuerwehrmann bereitzustellen!

In der Raumfahrt gibt es aber auch Pannen, die sich nicht ausschalten lassen, weil die nötige Erfahrung fehlt. Ein Beispiel mag dies verdeutlichen:

Die Katapultierung des ersten Vielzweck-Forschungssatelliten ›Ogo I‹ erfolgte so reibungslos, daß niemand mehr am Erfolg des Unternehmens zweifelte. Stunden später geriet der mit sechzehn Fühlern und zwei ›Sonnenpaddeln‹ ausgestattete Erkundungssatellit jedoch ins Taumeln, und zwar genau in dem Augenblick, in dem die ›Paddeln‹ und Antennen ausgefahren wurden. Was war geschehen?

Seit längerem schon wurde vermutet, daß sich unter den extremen Bedingungen des Weltraumes Metalle miteinander verbinden können, als seien sie verschweißt worden. Um dies zu prüfen und den bei ›Ogo I‹ registrierten Störfaktor aufzudecken, entschloß sich die US-Luftwaffe, zwei Testsatelliten zu starten.

Theoretisch war klar, was die Ursache der eigenartigen Raumerscheinung sein mußte. In der Erdatmosphäre bleiben Metallkörper, die sich berühren, immer noch durch einen hauchdünnen Luftfilm beziehungsweise durch eine feine Oxydationsschicht voneinander getrennt. Im luftleeren Raum hingegen lösen sich alle Luftmoleküle von der Metalloberfläche, die zudem von kosmischen Strahlen völlig blank gefegt wird. Geraten nun zwei Metalle aufeinander, so vereinen sie sich so fest, daß sie nicht mehr ohne weiteres getrennt werden können. Im luftleeren Raum aufeinandergeratene Metalle vermögen einer Zugkraft von fast einer Tonne pro Quadratzentimeter standzuhalten.

Um herauszufinden, ob sich die Antennen und Sonnenpaddel von ›Ogo I‹ womöglich nur teilweise oder gar nicht hatten ausfahren lassen, weil ihre Stäbe im All auf kaltem Wege mit den Hülsen ›verschweißt‹ worden waren, überzog man die Antennen der erwähnten Testsatelliten mit einem Kunststoff, so daß die Metalle sich nicht mehr unmittelbar berührten. Das Experiment bestätigte die Richtigkeit der gehegten Vermutung und brachte die überraschende Erkenntnis, daß mit dem zufällig entdeckten ›Weltraum-Schweißverfahren‹, ›Space Welding‹ genannt, dereinst im All und auf dem Mond metallene Raumbauten einfach durch Zusammenfügen von vorbereiteten Konstruktionsteilen erstellt werden können.

So sammeln die Weltraumplaner immer neue Erfahrungen, ohne die es nun einmal nicht geht. Rückschläge müssen in Kauf genommen werden. Für die Russen war es freilich ein empfindlicher Rückschlag und schmerzlicher Verlust, als ihr Kosmonaut Wladimir Komarow im April 1967 mit dem Riesen-Raumschiff ›Sojus 1‹ tödlich verunglückte.

Allem Anschein nach hatte er den Versuch gemacht, mit dem neuartigen Raumschiff die US-Rekorde der ›Gemini‹-Serie zu überbieten. Auf jeden Fall war wohl ein spektakuläres Rendezvous im All geplant gewesen; denn im Kosmodrom von Baikonur hielten sich zur Zeit des Abschusses von ›Sojus 1‹ fünf weitere Weltraumfahrer, zu denen auch Pawel Beljajew und Valerij Bykowski zählten, startbereit. Irgend etwas verlief offensichtlich nicht programmgemäß. Der von Experten berechnete Starttermin für ein nachfolgendes Raumschiff wurde nicht genützt und ließ erkennen, daß ein Koppelmanöver nicht stattfinden würde.

Die Russen reden selten über ihre Probleme, und so ist die Fachwelt durchweg auf Vermutungen angewiesen. Das gilt auch für die Ursache des Absturzes von ›Sojus 1‹.

Die Landung des vierzehn Meter langen Raumschiffes sollte zweifellos mit Hilfe von Fallschirmen und Rückstoßdüsen erfolgen. Die ersten ›Wostok‹-Typen waren mit einem Schleudersitz ausgerüstet gewesen, mit dem sich der Pilot kurz vor der Landung ins Freie katapultierte. Die zweiten sowjetischen Raumschiffe vom Typ ›Woßchod‹ besaßen, neben den üblichen Fallschirmen, Bremsdüsen, die es der dreiköpfigen Besatzung gestatteten, an Bord zu bleiben und weich auf der Erde aufzusetzen. Die Landung der ›Sojus‹-Typen erfolgte wahrscheinlich nach dem gleichen Prinzip, wobei sich bei ›Sojus 1‹ die Fallschirmleinen allerdings verheddert haben dürften, so daß das Raumschiff unabgebremst auf die Erde zu raste. Da die Prozedur des Entfaltens völlig problemlos ist, tauchte gleich die Frage auf: Was kann dazu geführt haben, daß der Fallschirm von ›Sojus 1‹ nicht ordnungsgemäß funktionierte?

Mit ziemlicher Sicherheit ist folgendes geschehen. Das Raumschiff geriet während der letzten Erdumrundung in Schlingerbewegungen ähnlich denen, die Scott und Armstrong erlebt hatten. Während es diesen jedoch mit Hilfe ihrer Handsteuerung gelang, ›Gemini-8‹ wieder zu stabilisieren, ist dies dem sowjetischen Kosmonauten offensichtlich nicht gelungen.

Das veranlaßte westliche Experten, zu erklären: »Erneut wirkte sich für die sowjetische Raumfahrt mißlich aus, was sich schon des öfteren als bedenklich erwiesen hat: Rußlands Raumkapseln werden in fast jeder Situation vom Boden aus gesteuert; die Besatzungen haben zuwenig Möglichkeiten, im Notfall mit eigener Hand zu manövrieren.«

Ob das wirklich ein Nachteil ist, kann erst zu einem späteren Zeitpunkt gesagt werden. Es ist nämlich denkbar, daß die Sowjets eine unbemannte Raumfahrt anstreben, das heißt, den Mond sowie erdnahe Planeten durch Roboter erforschen lassen wollen. In einem solchen Fall müßten die Raumschiffe in jeder Situation vom Boden aus gesteuert werden.

Aber welchen Weg die Russen auch wählen mögen, es war gewiß sehr schmerzlich für sie, einen Kosmonauten wie Komarow zu verlieren. Und das in einem Augenblick, in dem es den Vereinigten Staaten gelang, den Erkundungssatelliten ›Surveyor‹ unversehrt auf dem Mond zu landen und ihn dort erste Bodenschürfungen vornehmen zu lassen. Der Wettlauf um die Eroberung des Erdtrabanten, der nach dem Feuertod von Grissom, White und Chaffee einseitig geworden zu sein schien, war wieder offen.

Auch in der Luftfahrt deutete alles darauf hin, daß der Westen seine Überlegenheit nicht verlieren würde. Die Boeing-Werke führten Anfang Mai 1967 die Sperrholzattrappe ihres neuen Überschallflugzeuges ›Boeing 2707‹ vor, und US-Verkehrsminister Alan S. Boyd unterzeichnete im Einvernehmen mit Präsident Johnson einen Vertrag, demzufolge Boeing und General Electric, Hersteller der Triebwerke, beauftragt wurden, in den kommenden vier Jahren zwei Prototypen des fast dreifache Geschwindigkeit erreichenden ›Supervogels‹ herzustellen. Kosten der beiden Prototypen: 4,6 Milliarden Mark, eine Summe, mit der man die beiden 115 Tonnen schweren, aus Titan gefertigten Verkehrsflugzeuge viermal in Gold aufwiegen könnte.

Mit diesem Kontrakt gab der Präsident der Vereinigten Staaten das Startzeichen für einen Spurt, der das ›Concorde‹-Überschallprojekt der Briten und Franzosen in den Schatten stellen und der amerikanischen Flugzeugindustrie einen noch nicht dagewesenen Auftrieb geben sollte.

Die Boeing-Werke rechnen damit, bis zum Jahre 1990 insgesamt 900 Exemplare der Überschall-Giganten absetzen zu können. Und das bei einem Stückpreis von voraussichtlich 150 Millionen Mark! Dabei sind viele technische Risiken bei weitem noch nicht gelöst. So ist es notwendig, daß die für eine Geschwindigkeit von fast 2 900 km/h konzipierte Maschine, deren Abmessungen denen eines Fußballplatzes entsprechen, während des Fluges die Tragflächen an den Rumpf schwenkt. Aber das ist noch das geringste der auftauchenden Probleme. Vier Klimaanlagen werden die Passagiere und die Benzintanks vor einer Temperatur von mehr als 250 Grad Celsius schützen müssen. Diese Reibungshitze entsteht bei der Spitzengeschwindigkeit an der Titanium-Außenhaut des Flugzeuges und läßt es – ein weiteres Problem – infolge der dadurch bedingten Ausdehnung zwischen Bug und Heck um 20 Zentimeter wachsen. Tankfüllung: 200 000 Liter. Benzinverbrauch: Beim Steigflug 2 000 Liter pro Minute. Günstigste Reiseflughöhe: 20 000 Meter.

Der amerikanische Wirtschaftsexperte Wassily Leontief forderte einmal, daß die grenzenlose Verehrung des technischen Fortschrittes um seiner selbst willen aufhören muß. Liegt eine solche Verehrung hier vor? Diese Frage läßt sich weder ohne weiteres bejahen noch verneinen. Ganz gewiß aber gibt es Gründe, die es bedenklich erscheinen lassen, den Bau der ›Boeing 2707‹ schon in unseren Tagen vorwärtszutreiben. Unzweifelhaft steht fest, daß das »lärmende Spielzeug für den Jet-Set«, wie US-Senator William Proxmire sich ausdrückte, nur einer kleinen Minderheit zugute kommt und Millionen Menschen schädigen kann. Einmal wegen des 50 Kilometer breiten ›Lärm- und Luftdruckteppichs‹, den jeder der Giganten hinter sich herziehen wird. Dann aber auch, weil Gefahr besteht, daß die klimatischen Bedingungen auf der Erde eine katastrophale Veränderung erfahren; denn jede ›Boeing 2707‹, die rund 50 Tonnen Treibstoff pro Stunde verbraucht, würde gewaltige Mengen von Wasser und Kohlendioxyd in die Stratosphäre drücken, was bei einer Flotte von 500 Flugzeugen dieses Typs dazu führen könnte, daß sich in der Reiseflughöhe von 20 Kilometern allmählich Cirruswolken bilden, die unsere Sonne mehr und mehr verdunkeln. Darüber hinaus befürchteten ernst zu nehmende Wissenschaftler, die Mammut-Triebwerke der geplanten Überschallflugzeuge könnten die Ozonschicht in der Stratosphäre, die einen Teil der gefährlichen ultravioletten Strahlung der Sonne zurückhält, empfindlich zerstören, was zu schweren Gesundheitsschäden der Erdbewohner führen würde.

Dies veranlaßte den US-Senat im Dezember 1970, das ehrgeizige, aber auch umstrittene Vorhaben der amerikanischen Zivilluftfahrt vorerst zu Fall zu bringen. 290 Millionen Dollar, welche die Regierung Nixon als nächste Rate für die Entwicklung der ›Boeing 2707‹ zur Verfügung stellen sollte, wurden nicht genehmigt. Und das, obwohl bereits 800 Millionen Dollar gezahlt worden waren. Treibende Kraft war Senator Proxmire, der nicht müde wurde, auf gegebene Umweltschäden hinzuweisen.

Wenn man bedenkt, welch ungeheure Probleme immer wieder gelöst werden, ist es eigentlich erstaunlich, daß der Ur-Traum des Menschen, sich wie ein Vogel vom Fleck weg in die Luft zu schwingen und davonzufliegen, bis heute nur unvollständig verwirklicht worden ist. Hubschrauber sind und bleiben eine Notlösung. Sie verlangen einen hohen Wartungsaufwand, entwickeln geringe Geschwindigkeiten, haben begrenzte Reichweiten und lassen hinsichtlich der Nutzlast viel zu wünschen übrig. Das Militär wünscht sich deshalb andere ›Senkrechtstarter‹, das heißt Flugzeuge, die im Kriegsfall ohne leicht zerstörbare Pisten auskommen und dennoch mit hoher Geschwindigkeit fliegen können.

Solche Maschinen gibt es noch nicht. Wohl wurden Hunderte von Entwürfen diskutiert und einige Dutzend Prototypen gebaut, doch keines der überaus kostspieligen Projekte, die bereits Milliardenbeträge verschlungen haben, entsprach den in sie gesetzten Erwartungen.

Bei Senkrechtstartern besteht ein Mißverhältnis zwischen Kraftaufwand und Ballast. Apparate mit gesonderten Hubtriebwerken müssen diese während des Horizontalfluges als nicht arbeitende Last mitschleppen. Wählt man Schwenk- oder Umlenktriebwerke, so bleiben solche während des Reisefluges zwar in Aktion, müssen aber, bedingt durch den Kraftbedarf beim Start und bei der Landung, wesentlich kräftiger und somit schwerer sein, als es für den Normalflug erforderlich ist. Die Folge: hoher Treibstoffverbrauch und geringe Nutzlast.

Nicht minder kostspielig ist die Schaffung von Flugzeugen mit Schwenkflügeln, die beim langsamen Flug abgespreizt und vor Eintritt in den Überschallbereich an den Rumpf geschwenkt werden. Tausende von Windkanalversuchen mit immer wieder neuen Modellen und nicht enden wollenden Computer-Berechnungen gehen solchen Entwicklungen voraus. Da ist es verständlich, daß sich sowjetische Ingenieure amerikanische, und US-Experten russische Neukonstruktionen sehr genau ansehen, bevor sie eigene Überlegungen anstellen. Jeder ist bestrebt, die Entwicklung zu verbilligen und Untersuchungen einzusparen, die von der Gegenseite bereits angestellt wurden. Die verblüffende Ähnlichkeit vieler neuer Typen in Ost und West ist eine natürliche Folge, und nur selten läßt sich eindeutig feststellen, wer abgeschaut hat und wer der ›Vater des Gedankens‹ gewesen ist. Im großen und ganzen kann man jedoch sagen, daß die Sowjets im Flugzeugbau nur zu gerne bereit sind, ›kostensparend‹ zu arbeiten, wobei sie sich nicht scheuen, beispielsweise die Anordnung einer Nietenreihe so exakt zu kopieren, daß diese hundertprozentig dem westlichen Vorbild entspricht.

Anders liegen die Dinge im Raketenbau und in der Raumfahrt. Hier gehen die Russen ihre eigenen Wege, und hier kann die Frage, welcher Weg der richtige ist, erst beantwortet werden, wenn die Eroberung des

Mondes der Geschichte angehört und als ein zwar riesiger, aber eben doch nur Teilerfolg genannt werden wird.

Es mag vermessen klingen, die angestrebte Eroberung des Erdtrabanten als ›Teilerfolg‹ zu bezeichnen, aber in der Entwicklung der Technik gibt es keinen Stillstand, und das Streben, den Mond zu erreichen, ist durchaus vergleichbar mit den Bemühungen der Gebrüder Wright, sich mit Hilfe eines Flugapparates vom Erdboden zu erheben.

So stellt auch die am 18. Oktober 1967 um 6 Uhr 14 irdischer Zeit unbeschädigt auf der Venus gelandete erste Forschungssonde der Sowjets ›nur‹ einen ›Teilerfolg‹ dar. Und dennoch: Wer hätte zehn Jahre früher, als Radio Moskau meldete, der erste künstliche Satellit umkreise unseren Erdball, es für möglich gehalten, daß schon in absehbarer Zeit eine von Menschenhand geschaffene Forschungssonde sanft auf der Venus aufsetzen und unschätzbare Messungen zur Erde funken würde?

Bereits neunmal hatten die Russen den Versuch gemacht, einen ›Späher‹ zur Venus zu senden. Fünf ihrer Sonden explodierten, noch bevor sie in den Weltraum eintraten; drei verstummten auf der 350 Millionen Kilometer weiten Reise; eine zerschellte auf dem ›holden Abendstern‹. Erst die zehnte Sonde sank unbeschädigt auf den Venus-Boden und bescherte den Russen ›unverhohlene Bewunderung‹, wie die New York Times sich ausdrückte.

»Es ist wie vor zehn Jahren«, bekannten US-Wissenschaftler in Erinnerung an den ›Sputnik-Schock‹ des Jahres 1957. »Aber wir sind mittlerweile etwas abgebrühter gegen sowjetische Raum-Ersttaten.«

Das war man in den Vereinigten Staaten wirklich und nicht zuletzt, weil man seit der letzten Pariser Luftfahrt-Ausstellung, auf der die Sowjetunion völlig unerwartet ein ›Wostok‹-Raumschiff nebst dazugehöriger Rakete gezeigt hatte, endlich wußte, was die Russen in die Lage versetzte, Raumschiffe und Sonden von beachtlichem Gewicht in das All zu katapultieren.

Nicht exotische Treibstoffe oder gigantische Raketen-Triebwerke, sondern ein simpler Geniestreich hatte den Sowjets ihren erstaunlichen Vorsprung eingebracht. Sie bündelten, um die erwünschte hohe Schubleistung zu erreichen, einfach viele Treibsätze zusammen und benutzten Raketentypen, die sich gut bewährt hatten und in Großserie herstellen ließen. Die Amerikaner hingegen waren ständig bestrebt gewesen, neue und stärkere Motoren zu entwickeln. Wernher von Braun, der bereits in den fünfziger Jahren vorgeschlagen hatte, 51 Raketentriebwerke gleichsam wie Spargel zu einem schubkräftigen Aggregat zu bündeln, sah sich plötzlich bestätigt. Doch was nutzte das? Die US-Antriebs-Experten hatten Brauns Plan im entscheidenden Augenblick als »hellen Wahnsinn« bezeichnet.

Vielleicht war das ganz gut. Die Vereinigten Staaten besaßen jetzt Triebwerke mit der enormen Schubkraft von 680 Tonnen, die es Wernher von Braun gestatteten, den Sprung ins Gigantische zu wagen. Er ließ fünf der leistungsstarken Motoren für die Grundstufe der ›Saturn V‹ zusammenfassen und konnte gewiß sein, daß ihre Gesamtkraft ausreichen würde, der für den Mondflug vorgesehenen ›Apollo‹-Kapsel die notwendige Geschwindigkeit zu erteilen.

Es war ein atemraubendes Bild, als die erste, 119 Meter hohe ›Saturn V‹ am 26. August 1967 im Schneckentempo auf einem riesigen Raupenfahrzeug aus ihrer Montagehalle herausgefahren und zum Startkomplex 39 gebracht wurde. Zehn Stunden dauerte die Fahrt über die kurze Strecke. Dann begannen Hunderte von Ingenieuren eine letzte Überprüfung des Giganten, der das unbemannte Test-Raumschiff ›Apollo 4‹ in das All tragen sollte.

Nahezu 100 Milliarden hatte das Mond-Vorhaben bereits gekostet. 300 000 Wissenschaftler, Techniker und Hilfskräfte arbeiteten an dem Projekt. 20 000 Firmen lieferten die erforderlichen Materialien. Allein die Erstellung des ›Mond-Bahnhofes‹ kostete 5 Milliarden Mark. Ausmaße der Montagehalle: 216 m lang, 158 m breit, 160 m hoch, Stückpreis einer ›Saturn V‹: 540 Millionen Mark. Gewicht: 3 000 Tonnen. Aufgetankter Treibstoff: fast 4 Millionen Liter. Schubkraft: 150 Millionen PS.

Der Aufbau der Rakete ist folgender. Ihr unterer, 42 m langer Teil dient als erste Antriebsstufe, die das Raumschiff in zweieinhalb Minuten auf eine Höhe von 60 Kilometer befördert. Es wird dann abgesprengt. Treibstoffverbrauch: 13 000 Liter flüssiger Sauerstoff und Kerosin *in der Sekunde!*

Die zweite Stufe ist 25 m lang und wird von 5 ›Rocketdyne J-2‹-Raketen angetrieben, die insgesamt 20 Millionen PS entwickeln. Sie jagen das Raumschiff auf 190 km Höhe.

Zwischen der ersten und zweiten sowie zweiten und dritten Stufe befindet sich jeweils eine kleine Zwischenstufe mit Trennraketen. Die dritte Stufe ist mit nur einem ›Rocketdyne J-2‹-Triebwerk ausgerüstet, dessen 4 Millionen PS das Gefährt mit einer ersten Zündung auf 25 000 km/h beschleunigen und in eine Erdumlaufbahn bringen. Nach einigen Umkreisungen erfolgt eine zweite Zündung, die das Raumschiff in Richtung Mond dirigiert und mit einer Anfangsgeschwindigkeit von 40 000 km/h aus dem Schwerefeld der Erde treibt.

Die erste abgefeuerte ›Saturn V‹ erfüllte alle in sie gesetzten Erwartungen. Ohne jeden Zwischenfall trug sie ›Apollo 4‹ zu einem achteinhalbstündigen Testflug in eine Kreisbahn um die Erde.

Aber auch die Russen konnten einen großen Erfolg verbuchen. Ihnen gelang am 30. Oktober 1967 das erste ferngesteuerte Rendezvous-Manöver. Über Funk und durch Computer automatisch reguliert, koppelten sie die unbemannten ›Sojus‹-Raumfahrzeuge ›Kosmos 186‹ und ›Kosmos 188‹ in zweihundert Kilometer Höhe zusammen.

Mit dieser erstaunlichen Leistung war das Rennen um die Eroberung des Mondes, das nach dem gelungenen Start von ›Saturn V‹ in den Vereinigten Staaten schon als gewonnen angesehen wurde, wieder völlig offen. Denn ähnlich wie die Amerikaner, die den Trabanten von einem Mondraumschiff aus vermittels einer Landefähre zu erreichen gedachten, wollten die Sowjets zum Mond gelangen. Wenn nicht alles täuscht, planten sie eine erdumkreisende Raumstation als Ausgangspunkt, und dieses Verfahren setzt, wie das amerikanische, die einwandfreie Beherrschung der Rendezvous-Technik voraus.

Eine weitere wichtige Voraussetzung war die exakte Erkundung des rund 400000 Kilometer entfernten Terrains, das der erste Mensch betreten sollte. ›Luna 9‹ war als erste Sonde unbeschädigt auf den Trabanten niedergesunken. Ihr folgte ein wahrer Schwarm von amerikanischen Raum-Robotern, die binnen kürzester Frist 99 Prozent der Mondoberfläche filmten. Und ›Surveyor‹-Mondsonden schickten von den in Aussicht genommenen Landeplätzen Bilder zur Erde, die sandkorngroße Teilchen erkennen ließen. Darüber hinaus bewiesen Schürfgeräte, daß Astronauten nicht im Mondboden versinken, sondern auf ihm keine tieferen Fußspuren hinterlassen werden als in einem irdischen Sandstrand.

»Als Symbol für das, was man nur erträumen, aber nicht erreichen kann, hat der Mond nun ausgedient«, verkündete Sheldon Shallon, Chefkonstrukteur der ›Surveyor‹-Sonden. »Die Bahn für die Astronauten ist frei!«

Soweit war es jedoch noch nicht. Eine ganze Reihe von Versuchen mußte noch durchgeführt werden. Dazu gehörte auch der zweite Abschuß einer unbemannten ›Saturn V‹-Rakete. Sie aber brachte eine herbe Enttäuschung. Sieben Minuten nach ihrem wohlgelungenen Start fielen die bis zu diesem Zeitpunkt dreitausendsechshundertfünfmal zuverlässig gewesenen ›Rocketdyne J-2‹-Triebwerke plötzlich aus.

»Wir alle sind schrecklich enttäuscht«, bekannte Dr. George Müller, Chef des bemannten US-Raumfahrtprogramms. Doch schon bald schöpften er und seine Männer neue Hoffnung. Kein schwerwiegender Konstruktionsfehler, sondern eine lächerliche Kleinigkeit hatte zum Versagen der Riesentriebwerke geführt. Infolge einer falschen Farbmarkierung waren die Kommandokabel für die Motoren der zweiten Raketenstufe vertauscht worden. Außerdem wurden durch die Erschütterungen beim Start auch einige Treibstoffleitungen der zweiten und dritten Stufe leck.

Das Mißgeschick der Amerikaner trieb die Russen zu ungeahnter Eile an. Als wollten sie das Wettrennen nun um jeden Preis gewinnen, feuerten sie innerhalb von zwölf Tagen acht Satelliten der ›Kosmos‹-Serie in das All. Des weiteren starteten sie ›Luna 14‹, die mit bewundernswerter Präzision den Mond umrundete, und zusätzlich gelang ihnen ein zweites elektronisch gesteuertes Rendezvous-Manöver, bei dem ›Kosmos 212‹ und ›Kosmos 213‹ miteinander gekoppelt wurden. Und das 47 Minuten nach dem Start von ›Kosmos 213‹!

Die Amerikaner wurden nervös. Dies um so mehr, als ihre Spionage-Satelliten auf dem sowjetischen Mondbahnhof Kasachstan eine riesige Startrampe fixierten, die nur dem Abschuß einer Mammutrakete dienen konnte. Man entschloß sich nach vielerlei Überlegungen, die nächste ›Apollo‹-Kapsel nicht mehr, wie vorgesehen, unbemannt, sondern mit drei Astronauten in eine Erdumlaufbahn zu befördern. Anschließend sollte ein Mondspektakel à la Jules Verne veranstaltet werden, das heißt, man wollte als letzte Generalprobe vor der Mondlandung ein bemanntes ›Apollo‹-Raumschiff um den Trabanten herumschicken. Das Frühjahr 1969 wurde dafür in Aussicht genommen.

Planmäßig startete ›Apollo 7‹ mit den Astronauten Walter M. Schirra, Don F. Eisele und Walter Cunningham Mitte Oktober 1968 zu einer elftägigen Reise in das All. Nur dreieinhalb Meter betrug die Höhe der konischen ›Apollo‹-Kapsel; ihr Bodendurchmesser gerade vier Meter. Wenn man bedenkt, daß dieser Raum einer dreiköpfigen Besatzung elf Tage hindurch als Cockpit, Navigationskajüte, Radiostation, Küche und Schlafkammer dienen sollte, war das beängstigend wenig. Jeder der drei Astronauten mußte aufpassen, nicht gegen einen lebenswichtigen Hebel oder Knopf zu stoßen. Neben 24 Bordinstrumenten und 40 Kontrollanzeigern gab es 566 Schalter; die Tasten des Bordcomputers nicht mitgerechnet! Aber das machte die Raumfahrtplaner nicht nervös. Sie waren vom guten Ausgang des Unternehmens so überzeugt, daß sie die 119 Meter hohe ›Saturn V‹, die ›Apollo 8‹ auf eine um den Mond herumführende Bahn katapultieren sollte, bereits aus der Montagehalle schaffen ließen, als die ›Saturn 1 B‹ mit ›Apollo 7‹ noch nicht gestartet war.

Außer der Gewißheit, daß alles programmgemäß verlaufen würde, gab es hierfür allerdings zwei gewichtige Gründe. Erstens: In einer ›Saturn V‹ müssen zwei Millionen Einzelteile funktionieren; neben den Motoren der Trägerraketen besitzt sie 47 Antriebseinheiten und 587000 Meßstellen. Diese zu kontrollieren dauert gut zehn Wochen.

Zweitens: Den Starttermin diktiert der Himmelskalender. Das ›Fenster zum Mond‹, wie man den Zeitraum nennt, in dem Mond und Erde in einer für den Abschuß günstigen Position zueinander stehen, muß beachtet werden, und man wußte, daß sich das ›Mondfenster‹ am 20. Dezember 1968 wieder öffnen würde. Starttermin und Dauer der Kontrolle machten es notwendig, die ›Saturn V‹-Rakete mit ›Apollo 8‹ an ihrer Spitze bereits am 9. Oktober zur Startrampe zu fahren.

Der Flug von ›Apollo 7‹ verlief reibungslos, wenn man davon absieht, daß alle drei Astronauten unter einem unangenehmen Schnupfen litten. Cunningham und Eisele waren, weil sie einen gewissen Schnupfenreiz verspürt hatten, drei Tage vor dem Start prophylaktisch mit Antibiotika und Antihistaminen behandelt worden. Mit dem Erfolg, daß die Erkältungssymptome verschwanden. Einen Tag nach dem Start aber meldete Schirra, daß er einen starken Schnupfen habe. Eisele und Cunningham führten bald darauf die gleiche Klage, und Dr. Charles Berry, der Chefarzt der Astronauten, konnte nichts anderes tun, als der Besatzung zu empfehlen, die Erkältung mit Aspirin und Papiertaschentüchern zu bekämpfen.

Mit dem gelungenen Abschluß des Raumfahrtunternehmens ›Apollo 7‹ waren Amerikas Chancen, als erste auf dem Mond zu landen, gewaltig gestiegen. Das Rückkehrproblem aber war noch in keiner Weise gelöst. Im Bestreben weiterzukommen, entwickelte man einen Raumgleiter, der auf dem Projekt basierte, das Professor Dr. Eugen Sänger im Zweiten Weltkrieg entworfen hatte. Die Amerikaner änderten das Projekt jedoch insofern, als sie den Raumgleiter nicht mit Antriebsraketen versahen, sondern ihn auf die Spitze einer Titan-Rakete setzten.

Der Raumgleiter erhielt die Bezeichnung X-20 ›Dyna-Soar‹, wobei ›Dyna-Soar‹ die Abkürzung für ›Dynamic soaring‹, dynamisches Emporschwingen ist.

Die Arbeiten an dem Dyna-Soar-Projekt gingen aber nur schleppend voran. Der Grund dafür war folgender: Das Projekt wurde nicht der zivilen Raumfahrtbehörde NASA, sondern der Luftwaffe unterstellt, die sich an den Verteidigungsminister McNamara wenden mußte, wenn sie die erforderlichen Mittel erhalten wollte. McNamara aber hielt – militärisch gesehen – nichts von diesem Projekt, und obwohl der amerikanische Kongreß 1961 bei der Beratung des Militär-Budgets insgesamt 85 Millionen Dollar für das Dyna-Soar-Projekt genehmigt hatte, gab der Verteidigungsminister diesen Betrag nicht frei. Die Generale der Luftwaffe versuchten daraufhin ohne kostspielige Vorversuche zum Ziel zu kommen. Ihnen ging es nicht zuletzt darum, das Spottwort Chruschtschows zu tilgen: »Die Amerikaner betreiben gar keine Weltraumfahrt. Ihre Männer springen einfach hoch und fallen ins Wasser.«

Rußland, das seit dem Absturz Komarows 18 Monate lang keinen Kosmonauten mehr ins All geschickt hatte, katapultierte unmittelbar nach der erfolgreichen Beendigung des ›Apollo 7‹-Fluges den Kosmonauten Georgij Timofejewitsch Beregowoi mit dem Raumschiff ›Sojus 3‹ in eine Kreisbahn um die Erde. Und im Fernsehen wurde der verblüfften Menschheit gezeigt, daß sowjetische Weltraumfahrer recht komfortabel reisen, über ein abgetrenntes Schlafabteil verfügen, des Morgens Gymnastik betreiben und dergleichen mehr. Aber täuschte das Bild nicht?

Wernher von Braun kam die großangelegte russische Propaganda-Show offensichtlich ganz gelegen. Nachdem James Webb, der langjährige Chef der NASA, aus Protest gegen die drastischen Kürzungen des US-Raumfahrtbudgets sein Amt bereits zur Verfügung gestellt hatte, erklärte von Braun nun in einem aufsehenerregenden Interview, er zweifle allmählich daran, daß ein Amerikaner als erster den Mond betreten werde. Wahrscheinlich malte Wernher von Braun aus taktischen Gründen den Teufel an die Wand, denn wie jeder Experte, so wußte auch er, daß das ›Sojus 3‹-Unternehmen für die Russen eine herbe Enttäuschung gewesen sein muß. Wohl hatte Beregowoi die Erde vierundsechzigmal umrundet. Auch hatte er sich zweimal auf geringe Distanz dem vor ihm gestarteten unbemannten Raumschiff ›Sojus 2‹ genähert. Ein Kopplungsmanöver mit nachfolgendem Umsteigen im All, das zweifellos geplant gewesen war, fand jedoch nicht statt.

Ein anderes Unternehmen der Russen aber verlief minutiös und ließ westliche Experten ernstlich befürchten, die Sowjets könnten das Rennen zum Mond doch noch gewinnen. Ihr unbemannter Flugkörper ›Sond 5‹ wurde im September 1968 automatisch zum Mond gelenkt, umkreiste diesen und kehrte wohlbehalten zur Erde zurück. Und bereits im November wiederholte ›Sond 6‹ das gleiche Manöver und erprobte, wie die TASS meldete, bei der Rückkehr zur Erde ein neues Landesystem.

Damit hatten die Russen in unbemannter Form vorexerziert, was die US-Astronauten Frank Borman, James Lovell und William Anders im Dezember, wenn sich das ›Mondfenster‹ wieder öffnen würde, durchführen sollten.

Und sie führten ihren phantastisch anmutenden Flug um den Mond durch! Als die riesige ›Saturn V‹-Rakete mit der ›Apollo 8‹-Kapsel an ihrer Spitze in der Morgendämmerung des 21. Dezember 1968 donnernd von ihrer Abschußrampe zum Himmel emporstieg, hielten 500 Millionen Menschen, die den Start am Fernsehen verfolgten, angesichts des imposanten Schauspiels den Atem an. Alles verlief mit der Präzision eines Uhrwerkes und mutete so einfach an, daß man darüber vergaß, welch technische Leistung und menschlicher Mut dazu gehören, den Bereich der irdischen Schwerkraft zu verlassen. 1 365 Kilometer war die bisher erreichte größte Höhe; nun ging es zum erstenmal wirklich in den Weltraum hinein.

Mit einer Anfangsgeschwindigkeit von 40 000 Kilometern rasten die drei Weltraumfahrer dem Mond entgegen, die Menschen auf der Erde aber nahmen das schon bald als so selbstverständlich hin, daß am Sonntag, also 24 Stunden nach dem Start, über 2 000 Sportfans aufgebracht bei einer amerikanischen Fernsehgesellschaft anriefen, als diese eine Football-Übertragung unterbrach, um sich in eine Direktsendung aus ›Apollo 8‹ einzublenden. Daß Borman und seine Kameraden über Magenbeschwerden und Übelkeit klagten, interessierte sowenig wie ein Absinken der Temperatur in der Kabine.

Dabei ist es sehr gefährlich, wenn sich jemand im Zustand der Schwerelosigkeit übergeben muß, weil das Erbrochene frei in der Mundhöhle schwebt und die Atemwege verstopfen kann. Raumarzt Dr. Berry stellte im übrigen fest, daß die Leistungsfähigkeit sowohl der Besatzung von ›Apollo 7‹ als auch ›Apollo 8‹ nach dem Flug ungefähr 24 Stunden lang merklich reduziert war, ein Umstand, der bei der Landung auf dem Mond, wo körperliche Arbeit geleistet werden soll, einkalkuliert werden mußte. Auch wurde ermittelt, daß beide Besatzungen nach der Landung etwa 48 Stunden lang spürbare Kreislaufstörungen hatten.

Ansonsten aber verlief der Flug mit einer Perfektion, die den Amerikanern die Überzeugung zurückgab, daß sie jedes Problem lösen können, wenn sie nur hart genug daran arbeiten.

In der Nacht zum 24. Dezember wurde der Mond erreicht und das Raketentriebwerk so gezündet, daß ›Apollo 8‹ in eine Umlaufbahn einschwenkte, aus der das Raumschiff zwanzig Stunden später mit einer zweiten Zündung wieder auf den Weg zur Erde gebracht werden mußte.

Es klappte alles; beinahe zu perfekt, möchte man sagen. Der Mond, »wüst und abschreckend und ganz gewiß kein einladender Ort«, wie Borman sich ausdrückte, zog nur 100 Kilometer unter den Astronauten dahin, und während das lunare ›Meer der Ruhe‹ überflogen wurde, lasen die drei Weltraumfahrer dem 400 000 Kilometer entfernten und weihnachtlich gestimmten Fernsehpublikum die Schöpfungsgeschichte mit verteilten Rollen vor.

Nun, die Astronauten sahen die Erde als einen wunderschönen, verheißungsvoll anmutenden blauen Planeten. Als sie jedoch nach sechs Tagen glücklich zur Erde zurückgekehrt waren, sagte Borman ganz schlicht: »Es war ein großartiger Flug, aber wir sind froh, wieder hier zu sein.«

Eine unerhörte Leistung war vollbracht worden, und alle Welt beglückwünschte die Vereinigten Staaten zu dem grandiosen Unternehmen, das eine der letzten Vorstufen zur Landung auf dem Mond darstellte. Nun galt es nur noch die Mondlandefähre zu erproben, und mit dieser Aufgabe wurden die Astronauten James McDivitt, David Scott und Russell Schweickart beauftragt.

Am 3. März 1969 hob sich in Cape Kennedy vom Startkomplex 39 mit einer bemannten ›Apollo‹-Kapsel zum erstenmal jener Teil der Mondrakete vom Boden, der den US-Technikern am meisten Kopfzerbrechen bereitet hatte: die Mondlandefähre ›LM‹ – ›Lunar Module‹. Mit diesem Gefährt, das seiner bizarren Form wegen auch ›Wanze‹ oder ›Spinne‹ genannt wurde, sollten Amerikas Astronauten von ihrem Raumschiff aus zum Mond übersetzen.

Das fast 15 Tonnen schwere Landevehikel kostete pro Tonne 20 Millionen Dollar! Vergleichsweise sei der Goldpreis genannt: 1,1 Millionen Dollar pro Tonne. Entwickelt und gebaut wurde ›LM‹ von der Flugzeugfirma Grumman Aircraft.

Der Start der ›Saturn V‹ mit ›Apollo 9‹ und dem ›LM‹ verlief so reibungslos, daß man von einem »Bilderbuchstart« sprach. Gleich nach Eintritt in die Erdumlaufbahn löste David Scott das Kommandoraumschiff von der dritten Raketenstufe, wendete es um 180 Grad, führte es dann zurück und koppelte seine Spitze mit der in der dritten Stufe untergebrachten Mondfähre zusammen, die nun ins Freie gezogen wurde. Damit war das erste entscheidende Manöver durchgeführt.

Der Weg zum Mond aber sollte erst bei der letzten Generalprobe mit ›Apollo 10‹ eingeschlagen werden. ›Apollo 9‹ blieb auf der Erdumlaufbahn, und am fünften Tag des Testunternehmens wurde das nächste wichtige Manöver durchgeführt: McDivitt und ›LM‹-Pilot Schweickart stiegen in die Mondfähre um, lösten sich von der Kommandokapsel, zündeten das Bremstriebwerk und entfernten sich auf 170 Kilometer von ›Apollo 9‹, um auf diese Weise den Abstieg von der Mondumlaufbahn zur Mondoberfläche zu simulieren.

Nachdem alles zur vollen Zufriedenheit abgelaufen war, wurde die Abstiegsstufe der Fähre abgeworfen und das darüber befindliche Aufstiegstriebwerk so gezündet, daß die Mondfähre wieder in die Nähe der Kommandokapsel gelangte. Es war dies die Simulation des Abhebens vom Mond, bei dem die Bremsrakete mit ihren vier dünnen Beinen als Startplattform dient.

Erneut ging alles reibungslos vonstatten, und nun wurde das schwierigste Manöver, das Wiederankoppeln der Mondfähre an ›Apollo 9‹, durchgeführt. Das Unternehmen gelang, und McDivitt und Schweikkart krochen in das Mutterschiff zurück, das bald darauf endgültig von der Mondfähre getrennt und über Funk so gezündet wurde, daß das 80-Millionen-Mark-Gerät in eine hohe Erdumlaufbahn eintrat. Damit war unter Beweis gestellt, daß eine ausreichende Schubkraft für den Start vom Mond zur Verfügung stand.

Der hervorragende Verlauf des großangelegten Testfluges sprach dafür, daß die Landung auf dem Mond in spätestens einem halben Jahr würde erfolgen können. Zuvor sollte allerdings noch eine Generalprobe stattfinden, bei der ›Apollo 10‹, wie Weihnachten 1968 ›Apollo 8‹, zum Mond fliegen, diesen aber nicht nur umkreisen sollte. Es war vorgesehen, daß sich diesmal zwei Astronauten mit der Mondfähre dem Trabanten bis auf 15 Kilometer näherten.

Inzwischen machten auch die Russen wieder einmal von sich reden. Die weltweite Publicity der Mondreise von ›Apollo 8‹ veranlaßte sie allem Anschein nach, mitten im Winter aus einer verschneiten Landschaft heraus die Raumschiffe ›Sojus 4‹ und ›Sojus 5‹ auf eine Erdumlaufbahn zu schießen und, was sie noch nie getan hatten, alle Phasen des Unternehmens im Fernsehen zu übertragen.

Für westliche Zuschauer war es verblüffend zu sehen, daß sowjetische Raumfahrer nicht in keimfreien Omnibussen und gleißenden Raumanzügen zur Abschußrampe fahren, sondern Fellmäntel, Pelzfäustlinge und Ohrenklappenmützen tragen wie jeder Normalbürger. Vom hohen Stahlgerüst winkten sie den Zurückbleibenden zu, als stünden sie an der Reling eines auslaufenden Ozeandampfers. Danach begaben sie sich in ihr Raumschiff, das aus drei Abteilen besteht: der Gerätekabine, der Kommandokapsel und dem Beobachtungsraum, dessen Plüschsofa mit Armlehne, Radioapparat mit Zierleisten und Vorhänge vor den Fenstern die Süddeutsche Zeitung von ›Mütterchen Rußlands guter Weltallstube‹ sprechen ließen.

Als die Kosmonauten Wladimir Schatalow, Boris Wolynow, Alexej Jelissejew und Jewgenij Chrunow aber die Luken von ›Sojus 3‹ und ›Sojus 4‹ öffneten, um im All umzusteigen, trugen sie weißschimmernde Raumanzüge, deren selbstregenerierendes Sauerstoffsystem eine Nabelschnur zum Mutterschiff unnötig machte.

Westliche Experten sparten nicht mit Lob. Sie taten es leichten Herzens; denn die technischen Daten, die bekannt wurden, ließen erkennen, daß ›Sojus‹-Raumschiffe keinesfalls geeignet sind, Menschen zum Mond zu tragen. Ihre Antriebsdüsen entwickeln nur insgesamt 800 Kilogramm Schub; das Triebwerk der ›Apollo‹-Kapseln hingegen 10 000 Kilogramm!

Auf einem anderen Gebiet aber wurde eine leichte Überlegenheit der Sowjets deutlich. Die ›Tupolew 144‹ startete am 31. Dezember 1968 als erstes Verkehrsflugzeug mit Überschallgeschwindigkeit. Die Grundkonzeption dieser Maschine weist große Ähnlichkeit mit dem britisch-französischen Konkurrenzmuster ›Concorde‹ auf, wenngleich in Einzelheiten wesentliche Abweichungen bestehen. Zum Beispiel bei der Flügelform. Verglichen mit der sogenannten gotisch geschwungenen Flügelvorderkante der ›Concorde‹, entspricht der Tragflächengrundriß der ›Tu-144‹ eher einer Doppeldeltaform. Auch ist die Triebwerksanordnung völlig anders. Erstaunlich gleich ist allerdings die Gestaltung der Rumpfnase, die bei beiden Flugzeugmustern zur Verbesserung der Sichtverhältnisse beim Start und bei der Landung nach vorn abgesenkt werden kann.

Als wollte der Westen den russischen Vorsprung schnellstens ausgleichen, schwang sich Anfang Februar 1969 die ›Boeing 747‹, nach Walt Disneys fliegendem Elefanten ›Jumbo-Jet‹ genannt, als das bisher größte Verkehrsflugzeug der Erde in die Luft und kurvte unter Führung von Jack Waddel eineinviertel Stunden über der Piste des Werkes Everett bei Seattle. Und wiederum einen Monat später, am 2. März 1969, führte André Turcat, Chef-Pilot der Sud Aviation, einen ersten 27-Minuten-Flug mit dem Überschallgiganten ›Concorde‹ durch.

Die ›Boeing 747‹ bietet nahezu die Bequemlichkeit eines Ozeandampfers. Ihre Deckenhöhe beträgt über zweieinhalb Meter und nimmt den Passagieren, wie die New York Times schrieb, ›das Gefühl, in eine enge Röhre gesperrt zu sein‹. Die Kabine ist 56 Meter lang, das sind drei Meter mehr, als Orville Wright bei seinem ersten Flug zurücklegte. Stückpreis des ›Jumbo-Jets‹: 80 Millionen Mark.

Abgesehen von der Geschwindigkeit der ›Concorde‹, die 2 000 km/h überschreitet, liegen die Daten dieser Überschall-Verkehrsmaschine weit unter denen der ›Boeing 747‹. Die Reichweite der ›Concorde‹ ist so gering, daß sie voll besetzt mit 136 Passagieren nur auf Strecken wie

New York–Paris *ohne* Zwischenlandung eingesetzt werden kann. Von Frankfurt aus kann sie New York im Direktflug nur mit 100 Fluggästen erreichen.

Völlig andere Interessen verfolgten in jenen Tagen die Regierungen von Frankreich, Großbritannien und der Bundesrepublik Deutschland, als sie den Entschluß faßten, gemeinsam ein Großraumflugzeug mit zwei Triebwerken zu bauen. Man gab ihm den Namen ›Airbus‹, und während die Regierungsdelegationen noch miteinander verhandelten, nahm das Projekt bereits klare Formen an. 1969 war es schließlich soweit, daß das Vorhaben vertraglich abgesichert werden konnte. Partner waren nun Frankreich, die Bundesrepublik und Spanien, später kamen auch die Niederlande dazu. Die britische Regierung verzichtete darauf, sich weiterhin an der Entwicklung zu beteiligen. Hawker Siddeley indes hatte bereits viele Ingenieurstunden für den Airbus-Flügel investiert und blieb auf eigenes Risiko dabei.

Die am Bau des A 300 beteiligten Unternehmen hatten damals schon Luftfahrt-Geschichte gemacht: ›Comet‹, das erste Düsenverkehrsflugzeug, wurde in Großbritannien von De Havilland entwickelt. ›Caravelle‹, der erste Kurzstreckenjet, wurde von der Sud Aviation in Frankreich gebaut. Fokker hat nach 1945 das Turboprop-Flugzeug F-27 ›Friendship‹ und die F-28, ein beliebtes Düsenflugzeug für Kurz- und Mittelstrecken, angeboten. Messerschmitt-Bölkow-Blohm entstand aus einer Fusion mehrerer traditionsreicher deutscher Flugzeughersteller. Beim Hamburger Flugzeugbau wurde mit dem Geschäftsreiseflugzeug ›Hansa Jet‹ das erste deutsche zivile Düsenflugzeug entwickelt.

Von Anfang an verfolgten Experten der Lufthansa die Airbus-Entwicklung; insgesamt 1500 Vorschläge und technische Änderungen wurden von ihnen gemacht. Ihre Anregungen resultierten aus den Erfahrungen des täglichen Flugbetriebs. Mit ihnen wurde das Know-how einer international anerkannten Fluggesellschaft berücksichtigt.

Der ›Airbus‹ kann 253 Passagiere befördern. Seine Geschwindigkeit beträgt 870 km/h.

Die ersten Flüge der ›Concorde‹ und ›Boeing 747‹ wurden durch die Vorbereitungen zum Start des Raumschiffes ›Apollo 10‹, das eine letzte Generalprobe für die geplante Landung auf dem Mond durchführen sollte, in den Schatten gestellt. Sogar der spektakuläre Erfolg der Russen, die zwei weitere, mit Meßgeräten vollgestopfte Sonden zur Venus schicken konnten, stand im Schatten des Countdowns für das neuntägige amerikanische Weltraumunternehmen, dessen wichtigste Aufgabe die Prüfung der Funktionstüchtigkeit des Mondlandegerätes ›LM‹ im Bereich des Erdtrabanten war.

Namhafte Experten warnten davor, dem Vordringen des Menschen in den Weltraum eine größere Aufmerksamkeit als den automatisch arbeitenden Geräten der Sowjets zu schenken. Zwangsläufig, so erklärten sie, müsse dies zu einer Unterschätzung der russischen Venus-Flüge führen. Die bereits viermal erfolgte planetarische Kontaktaufnahme der Sowjets zeige eindeutig, daß Moskau die interplanetarische Raumfahrt unter Aussparung des Mondes ansteuere. Wenn die Amerikaner, so warnten die Fachleute, ihr Mondfahrtprogramm eines Tages wegen der immens hohen Kosten reduzieren müßten, würden die Russen über einen nicht wieder aufzuholenden Vorsprung verfügen.

Dauer und Intensität der Funkwellen der sowjetischen Venus-Sonden wurden von westlichen Stationen registriert, konnten aber nicht entschlüsselt werden. Wahrscheinlich empfingen die Russen hochinteressante Daten über die Atmosphäre des Planeten, deren Dichte es nicht gestattet, einen Blick auf seine Oberfläche zu werfen.

Erst der Startdonner der ›Saturn V‹, die am 18. Mai 1969 um 17 Uhr 49 MEZ ›Apollo 10‹ mit den Astronauten Thomas Stafford, John Young und Eugene Cernan in das All katapultierte, übertönte die ausgebrochenen Diskussionen. Unbegreiflich erschien es, daß der Mensch sich tatsächlich anschickte, seinem Haustrabanten einen ›hautnahen‹ Besuch abzustatten. Bis auf 15 Kilometer sollten Stafford und Cernan sich der Oberfläche des Mondes nähern.

»Es ist herrlich hier oben«, war das erste, was der Kommandant des Raumschiffes ausrief, als die Funkverbindung hergestellt war. »Phantastisch, Leute, wirklich phantastisch!«

Der Start war mustergültig verlaufen, und früher als vorgesehen gelang es der Besatzung, die Mondfähre aus der Umhüllung der Rakete herauszuziehen, den Bordmotor einzuschalten und sich auf sichere Distanz zu begeben, um die nicht mehr benötigte Raketenstufe über Fernsteuerung nochmals zu zünden und in eine weitentfernte Bahn zur Sonne zu schießen.

Um 20 Uhr 22 dirigierte Raumschiffkommandant Young die dritte Stufe der ›Saturn 5‹ vermittels einer erneuten Zündung in die Mondbahn, wobei die sogenannte zweite kosmische Geschwindigkeit von fast 40 000 km/h erreicht wurde. Dabei war die Bahn so berechnet, daß ›Apollo 10‹ auch bei einem Ausfall der Triebwerke durch das Wirken der Anziehungskräfte nach einer Schleife um den Mond zur Erde zurückkehren würde.

In den folgenden beiden Tagen sandten die Raumfahrer den Fernsehzuschauern in aller Welt überaus eindrucksvolle Bilder vom zurückbleibenden kobaltblauen Erdball und dem immer näher heranrückenden Mond, der nach einer einzigen kleinen Korrektur am 21. Mai um 21 Uhr 37 erreicht wurde. Um diese Zeit verschwand ›Apollo 10‹ hinter dem Trabanten.

Nun wurde das Raumschiff durch Zünden des Haupttriebwerkes in eine elliptische Umlaufbahn zum Mond gebracht, und am 22. Mai 2 Uhr 11 erreichte ›Apollo 10‹ nach einer weiteren kurzen Zündung des Triebwerkes die erwünschte 111 Kilometer hohe Kreisbahn.

Alles verlief programmgemäß. Um 16 Uhr 45 stiegen Stafford und

Cernan in die angekoppelte Mondfähre und trennten sie von der Kommandokapsel, in der Young allein zurückblieb. Von diesem Augenblick an bewegten sich erstmals zwei bemannte Raumschiffe, die nun die Funkrufnamen ›Charlie Brown‹ und ›Snoopy‹ erhielten, zu gleicher Zeit um den Mond, und um 21 Uhr 35 war es schließlich soweit, daß das Abstiegstriebwerk gezündet werden konnte.

Die Fähre näherte sich der Mondoberfläche jetzt bis auf 15 186 Meter und flog mit einer Geschwindigkeit von etwa 10 000 km/h über das lunare ›Meer der Ruhe‹ hinweg.

Am nächsten Morgen führte das ›LM‹ eine zweite Annäherung an den Mond durch, und anschließend wurde der Rückflug zum Mutterschiff angetreten, bei dem die Piloten plötzlich in eine gefährliche Lage gerieten. Die Landefähre ›Snoopy‹ geriet mit einem Male völlig außer Kontrolle. Sie drehte sich im Kreis und schüttelte die Astronauten durcheinander. Cernans Puls stieg auf 129 Schläge pro Minute. Sekunden später aber hatte Stafford das Lenksystem für den Handbetrieb eingeschaltet, und im selben Moment hörte die rotierende Bewegung auf. Was war geschehen?

Ein kleiner menschlicher Versager, den Stafford glücklicherweise blitzschnell korrigierte, hatte beinahe zum Absturz der Landefähre geführt, die im Tiefflug mit Handsteuerung über den Mond geführt worden war, dann jedoch, als die Rückkehr zur Kommandokapsel vorgenommen werden sollte, auf automatische Fernsteuerung geschaltet wurde. Dabei verabsäumten die Piloten, einen Schalter umzulegen, der auf ›Automatik‹ gestellt werden mußte, aber auf ›Handbetrieb‹ stehenblieb, was zur Folge hatte, daß die eintreffenden Fernsteuerkommandos das Fahrzeug in eine kreisende Bewegung versetzten.

Als wollte die Besatzung ihren Fehler wettmachen, lieferte sie nun ein unerwartet schnelles und präzises Kopplungsmanover. In Houston glaubte man zum Narren gehalten zu werden, als die Astronauten, die kurz nach vier Uhr in dichtem Formationsflug hinter dem Mond auftauchten, bereits um 4 Uhr 10 die erfolgreiche Kopplung meldeten.

Noch einen Tag lang, bis zum 24. Mai 11 Uhr 25, kreisten die Astronauten um den Trabanten, dann schossen sie sich aus der 32. Mondumrundung exakt in die Rückkehrbahn zur Erde und landeten nach einer geringfügigen Korrektur am 26. Mai um 17 Uhr 58 wohlbehalten an genau der vorgesehenen Stelle: 640 Kilometer östlich von Samoa in der Südsee.

›Der Mond hängt nun wie eine reife Frucht am Himmel!‹ lautete der etwas merkwürdige Kommentar einer deutschen Zeitung. ›Das größte Abenteuer des Jahrtausends steht vor der Tür. Die Countdown-Uhren ticken der Stunde X entgegen. Am 16. Juli 14 Uhr 32 wird »Apollo 11« mit den Astronauten Neil Armstrong, Edwin Aldrin und Michael Collins zur ersten Landung auf dem Mond starten.‹

Während im Kontrollzentrum Cape Kennedy 470 Ingenieure und

ganze Batterien von Computern den Countdown überwachten, der so reibungslos verlief, daß Startdirektor Rocco A. Petrone nur ein einziges Mal ein minimaler Defekt, der innerhalb weniger Minuten behoben werden konnte, gemeldet werden mußte, stauten sich in der Umgebung des Startareals über 300000 Kraftwagen, 1400 Privatflugzeuge und 5000 schwimmende Beobachtungsposten. Und an den Fernsehapparaten war die halbe Welt versammelt: 528 Millionen Zuschauer erlebten die Direktübertragung.

Pünktlich auf die Minute, mit einer Verspätung von nur 0.724 Sekunden, hob die mächtige ›Saturn V‹ von der Startrampe ab, und es gab unter den Raumfahrtbegeisterten, die der mit einer riesigen Stichflamme in den Himmel jagenden Rakete nachstarrten, bestimmt nur wenige, die an die Sonde ›Luna 15‹ dachten, welche die Sowjets vier Tage zuvor auf den Weg zum Mond gebracht hatten.

Über den Zweck dieses Unternehmens schwiegen die Russen sich aus, und eben darum zweifelte niemand daran, daß Moskau, wie schon so manches Mal, den Versuch machen wollte, seinem Weltraumgegner die Show zu stehlen.

Den Amerikanern machte das diesmal nichts aus. Zu deutlich hatten die letzten Jahre erkennen lassen, daß die Sowjets beträchtlich zurückgefallen waren. Keinesfalls konnten sie ihren neuen, schweren Raketentyp schon einsetzen. Es bestand freilich die Möglichkeit, daß ›Luna 15‹ keine einfache Sonde, sondern ein Roboter war, der weich auf dem Mond landen, dort einige Steine zusammenklauben und zur Erde zurückkehren sollte. Eine derartige Leistung hätte dem amerikanischen Mondflug gewiß einiges von seinem Glanz genommen, die Aufgabe aber, die den US-Raumfahrern gestellt war, ging weit über das Einsammeln von Mondgestein hinaus. Doch wie man die Dinge auch betrachten mag, ›Luna 15‹ sorgte dafür, daß die eintönige Zeit, die verstreichen mußte, bis ›Apollo 11‹ in die Nähe des Mondes geriet, nicht ohne Spannung verlief.

Es klappte nämlich alles so gut, daß es kaum etwas zu melden gab. Und Armstrong, Collins und Aldrin bildeten eine ungewöhnlich wortkarge Astronauten-Crew.

Am Freitag, dem 18. Juli, um 18 Uhr 32 MEZ flog ›Apollo 11‹ mit stark reduzierter Geschwindigkeit auf den Mond zu, und Houston verzichtete auf eine Kurskorrektur, weil der Korrekturwert nur 0,8 Fuß pro Sekunde betrug.

Am darauffolgenden Tag wurde das Raumschiff einige Minuten früher als geplant in die Mondumlaufbahn eingeschossen, und da nun feststand, daß die Landung am Sonntag, dem 20. Juli 1969, erfolgen würde, verursachte die ebenfalls um den Mond kreisende russische Sonde doch ziemliche Nervosität.

In dieser Situation wandte sich Frank Borman, der Kommandant von ›Apollo 8‹, der gerade von einer Rußlandreise zurückgekehrt war, telegrafisch an den Präsidenten der Moskauer Akademie der Wissenschaften, Prof. Keldisch, der sogleich antwortete und zum Ausdruck brachte, daß ›Luna 15‹ in keinem Punkt ihrer Flugbahn das amerikanische Raumschiff beeinträchtigen werde.

Armstrong und Aldrin stiegen nun in ihre Fähre, die nach Abtrennung vom Mutterschiff den Rufnamen ›Adler‹ erhielt, und dann begann die gefährlichste Phase des ganzen Unternehmens.

Wiederum verlief alles so perfekt, daß die Fernsehzuschauer nicht den geringsten Kitzel einer Gefahr empfanden. Gefahr aber drohte in so hohem Maße, daß Christopher C. Kraft, der ›Apollo 11‹-Flugleiter, acht Minuten vor der Landung nahe daran war, die Mission abzubrechen. Daß er in letzter Sekunde davon noch Abstand nehmen konnte, ist dem Flugüberwachungsspezialisten Stephan G. Bailes zu verdanken, der durch einen raschen Eingriff dafür sorgte, daß ein technischer Zwischenfall nicht folgenschwer ausging.

Der Computer an Bord des ›Adler‹ war durch eine unglückliche Schalterstellung an ›Überfütterung‹ gescheitert. Er war so eingestellt gewesen, daß er neben den schwierigen Berechnungen, die für den Anflug benötigt wurden, auch noch die Bahnverfolgung des Mutterschiffes errechnete, das seit der Trennung den Rufnamen ›Columbia‹ erhalten hatte. Dadurch war das Gerät überlastet, und die Überlastung eines Computers führt dazu, daß er seine Berechnung nicht zustande bringt und immer wieder von vorn beginnt. In diesem Fall mußte das zu einer Katastrophe führen, da die Besatzung nur noch wirre Anweisungen erhielt.

»Da kann man nur eins tun«, erklärte Christopher Kraft hinterher. »Sofort seinen Geist aufgeben und das Rückstartmanöver einleiten.«

Nun, die Zuschauer an den Fernsehschirmen bemerkten nichts von dem dramatischen Vorgang, der das bis ins letzte erprobte Landemanöver zu gefährden drohte. Sie vernahmen lediglich, daß sich der ›Adler‹ nach dem Abtrennen vom Mutterschiff aus 110 Kilometer Höhe in einer sanften Kurve der Oberfläche des Mondes nähere, um dann auf dem Triebwerksstrahl des Landungsmotors seinem Zielgebiet entgegenzuschweben. Einzig die kritische Situation der letzten Minute, in der Armstrong und Aldrin entdeckten, daß der vorgesehene Landeplatz mit großen Steinen übersät war, entging den Zuschauern nicht. Armstrong blieb jedoch die Ruhe selber. Er zog die Fähre mit der Handsteuerung sicher über das ungeeignete Gelände hinweg und setzte sie etwa sieben Kilometer vom geplanten Landeort entfernt auf eine prächtig ebene Fläche des ›Meeres der Ruhe‹. Man schrieb den 20. Juli 1969; 21 Uhr 18 MEZ.

Es war nicht zu begreifen. Menschen waren auf dem Mond gelandet und schickten sich an, den Erdtrabanten zu betreten. Zur Erinnerung an dieses große Ereignis sollten sie am unteren Teil der Landefähre, der beim Verlassen des Mondes zurückbleiben würde, eine Gedenktafel anbringen, deren Worte: ›We came in Peace for all Mankind‹ – ›Wir kamen in friedlicher Absicht, stellvertretend für die ganze Menschheit‹ von Armstrong, Aldrin, Collins und dem Präsidenten der Vereinigten Staaten, Richard Nixon, unterzeichnet waren.

Nicht minder unbegreiflich war die Tatsache, daß Millionen und abermals Millionen von Menschen Zeuge des Augenblicks werden sollten, da Neil Armstrong, 380 000 Kilometer von der Erde entfernt, die Landefähre verlassen würde.

Zunächst wurde den Astronauten jedoch eine Ruhepause verordnet, und erst in den frühen Morgenstunden des 21. Juli 1969 machten sich Armstrong und Aldrin zum Aussteigen bereit.

Wer am Fernsehschirm saß, hielt den Atem an, als die Luke sich öffnete und Armstrong langsam und vorsichtig die Fährenleiter hinabstieg, einen Augenblick auf der letzten Sprosse verharrte und schließlich um 3 Uhr 56 Minuten 20 Sekunden MEZ den Mond betrat. Er sagte dabei: »Dies ist ein kleiner Schritt für einen Menschen, für die Menschheit jedoch ein gewaltiger Sprung.«

Armstrongs erste Sorge galt dem Einsammeln losen Gesteines, aus dessen Analyse die Wissenschaftler Aufschlüsse über die Entstehung der Planeten zu gewinnen hoffen. Seine Bewegungen wurden dabei von Aldrin, der vorerst in der Fähre verblieb, dirigiert, weil Armstrong infolge seines unförmigen Mondanzuges nicht sehen konnte, ob er die aufgehobenen Steine auch tatsächlich in die dafür vorgesehene Tasche steckte.

Dreizehn Minuten nach Armstrong betrat Aldrin den Mond. Er sammelte ebenfalls gleich Steine ein, um bei einem unter Umständen erforderlich werdenden Frühstart soviel Bodenproben wie möglich mitnehmen zu können.

Indessen brachte Armstrong die Fernsehkamera, die außen an der Fähre installiert gewesen war, zu einem entfernteren Punkt, so daß neben den Bewegungen der Astronauten auch ein Stück Mondpanorama zu sehen war. In Bildern von unglaublicher Schärfe konnten nun die Bewohner der Erde aus dem Klubsessel heraus verfolgen, wie sich Armstrong und Aldrin fast leichtfüßig über den weich anmutenden Boden des Mondes bewegten und ›Känguruh-Sprünge‹ vorführten, um die Wirkung der geringen Schwerkraft zu demonstrieren. Danach entfaltete Aldrin eine Spezialfolie zum Registrieren des ›Sonnenwindes‹, wie die von der Sonne ausgehenden Ströme elektrisch geladener Teilchen genannt werden, und Armstrong stellte einen Seismographen sowie einen Laser-Reflektor auf. Um 4 Uhr 42 MEZ schließlich hißten die Astronauten gemeinsam die amerikanische Flagge.

Die Faszination des Geschehens raubte den Fernsehzuschauern die Fähigkeit, sich der geschichtlichen Bedeutung der Ereignisse bewußt zu sein. Man war gebannt und dachte kaum an die gigantische Leistung, die zu diesem Höhepunkt der Weltraumfahrt geführt hatte. Zwölf Jahre nach dem Start des ersten Satelliten und acht Jahre nach der Proklamierung Kennedys, innerhalb eines Jahrzehntes den Mond zu erobern, hatte der Mensch ein Ziel erreicht, das Jahrtausende hindurch nur ein kühner Traum gewesen war.

Zwei Stunden und dreizehn Minuten blieben Armstrong und Aldrin auf dem Mond. Dann kehrten sie in die Fähre zurück, gönnten sich einige Stunden Ruhe und starteten noch am selben Tage um 18 Uhr 42 mit der gleichen Präzision, mit der sie gelandet waren. Auch das Rendezvous mit der Kommandokapsel, das Umsteigen in diese und das Verlassen der Mondumlaufbahn bereitete keinerlei Schwierigkeiten. Genau nach Plan wurde ›Apollo 11‹ durch eine Zündung von zwei Minuten und 28 Sekunden auf den Weg zur Erde geschossen, und auf die Minute pünktlich landete die technisch so perfekte Mannschaft, die ihrer Wortkargheit wegen von einer namhaften amerikanischen Zeitung ›menschlich farblos‹ genannt wurde, am 24. Juli exakt an jenem Punkt des Pazifiks, an dem die Landung stattfinden sollte.

Die Straße der Piloten, die Armstrong, Aldrin und Collins bis zum Mond verlängerten, hatte damit vorläufig ihr Ende erreicht. Die Entwicklung führt immer steiler in den Weltraum hinaus, und Astronauten sind keine Piloten mehr in herkömmlichem Sinne; sie müssen gesondert erfaßt werden. Wie ihre Raketen.

Eigentlich ist die Straße der Piloten schon vor Jahren zu Ende gegangen, in dem Augenblick nämlich, da die Geschichte der Luftfahrt anfing, eine Aufzählung und Beschreibung von Flugzeug- und Raketentypen zu werden. Leistungen und Schicksale einzelner Persönlichkeiten stehen nicht mehr im Vordergrund. Pioniere wie Jakob Degen, Otto Lilienthal, die Gebrüder Wright und Charles Lindbergh sind entschwunden. Pionierleistungen werden heute von namenlosen Ingenieuren vollbracht, von Menschen, die im Windkanal oder sonstwo abgelauschte Wunder der Natur an Reißbrettern zu technischen Wundern verwandeln und diese von Testpiloten erproben lassen, die während des Fluges von Computern gelenkt werden. Nicht Männer, sondern Ereignisse sind es heute, die der Geschichte der Luftfahrt ihr Gepräge geben.

14. April 1981

Die Landung auf dem Mond war ein Ereignis, das Wernher von Braun an jene Epoche denken ließ, da das Leben aus dem Wasser stieg und sich an Land eine Heimstatt suchte. Der große Raketenpionier erkannte aber auch, daß die Raumfahrt an einem Wendepunkt stand und das Ende der als »ex and hopp« bezeichneten ›Wegwerf-Raketen‹ gekommen war.

Allein von den Amerikanern wurden in einem Jahrzehnt über 600 Satelliten, Sonden und Raumfähren in das All geschossen – nach einem Verfahren, das Walter Dornberger, der ehemalige Chef des deutschen Raketenzentrums Peenemünde, die »teuerste Sackgasse der Welt« nannte. Jeder Start bedingte das Verglühen einer Raketenstufe in der Erdatmosphäre, gleichgültig, ob sie eine Million Dollar gekostet hatte, wie die ›Scout‹-Rakete, oder zweihundert Millionen, wie die ›Saturn V‹. Eine derartige Geldvergeudung war auf die Dauer nicht zu verkraften. Zumal schon Flugexperimente eingeleitet wurden, die in 80 Kilometer Höhe führen und dort Geschwindigkeiten von Mach 10 erzielen sollten. Es lag durchaus im Bereich des Möglichen, die Fluchtgeschwindigkeit aus der Erdgravitation mit einem Raketen*flugzeug* zu erreichen. Begonnen hatten entsprechende Versuche mit der Bell XS-1, ihr Ende fanden sie in der X-15, die auf 75 Kilometer Höhe gestiegen und mit einer Geschwindigkeit von nahezu 8 000 km/h dahingerast war.

Daß die bemannte Raumfahrt, die sowohl mit einem Raketenflugzeug als auch mit einer ballistischen Rakete durchgeführt werden kann, zunächst die letztgenannte Methode wählte, ist auf die technische Kompliziertheit des lenkbaren Raumschiffes und auf Schwierigkeiten zurückzuführen, die der Bau solcher ›Fluggeschosse‹ bereitet. Hinzu kam, daß zwischen den USA und der UdSSR ein Wettkampf entbrannt war, der beide zwang, den einfachsten, wenngleich kostspieligsten Weg einzuschlagen. Um jeden Preis wollte jeder seinen Konkurrenten übertrumpfen. Nun jedoch, da die Amerikaner mit der Landung auf dem Mond als eindeutige Sieger hervorgegangen waren, konnte man sich in den Vereinigten Staaten Zeit lassen und in Ruhe Überlegungen für die Zukunft anstellen. Es kam nicht mehr darauf an, sein Können zur Schau zu stellen. Die Tage, da man noch stolz auf errungene Flugrekorde gewesen war, lagen weit zurück. Und Attraktionen, wie sie unter anderen Major Joseph Kittinger geboten hatte, als er am 2. Juni 1957 in einem Raumfahreranzug aus einer in 29 544 Meter Höhe schwebenden Ballongondel sprang, brauchte man nicht mehr.

Ein Wendepunkt in der Raumfahrt aber konnte nur bedeuten, daß in irgendeiner Form auf das Flugzeug zurückgegriffen werden würde, auf eine Mischung vielleicht von Flugapparat und ballistischer Rakete, auf ein Raumfahrzeug, das ohne zu verglühen in die Erdatmosphäre zurückkehren und auf einer Piste landen kann. Zur Landung bedarf es jedoch eines Piloten, denn sie muß in jedem Fall unabhängig von Hilfscomputern ›hands off‹, mit der Hand durchgeführt werden.

Zuvor aber war das seit Jahren sorgfältig vorbereitete ›Apollo‹-Programm zu Ende zu bringen. ›Apollo 11‹, deren auf den Namen ›Adler‹ getaufte Landefähre als erste auf dem Mond aufgesetzt hatte, war in der Planung der NASA als ›technische Mission‹ definiert worden. Ihr sollten drei weitere gleichartige Expeditionen folgen. Erst ab ›Apollo 15‹ galten die vorgesehenen Unternehmungen als wissenschaftliche Exkursionen, bei denen die Astronauten den Flug, die Landung auf dem Mond und die Rückkehr zur Erde gewissermaßen nur noch als Routine betrachten und ihr Hauptaugenmerk auf Forschungsaufgaben richten sollten.

So starteten Charles Conrad, Richard Gordon und Alan Bean am 14.11.69 zur zweiten Mondlandung, die wiederum einwandfrei verlief. Im Gegensatz zu Armstrong und Aldrin, die den Mond für 2 Std. 15 Min. betreten hatten, hielten sich Conrad und Gordon 7 Std. 39 Min. außerhalb der Landefähre auf und sammelten 34 Kilogramm Gestein ein.

Der nächste Start erfolgte am 11.4.70. Doch diesmal gab es eine gefährliche Panne. Während des Anfluges auf den Erdtrabanten erfolgte eine Explosion im Versorgungsteil von ›Apollo 13‹: der Sauerstofftank war geplatzt. Für die Astronauten James Lovell, Thomas Mattingly und Fred Haise wurde die Lage kritisch. An eine Landung auf dem Mond war nicht mehr zu denken. Die Besatzung mußte vielmehr schnellstens eine Leitung zusammenbasteln, über die das ausgeatmete Kohlendioxyd aus der Fähre geschafft werden konnte. Dann war der Mond zu umfliegen und die Rückkehr zur Erde einzuleiten.

Dank der Flexibilität der Besatzung und der hervorragenden Zusammenarbeit mit den Fachkräften der Bodenstation, gelangten die drei Astronauten wohlbehalten zur Erde zurück.

Nach einer längeren Pause starteten Alan Shepard, Stuart Roosa und Edgar Mitchell am 31.1.71 mit ›Apollo 14‹ zur vierten Reise zum Mond. Diesmal konnte zum dritten Mal reibungslos auf dem Erdtrabanten gelandet werden. Anders als ihre Vorgänger, die sich nicht weit von ihrer Landefähre entfernt hatten, marschierten Shepard und Mitchell – die ein kleines Wägelchen mit sich führten, auf das sie ihr Arbeitsgerät und die eingesammelten Steine legen konnten – über eine Strecke von anderthalb Kilometer zum Krater ›Cone‹ und überwanden dabei einen Höhenunterschied von 122 Meter.

Während die Amerikaner in jenen Tagen alles daransetzten, mit ›Apollo 15‹ eine erste wissenschaftliche Expedition zum Mond zu entsenden, legten die Russen allem Anschein nach keinen Wert darauf, eine bemannte Landung auf dem Erdtrabanten zustande zu bringen.

Namhafte Experten vermuteten, den Sowjets hingen die Trauben zu hoch. Das mag bis zu einer gewissen Phase auch der Fall gewesen sein. Die Folge zeigte jedoch, daß die UdSSR nun aus nüchterner Überlegung auf einen Wettlauf verzichtete und intensiv eine andere Aufgabe verfolgte. Ihr ging es und geht es bis heute darum, sich den erdnahen Weltraum mit Hilfe von Raumstationen nutzbar zu machen.

Aber die Russen ließen sich Zeit. Nach dem unglücklichen Flug, bei dem der Kosmonaut Komarow sein Leben verloren hatte, hielten sie sich lange zurück. Im Anschluß an einen offensichtlich nicht ganz erfolgreichen Doppelflug von ›Sojus 2‹ und ›Sojus 3‹ kam es im Januar 1969 zu einem zweiten gleichgearteten Unternehmen, bei dem ›Sojus 4‹ und ›Sojus 5‹ aneinandergekoppelt wurden und ein Teil der Kosmonauten ihr Raumfahrzeug wechselte. Jewgenij Krunow und Alexeij Jelisejew, die mit Boris Wolynow an Bord von ›Sojus 5‹ gestartet waren, stiegen in 225 Kilometer Höhe in die unter dem Kommando von Vladimir Schatalow stehende ›Sojus 4‹ um und kehrten in diesem Raumschiff zur Erde zurück.

Es folgten weitere sowjetische Flüge, bei denen Experimente, wie beispielsweise das Schweißen unter Weltraumbedingungen, durchgeführt wurden. Dabei stellten die Kosmonauten von ›Sojus 9‹ im Juni 1970 mit 18 Tagen Aufenthalt in der Erdumlaufbahn einen beachtlichen Rekord auf.

Am 19. April 1971 schließlich startete ›Saljut 1‹, eine neuartige größere Raumstation für wissenschaftliche Experimente, und drei Tage später beförderte ›Sojus 10‹ die Kosmonauten Schatalow, Jelissejew und Rukawischnikow zu ›Saljut 1‹, an die sie für fünf Stunden ankoppelten, ohne allerdings ein Umsteigemanöver vorzunehmen. Dies holte die Mannschaft von ›Sojus 11‹ nach, die 23 Tage an Bord von ›Saljut 1‹ verblieb und die unterschiedlichsten Untersuchungen vornahm.

Mit dieser Aufenthaltsdauer in der Erdumlaufbahn überboten die Kosmonauten Georgij Dobrowolski, Wladislaw Wolkow und Viktor Patsajew den bestehenden Rekord. Am 30. Juni kehrten sie in bester Stimmung und guter körperlicher Verfassung zur Erde zurück. Als die Bodenmannschaft aber die Luke der glatt gelandeten ›Sojus 11‹ öffnete, bot sich ihr ein erschreckender Anblick: alle drei Kosmonauten saßen tot auf ihren Plätzen. Eine sofort eingeleitete Untersuchung ergab, daß beim Wiedereintritt in die Erdatmosphäre ein Ventil versagt hatte, wodurch die Luft und der Druck im Raumfahrzeug schlagartig entwichen waren und die zu diesem Zeitpunkt nicht in Schutzanzüge gekleideten Kosmonauten auf der Stelle einen Herzschlag erlitten.

Trotz alledem, wenn man sich vergegenwärtigt, daß allein eine Abschußrakete aus mehr als 100 000 Einzelteilen besteht und daß aus Sicherheitsgründen für die Bergung einer jeden in den Pazifik zurückkehrenden amerikanischen Raumkapsel bis zu 26 000 Mann Personal, 24 Schiffe und 126 Flugzeuge aufgeboten wurden, ist es erstaunlich, daß die Raumfahrt relativ wenig Opfer zu beklagen hat. Wahrscheinlich ereignen sich bei der Herstellung der Raketen und den vielen anderen Geräten, die den Eintritt in den Weltraum erst ermöglichen, mehr Unfälle als beim unmittelbaren Einsatz der Astronauten.

Das bedauerliche Ende der drei russischen Kosmonauten schockte die Sowjets so sehr, daß sie in den nächsten zwei Jahren keine bemannten Raumflüge mehr durchführten.

In den Vereinigten Staaten hingegen lief das ›Apollo‹-Programm der Planung entsprechend weiter. Spektakulärstes Ereignis war vielleicht, daß mit der Landefähre von ›Apollo 15‹ erstmals ein ›Lunar Roving Vehicle‹, ein von Batterien getriebenes kleines Auto auf den Mond befördert wurde. Seine Reichweite betrug 90 Kilometer. Für die Fernsehzuschauer war es ein einmaliges Vergnügen, die Astronauten mit 17 km/h über das unwirklich anmutende Mondgelände fahren zu sehen. Am seltsamsten aber war der Umstand, daß das staubaufwirbelnde 210 Kilogramm schwere Gefährt auf der Erde äußerst behutsam hatte behandelt werden müssen. Dort wäre es unter dem Gewicht eines Menschen unweigerlich zusammengebrochen. Auf dem Mond hingegen war das anders. Hier wog das Fahrzeug nur 35 Kilogramm – ein Sechstel seines irdischen Gewichts. Und unter der verminderten Gravitation konnte es leicht zwei Männer aufnehmen und mit ihnen, ohne den geringsten Schaden zu erleiden, über die Unebenheiten des Erdtrabanten hinwegfahren.

Mit ›Apollo 15‹ gelang die erste wissenschaftliche Mission. An ihr waren David Scott, James Irwin und Alfred Worden beteiligt. Es wurden drei Ausstiege aus der Fähre vorgenommen und 78 Kilogramm Mondmaterie zur Erde gebracht.

John Young, Thomas Mattingly und Charles Duke erreichten den Erdtrabanten mit ›Apollo 16‹. Das von ihnen eingesammelte Gestein wog 97,5 Kilogramm.

Übertrumpft wurde diese Ausbeute bei der nächsten Expedition, die Eugene Cernan, Ronald Evans und Harrison Schmitt mit ›Apollo 17‹ durchführten; sie sammelten 113 Kilogramm Materie ein.

Die Mondlandungen lieferten geologische, physikalische, astronomische und viele andere Erkenntnisse. So wurden auf dem Mond Meßstationen aufgestellt, die bis zum Oktober 1977 kontinuierlich über Temperatur, kosmische Partikel, Meteoritenaufschläge, Mondbeben, Sonnenwind und dergleichen informierten und uns auch heute noch informieren würden, wenn die NASA sich aus finanziellen Gründen nicht hätte dazu entschließen müssen, den Betrieb der Empfangsstationen auf der Erde, der einen jährlichen Kostenaufwand von zwei Millionen Dollar verlangte, endgültig stillzulegen.

Mit dem Flug von ›Apollo 17‹ ging das von John F. Kennedy geforderte Mondunternehmen zu Ende, und gewiß würde dieser große Staatsmann die weitere Verfolgung des eingeschlagenen Weges mit der gleichen Vehemenz betrieben haben, wenn er nicht hinterrücks ermordet worden wäre. Jetzt fehlten plötzlich die Mittel, die Raumfahrt großzügig weiterzuentwickeln, und man prüfte, wie man die erworbenen Kenntnisse, das vorhandene technische Gerät und die übriggebliebene ›Hardware‹ sinnvoll einsetzen könnte, ohne die Kosten allzu groß werden zu lassen.

Überlegungen dieser Art wurden bereits angestellt, als auf Grund der erzielten Erfolge im ›Apollo‹-Programm verschiedene Testflüge gestrichen werden konnten und zu übersehen war, daß nach Abschluß der projektierten Mondexpeditionen wertvolles Material für eine Sonderverwendung zur Verfügung stehen würde.

Entsprechende Untersuchungen übernahm nun das eigens dafür berufene Konsortium ›Erweitertes Apollo-System‹, das später den Namen ›Apollo-Anwendungsprogramm‹ erhielt. Angestrebt wurde die Schaffung einer großen Raumstation mit Hilfe von Bauelementen aus dem ›Saturn‹- und ›Apollo‹-Programm. Da die Station wissenschaftlichen Zwecken dienen sollte, gab man ihr die Bezeichnung ›Skylab‹, ›Himmelslaboratorium‹. Es war geplant, den nach dem Start leer werdenden Treibstofftank der zweiten Stufe einer ›Saturn I-B‹ in der Erdumlaufbahn zu einem Labor auszubauen. Das erforderte freilich, das Innere des nassen Tanks zunächst einmal trocken zu machen. Um dieser mißlichen Aufgabe aus dem Wege zu gehen, wurden neue Überlegungen angestellt, und man fand heraus, daß das angestrebte Ziel wesentlich leichter erreicht werden könnte, wenn man sich der ungleich stärkeren ›Saturn V‹ bediene. Mit ihr würde es möglich sein, die zweite Stufe der ›Saturn I-B‹ ohne Treibstoff, also trocken, von der ersten und zweiten Stufe der ›Saturn V‹ in die Erdumlaufbahn tragen zu lassen. Das bedeutete, daß der Tank schon am Boden zu einem fertigen ›Himmelslabor‹ ausgebaut werden konnte.

Bis zur Verwirklichung dieses Projektes sollte jedoch noch viel Zeit vergehen. Erst am 14. Mai 1973 gelang es, ›Skylab‹ als unbemannte Station in eine Erdumlaufbahn zu bringen. Zehn Tage später folgten ihr die Astronauten Charles Conrad, Dr. Joseph Kerwin und Paul Weitz. Nach Behebung einiger Schäden, die auch ein längeres Ausstiegsmanöver erforderten, blieb die Besatzung 28 Tage an Bord und überbot damit den von den Russen aufgestellten Dauerrekord. Doch darum ging es nicht. Man wollte wissenschaftliche und medizinische Untersuchungen vornehmen, und es gelang beispielsweise, die Sonne über 80 Stunden hindurch exakt zu beobachten.

Im Juli 1973 wurde ›Skylab‹ von einer zweiten Mannschaft aufgesucht. Es waren die Astronauten Alan Bean, Owen Garriott und Jack Lousma, die 59 Tage in der Raumstation verbrachten. Die dritte Mannschaft, Gerald Carr, Dr. Edward Gibson und William Pogue, blieb schließlich sogar 84 Tage in der Erdumlaufbahn.

Aber nicht immer hatte alles so geklappt, wie es sollte. Mehrfach gab es technische Probleme, die so besorgniserregend wurden, daß die NASA während des Aufenthaltes der zweiten Besatzung vorsorglich eine Rettungsaktion mit einer ›Apollo‹-Kapsel vorbereitete. Doch die aufgetretenen Schäden konnten behoben und danach noch unzählige Beobachtungen und Untersuchungen angestellt werden, deren Auswertung Jahre in Anspruch nahm. Von der Erdoberfläche wurden zum Beispiel 40 000 Fotos gemacht, von der Sonne über 180 000 Aufnahmen. Die Auswirkung der Schwerelosigkeit wurde studiert. Es wurde geschweißt und gelötet. Chemische Vorgänge wurden registriert und in vielen wissenschaftlichen Disziplinen neue Erkenntnisse gewonnen.

Aber welche Erfahrungen mit ›Skylab‹ auch gesammelt werden konnten, es wurde immer offensichtlicher, daß die Raumfahrt auf die Dauer gesehen mit ›Wegwerf-Raketen‹ nicht durchzuführen war. Deshalb bildete die NASA zur Untersuchung der anstehenden Probleme eine ›Space Task Group‹, die den Präsidenten der Vereinigten Staaten, Richard Nixon, über alle Ermittlungen informierte. Mit dem Erfolg, daß das Staatsoberhaupt die Genehmigung erteilte, Konstruktionsaufträge für die Gestaltungsmöglichkeit neuartiger Raumtransporter zu vergeben.

Erste Entwurfskizzen für einen wiederverwendbaren Raumtransporter hatten schon vor Jahren die Firmen North American Rockwell, General Dynamics, Martin Marietta und Junkers vorgelegt, und alle Entwürfe glichen sich darin, daß sie auf eine Mischung von Rakete und Segelflugzeug hinausliefen. Beschleunigt von einem Raketenmotor sollte sich der Transporter senkrecht von der Erde abheben, um später, nach Erledigung seiner Aufgabe, in den Gleitflug überzugehen und zuletzt auf der Erde wie ein Flugzeug zu landen. Man griff also im wesentlichen auf die Pläne des deutschen Professors Dr. Sänger zurück, der bereits im Zweiten Weltkrieg das Grundkonzept für wiederverwertbare Raketensegler entwickelt hatte. Auch bei der Firma Junkers beschäftigte man sich schon seit über zehn Jahren mit diesem Problem.

Bevor jedoch die Firmen Boeing und Lockheed ein auf Grund der von Nixon genehmigten Ausschreibung gemeinsam entwickeltes ›Zwillings-Huckepack-Prinzip‹ vorlegen konnten, gab es in der Erdumlaufbahn ein bedeutsames Treffen von sowjetischen und amerikanischen Raumfahrern. Die Vorbereitungen waren sehr mühevoll gewesen und erstreckten sich über fast drei Jahre, bis am 24. Mai 1972 zwischen Präsident Nixon und Staatschef Kossygin in Moskau ein Vertrag über ein ›Apollo-Sojus-Test-Programm‹ unterzeichnet wurde, das einen Doppelflug von Russen und Amerikanern vorsah.

Um das Projekt zu ermöglichen, hatte man sich auf eine ›Apollo‹-Kommando- und Versorgungseinheit, ein ›Sojus‹-Raumschiff und einen gemeinsam zu schaffenden Koppelungsadapter geeinigt, so daß die Raumfahrzeuge beider Nationen in der Erdumlaufbahn zusammengekoppelt werden konnten. Die Kosten waren beträchtlich und beliefen

Vorhergehende Seite
Aldrin klettert die an einem der Landefüße der Mondfähre angebrachte Leiter hinunter.

Linke Seite: unten
Eine eindrucksvolle Aufnahme vom Mond. Die Fahrspur zu ›Apollo 14‹ stammt von einem Transportwagen, den die Astronauten mit sich führten, um Geräte und Gesteinsproben aufzuladen.

Rechts
Ein Modell des Orbitalkomplexes ›Saljut-Sojus‹, das auf der Volkswirtschaftsausstellung in Moskau gezeigt wurde.

Rechte Seite: Mitte
Diese Zeichnung veranschaulicht das Kopplungsmanöver zwischen ›Sojus 11‹ und der Raumstation ›Saljut‹.

Rechte Seite: unten
Aufnahme vom Mondauto während der Fahrt.

САЛЮТ
-6-
СССР
USSR

Linke Seite: oben
Ausstieg aus ›Apollo 17‹.

Linke Seite: unten
Präsident Nixon und der Vorsitzende des sowjetischen Ministerrats Kossygin unterzeichnen das Dokument über die Zusammenarbeit in der Raumfahrt zwischen den USA und der UdSSR.

Rechte Seite: oben
Eine eindrucksvolle Aufnahme vom ›Skylab‹ in der Umlaufbahn. Die vier windmühlenflügelartigen Gebilde sind Sonnenzellenflächen zur Energieversorgung. Die helle Fläche davor ist ein Sonnenteleskop.

Rechte Seite: unten
Ein Astronaut nach dem Verlassen von ›Skylab‹ beim Durchführen von Reparaturen.

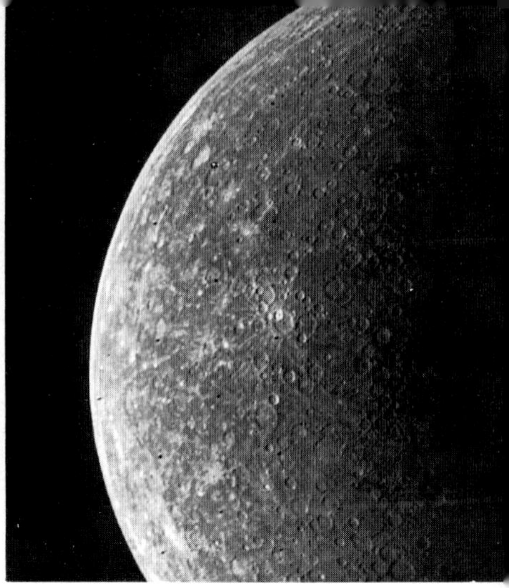

Linke Seite: links oben
Diese Aufnahme von der Venus machte die amerikanische Sonde ›Mariner 10‹ am 6. Februar 1974 aus einer Entfernung von 720 000 Kilometern.

Linke Seite: rechts oben
Der kraterübersäte Merkur, aufgenommen von ›Mariner 10‹ am 29. März 1974 aus 400 000 Kilometer Entfernung. Der größte erkennbare Krater hat einen Durchmesser von 120 Kilometern.

Rechte Seite: links oben
Der Jupiter mit zwei seiner Monde, aufgenommen von ›Voyager 1‹ am 13. Februar 1979 aus etwa 20 Millionen Kilometer Entfernung. Der Mond ›Io‹ (oben) ist ungefähr 350 000 Kilometer und der Mond ›Europa‹ (unten) etwa 600 000 Kilometer von der Wolkenschicht des Planeten entfernt.

Rechte Seite: rechts oben
Der Koppelungsadapter für das ›Apollo-Sojus‹-Programm.

Linke Seite: unten
Diese Tafel wurde jeweils an den Raumsonden ›Pioneer 10‹ und ›Pioneer 11‹ angebracht. Entworfen wurde die Tafel, die unter anderem eine Darstellung von uns Erdenbewohnern und der Basis des Wasserstoffatoms zeigt, von Prof. Sagan.

Rechte Seite: links unten
Die deutsch-amerikanische Sonnensonde ›Helios‹ während einer Überprüfung.

Rechte Seite: rechts unten
Die sowjetische Sonde ›Venus 4‹, die am 18. Oktober 1967 weich auf der Venusoberfläche landete.

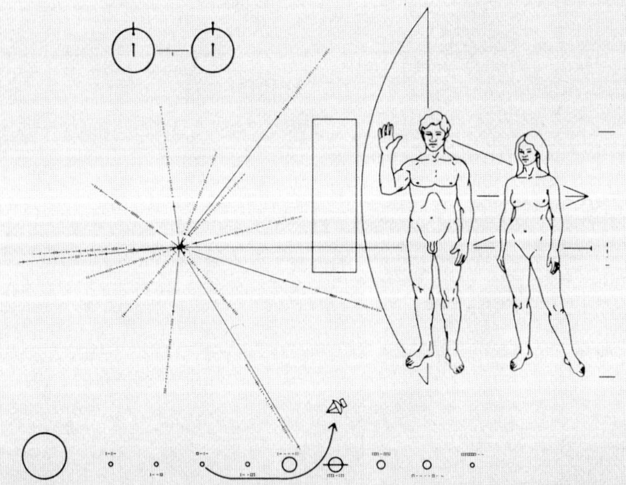

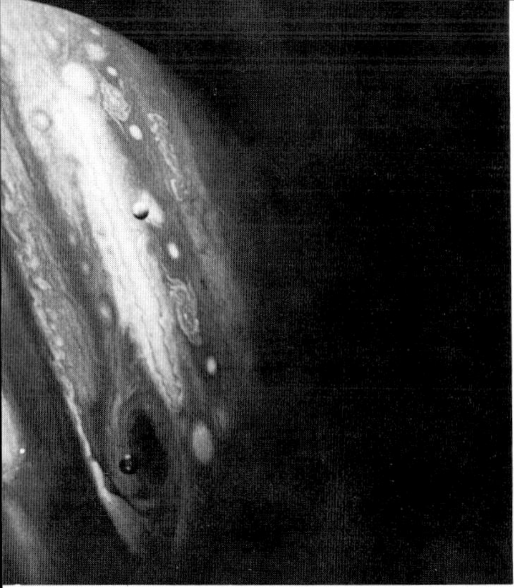

Linke Seite: oben
Schemazeichnung des Space-Shuttle-Systems. Der Transporter wird auf einem riesigen Tank gestartet, der zusätzlich von zwei Feststoffraketen angetrieben wird.

Rechte Seite: oben
Dies ist der erste Entwurf einer Grumman-Boeing-Lastfähre Space Shuttle mit außen liegendem Hydrogentank.

Rechte Seite: unten
Diese Darstellung vermittelt, wie der ›Dyna-Soar‹ beim Wiedereintritt in die Erdatmosphäre aufglühen würde.

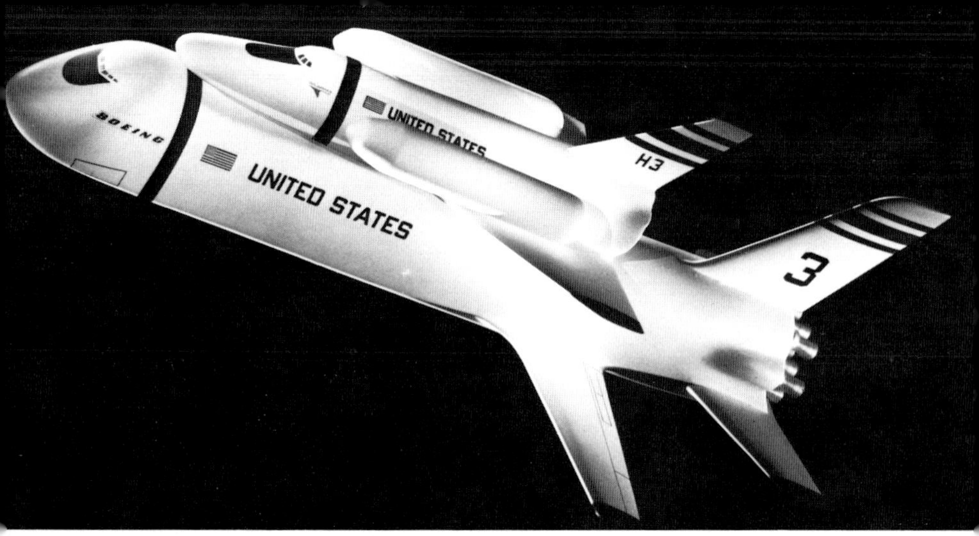
BOEING
UNITED STATES
UNITED STATES
H3
3

U.S. AIR FORCE

Linke Seite: Mitte
Das Cockpit eines Space Shuttle sieht nicht viel anders aus als in einem herkömmlichen Düsenflugzeug.

Linke Seite: unten
Der Bau des Orbiter ›101‹ erfolgte in Palmdale. Sein Roll-out fand im September 1976 statt.

Rechts
Das Mittelstrecken-Verkehrsflugzeug McDonnell Douglas DC-10/30.

Rechte Seite: Mitte
Die Zeichnung veranschaulicht den Aufbau des Besatzungsraums eines Space Shuttle, hinter dem sich der Transportraum mit den hier im Bild geöffneten Luken befindet.

Rechte Seite: unten
Der riesige Raupenschlepper, der den Raumtransporter Space Shuttle zur Startrampe befördert.

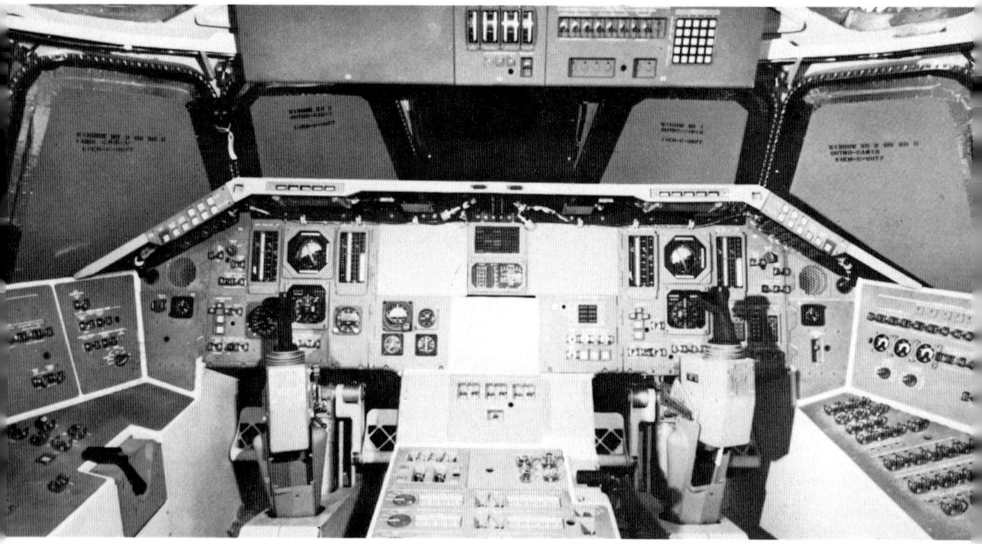

Lufthansa

Oben Mitte
Erstmals hebt der Space Shuttle Orbiter ›Enterprise‹ vom Transportflugzeug Boeing 747 ab.

Mitte
Der Space Shuttle Orbiter ›101‹ (›Enterprise‹) wird für die ersten Rollversuche mit Hilfe eines gewaltigen Hebekrans auf die Boeing 747 gesetzt.

Unten
Start der ›Enterprise‹ mit verkleidetem Düsenantrieb auf dem Rücken einer Boeing 747, deren waagerechte Flächen des hinteren Leitwerks mit großen Flossen und Streben versehen wurden, um die Richtungsstabilität zu gewährleisten.

Rechts
Die ›Ariane‹-Rakete, auch ›Europa-Rakete‹ genannt, wird in Kourou, Französisch-Guyana, startbereit gemacht.

NASA
905

NASA
905

NASA
905

esa
cnes

Rechts
Darstellung der amerikanischen Space Shuttle mit aufgeklappten Frachtraumtüren und dem in Deutschland hergestellten Weltraumlaboratorium ›Spacelab‹.

Linke Seite: unten
Der Zusammenbau des europäischen Weltraumlaboratoriums ›Spacelab‹ läßt die Modulbauweise erkennen.

Rechte Seite: unten
Dies sind die drei riesigen Haupttriebwerke des Space Shuttle.

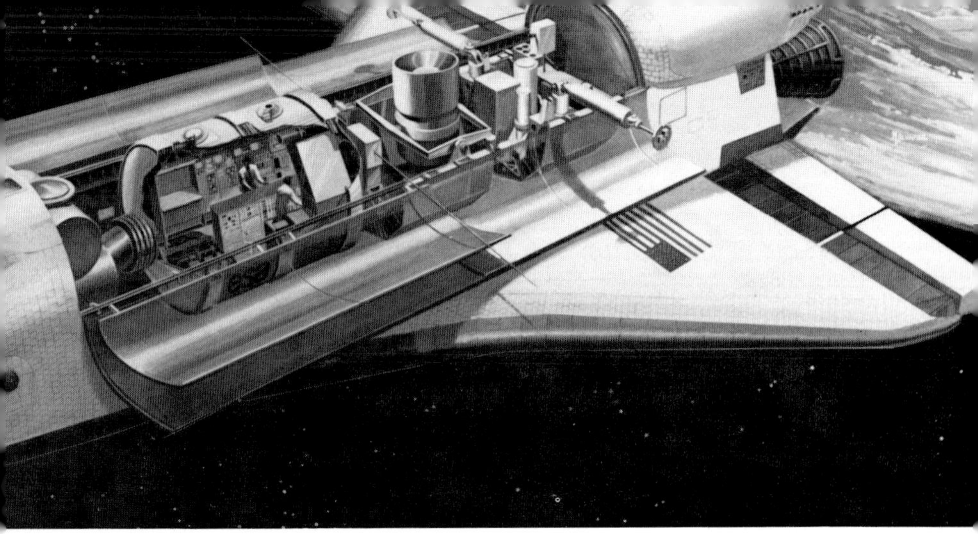

Unten
Der erste Start des Space Shuttle ›Columbia‹ mit den Astronauten John Young und Robert Crippen von der Rampe 38A in Cape Canaveral am 12. April 1981.

Oben
Nach ihrem ersten Flug in den Weltraum, der über 54 Stunden dauerte, landet die ›Columbia‹ mit den Astronauten John Young und Robert Crippen auf der Piste 23 des Militärflughafens Edwards.

sich allein für die USA auf 250 Millionen Dollar. Und um die Verständigung zu sichern, mußten die russischen Kosmonauten zur Abwechslung einmal die englische und die amerikanischen Astronauten die russische Sprache erlernen.

Am 15. Juli 1975 um 12 Uhr 20 Weltzeit war es schließlich soweit, daß das sowjetische Raumfahrzeug ›Sojus 19‹ mit den Kosmonauten Alexeij Leonow und Walerij Kubasow in die Erdumlaufbahn geschossen wurde. Siebeneinhalb Stunden später – dies verlangte die Himmelsmechanik – startete in Cape Canaveral eine ›Apollo‹-Kapsel mit den Astronauten Thomas Stafford, Deke Slayton und Vance Brand. Nach genau errechneten Umlaufbahnen begegneten sich die Raumschiffe am 17. Juli in 226 Kilometer Höhe, flogen von nun an dicht zusammen und koppelten um 16 Uhr 09 ihre Fahrzeuge aneinander. Nach entsprechenden Vorbereitungen wurden die Luken beider Raumschiffe geöffnet, und es fand die erste internationale Begegnung im Weltraum statt. Leonow und Stafford gaben sich die Hand – selbstverständlich unter dem Auge einer Fernsehkamera –, und bald darauf stellte man sich den Fragen der auf der Erde weilenden Journalisten in einer bombastischen Pressekonferenz. Abgesehen von diesem vielleicht unumgänglichen Spektakulum war es bewegend zu erleben, daß Ost und West über ihren Schatten gesprungen waren und sich verhielten, wie es für die Menschheit in aller Zukunft wünschenswert wäre. Man konnte nur hoffen, daß von diesem Treffen völkerverbindende Impulse ausgehen würden.

›Sojus 19‹ landete am 21. Juli wohlbehalten in Rußland. ›Apollo 18‹ kehrte am 24. Juli zur Erde zurück, allerdings nicht ganz wie vorgesehen. Die Besatzung erlitt bei der Wasserung im Pazifik eine Gasvergiftung, die eine vierzehntägige Behandlung in einem Hospital erforderlich machte.

›Apollo 18‹ war der letzte bemannte amerikanische Flug, der mit Hilfe einer ballistischen Rakete durchgeführt wurde. Nun sollten Raumtransporter, ›Space Shuttle‹, in Aktion treten.

Ein auf der Sängerschen Denkschrift basierender Prototyp war bereits vor einem Jahrzehnt unter der Bezeichnung ›Dyna Soar‹ erstellt worden. Doch der damalige amerikanische Verteidigungsminister McNamara, dem das Projekt zu kostspielig erschien, hatte 1964 die Weiterentwicklung dieses Gerätes gestoppt.

Mit Richard Nixons Unterstützung begann für die Amerikaner in der Weltraumfahrt eine neue Aera. Zwar wurden in den USA auch weiterhin Sonden und Satelliten mit ballistischen Raketen ins All befördert; das kann gar nicht anders sein und wird immer so bleiben, weil Sonden und Satelliten ihre Aufgaben im Weltraum zu erfüllen haben und nicht zur Erde zurückkehren müssen. Bei den großen Entfernungen, die vielfach zu überbrücken sind, wäre die Rückkehr einer Sonde ohnehin unmöglich. Werner Buedeler, der das hervorragende Werk ›Geschichte der Raumfahrt‹ schuf, macht in einem eindrucksvollen Vergleich deutlich, welch ungeheure Weiten die Erde von ihren nächsten Planeten trennt. Er errechnete, daß ein Zug, der mit der Geschwindigkeit von 100 km/h kontinuierlich eine Strecke wie die von der Erde zur Sonne zurücklegen würde, sein Ziel erst nach 170 Jahren erreichte. Und von der Erde zum Jupiter brauchte der Zug – je nach dem sich laufend verändernden Stand des Planeten – eine Fahrzeit von 675 bis 1 000 Jahren. Bis zum Saturn würde er 1 400 bis 1 900 Jahre unterwegs sein.

Nach der Sonde ›Mariner 1‹, die am 17. August 1962 von den Amerikanern gestartet worden war und nach 109tägigem Flug die Venus in einem Abstand von 35 000 Kilometern passierte – wobei wertvolle wissenschaftliche Messungen vorgenommen wurden und festgestellt werden konnte, daß die Atmosphäre der Venus weder Wasserdampf aufweist noch ein Magnetfeld besitzt –, bewerkstelligten es die Russen im Oktober 1967, ihre Sonde ›Venus 4‹ zum gleichnamigen Planeten zu dirigieren, in dessen Atmosphäre sie eindrang und bis zum Aufschlag laufend Meßwerte zur Erde sandte.

Nun starteten die Vereinigten Staaten ihre Sonde ›Mariner 5‹, deren eigentliches Ziel wiederum – wie zuvor schon bei ›Mariner 3‹ und ›Mariner 4‹ – der Mars war. Auf ihrem Weg dorthin flog sie in einem Abstand von knapp 4 000 Kilometern an der Venus vorbei und lieferte erneut Daten, die bis dahin nicht bekannt gewesen waren.

Die Sowjets zogen mit weiteren Sonden nach, die in den Jahren 1969 und 1970 mehrfach die Venus erreichten und vor ihrem Aufschlag sensationelle Messungen registrierten. Zum Beispiel, daß auf der Oberfläche der Venus ein Druck von 100 irdischen Atü herrscht, daß ihre Atmosphäre über nur 0,4 Prozent Sauerstoff verfügt und in erster Linie aus Kohlendioxyd besteht.

Auch die nächsten Sonden ›Venus 7‹ und ›Venus 8‹ erreichten den Planeten und übermittelten 1972 bis zu 50 Minuten lang Daten, aus denen geschlossen werden konnte, daß die Venusatmosphäre innerhalb von vier Tagen den Planeten umkreist, während der Planet selbst sich nur innerhalb von 243 Tagen einmal um die eigene Achse dreht.

Das waren Feststellungen, die Amerika herausforderten, weitere große Leistungen zu vollbringen. Und es gelang den Vereinigten Staaten mit der Sonde ›Mariner 10‹, die im Februar 1974 im Abstand von weniger als 6 000 Kilometern die Venus passierte, die ersten Aufnahmen aus nächster Nähe zu machen.

Die eigentliche Aufgabe von ›Mariner 10‹ aber war eine andere. Diese Sonde wurde nach dem Vorbeiflug an der Venus in Richtung Merkur dirigiert, den sie Ende März 1974 in einem Abstand von nur 241 Kilometern passierte. Dabei wurden 2 300 Fotos gemacht und auf dem Funkweg zur Erde übermittelt. Jetzt besaßen die Vereinigten Staaten auch die ersten Aufnahmen vom Merkur, die von einer Raumsonde aus gemacht wurden.

Die Russen blieben die Antwort nicht schuldig. Sie schickten ›Venus 9‹ und ›Venus 10‹ auf den Weg, brachten beide Sonden ›sanft‹ auf der Venus nieder und lieferten die ersten Bilder von deren Oberfläche.

Ein Zurückstehen gab es für die Amerikaner nicht. Sie starteten 1978 ein großangelegtes Unternehmen, das von zwei Elementen durchgeführt werden sollte: dem ›Pionier-Venus-Orbiter‹ und der ›Pionier-Venus-Sonde‹. Während der Orbiter in eine Umlaufbahn um die Venus gelenkt wurde, drang die Sonde in deren Atmosphäre ein und landete auf dem Planeten. Erneut wurden wichtige wissenschaftliche Messungen vorgenommen, deren Ergebnisse den Russen vielleicht schon bekannt waren, die sie aber nicht preisgegeben hatten.

Unabhängig von dem Wunsch, Klarheit über die Verhältnisse auf der Venus und dem Merkur zu gewinnen, war man auch bestrebt, die Geheimnisse des Mars zu entschleiern. Schon 1960 hatten die Russen mehrere Sonden in Richtung dieses Planeten geschickt; sie konnten aber keinen Erfolg verbuchen, weil es ihnen zu jener Zeit noch nicht gelang, über die Erdumlaufbahn hinauszukommen.

Mit ›Mariner 3‹ erging es den Amerikanern ähnlich. Erst ›Mariner 4‹ sandte aus einem Abstand von nur 10 000 Kilometern Bilder vom Mars und übermittelte gleichzeitig hochwillkommene Daten über dessen Atmosphäre.

Wichtiger noch waren die Fotos und Messungen, die ›Mariner 6‹ und ›Mariner 7‹ zur Erde funkten; sie dokumentierten, daß sich auf dem Mars, wie auf dem Mond, unzählige Krater befinden.

Die sowjetische Sonde ›Mars 2‹ gelangte 1971 in eine Umlaufbahn um den nach dem römischen Kriegsgott bezeichneten Planeten. Ihr folgte ›Mars 3‹, die ›weich‹ auf dem Mars landete und gleich mit der Übertragung von Fernsehbildern begann. Doch leider fiel die Kamera bereits nach 20 Sekunden aus. Experten vermuten, der Ausfall sei eine Folge der schweren Sandstürme, die auf dem Mars herrschen; es bestehe aber auch die Möglichkeit, daß das Gerät in einer hohen Staubschicht versank.

Neue Ergebnisse brachten die amerikanischen Sonden ›Viking 1‹ und ›Viking 2‹, die im August und September 1975 in Richtung Mars gestartet worden waren und im Juli und September 1976 unversehrt auf dem weit entfernten Planeten landeten. Gleichzeitig umflogen die zu jeder Sonde gehörigen Orbiter den Mars in elliptischen Bahnen. Auf diese Weise konnten Tausende von Messungen vorgenommen und erste Farbfotos von der Marsoberfläche zur Erde gefunkt werden. Vor allen Dingen wurde der Boden auf Mikrolebewesen untersucht. Dabei machte man recht seltsame, uns nicht verständliche Feststellungen. Wahrscheinlich ist es so, daß sich auf dem Mars chemische Prozesse abspielen, die wir nicht zu deuten vermögen. Aber es darf nun als gesichert angesehen werden, daß es auf dem ›roten‹ Planeten, der in der Geschichte der Astronomie besondere Bedeutung gewann, weil Kepler an ihm die elliptische Gestalt der Planetenbahnen erkannte, kein Leben gibt.

Während die Russen die ersten gewesen waren, die Sonden zur Venus schickten, zeigen sie an der Erkundung des Jupiters allem Anschein nach kein Interesse. Jedenfalls unternahmen sie nichts, um den Vereinigten Staaten, die sich 1972 diesem Planeten zuwandten, den Rang abzulaufen.

Amerika startete im März und April 1972 zunächst die Sonden ›Pionier 10‹ und ›Pionier 11‹, die den Jupiter im Dezember 1973 und im Dezember 1974 in Entfernungen von 130000 und 43000 Kilometer passierten und aufsehenerregende Aufnahmen machten. Darüber hinaus lieferten sie wertvolle Messungen von den Magnet- und Strahlenfeldern dieses größten Planeten im Sonnensystem.

Überraschender noch waren Fotos, die durch ›Voyager 1‹ und ›Voyager 2‹ gewonnen wurden. Diese im August und September 1977 auf den Weg gebrachten Sonden funkten Anfang 1979 und 1980 geradezu sensationelle Aufnahmen vom Jupiter und seinen Trabanten zur Erde, obwohl eine Entfernung von 800 Millionen Kilometer überbrückt werden mußte.

Für die ›Pionier‹- und ›Voyager‹-Sonden ist der Jupiter jedoch nicht die Endstation. Sie wurden in eine Bahn gelenkt, die am Saturn vorbei aus unserem Sonnensystem heraus in die Unendlichkeit führt. ›Pionier 11‹ erreichte den Saturn im September 1979 und lieferte Fotos und Messungen von diesem ungewöhnlichen, ringgeschmückten Planeten, die völlig neue Erkenntnisse brachten. ›Voyager 1‹ und ›Voyager 2‹ passierten den Saturn im November 1980 und August 1981, und man wird nun bis zum Januar 1986 auf weitere Ergebnisse warten müssen, vor allen Dingen auf Fotos, die ›Voyager 2‹ vom Uranus senden soll. Danach hofft man 1989 noch etwas von Pluto zu sehen zu bekommen, bevor die Sonden unser Sonnensystem verlassen.

›Pionier 10‹ und ›Pionier 11‹ wurden vorsorglich mit einer graphischen Botschaft ausgestattet, die es intelligenten Lebewesen ermöglichen soll, die Herkunft der Sonden zu deuten. Eine von Professor Carl Sagan entworfene Tafel zeigt das Aussehen des Menschen beiderlei Geschlechts, kosmische Radioquellen, die Darstellung des Wasserstoffatoms, die Planeten unseres Sonnensystems und den Weg, den die Sonden darin nahmen.

Parallel zum Jupiterprogramm baute man in Deutschland zwei Sonnen-Sonden, die 1974 und 1976 mit amerikanischen ›Titan-Centaur‹-Raketen gestartet wurden. Sie erhielten die Bezeichnung ›Helios 1‹ und ›Helios 2‹ und sollen ein Programm verwirklichen, das deutsche Wissenschaftler ersonnen und ungeachtet gewaltiger technischer Schwierigkeiten in die Wege geleitet haben. Und beide Sonden funktionierten einwandfrei.

Um die garnrollenförmigen Gebilde ohne zu verglühen in einer Entfernung von ›nur‹ 48 Millionen Kilometern – der durchschnittliche Abstand zwischen Sonne und Erde beträgt rund 150 Millionen Kilometer – in eine heliozentrische Umlaufbahn bringen zu können, mußten Reflektoren geschaffen werden, die 90 Prozent der auf die Sonde einwirkenden Sonnenhitze zurückstrahlen. Dies bedingt, daß sich beide Helios-Sonden – um die einfallende Glut gleichmäßig zu verteilen – in jeder Sekunde einmal um ihre Achsen drehen müssen. Nur so besteht die Möglichkeit, Messungen über Strahlen und Magnetfelder, Mikrometeoriten und dergleichen exakt vorzunehmen.

›Helios 2‹ näherte sich der Sonne sogar bis auf 45 Millionen Kilometer ohne Schaden zu nehmen, und es war für die am Unternehmen beteiligten Wissenschaftler hochinteressant, die Meßwerte beider Sonden, die zur gleichen Zeit arbeiteten, miteinander vergleichen zu können.

Trotz der aufschlußreichen Ergebnisse, die mit Hilfe von Sonden erzielt wurden, blieb das Hauptaugenmerk der NASA auf die Schaffung eines Raumtransporters gerichtet, der ohne zu verglühen aus dem All zur Erde zurückkehren und wie ein Flugzeug landen kann.

Wie schon erwähnt, hatte Präsident Nixon genehmigt, Aufträge für die Gestaltungsmöglichkeit neuartiger Raumtransporter zu erteilen. Es zeigte sich nun bald, daß alle an der Ausschreibung beteiligten Firmen von einem Projekt abrückten, über das viel diskutiert worden war und das ungeachtet seiner phantastisch anmutenden Grundkonzeption manchem Experten als durchführbar erschien. Das eigenwillige Projekt, das den Namen ›Hyperion‹ trug, sah einen auf Schienen rollenden Schlitten mit großen Tanks für jenen Treibstoff vor, den der Raumfrachter, der auf dem Schlitten arretiert werden sollte, für den Start benötigt. Die Schienen sollten über eine Strecke von 3,6 Kilometer horizontal und dann hochgewinkelt 1,6 Kilometer an einem senkrecht ansteigenden Berg hinaufführen. Am Ende dieser Strecke, an der ›Hyperion‹ eine Geschwindigkeit von über 1 000 km/h erreicht haben würde, sollte das Gefährt vom Schlitten abheben und seine Raketen nunmehr mit dem an Bord befindlichen Treibstoff versorgen, um so in das All zu gelangen. Der Schlitten würde zurückrollen und für den nächsten Start wieder verwendbar sein.

Zwei Dinge machten das Projekt undurchführbar. Es gibt keinen Berg, der senkrecht auf 1,6 Kilometer Höhe ansteigt, und ›Hyperion‹ war ohne Tragflächen konzipiert. Das Raumschiff war als Raumkapsel gedacht und würde bei der Rückkehr zur Erde riesige Bremsraketen benötigt haben, um ›weich‹ aufsetzen zu können.

Auf Grund der in den letzten zwanzig Jahren mit Hochleistungsflugzeugen gesammelten Erfahrungen und basierend auf aerodynamischen Messungen, die an tragflächenlosen ›Hubkörpern‹ gemacht wurden, gelangten die an der Ausschreibung beteiligten Firmen zu Projekten, bei denen eine Startrakete den Transporter auf 80 Kilometer Höhe tragen, sich dort von ihm trennen und zur Erde zurückkehren sollte, während der Orbiter selbst, nun von eigenen Raketen angetrieben, die erforderliche Erdumlaufgeschwindigkeit erreichen würde. Alle Entwürfe sahen vor, daß Startrakete und Raumtransporter über Tragflächen verfügten und bemannt sein sollten, um wie Flugzeuge landen zu können.

Nachteilig bei diesem technisch hervorragenden Konzept war der Umstand, daß die Raumfähre wegen der enormen Menge des mitzuführenden Treibstoffes zu große Ausmaße verlangte. Man suchte nach einem Kompromiß und fand schließlich eine Lösung, bei welcher der Orbiter, zunächst verbunden mit einem riesigen Tank, der den benötigten Treibstoff enthält, mit Hilfe von zwei mächtigen Feststoff-Raketen senkrecht wie eine Rakete startet. Die beiden 70 Tonnen schweren Stahlhülsen der Feststoff-Raketen sollen nach dem Abbrennen abgestoßen werden und zur Erde zurückkehren, wo sie etwa 400 Kilometer vom Startplatz entfernt an Fallschirmen auf den Pazifik herabschweben. Ursprünglich wollte man die voraussichtlich zwanzigmal verwendbaren Stahlhülsen aus dem Wasser heben, aber die Methode des Abschleppens erwies sich als praktischer.

Der mit dem Tank verbundene Raumtransporter würde nach rund acht Minuten eine Geschwindigkeit von 28 000 km/h erreicht haben. In dieser Phase wird der Tank abgesprengt. Er fällt dann zur Erde zurück und erhitzt sich beim Wiedereintritt in die Atmosphäre so stark, daß er verglüht.

Der Treibstofftank besteht aus zwei Behältern, die an ihren Stirnseiten von Rohren zusammengehalten werden, durch welche der für die Raketentriebwerke der Raumfähre benötigte Flüssigkeitstreibstoff und das erforderliche Oxydationsmittel fließen: flüssiger Wasserstoff, der eine Temperatur von minus 253 Grad Celsius erfordert, und flüssiger Sauerstoff, der minus 183 Grad Celsius verlangt. Wegen dieser extremen Temperaturen muß der 46,8 Meter lange und im Durchmesser 8,4 Meter weite Tank mit einer Schaumstoffisolierung versehen sein, welche die ansteigende Wärme beim Aufstieg fernhält. Verbraucht werden in den ersten acht Minuten 101 Tonnen Wasserstoff und 603 Tonnen Sauerstoff; das sind insgesamt 36 Prozent des Gesamtabhebegewichts.

Da die Raketen des Weltraumtransporters ihren Treibstoff aus dem beschriebenen Tank beziehen, verstummen sie zwangsläufig unmittelbar nach dem Abtrennen des Orbiters. Von diesem Augenblick an besteht für Space Shuttle nur noch die Möglichkeit, wie ein Segelflugzeug zur Erde zurückzukehren und im gezielten Anflug zu landen. Diesem Umstand Rechnung tragend, und unter Berücksichtigung der Tatsache, daß der Transporter bei der Rückkehr aus dem All in etwa 122 Kilometer Höhe mit einer Geschwindigkeit von 28 500 km/h in die Erdatmosphäre eintritt und darin eine Strecke von zirka 9 000 Kilometer zurückzulegen hat, bevor die Geschwindigkeit auf die zur Landung benötigten 340 km/h reduziert ist, mußte die äußere Gestaltung des Flugkörpers vorgenommen werden. Dabei war neben dem Ableiten der entstehenden hohen Reibungshitze einzukalkulieren, daß der 18,3 Meter lange und 4,6 Meter breite Frachtraum eine Last von 29,5 Tonnen aufnehmen soll. Die NASA wollte sich mit einer Nutzlast von 11,3 Tonnen begnügen, doch das Verteidigungsministerium, das schon an eine militärische Verwendung des Raumtransporters dachte, forderte unmißverständlich, daß mindestens 29,5 Tonnen in eine 185 Kilometer hohe Umlaufbahn um den Äquator und 18,1 Tonnen in eine Umlaufbahn über die Pole gebracht werden können.

Die erwähnte Differenz ergibt sich aus der Verschiedenartigkeit der Startbedingungen bei Umlaufbahnen um den Äquator respektive über die Pole. Wird ein Raketenfahrzeug mit Ostkurs gestartet, kommt ihm die Erdumdrehung zugute, weil der Flug dann mit der Geschwindigkeit der Erdumdrehung beginnt: mit 1 600 km/h. Bei einer Umlaufbahn über die Pole hingegen entfällt dieser Vorteil.

Gefordert wurde des weiteren, daß Space Shuttle in der Lage sein müsse, 2 040 Kilometer rechts und links vom vorgegebenen Kurs abzuweichen, um bei einer durch irgendwelche Gründe notwendig werdenden Rückkehr zur Erde *nach nur einem* Umlauf, die östliche Erdumdrehung ausgleichen zu können.

Im Juni 1971 war es schließlich soweit, daß man sich auf einen Orbiter einigte, der eine Länge von 37, eine Spannweite von 24 und eine Höhe von 17 Meter aufwies. Das entspricht in etwa den Maßen des Verkehrsflugzeuges Douglas DC 9. Das Gewicht sollte 380 000 Kilogramm betragen, von denen allein der Treibstoff 254 000 Kilogramm ausmachte. Einschließlich der Starteinheit ergab sich für die Raumfähre eine Höhe von 82 Meter. Die Entwicklungskosten wurden auf neun Milliarden Dollar geschätzt, eine Summe, die weit über dem Betrag lag, den die NASA veranschlagt hatte. Ihr ging es darum, eine Transportfähre zu schaffen, die Lasten zwischen der Erde und einer großen Raumstation befördern soll, wie sie sich die Industrie und wissenschaftliche Institute erwünschten. Das Militär verfolgte andere, wesentlich kostspieligere Interessen, und es war auch in der Lage, seine Forderungen durchzudrücken. Vorsorglich hatte die NASA der Firma Rockwell bereits im Juli 1971 den Auftrag gegeben, für Space Shuttle ein revolutionäres Triebwerk zu entwickeln, bei dem der Druck und die Temperatur des Treibstoffes zuerst in Vorkammern erhöht werden, bevor der Treibstoff in die Hauptbrennkammer gelangt.

Nachdem Nixon im Januar 1972 seine Zustimmung zum Bau des Raumtransporters erteilt hatte, übertrug die NASA der Firma Rockwell die Herstellung des Orbiters sowie die Gesamtplanung. Martin Marietta wurde mit dem Bau des Treibstofftanks beauftragt, die Firma Thiokol mit der Entwicklung der Feststoffraketen.

Das größte Problem aber war, Space Shuttle vor der Glut zu schützen, die beim Eintauchen in die Erdatmosphäre entsteht. Rumpfnase und Vorderkante der Tragflächen mußten mit einem Material beschichtet werden, das einen Schutz bis zu 1650 Grad Celsius bietet. Man wählte besonders widerstandsfähige keramische Platten, die je nach der an der betreffenden Stelle zu erwartenden Hitze zwischen 1,4 und 10 Zentimeter Dicke erforderten.

Des weiteren waren Wärmequellen zu absorbieren, die sowohl durch die Sonneneinstrahlung als auch durch die vielen elektrischen Systeme des Raumtransporters entstehen. Hierfür wurden Kälteschienen vorgesehen, die mittels eines Wasser-Frigen-Kühlstoffes die entstandene Wärme zu Radiatoren transportiert, welche an den Frachtraumtüren angebracht sind. Die Türen sollen nach Erreichen der Erdumlaufbahn geöffnet und Erwärmungen so auf einfache Weise in das All abgeleitet werden.

Ein weiteres Problem war die Erzeugung von Energie zum Betreiben der elektrischen Geräte. Batterien kamen nicht in Betracht, weil sie nicht genügend Energie hätten speichern können. Solarzellen wären zu umfangreich gewesen. Nukleargeneratoren boten zu große Gefahren. Man wählte das bereits bei den ›Gemini‹- und ›Apollo‹-Kapseln bewährte ›Treibstoffzellen-Prinzip‹, eine elektrochemische Vorrichtung, die den Prozeß der Elektrolyse umkehrt. Während bei dieser vermittels elektrischen Stroms Wasser in Wasserstoff und Sauerstoff zerlegt wird, bringen Treibstoffzellen Wasserstoff und Sauerstoff über einen Katalysator zusammen, wodurch Elektrizität und als Nebenprodukt für die Astronauten auch noch trinkbares Wasser entsteht. Die Treibstoffzellen mußten so dimensioniert sein, daß sie im Dauerbetrieb sieben und im Spitzenbetrieb zwölf Kilowatt leisten.

Das Herz von Space Shuttle bildet eine Elektronik, in diesem Fall ›Avionik‹ genannt, die das Navigieren und Steuern, den Austausch von Nachrichten, das Sammeln von Informationen sowie das Verarbeiten und Übermitteln an die verschiedenen mechanischen und elektrischen Systeme übernimmt. Dazu gehören allein fünf Digitalcomputer mit Speicherbänken für 48000 Vorgänge, drei Trägheitssensoren zur Bestimmung der Fluglage, ein Kommunikationssystem, das Positionsdaten errechnet, und ein Sender zur Durchgabe aller Daten an die Bodenstation.

Man hoffte, den ersten Raumtransporter 1978 starten zu können. Die Zeit drängte. Industrie, Wissenschaft und Militär zeigten ein so reges Interesse, daß bereits für Mitte der achtziger Jahre mit monatlich drei bis vier Flügen gerechnet werden konnte.

Bis dahin war freilich noch viel zu tun. Hier kann nur das Wesentliche zusammengefaßt werden. Für eine genaue Beschreibung aller zu leistenden Arbeiten würde man tausend und mehr Seiten benötigen.

Die erste Station auf dem Weg zum wiederverwendbaren Raumtransporter bildete der Bau des Orbiters ›101‹, mit dem im August 1974 begonnen wurde. Dieser Transporter sollte nie den Weg ins All nehmen, sondern nur als Versuchsobjekt dienen. Selbst kleinste Dinge und Vorgänge wollte man gewissenhaft prüfen, bevor man den ersten Start mit der zweiten, bereits in der Fertigung befindlichen Raumfähre freigab.

Gebaut wurde der Orbiter ›101‹ bei der US-Luftwaffe in Palmdale, Kalifornien. Zwei Jahre lang montierten hier versierte Fachkräfte die im Norden, Süden, Westen und Osten des Landes erstellten Einzelteile zusammen. Rockwell lieferte außer den Triebwerken auch den Besatzungsraum, der über 70 Kubikmeter mißt. Sechs vordere Fenster bieten den Astronauten eine ausreichende Sicht in Flugrichtung und zu den Seiten; zwei hintere geben die Möglichkeit, den Frachtraum zu beobachten.

Eine wesentliche Verbesserung gegenüber den bisher entwickelten amerikanischen Raumfahrzeugen weist der Besatzungsraum auf. Sein innerer Druck ist konstant und entspricht den atmosphärischen Bedingungen in Meeresspiegelhöhe. Die nach vorne gerichteten sechs Fenster verfügen über jeweils drei Scheiben: eine äußere und zwei innere. Die ganz innen liegende Scheibe besteht aus gehärtetem 1,58 Zentimeter dicken Aluminiumsilikatglas, das so beschichtet ist, daß Infrarotstrahlen reflektiert werden. Die mittlere Scheibe aus verschmolzenem Silikatglas ist 3,3 Zentimeter stark; sie wurde mit einer reflektionsabweisenden Chemikalie beschichtet, um die Durchlässigkeit für sichtbares Licht zu erhöhen. Die äußere Scheibe hat wiederum nur eine Stärke von 1,58 Zentimeter und ist auf ihrer inneren Oberfläche mit der gleichen reflektionsabweisenden Chemikalie beschichtet wie die mittlere Scheibe.

Der gesamte vordere Rumpfteil wurde so konstruiert, daß er Stöße und Belastungen, die beim Start unvermeidlich sind, teilweise ›schlukken‹ kann. Der ebenfalls von Rockwell gebaute hintere Teil des Rumpfes nimmt die drei Triebwerke auf, stützt das hohe senkrechte Heck und trägt die beiden seitlich vorstehenden, blasenartigen Behälter mit dem Treibstoff für die Steuerdüsen.

Verwirrend ist die Kraft der Raketenmotoren. Jedes der drei Haupttriebwerke erzeugt mehr Schub als die ›Atlas‹-Rakete, mit der die ersten Astronauten in eine Erdumlaufbahn geschossen wurden. Es wird geschätzt, daß die Haupttriebwerke 55 Starts durchführen können. Da die Brenndauer jeweils acht Minuten beträgt, beläuft sich die Lebensdauer der Triebwerke voraussichtlich auf 7,5 Arbeitsstunden.

Am 17. September 1976, zwei Jahre nach Baubeginn, wurde der Orbiter ›101‹, der erste von fünf in Auftrag gegebenen Raumtransportern, auf seinem dreibeinigen Fahrwerk vor tausend geladenen Gästen zum zeremoniellen ›Roll-Out‹ aus der Montagehalle herausgezogen. Würde er alle Prüfungen durchstehen, die auf ihn warteten?

Im Gegensatz zu seinen vier Nachfolgern fehlten dem Orbiter ›101‹ noch viele Systeme, die einen Raumflug erst ermöglichen. Aber man gab ihm einen Namen. In Anlehnung an die Fernsehreihe ›Star Trek‹, taufte ihn Präsident Gerald Ford ›Enterprise‹. Und der Versuchsorbiter war mit Schleudersitzen ausgerüstet, denn er sollte, auf den Rücken einer Boeing 747 montiert, erste Probeflüge absolvieren. Deshalb war die Rumpfnase auch mit einem langen Rohr versehen, an dessen Spitze sich Sensoren für dringend erforderliche Messungen befanden.

Von Palmdale wurde das Versuchsobjekt in einer zwölfstündigen Fahrt von einer Zugmaschine über eine abgelegene Straße durch die kalifornische Wüste Mojave zum 58 Kilometer entfernten Flugerprobungszentrum Dryden geschleppt, dort an einen großen freitragenden Kran gehängt und schließlich auf den Rücken eines entsprechend vorbereiteten Jumbo-Jets gehoben.

Diesen Flugzeugtyp hatte die NASA aus mehreren Gründen gewählt. Er ist kräftig genug, um mit der Raumfähre zu starten, und man hatte Gelegenheit gehabt, eine erst vier Jahre alte Boeing 747 zum günstigen Preis von 15 Millionen Dollar von der American Airlines kaufen zu können.

Die hervorragende Douglas DC 10, die 1970 zum ersten Mal von der Piste abhob und 1971 in den Flugdienst gestellt wurde, kam nicht in Betracht, weil sich ihr drittes Antriebsaggregat hinten auf dem Rücken der Maschine vor dem Leitwerk befindet. Die ›Enterprise‹ würde den Luftstrom zu diesem Düsenmotor verwirbelt haben.

Ansonsten wäre die DC 10, die neuen Technologien zum Durchbruch verholfen hatte, ein durchaus geeignetes ›Trägerflugzeug‹ gewesen. Bei ihrer Montage wurde erstmals das sogenannte ›Modul-Konzept‹ angewendet, bei dem elektrische Leitungen, Hydraulikrohre und Isolierung schon vor der Endmontage verlegt werden. Bei einem Verkehrsflugzeug dieser Größenordnung, das aus 200 000 Einzelteilen besteht und 60 000 elektrische Anschlüsse aufweist, bedeutet dies eine beträchtliche Verringerung der Produktionszeit. Aber wie gesagt, für den anstehenden Zweck war der Jumbo-Jet das geeignetere Flugzeug.

Dennoch mußten auch bei ihm eine Reihe von Änderungen und Verstärkungen vorgenommen werden. So war ein Massenträgheitsdämpfer einzubauen, um Schwingungen entgegenzutreten, die entstehen, wenn die über den aufgesetzten Orbiter irregulär hinwegfließende Luft gegen das Heck schlägt. Und die waagrechten Flächen des hinteren Leitwerks mußten mit großen Flossen versehen und mit Streben abgesichert werden, um die Richtungsstabilität zu gewährleisten.

Bei der ›Enterprise‹ wiederum war dafür zu sorgen, daß ihr im hinteren Teil wenig windschnittiger Rumpf mit den drei großen glockenförmigen Düsen keinen Wirbel erzeugt, der für das Leitwerk der Boeing 747 gefährlich werden könnte. Dies wurde durch die Verkleidung der Raketenmotoren mit einem aerodynamisch geformten Kegel von 11 Meter Länge, 7,6 Meter Breite und 6,7 Meter Höhe erreicht.

Nach der Verankerung des Orbiters auf dem Rücken des Jumbo-Jets begannen am 15. Februar 1977 die ersten Rollversuche. Um harte Stöße zu vermeiden, wurden sie nicht auf der Betonpiste, sondern auf dem Salzseebett des Erprobungszentrums durchgeführt. Beim ersten Rollen wählte man eine Geschwindigkeit von 143 km/h. Diese wurde bei der zweiten Probe auf 225 km/h und beim dritten Versuch auf 252 km/h erhöht. Man hatte errechnet, daß die Flugeinheit bei 266 km/h vom Boden abheben würde.

Der nächste Schritt war der Start. Der Raumtransporter sollte dabei noch unbesetzt bleiben. Der erste ›inaktive Fesselflug‹, wie er genannt wurde, fand am 18. Februar 1977 statt und führte auf 4870 Meter Höhe. Die Höchstgeschwindigkeit betrug 462 km/h, die Gesamtflugdauer 2 Std. 05 Min. Die Besatzung des Jumbos meldete erstklassige Flugeigenschaften und unternahm vier Tage später den zweiten Start, bei dem in 6890 Meter Höhe eine Geschwindigkeit von 528 km/h erreicht wurde. Beim dritten, vierten und fünften Flug steigerte man die Geschwindigkeit bis auf 763 km/h in 9140 Meter Höhe.

Nach diesen Versuchen folgte eine Reihe von ›aktiven Fesselflügen‹, bei denen zwei Astronauten im Orbiter Platz nahmen. Ihre Aufgabe war es, festzustellen, wie sich die Systeme im Einsatz verhielten. Den ersten Flug führten Fred Haise und Gordon Fullerton durch. Es gelang ihnen, innerhalb einer Stunde alle Geräte einschließlich eines noch am Tage zuvor eingebauten Computers zu überprüfen. Einen zweiten Flug absolvierten Joe Engle und Dick Truly, und die letzte Generalprobe, bei der die Abwurfphase simuliert werden sollte, übernahmen wieder Haise und Fullerton.

Nun wurde die Sache ernst. Der Orbiter mußte ausgeklinkt werden und in einem Sinkwinkel von 12 Grad zur Erde hinuntergleiten. Fred Haise und Gordon Fullerton waren für diese Aufgabe vorgesehen. Am 12. August 1977 ließen sie sich von der Boeing 747 auf 8500 Meter Höhe tragen. Hier lösten die Piloten des Trägerflugzeuges bei einer Geschwindigkeit von 500 km/h die Halterung, die den Orbiter fesselte, und gleich darauf befand sich der Raumtransporter erstmals frei in seinem Element. Er verhielt sich hervorragend und landete nach 5 Min. 21 Sek. glatt auf der Piste.

Das hört sich einfach an und sah auch nicht schwierig aus. Aber Haise mußte, wie sich der Cheftester Al Moyles ausdrückte, »ganz schön kalt und gerissen sein«. Denn er hatte die ›Enterprise‹ in 750 Meter Höhe durch ein letztes Hochziehen noch einmal zu bremsen, und sieben (!) Sekunden später mußte er mit einer Geschwindigkeit von immer noch 330 km/h, also mit einem weit höheren Tempo als ein ›Starfighter‹ landet, auf der Piste aufsetzen. Der Anflug selbst wird durch ein Gerät auf der Mikrowellenbasis gesteuert. Daten wie Windgeschwindigkeit und Abweichung vom Gleitweg werden dabei von fünf bordeigenen Computern eingespeist.

Schon am nächsten Morgen starteten Engle und Truly zum zweiten Abwurfflug, der erneut zufriedenstellend verlief.

Aber es war noch ein kritisches Unterfangen durchzuführen. Man kam nicht daran vorbei, die ›Enterprise‹ auch ohne den aerodynamisch geformten Kegel zu erproben, der ihre Raketenmotoren verkleidete und dafür sorgte, daß das Leitwerk der Boeing 747 nicht durch Luftwirbel einer zu großen Belastung ausgesetzt wurde. Vorsorglich versah man das Trägerflugzeug mit vielen Instrumenten, die der Bodenstation laufend anzeigten, in welchem Maße die Besatzungen gefährdet waren. Tatsächlich gingen unmittelbar nach dem Start, der am 12. Oktober 1977 erfolgte, vom unverkleideten Rumpf des Orbiters Turbulenzen aus, die das Heck des Jumbo-Jets mächtig schüttelten. Doch niemand verlor die Nerven. Man kämpfte sich bis auf 7680 Meter hoch, ging dann in einen flachen Gleitflug über und klinkte den Transporter in 6800 Meter Höhe aus. Exakt 2 Min. 34 Sek. später erfolgte die Landung.

Am 26. Oktober wurde ein weiterer Probeflug durchgeführt, und als auch dieser glatt verlaufen war, zweifelte niemand mehr daran, daß man einen Raumtransporter geschaffen hatte, der alle Erwartungen erfüllte.

Das Testprogramm war damit aber keineswegs beendet. Die ›Enterprise‹ mußte nun nach Alabama zum Marschall-Raumflugzentrum überführt werden, wo sie – verbunden mit dem riesigen Treibstofftank und den beiden Feststoff-Raketen, ohne die ein Start unmöglich ist – einem Schütteltest unterzogen werden sollte, der jener Belastung entsprach, welcher ein Raumtransporter unter der geballten Kraft seiner drei Raketenmotoren im Augenblick des Starts ausgesetzt sein wird. Zuvor war auch noch die Langstreckentauglichkeit der Raumfähre in Reichweite eines Flugplatzes zu prüfen, um die Gewißheit zu haben, daß sie selbst bei Eintritt einer Störung unversehrt aus dem All würde zurückkehren können. Und die Besatzungen mußten einem speziellen Flugtraining unterzogen werden. Zu diesem Zweck wurde eine Grumman Gulfstream II mit senkrecht unter den Tragflächen liegenden großen Rippen ausgestattet, die Beschleunigungen erzeugten, wie sie beim Start und bei der Landung eines Orbiters zu erwarten waren. Ein Computer übernahm dabei das Austrimmen des Flugzeuges und stellte die Triebwerke so ein, daß die Piloten ein Gefühl für all das bekamen, was auf sie zukommen würde.

Der Orbiter ›102‹, der für den ersten Start in das All vorgesehen war, sollte Ende 1978 fertiggestellt sein und im März 1979 eingesetzt werden. Doch es gab technische Verzögerungen, die eine halbjährige Verschiebung erforderlich machten, was bei der NASA Nervosität auslöste. Dies aus mehreren Gründen. Zunächst, weil bereits für eine halbe Milliarde Dollar Frachtraum im Orbiter gegen Vorauszahlung zum Festpreis verkauft worden war. Unter anderen an das deutsche Volkswagenwerk, das die Herstellung eines perfekten Kugellagers in der Schwerelosigkeit zu erproben wünschte. Auch das US-Pharma-Unternehmen Johnson & Johnson, das an Bord eines Space Shuttle menschliches Blut in seine Bestandteile zerlegen möchte, hatte schon tief in die Tasche gegriffen.

Der Kostenvorteil, den ein Raumtransporter gegenüber den ›Wegwerf-Raketen‹ bietet, ist enorm. Der Preis für die Beförderung eines Satelliten bestimmter Größe betrug bisher etwa 25 Millionen Dollar. Space Shuttle hingegen, so hatte man errechnet, würde in der Lage sein, für 21 Millionen Dollar gleich zwei solcher Satelliten zu transportieren. Diese Kostenrechnung geriet aber ins Wanken, als der vereinbarte Nutzlastpreis infolge der Verzögerungen und der Inflation des Geldes nicht mehr den Aufwendungen entsprach, die erbracht werden mußten.

Ebenso bedrückend war die Erkenntnis, daß die 85 Tonnen schwere Raumstation ›Skylab‹, in der sich mehrere amerikanische Astronauten bis zu drei Monate aufgehalten hatten, durch Partikelschauer von der Sonne stark gebremst wurde und mehr und mehr auf einer immer enger werdenden Bahn um die Erde kreiste. Nur eine raumtechnische Rettungsaktion konnte noch Hilfe bringen, und es war geplant, daß eine Space-Shuttle-Besatzung noch während der ersten Testflüge dem Himmelslabor die erforderliche Kurskorrektur geben sollte. Dies aber war – von einigen weiteren Voraussetzungen abgesehen – nur möglich, wenn es bis spätestens Anfang 1980 gelang, eine Mannschaft zur gefährdeten Station zu entsenden. Die Bahnberechnungen von ›Skylab‹ ließen erkennen, daß das verwaiste Raumlabor im Sommer 1980 ›ins Rutschen‹ geraten und dann als kosmischer Trümmerregen auf die Erde herabsausen würde. Und das geschah dann auch.

Die Fertigstellung des auf den Namen ›Columbia‹ getauften Orbiters ›102‹, der als erster gestartet werden sollte, verzögerte sich trotz aller Bemühungen infolge technischer Pannen so sehr, daß das Nachrichtenmagazien US News & World Report anzüglich fragte: ›Verdient die Raumfähre die silberne Zitrone, die Automobilklubs alljährlich für das Modell mit den meisten Baumängeln vergeben?‹

Tatsächlich wurden die Shuttle-Kunden unruhig. Ein Satellit zur Übertragung von Firmendaten war bereits auf eine konventionelle ›Delta‹-Rakete umgebucht worden. Und der weltbekannte Telefonkonzern AT & T ließ sich sicherheitshalber einen Platz auf der europäischen Trägerrakete ›Ariane‹ reservieren.

Dies empfand die NASA als besonders schmerzlich. Denn die sogenannte ›Europa‹-Rakete, deren Entwicklung in erster Linie von Frankreich und Deutschland betrieben worden war, hatte noch nicht die erwünschten Erfolge erzielt. Um so mehr war das Vorgehen von AT & T dazu angetan, das Ansehen der NASA zu mißkreditieren. Und es dauerte auch nicht lange, bis weitere Satellitenkunden, die Shuttle-Frachtraum gebucht hatten, darauf bestanden, auf die bewährte ›Atlas Centaur‹-Rakete auszuweichen. Da diese nicht mehr in Serie gefertigt wurde, bedeutete das Mehrkosten in Höhe von 60 Millionen Dollar, die zu Lasten der NASA gingen.

Im Interesse des Gesamtüberblicks sei es an dieser Stelle gestattet, der Zeit ein wenig vorzugreifen. Die von zehn europäischen Ländern – Großbritannien beteiligte sich nicht – unter der Federführung von Frankreich und Deutschland für 2,2 Milliarden Mark entwickelte Rakete ›Ariane‹ führte Ende 1981 ihren vierten und letzten Probestart in doppelter Hinsicht erfolgreich durch. Es gelang den Europäern nicht nur, wie vorgesehen, einen 1,5 Tonnen schweren Seefunksatelliten auf 36000 Kilometer Höhe zu befördern, ihre Raumfahrtmanager konnten nach diesem gelungenen Start auch gleich sechs Aufträge einheimsen und damit die Gesamtzahl der ›Ariane‹-Buchungen auf 27 Abschlüsse erhöhen.

Bewundernd erklärte der Leiter des amerikanischen Raketenherstellers McDonnel Douglas: »Die Jungens von ›Ariane‹ arbeiten knallhart. Ehrlich gesagt: Wir beneiden sie.«

Ein anderer Manager hingegen meinte warnend: »Die Sache erinnert an den Erfolg der Europäer mit dem ›Airbus‹.«

Helle Aufregung aber befiel die NASA, als angesichts des auf sie zukommenden finanziellen Verlustes und der noch völlig ungeklärten künftigen Space-Shuttle-Transportkosten, der US-Nachrichtenkonzern Southern Pacific-Communications bekanntgab, daß er seinen ersten Satelliten unter den gegebenen Umständen von der ›Ariane‹ in eine Erdumlaufbahn bringen lassen werde. Der Verlust dieses 20-Millionen-Dollar-Auftrages ließ den NASA-Chef James Beggs verstört ausrufen: »Mir gefällt das nicht, daß sie uns unsere Kunden wegstehlen.«

Dabei bestand zwischen der NASA und vielen europäischen Firmen ein guter Kontakt, insbesondere mit der Erno Raumfahrttechnik GmbH in Bremen. Dieser Tochterfirma der holländischen Luftfahrtgesellschaft VFW Fokker war 1974 der Auftrag erteilt worden, ein Raumlabor in der Größe des Laderaums von Space Shuttle zu entwickeln, das den Namen ›Spacelab‹ erhielt und bis zum Jahre 1990 in 50 Exemplaren in eine Erdumlaufbahn gebracht werden soll. Verständlich, daß der Erno-Manager Klaus Berge frohlockte: »Bremen wird zum Zentrum der europäischen Raumfahrttechnik.«

Im Hinblick auf den vom Militär in erhöhtem Maße beanspruchten Transportraum, mußte sich die NASA indessen fragen, wieviel Starts sie der Industrie und Wissenschaft überhaupt noch würde anbieten können. Es entwickelten sich plötzlich Dinge, die nicht vorauszusehen gewesen waren. Obwohl der Ausgang des ersten Fluges von Space Shuttle noch ungewiß war, schrieb das Pentagon bereits in einer Studie: ›Der Weltraum wird nunmehr zum potentiellen Schlachtfeld – eine neue Arena für die Konfrontation der Supermächte.‹ Und es tauchte das

Gerücht auf, daß sich einige US-Offiziere für die ersten Probeflüge von Space Shuttle bei der NASA eingenistet hätten. Die zweite Etage des Gebäudes Nummer 30 im Johnson-Raumfahrtzentrum in Houston sei zum geheimen Areal der Luftwaffe geworden.

Nun, wie dem auch gewesen sein mag, die NASA hatte im Augenblick andere Sorgen. Der ursprünglich für März 1979, dann für den Herbst des gleichen Jahres vorgesehene Start der ›Columbia‹ mußte wegen technischer Mängel um ein weiteres Jahr verschoben werden.

Zwei Probleme bedingten diese Verzögerung. Das aus 30000 Keramikkacheln gebildete Hitzeschild der Raumfähre hatte bei den ersten Huckepackflügen so gelitten, daß der Bug nach der Landung, wie DER SPIEGEL sich ausdrückte, ›der Brust eines gerupften Vogels glich‹. Zahlreiche Kacheln waren abgefallen.

Problem Nummer zwei waren die drei neuartigen Haupttriebwerke, die sich als noch störanfällig erwiesen. In diesem Fall war man allerdings der Meinung, die Motoren in Kürze ›auf Vordermann‹ bringen zu können.

Anders lagen die Dinge beim Hitzeschild. Hier wurde allgemein die Auffassung vertreten, von Anfang an einen technischen Mißgriff getan zu haben. Allein das Aufkleben der aus Silikonfasern gepreßten und mit einem Keramiküberzug versehenen Kacheln, deren Abschirmfähigkeit so groß ist, daß ihre Rückseite nicht einmal handwarm wird, wenn man die Vorderseite mit einem Schweißbrenner auf 500 Grad Celsius erhitzt, bietet unvorstellbare Schwierigkeiten. Um eine einzige Fliese vorschriftsmäßig am Raumschiff zu befestigen, braucht ein eigens dafür ausgebildeter Techniker einen vollen Tag. Dabei darf er übrigens nicht ohne Handschuhe arbeiten, weil die Klebefläche allein durch den Handschweiß so angegriffen wird, daß das Bindemittel den bei der Rückkehr des Transporters aus dem All auftretenden Belastungen dann nicht mehr standhalten kann.

Über die Ursache der Kalamität sowohl beim Hitzeschild als auch bei den Raketenmotoren gab es keine Zweifel. Unter der Regierung Carter war der Geldstrom plötzlich weitgehend versiegt. Zwangsläufig mußte darauf verzichtet werden, die Lösung eines Problems zunächst auf verschiedene Weise zu erproben und sich erst dann für das beste Ergebnis zu entscheiden. Shuttle-Astronaut John Young erklärte unverblümt: »Frühzeitige Belastungstests, wie sie bei den Hitzekacheln dringend erforderlich gewesen wären, mußten wegen Geldmangels unter den Tisch fallen.« Und das Monatsblatt Quest monierte: ›Die NASA ist nach all den drastischen Etatkürzungen zu einer kleinkarierten, bürokratischen Behörde herabgesunken.‹ Diese Auffassung deckte sich mit der eines namhaften ehemaligen NASA-Managers, der bedauernd feststellte: »Von den Eierköpfen, die die Landung auf dem Mond möglich gemacht haben, wurden inzwischen viele durch Aktenschieber und Bürohengste ersetzt.«

Um so bewundernswerter ist es, daß es beim Space-Shuttle-Programm keine gefährlichen Pannen, sondern lediglich Verzögerungen gab. Verbissen arbeiteten Tausende von Ingenieuren, Technikern und Hilfskräften daran, die ›Columbia‹ auf der schon berühmt gewordenen Rampe 39 A in Cape Canaveral startbereit zu machen.

Die Astronauten Young und Crippen waren angewiesen, bei einem planmäßigen Flugverlauf auf dem Trockensee beim Flugstützpunkt Edwards in Kalifornien zu landen. Für den Fall eines vorzeitigen Abbruchs hatte die NASA Ausweichhäfen in Neumexiko, in Spanien und auf Okinawa in Bereitschaft versetzt. Man fieberte dem Abschuß entgegen. Es wurde höchste Zeit, daß ein positives Ergebnis das Vertrauen wieder stärkte und das infolge der zweijährigen Verzögerung lädierte Ansehen der US-Raumfahrtbehörde aufpolierte.

Drei weitere Transporter mit den Namen ›Challenger‹, ›Discovery‹ und ›Atlantis‹ waren in Auftrag gegeben, und es stand bereits fest, daß diese mit je 500 Millionen Dollar veranschlagten Raumfähren mindestens je eine Milliarde kosten würden. Insgesamt hatte das Space-Shuttle-Programm schon 9,6 Milliarden Dollar verschlungen.

Dummerweise mußte der endlich für den 10. April 1981 festgelegte Start nochmals für 48 Stunden verschoben werden. Der Grund war ein Computerfehler, der sich jedoch als harmlos erwies. Die ›Columbia‹ wurde mit fünf Computern ausgerüstet, von denen der fünfte nur einspringen soll, falls den anderen vier ein Fehler unterläuft. Durch irgendein Mißgeschick war das dem fünften Computer eingegebene Programm gegenüber den vier Co-Geräten zeitlich um 27 Millisekunden verschoben. Dies hatte zur Folge, daß der bis zu vierhundertmal in der Sekunde vorgesehene Informationsaustausch zwischen allen fünf Rechnern gestört war. Was Nummer fünf jeweils um 27 Millisekunden nachhinkend meldete, erschien den anderen Nummern als unsinnig.

Aber die fast eine Million Zuschauer, die sich am Tadsch Mahal des Weltraumzeitalters eingefunden hatte, blickte immer unwilliger zur Startanlage hinüber. Man war nicht gekommen, um zu warten, man wollte etwas erleben. So scheute sich ein amerikanischer TV-Reporter nicht, in seiner Sendung zu bekennen: »Es ist wie beim Autorennen. Wenn wir ganz ehrlich sind, kommen wir eigentlich nur hierher, um einen Crash zu sehen.«

Hoffen wir, daß dieser Journalist nicht allzu enttäuscht war, als am Morgen des 12. April 1981 die beiden Feststoffraketen und die drei Raketenmotoren des mit dem riesigen Tank verbundenen Raumtransporters ›Columbia‹ plötzlich einen infernalischen Donner über das Land jagten und sich die gewaltige Starteinheit auf einer Feuersäule, wie sie selbst am Cape Canaveral noch nicht zu sehen gewesen war, von der Startrampe abhob und schneller und schneller werdend in den Himmel schoß. Die Menschen waren wie gebannt. Atemlos blickten sie hinter dem Feuerschweif her.

Offensichtlich rang man auch an Bord der ›Columbia‹ nach Worten. Jedenfalls stöhnte der Weltraum-Neuling Bob Crippen beeindruckt: »Mensch, was für ein Flug! Welch ein Anblick!«

Die Kontrollstation ließ darauf vernehmen: »Wir hoffen, die Reise gefällt euch.«

Die Gelassenheit wich jedoch, als die Astronauten wenig später den Verlust von Hitzefliesen meldeten. Es war eingetreten, was mancher Shuttle-Techniker befürchtet hatte. Eine einzige fehlende Kachel konnte katastrophale Folgen haben, wenn sich unter der entblößten Stelle eine Leitung befand, die für eines der vielen Versorgungssysteme von entscheidender Bedeutung war. Vorsorglich hatten die Ingenieure von Mission Control für diesen Fall einen Notplan so ausgearbeitet, daß er es ermöglichte, Strom-, Kühl- und Hydraulikleitungen in der gefährdeten Zone abzuschalten.

Doch noch drohte keine Gefahr. Erst beim Abstieg würde die gefürchtete Reibungshitze von über 1600 Grad Celsius entstehen. Aber lange bevor dieser kritische Punkt heranrückte, gab es eine erlösende Entwarnung, die einige Experten freilich auch nachdenklich stimmte. US-Militärs meldeten dem Raumfahrtzentrum, daß es Sondereinheiten gelungen sei, von verschiedenen Luftwaffen-Stützpunkten und von einem Spezialflugzeug aus die am meisten gefährdete Unterseite der ›Columbia‹ mit Hilfe von Hochleistungskameras zu fotografieren. Es könne versichert werden, daß zur Besorgnis kein Anlaß bestehe. Lediglich an den Seiten des Raumtransporters fehlten einige Fliesen.

»Von diesem Augenblick an«, resümierte der NASA-Flugdirektor Deke Slayton, »lief die Sache mehr oder minder akademisch.«

Dennoch wurde die Rückkehr der Raumfähre ein aufregendes Ereignis. Man schrieb den 14. April 1981. Die Erde war innerhalb von 24 Stunden sechsunddreißigmal umrundet worden. Teleskopkameras suchten den Himmel ab und erfaßten für 500 Millionen Fernsehzuschauer in aller Welt zunächst einen hellen Fleck, der infolge der hohen Sinkgeschwindigkeit des Transporters bald die Konturen eines deltaflügligen Flugzeuges annahm. Immer deutlicher war die ›Columbia‹ zu erkennen. Zwei Düsenjäger flankierten sie, als sie auf die Landebahn in der Wüste Mojave zuflog und dort nach einem beängstigend schnellen Höhenwechsel wie eine normale Verkehrsmaschine aufsetzte. Der einzige Unterschied war, daß hinter ihr eine riesige Staubwolke aufwirbelte.

Die Amerikaner brachen in ein Freudengeschrei aus. Patriotische Triumphrufe erschallten. Kein Zweifel konnte darüber bestehen, daß die Vereinigten Staaten wieder etwas Außergewöhnliches geleistet hatten und im Rennen um die Eroberung des Weltraums an der Spitze lagen.

Dementsprechend versicherte Ronald Reagan, der neue US-Präsident, den Astronauten John Young und Bob Crippen voller Stolz: »Dank euch können wir uns wieder wie Giganten fühlen.«

Man mußte unwillkürlich an die Worte denken, die Jurin Alexejewitsch Gagarin, der erste Mensch, der in das All vorgedrungen war, bei seiner Rückkehr gesagt hatte. »Bitte, berichten Sie der Partei, der Regierung und auch Nikita Sergejewitsch Chruschtschow persönlich . . .«

Hier euphorische Begeisterung, dort übertriebene Disziplin. Aber was soll's? Beide Aussagen entsprangen dem Glücksgefühl, daß der Mensch in der Lage ist, selbst unmöglich erscheinende Leistungen zu vollbringen.

Epilog

Noch bevor der Raumtransporter ›Columbia‹ zu seinem ersten Flug in das All startete, erklärte US-Präsident Ronald Reagan, daß er, falls das Unternehmen glücken sollte, der amerikanischen Raumfahrt ein ähnlich zukunftweisendes Ziel setzen werde, wie es John F. Kennedy in bezug auf die Eroberung des Mondes gegeben habe. Der nächste Schritt müsse eine dauernde Anwesenheit der Vereinigten Staaten im Weltraum garantieren.

Wenige Tage später gab das Pentagon offiziell bekannt, daß bis Mitte 1985 auf der Luftwaffenbasis Peterson im US-Staat Colorado eine ›militärische NASA‹ eingerichtet werde, ein ›Raumkriegszentrum der Air Force, das sich auf den Tag vorbereiten soll, an dem Amerika über eine starke Verteidigungsstreitmacht im Weltall verfügt.‹

Eine deutsche Zeitung schrieb dazu: ›Damit hat der Krieg im All begonnen.‹

Es muß erwähnt werden, daß die USA bis zu diesem Zeitpunkt bereits 50 Milliarden Dollar für ›militärische Weltraumtechnik‹ verausgabten. Das ist mehr als doppelt soviel, wie das gesamte Mondprogramm gekostet hatte.

Demgegenüber steht fest, daß 81 von den 89 sowjetischen Raketen, die 1980 gestartet wurden, rein militärischen Zwecken dienten.

Wohin wird das führen? Die Russen entwickeln ›Weltraumkiller‹, die Amerikaner versehen ihr Frühwarnsystem mit einer Laserstrahl-Abschirmung, um feindliche Angriffe abwehren zu können. In den USA wird an einer Anti-Satelliten-Waffe gearbeitet, die bis 1984 erprobt sein soll. Man denkt daran, von hochfliegenden Kampfflugzeugen des Typs F-15 sogenannte ›Vougt Altair‹-Raketen mit konventionellen Sprengköpfen gegen Satelliten abzufeuern. Die fliegenden Einsatzzentralen der US Air Force werden für den Krieg im Weltraum bereits umgerüstet. Spähersatelliten sollen direkt melden, welche Feindziele am Boden *noch* unzerstört sind. Hochleistungs-Laserkanonen für den Einsatz im Weltall, deren Spiegel einen Durchmesser von vier Meter aufweisen, werden zur Zeit an Bord einer Boeing 747 getestet. Das Grauen kann einen überkommen, wenn man erfährt, was alles geplant ist, um einen Krieg in den Weltraum zu tragen.

In hohem Maße ist deshalb verdienstvoll, daß sich der einstige Mitarbeiter Wernher von Brauns, Professor Dr. Heinz Haber, in der Zeitschrift DER SPIEGEL zu den Konsequenzen äußerte, die durch die Aufrüstung im All heraufbeschworen werden. Er schreibt:

›. . . Als schon vor mehr als 20 Jahren die Rede davon war, Satelliten mit Atombomben zu bewaffnen, habe ich mir ein probates Rezept dagegen überlegt: Man bringe einen Satelliten genau auf Gegenkurs in eine Bahn um die Erde; als Ladung benutze man eine Tonne von Schrauben, Muttern und Bolzen. Diese braucht man dann noch nicht einmal mit einem Sprengsatz abzuschießen, sondern man kann sie mit einer Kohlenschaufel in den Raum schütten.

Damit hat man einen Millionenschwarm von künstlichen Meteoriten geschaffen, welche als winzige Satelliten ähnlich wie ein Saturnring die Erde auf Gegenkurs zu dem feindlichen Satelliten umkreisen.

Etwa alle 45 Minuten saust der gegnerische Satellit auf seiner Bahn durch diesen Schwarm. Da der gegnerische Satellit und der künstliche Meteoritenschwarm jeweils eine Geschwindigkeit von 8 km/sec haben, treffen die »Splitter« den Satelliten mit einer Geschwindigkeit von fast 60 000 km/h. Das übertrifft die Geschwindigkeit von panzerbrechenden Geschossen um das Vielfache, und der gegnerische Satellit sieht nach ein paar Stunden aus wie ein Schweizer Käse ...

So etwas brauchen wir nur ein paarmal zu machen, um die Hauptstraße des Weltraumverkehrs in der unmittelbaren Nähe unseres Planeten für lange Zeit zu verseuchen. Der künstliche Saturnring bleibt nämlich bei der Erde und fährt mit ihr die nächsten Jahrzehnte und Jahrhunderte um die Sonne ...

Wir Zivilwissenschaftler haben natürlich nicht das Recht zu erfahren, unter welchen Bedingungen die Russen ihre bisher 19 Tests mit Killersatelliten durchgeführt haben. Um die Gefahr abschätzen zu können, muß man die Explosionshöhe, die Größe des Sprengsatzes und die mittlere Größe und Anzahl der erzeugten Splitter kennen sowie ihre Radialgeschwindigkeit.

Man kann bloß hoffen, daß diese Tests nicht in Höhen über 100 Kilometer durchgeführt worden sind. Darunter nämlich ist die Luftdichte noch so groß, daß die Splitter von den Resten des Luftwiderstandes verlangsamt werden und innerhalb weniger Wochen wieder zur Erde herabstürzen, wie es jüngst mit dem Skylab geschah.

Bei Explosionshöhen über 300 Kilometer jedoch reisen die Splitter noch für Jahrzehnte und Jahrhunderte um die Erde. Dann werden unsere Kinder und Enkel wieder etwas haben, um uns zu verfluchen. Es wird unmöglich sein, diese mörderischen Trümmer unserer leichtsinnigen und törichten Aktionen im Weltall wieder einzusammeln. Dann wäre unsere Weltraumfahrt nur ein Jahrhundertphänomen: In unserem Jahrhundert gemacht und in unserem Jahrhundert wieder zerstört. Dann heißt es nämlich »Ade« für Wetter- und Forschungssatelliten und für die friedliche Nutzung der Weltraumfahrt in Erdnähe.‹

›Man kann bloß hoffen ...‹, schreibt der verantwortungsbewußte Herausgeber der Zeitschrift ›Bild der Wissenschaft‹ im SPIEGEL, und man kann wirklich nichts anderes tun.

Zum weiteren Ablauf des Space-Shuttle-Programms ist zu vermerken, daß der zweite Flug, den Richard Truly und John Engle im Oktober 1981 absolvierten, zwar wieder einige Verzögerungen erfuhr, aber zur vollen Zufriedenheit durchgeführt wurde. Vor allen Dingen gelang es den Astronauten, und das war ihr wichtigster Erprobungsauftrag, den 15 Meter langen, vom Cockpit aus steuerbaren Metallarm zum Be- und Entladen des Frachtraumes ohne Schwierigkeit zu bedienen. Darüber hinaus nahmen Truly und Engle Reliefkarten auf, und sie maßen unterschiedliche Wellenlängen des Lichtes. Auch prüften sie die Verteilung von Kohlenmonoxyd in verschiedenen Höhenschichten der Erdatmosphäre.

Erwähnenswert ist ebenfalls, daß beim zweiten Start der ›Columbia‹ Mängel beseitigt wurden, die beim ersten Start aufgetreten waren. Eine eingehende Analyse der Zeitlupenaufnahmen während der kritischen Startphase hatte ›unakzeptable Abläufe‹ erkennen lassen, die ausgemerzt werden mußten. Für vier Millionen Dollar wurde die Startanlage abgeändert. Allein zwei Millionen kostete ein gewaltiges Pumpensystem, das die beim Start unter der Rakete liegende Mulde aus feuerfestem Beton, welche Flammenstöße seitlich ablenken soll, mit unvorstellbaren Wassermengen überflutet. Sobald die Raketen zünden, ergießen sich jetzt pro Minute 270 Tonnen Wasser in den Betongraben. Auf diese Weise werden die unerwünschten Schockwellen gedämpft, die beim ersten Start aufgetreten waren.

Diese Verbesserung bedingte freilich eine andere kostspielige Änderung. Die ganze Kachelfläche des Raumtransporters mußte mit einer Isolierschicht versehen werden, damit die Fliesen kein Wasser aufnehmen und dadurch das Startgewicht in unzulässigem Maße erhöhen.

Der dritte Testflug mit den Astronauten Jack Lousma und Gordon Fullerton fand mit einer Verzögerung von einer Stunde am 22. März 1982 in Cape Canaveral statt. Und wieder verlief der Start vollkommen reibungslos.

»Es hat alles wunderbar geklappt«, meldete der Shuttle-Kommandant Lousma, nachdem die Raketen ordnungsgemäß gezündet hatten und der Raumtransporter seinen vorgeschriebenen Weg nahm. Doch in der Folge gab es einige Komplikationen.

Drei von vier Radiotransmittern versagten ihren Dienst. Vierzig von den insgesamt 30000 Hitzekacheln waren beim Start beschädigt worden. Und während ihrer ersten programmgemäßen Ruhepause fanden Lousma und Fullerton infolge schwankender Innentemperaturen und ungeklärter Radiosignale, die sie alle neunzig Minuten weckten, nur wenig Schlaf.

Am nächsten Tag dauerte das Schließen der Klappen des Nutzlastraumes wesentlich länger als vorgesehen: Die Gummidichtung war eingefroren. Den Schaden behoben die Astronauten, indem sie die Raumfähre so zur Sonne ausrichteten, daß die Dichtung erwärmt wurde und auftaute.

Zu einer weiteren Störung kam es beim Einsatz des außen an der Fähre angebrachten Greifarms, mit dem bei späteren Flügen das Transportgut aus dem Laderaum herausgehoben werden soll. Infolge Durchbrennens einer Sicherung versagten zwei am Greifarm angebrachte Kameras. Aber auch diese Panne wurde von den Astronauten überwunden.

Ausgesprochen peinlich war der Ausfall der Bordtoilette. Dies ganz besonders, weil der mit 115 Erdumdrehungen geplante Flug wegen widrigen Wetters über dem Landegebiet um 24 Stunden verlängert werden mußte. Doch Lousma und Fullerton ließen sich nicht beirren und brachten die ›Columbia‹ nach Durchführung aller vorzunehmenden Prüfungen und Experimente unbeschädigt zur Erde zurück.

Nun galt es noch den vierten und letzten Testflug durchzuführen. Es war festgelegt worden, daß dabei erstmals eine militärische Nutzlast befördert werden sollte. Dementsprechend fand der Countdown auf dem Raketengelände Cape Canaveral unter strengster Geheimhaltung statt. Er beanspruchte insgesamt 114 Stunden; eine ungewöhnlich lange Zeit, die zum Teil erforderlich war, weil achtundvierzig Stunden vor dem Start – also während des Countdowns – flüssiges Helium in ein im Transportraum der ›Columbia‹ befindliches Infrarot-Teleskop zu füllen war und zu diesem Zweck die Ladeluke hoch oben auf der Startrampe von den Astronauten geöffnet und wieder geschlossen werden mußte.

Man ist versucht, das Teleskop als ein militärisch-technisches Luxusprodukt zu bezeichnen, denn die 60 Zentimeter dicke ›Spähkanone‹ verfügt neben zahlreichen vergoldeten Aluminiumspiegeln über eine Tiefkühlung, die mit Hilfe von 300 Liter flüssigem Helium fast den absoluten Nullpunkt von minus 273 Grad Celsius erreicht. Erforderlich ist diese ringförmig um die Infrarot-Sensoren angebrachte Kühlung, um zu gewährleisten, daß die Meßergebnisse nicht durch Eigentemperaturen verfälscht werden. Erst so ist das Teleskop in der Lage, selbst extrem schwache Infrarotabstrahlung über Hunderte von Kilometern aufzufangen und zu Bildern von hoher Auflösung zu verarbeiten.

Die Amerikaner benötigen ein ungewöhnlich leistungsfähiges Infrarot-Teleskop, um die seit geraumer Zeit bei den Russen erkennbare lebhafte Raumfahrt-Aktivität exakt beobachten zu können. Auf dem sowjetischen Weltraumbahnhof Tjuratam wurden die Startrampen für das Großraketenprojekt G-1, das 1972 eingestellt worden war, wieder klargemacht, und seit dem 3. Juni 1982 ist offensichtlich, daß die UdSSR eine Raumfähre für den Pendelverkehr mit der im Bau befindlichen großen sowjetischen Raumstation entwickelt. Denn an diesem Tag fand ein erster Flugtest statt, bei dem der wiederverwendbare Raumgleiter nach einer Erdumrundung südlich der Kokosinseln im Indischen Ozean niederging und dort von russischen Schiffen geborgen wurde.

Experten vermuten, daß die russische Raumfähre kleiner ist als Space Shuttle und dementsprechend weniger Last tragen kann. Künftige Landungen sollen jedoch wohl in Tjuratam erfolgen, wo eine riesige Piste mit weiter Ausrollstrecke erstellt wird. Die Betonbahn ist so lang, daß auf ihr dereinst auch ein Trägerflugzeug mit einem Raumgleiter huckepack starten und diesen in die oberen Schichten der Erdatmosphäre tragen könnte.

Doch das ist noch Zukunftsmusik. Vorerst erproben die Sowjets ein System, welches Ähnlichkeit mit dem früheren US-Konzept ›Dyna-Soar‹ hat, das aus Kostengründen aber sehr bald gestoppt wurde.

Beim Teststart verwendeten die Russen eine verkleinerte Version der geplanten Raumfähre, die eine Mittelstreckenrakete ›SS-5‹ auf die Umlaufbahn brachte. Die Sowjets erprobten also, was die Amerikaner bereits 1963 mit einem kleinen Raumgleiter, der mit einer ›Thor‹-Rakete abgeschossen wurde, durchgeführt hatten.

Der Entwicklungsstand der Russen bereitet der NASA somit kein Kopfzerbrechen. Aber es gibt andere Dinge, die den Pionieren der Raumfahrt Sorgen machen. Immer deutlicher wird erkennbar, daß sich eine Trennung von ziviler und militärischer Shuttle-Nutzung streng nach Reaganschen Glaubensgrundsätzen anbahnt.

Nachdem im November 1981 Generalmajor James Abrahamson, der schon seit 15 Jahren in der militärischen Weltraumplanung tätig ist, das NASA-Programm übernommen hatte, wurden nun sieben weitere hohe Luftwaffenoffiziere dem NASA-Hauptquartier zugeteilt und 150 Mitglieder der Air Force in die Raumfahrtzentren von Florida, Texas und Kalifornien abkommandiert. Und es wurde bekanntgegeben, daß von den 44 bis 1986 geplanten Weltraumflügen 13 ausschließlich militärischen Charakter haben werden und ab 1986 bis 1994 die Hälfte aller Shuttle-Flüge ausschließlich dem Pentagon dienen.

Damit diese Forderung erfüllt werden kann, entsteht derzeit auf der kalifornischen Air Force Base Vandenberg ein neues Weltraumzentrum, von dem ab 1985 die meisten der 114 vorgesehenen militärischen Flüge gestartet werden sollen.

Unabhängig davon wird ab 1. September 1982 die neugegründete Weltraumkommandozentrale in Colorado Springs nicht nur die Kontrolle über alle Shuttle-Flüge ausüben, sondern auch mit den Tests von Anti-Satelliten-Raketen beginnen. Um diese jederzeit schnell an ihr Ziel bringen zu können, erhielten die Firmen Boeing und Pratt & Whitney den Auftrag, unverzüglich eine mobile Mini-Shuttle zu entwickeln, die als ›Air Launched Sortie Vehicle‹ von einem hoch fliegenden ›Jumbo‹ gestartet werden und in der Lage sein soll, innerhalb von 100 Minuten Nutzlasten bis zu 2 300 Kilogramm an jeden Punkt der Atmosphäre zu bringen. Man hofft, das neuartige Gefährt schon 1988 einsetzen zu können. Es hätte den Shuttle-Transportern gegenüber den unschätzbaren Vorteil, daß es von allen großen Flugplätzen gestartet werden kann

Bis dahin wird man sich freilich des Space Shuttle bedienen müssen. Der letzte Test dieser Raumfähre wurde für den 27. Juni 1982 festgelegt.

Pünktlich um 11 Uhr hob die ›Columbia‹ vom Weltraumbahnhof Cape Canaveral ab. Es war das erste Mal, daß die Raumfähre termingerecht startete. Dennoch war man im Kontrollzentrum etwas besorgt. Während des Countdowns war ein schweres Gewitter mit Hagelschlag niedergegangen, der die Außenhülle der ›Columbia‹ arg mitgenommen hatte: die Hitzeschutzkacheln wiesen etwa 400 erbsengroße Dellen auf. Und es war auch höchst unerfreulich, daß die beiden 70 Tonnen schweren Stahlhülsen der Feststoffraketen, die viele Millionen Dollar gekostet hatten und nach dem Abbrennen an Fallschirmen zur Erde zurückkehren sollten, 180 Kilometer von Florida entfernt geradewegs in den an dieser Stelle etwa 1 100 Meter tiefen Pazifik sausten.

An Bord befanden sich die Astronauten Mattingly und Hartsfield. Vorgesehen war ein Flug von sieben Tagen und 13 Minuten mit 113 Erdumrundungen in Höhen bis zu 305 Kilometer.

Zunächst verlief alles programmgemäß. Dann aber, am zweiten Tag, als die Besatzung ein Manöver ausführte, das der Einsparung von Treibstoff dienen sollte, geriet die ›Columbia‹ ins Taumeln. Eine Erklärung hierfür ließ sich nicht finden. Glücklicherweise hörten die Schlingerbewegungen nach kurzer Zeit wieder auf.

Flugleiter Harold Draughton bezeichnete das Befinden der beiden Astronauten als »ausgezeichnet«. Dies muß jedoch angezweifelt werden, denn wenig später konsultierte der Pilot Hartsfield fernmündlich den zuständigen Arzt und klagte über Kopfschmerzen und Übelkeit. Ihm wurde empfohlen, zwei Aspirin-Tabletten sowie eine Pille gegen ›Seekrankheit‹ zu schlucken und sich auszuschlafen.

Dieser Rat wurde befolgt, und nach dem Wecken am nächsten Morgen meldete Hartsfield, daß es ihm wieder besser gehe.

Im übrigen verlief der Flug absolut routinemäßig, wenn man davon absieht, daß sich die Kacheln des Hitzeschildes infolge des Unwetters beim Countdown mit Feuchtigkeit vollgesogen hatten. Effekt: Die ›Columbia‹ erreichte nicht ganz die vorhergesehene Umlaufhöhe. Doch man wußte sich zu helfen. Die Flugleitung wies den Kommandanten Mattingly an, den Hitzeschild der Sonne zuzuwenden und ihn auf diese Weise auszutrocknen. Das Unterfangen gelang.

In dieser Phase konnten die Russen – wie früher schon einige Male bei spektakulären Leistungen der Amerikaner – es nicht unterlassen, von sich reden zu machen. Sie veranstalteten von Bord der sowjetischen Raumstation ›Saljut 7‹, in der sich vier Kosmonauten und der französische Raumfahrer Jean-Loup Chretien befanden, eine weltweite Pressekonferenz.

Indessen zog die ›Columbia‹ weiterhin minutiös ihre Kreise, bis sie am 4. Juli 1982 bei strahlendem Wetter zu genau berechneter Zeit zur Erde zurückkehrte. Fünfhunderttausend Schaulustige erlebten auf dem Gelände der Edwards Air Force Base das grandiose Ende dieses vierten Testfluges.

US-Präsident Ronald Reagan begrüßte die Astronauten überglücklich, und er strahlte über das ganze Gesicht, als seine Frau Nancy die beiden Helden des Tages mit einem herzhaften Kuß belohnte.

Danach gab es noch eine Attraktion: Mit der gerade fertiggestellten zweiten Raumfähre ›Challenger‹ ›Herausforderer‹ auf dem Rücken, brauste eine Boeing 747 im Tiefflug über die Ehrentribüne des Präsidenten.

Die vierte problemlose Landung der Raumfähre stellte deren Zuverlässigkeit und Wiederverwendbarkeit endgültig unter Beweis. Gewiß wird im Laufe der Jahre noch manches verbessert werden, das System als solches aber dürfte keine nennenswerte Änderung mehr erfahren.

Selbstverständlich darf Space Shuttle nicht als Endstufe in der Entwicklung der Raumfahrt angesehen werden. Vor allem dann nicht, wenn es gelingen sollte, sich von der Flüssigkeitsrakete freizumachen und ein neuartiges System zu schaffen. Gearbeitet wird bereits daran. Zum Beispiel an der ›Photonenrakete‹, die sich im Gegensatz zur heutigen Rakete, welche eine Geschwindigkeit von gut elf Kilometern in der Sekunde erreicht, mit Lichtgeschwindigkeit fortbewegen würde. Diese Geschwindigkeit müßte nämlich erzielt werden, wenn man nicht nur zum Mond, sondern auch zu fernen Planeten oder gar Sonnensystemen vorstoßen will.

Wer schnell rechnen kann, dem wird jetzt blümerant, denn im Schulbuch steht, daß die Lichtgeschwindigkeit 299 766,4 km/sec beträgt. Das aber bedeutet, daß eine mit annähernder Lichtgeschwindigkeit sich vorwärtsbewegende Rakete die Erde in einer halben Sekunde umkreist, den Mond in wenigen Sekunden erreicht und die Sonne in zehn Minuten.

Und wie würde es aussehen, wenn eine solche Rakete über uns hinwegfegt? Wir könnten sie weder hören noch sehen, weil sie ja mit Lichtgeschwindigkeit fliegt. Aber wir merkten es schon, wenn sie über uns hinwegsaust. Ein Blitz, wie er noch nicht da war, würde einer ungeheuren, vom konzentrierten Fahrtwind hervorgerufenen Explosion vorausgehen, und dann wäre ringsum alles angesengt und läge kein Stein mehr aufeinander.

Um ängstliche Gemüter zu beruhigen, sei gleich gesagt, daß die hier geschilderte Begegnung mit einer Photonenrakete – wir werden noch hören, warum sie so heißt – auf unserer Erde niemals stattfinden kann. Bei der hohen Geschwindigkeit würde sich nämlich ihre Außenhaut durch Reibung an der Luft auf 32 000 000 000 000 Grad Celsius erwärmen. Die Photonenrakete kann sich also nur im luftleeren Raum bewegen; sie wäre dort allerdings das ideale Fortbewegungsmittel im interplanetaren Verkehr. Den Zubringerdienst müßten konventionelle Raketen übernehmen.

Dennoch wird zur Zeit ernsthaft an der Schaffung der Photonenrakete gearbeitet, und es ist deshalb angebracht, sie hier nicht zu übergehen, sondern zu schildern, wie es ermöglicht werden kann, eine Rakete auf annähernde Lichtgeschwindigkeit zu bringen. Mit klassischen Mitteln geht das natürlich nicht.

Zum besseren Verständnis ist es notwendig, daß wir zunächst einen Blick auf eine ›klassische‹ Rakete werfen, auf die deutsche V 2. Ihr Treibstrahl erreichte 2 100 m/sec und übte einen Schub von 31,3 t aus. Die Fluggeschwindigkeit betrug 1 500 m/sec, der Treibstoffverbrauch 148 kg/sec. Das entspricht einem spezifischen Verbrauch von 4,7 Kilogramm je Tonne Schub und Sekunde. Diese Zahlen müssen genannt werden, weil Treibstrahlgeschwindigkeit und spezifischer Verbrauch eng miteinander in Verbindung stehen und die wichtigsten Kenngrößen der Raketen vermitteln.

Nach dem Krieg entwickelten die Amerikaner mit den deutschen Raketenspezialisten aus der V 2 die ›Viking‹, die einen Treibstrahl von 2 400 m/sec und einen spezifischen Verbrauch von 4,2 kg/t/sec erreichte; also schon ein guter Fortschritt. Die nächsten Aggregate ergaben Strahlgeschwindigkeiten von etwas über 3 000 m/sec und einen bei 3,3 kg/t/sec liegenden Verbrauch. Das sind beachtliche Ergebnisse, aber wesentlich günstigere Zahlen dürften kaum noch zu erwarten sein. Denn wenn man bessere Leistungen und damit einen noch geringeren Treibstoffverbrauch erzielen will, muß man die Treibstrahlgeschwindigkeit höher treiben, da der Verbrauch nur so reduziert werden kann. Nun ist die Strahlgeschwindigkeit aber um so höher, je heißer der Strahl ist, es kommt somit darauf an, den Strahl möglichst aufzuheizen. Der naheliegendste Weg wäre der, Atomenergie einzusetzen. Die Vorausberechnung ergibt Strahlgeschwindigkeiten von 10 000 m/sec, was einem Verbrauch von knapp unter 1 kg/t/sec entsprechen, aber Temperaturen von 3 500 Grad Celsius bedingen würde. Bevor kein Werkstoff gefunden ist, der eine derartige Hitze aushält, kann an der thermischen Atomrakete nicht gearbeitet werden.

Noch problematischer ist die reine Atomrakete, bei der zwar Strahlgeschwindigkeiten von über 10 000 000 m/sec und ein extrem geringer Verbrauch von rund 0,008 kg/t/sec – bei Uranspaltung – zu erzielen wären, aber Temperaturen von 100 Millionen Grad in Kauf genommen werden müßten. Man wird verstehen, daß sich kein Wissenschaftler ernstlich diesem Problem zuwendet.

Bei einer Photonenrakete hingegen liegen die Dinge anders. Bei ihr würde die Treibstrahlgeschwindigkeit noch dreißigmal größer sein als bei einer Atomrakete, nämlich bei genau Lichtgeschwindigkeit, wodurch automatisch der geringste überhaupt mögliche Treibstoffverbrauch erzielt würde: 1/100 Gramm je Tonne Schub und Sekunde, und das würde bedeuten, daß beispielsweise ein Flugzeug von 10 t Gewicht die Erde mit 2 kg Treibstoff einmal umfliegen kann. Da außerdem die überhaupt mögliche Höchstgeschwindigkeit, die Lichtgeschwindigkeit, erreicht werden könnte, würde ein Photonentriebwerk die absolute

Grenze der Triebwerksentwicklung darstellen. Nur Verfeinerungen wären dann noch möglich, Fortschritte nicht mehr. Die Technik würde an ihrem Ende angelangt sein.

Spätestens an dieser Stelle wird mancher Leser denken: Das sind doch Hirngespinste! Wie soll solch ein Photonentriebwerk überhaupt funktionieren? Nun, so kompliziert ist das gar nicht. Ähnlich wie bei der Atomrakete liegt bei der Photonenrakete eine Atomreaktion zugrunde, nur mit dem Unterschied, daß diese nicht im Atomkern, sondern in der Elektronenschale stattfindet, also in den Außenbezirken des Atoms. Das Ergebnis sind Strahlen von Art der Höhenstrahlen, wobei man freilich noch nicht weiß, wie man diese lenken und bändigen könnte. Grundsätzlich sind jedoch bereits Möglichkeiten bekannt, die Produkte einer Elektronenreaktion in den optischen Bereich zu transformieren, um sie dann mit optischen Mitteln, speziellen Spiegeln oder Magnetfeldern, wunschgemäß zu lenken. Im Prinzip geschieht solches schon heute in unseren Scheinwerfern. Ein Scheinwerfer von 30 Kilowatt Leistung erfährt durch die Reaktionswirkung des Lichtstrahles einen Schub von genau 1/1000 Gramm. Das reicht natürlich zu einer Fortbewegung nicht aus. Aber die grundsätzliche Möglichkeit ist vorhanden und meßbar, und das allein ist wichtig. Und weil diese bereits meßbare Schubwirkung durch Lichtteilchen, Photonen, hervorgerufen wird, nennen wir das auf dem geschilderten Prinzip aufgebaute Zukunftstriebwerk ›Photonenrakete‹. Unsere heutigen Scheinwerfer sind ihre Vorläufer, gewissermaßen die Neandertaler auf dem Weg zur künftigen Technik.

Aber nun wollen wir überlegen, was man mit Photonentriebwerken anstellen könnte. Mit einem lichtschnellen Raumschiffe würde man beispielsweise an einem Tag von der Erde zum Mars und zurück fliegen können, ohne in der Abendstunde auf seinen Dämmerschoppen verzichten zu müssen. Man könnte natürlich auch eine ›Weltraumrunde‹ drehen, das heißt, einige tausend benachbarte Sonnensysteme besuchen, würde von dieser Reise allerdings erst nach dreißig Jahren zurückkehren, vermutlich ergraut. Das wäre aber nicht das Schlimmste. Unangenehmer wäre die Tatsache, daß man nicht einen einzigen Angehörigen mehr antreffen würde. Denn wenn die Astronauten entsprechend *ihrer* Zeitrechnung nach dreißig Jahren zur Erde zurückkehren, sind dort bereits 150 Jahre vergangen; das hätte ihnen die Lichtgeschwindigkeit angetan.

Doch ruhig Blut, diese peinliche Feststellung wird allen zu anderen Sonnensystemen vordringenden Weltraumfahrern erspart bleiben, weil sie niemals wiederkehren werden. Denn wenn ein Raumschiff, das etwa ein Jahr benötigt, um auf 98% der Lichtgeschwindigkeit zu kommen, dreißig Jahre mit *eingeschaltetem* Antrieb geflogen wäre, dann hätte es die effektive Lichtgeschwindigkeit bis auf wenige hundertstel Prozent erreicht und könnte nur noch durch einen Bremsstrahl gestoppt werden, der einen Treibstoffverbrauch von etwa der halben Masse unseres Mondes erfordern würde. Wir können also beruhigt sein, zumal anzumerken ist, daß eine Photonenrakete trotz ihres äußerst geringen Betriebsstoffverbrauches auf einer dreißigjährigen Reise mit *eingeschalteter* Zündung etwa so viel Treibstoff benötigen würde, wie alle Handelsschiffe der Erde zusammen wiegen. Der Weltraum ist eben unvorstellbar groß, und mit dem Ende der technischen Entwicklung scheint auch die Grenze der menschlichen Vorstellungsfähigkeit erreicht zu sein.

Register

Kursiv gesetzte Ziffern beziehen sich auf die Texte zu den Abbildungen